Social Media Marketing

5. AUFLAGE

Social Media Marketing

Praxishandbuch für
Twitter, Facebook, Instagram & Co.

Corina Pahrmann, Katja Kupka

*Mit Beiträgen von
Thomas Schwenke,
Wibke Ladwig
und Tamar Weinberg*

Corina Pahrmann, Katja Kupka –
mit Beiträgen von Thomas Schwenke, Wibke Ladwig und Tamar Weinberg

Lektorat: Ariane Hesse
Korrektorat: Sibylle Feldmann, *www.richtiger-text.de*
Satz: III-satz, *www.drei-satz.de*
Herstellung: Stefanie Weidner
Umschlaggestaltung: Michael Oréal, *www.oreal.de*
Druck und Bindung: mediaprint solutions GmbH, 33100 Paderborn

Bibliografische Information der Deutschen Nationalbibliothek
Die Deutsche Nationalbibliothek verzeichnet diese Publikation in der Deutschen Nationalbibliografie;
detaillierte bibliografische Daten sind im Internet über *http://dnb.d-nb.de* abrufbar.

ISBN:
Print   978-3-96009-106-6
PDF   978-3-96010-291-5
ePub   978-3-96010-292-2
mobi   978-3-96010-293-9

5. Auflage 2020
Copyright © 2020 dpunkt.verlag GmbH
Wieblinger Weg 17
69123 Heidelberg

Dieses Buch erscheint in Kooperation mit O'Reilly Media, Inc. unter dem Imprint »O'REILLY«.
O'REILLY ist ein Markenzeichen und eine eingetragene Marke von O'Reilly Media, Inc. und wird mit
Einwilligung des Eigentümers verwendet.

Hinweis:
Dieses Buch wurde auf PEFC-zertifiziertem Papier aus nachhaltiger
Waldwirtschaft gedruckt. Der Umwelt zuliebe verzichten wir zusätzlich
auf die Einschweißfolie.

Schreiben Sie uns:
Falls Sie Anregungen, Wünsche und Kommentare haben, lassen Sie es uns wissen: kommentar@oreilly.de.

5 4 3 2 1 0

Inhalt

Vorwort
von Wibke Ladwig

Der digitale Raum, unendliche Weiten. Glücklich, wer erfahrende Mitreisende an der Seite hat und über eine Navigationshilfe verfügt. Wer sich in Social Media aufmacht, hat nicht selten den Eindruck, fremde Galaxien zu erforschen.

Sie haben sich mit diesem Buch für eine Navigationshilfe entschieden. Sehr gut! Seit der ersten Staffel oder vielmehr der ersten Auflage flossen die Erfahrungen verschiedener Kapitäninnen in dieses Buch hinein. Und wie der digitale Raum, so wuchs auch dieses Buch im Laufe der Überarbeitungen mit.

Ein Buch über Social Media. Manch einem mutet es vielleicht seltsam an, etwas derart Dynamisches in etwas Gedrucktes zu bannen. Es ist in der Tat enorm, wie sich die sozialen Netzwerke und Dienste im vergangenen Jahrzehnt entwickelt haben. Wie es weitergehen wird, ist meiner Meinung nach nicht ernsthaft absehbar. Einfacher ist es indes nicht geworden. Als Tamar Weinberg die erste Auflage dieses Buchs schrieb, waren Präsenzen und Aktivitäten von Unternehmen in Social Media noch die Ausnahme. Mit guten Inhalten, empathischem Kommunikationsverhalten und Interesse an Vernetzung konnte jeder ein interessantes Umfeld erreichen und den digitalen Raum gestalten. Doch von Beginn an war klar, dass sich das »Mitmach-Web«, wie es einst genannt wurde, von der klassischen Kommunikation unterscheidet und die gelernten Strategien für PR und Marketing in Social Media nicht greifen. Das 1999 veröffentlichte Cluetrain-Manifest ist nach wie vor lesenswert und in Teilen gültig, wenngleich sich die Bedingungen und Möglichkeiten von Social Media seitdem verändert haben.

Mich hat Social Media seit meinem, nun, nennen wir es Beitritt im Jahr 2008 fasziniert. Als Online-Managerin in einem Verlag schrieb ich bis dahin Newsletter, beteiligte mich in Foren und arbeitete mit Onlineredaktionen und Blogs zusammen. Ich verfolgte interessiert die Entstehung von Wikipedia und stirnrunzelnd die von Amazon. Aber erst Twitter und Facebook machten mir bewusst, dass ich mich selbst durch Social Media in die Lage versetze, meine Gedanken zu veröffentlichen, und mich darüber mit anderen Menschen auf der Welt verbinden kann. Rasch kamen Blogs hinzu, Podcasts und Videoexperimente, und bei jedem neuen Dienst, bei jedem neuen Netzwerk war ich sofort dabei.

Wie andere Menschen, die in dieser Zeit Social Media für sich entdeckten, verband ich große Hoffnungen damit: mehr Demokratie, mehr Humanismus, mehr Selbstbestimmtheit. Und ich wollte meinen Teil hierzu beitragen, indem ich als Social Web Ranger andere Menschen darin unterstützte, an der positiven Kraft von Social Media teilzuhaben – damit sie sie ihrerseits verstärken könnten. Nun, heute ist mir und den meisten von uns wohl klar, dass es auch dunkle Seiten und Kräfte gibt, die Social Media auf andere Weise nutzen. Die Kommerzialisierung, der Missbrauch von Daten, Fehlinformationen und politische wie wirtschaftliche Interessen in Verbindung mit ungleichen technischen wie sozialen Bedingungen und Kompetenzen haben viele Utopien vermutlich unmöglich gemacht. Die Welt ist und bleibt komplex, die Demokratie muss immer wieder neu verteidigt werden, und das alles ist im Digitalen nicht anders als jenseits davon.

Nichtsdestotrotz bleibt wahr, was beinahe von Beginn an wahr war: Es geht nicht mehr weg. Weder das Internet noch Social Media. Und Sie haben das erkannt und sich ein Buch gekauft, mit dessen Hilfe Sie sich mit Strategien für Social Media auseinandersetzen möchten. Vielleicht haben Sie schon eine vage oder sogar recht genaue Vorstellung davon, was Sie in den sozialen Medien erreichen wollen. Vielleicht sind Sie schon länger privat in Social Media aktiv (oder auch passiv), und nun möchten Sie soziale Netzwerke und Dienste für Ihr Unternehmen nutzen. Vielleicht möchten Sie sich aber auch erst mal ein Bild davon verschaffen, was genau denn überhaupt möglich ist – und was es braucht, um ans Ziel zu gelangen.

Sich grundlegend mit den Funktionsweisen und strategischen Möglichkeiten auseinanderzusetzen, ist unerlässlich, wenn man soziale Netzwerke und Dienste klug nutzen will. Und zwar nicht nur jetzt, sondern auch in einer der möglichen Zukünfte. Dieses Buch mag Ihnen hierbei die notwendige Navigationshilfe sein, weil es auf Grundlegendes in Funktion und Form von Social Media eingeht.

Was auch immer Sie sich vorgenommen haben: Ich wünsche Ihnen eine gute Reise durch digitale Welten!

Wibke Ladwig

Einleitung

Wie oft haben Sie sich bereits gefragt, ob Sie nicht endlich einsteigen sollten – und für Ihr kleines Ladengeschäft einen Instagram-Account anlegen, mit LinkedIn nach Absolventen für Ihre Forschungsabteilung suchen oder per WhatsApp für Ihre Kunden erreichbar sein sollten? Oder ob Sie Ihre einst angelegte Facebook-Präsenz evaluieren, auf Kundenbewertungen reagieren oder all die spannenden Geschichten aus Ihrer Produktionshalle auf YouTube erzählen sollten?

Social Media Marketing gilt längst als fester Bestandteil erfolgreicher Marketingstrategien, und jedes noch so kleine Unternehmen, jeder Verein, jede Institution – ja sogar eine Behörde wie die Polizei – setzt sich regelmäßig damit auseinander, wie die eigene Branche, Technologie und/oder Marke im Social Web vertreten ist. Dabei verbirgt sich hinter dem Begriff mehr als nur eine weitere Marketingdisziplin – und diese Auffassung ist, was dieses Buch seit seiner ersten Auflage im Jahr 2010 und bis heute voller Überzeugung vertritt: Mit sozialen Medien haben wir nicht nur einfach einen neuen Werbeplatz erhalten, sondern die Chance und Pflicht, unmittelbar und persönlich mit unseren Zielgruppen zu sprechen.

Soziale Medien haben die Kommunikation zwischen einem Unternehmen und seinen vielfältigen Zielgruppen grundlegend verändert, und das innerhalb weniger Jahre. Wir vertreten ganz individuelle Meinungen und agieren in immer wieder neu entstehenden Gruppen miteinander. Unsere Kunden bewerten unsere Produkte, und wir vernetzen uns mit Geschäftspartnern und Kollegen. (Und sind in anderen Zusammenhängen auch selbst Kunden.) Wir lesen gern spannende, unterhaltsame und lehrreiche Stories, die unsere Freunde und Kollegen uns zukommen lassen. Wir nehmen über Live-Schaltungen an Konferenzen teil und beantworten Kundenfragen per Twitter oder Facebook. Kurz gesagt:

Unsere Onlineaktivitäten sind von zwischenmenschlicher, direkter Kommunikation geprägt.

Und damit stellt sich kaum mehr die Frage, *ob* Unternehmen auf Facebook, Instagram oder Twitter aktiv sein sollten. Vielmehr gilt es, das *Wie* zu bedenken. Was wünschen die eigenen Kunden, was brauchen sie, und wie gelingt es, wirklichen Mehrwert zu bieten? Wie schaffen es insbesondere die kleinen und mittleren Unternehmen mit überschaubarem Zeit- und Kostenbudget, vertrauensvolle und vom Austausch geprägte Kundenbeziehungen per Social Web aufzubauen?

Verglichen mit den recht experimentellen Anfangsjahren des Social Media Marketing haben sich dabei die Anforderungen an Unternehmen verschärft: Mehr Konkurrenz und deren teilweise marktschreierische und werbelastige Methoden nehmen gelegentlich die Lust, statt auf Gewinnspiele auf starke und nützliche Inhalte zu setzen. Mehr Regeln und Richtlinien seitens der Netzwerkbetreiber verlangsamen den Weg von der Idee bis zur Umsetzung einer guten Strategie. Spammer, Hater und Trolle nehmen dem Social Web seine Unschuld – und den Aktiven viel an Enthusiasmus.

Eine Professionalisierung des Social Media Marketing, wie wir sie in den letzten Jahren beobachten konnten, ist grundsätzlich zu begrüßen. Eine fundierte Ausbildung und ein Koffer voller erprobter Methoden erleichtern schließlich die Arbeit. Zugleich nimmt jedoch die hohe Zahl an Tools, Techniken und Metriken viel an Leichtigkeit und Beweglichkeit.

Doch nun die gute Nachricht: Nach wie vor ist es sehr lohnenswert, Social Media Marketing zu betreiben. Und nach wie vor sind es die gleichen Skills wie schon 2010, die hauptsächlich den Erfolg bringen – Kreativität, Mut, Offenheit. Wenn Sie jetzt einsteigen, profitieren Sie von vielseitigen Erfahrungen, und gleichzeitig will dieses Buch Ihnen Lust darauf machen, ihre eigene, persönliche Note in das Social Media Marketing zu bringen.

»Im Zentrum von Social Media Marketing steht die Kommunikation«, leitete Tamar Weinberg die erste Auflage dieses Buchs ein, und diese Auffassung gilt bis heute – in der nunmehr fünften Auflage. Sie wird von allen Autorinnen und Autoren, die über die Jahre Inhalte und Ideen zu diesem Buch beisteuerten, getragen. Wenn Sie diesen Gedanken verinnerlicht haben, ist es nicht mehr schwierig, die Social-Media-Landschaft zu ergründen.

Dieses Buch liefert Ihnen die Grundlagen und Methoden, stellt wichtige Plattformen vor und hilft Ihnen dabei, Ihre eigene Marketinginitiative mit Social Media zu betreiben.

Aufbau des Buchs

Kapitel 1, *Eine Einführung in Social Media Marketing*. Wir erklären das Konzept von Social Media Marketing und entwickeln ein Verständnis für die Mechanismen und zentralsten Grundregeln in Social Media. Außerdem erhalten Sie einen Überblick über die wichtigsten Social-Media-Plattformen und erfahren, warum Strategieplanung und Erfolgskontrolle wesentlich sind.

Kapitel 2, *Eine Social-Media-Strategie entwickeln*, lässt Sie Ziele formulieren, Zielgruppen umreißen und Pläne schmieden. Am Ende des Kapitels können Sie Ihren persönlichen Social-Media-Fahrplan entwickeln.

Kapitel 3, *Monitoring und Analytics*, zeigt Ihnen, warum Sie wie und mit welchen Tools das Geschehen im Social Web verfolgen sollten – und wie Sie Ihren eigenen Erfolg messen können.

Kapitel 4, *Marketing ist Mitwirkung*, erklärt mit vielfältigen Praxisbeispielen, warum die Mitwirkung in sozialen Netzwerken für den Erfolg des Social Media Marketing so wichtig ist, und präsentiert erfolgreiche Fallstudien aus kleinen und großen Unternehmen. Wir erläutern die Rolle des Reputationsmanagements zum Aufbau eines positiven Markenimages und beleuchten die Schattenseiten des Social Web wie Shitstorms, Trolle und Hater.

Kapitel 5, *Content Marketing*, verdeutlicht, warum, wo und wie Sie mit relevanten Inhalten Ihre Kunden auf deren Customer Journey erreichen. Mit der richtigen Strategie, einer regelmäßigen Erfolgskontrolle und unterstützt durch Content Curation und Content Refresh, begleiten wir Sie auf Ihrem Weg zum erfolgreichen Content Marketing.

Kapitel 6, *Kommunizieren durch Blogs und Podcasts*, erklärt unter anderem, wie Sie ein Corporate Blog einrichten sowie welches Equipment Sie für einen Podcast brauchen, wie Sie Themen finden und planen und Ihre Reichweite erhöhen.

Kapitel 7, *Microblogging mit Twitter*, stellt Twitter, seine Gepflogenheiten und seine Nutzung sowie seine Vorteile für das Marketing vor. Außerdem beschäftigt es sich mit Kundenservice im Social Web.

Kapitel 8, *Facebook und soziales Netzwerken*, führt in die Merkmale und Mechanismen sozialer Netzwerke ein und erläutert, wie insbesondere Facebook für das Social Media Marketing genutzt werden kann.

Kapitel 9, *Bilder im Social Media Marketing*, sagt Ihnen, auf welchen Social-Media-Plattformen Sie Ihre Fotos, Grafiken und Infografiken promoten können. Mit Nutzerzahlen verorten wir die Bedeutung der einzelnen Netzwerke, und durch Praxisbeispiele geben wir Inspirationen für Ihren Einstieg in die Welt von Instagram, Pinterest & Co.

Kapitel 10, *Social Video Marketing: Videos, Stories und Livestream*, erläutert, was es beim Erstellen eines erfolgreichen Videos zu beachten gilt und wie Sie auf welchen Videoportalen Ihr Social Media Marketing unterstützen. Wir schauen uns die Besonderheiten der Communitys auf den Videoportalen an und sprechen mit einer ausgewiesenen Expertin für YouTube und Influencer-Marketing.

Kapitel 11, *Employer Branding und Social Recruiting*, beleuchtet die strategische Basis einer starken Arbeitgebermarke und den Einsatz der wichtigsten Businessnetzwerke XING und LinkedIn. Außerdem schauen wir uns Arbeitgeber-Bewertungsplattformen an und untersuchen, wie sich weitere Social-Media-Plattformen für den Einsatz im Recruiting eignen.

Kapitel 12, *Soziale Netzwerke für Wissen und Empfehlungen*, beleuchtet Websites für den Wissensaustausch wie Wikipedia und zeigt, wie Sie sich auf Frage-und-Antwort-Portalen als Experte beweisen können.

Kapitel 13, *Ausblick: Messenger, Chatbots, digitale Sprachassistenten & Co.* – wie verändert sich das Social Media Marketing durch Messenger-Dienste, Gamification, digitale Sprachassistenten, Chatbots mit KI sowie VR/AR? Wir wagen einen Ausblick, sprechen mit Experten und zeigen aktuelle Beispiele aus der Praxis.

Kapitel 14, *Der Weg zu langfristigem Erfolg*, liefert Ihnen abschließende Tipps und Best Practices, wie Sie Ihre Strategie im Unternehmen implementieren. Dabei legen wir den Fokus auf langfristiges Engagement.

Kapitel 15, *Rechtliche Aspekte beim Social Media Marketing*, vermittelt die juristischen Grundlagen für Ihr Social Media Marketing. Rechtsanwalt Thomas Schwenke behandelt die für den Social-Media-Alltag typischen Fragen: von den Richtlinien bei Gewinnspielen bis zur Frage, was beim Teilen fremder Inhalte beachtet werden muss.

Danksagung zur 5. Auflage (von Corina Pahrmann)

Mit der bereits fünften Auflage unseres Buchs *Social Media Marketing: Praxishandbuch für Twitter, Facebook, Instagram & Co.* legen wir Ihnen ein etabliertes Standardwerk in die Hände, mit dem bereits viele Tausend Leser erfolgreich ins Social Web einstiegen – wir danken allen, die es immer wieder weiterempfehlen.

Das Buch versteht sich als umfassende Einführung in alle Facetten des Social Media Marketing, die auch zehn Jahre nach Erscheinen der englischsprachigen 1. Auflage von Tamar Weinberg noch immer eines in den Mittelpunkt stellt: den Community-Gedanken des Social Web. Wir möchten Sie ermutigen, Kreativität und Dialog vorn anzustellen. Nutzen Sie die Chancen des Social Web, anstatt einfach die Instrumente konventionellen Marketings ins Web zu übertragen. Es wird sich lohnen!

Eine ansteckende Begeisterung für die sozialen Medien, für das Kommunizieren und Vernetzen via Twitter, Facebook oder Blog – dies zeichnet meine Koautorin Katja Kupka aus. Deshalb freue ich mich sehr, dass sie meine Einladung zur gemeinsamen Autorenschaft an der fünften Auflage annahm und sich mit mir in rund 600 Seiten Detailarbeit stürzte. Ganz herzlichen Dank! Meinen Koautorinnen der früheren Auflagen – Tamar Weinberg und Wibke Ladwig – danke ich für all die wertvolle Arbeit und insbesondere Tamar dafür, uns ihr Buchkonzept überlassen zu haben. Wibke Ladwig hat für diese Auflage ein inspirierendes Vorwort geschrieben, und der Anwalt Thomas Schwenke hat in Kapitel 15 rechtliches Know-how rund um Social Media beigesteuert. Beiden gilt dafür ebenfalls großer Dank.

Dem dpunkt.verlag danke ich dafür, mir diese Aufgabe übertragen zu haben. Unsere Lektorin (und meine langjährige O'Reilly-Kollegin) Ariane Hesse steuerte wertvolle Anregungen zu den Inhalten des Buchs bei, ganz besonders danken möchte ich zudem für ihr außerordentliches Talent, mich ebenso beruhigen wie motivieren zu können. Ohne sie wäre das Buch heute nicht gedruckt.

Das Buch profitiert auch von den Menschen, die mir für Gespräche zur Verfügung standen. Für ihre Zeit und ihre Offenheit sei ganz besonders Oliver Nissen, Stefan Evertz und Daniela Sprung gedankt.

Meiner Familie, meinen Freunden und allen Menschen, die mir während der Schreibzeit im Alltag unterstützend zur Seite standen (oder auch nur fragten »Hast du es jetzt bald, wir wollten doch noch ...?«) danke ich für die jederzeit perfekte Mischung aus Ablenkung und Motivation. Ich widme das Buch meiner Tochter – dem tapfersten, mutigsten, witzigsten und liebenswertesten Menschen »im ganzen Universum« (wie sie selbst gern sagt). Liebe A., von dir gab es ausschließlich Ablenkung, diese aber vergoldet mit deiner unvergleichlichen Herzenswärme. *#kleinerdrei*, sagen wir Social-Media-Anhänger.

Nun wünsche ich Ihnen, liebe Leserinnen und Leser, viel Vergnügen – und viel Erfolg bei der Umsetzung Ihrer Social-Media-Strategie!

Danksagung zur 5. Auflage (von Katja Kupka)

Bereits 2014 sprachen Corina Pahrmann und ich auf der re:publica darüber, dass es eine gute Idee wäre, ein gemeinsames Buchprojekt zu bearbeiten. 2018 war es so weit, und wir trafen uns zu einem Konzeptionstreffen – diesmal im schönen Köln.

Bei der hälftigen Aufteilung der Kapitel waren wir uns schnell einig, und thematisch ergänzen sich unser Fachwissen und unsere praktische Erfahrung mit Social Media Marketing hervorragend. Mir war es wichtig, eine ausgewogene Mischung aus harten Fakten und belegten Daten mit Praxisbeispielen, Expertenmeinungen und meiner eigenen Erfahrung zusammenzubringen.

O'Reilly und dem dpunkt Verlag danke ich für das Vertrauen und Corina Pahrmann für die erfolgreiche Zusammenarbeit. Hinter jeder erfolgreichen Autorin steht eine hervorragende Lektorin – bei der Gelegenheit herzlichen Dank an Ariane Hesse.

Ich danke meinen Interviewpartnerinnen Ute Blindert, Anne Engelshowe, Sarah Kübler, Jutta Zeisset und Julie Sengelhoff sowie meinen Interviewpartnern Torsten Jensen, André Karsten, Daniel Köthe und Robert Weller. Bei der Recherche haben mich BITKOM Research, die Hochschule RheinMain, XING, kununu und StepStone mit Daten und Hintergrundinformationen unterstützt.

Besten Dank auch an die BVG, die Fraport AG, Manpower, das Senckenberg Museum und Urlaubsguru für die Beantwortung meiner Fragen zu deren Praxisbeispielen. Außerdem danke ich allen lieben Menschen da draußen im Social Web, die mit Antworten, Kommentaren und Anregungen das Buch bereichert haben.

Vielen Dank auch an Wibke Ladwig für das inspirierende Vorwort und Thomas Schwenke für die kompetenten und unterhaltsam verfassten Rechtshinweise in Kapitel 15 des Buchs.

Ein besonderer Dank geht an meinen Ehemann. Er hat in der heißen Schreibphase klaglos auf mich verzichtet, mich unterstützt und war mir immer ein diskussionsfreudiger Sparringspartner.

Liebe Leserinnen und liebe Leser, ich glaube, dass unser Buch für jeden etwas zu bieten hat, egal ob Sie als Freiberufler, Start-up, KMU, Verein oder größeres Unternehmen Social Media nutzen oder künftig nutzen wollen. Über Lob, Kritik und Ihre Fragen freue ich mich – lassen Sie uns über das Buch hinaus gern im Dialog bleiben.

KAPITEL 1

Eine Einführung in Social Media Marketing

Der Begriff *Social Media* (soziale Medien) steht für den schnellen und für alle Beteiligten sichtbaren Austausch von Informationen, Erfahrungen und Meinungen mithilfe von Community-Plattformen wie Facebook, Instagram oder Twitter. Soziale Medien überwinden geografische Hürden zwischen den vernetzten Menschen und ihren Inhalten. In Onlinecommunitys tauschen sie sich rund um die Uhr und den Erdball zu allen erdenklichen Themen aus. Zudem suchen sie in ihren sozialen Netzwerken ganz selbstverständlich nach Informationen zu Unternehmen und Produkten. Kurz gesagt: Viele können sich ein Leben ohne Social Media kaum mehr vorstellen, bei den unter 30-Jährigen ist es bereits jeder Zweite.

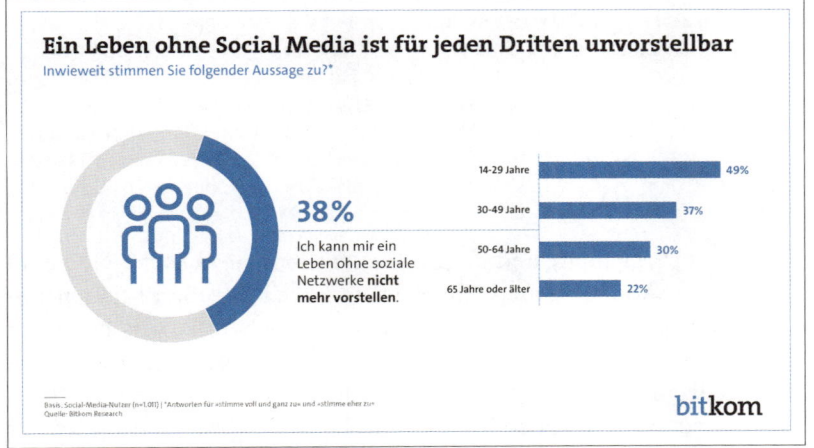

◀ **Abbildung 1-1**
Bitkom Research fragte, wer sich noch ein Leben ohne Social Media vorstellen kann.

In Social Media treten Sie als Unternehmen mit Ihren jetzigen und zukünftigen Kunden in direkten (virtuellen) Kontakt auf Augenhöhe –

ohne zwischengeschaltete Gatekeeper wie zuvor Zeitschriften und Zeitungen oder Rundfunksender. Dabei profitieren Unternehmen von der Offenheit der Nutzer. Allen Datenskandalen zum Trotz geben diese weiterhin viel von sich preis, sodass ihre Daten und Profile ein zielgerichtetes Marketing ermöglichen. Was den Inhalt der Gespräche zwischen Unternehmen und Kunden anbelangt, müssen die Unternehmen allerdings umdenken. Statt nur die Wahl zwischen sachlicher PR und werblichem Marketing zu haben, wachsen im Social Media Marketing diese Aspekte der Kommunikation stärker zusammen. Die Inhalte des Social Media Marketing sind sachlich und konkret, aber auch emotional, persönlich und authentisch.

Was sind Social Media?

Das World Wide Web ist nicht mehr nur ein Informationsmedium, sondern es wird von den Teilnehmern inzwischen vor allem zum »Netzwerken« genutzt. Die Menschen bleiben mit privaten und beruflichen Kontakten über Facebook, LinkedIn oder Instagram verbunden. Sie lassen sich Produkte online empfehlen und vertrauen vor einer Kaufentscheidung den Bewertungen anderer Nutzer mehr als den Herstellerinformationen. Sie tauschen Fotos oder Videos über Content-Sharing-Sites aus und melden via Smartphone, wo sie sich gerade aufhalten. Kurzum: Sie nutzen das Social Web zum ständigen Austausch miteinander – über alles, was sie interessiert.

Definition ▶ *Soziale Netzwerke* sind Websites, in denen Sie ein Profil einrichten, um sich persönlich vor- und darzustellen und Menschen mit ähnlichen Interessen zu finden. Sie werden genutzt, um mit Freunden, Kollegen, Familie und Nachbarn in Kontakt zu treten, und gehören zu den beliebtesten Websites im Internet. Mit deutlich über zwei Milliarden Nutzern ist Facebook der weltweite Marktführer und auch im DACH-Raum (Deutschland, Österreich, Schweiz) das wichtigste Social Network. Im beruflichen Umfeld kommen die Businessnetzwerke XING und LinkedIn zum Einsatz.

Durch das permanente und ungefilterte Feedback seitens der Nutzer in Social Media können Unternehmen leichter die Brille ihrer Kunden aufsetzen und auf ihre Fragen und Wünsche eingehen. Bereits hier zeigt sich, dass soziale Medien einen Wandel der Unternehmenskultur voraussetzen oder ihn bewirken können, da Unternehmen lernen, ihren Kunden zuzuhören. Obendrein können Social-Media-Plattformen als Anregung für die interne Kommunikation der Organisation genutzt werden. Mit Social Collaboration Tools, Social Intranets oder unternehmensinternen Messenger-Diensten kann die Idee von Social Media im Unternehmen Anwendung finden. Schnell wird klar, dass sich eine streng hierarchisch aufgestellte Organisation mit viel interner Bürokratie schwertut, auf diese neue Art zu kommunizieren. Um junge Mitarbeitende zu gewinnen, die es gewohnt sind, eigenverantwortlich und in flachen Hierarchien zu arbeiten, genügt es folglich nicht, wenn das Unternehmen »jetzt auch auf Facebook ist«. Abgesehen davon, dass dort sehr junge Menschen häufig nicht mehr aktiv sind, durchschauen sie schnell, ob das Bild nach außen auch innerhalb des Unternehmens gelebt wird. Was das Employer Branding für die Suche nach Fachkräften bedeutet und welche Rolle Social Recruiting dabei spielt, schauen wir uns in Kapitel 11 näher an.

Die Social-Media-Plattformen stellen eine enorm leistungsfähige technische Infrastruktur bereit. Der eigentliche Nutzen und Wert von Social Media entsteht jedoch dadurch, dass die Nutzer Inhalte veröffentlichen und ihren Content mit anderen teilen. Veröffentlichen weder Unternehmen noch Privatpersonen Beiträge, sind die sozialen Netzwerke ein leerer Rahmen. Der Wert von Social Media besteht also in den Mitgliedern und den Inhalten, die diese erstellen, teilen und kommentieren. Man bezeichnet diese Inhalte auch als User-generated Content, zu Deutsch nutzergenerierte Inhalte.

Zeigt eine Plattform neuen Content chronologisch nach seiner Veröffentlichung, bekommen die Nutzer alle Inhalte zu sehen. Das gilt zumindest theoretisch, praktisch geht viel in der gewaltigen Informationsflut unter. Arbeitet hingegen die Plattform mit einem komplexeren Algorithmus, ist es dessen Kriterien geschuldet, welche Beiträge der Nutzer zu sehen bekommt. Relevanz ist dabei das Zauberwort, das die Algorithmen von Suchmaschinen und Social-Media-Plattformen milde stimmt. Relevante Beiträge orientieren sich am Nutzen für die Leser und bieten diesen einen konkreten Mehrwert. Auch die Bereitschaft, in bezahlte Werbeanzeigen auf der Plattform zu investieren, wirkt sich positiv auf die Sichtbarkeit aus.

Bevor wir uns ausgewählte Social-Media-Plattformen und Beispiele näher anschauen, müssen wir uns über einen Punkt klar werden. Social Media als Art zu kommunizieren und als Einstellung werden bleiben, unabhängig davon, ob es konkret die Plattformen Facebook, YouTube oder Instagram in ein paar Jahren noch gibt. Wer folglich auf einen Hype hofft, der vorübergeht, ist im Irrtum. Wer sich Konsolidierung und Stillstand wünscht, wird gleichfalls enttäuscht. Die Kommunikation mithilfe sozialer Medien ist und bleibt stark in Bewegung. Doch wer sich auf dem Laufenden hält und die richtige Haltung verinnerlicht, kommt auch mit jeder neuen Plattform gut zurecht.

Zu Social Media zählen folgende Plattformen und Dienste:

- Blogs (zum Beispiel als eigener privater Blog oder Corporate Blog oder auf der Plattform LinkedIn Pulse) stellen wir in Kapitel 6 näher vor.
- Podcasts besprechen wir ebenfalls in Kapitel 6.
- Microblogs wie Twitter schauen wir uns in Kapitel 7 genauer an.
- Soziale Netzwerke, insbesondere Facebook, stellen wir in Kapitel 8 vor.
- Bildplattformen wie Instagram, Pinterest und SmugMug (Flickr) diskutieren wir in Kapitel 9.
- Videoplattformen mit Videoblogs (Vlogs) wie YouTube, TikTok, Vimeo oder Twitch lernen Sie in Kapitel 10 kennen.
- Über flüchtige Inhalte (Ephemeral Content) wie Snapchat, Instagram Stories und Facebook Stories sprechen wir auch in Kapitel 10.
- Businessnetzwerke wie XING und LinkedIn stellen wir in Kapitel 11 vor.
- Kollektiv erstellte Open-Source-Nachschlagewerke wie Wikipedia besprechen wir in Kapitel 12.
- Empfehlungs- und Bewertungsplattformen wie gutefrage.net, Ratgebercommunitys wie Quora oder Social-News-Aggregatoren wie Reddit betrachten wir in Kapitel 12, Arbeitgeberbewertungsplattformen wie kununu in Kapitel 11.
- Messenger-Dienste wie WhatsApp, Facebook Messenger oder WeChat schauen wir uns in Kapitel 13 an und analysieren ihre Bedeutung für das Social Media Marketing.
- Plattformen für Crowdsourcing wie startnext oder kickstarter.
- Standortbezogene Dienste (Location Based Services und Geomarketing) wie Foursquare/Swarm, Google My Business oder Facebook Local.
- Diskussionsforen und Social-Bookmarking-Dienste.

Bei der vorgenommenen Klassifizierung kommt es naturgemäß zu Überschneidungen, da beispielsweise Instagram und Twitter auch zu den sozialen Netzwerken zählen.

Noch detaillierter zeigt die Brand-Engagement-Agentur ethority in ihrem Social Media Prisma über 250 Anbieter und definiert Social Media recht umfassend.

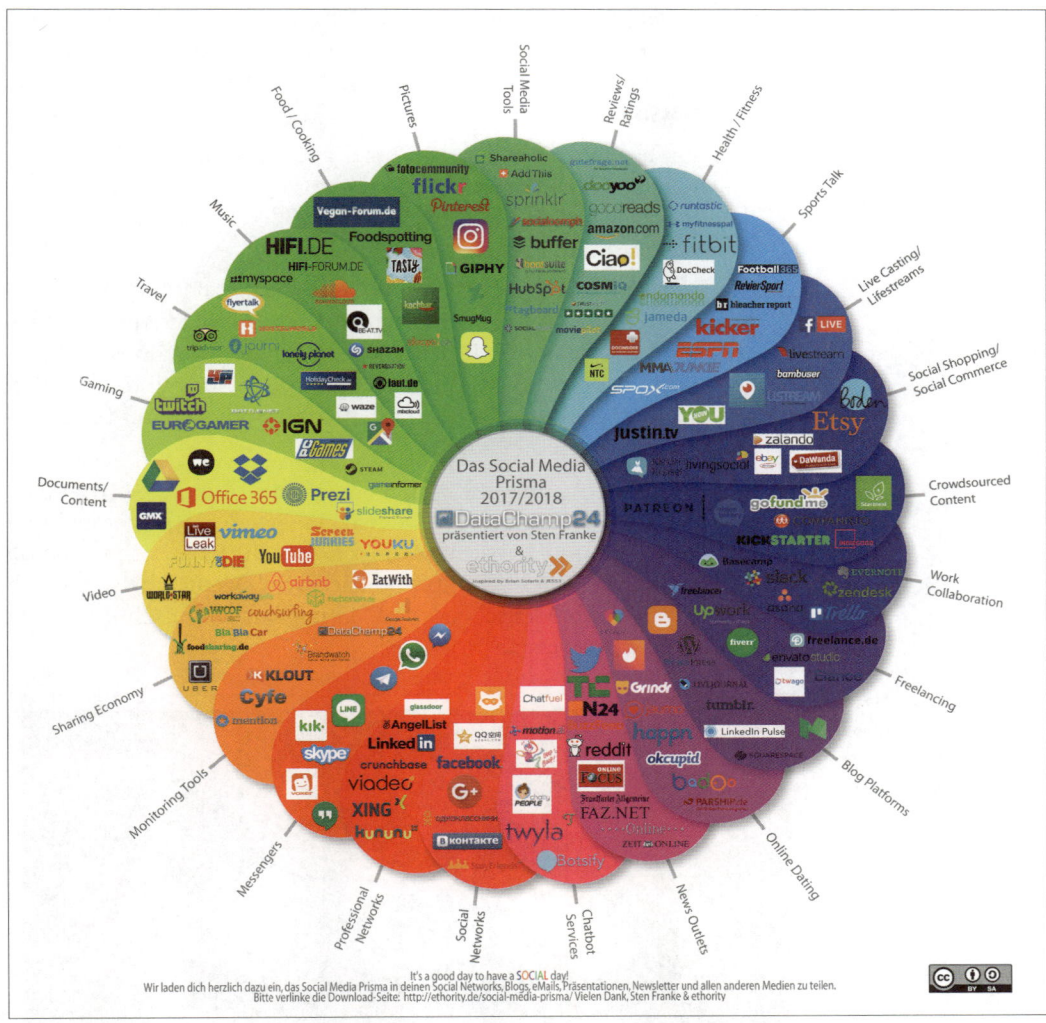

Welche Social-Media-Plattformen sind am wichtigsten?

Abbildung 1-2 zeigt, dass die Vielfalt groß ist, doch wer sind die wichtigsten Player? Die Palette der Social-Media-Dienste und die Zahl derjenigen, die sie verwenden, vergrößert sich immer mehr. Während in den ersten Jahren von Social Media Content-Dienste wie Flickr und Wikipedia am schnellsten wuchsen, sind es mittlerweile soziale Netzwerke wie Instagram oder Facebook, die für eine Vielzahl der Webuser attraktiv sind.

▲ Abbildung 1-2
Social Media Prisma von ethority: über 250 Anbieter von Social Media in 25 Kategorien[1]

---

1   *https://ethority.de/social-media-prisma/*

Auch wenn aufgrund allgemeiner Sättigung längst nicht mehr so hohe Zuwächse zu verzeichnen sind – die folgenden Zahlen aus dem Digital Report 2019 von *We Are Social* und *Hootsuite* unterstreichen die Relevanz sozialer Netzwerke:[2]

- Der durchschnittliche Internetnutzer in Deutschland ist in fünf sozialen Netzwerken angemeldet und verbringt täglich gut eine Stunde mit Social Media. Das Streamen von Filmen und Musik nimmt weitere 3,5 Stunden in Anspruch.
- YouTube ist nach dieser Studie mit 76 Prozent am reichweitenstärksten und einflussreichsten, noch vor WhatsApp (75 Prozent) und Facebook (63 Prozent). Es folgen der Facebook Messenger und Instagram sowie danach Pinterest, Twitter und Snapchat. Die Businessnetzwerke XING und LinkedIn sprechen mit 11 und 10 Prozent eine spitze Zielgruppe an.

Laut der Onlinebefragung des Branchenverbands Bitkom 2018 nutzen 98 Prozent der 14- bis 29-jährigen Deutschen täglich eines oder mehrere soziale Netzwerke und selbst noch 65 Prozent in der Altersgruppe 65 Jahre und älter. Die ältere Zielgruppe hat Social Media längst für sich entdeckt, wobei sich Menschen ab 50 Jahren im Durchschnitt nur in zwei Netzwerken bewegen.[3]

Abbildung 1-3 ▶
Digital Report 2019 von Hootsuite und We Are Social: Social-Media-Verhalten in Deutschland

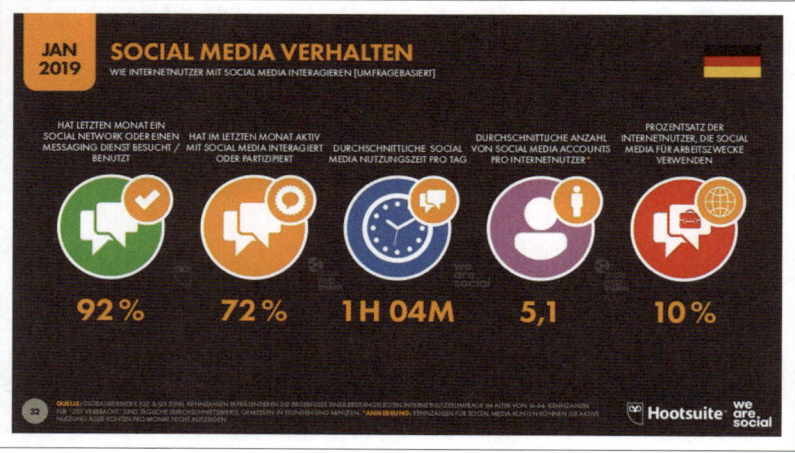

Neben den klassischen sozialen Netzwerken wie Facebook gibt es Mischformen wie Twitter, YouTube oder Pinterest. In diesem Buch behandeln wir alle relevanten Dienste des Social Web. Neben Facebook, Instagram und weiteren Netzwerken sind vor allem Videodienste sehr

---

2 *https://blog.hootsuite.com/de/social-media-statistiken-2019-in-deutschland/*
3 *https://www.bitkom.org/Presse/Presseinformation/Jeder-Dritte-kann-sich-ein-Leben-ohne-Social-Media-nicht-mehr-vorstellen.html*

beliebt: Beeindruckende 96 Prozent der 14- bis 29-Jährigen schauen mindestens einmal wöchentlich Onlinevideos auf YouTube und verwandten Plattformen. Selbst bei den über 70-Jährigen ist es noch jeder fünfte.[4] Auf das Social Media Marketing mit Bewegtbildern gehen wir in Kapitel 10 ein.

Welche Unternehmen nutzen Social Media und wofür?

Unternehmen arbeiten mit Social Media, um den Bekanntheitsgrad ihrer Marke zu erhöhen, ihr Image zu verbessern und neue Kunden zu gewinnen. Soziale Medien sind längst zu einem festen Bestandteil der Unternehmenskommunikation geworden und spielen sowohl in der PR als auch im Marketing eine wichtige Rolle. Das Engagement in Social Media wirkt sich positiv auf das Employer Branding aus und kann die Rekrutierung neuer Mitarbeiter unterstützen.

Laut *Statista*, dem Onlineportal für Statistik, nutzten 2019 insgesamt 94 Prozent der Unternehmen weltweit Facebook, gefolgt von Instagram (73 Prozent) und Twitter (59 Prozent).[5] Doch letztlich geht es nicht darum, auf der größten oder wichtigsten Plattform präsent zu sein, sondern dort, wo sich die eigenen Kunden oder auch potenzielle Kunden aufhalten.

Mehr als drei von vier Unternehmen setzen auf Social Media, wobei die Nutzung der sozialen Medien mit zunehmender Unternehmensgröße selbstverständlicher wird. Kleinen Unternehmen fehlt es mitunter an den nötigen Ressourcen, oder es besteht die Sorge, dass das Engagement im Netz zu rechtlichen Problemen führen könnte. Dabei haben gerade KMUs gute Chancen, sich mit einem vergleichsweise kleinen Budget in Social Media zu etablieren und dort ihre Zielgruppe zu finden und anzusprechen.

Statt viel Geld für Rundfunkwerbung oder eine Printanzeige auszugeben, können Sie sich auf der Social-Media-Plattform engagieren, auf der Ihre (potenziellen) Kunden aktiv sind. Auch Werbung ist in Social Media vergleichsweise preiswert und zielgerichtet. Welcher Social-Media-Kanal funktioniert für Ihre Marke und Ihre Produkte am besten und ist zugleich bei Ihrer Zielgruppe beliebt? Dabei sollte die getroffene Entscheidung nicht in Stein gemeißelt sein. Beobachten Sie kontinuierlich, wie Ihre Inhalte auf den einzelnen Plattformen ankommen und wie intensiv die Fans interagieren. Fokussieren Sie Ihre Ressourcen auf den wichtigsten Kanal und entscheiden Sie, welche zusätzlichen Plattfor-

---

4   *http://www.ard-zdf-onlinestudie.de/ardzdf-onlinestudie-2018/onlinevideo/*
5   *https://de.statista.com/statistik/daten/studie/71251/umfrage/einsatz-von-social-media-durch-unternehmen/*

men Sie auf kleiner Flamme bespielen oder ganz einstellen sollten. Ein verwaister Account schadet im Zweifel Ihrer Reputation mehr, als gar nicht präsent zu sein. Auch wenn Sie aktuell nichts posten, ist es möglich, dass Nutzer Sie über Ihr Profil ansprechen und dann verärgert reagieren, wenn Sie die Anfrage nicht bemerken.

Selbst wenn die meisten Social-Media-Plattformen auch für Unternehmen kostenfrei nutzbar sind, heißt das nicht, dass Social Media Marketing kein Geld kostet. Sie müssen Zeit investieren und genau überlegen, was Sie mit Ihrer internen Mannschaft stemmen können und wo es sinnvoll sein kann, punktuell externe Dienstleistungen hinzuzukaufen. Vergessen Sie vor allem nicht, dass Sie Zeit und Fachwissen für eine regelmäßige Erfolgskontrolle benötigen. Durchforsten Sie regelmäßig die Auswertungsmöglichkeiten, die Ihnen die Plattformen zur Verfügung stellen. Behalten Sie darüber im Blick, wer Ihre Social-Media-Präsenzen besucht und dort interagiert. Hören Sie zudem aufmerksam zu: Ein sorgfältiges Social Listening mit Gespür für Sentiment und Tonalität und ein präventives Reputationsmanagement können Reputationskrisen vorbeugen. Es geht darum, den Gesprächen der Kunden zuzuhören und bereits frühzeitig anschwellende Kritik und hitzige Diskussionen wahrzunehmen und richtig zu interpretieren. Auf dieses Thema gehen wir in Kapitel 4 ein.

Zuschauen, zuhören und mutig ausprobieren – das sind wichtige Schritte auf dem Weg zum Erfolg in Social Media. Selbst nach der Weiterbildung zum Social Media Manager oder der gründlichen Lektüre dieses Buchs können Sie sich maximal ein paar Monate bequem zurücklehnen. Danach heißt es wieder, Augen und Ohren auf Empfang zu stellen und am Ball zu bleiben. Deshalb geben wir Ihnen in diesem Buch immer wieder Hinweise dazu, welche Blogs Sie regelmäßig lesen sollten, welche Veranstaltungen hilfreich sind und warum der Austausch mit einem belastungsfähigen Netzwerk so wertvoll ist.

Die Mechanismen von Social Media

Im weiteren Verlauf des Buchs schauen wir uns einige Social-Media-Plattformen genauer an, um ihre Mechanismen besser zu verstehen. Dabei werden Sie schnell erkennen, dass es immer wieder auf die Grundhaltung ankommt. Zuhören und zuschauen lernen ist eine wichtige Maxime – verbunden mit dem Mut, etwas Neues auszuprobieren und sich an Fehlern weiterzuentwickeln. Social Media ist ein permanenter Betazustand, in dem es immer wieder nachzubessern gilt: Algorithmen ändern sich, neue Funktionen oder Plattformen entstehen, und die Karawane zieht mal wieder weiter. Das klingt anstrengend, doch bevor Sie entmutigt das Buch wieder zuklappen: Es macht auch viel Spaß! Sie können

ohne Programmierkenntnisse und teure Fotoausrüstung ansprechenden Content kreieren und auf Trends und News zeitnah reagieren. Gibt
es dann schnell und unmittelbar positives Feedback, hat sich die Mühe
gelohnt.

Ein Vorteil von Internet und Social Media ist, dass Sie Fehler meist
schnell und einfach bereinigen können. Hatten Sie früher einen Tippfehler in Ihrem Flyer, standen Sie vor der Frage, ob Sie Tausende davon
wegwerfen müssen. Unterläuft Ihnen heute ein Lapsus, erlauben die
meisten Netzwerke, Postings noch im Nachgang zu korrigieren oder zu
ersetzen.

Die Social-Media-Kanäle erleichtern die Kommunikation und verbinden Gleichgesinnte in aller Welt. Sie werden auch immer mehr zur
Hauptinformationsquelle für viele Menschen. Im Rahmen dieser Me-
dienverschiebung finden sich schnelle und vielstimmige Nachrichten
auf Social Media. Medienkompetenz ist gefragt, um fundierte Sachin-
halte von Meinungsäußerungen zu unterscheiden. Dadurch wird aus
einer One-to-many-Kommunikation eine Many-to-many-Kommunika-
tion. Zu den Paid Media, etwa Werbebanner, kommen Owned Media
wie die eigene Website und als Sahnehäubchen der Earned Content
oder die Earned Media. Letztere sind Inhalte, die Sie sich im wahrsten
Sinne des Wortes erarbeitet und verdient haben. Ein Beispiel dafür sind
Kunden, die sich interessiert und positiv über Ihre Produkte äußern,
Fragen dazu stellen oder diese bewerten.

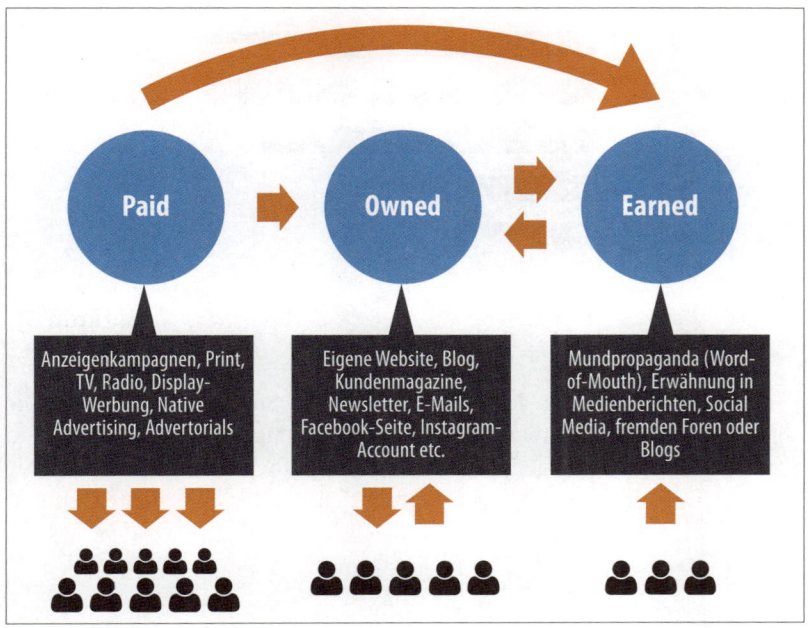

◀ **Abbildung 1-4**
Die Unterschiede zwischen
Paid, Owned und Earned
Media

Hinweis ▶ Viele Dienste des Social Web haben ihren Ursprung im *Web 2.0*. Bereits Anfang der 2000er-Jahre schufen Flickr, YouTube, Wikipedia und viele andere die technischen Infrastrukturen, die heute jeden Websurfer zum Publizisten machen können. Dank einfacher Bedienbarkeit waren plötzlich keine Programmierkenntnisse mehr nötig, um Texte, Bilder oder Videos zu veröffentlichen. Aus diesem Trend, dem Verlagsgründer Tim O'Reilly 2005 in seinem wegweisenden Artikel »What is Web 2.0?«[6] herausragende Zukunftschancen vorhersagte, wurde eine etablierte und zentrale Spielart des Internets.

Mit der flächendeckenden Verbreitung von mobilen Geräten sind die Menschen immer häufiger und länger online. Dies eröffnet weiter steigende Chancen für Social Media, deren Dienste für die Nutzung unterwegs prädestiniert sind. Die Menschen twittern aus der S-Bahn, schauen sich mobil Videos oder Stories an und laden schnell einen Schnappschuss bei Snapchat hoch – alles mit dem Smartphone und in ständigem Austausch mit ihren Kontakten. Laut einer Studie von Bitkom Research nutzen inzwischen vier von fünf Deutschen Social Media per Smartphone, wie Abbildung 1-5 veranschaulicht. Insbesondere Jugendliche greifen unterwegs auf die Netzwerke zu. Dabei nutzen sie bevorzugt WhatsApp oder den Facebook Messenger zum direkten Austausch.

Abbildung 1-5 ▶
Bitkom Research zeigt: Mobile First gilt auch für Social Media.

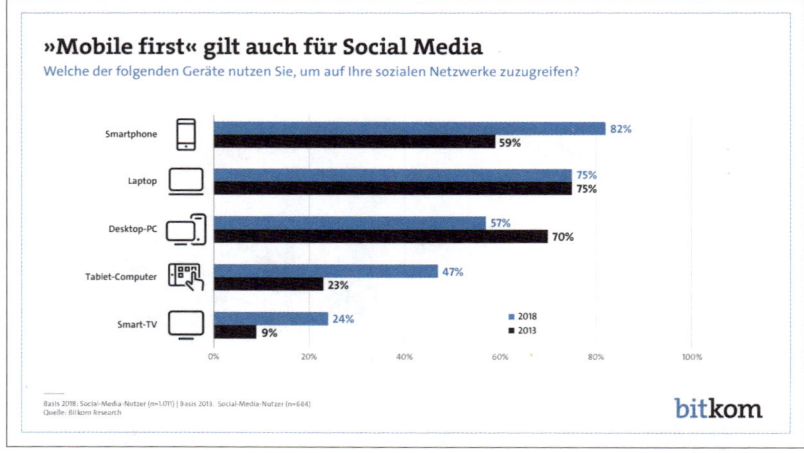

WhatsApp ist mehr ein Messaging-Dienst als ein Social Network. Die User tauschen sich direkt oder in Gruppen aus, schicken Text- und Sprachnachrichten sowie Bilder und Videos. Einen Algorithmus, wie Sie ihn von Twitter oder Facebook kennen, gibt es bislang nicht. Dement-

---

6 *http://www.oreilly.de/artikel/web20.html*

sprechend ist auch der Einsatz von WhatsApp als Marketingtool derzeit noch wenig verbreitet. Unternehmen, die bereits Messenger-Dienste nutzen, erfreuen sich noch an hohen Öffnungsraten von Nachrichten und dem unkomplizierten Kontakt. Auf Messenger-Dienste wie WhatsApp, Facebook Messenger und WeChat gehen wir in Kapitel 13 näher ein.

Was ist Social Media Marketing?

Die Grundsätze der Disziplin der *Social Media Optimization* haben den Weg für das heutige *Social Media Marketing* geebnet.

Der Begriff *Social Media Optimization* wurde vom Marketingstrategen Rohit Bhargava geprägt. Er erkannte 2006, wie wichtig es für Unternehmen sein würde, auf nutzergenerierten Websites Erwähnung zu finden. Als erste Anregung veröffentlichte er fünf Gesetze für die Social Media Optimization. Er riet, Inhalte besser verlinkbar zu machen, im Social Web aufzutauchen und die eigenen Inhalte auch häufiger zu aktualisieren, beispielsweise durch den Start eines Blogs. 2010 passte Bhargava seine Regeln an Facebook & Co. an.[7]   ◀ **Definition**

Marketing, das in den sozialen Netzwerken stattfindet und die Mittel und Möglichkeiten von Social Media nutzt, wird Social Media Marketing genannt. Durch Social Media Marketing erreichen Unternehmen neue Kunden, halten die Verbindung zu Bestandskunden, steigern die Bekanntheit ihrer Marken und lernen im intensiven Austausch von ihren Kunden. Social Media Marketing ist damit längst mehr als ein kurzlebiger Trend – es ist eine Disziplin, die es im geschäftlichen Umfeld zu beherrschen gilt.

Unter *Social Media Marketing* verstehen wir Marketingaktivitäten, die auf Social-Media-Plattformen stattfinden oder in anderer Weise soziale Medien einbinden. Dabei kann es sich um organische Inhalte, aber auch bezahlte Beiträge und Werbung handeln.   ◀ **Definition**

Social Media Marketing ist bestrebt, eigene Inhalte, Produkte oder Dienstleistungen in sozialen Netzwerken bekannt zu machen und mit (potenziellen) Kunden, Geschäftspartnern und Gleichgesinnten in Kontakt zu treten. Die Aufgabe von Experten für Social Media Marketing besteht darin, die Onlinecommunitys so zu managen und zu nutzen, dass Sie mit ihren Teilnehmern wirkungsvoll über relevante Produkt-

---

7   *http://www.rohitbhargava.com/2010/08/the-5-new-rules-of-social-media-optimization-smo.html*

und Serviceangebote sowie die Anliegen der Kunden kommunizieren können. Dabei entsteht häufig auch eine *öffentliche One-to-one-Kommunikation mit einem Kunden oder Geschäftspartner* – eine Situation, die aus dem klassischen Marketing kaum bekannt ist.

Mit Social Media Marketing durchstarten

Gefühlt sind nicht nur die meisten Menschen, sondern auch Unternehmen in Social Media aktiv. Doch stimmt diese Wahrnehmung? Ohne Zweifel gibt es zahlreiche hervorragende Beispiele für Unternehmen, die mit erkennbarer Strategie und mit Fokus auf ihre Zielgruppen in den sozialen Medien aktiv sind. Gleichzeitig gibt es leider immer noch viele Unternehmen, die eine Präsenz in Facebook haben, »weil das jetzt so üblich ist«. An ihrem Content und der Art, mit der Community zu kommunizieren, wird jedoch deutlich, dass sie für sich noch keine Ziele definiert und keine Strategie gefunden haben.

Erfolg in Social Media sieht aus der Ferne betrachtet oft leichter aus, als er ist. Ein paar tolle Videos auf YouTube, flotte Sprüche auf Facebook und coole Influencer, die die Marke hypen, und schon verkaufen sich die Produkte wie geschnitten Brot. Dass hinter all dem eine ausgeklügelte Strategie steckt, bei der zunächst aus den Unternehmenszielen die Ziele von Kommunikation und Social Media abgeleitet werden, ist auf den ersten Blick nicht zu erkennen. Auch die nötige organisatorische Verankerung im Unternehmen und die Zusammenarbeit zwischen Marketing, PR und Social Media ist essenziell. Geht die Geschäftsführung mutig voran, etabliert das Thema im Unternehmen und motiviert die Mitarbeitenden, als Markenbotschafter aktiv zu werden, sind die ersten wichtigen Schritte geschafft. Dann bedarf es noch eines guten Netzwerks und der vertrauensvollen Zusammenarbeit mit Multiplikatoren und Influencern. Werden ausreichend Budget und interne Personalressourcen bereitgestellt, kann es schon fast losgehen. Zunächst müssen aber die Ziele definiert werden.

Ziele und Zielgruppen in Social Media

Vielen Unternehmen macht die große Auswahl an Social-Media-Plattformen Angst, und sie können sich nur schwer entscheiden, wo sie präsent sein sollten. Wenn Sie sich zu Beginn ausreichend Zeit nehmen, um Ihre Ziele und Zielgruppen klar zu identifizieren, lässt sich die Frage leichter beantworten. Häufig wird dieser Schritt jedoch ausgelassen, und es heißt nur: »Wettbewerber xyz hat doch jetzt einen Instagram-Account.« Ob Ihr Konkurrent auf Instagram auch erfolgreich ist und ob wirklich alle Unternehmen Ihrer Branche dort vertreten sind, sollte daher zunächst geklärt werden.

Der erste Schritt auf dem Weg zu erfolgreichem Social Media Marketing ist eine fundierte und ehrliche Analyse, bei der die Ziele des Unternehmens und die Zielgruppen im Fokus stehen.

Zunächst stellen sich viele Unternehmen die Frage, warum sie sich im Social Web engagieren sollten. Ein Eiscafé auf Facebook leuchtet den meisten Menschen ein und auch, dass eine Tageszeitung twittert. Mit zahlreichen Praxisbeispielen zeigen wir Ihnen in diesem Buch, dass fast jedes Unternehmen von einer Präsenz in Social Media profitiert.

Zu möglichen Zielen, die Unternehmen mit gut durchdachtem Social Media Marketing erreichen können, zählen die folgenden:

- Bekanntheitsgrad erhöhen.
- Image verbessern, Onlinereputation aufbauen.
- Kundenservice verbessern.
- Kundenbindung, Kundenzufriedenheit, Nutzerfreundlichkeit.
- Markenaufbau, Markenloyalität der Kunden, Marken-Branding.
- Leads generieren.
- Vertrieb unterstützen, Sales/Abverkauf.
- Empfehlungsmarketing nutzen.
- Reputationsmanagement, Krisenfrüherkennung, Krisenmanagement.
- Employer Branding, Social Recruiting unterstützen.
- Interne Unternehmenskommunikation.
- Marktforschung zu geringen Kosten betreiben.
- Crowdsourcing nutzen.

Im Laufe der nächsten Kapitel gehen wir auf einige dieser Ziele ein und diskutieren, mit welchen Kanälen und Maßnahmen Sie dabei am besten arbeiten können. Zahlreiche Praxisbeispiele zeigen Ihnen, wie andere Unternehmen im Social Web erfolgreich sind.

Erfolgsmessung im Social Media Marketing

Die Nutzung von Social Media ist in allen Altersgruppen und Bevölkerungsschichten zum Alltag geworden. Daher kommen Sie als Unternehmen nicht mehr daran vorbei, dort ebenfalls präsent und aktiv zu sein. Verglichen mit den stolzen Preisen von Fernsehwerbung ist das finanzielle Engagement deutlich überschaubarer. Zudem bieten die sozialen Medien hervorragende Möglichkeiten der Erfolgsanalyse. Die Einschaltquoten des TV demonstrieren, wie viele Menschen eine bestimmte Sendung eingeschaltet haben: Ob die Zuschauer dabei auf ihrem Smartphone twitterten oder sich mit Nachschub an Essen und Getränken versorgten, ist nicht bekannt. Die Social-Media-Statistiken sind hingegen umfassend, konkret und aussagekräftig. Klickt ein Nutzer auf den Link in einem organischen Post oder einer Werbeanzeige, hat der Beitrag offenbar sein Interesse geweckt – denn er wurde aktiv.

Beim Social Media Marketing geht es darum, der Community offen und vorurteilsfrei zuzuhören und auf angemessene Weise zu antworten. Eine kontinuierliche und präzise Überwachung dessen, was im Netz geschieht, ist Voraussetzung: Wie kommt mein Content an, und mit welcher Tonalität wird über mein Unternehmen und meine Produkte gesprochen? Das wird als *Social Media Monitoring* bezeichnet und ist eine zentrale Disziplin des Social Media Marketing. Wir gehen darauf in Kapitel 3 näher ein.

Zu Beginn sind Sie gefordert, das Budget für Ihre Social-Media-Marketing-Strategie festzulegen. Je nach Strategie und dem geplanten Umfang Ihrer Aktivitäten kann Social Media Marketing Hunderte oder Hunderttausende von Euros kosten.

Natürlich wollen Sie wissen, ob die Investition in Form von Zeit und Geld erfolgreich war und Sie die richtige Strategie verfolgen. Aber wie lassen sich Posts, Vernetzung und Interaktionen sinnvoll messen? Es gibt einige Kenngrößen, die Ihren Erfolg im Zusammenhang mit Ihren Zielen messen und ein effektives Feintuning Ihrer Kampagnen erlauben. Zeitnah messen und nachbessern sollten Sie bereits während der Laufzeit einer Kampagne. Wichtig ist dabei, dass Sie genau wissen, was Sie messen wollen, denn Daten gibt es im Zeitalter von Big Data mehr als genug. Wir besprechen in Kapitel 3 genauer, wie Sie idealerweise bei Ihrem Social Media Monitoring vorgehen und welche KPIs (*Key Performance Indicators*) hilfreich sind.

Wirklich aussagekräftige Ergebnisse des Social Media Marketing sind nicht sofort messbar. Eine Strategie funktioniert nicht über Nacht, sondern wirkt langfristig. Social Media Marketing stellt Ihr Produkt oder Ihre Dienstleistung einer Gruppe von Nutzern vor, die idealerweise ihr Netzwerk auf das Angebot aufmerksam machen und sich positiv über Ihr Unternehmen äußern.

Bequem zurücklehnen ist auch dann nicht angesagt, wenn schon zahlreiche Fans und Follower an Bord sind. Nach dem Post ist immer wieder vor dem Post und eine ständige Erfolgskontrolle unerlässlich.

Warum sind Suchmaschinen für das Social Media Marketing wichtig?

Das von Tim Berners-Lee entwickelte World Wide Web war anfangs für Physiker gedacht[8], und er wäre wohl nie auf die Idee gekommen, dass sein Projekt Milliarden Menschen verbinden und ihnen gewaltige Informationsmengen zugänglich machen würde. Er hätte sich nicht träumen lassen, dass einmal fast jeder Mensch über einen Webzugang verfügt, der die Kommunikation in alle Welt erleichtern würde.

Suchmaschinen wurden entwickelt, um die Informationen der Welt zu strukturieren. Mit der Suchmaschinenoptimierung (*Search Engine Optimization*, SEO) wollen Marketingexperten im Detail verstehen, wie eine Suchmaschine die Ergebnisse verschiedener Suchbegriffe ordnet. Das Ziel der Suchmaschinenoptimierung ist es, die Inhalte der eigenen Website auf die erste Seite der Suchergebnisse zu bringen. Ist der Kunde unseres Experten für Suchmaschinenoptimierung auf den Handel mit Edelfischen spezialisiert und jemand gibt in eine Suchmaschine »Edelfisch« ein, sollte die Website in den Ergebnissen von Google & Co. möglichst weit oben stehen.

Die Spezialisten für Suchmaschinenoptimierung helfen dabei, den Inhalt der Webseiten so zu strukturieren, dass die Sites ihrer Kunden ein höheres Ranking bekommen als die der Wettbewerber. Dazu analysieren sie die Elemente der Website und verbessern sie anhand des Wissens über die Algorithmen der Suchmaschinen, um sie in deren Abfrageresultaten stärker sichtbar zu machen. Da Google & Co. ihre Algorithmen weitgehend geheim halten, muss diese Kenntnis durch Beobachtung sowie Trial-and-Error erworben werden.

Das Suchmaschinenmarketing (*Search Engine Marketing*, kurz SEM) umfasst folgende Komponenten:

- **Suchmaschinenoptimierung** (*Search Engine Optimization*, SEO) teilt sich auf in die beiden Hauptkategorien Onpage- und Offpage-Optimierung. Die *Onpage-Optimierung* bezieht sich auf Maßnahmen, die der Website-Betreiber auf seiner eigenen Website durchführt. Hierzu gehört, den Quellcode inklusive der Seitenelemente wie Title-Tag und Metadaten zu optimieren. Außerdem sollte der Content mit den für die Nutzer relevanten Keywords versehen werden und eine gute interne Verlinkung der Website erfolgen. Die *Offpage-Optimierung* fokussiert sich auf das Link-Building, also darauf, dass andere, möglichst relevante und häufig besuchte Websites auf die eigene Webpräsenz verlinken, um so das Ranking in den Suchmaschinen zu verbessern.

- **Suchmaschinenwerbung** (*Search Engine Advertising*, SEA) sind Werbeanzeigen innerhalb von Suchmaschinen oder auf Content-Seiten. Das bekannteste Programm dieser Art ist Google Ads (früher: Google AdWords), bei dem die Anzeigen neben oder über den organischen Suchergebnissen in Google erscheinen sowie auf Websites von Suchnetzwerkpartnern oder im Google-Display-Netzwerk. Die Klickvergütung (*Pay-per-Click*) ist ein Modell der SEA, bei dem Ihr Unternehmen für Klicks auf gesponserte Listings Gebote abgibt und für hohe Rankings bezahlt. Je mehr Geld Sie in die Kampagne investieren, desto besser wird die Sichtbarkeit für den unbeteiligten Surfer (abhängig von anderen algorithmischen Faktoren).

---

8   http://www.w3.org/People/Berners-Lee/

In Umfragen bestätigt lediglich jedes fünfte Unternehmen, dass es den ROI (*Return on Investment*) seiner Social-Media-Aktivitäten ermittelt.[9] So ist es nicht verwunderlich, dass die Führungsetage mancher Unternehmen noch an der Sinnhaftigkeit von Social Media zweifelt oder sie als Hype ansieht, der wieder vorbeigeht. Interessanterweise sind kleinere und mittelgroße Unternehmen dem Engagement in Social Media gegenüber aufgeschlossener als manche Großunternehmen. Das könnte damit zusammenhängen, dass es durch und in Social Media schwieriger wird, eine *One-Voice-Policy* zu verfolgen. Insbesondere große Unternehmen müssen hier lernen, mit einem gewissen »Kontrollverlust« zu leben.

Doch es geht nicht nur darum, mithilfe des Monitorings zu schauen, welche Formate und Inhalte bei den Fans am besten ankommen. Sie sollten regelmäßig auf den Prüfstand stellen, auf welcher Plattform Sie aktiv sind. Was nützt die tollste Seite mit begeisterten Fans auf Facebook, wenn es sich dabei nicht um Ihre Zielgruppe handelt – und diese Menschen niemals zu Kunden werden? Was es beim Social Media Monitoring zu beachten gilt, besprechen wir in Kapitel 3.

Tipp ▶ Im analogen Leben sind manche Menschen eher vorsichtig und warten ab, wenn es etwas Neues gibt. In den sozialen Medien zahlt sich diese Zurückhaltung nicht aus: Als Early Adopter können Sie nur gewinnen. Seien Sie vorne dabei, wenn die Plattform, auf der Sie aktiv sind, neue Funktionen anbietet. Sie können davon ausgehen, dass der Algorithmus neue Features priorisiert und die frühe Anwendung mit mehr Aufmerksamkeit und Sichtbarkeit belohnt.

Damit in Social Media der direkte Austausch mit Kunden möglich ist, lohnt es sich, regelmäßig und aufmerksam zuzuhören – statt viel Geld in die Marktforschung zu investieren. Verfolgen Sie aufmerksam die Bewertungen Ihres Unternehmens, Ihrer Produkte und Ihrer Serviceleistungen auf Bewertungsplattformen und Facebook. Doch damit allein ist es nicht getan, denn die Menschen machen ihrem Unmut auch in Tweets Luft oder nörgeln auf ihrem Blog. Die vielfältigen Kanäle im Auge zu behalten und auf die Tonalität von Äußerungen in den Communitys zu achten, ist nicht einfach und kostet Zeit und/oder Geld. Im ersten Schritt können Sie mit kostenfreien *Alert-Funktionen* arbeiten, wie sie Talkwalker oder Google anbieten. Lässt Ihr Budget es zu, sollten Sie auf anspruchsvolle und im Zweifel kostenpflichtige Social-Listening-Software setzen oder ein Monitoring-Unternehmen beauftragen. Wie Sie hier am besten vorgehen, erklären wir in Kapitel 3.

---

9 *https://hootsuite.com/de/resources/barometer-2018-de#*

Kontakte pflegen, Beschwerden schreiben, News verfolgen: Einsatzfelder sozialer Medien

Wofür nutzen Sie die sozialen Netzwerke im Internet?

Privatleben

68%
Um private Kontakte zu pflegen
und neue zu knüpfen

38%
Um mein Privatleben zu organisieren

18%
Um einen Job zu suchen und zu finden

11%
Um einen Lebenspartner oder einen
Flirt zu suchen und zu finden

Produkte

38%
Um Angebote für Produkte und
Dienstleistungen zu finden

31%
Um über Unternehmen & Marken
auf dem laufenden zu bleiben

10%
Um mich bei Unternehmen & Marken
zu beschweren

Nachrichten

57%
Um mich über das Tagesgeschehen zu
informieren & Nachrichten zu verfolgen

30%
Um über Personen des öffentlichen
Lebens auf dem Laufenden zu bleiben

Basis: Social-Media-Nutzer (n=1.011) | Mehrfachnennungen möglich | Quelle: Bitkom Research

bitkom
research

Social Media nachhaltig im Unternehmen verankern

Soziale Medien sind in unserem Alltag angekommen. Die meisten von uns gehen nicht mehr online, sondern sind online, wie Abbildung 1-7 unterstreicht. Morgens nach dem Aufwachen checken wir Facebook, Instagram und Twitter, während der Arbeit nutzen wir sämtliche Dienste des Webs für Recherche, Austausch und Vernetzung. Privat halten wir Kontakt mit unseren Freunden oder begleiten das abendliche Fernsehen auf unserem Smartphone oder Tablet per »Second Screen«. Beispielsweise twittern Fernsehzuschauer mit dem Hashtag *#gntm*, wenn sie Germany's next Topmodel schauen. Diese Nutzungsgewohnheiten geben kleinen und großen Unternehmen die Chance, sich mit einem breiten Publikum von Multiplikatoren und Konsumenten zu verbinden.

▲ **Abbildung 1-6**
Die Hauptbeschäftigungen
der User im Web laut einer
Umfrage von Bitkom
Research: Kontakte
pflegen, sich beschweren,
News verfolgen

Um die Eigenschaften von Webusern besser zu umreißen, werden sie in der *Typologie der Webnutzer* gruppiert. Als *Digital Natives* bezeichnen wir Menschen ab Jahrgang 1980, die mit dem PC und dem World Wide Web aufwuchsen. Sie setzen in der Mehrheit selbstverständlich moderne Technik in ihrem Alltag ein. Dennoch sagt das Alter der Internetnutzer nicht unbedingt etwas über ihre Aufgeschlossenheit gegenüber der Digitalisierung aus.

◄ **Definition**

Die Begriffe *Digital Residents* und *Digital Visitors* sind besser geeignet, um sich ein Bild der Nutzertypen zu verschaffen: Mit Digital Residents sind jene gemeint, bei denen Beruf und Privatleben eng mit dem Web verwoben sind. Die Residents nutzen das Web nicht nur, sie gestalten es auch mit, unter anderem indem sie aktive Mitglieder in Communitys sind. Digital Visitors dagegen sind deutlich weniger häufig online. Sie gehen ins Web, um zu recherchieren oder sich mit ihren Offlinekontakten auch online zu vernetzen.

Eine Studie zur digitalen Nutzung in Deutschland unterteilt die Internetnutzer sogar in sechs Gruppen. *Digital Junkies* sind »always on«, legen aber eine kritische Haltung an den Tag, wohingegen die *Contact Seeker* alle Möglichkeiten des Webs nutzen und Angst haben, etwas zu verpassen. Die *Content Producer* gestalten das Web aktiv mit. Die *Conservative User* zeigen eine positive Haltung gegenüber der Digitalisierung, übernehmen aber nicht alles. Aufgrund der Datenschutzproblematik sind die *Careful Consumer* besonders vorsichtig im Netz unterwegs, wohingegen es sich bei den *Inexperienced Deniers* um digitale Totalverweigerer handelt.[10]

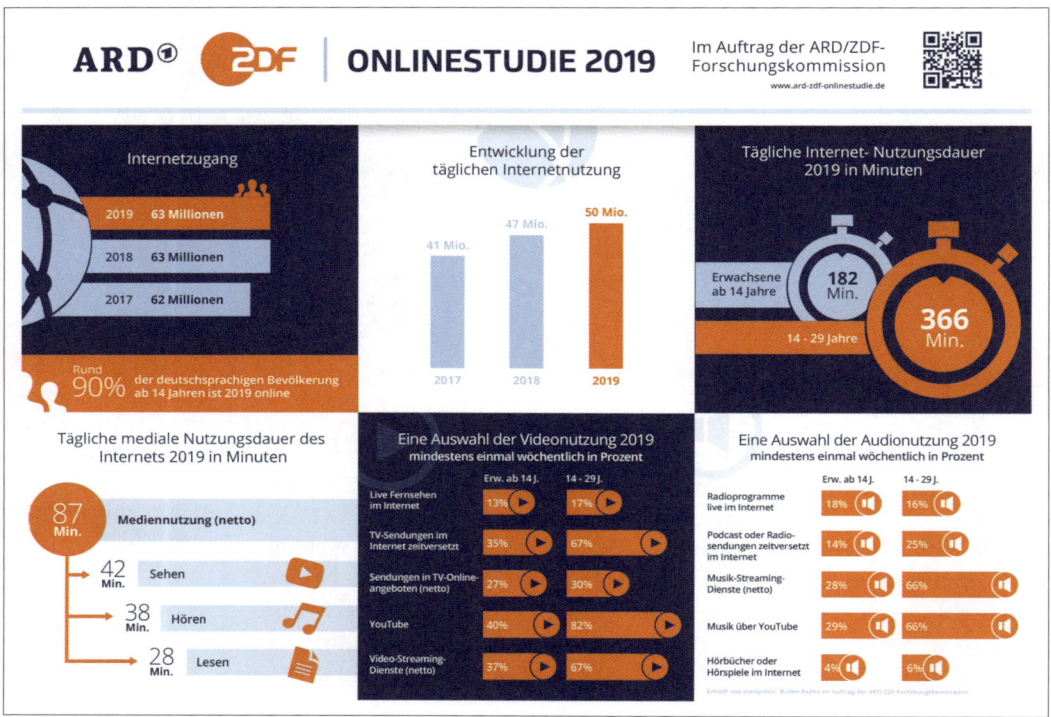

Abbildung 1-7 ▲
Ergebnisse der ARD/ZDF-
Onlinestudie 2019

Da Social Media allgegenwärtig geworden sind, gilt es, die sozialen Netzwerke bei jeder Kampagne mitzudenken und einzuplanen. Dabei sollten PR, Marketing und Social Media Hand in Hand agieren. Geht es um das Thema Employer Branding, kommt zusätzlich die Personalabteilung ins Spiel.

Traditionell legt die Abteilung Presse & Öffentlichkeitsarbeit großen Wert darauf, dass das Unternehmen »mit einer Stimme spricht«. Deshalb werden Mitarbeiter intensiv auf Interviews vorbereitet und gleichzeitig davor gewarnt, eigenmächtig über das Unternehmen Auskunft zu

---

10 *https://www.bvdw.org/fileadmin/user_upload/BVDW_Marktforschung_Digitale_Nutzung_in_Deutschland_2018.pdf*

geben. In Social Media sollte möglichst authentisch kommuniziert werden, was sich mit einer Stimme schwer machen lässt. Daher gilt es, klare Regeln in sogenannten *Social Media Guidelines* festzulegen. Dürfen oder sollen Mitarbeiter für das Unternehmen sprechen, sollte sichergestellt werden, dass sie über die nötige Kompetenz verfügen. Auf dieses Thema gehen wir in Kapitel 4 ein.

Mitarbeiter können hervorragende Unternehmens- und Markenbotschafter sein und sehr authentisch für ihren Arbeitgeber sprechen. Dabei sollten sie nach außen deutlich machen, dass sie Mitarbeiter sind. Zudem muss klar sein, ob es sich um eine private Meinung handelt oder ob die Person im Namen des Unternehmens spricht. Nutzen Sie geschickt die Stärken der einzelnen Mitarbeiter. Vielleicht haben Sie einen hervorragenden Hobbyfotografen in Ihren Reihen, der gern Ihre Produkte oder das Firmengebäude in Szene setzt. Eventuell gibt es einen Erklärbär oder einen Mitarbeiter mit einer besonders humorvollen Seite. Fragen Sie die Kollegen, ob Sie Lust hätten, in einem Film mitzuwirken und Ihrem Unternehmen ein menschliches Gesicht zu verleihen. Ein solches Video eignet sich hervorragend für das Employer Branding und das Social Recruiting.

Mehr Besucher auf Ihre Website bringen

In sozialen Medien empfehlen Nutzer Inhalte, die sie gut finden, Gleichgesinnten weiter. Sobald ein aktiver Nutzer Inhalte findet, likt, kommentiert und teilt, beginnt die virale Ausbreitung. Diese wird durch seine Kontakte in den Onlinecommunitys gesteigert und durch die Wirkungsweise der Algorithmen beeinflusst. Auf diese Weise locken Sie Social-Media-Nutzer auf Ihre Website oder in Ihren Webshop. Der E-Commerce kommt heute kaum noch ohne die Unterstützung durch Social Media aus.

Word-of-Mouth-Marketing oder *Empfehlungsmarketing* ist das Generieren von Kundenbewertungen und -meinungen über eigene Produkte und Leistungen. Dahinter steht die Erkenntnis, dass Konsumenten heute eher den Beurteilungen anderer Konsumenten als denen der Anbieter von Produkten vertrauen. Viele Onlineshops – allen voran Amazon – integrieren Kundenrezensionen erfolgreich in ihre eigenen Portale. Darüber hinaus gibt es reine Empfehlungsplattformen. Wir gehen in Kapitel 12 näher auf das Word-of-Mouth-Marketing ein.

◀ **Definition**

Relevante Links auf Ihre Website lenken

Mit gutem Content hilft Social Media Marketing dabei, hochwertige Links zu generieren. Entdeckt ein Internetnutzer interessante Inhalte, verbreitet er sie möglicherweise auf seinem Blog oder in Social Media –

---

mit einem Link auf die Neuentdeckung. Solche Links zeigen Suchmaschinen, dass jemand die Inhalte der betreffenden Webseite für vertrauenswürdig und relevant hält. Je mehr Links auf Ihre Seite verweisen, desto besser stehen Ihre Chancen, von Lesern und Nutzern gefunden zu werden, die über Suchmaschinen nach Content mit echtem Mehrwert suchen.

Hinweis ▶ Ein verbreitetes Gesetz im Bereich des Suchmaschinenmarketings lautet: *Content is King*. Der Marketingspezialist Gary Vaynerchuk hat diesen Grundsatz erweitert: *Wenn Content der König ist, ist Marketing die Königin (und die Königin herrscht im Hause)*. Denn wenn Sie Inhalte erstellen, sollten Sie Social Media nutzen, um Ihren Content sichtbar zu machen. Dazu sagte Michael Gray, ein Experte für Suchmaschinenoptimierung: »Guten Content zu erstellen, ohne ihn zu vermarkten, ist, als würde man William Shakespeare in ein Zimmer einsperren, damit er nur für sich selbst schreibt.«

Guter Content und engagiertes Marketing sind nicht genug. Der passende Kontext und der Aufbau einer guten Beziehung zu den Communitys sind ebenfalls essenziell, um die relevanten Inhalte weiterzutragen. Eine große Rolle spielt dabei die Art und Weise, mit der Inhalte weitergegeben werden. Erzählen Sie eine Geschichte, die die Botschaft durch persönliche und/oder emotionale Elemente verstärkt. Betreiben Sie also Storytelling.

Markenbindung stärken

Eine hohe Markenbekanntheit und eine starke Marktposition sind von Vorteil, um Kunden anzuziehen, die Ihr Produkt oder Ihren Service benötigen. Aber es lohnt sich auch auf längere Sicht, die Bekanntheit Ihrer Marke zu steigern. Verbraucher, die Ihre Marke, Ihre Produkte und Ihre Services jetzt kennenlernen, erinnern sich in Zukunft eher an Sie und kommen bei Bedarf auf Sie zurück. Hinterlassen Sie bei einem breiten Kreis von Internetnutzern einen guten Eindruck, zahlt sich das aus, wenn Sie ihnen ein neues Produkt vorstellen. Das trifft umso mehr zu, als eines der Grundkonzepte des Social Media Marketing die Weiterempfehlung ist, also dass Menschen sich gegenseitig Links, Websites und Produkte empfehlen.

Eine enge Markenbindung hilft Ihnen nicht nur beim Absatz von Produkten, sondern verhilft Ihnen auch zu einer stabilen Onlinereputation. Zeigen Sie authentisch und dialogorientiert Ihr Unternehmen und die Menschen dahinter. Damit bauen Sie Fürsprecher auf, die Sie im Krisenfall unterstützen.

Kunden überzeugen und Gesprächsstoff bieten

Mit einer effizienten Marketingstrategie und einer kreativen Darstellung kann Social Media Marketing Menschen zum Kauf des gewünschten Produkts oder Service bewegen. Im Gegensatz dazu kann schlechtes

---

Marketing dazu führen, dass der Verbraucher auf Distanz geht. Wenn Sie eine Software verkaufen und sie mit einem monoton gesprochenen Video anpreisen oder auf Ihrer Website hässliche Stockfotos verwenden, wie wahrscheinlich ist es dann, dass Ihr Marketing zur Umsatzsteigerung beiträgt? Präsentation und Gestaltung sind im Social Media Marketing von zentraler Bedeutung.

Beschert Ihre Social-Media-Strategie Ihnen Verlinkungen, liegt das daran, dass Menschen über Sie reden. Sie sollten verinnerlichen, dass die Nutzer von Social Media gezielt nach Kundenmeinungen und Empfehlungen suchen und unpersönlichen Unternehmensbotschaften immer weniger Beachtung schenken.

Weshalb ist Social Media Marketing anders?

Die Verbraucher bringen klassischer Werbung immer weniger Vertrauen entgegen; traditionelle Strategien sind nicht mehr so wirkungsvoll wie früher. Mit klugem Social Media Marketing können Unternehmen neue Kommunikationskanäle zu Ihren Kunden aufbauen und nutzen. Schließlich suchen die meisten Menschen online Informationen über Produkte und Unternehmen und gehen immer kompetenter mit Social Media um. Instagram, Pinterest und Facebook sind für viele eine Selbstverständlichkeit geworden.

Social Media Marketing hat daher ein großes Potenzial. Diesen Eindruck untermauern erfolgreiche Fallstudien, von denen wir einige in diesem Buch untersuchen. Es gibt noch andere Gründe, neben den traditionellen Marketingstrategien (oder an ihrer Stelle) eine solide Social-Media-Marketing-Strategie zu fahren.

Social Media Marketing erleichtert das Auffinden neuer Inhalte auf natürliche Weise.

Gut gemachte Inhalte können spontan Hunderten von neuen Besuchern gezeigt werden, vom Gelegenheitssurfer bis zum ausgemachten Fan. Anders als bezahlte Werbung, die den Internetnutzern aufgezwungen wird, eröffnen soziale Medien ihren Besuchern Inhalte, die nicht unbedingt mit direkten kommerziellen Absichten verbunden sind.

Social Media Marketing lässt Zugriffszahlen in die Höhe schnellen.

Zugriffe auf Websites (Traffic) werden nicht nur durch Suchmaschinen generiert: Quellen von Traffic sind inzwischen sehr häufig Social-Media-Sites. Sobald Sie sich als Mitglied der Community etabliert haben, werden sich Menschen dafür interessieren, was Sie zu sagen haben, und Ihre Beiträge, Videos oder Infografiken teilen, kommentieren und weiterleiten.

Social Media Marketing baut starke Beziehungen auf.

Wenn Sie auf die Mitglieder Ihrer Communitys achten und sich die Zeit nehmen, auf Anliegen zu reagieren, können Sie starke Beziehungen zu ihnen aufbauen. Selbst Communitys, die nicht mit Ihrer Firma, Marke, Produktpalette oder Dienstleistung verbunden sind, haben Mitglieder, die mehr über Sie und Ihr Angebot wissen möchten. Macht Ihr Unternehmen einen guten Eindruck auf Ihre regelmäßigen Gesprächspartner, empfehlen diese Sie weiter.

Social Media Marketing: kostengünstige Ergänzung zum traditionellen Marketing mit hohem Nutzwert

Der Einstieg ins Social Media Marketing ist mit geringeren Kosten zu realisieren als klassische Marketingmaßnahmen. Wollen Sie Social Media Marketing inhouse betreiben, müssen Sie zunächst Zeit für die Strategie investieren, außerdem Zeit zum Kennenlernen interessanter Communitys, Zeit für die Content-Planung sowie Zeit zum Briefen und Schulen Ihrer Social-Media-Verantwortlichen.

Vielleicht beauftragen Sie einen externen Berater für Social Media Marketing, Ihre Strategie einzuführen und umzusetzen. In den letzten Jahren haben die meisten PR- und Marketingagenturen auch das Social Media Marketing in ihre Angebotspalette aufgenommen. Außerdem gibt es reine Agenturen für Social Media Marketing, die sich professionell um Ihre Kampagnen kümmern. Wenn Sie das komplette Social Media Marketing extern in Auftrag geben wollen, sorgen Sie für ein sorgfältiges Briefing für die Agentur und benennen einen festen Ansprechpartner in Ihrem Unternehmen.

Tipp ▶ Sie suchen nach Best-Practice-Beispielen im nicht kommerziellen Bereich (Vereine, Kultur, NPOs, NGOs) und möchten sich von erfolgreichen Beispielen inspirieren lassen? Stöbern Sie auf der Seite *https://pluragraph.de/* und wählen Sie eine der Themenfelder Organisationen, Politik, Kultur und Verwaltung sowie eine Unterkategorie. Die Seite zeigt Ihnen erfolgreiche Beispiele reichweitenstarker Seiten, die schnell wachsen. Genauso interessant sind jedoch die Fälle, die einen deutlichen Rückgang an Fans und Followern aufweisen. Schauen Sie sich an, was in deren Social-Media-Kanälen zuletzt passierte, und profitieren Sie von den Fehlern der anderen.

Der interne Social Media Manager

Für kleine und mittlere Unternehmen bietet es sich an, im eigenen Haus Social Media Marketing zu betreiben und das nötige Fachwissen aufzubauen und nachhaltig zu verankern. Lassen Sie sich bei Bedarf anfangs von einem Coach begleiten. Der große Vorteil besteht darin, dass Sie Ihre Kunden und Märkte bereits gut kennen – und weiter dicht an und unmittelbar mit ihnen interagieren. Jegliches Feedback können Sie sofort aufnehmen und darauf reagieren.

Wollen Sie sich gerade in der Anfangsphase entlasten, können Sie jemanden beauftragen, der sich um die Erstellung von Logos und Hintergrundbildern oder um die grundlegende Einrichtung eines Profils kümmert.

◀ **Tipp**

Welche Stärken und Erfahrungen sollte ein interner Social Media Manager mitbringen und welche Aufgaben übernehmen? Der Social Media Manager hat die Fäden in der Hand und kümmert sich um die Strategie sowie das Content- und Community-Management im täglichen Doing. Sie oder er sollte ein starkes Interesse an der Entwicklung und den neuesten Trends in den sozialen Medien sowie eine technische Affinität mitbringen. Ein solcher Allrounder ist gerade in KMUs gefragt, die nur begrenzte Ressourcen für die Kommunikation haben. Eine wichtige Eigenschaft für diese zentrale Position ist die Fähigkeit, mit unterschiedlichen Menschen und Zielgruppen innerhalb und außerhalb des Unternehmens empathisch und auf Augenhöhe zu kommunizieren.

Außerdem sorgt der Social Media Manager für eine regelmäßige Erfolgsanalyse, um nötigenfalls die Strategie nachzubessern. Dazu gehört auch, die Wahl der Social-Media-Kanäle immer wieder auf den Prüfstand zu stellen. Finden Sie auf Ihrem Lieblingskanal noch Ihre Zielgruppe, oder ist diese längst weitergezogen?

Je nach Unternehmensgröße gibt es zusätzlich Content- und Community-Manager – oder einzelne Mitarbeiter übernehmen diese Aufgaben zusätzlich zu ihren Hauptthemen.

Kommunizieren Sie auf Ihren Social-Media-Kanälen, wann Sie aktiv und erreichbar sind. Ihre Kunden und Fans haben Verständnis, dass Sie nicht rund um die Uhr Fragen beantworten können. Mitarbeiter, die abends und am Wochenende einen »Notdienst« übernehmen und einen gelegentlichen Blick auf die Kanäle werfen, sollten für ihren Einsatz außerhalb der Kernarbeitszeiten eine gewisse Kompensation und Entlastung erhalten.

◀ **Tipp**

Das Thema ist derart stark in Bewegung, dass der Austausch von Wissen essenziell ist, um immer am Ball zu bleiben. Daher sollte der Social Media Manager regelmäßig einschlägige Quellen im Internet lesen und an Seminaren, Barcamps und Konferenzen teilnehmen. Nicht immer reicht die Zeit oder das Budget, an allen interessanten Veranstaltungen im In- und Ausland teilzunehmen. Über das jeweilige Hashtag können

Sie den Inhalten jedoch auf Twitter folgen, häufig gibt es auch Aufzeichnungen der Vorträge oder gar einen Livestream. Auf Slideshare finden Sie die Folien interessanter Vorträge, und auf YouTube können Sie Videos von Veranstaltungen anschauen.

Tipp ▶ Um beim Thema Social Media Marketing auf dem Laufenden zu bleiben, empfehlen wir die Lektüre von Onlinemagazinen und Fachzeitschriften wie dem monatlich erscheinenden Upload-Magazin (*https://upload-magazin.de/*) oder dem Online- und Printmagazin Social Hub Magazin (*https://socialhub.io/de/mag/*). Schauen Sie bei Thomas Hutter (*https://www.thomashutter.com/*) und bei *http://www.futurebiz.de/* vorbei. Auch bei w&v sowie onlinemarketing.de und t3n finden Sie regelmäßig lesenswerte Beiträge rund um Social Media.

Die richtige Strategie

Es gibt keinen Königsweg, keine Strategie, die für alle passt. Jedes Produkt, jede Dienstleistung und jede Onlinecommunity ist anders. Suchen Sie einen todsicheren Weg zu schnellen Resultaten, ist dieses Buch nichts für Sie. Wie jede andere Marketingdisziplin braucht auch Social Media Marketing Fleiß und Ausdauer sowie die Fähigkeit, zuzuhören. Und immer auch Kreativität und ein gutes Gespür für die eigene Zielgruppe.

In diesem Buch erfahren Sie, wie Sie Folgendes tun können:

- Eine Strategie für die Umsetzung Ihrer Social-Media-Marketing-Pläne erarbeiten.
- Ziele für Ihre Social-Media-Marketing-Kampagnen festlegen.
- Eine Content-Marketing-Strategie entwickeln und relevanten Content erstellen.
- Ihre Zielgruppe durch Ihre Präsenz in den richtigen sozialen Netzwerken erreichen.
- Wirkungsvoll mit Ihren Communitys kommunizieren und selbst Diskussionen anstoßen.
- Social Media nutzen, um Krisen mit Reputationsmanagement vorzubeugen oder sie zu bewältigen.
- Blogger und Social-Media-Influencer einsetzen, um Botschaften gezielt an die gewünschte Zielgruppe zu verbreiten.
- Bestehende Social-Media-Plattformen für das Marketing Ihrer Produkte nutzen.
- Welche rechtlichen Fragen Sie beachten sollten.

Bedenken Sie, dass Menschen nur reagieren, wenn Sie Ihnen etwas Wertvolles bieten, dabei ist Relevanz das Zauberwort. Die Communitys werden nicht antworten, wenn Ihre Absichten nur eigennützig sind. In

---

Kapitel 4 beschreiben wir, wie Sie am besten mit Communitys arbeiten, um Ihre Botschaft zu verbreiten.

Warum ist Social Media Marketing so wichtig?

Bevor es soziale Netzwerke gab, waren zur Einrichtung einer Internetpräsenz Webentwickler und Grafikdesigner gefragt, ein Domainname und eigener Webspace wurde benötigt. Die Social-Media-Plattformen machen es leicht, eigene Inhalte zu publizieren. Die Anwendungen können ohne großes technisches Know-how von jedem verwendet werden, der über einen Internetzugang verfügt. Behalten Sie aber auch die Risiken im Hinterkopf. Jede Social-Media-Plattform kann über Nacht ihre Nutzerbedingungen verändern oder im Fall sinkender Nutzerzahlen den Betrieb einstellen. Das Hausrecht haben Sie nur auf Ihrer Website, Ihrem Blog oder Ihrem Webshop. Diese Webpräsenzen sollten Sie stets ergänzend zu Social Media pflegen.

Das Management Ihrer Onlinereputation

Auf der Seite mit den Suchergebnissen werden in Abbildung 1-8 diverse Ergebnisse für den Suchbegriff »Nutella« gezeigt, inklusive Videos, die nicht alle eine positive Botschaft verkünden. Suchmaschinen zeigen logischerweise alles und nicht nur das, was das Unternehmen gern zeigen möchte. Je mehr relevanten, aktuellen und suchmaschinenoptimierten Content ein Unternehmen anbietet und im Netz verbreitet, desto wahrscheinlicher werden Links auf diese Inhalte unter den ersten Suchmaschinenergebnissen angezeigt. Dabei ist »relevant« wörtlich zu nehmen, denn die Suchmaschinen können reine Werbung von informativen Inhalten sehr wohl unterscheiden.

Im Internet hat jeder die Chance, zu sagen, was er für wichtig hält. Wollen sich Verbraucher öffentlich über ein schlechtes Produkt oder eine misslungene Dienstleistung beschweren, haben sie verschiedene Möglichkeiten. Als Plattform können ein eigenes Blog oder Social-Media-Präsenzen dienen, daneben gibt es zahlreiche Bewertungsplattformen und die Social-Media-Profile des betreffenden Unternehmens. Sie können über eine Social-Media-Plattform einen Hersteller von Smartphones kritisieren oder offen bemängeln, dass es zu wenige digitale Angebote rund um den öffentlichen Nahverkehr in Ihrer Region gibt. Manchmal kann schon ein einziger Blogbeitrag Ihr Geschäft beeinträchtigen. Dazu kann es kommen, wenn er viel diskutiert wird und ein gutes Ranking hat, zumal die Verbraucher oft Bewertungen lesen, bevor sie Kaufentscheidungen treffen. Überwiegt die Kritik, kann es passieren, dass potenzielle Kunden zu Wettbewerbern abwandern, die nicht mit Kritik und negativen Meldungen belastet sind.

Nutella	🔍

Alle   Bilder   Shopping   News   Videos   Mehr   Einstellungen   Tools

Ungefähr 98.800.000 Ergebnisse (0,41 Sekunden)

nutella - der Morgen macht den Tag - Nutella
https://www.nutella.com/de/de ▾
Deutsche Homepage von nutella. Hier finden nutella Fans allgemeine Informationen über nutella und vieles mehr.
Nutella Bahnsinn · Nährwertangaben · Nutella Rezepte · Weihnachten mit nutella

Ferrero-Gruppe - Nutella
https://www.nutella.com/de/de/ferrero-gruppe ▾
Seit seiner Gründung im Jahr 1946 hat das Unternehmen Ferrero durch große Leidenschaft und Ehrgeiz der Mitarbeiter Spitzenleistungen erreicht. Der Spirit ...

Schlagzeilen

Davon haben wir geträumt: Nutella bringt wohl neues Produkt auf den Markt
Chip · vor 4 Stunden

→ Mehr zu Nutella

nutella Bahnsinn - Nutella
https://www.nutella.com/de/de/bahnsinn ▾
nutella Bahnsinn! Sparen + Punkten Mit etwas Glück viele weitere tolle Preise gewinnen!

Nutella – Wikipedia
https://de.wikipedia.org/wiki/Nutella ▾
Nutella ist eine Nuss-Nougat-Creme des italienischen Herstellers Ferrero. Sie besteht aus Zucker, Palmöl, gerösteten Haselnüssen, Milchpulver, Kakao, ...
Geschichte · Rezepturen · Werbung · Genus – der, die oder das ...

Suchergebnis auf Amazon.de für: Nutella
https://www.amazon.de/Nutella/s?ie=UTF8&page=1...i%3Aaps%2Ck%3ANutella ▾
Nutella Minis 24 kleine Gläser à 25 g zum Gestalten eines Adventskalenders, 600 g. von Nutella. EUR 20,99(EUR 34,98/kg). KOSTENFREIE Lieferung.

Videos

Nutella

Nutella ist eine
Sie besteht aus
Kakao, Sojalec

Muttergesellsc

Andere suc

OREO

Oreo

Ergebnisse

Nougatcreme
Nougatcreme ist
zerkleinerten Ha

Ist Nutella wirklich der/die/das beste Nutella?

Nutella im Eimer: 1,7 Kilo Zucker, ein Kilo Fett - Kein Verkaufsschlager

Video "Nutella-Check - Wie gut sind die palmölfreien

Reputationsmanagement, also die Beeinflussung des eigenen guten Rufs, ist eine wichtige Disziplin im Bereich von Social Media Marketing und

Suchmaschinenmarketing.. Dazu zählen Reaktionen auf negative Erwähnungen Ihres Unternehmens oder Ihrer Produkte im Internet und vorbeugende Arbeit.

Da auch Journalisten im Social Web recherchieren, gelangen die Inhalte der Social Media von dort in die klassischen Medien. Das macht Pressemitteilungen nicht überflüssig, bedeutet aber, dass Sie die Medienvertreter als wichtige Zielgruppe für Ihre Social-Media-Aktivitäten im Auge behalten sollten. Beispielsweise ist Twitter eine beliebte Plattform für die schnelle Recherche neuer Themen und wird häufig von Journalisten genutzt. Legen Sie einen Social-Media-Newsroom an und zeigen Sie umgekehrt chronologisch die jeweils neuesten Blogbeiträge sowie die Postings der einzelnen Plattformen.

Es ist Zeit, mitzureden

Bekanntermaßen wird über negative Publicity am meisten gesprochen. Daher geben User diese kritischen Geschichten oft weiter und verlinken auf sie. Je mehr Links auf eine Story verweisen, desto höher ist ihr Ranking in den Suchergebnissen. Natürlich ist es nicht immer möglich, sofort brillant zu reagieren. Häufig muss der Sachverhalt zunächst geklärt werden, bevor Konsequenzen gezogen werden können. Doch auch dann empfiehlt es sich, einen Zwischenbescheid zu geben. Kommunizieren Sie, dass Sie den Fall aktuell prüfen und sich in Kürze detaillierter äußern werden. Ist alles geklärt, sollte sich nicht der Pressesprecher äußern, sondern idealerweise ein Mitglied der Geschäftsführung. Das unterstreicht, dass das Unternehmen die Sorgen und Nöte seiner Kunden ernst nimmt.

Wie Krisen durch Social Media befeuert werden können und wie Unternehmen kommunikativ darauf reagieren sollten, besprechen wir anhand einiger Praxisbeispiele in Kapitel 4. Dort gehen wir auf das Thema Onlinereputation ein und wie sich ein Shitstorm verhindern oder zumindest abmildern lässt.

Was unternehmen Sie, wenn Sie feststellen, dass jemand auf seiner Website, seinem Blog oder einem Social-Media-Kanal schlecht über Ihr Unternehmen spricht? Das traditionelle Vorgehen besteht darin, sich zurückzulehnen und abzuwarten, bis sich die Wogen geglättet haben. Da sich im Internet Informationen leicht verbreiten, ist dieser Ansatz nur noch bei kleinen Empörungswellen die beste Wahl. In der Regel ist es besser, sich am Gespräch zu beteiligen, sofern es sich nicht um Trolle handelt, also Menschen, die am Nörgeln Freude haben, aber keine konstruktive Kritik äußern.

Früher nahmen Verbraucher nur auf, was sie in Printmedien lasen oder in der Werbung sahen. Sie hatten kaum Spielraum für Feedback an den Sender der Botschaft. Doch soziale Medien fördern den Dialog: Online finden Gespräche über Ihr Produkt statt, egal ob Sie sich daran beteiligen oder nicht.

Marketingexperten sind dafür verantwortlich, immer als Erste zur Stelle zu sein und auf diese Gespräche zu achten. Ihre Aufgabe ist es, im Blick zu haben, wie die Leute Ihr Unternehmen und Ihre Produkte online wahrnehmen. Sie sollten sich offen und ehrlich in einem transparenten Meinungsaustausch engagieren. Nur ein Marketingexperte, der sich konsequent am Gespräch beteiligt, kann Vertrauen aufbauen und – wenn nötig – einen Sinneswandel herbeiführen.

Sind Sie bereit für Social Media Marketing?

Wollen Sie in eine neue Dimension der Kommunikation eintauchen? Manche Unternehmen sind darauf nicht vorbereitet und haben Angst vor öffentlicher Kritik. Außerdem haben sie Bedenken, die Gesprächsleitung abzugeben und schlimmstenfalls nicht mehr die alleinige Kontrolle über die Diskussion mit der Community zu haben. Zudem könnte ihre Reaktion (oder das Fehlen einer Reaktion) die öffentliche Wahrnehmung negativ beeinflussen. Ob es Facebook und Twitter in fünf Jahren noch gibt, wissen wir nicht, doch die sozialen Medien als Kommunikationsform werden weiterleben. Daher sollten Sie den Peer-to-Peer-Kanälen unbedingt die nötige Aufmerksamkeit und ausreichend Ressourcen widmen.

Zwei Überlegungen sind wichtig, um einzuschätzen, ob Sie für Social Media Marketing bereit sind.

Sind Sie bereit, die alleinige Kontrolle über die Botschaft abzugeben?

Heute kann jeder ohne große Mühe Content erstellen. Es gibt Hunderttausende von Websites und Blogs, auf denen Privatpersonen etwas veröffentlichen können: Auf diesen Sites und auf den Social-Media-Plattformen wird auch über Sie geredet.

Unternehmen können ihre Botschaften noch immer mithilfe eigener Kommunikationskanäle verbreiten. Dennoch müssen sie akzeptieren, dass sie ihre Außenwirkung nicht mehr so einfach steuern können. Engagieren Sie sich in Social Media, werden Sie auf eine Vielzahl von Kunden treffen, die ihre Gedanken über das Unternehmen und seine Produkte äußern. Ignorieren Sie diese Meinungen keinesfalls, immerhin gewähren sie tiefe Einblicke in die Wahrnehmung des Produkts. Sie können aus ihnen Verbesserungsvorschläge destillieren oder, anders ausgedrückt: Sie profitieren von kostenfreier Marktforschung!

Wollen Sie Zeit und Kraft in das Erreichen Ihrer Ziele investieren?

Auch in der Onlinewelt werden Ihre Botschaften nicht von jedem empfangen – und schon gar nicht über Nacht. Sie müssen zunächst investieren, um Ihre Ziele zu erreichen.

Der anfängliche Zeitaufwand kann beträchtlich sein. Sie müssen Social-Media-Communitys beobachten, die richtigen Verhaltensregeln erlernen (die nicht auf allen Sites die gleichen sind) und anhand deren eigene Verhaltensmuster entwickeln. Je mehr Erfahrungen Sie sammeln, desto geringer wird der Zeitaufwand, aber Sie müssen trotzdem immer auf dem Laufenden bleiben. Ein regelmäßiges Engagement ist notwendig, damit Ihre Kunden Ihnen vertrauen.

Onlinediskussionen über Ihr Unternehmen, Ihr Produkt oder Ihr Serviceangebot finden bereits jetzt statt – ob Sie sich daran beteiligen oder nicht. Als Marketingexperte sind Sie dafür verantwortlich, herauszufinden, was die Menschen reden und wie sie das Unternehmen wahrnehmen. Indem Sie sich aktiv beteiligen, können Sie diesen Meinungsaustausch erleichtern, Ihr Publikum positiv beeinflussen und Community-Mitglieder in einen Dialog verwickeln. Ein solches Engagement kann gewaltige Erfolge für Ihre Marketingbotschaft erzielen, von der Markenbekanntheit bis hin zum Reputationsmanagement.

Soziale Medien sind wichtige Touchpoints auf der Customer Journey, insbesondere wenn es um einen Onlinekauf geht. Damit ist gemeint, dass der Kunde in der Vorbereitung eines Kaufs mit Ihnen über diese Touchpoints in Kontakt kommt. Dabei kann es sich um die Suchmaschine handeln, über die der Kunde auf Ihre Website kommt, oder einen Facebook-Post, der zu Ihrem Webshop verlinkt. Wie Ihre Präsenz auf Pinterest den Traffic für Ihren Onlineshop erhöhen kann und wie Sie Ihre Produkte auf Instagram oder Snapchat darstellen können, besprechen wir in Kapitel 9.

Digital-analoge Kontakte aufbauen

Always on zu sein, fordert schnell seinen Tribut. Gönnen Sie sich bei aller Begeisterung für das Thema ohne schlechtes Gewissen kreative Pausen. Nach einer Auszeit kehren Sie aufgeladen zurück.

Bei aller Euphorie für Social Media darf die Welt zum Anfassen nicht vergessen werden. Veranstalten Sie Events, laden Sie Multiplikatoren und Influencer zu einem Blick hinter die Kulissen ein und gehen Sie regelmäßig zu Netzwerktreffen und Konferenzen. Welche Arten von Influencern es gibt, wofür Sie Influencer-Marketing nutzen können und wie Sie passende Influencer am besten erreichen und ansprechen, erklären wir in Kapitel 4. Auf Veranstaltungsformate wie einen Instawalk gehen wir in Kapitel 9 ein.

Tipp ▶ Um in das Thema Social Media einzusteigen und am Ball zu bleiben, gibt es zahlreiche interessante Veranstaltungen. Die jährliche große Internetkonferenz *re:publica* in Berlin hat Beiträge zu Social Media im Programm; zudem gilt die unkonventionelle Tagung von jeher als »Klassentreffen« der Digitalarbeiter. Darüber hinaus haben sich die *Social Media Week* und die *Social Media Conference* in Hamburg etabliert sowie die *Allfacebook-Konferenz* in Berlin. Doch auch regional finden Sie interessante Events der lokalen Chapter von Social Media Clubs, Webmontagen und Social-Media-Stammtischen sowie zahlreiche Barcamps. Saugen Sie Wissen auf, teilen Sie Ihr Wissen und vernetzen Sie sich!

Durch gute digital-analoge Kontakte werden auch Ihre Inhalte weitergetragen, und Sie haben starke Fürsprecher, falls Probleme auftauchen. Doch es ist nicht nur das: Das Wissen ist heute enorm schnelllebig und umfangreich. Verabschieden Sie sich von dem Ehrgeiz, alles zu wissen und zu beherrschen. Umso wichtiger ist es, bilateral oder öffentlich Fragen stellen zu können und Experten zu den ausgefallensten Themen zu finden. Machen Sie sich das Motto »Sharing is caring« zu eigen, denn die Zeit von Silodenken und Herrschaftswissen ist endgültig vorbei.

Zusammenfassung

Millionen Menschen in Deutschland nutzen bereits Social Media. Social Media Marketing ist daher eine ausgezeichnete Möglichkeit, um als Unternehmen und Marke in Kontakt mit Verbrauchern und potenziellen Kunden zu treten. Hören Sie den Communitys zu und stellen Sie hochwertige sowie relevante Inhalte zur Verfügung. Damit machen Sie Ihre Marken bekannt, generieren Leads und stoßen Onlinediskussionen an. Social-Media-Plattformen, auf denen laufend Gespräche stattfinden und Botschaften vermittelt werden können, gibt es überall im Internet, sehr bekannt sind zum Beispiel Twitter, Instagram und Facebook. Diese haben auch wachsenden Einfluss auf die Ergebnisse der Suchmaschinen. Messenger-Dienste und Videoplattformen sind über alle Altersgruppen hinweg beliebt.

Nehmen Sie regelmäßig Erfolgskontrollen vor. So können Sie rechtzeitig nachbessern, wenn Sie nicht die richtigen Kunden erreichen oder Ihr Content auf wenig Interesse stößt. Für die Erfolgsmessung im Social Media Marketing ist neben quantitativen Aspekten wie der Reichweite auch die Qualität und Tonalität der Gespräche ausgesprochen relevant. Die qualitative Analyse ist zudem für die Onlinereputation und die Krisenprävention wichtig.

Der interne Social Media Manager sollte gerade in KMUs ein Allroundtalent sein, das die strategischen und operativen Fäden in der Hand hält. Dabei reicht die beste Basisausbildung langfristig nicht aus. Wer im Bereich Social Media Marketing erfolgreich sein will, muss stets auf dem Laufenden bleiben und sich durch die passende Lektüre und den Besuch von Seminaren und Barcamps weiterbilden.

Um für das Social Media Marketing bereit zu sein, müssen Sie sich Zeit nehmen und sich auf die unterschiedliche Art der Gespräche in den Social-Media-Plattformen einlassen. Wer wie über Ihr Unternehmen und Ihre Produkte wo spricht, können Sie nur zum Teil beeinflussen. Dennoch ist es wichtig, sich an der Diskussion zu beteiligen und sich Fans und Fürsprecher aufzubauen. In den folgenden Kapiteln werden wir uns ansehen, welche Strategien, Kanäle und Content-Formate dafür am wirkungsvollsten sind.

Eine Social-Media-Strategie entwickeln

Bevor Sie nun im Social Web durchstarten, sollten Sie sich gut überlegen, was Sie erreichen möchten. Worauf hoffen Sie? Möchten Sie von mehr Menschen wahrgenommen werden? Wenn ja, von wem genau? Wollen Sie die Umsätze in Ihrem Webshop oder die Nachfrage nach Ihren Dienstleistungen steigern? Oder beides? Welche Voraussetzungen müssen Sie dazu in Ihrem Unternehmen schaffen, und wie gelingt es Ihnen, alle ins Boot zu holen? In diesem Kapitel gehen wir anhand der wichtigsten Schritte durch, wie Sie Ihre Social-Media-Strategie entwickeln.

Aber warum können Sie nicht einfach schon mal anfangen? So schwer kann das doch nicht sein! Das ist richtig. Im Prinzip sind die sozialen Netzwerke und Dienste so angelegt, dass Sie mit wenigen Handgriffen ein Profil erstellen und loslegen können. Sobald Sie sich jedoch aus unternehmerischen Gründen mit Social Media beschäftigen, sollten Sie einige Überlegungen voranstellen. Eine konkrete Zielsetzung erleichtert Ihnen den Zugang zu Social Media, weil sie Ihre Aktivitäten plan- und messbar macht. Ihre Strategie für Social Media sollte sich in Ihre unternehmerische Gesamtstrategie einfügen. Sie werden Zeit, Geld und Personalressourcen einsetzen müssen. Das erfordert einen Plan.

Rund drei Viertel aller deutschen Unternehmen sind mittlerweile auf die eine oder andere Weise in Social Media aktiv. Die Wahrscheinlichkeit, auf Ihre Mitbewerber oder Geschäftspartner zu stoßen, ist daher nicht gering. Ein professioneller Auftritt – möglichst von Anfang an – ist daher Pflicht, das erwarten auch Ihre Kunden und Ihre Mitarbeiter. Wenn Sie loslegen, ohne sich über Ihre Erwartungen und Ihr Vorgehen Gedanken zu machen, sind Enttäuschungen oder gar Ihr Scheitern vorherbestimmt.

Hinzu kommt, dass im Social Web normalerweise niemand darauf wartet, dass Sie die Bühne betreten. Es mangelt im Internet nicht an Neuigkeiten, Informationen und Unterhaltung. Die Herausforderung besteht vielmehr darin, sichtbar und interessant genug zu werden und sich so die konstante Aufmerksamkeit von Nutzern zu sichern. Ihr Fahrplan zur Strategieentwicklung besteht im Wesentlichen aus sechs Bausteinen, für die Sie sich selbst jeweils einige Fragen beantworten müssen (siehe Abbildung 2-1).

Abbildung 2-1 ▶
Fahrplan zur Social-Media-Strategie. Wie jeder gute Fahrplan sollte er nicht für die Ewigkeit geschrieben, sondern permanent feinjustiert und an neue Anforderungen und Erfahrungen angepasst werden.

Analyse und Vision
- Wo stehen Sie? Wo wird über Ihr Unternehmen gesprochen?
- Wie positioniert sich Ihre Konkurrenz?
- Wohin wollen Sie? Wie ist Ihr Unternehmen dafür aufgestellt?

Zielgruppen
- Wen wollen Sie erreichen?
- Was wissen Sie über Ihre Zielgruppen?
- Was können Sie noch herausfinden?

Ziele
- Was wollen Sie konkret erreichen?
- Welche messbaren Ziele können Sie benennen?

Kanäle
- Auf welchen Plattformen erreichen Sie Ihre Zielgruppen?
- Wo lassen sich Ihre Ziele umsetzen?

Content
- Welche Inhalte und Themen wollen Sie anbieten?
- Wie werden Sie Ihre Inhalte planen?
- Welche finanziellen und personellen Ressourcen, welche Kompetenzen benötigen Sie?

Erfolg und Justierung
- Wie und wann wollen Sie Erfolg oder Misserfolg feststellen?
- Welche Rolle spielt Social Media in Ihrer Kommunikationsstrategie?
- Wie und wann lassen sich Maßnahmen aus Ihrer Social-Media-Strategie anpassen?

Ihre Social-Media-Strategie ist nicht nur wichtig, um sich nicht vor der Konkurrenz oder den Kunden zu blamieren. Social Media wirken in alle Abteilungen hinein, und neue Formen und Wege der Kommunikation verändern das ganze Unternehmen. Die Ansprüche Ihrer Kunden wandeln sich, und auch neue Mitarbeiter tragen neue Anforderungen in Ihr Haus hinein. Insofern dient eine Social-Media-Strategie auch der internen Kommunikation, damit alle wissen, warum, für wen, womit, wie, wo, warum und mit welchem Erfolg das Unternehmen im Social Web aktiv ist und welchen Anteil sie selbst daran möglicherweise haben. Die viel beschworene Transparenz ist nicht nur nach außen nötig, sondern insbesondere auch nach innen.

Und wenngleich die Schritte auf dem Weg zu einer Social-Media-Strategie bei allen Unternehmen nahezu die gleichen sind, werden Ihre Strategie und Ihre Aktivitäten im Web hoffentlich einzigartig sein. »Hoffentlich« deshalb, weil Ihre Präsenz in den sozialen Medien so unverwechselbar sein sollte wie Ihre Marke, Ihre Produkte und Ihre Dienstleistungen, um wahrgenommen und wiedererkannt zu werden.

Um herauszufinden, auf welche Weise Sie Mitglieder einer bestehenden Community am besten ansprechen, sind Recherche und sorgfältige Planung notwendig. Wenn Sie unreflektiert und rücksichtslos mit Werbe- und Verkaufsbotschaften ins Spiel einsteigen, kann das negative Folgen für Ihre Reputation und Ihre Marke haben. Die Leute können sich schließlich aussuchen, wem sie zuhören und wen sie ignorieren. Und sie sind längst nicht mehr sehr empfänglich für reine Werbebotschaften, das steht unumstößlich fest. Wenn es Ihnen nur um Klicks geht und Sie nie etwas mit Wert ins Netzwerk zurückgeben, werden Sie sehr schnell scheitern. Diese und andere Überlegungen, auf die wir im Folgenden eingehen werden, fließen in die Definition Ihrer Strategie ein.

Analyse und Vision

Möglicherweise haben Sie längst Kundenstimmen zu Ihrem Unternehmen gefunden, sind vielleicht auch schon über Erwähnungen bei Twitter oder Facebook gestolpert oder haben eine Amazon-Rezension erhalten. Oder aber Sie lesen regelmäßig, was im Social Web über Ihre Themen, Ihre Branchen und Märkte, über Wettbewerber geäußert wird – und sind aber selbst noch nicht (wesentlich) in Erscheinung getreten. Am Anfang Ihrer Strategieplanung soll eine Bestandsaufnahme stehen:

- Gibt es bereits Gespräche über Ihr Unternehmen und/oder Ihre Produkte, und wo überall finden sie statt? Beginnen Sie mit einem einfachen Suchlauf bei Google sowie den großen Plattformen Facebook, Twitter, LinkedIn, XING und Instagram. Wenn es eine spezielle Website oder ein besonderes Forum für Ihre Branche gibt, suchen Sie dort noch einmal besonders gründlich.

- Falls Sie bereits fündig werden: Wie ist Ihr Unternehmen präsent? Gibt es bereits bestehende Kanäle? Unter Umständen können diese auch von früheren Mitarbeitern angelegt und inzwischen verwaist sein. Wie wird über Ihr Haus gesprochen? Wer spricht, und auf welchen Plattformen?

- Wie ist Ihr Unternehmen intern aufgestellt: Gibt es eine Marketing- und/oder PR-Abteilung, die eine entsprechende Strategie pflegt? Gibt es bereits Regeln zum Umgang mit sozialen Medien, gibt es Kompetenzen, beispielsweise eine ausgebildete Grafikerin oder Texterin? Wenn Sie zu einem großen Konzern oder zu einer Unternehmensgruppe gehören: Bestehen interne Regelungen, wie Tochterunternehmen oder Filialen auftreten sollen?

Sammeln Sie alles, was Sie über sich finden, und wenden Sie sich dann auch Ihrer Konkurrenz zu. Analysieren Sie, wie Ihre wichtigsten Wettbewerber in den sozialen Medien agieren. Notieren Sie, was Ihnen und was den Kunden Ihres Wettbewerbers gefällt – aber auch, worauf er schlechte oder keine Resonanz bekommt. Lernen Sie Ihre potenziellen Kunden etwas besser kennen: Auf welchen Plattformen sprechen sie miteinander, gibt es beliebte Tageszeiten? Welche Fragen stellen sie häufig, was kritisieren sie? Eine klassische SWOT-Analyse, mit der Sie Ihre Stärken und Schwächen, Ihre Chancen und Risiken in einer Matrix herunterbrechen, kann Ihnen die richtige Struktur für diese erste Etappe liefern.

Die Angst vor Kontrollverlust überwinden

In Kapitel 1 haben wir kurz angesprochen, was Unternehmen in Social Media am meisten fürchten: *die Kontrolle über ihre Botschaft zu verlieren*. In traditionellen Medien ging die Kommunikation nur in eine Richtung: Sie sagten etwas, und das Publikum lauschte. Heute hat sich die Kommunikation drastisch geändert. Unternehmen sind im Web mit Millionen von Menschen konfrontiert, die etwas zu einer Marketingbotschaft beitragen und sich zu ihr verhalten können. Somit ist Social Media Marketing inhärent *sozial*. Und der Dialog geht in beide – tatsächlich sogar viele verschiedene – Richtungen, da jetzt nicht mehr nur Marketingexperten und Unternehmen sprechen, sondern auch jeder Einzelne im Publikum eine Stimme hat. Es besteht ein Gleichgewicht der Kräfte zwischen Ihnen (dem Vertreter der Marke) und den anderen (den Vertretern des Markts). Und zwar dauerhaft und permanent.

Über Ihre Marke, Ihre Produkte oder Dienstleistungen wurde vermutlich schon immer gesprochen. In sozialen Medien haben Sie nicht nur die Möglichkeit, diese Meinungen und Bewertungen zu finden, meist können Sie mit Ihren Kunden auch direkt Kontakt aufnehmen oder auf Empfehlungen und Kritikpunkte öffentlich eingehen. Sie können Teil der Gespräche in Social Media werden und dabei wertvolle Erkenntnisse für Ihre unternehmerischen Aktivitäten schöpfen.

Schauen Sie sich beispielsweise die Amazon-Website an. Amazon bietet Millionen von Produkten an, von Büchern über Textilien bis hin zu Heimwerkerbedarf. Jedes Produkt kann bewertet und kommentiert werden. Ein beliebtes Produkt bringt es manchmal auf Hunderte von Bewertungen. Wie Abbildung 2-2 zeigt, werden Marken und Produkte unter Verbrauchern heiß debattiert. Die Bewertungen fließen, ebenso wie Empfehlungen von Freunden, nachweislich in die Kaufentscheidung ein.[1]

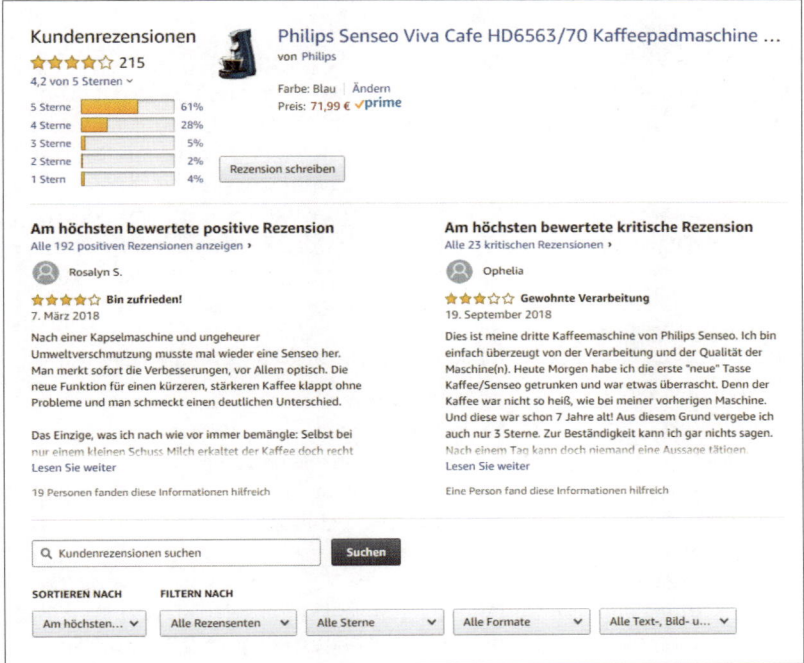

◀ **Abbildung 2-2**
Hunderte von Kunden bewerten Produkte im Internet.

Doch auch anderswo im Internet finden lebhafte Diskussionen statt. Ein Kunde, der sich über schlechten Service und Support ärgert (zum Beispiel über eine unsachgemäße Paketlieferung durch ein Transportunternehmen oder einen Unternehmer), kann ein Blog starten, in dem er seine Unzufriedenheit artikuliert und sich darüber mit anderen Bloggern austauscht. Umgekehrt haben zufriedene Kunden schon manche Fanseite bei Facebook gestartet und Videos hochgeladen, um ihre Begeisterung für eine geschätzte Marke, gekaufte Produkte oder segensreiche Dienstleistungen zu zeigen. Blogs und soziale Netzwerke bringen

---

1 »Kundenbewertungen sind wichtigste Kaufhilfe«
(*https://www.bitkom.org/Presse/Presseinformation/Kundenbewertungen-sind-wichtigste-Kaufhilfe.html*)

Erfahrungen mit Unternehmen und Meinungen zu Produkten an die Öffentlichkeit.

Wo finden sich Bewertungen von Kunden?

Einige Websites existieren allein zu dem Zweck, Unternehmen in einem positiven oder einem negativen Licht zu schildern. Es werden Stories über Erfahrungen mit bestimmten Unternehmen veröffentlicht, Produkte bewertet und Ähnliches. Als Beispiele seien folgende Verbraucherportale genannt:

Yelp

Bei Yelp (*http://www.yelp.com*) können User Bewertungen zu Firmen schreiben, mit denen sie persönlich Erfahrungen gemacht haben. Yelps goldene Zeiten scheinen vorbei, die User verfassen längst nicht mehr so fleißig Rezensionen wie noch vor einigen Jahren. Dennoch sollten insbesondere Gastronomiebetreiber die Seite im Blick behalten.

Jameda

Ärztemangel auf dem Land, überfüllte Praxen in der Stadt, Menschen, die viel häufiger ihren Lebensmittelpunkt wechseln als in den Generationen zuvor: Jameda (*http://www.jameda.de*) bringt als nach eigenen Angaben »Deutschlands größte Ärzteempfehlung« etwas Licht in den Dschungel aus Zahnärzten, Physiotherapeuten und Allgemeinmedizinern.

ShopVote

ShopVote (*http://www.shopvote.de*) ist ein deutsches Bewertungsportal für Onlineshops.

kununu

Obstkorb auf dem Tisch, aber regelmäßig eine 60-Stunden-Woche? Bei kununu (*http://www.kununu.com*) gibt es Lob und Tadel für Arbeitgeber. Bewertet werden neben den Arbeitsbedingungen auch Bewerbungs- und Einstellungsprozesse. Diese Plattform ist nicht nur für die Personalabteilung Pflicht.

Auf den genannten Plattformen haben unzufriedene Kunden die Möglichkeit, sich mit Menschen mit ähnlichen Anliegen auszutauschen und einander mit Rat und Tat zu helfen. Darüber hinaus existieren viele weitere branchenspezifische Bewertungsportale wie Holidaycheck.de, Werpflegtwie.de, Docbewertung.de oder DocInsider.de. Die einst sehr erfolgreichen Plattformen ciao.com und dooyou.de sind im Jahr 2018 eingestellt worden – einige Millionen Kundenbewertungen verschwanden aus dem Netz.

Allen Plattformen schadet die Diskussion um Fake-Bewertungen – bzw. die Tatsache, dass es zuhauf gefälschte Bewertungen gab und gibt und die Anbieter viel zu spät oder gar nicht darauf reagierten. Rechtliche Unsicherheit liefern zudem Gerichtsprozesse wie der einer Ärztin gegen Jameda, die der Plattform bescheinigte, die gebotene Neutralität vermissen zu lassen. Die Kölner Hautärztin hatte geklagt und vom BGH Recht bekommen, die negativen Rezensionen mussten gelöscht werden. Ein Sieg für die Ärztin, eine Niederlage für Jameda und gleichzeitig für alle Bewertungsportale. (Mehr dazu lesen Sie auch in Kapitel 12.)

Insgesamt gilt: Verbraucher haben eine eigene Stimme im Internet, und diese Stimme wird gehört – auch von den klassischen Medien, die diese dann wiederum aufgreifen. Es gibt eine Vielzahl von Monitoring-Werkzeugen, um diese Diskussionen zu beobachten. Mit ihnen werden wir uns in Kapitel 3 beschäftigen.

Daher ist es für Unternehmen sinnvoll, die sozialen Medien im Blick zu behalten und sich selbst dort zu engagieren. Sie erhalten unverfälschtes

Feedback und können eigene Argumente im Dialog mit Kunden überprüfen.

Eine zentrale Rolle nimmt inzwischen Google ein. Wann immer Menschen einen Ort besuchen, bittet die Schon-lange-viel-mehr-als-nur-eine-Suchmaschine um deren Meinung und die netztypische Sternebewertung. Etliche Empfehlungen, Fragen und Kritiken schreiben viele Nutzer genau dort, wo sie sich ohnehin aufhalten: bei Facebook, Twitter, Instagram oder anderen sozialen Netzwerken. Oder sie bloggen darüber und teilen die Links zu ihren Artikeln im Social Web.

Das veränderte Kommunikationsverhalten im Social Web zu verstehen, ist für Unternehmen von entscheidender Bedeutung: Es ist wichtig, *mit* den Menschen zu sprechen anstatt *zu* ihnen. Eine wertschätzende Kommunikation mit Ihren Kunden kann bares Geld wert sein, wenn sie sich auf Kaufentscheidungen auswirkt. Das bedeutet aber, dass Unternehmen lernen müssen, diese Gespräche zuzulassen. Dazu zählen Zuhören und auch das Zulassen von Gegenmeinungen.

Identität zeigen

Social Media Marketing steht und fällt mit Ihrer Offenheit und Transparenz. Wenn Sie offen mit Ihren Zielen und Werten umgehen, keine falschen Versprechungen machen und Ihr Publikum souverän wissen lassen, was Sie in Ihrem Unternehmen richtig und vielleicht auch mal falsch machen, haben Sie in den sozialen Medien wenig zu befürchten. Die Basis authentischer und glaubwürdiger Social-Media-Aktivitäten legen Sie idealerweise schon viel früher, noch bevor Sie Facebook oder Twitter zum ersten Mal aufrufen – dann nämlich, wenn Sie Aussagen zur Identität Ihres Unternehmens formulieren, die Werte, die Sie vertreten, und die Kultur, die Sie leben wollen, definieren – konkret: in Worte fassen und verbindlich festlegen. Spätestens jetzt, wenn Sie an Ihrer Ist-Analyse arbeiten, sollten Sie sich mit Ihrer (gewünschten und tatsächlichen) Firmenkultur und Ihren Leitlinien auseinandersetzen.

Viele Unternehmen zogen dazu in den vergangenen Jahren den sogenannten Golden Circle nach Simon Sinek zurate. Der Unternehmensberater und Autor erklärte in einem viel zitierten TED-Talk[2], dass alle herausragenden und inspirierenden Führungspersönlichkeiten und Organisationen der Welt – ganz gleich, ob Apple, Martin Luther King oder die Brüder Wright[3] – nach dem gleichen Muster denken, handeln und kom-

---

2 *https://www.youtube.com/watch?v=qp0HIF3SfI4*
3 Die Luftfahrtpioniere, die zu Beginn des 20. Jahrhunderts weltweit erstmals gesteuerte Flüge mit einem von einem Motor angetriebenen Flugzeug absolvierten.

munizieren. Dies stünde aber im kompletten Gegensatz zu dem Denken und Agieren aller anderen. Im Zentrum des von ihm entschlüsselten Musters – er nennt es den goldenen Kreis – steht die Frage nach dem »Warum« (WHY). Denn während die meisten Menschen, Unternehmen oder Organisationen in erster Linie betonen, was sie tun (oder noch offensiver: was sie verkaufen), und vielleicht noch ergänzen, wie sie das umsetzen, vergessen sie zu sagen, welche Gründe sie eigentlich antreiben. Mehr noch: Oft beschäftigen sie sich noch nicht einmal selbst damit und können die Frage nach dem Warum nicht beantworten – weder als Führungskraft noch als Mitarbeiter. Sinek regte nun an, das Warum in den Mittelpunkt zu stellen und davon ausgehend die eigene Firmenkultur aufzuspüren, zu entfalten und zu leben. Fragen Sie sich (und Ihre Angestellten oder Kollegen) also erst einmal: Warum tun wir das, was wir hier täglich tun? Welcher Gedanke treibt uns jeden einzelnen Morgen dabei an, was ist unsere intrinsische Motivation? Entdecken Sie Ihre Unternehmensidentität, bringen Sie sie auf den Punkt und schreiben Sie sie auf – für alle Mitarbeiter, sogar für die künftigen. Das hilft Ihnen auch bei der Formulierung Ihrer Social Media Guidelines sowie bei der Auswahl Ihrer Inhalte und Ihrer Kundenansprache.

Wenn Sie im Social Web anderen Unternehmen und Ihrer Zielgruppe zuhören, werden Sie unweigerlich wahrnehmen, was sie ausstrahlen. Sie können den Äußerungen Freude und Begeisterung entnehmen, aber auch Spannungen und Unstimmigkeiten lassen sich nicht verbergen. Bevor Sie sich im Social Web engagieren, sollten Sie also Ihre Unternehmenskultur prüfen. Sie und alle, die sich für das Unternehmen in den sozialen Medien äußern, müssen wissen, in welchem Ton und mit welchen Verantwortlichkeiten Sie sprechen können. Auch hier können Sie niemanden (langfristig) täuschen, gerade weil im Social Web unmittelbar und in Echtzeit kommuniziert wird. Am besten vergleichbar ist das mit der Begegnung am Messestand oder im Ladengeschäft. Kunden nehmen wahr, wenn der Haussegen schief hängt, und gehen beim nächsten Mal lieber zur Konkurrenz.

Bleiben Sie also ehrlich, widerstehen Sie der Versuchung, sich und anderen etwas vorzumachen. Diese Transparenz und Ehrlichkeit sollte sich zwingend durch Ihre Social-Media-Strategie ziehen: Wenn Sie mit gefälschten Identitäten arbeiten, Fehler oder Missstände verheimlichen wollen, mangelhafte Produkte anbieten oder in anderer Weise unehrlich sind, laufen Sie Gefahr, dass Ihnen irgendwann – und das Tempo, in dem der Zeitpunkt »irgendwann« erreicht ist, erhöht sich im Social Web nahezu täglich – jemand auf die Schliche kommt. Sie werden dann viel Mühe haben, den Scherbenhaufen zusammenzukehren.

◀ **Tipp**

Fragen Sie Freunde, Bekannte, Geschäftspartner und Kollegen, wie sie Ihr Unternehmen wahrnehmen. Gibt es ein klares Bild Ihrer Markenpersönlichkeit? Wie klingt Ihr Unternehmen, welche Themen schreibt man Ihnen zu, und wo würde man Sie erwarten? Social Media bieten eine Chance, sich viele Fragen zur Markenidentität noch mal (oder erstmals) zu stellen. Denn je stimmiger Ihr Auftritt ist, desto besser können sich Ihre Kunden, aber auch Ihre Mitarbeiter damit identifizieren.

Aus Krisensituationen lernen: Mammut im Shitstorm

Im Sommer 2011 verfasste der Schweizer Umweltaktivist Andreas Freimüller einen Eintrag auf der Facebook-Seite des Outdoor-Ausrüsters Mammut. Freimüller kritisierte scharf, dass sich der Bergsteiger-Einkleider auf der co2.ch-Liste gegen das CO_2-Gesetz stellte, wonach in der Schweiz bis 2020 die CO_2-Emissionen um 20 Prozent gesenkt werden sollen. Ausgerechnet, steht Mammut doch für Nachhaltigkeit, Umweltbewusstsein und faire Produktion.

▼ **Abbildung 2-3**
Der Tweet des Anstoßes

Freimüller nutzte sein Netzwerk zur schnelleren Verbreitung seiner Kritik, rasch fanden sich bei Facebook und Twitter Kommentare und Fragen von Mammut-Fans. Nach ein paar Stunden veröffentliche Mammut schließlich eine förmliche Erklärung im PR-Jargon, die immer wieder als Antwort auf Kommentare und Fragen einkopiert wurde. Die Fans fühlten sich nicht ernst genommen, äußerten Enttäuschung und Zorn, und die

Diskussion schaukelte sich hoch. Das Hashtag *#mammut* war bei Twitter in den Trending Topics, wodurch sich die Aufmerksamkeit im Web noch steigerte. Die Wende folgte am nächsten Tag: 24 Stunden nach Freimüllers Ursprungspost verkündete Mammut, sich von besagter Liste streichen lassen zu wollen: »Die massive Kritik der vergangenen Stunden auf der Facebook Page hat uns veranlasst, den Eintrag auf der Webseite co2.ch per sofort zu entfernen.« Für diese Entscheidung erhielt Mammut viel Beifall, und die Welle der Entrüstung legte sich.

Gerade für den Dialog im Social Web hat Mammut viel gelernt, wie Social Media Manager Dominik Ryser in einem Interview im Blog von Bernet PR bestätigt.[4] Kunden erwarten, in den sozialen Medien ernst genommen zu werden und mit Unternehmen auf Augenhöhe zu kommunizieren – auch und gerade in kritischen Situationen.

Und Freimüller, der Initiator? Nutzt seine Erfahrungen mit Mammut, um mit seiner Firma Kampagnenforum im Social Web gezielt einzelne Unternehmen und Organisationen zum Umdenken zu bewegen. Diese konzertierten Aktionen grenzt Freimüller, von der Neuen Zürcher Zeitung mit »Meister des Shitstorms« bezeichnet, wiederum von eher zufällig und ungeplant eintretenden Shitstorms ab.

---

4   http://bernetblog.ch/2011/11/30/im-auge-des-shitstorms-was-mammut-gelernt-hat/

Man spricht in diesem Zusammenhang von einem *Shitstorm*, einer Welle der Entrüstung, die sich in den sozialen Medien entlädt. Selbst wenn Sie Ihre Reputation im Web nicht dauerhaft schädigen, kostet es Sie viel Zeit und Mühe, Ihren guten Ruf wiederherzustellen. Diese Zeit könnten Sie besser für konstruktive Gespräche mit Ihren Kunden nutzen, in denen sie deren Bedürfnisse erfragen und ernst nehmen und in der Folge schließlich auch Ihr Produkt verbessern. (Konkrete Tipps für den Krisenfall erhalten Sie in Kapitel 4.)

Für viele Unternehmen mag die Vorstellung, dass jeder jederzeit mitbekommen kann, was man tut oder nicht tut, ein furchteinflößender Gedanke sein. Vielleicht haben Sie Bedenken, dass die Konkurrenz mithört oder dass Sie mit dem Zugeben von Fehlern dumm dastehen. Offenheit hat jedoch Vorteile. Ihre Konkurrenz mag Ihnen zuhören, aber Sie haben ebenso die Möglichkeit, Ihre Mitbewerber zu beobachten. Wenn Sie eine geschäftliche Entscheidung treffen, kann es für Ihre Kunden sehr wichtig sein, von Ihnen etwas über die Vor- und Nachteile dieser Entscheidung zu erfahren – und zwar in ehrlichen Worten und nicht in Form einer unpersönlichen Pressemitteilung. Wenn Sie einen Fehler machen, dann stehen Sie dazu – und lassen Sie Ihre Kunden wissen, dass sie bei Ihnen an erster Stelle stehen. Das macht Sie menschlicher und kann den Aufbau von Beziehungen zu Ihren Kunden fördern.

Zuhören können ist wichtig

Sicher brennen Sie darauf, bald mit eigenen Inhalten loszulegen. Verbreiten Sie jedoch niemals nur Ihre Botschaft, sondern hören Sie auch zu, wenn über Ihr Kernthema und insbesondere Ihre Produkte und Ihre Marke geredet wird. Versuchen Sie, sich einen Überblick darüber zu verschaffen, in welchem Ton und in welchem Zusammenhang diese Gespräche stattfinden. So erhalten Sie Hinweise dazu, wie Sie selbst am geschicktesten kommunizieren sollten. Denn allein zuzuhören, reicht natürlich nicht, da Sie dann nicht bemerkt werden. Nur durch Antworten und passende Beiträge können Sie eine Beziehung zu Ihrem Publikum aufbauen und es wissen lassen, dass Sie seine Meinung wertschätzen und ein hilfreicher Gesprächspartner sind.

Ganz gleich, ob Sie sich für oder gegen Social Media entscheiden, sprechen wird man auf jeden Fall über Sie. Es ist besser, sich auf einen gegenseitigen Dialog einzulassen, der Ihnen wichtige Erkenntnisse über Ihr Unternehmen und Ihre Kunden liefert. Sie erhalten Einblick in das Denken Ihrer Kunden und können dies als Grundlage für eine kundenzentrierte Entwicklung Ihrer Produkte und Dienstleistungen nutzen.

Der Preis des Schweigens: Dell

Bereits 2005 gelang es den sozialen Medien allmählich, Einfluss auf Kundenbeziehungen auszuüben. Als einmal der Laptop des einflussreichen Bloggers Jeff Jarvis Probleme machte, verlieh er in seinem Blog seiner Unzufriedenheit über den schlechten Kundendienst von Dell Ausdruck. Er verfasste mehrere Blogbeiträge zu dem Thema, doch Dell reagierte nicht auf seine Bitten um Hilfe, und Jarvis war frustriert. Schließlich schrieb er in seinem Blog einen offenen Brief an den CEO des Unternehmens.[5] Binnen kurzer Zeit erreichte sein Blogbeitrag 10.000 Besucher, und es gingen mehr als 700 Kommentare dazu ein, viele von Nutzern, die ebenfalls das Gefühl hatten, vom PC-Hersteller schlechten Support bekommen zu haben. Als die Medien auf Jarvis' harsche Kritik aufmerksam wurden, kontaktierte Dell ihn schließlich und erstattete ihm das Geld für seinen defekten Rechner.

Mit dieser Aktion zeigte das Unternehmen Dell dann doch noch, dass es dazu in der Lage war, auf Kundenkritik einzugehen. Nach dem Zwischenfall mit Jarvis startete Dell sein Direct2Dell-Blog, später die Plattform IdeaStorm.com, mit der es aktiv Rat und Feedback seiner Kunden einholt und diese zur Produktentwicklung nutzt. Ähnlich wie Dell setzen inzwischen sehr viele Unternehmen, insbesondere Start-ups, diese Formen nutzergetriebener Unternehmens- und Produktentwicklung ein. Das Schlagwort Co-Creation etwa steht für die frühzeitige intensive Zusammenarbeit zwischen Unternehmen und Kunde.

Ihre Zielgruppe erforschen

Wir haben uns jetzt anhand einiger Szenarien angesehen, wie Sie mit sozialen Medien auf Ihre Marke aufmerksam machen können. Doch in der Realität muss eine Social-Media-Strategie individuell erarbeitet werden. Überlegen Sie sich gut, wen Sie erreichen möchten und wo Sie Ihre Zielgruppe finden. Je genauer Sie diese Fragen beantworten können, desto besser werden Sie die geeigneten Plattformen identifizieren können. Ihr Zielpublikum hat auch jenseits Ihres Angebots Wünsche und Bedürfnisse. Es liegt in Ihrem Interesse, diese sorgfältig zu untersuchen. Sie erfahren dadurch, wie Sie Ihre Social-Media-Strategie gestalten müssen, um wahrgenommen zu werden und eine befriedigende Wirkung zu erzielen. Ganz konkret sollten Ihnen die Eigenschaften Ihrer Zielgruppe(n) allerspätestens dann vorliegen, wenn Sie Werbeanzeigen schalten. Bei Facebook beispielsweise lassen sich bezahlte Kampagnen sehr genau adressieren – etwa nach Alter, Herkunft oder Beruf – und damit Streuverluste vermeiden.

Sie sollten

- die demografischen Daten Ihrer Zielgruppe kennen,
- ihre Vorlieben und Abneigungen kennen,
- ihre Rituale, ihre Sprache und Codes kennen,

---

5 *http://www.buzzmachine.com/2005/08/17/dear-mr-dell*

- ihre Kernthemen identifizieren,
- ihre Bedürfnisse erkennen,
- sich für Ihre Zielgruppe interessieren und
- sich selbst aktiv einbringen.

Von der Zielgruppe zu Personas

Wie gehen Sie vor? Zunächst identifizieren Sie Ihre Zielgruppen. Dazu nutzen Sie am besten die aus dem Marketing bekannte Segmentierung der Kundengruppen nach verschiedenen Kriterien zur Person selbst sowie ihrer Lebensweise.

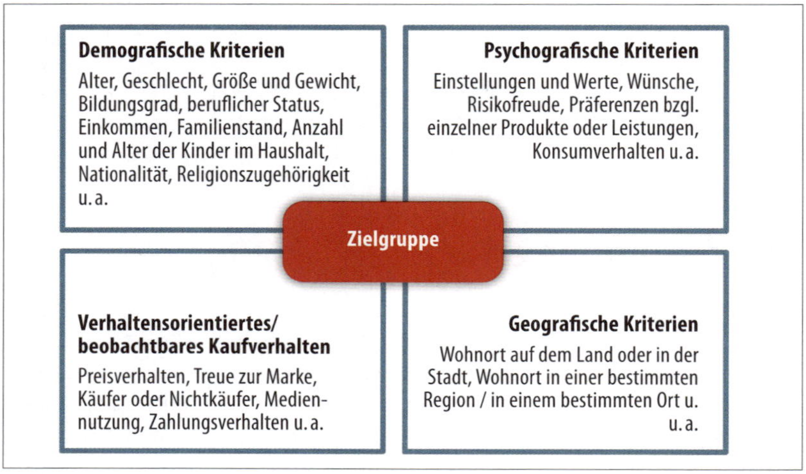

Abbildung 2-4 ▶
Diese Matrix zur Markt-segmentierung hilft im ersten Schritt, sich der Ziel-gruppe (oder den Zielgrup-pen) anzunähern.

Demografische Kriterien	**Psychografische Kriterien**
Alter, Geschlecht, Größe und Gewicht, Bildungsgrad, beruflicher Status, Einkommen, Familienstand, Anzahl und Alter der Kinder im Haushalt, Nationalität, Religionszugehörigkeit u. a.	Einstellungen und Werte, Wünsche, Risikofreude, Präferenzen bzgl. einzelner Produkte oder Leistungen, Konsumverhalten u. a.

Zielgruppe

Verhaltensorientiertes/ beobachtbares Kaufverhalten	**Geografische Kriterien**
Preisverhalten, Treue zur Marke, Käufer oder Nichtkäufer, Mediennutzung, Zahlungsverhalten u. a.	Wohnort auf dem Land oder in der Stadt, Wohnort in einer bestimmten Region / in einem bestimmten Ort u. a.

Auch wenn Sie für ein B2B-Unternehmen arbeiten, können Sie Merkmale Ihrer Zielgruppe sammeln. Recherchieren Sie zu Ihrem Geschäftskunden beispielsweise:

- die organisatorischen Merkmale: Wie viele Niederlassungen und Mitarbeiter gibt es in dem Unternehmen? Wo liegt der Unternehmenssitz? In welchen Märkten ist es unterwegs? Wie groß ist der Marktanteil?
- die ökonomischen Merkmale: Welchen Jahresumsatz hat das Unternehmen? Sind Bilanzen verfügbar, und, wenn ja, was sagen diese über die Finanzen des Unternehmens aus? Wie wird die Bonität des Unternehmens bewertet?
- das Kaufverhalten des Unternehmens: Gibt es eine zentrale Einkaufsabteilung und feste Lieferantenverträge? Wann wird üblicherweise über Anschaffungen entschieden?

- die Charakteristika der Entscheidungsträger im Unternehmen: Wie innovationsfreudig ist die Geschäftsleitung? Welche Informationen braucht derjenige, der Kaufentscheidungen fällt?

Achten Sie darauf, sich nicht nur in eine Zielgruppe zu vertiefen. In aller Regel kommunizieren Unternehmen mit ganz unterschiedlichen Gruppen gleichzeitig. Neben den Kunden in all ihren Facetten können das auch potenzielle, aktuelle und ehemalige Mitarbeiter, Journalisten und Medienvertreter, Verbände, Gewerkschaften und gemeinnützige Organisationen, Investoren, Zulieferer, Branchenmitglieder oder schlichtweg die Nachbarn Ihres Firmengeländes sein.

◄ Hinweis

Eine Segmentierung von Kundengruppen kann immer nur ein Instrument sein. Vergessen Sie aber niemals, dass Ihre Kunden echte Menschen sind, die in ihren Eigenschaften eine große Vielfalt widerspiegeln. Das Cluetrain-Manifest, das wir Ihnen in Kapitel 4 näher vorstellen, sagt dazu: »Die Märkte bestehen aus Menschen, nicht aus demografischen Segmenten.«

Verinnerlichen Sie auch, dass es mehrere Kundentypen gibt. Um deren Merkmale wiederum zu konkretisieren, erstellen viele Unternehmen sogenannte Personas. Stellen Sie sich dabei typische Kunden Ihres Unternehmens bildlich vor: Ist es ein Mann oder eine Frau? Wie alt ist er oder sie? Lebt Ihr Kunde auf dem Land? Welche Kleidung trägt er, welche Filme schaut er? Außerdem geht es um Eigenschaften: Ist Ihr Kunde aufgeschlossen und neugierig oder zurückhaltend und skeptisch? Ist er konservativ oder risikofreudig? Sparsam oder genussorientiert und großzügig? Als Hilfestellung können Sie das *Modell der Sinus-Milieus*[6] und die *Limbic Map*[7] nach Hans Georg Häusel heranziehen.

◄ Tipp

Es gibt eine Reihe regelmäßig veröffentlichter Studien oder einzelner Umfragen, in denen Sie die (sich jeweils verändernden) Eigenschaften und Gewohnheiten diverser Kundengruppen erfahren. Die jährlich erscheinende ARD/ZDF-Onlinestudie, die wir auch in diesem Buch immer wieder heranziehen, gibt etwa Aufschluss darüber, wie häufig, wie lange, mit welchen Geräten und welcher Geschwindigkeit sich die Deutschen durch das Internet bewegen. Der Verband Bitkom e.V. erstellt beispielsweise Umfragen zum E-Commerce, andere Verbände veröffentlichen Befragungsergebnisse zum Konsum- oder Freizeitverhalten, zu Mobilitätsgewohnheiten oder zur Markenbindung. Richten Sie sich (auch dazu) am besten einen Google Alert ein, um stets auf dem Laufenden zu bleiben und Ihre Erkenntnisse nicht nur auf persönliche Erfahrungen, sondern auch auf repräsentative Erhebungen zu stützen.

---

6   *https://www.sinus-institut.de/sinus-loesungen/sinus-milieus-deutschland/*
7   *https://www.nymphenburg.de/limbic-map.html*

Der Steckbrief einer prototypischen Kundin eines Friseursalons könnte dann so aussehen:

Lisa Müller

Demografische Daten und Lebenssituation
Alter: 19 Jahre
Geschlecht: weiblich

Lisa hat gerade ihr Abitur gemacht und wird in Kürze mit einem Sonderpädagogik-Studium beginnen. Sie lebt bei ihren Eltern in einem Einfamilienhaus in Saarbrücken-Dudweiler. Ihr Vater ist Bauunternehmer, die Mutter Zahnärztin. Die Eltern kommen für Lisas Lebensunterhalt inklusive der Kosten für Smartphone, Kleidung und Bücher auf. Ihren darüber hinaus gehenden persönlichen Bedarf, etwa zum Ausgehen und Reisen, finanziert sie mit Nachhilfestunden. Lisa fährt einen fünf Jahre alten VW up!, den ihre Eltern ihr geschenkt haben.

Sinus-Milieu
Liberal-Intellektuelle

Eigenschaften nach Limbic® -Map
Balance-Typ (Sicherheit, Familie, Verlässlichkeit, Offenheit, Geselligkeit, Tradition)

Hobbys und Freizeitverhalten
Lisa tanzt seit ihrer Kindheit Mitglied beim örtlichen Faschingsverein. Dort hat sie ihren Freund kennengelernt, mit dem sie bald zusammenziehen möchte.

Lisa gehört der katholischen Gemeinde ihres Heimatortes an, betreut eine Pfadfinder-Gruppe und begleitet jedes Jahr eine Sommerfreizeit. Außerdem strickt Lisa gern, dieses Hobby teilt sie mit ihrer Mutter.

Lebensmotto
"Willst du glücklich sein im Leben, trage bei zu anderer Leute Glück. Denn die Freude, die wir geben, kehrt ins eigene Herz zurück."

Wünsche und Bedürfnisse
Lisa legt Wert auf ein gepflegtes, natürlich wirkendes Äußeres. Sie bevorzugt unkomplizierte, zeitlose Frisuren. Aktuell trägt sie schulterlanges, glattes Haar in ihrer Naturfarbe. Sie lehnt chemische Haarbehandlungen ab, trägt keinen Nagellack, möchte aber Make up-Tipps erhalten.

Friseurbesuche plant sie in einem Abstand von zwei Monaten. Sie ist wenig experimentierfreudig, wünscht aber Pflegebehandlungen. Lisa ist nicht preissensibel.

Konsumverhalten
Lisa geht gern shoppen, sie fährt dazu nach Stuttgart, Frankfurt oder ins nahegelegene Frankreich. Bevorzugt kauft sie klassische, hochwertige Kleidung, die sie mit modischen Accessoires und selbst-gestrickten Schals selbst aufpeppt. Sie kauft gezielt, recherchiert in der Regel vorab und nimmt sich bei größeren Anschaffungen 5-7 Tage Zeit für eine Kaufentscheidung.

Medienverhalten
Lisa nutzt ihr iPhone, um mit ihrem Freund, ihren Eltern sowie ihrem großen Kreis an Bekannten im Gespräch zu bleiben. Außerdem liest sie damit täglich Mode-Blogs und verfolgt Instagram-Kanäle zu den Themen Fitness, Gesundheit und Mode.

Abbildung 2-5 ▲
Beispiel einer Persona, erstellt von einem (fiktiven) Friseursalon in Saarbrücken (Foto: *https://unsplash.com/photos/oW-PUy16V-g*)

Die Persona-Methode ist nicht unumstritten, unter anderem weil viele Unternehmen sie wie Kaffeesatzleserei betreiben oder sich von Anfang an auf einen Kundentyp konzentrieren, den sie unter Umständen gern hätten, aber gar nicht (mehr) erreichen. Je realistischer die zusammenge-tragenen Informationen sind, desto besser können Sie Ihre Maßnahmen später auf Ihren Kunden abstimmen. Wenn Sie auf Content Marketing setzen, sind beispielsweise zielgruppengenaue Inhalte erfolgsentschei-dend. Deshalb gehen wir in Kapitel 5 auch noch einmal darauf ein. Und wenn Sie Anzeigenschaltungen im Social Web planen, sind Sie zwin-gend auf aktuelle und zutreffende Charakteristika Ihrer Zielgruppe an-gewiesen, da sich diese bei Facebook oder auch XING beispielsweise über den Wohnort, das Alter, den Arbeitgeber oder die Ausbildung des Users steuern lassen.

Zugegeben: Die Erstellung von Personas erfordert Fleiß. Zapfen Sie dennoch alle zur Verfügung stehenden Quellen an. Belastbare Firmen-daten über Ihre Geschäftskunden etwa finden Sie über die Handelsre-gister und Auskunfteien. Typische demografische Daten Ihrer Kunden kann womöglich Ihre Vertriebsabteilung liefern (natürlich anonymi-siert, lassen Sie den Datenschutz nicht außer Acht) und Einschätzungen zu persönlichen Vorlieben und Werten die Kollegen, die Ihre Produkte entwickeln und deshalb eine hohe Kenntnis der Zielgruppe haben dürf-ten. Oder die Kollegen am Point of Sale: Handelspartner etwa, wenn Sie

Produkte für Endverbraucher herstellen. Holen Sie die Informationen bei den Personen ein, die im direkten Kontakt mit Ihren Kunden stehen. Und: Wenn Sie bereits einen festen Kundenstamm und Kontakte zu Multiplikatoren haben, fragen Sie diese doch ganz einfach direkt – zum Beispiel welche Websites sie ansurfen und welchen Communitys sie angehören. Dazu können Sie Einzelgespräche führen, Onlineumfragen erstellen oder etwas Geld in eine Marktforschung investieren, bei der Kundengruppen repräsentativ zu konkreten Aspekten befragt werden.

Schauen Sie sich die spezifischen (mutmaßlichen) Bedürfnisse Ihrer Kunden an: Können Sie einen Twitter-Kanal mit reiner Kundendienstfunktion am dringendsten brauchen? Oder können Sie sie mit einer Facebook-Seite begeistern? Fehlt ein Blog, das genau die Themen aufgreift, die zum Kerngeschäft Ihres Unternehmens gehören? Durchstöbern Sie Ihre Kundenzuschriften und weiteres Feedback, das Sie erhalten, und versuchen Sie, sich in Ihre Kunden hineinzuversetzen.

Wie verhalten sich Ihre Zielgruppen im Web?

Haben Sie mehr über Ihre Zielgruppen herausgefunden, lohnt es sich, die gewonnenen Informationen zu bündeln. Richten Sie dabei unter anderem den Fokus auf folgende Aspekte, die für Ihre Strategieplanung nützlich sein könnten:

- *Frequentierte Websites*: Sind unter den Websites, die Ihre potenziellen Kunden besuchen, irgendwelche Social Sites? Genau diese sozialen Netzwerke sollten Sie ins Visier nehmen. Sie werden feststellen, dass es für buchstäblich jedes Interessengebiet Websites und Communitys gibt und sich sehr viele Menschen in Blogs, bei Twitter und in anderen sozialen Netzwerken über U-Bahnen, Grafikdesign, Automobile oder Vögel austauschen. Die Communitys, in denen Ihr Zielpublikum zusammenkommt, samt ihren Regeln zu verstehen, ist die halbe Miete. Hören und sehen Sie deshalb genau hin. Wenn Sie dort Social Media Marketing betreiben wollen, sollten Sie in Stil und Ton hineinpassen und kein Fremdkörper sein. Hervorragend gelang dies beispielsweise dem Pizzalieferdienst Domino's (siehe Abbildung 2-6), als sich im Januar 2019 Hunderte Studierende in den Lernräumen und Bibliotheken der RWTH Aachen auf den nahenden Prüfungszeitraum vorbereiteten. Im sozialen Netzwerk »Jodel«, einer Plattform, auf der vorrangig Studierende kommunizieren, fragte Domino's an, in welches Unigebäude sie kostenfreie Pizzen bringen sollten. Umgehend hagelte es Kommentare – Skeptiker rufen »Paulaner«, ein bei Jodel gebräuchlicher Ausdruck für Fake oder Lüge (bestimmt kennen Sie noch den Werbespot aus den Neunzigern mit den »Geschichten aus dem Paulanergarten«). Und

Optimisten nennen ihren Aufenthaltsort nebst Lieblingspizza. Domino's hält Wort, liefert einen ganzen Stapel frischer Pizzen aus und dokumentiert auch dies bei Jodel. Eine denkbar kostengünstige und sympathische Werbeaktion, die drei Dinge voraussetzt: a) Bei Domino's weiß man von Jodel und dass sich eine wichtige Zielgruppe dort tummelt, b) Domino's kennt Gewohnheiten und Sprache der Zielgruppe, und c) es gibt ganz offenbar eine Firmenkultur, die Aktionen dieser Art ermöglicht. Die Jodler »feiern Domino's« daraufhin mit positiven Kommentaren und Upvotes, um in der Sprache des Netzwerks zu bleiben. In Kapitel 4 erfahren Sie mehr darüber, wie Sie sich an einer Community beteiligen und sich als angesehenes Mitglied etablieren.

Abbildung 2-6 ▶
Simpel und effektiv: Diese Social Media-Aktion trägt die Handschrift authentischer Begeisterung für das Social Web.

- *Themen und Emotionen*: Worüber reden »Ihre« Communitys? Nutzen die Menschen Blogs, um sich über Ihre Firma und die Konkurrenz auszutauschen? Oder verwenden sie Foren oder soziale Netzwerke, um über die verhasstesten oder wunderbarsten Aspekte Ihres Geschäfts herzuziehen bzw. zu jubilieren? Versuchen Sie, die Stimmung zu erfassen und Themen zu scannen. Dieses Zuhören hilft Ihnen bei der Planung Ihres eigenen Contents. Sie sollten ein Verständnis für die emotionale Dynamik entwickeln: Ehe Sie ins Wasser springen, müssen Sie schwimmen lernen. Irgendwann sind Sie dann bereit, zu antworten. Recherchetools und -techniken, mit deren Hilfe Sie Gespräche im Web aufspüren können, behandeln wir in Kapitel 3.

- *Werkzeuge*: Welche Tools und Dienste werden von meinem Zielpublikum regelmäßig verwendet? Vielleicht können Sie selbst nützliche Tools entwickeln (lassen) oder hilfreiche Informationen über sie veröffentlichen und sich so bei Ihrem Zielpublikum ins Gespräch bringen. Angenommen, Ihr Zielpublikum bestünde aus Grafikern, die gern Anwendungen nutzen, die direkt im Browser eingebettet sind. Dann könnten Sie eine Liste mit den besten Tools zusammenstellen. Mit solchen kleinen Aufmerksamkeiten können Sie jede Menge Pluspunkte für Ihre Reputation ernten!

- *Inhalte*: Welchen Content schätzt mein Zielpublikum am meisten? Ein Anwalt ist vielleicht daran gewöhnt, detaillierte, längere Berichte zu lesen. Die meisten anderen Nutzer bevorzugen dagegen reich bebilderte Inhalte mit witzigen Überschriften und kurzen Erklärungen. (Was nicht zwingend heißt, dass Sie mit Ihren Botschaften an der Oberfläche bleiben sollten.) Wenn Sie beobachten, welcher Content im Social Web wohlwollend aufgenommen wird, bekommen Sie ein Gefühl dafür, wie Sie Ihre Inhalte gestalten müssen. Haben Sie bereits Kontakte in der Community geknüpft, können Sie natürlich auch einfach fragen, was sich die Leute wünschen oder was sie mögen.

Vergessen Sie jedoch nicht: Besteht Ihre Strategie darin, die Community nur zu infiltrieren, um Ihre Werbebotschaft loszuwerden, dann werden Sie wenig Zuspruch finden und Ihrer Marke mehr schaden als nützen. Möglicherweise säen Sie statt Vertrauen und Wertschätzung Argwohn und Missachtung. Deshalb sind die sozialen Medien nicht der geeignete Ort für Marketing und PR im klassischen Sinne. Die Community wird Ihre Kenntnisse und Fragen anders beurteilen, wenn Sie als höflicher, fachkundiger und hilfsbereiter Mensch auftreten.

◀ **Abbildung 2-7**
Negativbeispiel: Auf eine Kundenbeschwerde reagierte DHL ungehalten, die daraufhin entstandene teilweise unsachliche Diskussion schaffte es umgehend in die klassischen Medien. (Wir gehen in Kapitel 7 noch einmal genauer auf dieses Beispiel ein.)

Erst wenn Sie diese Fragen wirklich geklärt haben, können Sie ein Gefühl für die richtigen Ideen für Ihre Zielgruppe entwickeln, ganz gleich, ob Sie ein Blog starten, eine Videoreihe produzieren, einen Podcast anbieten, einen fundierten Artikel schreiben oder eine Kombination aus mehreren

Medien gestalten. Denken Sie daran, dass nicht alle Social-Media-Strategien die Erstellung aufwendiger Inhalte erfordern, dass manchmal aber fesselnder Content genau das ist, was das Publikum sucht.

Ziele für Ihr Engagement im Social Web setzen

Die eigenen Erwartungen zu klären, schützt Sie nicht nur vor Enttäuschungen, sondern hilft Ihnen auch dabei, Ihre Aktivitäten im Social Web professionell zu planen. Deshalb ist die klare Definition von Zielen für den Erfolg Ihrer Strategie wesentlich.

Manches Engagement entsteht aus dem Bedürfnis, negative Bewertungen aus den Suchmaschinen zu verdrängen. Zwei verschiedene Ziele ließen sich dafür definieren: Reputationsmanagement und neue Verlinkungen, mit denen Sie erfreulichere Suchmaschinenergebnisse erzielen können. Vielleicht stellen Sie bei Ihrem Monitoring fest, dass wenig oder nicht über Ihre Marke gesprochen wird. In diesem Fall wäre Ihr Ziel, Ihre Marke bekannter zu machen und Gespräche darüber in Ihrer Zielgruppe anzustoßen. Und da es nicht allein ausreicht, dass über Ihre Marke gesprochen wird, definieren Sie als weiteres Ziel, dass diese Gespräche ein möglichst positives Bild Ihrer Marke vermitteln.

Neben Reputationsmanagement und einer Verbesserung der Suchmaschinenergebnisse gibt es vielfältige Ziele, die Sie sich setzen können:

* Aufbau eines Netzes von einflussreichen Personen, sogenannten Influencern,
* Aufbau von Blogger Relations, also Beziehungen zu Menschen, die Blogs zu Ihren Themen pflegen oder in sozialen Medien als Experten für Ihr Thema anerkannt sind,
* Kommunikation und Pflege Ihrer Marke,
* Verbesserung der internen Kommunikation, etwa durch firmeninterne Wikis und Netzwerke oder ein Mitarbeiterblog,
* Positionierung als Arbeitgeber,
* Veränderung oder Verbesserung der Wahrnehmung durch die Öffentlichkeit,
* Inspiration für neue Produkte oder Dienstleistungen,
* Verstärkung oder Ergänzung Ihrer klassischen Pressearbeit,
* Vorantreiben von Themen und Agenda Setting sowie
* Stärken der Mitarbeiterzufriedenheit und -motivation.

Das sind Beispiele für Ziele, die Sie im Rahmen einer Social-Media-Strategie konkret für Ihr Unternehmen ausformulieren sollten.

Einige Ziele stellen wir Ihnen im Folgenden genauer vor, und wir schauen uns an, welche Szenarien zu diesen Zielen passen könnten. Danach werden wir in die Feinheiten der Zielsetzung einsteigen.

Mehr Traffic auf Ihrer Website

Je mehr Besucher Sie auf Ihrer Website begrüßen können, desto mehr potenzielle Kunden lernen Ihre Leistungen kennen – das leuchtet ein. Sie werden häufiger wahrgenommen, im Nachgang möglicherweise häufiger gegoogelt (was wiederum Ihr Ranking verbessert), und wenn Sie Werbemöglichkeiten auf Ihrer Website anbieten, können Sie durch höhere Besucherzahlen Ihre Anzeigenpreise steigern.

Besuche allein sind jedoch nicht alles, in der Regel knüpfen Sie daran Erwartungen. Diese Conversions, beispielsweise gesteigerte Anmeldezahlen für Ihren Newsletter, die Nutzung Ihres Kontaktformulars oder Ihrer Kontaktadressen und natürlich auch den Kauf von Produkten in Ihrem Shop, können Sie ganz konkret messen.

Eine Erhöhung des Traffics kann auch dabei helfen, andere Ziele des Social Media Marketing zu erreichen, zum Beispiel die Markenbekanntheit zu steigern, das Reputationsmanagement zu unterstützen und das Suchmaschinenranking zu verbessern.

Der Haken an der Sache

Es kommt aber darauf an, welchen Traffic Sie erzeugen. Wenn Besucher auf Ihrer Website nicht den erwarteten Inhalt finden oder Ihre Website so gar nicht zu Ihren Social-Media-Präsenzen passt, ist auch die Absprungrate sehr hoch. Besucher verlassen entweder Ihre Website sofort wieder oder interessieren sich nur für Inhalte, die in Social Media verbreitet wurden. Es mag also beispielsweise für einen IT-Dienstleister unterhaltsam sein, die allseits beliebten Katzenvideos auf seiner Website einzubinden und über Facebook zu streuen. Seine Leistungen und Kenntnisse rückt er damit aber nicht ins Scheinwerferlicht, und die allermeisten der Besucher werden unmittelbar nach Ansehen der Videos wieder verschwinden. Noch unrentabler wird es, wenn Sie einen externen Autor für Blogbeiträge oder einen Videojournalisten für YouTube-Filme bezahlen, die vielleicht sehr witzig oder auch reißerisch sind und damit viele Klicks erzeugen – aber in keinem Zusammenhang mit Ihrem Unternehmen stehen oder gar einen Nutzen für Ihre Kunden liefern. Und geradezu schädlich wird es, wenn die Authentizität und das Image Ihrer Marke durch Schnellschüsse leiden, beispielsweise weil die Tonalität oder der Inhalt der Seriosität Ihrer Marke widerspricht.

Sie werden nie aus allen Fans und Followern Ihrer Social-Media-Präsenzen auch treue Besucher Ihrer Website machen. Viele Nutzer informieren sich dort über Marken, Unternehmen und Produkte, wo sie sich ohnehin aufhalten, und das sind eben auch die sozialen Netzwerke. Dennoch bleibt die Website Ihre Basisstation im Internet, auf der Sie die Informationen zu Ihren Produkten, Ihrer Marke und Ihrem Unternehmen zugänglich machen. Dort sollten Sie auch, etwa in einem Blog, Ihre wesentlichen Inhalte veröffentlichen, auf die Sie über die sozialen Medien hinweisen. Vergessen Sie nicht: Ihre Strategie in Social Media muss zwingend in Ihre Gesamtstrategie integriert sein. Die Menschen mögen an Social Media das Ungewöhnliche, doch wenn der Content selbst gar nichts mit Ihrer Website zu tun hat, wird das Ihre Besucher irritieren, und Sie werden nicht ihr Vertrauen gewinnen.

Bandbreite erhöhen

Bereiten Sie sich auf den Erfolg vor. Wenn Sie Kampagnen planen, bei denen ein sprunghafter Anstieg der Website-Aufrufe zu erwarten ist, sprechen Sie vorab mit Ihrem Webhosting-Provider. Bandbreite und Serververfügbarkeit sind inzwischen technisch relativ gut in den Griff zu bekommen, Ihr Dienstleister oder Ihre IT-Abteilung sollte jedoch auch die Chance haben, geeignete Sicherheitsvorkehrungen zu treffen oder zusätzliche Rechenleistung zu integrieren. Jegliche Bemühungen, die Sie in Ihre Social-Media-Promotion stecken, bleiben fruchtlos, wenn Ihre Website den Traffic einfach nicht bewältigen kann.

Verbessertes Suchmaschinenranking

Eine erfolgreiche Social-Media-Marketing-Kampagne kann Hunderte von Verlinkungen erzeugen, weil die Besucher Ihre Website an ihre Freunde und Familienmitglieder oder, wenn sie im Web einflussreich (also sogenannte Influencer) sind, an ein größeres Publikum weiterempfehlen. Mit Social Media Marketing können Sie Ihre Auffindbarkeit im Internet verbessern. Und je mehr Links auf Ihre Seiten verweisen, desto wahrscheinlicher ist es, dass Sie im Ranking der Suchmaschinen aufsteigen. Hinzu kommt, dass Suchmaschinenanbieter, allen voran Google, die Relevanz von Inhalten aus sozialen Netzwerken hoch einstufen. Bei Google angemeldete User erhalten personalisierte Ergebnisse, die sich nach Empfehlungen Ihrer Kontakte oder Ihrem Standort richten.

Um ein besseres Suchmaschinenranking zu erreichen, sollten Sie zunächst sicherstellen, dass Ihre Inhalte eine eindeutige URL haben und problemlos mit einem klaren Titel, einem Erklärungstext und einem Bild in sozialen Netzwerken geteilt werden können. Erstellen Sie Inhalte, die für Ihr Publikum nützlich, wertschöpfend und/oder unterhaltsam sind. Prüfen Sie, ob es bereits weiterführende oder ergänzende Inhalte im Internet gibt, und verlinken Sie diese. Probieren Sie unterschiedliche Formate aus, um Ihren Inhalt bestmöglich zu präsentieren. Experimentieren Sie mit Multimedia-Formaten und vergessen Sie dabei nicht die Metainformationen (Schlagwörter und Beschreibungen), die für die Suchma-schinenindexierung wesentlich sind.

Vernetzen Sie sich im Vorfeld rechtzeitig mit Influencern, die über Ihr Thema bloggen oder in sozialen Netzwerken beliebt und geachtet sind. Erklären Sie ihnen, was Sie vorhaben, und bitten Sie sie darum, Ihre Inhalte zu teilen. Vergessen Sie nicht, auch Ihrerseits interessante Links zu teilen, denn Sie wissen ja: Im Social Web geht es um Geben und Nehmen.

Markenbekanntheit steigern

Erfolgreiches Social Media Marketing kann sich massiv auf die Bekannt-heit einer Marke auswirken. Sie können sich vornehmen, neue Ziel-gruppen zu erreichen oder das Vertrauen, das Ihre Kunden schon jetzt in Sie setzen, zu stärken. Dabei geht es um mehr als nur Präsenz. Mar-ken, die auf Menschen zugehen, die positiv und selbstkritisch über die eigenen Produkte und Dienstleistungen sprechen, und ihnen zeigen, dass sie tatsächlich gehört werden, haben erkannt: Sie können diese Menschen zu Fürsprechern der Marke machen, zu Multiplikatoren, die für diese Marke eintreten. Dabei müssen Sie nicht unbedingt so weit ge-hen, einen sogenannten Influencer für seine Berichterstattung oder auch nur Nennung Ihres Unternehmens zu bezahlen. Es gilt zunächst, alle Menschen, die im Social Web aktiv sind und in Zusammenhang mit Ihrem Unternehmen stehen, als Botschafter ins Auge zu fassen und ernst zu nehmen. Neben Kunden können dies auch Ihre Geschäftspart-ner oder Nachbarn sein.

◀ **Abbildung 2-8**
Enorme Kritik erntete diese Influencerin: Ein Foto am Flughafen mit der Zeile »HEY, LET'S SAVE OUR PLA-NET« nebst Hashtag #nur-kurznachhamburg hinterlässt nicht nur bei Umweltschützern Fragezei-chen im Gesicht. Das Foto ging durch sämtliche auch klassische Medien wie etwa den Stern/Neon.de. Wenn sich Influencer unbedacht verhalten, kann das auch den Unternehmen scha-den, die mit ihnen zusam-menarbeiten.

Markenbotschafter sind unglaublich wertvoll, denn sie unterstützen Kaufentscheidungen und können bei Kritik oder Shitstorms vermitteln. Sie genießen das Vertrauen der Konsumenten und stehen gleichzeitig dem Unternehmen als Gesprächspartner zur Verfügung. Ihnen zu Einfluss zu verhelfen, kann für Ihr Unternehmen deshalb wichtig sein. Markenbotschafter können auch Mitarbeiter sein, die Sie beispielsweise bei der Suche nach Personal unterstützen, weil sie authentisch und glaubwürdig ihre Erfahrungen teilen.

Markenbotschafter und Influencer

Markenbotschafter nehmen Ihr Produkt ernst, sie benutzen es viel, und es gefällt ihnen gut. Sie möchten, dass Ihre Marke Erfolg hat. Und deshalb kann man sie auch in der Wildnis des Social Web ausfindig machen: Wenn Markenevangelisten predigen, merken Sie das. Da sie Teil Ihres Zielpublikums sind, kennen sie es häufig sogar besser als Sie selbst. Es wäre verrückt, solche Nutzer zu ignorieren.

Um solche Markenbotschafter zu finden, müssen Sie zuerst feststellen, wer sie sind. Vielleicht bloggen sie über Ihr Produkt oder verschaffen sich in der Diskussion besonderes Gehör und zeigen Begeisterung für Ihr Produkt, indem sie auf YouTube Videos hochladen, in denen sie es benutzen. Sprechen Sie sie freundlich und auf Augenhöhe an. Wenn Sie sie ausfindig gemacht haben, finden Sie heraus, was sie an Ihrer Marke so gut finden und was ihnen in Ihrer Produktentwicklung noch fehlt. Nehmen Sie ihr Feedback ernst, um bessere Produkte bzw. Dienstleistungen zu entwickeln. Binden Sie sie an Ihre Marke, indem Sie ihnen den Zugriff auf exklusive Informationen, Erlebnisse oder Produkte einräumen. Zeigen Sie ihnen Ihre Wertschätzung und beziehen Sie sie in Entscheidungen ein. Fördern Sie den Austausch unter Ihren Markenevangelisten. Damit schaffen Sie sich eine wertvolle Community. Ein *Influencer* ist jemand, dessen Wissen, Sachkenntnis oder auch Li-

festyle ihn unter seinesgleichen als Experten ausweist. Das kann die Umweltaktivistin sein, die via Instagram von Demonstrationen berichtet, Einkaufstipps gibt und zu Müllsammelaktionen am Meer einlädt. Oder der Barista, der täglich seine Kaffeekreationen postet, neue Kaffeesorten und Espressomaschinen testet sowie Tipps zum besten Mahlen und Brühen von Kaffeebohnen gibt. Oder auch die modebegeisterte Mittzwanzigerin, die von ihren Shoppingreisen in alle Welt berichtet, eigene Modeskizzen anfertigt und ihre Follower über die besten Stoffläden informiert. Influencer verfügen über eine sehr hohe Glaubwürdigkeit – das ist das Pfund, mit dem sie wuchern. In den vergangenen Jahren haben sie genau dies allerdings immer häufiger aufs Spiel gesetzt: Viele von ihnen sprechen allzu häufig und offensiv Kaufempfehlungen aus, wählen ihre Werbepartner anscheinend ohne Bedacht und verlieren so ihre Identität und die Nähe zu ihren Followern.

Influencer finden Sie ganz leicht, sobald sie in den sozialen Netzwerken nach Ihrer Branche und Ihren Produkten recherchieren. Bevor Sie einen Influencer kontaktieren, sollten Sie nicht nur dessen Reichweite, sondern auch Inhalte und Stil prüfen. Nur wenn er oder sie zu Ihrem Haus passt, kann eine fruchtbare Zusammenarbeit entstehen.

Wir gehen in Kapitel 4 gesondert auf Influencer-Marketing ein.

Reputationsmanagement

Der Einfluss von sozialen Medien auf die Reputation zeigt sich in den Suchmaschinenergebnissen. Geben Sie den Namen einer Marke oder eines Unternehmens bei Google ein, liefert Ihnen die Suchmaschine häufig gleich erste Kundenbewertungen mit. Dazu nutzt Google die Erfahrungen eigener User und spielt zusätzlich die Ergebnisse großer Bewertungsportale ein.

Außerdem erhalten Sie vermutlich viele Ergebnisse bei Twitter, Facebook oder YouTube, in Blogs oder von anderen Social-Media-Plattformen. Diese Websites genießen bei den Suchmaschinen großes Vertrauen, was die Relevanz ihrer Inhalte betrifft. Soziale Medien können der Pflege Ihrer Reputation daher in vielerlei Hinsicht helfen (mehr dazu in Kapitel 4).

▼ **Abbildung 2-9**
Wer nach Berlins ältestem Restaurant googelt, erhält neben Adresse und Speisekarte auch Kundenrezensionen und Pressestimmen sowie Profile in sozialen Netzwerken.

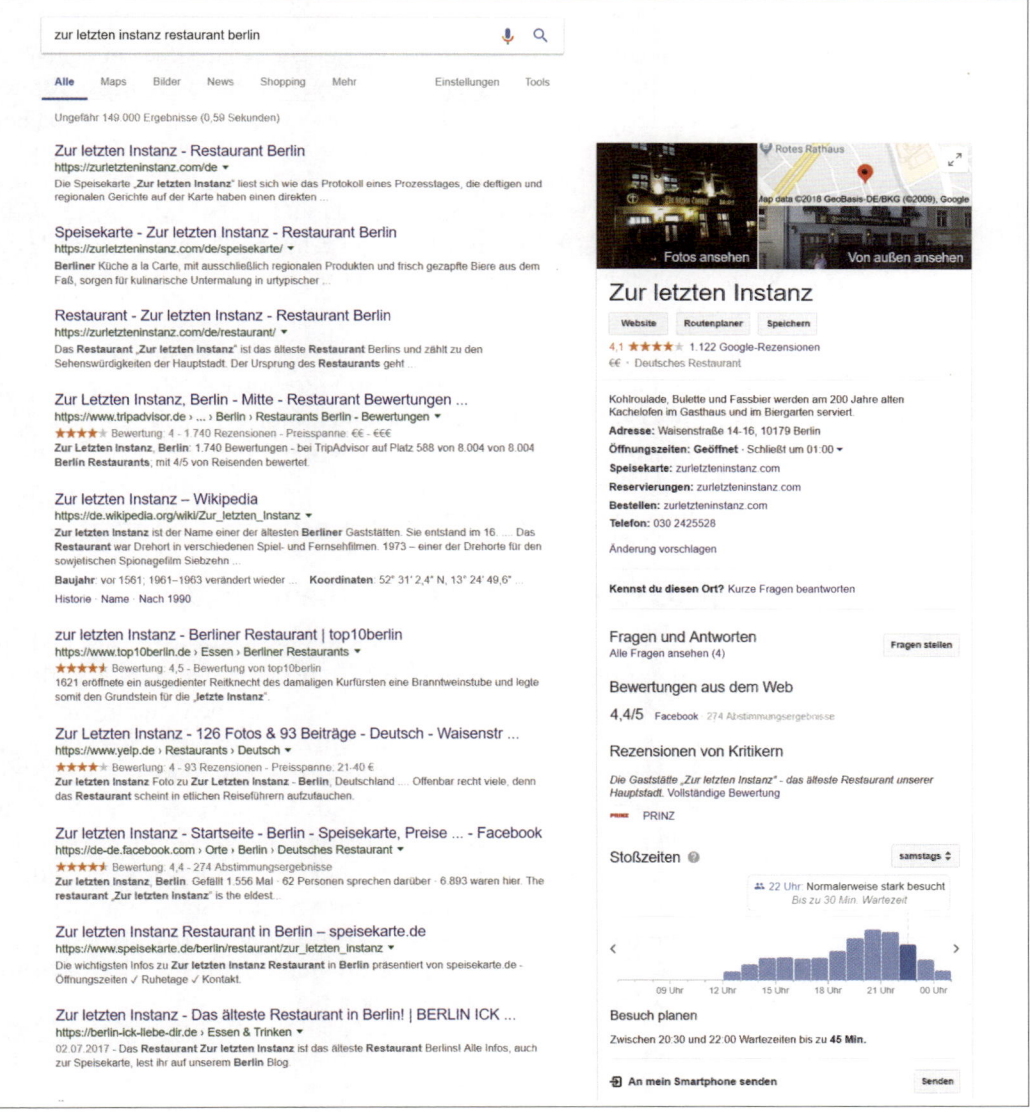

Indem Sie Präsenzen für Ihr Unternehmen oder Ihre Marke auf Social-Media-Plattformen einrichten, diese regelmäßig mit interessanten Inhalten pflegen und sich mit anderen vernetzen, verschaffen Sie sich nicht nur in den sozialen Medien eine höhere Reichweite, sondern verbessern auch Ihre Auffindbarkeit in den Suchmaschinen. Wenn Sie Inhalte schaffen und im Social Web verbreiten, die gern gelesen, als bereichernd wahrgenommen, kommentiert und verlinkt werden, beeinflussen Sie zugleich, was Suchende im Internet über Ihre Marke finden. Das hilft Ihnen auch im Fall von negativen Resultaten, die Sie nach und nach durch gute Inhalte nach unten auf hintere Ergebnisseiten in den Suchmaschinen verdrängen können.

Suchmaschinenrankings sind allerdings nur ein Teil der Gleichung. Durch geschicktes Reputationsmanagement können Firmen PR-Katastrophen abwenden, indem sie negative Erfahrungen in positive verwandeln. Hierzu gehört neben einem souveränen Umgang mit den Funktionen der Social-Media-Plattformen auch eine Vorbereitung auf die Kommunikation in Krisenfällen (mehr dazu lesen Sie in Kapitel 4). Mit Social Media Monitoring und Conversation Tracking gelingt es, negative Vorfälle der Vergangenheit in positive Erfahrungen für Firmen und ihre Marken umzumünzen.

Oder aber Sie fragen Ihre Kunden bereits um ihre Meinung, bevor das Produkt erhältlich ist – und nutzen Umfragen oder Panels zur Marktforschung. Als Ergebnis gelingt es Ihnen nicht nur, wirklich nützliche Produkte zu entwickeln, sondern eben auch, mehr über Ihre Kunden zu erfahren, von ihnen für die Gespräche auf Augenhöhe geschätzt zu werden und sie enger an sich zu binden.

Social Recruitment: Neue Mitarbeiter finden

Volle Auftragsbücher, aber kein Personal: Viele Unternehmen sind händeringend auf der Suche nach Mitarbeitern. Dabei setzen sie verstärkt auf die Personalsuche im Social Web und schreiben offene Stellen in sozialen Netzwerken wie XING, LinkedIn oder auf Facebook aus. Viele Konzerne quer durch alle Branchen und sogar Behörden unterhalten eigene Recruiting-Seiten im Social Web, als Beispiel seien hier nur Daimler (*https://twitter.com/Daimler_career*), der Versandhandel OTTO (*https://www.facebook.com/OTTOJobs*) oder die Stadt München (*https://www.instagram.com/stadtmuenchen_karriere/*) genannt. Darüber hinaus gibt es reine Karrierenetzwerke wie Experteer (*http://eu.experteer.com/*) oder die an XING angedockte Plattform kununu, über die Jobsuchende und Unternehmen zusammenfinden können.

Andere Unternehmen wie zum Beispiel die Krones AG, Hersteller von Verpackungs- und Abfülltechnik, setzen auf Ihre eigenen Mitarbeiter, um für neue Mitarbeiter interessant zu werden. Im Videokanal der Krones AG bei YouTube (*http://www.youtube.com/user/kronestv*) finden sich viele Mitarbeiterporträts und Filme, mit denen sich das Unternehmen unter anderem auch als Arbeitgeber interessant macht.

Wenn also Ihr Ziel ist, regelmäßig neue Mitarbeiter oder Auszubildende für Ihr Unternehmen zu finden, eignet sich das Social Web allein schon wegen seiner Reichweite ganz hervorragend. Durch eine aktive Vernetzung Ihrer Personaler lassen sich außerdem Kontakte zu Experten und interessanten möglichen Mitarbeitern aufbauen und diese direkt ansprechen, wenn eine Position im Unternehmen frei wird. Manche Arbeitssuchende sprechen auch initiativ Personaler an oder signalisieren mit einer Bewerbung zum Beispiel über ein Blog oder ein Video ihre Gesprächsbereitschaft über einen Stellenwechsel.

Wenn Sie gleichzeitig dafür sorgen, dass sich die verschiedenen Mitarbeitergruppen – Azubis, Forschungsabteilung, Vertrieb – auf Ihren Social-Media-Plattformen wiederfinden, wird das auch Ihre bestehende Belegschaft positiv an Sie binden. Einige Unternehmen stellen beispielsweise immer wieder ihre Mitarbeiter im Corporate Blog vor, geben ihrem Haus damit ein Gesicht und unterstreichen öffentlich, dass ihnen ihre Mitarbeiter am Herzen liegen.

Mehr Umsatz für Ihre Produkte

Mit einigen Social-Media-Marketing-Aktionen können Sie den Umsatz von Produkten steigern, zum Beispiel durch die Zusammenarbeit mit einem Influencer, der Ihre Produktneuheit in seinem Kanal vorstellt, durch nutzergenerierte Bewertungen, durch Produktvideos, durch die Anbindung des Kanals an Ihren Onlineshop und durch bezahlte Postings und Werbeanzeigen bei Instagram oder Facebook. Natürlich schieben Kampagnen im Social Web auch alle anderen Marketingmaßnahmen Ihres Unternehmens an, wie kurzfristige Sales-Aktionen oder den Auftritt auf einer Messe.

Verinnerlichen Sie aber: Es gibt weitaus rentablere Maßnahmen zur Umsatzsteigerung, die zeitnah sicherlich auch mehr Erfolg versprechen als das auf Langfristigkeit angelegte Social Media Marketing. Versprechen Sie sich selbst und versprechen Sie vor allem auch Ihrer Geschäftsführung keine unrealistischen Umsatzsteigerungen. Im Social Web geht es in erster Linie um Kommunikation, nicht um Werben und Verkaufen. Wenn Sie Ihr Publikum aber dazu bringen, sich mit Ihren Inhalten und Botschaften zu beschäftigen, Bewertungen für Ihre Produkte abzugeben und über diese zu sprechen, stärkt das Ihre Markenbekanntheit, was sich letztlich auf den Umsatz auswirken wird.

Etablieren Sie sich als Experte

Die Beteiligung in sozialen Medien kann Ihnen dabei helfen, die eigene Kompetenz unter Beweis zu stellen und sich als anerkannten Experten ihres Fachs oder gar als Meinungsführer zu etablieren. Besonders bei erklärungsbedürftigen Produkten oder Leistungen dürfte es keine Schwierigkeiten geben, genügend Stoff zu finden und gleichzeitig auf dankbare Kunden zu treffen. Auch Journalisten freuen sich stets über kompetente Gesprächspartner, die als Zitatgeber die Debatte bereichern.

Abbildung 2-10 ▶
Der Spezialversicherer Euler Hermes erklärt auf YouTube einen typischen Versicherungsfall, vor der Kamera steht – ganz authentisch – der Leiter der Schadensabteilung. Ein Nischenthema, bei dem es sicher nicht um Reichweite geht. Vielmehr gelingt es, sich von der Konkurrenz abzuheben und Vertrauen herzustellen. (Zudem ein gutes Beispiel für Social Media Marketing im B2B-Geschäft.)

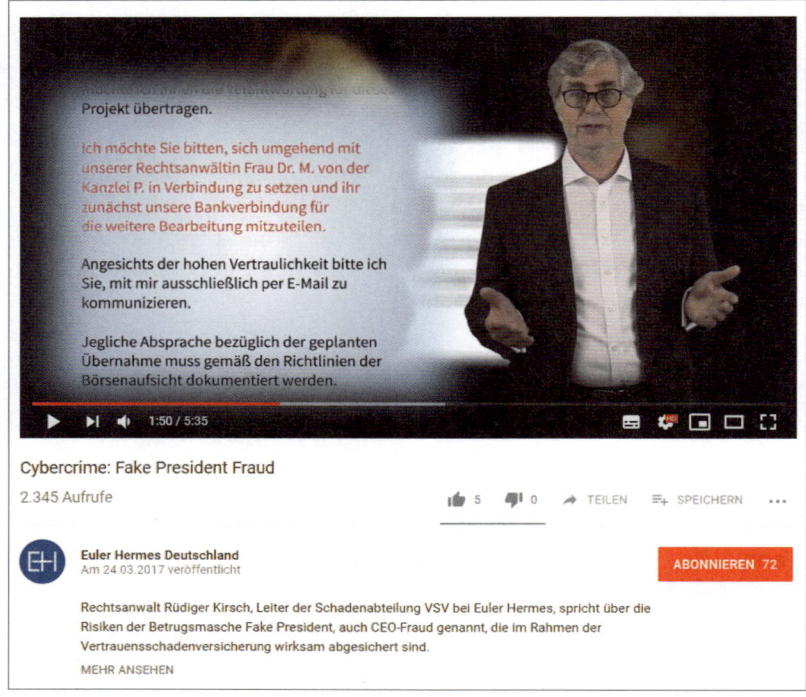

Cybercrime: Fake President Fraud

2.345 Aufrufe

👍 5   👎 0   ➔ TEILEN   ≡+ SPEICHERN   ...

Euler Hermes Deutschland
Am 24.03.2017 veröffentlicht

ABONNIEREN 72

Rechtsanwalt Rüdiger Kirsch, Leiter der Schadenabteilung VSV bei Euler Hermes, spricht über die Risiken der Betrugsmasche Fake President, auch CEO-Fraud genannt, die im Rahmen der Vertrauensschadenversicherung wirksam abgesichert sind.

MEHR ANSEHEN

Um sich als Experte zu positionieren, sollten Sie in erster Linie bereit sein, Ihr Wissen freigiebig zu teilen: Stellen Sie zum Beispiel Präsentationen oder Anleitungen bereit, laden Sie Tutorials bei YouTube hoch oder engagieren Sie sich auf Frage-und-Antwort-Portalen wie beispielsweise Stackoverflow, einer Website für Programmierer. Sie können auch Webinare anbieten oder Videos mit Ihren Vorträgen hochladen. Erläutern Sie in Ihren Social-Media-Profilen, welche Themen Sie interessieren und worin Sie sich gut auskennen. Scheuen Sie sich nicht, auch

Position zu beziehen. Das verleiht Ihnen nicht nur Aufmerksamkeit, sondern grenzt Sie auch von Konkurrenten ab.

Wer es schafft, sich selbst als Influencer zu etablieren, kann Freundschaften und Geschäftsbeziehungen zu Kunden oder Kollegen aufbauen, die PR-Strategie seines Unternehmens unterstützen, das Image schärfen oder verbessern und letztlich auch die Meinung seiner Kunden beeinflussen.

Szenarien für Social Media Marketing

Soziale Medien können also vieles bewirken – umso entscheidender ist es, dass Sie sich von Anfang an klar darüber werden, welche Ziele Sie sich vornehmen. Diese Vorgehensweise kennen Sie aus allen Bereichen des Marketings, und Sie wissen auch, dass die Ziele fortlaufend hinterfragt, überprüft und natürlich auch angepasst werden dürfen. Schauen wir uns also einige typische Szenarien an.

Szenario: Sie haben ein Produkt und möchten es bekannt machen

Eine beliebte Methode, um Produkte bekannter zu machen, ist die Zusammenarbeit mit Bloggern (Blogger Relations). Dafür sprechen unter anderem die hohe Glaubwürdigkeit populärer Blogs und die meist eingeschworene Lesergemeinschaft. Recherchieren Sie Blogs, die für Ihre Kunden interessant sind, zu Ihren Produkten passen und über eine gewisse Reichweite und Beliebtheit verfügen. Portale wie trnd.com (*http://www.trnd.com*) oder Facebook-Gruppen wie »Bloggerinnen und Blogger gesucht!« *(https://www.facebook.com/groups/Bloggersuche/)* können Sie dabei unterstützen. Prüfen Sie, ob es im Blog schon Produkttests gab und wie die Resonanz war. Schlagen Sie den Bloggern dann vor, Ihre Produkte zu testen und sie im Blog und anderen Netzwerken zu bewerten. Legen Sie dabei Fingerspitzengefühl an den Tag: Blogger betreiben ihre Blogs auf ganz unterschiedliche Weisen. Es gibt Blogger, die sich über ihr Blog finanzieren möchten, und es gibt Blogger, die ihr Blog als Privatangelegenheit betrachten. Sehen Sie sich die Blogs unbedingt genau an und achten Sie darauf, welcher Ton angeschlagen wird. Eine nachlässig personalisierte Massenmail mit einheitlicher Ansprache wird Ihnen um die Ohren fliegen.

Überlegen Sie sich einen fairen Deal dafür, wie Unternehmen und Blog langfristig von einer Zusammenarbeit profitieren können. Viele professionelle Blogger erwarten ein Honorar, häufig lassen sich entsprechende Mediadaten herunterladen. Vielleicht lässt sich auch eine Gelegenheit herstellen, Blogger auf einer Messe oder einer anderen Veranstaltung persönlich kennenzulernen. Das hilft Ihnen dabei, ein Gefühl für den richtigen Tonfall und einen echten Mehrwert zu bekommen. Auf diese

Weise können Sie erreichen, dass Ihr Produkt in einem redaktionellen Umfeld und sehr zielgruppennah besprochen wird.

Allerdings sollten Sie sich darüber im Klaren sein und auch kommunizieren, dass der Blogger seine Meinung zu Ihrem Produkt frei äußern kann. Bitten Sie den Blogger einfach um Rücksprache vor Veröffentlichung, falls das Produkt in seinen Augen deutliche Mängel aufweist. Vielleicht lässt sich das Feedback für Sie sinnvoll verwerten, und Sie können dem Blogger schon bald eine verbesserte Version anbieten. Suchen Sie im Fall von negativer Kritik das Gespräch und bemühen Sie sich, Fragen aufzuklären. Bedanken Sie sich für positive Beiträge, beispielsweise über die Kommentarfunktion. Vielleicht stoßen Sie auf diesem Weg wiederum auf andere Interessenten und Kunden für Ihr Produkt oder neue Kontakte für Ihr Netzwerk.

Fallstudie: Blendtec

Dieses Beispiel ist der Klassiker unter den Lehrstücken: Im Jahr 2006 erhielt George Wright, Marketing Director bei Blendtec, einem Hersteller von Mixgeräten für Haushalte und Industrie, ein Marketingbudget in Höhe von 50 US-Dollar, um etwas Originelles für die starken, aber wenig bekannten Produkte der Firma zu tun. Eines Tages fiel Wright im Konferenzzimmer von Blendtec, in dem seine Kollegen oft vorführten, wie stark die Geräte waren, ein Häuflein Sägemehl auf dem Fußboden auf. Später erfuhr er, dass man ein Stück Holz in den Mixer gelegt hatte, um potenziellen Käufern zu zeigen, dass die Mixer von Blendtec superstark waren.

Mit seinem winzigen Marketingbudget kaufte Wright einen Domainnamen (*willitblend.com*), einen Laborkittel, einen Rechen und eine Tüte Murmeln. Er filmte, wie der Unternehmensgründer Tom Dickson das alles im Mixer schredderte, und stellte die Videos dann auf YouTube und seine eigene Markenwebsite. Daraufhin ging *willitblend.com* ab wie eine Rakete. Bis heute wurden fast 200 Videos veröffentlicht, die die einzigartige

Power von Blendtec-Mixern unterstreichen. Aufsehenerregend war beispielsweise das Schreddern eines iPads (18 Millionen Aufrufe) und originell die Persiflage eines Old-Spice-Werbevideos (zur Fallstudie »Old Spice« erfahren Sie mehr in Kapitel 4).

Die Videos wurden allein auf YouTube bereits mehr als Hundert Millionen Mal angesehen, und der *Will it Blend?*-Channel hat inzwischen knapp 900.000 Abonnenten. Etwa anderthalb Jahre nach Veröffentlichung des ersten Videos nannte Blendtec eine Umsatzsteigerung von sagenhaften 700 Prozent. Die Marke Blendtec wurde in aller Welt bekannt und brachte es zu Erwähnungen in einer Vielzahl von renommierten Medien. George Wright wurde zu Industriemessen rund um den Globus eingeladen, um über die Erfolgsgeschichte zu berichten.

Wright hat durch den Erfolg seiner Firma bewiesen: Kleine Firmen können eine große Präsenz haben. Die Regeln haben sich geändert. Und er empfiehlt: Produzieren Sie keine Werbung, sondern Inhalte.

Auch mit Videos kann man die Bekanntheit von Produkten steigern. Die Baumarktkette Hornbach etwa erklärt das richtige Fliesenlegen – unter Zuhilfenahme der entsprechend im Markt angebotenen Fliesenkleber und Fugenmörtel – oder nimmt vor der Kamera Laubbläser, Bandsäge und Geräte auseinander.[8] Für großen Zuspruch auf YouTube stieß ein Clip des Otto-Versandhauses, der unter dem Titel »Das Sockenschwein« die Suche nach einzelnen Socken nach dem Waschen thematisiert und dabei auf humorige Art und Weise eine Waschmaschine in Szene setzt – ein Fünfminutenspot, der in der klassischen Fernseh- und Kinowerbung nicht funktionieren würde, auf YouTube aber allein in den ersten vier Wochen nach Veröffentlichung mehr als zweieinhalb Millionen Mal abgerufen wurde.[9]

Szenario: In den ersten vier Suchergebnissen zu Ihrem Firmennamen tauchen negative Erwähnungen auf

In sozialen Medien können Menschen positiven und negativen Gefühlen Ausdruck verleihen. Diese Geschichten finden sich oft weit oben in den Suchmaschinenrankings wieder und können großen Einfluss auf die Entscheidung der Leser für oder gegen ein Produkt haben.

Wenn negative Beiträge über Ihre Marke in den Suchmaschinen dominieren, kann das Ihren guten Ruf und damit Ihren Umsatz beeinträchtigen. Kunden, die in Suchmaschinen nach Produkten suchen, wählen dann das Angebot eines Wettbewerbers, der keine negativen Suchergebnisse hat. Was tun?

- Recherchieren Sie, wer die negativen Beiträge verfasst hat, suchen Sie den Kontakt und haken Sie nach. Häufig können Sie direkt unter dem Beitrag kommentieren, etwa bei der Employer-Branding-Seite kununu oder bei Amazon-Rezensionen. Ihre Erklärung hilft nicht nur anderen Kunden weiter, sie zeigt auch Ihr Interesse an Meinungen und Einschätzungen Ihrer Kunden.

- Falls Sie noch kein Profil in einem sozialen Netzwerk haben, sollten Sie sich jetzt eines anlegen. Vernetzen Sie sich mit Meinungsführern und suchen Sie das Gespräch. Werden Sie ein wertvoller Bestandteil der Community, indem Sie Wissen teilen und dabei hilfsbereit und höflich sind.

- Schaffen Sie nützliche und unterhaltsame Inhalte auf Ihrer Website und teilen Sie diese in sozialen Netzwerken. Achten Sie darauf, dass sie einen Bezug zu Ihrer Marke haben und ähnliche Themen behandeln wie die negativen Ergebnisse, die Sie verdrängen wollen.

- Gehen Sie offen und souverän mit negativen Bewertungen um. Greifen Sie Kritik in eigenen Beiträgen auf und zeigen Sie, dass Sie lern-

---

8 *https://www.youtube.com/user/Hornbach/videos*
9 *https://www.youtube.com/watch?v=_S201KxuLYk*

bereit sind. Sollte an der Kritik etwas dran sein, bleibt Ihnen nur eins: Verbessern Sie Ihr Produkt und kommunizieren Sie das. Bitten Sie Nutzer, ihre Erfahrungen und Meinungen beizusteuern. So wird sich Ihr Beitrag noch besser herumsprechen und damit in den Suchmaschinen nach oben rutschen.

- Überprüfen Sie regelmäßig die Ergebnisse in den Suchmaschinen daraufhin, ob sich Verbesserungen ablesen lassen.

Das sind wirkungsvolle Möglichkeiten, um am Meinungsaustausch teilzuhaben und ihn zu beeinflussen. Und das Beste ist, dass schon bald die negativen Suchergebnisse nach unten rücken und Platz machen für Social-Media-Stories und -Profile, die Ihr positives Engagement dokumentieren.

Warum genau sollten Sie mit jemandem reden, der schlecht über Ihr Unternehmen, Ihre Marke, Ihr Produkt spricht? Menschen, die so engagiert sind, dass sie den Lesern ihre Unzufriedenheit kundtun wollen, suchen auch Menschen, die bereit und willens sind, zuzuhören. Sie haben die Energie und den Mut aufgebracht, sich zu beschweren. Sie treibt das Bedürfnis, eine unbefriedigende Situation zu verbessern. Wenn Sie diese Menschen ansprechen und mit Respekt behandeln, motivieren Sie sie dazu, sich noch intensiver mit Ihrer Marke zu beschäftigen, und zwar diesmal mit einer wohlwollenden Haltung. So können Sie diese Personen letztlich zu Mitgliedern derjenigen Gruppe bekehren, von der sie ursprünglich am weitesten entfernt waren: zu Markenevangelisten. Bedenken Sie: Wer sich beklagt, spricht ohnehin bereits über Ihre Marke, also warum ihn nicht dazu bewegen, es in einem positiveren Geist zu tun? Es ist erstaunlich, wie viel Sie erreichen können, einfach indem Sie mit Menschen reden.

Szenario: Sie möchten sich als Experte im Social Web positionieren

Sie verfügen über gefragtes Spezialwissen und möchten es nicht für sich behalten:

- Sie haben Ihr Jura-Examen abgeschlossen und verfügen über spezielle Kenntnisse, zum Beispiel in Medienrecht.
- Von Betriebswirtschaft verstehen Sie mehr als alle anderen in Ihrer Interessengruppe.
- Sie können hervorragend kochen und erfinden mit Vorliebe neue Rezepte.
- Sie arbeiten seit 25 Jahren in einer Autowerkstatt und verfügen über einen reichen Erfahrungsschatz, was häufige (und auch seltenere) Pannen angeht.
- Sie arbeiten in einem Bauunternehmen, das sehr viel Spezialwissen im Bereich der Niedrigenergiehäuser vorzuweisen hat.

Wenn Sie zu einer dieser Gruppen gehören, verfügen Sie über Wissen, das andere händeringend suchen. Die Menschen suchen Rat im Internet und stellen Fragen, die Sie vielleicht direkt beantworten könnten (oder womöglich schon beantwortet haben). Darum sollten Sie darüber nachdenken, selbst ein Blog zu starten. Indem Sie per Blog technische Fragen beantworten, Geschäftstipps geben, kostenlose Rezepte anbieten, einfache Autoreparaturen erklären oder bei der Bauplanung helfen, können Sie sich als Experte auf einem bestimmten Gebiet positionieren und Ihre noch begrenzte geografische Reichweite um ein Vielfaches vergrößern. Zudem können Sie durch kontinuierliche Aktualisierung Ihres Blogs weitere Chancen nutzen: Etablierte Blogger werden als Referenten zu Messen und Konferenzen eingeladen, in Büchern zitiert und von Journalisten um medientaugliche Beiträge gebeten – sie bekommen neue geschäftliche Chancen.

Durch Bloggen kann eine nicht so gut laufende Firma dringend benötigte Aufmerksamkeit erlangen. Und es kann Mitarbeitern, die eine Autorität auf ihrem Gebiet sind, die Möglichkeit geben, für ihr Unternehmen auf eine Weise einzutreten, die früher undenkbar gewesen wäre.

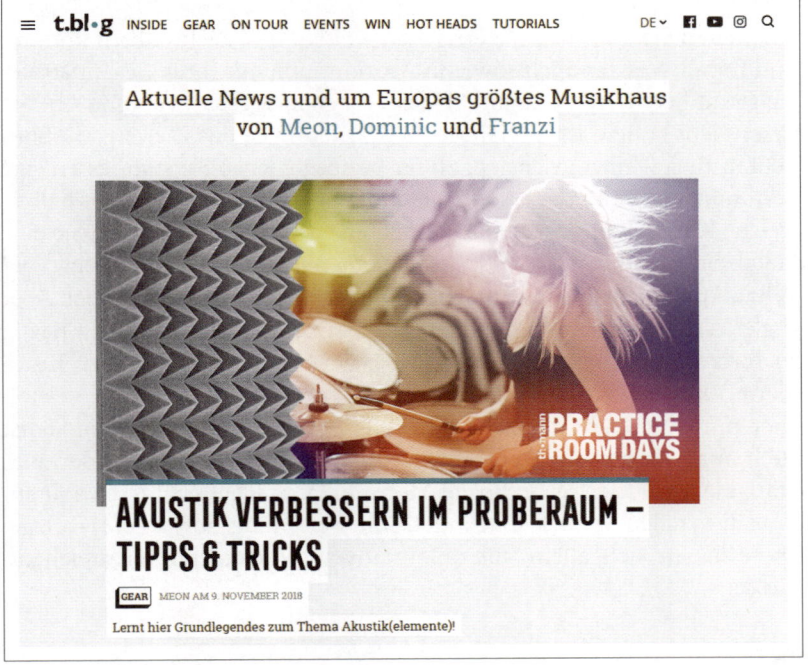

◀ **Abbildung 2-11**
Kompetenz und Persönlichkeit zeigt das Blog des Musikhändlers Thomann. Ein gelungener Auftritt, der Stallgeruch vermittelt, die eigenen Mitarbeiter stärkt und zudem der Entwicklung des Einzelhandels, sich nur über den Preis definieren zu müssen, etwas entgegensetzt.

Nutzen Sie Twitter, um Ihr Wissen in Häppchen anzubieten oder auf Beiträge in Ihrem Blog zu verweisen. Blog und Twitter eignen sich in

Kombination sehr gut, um über ein Thema Menschen zu erreichen. Nutzen Sie Plattformen zum Teilen von Dokumenten wie Slideshare oder Issuu, um E-Books, Whitepaper, Anleitungen oder Präsentationen verfügbar zu machen. Auf Pinterest, einem sozialen Netzwerk zum Teilen von Bildern und Videos, können Sie für Infografiken, Erklärvideos oder Rezeptfotos ein interessiertes Publikum finden. Versäumen Sie auch nicht, nach passenden Foren für Ihr Thema zu suchen (ja, es gibt sie durchaus noch) oder nach passenden Gruppen bei Facebook, XING oder LinkedIn. Wie Sie sehen, haben Sie zahlreiche Möglichkeiten, sich mit Ihrem Wissen als Experte zu positionieren.

SMARTe Ziele setzen

Wie setzen Sie die Ziele nun so, dass sie Ihnen in Ihrer Social-Media-Strategie als Leitlinie dienen? Im Marketing sollten Ihre Ziele konkret, messbar, erreichbar, realistisch und zeitlich klar definiert sein. Dafür steht die Abkürzung SMART: *Specific, Measurable, Attainable, Realistic, Timely*). Das richtige Vorgehen dazu wird in den folgenden Abschnitten erklärt.

Konkret

Definieren Sie klar, was Sie erreichen wollen. Ihre Ziele sollten konkret und für alle verständlich sowie in Abstimmung mit Ihrer Gesamtstrategie formuliert werden, damit Sie später genau wissen, wie (und ob) Sie sie erreicht haben. Im Social Media Marketing ist das Ziel, neue Abonnenten zu gewinnen, vielleicht zu unspezifisch; legen Sie stattdessen eine bestimmte Anzahl neuer Abonnenten fest und definieren Sie zusätzlich, welche Kriterien diese neuen Abonnenten erfüllen sollten. Wenn Sie eine Lokalzeitung sind, die 1.000 Abonnenten für Ihren Newsdienst per WhatsApp hinzugewinnen möchte, ist das schon ein konkretes Ziel. Aber zugleich sollten Sie anstreben, dass es Abonnenten sind, die einen Bezug zu Ihrer Region haben. Oder sind Sie ein Stoffhändler, der auf Instagram 500 potenzielle Kunden gewinnen möchte, dessen Onlineshop aber nur innerhalb Deutschlands liefert? Dann sind für Sie zunächst auch nur Follower aus Deutschland (umsatz-)relevant. Das ist der qualitative Aspekt, den Sie in Social Media nicht außer Acht lassen sollten. Was in sozialen Medien stattfindet, sind Beziehungsaufbau und -pflege. Diese lassen sich allein mit quantitativen Werten nur unzureichend messen.

Messbar

Was Sie nicht messen können, können Sie nicht managen. Also müssen Sie konkrete Kriterien für die Messbarkeit festlegen. Man spricht hier auch von KPI (*Key Performance Indicators*). Vielleicht definieren Sie ein

Benchmark für Ihr angestrebtes Ziel und versuchen dann, es in einem bestimmten Zeitraum zu erreichen. Möchten Sie zum Beispiel mehr Seitenaufrufe generieren, sollten Sie regelmäßig einen Blick auf die Statistik Ihrer Website werfen. Viele Social-Media-Sites liefern Ihnen mehr oder weniger umfangreiche Statistiken, die Sie für die Messung Ihrer Ziele nutzen können.

Erreichbar

So ambitioniert Ihre Ziele auch sind, sie sollten erreichbar sein. Wenn Sie in fünf Jahren für Ihr Onlinemagazin nur 500 Abonnenten gewinnen konnten, ist ein Ziel von 500.000 Abonnenten in fünf Monaten wohl utopisch. Um erreichbare Ziele zu setzen, müssen Sie auch davon überzeugt sein, dass Sie persönlich das Ziel erreichen können. Die Erfahrungen, die Sie im Laufe der Zeit machen, helfen Ihnen bei der Einschätzung. Berücksichtigen sollten Sie auch, was überhaupt in Ihrem Segment möglich ist. Es macht einen Unterschied aus, ob Sie eine Nische oder den Massenmarkt bedienen.

Realistisch

Realistische Ziele berücksichtigen, was Ihnen *heute zur Verfügung steht*, während erreichbare Ziele darauf abheben, was *vielleicht möglich ist*. Ihre Ziele sollten machbar sein, legen Sie die Latte aber hoch genug, um bei einem Erfolg ein Siegesgefühl zu verspüren.

Zeitlich klar definiert

Wenn Sie sich Ziele setzen, müssen Sie auch Termine dafür festlegen. Wenn Sie sagen, Sie streben binnen Jahresfrist 5.000 neue Abonnenten für Ihr Blog an, sind Sie eventuell nicht allzu motiviert, diese Aufgabe zu erfüllen. Ist das Jahr erst vorbei, kann die mangelnde Motivation Sie dazu veranlassen, das Ziel noch weiter hinauszuschieben. Nehmen Sie sich ein konkretes Datum vor, um einen Meilenstein zu erreichen. Geben Sie zum Beispiel vor, was heute in drei Monaten erreicht sein soll. Und los geht's!

Die passenden Kanäle und Plattformen wählen

Der vermutlich einfachste Part: Wählen Sie sich aus dem breiten Angebot des Social Web die Kanäle aus, auf denen Sie sich engagieren wollen. Inzwischen haben Sie schon so viel über Ihre Zielgruppen und Ziele gelernt, das ein paar wenige Fragen Sie recht schnell zu einem ersten Ergebnis führen sollten:

- Wo sind Ihre (potenziellen) Kunden, wo kommunizieren Ihre Wettbewerber?

- Über welche dieser Plattformen erreichen Sie auch eine kritische Masse an Kunden? (Sie werden nicht auf allen Netzwerken gleichzeitig aktiv sein können, sondern sich in aller Regel auf einige wenige Plattformen beschränken müssen.)

- Welche Ziele wollen Sie erreichen, mit welcher Plattform schaffen Sie das? (Ein Unternehmen mit dem Ziel, Nachwuchskräfte zu akquirieren, wird sich beispielsweise in jedem Fall auf die beruflichen Netzwerke LinkedIn oder XING konzentrieren.)

- Welche Inhalte und Beitragsformen sind Gegenstand der infrage kommenden Netzwerke? Und ganz zentral: Haben Sie das entsprechende Equipment und das Know-how bzw. genügend Budget, diese Inhalte zu beschaffen? (Wenn Sie beispielsweise auf YouTube aktiv sein wollen, werden Sie kaum um eine hochwertige Kamera, Schnittsoftware sowie gegebenenfalls Ton- und Lichtequipment herumkommen – genauso wenig wie um entsprechende Skills, dieses Equipment professionell einzusetzen.)

- Welche Regeln gelten innerhalb des einzelnen Netzwerks, welche Eigenschaften hat es? In welcher Frequenz müsste mindestens Content hochgeladen werden, wie zügig erwarten die User eine Antwort auf ihre Fragen?

Abbildung 2-12 ▶
»Welche Social-Media-Instrumente sind im Jahr 2018 relevant?«, fragte das Deutsche Institut für Marketing in einer Studie mit 412 Personen aus unterschiedlichen Unternehmen und Branchen. Als »Pflichtinstrumente« stuften die Befragten Facebook, You-Tube, Twitter, Blogs sowie LinkedIn und XING ein.[10]

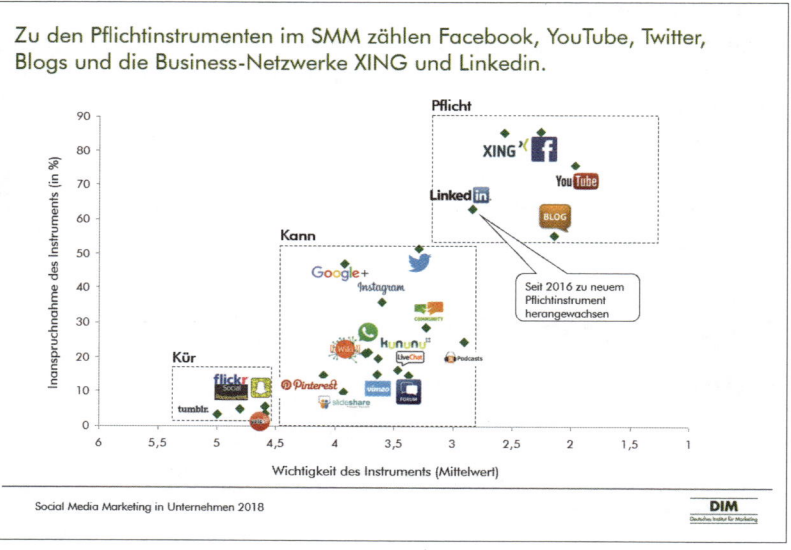

Treten Sie erst einmal vorbehaltlos an das breite Angebot sozialer Netzwerke heran, indem Sie sich das Social-Media-Prisma aus Kapitel 1 noch einmal vornehmen. Achten Sie darauf, dass Sie sich nicht sofort auf die großen Bekannten – Facebook, Twitter oder Instagram – versteifen, sondern auch kleinere Foren oder Special-Interest-Kanäle prüfen. Gerade in den vergangenen Jahren wurden die sozialen Medien nahezu mit Facebook gleichgesetzt. Dabei ist das Netzwerk insbesondere bei den jüngeren Menschen unter 25 Jahren längst nicht so beliebt, und auch im B2B-Bereich ist Facebook nicht die erste Wahl.

Und wieder: SMARTe Ziele setzen

Sobald Sie wissen, welche Plattformen Sie künftig bespielen wollen, sollten Sie Ihre Zielsetzung noch einmal exakter und kleinteiliger formulieren – nämlich: konkret, messbar, erreichbar, realistisch und zeitlich klar definiert.

Achten Sie bei der Formulierung der Ziele auf Messbarkeit: Die pauschale Aussage »Wir wollen mit unserer Facebook-Seite den Umsatz steigern« ist nicht konkret genug. Nutzen Sie KPIs – *Key Performance Indicators* – zur Erfolgsmessung. Für Social Media typische KPIs beschreiben wir in Kapitel 3.

Zum Beispiel:

- Innerhalb von sechs Monaten möchten wir 200 Follower auf Twitter haben.
- Unser Facebook-Auftritt soll innerhalb von zwölf Monaten 20 Prozent mehr Zugriffe auf unseren Onlineshop erzeugen.
- Über unser Corporate Blog wollen wir innerhalb von sechs Monaten 500 neue Newsletter-Abonnenten gewinnen.
- Wir möchten, dass innerhalb von zwölf Monaten 250 Menschen (potenzielle Mitarbeiter) unserem Businessprofil auf XING folgen.

All diese Ziele lassen sich durch technische Hilfsmittel wie beispielsweise Statistik-Plug-ins in Ihrem Website-CMS oder durch an den Link angehängte Tracking-Codes bzw. durch die Statistikfunktion der Netzwerke einfach und zweifelsfrei messen. Sind die jeweils gesetzten Zeiträume abgelaufen, können Sie die Ziele justieren oder komplett neu setzen. Bleiben Sie dabei beweglich und experimentieren Sie mit überschaubaren Zeitspannen.

---

10 *https://www.marketinginstitut.biz/*

Die richtigen Inhalte

Jetzt dürfen Sie sich austoben: Nachdem Sie nun einerseits wissen, wie Ihre Zielgruppen ticken, wo sie sich aufhalten und welche Inhalte sie bevorzugen, und gleichzeitig auch sicher sind, was Sie genau auf welcher Plattform erreichen wollen, können Sie das »Wie« in Angriff nehmen. Überlegen Sie, welche Inhalte das gewählte Netzwerk voraussetzt: Wollen Sie beispielsweise eine Instagram-Präsenz starten, geht nichts ohne ausdrucksstarke Fotos – inklusive gründlicher Hashtag-Recherche. Überlegen Sie auch, in welcher Frequenz Sie Beiträge veröffentlichen wollen (oder zugunsten der Sichtbarkeit müssen). Möchten Sie bloggen? Dann sammeln Sie schon einmal Themen und die Namen potenzieller Autoren, die Ihre gewünschte Botschaft transportieren und so zum Erreichen Ihres Ziels beitragen können.

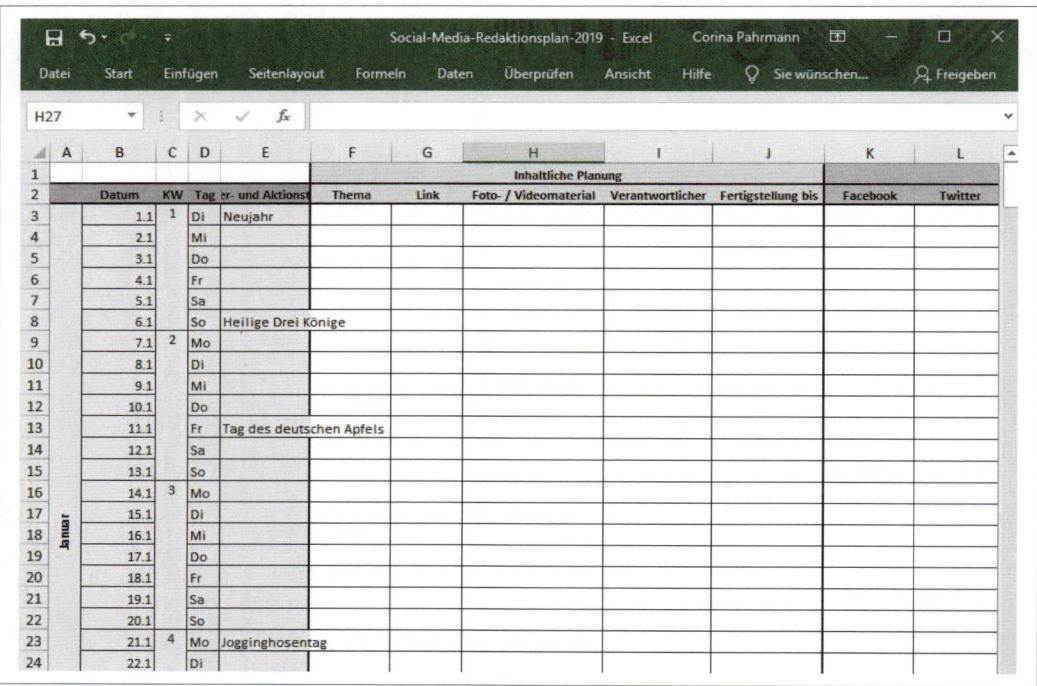

Erstellen Sie sich Vorlagen für einen Kommunikationsplan, der knapp und übersichtlich über die gewünschten Botschaften, Teilziele, Verantwortlichkeiten und Termine informiert. Achten Sie darauf, diesen Plan jederzeit Ihrem Team zugänglich zu machen. Bei remote arbeitenden Kollegen bietet sich etwa die Plattform Google Drive oder ein anderes über das Internet zugängliches Collaboration-Tool an. Arbeiten Sie gemeinsam in einem Büro, erfüllt eine große Magnettafel oder ein Whiteboard häufig den gleichen Zweck. In den Kapiteln zu den jeweiligen Plattformen und Netzwerken gehen wir noch einmal gezielt auf die Content-Planung ein. Überlegen Sie aber schon jetzt, wie sich die Maßnahmen auf verschiedenen Netzwerken gegenseitig stützen oder sogar befeuern lassen – etwa durch geschickte zeitliche Planung.

(Bevor Sie) Ihre Strategie umsetzen

Nun geht es an die Umsetzung Ihrer Ideen. Einige Fragen sollten Sie im Vorfeld beantworten.

Werden Sie auch mit Rückschlägen fertig?

Am Anfang dieses Kapitels haben wir darüber gesprochen, dass einige Unternehmen Social Media scheuen, weil sie sich vor Kontrollverlust oder negativer Resonanz fürchten. Das müssen auch Sie bedenken, bevor Sie sich in die tiefen Wasser der sozialen Medien vorwagen. Wenn Sie sich auf Ihren Social-Media-Präsenzen nicht an Diskussionen beteiligen, können Sie Kritik dafür ernten, dass Sie auf Probleme nicht eingehen. Doch wenn Sie darauf eingehen, können Sie ebenso Kritik dafür ernten, dass Sie es falsch gemacht haben. Hier brauchen Sie sowohl Erfahrung als auch einen Plan für die Kommunikation in Krisenfällen.

Tiger Woods geht auf dem Wasser: Eine Panne im Computerspiel von Electronic Arts?

Im August 2008 wurde in dem Computerspiel *Tiger Woods PGA Tour 09* von Electronic Arts eine Panne entdeckt. Ein Spieler zeichnete einen offensichtlichen Softwarefehler auf, der ein ganz besonderes, spirituelles Erlebnis bot: Tiger Woods ging wie Jesus übers Wasser. In einem Video-Upload auf YouTube[11] zeigte der Nutzer, wie Tiger Woods übers Wasser lief und dort den Ball schlug, als befände er sich auf trockenem Boden.

Das hätte sich für EA zu einem Riesenproblem auswachsen können. Doch anstatt die Botschaft zu ignorieren, beschloss das Unternehmen, mit der Community zu spielen, und lancierte eine äußerst clevere Antwort auf das Video, in der es den echten Tiger Woods übers Wasser gehen ließ.[12]

Anstatt sich durch diesen Ausrutscher seinen Ruf ruinieren zu lassen, nutzte EA Sports also die Subkultur von YouTube, ergriff selbst die Initiative und schickte eine schlagfertige Antwort. Mit Erfolg umschiffte die Firma die Klippe einer möglichen langwierigen Negativpublicity und machte aus seiner Panne einen brillanten Marketingschachzug. Das Video verzeichnet bisher über neun Millionen Betrachter und ein überwältigendes positives Feedback – bis heute.

---

11 *http://www.youtube.com/watch?v=h42UeR-f8ZA*
12 *http://www.youtube.com/watch?v=FZ1st1Vw2kY*

Zugleich ist es wichtig, zu erkennen, dass ein sympathisches, ernsthaftes Engagement die Stimmung in der Community positiv beeinflussen kann und dass Unternehmen aus negativer Resonanz viel lernen können. Viel schwieriger ist es, wenn niemand Sie und Ihr Engagement bemerkt. Oft liegt das an mangelnder Vernetzung, an nicht auf die Bedürfnisse der Zielgruppe abgestimmten oder lieblosen Inhalten und an der fehlenden Integration von Social Media in die Gesamtstrategie des Unternehmens.

Verfügen Sie über Geduld und einen langen Atem?

Jede Marketingvariante erfordert Geduld und Mut zum Experimentieren. Das gilt auch für die sozialen Medien. Nach wie vor haben Sie es mit Individuen zu tun, die auf Ihre Bemühungen irgendwie reagieren werden. Wenn Sie beim ersten Mal scheitern, werden Sie es dann erneut versuchen? Haben Sie den Willen, an Ihren Fehlern zu wachsen? Haben Sie den Willen, Verbesserungen und Anpassungen zu akzeptieren?

Der Aufbau eines hochwertigen Netzwerks und das Erreichen von Aufmerksamkeit kosten Zeit und Mühe. Niemand hat auf Sie gewartet, und die Wertschätzung in der Community will ehrlich verdient werden. Ohne Frage: Es gibt sie, die sensationellen viralen Erfolge von Social-Media-Kampagnen. Oft steckt aber ein großes Budget dahinter, manchmal ist es eine Kombination aus Glück und Budget, selten ist es einfach nur Glück, dass eine Kampagne die Community begeistert.

Sie sollten daher keine Wunder erwarten und bereit sein, geduldig in Erfahrung zu bringen, womit Sie die Menschen in den sozialen Medien für sich einnehmen können und wie Sie sich als sympathischer, nützlicher Gesprächspartner unentbehrlich machen.

Können Sie Beziehungen pflegen?

Vergegenwärtigen Sie sich, dass Sie mit Menschen in Kontakt treten werden, nicht mit Websites und auch nicht mit Smartphones. Der Erfolg Ihrer Strategie wird von den Reaktionen der Menschen auf Ihre Initiativen abhängen, und von der Bereitschaft, Ihre Botschaften und Inhalte weiterzuverbreiten. So gut wie immer sind Sie vom Wohlwollen einer Community abhängig. Ein gut funktionierendes Netzwerk ist daher von unschätzbarem Wert. Sie sollten sich also Gedanken darüber machen, wie Sie dieses Netzwerk aufbauen und nachhaltig pflegen können.

Beziehungen in sozialen Medien unterscheiden sich gar nicht so sehr von denen in der realen Welt: In beiden haben Sie mit Menschen zu tun. Wenn diese in ihren Social-Media-Beziehungen auf dem falschen Fuß erwischt werden, brechen sie den Kontakt vielleicht ab, wie auch im wirklichen Leben eine Beziehung scheitern kann. Da im Web jedoch der persönliche Kontakt von Angesicht zu Angesicht fehlt, können auch unangenehme Missverständnisse entstehen. Vor unserem Computerbildschirm verlieren wir leicht den Blick dafür, dass der Empfänger unserer Botschaften Gefühle hat und sich seine eigenen Gedanken macht. Texte und Bilder –auch Emojis – können falsch verstanden werden. Wenn Sie eine Zeit lang aktiv in Communitys unterwegs sind, können sich daraus aber auch in der physischen Welt Beziehungen ergeben.

Daher sollte Ihr Auftritt in den sozialen Medien zu Ihrer Unternehmenskultur passen. Es ist schön, wenn Sie Ihre Kunden in Social Media positiv überraschen können. Wenn diese jedoch etwas völlig anderes von Ihnen gewohnt sind, kann das auch irritierend wirken. Andersherum werden Sie feststellen, dass Ihre Aktivitäten in Social Media Erwartungen an Ihr Unternehmen wecken können. Wenn Sie in Social Media betont lässig unterwegs sind, sollten Sie bei Begegnungen auf Messen oder Kongressen nicht ganz anders auftreten.

Networking kann sowohl online als auch offline sehr lohnenswert sein. Tatsächlich sind Aufbau und Pflege von Netzwerken wohl der wichtigste Teil der Social-Media-Gleichung. Der Schlüssel zu effizientem Netzwerken ist, die geeigneten Communitys aufzuspüren, sie zu verstehen und sich selbst mit einer klaren Markenidentität einzubringen. Ein gutes Netzwerk hilft Ihnen, sich selbst in Social Media zu etablieren und Ihrer Marke ein Gesicht zu geben.

Können Sie großzügig sein?

Netzwerke wachsen, weil Menschen anderen Menschen helfen und sich über gemeinsame Interessen austauschen. Ohne echtes Interesse an den Menschen in der Community und die Bereitschaft, Wissen oder Anteilnahme beizusteuern, werden Sie es schwer haben, als Teil des Netzwerks akzeptiert zu werden. Dazu gehört auch, dass Sie zunächst an Wissen, Zeit und Interesse mehr investieren müssen, als Sie bekommen. Im Laufe der Zeit wird sich ein Gleichgewicht einstellen, aber Sie sollten nie darin nachlassen, der Community einen Mehrwert zu geben.

Zugegeben, das kostet Zeit und Mühe. Doch der Aufbau eines hochwertigen Netzwerks lohnt sich

- für eine bessere Kommunikation und Sichtbarkeit Ihrer Marke,
- für die Reputation als jemand, der ohne Hintergedanken kommuniziert,
- für Ihre Positionierung als Experte,
- für die Förderung von Beziehungen im Leben auch jenseits des Internets und

- für das Entwickeln von neuen Ideen, Projekten und geschäftlichen Verbindungen.

Soziale Medien sind ein hervorragendes Mittel, um Ihre Reputation zu pflegen. Wenn Sie Beziehungen zu einem Zeitpunkt aufbauen, zu dem Sie nicht zwingend darauf angewiesen sind, sparen Sie sich Nerven und Zeit in Krisenfällen. Dann sind auch Fehler kein großes Problem. Diese sind schlicht menschlich, wenngleich das kein Freischein ist, allzu sorglos mit dem Wohlwollen Ihres Netzwerks umzugehen. Soziale Medien sind mehr als Mittel zum Zweck, um mehr Views, Links oder Aufmerksamkeit zu bekommen. In Social Media entstehen echte zwischenmenschliche Beziehungen, was durchaus Spaß machen darf.

Wenn Sie immer zuerst an die Community denken und erst in zweiter Linie an den Nutzen, werden Sie letztlich all Ihre Ziele erreichen können, und das in einer Weise, die Ihnen die Achtung und das Vertrauen derjenigen einbringt, die Sie mit Ihren Botschaften erreichen möchten.

Ist Ihre Unternehmenskultur reif für Social Media?

»Da bekommen wir dann nur schlechte Bewertungen!«

»Und wie soll der Chef genehmigen, was ihr im Marketing bei Facebook schreibt?«

Und sogar: »Unsere Kunden sind ja nicht besonders gebildet, am Ende schaden die uns noch!«

Diese Stimmen hörten wir in den vergangenen Jahren immer wieder bei Unternehmen, die vor einem Engagement im Social Web zurückschreckten. Dabei führen angstgetriebene Entscheidungen selten zu Erfolgen. Ernst nehmen wollen wir alle Bedenken dennoch, denn natürlich kann Social Media Marketing aufs Glatteis führen – in manchen Konstellationen, Branchen und Märkten schneller, in manchen weniger schnell. Eine politische Partei wird auf ihrer Facebook-Seite mit Gegenpositionen und Einflussnahme rechnen müssen – und im Zweifel auch mit rechtswidrigen Kommentaren anderer Menschen, auf die reagiert werden muss. Ein Einzelhändler wird sich kritischen Fragen zur Herkunft und Qualität seiner Produkte stellen und ein Freizeitpark Kritik zu einer angekündigten Preiserhöhung einstecken müssen.

Sorgen Sie dafür, dass die Mitarbeiter, die täglich via Twitter Kundenanfragen beantworten, regelmäßig und umfassend geschult werden, um beispielsweise nicht das Blaue vom Himmel herunter zu versprechen und gleichzeitig wirklich hilfreiche Antworten zu geben. Und selbst die Unternehmen, die sich recht sicher fühlen, ein Blumengeschäft etwa, das »nur« seine aktuellen Angebote bei Facebook teilt, oder ein Touris-

musbüro, das die schönen Seiten seiner Heimatstadt auf Instagram postet, sollten wissen, wie sie im Krisenfall agieren: wen sie intern informieren, welche Aussagen sie bedenkenlos treffen dürfen und welche sie
besser vorab klären. Denn Shitstorms sind nicht zwingend selbst verursacht, schon gar nicht immer absichtlich. Im Blumenladen etwa kann
eine Kundin stürzen und sich schließlich bei Facebook Luft machen.
Und in der Stadt, die auf Instagram ausschließlich romantische Alt-
stadtbilder postet, kann es dennoch Wohnungsnot geben, die im Social
Web debattiert wird.

◀ **Abbildung 2-14**
Die Berliner Verkehrsbe-
triebe setzen auf Selbst-
ironie: Mit einer enormen
Portion Humor spielen sie
nicht nur mit ihren
Schwächen, sie stellen sie
fast aggressiv in den Mittelpunkt und stoßen auf
sehr positive Resonanz
(Mehr dazu in Kapitel 9).
Eines ist klar: Für Kam-
pagnen dieser Art braucht
es eine mutige, offene
Unternehmenskultur.

Social Media Guidelines: Leitplanken für die sozialen Medien

Sehr empfehlenswert sind »Social Media Guidelines«, also unterneh-
mensinterne Richtlinien für den Umgang mit den verschiedenen Social-
Media-Kanälen. Diese sollten sich an alle Mitarbeiter richten, auch an
die, die nur privat Facebook, Twitter oder andere Dienste nutzen oder

noch gar nicht aktiv sind. Zwar können Sie Ihren Mitarbeitern nicht vorschreiben, ob und in welcher Form sie sich im Social Web austoben, jedoch helfen grundlegende Verhaltenstipps dabei, auf beiden Seiten mehr Sicherheit zu schaffen. Alle Mitarbeiter sollten darüber informiert sein, was das eigene Unternehmen im Social Web tut und vorhat.

Bedenken Sie: Aus der allgemein etablierten »One-Voice-Policy« ist in den sozialen Medien mit der Zeit eine »Many-Voices-Policy« geworden. Es liegt an Ihnen, die Stimmen Ihrer Mitarbeiter für sich zu gewinnen.

Durch den Dschungel der Bürokratie

Gleichzeitig müssen Sie sich noch durch das Bürokratiegeflecht in Ihrem Unternehmen kämpfen. Vielleicht muss Ihr Engagement in den sozialen Medien von der Rechtsabteilung abgesegnet werden? Ist sich diese der Vor- und Nachteile der geplanten Aktivitäten bewusst? Oder ist Ihr Vorgesetzter noch nicht vollständig davon überzeugt, dass Sie und andere einen Teil der Arbeitszeit künftig bei Twitter, Facebook oder in Blogs verbringen? Oder hat er etwa die glorreiche Idee, sich künftig alle Tweets zur Absegnung vorlegen zu lassen?

Das Problem mit der Bürokratie in Unternehmen ist, dass die Verrenkungen, die Sie machen müssen, Ihre Arbeit und Ihre Entwicklung behindern und letztlich eine echte Bürde darstellen. Ihre Marke wird in der Öffentlichkeit diskutiert, ganz gleich, ob Chef und Rechtsabteilung grünes Licht geben oder nicht. Es ist wichtig, die Leute in Ihrem Unternehmen darin zu schulen, Missionen und Ziele sachlich, aufrichtig und transparent darzustellen. Benennen Sie klar, welche Chancen Ihre Social-Media-Strategie bietet, und auch, welche Gefahren bei fehlendem Engagement drohen.

Technik oder Zauberei?

Es kursiert immer noch die Mär, dass Social Media nichts koste. In der Tat sind viele soziale Medien kostenlos nutzbar – relevante Reichweiten erhält man aber beispielsweise bei Instagram und Facebook nur noch durch ein ergänzendes Werbebudget. Und sicherlich ist der finanzielle Aufwand im Vergleich zu anderen Kommunikationsmaßnahmen im Unternehmen zunächst überschaubar, aber wer nützliche Inhalte liefern, mit den Communitys in den Austausch gehen und sämtliche Social-Media-Aktivitäten auswerten und überprüfen will, muss einiges an Zeit und Mühe und damit personellen Ressourcen investieren.

Ein wichtiger Bestandteil wird bei aller Begeisterung für Technologien jedoch oft übersehen: die technische Ausstattung. Das beginnt bereits mit dem Zugang zu sozialen Netzwerken. Immer noch gibt es Unternehmen und Institutionen, bei denen zum Beispiel Facebook oder You-Tube für die Mitarbeiter gesperrt sind. Verständlicherweise erschwert das die Nutzung von Social Media erheblich. (Und ist in Zeiten von Smartphones und Mobile Flat zudem gänzlich wirkungslos.)

Um in den sozialen Medien Inhalte wirkungsvoll zu kommunizieren, ist längst mehr als nur Text vonnöten. Daher brauchen die Social-Media-Mitarbeiter Tools zur Video- und Bildbearbeitung – und entsprechend Zeit, sich in diese Tools einzuarbeiten. Außerdem entstehen im Social Web laufend neue Dienste, mit denen es zu experimentieren gilt. Sowohl der Zugang zu Tools und Netzwerken als auch die Bereitschaft, diese auszuprobieren, sind für den Erfolg des Social Media Marketing grundlegend. Hier entscheidet sich: Vertraut Ihr Unternehmen seinen Mitarbeitern? Können und wollen diese sich weiterbilden, und ist der Stellenwert von Social Media für alle geklärt?

Unmittelbare Kommunikation in Echtzeit erfordert ebenfalls, dass ein stabiles Internet (dazu gehört auch ein ordentliches Datenvolumen für unterwegs), ein leistungsfähiger Computer sowie wenigstens ein mobiles Gerät – Tablet oder Smartphone – vorhanden sind. Das klingt banal, wird aber mitunter tatsächlich übersehen. Doch wie sollen Mitarbeiter von einer Konferenz twittern oder Instagram-Stories von der aktuellen Branchenmesse senden, wenn ihnen das Equipment fehlt? Auch eine rasche Reaktion auf Kundenanfragen bewerkstelligen Sie mit einem leistungsstarken mobilen Gerät besser.

Sinnvoll ist auch die Anschaffung einer geeigneten Digitalkamera, wenn Sie regelmäßig Videos produzieren, sowie zusätzliches Bild-/Tonequipment mit der passenden Schnittsoftware.

Lernen oder untergehen: Fortbildungen

Der Zuwachs an Wissen in den letzten 100 Jahren war enorm. Immer schneller kommen neue Technologien auf den Markt, mit denen wir uns auseinandersetzen müssen, weil sie unsere Arbeit und unser Leben verändern. Wir sind eine lernende Gesellschaft, in der es selbstverständlich geworden ist, dass auch Erwachsene nach Abschluss ihrer Ausbildung ihr Leben lang weiterlernen. Für manche ist das ein Segen, für andere ein Fluch. Nirgends schlägt sich die rasante Entwicklung so nieder wie im Internet, wo sich Neuerungen und Veränderungen in Windeseile verbreiten.

Im Unternehmen werden Sie immer Mitarbeiter haben, die sich begeistert auf neue Anforderungen stürzen und sich in Routinen rasch langweilen, und auf der anderen Seite Mitarbeiter, die Veränderungen als bedrohlich empfinden und einen verlässlichen Rahmen für ihre Arbeit brauchen. Natürlich gibt es auch Menschen, die Veränderungen gleichmütig hinnehmen und sich ebenso gelassen Neuerungen aneignen.

Für die sozialen Medien brauchen Sie forsche Spürnasen, die sich gern Neues ansehen und dafür Ideen entwickeln. Vielleicht sind Sie selbst diese Spürnase und möchten deshalb Social Media in Ihrem Unternehmen vorantreiben?

Ein entscheidender Faktor, der Ihre Social-Media-Strategie nicht unwesentlich beeinflussen wird, ist, inwieweit das stete Lernen ermöglicht und unterstützt wird. Auch Unternehmen müssen hier oft umdenken und eine Haltung zur Fort- und Weiterbildung ihrer Mitarbeiter entwickeln. Denn das teuerste Videobearbeitungstool und das mächtigste Social-Media-Dashboard bleiben stumpfe Instrumente, wenn niemand sie bedienen kann. Da braucht es Schulungen und regelmäßige Qualifizierungen. Wenn ein Unternehmen daran interessiert ist, Social Media klug und effizient einzusetzen, tut es gut daran, seinen lernwilligen Mitarbeitern entsprechende Voraussetzungen dafür zu schaffen.

Tipp ▶ Wenn Sie in Social Media auf dem Laufenden bleiben wollen, sollten Sie den Austausch mit Menschen suchen, die sich ebenfalls für oder in Unternehmen mit Social Media beschäftigen. Gerade der branchenübergreifende Austausch ist sehr wertvoll. Hier empfiehlt sich der Besuch von Barcamps (sogenannten »Unkonferenzen« mit offener Agenda) oder lokalen Treffen von Social-Media-Leuten, die es in vielen größeren Städten gibt. Unter dem Begriff *Social Media Club* finden B2B-Treffen statt, bei denen kurze Vorträge aus der Praxis und das Netzwerken im Mittelpunkt stehen. Werfen Sie auch einen Blick auf die Angebote des *Bundesverbands Community Management* (BVCM e.V., *https://www.bvcm.org/*). Und recherchieren Sie selbst in den Netzwerken: Gerade auf Facebook gibt es eine ganze Reihe von Gruppen zu Social Media Marketing, Facebook-Werbung und einzelnen Tools. Schließen Sie sich an und tragen Sie selbst zum Austausch bei.

Welche Mitarbeiter benötigen Sie?

Wie jede Form von Kommunikation bedeuten auch die Social-Media-Kommunikation Einsatz und Arbeit, so einfach und kostengünstig sie erscheinen mögen. Haben Sie in Ihrem Unternehmen Mitarbeiter, die in Social Media bereits aktiv sind oder sich ein neues Themenfeld erarbeiten möchten? Oder müssen Sie zusätzliche Kräfte einstellen?

Sie müssen entscheiden, ob Sie die Aufgabe mit eigenen Mitteln bewältigen oder sich Hilfe von außen holen möchten. Das hängt natürlich in erster Linie von der Größe Ihres Unternehmens, dem zur Verfügung stehenden Budget und dem Umfang Ihrer Social-Media-Pläne ab. Auch Ihre Vorkenntnisse bzw. die Ihrer Mitarbeiter spielen eine Rolle.

◀ **Hinweis**

Häufig werden unbezahlte Praktikantenstellen für Social-Media-Aktivitäten ausgeschrieben. Diese Art, an Arbeitskräfte zu kommen, ist kosteneffizient, aber auch riskant. Außerdem ist das sehr kurzfristig gedacht. Die Community gewöhnt sich an die Menschen, die in den sozialen Medien für ein Unternehmen sprechen. Wenn der Repräsentant des Unternehmens alle drei oder sechs Monate wechselt, schafft das nicht unbedingt Vertrauen. Es sollte jemand sein, der sich auch in schwierigen Gesprächssituationen geschickt verhält, im Unternehmen gut vernetzt ist und sich zudem mit Ihrer Unternehmenskultur identifizieren kann. Oder würden Sie einem Praktikanten die Stelle als Unternehmenssprecher anbieten?

Vielleicht sollten Sie bestimmte Aufgaben in Social Media auch komplett outsourcen. Manch einer mag argumentieren, das sei nicht ideal, weil Sie selbst der glühendste Verfechter Ihres Produkts sind. Unterstützung von außen kann aber nicht nur den Einstieg in die sozialen Medien erleichtern, sie kann Ihrem Unternehmen und den Menschen, die darin arbeiten, auch dabei helfen, den Mitgliedern der Community die bestmögliche Botschaft zu vermitteln. Im Idealfall arbeitet ein Unternehmen mit externen Fachleuten Hand in Hand.

Möglicherweise entscheiden Sie sich für einen Mittelweg: Sie können einen externen Berater für Ihre internen Social-Media-Aktivitäten und Schulungen anheuern. Vielleicht bietet sich eine Kooperation mit Agenturen und Beratern an, die sich im Social-Media-Umfeld und Ihren Communitys gut auskennen. Sie können Ihnen bei der Ideenfindung helfen, die Kontaktaufnahme zu Influencern vereinfachen und eine virale Marketingstrategie entwerfen, die den Übergang zu einem ausgereiften Social Media Marketing in Ihrem Unternehmen erleichtert.

Zusätzlich können Sie aus webaffinen Mitarbeitern ein Team bilden, das mit einem Berater zusammen eine Social-Media-Strategie entwickelt und umsetzt, oder einen Social Media Manager bestimmen, der im Umgang mit der Community die Zügel in der Hand hält. Das allein ist oft schon eine Vollzeitbeschäftigung. In jedem Fall ist es aber notwendig, dass Sie im Unternehmen und mit Blick auf Ihre Gesamtstrategie erarbeiten, wie Sie im Social Web auftreten möchten, was Sie erreichen wollen und wer wofür zuständig ist. Nur so können Sie bzw. die Social-Media-Beauftragten souverän und schnell im Social Web agieren und reagieren. Daher sind in jeder Social-Media-Kampagne Training und Abstimmung wichtig, sowohl für Ihre Mitarbeiter als auch für Externe, sofern Sie welche engagieren.

In kleineren Unternehmen ist die Social-Media-Kommunikation in dieser Hinsicht etwas einfacher: Hier werden die Social-Media-Aktivitäten oft vom vorhandenen Personal in den Abteilungen Marketing, PR und/oder Kundendienst getragen. Nicht selten füttert sogar nur ein einziger

Mitarbeiter täglich die sozialen Netzwerke und behält damit natürlich wunderbar den Überblick über alle jemals kommunizierten Inhalte und erhaltenen Meinungsäußerungen. Bedenken Sie jedoch, dass auch dieser Mitarbeiter einmal Urlaub hat oder kurzfristig ausfallen kann – soll dann auch gleich Ihre komplette Kommunikation im sozialen Netz brachliegen? Besser ist es, zumindest einen Zweiten einzuarbeiten und alle wichtigen Leitlinien, Inhalte und – ganz wichtig – Zugangspasswörter bei diesem Mitarbeiter oder einem Vorgesetzten zu hinterlegen.

Bei Social-Media-Teams sollten Sie ganz genau bestimmen, wer welche Kanäle standardmäßig bewacht und bedient und wie im Krisenfall die Kommunikationswege aussehen. Natürlich sollten Sie auch Ihre »Öffnungszeiten« im Social Web und den Umgang mit der Arbeitszeit Ihres Social-Media-Beauftragten an den Abenden und am Wochenende klären.

Der Social Media Manager

Wenn Sie die Social-Media-Strategie in Ihrem Unternehmen konsequent weiterentwickeln, sollten Sie eine Position schaffen: die des Social Media Manager, der entweder eine Stabsstelle einnimmt oder im Marketing- oder PR-Team arbeitet. Er ist die Stimme des Unternehmens im Social Web und tritt auch persönlich mit Kunden, Multiplikatoren und Geschäftspartnern in Kontakt. Zugleich vermittelt er Wünsche und Meinungen der Kunden ins Unternehmen. Aus diesem Grund ist es von großer Wichtigkeit für den Erfolg in Social Media, dass der Social Media Manager sowohl intern als auch extern gut vernetzt und anerkannt ist.

Tipp ▶   In Kapitel 14 zeigen wir Ihnen einige Ausbildungswege für Social Media Manager.

Der Social Media Manager sollte ein kommunikationsstarker Teamplayer sein, der seine Begeisterung für Ihre Marke in Ihre Branche und ins Social Web tragen kann. Wichtig ist dabei, dass er sich nicht wie ein klassischer Marketing- oder PR-Mensch verhält: Er sollte in der Lage sein, mit gesundem Menschenverstand und zwischen den Zeilen lesend auf unterschiedliche Menschen in den sozialen Medien zu reagieren und eine sympathische, »echte« Sprache zu finden, frei von Marketing- und PR-Floskeln. Seine Äußerungen sollen sich am Interesse der Community ausrichten und keine kommerziellen Untertöne haben.

Bedenken Sie bei der Auswahl eines Social Media Manager, dass eine gewisse Lebenserfahrung bzw. Erfahrung im Umgang mit Menschen durchaus von Vorteil sein kann. Schließlich gilt es, etwa in Krisen mit einem kühlen Kopf, gewissem Pragmatismus und hoher Zielorientierung vorzugehen. Ein Zertifikat kann Ihnen bei der Auswahl helfen, aber letztlich brauchen Sie jemanden, der Ihre Marke gelassen und möglichst heiter auch durch schweres Fahrwasser führt.

Der Social Media Manager übernimmt die Aufgabe, im Social Web stabile Beziehungen aufzubauen und das Netzwerk zu pflegen. Im Idealfall ist Ihr Social Media Manager jemand, der selbst bereits im Social Web anerkannt ist und sich mit den Regeln dort auskennt. Er beteiligt sich an Barcamps und Social-Media-Treffen, besucht Konferenzen und schafft Möglichkeiten für die Community, sich auch offline zu treffen. Er sollte gern mit Menschen arbeiten, persönlich, umgänglich und humorvoll sein und die Herausforderung lieben. Schließlich hat der Social Media Manager die wichtige Aufgabe, dem Unternehmen ein menschliches Gesicht zu verleihen, und »lohnen« soll es sich auch noch – deshalb darf er die Ziele nicht aus dem Blick verlieren und muss die Fortschritte verfolgen und dokumentieren.

Der Social Media Manager beobachtet den Meinungsaustausch und nimmt regelmäßig daran teil. Er richtet die Präsenzen des Unternehmens auf relevanten Social-Media-Sites ein und behält deren Entwicklung im Blick. Anhand seiner Beobachtungen analysiert er Auffälligkeiten, Muster und Trends, die bedeutungsvoll sein könnten, und kommuniziert sie ins Unternehmen.

Gleichzeitig sollte ein Social Media Manager feststellen, wer Fürsprecher des Produkts oder der Marke ist. Wer stellt die Firma in einem außerordentlich positiven Licht dar, wer nicht? Wie kann man das Gespräch mit den Kritikern suchen und sie möglicherweise zu Fürsprechern machen?

Social Media Manager sind die Experten für Social Media Marketing in Unternehmen. Am besten ist es, wenn sie so viele Communitys wie möglich verfolgen und in mehreren sozialen Netzwerken Profile unterhalten. Darüber hinaus sollten sie bei Twitter einen Account pflegen, der Lesern einen echten Mehrwert bietet, und Blogs kommentieren.

Der ideale Social Media Manager abonniert Alerts zur Marke (für mehrere Suchbegriffe, darunter die Namen der Wettbewerber, branchenspezifische Schlüsselwörter und die Produkt- und Markennamen des eigenen Unternehmens), liest täglich relevante Blogs und Newsportale, begleitet online Personen, die etwas beizutragen haben (darunter auch potenzielle und bestehende Markenbotschafter), und beobachtet Podcasts und Videoportale, die etwas mit seinem Unternehmen zu tun haben.

Der Social Media Manager muss jederzeit die Initiative ergreifen dürfen, um für sein Unternehmen die Stimme zu erheben. Dafür braucht er das

Vertrauen der Geschäftsleitung und den Freiraum, im Sinne des Unternehmens ohne vorherige Absprache zu kommunizieren. Im Idealfall beantwortet er begründete Anliegen sofort (binnen 24 Stunden) oder gibt einen Zeitpunkt an, an dem sich eine Frage klären lässt.

Regelmäßige Beteiligung an Gesprächen ist wichtig, aber ein Social Media Manager sollte sich möglichst auf die Themen seines Unternehmens konzentrieren und auf Mehrwert achten. Mitunter ist, wie im Geschäftsleben generell, jedoch auch Small Talk wichtig, um Beziehungen zu wichtigen Kontakten zu pflegen. Außerdem beteiligt er sich für seine Firma und ihre Produkte in Form von Gastbeiträgen und Interviews oder Kommentaren konsequent an Blogs.

Im Laufe der Zeit sollte der Social Media Manager die Mission des Unternehmens wirkungsvoll formulieren und durch regelmäßiges Bloggen dessen Bekanntheit steigern. Die Verantwortung für das Social-Media-Management muss aber nicht unbedingt bei einem Einzelnen liegen. Es kann durchaus sinnvoll sein, aus Mitarbeitern ganz unterschiedlicher Abteilungen ein Social-Media-Team zu bilden.

Erfolge messen und Strategie evaluieren

Ob Ihre Social-Media-Strategie erfolgreich ist, lässt sich konkret messen – anhand der SMART-Ziele, die Sie sich vorgenommen haben. Zentrale KPIs im Social Media Marketing stellen wir Ihnen in Kapitel 3 dieses Buchs vor, ebenso die dafür nötigen Tools und Methoden.

Wesentlich an dieser Stelle ist: Nehmen Sie sich überschaubare Zeiträume vor, prüfen Sie die Ergebnisse und bleiben Sie beweglich genug, um Ihre Strategie immer wieder zu justieren. Widerstehen Sie aber der Versuchung, wild durch Kanäle und Inhalte zu hüpfen – damit vermitteln Sie nicht nur Konzeptlosigkeit, Sie haben gleichermaßen auch zu wenig Zeit, sich bei Ihren Zielgruppen bekannt zu machen und zu beweisen. Sie werden nicht innerhalb von drei oder sechs Monaten herausfinden, ob sich die gewählte Plattform für Sie eignet. Oder nach nur einem veröffentlichten YouTube-Video wissen, ob Ihre Kunden diesen Inhalt als nützlich einstufen.

Bleiben Sie Ihrer Identität und Ihrer Linie treu und experimentieren Sie innerhalb dieses Terrains – mit einer stets klaren Zielsetzung vor Augen.

Zusammenfassung

Social Media ist mehr als nur eine Kampagne oder ein weiterer Kanal und verlangt nach einer Strategie, die in Ihre Gesamtstrategie integriert ist. Ermitteln Sie daher zunächst Ihre Ziele, Zielgruppen sowie deren Gewohnheiten, Bedürfnisse und Eigenschaften, Ihre Inhalte und Themen sowie die Plattformen und Dienste, die sich für den Austausch mit Ihren Zielgruppen eignen. Ihre Ziele im Social Media Marketing sollten klug und SMART gewählt sein: spezifisch, messbar, erreichbar, realistisch und zeitlich klar definiert.

Legen Sie sich die Latte nicht zu hoch, sonst bekommen Sie Schwierigkeiten, realistische Ergebnisse zu erzielen. Kombinieren Sie quantitative und qualitative Messwerte für Ihre Ziele und prüfen Sie diese in regelmäßigen Intervallen.

Recherchieren Sie Markenbotschafter und Influencer, überlegen Sie, wie Sie mit der Community ins Gespräch kommen und welche nützlichen, unterhaltsamen und/oder wertschöpfenden Inhalte Sie ihr bieten können.

Überwinden Sie Ängste und Vorbehalte gegenüber sozialen Medien. Um souverän und professionell in Social Media agieren zu können, sollten Sie sich mit Kontrollverlust, Verantwortlichkeiten und Zuständigkeiten auseinandersetzen. In vielen Fällen empfiehlt sich die Festlegung von »Social Media Guidelines« für Ihre Mitarbeiter. Oft ist es auch sinnvoll, einen Social Media Manager zu ernennen oder einzustellen. Dieser kümmert sich um die Kommunikation zwischen dem Unternehmen und den verschiedenen Stakeholdern des Unternehmens sowie Kunden, Bloggern, Journalisten, Geschäftspartnern etc. Für diese Rolle eignen sich Personen, die Menschen sowie Herausforderungen mögen und souverän kommunizieren können. Engagiert sich der Social Media Manager selbst im Social Web, steigert er für sein Unternehmen Einfluss und Reichweite.

Integrieren Sie Ihr Social-Media-Engagement in die Kommunikationsstrategie Ihres Hauses und sorgen Sie für alle personellen und finanziellen Ressourcen, die für die erfolgreiche Umsetzung Ihrer Strategie nötig sind.

In sozialen Medien sprechen Menschen mit Menschen, nicht mit Marken. Machen Sie sich bewusst, dass Sie dort Gespräche auf Augenhöhe führen und in vielerlei Hinsicht in Vorleistung gehen werden, um vertrauensvolle und wertschätzende Beziehungen aufzubauen. Es ist unklug, erst dann in Social Media einzusteigen, wenn es gilt, Schaden zu begrenzen oder ein Produkt bekannt zu machen. Ein treues Netzwerk und ein gutes Verhältnis zu einflussreichen Persönlichkeiten in Social Media können Sie unterstützen, aber beides müssen Sie sich erst aufbauen.

KAPITEL 3

Monitoring und Analytics

Im letzten Kapitel haben Sie erfahren, welche Fragen Sie stellen müssen, um Ihre Social-Media-Strategie zu planen. All diese Fragen drehen sich um das Zuhören und Kommunizieren, um Gespräche. Nur wenn Sie konsequent und regelmäßig diesen Gesprächen lauschen und sich an ihnen beteiligen, können Sie Social Media für Ihr Unternehmen effektiv nutzen, also neue Kunden gewinnen, Kunden binden und damit letztlich Umsätze generieren. Dafür müssen Sie in Erfahrung bringen, wo diese Gespräche stattfinden und an welchen Orten im Social Web Sie Ihr Zielpublikum antreffen.

In diesem Kapitel stellen wir Ihnen nun einige Methoden und Tools des Social Media Monitoring vor. Und wir kommen noch einmal zu Ihren Zielen zurück: Wie können Sie diese messen, um Ihren Erfolg zu evaluieren? Welche Werkzeuge können dabei helfen? Für beide Aufgaben – das Monitoring und die Analyse – steht eine Reihe praktischer Tools bereit, von kleinen Apps bis zu ausgewachsenen Dashboards, die Ihnen zudem bei der Veröffentlichung Ihrer Postings unter die Arme greifen. Auch diese Dashboards stellen wir Ihnen vor.

Einführung: Monitoring und Analytics

Monitoring ist unerlässlich – ganz gleich, ob Sie nur passiver Zuschauer im Social Web sind, gelegentlich auf Anfragen reagieren oder bereits auf vielen Plattformen aktiv eigene Inhalte veröffentlichen. Alles beginnt und endet damit, dass Sie Gespräche und Erwähnungen im Web verfolgen, daraus Ihre Schlüsse ziehen und gegebenenfalls reagieren. Wenn Sie für die Pressearbeit zuständig sind, erstellen Sie längst einen regelmäßigen Pressespiegel, der alle Erwähnungen Ihres Unternehmens in den Medien erfasst – mit Social Media Monitoring weiten Sie dies auf das Web aus. Es spielt auch keine Rolle, wie weit Sie Ihre Social-Media-Strategie schon umgesetzt haben: Es geht nichts ohne Zuhören – zu jedem Zeitpunkt Ihrer Social-Media-Arbeit.

Und das kann praktisch überall stattfinden, von Bewertungswebsites bis hin zu Blogs und sozialen Netzwerken. In jeder Sekunde laden Social-Media-Anwender Millionen Fotos, Nachrichten, Videos, Stories oder Meinungsbeiträge hoch, einige davon bleiben für immer im Web, andere – wie Stories auf Snapchat oder Instagram – sind nach 24 Stunden wieder verschwunden. Einige sind öffentlich einsehbar, andere befinden sich in geschlossenen Netzwerken, wie beispielsweise in geheimen Facebook-Gruppen, oder werden per WhatsApp getauscht. Es ist unmöglich, überall zugleich zu sein. Und es ist ebenso unmöglich, alles mitzubekommen. Dennoch können und sollten Sie versuchen, mit den verfügbaren Mitteln und einem vertretbaren Aufwand die Quellen zu durchsuchen, an die Sie herankommen.

Auch die Erfolgsbewertung beginnt nicht etwa erst, wenn Sie die ersten Postings veröffentlicht haben, wie Sie aus Kapitel 2 wissen. Sie müssen sich von Anfang an konkrete Ziele setzen, diese benennen und beziffern sowie mit einem Zeitraum belegen. Im nächsten Schritt müssen Sie sich überlegen, wie Sie diese Ziele messen, dokumentieren und einordnen (und auch, an wen im Unternehmen Sie Ihre Ergebnisse berichten). Während sich das Monitoring also vorrangig mit den Äußerungen Dritter im Social Web beschäftigt, nimmt der Bereich Analytics Ihre eigene Performance in den Fokus. Dabei gibt es auch Überschneidungen, etwa dann, wenn Sie mitschneiden und messen, wie häufig Ihr Unternehmen in einem bestimmten Zeitraum von anderen gelobt oder kritisiert wird. Wichtig ist: Beides sind zentrale Aufgaben des Social Media Marketing, die Sie nicht vernachlässigen dürfen. Ein weiteres Detail ist beiden Aufgaben außerdem gemeinsam – und das erleichtert Ihnen die Arbeit. Sie können auf Tools zurückgreifen, die Ihnen beim Zuhören und Auswerten helfen, oft können diese sogar beide Aufgaben für Sie erledigen.

Werkzeuge, die Sie durch den kompletten Prozess des Social Media Marketing begleiten und im Alltag unterstützen, nennt man Social-Media-Dashboards. Es gibt sie in diversen Ausführungen und Preisklassen. Und sollten Sie sich dazu entschieden haben, ein Dashboard zu nutzen, können wir Ihnen in diesem Kapitel auch ein wenig bei der Auswahl helfen. Neben den vielfältigen Monitoring- und Analytics-Funktionen überzeugen sie nämlich mit einem weiteren, sehr nützlichen Argument: Mit Dashboards können Sie Ihren Content planen und veröffentlichen, über sämtliche Netzwerke hinweg. Das macht sie zu einer Schaltzentrale für Ihren Auftritt im (Social) Web.

◀ **Hinweis**

Neben *Monitoring* und *Analytics* schwirren noch weitere Begrifflichkeiten durch die Social-Media-Sphäre: *Social Media Listening* beispielsweise, das als Synonym von Social Media Monitoring die Erwähnungen einer Marke in den vielfältigen Kanälen des Social Web mitschneidet. Außerdem wird vorrangig im amerikanischen Sprachraum der Begriff Social Media Measurement verwendet, das wiederum näher an der tatsächlichen »Vermessung« des Erfolgs – den Analytics – ist. Weil die Teilbereiche inhaltlich sehr oft ineinandergreifen, geraten auch häufig die Begrifflichkeiten durcheinander. Lassen Sie sich davon nicht abschrecken und verinnerlichen Sie einfach die grobe Daumenregel: Mit Social Media Monitoring hören Sie, was gesprochen wird, erfahren, wer über Sie spricht, oder zählen mit, wie häufig Ihr Name fällt. Und mit Social Media Analytics messen Sie konkret, wie viele Menschen Ihnen zuhören, wie oft Sie zitiert werden und wie viele Menschen Ihnen schließlich folgen (oder sogar mit Ihnen reden, Sie besuchen oder bei Ihnen kaufen). *Zudem gilt:* Monitoring bezieht sich auf das gesamte (Social) Web, während Social Media Analytics immer auf die eigenen Social-Media-Kanäle (und die der Wettbewerber) beschränkt ist.

Doch von vorn: Beginnen wir mit den Kerngebieten Monitoring und Analytics – die zwar zusammenhängen, aber nicht verwechselt werden sollten.

Was erreichen Sie durch Social Media Monitoring und Analytics?

Die Aufgabenbereiche Monitoring und Analytics helfen Ihnen, die Präsenz Ihres Unternehmens in den sozialen Medien zu messen, Trends zu erfassen, Themen für Ihre eigenen Kanäle zu recherchieren und Meinungsbilder einzuholen. Wollen Sie Ihre Vorgesetzten davon überzeugen, das Unternehmen in die sozialen Medien zu bringen, helfen Ihnen bestimmte Kennzahlen, eine (positive) Wirkung auf Ihr Unternehmen zu belegen. Nicht zuletzt werden Sie die Effektivität Ihres Engagements in Social Media besser einschätzen können.

Mit Monitoring und Analytics erhalten Sie Aufschluss darüber,

- wie (und ob) Ihre Marke wahrgenommen und von Kunden bewertet wird,
- wie häufig über Ihre Marke gesprochen wird und welche Stimmung dabei vorherrscht,
- ob etwas im Gange ist, das Ihren Ruf schädigen könnte, z. B. ein negativer Blogeintrag eines verärgerten Kunden, der sich zu einem Shitstorm zusammenbrauen könnte,
- welche Themen in Ihrer Branche gerade heiß diskutiert werden und was sich dabei zu einem wirtschaftlich wichtigen Trend entwickeln könnte,

- welche Personen in Ihrer Branche als Experten und Meinungsführer im Web anerkannt sind,
- welche Netzwerke bei Ihren Zielgruppen beliebt sind,
- wer und was außerhalb Ihrer Branche für Ihr Zielpublikum als einflussreich angesehen wird,
- was Ihre Konkurrenz so treibt,
- was potenzielle Kunden von Ihnen erwarten und
- wie erfolgreich (oder erfolglos) Ihre eigenen Kanäle im Social Web sind.

Die meisten Punkte dienen Ihrem Reputationsmanagement und Ihrer Marktforschung; Sie können PR-Krisen vermeiden, Ihre Kunden besser kennenlernen und damit Ihre Produkte verbessern. Überlegen Sie sich daher eine Reihe von Stichwörtern, nach denen Sie das Web regelmäßig durchsuchen wollen: die Namen Ihres Unternehmens, Ihrer Marken und Ihrer Produkte genauso wie die Ihrer Konkurrenz und wichtiger Personen sowie die Bezeichnungen relevanter Technologien und Trends in Ihrer Branche. Bedenken Sie, dass Sie mit keinem Tool – ob kostenfrei oder kostenpflichtig – sicher sein können, wirklich alles zu finden. Daher sollten Sie relevante Fachforen und -medien immer auch manuell überwachen und regelmäßig mit Meinungsführern sprechen.

Einige der oben genannten Punkte geben konkrete Impulse für Ihr Social Media Marketing. Sie helfen bei der Themensuche – beispielsweise für Ihre PR- und Marketinginstrumente wie eine Kundenzeitschrift oder auch ein Corporate Blog – sowie dabei, den geplanten Content an die Vorlieben Ihrer Kunden anzupassen und im richtigen Format zu entwickeln. Und schließlich geht es darum, das eigene Engagement zu bewerten. Für alle Ziele, besonders aber für die Evaluation Ihres Marketings, ist es von zentraler Bedeutung, dass Sie das Monitoring regelmäßig durchführen und fortlaufend dokumentieren. Kontinuität verschafft Ihnen ein umfassendes Bild und das gewisse Gefühl für Ihre Zielgruppe – und bewahrt Sie davor, langfristig wirkende Entscheidungen aufgrund einer Momentaufnahme zu treffen.

Denn: Das Social Web ist per se Veränderungen unterworfen. Netzwerke, die heute beliebt sind, können morgen schon abgelöst sein. Und Influencer, die heute über viele Fans verfügen, können morgen ihre Glaubwürdigkeit verspielt haben. Wer dranbleibt, bekommt ein gutes Gespür für sich anbahnende, echte Trends, ohne sich zu stark von Einzelphänomenen in den Bann ziehen zu lassen.

Die richtigen Suchbegriffe

Natürlich forschen Sie schön längst in den Suchmaschinen nach Nennungen Ihrer Marke – doch wie kommen Sie weiteren ebenso wichtigen Erwähnungen auf die Spur? Probieren Sie die Namen Ihrer Produkte, Ihrer Geschäftsführer oder Ihrer Konkurrenten – kurz: alle Begriffe und Wortgruppen, die in einem direkten Zusammenhang mit Ihrem Unternehmen stehen. Und: Versuchen Sie es stets mit mehreren Schreibweisen – Sie wissen sicherlich, dass Kunden Ihren Firmennamen gelegentlich falsch schreiben und auf welche Weise. Wenn Sie Trends und Entwicklungen Ihrer Branche entdecken wollen, sollten Sie versuchsweise verschiedene Schlagwörter in die Suchmaschinen eintippen. Fragen Sie auch Ihre Mitarbeiter, Kollegen, Kunden und Geschäftspartner, welche Begriffe sie mit Ihrem Unternehmen und Ihrer Branche in Verbindung bringen. Oft weichen die Begriffe, die innerhalb eines Unternehmens und einer Branche benutzt werden, von denen ab, nach denen Kunden suchen. Wenn Sie einen Blick in Ihr Website-Analysetool werfen, können Sie meist erkennen, wonach Kunden gesucht haben, um auf Ihre Website zu gelangen, oder nach welchen Begriffen sie auf Ihrer Site gesucht haben. Das kann Ihnen wichtige Hinweise dazu liefern, wie Sie Kundengesprächen im Social Web auf die Spur kommen.

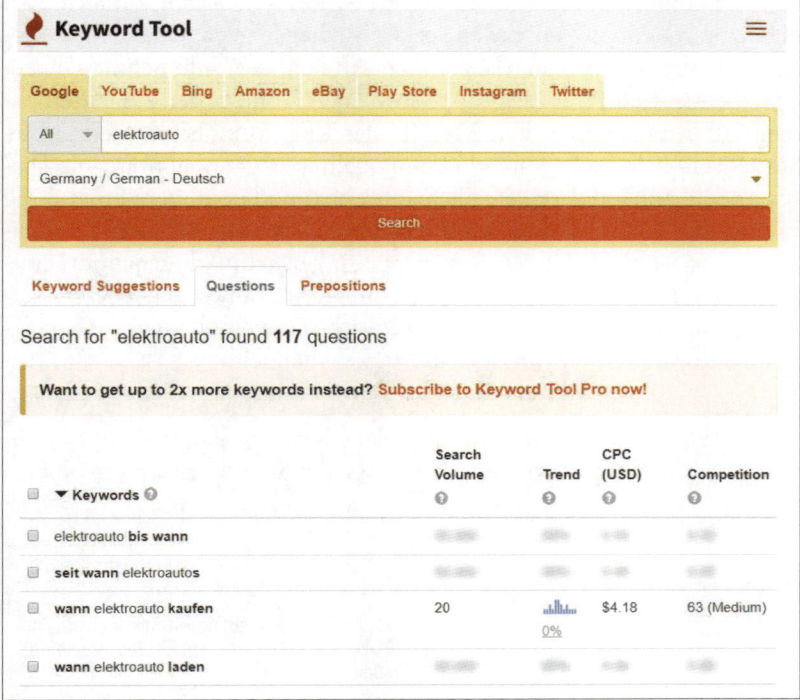

◀ **Abbildung 3-1**
Mit dem Keyword Tool (*https://keywordtool.io/*) können Sie ähnliche Begriffe und typische Suchanfragen zu Ihrem Suchwort recherchieren. Gegen eine jährliche Gebühr ab 70 US-Dollar bekommen Sie weitere Funktionalitäten. Auch Googles Keyword Planner ist ein probates Werkzeug, hierzu müssen Sie sich allerdings registrieren.

Die richtigen Kennzahlen

Wie beim klassischen Marketing und Onlinemarketing gibt es auch beim Social Media Marketing feste Kennzahlen, die bei der Einschätzung von Monitoring-Ergebnissen helfen. Da Social-Media-Marketing-Aktivitäten üblicherweise langfristig gedacht sind – meist angelegt auf den Ausbau eines Netzwerks und den Aufbau von Beziehungen, die Bekanntmachung der Marke und die Stärkung des Images –, können selten sofort Umsatzzuwächse oder andere positive Entwicklungen ausgemacht werden. (Anders sieht es bei Kampagnen aus, die etwa ein neues Produkt einführen und bewerben und sinnvollerweise mit umfassenden klassischen Marketingaktivitäten verbunden sein sollten.)

Wie ordnet man also Blogtreffer, Diskussionsbeiträge oder Produktbewertungen ein? Sind möglichst viele Instagram-Follower entscheidend, oder ist es ihre Reichweite und Relevanz? Ist ein häufig geteilter Tweet in Einzelfällen mehr wert als ein ausführlicher Artikel auf einem weniger gelesenen Blog? Und wie erfahren Unternehmen, ob die Anzahl positiver Meinungsäußerungen zunimmt?

Im Wesentlichen geht es darum, rein quantitative Zählweisen – beispielsweise die Zahl der Follower – mit qualitativen – beispielsweise die Relevanz der Follower – zu kombinieren. Dazu nutzt man in der Regel die aus dem (Online-)Marketing bekannten KPIs (*Key Performance Indicators*), ergänzt um Kenngrößen, die an soziale Medien angepasst sind. Sie beziehen sich zum Beispiel auf die Aufmerksamkeit, die Unternehmen erzeugen, die Aktivität Ihrer Zielgruppe sowie den Einfluss, den ein Unternehmen auf seine Kunden hat. Mithilfe der KPIs formulieren Sie für Ihre SMARTen Ziele (siehe Kapitel 2) nun qualitativ oder quantitativ messbare Größen, anhand deren Sie nachvollziehbar und dokumentierbar Ihren Erfolg über einen bestimmten Zeitraum einschätzen können. Die Zielgröße, die Sie für jeden KPI festlegen, wird Benchmark genannt. Dabei spielt es keine Rolle, ob sich der Benchmark in Zahlen darstellen lässt – wie die Anzahl von Fans – oder ob es sich um eine qualitative Größe – wie die Loyalität Ihrer Kunden zur Marke – handelt.

Die verschiedenen sozialen Netzwerke und auch die Monitoring-Werkzeuge bieten dabei teilweise verschiedene Kenngrößen; manche von ihnen lassen sich direkt ablesen, andere werden über Formeln errechnet.

Etablierte Kenngrößen sind zum Beispiel:

	Bezogen auf Interaktion		
Likes	Anzahl der Gefällt-mir-Klicks auf einen Beitrag oder auf Ihre Seite/Ihr Profil.	Beispiel: Ihre Instagram-Postings erhalten durchschnittlich 30 Likes, d. h., 30 Menschen gefällt durchschnittlich Ihr Posting.

Tabelle 3-1 ▶
Etablierte Kenngrößen in Social Media Marketing

Klicks	Anzahl der Klicks auf einen Beitrag.	Beispiel: Wie häufig wurde ein Foto bei Facebook angeklickt, wie häufig ein Posting bei Twitter aufgerufen?
Shares/ Retweets	Anzahl der Retweets (Twitter) oder Shares (Klick auf *Teilen*) bei Facebook oder anderen sozialen Netzwerken, die diese Funktion anbieten.	Beispiel: Ihr Posting auf LinkedIn wird von Ihren Followern durchschnittlich fünfmal geteilt. (Sie könnten sich vornehmen, diesen Wert in einem bestimmten Zeitraum zu verdoppeln.)
Kommentare	Anzahl der Kommentare pro Posting.	Beispiel: Ihr neues Blogposting erhält drei Kommentare innerhalb der ersten 24 Stunden nach Erscheinen.
Erwähnungen	Anzahl der Mentions (Erwähnungen) des Seitennamens/ Profilnamens.	Beispiel: Jemand twittert über eines Ihrer Produkte und verlinkt dabei Ihr Twitter-Profil.

Bezogen auf Reichweite

Follower/Fans	Anzahl der Profile, die Ihrem Profil bzw. Ihrer Seite folgen, vergleichbar mit Abonnenten.	Beispiel: Sie haben 2.500 Facebook-Fans.
Impressions	Häufigkeit, in der ein Posting angezeigt wird.	Beispiel: Sie haben 2.500 Facebook-Fans – nicht alle dieser Fans bekommen Ihre Beiträge aber angezeigt. Das kann etwa daran liegen, dass einige Fans über längere Zeit nicht eingeloggt waren oder dass Facebook das Posting als irrelevant einstuft. Die Impressions geben Aufschluss über die wirkliche Reichweite eines Postings.
Share of Voice	Anteil der Erwähnungen in einem bestimmten Markt.	Beispiel: Ihr Unternehmen ist eine überregionale Drogeriekette. Mit dem Share of Voice ermitteln Sie, wie häufig Ihre Marke verglichen mit Rossmann, dm, Müller und den anderen Marktteilnehmern im Social Web erwähnt wird.
Buzz	Häufigkeit, in der ein bestimmter Suchbegriff gefunden wird.	Beispiel: Sie sind Eiscremehersteller und zählen täglich, wie häufig Ihre Marke bei Twitter erwähnt wird.
Sentiment/ Tonalität	Anteil negativer, positiver oder neutraler Meinungsäußerungen.	Beispiel: Sie messen die Reaktionen, die Sie auf Postings bei Facebook erhalten: Zeigen Ihre Fans den »Daumen nach oben«, wählen sie ein trauriges oder ein wütendes Gesicht, ein Herz oder ein »Wow«? Oder Sie werten konkret die Wortbeiträge aus – hier unterstützt Sie auch die künstliche Intelligenz der Dashboards.

Bezogen auf Leads

Click-through-Rate (CTR)	Anteil der Klicks, die direkt auf die Website führen.	Beispiel: Sie veröffentlichen einen Blogbeitrag, der Ihre aktuelle Bademodenkollektion vorstellt. Zwei Prozent derjenigen, die den Beitrag sehen (Impressions/Beitragsaufrufe), klicken auf den Link und landen in Ihrem Shop.
Conversion-Rate	Anteil der Klicks, die direkt auf Ihr Ziel und das dazugehörige Benchmark einzahlen – die also unmittelbar Umsätze generieren oder die Kundenbindung festigen.	Beispiel: Ein Prozent derjenigen, die den Bademodeneintrag sehen, klickt auf den Link zum Onlineshop und kauft etwas. Oder: Nach einem Posting, das Ihren neuen Newsletter vorstellt, wird dieser von zehn Prozent abonniert.

Sie können die Kenngrößen noch exakter an Ihre Ziele anpassen. Wenn Sie beispielsweise Ihre Social-Media-Strategie starten, um höher qualifizierte Bewerber für Ihre Stellenausschreibungen zu gewinnen, können

Sie den Dialog mit potenziellen Mitarbeitern auf LinkedIn oder XING in den Fokus rücken: Wie viele Gespräche mit jungen Talenten gibt es, wie viele Rückmeldungen bekommen Sie, und schaffen Sie es, die Zahl der Bewerbungsgespräche zu erhöhen?

Oder Ihr Ziel lautet, den Kundendienst zu verbessern: Dann können Sie messen, wie viele Kunden sich über den Facebook-Chat melden oder wie schnell Ihr Kundendienst reagiert, und über eine Abfrage auch erfahren, wie hoch der Zufriedenheitsfaktor bei Ihren Kunden ist.

Für die Bewertung Ihrer eigenen Strategie ist also absolut entscheidend, was Sie sich vorgenommen haben: Haben Sie es geschafft, die Zahl Ihrer Twitter-Follower um 20 Prozent zu steigern? Oder die Zahl negativer Blogeinträge zu verringern, indem Sie einen besseren Kundendienst via Twitter eingerichtet haben? Stieg mit der Zahl der Klicks auf Ihre Seite auch die Zahl der Online- oder Newsletter-Bestellungen? (Zur Conversion-Rate kommen wir auch noch einmal in Kapitel 11.)

Die allermeisten sozialen Netzwerke, aber auch Dashboards und Monitoring-Dienstleister, werten darüber hinaus grundlegende demografische Daten aus. Natürlich sind diese für Ihre Strategie zentral – und sollten immer wieder mit den auf dem Papier umrissenen Personas (siehe Kapitel 2) abgeglichen werden.

Tipp ▶ Damit Sie Entwicklungen rechtzeitig ablesen und entsprechend reagieren können, ist eine regelmäßige Dokumentation unerlässlich. Ebenso hilfreich ist es, neben der Dokumentation der quantitativen Zahlen und qualitativen Faktoren eine persönliche Einschätzung zu verfassen, die die erhobenen Kennzahlen in einen Zusammenhang bringt und wichtige Ereignisse berücksichtigt, die einen Einfluss auf die Ergebnisse hatten.

Im Folgenden beschäftigen wir uns mit den Tools, die Ihnen bei der Recherche und Auswertung Ihrer Erwähnungen in sozialen Medien helfen können.

Ihr Werkzeugkasten

Es gibt verschiedene Tools, die Sie darin unterstützen, Erwähnungen Ihres Firmennamens oder Produkts oder eines bestimmten Trends im Web zu verfolgen. Einige von ihnen sind kostenlos, können aber Inhalte nur in beschränktem Umfang erfassen. Andere kosten Geld und überwachen gegen eine monatliche Gebühr verschiedenste Medien gleichzeitig.

Prinzipiell ist es mit kostenfreien Tools möglich, einen Großteil der Erwähnungen aufzuspüren und wichtige KPIs auszuwerten. Dies kann jedoch eine arbeits- und personalintensive Aufgabe werden, denn – abhängig von der Anzahl der Suchbegriffe sowie der auszuwertenden Kanäle und Kennziffern – müssen Sie mehrere Anbieter parallel nutzen, um die gewünschten Ergebnisse zu erhalten. Den Tools liegen unterschiedliche Algorithmen zugrunde, sodass eine Kombination aus zwei oder drei verschiedenen Diensten sinnvoll ist. Die Erfahrung zeigt leider auch, dass nicht alle Dienste alle Erwähnungen zuverlässig finden. So finden manche Twitter-Apps bisweilen mehr relevante Treffer als die Suchfunktion von Twitter.com, andere Dienste können nur schlecht filtern und überschütten Sie deshalb mit unübersichtlichen Ergebnislisten. Testen Sie deshalb regelmäßig neue Tools und seien Sie wachsam, wenn sich beispielsweise die Menge der Suchtreffer plötzlich verringert.

Im nächsten Schritt müssen Sie sich überlegen, wie Sie die erfassten Daten in eine Übersicht bringen, sei es für die persönliche Dokumentation oder für die Kommunikation innerhalb des Unternehmens. Um den Aufwand in Grenzen zu halten, sollten Sie versuchen, einige Suchabfragen mithilfe von RSS- und Alert-Abonnements so weit wie möglich zu automatisieren und die folgende Dokumentation von Anfang an zu standardisieren.

Kostenfreie Tools stellen eine gute Möglichkeit dar, das Ohr auf die Schienen des Social Web zu legen und herauszufinden, wonach Sie Ausschau halten sollten. Sie sind deshalb ein perfekter Einstieg in das Social Media Monitoring. Vielleicht stellen Sie nach einer Weile fest, dass Sie ein kostenpflichtiges, mächtigeres Tool benötigen. Dann kommen Ihnen die Erfahrungen mit den kostenlosen Tools zugute, denn Sie können Ihre Anforderungen besser formulieren. Im Folgenden stellen wir Ihnen eine Auswahl hilfreicher Werkzeuge vor.

Die meisten Tools verlangen einen Zugriff auf Ihren Account, beispielsweise bei Twitter. Gehen Sie achtsam mit dieser Freigabe um und nehmen Sie die Berechtigungen zügig zurück, wenn Sie das Tool nicht einsetzen. Jede Freigabe ist immer auch eine Sicherheitslücke und sollte daher mit Bedacht vergeben werden. ◀ **Hinweis**

Websuche und Alerts

Eine schlichte Websuche fischt ganz unkompliziert eine große Anzahl an Erwähnungen ab: Suchen Sie deshalb sowohl zum Einstieg als auch fortlaufend bei Google nach Ihren Keywords. Vereinfachen Sie sich die regelmäßige Suche, indem Sie Alerts abonnieren, die Sie automatisch über neue Erwähnungen auf dem Laufenden halten.

Google Alerts (https://www.google.com/alerts) | kostenfrei

Google Alerts liefert Ihnen die neuesten Ergebnisse, die Google für einen bestimmten Suchbegriff auf verschiedenen Kanälen gefunden hat: Nachrichtenartikel, Videokommentare, Blogs, Foren, Mailinglisten und Seiten der Google-Websuche. Wie in Abbildung 3-2 zu sehen ist, können Sie einen Google Alert zum Beispiel für Ihren Firmennamen einrichten (verwenden Sie Anführungszeichen, wenn der Firmenname aus mehreren Begriffen besteht). Dann empfangen Sie Alerts in Ihrem Posteingang, sobald es ein neues Suchergebnis für Ihren Firmennamen gibt. Berücksichtigen Sie dabei auch beliebte Falschschreibungen Ihres Firmennamens (kostenfrei).

Tipp ▶ Google bietet Sucheinstellungen, die Ihnen eine bessere Kontrolle über die Suchergebnisse ermöglichen. Diese funktionieren auch bei Google Alerts. Wenn Sie zum Beispiel einen Alert abonnieren möchten, der Ihnen Bescheid sagt, wenn jemand eine Verlinkung auf Ihre Firmenwebsite einrichtet, erstellen Sie einen Alert für *link: http://www.meinefirmenwebsite.com*. Vielleicht verlinken einige Nutzer auf diese Seite, ohne Ihren Firmennamen im Ankertext zu nennen. Daher ist diese Methode sinnvoll, um festzustellen, wie Interessierte auf Ihre Website finden.

Abbildung 3-2 ▶
Einen Google-Alert
einrichten

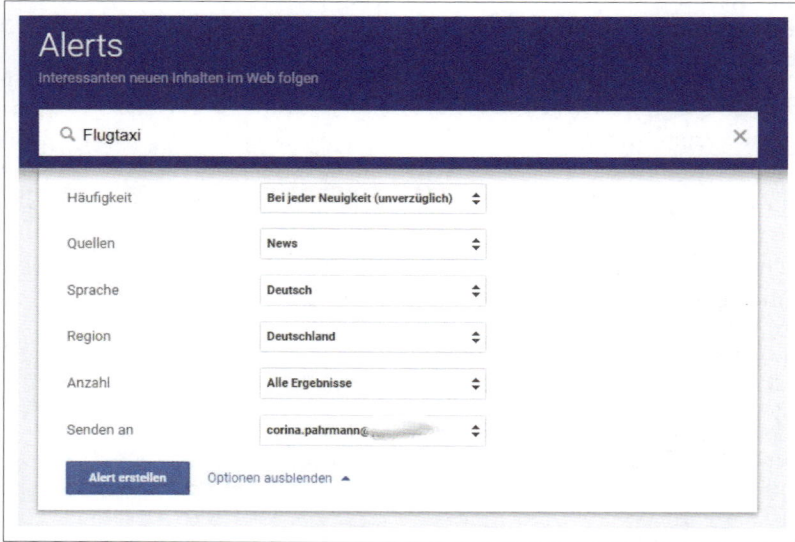

Talkwalker Alerts (https://www.talkwalker.com/de/alerts) | kostenfrei

Die Alternative zu Google Alerts: Talkwalker ist ein deutschsprachiger Service, mit dem Sie automatisiert News, Twitter, Forumsdiskussionen und Blogs durchsuchen können. Die Ergebnisse kommen in Ihr E-Mail-Fach – wählen Sie als Versandfrequenz vorzugsweise »täglich« aus. Außerhalb der kostenfreien Alert-Funktion bietet

Talkwalker ein vollumfängliches Social-Media-Dashboard, wir stellen das Tool deshalb etwas später in diesem Kapitel noch ausführlicher vor.

Suche innerhalb der sozialen Netzwerke

Die erste Anlaufstelle für Ihre Suche ist das jeweilige Netzwerk selbst. Facebook, Twitter, Instagram, LinkedIn und fast alle anderen sozialen Netzwerke enthalten eine mehr oder minder brauchbare Suchfunktion und bieten häufig auch statistische Erhebungen, mit denen Sie Ihr eigenes Engagement mitschneiden und bewerten können. Auf diese »hauseigenen« Statistikfunktionen gehen wir in den jeweiligen Kapiteln genauer ein.

Twitter-Suche (https://twitter.com/explore) | kostenfrei
Twitter (siehe Abbildung 3-3) kann sich als Goldgrube für Informationen über Ihr Unternehmen erweisen. Es ist der perfekte Ort, um darauf zu lauschen, wie Ihre Marke wahrgenommen wird und wie man über Sie als Wirtschaftsunternehmen denkt.

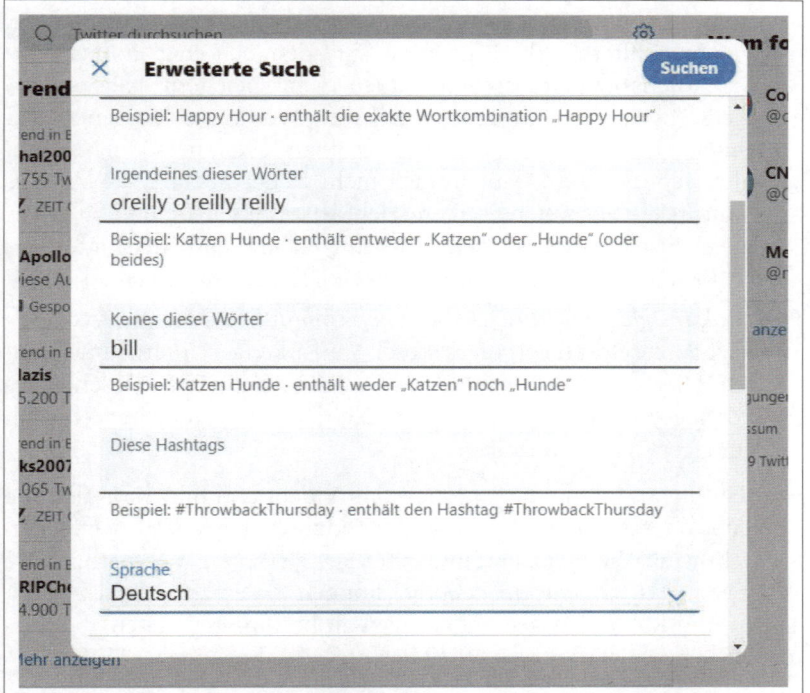

◀ **Abbildung 3-3**
Die Twitter-Suche ist sehr komfortabel geworden, nur ein automatisierter, permanent laufender Scan fehlt ihr leider. Außerdem aufgepasst: Unsere Erfahrung hat leider gezeigt, dass sie nicht immer alle Erwähnungen anzeigt. Nutzen Sie daher auch alternative Dienste, beispielsweise andere Twitter-Apps.

Über die Twitter-Suche können Sie Ihre Marke in Echtzeit verfolgen, zugelassen sind auch boolesche Operatoren wie in dieser Suchanfrage: »oreilly -bill«, bei der wir nach allen Erwähnungen von »oreilly«

suchen, aber Treffer, die auch den Vornamen der US-Fernsehbe-
kanntheit Bill O'Reilly enthalten, ausklammern. Sämtliche verfügbaren Suchoptionen liefert Ihnen Twitter über die erweiterte Suche
(*https://twitter.com/search-advanced?*). Leider ist die Suche nur auf
den ersten Blick praktikabel, denn ein automatisches Abonnement
von Suchtreffern bringt Twitter nicht (mehr) mit. Sie können es aber
mit dem Twilert (*https://www.twilert.com*, kostenfrei bis 20 Alerts)
versuchen, einem Anbieter, der Ihnen die Treffer in Ihr E-Mail-Post-
fach liefert. Das funktioniert fast genauso wie bei Google Alerts.

Twitter Analytics (https://analytics.twitter.com/) | kostenfrei
Wenn Sie wissen wollen, wie Sie selbst abschneiden, greifen Sie auf
Twitter Analytics zu. Hier liefert Twitter Kennzahlen wie die Impressions Ihrer Tweets, die Zahl der Zugriffe auf Ihre Profilseite
oder die Anzahl von Followern und Interaktionen.

Facebook-Suche (https://www.facebook.com/) | kostenfrei
Die Facebook-Suchfunktion steht jedem eingeloggten User zur Verfügung und wirkt auf den ersten Blick nützlich. Sie ist aber recht ha-
kelig: Zwar können Sie in der Suchleiste beliebige Begriffe eingeben
und dann nach Personen, Beiträgen, Seiten, Orten und anderen
Faktoren filtern – die Ergebnisse sind dennoch eher unübersicht-
lich, Suchabfragen lassen sich auch nicht speichern. Hier ist also
Fleißarbeit gefragt. Und nicht vergessen: Was in geschlossenen oder
geheimen Gruppen sowie auf nicht öffentlichen, persönlichen Profilen gepostet wird, taucht auch nicht in der Suche auf. Was aus
Nutzersicht absolut logisch und richtig ist, sollten Sie aus Unterneh-
mersicht niemals vergessen. Allerdings kann aus Kritik hinter ver-
schlossenen Türen auch so schnell kein Shitstorm entstehen.

Facebook Insights (https://www.facebook.com/insights) | kostenfrei
Facebook selbst liefert tagesaktuell Statistiken zu Unternehmensseiten. Hier lassen sich Entwicklungen und Reichweite ablesen, Top-
Postings identifizieren und die Seiten der Konkurrenz im Vergleich
zur eigenen Seite verfolgen.

Darüber hinaus lohnt eine Recherche auf Video- und Bilderportalen wie
YouTube oder Instagram (mehr darüber erfahren Sie in den betreffenden
Kapiteln), auf Wikipedia und in den für Sie relevanten Webforen. In der
Wikipedia (*https://de.wikipedia.org/*) können Sie einzelne Seiten beob-
achten und RSS-Feeds der Änderungen an bestimmten Seiten abonnie-
ren. (Wikipedia wird in Kapitel 12 ausführlicher behandelt.)

Webforen mag das Image der späten Neunzigerjahre anhaften, dennoch
können sie für einzelne Branchen oder Fachgebiete sehr relevant sein,
zum Beispiel Motor-Talk.de (*https://www.motor-talk.de/*), die wohl größte Community für Fans von Autos, Motorrädern, Booten und Eisenbah-

nen, oder urbia (*https://www.urbia.de/forum*), die größte Familiencommunity Deutschlands. Spüren Sie für Sie relevante Foren auf und lesen Sie sie aufmerksam. Wenn Sie vorhaben, als Unternehmen in den Foren aktiv zu werden, achten Sie unbedingt auf Transparenz: Melden Sie sich als Person an und erklären Sie Ihren Hintergrund. Laufende Diskussionen lassen sich kostenfrei mit dem BoardReader (*http://boardreader.com*) beobachten, es ist jedoch nicht transparent, welche Foren der Dienst erfasst.

Tools für schnelle Antworten

Manchmal gibt es sie noch: kleinere Tools, die Ihnen ganz unkompliziert nützliche Extra-Features bieten – etwa die Visualisierung von Hashtag-Trends. Einen kleinen Wermutstropfen haben wir an dieser Stelle. In den vergangenen Jahren mussten viele kleinere Dienstleister aufgeben oder ihre Leistung einschränken, weil die Netzwerke – insbesondere Twitter – ihnen die Entwicklerschnittstelle abklemmten. Andere wie etwa Fanpage Karma oder Crowdfire haben ihr ehemals simples, zweckgebundenes Tool zu einem ausgewachsenen Monitoring-Tool oder gar Social-Media-Dashboard ausgebaut, weshalb wir es nun unter dieser Überschrift etwas weiter unten in diesem Kapitel vorstellen.

Tweetreach (https://tweetreach.com) | *kostenfrei mit Einschränkungen*
    Dieses Tool ist speziell für Twitter konzipiert, es misst die Reichweite von Usern und Tweets. Das kann insbesondere bei Kampagnen und Veranstaltungen sehr hilfreich sein. Auch hier steht kostenlos nur ein Teil der Funktionen zur Verfügung, außerdem müssen Sie einen Account anlegen und diesen mit Ihrem Twitter-Profil verbinden.

Mentionmapp (https://mentionmapp.com/) | *kostenfrei mit Einschränkungen*
    Mit diesem Tool können Sie die Vernetzung von Accounts und die Nutzung von Hashtags visualisieren. Das Ergebnis wird jeweils tagesaktuell erstellt. Hier lassen sich also Entwicklungen und Ereignisse recht gut nachvollziehen, wenn man das Tool regelmäßig benutzt.

Audiense (https://audiense.com/) | *Kosten: ab 32 US-Dollar pro Monat*
    Profitool zur Zielgruppensuche: Mit Audiense lassen sich Follower, deren Nutzerverhalten, die besten Zeiten fürs Twittern und die eigene Effizienz managen. Gestartet ist Audiense unter der Bezeichnung »Social Bro«, vielleicht begegnet Ihnen dieser Name noch.

Google Trends (https://trends.google.com/) | *kostenfrei*
    Google Trends hilft Ihnen dabei, die Verbreitung neuer Technologien oder die Bekanntheit Ihrer Marke einzuschätzen: Es stellt grafisch dar, wie häufig ein bestimmter Begriff bei Google gesucht wurde – in welchem Zeitraum und in welchen Ländern.

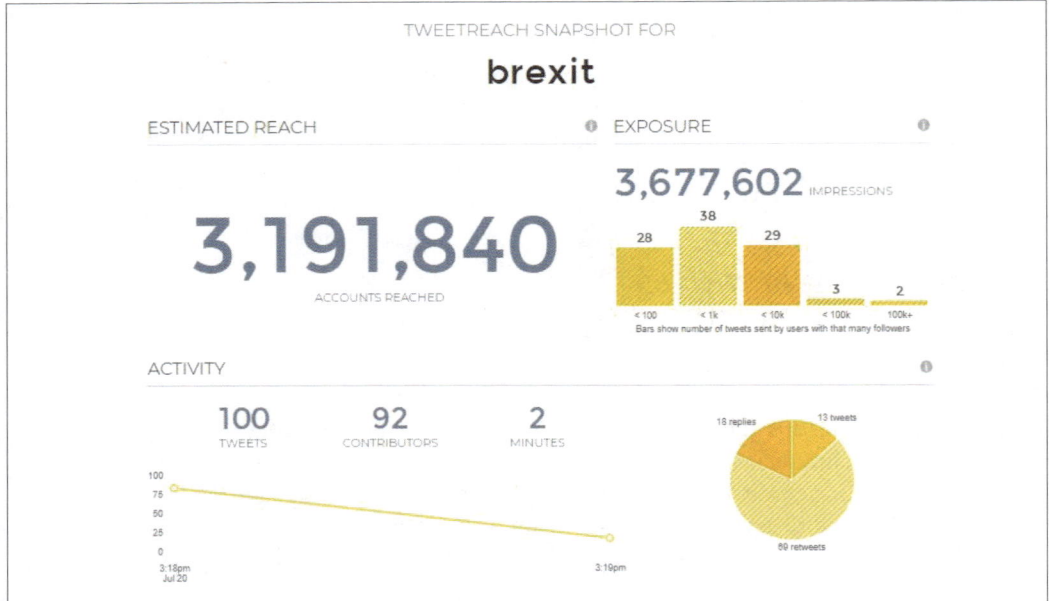

TWEETREACH SNAPSHOT FOR

brexit

ESTIMATED REACH   ⓘ   EXPOSURE   ⓘ

3,191,840
ACCOUNTS REACHED

3,677,602 IMPRESSIONS

38
28   29
3   2
< 100   < 1k   < 10k   < 100k   100k+
Bars show number of tweets sent by users with that many followers

ACTIVITY   ⓘ

100   92   2
TWEETS   CONTRIBUTORS   MINUTES

18 replies   13 tweets

69 retweets

100
75
50
25
0
3:18pm   3:19pm
Jul 20

Abbildung 3-4 ▲
Tweetreach hilft, Trend-
themen zu bewerten und
die Verbreitung eigener
Inhalte und Stichwörter zu
verfolgen.

Das richtige Tool auswählen

Mit dem richtigen Werkzeugkasten lassen sich Monitoring und Analytics zwar nicht vollständig automatisieren, aber deutlich vereinfachen. Doch wie können Sie sich Ihre persönliche Toolbox zusammenstellen? Und welche Kosten kommen dabei auf Sie zu? Die Antworten
auf diese und weitere Fragen lieferte uns der Digitalberater Stefan
Evertz. Stefan Evertz veröffentlicht mit dem MonitoringMatcher (*https://
www.monitoringmatcher.de/*) ein Onlinemagazin für digitales Monitoring. Außerdem organisiert er regelmäßig Barcamps, darunter das Moni-
toringcamp.

Interview

Abbildung 3-5 ▲
Stefan Evertz, Digitalbera-
tung Cortex digital
(Foto: Ellen Hempel)

Ein eigenes Set aus Zielen und Maßnahmen entwickeln

Ein Interview mit Stefan Evertz

Herr Evertz, dass Monitoring und Analytics fest zur Social-Media-Strate-
gie gehören, darin sind wir uns sicher einig. Gibt es Kenngrößen, die jedes
Unternehmen im Blick haben sollte?

Stefan Evertz: In jedem Fall sind sie theoretisch zentraler Bestandteil,
auch wenn es in der Praxis leider immer noch oft Luft nach oben gibt.
Kenngrößen für die Social-Media-Strategie richten sich dabei in erster
Linie natürlich immer nach den Zielen der Strategie. Erst wenn man

diese Ziele klar definiert hat, kann man überhaupt sinnvoll KPIs – also Key Performance Indicators bzw. Leistungskennzahlen – messen.

Wer beispielsweise als Ziel die *Reichweite* steigern möchte, kann dies durchaus über die Zahl der Fans und Follower messen. Noch genauer wird es, wenn man die tatsächliche Reichweite von Beiträgen (also Impressions) erfasst. Diese Kennzahl ist vermutlich die älteste im Social-Media-Bereich, bei genauerer Betrachtung zeigt sich aber, dass diese Metrik oft nicht auf konkrete Ziele einzahlt. Und es ist eben – für sich genommen – kein valides Ziel, 10.000 Fans bei Facebook haben zu wollen.

Eine wachsende *Interaktionsrate* kann ein Indikator sein, wenn das Ziel eine gesteigerte Kundenbindung oder eine bessere Markenwahrnehmung ist.

Sehr spannend ist immer auch ein Blick auf eine mögliche Conversion, z.B. Klicks, die von Social-Media-Plattformen auf die eigene Website führen, oder auch Downloads, Newsletter-Anmeldungen oder sogar tatsächliche Verkäufe über einen Onlineshop. Dies kann man dann in Form der *Klickrate* oder auch *Conversion-Rate* messen und damit sogar Auswirkungen auf Unternehmensziele wie die Umsatzsteigerung nachvollziehbar machen.

Wer darüber hinaus den Wettbewerb im Blick behalten will, sollte sich außerdem mit dem *Share of Buzz* (oder auch Share of Voice) auseinandersetzen. Hierbei werden durch Social-Media- und Online-Monitoring die Erwähnungen des eigenen Unternehmens bzw. der eigenen Produkte erfasst sowie die Erwähnungen von Wettbewerbern und ihrer Produkte. Daran kann man erkennen, über welche Marken am häufigsten und in welchem Kontext gesprochen wird. Der Share of Buzz bezeichnet dann den Anteil der Erwähnungen des eigenen Unternehmens an allen Erwähnungen und gibt in der Regel auch Auskunft darüber, welches Unternehmen besonders beliebt oder sogar Marktführer ist.

Insgesamt zeigt sich aber: Die konkreten Kennzahlen und deren Mix sind so vielfältig und unterschiedlich wie die Unternehmen da draußen. Es lohnt sich daher immer, auch für das eigene Unternehmen sehr genau hinzuschauen und ein eigenes Set aus Zielen und Maßnahmen zu entwickeln und zu definieren.

Die Bandbreite der Tools ist enorm groß. Es gibt sehr spezialisierte Tools, die häufig nur eine einzige Aufgabe erledigen können – wie die Schlagwortsuche. Dann liefern die Netzwerke selbst Statistiken – wie Facebook Insights. Und es gibt die Dashboards, mit denen sich nicht nur Kenngrößen erfassen und vergleichen, sondern auch historische Daten visualisieren oder aussagekräftige Analysen erstellen lassen. Wie können Unternehmen sich in diesem Angebotsdschungel zurechtfinden und die für sie richtigen Tools auswählen?

Stefan Evertz: Wichtig ist zunächst immer, klar zu definieren, welche Aufgaben ein Tool erfüllen soll und welche Funktionen dafür absolut unerlässlich sind.

Mithilfe von *Analytics-Tools* lassen sich oftmals Nutzerstatistiken aus unterschiedlichen Social Networks zusammenführen und grafisch darstellen. Wer nur einen Kanal benutzt, kann dies oftmals über die plattformeigenen Statistiken und mithilfe von Excel schon gut abbilden. Aber wer mehrere Accounts auf unterschiedlichen Plattformen zusammenführen und analysieren möchte, spart mit einem Analytics-Tool schnell auch Zeit allein für die Datensammlung und -analyse.

Monitoring-Tools helfen wiederum dabei, Gesprächen im Netz zuzuhören. Dies ist aber nur sinnvoll, wenn man als Unternehmen überhaupt zuhören will und auch Mitarbeiter hat, die die Analyse und Einordnung dieser Gespräche übernehmen können. Auch bei der Früherkennung möglicher Krisenthemen kann das Monitoring sehr hilfreich sein, setzt dann aber voraus, dass auch tagtäglich mit den Monitoring-Daten gearbeitet wird. Gerade viele kostenlose Tools können in diesem Bereich ein Einstieg sein, sind auf Dauer aber keine zuverlässige Lösung, da sie in ihrem Funktionsumfang und besonders bei den verfügbaren Daten oftmals sehr eingeschränkt sind.

Als dritten Bereich gibt es *Publishing-* und *Engagement-Tools*, die bei der Redaktionsplanung und dem Community-Management helfen können, insbesondere bei der Arbeit im Team. Diese Lösungen enthalten oftmals auch eine Analytics-Komponente, zeigen also beispielsweise die Interaktionen auf den eigenen Social-Media-Accounts.

Insgesamt ist aber für eine erfolgreiche Toolauswahl ein gewichtetes Anforderungsprofil unerlässlich. Dabei gilt es, alle abzudeckenden Arbeitsfelder, Plattformen und weiteren Anforderungen zu bündeln. Hierbei können auch unterschiedliche Unternehmensbereiche ihren Bedarf einbringen. Das so entstehende Anforderungsprofil muss dann von allen internen Beteiligten der Toolauswahl (z.B. Social Media, Marketing, Unternehmenskommunikation) gemeinsam gewichtet (»priorisiert«) werden. Denn nur so kann am Ende das für das Unternehmen passende Tool (oder die passenden Tools) gefunden werden. Ohne eine solche Prioritätenliste ist es schlicht unmöglich, aus der Vielzahl von denkbaren Tools die passenden herauszufiltern und dann genauer in Augenschein zu nehmen.

Die Monitoring- und Analytics-Tools haben sich in den vergangenen Jahren professionalisiert, sind aber auch deutlich teurer geworden. Ist es für kleinere Unternehmen oder Freelancer denn überhaupt erschwinglich? Gibt es eine Formel (oder Daumenregel), welchen Anteil des Social-Media-Budgets in Monitoring fließen sollte?

Stefan Evertz: Eine erste wichtige Faustregel besteht darin, dass Monitoring-Tools (die oft auch im Bereich Analytics eingesetzt werden können) in aller Regel spürbar teurer sind als »reine« Analytics-Tools. Wird also nur Analytics gebraucht, lohnt die kritische Prüfung, ob es wirklich das vielfach leistungsfähigere Monitoring-Tool sein muss. So lässt sich oft schon Geld sparen, denn während ein Analytics-Tool schon ab 150 Euro im Monat zu haben ist, fangen Monitoring-Tools in aller Regel bei 300 bis 600 Euro im Monat an.

Insgesamt sollte man immer sehr genau hinsehen, was genau erreicht und was entsprechend gemessen und analysiert werden soll. Generell kann man sagen, dass Analytics zur Analyse und Optimierung der eigenen Social-Media-Aktivitäten (inklusive eines Blicks in die Aktivitäten des Wettbewerbs) eigentlich immer unverzichtbar ist, während der Einsatz von Monitoring oft erst bei größeren Unternehmen und Marken Sinn ergibt.

In der Praxis sind Social-Media-Budgets immer noch verhältnismäßig klein. Allein vom Budget her ist ein umfängliches Monitoring deshalb bei vielen, gerade kleineren Unternehmen nur schwer umsetzbar. Denn zu den Toolkosten kommt ja auch noch Personalaufwand hinzu. Einen Großteil des Budgets für ein Tool auszugeben, mit dem dann nicht gearbeitet wird, ist aber eben auch nicht sinnvoll. Deshalb sollte man gut überlegen, wofür ein Tool eingesetzt wird und wer damit arbeiten soll, um dann abzuwägen, inwiefern eine Toolanschaffung sinnvoll ist.

Wer jemals in Excel-Sheets und Datenbankabfragen abgetaucht ist, weiß, dass Auswertungen auch immer recht viel Zeit erfordern. Aus Ihrer Erfahrung als Berater: Sind Unternehmen bereit, diese Zeit zu investieren? Und wie lassen sich beispielsweise Marketingleiter oder Geschäftsführer überzeugen, dass die Erfolgskontrolle ein wesentlicher Baustein der Social-Media-Strategie ist, für den Personalkosten eingeplant werden muss?

Stefan Evertz: Viele Unternehmen zögern immer noch, Zeit und Ressourcen in umfangreiche Auswertungen und Analysen zu investieren. Oft genug funktioniert es ja auch ohne irgendwie. Der Stellenwert solcher Analysen ist zudem häufig nicht besonders hoch und führt vielfach zu einem verstaubten Archiv von Reportings, mit denen niemand arbeitet.

Mit der Professionalisierung der Social-Media-Kommunikation geht aber auch einher, dass Social Media – ähnlich wie andere Kommunikationsmaßnahmen – hinterfragt und immer mehr an ihrem Erfolg gemessen werden. Deshalb ist es ja gerade so wichtig, Ziele im Vorfeld festzulegen, weil man nur dann auch schauen kann, ob diese Ziele überhaupt erreicht wurden.

Letztlich ist daher das Thema Erfolgsmessung in Social Media vergleichbar mit vielen anderen Bereichen eines Unternehmens. Dort wird ja auch sehr genau geschaut, welchen ROI (*Return on Investment*) einzelne Maßnahmen bringen. Und ohne eine Buchhaltung geht es bei keinem Unternehmen! Das lässt sich auf Social-Media-Maßnahmen übertragen: Um zu wissen, was dem Unternehmen wirklich etwas bringt, braucht man natürlich entsprechende Daten – und die Zeit sowie die Kompetenz, diese Daten auszuwerten und daraus Handlungsempfehlungen für die Entwicklung weiterer Maßnahmen abzuleiten.

Häufig überschätzen Mitarbeiter die Möglichkeiten der Tools. Es wird davon ausgegangen, dass es ausreicht, das jeweilige Tool zu bezahlen, und dass dieses Tool dann quasi wie von selbst aussagekräftige Erkenntnisse und exzellente Handlungsempfehlungen bereitstellen wird. Ich vergleiche diese Situation gerne mit einem anderen bekannten Softwareprodukt. Wir alle haben Microsoft Word im Einsatz, und trotzdem kommt niemand auf die Idee, dass das ausreicht, um ein gutes Buch schreiben zu können. Es sind eben nur Werkzeuge, die ich bedienen können muss und für die ich auch Zeit brauche.

Kommen wir noch einmal zurück zu den Tools: Welche Fragen beantworten sie bislang nicht, und welche Trends sehen Sie für die Zukunft?

Stefan Evertz: Da beim Monitoring nur öffentlich zugängliche Inhalte erfasst werden können, ist es kein Ersatz für die klassische repräsentative Marktforschung, sondern nur eine Ergänzung. Denn repräsentativ sind die Daten, die sich über Social Media gewinnen lassen, in aller Regel nicht.

Allgemein kann man seit einiger Zeit auch einen Wandel in der Social-Media-Nutzung beobachten: Immer weniger Gespräche finden öffentlich statt. Gruppen und Messenger sind inzwischen weit wichtiger für die meisten Nutzer als der Newsfeed. Die Inhalte, die beispielsweise in Facebook-Gruppen oder über WhatsApp geteilt werden, finden aber eben auch außerhalb der Wahrnehmung von Unternehmen statt. Auch Tools haben auf diese Gespräche keinen Zugriff. Je mehr Menschen also auf die geschlossene Kommunikation setzen, umso schwieriger wird das Monitoring wieder. Und diese Blackbox wächst, weil immer mehr außerhalb unserer Wahrnehmung stattfindet. Es gibt zwar inzwischen erste Lösungen für die Videoanalyse in Social Media, aber Stories auf Facebook oder Instagram und TikTok-Videos können bisher nicht flächendeckend von Tools erfasst werden. Dementsprechend gibt es auch keine Möglichkeit, diese Inhalte auszuwerten.

Ein großes Versprechen macht oft der Einsatz von künstlicher Intelligenz, durch den die Auswertung von Daten automatisiert werden soll. Doch leider ist die Technologie immer noch nicht so weit, dass dies wirklich in der Breite und vor allem auch mit kleineren Datenmengen (z.B. einigen Tweets oder Facebook-Postings) funktioniert. Inhalte zu verstehen und zu analysieren, bleibt daher weiter die Paradedisziplin für Menschen, nicht für Tools. Oder wie ich schon seit Jahren in Seminaren und Vorträgen sage: Menschen analysieren, Tools helfen nur.

Insgesamt kann man einen gewissen Wandel auf der Seite der Unternehmen und Agenturen beobachten. Nachdem es jahrelang immer mehr und gerne auch immer lautere Inhalte gab (Stichwort »Content-Flut«), fangen Unternehmen inzwischen an, die bloße Reichweite in Social Media zu hinterfragen, und setzen verstärkt auf Relevanz und Qualität statt auf schiere Masse. Denn in den letzten Jahren hat sich gezeigt, dass die reine Quantität als Erfolgsfaktor zunehmend ausgedient hat.

Dieses neue Verständnis und das entsprechende Vorgehen können zwar dazu führen, dass die Reichweitenzahlen zurückgehen, aber Bindung und Auseinandersetzung mit Unternehmensinhalten steigen dadurch eher wieder an. Deshalb wird es auch immer wichtiger, die Wirkung von Social Media über Reichweiten und Interaktionsraten hinaus messbar zu machen und gleichzeitig mögliche Grenzen bei der Messbarkeit zu berücksichtigen. Denn um einen weiteres älteres Zitat zu bemühen: Nicht alles, was man zählen kann, zählt. Andererseits kann man auch nicht alles zählen, was zählt. Letztendlich muss eben die Kommunikation und auch deren Analyse und Optimierung zu den Kunden und zum Unternehmen passen.

Wir danken für das Gespräch.

Monitoring-Aggregatoren

Eine Reihe von professionellen Monitoring-Tools heben sich durch nützliche Analysefunktionen sowie zeitsparende, teilweise durch KI gestützte Suchalgorithmen von anderen Diensten ab. Wir stellen Ihnen nun einige Anbieter vor, die umfangreiche Monitoring-Funktionen anbieten – und die meisten von ihnen sogar noch mehr als das.

Social Searcher (https://www.social-searcher.com/) | kostenfrei mit Einschränkungen

> Dieser Aggregator durchsucht das Web, Twitter, Facebook, YouTube, Instagram, Reddit, Dailymotion, Tumblr, Vimeo, VKontakte und Flickr gleichzeitig nach Ihrem Suchbegriff. Sie haben die Option, einzelne Websites oder Medientypen aus der Suche auszublenden,

außerdem lässt sich nach der Stimmung (Sentiment: positiv, neutral, negativ) des Beitrags filtern. Der Dienst könnte ein brauchbarer Ersatz für das über viele Jahre sehr beliebte SocialMention werden (schauen Sie ruhig dennoch mal vorbei: *http://socialmention.com/*), das seit Mai 2019 leider offline ist. 100 Suchanfragen pro Tag und zwei E-Mail-Alerts sind kostenfrei, wer mehr braucht, kann auf verschiedene Preismodelle ab 3,50 US-Dollar pro Monat zurückgreifen.

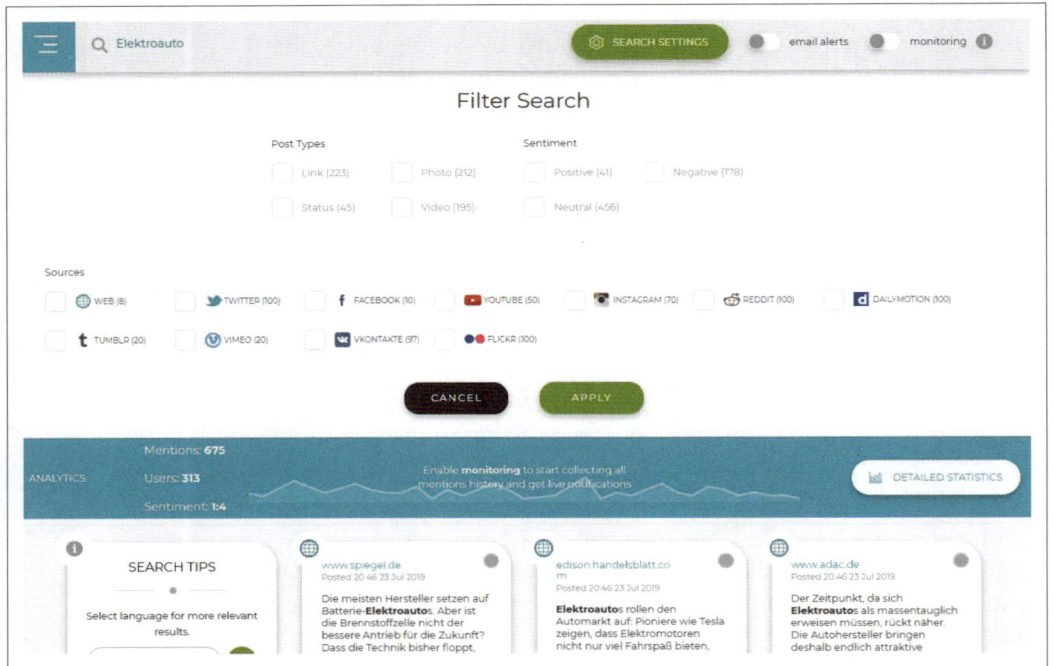

Abbildung 3-6 ▲
Simples, zuverlässiges Monitoring-Tool: Der Social Searcher bietet eine Reihe nützlicher Suchfunktionen und analysiert die Suchergebnisse sogar in der kostenfreien Version.

BuzzSumo (https://buzzsumo.com/) | kostenfrei mit Einschränkungen

Auch BuzzSumo durchsucht kostenfrei diverse Onlinequellen wie Facebook, YouTube oder auch das Web nach Ihren Suchbegriffen. Sehr schön: BuzzSumo kann die Suchtreffer nach der Anzahl der Engagements (Shares, Likes, Kommentare) sortieren. Sie erhalten damit einen guten Überblick darüber, welche Inhalte – etwa Zeitungsartikel – zu Ihrem Suchbegriff innerhalb der vergangenen zwölf Monate den meisten Buzz (natürlich!) erhalten haben. Die weiteren sehr vielfältigen Funktionen und Filter – etwa nach Sprache, Land, Quelle oder Zeitraum – sind aber leider erst in der Bezahlversion zugänglich. Kostenpunkt: ab 79 US-Dollar pro Monat. Dann verspricht der Dienst aber insbesondere auf Facebook zugeschnittene Analysefunktionen, die Ihnen helfen sollen, die Interaktionen auf Ihrer Seite zu erhöhen. Darüber hinaus kann er Influencer recherchieren und identifizieren. BuzzSumo gehört zur Branchengröße Brandwatch.

Brandwatch (https://www.brandwatch.com/de/) | Kosten: auf Anfrage,
ab 600 Euro pro Monat

Ein Schwergewicht: Brandwatch durchsucht laut eigenen Angaben mehr als 95 Millionen verschiedene Quellen und bietet dabei professionelle, umfangreiche Analysemethoden. Brandwatch gilt als einer der führenden internationalen Anbieter für Social Media Monitoring und Social Analytics. Hunderte Markenunternehmen und Agenturen nutzen die Tools für Erkenntnisse über Marke, Trends und den Social-Media-Buzz im Internet. Mit Tabellen, Diagrammen oder Wordclouds, die wiederum gefiltert werden können, werden die Daten übersichtlich dargestellt. Die Preisgestaltung richtet sich nach der Zahl der monatlichen Erwähnungen sowie nach den jeweils von Ihnen gewünschten Modulen.

Mention (https://mention.com/) | kostenfrei mit Einschränkungen

Mit Mention können Sie verschiedene Onlinequellen permanent durchsuchen, das Tool schlägt dabei häufig auch die Twitter-Suche. Beiträge, die Sie als Spam markieren, merkt sich Mention – und wird so immer treffgenauer. Einziges Manko: In der kostenfreien Version sind die Suchtreffer auf 250 pro Monat beschränkt. Wenn Sie also mit Ihrem Suchwort viel Buzz erzeugen, müssen Sie nachkaufen.

Meltwater (https://www.meltwater.com) | Preis auf Anfrage

Meltwater ist ein professioneller Medienbeobachter und bietet unter anderem modular anpassbares Social Media Monitoring für alle Unternehmensgrößen. Das Unternehmen hat Büros weltweit, ein deutschsprachiger Kundendienst gewährleistet enge Betreuung. Das einst ebenfalls sehr beliebte Dashboard Sysomos Heartbeat gehört inzwischen zu Meltwater.

Talkwalker (https://www.talkwalker.com) | ab 6.000 Euro pro Jahr

Talkwalker ist ein Social-Media-Tool, das sehr umfängliche und aussagekräftige Monitoring- und Analysefunktionen an Bord hat. Den dazugehörigen Talkwalker Alert haben wir Ihnen bereits empfohlen. Das mehrfach ausgezeichnete Talkwalker hat Ihre Erwähnungen im Blick, bewertet nach Sentiment, identifiziert wichtige Themen und Influencer und vergleicht Ihr Engagement mit dem Ihrer Wettbewerber.

Digimind Social (https://www.digimind.com/de/) | (Preis auf Anfrage)

Digimind bietet Monitoring und Analytics unter Zuhilfenahme von Methoden der künstlichen Intelligenz. Die Stärke des weltweit agierenden Unternehmens liegt in der Markt- und Konkurrenzanalyse. Über eine Anbindung an Hootsuite können Sie auch mit Ihren Followern und Fans interagieren.

Awario (https://awario.com/) | ab 29 US-Dollar pro Monat

Awario will professionelles Monitoring und Analytics auch für kleinere Unternehmen erschwinglich machen. Und tatsächlich bietet es umfangreiche Monitoring- und Analysefunktionen. Über den »Boolean Search Mode« lassen sich auch sehr komplexe, individuelle Abfragen umsetzen, die Ergebnisse können schließlich auf Knopfdruck exportiert werden.

Dashboards

Sie kennen nun einige Tools, die Ihnen die Arbeit in den sozialen Medien erleichtern. Mit den folgenden Diensten kommen Sie ins nächste Level, denn diese betreiben Monitoring, Analytics und Publishing aus einer Hand. Dashboards sind Ihre Kommandozentrale, über die Sie Ihre Accounts beobachten und bewerten, mit Inhalten bestücken und an Gesprächen teilnehmen können. Gerade im Social Web neigt zwischenmenschliche Kommunikation dazu, wegen vieler parallel verlaufender Diskussionsstränge schlecht überschaubar abzulaufen. Dashboards helfen Ihnen, den Überblick zu behalten, um auf wichtige Ereignisse reagieren zu können.

Was sind Social-Media-Dashboards?

Stellen Sie sich vor, Sie müssten Twitter, Facebook, Instagram, LinkedIn oder Ihr WordPress-Blog nicht mehr einzeln aufrufen, sondern könnten von einer Basisplattform aus Ihre Inhalte schreiben, planen und posten. Sie könnten auf einen Streich eine Handvoll Postings schreiben und dann einstellen, an welchen Tagen und zu welchen Zeiten sie nacheinander veröffentlicht werden – den Blogartikel über Ihr Firmenjubiläum, das Facebook-Posting mit dem Gewinnspiel oder die Vorstellung Ihrer neuen Auszubildenden auf Instagram beispielsweise. Statistiken zeigen Ihnen an, zu welchen Tageszeiten Sie Ihr Publikum am zuverlässigsten erreichen und mit welchen Posting-Arten – wie Text, Bild oder Video – Sie die höchste Reichweite erzielen.

Hinweis ▶ Wer aufmerksam gelesen hat, wird sich fragen: Kann automatisiertes Veröffentlichen von Postings noch der Kommunikation »auf Augenhöhe« gerecht werden? Ein wenig Skepsis ist völlig berechtigt. Denn auch wenn Sie sich die Arbeit natürlich erleichtern sollten, bleibt es wichtig, dass Sie alle großen Netzwerke auch regelmäßig direkt besuchen – und nicht einfach alles über Ihr Dashboard streuen. Bei zu viel Automatismus laufen Sie zudem Gefahr, eines Tages Inhalte zu veröffentlichen, die Sie zwar vorab geplant hatten, die aber wegen aktueller Ereignisse absolut deplatziert wirken. Stellen Sie sich beispielsweise vor, Sie posten ein attraktives Foto, das Ihr Team beim letzten Sommerfest vor einem Lagerfeuer zeigt. Unter normalen Umständen ist dies sicher ein schöner Schnappschuss, der viele Likes generiert. Ganz anders sieht es aber aus, wenn just an dem Tag der Veröffentlichung ein großer

Waldbrand tobt, der Ihre ganze Region in Atem hält. Deshalb sollten Sie auch bei vorab geplanten Postings immer ein waches Auge auf Ihre Zielgruppe und die aktuellen Diskussionen haben.

Das klingt traumhaft, oder? Mit Social-Media-Dashboards erleichtern Sie sich die Arbeit erheblich. Und wie Sie vermutlich ahnen, sollten Sie wie bei Ihren Zielen, Ihrer Strategie, Ihrem Monitoring und der Auswahl Ihrer Plattformen und Tools zunächst überlegen, welche Anforderungen ein Dashboard für Sie erfüllen soll:

- Welche und wie viele Plattformen wollen Sie vom Dashboard aus bedienen können? Twitter und Facebook können fast alle, aber Pinterest, Ihr Blog oder andere Netzwerke schränken die Auswahl ein.
- Wird sich nur eine Person um Social Media kümmern, oder brauchen Sie ein Dashboard mit Teamfunktionen?
- Wie umfangreich sollte das Monitoring sein?
- Welche Statistiken oder Reports benötigen Sie?
- Nutzen Sie Social Media auch für Ihren Kundenservice? Wollen Sie das Dashboard auch für CRM (*Customer Relationship Management*) nutzen, und möchten Sie es an andere im Unternehmen genutzte Software anbinden?
- Wie steht es um den Datenschutz? Im Zuge der DSGVO ist es wesentlich, welche Daten Sie an welchen Anbieter freigeben und was dieser mit den Daten macht.

Wie bei vielen Diensten im Internet sind auch bei den Dashboards Funktionen in den Basisversionen kostenfrei, oder es wird ein kostenloser Testzeitraum angeboten. Die meisten Dienste erweisen sich jedoch erst in der kostenpflichtigen Version als wirkungsvolle Instrumente. Am besten testen Sie einige Dashboards und dokumentieren Ihre Erfahrungen. Möglicherweise müssen Sie auch Dashboards kombinieren.

Die hier vorgestellten Werkzeuge stellen lediglich eine Auswahl dar. Darüber hinaus gibt es noch viele weitere Monitoring-Tools für jeden Bedarf und jede Firmengröße (und jedes Budget), behalten Sie dazu die Fachpresse wie das t3n Magazin oder Websites wie *InternetWorld.de* im Blick.

Schauen wir uns nun einige ausgewählte Dashboards genauer an.

Hootsuite (https://hootsuite.com/) | kostenfrei mit Einschränkungen
Hootsuite ist ein komplexes Social-Media-Dashboard, mit dem Sie nicht nur Ihre Accounts bei Twitter, Facebook oder Instagram verwalten, sondern auch unkompliziert Themen, Hashtags und andere Accounts verfolgen können. Viele Agenturen und Unternehmen setzen Hootsuite wegen der umfassenden Teamfunktionen ein. Sie können einzelnen Mitgliedern Rechte einräumen, Aufgaben erstellen

und verfolgen sowie mit anderen Diensten wie MailChimp für Newsletter, Soundcloud für Musik, Sounds oder Podcasts, Instagram für Fotos, Tumblr fürs Bloggen oder Evernote für Notizen verbinden.

In Spalten können Sie sich das sortieren, was Sie sehen möchten: den Twitter-Stream, einzelne Listen, Nennungen bei Twitter oder Facebook oder den Newsfeed von Facebook. Von Hootsuite aus posten, kommentieren, teilen oder retweeten Sie dann.

Hootsuite ist wie viele Tools in der Basisversion kostenlos, und deshalb ist es sozusagen das Goldkind vieler Social Media Manager: Es eröffnet die Funktionalität eines mächtigen Social-Media-Dashboards, ist aber auch für Freelancer, kleine und mittlere Unternehmen realistisch (und selbst in der Bezahlversion durchaus für viele Unternehmen erschwinglich).

Die Basisversion (etwas schwer zu finden: *https://hootsuite.com/plans/free*) ermöglicht Ihnen das Einbinden von drei Social-Media-Profilen (beispielsweise Ihres Twitter-, Instagram- und Facebook-Accounts) und das Einrichten von zwei RSS-Feeds, mit denen Sie automatisiert Keywords scannen können. Sie können über Hootsuite Nachrichten schreiben, auf Erwähnungen und Kommentare reagieren und Postings veröffentlichen – auch zu einem bestimmten von Ihnen vorgegebenen Termin. Eine Funktionalität, die beispielsweise Twitter von Haus aus nicht mitbringt. In der kostenpflichtigen Version entfaltet Hootsuite sein ganzes Potenzial, es unterstützt mehr Social-Media-Profile, bietet ausgeklügeltere Funktionen – und ist ab 25 Euro pro Monat zu haben.

Facelift Cloud (https://www.facelift-bbt.com/de) | auf Anfrage
Facelift Cloud ist ein komplettes Social-Media-Marketing-Tool, mit dem Sie sämtliche Aufgaben aus einer Software heraus erledigen können – beispielsweise integriert es auch den Werbeanzeigenmanager von Facebook. Der Allrounder ist dazu Partnerschaften mit anderen Dienstleistern wie etwa Talkwalker oder Brandwatch eingegangen. Das Rundum-sorglos-Paket überzeugt zudem mit einer deutschsprachigen Oberfläche und einem Kundendienst, ist aber preislich weit oben angesiedelt (ca. 2.500 Euro pro Monat).

Fanpage Karma (https://www.fanpagekarma.com) | ab 10 Euro pro Monat
Fanpage Karma ist einst als (sehr gefragtes) Tool zur Analyse von Facebook-Seiten gestartet, und genau hier spielt es auch noch immer seine Stärken aus. Inzwischen bietet es zudem vollumfängliches Monitoring, Analytics und Social Media Publishing. Sehr nützlich sind die Konkurrenzanalysen, und zwar neben Facebook auch für Twitter, Instagram, YouTube, LinkedIn und Pinterest. Sie können selbst wählen, welche Pakete Sie in welchem Umfang benötigen.

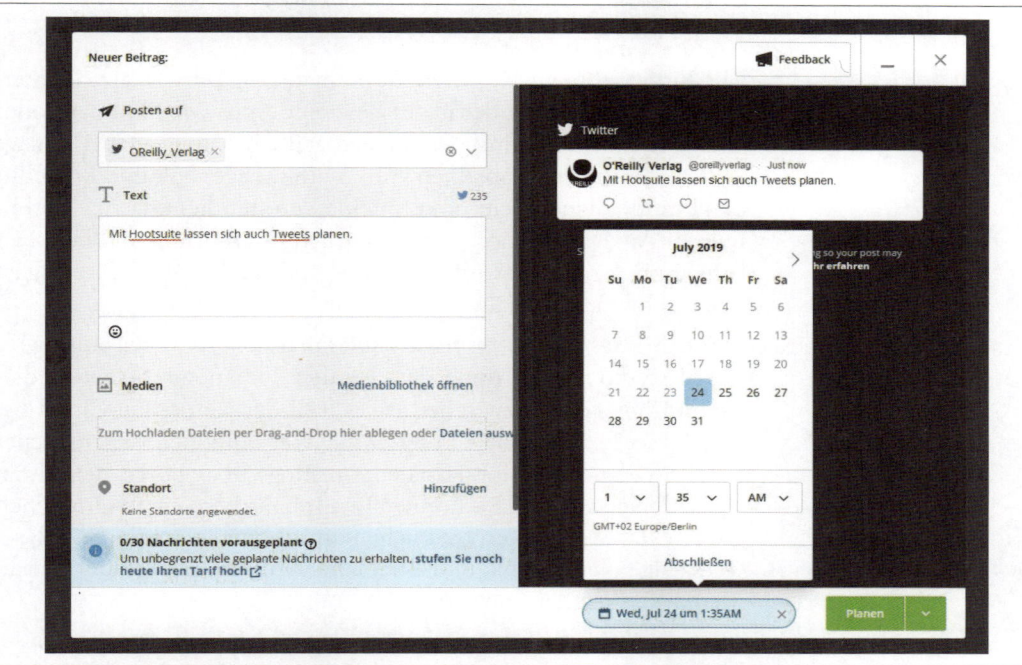

▲ Abbildung 3-7

Beliebt und leistungsstark: Hootsuite. Anders als etwa Twitter selbst bietet es die zeitliche Vorausplanung von Tweets.

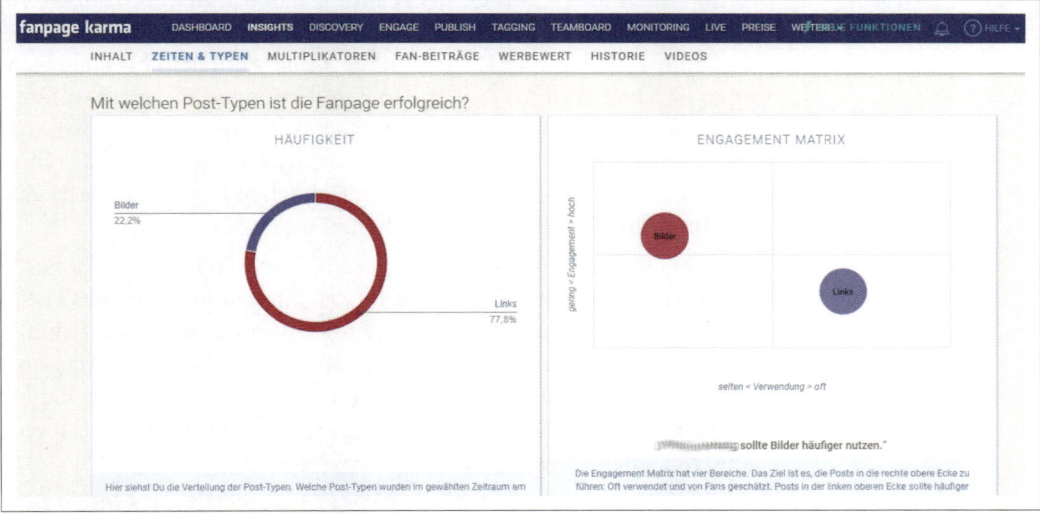

▲ Abbildung 3-8

Bereits in der kostenfreien Testversion erhalten Sie nützliche Insights von Fanpage Karma – übrigens auch zu den Seiten Ihrer Wettbewerber.

Buffer (https://buffer.com/) | ab 15 US-Dollar pro Monat, kostenfreier Basic-Account auf Anfrage
> Mit Buffer können Sie Ihren Content unkompliziert auf Twitter, Facebook, LinkedIn oder in verschiedene Apps wie Flipboard oder Evernote teilen. Postings lassen sich zeitlich planen, dabei schlägt Buffer mithilfe der Statistiken von Twitter, Facebook und LinkedIn den bestmöglichen Zeitpunkt für eine Veröffentlichung vor. Mithilfe einer Analysefunktion haben Sie auch Ihren Erfolg im Blick. Der Schwerpunkt liegt hier auf Publishing und Analytics, Monitoring ist jedoch ebenfalls enthalten.

Social Studio/Salesforce (https://www.salesforce.com/de/) | auf Anfrage
> Social Studio startete unter dem Namen Radian6 als Social-Media-Monitoring-Tool, inzwischen ist es Teil der Marketing-Cloud bei Salesforce. Es bietet die Überwachung von Millionen verschiedener Social-Media-Marketing-Kanäle, von Blogs über Foren bis hin zu sozialen Netzwerken. Sie können Ihre Inhalte bequem in sämtlichen großen Netzwerken veröffentlichen und anhand mächtiger Analysewerkzeuge, Diagramme und Trendanalysen den Erfolg Ihrer Social-Media-Kampagnen auswerten.

Sprout Social (https://sproutsocial.com/) | ab 99 US-Dollar pro Monat
> Eine ansprechende Benutzeroberfläche gibt einen Überblick über Ihre Social-Media-Aktivitäten: Neben Streams aus sozialen Netzwerken können Sie RSS-Feeds einbinden, eigene Beiträge posten sowie Inhalte teilen, retweeten und kommentieren. Es gibt umfangreiche Funktionen für die Arbeit im Team. Sprout Social bildet außerdem die Kommunikation mit einzelnen Kontakten jederzeit nachvollziehbar ab, weshalb dieses Dashboard besonders nützlich für Unternehmen ist, die Social Media für den Kundenservice einsetzen. Interessant sind die übersichtlich aufbereiteten Monitoring-Reports und Auswertungen, mit denen Sie Ihre Aktivitäten wie auch die Ihrer Kontakte analysieren und so die tatsächlichen Daten mit Ihren Zielen und Ihrer Zielgruppe abgleichen können.

Socialbakers (https://www.socialbakers.com) | ab 170 Euro pro Monat
> Ebenfalls ein Profitool: Socialbakers ist ein vollumfängliches Dashboard, das sich besonders für Agenturen und große Unternehmen eignet, da es bereits in der Basisversion mehrere User und Accounts vorsieht. Sie können unter anderem Postings und Follower-Zahlen vergleichen, Wachstumsraten (auch Ihrer Konkurrenten) verfolgen und das Engagement Ihrer Fans auswerten.

Crowdfire (https://www.crowdfireapp.com/) | kostenfrei mit Einschränkungen
> Crowdfire startete vor einigen Jahren als simpler, funktionaler Follow-Unfollow-Checker, mit dem sich auf die Schnelle überprüfen

ließ, welcher Twitter-Freund neu hinzugekommen oder gerade abtrünnig geworden ist. Heute bietet Crowdfire sowohl Publishing-Funktionen als auch die bekannte Analyse der eigenen Reichweite – und auch für andere Plattformen, zum Beispiel für Instagram. Das Besondere: Crowdfire ist eine App und daher besonders praktisch für das Social-Media-Management via Smartphone. Die Basisversion ist kostenfrei, wer mehr möchte, kann zwischen drei Paketen von 7,50 bis 75 US-Dollar monatlich wählen.

Oktopost (https://www.oktopost.com) | Preis auf Anfrage

Monitoring, Analytics und Publishing für B2B-Unternehmen, der Preis hängt von den Modulen ab, die Sie buchen. Oktopost sitzt in den USA, der Dienst ist englischsprachig.

Es gibt zahlreiche in Deutschland ansässige Agenturen, die ebenfalls eigene Tools und eine umfassende Beratung sowie die komplette Übernahme des Social Media Monitoring für Unternehmen anbieten. Beziehen Sie in Ihre Überlegungen ein, welche Datenmengen tatsächlich anfallen und inwieweit Sie diese auswerten und in der Praxis verwerten können. Monitoring und Analytics sollten Aktivposten in Ihrer Social-Media-Strategie sein.

Zusammenfassung

Social Media Monitoring und Analytics sind wesentliche Bestandteile Ihrer Social-Media-Strategie. Sie können (und sollten) genau hinhören und erfassen:

- Wo wird über mein Unternehmen geredet?
- Wer redet worüber und in welchem Tonfall?
- Wie fasst die Community meine Aussagen, Produkte und Dienstleistungen auf?
- Welchen Stellenwert hat die Konkurrenz in der Community?
- Welche Trends werden diskutiert?
- Welche Meinungen herrschen vor?
- Wer hat in der Community die Meinungsführerschaft?
- Was verändert sich, wenn ich mich in Social Media für mein Unternehmen engagiere?

Mit Berücksichtigung Ihrer Ziele, Ihrer Zielgruppe und Ihrer Inhalte können Sie Kennzahlen festlegen, mit denen Sie Social Media langfristig messbar und damit planbar machen. Ohne Analytics bleibt Ihr eigenes Engagement in Social Media ein Stochern im Nebel, bei dem nur der Zufall über Erfolg und Misserfolg entscheidet.

Bei Social Media Monitoring und Analytics geht es um mehr als das Erheben von Daten. Es geht darum, dass Sie die erhobenen Daten in einen Zusammenhang bringen und anhand Ihrer konkret formulierten Ziele und Erwartungen auswerten – und entsprechende Konsequenzen daraus ziehen.

Dazu stehen viele Tools zur Verfügung, von simplen, zweckgebundenen Anwendungen bis hin zu umfangreichen Dashboards mit vielfältigen Funktionen. Wenn Sie professionelles Social Media Marketing umsetzen wollen, brauchen Sie einen Werkzeugkoffer mit Tools und Diensten, die Ihnen die Arbeit erleichtern. Im Zentrum sollte immer Ihre Social-Media-Strategie stehen und der Blick darauf, wie sich diese Werkzeuge am besten für ihre Umsetzung nutzen lassen. Probieren Sie einige Werkzeuge aus und nutzen Sie die, die Ihnen den Alltag oder die Lösung von praktischen Problemen auch wirklich erleichtern, Ihrer Positionierung nutzen und Ihnen beim Auffinden von guten Inhalten oder zur Inspiration dienen.

Ihren Werkzeugkasten müssen Sie sich letztendlich ebenso individuell zusammenstellen wie Ihre Social-Media-Strategie: abgestimmt auf Ihre Ziele, Ihre Zielgruppen und Ihre Inhalte.

KAPITEL 4

Marketing ist Mitwirkung

In diesem Kapitel:

- Das Cluetrain-Manifest: Märkte sind Gespräche
- Mitwirkung ist Marketing
- Größere Markenbekanntheit und Imagewechsel durch Social Media
- Kundenwünsche herausfinden und darauf reagieren
- Strategien für Social-Media-Communitys
- Kleine und mittelständische Unternehmen in Social Media
- Influencer-Marketing
- Reputationsmanagement
- Krisenmanagement
- Zusammenfassung

Bei Marketingkampagnen mit Social Media ist von entscheidender Bedeutung, ob und wie Sie Ihre Zielgruppen nicht nur erreichen, sondern auch einbeziehen können. Wie Sie aus den vorherigen Kapiteln wissen, ist es wichtig, sich konstant zu engagieren, um einen echten Meinungsaustausch anzustoßen. In diesem Kapitel zeigen wir Ihnen Beispiele aus der Praxis dazu, wie Unternehmen durch das Engagement in Social Media mit Kunden und Geschäftspartnern in einen Dialog kommen und erfolgreich eine aktive Community aufbauen. Außerdem erfahren Sie, wie Sie Probleme im Bereich des Reputationsmanagements mithilfe von Social-Media-Kanälen vermeiden oder besser in den Griff bekommen.

Das Cluetrain-Manifest: Märkte sind Gespräche

Im April 1999 veröffentlichten mehrere Marketinggurus als Vorwegnahme zum Social Media Marketing von heute 95 Thesen als *Das Cluetrain-Manifest*. Die Botschaft ist so einfach wie genial. In Märkten geht es darum, miteinander zu sprechen – oder anders ausgedrückt: Märkte sind Gespräche.

▼ Abbildung 4-1
Vorspann des Cluetrain-Manifests mit der wichtigsten Aussage laut David Weinberger, einem der Autoren

Wenn Du heute nur Zeit hast für eine Einsicht, dann sollte es diese sein ...

Wir sind keine Zuschauer oder Empfänger oder Endverbraucher oder Konsumenten.
Wir sind Menschen - und unser Einfluß entzieht sich eurem Zugriff.

Kommt damit klar.

Tipp ▶ Die 95 Thesen des Cluetrain-Manifests stehen online unter *http://www.cluetrain.com/auf-deutsch.html* zur freien Verfügung.

Das Cluetrain-Manifest war seiner Zeit um Jahre voraus. Seit dessen Veröffentlichung haben sich Social Media und Meinungsaustausch im Internet stark verbreitet. Die zentrale Botschaft des Manifests ist auch in Zeiten der ständigen Diskussion um die Steigerung von Follower-Zahlen, die richtigen KPIs und die Conversion-Optimierung der Garant für nachhaltig erfolgreiches Social Media Marketing. Es ist und bleibt wichtig, sich auf einen aufrichtigen und wertvollen Meinungsaustausch einzulassen.

Internet und Social Media haben die Kommunikation zwischen Unternehmen und (potenziellen) Kunden erleichtert. In der Folge ist der Erwartungsdruck seitens der Verbraucher gestiegen. Da diese ihre Meinung zu Produkten und zum Unternehmen in Blogs, bei Twitter oder auf Social-Media-Plattformen wie Facebook kundtun, rechnen sie mit einer zügigen und ebenso öffentlichen Rückmeldung. Als Unternehmen sollten Sie sich darauf einstellen und die Prozesse Ihrer Kommunikation darauf abstimmen.

Haben Sie schon einen Social CEO?

Fangen Sie an, das Mindset von Social Media im gesamten Unternehmen zu fördern. Ein Geschäftsführer muss über ein grundsätzliches Verständnis verfügen, um Entscheidungen über Budget und Personalressourcen zu treffen. Er sollte selbst Hand anlegen können, was in den sozialen Medien in der Regel sehr gut ankommt. Ein Profil bei XING oder LinkedIn ist ein sinnvoller Anfang. Schön ist es auch, wenn der Chef Blogbeiträge schreibt oder twittert, vielleicht kann er sogar in einem Video über die jüngsten Entwicklungen sprechen.

Die Führungsetage muss sich an den Gedanken gewöhnen, dass es nicht mehr ausreicht, mit würdiger Miene die Quartalszahlen zu veröffentlichen. Die Kunden möchten die Menschen hinter dem Unternehmen und der Marke kennenlernen. In großen Unternehmen tun sich die Führungskräfte mit Social Media häufig noch schwer, und letztlich ist wenig gewonnen, wenn das Presseteam des Unternehmens den Twitter-Kanal des Vorstands betreut.

Der Vorstandssprecher von SAP, Bill McDermot, twittert schon einige Jahre ausgesprochen erfolgreich als *@BillRMCDermot*, und auch der CEO von Siemens, Joe Kaeser, ist als *@JoeKaeser* auf Twitter aktiv, wie Sie Abbildung 4-2 entnehmen können.

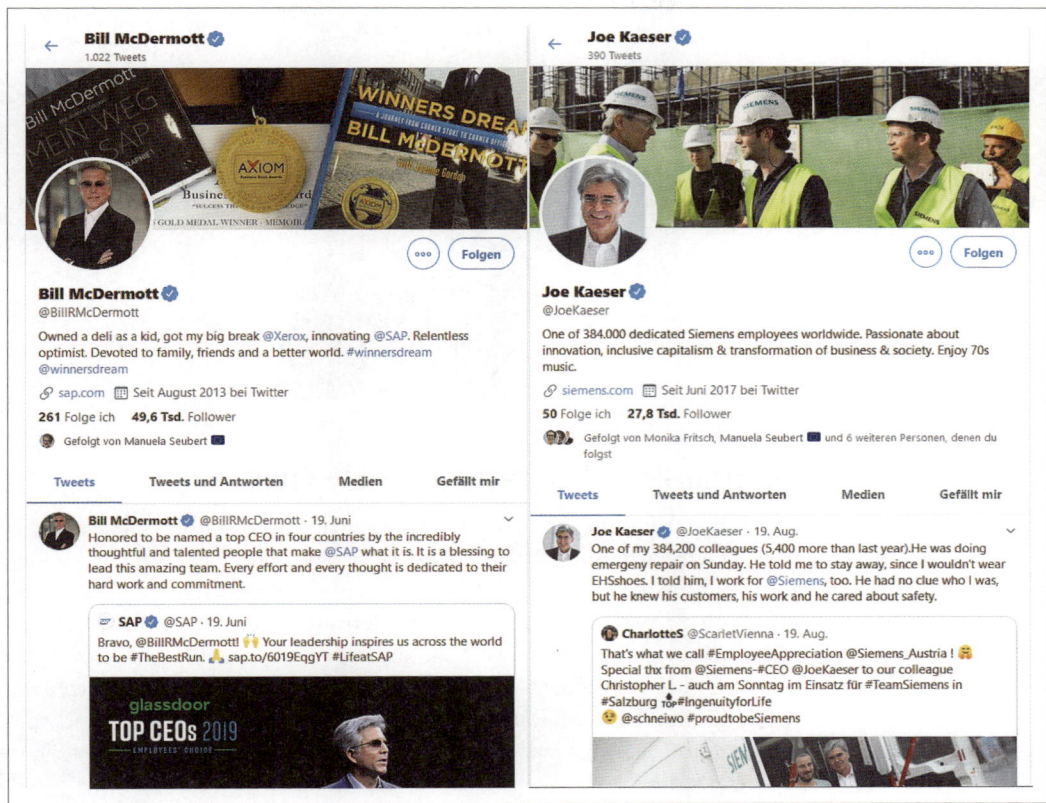

▲ Abbildung 4-2
Twitternde CEOs

Damit verkörpern die beiden Konzernlenker weiterhin eine Minderheit unter den CEOs der DAX-Konzerne. Bei allen Vorteilen, die ein *Social CEO* mit sich bringt, gibt es auch Risiken und Nachteile. Die gewonnene Reichweite und die Reputation hängen primär an der handelnden Person, was bei einem Wechsel knifflig werden kann. Die damit verbundenen Probleme zeigten sich eindrucksvoll beim Weggang von Karl-Thomas Neumann, der während seiner Vorstandtätigkeit für Opel erfolgreich twitterte. Mittlerweile existiert der Account nicht mehr, sodass weder Opel noch Neumann selbst noch davon profitiert. Doch auch während der aktiven Phase sollte die Kommunikationsabteilung den twitternden CEO eng begleiten, denn wenn dieser eine kritische Aussage tätigt, bekommt das Unternehmen schnell viel Aufmerksamkeit. Letztlich muss nicht jeder CEO twittern, sondern nur jene Entscheider, die gern und geübt mit Social Media hantieren. Auch sie sollten sich jedoch von ihrem Kommunikationsteam unterstützen lassen – wann immer nötig. Dieses Teamwork ist unerlässlich, denn wenn der CEO an einer wichtigen Vorstandssitzung teilnimmt, kann er nicht gleichzeitig die Reaktionen auf seine Tweets verfolgen und darauf angemessen reagieren.

Cluetrain-Manifest revisited: New Clues

In einem Artikel für das Wirtschaftsmagazin »Brand Eins« bekräftigten 2012 Doc Searls und David Weinberger vom Autorenteam des Cluetrain-Manifests, dass ihre Thesen nach wie vor Bestand haben – und immer noch zu wenig verinnerlicht werden: »Einige Unternehmen hören heute besser zu als 1999, weil sie keine andere Wahl haben. Aber die Schwungräder des *Business as usual* drehen sich weiter. Sie betreiben Tracking und Targeting, sie fangen und akquirieren, managen und verwalten ›ihre‹ Kunden, als ob wir Sklaven oder Vieh wären«, kritisiert Doc Searls die Situation.[1]

Die beiden Tech-Denker veröffentlichten 2015 mit den *New Clues* 121 neue Thesen (*http://newclues.cluetrain.com/*). Die wichtigste These des ursprünglichen Manifests (»Märkte sind Gespräche«) bestätigen sie als weiter essenziell. Sie warnen vor der fortschreitenden Kommerzialisierung des Internets und erinnern an den wichtigsten Fortschritt, der durch das Internet entstand: die direkte Verbindung von Menschen. Sie betonen, dass Transparenz und Authentizität für die Kommunikation zwischen Unternehmen und Konsumenten entscheidend sind. Internetnutzer müssen jederzeit wissen, ob und in welcher Funktion ein Unternehmensvertreter mit ihnen kommuniziert.[2]

Bieten Sie Ihren Kunden und Geschäftspartnern wirklichen Austausch und gehen Sie mit gutem Beispiel voran, falls Ihre Branche in Social Media noch wenig aktiv ist. Befürchten Sie, dass Sie innerhalb Ihres Ge-

---

1 *https://www.brandeins.de/magazine/brand-eins-wirtschaftsmagazin/2012/markenkommunikation/habt-geduld*

2 *https://www.brandeins.de/magazine/brand-eins-wirtschaftsmagazin/2015/marketing/the-internet-is-us-connected*

schäftsfelds zu spät kommen? Seien Sie unbesorgt, das Social Web bietet jedem Unternehmen die Chance, seine individuelle Seite zu zeigen. Nirgendwo sonst können Sie sich so unmittelbar von Ihrer Konkurrenz abheben.

Mitwirkung ist Marketing

Chris Heuer, Experte für New Media Marketing, prägte den Ausspruch »Marketing ist Mitwirkung«. Heuer betont, dass im Marketing die besten Köpfe diejenigen sind, die sich an den Communitys ihrer Kunden beteiligen und nicht ausschließlich darauf aus sind, schnell den Abverkauf ihrer Produkte zu steigern. Schließlich seien Unternehmen und Organisationen dazu da, Menschen bei konkreten Fragen, Problemen und Bedürfnissen zu helfen. Aggressives Marketing für Waren und Dienstleistungen sei überholt und werde schlecht aufgenommen: Die Menschen haben es satt, immer die gleiche Werbebotschaft in Social Media zu hören.

Das Mantra »Marketing ist Mitwirkung« funktioniert in beide Richtungen. Wenn Marketingmenschen an Communitys teilnehmen, lässt sich das als »Mitwirkung ist Marketing« übersetzen. Diese Beteiligung gibt dem Unternehmen ein menschliches Gesicht und ist nicht ausschließlich profitgetrieben, wenn Sie es richtig machen. Umgekehrt bestätigen Community-Mitglieder, dass sie es interessant finden, wenn Unternehmen an der Kommunikation teilnehmen. Mitwirkung ist keine Einbahnstraße, und Loyalität entsteht dadurch, dass Sie authentische Beziehungen mit Mitgliedern der Community aufbauen. Chris Heuer sagt dazu:

> Wenn Sie nur aus dem Grund dort sind, der Community etwas zu verkaufen, werden die Menschen das schnell merken, und Sie haben nicht den Erfolg, den Sie haben könnten. Wenn Sie aber teilnehmen, weil Sie einen echten Beitrag zur Community leisten, Ihr Wissen teilen und der Community und ihren Mitgliedern einen Dienst erweisen möchten, dann werden Sie an die richtige Zielgruppe verkaufen, eben weil Sie so ehrlich und aufrichtig sind.

Vertrauen ist nicht durch Geld zu erwerben. Das sollten Sie bedenken, wenn Sie bei sich oder Ihren Konkurrenten inflationär eingesetzte Gewinnspiele und Rabattaktionen beobachten. Zentrales Ziel erfolgreichen Marketings in Social Media sollte sein, vertrauensvolle und nachhaltige Beziehungen aufzubauen.

In den bisherigen Kapiteln haben wir gesehen, wie wichtig es ist, Gespräche zu beobachten, zuzuhören und auf Feedback zu reagieren. Der

Schlüssel ist hier, an den Communitys teilzunehmen, in denen Ihre Marke, Ihr Produkt oder Ihre Dienstleistung erwähnt wird, und sich mit authentischen Interaktionen einzubringen. Es genügt nicht, ein Blog zu pflegen oder auf Ihrer Website Presseerklärungen zu veröffentlichen, um sich an der Community zu beteiligen. Begleiten Sie diese vielmehr intensiv, um ihre Stimmung und Mentalität zu verstehen. Mitwirkung erfordert einen kontinuierlichen zwischenmenschlichen Dialog. Zwingen Sie dabei der Community Ihre Botschaft nicht auf.

Tipp ▶ Seit 2007 findet jährlich in Berlin das CommunityCamp statt. Bei diesem etablierten Themen-Barcamp tauschen sich Community und Social Media Manager aus der DACH-Region zu Community-Management, Besucherbindung und Monitoring aus.

Wer oder was steckt hinter Ihrer Marke?

Wenn Sie bereit sind, sich einzubringen, sollten Sie eine umfassende Strategie für die Communitys entwickeln, in denen Ihre Produkte diskutiert werden. Zeigen Sie transparent, wer oder was sich hinter Ihrem Markennamen verbirgt. Sind Sie Hersteller von hochwertigen Marmeladen? Posten Sie nicht nur schöne Werbefotografien Ihrer Marmeladengläser. Knipsen Sie stattdessen den Blick in die großen Töpfe der Herstellung. Berichten Sie, wie viele Tonnen Obst jährlich angeliefert werden, oder erzählen Sie von der Arbeit Ihrer Entwicklungslabors. Als kleine Fahrschule könnten Sie irrsinnige Straßenführungen und Schilder in Ihrer Umgebung fotografieren, Ihre Fahrlehrer vorstellen und Übungsmaterial für Ihre Kunden bereitstellen. Sie betreiben ein kleines Café? Stellen Sie Ihre Räumlichkeiten und den Chefkonditor vor und interviewen Sie treue Stammgäste. Berichten Sie über Ihr soziales Engagement, wenn Sie übrig gebliebene Waren an die Tafel geben oder Obdachlosen regelmäßig Kaffee und Kuchen spendieren.

Für alle Unternehmen gilt: Liefern Sie den exklusiven Blick hinter die Kulissen. Veröffentlichen Sie Informationen mit Mehrwert und zeigen Sie, dass Sie die Werte Ihres Unternehmens leben. Das bedeutet, dass auch Ihre Emotionen und Ihre Meinung nicht fehlen sollten, um den Dialog mit der Community zu starten und permanent zu befeuern. Solche Inhalte bleiben länger in den Köpfen der Internetnutzer hängen als die zehnte Rabattaktion.

Heutzutage sind nicht nur Unternehmen, sondern auch Vereine, Politiker oder öffentliche Institutionen wie die Stadtverwaltung, der lokale Energieversorger oder die Stadtbücherei auf Social Media vertreten. Feuerwehr und Polizei nutzen in immer mehr Städten die schnelle Informationsübertragung auf Twitter, um die Bevölkerung zu informieren. Auch auf Facebook, Instagram und anderen Social-Media-Plattformen präsentieren sie ihre Arbeit und stellen sich dem Dialog mit den Bürgern. Ganz ohne Risiko ist das nicht, denn manche ihrer Themen lösen Diskussionen aus und locken Trolle und Hater an.

Praxisbeispiel: Die Polizei Frankfurt im Social-Media-Dialog

Einer der Vorreiter im Social Web ist die Polizei in Frankfurt am Main. Ihr Team besteht ausschließlich aus Polizisten, die sich in Sachen Social Media weiterbilden und daran Freude haben. Wir haben mit André Karsten gesprochen, dem stellvertretenden Leiter Soziale Medien der Pressestelle. Der Polizeihauptkommissar kam 2006 zur Polizei und arbeitet seit 2014 im Bereich Social Media der Polizei Frankfurt. Für seine neue Aufgabe brachte er viel Erfahrung in den Bereichen Musikbranche, Werbung, Naturschutz und Kino mit. Auf Twitter sorgte er 2018 für die Wortschöpfung *#Trollkragenpullover* und wurde dafür gelobt und gefeiert – selbst der Dudenverlag wurde auf die kreativen Frankfurter Polizisten aufmerksam. Ein schönes Beispiel, wie mit der nötigen Portion Humor auch Trolle adressiert und in ihre Schranken verwiesen werden können.

Interview

»Frankfurt gehört zu uns und wir zu Frankfurt«

Ein Interview mit André Karsten, Polizeisprecher Soziale Medien bei der Polizei Frankfurt am Main

▲ Abbildung 4-4
André Karsten, Polizeisprecher Soziale Medien bei der Polizei Frankfurt am Main

Durch meine Arbeit für den Social Media Club Frankfurt verfolge ich schon längerer Zeit die Aktivitäten der Frankfurter Polizei im Netz. Bereits zweimal hatten wir Sie bei unseren Veranstaltungen zu Gast. Die Polizei in Frankfurt hat auf Twitter ihre ersten Schritte ins Social Web unternommen und über die Jahre die Palette mit Facebook und Instagram erweitert. Was sind die wichtigsten Ziele der Social-Media-Arbeit der Polizei Frankfurt?

André Karsten: Unsere analoge Arbeit ins Digitale zu übertragen, ist unser wichtigstes Ziel. Darunter fällt der schnelle, direkte und unkomplizierte Kontakt zu den Menschen bei allen auftretenden Fragen. Wir wollen auch im Internet professionell und freundlich auftreten und erreichbar sein, zum Beispiel um bei einer Bombenentschärfung schnell alle notwendigen Informationen einem möglichst großen Personenkreis zukommen zu lassen. Wir wollen aber auch Tipps und Verhaltensweisen zum besseren Selbstschutz vor möglichen Straftaten geben.

Des Weiteren möchten wir einen Blick hinter die Kulissen ermöglichen. Das soll die Polizei mit all ihren Facetten zeigen. Interessierte Menschen können sich so ein komplettes Bild von uns und unserer Arbeit machen.

In Social Media geht es darum, genau zuzuhören und mit der Zielgruppe in einen Dialog zu treten. Für ein Unternehmen sind das (potenzielle) Kunden, für die Polizei Frankfurt im Grunde »alle Bürger« (und die Gäste) der Stadt. Wie gehen Sie damit um, dass Ihre Zielgruppe derart heterogen ist?

André Karsten: Wir kennen Frankfurt nicht anders und lieben diese Stadt genau deshalb. Als hessische Polizei sind wir ebenfalls eine sehr heterogene Gruppe von Menschen. Der Umgang mit den Frankfurtern fällt uns somit auch nicht schwer. Frankfurt gehört zu uns und wir zu Frankfurt: Identifikation ist alles.

Sie bespielen derzeit die Kanäle Twitter, Facebook und Instagram. Haben Sie eine Präsenz auf Snapchat in Erwägung gezogen, um die sehr junge Zielgruppe zu erreichen?

André Karsten: In der Tat hatten wir die Pläne für Snapchat schon auf dem Tisch, und der Polizeipräsident hatte den Go Live bereits abgenickt. Als wir dann starten wollten, trat Instagram mit Stories auf den Plan. Da wir bereits auf Instagram gestartet waren und dort auf eine treue Community zählen konnten, legten wir Snapchat kurzerhand auf Eis. Das war darüber hinaus eine personalschonende Entscheidung. Uns wurde das bis heute nicht negativ beschieden, und wir haben es nicht bereut.

Arbeiten Sie auch mit Messenger-Diensten oder haben dies vor?

André Karsten: Dem Thema Messenger haben wir uns bereits angenähert und viele Gespräche mit Firmen in diesem Bereich geführt. Aktuell sehen wir aufgrund von rechtlichen und finanziellen Gründen aber noch keine Möglichkeit für uns, das Thema für alle zufriedenstellend anzugehen. Wir bleiben aber definitiv dran, da wir davon überzeugt sind, dass Messenger, wie schon in den letzten Monaten, einen immer höheren Stellenwert in der Kommunikation zwischen Menschen über das Internet einnehmen werden. Da möchten wir natürlich auch für die Menschen ansprechbar sein.

Definition ▶   Bei einem *Troll* handelt es sich um einen Störenfried im Internet. Er hat kein Interesse an einer Diskussion, sondern sabotiert diese und provoziert bevorzugt Mitglieder der Community. Die bekannte Regel zum Umgang mit Trollen lautet daher: »Do not feed the troll!«, was bedeutet, dass ihnen möglichst wenig Aufmerksamkeit geschenkt werden sollte. Reagiert niemand auf den nervigen User, »trollt« er sich in der Regel auch schnell wieder.

Ihnen ist es gelungen, eine interessierte Community und treue Fangemeinde aufzubauen, die auch einmal gegen Pöbler und Trolle eintritt. Hilft sich die Community manchmal selbst, sodass Nutzer Fragen beantworten, die an Sie gerichtet sind? Wie gehen Sie damit um?

André Karsten: Wir stellen immer wieder mit Freude fest, dass die Community sich auch untereinander zu helfen weiß. Viele sehr ähnliche Fragen werden von verschiedenen Menschen immer wieder an uns gestellt. Aufmerksame Follower beantworten dann schon mal gern diese Fragen für andere Teilnehmer der Community – und das auch zu 100 Prozent richtig. In unseren Augen ist das eine schöne Entwicklung, die wir gerne unterstützen. Im selben Moment haben wir natürlich immer ein Auge auf den Antworten und greifen ein, wenn diese falsch sind oder wir noch was ergänzen können.

Den Menschen mit einem schnellen Medium wie Twitter entgegenzukommen, um bei Demonstrationen, Fußballspielen oder Bombenentschärfungen zeitnah zu informieren, ergänzt hervorragend Medien wie Radio und TV, die gerade von jüngeren Menschen nicht mehr besonders rege genutzt werden. Führt die niedrigschwellige Kommunikation auch dazu, dass die Menschen das Angebot ausnutzen? Wer wissen will, warum der Polizeihubschrauber über dem Viertel kreist, hätte früher vielleicht nicht gleich bei der Polizei angerufen – auf Twitter nachzufragen, geht schnell und ist bequem. Andererseits werden durch den öffentlichen Austausch auf Social Media gleich mehr Menschen informiert. Wie sehen Sie nach einigen Jahren das Pro und Kontra?

▲ **Abbildung 4-5**
Mit dem #Trollkragenpullover zeigte die Polizei Frankfurt einen humorvollen Umgang mit pöbelnden Zeitgenossen.

André Karsten: Die Pros überwiegen definitiv noch immer. Wir haben genau das erreicht, was wir wollten: einen weiteren (digitalen) Kommunikationskanal zu öffnen, der auch rege genutzt wird. Wir erhalten viel Feedback auf unsere Arbeit, aber auch Lob sowie Anteilnahme, wenn Kolleginnen und Kollegen im Einsatz verletzt werden. Und natürlich auch konstruktive Kritik, die uns am meisten weiterbringt. Es werden viele Fragen über unseren Job gestellt, meist vom interessierten Nachwuchs. Und wie schon erwähnt, erreichen wir mit unseren Informationen noch einfacher und schneller mehr Menschen. Das sind unglaublich gute Seiten des Mediums.

Auf der anderen Seite nutzen Menschen die Kanäle aber auch, um uns zu beleidigen, zu trollen, oder einfach nur, um täglich ihrem Ärger über jegliche Dinge in Frankfurt Luft zu machen. Das gehört aber dazu, alles andere wäre weltfremd. Und wir können damit auch gut umgehen. Das ist Teil unseres Jobs.

Ihre Themenvielfalt ist groß, von eher zeitlosen Bereichen wie Kriminalprävention oder Nachwuchssuche bis zu brandaktuellen Themen. Arbeiten Sie mit einem Redaktionsplan, und wie gehen Sie bei Ihrer Content-Planung vor?

André Karsten: Meist werden unsere Beiträge durch die täglichen Pressemeldungen und Einsätze der Polizei bestimmt (wie beispielsweise Demonstrationen, Sportveranstaltungen oder Staatsbesuche), da hilft ein Redaktionsplan nur bis zu einem gewissen Maß weiter. Was wir jedoch täglich machen, ist eine morgendliche Redaktionssitzung, bei der die Ereignisse des Vortags und der Nacht besprochen werden. Über den Tag werden die Beiträge an verschiedene Mitarbeiter verteilt, die sich dann selbstständig um die Veröffentlichung (nach Sichtung der Leitung) kümmern. In unregelmäßigen Abständen führen wir ein kreatives Brainstorming durch und suchen Ideen dazu zusammen, welche Beiträge, Videos oder Bilderserien wir erstellen könnten.

Social Media der Polizei Frankfurt – quo vadis? Wohin soll die Reise gehen, welche Aktivitäten wollen Sie verstärken, und auf was würden Sie künftig eher verzichten?

André Karsten: Wir bestimmen den Weg nicht: Das klingt unselbstständig, ist aber sehr befreiend. Wir hören genau hin, was die Menschen in Frankfurt sich von uns wünschen. Wir schauen uns Trends in der Kommunikation an. Irgendwo dazwischen liegt unser Weg. Den Kurs werden wir noch oft anpassen. Das ist eine gute Sache, da wir dynamisch, kreativ und offen bleiben müssen. Wir würden gern mehr Bewegtbild machen und endlich YouTube nutzen. Pläne für einen Podcast haben wir auch bereits. Thema Verzicht: Was mit Facebook passiert, beobachten wir noch. Aktuell ist die Verrohung in den Kommentaren unter einigen Beiträgen von uns mit ein Grund dafür, dass wir dort eine Neuausrichtung anstreben. Es ist nicht unsere Aufgabe, politische Diskussionen zu eröffnen oder zu moderieren. Natürlich greifen wir ein, wenn die Netiquette verletzt wird, es zu Ordnungswidrigkeiten und gar Straftaten kommt. Das ist unser Job. Ob es die Möglichkeit für uns gibt, in den immer mehr durch Facebook gepushten Gruppen zu agieren oder selbst welche zu eröffnen, werden wir beobachten.

Und wie bereits angesprochen, ist das Thema »Messenger« noch nicht vom Tisch, wie wir das aber realisieren können, müssen wir noch sehen. Was auch immer die (digitale) Zukunft bereithält, wir als Polizei werden uns immer darauf einstellen und reagieren. Das kann und sollte Frankfurt jederzeit von uns erwarten.

Lieber Herr Karsten, wir danken Ihnen sehr herzlich für das Gespräch und wünschen der Polizei Frankfurt weiterhin wenige Trolle und viel Erfolg in Social Media.

»Marketing ist Mitwirkung« für PR-Profis

Die PR war in den letzten Jahren gewaltig im Umbruch und erlebte einen Paradigmenwechsel. Die alleinige Ansprache der Zielgruppen per Werbeanzeigen, TV-Spots, Post, Telefon oder E-Mail ist weitgehend passé. Entsprechend dem Leitmotiv »Marketing ist Mitwirkung« müssen auch PR-Profis echte Beziehungen zur Öffentlichkeit aufbauen, die über eine klassische Presseerklärung hinausgehen. Onlinecommunitys sind heute für die meisten Menschen und insbesondere die jüngeren Generationen einflussreicher als die traditionellen Medien. Eine erfolgreiche Social-Media-Kampagne kann von einem Moment auf den anderen ein Produkt bei Hunderttausenden von Nutzern bekannt machen. Social-Media-Konsumenten suchen nicht nach einer traditionellen PR-Nachricht, sondern nach Informationen, die ihnen persönlich weiterhelfen. Sie verlassen sich dabei häufig auf die Beiträge in angesehenen Communitys und folgen Empfehlungen aus ihrem Netzwerk, auch von Influencern.

Der ideale PR-Profi ist ein aufmerksamer, emphatischer und aktiver Teilnehmer der Community und nicht einfach nur jemand, der eine Botschaft veröffentlicht, die im schlimmsten Fall niemanden interessiert.

Größere Markenbekanntheit und Imagewechsel durch Social Media

Ein herausragendes Beispiel für eine umfassende Marketingkampagne mit Social-Media-Engagement und viralem Effekt ist die Parfummarke »Old Spice«. Als »Altherrenduft« wahrgenommen, wirkte die Marke altmodisch, und der Umsatz war miserabel –Deodorant, Duschgel & Co. von Old Spice standen vor dem Aus.

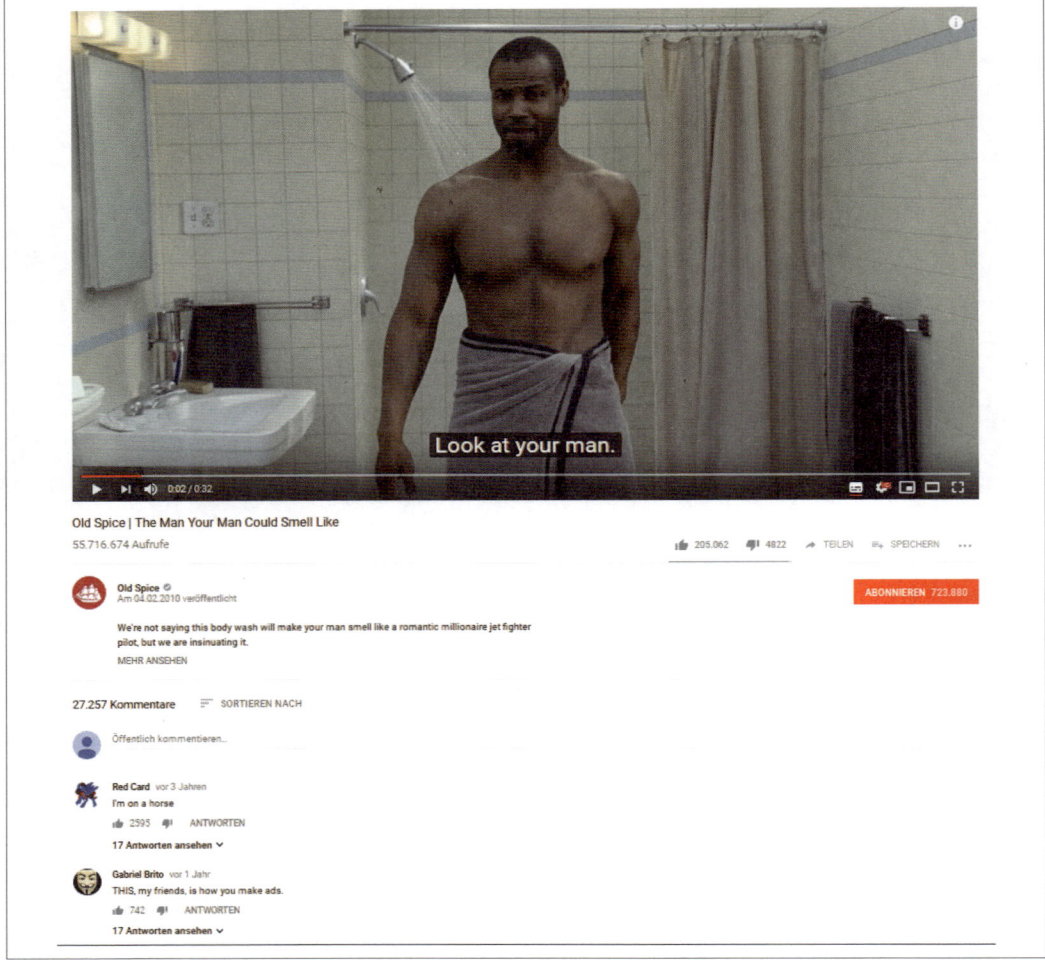

Abbildung 4-6 ▲
Der Old Spice Man in seinem ersten Werbeclip (Quelle: YouTube)

Dann führte *Procter & Gamble (P&G)* eine Kampagne durch, die zunächst ganz klassisch begann. Sie drehten ein Werbevideo, in dem ein durchtrainierter, attraktiver Mann für ein Duschgel der Marke wirbt.

Der ehemalige Footballstar Isaiah Mustafa steht leicht bekleidet im Badezimmer, läuft über eine Jacht und sitzt auf einem Pferd – alles werbetypische Plattitüden. Das Besondere: Er spricht nicht die Männer an, die den Duft tragen sollen, sondern die Frauen, denen der Duft an ihrem Mann gefallen soll. Das Video »The Man Your Man Could Smell Like«[3] wirkt durch die selbstironische Ansprache Mustafas an das weibliche Publikum witzig, überraschend und sympathisch.

Erstmals ausgestrahlt wurde der Clip im amerikanischen Fernsehen während eines Superbowl-Finales. Gleichzeitig stellte die durchführende Werbeagentur *Wieden+Kennedy* den Spot bei YouTube ein und richtete eine Website sowie Präsenzen auf Facebook und Twitter ein. Nach der Erstausstrahlung im Fernsehen verbreitete sich das Video über YouTube, viele Tausend Menschen kommentierten und stellten es auf ihren Onlineprofilen ein. Schließlich erhielt es sogar den »Lion International«, den Werbe-Oscar, auf dem Branchenfestival in Cannes. Bis dahin hatten bereits mehrere Millionen Menschen das Video mit dem »ridiculously handsome man«, wie sich Mustafa selbst bezeichnet, auf YouTube aufgerufen.

Wenig später ging P&G zur nächsten Stufe der Kampagne über: Via Twitter und Facebook rief der »Old Spice Man« dazu auf, ihm Fragen zu senden. Aus der Masse der Einsendungen wurden 185 ausgewählt, auf die Old Spice mit kurzen, persönlichen Videos reagierte. Sie haben richtig gelesen, die Werbeagentur drehte 185 Videos,[4] in denen Isaiah Mustafa persönlich Rede und Antwort stand – innerhalb von nur zwei Tagen und auf lässige und witzige Art und Weise. Der Twitter-Follower Johannes schrieb beispielsweise: »*@OldSpice* Can U Ask my girlfriend to marry me?« Die Agentur filmte einen Heiratsantrag mit Kerzen und Verlobungsring, und Mustafa fragte stellvertretend für Johannes, ob die Herzensdame den Bund der Ehe eingehen wolle.

Auch prominente Twitter-Follower wie Ashton Kutcher oder Unternehmen wie Starbucks nutzten die Chance, um eine Videoantwort und damit Öffentlichkeit zu bekommen. Die Aufmerksamkeit für die Old-Spice-Kampagne potenzierte sich regelrecht, denn so erreichte das Unternehmen auch die Follower und Fans dieser Menschen und Unternehmen. Gleichzeitig begannen YouTuber, den Stil des Old Spice Man in eigenen Videos nachzuahmen.

---

3   *http://www.youtube.com/watch?v=owGykVbfgUE*
4   *http://bit.ly/oldspice_videoantworten*

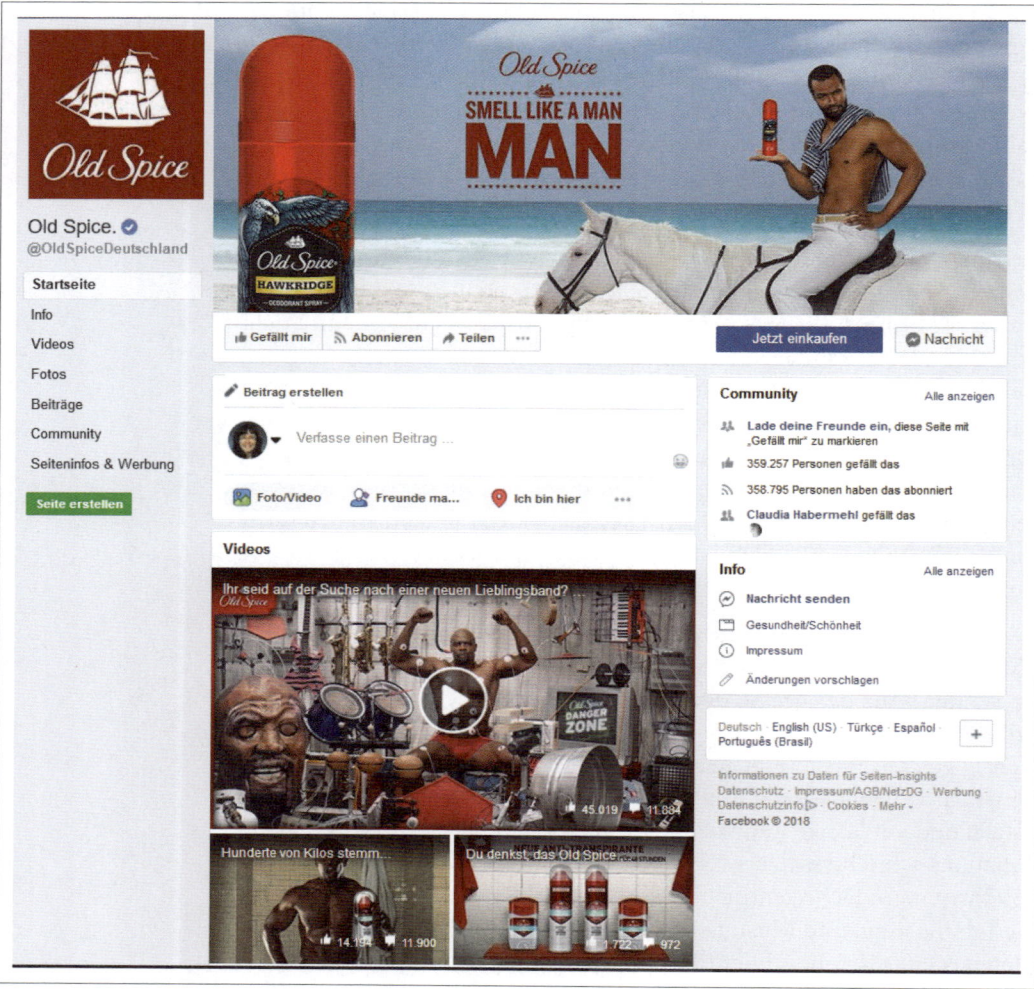

Die Kampagne besticht durch Witz, Originalität und die gekonnt selbst-ironische Darstellung sowie die außergewöhnlich gute Einbeziehung der Fans und Follower. Auch die Zahlen stimmen:

- Bis zum Herbst 2019 wurde der Werbeclip »The Man Your Man Could Smell Like« 57 Millionen Mal bei YouTube angesehen. Inzwischen hat das Video einen Eintrag bei Wikipedia und wurde mehrfach parodiert, unter anderem von der Sesamstraße[5] – was seine Bekanntheit und Relevanz unterstreicht. Auch die anderen Videos überschreiten die Millionenmarke.

---

5 *http://bit.ly/2SeMZCJ*

- Mehr als 2,5 Millionen Fans verzeichnet die US-amerikanische Seite *Old Spice* auf Facebook, und laut P&G gewann der Twitter-Account *@OldSpice* mehr als 80.000 neue Follower durch die Werbeaktion.

- Insbesondere zu den starken Zeiten der Kampagne waren deutliche Anstiege der Zugriffszahlen auf *Oldspice.com* zu erkennen.

Procter & Gamble erreichte

- eine Steigerung der Markenbekanntheit, insbesondere bei Männern und Frauen zwischen 18 und 34 Jahren,

- eine deutliche Imageverbesserung weg vom Altherrenduft hin zur Marke für moderne Männer, die sich gern mit den Etiketten »witzig«, »charmant«, »clever«, »attraktiv«, »gesund« und »sportlich« schmücken, sowie

- eine hohe mediale Aufmerksamkeit und eine ausgiebige Berichterstattung aufgrund der außergewöhnlichen Werbevideos und einer perfekten Durchführung der Kampagne.

- Durch die hohe Interaktion mit Kunden, Fans, Multiplikatoren und Promis ist die Kampagne eine der am schnellsten viral verbreiteten Videomarketingaktionen weltweit.

Bleibt die Frage, ob über die Kampagne der Umsatz gesteigert werden konnte. Zwar wurde schon während des Superbowls mehr Old-Spice-Duschbad verkauft, allerdings gab es zu dieser Zeit auch Gutscheinaktionen im Einzelhandel. Den Umsatzgewinn auf eine bestimmte Aktion zurückzuführen, sei »unmöglich«, bestätigte der P&G-Sprecher Mike Norton. Als der Old Spice Man zu Videoantworten aufrief, berichtet *Brandweek* von einem »kräftigen Umsatzwachstum«.[6]

Vor allem hat P&G mit viel Kreativität aus einer alternden, fast vergessenen Marke eine gemacht, die für Erfolg, Modernität und Innovation steht. Und das Unternehmen hat die gesetzten Ziele erreicht, denn bis heute werden große multimediale Kampagnen dieser Art fortgeführt.

Kundenwünsche herausfinden und darauf reagieren

Die folgenden Beispiele erzählen davon, wie Konsumenten versuchen, über Social Media Einfluss zu nehmen, und wie Unternehmen gewinnen können, wenn sie online vorgetragene Kundenwünsche ernst nehmen. Auch Mitmachkampagnen kommen im Netz gut an.

---

6   *http://mashable.com/2011/03/16/old-spice-imitators/*

Ritter Sport aktiviert und involviert Fans und Kunden

Ab 1980 verkaufte Ritter Sport die Schokoladensorte »Olympia«. Über die Jahre ging der Umsatz zurück. Daher entschied der Schokoladenhersteller 2003, »Olympia« vom Markt zu nehmen. Über das Web formierte sich schnell eine Bewegung der »Olympia-Fans«, die über Foren und Blogbeiträge und mit Tausenden von E-Mails und Anrufen bei Ritter Sport für die Rückkehr der Schokolade kämpften. Mit Erfolg: Seit Herbst 2009 verkauft Ritter Sport die Tafel wieder. Begleitet wurde die Wiedereinführung von einer umfassenden Social-Media-Kampagne. Alfred T. Ritter, Geschäftsführer von Ritter Sport, rief auf einer eigens eingerichteten Website dazu auf, Fanvideos zu drehen. Eine Jury wählte unter den 100 Einsendungen das beste Video aus und strahlte es im Fernsehen aus.

Außerdem konnten sich auf der Website Olympia-Fans vernetzen, es gab ein Blog, eine Facebook-Seite und einen YouTube-Kanal. Die Wünsche der Verbraucher anzuhören und die Kunden an der Produktentwicklung teilhaben zu lassen, ist für Ritter Sport zur gängigen Praxis geworden. Immer wieder dürfen Schokoladenfans in Crowdsourcing-Aktionen über Rezepturen, Namen und Cover abstimmen oder Vorschläge einreichen. Natürlich gibt es Grenzen, und die Liste der Zutaten ist eingeschränkt, was Ritter Sport aber vorbildlich transparent kommuniziert.

Seit 2012 hat Ritter Sport ein Plakat-Voting auf seinem Blog etabliert. Dort können die Fans über die Sprüche auf Plakaten abstimmen, die zweimal pro Jahr an den größten Bahnhöfen in Deutschland ausgehängt werden. Pro Motiv bekommen sie zwei oder drei Headlines zur Auswahl, dürfen für ihren Favoriten voten und ihre Entscheidung in den Kommentaren begründen.[7] Mit dieser relativ einfachen Kampagne bindet Ritter Sport seine Fans ein und bekommt gleichzeitig Feedback und damit kostenfreie Marktforschungsergebnisse.

Zudem können die Fans von Ritter Sport permanent auf die Produktentwicklung Einfluss nehmen. Über die Seite *https://www.ritter-sport.de/ sortenkreation/#/start* ist jeder Schokoladenfan aufgerufen, seine Ideen vorzuschlagen und selbst zum Chocolatier zu werden. Auch Vorschläge für den Namen und die Verpackungsfarbe können die Nutzer einreichen. Zu den Tausenden von Vorschlägen zählen kreative Varianten wie Himmelsmandel, Partykracher oder Seelentröster.

Doch selbst eine *Love Brand* wie Ritter Sport ist nicht vor Kritik gefeit. Als der Schokoladenhersteller auf Wunsch der Community die limitierte Sorte »Ritter Sport Einhorn« auf den Markt brachte, unterschätzte er die Nachfrage. Innerhalb weniger Minuten stürmten die Schokoladen-

---

7   *https://www.ritter-sport.de/blog/tag/plakatvoting/*

fans den Onlineshop und kauften bemerkenswerte 300.000 Tafeln. Dieser Andrang zwang den Server in die Knie, was zu vielen kritischen Kommentaren führte, insbesondere auf Facebook.[8]

▲ Abbildung 4-8
Das Ritter-Sport-Blog mit Mitmachaktionen

Letztlich war der Aufmerksamkeitseffekt durch die Aktion höher zu bewerten als die negativen Kommentare derer, die leer ausgingen. Was nur eingeschränkt verfügbar ist, wirkt attraktiv und weckt Begehrlichkeiten. Deshalb gab es 2018 als würdigen Nachfolger die noch stärker limitierte Sorte namens »Schoko und Gras«, die zum Welt-Cannabis-Tag auf den Markt kam und Hanfsamen beinhaltete. Auch diese Sorte war in kürzester Zeit ausverkauft, was aber zu weniger Empörung der Fans führte als bei der Einhornschokolade.

---

8   *https://ngin-food.com/artikel/so-einen-shitstorm-muss-man-aushalten/*

Das Blog nutzt Ritter Sport für einen regen Dialog mit den Kunden, bietet relevante Inhalte und Hintergrundwissen und generiert echte Fans und Freunde – auch für den Krisenfall. Neben dem Blog ist Ritter Sport auf Twitter, Pinterest, Facebook, Instagram und YouTube vertreten.

Auch Langnese hört auf seine Kunden

Als Langnese beschloss, das Stieleis »Nogger Choc« nicht mehr zu produzieren, ahnten die verantwortlichen Produktmanager noch nicht, welche Proteststürme sie verursachen würden. Der Hamburger Student Benjamin Gildemeister vermisste schmerzlich sein Lieblingseis und wurde im Web aktiv: Er gründete online die Gruppe »Nogger Choc Vermisser«, die schnell 16.000 Mitglieder zählte. Fast 5.000 von ihnen unterschrieben eine Petition an Unilever. So erfuhr das Unternehmen vom Widerstand der Fans und war begeistert, wie viele Menschen sich engagiert Nogger Choc zurückwünschten.

Seit 2008 gibt es das Eis mit der Nugatfüllung wieder zu kaufen, und es ist weiterhin beliebt und erfolgreich. Langnese stellte noch vor der Wiedereinführung eine Videoantwort ins Netz und bedankte sich bei den Fans, die bei der Korrektur einer Fehlentscheidung geholfen haben. Auf Basis der Nogger-Fans erreichte Langnese mehr als 150.000 Kontakte. Als das Thema in die klassischen Medien »überschwappte«, wurden Millionen Menschen mit der Wiedereinführung von Nogger Choc in Berührung gebracht.

Seither versucht Unilever, am Puls der Zeit zu sein. Dazu hört das Unternehmen, was in Social Media gesprochen wird, um die Zielgruppe zu erreichen und die Bedürfnisse der Kunden zu erfüllen.

Mitmachkampagnen in Social Media

Wenn Sie Mitmachaktionen mit Ihren Kunden planen: Versprechen Sie nichts, was Sie nicht halten können. Sonst geht es Ihnen wie der Henkel-Marke »Pril«, die dazu aufrief, ein neues Etikett zu gestalten und über das beliebteste Motiv abzustimmen. Dieses sollte in einer Sonderedition auf die Flaschen kommen. Die Beteiligung war überragend, mehr als 33.000 Vorschläge gingen ein.

Allerdings nicht alle mit den erhofften Pril-Blumen: Die Kunden stimmten ausgerechnet für die »Hähnchenduft-Edition«, einen als Parodie und Kritik gemeinten Entwurf. Die eifrigen Gestalter und Abstimmenden wurden am Ende enttäuscht. Der Konzern entschied, mithilfe einer Jury selbst aus den zehn beliebtesten Etiketten auszuwählen. Dies sorgte für Spott und Ärger im Social Web, nicht zuletzt, weil Henkel während des Wettbewerbs nicht mit den Teilnehmern in den Dialog ging.[9]

Dass Mitmachkampagnen ganz anders und tatsächlich wie gewünscht verlaufen können, hat Fanta unter Beweis gestellt. Dort durfte die Community in 2018 mit Beiträgen in Snapchat, Instagram und Facebook darüber entscheiden, welche Geschmacksrichtung die Fanta-Sommersorte 2018 werden sollte.[10] Teenager wurden über Snapchat zu einem Wettbewerb aufgerufen, um Plakate für die gewählte Sommersorte Fanta Wildberries zu entwerfen. Elf der mehr als 1.500 Plakatentwürfe wurden schließlich für die Out-of-Home-Kampagne verwendet. Der YouTuber und Influencer Julien Bam warb für die Kampagne und animierte die jungen Snapchatter zum Produzieren des User-generated Content.[11] Die transparenten Rahmenbedingungen und die Zusammenarbeit mit einem beliebten Influencer führten zum Erfolg.

Im Sommer 2019 führte Coca-Cola die Kampagne »Fanta X You« mit einem Designwettbewerb fort. Bei der Co-Creation-Kampagne »Shake to Design« gestalteten die Teens das Fanta-Label mit ihren eigenen Moves. Aus den über 3.000 Fanta-Designs wählte eine Jury 27 Gewinnerdesigns aus. Diese zierten anschließend ausgewählte Flaschen und Dosen von Fanta, die deutschlandweit vertrieben wurden.[12]

Strategien für Social-Media-Communitys

Es ist sinnvoll, auf mehreren Social-Media-Plattformen Profile aufzubauen und zu pflegen. Sie können dadurch die unterschiedlichen Möglichkeiten wie zum Beispiel das Teilen von Fotos, Videos, Dokumenten oder Links nutzen und in verschiedener Weise kommunizieren (Instagram, Facebook, Twitter etc.). Aber wie organisieren Sie die wachsende Anzahl Ihrer Accounts?

Ihr Blog ist Ihr Kommunikationsknotenpunkt

Betrachten Sie Ihr Blog als den Ausgangspunkt und das Zentrum Ihrer Kommunikation im Social Web. Hier bestimmen Sie ganz allein über Ihre Inhalte und die Hausregeln – einen Algorithmus gibt es nicht. Der Vorteil eines Blogs ist, dass Sie unabhängig von neuen oder verschwin-

9   http://www.spiegel.de/netzwelt/netzpolitik/soziale-netzwerke-pril-wettbewerb-endet-im-pr-debakel-a-763808.html

10 https://www.coca-cola-deutschland.de/media-newsroom/fanta-wildberries

11 https://www.wuv.de/marketing/fanta_macht_teenager_zu_kreativdirektoren

12 https://www.coca-cola-deutschland.de/media-newsroom/fanta-design-edition

denden sozialen Netzwerken Ihre Inhalte zugänglich machen können. Sie können sie in Rubriken sortieren und mit Tags versehen. Besucher haben die Möglichkeit, sich Artikelserien anzusehen und ältere Beiträge über Rubriken und Tags auch nach längerer Zeit noch problemlos zu finden. Die Inhalte Ihres Blogs können Sie über Ihre Social-Media-Kanäle teilen. Mehr zum Thema Bloggen finden Sie in Kapitel 6.

Profile auf sozialen Plattformen aufbauen

Bei der großen Aufmerksamkeit, die Facebook nach wie vor zukommt, ist eine Facebook-Seite sowie eine Präsenz auf Instagram und Twitter für Unternehmen fast Pflichtprogramm. Starten Sie auch einen Kanal bei YouTube (oder für eine junge Zielgruppe bei TikTok oder Twitch), um Videos hochzuladen. Selbst wenn Videoproduktion nicht Ihre Kernkompetenz ist, sollten Sie für Ihr Unternehmen zumindest schon einmal einen Benutzernamen reservieren.

Registrieren Sie Ihren Benutzernamen auf allen Social-Media-Sites, die Ihnen mit Blick auf Ihre Ziele und Ihre Zielgruppe sinnvoll erscheinen. Warten Sie nicht zu lange, sich mit Ihrem Unternehmens- oder Markennamen zu registrieren, auch wenn Sie dort erst zu einem späteren Zeitpunkt aktiv werden wollen. Auf diese Weise halten Sie sich alle Optionen offen. Sollte Ihnen jemand zuvorkommen, wird es mühsam, das Recht auf den Benutzernamen geltend zu machen. Meist kontaktieren betroffene Unternehmen zunächst den Betreiber der Seite, schalten im nächsten Schritt die Plattform ein und beauftragen schlimmstenfalls einen Anwalt, falls die ersten Schritte kein Ergebnis bringen. Sie müssen nicht auf allen Social-Media-Plattformen Teil der Community werden. YouTube, das zu LinkedIn gehörende Slideshare oder Flickr (SmugMug) werden Sie schätzen lernen, um Ihre Videos, Präsentationen und Fotos (potenziellen) Kunden zur Verfügung zu stellen. Über Twitter schaffen Sie Reichweite und erreichen Fachleute und Medienvertreter. Auf Facebook und Instagram treffen Sie die breite Masse Ihrer Kunden, und für das Employer Branding bieten sich Businessnetzwerke wie XING und LinkedIn an. Auf vielen Social-Media-Plattformen finden Sie einen Codeschnipsel, mit dem Sie und andere Nutzer den Inhalt eines Postings in Blogs und Websites einfügen können.

Definition ▶ *OAuth* steht für *Open Authorization* und ist ein offenes Sicherheitsprotokoll für die Authentifizierung im Internet. OAuth ist tokenbasiert und ermöglicht die sichere Autorisierung von Webservices, ohne dass der Nutzer sein Passwort dem Drittanbieter gegenüber offenlegt. OAuth agiert dabei wie ein Vermittler aufseiten des Endanwenders.

Fast jedes soziale Netzwerk können Sie heute über einen Facebook- oder Google-Account nutzen. Möglich macht dies das OAuth-Protokoll, eine Autorisierung für Nutzer, ohne sicherheitsrelevante Daten freizugeben. Dazu gibt der Nutzer beispielsweise seine Log-in-Daten von Facebook bei einer Onlineplattform ein, wird »hineingelassen« und kann sich meist einen gesonderten Nutzernamen anlegen. Langwierige Prozeduren der Registrierung entfallen. Bieten Sie eine Plattform an, für die man Zugangsdaten benötigt, sollten Sie erwägen, das OAuth-Anmeldeverfahren zu nutzen.

Den Umstand, dass Facebook immer mehr zu einem Web im Web wird, können Sie offensiv für sich nutzen, indem Sie auf Ihren Seiten Links oder *Gefällt mir*-Buttons einbauen. Außerdem können Sie Kommentare, die Sie auf Ihrem Blog erhalten haben, automatisch bei Facebook einbinden. Beachten Sie jedoch die Anforderungen und Regeln der DSGVO, mehr dazu in unserem umfangreichen Kapitel zu rechtlichen Fragen am Ende des Buchs.

Ihren Twitter-Stream können Sie wie Ihre Facebook-Meldungen auf Ihre Website streamen. Ermöglicht wird das durch eine Vielzahl zur Verfügung stehender Widgets.

Halten Sie sich Möglichkeiten offen: Beschränken Sie sich nicht auf eine einzige Community

Alles auf eine Karte zu setzen, ist niemals klug. Es mag zwar einfacher sein, Experte auf einem einzigen Portal zu werden, aber Sie sollten trotzdem versuchen, Ihre Aktivität auf mehrere soziale Medien auszuweiten. Sie machen sich und Ihre Social-Media-Aktivitäten ansonsten unnötig abhängig von der Funktionsfähigkeit und dem Fortbestand einer Plattform. Fehlen Ihnen Wissen und Arbeitskraft, holen Sie sich intern oder extern Verstärkung und verteilen die Aufgaben auf mehrere Schultern. Vielleicht ist einer Ihrer Mitarbeiter besonders versiert in Foto- und Videoproduktion, während ein anderer gut zu texten versteht. Unterschätzen Sie jedoch den Zeitaufwand nicht, gerade wenn Sie Aufgaben delegieren und dabei die Fäden in der Hand behalten.

Überlegen Sie auch, wie Sie Social Media innerhalb des Unternehmens einsetzen können. Vielleicht können Sie die Kommunikation in Projektgruppen oder Abteilungen mit einem Social Intranet, einer geheimen Gruppe bei Facebook oder mit einem geschlossenen sozialen Netzwerk wie Yammer (*http://www.yammer.com*) verbessern.

Kleine und mittelständische Unternehmen in Social Media

Für kleine oder nur lokal tätige Unternehmen bieten sich zahlreiche Werbemöglichkeiten in den sozialen Medien. Das Motto »Marketing ist

Mitwirkung« gilt schließlich für Unternehmen aller Größenordnungen. So wurde in Deutschland beispielsweise ein Edeka-Supermarkt aus Bremen berühmt, weil sein Inhaber unter *www.shopblogger.de* über das Geschäft und seinen Alltag mit Kunden, Lieferanten und Produkten berichtet.

Doch auch lokal tätige Handwerksunternehmen profitieren von ihrem Auftritt in Social Media. Der Malermeister Volker Geyer aus Wiesbaden präsentiert seine »Malerischen Wohnideen«, sein Unternehmen und seine Mitarbeiter auf dem eigenen Blog[13] und nutzt versiert Social Media wie Facebook, Instagram, Pinterest und Twitter. Mit scheinbarer Leichtigkeit twittert er mehrfach am Tag über seine Kunden und Projekte, gibt Tipps und führt fachliche Dialoge. Twitter hat er bereits 2010 für sich entdeckt, und sein Account (*@SchoeneWaende*) hat mittlerweile über 24.000 Follower. Auf Facebook verfolgen 37.000 Fans seine »Malerischen Wohnideen«, was für einen regional tätigen Handwerksbetrieb beeindruckend ist. Seine Fähigkeit, sich in Social Media zu präsentieren, führt dazu, dass er zum gefragten Speaker wurde. Er gibt mittlerweile regelmäßig in Vorträgen und Workshops sein Wissen an Kollegen im Handwerk weiter. Sein Beispiel zeigt klar, dass es wichtig ist, in die Community einzutauchen und mit ihr in einen regen Austausch zu treten. Trotz der großen Reichweite reagiert Geyer immer noch, wenn er angesprochen wird, und verteilt auf Twitter fleißig den bekannten Gruß »Follow Friday, kurz #ff«. Auch auf Instagram folgt er den Gepflogenheiten der Plattform und bedankt sich höflich für jeden positiven Kommentar.

Eine erfolgreiche Facebook-Präsenz hat das Bräustüberl Tegernsee (*https://www.facebook.com/Braustuberl*) vorzuweisen und nimmt auf Facebook auch Reservierungen entgegen. Zudem ist das Restaurant auf Instagram, Pinterest, YouTube und sogar mit speziellen Inhalten und Formaten für die junge Zielgruppe auf Snapchat aktiv. Lediglich das Profil in Twitter passte nicht mehr in die Social-Media-Marketing-Strategie des Bräustüberls und wurde eingestellt. Wie viele Restaurants, Cafés, aber auch Supermärkte und Einzelhandelsgeschäfte, informiert das Bräustüberl über neue Angebote, die Speisenkarte, lädt zu Veranstaltungen ein, verlost Gutscheine und veröffentlicht aktuelle Fotos. Sind auf den Bildern die eigenen Gerichte, passt der beliebte Hashtag *#foodporn*. Dann verbreitet sich das Bild der Schweinshaxe mit Knödeln schnell mal um die Welt, sodass Touristen aus dem Ausland die Gaststätte schon kennen, bevor sie das erste Mal an den Tegernsee reisen.

---

13 *https://www.malerische-wohnideen.de/blog-uebersicht-wandgestaltung-fassadengestaltung-bodengestaltung-frankfurt-wiesbaden-mainz.html*

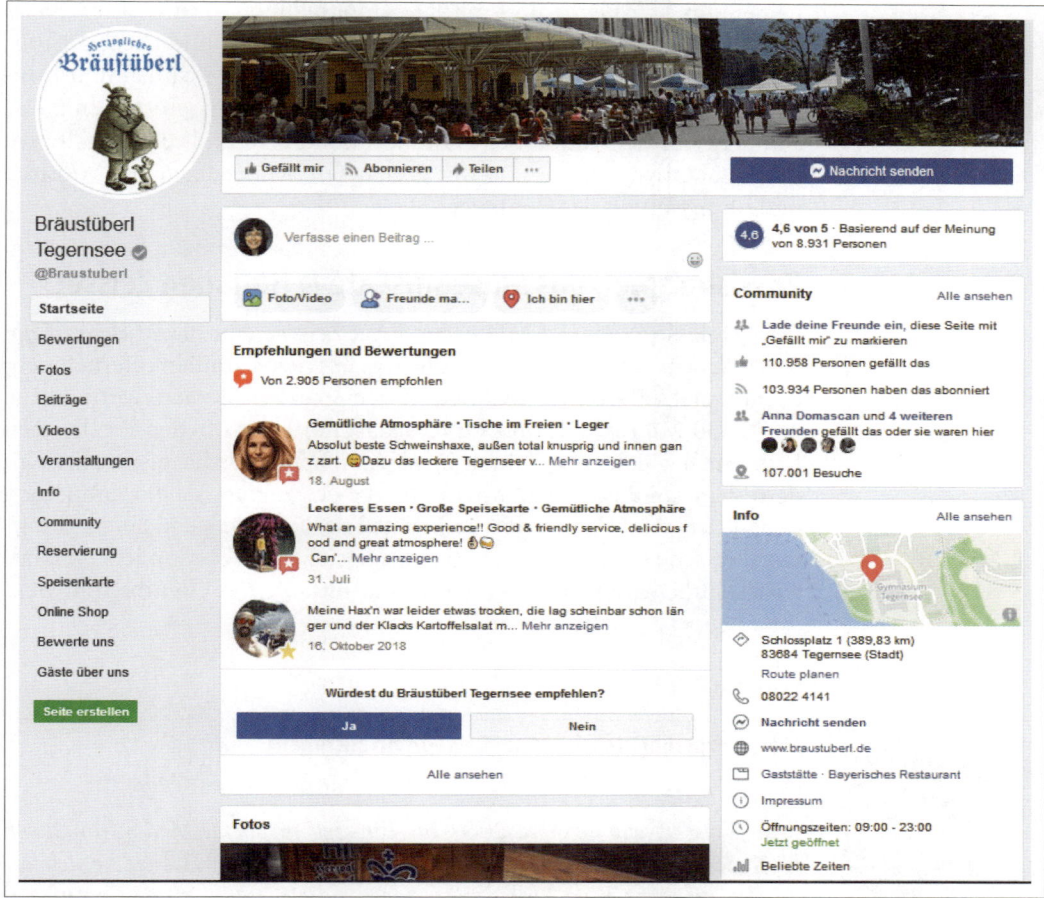

Natürlich gibt es weitere Möglichkeiten, die Gunst der Kunden zu erlangen: Ein Restaurant, das über seine Tagesgerichte und die Herkunft seiner Lebensmittel bloggt, kann sich gegenüber Wettbewerbern abheben. Auch wer technisch innovativ auftritt und mutig vorangeht, hebt sich von der Masse ab, wie Frau Zeisset mit ihrem MuseumsCafé, über das wir gleich sprechen werden.

Viele B2C-Unternehmen konzentrieren sich auf produktbezogene Inhalte. Natürlich steht der ROI im Mittelpunkt, da der Geschäftsführer in der Regel Umsatz für sein Engagement erwartet. Dennoch ist es schade, wenn für Produktwerbung viele andere Facetten und Chancen ungenutzt bleiben. Die meisten Unternehmen könnten spannende Geschichten erzählen. Die Größe des Unternehmens spielt dabei eine untergeordnete Rolle.

▲ **Abbildung 4-9**
Mehr als 110.000 Likes und ein reger Austausch: Beim Bräustüberl am Tegernsee funktioniert Social Media Marketing.

Leider tun sich kleine und mittlere Unternehmen mitunter mit Social Media schwer. Sie wollen ihre Marke, ihre Produkte und Dienstleistungen vermarkten, bekannter werden, neue Kunden gewinnen und Kundenbeziehungen optimieren. Dabei legen sie häufig noch zu wenig Augenmerk auf den Aufbau der Onlinecommunitys und die quantitative und qualitative Auswertung mit geeigneten Werkzeugen zur Messung und Optimierung des Contents.

Praxisbeispiel: Das MuseumsCafé & Hofladen Zeisset

Die Erfolgsstory eines KMU liefert Jutta Zeisset: Für das *MuseumsCafé & Hofladen Zeisset*, einem ländlich gelegenen Familienunternehmen, begann sie 2009 mit Aktivitäten in den sozialen Medien. Mittlerweile hat sie 30 Mitarbeiter, und ihr Geschäft floriert, trotz der abgelegenen Lage. Sie hat sich nie auf ihren Erfolgen in Social Media ausgeruht, sondern sich ständig weiterentwickelt, dabei probiert sie kontinuierlich neue Plattformen und Tools aus. Mittlerweile berät sie kleine und mittelständische Unternehmen in Sachen Social Media, besonders im landwirtschaftlichen Bereich. Wir haben mit Jutta Zeisset über ihre Entwicklung in Social Media gesprochen.

Interview

Abbildung 4-10 ▲
Jutta Zeisset vom
MuseumsCafé & Hofladen
Zeisset (Foto: Anna Huber
Fotografie)

»Aktiv, experimentell, nicht auf Bewährtem ausruhen«

Ein Interview mit Jutta Zeisset, MuseumsCafé & Hofladen Zeisset

Frau Zeisset, wie erfolgte 2009 Ihr Einstieg in Social Media, um Ihren Hofladen und das Museumscafé bekannter zu machen? Haben Sie sich zunächst auf einen Kanal fokussiert, oder sind Sie breiter eingestiegen? Auf welchen Kanälen sind Sie heute (noch) vertreten? Welche Plattform ist Ihnen die liebste oder erfolgreichste?

Jutta Zeisset: Mein Einstieg war unbeschwert und experimentell, ich habe einfach gemacht, ausprobiert – geschaut, was gut läuft, und das, was nicht so gut gelaufen ist, gelassen. 2009 waren Facebook und Twitter die stärksten Plattformen. Nach und nach kamen Plattformen und verschwanden auch wieder, wie zuletzt Google+, das schon lange nicht mehr in unserem Fokus war. Instagram, Snapchat, Pinterest, Instagram TV (IGTV), YouTube, alle diese Plattformen haben ihre Berechtigung und werden von mir je nach Nachfrage gepflegt. Im Moment steht Instagram im Vordergrund und seit 2018 auch IGTV. Mal sehen, was noch Schönes kommt in Zukunft. Es bleibt spannend.

Haben Sie für Ihr Unternehmen ein Blog, und, falls nein, warum haben Sie sich dagegen entschieden?

Jutta Zeisset: Wir haben kein klassisches Blog für das Unternehmen MuseumsCafé & Hofladen Zeisset. Meiner Meinung nach muss man zum Bloggen Lust auf Schreiben haben. Dies war bei mir persönlich nie so ausgeprägt. Daher gab es nie ein Blog, was ich eigentlich schade finde.

Welchen Einfluss hatten und haben Ihre Social-Media-Angebote auf die Entwicklung Ihres Unternehmens? Können Sie über Ihr Social Media Monitoring erkennen, wie sich Ihr Social-Media-Engagement auf den Umsatz auswirkt?

Jutta Zeisset: Wir haben mit unseren Aktivitäten ganz klar eine Umsatzsteigerung erzielt. Festmachen kann man das an unserem Frühstücksbuffet, das jeden Sonntag ausgebucht ist, seit wir es auf Facebook aktiv bewerben.

Mittlerweile beschäftigen Sie eine größere Zahl von Mitarbeitern. Wie verteilen Sie die Aufgaben der Kanalbetreuung und des Community-Managements? Tragen alle Mitarbeiter etwas bei, oder spezialisieren sich einige wenige darauf?

Jutta Zeisset: Die Kanalbetreuung für die Seite MuseumsCafé & Hofladen Zeisset übernehme ausschließlich ich. Meine Mitarbeiter sind gedanklich auch dabei und freuen sich, wenn ihr Produkt auf Facebook, Instagram & Co. erscheint.

Sie sind digitalen Innovationen gegenüber aufgeschlossen und bieten zum Beispiel seit 2018 einen #Alexa Skill. Ihre Kunden können nun den digitalen Sprachassistenten fragen, welche Kuchensorten es heute gibt, und gleich einen Tisch reservieren. Wie wird dieses Angebot angenommen, und können Sie etwas über die Nutzergruppen sagen?

Jutta Zeisset: Unser Skill ist noch sehr frisch, und es ist für mich ein wichtiges Signal, zu zeigen, dass wir Antworten geben und nicht Fragen stellen. Wir wollen Vorreiter in Sachen Digitalisierung sein, da musste selbstverständlich auch ein Alexa Skill erstellt werden. Der Google Assistant ist im Moment in Bearbeitung. Es geht immer weiter, und wir dürfen uns nicht auf Bewährtem ausruhen.

In Deutschland sind WhatsApp und Facebook Messenger beim Messenger-Marketing vorne dabei. Haben Sie das Messenger-Marketing in Ihren Marketing-Mix integriert? Wollen Unternehmen Touristen aus dem asiatischen Raum erreichen, die in Deutschland Urlaub machen, sind sie mitunter in WeChat vertreten. Haben Sie hierzu bereits Erfahrungen gesammelt?

Jutta Zeisset: Wir agieren sehr aktiv über Messenger aller Art – unsere Kunden können darüber ihren Tisch reservieren oder uns Anfragen senden. Wir müssen es unseren Kunden einfach machen, uns zu erreichen. Da ist ein Mix sehr wichtig. WeChat haben wir bisher nicht gemacht – sollten wir mal ausprobieren. ;-)

Sie sind mittlerweile als Beraterin für andere KMUs im ländlichen Raum tätig. Auf welche Vorurteile gegenüber der Social-Media-Nutzung stoßen Sie noch, und wie gelingt es Ihnen, diese nachhaltig zu entkräften?

Jutta Zeisset: »Social Media ist ein Zeitfresser«, »Man bekommt schnell einen Shitstorm« – diese Aussagen begegnen mir am häufigsten. Durch aktives miteinander Arbeiten und ganz praktische Geschichten aus meinem Leben kann ich die Leute beruhigen und für das Thema begeistern.

Liebe Frau Zeisset, wir danken für das Gespräch und wünschen Ihnen und Ihrem Unternehmen weiter viel Erfolg.

Jutta Zeisset: Danke schön für das Interview und allen Lesern viel Spaß beim Ausprobieren.

Influencer-Marketing

Influencer-Marketing ist in aller Munde und für viele Unternehmen bereits fester Bestandteil der Marketingbudgets. Dabei zählen Instagram und YouTube zu den wichtigsten Plattformen für Kampagnen und Kooperationen mit Influencern, gefolgt von Facebook und Blogs.[14] Meist denken wir dabei an klassisches B2C, aber auch für B2B bieten sich Influencer Relations an. In beiden Fällen sollten Sie nicht in einmaligen Kampagnen denken, sondern eine langfristige Beziehung aufbauen und pflegen.

Bitkom Research befragte in seiner 2018er-Studie »Social Media & Social Messaging«[15] die Follower von Influencern in Social Media nach den wichtigsten Themen, zu denen diese Influencern folgen. Als Top-3-Themen stellten sich heraus: Fitness & Sport, Mode sowie Ernährung & Gesundheit, den letzten Platz belegte Kunst & Kultur.

Definition ▶ Ein *Influencer* ist ein digitaler Meinungsführer. Die Bandbreite erstreckt sich von den Anführern der »Instagram Rich«-Liste, die Hunderttausende von US-Dollars für ein Posting verlangen können, bis zu Mikro-Influencern und Markenfans, die für kleines Geld oder sogar nur für kostenfreie Produkte Empfehlungen aussprechen. Wichtige Kenngrößen bei der Auswahl von Influencern sind deren Reichweite und die Engagementrate ihrer Fans – mindestens genauso wichtig ist jedoch, dass Marke und Influencer gut zusammenpassen.

14 *https://www.horizont.net/medien/nachrichten/influencer-marketing-instagram-hat-sich-zur-fuehrenden-plattform-fuer-social-media-stars-gemausert-168450*
15 *http://bit.ly/2RV2wH8*

Influencer besitzen bezüglich ihres Themas Kompetenz, haben eine hohe Reichweite und kommunizieren intensiv über die von ihnen bevorzugten Social-Media-Kanäle. Auch wenn Influencer-Marketing derzeit im Trend liegt, ist das Konzept als solches nicht neu. Schon immer wurde in der Werbung mit Testimonials gearbeitet und deren Bekanntheit als Schauspieler, Sänger oder Sportler für die Produktwerbung genutzt. Ein wesentlicher Unterschied zu heute besteht darin, dass der digitale Meinungsführer und Markenbotschafter nicht zwangsläufig bereits eine Karriere hatte, wenn er Influencer wird. Umgekehrt passiert es inzwischen jedoch regelmäßig, dass bekannte Influencer kleine Filmrollen, Jobs als Moderatoren oder die Möglichkeit erhalten, Musik zu veröffentlichen. Früher bekamen die Stars in der Werbung einen Spruch vorgegeben, den sie brav im Fernsehen aufsagten. Influencer hingegen legen Wert darauf, ihren eigenen Content zu kreieren, und mögen keine zu engen Vorgaben. Als Unternehmen sollten Sie einem erfahrenen und professionellen Influencer daher vertrauen. Sie oder er kennt die eigenen Fans am besten und kann gut einschätzen, was funktioniert und ankommt.

Wir unterscheiden drei Gruppen von Influencern: *Makro-Influencer* oder einfach nur *Influencer* zeichnen sich durch eine große Reichweite und einen hohen Bekanntheitsgrad aus, gleichzeitig ist die Engagementrate ihrer Fans eher niedrig. *Mikro-Influencer* haben weniger Fans, doch sind diese häufig engagierter und interessieren sich sehr für das Nischenthema. Als *Markenfans* beschreiben wir Menschen, die eine Marke so genial finden, dass sie diese intrinsisch motiviert regelmäßig in Social Media erwähnen, auch wenn sie dafür maximal ein Produkt kostenfrei testen dürfen. ◀ **Definition**

Insbesondere die jüngere Zielgruppe lässt sich hervorragend über Influencer erreichen, die sie als glaubwürdig und sympathisch wahrnehmen. Der Clou besteht darin, dass Influencer die Produkte und Marken in ihre Sprache und damit die Sprache ihrer Anhänger übersetzen. Sie fungieren als Botschafter zwischen ihren Fans und den Unternehmen. Instagram ist für die meisten Influencer die beliebteste Plattform, dicht gefolgt von YouTube und Facebook.

Auch interne Influencer (*Corporate Influencer*) werden für Unternehmen immer interessanter, denn sie wirken nach außen und nach innen. Dazu gehören Social CEOs wie der bereits erwähnte Siemens-Chef Joe Kaeser, aber auch Mitarbeiter in unterschiedlichen Funktionen. Ganz normale Mitarbeiter können hervorragend als Influencer und Markenbotschafter fungieren und das Employer Branding unterstützen. Der Trend, dass sich ein Unternehmen über seine Mitarbeitenden (inklusive Geschäftsführung) positioniert, wird auch *Employee Advocacy* genannt. Siemens erklärt, dass bei ihnen die Rechnung aufgeht, da die Engagementrate der Corporate Influencer jene des Konzerns deutlich übersteigt.[16] Das unterstreicht, wie wichtig es für Unternehmen im Zeitalter von Social Media ist, ein menschliches Gesicht zu zeigen. Die einzige Gefahr besteht darin, dass es dem Unternehmen geht wie Opel. Im Fall von Karl-Thomas Neumann gingen dem Autobauer durch den Weggang des CEO zahlreiche Twitter-Follower verloren. Zudem gilt es zu beobachten, ob die in Social Media aktiven Mitarbeiter sich mit den Richtlinien der Plattformen sowie rechtlichen Rahmenbedingungen auskennen.

Wer – wie Siemens – seine Mitarbeitenden in Social Media für sich sprechen lässt, braucht ein internes Regelwerk. Dazu dienen *Social Media Guidelines* oder eine *Social Media Policy*, die es in jedem Unternehmen geben sollte. Zu den Guidelines finden sich einige Beispiele im Netz, aber bedenken Sie, dass ein solches Regelwerk individuell auf Ihr Unternehmen zugeschnitten werden muss. Lassen Sie sich folglich inspirieren, aber bitte schreiben Sie nicht ab. Die Tonalität sollte freundlich sein und die Mitarbeitenden zu einem Engagement im Netz ermuntern. Gleichzeitig muss jedoch deutlich formuliert werden, welche Gefahren bestehen und welche Grenzen die Mitarbeitenden nicht überschreiten dürfen. Ein wichtiges Gebot ist dabei Authentizität und Transparenz, sodass jederzeit erkennbar ist, ob sich ein Mitarbeiter als Privatperson äußert oder in der Funktion, die er im Unternehmen ausübt. Des Weiteren dürfen keine Firmeninterna ausgeplaudert oder Fotos sicherheitsrelevanter Einrichtungen veröffentlicht werden. Für Zweifelsfragen sollte es einen gut erreichbaren Ansprechpartner in der Kommunikation geben.

Wichtig ist zudem, dass kein Mitarbeiter zu seinem Glück gezwungen wird. Es ist nicht jedermanns Sache, sich im Netz zu äußern und zu präsentieren. Die Verkehrsgesellschaft Frankfurt VGF hat Glück: Sie verfügt mit dem »Bahnbabo« über einen außergewöhnlichen Corporate Influencer. Peter Wirth übt nicht nur seine Arbeit als Straßenbahnfahrer mit Herzblut aus, sondern versucht auch stets, junge Leute für den Ausbildungsberuf zu begeistern. Dabei schreckt er vor sportlichen Einlagen wie einem beeindruckenden Spagat nicht zurück, die sich auf Instagram und weiteren Plattformen wiederfinden.[17]

Microsoft und OTTO haben Prozesse entwickelt, um Mitarbeiter zu Corporate Influencern und Markenbotschaftern zu machen. Diese posten dabei über ihre privaten Social-Media-Kanäle Beiträge über ihren Arbeitgeber und seine Produkte. Neben dem unmittelbaren positiven Effekt auf die Marke wird das Employer Branding ebenfalls verbessert.

---

16 *https://www.linkedin.com/pulse/wie-wir-bei-siemens-social-media-machen-patrick-naumann*

17 *https://blog.vgf-ffm.de/bahnbabo/*

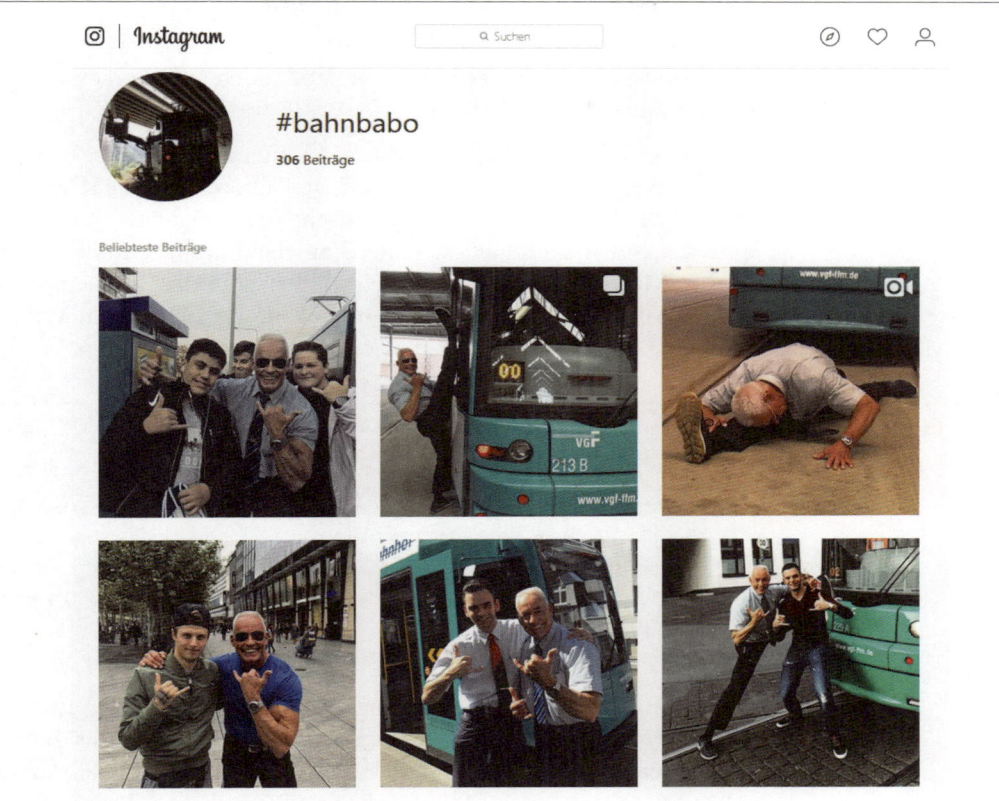

The Perfect Fit: die Auswahl passender Influencer

Achten Sie darauf, dass die Influencer zu Ihrer Marke passen, dass sie authentisch sind und glaubwürdig. Springen Influencer zwischen Themen und Unternehmen hin und her, büßen sie Glaubwürdigkeit ein. Sie folgen scheinbar dem höchsten Gebot und suchen weniger nach Produkten, mit denen sie sich identifizieren können. Influencer sollten idealerweise über eine einheitliche Bildsprache verfügen, die sie wiedererkennbar macht und von der Masse abhebt. Lassen Sie sich nicht allein von deren Reichweite blenden, unterscheiden Sie zudem zwischen absoluter und relativer Reichweite. Die absolute Reichweite wächst mit der Zahl an Fans und Followern, wohingegen die relative Reichweite mit dem Wachstum des Kanals in der Regel sinkt. Zudem lassen sich bekanntermaßen für kleines Geld Fans kaufen, oder die Fans folgen einem Influencer nur seiner Prominenz wegen. An seinen Inhalten oder den beworbenen Produkten sind sie nicht zwangsläufig interessiert, was zu einem geringeren Engagement seitens der Fans führen kann. Nicht

▲ **Abbildung 4-11**
Der Bahnbabo übt den Beruf des Straßenbahnfahrers mit großer Leidenschaft aus.

allein die Zahl der Fans bestimmt beispielsweise auf Instagram die Sichtbarkeit der Posts. Wer auf der Plattform einem Hashtag folgt oder nach einem bestimmten Hashtag sucht, stößt auch auf Beiträge von Instagramern, denen er nicht folgt.

Vertrauen, Glaubwürdigkeit, Relevanz und Interaktion sind bei der Beurteilung eines Influencers ebenso wichtige Faktoren wie die Reichweite. Besetzt der Influencer die richtige Nische und weist eine spitze Zielgruppe auf, spielt die Qualität seiner Fans eine größere Rolle als die schiere Anzahl. Zu den wichtigen Kennzahlen zählt die Engagementrate, die bei Mikro-Influencern meist höher ist als bei berühmten Makro-Influencern.

Definition ▶   Mit *Engagementrate* ist das Verhältnis der Interaktionen in Form von Likes, Teilen und Kommentaren im Verhältnis zur Anzahl der Follower und Fans gemeint. Ein Beispiel:

- Kanal A hat 1.000 Fans: Reagieren auf einen Post von ihm 100 seiner Fans mit Likes und Kommentaren, beläuft sich seine Engagementrate auf 100/1000 = 10 Prozent.
- Kanal B hat 100.000 Fans: Reagieren auf einen Post von ihm davon 1.000 mit Likes und Kommentaren, beläuft sich seine Engagementrate auf 1000/100000 = 1 Prozent.

Mitunter wird der Fokus auf die Engagementrate kritisiert, und als sinnvoller wird erachtet, die Zahl der Interaktionen ins Verhältnis zu den Impressionen zu setzen. Schließlich kann ein Instagram-Nutzer nur auf jene Posts reagieren, die für ihn sichtbar sind. Wird angenommen, dass sich alle Fans für die Themen interessieren, sind 1.000 Likes natürlich besser als 100.

Micro-Influencer gelten durch ihr starkes Interesse an bestimmten Themen und Inhalten als glaubwürdiger und authentischer. Daher geht der Trend mehr in die Richtung, dass Unternehmen mit passenden Micro-Influencern kooperieren. Diese haben eine spitze Zielgruppe und fordern bezahlbare Honorare. Von Nachteil ist, dass die Unternehmen stärker auf deren Professionalität achten müssen. Produzieren sie regelmäßig und verlässlich relevanten Content? Sind sie stets auf dem neuesten Stand zu rechtlichen Fragen, SEO und den Richtlinien der Plattformen? Die manuelle Betreuung von Micro-Influencern wird durch automatisierte Social-Media-Tools erleichtert. Für eine effektive und erfolgreiche Kampagne managen sie Hunderte Mikro-Influencer und Markenfans. Um den persönlichen Kontakt nicht zu vernachlässigen, bieten sich ergänzend Community-Events und Get-together an.

Wie gehen Sie am besten vor, wenn Sie mit einem Influencer zusammenarbeiten wollen? Haben Sie ausreichend Budget, können Sie eine

Agentur oder ein Vermarktungsnetzwerk wie »TubeOneNetworks« oder »Studio 71« beauftragen, um den für Sie passenden Influencer zu identifizieren. Mittlerweile haben sich einige Dienstleister auf diese Vermittlung spezialisiert. Lassen Sie sich von der Agentur eine engere Wahl präsentieren, aber treffen Sie die Entscheidung unbedingt selbst. Auch einige Onlineplattformen, manche sogar kostenfrei, unterstützen bei der Auswahl. Talkwalker bietet zum Beispiel die Influencer-Marketing-Plattform »Influencer One«(*https://www.talkwalker.com/influencer-one*) an, auf der Unternehmen passende Influencer finden, monitoren und bewerten können.

Was sollten Sie im Hinblick auf einen Influencer prüfen?

- Wie oft und wie verlässlich produziert sie oder er Content?
- Wie relevant sind die Inhalte?
- Passen Stil und Qualität seiner Inhalte zu Ihrer Marke, Ihren Produkten und Dienstleistungen?
- Wie authentisch ist der Influencer? Ist er eine Marke und sein Stil unverwechselbar – oder sind seine Posts beliebig und austauschbar?
- Wie sehr interessiert er sich für sein Hauptthema, und wie gut kennt er sich darin aus?
- Ist der Influencer mit rechtlichen Rahmenbedingungen, Anforderungen der Suchmaschinen und ähnlichen Themen vertraut?

Mit Influencern arbeiten

Geht es um die direkte Ansprache des Influencers, sollten Sie sich Mühe geben, auf Augenhöhe zu kommunizieren und ihn nicht mit Textbausteinen zu bombardieren. Bedenken Sie, dass bekannte Influencer nahezu täglich Kooperationsanfragen erhalten. Sie müssen sich also von der Masse abheben und die Aufmerksamkeit des Influencers gewinnen. Zeigen Sie Interesse für seine Arbeit und unterstreichen Sie, dass Sie sich mit seinen Beiträgen bereits beschäftigt haben. Klären Sie transparent die Rahmenbedingungen, bevor Sie in eine Zusammenarbeit einsteigen. Sagen Sie Ihrem zukünftigen Kooperationspartner:

- wie viele Postings Sie von ihm erwarten,
- in welchem Zeitraum und
- auf welchen Kanälen.

Legen Sie gleichzeitig offen, welche exklusiven Inhalte Sie ihm dafür bieten, und schlagen Sie ein faires und sachgerechtes Honorar vor.

Für bestimmte Branchen und Marken kann es sinnvoll sein, auf genau einen reichweitenstarken Influencer zu setzen und mit diesem exklusiv zusammenzuarbeiten. Mitunter bietet es sich aber auch an, nicht nur einen Influencer zu engagieren, sondern mit mehreren zu kooperieren. Abhängig von Ihrem Thema kommen dafür meist eher mittelgroße (Mikro-)Influencer infrage.

Manche Marken setzen darauf, mit einer großen Zahl an weniger reichweitenstarken Mikro-Influencern oder Markenfans zusammenzuarbeiten. Sie erhalten kein Honorar, sondern bekommen lediglich die Produkte kostenfrei zur Verfügung gestellt. Diese Strategie hat zwei Vorteile: Zum einen ist ein hohes Engagement seitens der Influencer zu erwarten, da diese wachsen wollen. Zum anderen sind sie besonders authentisch, da sie ohne Honorar nur Produkte auswählen, die zu ihnen passen und sie wirklich interessieren. Die Gefahr bei diesem Arrangement ist natürlich, dass dem Influencer das Produkt nicht gefällt und er seine kritische Meinung öffentlich kommuniziert. Ohne Bezahlung hat das Unternehmen auch keine Handhabe, Art und Inhalt des Contents zu beeinflussen.

Sollte ein Influencer konstruktive und berechtigte Kritik äußern, gehen Sie professionell und wertschätzend damit um. Gelingt es Ihnen, sachlich und zugleich emphatisch die Kritik anzunehmen und Nachbesserung in Aussicht zu stellen, können Sie aus einem Kritiker einen Fan machen. Ist derjenige bereit, sich auf einen zweiten Test des verbesserten Produkts einzulassen, und lobt es nun, generieren Sie weitere authentische Aufmerksamkeit und zeigen der Community, dass Sie zuhören und kritikfähig sind.

Influencer-Kampagnen in der Praxis

Influencer-Kampagnen für Love Brands sind anspruchsvoll, stellen aber eine durchaus lösbare Aufgabe dar. Knifflig wird es dann, wenn das Thema trocken oder ungeliebt ist. Dass auch in solchen Fällen eine Zusammenarbeit mit Influencern gut funktionieren kann, zeigt das Beispiel der Teambank mit ihrem Produkt easy credit. Im Rahmen der Initiative »Finanzielle Bildung fördern« engagierte die Teambank Alexander Giesecke und Nicolai Schork vom YouTube-Kanal »TheSimpleClub«. Bei TheSimpleClub handelt es sich nach eigenen Angaben um die coolste Lernplattform Deutschlands, die auf YouTube 180.000 Fans abonniert haben. Auch auf Instagram, Facebook und Twitter sind die erfolgreichen Jungstars vertreten. Wenn sie in verschiedenen Videos darüber berichten, wie sie ihr Geld verwalten, hören junge Leute eher zu, als wenn der würdige Bankdirektor in Anzug und Krawatte auftritt.[18]

---

18 *https://www.finanzielle-bildung-foerdern.de/tag/thesimpleclub/*

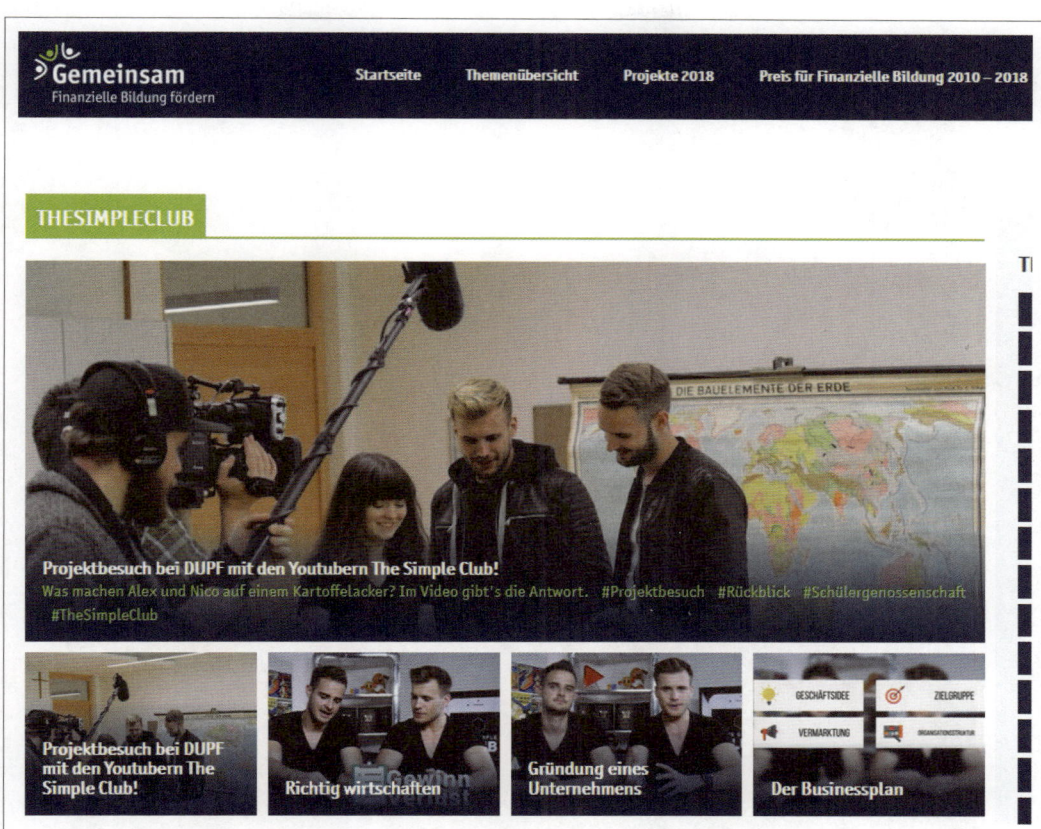

Warum es so wichtig ist, sich beim Influencer-Marketing Gedanken über Ziele und Zielgruppen zu machen und Influencer anzusprechen, die gut zur Marke passen, zeigt das Beispiel Coral. Prinzipiell ist jeder Mensch Nutzer von Waschmitteln, aber wie glaubwürdig ist die Zuneigung zu diesem Alltagsprodukt, das recht weit von einer Love Brand entfernt ist?

Die Instagram-Aktion *#coralliebtdeinekleidung* kam ausgesprochen schlecht an und wurde als wenig glaubwürdig kritisiert. Über prominente Instagramer, die sich mit der Waschmittelflasche sogar im Bett ablichten ließen, spotteten viele Nutzer. Auf das vermeintliche Desaster angesprochen, zeigte sich Unilever jedoch über die kreative Umsetzung und die große Reichweite erfreut.[19]

▲ **Abbildung 4-12**
Die Kampagne »Finanzielle Bildung fördern« mit den Influencern von TheSimpleClub

---

19 *https://www.wuv.de/digital/instagram_kampagne_das_sagt_coral_zur_kritik*

| Instagram | 🔍 Suchen | ⊘ ♡ 👤 |

#coralliebtdeinekleidung

157 Beiträge

Beliebteste Beiträge

 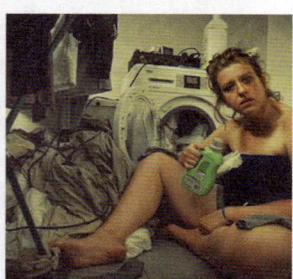 

Abbildung 4-13 ▲
Screenshot der beliebtesten Beiträge zur Instagram-Aktion #coralliebtdeinekleidung

Unter den über 150 Beiträgen finden sich Trittbrettfahrer, die sich an eine solche Aktion anhängen, um von der Aufmerksamkeit zu profitieren. Auf ihren Fotos zeigen sie daher nicht unbedingt Coral-Flaschen, wie das mittlere Bild in der zweiten Reihe von Abbildung 4-13 zeigt. Dort sagt die Instagramerin *@ra_mona_mitou* kritisch, offen und direkt, was sie von der Kampagne hält. Dafür bekam sie 262 Likes bei damals gerade einmal 200 Fans und löste eine lebhafte Diskussion aus. Trotz der geringen Zahl an Fans wurde ihr Beitrag über den Hashtag der Kampagne leicht gefunden.

Selbst wenn Sie derzeit noch kein Interesse haben, mit Influencern zusammenzuarbeiten, sollten Sie diese dennoch im Blick haben. Influencer äußern sich in sozialen Medien schließlich nicht nur zu Produkten, die ihnen Unternehmen im Rahmen einer Kooperation anbieten. Scannen Sie das Netz, um herauszufinden, welche einflussreichen Meinungsführer Ihre Produkte verwenden, Ihre Marke empfehlen oder schlimmstenfalls Ihr Unternehmen kritisieren. Treten Sie in den Dialog mit den Influencern, bieten Sie Informationen zu Ihren Produkten an und laden Sie sie eventuell sogar zu einem Blick hinter Ihre Kulissen ein. Aus einem Kritiker einen Fürsprecher zu machen oder einen Fan zu noch mehr Enthusiasmus zu verlocken – und zwar öffentlich –, sollte die Anstrengung wert sein.

Achten Sie dabei nicht nur darauf, ob sich Influencer konkret zu Ihren Produkten äußern, sondern auch, ob sie Themen Ihrer Branche aufgreifen. Damit kommen sie künftig als Kooperationspartner infrage, und Sie können mit ihnen öffentlich über Ihre Themen diskutieren.

Warum ein Influencer nicht zwingend aus Fleisch und Blut sein muss, zeigt das Beispiel des Instagram-Accounts @*lilmiquela* in Kapitel 13.

Reputationsmanagement

Die Messung der Onlinereputation erfasst, was Kunden und Fans über Ihr Unternehmen, Ihre Marke und Ihre Botschaften denken. Werden Ihre Marke oder Ihre Produkte mit einer positiven oder negativen Tonalität erwähnt? Die Aufgabe des Onlinereputationsmanagements besteht darin, das Ansehen von Unternehmen und Marke fortlaufend zu überwachen. Dabei sollten Sie negative Äußerungen idealerweise verhindern oder mindestens mit durchdachten Antworten und Aktionen das passende Feedback geben. Damit können Sie Probleme im Keim ersticken, bevor sie geschäftsschädigend werden.

Vielleicht haben Sie lange eine Marke aufgebaut und beschäftigen nun Tausende von Mitarbeitern. Doch der gute Ruf ist eine empfindliche Sache. Binnen weniger Momente kann das, was Sie mit Ihrer harten Arbeit aufgebaut haben, Schaden nehmen, wenn ein Kunde oder Wettbewerber das Internet nutzt, um Ihren guten Namen in den Schmutz zu ziehen. Angesichts der Art und Weise, wie sich Inhalte im Internet verbreiten, kann eine einzige üble Geschichte rasch zum Flächenbrand werden. Unternehmen, die darauf nicht reagieren, riskieren einen beträchtlichen Vertrauensverlust und können sogar Marktanteile einbüßen.

Soziale Medien sind aber nicht nur ein Risiko, sondern vor allem ein kostengünstiger und empfehlenswerter Weg, um Reputationsmanagement-Fiaskos zu bekämpfen. Dazu gibt es mehrere Möglichkeiten, die wir uns im weiteren Verlauf anschauen.

Electronic Arts wandelte einen Schnitzer in eine großartige Marketinginitiative um, die sich als ungemein wirkungsstark erwies. Ein Nutzer entdeckte einen Programmfehler, der zeigte, dass jemand über Wasser laufen kann, und lud bei YouTube ein entsprechendes Video hoch. Anstatt das Video zu ignorieren, erklärte Electronic Arts, dass der Programmfehler in Wirklichkeit gar keiner gewesen sei. In einem Antwortvideo lief der Golfspieler Tiger Woods scheinbar über Wasser. Mit mehr als zwei Millionen Betrachtern und positiven Reaktionen auf das Video ging das Unternehmen als klarer Sieger aus einer Situation hervor, die sich leicht zu einem PR-Albtraum hätte auswachsen können.

Der Einfluss von Social Media auf Suchmaschinenergebnisse

In der Fallstudie zu Café und Hofladen von Jutta Zeisset haben wir die Möglichkeit erwähnt, dass soziale Medien beim Onlinereputationsmanagement helfen können: durch die Existenz mehrerer Profile. Jutta Zeisset pflegt neben Twitter noch einen YouTube-Kanal, eine Facebook-Seite, Instagram, Snapchat und Pinterest. Dank dieses Engagements und der Vernetzung fördert die Google-Suche nach »Museumscafe Zeisset« nicht nur die Homepage zutage, sondern auch Facebook und YouTube sowie Bewertungen und Berichte von anderen über das Café.

Dieses Beispiel zeigt, wie stark Social Media Marketing das Reputationsmanagement unterstützen kann. Ein Unternehmen, das mit seinen Suchmaschinenergebnissen nicht zufrieden ist, kann eine Reihe von Social-Media-Profilen einrichten. Mit regelmäßigem Engagement können Social-Media-Profile dazu beitragen, die Suchmaschinenergebnisse positiv zu beeinflussen. Diese Strategie funktioniert, weil die meisten sozialen Netzwerke durch ihre starke Nutzung als vertrauenswürdig gelten und von anderen Websites und Newssites verlinkt werden.

Der Screenshot der Suchergebnisse nach dem Schlüsselwort »Café Zeisset« in Abbildung 4-14 zeigt, dass nutzergenerierter Content ein hohes Ranking bekommt. Seit Google seine universelle Suche eingeführt hat, ist offensichtlich, dass Beiträge aus Social Media auch in die Gruppe der am besten sichtbaren Links auf der Ergebnisseite der Suchmaschine aufrücken.

Definition ▶ Die 2007 von Google eingeführte *universelle Suche* schließt Videos, Bilder, Bücher, Geschäftsdaten, Landkarten, Produkte und Nachrichten mit in die Suchergebnisseiten ein. Seit 2018 sind die Bilder in Featured Snippets nicht mehr direkt mit der Quellenwebseite verlinkt, sondern mit der Google-Bildersuche, sodass die Nutzer zweimal klicken müssen.[20]

---

20 *https://www.seo-suedwest.de/3629-google-verlinkt-bilder-featured-snippets-bildersuche.html*

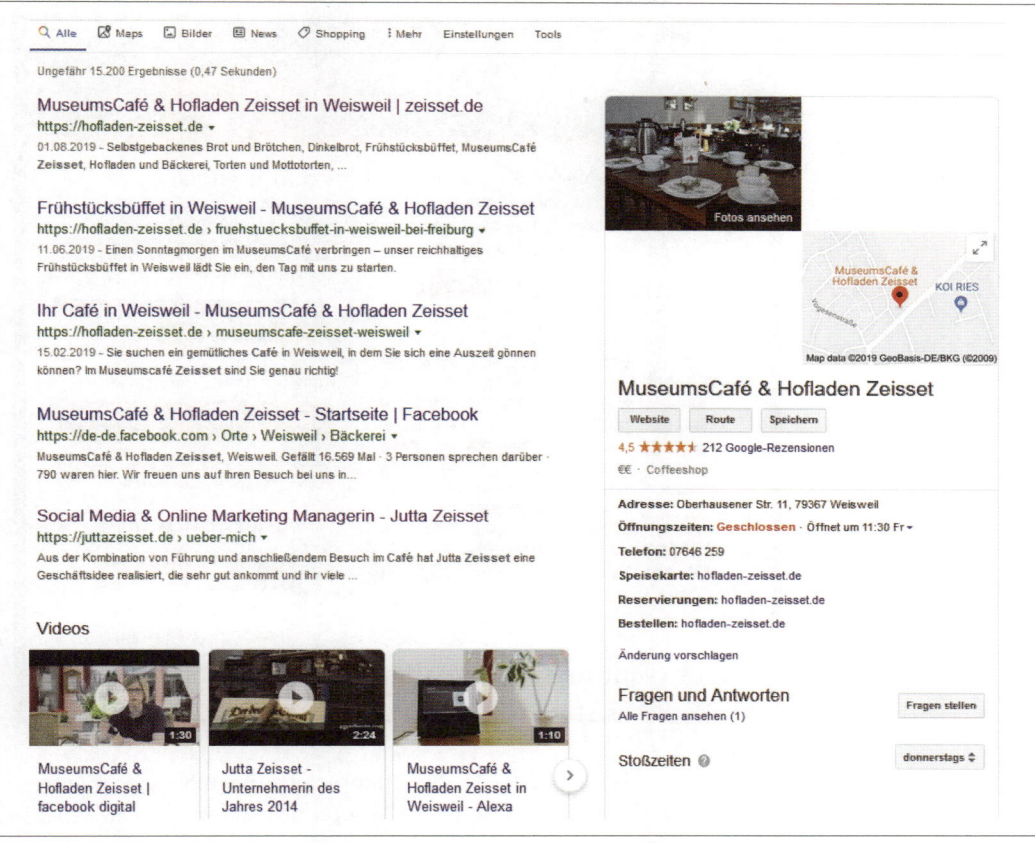

Q Alle   Maps   Bilder   News   Shopping   Mehr   Einstellungen   Tools

Ungefähr 15.200 Ergebnisse (0,47 Sekunden)

MuseumsCafé & Hofladen Zeisset in Weisweil | zeisset.de
https://hofladen-zeisset.de ▾
01.08.2019 - Selbstgebackenes Brot und Brötchen, Dinkelbrot, Frühstücksbüffet, MuseumsCafé
Zeisset, Hofladen und Bäckerei, Torten und Mottotorten, ...

Frühstücksbüffet in Weisweil - MuseumsCafé & Hofladen Zeisset
https://hofladen-zeisset.de › fruehstuecksbuffet-in-weisweil-bei-freiburg ▾
11.06.2019 - Einen Sonntagmorgen im MuseumsCafé verbringen – unser reichhaltiges
Frühstücksbüffet in Weisweil lädt Sie ein, den Tag mit uns zu starten.

Ihr Café in Weisweil - MuseumsCafé & Hofladen Zeisset
https://hofladen-zeisset.de › museumscafe-zeisset-weisweil ▾
15.02.2019 - Sie suchen ein gemütliches Café in Weisweil, in dem Sie sich eine Auszeit gönnen
können? Im Museumscafé Zeisset sind Sie genau richtig!

MuseumsCafé & Hofladen Zeisset - Startseite | Facebook
https://de-de.facebook.com › Orte › Weisweil › Bäckerei ▾
MuseumsCafé & Hofladen Zeisset, Weisweil. Gefällt 16.569 Mal · 3 Personen sprechen darüber ·
790 waren hier. Wir freuen uns auf Ihren Besuch bei uns in...

Social Media & Online Marketing Managerin - Jutta Zeisset
https://juttazeisset.de › ueber-mich ▾
Aus der Kombination von Führung und anschließendem Besuch im Café hat Jutta Zeisset eine
Geschäftsidee realisiert, die sehr gut ankommt und ihr viele ...

Videos

| MuseumsCafé & Hofladen Zeisset \| facebook digital   1:30 | Jutta Zeisset - Unternehmerin des Jahres 2014   2:24 | MuseumsCafé & Hofladen Zeisset in Weisweil - Alexa   1:10 |

Fotos ansehen

MuseumsCafé & Hofladen Zeisset   KOI RIES
Map data ©2019 GeoBasis-DE/BKG (©2009)

MuseumsCafé & Hofladen Zeisset

Website   Route   Speichern

4,5 ★★★★★ 212 Google-Rezensionen
€€ · Coffeeshop

Adresse: Oberhausener Str. 11, 79367 Weisweil
Öffnungszeiten: Geschlossen · Öffnet um 11:30 Fr ▾
Telefon: 07646 259
Speisekarte: hofladen-zeisset.de
Reservierungen: hofladen-zeisset.de
Bestellen: hofladen-zeisset.de

Änderung vorschlagen

Fragen und Antworten   Fragen stellen
Alle Fragen ansehen (1)

Stoßzeiten ⓘ   donnerstags ⌄

Bei fast jeder Internetrecherche treten auch Ergebnisse aus Social Media zutage. Im Reputationsmanagement eignen sich soziale Medien gut zur Bekämpfung negativer Suchergebnisse. Da Sie in den meisten sozialen Netzwerken Ihren eigenen Benutzernamen wählen können, ist es möglich, die verfügbaren Benutzernamen für Ihre Marke oder Ihr Unternehmen zu reservieren. Wenn diese Social-Media-Profile erst im Suchmaschinenranking auftauchen, können sie Ihnen dabei helfen, Ihren Ruf im Internet zu pflegen. Aktive und reichweitenstarke Social-Media-Profile ranken bei den Suchmaschinen weit oben und rücken Negativkommentare eher in den Hintergrund. Im besten Fall erscheinen diese nicht mehr auf der ersten Seite der Suchergebnisse. Auf Websites wie *http://namechk.com* oder *http://knowem.com* erkennen Sie, auf welchen Websites Sie Ihren Markennamen registrieren sollten, um Ihren Ruf im Internet zu pflegen. Wie Sie in Abbildung 4-15 sehen, können Sie über diese Websites herausfinden, welche Benutzernamen auf Social Sites noch zu haben sind. Besetzen Sie mindestens die relevantesten und reichweitenstärksten Seiten.

▲ **Abbildung 4-14**
Suchergebnisse in Google
für das Café Zeisset

Abbildung 4-15 ▶

Reservieren Sie bei knowem Ihren Namen für Social-Media-Portale, selbst wenn Sie (noch) nicht auf allen Kanälen aktiv sein wollen.

Stellen Sie die Social-Media-Profile öffentlich, müssen Sie darauf achten, den Communitys regelmäßig etwas Wertvolles zu bieten. Das wird Ihr Ranking verbessern und es anderen schwer machen, Ihren guten Ruf zu gefährden. Ein hohes Ranking erreichen Sie nicht durch bloßes Erstellen von Social-Media-Profilen, Sie müssen sich auch engagieren. Je mehr Content Sie in Social Media veröffentlichen, desto wahrscheinlicher ist es, dass Sie von den Suchmaschinen bemerkt werden und oben in den Suchergebnislisten erscheinen. Ein zusätzlicher Vorteil ist folgender: Werden Sie von den Mitgliedern Ihrer Communitys bemerkt, setzen aktive Teilnehmer Links auf Ihr Social-Media-Profil, auch Blogger und Journalisten. Das kann dazu führen, dass Suchabfragen ein Twitter- oder Instagram-Profil weiter oben anzeigen als ein Blog.

Social-Media-Kanäle und Blogs bieten jedermann die Möglichkeit, problematische und zu kritisierende Ereignisse zu kommentieren sowie ihre Meinung bekannt zu geben. Unternehmen sollten in solchen Situationen in erster Linie zuhören und die Äußerungen ernst nehmen. Dazu gehört auch, sich der Kritik an den Orten zu stellen, an denen sie geäußert wird: in Social Media, Blogs und Foren.

Reputation Management Monitoring: zwölf Dinge, die Sie beobachten sollten

Auf welche Aspekte sollten Sie und Ihr Unternehmen achten, um Ihren Ruf im Internet zu beobachten? Dazu bieten sich die nachfolgend genannten zwölf Reputationsfaktoren an, die der Experte für Onlinereputationsmanagement, Andy Beal, vorschlug.

Welche Maßnahmen Sie bei Ereignissen treffen, die Ihrer Reputation schaden (können), hängt von den jeweiligen Umständen ab. Indem Sie diese Faktoren aber aktiv beobachten, können Sie im Vorfeld Probleme vermeiden, die sonst schädlich werden könnten. Darüber hinaus können auch die Informationen lohnend sein, die Sie bei Ihren Beobachtungen entdecken.

Ihr Name

Sie sollten immer wissen, was die Leute in Social Media über Sie reden, egal ob Sie ein großer oder kleiner Player sind. Zudem können Sie auf Ihrer Website Links zu den positiven Erwähnungen einrichten, damit Ihre Besucher darauf aufmerksam werden, was Positives über Sie und Ihre Produkte gesagt wird.

Ihr Firmenname

Es ist sehr wichtig, zu hören, was die Leute über Sie und Ihr Unternehmen sagen. Forschen Sie auch nach etwaigen früheren Namen Ihres Unternehmens oder bekannten Abkürzungen Ihres Unternehmensnamens.

Ihre Markennamen

Wenn Sie zu einem großen Unternehmen gehören, das Hunderte von Marken besitzt, sind diese vielleicht recht schwierig zu beobachten, aber die wichtigsten Marken sollten Sie im Blick behalten.

Die Führungskräfte Ihres Unternehmens

Seien Sie immer darüber im Bilde, was die Nutzer über die Geschäftsleitung Ihres Unternehmens sagen.

Die Kommunikationsprofis in Ihrem Unternehmen

Jeder, der sich regelmäßig im Namen Ihres Unternehmens äußert, muss ebenfalls beobachtet werden. Da eine One-Voice-Policy in Zeiten von Social Media kaum noch funktioniert, sollten Sie genau überlegen, auf welche Mitarbeitenden Sie den Kreis erweitern.

Ihr Claim und Ihre Slogans

Was sagen die Leute über Ihren Claim? Wird die Botschaft gut aufgenommen? Wird er kopiert oder gar persifliert?

Der Wettbewerb

Was wird über die Konkurrenz geredet? Können Sie diese Informationen nutzen, um Ihr Unternehmen zu verbessern? Reputationsmanagement kann auch bei der Recherche und Analyse des Wettbewerbs helfen.

Ihre Branche

Beobachten Sie Branchentrends und nutzen Sie diese Informationen zu Ihrem Vorteil. Vielleicht ärgern sich Kunden, dass ihr neuer Schreibtisch unpraktisch ist und eine wackelige Schublade hat. Möglicherweise hat das Tablet, das viele Geschäftsleute vergangene Woche geliefert bekamen, Probleme mit dem Lesen externer Speichermodule. Können Sie aus diesem Feedback etwas lernen und die Fehler beheben, um ein besseres Produkt zu entwickeln? Können Sie diese Lernerfahrungen zu Ihrem Vorteil nutzen? Beobachten Sie Ihre Branche auch auf Ankündigungen von Innovationen. Solche Informationen frühzeitig zu erhalten, verschafft Ihnen Wettbewerbsvorteile.

Ihre Schwächen

Seien wir ehrlich: Kein Produkt ist vollkommen, und immer gibt es Raum für Verbesserungen. Wenn Sie die ersten Kapitel gelesen haben, wissen Sie, dass man über Sie spricht und Menschen auf die Mängel Ihrer Marken oder Produkte hinweisen. Dieses Feedback können Sie nutzen, um Ihr Angebot weiter zu verbessern.

Ihre Geschäftspartner

Arbeiten Sie mit einem Unternehmen zusammen, das in den Schlagzeilen ist? Das kann gut sein, aber auch schlecht – dann nämlich, wenn das Unternehmen in einer Krise ist, die Sie auch betreffen könnte. Und je früher Sie über Managementprobleme, Lieferschwierigkeiten oder gar Umsatzrückgänge und damit Zahlungsschwierigkeiten Bescheid wissen, desto besser.

Ihre Kunden

Vor allem bei B2B-Geschäftsbeziehungen interessant: Wenn Sie erfreuliche Nachrichten von Ihren Kunden mitbekommen, dann gehen Sie direkt auf sie zu und gratulieren ihnen. Das stärkt Ihre Kundenbindung.

Ihr geistiges Eigentum

Beobachten Sie alle Ihre Warenzeichen und Copyrights, um festzustellen, ob diese eventuell missbräuchlich verwendet werden.

Krisenmanagement

Schlimme Dinge können in jedem Unternehmen passieren, egal wie sorgfältig dieses das Personal auswählt und seine Prozesse organisiert. Zücken dann noch Kunden ihr Smartphone und machen den Vorfall ungefiltert über ihre Social-Media-Kanäle öffentlich, hat das Unternehmen ein Problem. Doch auch dann entscheidet die Reaktion darüber, ob es die Empörungswelle eindämmt oder weiter anfacht. Es kommt nun darauf an, zeitnah, aufrichtig und empathisch zu reagieren – und dabei die richtige Person kommunizieren zu lassen.

Die Fluggesellschaft United Airlines erlitt bereits 2008 einen Reputationsschaden durch Mitarbeiter, die sorglos mit dem Gepäck der Passagiere umgingen. Dabei ging die Gitarre eines Musikers zu Bruch, und seine Beschwerde wurde so lange nicht ernst genommen, bis er daraus einen Song machte. Das Video »United breaks guitars« ging auf YouTube viral und wurde bis heute über 20 Millionen Mal angeschaut.[21] Am Ende entschuldigte sich die Fluggesellschaft und ersetzte den Schaden. Nun ist anzunehmen, dass das Unternehmen aus seinem Fehler gelernt hat und sowohl den Kundenservice verbesserte als auch einen ausgefeilten Krisenplan griffbereit in der Schublade hat. Um die Pointe vorwegzunehmen – das scheint nicht der Fall zu sein.

▼ **Abbildung 4-16**
Die erste Reaktion von United Airlines kam nicht gut an.

21 *http://bit.ly/2DKUpdd*

Infolge einer Überbuchung kam es 2017 zu tumultartigen Szenen an Bord eines Flugzeugs von United Airlines. Als ein Passagier durch Sicherheitskräfte aus dem Flugzeug geschleift wurde, landete der Fall mit Originalvideos von Passagieren in den sozialen Medien. Vonseiten des Unternehmens passierte erst einmal wenig bis gar nichts. Auf Nachfragen twitterte United Airlines, dass sie sich für die Überbuchung entschuldigten, und sprachen dann von einem »removed customer«, was die Empörung weiter anheizte.

Erst als die Kritik in den sozialen Netzwerken immer lauter wurde, entschuldige sich der Vorstandsvorsitzende persönlich. Die ausführliche Entschuldigung des höchsten Chefs kam gut an, was sich an den Reaktionen auf Twitter zeigte. Der Tweet erhielt 20.000 Retweets und Tausende Likes, wie Abbildung 4-17 zeigt.

Abbildung 4-17 ▼
Endlich meldete sich der CEO von United Airlines zu Wort.

Auch die bei Jung und Alt beliebte Traditionsmarke Lego hat sich 2018 einen *Shitstorm* eingehandelt. Die Werbung für einen Lego-Kran wurde bestenfalls als hoffnungslos altmodisch und schlimmstenfalls als sexistisch eingestuft. Bei dem Versuch, besonders die Männer anzusprechen, kam es zu missglückten Postings wie: »So kompliziert wie eine Frau. Aber mit Bedienungsanleitung.« Auf die heftige Kritik über verschiedene Social-Media-Kanäle reagierte Lego, indem der Spielzeughersteller die Kampagne zurückzog und sich öffentlich dafür entschuldigte.[22] Auf Facebook postete Lego: »(...) das Spiel mit LEGO-Steinen ist grundsätzlich geschlechtsneutral. Die Kampagne sollte im Vorfeld von Weihnachten die Aufmerksamkeit der wachsenden männlichen Zielgruppe in Deutschland wecken. Für die Form der Umsetzung möchten wir uns ausdrücklich entschuldigen. Wir führen die Social-Media-Kampagne nicht fort. Das wertvolle Feedback, das wir erhalten haben, werden wir bei künftigen Aktionen berücksichtigen.«

Wichtig sind an diesem Beispiel zwei Dinge: Erstens hat Lego auf die Kritik reagiert und die Kampagne zurückgezogen. Zweitens hat sich Lego entschuldigt und die Kritik als wertvolles Feedback bezeichnet, womit sie zeigen, dass sie ihre Fans und Kunden ernst nehmen.

Der Chef der Altbierbrauerei »Füchschen«, Peter König, zeigte sich 2019 weniger einsichtig, nachdem seine Werbeplakate als sexistisch kritisiert wurden. Erst als sich der Werberat einschaltete, lenkte der Brauereichef ein und löschte das beanstandete Motiv der Kampagne auch auf Social Media.[23]

Vielleicht sind Sie das Opfer einer Reputationsmanagementkrise geworden. Nun blicken alle auf Sie: Es ist Ihre Aufgabe, schnell und richtig zu reagieren, auch durch Maßnahmen in Social Media. Gehen Sie mit Reputationskrisen professionell um und kommunizieren Sie aufrichtig und umfassend, statt eine Hinhaltetaktik zu betreiben. Bedenken Sie, dass Sie ohnehin schon in einem schlechten Licht wahrgenommen werden. Reagieren Sie zu emotional, kann sich die öffentliche Meinung noch stärker gegen Sie wenden.

Eine Reputationsstrategie sollte langfristig angelegt sein, und sie benötigt Zeit sowie Ressourcen. Ein regelmäßiges Social Media Monitoring, wie in Kapitel 3 beschrieben, ist dabei unerlässlich. Mit einem guten Monitoring werden Sie auf die Anfänge einer Empörungswelle aufmerksam und können diese verhindern oder wenigstens abschwächen. Falls

22 *https://www.horizont.net/marketing/nachrichten/nach-sexismus-vorwuerfen-lego-zieht-social-media-kampagne-zurueck-170467*
23 *https://www.wuv.de/marketing/werberat_beanstandet_altbier_werbung_als_sexistisch*

sie sich nicht mehr aufhalten lässt, haben Sie zumindest zeitlichen Vorlauf, um eine Strategie zu entwickeln. Schalten Sie dazu auch Verbündete aus Ihrem Netzwerk ein.

Krisen-PR im Social Web: transparent, authentisch, schnell

Manche Unternehmen verhindern Reputationsmanagement-Fiaskos schon im Vorfeld, aber manchmal ist ein Konflikt unausweichlich. Die Stakeholder und Community-Mitglieder erwarten dann, dass Unternehmen zu ihren Fehlern stehen. Wenn eine Kreditkartengesellschaft ein Sicherheitsleck hat, wollen sich die Karteninhaber versichern, dass ihre Daten sicher sind. Mindestens aber wollen sie schnell informiert werden, sollte es nicht mehr der Fall sein. Im Fall einer Unternehmenskrise zählen Engagement, Transparenz und Schnelligkeit. Legt das Unternehmen die Krise offen und gibt den Fehler ehrlich zu, kommt das in der Regel gut an. Natürlich ist es gleichermaßen wichtig, dass das Unternehmen einen Masterplan hat, um das Problem aus der Welt zu schaffen und eventuell die Kunden zu entschädigen. In solchen Fällen kommt es gut an, wenn sich ein Mitglied der Unternehmensführung persönlich bei seinen Kunden entschuldigt und nicht seinen Pressesprecher schickt, wie das Beispiel von United Airlines zeigt.

Wenn Sie an die Community herantreten, stellen Sie den Fehler, den Sie (angeblich) begangen haben, ehrlich dar. Erläutern Sie dann, wie Sie die Sache zu bereinigen gedenken, oder informieren Sie darüber, dass Sie schon Maßnahmen ergriffen haben, um das Problem zu beheben. Seien Sie präsent, um auf konkrete Beschwerden persönlich einzugehen, und bieten Sie verschiedene Kommunikationskanäle an, um Ihre Gesprächspartner zu beschwichtigen. Lassen Sie idealerweise einen leitenden Mitarbeiter schnell auf die Beiträge antworten. Wenn die Community findet, dass die Situation mit einer öffentlichen Entschuldigung noch nicht abschließend bereinigt ist, geben Sie ihr einen Ort, wo sie weiterdiskutieren kann.

Intern können Sie den Reputationsmanagement-Schlamassel für die Zukunft verhindern, wenn Sie aus diesen Erfahrungen lernen. Haben Sie bisher noch kein PR-Desaster erlebt, ist jetzt vielleicht genau der richtige Zeitpunkt, um Ihre Mitarbeiter über die Wichtigkeit der öffentlichen Wahrnehmung aufzuklären. Verdeutlichen Sie, dass jeder Schritt überlegt sein muss und nur der beste Service angeboten werden darf, weil die Konsumenten heutzutage ihre Unzufriedenheit mit Ihrem Support oder Service an die Öffentlichkeit tragen können.

Trolle und Hate Speech

Chronisch unzufriedene Menschen gab es schon immer – im Internet werden sie zu *Trollen* und Hatern. Die *Hate Speech* (Hassrede) wird im Web zu einem immer größeren Problem. Erschreckend ist bei diesem Phänomen, dass Menschen, die angreifen und beleidigen, sich nicht mehr unbedingt hinter einem anonymen Avatar verbergen. Ganz offen äußern sie rassistische, frauenfeindliche oder transphobe Meinungen. Auch Unternehmen kann es passieren, dass ihre Seite zum ungewollten Mittelpunkt hässlicher Diskussionen wird. Störenfriede sollten konsequent in ihre Schranken gewiesen werden. Die alte Regel »Do not feed the troll« hilft meist auch im Umgang mit Hatern. Ihnen eine Plattform zu bieten, ist keine kluge Idee. Ein Beispiel: Sie werden auf Twitter mit einem Tweet zu Unrecht angegriffen und retweeten diesen mit einem entsprechenden Kommentar. Sie haben damit Ihre Meinung kundgetan, aber zugleich dem Angreifer weitere Aufmerksamkeit und Reichweite verschafft.

Zudem haben Sie als Unternehmen eine Verantwortung für die Diskussionskultur auf Ihrer Seite und sollten keine allzu passive Haltung einnehmen. Haben Sie jedoch keine Ressourcen, Kommentare in Blogs und Social Media kontinuierlich zu überwachen, kann es eine Option sein, diese abzuschalten – zumindest vorübergehend.

Bei der *Netiquette* handelt es sich um Spielregeln für den Umgang in einem Forum oder einem sozialen Netzwerk. Das Kunstwort leitet sich aus Net und Etikette ab, überträgt also Höflichkeitsregeln in die Onlinewelt. Wer ein Forum, eine Facebook-Gruppe oder ähnliche Orte des öffentlichen Austauschs anbietet, ist gut beraten, eine solche Netiquette zu definieren. Verstößt ein Teilnehmer dagegen, können Sie mit Verweis auf Ihre Netiquette seine Beiträge löschen, ohne dass es zu einem *Shitstorm* kommt.

◀ **Definition**

Nutzen Sie in Social Media auch die Möglichkeiten, die Ihnen die jeweiligen Plattformen bieten. In Twitter, Instagram und Facebook können Sie Fans und Follower stumm schalten, blockieren oder melden. Bei Facebook können Sie einen Filter für vulgäre Ausdrücke einschalten und damit verhindern, dass Trolle mit Kraftausdrücken um sich schmeißen, da sie nicht an einem ernsthaften Austausch interessiert sind. In diesem Fall definiert Facebook, welche Ausdrücke als vulgär gelten. Obendrein können Sie eigene Ausdrücke festlegen, bei deren Verwendung der entsprechende Kommentar automatisch als Spam eingestuft und damit nicht mehr angezeigt wird. Sie können den Kommentar dann auch ganz löschen. Kommentare zu löschen, führt häufig zu Diskussionen in der Community, selbst wenn eine Verletzung der Netiquette dies rechtfertigt. Daher bietet es sich an, einen Kommentar nur auszublenden. Damit ist er noch für den Verfasser und dessen Freunde sichtbar, aber nicht mehr für weitere Seitenbesucher. Dies ist keine Option, wenn es sich um potenziell strafrechtlich relevante Äußerungen handelt.

Was Sie zum Thema Meinung versus Tatsachenbehauptung beachten müssen und was »notice and take down« bedeutet, erfahren Sie in unserem umfangreichen Kapitel 15 zu rechtlichen Fragen am Ende des Buchs.

Das NetzDG und seine Folgen

Seit 2018 gilt in Deutschland das *Netzwerkdurchsetzungsgesetz (NetzDG)*.[24] Das Gesetz soll Hetze und Hass im Internet verhindern, führt jedoch in der Praxis gelegentlich zu Überreaktionen seitens der Plattformen. In vorauseilendem Gehorsam und nicht immer zu Recht sperren oder löschen sie Beiträge und Nutzerkonten. Grund sind hohe Bußgelder, die den Plattformbetreibern drohen, sofern sie ihrer Pflicht nicht nachkommen, »offensichtlich rechtswidrige Inhalte« innerhalb von 24 Stunden zu löschen oder zu sperren. Zu solch offensichtlich rechtswidrigen Inhalten zählt zum Beispiel die Anleitung zu schweren Straftaten, Volksverhetzung und die Verbreitung verbotener Symbole. Werden den Plattformen »nicht offensichtlich rechtswidrige Inhalte« gemeldet, verlängert sich die Frist auf sieben Tage.

Die betroffenen Social-Media-Plattformen sehen die Möglichkeit vor, Beiträge oder Konten mit Verweis auf das Gesetz zu melden. Wer bei Twitter einen offensichtlich rechtswidrigen Tweet melden möchte, wählt ganz unkompliziert »Fällt unter das Netzwerkdurchsetzungsgesetz« als Meldegrund aus. Das bedeutet aber auch, dass beispielsweise ein politisch missliebiger Twitterer schnell mundtot gemacht wird, wenn sich einige gegen ihn verschwören und seine Tweets entsprechend klassifizieren. Nach 24 Stunden hat sich das Dilemma zwar wahrscheinlich aufgeklärt, aber bis dahin kann sich derjenige nicht zu Wort melden.

Ein weiterer negativer Auswuchs im Internet sind *Fake News* mit Lügen und Propaganda sowie Behauptungen statt belegter Tatsachen. In ihrer Aufmachung versuchen die Fake News den Eindruck zu erwecken, echte und verlässliche Nachrichten zu verbreiten. Solche »gefälschten Nachrichten« verbreiten sich innerhalb einzelner Filterblasen im Internet oft sehr schnell, teilweise unterstützen Bots die Verbreitung. Dabei werden Unwahrheiten verbreitet, reißerische Fotos in einen falschen Zusammenhang gesetzt und Privatpersonen, Prominente, Politiker oder Unternehmen verleumdet. Hier ist ein ähnliches Vorgehen wie beim

---

24 *https://www.gesetze-im-internet.de/netzdg/BJNR335210017.html*

Hate Speech gefragt. Auch von Internetkriminellen werden Fake News verwendet, um beispielsweise *Phishing* zu betreiben.

Zusammenfassung

Schon das *Cluetrain-Manifest* aus dem Jahr 1999 spielte auf das heutige Phänomen von Social Media an: Unternehmen sprechen mit ihren Kunden. Märkte sind Gespräche, und soziale Medien geben Verbrauchern die Möglichkeit, direkt mit ihren bevorzugten Marken zu sprechen.

Marketing ist Mitwirkung. Als Marketingexperte sollten Sie eine aktive Rolle in den Social-Media-Netzwerken übernehmen und sich auf glaubwürdige Weise an den Gesprächen beteiligen. Old Spice, Fanta und Ritter Sport sowie viele weitere Marken und Unternehmen haben gezeigt, dass der Trend, Marketing als Mitwirkung zu definieren, überaus positive Ergebnisse hervorrufen kann. Auch kleine und lokal begrenzt agierende Unternehmen können enormen Gewinn aus dem Dialog mit ihren Kunden ziehen.

Social Media Marketing kann auch dem *Reputationsmanagement* auf die Sprünge helfen, und zwar auf zwei Arten: Wenn ein Unternehmen am Meinungsaustausch teilnimmt, kann es selbst die Eindrücke, die das Publikum von ihm bekommt, mitformen und bestimmen – normalerweise zum Besseren. Durch Zuhören und Ernstnehmen kann eine negative Stimmung in eine positive oder zumindest neutrale umgewandelt werden.

Die zweite Art, wie soziale Medien das Reputationsmanagement erleichtern können, ist die Erstellung von Social-Media-Profilen. Unternehmen können Benutzerkonten auf Social-Media-Plattformen unter den zu beobachtenden Markennamen erstellen und mithilfe der Profile ihre Erwähnung in den Suchmaschinenergebnissen verbessern. Ausdauerndes, sinnvolles Engagement ist vonnöten, damit die Spider der Suchmaschinen die Profilseiten finden, auf ihnen häufige Aktivitäten erkennen und diese Seiten letztlich in den Suchergebnissen weiter oben platzieren, weil sie sie als relevant erachten.

KAPITEL 5

Content Marketing

Warum wirkt Content Marketing?

Der Begriff Content Marketing ist gut zwei Jahrzehnte alt, das Konzept dahinter jedoch um einiges älter. Als frühes Beispiel für Content Marketing gilt Ende des 19. Jahrhunderts Dr. Oetker. Auf den Packungen ihres Backpulvers druckte die Bielefelder Firma Kuchenrezepte ab. Später erweiterte das Unternehmen diesen Ansatz zu einem umfangreichen Merchandising, und viele Generationen lernten mit dem Dr.-Oetker-Backbuch die ersten Schritte in der Küche. Statt gewandte Werbesprüche für das langweilige Produkt »Backpulver« zu entwickeln, bestand der clevere Schachzug darin, den Kunden nützliche Tipps an die Hand zu geben. Über die kostenfreien Rezepte freuten sich die Menschen, und sie weckten eine positive Assoziation mit der Marke Dr. Oetker.

Im Zeitalter von Internet und Social Media hat Content Marketing seinen festen Platz in der Unternehmenskommunikation. Die Internetnutzer haben eine Abneigung gegen Werbung entwickelt und können mit Werbeblockern umgehen. Die Kunden sind gleichzeitig anspruchsvoller geworden: Sie erwarten zu jeder Zeit und an jedem Ort relevante, aktuelle und auf ihre Bedürfnisse zugeschnittene Informationen. Das setzt die Unternehmen unter Druck und verursacht Kosten für hochwertige Texte, attraktive Fotos, gelungene Videos und unterhaltsamen Ephemeral Content.

Wertvoller Content allein reicht nicht aus, er muss auch über die passenden Kanäle verbreitet werden. Wir schauen uns in diesem Kapitel an, wie Sie Ihren Content strategisch planen und im Unternehmensalltag umsetzen können. Ergänzend zeigen wir, welche Rolle *Content Seeding*, *Content Curation* und *Content Refresh* im Content Marketing spielen. Um den Aufwand bei der Produktion von Content zu reduzieren, könnten künftig Automatisierung und künstliche Intelligenz zum Einsatz kommen – insbesondere bei Routineaufgaben. Dazu gehört heute schon die Unterstützung bei der Auswahl von Bildern oder das Verfassen einfacher Beiträge durch Self-Service-Software. Mit deren Hilfe lassen sich Texte für Landingpages erstellen, und sie wird im E-Mail-Marketing eingesetzt. Wer schon einmal im eigenen Fundus an Fotos oder einer externen Bilderdatenbank nach einem passenden Motiv gesucht hat, entwickelt Verständnis für den Wunsch nach Automatisierung.

Kennen Sie die Customer Journey Ihrer Kunden?

Die *Customer Journey* (Reise des Kunden) wird auch Buyer's Journey genannt. Sie beschreibt den Weg des Kunden vom Beginn seiner Suche über den ersten Kontakt mit dem Unternehmen bis zur Entscheidung, das Produkt zu kaufen oder den Newsletter zu abonnieren. Für ein erfolgreiches Content Marketing sollten Sie die Customer Journey und die Gewohnheiten Ihrer Kunden kennen und deren Verhalten analysieren. Treten Sie Ihren Lesern wertschätzend entgegen und stellen Sie sich auf deren Bedürfnisse ein. Bieten Sie an geeigneter Stelle über Social Media oder die Website, Ihren Webshop oder das Blog Informationen mit Mehrwert an. Ihre Beiträge sollten gut strukturiert und angenehm lesbar sein. Gestalten Sie diese abwechslungsreich und verwenden Sie dabei Fotos, Videos, Infografiken, Praxisbeispiele, Case Studies (Fallstudien) oder Interviews. Auch Webinare und Tutorials gehören zu beliebten Inhalten des Content Marketing. Ein Tutorial unterstützt den Kunden, wenn er nicht sicher ist, ob das Produkt für ihn das richtige ist. Wird ihm in einem How-to-Video auf einfache Weise erklärt, wie das Produkt genutzt wird, kann das seine Kaufentscheidung positiv beeinflussen. Größere Unternehmen entwickeln Formate wie Kundenmagazine, um ihre Themen attraktiv und mit Wiedererkennungseffekt anzubieten. Hierzu schauen wir uns in diesem Kapitel Praxisbeispiele an.

Definition ▶ Bei *Native Advertising* (natürliche oder kontextsensitive Werbung) handelt es sich um eine Werbeform, die redaktionelle Beiträge mit Mehrwert zu erklärungsbedürftigen Themen so aufbereitet, dass der Leser sie nicht unmittelbar als Werbung wahrnimmt. Dazu zählen auch gesponserte Tweets oder Posts auf Facebook und Instagram. Damit es nicht zu Verwechslungen kommt, muss Native Advertising gekennzeichnet werden, zum Beispiel mit »Anzeige« oder »Gesponsert«. Letztlich handelt es sich um eine Werbeanzeige, die als Weiterentwicklung des klassischen Advertorials gilt. Diese kennen Sie noch aus Printmedien als Werbeanzeige mit redaktionellem Touch.

Bezahlte Beiträge im Rahmen des Native Advertising, also Paid Media, gelten als Distributionskanal für das Content Marketing, wenn ihr Inhalt eher sachlich und informativ als vorrangig werblich gestaltet ist. Ein Nachteil von Native Advertising gegenüber dem klassischen Content Marketing besteht darin, dass es kostspielig ist und Sie das exakte Targeting einem Drittanbieter überlassen. Sie müssen sich also darauf verlassen können, dass Sie über den Publisher gezielt Ihre Wunschkunden erreichen.

◀ **Abbildung 5-1**
Ein gesponserter Tweet als Beispiel für Native Advertising auf Twitter (Abrufdatum: 20.08.2019)

Sprachassistenten und künstliche Intelligenz verändern das Netz, Social Media und auch das Content Marketing. Deshalb sollten Sie schon heute Ihren Content auf seine Voice-Kompatibilität prüfen. Wenn Sie dafür auf verschlungene Satzkonstruktionen verzichten und mehr Orientierung durch Zwischenüberschriften in Ihren Texten bieten, kommt das auch »normalen« Lesern zugute.

◀ **Tipp**

Beim strategischen Content Marketing geht es darum, primär auf die Zielgruppe und deren Interessen zu schauen und dann auf die daraus resultierenden Themen. Zuletzt stellen Sie sich die Frage, über welche Formate und in welchen Kanälen Sie die Themen am besten umsetzen.

Content Marketing kostet weniger als klassisches Marketing und generiert gleichzeitig mehr Leads. Veröffentlicht ein Unternehmen regelmäßig hochwertige Inhalte in unterschiedlichen Formaten, entstehen ihm jedoch erhebliche interne oder externe Kosten.

Durch das Internet lassen sich Informationen einfacher und transparenter vergleichen, sodass Vertrauen eine immer größere Rolle spielt. Gelingt es dem Unternehmen, durch seriöse Inhalte nachhaltig Vertrauen zu gewinnen, wirkt sich dies positiv auf die Kundenbindung aus. Nicht umsonst sind Bewertungen und Gütesiegel im Internet wichtig, weil sie Vertrauen erwecken und Leistungen unterscheidbar machen. Auf Bewertungen gehen wir in den Kapiteln 11 und 12 näher ein.

Wer im Internet recherchiert, beginnt seine Reise fast immer über eine Suchmaschine. Daher sollten Sie die wichtigsten Keywords kennen, mit denen Ihre jetzigen und künftigen Kunden zu Ihren Themen suchen. Andernfalls bieten Sie hervorragenden Content, den leider niemand findet.

Finden Sie durch Marktforschung und eigene Analysen heraus, wie die Customer Journey Ihrer potenziellen Kunden verläuft, und platzieren Sie hochwertigen und relevanten Content an den entsprechenden Touchpoints (Kontaktpunkten). Arbeiten Sie dabei mit den Mechanismen des (visuellen) Storytellings. Bei den Touchpoints kann es sich um die Suche in Google oder YouTube handeln. Dazu gehören ebenfalls Beiträge auf der Website, dem Blog oder im Onlineshop. Weitere wichtige Touchpoints sind Posts auf Social Media, Empfehlungen durch Influencer oder andere Kunden und der bilaterale Kontakt durch E-Mails oder Gespräche. Vernachlässigen Sie auch nicht das After-Sales-Management, denn ein zufriedener Kunde wird wieder bei Ihnen kaufen und Sie weiterempfehlen.

Definition ▶ Worauf es beim *visuellen Storytelling* ankommt, erklären die O'Reilly-Autorinnen Petra Sammer und Ulrike Heppel wie folgt: »Schärfen Sie Ihre Wahrnehmung für Worte und Bilder. Denn genau darum geht es beim visuellen Storytelling. Geschichten zu erzählen, die mit packenden Worten und faszinierenden Bildern ein Publikum in ihren Bann ziehen können. Geschichten zu erzählen, die haften bleiben, und vor allem Geschichten zu erzählen, die weitererzählt werden.«[1]

Content Marketing lässt sich gleichermaßen in B2C wie in B2B anwenden. Erklärungsbedürftige Produkte im B2B profitieren von Content Marketing, da die Entscheidungsprozesse der Einkäufer oft langwierig und aufwendig verlaufen. In dieser Zeit hat der Entscheider immer wieder Fragen und sucht nach weiteren Informationen, weil Kollegen und Vorgesetzte in die Verhandlung einsteigen. Individuell zugeschnittener Content sollte berücksichtigen, dass es auf der Käuferseite verschiedene Bedürfnisse gibt. Der Techniker kann jede Menge Details vertragen, während sich der Geschäftsführer nur für das »Big Picture« interessiert.

Wichtig ist, die Frage zu klären, in wessen Verantwortung das Content Marketing liegt. Hat der Social Media Manager das Sagen, der PR-Spe-

---

1 Visual Storytelling von Petra Sammer & Ulrike Heppel, O'Reillys basics, Seite X (Vorwort)

zialist, oder sollte es eine eigene Funktion geben, den Content-Manager? Die Entscheidung darüber hängt von der Menge und Vielfalt an Content ab, den Sie täglich oder wöchentlich veröffentlichen. Außerdem gilt es zu schauen, ob der betreffende Kollege gleichermaßen ein Händchen für die strategische und operative Seite des Content Marketing hat. Für den Content-Manager spricht, dass es sich um eine abteilungsübergreifende Funktion handelt, die PR, Marketing und Social Media umfasst, aber auch den Vertrieb und die Personalabteilung. Daher empfiehlt sich der zentral verantwortliche Content-Manager, der intern und nach außen die Fäden in der Hand hält. Er garantiert Aktualität und Qualität der Beiträge sowie deren einheitliche Tonalität. Außerdem ist er Ansprechpartner für externe Kontakte, wenn es beispielsweise um *Content Curation* geht.

Content-Marketing-Strategie

Zur Beantwortung der Frage, wie Unternehmen am besten ihre Content-Marketing-Strategie entwickeln und warum es zunächst einer sauberen Trennung von Content-Strategie und Content-Marketing-Strategie bedarf, haben wir uns mit Robert Weller unterhalten. Als Content Strategy Coach, Keynote Speaker und Autor hat er es sich zur Aufgabe gemacht, anderen dabei zu helfen, sich persönlich in einem beruflichen Kontext weiterzuentwickeln.

Interview

»Content spielt insbesondere bei der Markenbildung eine entscheidende Rolle«

Ein Interview mit Robert Weller, Experte, Speaker und Autor für Content, Marketing und Design

Bitte beschreiben Sie für unsere Leser eine typische Herausforderung, die Unternehmen bei der Entwicklung ihrer Content-Strategie haben?

Robert Weller: Das Problem, das mir vielleicht am häufigsten begegnet, ist das fehlende Verständnis für die Unterschiede zwischen einer Content-Strategie und einer Content-Marketing-Strategie. Da das Thema »Content« meist aus der Marketingabteilung heraus angetrieben wird, ist die Gleichsetzung nicht verwunderlich. Doch es besteht das Risiko, dass die strategische im Sinne einer langfristig wirkenden Komponente zugunsten eines kurzfristigen, operativen Nutzens vernachlässigt wird.

So wird oft die Traffic- oder Leadgenerierung als Ziel der »Content-Strategie« definiert, und entsprechende Maßnahmen innerhalb eines begrenzten Zeitraums werden beschlossen. Das ist grundsätzlich nicht verkehrt und kann sehr gut funktionieren, greift aber im Sinne einer

▲ Abbildung 5-2
Robert Weller, Speaker und Autor für Themen rund um Content, Marketing und Design

übergreifenden Content-Strategie zu kurz. Eine solche dient im Ideal-fall der Orientierung für das gesamte Unternehmen, abteilungsüber-greifend und zeitlich uneingeschränkt. Sie ergänzt in gewisser Weise die einzelnen Teilstrategien für Marke, Marketing, Vertrieb etc. um die Komponente des Contents. Content kann mehr als nur Marketing und wirkt am stärksten bei einem integrierten Ansatz.

Plakativ dargestellt, verhält sich das so:

Content Marketing: »Wir publizieren jede Woche zwei Blogartikel, um für relevante Keywords in der Suche sichtbar zu werden und Inte-ressenten auf unsere Website zu ziehen.« (Kanal → Nutzen)

Content-Strategie: »Wir wollen über (unsere) Geschichten mit un-seren Zielgruppen in Kontakt treten. Blogartikel eignen sich gut als Grundlage für Diskussionen, die aber auch in Social Media stattfin-den können.« (Ziel → Format → Kanal)

Wie gehen Unternehmen vor, die Content erfolgreich einsetzen?

Robert Weller: Betrachten wir Unternehmen, die Content erfolgreich einsetzen, etwa Hornbach, L'Oréal, Adobe, Nike oder auch umstritte-ne lokale Fallbeispiele wie CURVED (Telefónica) oder das TURN ON Magazin (Saturn), dann fällt auf, dass sich diese – mal mehr, mal we-niger – zu »Content Brands« gewandelt haben. Die Marke wird nicht mehr ausschließlich mit den angebotenen Produkten assoziiert, son-dern auch mit den Geschichten, die sie umgeben, ergo dem digitalen Informations- und Unterhaltungsangebot.

Content spielt insbesondere bei der Markenbildung eine entscheiden-de Rolle. Doch genauso wie eine Marke nicht von heute auf morgen entsteht, wirkt Content (Marketing) vor allem langfristig. Diese Weit-sicht und Geduld sollten Unternehmen mitbringen und bereit sein, in ihre Zukunft zu investieren.

Welche Fragen stellen Sie einem Unternehmen, das vor der Entscheidung steht, mit internen oder externen Produzenten von Content zu arbeiten?

Robert Weller: Als Coach ist mein primäres Anliegen, Verantwortliche in Unternehmen auf dem Weg in ihre Eigenständigkeit zu begleiten. Das heißt, ich stelle anfangs viele Fragen zur Ausgangssituation – von den verfügbaren finanziellen oder zeitlichen Ressourcen bis hin zur ei-genen Motivation und den gesteckten Zielen. Entsprechend diesen In-formationen unterstütze ich Unternehmen dann bei der besagten Ent-scheidung.

Haben sie beispielsweise grundsätzlich zu wenige Personalressourcen verfügbar, aber ausreichendes Budget, dann ist die Beauftragung externer Produzenten die zunächst sinnvollste Lösung. Dennoch würde ich in einer solchen Situation nicht alles – in diesem Falle alles Geld – in die externe Produktion investieren, sondern zumindest einen kleinen (und *notwendigen*) Anteil investieren, um Personalressourcen zu befreien. Das kann in Form von Prozessoptimierung, Tools zur Automatisierung oder auch Schulungen erfolgen. In meinen Augen ist das gleichzeitig der erste Schritt in die Koproduktion und langfristig die eigenständige Inhouse-Produktion.

Wie sollte das Unternehmen vorgehen, wenn es wenig Budget, aber ausreichend personelle Ressourcen hat?

Robert Weller: Hat ein Unternehmen ausschließlich Personalressourcen zur Verfügung, würde ich gegebenenfalls einen externen »Content-Coach« vorschlagen. Dieser unterstützt die Verantwortlichen dabei, ihre Arbeit bestmöglich und perspektivisch immer besser und eigenständig zu erledigen, sodass sowohl sie als auch das Unternehmen ihre durch Content verfolgten Ziele erreichen.

Am Ende ist es meines Erachtens keine Entweder-oder-Frage, sondern eine Wann-was-Frage. Mit externer Unterstützung zu beginnen, ist meist dann sinnvoll, wenn Personal oder Wissen fehlt. Langfristig sollte dadurch aber keine Abhängigkeit entstehen, sondern stets auf die Eigenständigkeit hingearbeitet werden. Die spannende Frage ist also vielleicht eher die nach dem zeitlichen Rahmen, doch die Antwort darauf ist sehr individuell.

Bilder erregen mehr Aufmerksamkeit als Text, und Bewegtbilder sind anziehender als Fotos. Diese Aussage lässt jene verzweifeln, die trockene oder schlecht sichtbare Themen zu bieten haben. Was schlagen Sie in solchen Fällen vor, und kennen Sie ein besonders gelungenes Beispiel?

Robert Weller: Nun, grundlegend geht es hierbei, glaube ich, nicht ausschließlich um visuell *wahrgenommene,* sondern auch visuell *verarbeitete* Inhalte. Neben (Bewegt-)Bild spielt zum Beispiel Storytelling eine wichtige Rolle, weil dadurch unser Kopfkino aktiviert wird und wir uns Dinge bildlich vorstellen. Die Wirkung ist zwar nicht dieselbe, aber ähnlich. Vor dem Hintergrund gibt es meiner Meinung nach also keine echten, trockenen Themen, sondern nur trocken aufbereitete.

Ein Extrembeispiel ist »Vorsorge Weitblick«, ein Portal der Versicherung LV 1871, das sich grundsätzlich um den Tod und damit für die Versicherung relevante Themen wie Nachlass, Bestattung oder eben auch Sterbegeld dreht. Was sich beim Stöbern in den Artikeln erkennen lässt, ist, dass der Betreiber es aber immer wieder schafft, Texte durch Bild oder Video zu ergänzen – durch die Visualisierung von Daten (Stichwort: Infografik) oder Bildergalerien mit Motiven, die das

Abbildung 5-3 ▼
»Vorsorge Weitblick« zeigt,
wie die Grabbepflanzung
im Herbst aussehen kann.

Thema von einer anderen, stimmungsvolleren Seite betrachten. Ein Beispiel für Ersteres ist der Artikel über die Vorsorge für die eigene Beerdigung,[2] ein Beispiel für Letzteres der Beitrag zur Grabbepflanzung im Wechsel der Jahreszeiten (siehe Abbildung 5-3).[3]

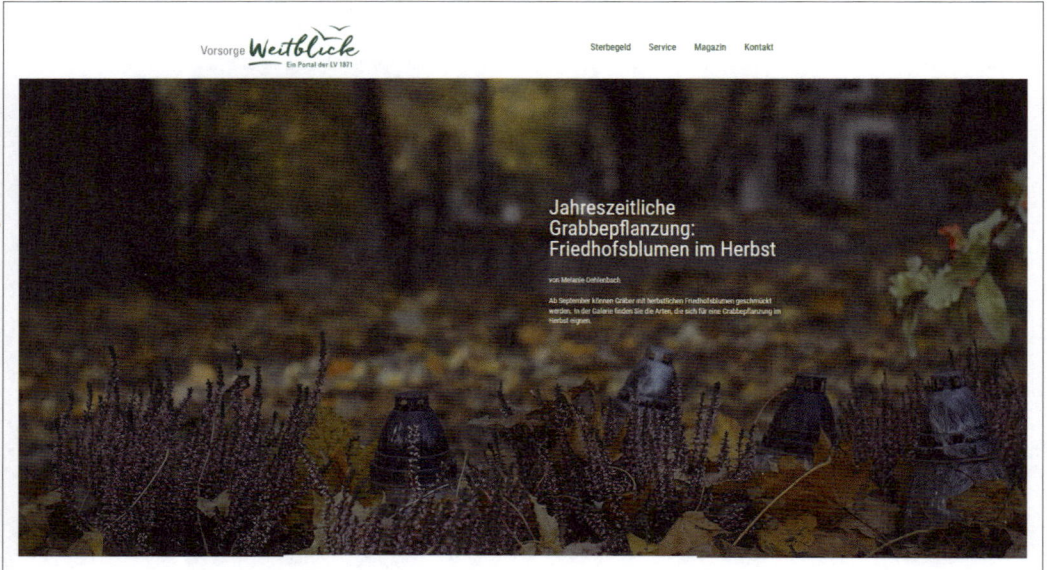

Wer mit Bildern arbeitet, sollte sich ihrer Wirkung bewusst sein. Es muss nicht immer eine Eins-zu-eins-Darstellung des eigentlichen im Text beschriebenen Motivs sein, sondern darf gerne auch eine Metapher darstellen oder schlicht die gewünschte emotionale Stimmung erzeugen. Am Ende geht es bei visuellem Content vielleicht sogar weniger um das Motiv selbst und mehr um das Gefühl, das durch die Betrachtung erzeugt wird, und die Assoziationen, die dabei entstehen.

Messenger-Dienste werden immer wichtiger, und die meisten Menschen verbringen viel Zeit mit WhatsApp, Facebook Messenger oder WeChat. Wie sollten Unternehmen auf diese Entwicklung reagieren?

Robert Weller: Experimentieren! Gerade in Deutschland schauen Unternehmen viel zu lange nur passiv zu und warten darauf, dass jemand anderes – nicht selten ist es dann die direkte Konkurrenz – die aufwendige Pionierarbeit leistet und sie selbst nur die Learnings abgreifen

---

2 *https://www.vorsorgeweitblick.de/2016/12/14/umfrage-so-denken-die-deutschen-ueber-ihr-begraebnis/*

3 *https://www.vorsorgeweitblick.de/2018/09/19/jahreszeitliche-grabbepflanzung-friedhofs-blumen-im-herbst/*

und Bewährtes kopieren können. Doch gerade in der heutigen Zeit kann genau dieser Vorsprung, so marginal er auch sein mag, den Unterschied zwischen Erfolg und Untergang ausmachen. Kodak ist in dieser Hinsicht eines meiner Lieblingsbeispiele, weil sie sich aufgrund ihres fehlenden Muts und dem stoischen Festhalten an dem, was in Vergangenheit oder bisher funktioniert, ins Abseits bugsiert haben – trotz Innovation.

Unternehmen hingegen, die wirklich offen sind für die vielen Neuerungen und ehrlich interessiert sind an dem, was Konsumenten beschäftigt, werden künftig die Nase vorn haben. Sofern sie sich trauen, Neues zu wagen. Denn einfach einen Chatbot zu programmieren, der genau dasselbe leistet wie die Chatbots der Konkurrenz, wird keinen Konsumenten und potenziellen Kunden überzeugen. Unternehmen müssen lernen, selbst zu verstehen, wie sie Märkte für sich gewinnen können.

Können Sie beispielhaft ein Unternehmen nennen, das durch Offenheit und Lernbereitschaft erfolgreich wurde?

Robert Weller: Der Spieleentwickler Zynga stellte beispielsweise in seinen frühen Jahren unzählige Analysten ein, um jeden Klick der Spieler zu verstehen und daraus neue Ideen fürs Spiel und das Business zu generieren. Mitbewerber schüttelten damals nur mit dem Kopf ob dieser Überinvestition, doch Zynga nutzte den Hype um Facebook und den »Play everywhere«-Gedanken erfolgreich aus – indem sie ständig Neues testeten und positiv bewertete Ideen sehr schnell skalierten.

Also, Unternehmen sind gut beraten, ihre Konsumenten, ihre Märkte und eben auch neue Technologien, Plattformen oder Verhaltenstrends zu verstehen. Denn nur durch dieses ganzheitliche Verständnis ist Innovation in eben dieser Schnittmenge möglich. Das ist der erste Schritt. Der zweite Schritt ist, dieses Wissen ergebnisoffen (!) anzuwenden und eigene Erfahrungen zu sammeln.

Herr Weller, wir danken Ihnen herzlich für das Gespräch und den interessanten Einblick in die Content-Marketing-Strategie.

Ziele und Zielgruppen im Content Marketing

Content Marketing rückt die Nutzer in den Mittelpunkt und spricht sie idealerweise mit einzigartigen, relevanten, unterhaltsamen und nützlichen Inhalten an. Etabliert sich das Unternehmen als Quelle von Content mit Mehrwert, der die Besucher begeistert, gelingt es längerfristig meist auch, sie als Kunden, Geschäftspartner oder Mitarbeiter zu gewinnen.

Startet das Unternehmen neu mit Content Marketing, sollte es sich als Erstes über die Ziele klar werden, die es mit dem Content Marketing verfolgt. Diese könnten sein:

- den Bekanntheitsgrad erhöhen
- Traffic generieren
- eine neue Marke positionieren
- die Reputation des Unternehmens aufbauen oder verbessern
- einen Expertenstatus etablieren
- einen neuen Zielmarkt erobern
- neue Kunden gewinnen
- Bestandskunden binden
- Leads generieren
- Abverkauf steigern
- Mitarbeiter gewinnen

Diese beispielhaften Ziele machen deutlich, dass Content Marketing ein ressortübergreifendes Thema ist, das PR, Marketing, Sales und HR gleichermaßen betrifft.

Hilfreicher Content zeichnet sich dadurch aus, dass er für die spitz definierte Zielgruppe relevant ist. Doch wer gehört zu Ihrer Zielgruppe, wer sind Ihre *Content Stakeholder*? Dabei kann es sich um die folgenden Gruppen handeln:

- Kunden
- potenzielle Kunden
- Mitarbeiter
- Medienvertreter
- Multiplikatoren
- Influencer

Buyer Personas helfen, sich die Zielgruppe konkreter vorzustellen, um sie dann gezielt anzusprechen. Dafür wird ein idealtypischer Vertreter der Zielgruppe mit seinen relevanten Merkmalen und einem klaren Profil beschrieben. Denken Sie an eine Geburtstagskarte: Fällt es leichter, die Karte für Tante Jutta zu formulieren oder an eine Person zu schreiben, die Sie nicht kennen? Bei Tante Jutta haben Sie sofort ein Bild vor Augen, wissen, wie alt sie ist, kennen ihre Vorlieben und Gewohnheiten. Starten Sie eine Umfrage auf Ihrer Website oder nutzen Sie dazu Informationen aus Ihrer Marktforschung. In Kapitel 2 zur Strategie gehen wir noch detaillierter auf das Thema Persona ein.

Anhand der Ausprägung folgender Merkmale lässt sich eine *Buyer Persona* bestimmen:

- Alter
- Geschlecht
- Beruf
- Ausbildung
- Interessen
- Kaufverhalten
- Mediennutzung und Informationsverhalten
- Tagesablauf
- familiäre Situation
- Herausforderungen im Alltag
- Wertvorstellungen/Einstellungen

◀ **Abbildung 5-4**
Beispiel für eine Persona

Beispiel einer Persona

- Alter: 43 Jahre
- Geschlecht: weiblich
- Beruf/Ausbildung: gut ausgebildet, in gehobener Position
- Interessen: Kultur, Politik, Natur
- Mediennutzung und Informationsquellen: Internet, Tageszeitung
- Tagesablauf: eng getaktet, gestresst
- Familiäre Situation: verheiratet, ein Kind
- Herausforderung im Alltag: Karriere und Familie unter einen Hut bringen
- Lebensstil/Wertvorstellungen: sozial, ökologisch

Zielgruppen und (Buyer) Personas zu bestimmen, ist kein einmaliger Vorgang. Es ist vielmehr essenziell, mithilfe von Erfolgskontrollen laufend zu prüfen, wer sich für die Inhalte interessiert. Ihre Produktpalette und Ihre Serviceleistungen ändern sich möglicherweise im Laufe der Zeit, sodass Sie zum Beispiel auf einmal verstärkt ältere (oder jüngere) Menschen ansprechen. Gleichzeitig können sich neue Zielgruppen für Ihre Produkte interessieren. E-Bikes beispielsweise unterstützen nicht mehr nur Senioren, sondern werden inzwischen auch begeistert von jungen Stadtbewohnern genutzt.

Content-Planung

Um die Ausgangssituation fundiert zu analysieren, werden bestehende Inhalte im Rahmen eines *Content-Audits*, einer Inventur für Inhalte, gesichtet und bewertet. Möglicherweise eignen sie sich zur weiteren Verwendung, sollten aber aktualisiert und überarbeitet werden. Eventuell müssen auch Keywords eingearbeitet und der Content SEO-optimiert werden. Zugleich wird durch diese Bestandsaufnahme deutlich, welche Inhalte und Formate noch fehlen. Besonders hilfreich ist es, Nischenthemen zu entdecken, in denen Sie nicht mit der Fülle an Content der Wettbewerber konkurrieren müssen. Außerdem bieten sich jene Themen an, zu denen Sie und Ihre Mitarbeiter besonderes Know-how und viel Erfahrung mitbringen. Damit können Sie Ihre *Unique Selling Proposition* (USP) definieren und den Kunden einen echten Mehrwert anbieten.

Die Statistikfunktionen der einzelnen Social-Media-Plattformen finden Sie in Kapitel 3. Durch sie und die Auswertung von Zugriffszahlen auf Websites, Blogs und Webshops können Sie eine Fülle von Daten rund um Ihre Nutzer analysieren. Sie erkennen, welche Beiträge von vielen Menschen und für lange Zeit angeschaut werden und wo die Absprungrate auffällig hoch ist. Je nach Budget empfiehlt es sich auch, mit einer (kostenpflichtigen) Analysesoftware zu Social Analytics den Prozess zu vereinfachen.

Tipp ▶ Eine hohe Absprungrate muss nicht immer aus einer geringen Qualität des Contents resultieren. Denkbar ist, dass Sie die Nutzer durch schlecht gewählte Keywords auf eine falsche Fährte gelockt haben und diese enttäuscht wieder abspringen.

Denken Sie nicht zu kompliziert, sondern berücksichtigen Sie gleichfalls bewährte Methoden und Tools wie den E-Mail-Newsletter. Auch wenn dessen Öffnungsraten mitunter gering sind, dürfen Sie einen wichtigen Aspekt nicht vergessen: Bei Ihrem E-Mail-Newsletter haben Sie das Hausrecht, zumindest wenn Sie DSGVO-konform an die Adressen gekommen sind. Social-Media-Plattformen können über Nacht ihr Gesicht verändern oder schlimmstenfalls den Laden schließen – über Ihren E-Mail-Verteiler erreichen Sie Ihre Kunden und Fans dann immer noch.

Scheuen Sie sich nicht, einen Blick nach rechts und links zu werfen, um herauszufinden, mit welchem Content vergleichbare Unternehmen Ihrer Branche arbeiten. Bitte nicht falsch verstehen, wir wollen Sie keinesfalls dazu animieren, Konzepte oder Inhalte Ihrer Konkurrenz zu kopieren. Sie bekommen aber ein Gefühl dafür, welcher Content Ihrer Wettbewerber gut oder auch weniger gut ankommt. Da deren Kunden mutmaßlich ähnlich ticken wie Ihre, hilft Ihnen diese Beobachtung durchaus weiter. Facebook lädt in seinen Seitenstatistiken Insights dazu ein, über die

Funktion *Seiten im Auge behalten* die eigene Seite und deren Beiträge mit ausgewählten ähnlichen Seiten zu vergleichen. Darüber können Sie bequem Ihre Wettbewerber auf Facebook beobachten und von deren Erfahrungen profitieren.

Redaktionsplan

Bevor es mit dem Content Marketing richtig losgeht, gilt es, Themen zu recherchieren und in einen Themenplan einzubauen. Für die konkrete Übersicht darüber, wann welcher Content veröffentlicht werden soll, benötigen Sie einen *Redaktionsplan*, auch *Content-Kalender* genannt. Diesen sollten Sie idealerweise für Wochen bis Monate im Voraus befüllen. Mit dem Redaktionsplan lässt sich das Content Marketing zeitlich und inhaltlich fundiert planen, kanalübergreifend und crossmedial. Mit einer soliden Planung können Sie einen Fundus an Inhalten und Formaten erstellen und bereithalten. Zudem hilft es dabei, einen roten Faden für Ihren Content zu entwickeln – und vermeidet, dass sich Themen wiederholen. Unternehmensintern gilt es, die Zuständigkeiten festzulegen, damit Mitarbeiter, die Content beitragen, wissen, wann und an wen sie welche Inhalte liefern müssen. Dabei sollten Sie einkalkulieren, dass Beiträge möglicherweise nicht rechtzeitig fertig werden. Es ist deshalb empfehlenswert, vorproduzierten Content in der Schublade zu haben.

Als zeitloser Content bieten sich Interviews an, in denen ein Mensch porträtiert wird. Sie können auch eine Interviewreihe anlegen, in der die gleichen Fragen immer wieder neuen Gesprächspartnern oder Mitarbeitern gestellt werden im Stil von »Drei Fragen an ...«. In Ihrem Unternehmen oder unter Ihren Geschäftspartnern werden Sie dafür sicher Freiwillige finden.

Die Veröffentlichung des Contents wird idealerweise wie folgt geplant:

* Titel und Kategorie
* Inhalt in Stichworten
* wichtige Keywords, Call-to-Action
* Format (Text, Grafik, Video ...)
* verantwortlicher Autor/Lektor
* Kanal (Blog, Social Media, Newsletter ...)
* Zeitpunkt der Veröffentlichung

Selbstverständlich empfiehlt es sich, jederzeit auf neue Entwicklungen und aktuelle Themen einzugehen, auch wenn diese nicht im Redaktionsplan stehen.

Für den Redaktionsplan oder Produktionskalender gibt es verschiedene Software, zum Beispiel Trello oder für kleine Teams das WordPress-

Plug-in Editorial Calendar. Kleinere Unternehmen können die Planung auch zunächst in einem einfachen Excel-Sheet betreiben, das im Netzwerk oder über Microsoft-SharePoint allen Beteiligten zur Verfügung steht. Mit Airtable gibt es ein Webangebot mit Apps für die mobile Nutzung. Das Tool ähnelt Excel, gilt aber als komfortabler zu bedienen. Ein paralleler Zugriff und eine Anzeige, wer wann was zuletzt geändert hat, ist dabei hilfreich. Im Internet finden Sie zahlreiche Vorlagen für einen Redaktionsplan, sodass Sie nach Ihren Bedürfnissen wählen können.

Um das Content-Management an eine Agentur outzusourcen, müssen Sie ein entsprechendes Budget einplanen. Berücksichtigen Sie, dass externe Dienstleister weniger nah an Ihren Themen sind als Ihre Mitarbeiter. Daher sind umfangreiche und präzise Briefings sowie ein regelmäßiger enger Informationsaustausch essenziell.

Tipp ▶   Erstellen Sie sowohl für externe Dienstleister als auch für Ihre intern zuliefernden Kollegen einen *Content-Leitfaden*. Listen Sie dort wichtige allgemeine Keywords auf, definieren Sie die gewünschte Tonalität und Qualität und geben Sie die Schreibweise häufig verwendeter Begriffe und Produktnamen vor.

Relevanten Content generieren

Die Kernidee des Content Marketing besteht darin, mit den Augen der (potenziellen) Kunden auf die eigenen Produkte und Serviceleistungen zu schauen. Überlegen Sie, welche Fragen und Probleme die Nutzer Ihrer Produkte haben, und beantworten Sie diese kompetent, verständlich und unterhaltsam. Fragen Sie Ihre Kunden direkt, wo bei ihnen der Schuh drückt, oder beobachten Sie die Diskussionen in den sozialen Medien, Foren und Expertenblogs. Werten Sie die interne Suchfunktion Ihrer Website oder Ihres Webshops aus. Daran erkennen Sie, welche Inhalte die Besucher vermissen oder nicht direkt gefunden haben – und können diese Informationen gezielt anbieten. Weitere Anregungen bekommen Sie im Austausch mit Ihren Kollegen aus dem Serviceteam sowie dem Vertrieb. Stellen Kunden den Kollegen von der Hotline immer wieder die gleichen Fragen, ist deren Beantwortung einen Beitrag wert. Sie entlasten so Ihr Serviceteam, und die Kunden freuen sich, leicht verständliche Informationen schnell zu finden.

Die Produktion von Content

Content Marketing hat idealerweise nur einen geringen werblichen Anteil, und dieser sollte nicht auf den ersten Blick erkennbar sein. Wer als Content-Marketing-Experte das journalistische Handwerk beherrscht

---

und prägnant zu texten gelernt hat, ist im Vorteil – auch wenn es sich nicht um klassischen Journalismus handelt. Verkauft die Meier GmbH Wanderstöcke, bietet es sich an, dass sie Wissenswertes rund um das Wandern veröffentlicht. So könnte das Unternehmen regelmäßig schöne Wanderwege vorstellen und Tipps zur passenden Ausrüstung geben. Gelegentlich darf es auch direkt um das Produkt gehen. So erklärt der Hersteller beispielsweise, wie die korrekte Größe von Wanderstöcken ermittelt wird oder wie sich Wanderstöcke am besten auf eine Flugreise mitnehmen lassen.

Die meisten Menschen zeichnen sich durch eine gewisse Neugier aus. Daher können Sie mit einem Blick hinter die Kulissen Ihres Unternehmens und Ihrer Produktion punkten. Die Kunden interessieren sich für die Menschen hinter der Marke, egal ob es sich um die Geschäftsführerin, den leitenden Ingenieur oder die Empfangsdame handelt. Auch die Gründung des Unternehmens oder die Geschichte des Entwicklungsprozesses eines Produkts sind dankbare Themen. Damit werden Ihre Produkte und Ihre Marke unverwechselbar, denn die Kunden verbinden mit ihnen Gesichter und eine Geschichte.

Interaktion durch relevanten Content

Mit welchem Content gelingt es, die Konsumenten dazu zu bringen, sich zu engagieren und mitzudiskutieren? In diesem Zusammenhang ist es wichtig, die Algorithmen in Social Media zu kennen. Entsprechende Hinweise zu Twitter, Facebook, Instagram, Snapchat und YouTube finden Sie in den Kapiteln 7 bis 10. Interpretiert zum Beispiel Facebook den Content als relevant, wird er mehr Nutzern angezeigt, entsprechend ist er stärker sichtbar und verbreitet sich damit schneller. Facebook kann die Relevanz der Inhalte nur anhand grober Kriterien beurteilen und berücksichtigt daher die Reaktion der Nutzer. Kommentieren, teilen und liken diese fleißig, ist das ein Signal, dass der Content relevant ist.

Haben Sie stets ein Auge auf aktuelle Entwicklungen und prüfen Sie, ob Sie ein derzeit heiß diskutiertes Thema aufgreifen, also eine Art *Newsjacking* betreiben können. Sofern das Thema zu Ihren Produkten und Ihrer Marke passt, spricht nichts dagegen, sich näher mit *Real-Time-Marketing* zu befassen. Dabei gilt es, genau jene Themen herauszupicken, die trendy, aber nicht zu abgegriffen sind, sodass sie von Ihrer Community angenommen werden. Außerdem sollten Sie prüfen, ob die Themen positiv belegt sind. So kann ein Thema intensiv im Netz diskutiert werden, aber nur, weil sich immer mehr Menschen darüber empören. Es gilt also, mithilfe eines Social-Listening-Tools das Sentiment der Diskussion auszuwerten, sprich die Tonalität.

Content-Formate

Für eine erfolgreiche Content-Strategie bieten sich Elemente des Storytellings an: Nutzen Sie dabei die komplette Bandbreite der Content-Formate. Dazu zählen Erklärvideos, Tutorials, Podcasts, Blogbeiträge, Whitepapers und gut recherchierte und verständliche Infografiken. All diese Formate haben den Vorteil, dass sie für längere Zeit genutzt und bei Bedarf aktualisiert werden können. Für spielerischen und unterhaltsamen Content bieten sich Cartoons, GIFs und Onlinespiele an. Die Liste möglicher Content-Formate ist lang und umfasst auch E-Books, Landingpages, Produktbeschreibungen, FAQs, Rezensionen oder Webinare. Mit einer intelligenten Content-Marketing-Strategie können Sie einen Expertenstatus etablieren, besonders bei erklärungsbedürftigen oder exotischen Produkten.

Definition ▶ Eine individuell erstellte *Infografik* erklärt einen komplexen Sachverhalt ohne oder mit möglichst wenig Text. Die Infografik ordnet ein, vereinfacht, fokussiert und dient als Eyecatcher. Mit spezieller Software oder mithilfe von mindestens in einer Basisversion weitgehend kostenfreien Onlinediensten wie *Canva*, *Piktochart* oder *infogr.am* können auch Ungeübte eine attraktive Infografik erstellen.

Keywords und Tonalität

Durch die Brille der Kunden zu schauen, bedeutet gleichfalls, sich Gedanken über die passende Sprache zu machen. Fließen in den Content genau jene Begriffe ein, die potenzielle Kunden bei ihrer Suche verwenden, finden sie die Beiträge leichter. Gleichzeitig werden Inhalte mit relevanten Keywords von den Suchmaschinen höher gerankt. Durch die Arbeit mit Keyword-Tools wie dem Google Keyword-Planer, Google Trends, Google Suggest, Übersuggest oder Hypersuggest lassen sich verwandte Begriffe finden. Ergänzend hilft eine Recherche in Social Media. Wer in YouTube, Twitter oder Instagram einen Suchbegriff eingibt, erhält viele Informationen dazu, in welchen Zusammenhängen der Begriff auftaucht, wer ihn verwendet und welche ergänzenden Themen es gibt. Ein Beispiel für die Suche in Google und Social Media zeigen wir in Abbildung 5-5.

Arbeiten Sie ausschließlich mit Unique Content, der SEO-optimiert und spezifisch auf Ihre Zielgruppe zugeschnitten wurde. Seitdem sich das Internet zum semantischen Web entwickelt hat, unterscheiden sich die Bedürfnisse von Suchmaschinen und Ihren menschlichen Zielgruppen kaum noch. Mit gut strukturierten und angenehm lesbaren Texten, die relevant und aktuell sind, erfreuen Sie beide gleichermaßen.

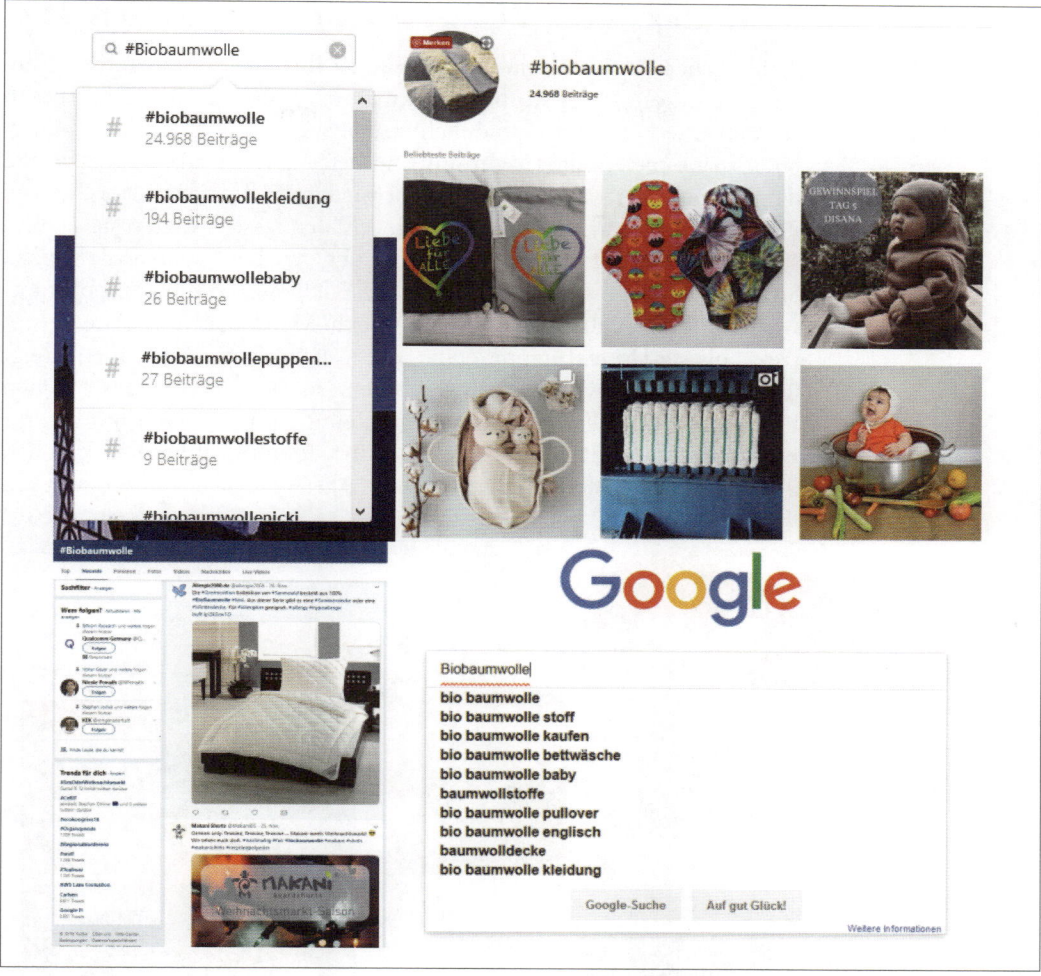

Content Marketing in Social Media

Als Schaltzentrale für das Content Marketing nutzen Sie idealerweise einen Content-Hub, auf dem Sie das Hausrecht haben. Als Content-Hub dient das Blog, die Website oder auch der Webshop. Wie in Kapitel 6 beschrieben, können Sie von Ihrem Blog aus die SEO-optimierten Inhalte in Ihre Social-Media-Kanäle ausspielen. Vermeiden Sie hierfür das automatische Teilen und teasern Sie die Beiträge individuell in jeder Plattform an.

▲ Abbildung 5-5
Keyword-Recherche in Google, Twitter und Instagram am Beispiel von »Biobaumwolle«

Die richtige Social-Media-Plattform für Ihren Content

Auf welchen Social-Media-Plattformen ist Ihre Zielgruppe aktiv? Je heterogener diese ist, desto mehr Plattformen nutzt sie. Ihre Ressourcen werden es jedoch kaum ermöglichen, alle Social-Media-Kanäle umfangreich zu bespielen, die Community zu betreuen und zu monitoren. Bei der Auswahl der Kanäle ist weniger in jedem Fall mehr. Bevor Sie eine Plattform nach kurzer Zeit wieder einschlafen lassen, sollten sie sie besser gar nicht erst starten. Die Entscheidung darüber, wo in Social Media Sie vertreten sein wollen, lässt sich mit Blick auf die Zielgruppe beantworten. Rollatoren nutzen grundsätzlich Menschen aller Altersgruppen, falls sie Unterstützung beim Laufen benötigen. Die Statistik zeigt jedoch einen Schwerpunkt in der Altersgruppe Ü60. Daher erreichen Hersteller von Rollatoren mit ihrem Content auf Snapchat nur wenige Interessenten. Verbreiten sie hingegen ihre Inhalte auf Facebook, sehen ihn dort potenzielle Kunden. Die Best Ager und Silver Surfer sind auf Facebook stark vertreten und sehr aktiv.

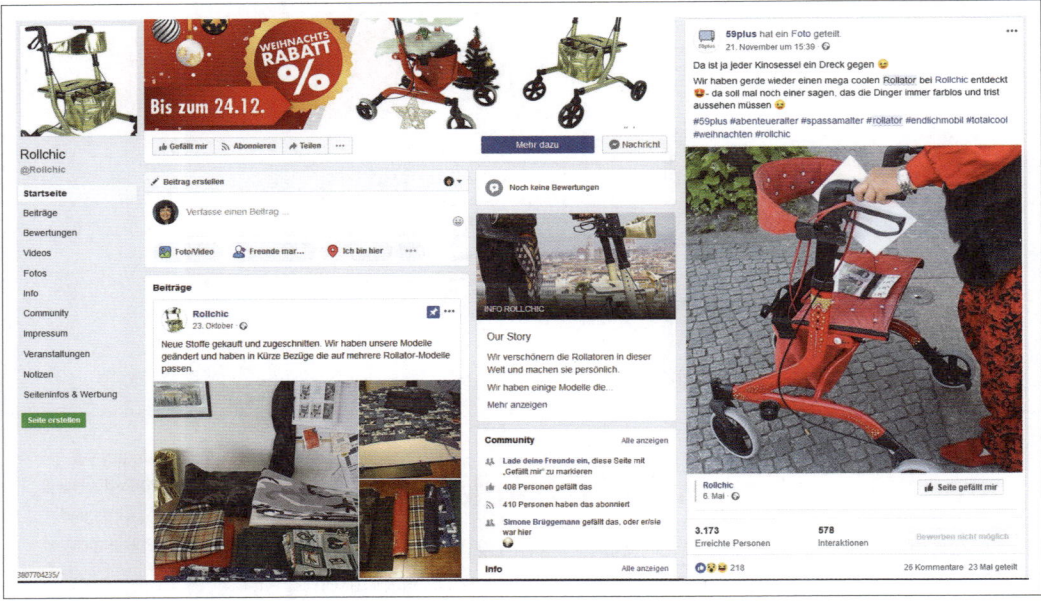

Abbildung 5-6 ▲
Die Firma Rollchic informiert bei 59plus auf Facebook über ihre eleganten Rollatoren.

Sind Sie unserer Empfehlung gefolgt und pflegen Ihr Blog als Content-Hub, verteilen Sie von dort die Inhalte in die sozialen Medien. Dabei raten wir von der bequemen Funktion ab, neue Blogbeiträge automatisiert auszuspielen. Berücksichtigen Sie die Besonderheiten der verschiedenen Social-Media-Plattformen und teasern Sie die Blogbeiträge individuell an. Letzteres funktioniert gut in Twitter, Facebook, XING und LinkedIn. Weisen Sie zudem in den passenden Fachgruppen von XING, Linked-

In oder Facebook auf neue Beiträge hin. Für Instagram bietet es sich an, ein besonders gelungenes Foto oder ein Kurzvideo zu verwenden. Nutzen Sie auch die Stories in Instagram und Facebook, um auf neue Inhalte hinzuweisen. Auf Stories gehen wir in Kapitel 10 ausführlicher ein.

Wann ist Ihre Zielgruppe aktiv?

Um den optimalen Wochentag und die Uhrzeit zu bestimmen, sollten Sie die Gewohnheiten Ihrer Zielgruppen und Personas kennen und berücksichtigen. Empfehlungen, dass Facebook-Posts in der zweiten Wochenhälfte nachmittags besonders gut laufen, sind zu allgemein und daher wenig hilfreich. Die entscheidende Frage ist, wie der typische Tagesablauf Ihrer Zielgruppe aussieht. Wann ist sie auf Facebook, Instagram oder Twitter aktiv, und greift sie eher mobil oder stationär zu?

Der Umfang und die Art der Nutzung stehen in engem Zusammenhang mit demografischen Daten, wie zum Beispiel dem Lebensalter. Die Statistikfunktionen der Social-Media-Kanäle zeigen, wann Ihre Zielgruppe dort aktiv ist. Auch an den Reaktionen auf Tweets, Facebook-Posts oder Instagram-Stories lässt sich ablesen, wann die angesprochenen Nutzer besonders rege sind.

Nutzen Sie die Möglichkeit, auf Ihrer Website oder in Social Media A/B-Tests vorzunehmen. Mithilfe dieser Tests können Sie verschiedene Inhalte, Formate oder Veröffentlichungszeitpunkte miteinander vergleichen und herausfinden, was am besten ankommt. Verändern Sie beispielsweise in einer Testversion die Farbe eines Call-to-Action-Buttons auf Ihrer Website und prüfen Sie im A/B-Test, wie sich diese Veränderung auf die Conversion-Rate auswirkt. Handelt es sich bei dem Call-to-Action-Button um das Abonnement Ihres Newsletters, können Sie leicht nachvollziehen, ob die neue Farbe mehr Besucher ermuntert, Ihren Newsletter zu bestellen.

Content Seeding

Zur Content-Marketing-Strategie gehört gleichfalls, über passende Kooperationspartner nachzudenken. Auch wenn es manchmal scheint, als würden sich Inhalte ohne große Mühe viral verbreiten, so steckt doch viel Arbeit dahinter, wenn das Unternehmen nur eine zündende Idee hat.

Das *Content Seeding* ist eine Marketingstrategie, bei der gezielt Inhalte in Social Media platziert werden. Gleichzeitig werden bestehende Kontakte zu reichweitenstarken Meinungsführern aus dem Netzwerk gesucht, damit diese den Inhalt empfehlen und teilen. ◀ **Definition**

Content Seeding heißt die Kunst, Inhalte über die richtigen Partner schnell und reichweitenstark zu verbreiten. Zu den passenden Kooperationspartnern können auch Influencer zählen. Wie Sie das Influencer-Marketing strategisch planen und zielführend umsetzen, erfahren Sie in Kapitel 4.

Ob und wie die Themen und Formate ankommen, muss fortlaufend überwacht werden. Nur so lässt sich die Strategie bei Bedarf weiter verfeinern, und Sie können die Inhalte gezielter auf die Bedürfnisse Ihrer Zielgruppe zuschneiden. Nehmen Sie sich also regelmäßig Zeit für die Erfolgsanalyse.

Content-Management-System

Damit Sie Inhalte jederzeit aktualisieren und ergänzen können, ist ein unkompliziertes *Content-Management-System*, kurz CMS, unerlässlich. Ohne große Programmierkenntnisse lassen sich in einem solchen Redaktionssystem Texte, Fotos, Videos und weitere Formate einbinden und veröffentlichen.

Folgende Fragen sollten Sie sich stellen, wenn Sie die Anschaffung eines CMS planen:

- Wie nutzerfreundlich und intuitiv bedienbar ist das CMS?
- Wie gut ist die Performance des CMS, also wie zügig lädt die Website aus Nutzersicht?[4]
- Verfügt das CMS über die für Sie passenden Schnittstellen, Erweiterungen und Plug-ins?
- Welches Budget können Sie in ein CMS investieren?
- Welche Rechte und Rollenverteilungen können Sie innerhalb des CMS für die Bearbeitung der Inhalte hinterlegen?
- Wie sicher und wie zukunftssicher ist das CMS?
- Wie gut skalierbar ist das CMS bei Wachstum des Teams oder der Zugriffe?
- Bei dem Wechsel auf ein neues CMS: Wie unkompliziert lässt sich der bisherige Content migrieren?

Neben käuflich zu erwerbenden CMS gibt es im Netz eine mittlerweile unüberschaubar große Auswahl von Open-Source-Software. Manche Designvorlagen, also Templates, kosten Geld, andere stellt die große Zahl an Experten in der Community kostenfrei zur Verfügung. Bei der Verwen-

---

4 Die Suchmaschinen sind an einem schnellen Web interessiert, sodass eine gute Performance der Website das Ranking verbessert.

dung von Templates oder selbstständigen Helferprogrammen wie Plug-ins[5] und Widgets[6] ist allerdings stets die Sicherheit der Seite im Auge zu behalten. Im Zweifel sollte ein erfahrener Programmierer zurate gezogen werden, um zu verhindern, dass Sicherheitslücken entstehen. Zu den bekanntesten und meistverbreiteten quelloffenen CMS, also Open-Source-CMS, zählen WordPress, Drupal, TYPO3, Jimdo und Joomla!.

Dos und Don'ts im Content Marketing

Authentizität ist ein wichtiger Aspekt für das erfolgreiche Content Marketing. Springen Sie nicht auf alle Trends auf und versuchen Sie nicht, jedes Erfolgskonzept der Wettbewerber zu kopieren. Bleiben Sie bei Ihren Wurzeln und stehen Sie zu Ihren Stärken.

Weniger ist mehr! Achten Sie auf die Qualität Ihres Contents, statt pausenlos neue Inhalte zu veröffentlichen. Dazu gehört, selbst im Kleinen fehlerfrei zu arbeiten. Auch wenn Sprache und Umgangston in Social Media locker sind, sollten Sie als Unternehmen Tippfehler vermeiden. Lassen Sie vor der Veröffentlichung eine zweite Person über das Posting schauen und nutzen Sie eine Rechtschreibprüfung wie *https://www.duden.de/rechtschreibpruefung-online*. Denken Sie auch an das Thema Barrierefreiheit: Sorgen Sie bei Ihren Fotos für sinnvolle Alt-Texte[7] und achten Sie auf gute Kontraste sowie eine intuitiv nutzbare Navigation.

Lässt der Bekanntheitsgrad zu wünschen übrig, sind bezahlte Anzeigen in Suchmaschinen eine hilfreiche Ergänzung zum Content Marketing. In Social-Media-Plattformen wie Facebook lässt sich ebenfalls kaum noch eine vernünftige Sichtbarkeit generieren, ohne ergänzende Anzeigen zu schalten.

Content Curation

Content Marketing klingt anstrengend, und Sie fragen sich, wie es Ihnen gelingen soll, rund um die Uhr hochwertigen und einzigartigen Content zu generieren. Wir haben die erfreuliche Nachricht, dass Sie sich dabei helfen lassen können: Das Zauberwort heißt Content Curation. Statt ausschließlich eigene Inhalte zu schaffen, weisen Sie mit Angabe der Quelle auf ausgewählte fremde Inhalte hin und kommentieren diese

---

5 Plug-ins dienen dazu, ein CMS wie WordPress um Funktionen zu erweitern. Dort können Sie über den Navigationspunkt »Installieren« passende Plug-ins auswählen.

6 Bei Widgets handelt es sich um Bausteine des CMS, wie zum Beispiel die Tag-Wolke oder den Kalender.

7 Das Alt-Attribut dient dazu, eine Abbildung innerhalb des HTML-Codes zu markieren und mit dem Alt-Text zu beschreiben. Im Rahmen der Suchmaschinenoptimierung beschreibt der Parameter den Suchmaschinen, was auf dem Bild zu sehen ist. Menschen mit Sehbehinderung können sich den Text von ihrem Screenreader vorlesen lassen.

fachkundig und persönlich. Achten Sie auf eine korrekte Quellenangabe und die inhaltliche Auseinandersetzung. Ist beides gewährleistet und stehen eigene und fremde Inhalte in einem angemessenen Verhältnis, können Sie sich auf die Zitierfreiheit im Urheberrechtsgesetz berufen.

Mit Content Curation schlagen Sie drei Fliegen mit einer Klappe:

- Sie haben mit wenig Mühe stets einen großen Fundus, aus dem Sie schöpfen können, ohne den Content immer selbst produzieren zu müssen.
- Sie etablieren sich als Experte für Ihr Themengebiet, da Sie den Markt überblicken. Sie nehmen eine Auswahl fremder Inhalte vor, ordnen diese ein und bieten somit eine gesicherte Qualität.
- Sie vertiefen die Bindung zu Ihrem Netzwerk: Empfehlen Sie Inhalte anderer, revanchieren diese sich und verweisen ebenfalls auf Ihren Content, denn: Sharing is Caring!

Abbildung 5-7 ▼
Das Expertennetzwerk
Zielbar betreibt Content
Curation und sammelt
aktuelle Fundstücke
aus Marketing und
Kommunikation.
Es geht nicht darum, Arbeit zu sparen und Content zu »stehlen«, sondern es handelt sich um eine klassische Win-win-Situation. Ihre Website, Ihr Blog oder Ihre Social-Media-Kanäle werden so zu einer Quelle relevanter Inhalte. Wählen Sie den Content sorgfältig aus und lesen Sie ihn, bevor Sie ihn sichtbar machen und teilen. Beachten Sie die Regeln des Urheberrechts, geben Sie die Quellen korrekt an und verlinken Sie auf den Originalbeitrag.

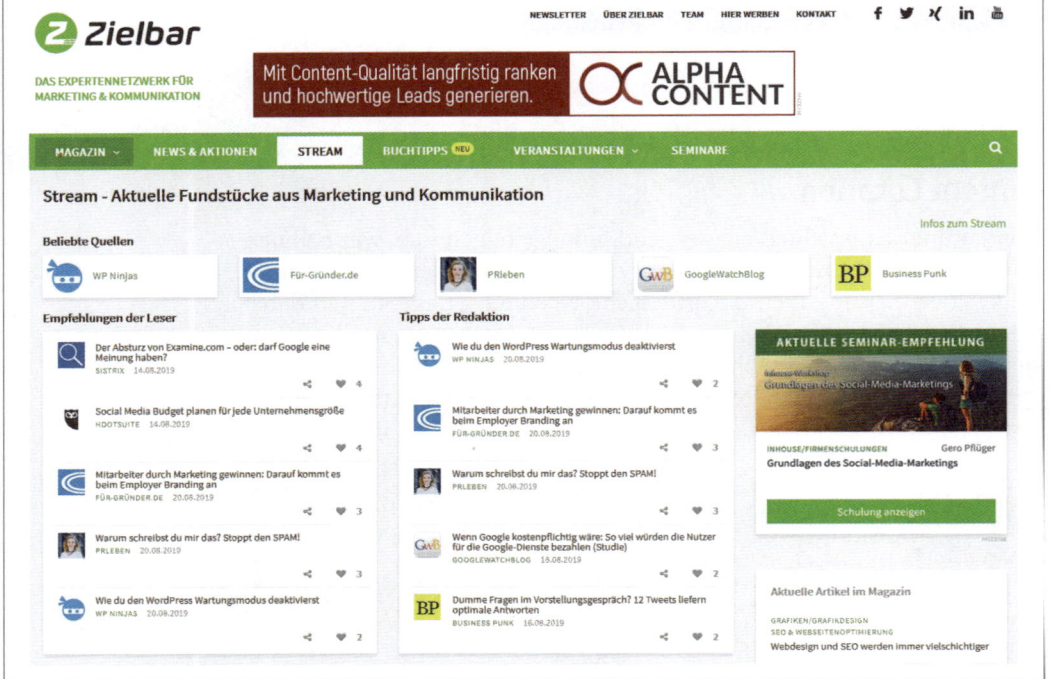

Die Quelle, die Sie zeigen oder verlinken, bekommt durch Ihre Curation mehr Reichweite. Sie ordnen das Thema ein, ergänzen und kommentieren die Beiträge, sodass Sie einen Mehrwert für Ihre Leser schaffen. Ihre Kunden und Fans freuen sich, dass sie auf Ihrer Seite gebündelt verlässliche Informationen zu einem Thema vorfinden. Sie selbst profitieren von größerer Reichweite und besserem Ranking durch die Suchmaschinen – vorausgesetzt, der kuratierte Inhalt ist hochwertig und enthält die richtigen Keywords.

Bauen Sie zudem Beziehungen zu Bloggern und Social-Media-Influencern auf und bitten Sie Ihre Kontakte, einen Gastbeitrag zu verfassen. Ist Ihre Reichweite bereits sehr hoch, kann die Veröffentlichung zu einer Win-win-Situation werden. Ist dies nicht der Fall, bieten Sie dem reichweitenstarken Blogger ein faires Honorar an. Auf diese Weise bekommen Sie nicht nur hochwertigen Content, sondern der Blogger bringt auch noch seine Fans und Follower mit. Umgekehrt kann beispielsweise Ihr Experte für das Stimmen von Carillons für einen anderen Blog einen Gastbeitrag verfassen. Somit werden Sie in einem neuen Zusammenhang und für eine neue Zielgruppe sichtbar – und können sich als Experte positionieren.

Content Refresh

Neue, hochwertige und kreative Inhalte zu produzieren, bedeutet viel Arbeit. Die bestehenden Inhalte geraten bei der schnellen Schlagzahl an neuen Blogbeiträgen oder Social-Media-Posts schnell in Vergessenheit. Der Gedanke liegt nahe, öfter die existierenden Beiträge auf den Prüfstand zu stellen und sie mit kleinen Aktualisierungen erneut ins Rennen zu schicken. Die Idee dahinter ist das *Content Recycling*, ein *Content Refresh* oder ein *Content Republishing*. Die Suchmaschinen sind bekanntlich süchtig nach neuen Inhalten. Erkennen die Crawler von Google & Co., dass Sie regelmäßig neue Inhalte veröffentlichen, kommen sie öfter zu Besuch und belohnen die Website mit einem höheren Ranking. Natürlich darf es sich dabei nicht um Duplicate Content handeln, denn diesen mögen die Suchmaschinen nicht.

Gerade bei zeitlosem *Evergreen Content*, der sich in Form von Ratgeberbeiträgen, Interviews, Tutorials und Whitepapers großer Beliebtheit erfreut, ist es wichtig, in regelmäßigen Abständen zu prüfen, ob die Informationen noch aktuell sind. Haben sich mittlerweile rechtliche Änderungen oder sonstige neue Erkenntnisse ergeben, arbeiten Sie diese unbedingt ein.

Denken Sie auch crossmedial und verwerten Sie den Inhalt eines Videos als Blogbeitrag oder die Tonspur als Podcast. Vielleicht können Sie sogar einige besonders populäre Blogbeiträge zu einem E-Book zusammenfassen.

Planen Sie zu überarbeitende Beiträge in Ihrem Redaktionsplan ein und führen Sie das eingangs erwähnte Content-Audit nicht nur einmalig, sondern regelmäßig durch.

Monitoring und Erfolgskontrolle

Content Marketing kostet Ressourcen, und daher ist eine Erfolgskontrolle unerlässlich, das *Content Controlling*. Dabei gilt die etwas modifizierte Fußballerweisheit: »Nach der Erfolgskontrolle ist vor der Erfolgskontrolle.« Monitoring und Erfolgskontrolle sind kontinuierliche Prozesse, die auf die Planung und das Ausspielen des Contents einwirken. Reagiert die Zielgruppe erkennbar stärker auf Videos als auf Fotos, sind Videos das Mittel der Wahl, um sie zu erreichen. Doch selbst diese Erkenntnis ist nicht in Stein gemeißelt. Mit der Zeit können sich die Interessen und Vorlieben ändern. Welche Tools für Monitoring und Erfolgskontrolle am besten geeignet sind, können Sie in Kapitel 3 nachlesen.

Werten Sie regelmäßig die Reichweite Ihrer Beiträge aus, die Verweildauer der Besucher, die Conversion-Rate und die Absprungrate. Ein gewisses »Trial-and-Error« gehört zum Content Marketing dazu und lässt sich durch A/B-Tests unterstützen. Zudem ist es wichtig, bestehende Tools regelmäßig auf den Prüfstand zu stellen und neue Plattformen und Software auszutesten.

Welche *Key Performance Indicators* (KPIs) sind hilfreich, um den Erfolg des Content Marketing zu überprüfen? Sie sollten SMART (*Specific*, *Measurable*, *Achievable*, *Reasonable*, *Time-bound*) sein, also spezifisch, messbar, erreichbar, relevant und terminierbar. Reichweite ist ein wichtiger Indikator, denn wenn der Content zu wenige Menschen erreicht, steht der Aufwand in keinem Verhältnis. Doch auch Umfang und Qualität der Interaktion, die der Content auslöst, gilt es im Auge zu behalten. Deshalb sollten Sie auf die Tonalität von Kommentaren und Kritik achten. Selbst die besten Social-Listening-Tools haben immer noch Schwierigkeiten, Ironie oder Sarkasmus zweifelsfrei zu erkennen.

Beispiele für KPIs des Content Marketing:

- Reichweite erhöhen: Seitenaufrufe/Unique Visitors[8]
- Conversion-Rate erhöhen
- Click-through-Rate erhöhen

---

8 Bei Unique Visitors handelt es sich innerhalb eines bestimmten Zeitraums um die einzeln gezählten Besucher einer Website, auch wenn diese mehrfach die Website aufrufen. Anhand der IP-Adresse lassen sich diese wiederholten Besuche ausfiltern. Um zu erkennen, ob nur eine oder mehrere Personen zu einer IP-Adresse gehören, sind aufwendige Filtermechanismen über eine Logfile-Analyse nötig.

- Leads generieren
- Kunden gewinnen, Sales erhöhen
- Interaktionen in Social Media: Likes, Teilen, Kommentare
- Verweildauer erhöhen
- Absprungrate verringern
- Mitarbeiter gewinnen

Die Chefetage wünscht sich meist handfeste Zahlen, um das Budget für Content Marketing zu rechtfertigen. Dazu gehört neben quantitativen Kennzahlen die Tonalität der Äußerungen Ihrer Zielgruppen. Nehmen Sie sich Zeit, um das Feedback auf Ihren Content zu analysieren. Welche Fragen, welche Kritik entnehmen Sie den Kommentaren in Ihrem Blog oder auf Ihren Social-Media-Plattformen? Lässt sich erkennen, was Ihren Kunden fehlt oder was sie abschreckt? Mit hinreichend Erfahrung im Community-Management grenzen Sie dabei ernst gemeintes Feedback problemlos von Trollen ab, die lediglich um Aufmerksamkeit buhlen.

Praxisbeispiele Content Marketing

Gute Beispiele für Content Marketing gibt es aus ganz unterschiedlichen Branchen und sowohl von internationalen Großunternehmen als auch lokalen KMUs.

Websites und Webshops sind heute nicht mehr unbedingt nur das Onlineschaufenster der Hersteller. Da viele Unternehmen erkannt haben, wie wichtig gutes Content Marketing für die nachhaltige Beziehung zu ihren Kunden ist, bieten sie Inhalte, die ihre Produkte sinnvoll ergänzen. Manche Website wird dadurch zu einem Onlinemagazin, das nebenbei die eigenen Produkte bewirbt. Etabliert sich eine solche Seite als Ankerpunkt für relevante Inhalte, entdecken die Kunden über kurz oder lang dort auch die entsprechenden Produkte. Voraussetzung sind suchmaschinenoptimierte Texte, die zudem über Social-Media-Kanäle, Newsletter oder mithilfe von Influencern verteilt und vermarktet werden.

Die Parfümerie Douglas bietet auf ihrer Website ein Onlinemagazin an (*https://www.douglas.de/tipps-trends/*). In Kategorien wie *Trends & Inspiration*, *Beratung* oder *Tutorials* bietet Douglas zahlreiche Informationen und setzt zugleich seine Produkte in das rechte Licht. Geschickt Informationen und Produktempfehlungen kombinierend, bietet die Baumarktkette Hornbach (*https://www.hornbach.de/*) zahlreiche Artikel und Praxistipps rund um Haus und Garten an.

Abbildung 5-8 ▲
Onlinemagazin von
hessnatur mit Gast-
beiträgen von Mama-
bloggerinnen

Der Anbieter von Naturtextilien hessnatur bindet in seinem Onlinemagazin *https://www.hessnatur.com/magazin/* Gastbeiträge von Bloggern und
Influencern ein. Eine gute Möglichkeit, den Content noch abwechslungs-
reicher und authentischer zu gestalten und die Zielgruppe der Familien
durch Kooperationen mit »Mamabloggerinnen« anzusprechen.

Wie Sie bereits wissen, unterstützt Content Marketing gleichermaßen B2C wie auch B2B. Die Firma Mettler-Toledo ist ein globaler Hersteller messtechnischer Lösungen. Das klingt erst mal nicht so sexy, aber dem schweizerischen Unternehmen gelingt es, sein Fachwissen und seine Inhalte durch wissenswerte Whitepapers, Fallstudien und Webinare zu verbreiten. Seinen Content verteilt der Spezialanbieter und Hidden Champion zudem über seine Social-Media-Kanäle in Facebook, Twitter, LinkedIn und YouTube.

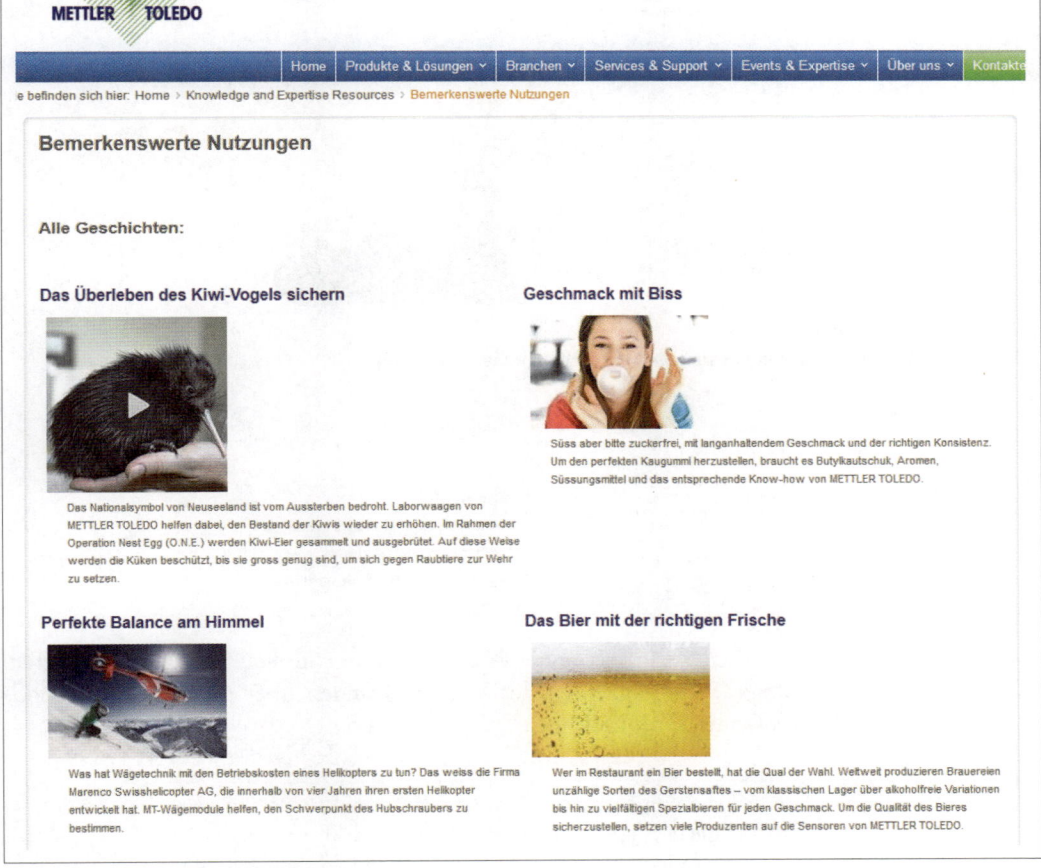

Kennen und verstehen Sie Ihre Kunden, haben Sie den ersten Schritt zum erfolgreichen Content Marketing bereits gemacht. Wenn Sie wissen, wer Ihre Kunden sind und wie diese ticken, ist es nicht mehr so schwer, deren Bedürfnisse, Fragen und Probleme zu erkennen. Bieten Sie dafür hilfreichen, aktuellen, gut verständlichen und bestenfalls unterhaltsamen Content an, merken sich die Nutzer Ihre Seite und kommen immer wieder.

▲ Abbildung 5-9
Das B2B-Unternehmen Mettler-Toledo bietet seinen Kunden vielfältigen Content an.

Abbildung 5-10 ▼
Das B2C-Unternehmen
Cosmos Direkt bietet
hilfreichen Content zu
Alltagsthemen.

Ähnliche Überlegungen hat die Cosmos Direkt angestellt, die auf Ihrer Website zahlreiche Ratgeberbeiträge für missliche Situationen des Alltags bereithält. Natürlich verweist das Unternehmen an passender Stelle auf seine Angebote, aber nicht aufdringlich, sondern eher dezent.

Behalten Sie Ihre Neugier und informieren Sie sich über Expertenseiten, Blogs, Fachmagazine oder Veranstaltungen über die neuesten Trends im Content Marketing.

Tipp ▶ Sie wollen beim Thema Content Marketing am Ball bleiben? Besuchen Sie das seit 2013 jährlich in Darmstadt-Dieburg stattfindende Content Strategy Camp #cosca. Bei diesem Barcamp dreht sich alles um Content-Strategie und Content Marketing. Etwas kostspieliger ist die Teilnahme an der CMCX in München: *content-marketing-conference.com/*. Robert Weller haben Sie bereits als klugen Gesprächspartner in diesem Kapitel kennengelernt. Sein Blog *https://www.toushenne.de/* bietet hilfreiche Beiträge rund um das Thema Content-Strategie.

Zusammenfassung

Klassische Werbung hat weitgehend ausgedient, und Content Marketing ist das Mittel der Wahl, um Vertrauen aufzubauen und sich als Experte zu positionieren. Mit hochwertigen, informativen und unterhaltsamen Inhalten, die insbesondere für Ihre Zielgruppe relevant sind, erreichen Sie Kunden und potenzielle Kunden an den Touchpoints ihrer Customer Journey. Planen Sie Ihre Inhalte strategisch und bessern Sie sie kontinuierlich nach, wenn einzelne Themen oder Formate auf wenig Resonanz stoßen. Monitoring und Erfolgskontrolle mit den richtigen KPIs helfen Ihnen dabei, Schwachstellen zu identifizieren.

Verbreiten Sie Ihren Content in jenen Social-Media-Kanälen, auf denen Ihre Zielgruppen aktiv sind. Schneiden Sie dabei den Inhalt und seine Aufbereitung auf die jeweilige Plattform zu. Mit dem richtigen Content verbessern Sie gleichzeitig Ihre Sichtbarkeit in den Suchmaschinen und in Social Media. Regen Ihre Inhalte dazu an, in Social Media geteilt zu werden, wirkt sich dies auch positiv auf das Ranking bei den Suchmaschinen aus. Regelmäßig hochwertigen Content zu produzieren, bindet Ressourcen im Unternehmen. Nutzen Sie daher Strategien wie Content Curation oder Content Refresh, um mit geringerem Aufwand relevanten Content zu erstellen und gleichzeitig Ihr Netzwerk auszubauen.

Arbeiten Sie mit Buyer Personas und verwenden Sie die richtigen Keywords. Achten Sie mit guter Navigation und Alt-Tags für Bilder auf die Barrierefreiheit Ihres Contents. Werden Sie obendrein zum Early Adopter für neue Tools, Plattformen und Formate.

Kommunizieren durch Blogs und Podcasts

Blogs sind hervorragende Instrumente digitaler Kommunikation, über die sich eine persönliche Note – der besondere Charakter Ihres Unternehmens – transportieren lässt. Sie können entweder ein eigenes Blog starten, um sich mit einem breiteren Publikum auszutauschen, oder mit anderen Bloggern Kontakt aufnehmen, um mit deren Hilfe mehr über Ihre Zielgruppen zu erfahren. Ein wichtiges Ziel ist natürlich auch, dass Blogger über Ihre Produkte schreiben. Besonders einflussreiche Blogs stellen heutzutage eine Direktverbindung zwischen Verbrauchern und Unternehmen her.

Was ist ein Blog?

Blog ist die Abkürzung für *Weblog*. Ein Blog ist eine Website, auf der Personen, Gruppen oder Firmen ihre Botschaften, Überzeugungen, Neuigkeiten oder Erfahrungen für eine breite Leserschaft publizieren. Ein typisches Blog enthält Textbeiträge, die oft mit Grafiken und Videos sowie mit einer Kommentarfunktion versehen sind. Das gesamte Blog wird in umgekehrter chronologischer Reihenfolge angezeigt, sodass die neuesten Einträge ganz oben stehen – deshalb übersetzte man den Begriff vor allem in den Anfangsjahren mit »Internettagebuch«. In den vergangenen Jahren hat sich ergänzend zur rein chronologischen Darstellung zunehmend ein Layout durchgesetzt, das an Magazine erinnert. Neben einer attraktiven Gestaltung mit größeren Aufmacherbildern bringt dies den Vorteil, dass zentrale Artikel nicht nur hervorgehoben werden, sondern auch längerfristig an prominenter Stelle stehen bleiben – statt mit jedem neu erscheinenden Artikel weiter nach unten zu rutschen und irgendwann nicht mehr sichtbar zu sein.

Der oder das Blog – oder was ist hier die Frage? Immer wieder streiten sich Blogger über den richtigen Artikel vor dem Wort »Blog«. Als Ableitung der Begriffe »Logbuch« oder »Tagebuch« sprach man zunächst über *das* Weblog bzw. Blog. Im Laufe der Zeit nutzten einige Blogger jedoch auch den maskulinen Artikel – offenbar wegen der Ähnlichkeit des Begriffs zu »der Block« oder »der Notizblock«. Die entstehenden Grabenkämpfe löste der Duden schließlich ganz nonchalant mit »das Weblog, auch der«. Sprich, erlaubt ist beides. Wir empfehlen Ihnen die sächliche Form – das Weblog. Die meisten Fehler passieren übrigens beim Deklinieren. Denken Sie also daran, dass sie *ein* Blog betreiben – und nicht *einen*.

Blogs unterscheiden sich von statischen Websites darin, dass sie wichtige Elemente des sozialen Netzwerkens enthalten. Mithilfe von sogenannten Feeds – Dateien zum plattformunabhängigen Austausch von Inhalten – können Leser ihre Lieblingsblogs abonnieren. Android-Smartphones informieren beispielsweise über die Google-Funktion *Discover* automatisch, wenn es neue Artikel auf häufig gelesenen Blogs gibt. Auch andere Apps vereinfachen das gezielte Lesen und Sammeln von Blogmeldungen – geräte- und softwareübergreifend.

Außerdem verfügen Blogs meist über Social-Media-Buttons, die das Teilen in Twitter, Facebook oder WhatsApp vereinfachen. Und weil Blogs ihre Leser in der Regel zum Kommentieren aufrufen, kann sich schnell ein Dialog ergeben, der mitunter Hunderte von Antworten hervorruft.

Die Terminologie

Die Begrifflichkeiten bei Blogs lassen sich rasch umreißen. Im Zentrum stehen die Artikel, die insbesondere bei der populärsten Plattform zum Betreiben eines Blogs – WordPress – auch als Beiträge bezeichnet werden. International spricht man von Blogpost(ing) oder Post bzw. Posting. Jeder Blogpost hat eine feste URL, den sogenannten Permalink, unter der er immer aufrufbar ist. Meist ist dieser Link so aufgebaut: *www.[blogbezeichnung].de/YYYY-MM-DD/das-ist-die-Überschrift/*.

Achten Sie darauf, diesen Permalink nach der Veröffentlichung des Beitrags nicht mehr zu verändern – Sie gefährden sonst die Auffindbarkeit des Artikels über Suchmaschinen und soziale Netzwerke, in denen der Artikel geteilt wurde. Die Linkstruktur lässt sich an Ihre Bedürfnisse anpassen, viele Corporate Blogs verzichten beispielsweise inzwischen auf das Datum.

Bei allen gängigen Blogging-Plattformen haben Sie ein sogenanntes Backend, also eine Benutzeroberfläche, in die Sie sich einloggen und von der aus Sie Ihre Inhalte steuern können. Ihre Artikel können Sie dort einpflegen und zunächst als Entwurf speichern. Vor der Veröffentlichung können (und sollten) Sie Schlagwörter (auch: Tags) und eine oder mehrere Kategorien vergeben. Beides hilft Ihren Lesern bei der Suche nach relevanten Inhalten – und beides gehört fest zur Typologie von Weblogs. Ebenso charakteristisch für Weblogs ist die Interaktion mit Lesern und anderen Blogs: Über die Kommentarfunktion können Ihre Leser direkt mit Ihnen in Kontakt treten, und über sogenannte Pingbacks und Trackbacks erfahren Sie, wenn eine andere Website einen Ihrer Blogbeiträge verlinkt hat. Sie könnten dann Ihrerseits erneut Bezug nehmen oder auf der betreffenden Website kommentieren.

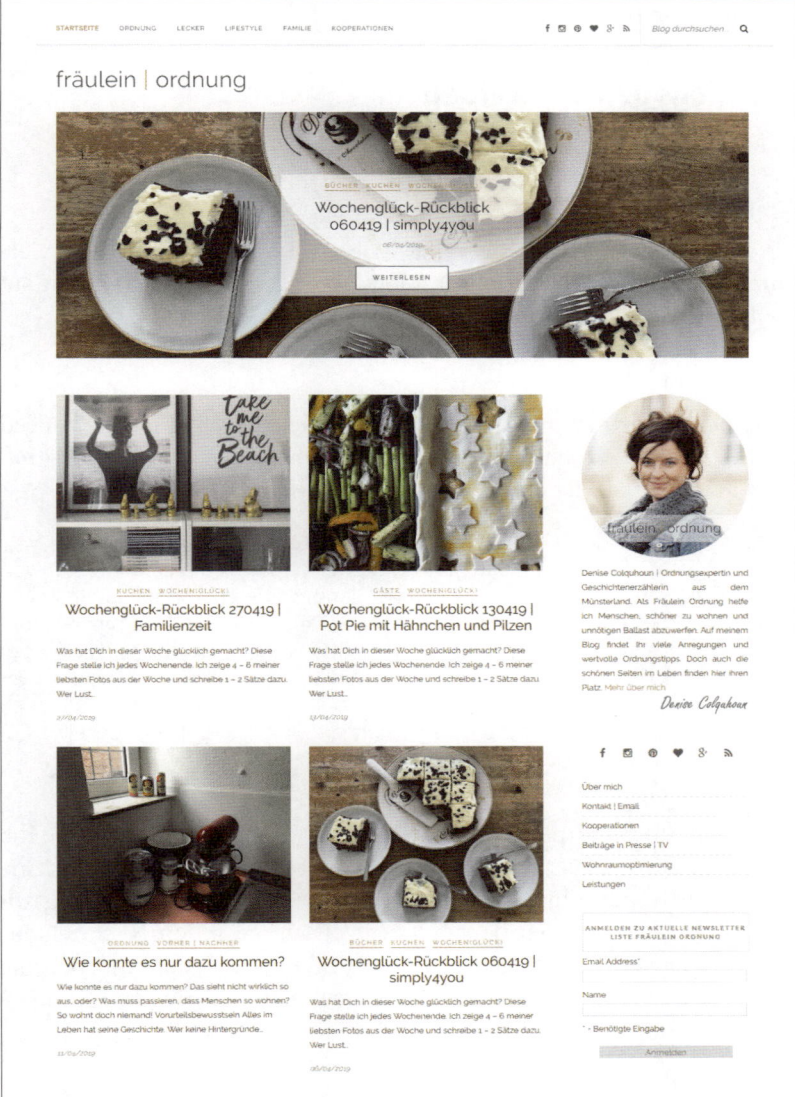

◀ **Abbildung** 6-1
Die Aufräumexpertin Denise Colquhoun bloggt unter fraeulein-ordnung.de. Auf der Startseite Ihres Blogs hebt sie in einem Slider zunächst einzelne Artikel grafisch hervor, es folgen weitere, kleiner dargestellte Artikel – immer inklusive Artikelbild, Kategorie(n), Überschrift und Vorspann. Außerdem liefert sie Informationen über Ihr Profil und Kooperationsmöglichkeiten und verlinkt ihre Social-Media-Kanäle. In der rechten Spalte lässt sich das Blog per E-Mail abonnieren, im unteren (hier nicht sichtbaren) Bereich finden sich zudem eine Tagcloud, ein Blogarchiv und ein Kategorienverzeichnis.

Auf der Startseite eines Weblogs finden sich häufig noch Elemente wie Informationen über das Blog und dessen Autoren, Links zu Social-Media-Accounts, ein Artikelarchiv, ein Suchfeld und/oder ein Kategorienverzeichnis (Blogkategorien lassen sich mit Rubriken einer Zeitung vergleichen). Etwas aus der Mode gekommen, aber dennoch charakteristisch für ein Blog sind außerdem die sogenannte Blogroll – darin verlinken Blogger die Blogs, die sie selbst gern lesen – und die Tagcloud, eine »Wortwolke«, die die häufigsten Schlagwörter der Blogartikel visualisiert. Zwingend vorhanden sollten ein Impressum und eine Datenschutzerklärung sein.

Wie Blogs gelesen werden

Es stehen viele Werkzeuge zur Verfügung, um Blogs zu verfolgen:

Direktzugriffe

Ein Blog ist nichts anderes als eine Website, und daher holen sich viele Nutzer ihre Neuigkeiten aus den Blogs ab, indem sie einfach direkt auf die Homepage des Blogs gehen und die Beiträge lesen.

Abonnement

Viele Blogleser rufen Aktualisierungen über einen RSS- oder Atom-Feed ab, der ihnen die Inhalte übersichtlich in einem dynamischen Lesezeichen im Browser oder einem Feedreader wie Feedly[1] darstellt.

Definition ▶ *RSS (Really Simple Syndication)* und *Atom* sind Dateiformate zum Veröffentlichen von Inhalten, die häufig aktualisiert werden, wie Blogbeiträge und Kommentare, Nachrichten und Podcasts. Dabei handelt es sich um Dokumente, die Zusammenfassungen relevanter Inhalte oder die Volltexte von Websites enthalten. Abonniert ein Blogleser diese Feeds, kann er die Bloginhalte mithilfe von Readern, im Browser oder auch mit einem Standard-E-Mail-Programm gebündelt lesen und sich automatisch über Aktualisierungen informieren lassen. Standard-Blogging-Software erstellt automatisch RSS- und Atom-Feeds.

Besonders für Smartphone und Tablet gibt es nützliche Apps, die die Schlagzeilen verschiedener Nachrichtenseiten, Blogs und Magazine übersichtlich und schick darstellen. Sie fungieren dabei als Aggregatoren, die die Schlagzeilen der vom Nutzer ausgewählten Nachrichtenquellen individuell einfließen lassen. Abbildung 6-2 zeigt am Beispiel der beliebten App *Flipboard* (*www.flipboard.com*), wie Sie Ihre Lieblings-

---

1   *https://feedly.com/i/welcome*

nachrichtenquellen zu einem personalisierten Magazin zusammenstellen können.

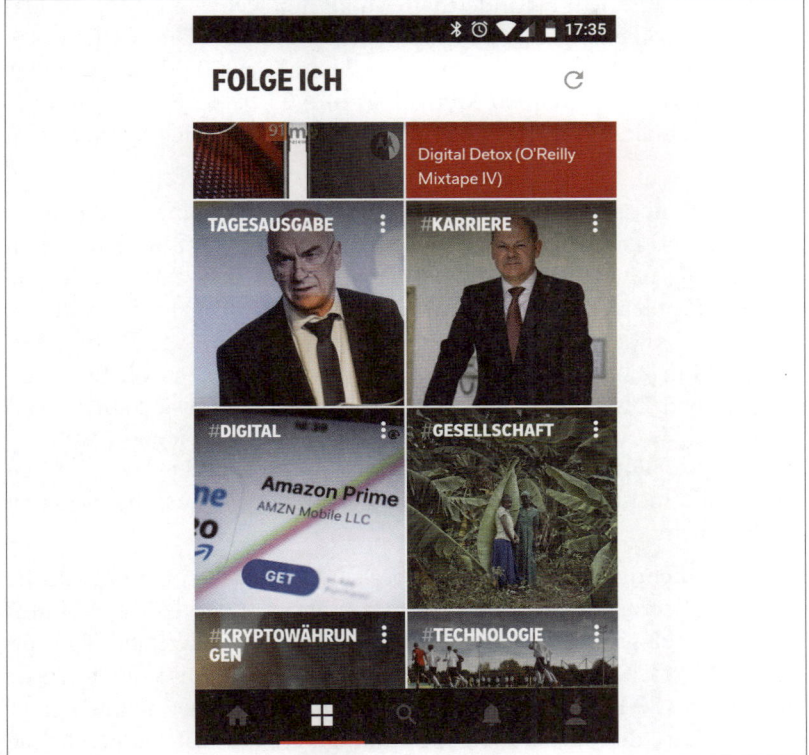

◀ Abbildung 6-2
Flipboard – ein simples Werkzeug, mit dem sich einzelne Schlagwörter, wie »Digital« oder »Gesellschaft«, aber auch Blogs, Nachrichtenmagazine und andere Quellen automatisiert verfolgen lassen.

Social Web

Blogbeiträge verbreiten sich inzwischen vorrangig über angeschlossene Social-Media-Kanäle. Blogleser abonnieren also nicht das Blog, sondern den jeweils dazugehörigen Twitter-Kanal bzw. die Facebook- oder Instagram-Seite. Damit erfahren sie aus erster Hand und unmittelbar, wann ein neuer Beitrag veröffentlicht wurde. Auch die Diskussionen über Beiträge finden dann im Social Web statt.

Per E-Mail

Sie können sich auf neue Blogartikel ebenfalls durch E-Mail-Alerts hinweisen lassen, die Sie, wie in Kapitel 2 beschrieben, bei Google einrichten können. Auch dann müssen Sie Ihre Lieblingsblogs nicht regelmäßig aktiv selbst aufsuchen und auf neue Artikel überprüfen, stattdessen lassen Sie sich den Content von Blogs direkt in Ihren E-Mail-Posteingang liefern.

Wer schreibt und wer liest Blogs?

Blogs gibt es bereits seit Mitte der Neunzigerjahre, und mittlerweile wird ihre Anzahl auf mehr als anderthalb Milliarden weltweit geschätzt. Davon entfallen allein knapp 500 Millionen auf Blogs des Diensts Tumblr[2]. Im deutschsprachigen Raum wird es wohl um die 300.000 aktive Blogs geben, darunter etwa 5.000 Modeblogs und 2.000 sogenannte Mamablogs – auch diese Zahlen sind reine Schätzwerte, die sich kaum prüfen lassen.[3]

Fakt ist: Weder für die Welt noch für Deutschland hat man verlässliche Zahlen – und da viele soziale Netzwerke ein Blogwerkzeug integrieren und ständig neue Mischformen entstehen, wird dies auch künftig so bleiben. Problematisch ist das nicht, denn ohnehin geht es nicht um Quantität, sondern um Relevanz: Wie präsent sind Blogs für die Meinungsbildung? Welche Blogs sind so einflussreich, dass sie die Entscheidungen ihrer Leser steuern können – welche Produkte sie kaufen, welchen Organisationen sie vertrauen und welche Parteien sie wählen? Und welche Blogs sind genau in meiner Nische wichtig? Diese Fragen stellen sich nicht nur Blogleser, auch Unternehmen müssen das genau untersuchen.

Genauso wichtig wie die Blogschreiber sind für Marketingtreibende die Blogleser. Bereits im Jahr 2007 kannten 77 Prozent der deutschen Internetuser Weblogs, und etwa die Hälfte las regelmäßig welche.[4] Der im Jahr 2013 erschienene »Wave 7 Report« bezifferte diese Quote sogar auf weltweit 80 Prozent. Bekannt sind Blogs und Blogger definitiv einer breiten Masse der Bevölkerung. Schaut man auf die Zeitspanne, die die Menschen täglich mit der Lektüre von Blogs verbringen, spielen Blogs seit einigen Jahren aber zugegebenermaßen wieder eine untergeordnete Rolle. Die »elbdudler Jugendstudie« nahm im Jahr 2017 die Smartphone-Nutzung von Jugendlichen unter die Lupe – und ermittelte dabei, dass nur rund 22 Prozent der befragten 14- bis 18-Jährigen mit ihren Handys Blogs lesen.[5] Weitaus beliebter: Messenger-Dienste (88 Prozent), soziale Netzwerke (84 Prozent) und sogar die SMS mit 44 Prozent. Andere Studien weisen Blogs und Blogger in ihren Fragen gar nicht mehr individuell aus, sondern fassen sie beispielsweise mit sozialen Netzwerken zusammen.

---

2 Laut eigenen Angaben: *https://www.tumblr.com/about*
3 *https://conterest.de/wie-viele-blogs-gibt-es-zahlen-statistiken/*
4 *http://www.techfieber.de/2009/09/28/studie-blog-boom-80-der-web-nutzer-kennen-weblogs/*
5 *https://jugendstudie.elbdudler.de/*

Ein klares Zeichen, dass Blogs nicht mehr zwingend differenziert wahrgenommen und genutzt werden, sondern in vielen Mischformen und Varianten stattfinden: Aus der Fashion-Bloggerin ist die Instagram-Influencerin geworden, aus dem Tech-Blogger ein YouTuber, und die Umweltaktivistin liefert per Twitter-Live-Videos frischen Content direkt von der Demonstration. Um regelmäßig ausführliche Informationen und Botschaften zu veröffentlichen, ist ein Blog nicht mehr zwingend notwendig. Eine Reihe von Vorzügen hat ein Blog dennoch, wie wir Ihnen in diesem Kapitel zeigen möchten.

Bleiben wir zunächst bei der Typologie von Weblogs. Natürlich gibt es noch immer den klassischen Tagebuchschreiber, der seine Erlebnisse, Gedanken und Gefühle notiert und häufig auch ohne kommerzielles Interesse veröffentlicht. Welche Akteure, Themen und Tools spielen darüber hinaus eine Rolle, und welchen Einfluss haben sie auf die traditionellen Medien?

Die einstige Blogsuchmaschine Technorati teilte die Blogger im Jahr 2011 allgemein in vier Gruppen ein:

Hobbyisten
> Diese Gruppe bildet das Rückgrat der Blogosphäre. Die Themen sind meist persönlicher Natur, außerdem erzielen diese Blogger kein (nennenswertes) Einkommen durch das Bloggen.

Freelancer, Selbstständige
> Unter diese Gruppe fallen beispielsweise Gewerbetreibende, die über Themen aus ihrer Branche bloggen, oder Freiberufler wie Anwälte oder Journalisten, die sich als Experte positionieren und mit anderen Vertretern ihres Fachgebiets diskutieren wollen.

Professionelle Blogger
> Diese Gruppe steckt mehrere Stunden Arbeit pro Woche in ihr Blog und kann sich auf diese Weise auch etwas dazuverdienen – einige begreifen Bloggen gar als Vollzeitjob und können auch davon leben. Hierzu gehören beispielsweise Fashionblogger, Techblogger oder auch die Familienblogger (häufig auch als Mütterblogs oder Mamablogs bezeichnet).

Corporate Blogger
> Corporate Blogger schreiben üblicherweise über Fachthemen und begleiten das Unternehmensgeschehen. Sie wünschen sich dabei vor allem Austausch und möchten das Expertentum des Unternehmens darstellen.

Auch wenn die Technorati-Studie schon in die Jahre gekommen ist, die Grundtypologie gilt noch immer. Die Gruppe der professionellen Blogger hat sich dabei thematisch deutlich aufgefächert, und weil sie meistens viele Netzwerke und Plattformen nutzen, nimmt man sie weniger als Blogger denn als Influencer wahr. Profiblogger widmen sich vorzugsweise den Themen, die sich durch Produktempfehlungen monetarisieren lassen – wie Mode, Reisen, Sport und Fitness. Oder sie konzentrieren sich auf Themen, bei denen sie etwas bewirken wollen – darunter fallen Blogs wie »Mama arbeitet«[6] von Christine Finke, die die Sorgen und Probleme alleinerziehender Eltern in den Mittelpunkt stellt, oder das »BILDBlog«[7], in dem mehrere Autoren medienkritische Postings zu Veröffentlichungen der Boulevardpresse (konkret: der Bild Zeitung) verfassen.

Blogger oder *Journalist*? Viele Blogs haben sich in den vergangenen Jahren so sehr professionalisiert oder sind gar von vornherein professionell aufgezogen worden, dass sie sich nur schwer von einer klassischen Nachrichtenseite oder einem Onlinemagazin abgrenzen lassen. Das betrifft beispielsweise Autorenblogs wie die CARTA (*http://carta.info/*), ein politisches Weblog, das von einem mehrköpfigen Herausgeberteam und vielen freien Autorinnen und Autoren betrieben wird und sich bewusst journalistische Maßstäbe setzt. Aber auch »viele der prominenteren Technik-, Mode-, Koch- oder Reiseblogs« seien journalistische Blogs, stellte eine Studie der Otto-Brenner-Stiftung fest, »weil sie publizistische Kriterien wie redaktionelle Autonomie, Aktualität oder Periodizität erfüllen«. Für die Studie befragte man unter anderem 936 professionelle Journalisten und 463 journalistische Blogger zu ihrer Haltung gegenüber PR und Werbung, zu ihrer Ausbildung und zu der Zeit, die sie zum Recherchieren und Schreiben aufwenden.[8]

Eine Umfrage unter 1.149 Bloggern nahm im Jahr 2015 die deutsche Blogosphäre unter die Lupe. Demnach ist der typische Blogger hierzulande männlich (62 Prozent), zwischen 30 und 39 Jahre alt (37 Prozent) und bloggt seit mehr als drei Jahren (64 Prozent). Mehr als 70 Prozent der Befragten verdienen mit dem Bloggen Geld, nur etwa jeder Fünfte kommt aber auf mehr als 1.000 Euro monatlich. Zu den beliebtesten Themen gehören Freizeit und Hobby (9 Prozent), Lifestyle und Mode (7 Prozent), Gesundheit und Ernährung (6 Prozent) und Reisen und Touristik (6 Prozent). Die weiteren Themen sind sehr weit gefächert von Business über Familie und Erziehung bis Beruf und Karriere und vieles andere mehr.[9]

Und auch wenn diese Studie eine Momentaufnahme war und das Ergebnis in anderen Ländern oder Märkten und mit anderen Umfrageteilnehmern abweichen kann: Es ist immer wieder lohnenswert, aktuelle Be-

---

6 *https://mama-arbeitet.de/*
7 *https://bildblog.de/*
8 *https://www.otto-brenner-stiftung.de/fileadmin/user_data/stiftung/02_Wissenschaftsportal/03_Publikationen/AH94_Blogger_Hoffjann.pdf*
9 *https://www.basta-media.de/images/news/2015/bloggerumfrage/Bloggerumfrage-2015.jpg*

fragungen und Studien zu betrachten. Eine erste Anlaufstelle ist Statista[10], aber auch Verbände wie BITKOM oder die ARD/ZDF-Onlinestudie[11] liefern gelegentlich zur Einordnung und Bewertung nützliche Erkenntnisse zur Blogosphäre. Sie ersetzen aber nicht Ihre individuelle Analyse, mit der Sie feststellen können, ob Sie Ihre Zielgruppe in der Blogosphäre wiederfinden – und wo. Vielleicht finden Sie bei Ihrer Recherche nur ein relevantes Blog, aber das verfügt über ein erstklassiges Renommee. Oder Sie stoßen auf ein Corporate Blog Ihrer Konkurrenz, das vielleicht etwas vereinsamt wirkt, aber für Sie trotzdem höchst interessant ist. Eine Google-Suche kann Ihnen einen tieferen Einblick in die für Sie relevante Blogging-Szene geben als all diese Auswertungen zusammen.

Blogging im Unternehmen

Jetzt wissen Sie etwas über die Menschen, die bloggen – aber warum ist das für Unternehmen interessant? Ganz einfach: Die Menschen reden über Ihr Unternehmen und Ihre Produkte, auch wenn Sie selbst nicht vertreten sind. Schon 2008 fand Technorati heraus, dass in Blogs sehr viel über Marken gesprochen wird, vier von fünf Bloggern veröffentlichten damals bereits Produktbesprechungen. Inzwischen hat sich das Web längst als Informationsmedium Nummer eins etabliert, die Menschen sind nicht nur ständig online, sie recherchieren vor Kaufentscheidungen auch Produktbeschreibungen und -bewertungen im Netz. 97 Prozent aller Deutschen mit Internetzugang kaufen online ein, bei 93 Prozent beeinflusst die Onlinerecherche die Kaufentscheidung.[12]

Im »Influencer Report 2013« fand Technorati heraus, dass der Einfluss der Blogger sogar größer wird, je kleiner die jeweilige Community ist. Auf den Punkt gebracht: Gerade Nischenblogger genießen in ihrer Leserschaft eine sehr hohe Glaubwürdigkeit. Für Unternehmen ist es daher umso wichtiger, den Kontakt zur Blogosphäre und zu den für ihre Branche und ihre Themen führenden Bloggern – sprich, Multiplikatoren – zu suchen. Nicht zuletzt, weil diese ihre Blogbeiträge auch sehr fleißig in sozialen Netzwerken teilen, wie der Report außerdem herausfand.

Unternehmen sollten die Blogosphäre daher mindestens beobachten und sich bei Beiträgen über Ihre Produkte oder Ihr Unternehmen per Kommentar zu Wort melden. Noch mehr Chancen auf Sichtbarkeit und Reputation nutzen Sie, wenn Sie sich aktiv in die Blogosphäre einbringen – sei es durch das Kommentieren in anderen Blogs, auch wenn es

---

10 *https://de.statista.com/themen/248/blog/*
11 *http://www.ard-zdf-onlinestudie.de/*
12 Alle Zahlen: *https://www.bitkom.org/Presse/Presseinformation/Trends-im-E-Commerce-So-shoppen-die-Deutschen-2019*

nicht direkt um Ihr Unternehmen geht, oder durch das Angebot eines eigenen Corporate Blog. Aus Blogs erfahren Sie, was die Leute über Ihr Unternehmen sagen; Sie können aktiv einen Dialog anstoßen, der Ihre Firma und Ihre Produkte und Dienstleistungen stärkt, und Sie können ein Gefühl der Zufriedenheit auslösen, indem Sie Ihren Kunden mehr Raum zur Mitwirkung geben – etwa indem Sie es ihnen ermöglichen, Feedback zu liefern oder sich auf Ihrer Website zu Fragen zu äußern. Ihr Blog und Ihre Stimme können Kunden zu Ihrer Marke locken und sie dazu veranlassen, über Ihre Firma zu sprechen. Sie können die Botschaften Ihres Unternehmens – von der Firmenkultur bis zu Produktneuheiten – verbreiten, und das ohne das Nadelöhr klassischer Medien, das Ihre PR-Abteilung bislang passieren musste. Im Grunde sind Blogs ein Mittel, um unmittelbare, vertrauensvolle Beziehungen zu den Kunden aufzubauen.

Ein wesentlicher Vorteil eines Blogs besteht zudem darin, dass Sie die volle Hoheit über Technik, Inhalte und Gestaltung haben, sofern Sie Ihr Blog auf Ihrem eigenen Server hosten (was heutzutage kaum eine Hürde darstellt und daher die Regel sein sollte). Anders als etwa bei Facebook oder Instagram geben Sie die Rechte Ihrer Inhalte nicht ab. Sie müssen auch nicht fürchten, dass Ihre Seite irgendwann gelöscht wird, weil der entsprechende Dienst eingestellt wird – wie es den Usern des Netzwerks Google+ ging. Die Verbreitung der Inhalte können Sie ebenfalls selbst steuern und sind, wie etwa bei Facebook, keinen intransparenten Algorithmen ausgeliefert. Gleichzeitig unterstützt ein Blog noch Ihr Google-Ranking, unter anderem deshalb, weil Sie ständig neue (und bestenfalls relevante) Inhalte auf Ihrer Website veröffentlichen.

Blogs als Einflussnehmer im Internet

Blogger gelten heutzutage nicht mehr nur als Tagebuchschreiber, sie nehmen auch eine journalistische Rolle ein. Manchmal bringen Blogs Nachrichten schneller als traditionelle Medien, in den allermeisten Fällen sind ihre Artikel persönlicher und/oder meinungsfreudiger. Blogger nutzen ihre öffentliche Stimme, um die Themen, die ihnen unter den Nägeln brennen, sichtbar zu machen und bestenfalls einen breiten gesellschaftlichen Diskurs anzustoßen. Da ist beispielsweise der Aktivist Raúl Krauthausen, der unermüdlich für Barrierefreiheit und Inklusion kämpft – und in seinem Blog immer wieder aktuelle Fragen anstößt.[13] Oder Andrej Holm, der über Gentrifizierung in Berlin und anderen Großstädten schreibt.[14] Einige Blogs wie beispielsweise Abgeordneten-

---

13 *https://raul.de/blog/*
14 *https://gentrificationblog.wordpress.com/*

watch[15] oder Netzpolitik[16] sind optisch einer Nachrichtenseite zwar näher als einem Blog, bedienen sich aber der klassischen Blogelemente.

Wegen der geringeren Reichweite, die diese Blogs im Vergleich zu klassischen Medien haben, ist es für Blogger naturgemäß schwerer, Themen zu lancieren und ihre Vorhaben voranzubringen. Dennoch werden ihre Postings auch von traditionellen Medien zur Unterstützung eigener Recherchen genutzt. Und immer wieder gelingt es insbesondere durch die Verbreitung der Postings via Social Media, wenigstens kurzfristig die öffentliche Debatte zu beherrschen.

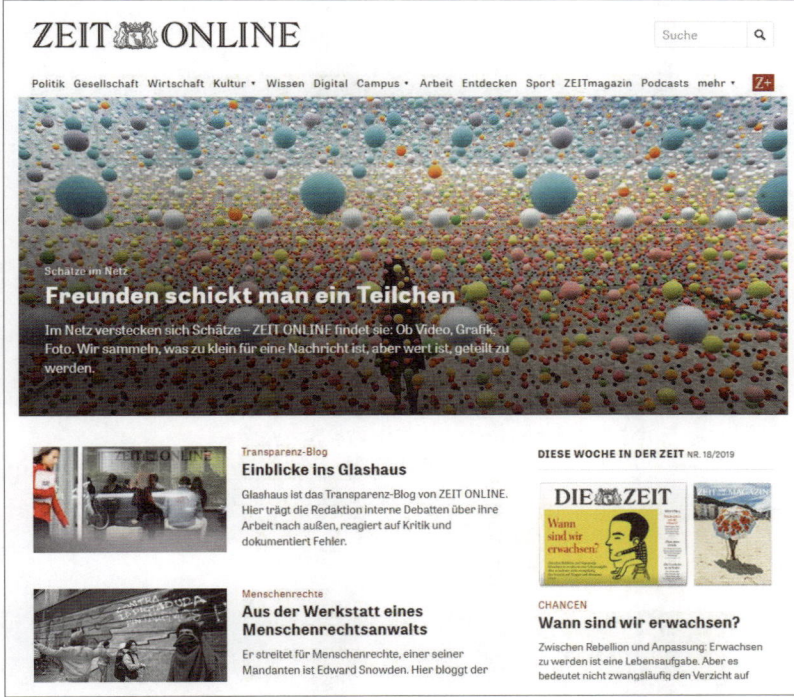

◄ **Abbildung 6-3**
Auch klassische Medien experimentieren mit eigenen Blogformaten. Unter *blog.zeit.de* finden sich beispielsweise ein Mathematikblog und ein Blog zu Rechtsextremismus (Störungsmelder).

Immer wieder finden nicht nur die Inhalte, sondern auch die Persönlichkeiten hinter den Blogs selbst Erwähnung in klassischen Medien. Die Zeitschrift Brigitte Mom etwa verzeichnet seit Jahren Elternblogs[17] in einem eigens angelegten Register, einige Fitness- und Lifestyle-Magazine stellen regelmäßig Blogger in ihren Printausgaben vor, und Modemagazine bringen lange Bilderstrecken mit »den Outfits der Fashionblogger«.

---

15 *https://www.abgeordnetenwatch.de/blog*
16 *https://netzpolitik.org/*
17 *https://www.brigitte.de/familie/mom-blogs/mom-blogs---die-aktion-10798486.html*

Blogger werden – sofern sie eine gewisse Reichweite und Bekanntheit mitbringen – hier ähnlich wie Schauspieler oder Popstars porträtiert.

Wenn Sie als Unternehmer sich unter die Blogger mischen, haben auch Sie die Möglichkeit, als kompetenter Gesprächspartner wahr- und ernst genommen zu werden. Vielleicht gelingt es Ihnen sogar, von Journalisten zitiert oder als Interviewpartner angefragt zu werden, weil Sie in Ihrem und anderen Blogs aus Ihrer persönlichen Sicht aktuelle Fragen kommentiert oder komplizierte Inhalte anschaulich erklärt haben.

Abbildung 6-4 ▶
Soulfully – das Otto-Blog für Plus-Size-Fashion – überzeugt durch Persönlichkeiten, die glaubwürdig sind und auch Stellung beziehen. Die Leserin bekommt nicht nur einfache Produktempfehlungen, sondern konkrete, redaktionell aufbereitete Styling-Tipps, die zudem häufig in eine persönliche Geschichte eingebettet sind.

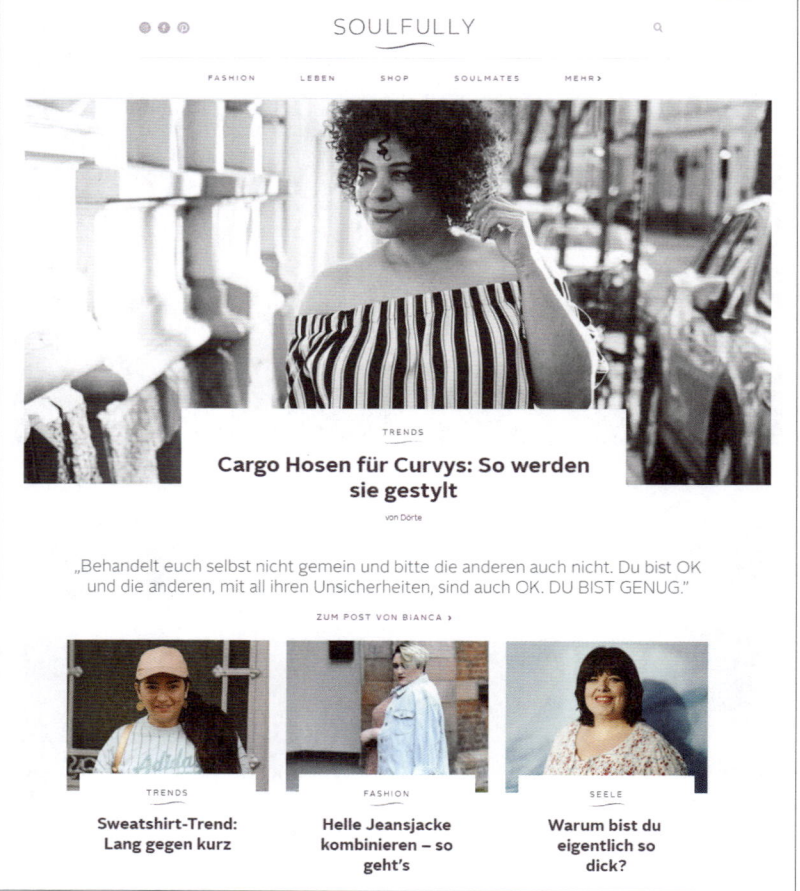

Einige Unternehmen beauftragen etablierte Blogger als (feste und gelegentliche) Gastautoren für ihr Corporate Blog. Ein gutes Beispiel ist das Fashionblog Soulfully[18], das vom Versandhändler Otto betrieben wird

18 *https://www.otto.de/soulfully/*

(Abbildung 6-4). Bei Soulfully – einem Blog, das an Kundinnen mit Interesse an Plus-Size-Mode adressiert ist – schreiben sechs erfolgreiche Bloggerinnen nicht nur über Kleider, Shirts und Schuhe, sondern eben auch über persönliche Themen wie Selbstakzeptanz und das Älterwerden, über Sport, Familie und Beruf. Die Autorinnen bringen dabei nicht nur eine enorme Authentizität und Glaubwürdigkeit, sondern auch ihre jeweils eigene Leserschaft mit.

Im Folgenden erfahren Sie, was für ein eigenes Blog spricht und wie Sie es aufsetzen und bekannt machen – und welche Alternativen es gibt, falls Blogging in Ihrem Unternehmen nicht erlaubt ist.

Ziele von Corporate Blogs

Ohne Zweifel: Bloggen ist keine leichte Aufgabe, und das Führen eines vielseitigen Corporate Blog ist sicher mit einiger Arbeit und viel Durchhaltevermögen verbunden. Doch von so einem Blog kann Ihr Unternehmen auch enorm profitieren:

Sie können neue Kunden erreichen
> Wenn Sie regelmäßig guten Content liefern, wird sich das herumsprechen – Ihre Kunden, Geschäftspartner und natürlich auch die Suchmaschinen werden Ihnen neue Leser auf Ihr Blog bringen, bei denen Sie wiederum das Interesse an Ihren Inhalten, Dienstleistungen und Produkten entfachen können.

Sie können das Vertrauen Ihrer Kunden zu Ihrer Marke stärken
> Indem Sie auf Ihrem Blog eine Diskussion Ihrer Produkte anregen, zeigen Sie, dass Sie sich für das Feedback Ihrer Kunden interessieren. Das ist absolut vertrauensfördernd.

Sie können die Kundenzufriedenheit erhöhen
> Wenn es Ihnen gar gelingt, Kunden in die Produkt- und Unternehmensentwicklung einzubeziehen, lernen Sie mehr über deren Anforderungen, und Ihre Produkte sind schließlich näher an den Kundenwünschen. Stichwort: Co-Creation – die Methode der Produktentwicklung, die Ihren Kunden hervorragende Produkte und Ihnen hervorragende Geschäftsergebnisse bescheren kann.

Sie können sich Öffentlichkeit verschaffen
> Wenn Sie noch kein Blogger in Ihrer Branche sind, wird jemand anderer die Gelegenheit ergreifen. Wenn Sie noch nicht über Ihr Produkt bloggen, wird jemand anderer es tun. Starten Sie doch Ihr eigenes Blog und bereiten Sie Ihren Kunden (und sich selbst) eine Bühne für unterschiedliche Themen und Anliegen.

Sie können Themen besetzen und vorgeben (Agenda-Setting)

In einem Blog können Sie in einen offenen Dialog mit Kunden, Geschäftspartnern und Journalisten treten, um darin frühzeitig Branchenentwicklungen zu begleiten und Produkttrends zu besetzen. Besonders Letzteres hilft dabei, sich von den Konkurrenten zu unterscheiden.

Sie können Ihre Sichtbarkeit erhöhen

Ein regelmäßig gepflegtes Blog wird natürlich auch häufiger von Google besucht und kann Ihre Website im Ranking steigen lassen. Ein Blog gibt zudem die Möglichkeit, frühzeitig über Trendthemen zu schreiben und damit häufiger aufgefunden zu werden.

Sie können Expertise vermitteln

Produktive Blogger, die konsequent wertvollen Content liefern, werden oft als Experten ihres Fachs angesehen. Das hilft nicht nur dem Blog, zu einer bekannten Marke zu werden, sondern kann auch die Blogger selbst zu begehrten Ansprechpartnern für die traditionellen Medien machen. Mehr denn je werden Blogger heute in Nachrichtenartikeln zitiert oder in TV-Sendungen geladen, und dieses Phänomen verstärkt sich noch: Wenn ein Journalist den Rat eines Experten einholen möchte, braucht er nicht weiter als bis zu seiner Suchmaschine zu gehen, um den Namen einer glaubwürdigen Quelle zu einem konkreten Thema zu finden.

Sie können Ihre Reputation stärken

Ein Blog kann für den Aufbau einer Marke von unschätzbarem Wert sein. Mit gutem Content und dem richtigen Herangehen an Ihr Publikum können Sie starke Bindungen knüpfen, die Ihnen dabei helfen, einen soliden Onlineruf aufzubauen. Und wenn Sie laufend weitere Inhalte bringen, können Sie eine Basis von Lesern aufbauen, die Ihre News oft besuchen (oder abonnieren) und dadurch Suchmaschinenzugriffe generieren. Sie etablieren sich dann als Meinungsführer, indem Sie signifikante Links von anderen Autoren und Bloggern hinzugewinnen.

Vor dem Start sollten Sie überlegen, welches der oben genannten Ziele Sie vorrangig erreichen wollen. Häufig entwickelt sich ein individuelles Ziel aus einem Defizit: Sind Sie beispielsweise viel Kritik von Kunden ausgesetzt, können Sie Ihr Blog dazu nutzen, mit ihnen in einen Dialog zu treten um konkret zu erfahren, welche Dienstleistungen und Produkte die Kunden sich von Ihnen wünschen. Falls Sie dagegen als gesichtsloser Konzern wahrgenommen werden, könnte es Ihr Primärziel sein, die Menschen hinter Ihrem Unternehmen mit all ihren Aufgaben glaubwürdig darzustellen.

Grundsätzlich dienen Corporate Blogs als firmeneigener Marktplatz für den Austausch von Informationen, deren Gestaltung und Inhalte allein von Ihnen als Unternehmen bestimmt werden. So können Unternehmensnachrichten ausführlicher und individueller dargestellt werden; das Blog ist quasi das persönliche Journal für alles, was an anderen Stellen nicht ausreichend dargestellt werden kann. Und: Sie haben das Hausrecht.

Nur für große Unternehmen?

Sie denken, *Corporate Blogs* sind nur etwas für große Konzerne mit leistungsstarker PR-Abteilung und einer per se größeren Bekanntheit? Natürlich sind mit Otto, BASF oder Adidas viele bekannte Firmen mit Corporate Blogs vertreten. Beispielhafte Wege haben aber vor allem kleine Unternehmen hingelegt: So bloggt etwa der Besitzer eines Bremer Supermarkts seit vielen Jahren sehr erfolgreich als Shopblogger (*https://www.shopblogger.de/blog/*), und auch einige Freiberufler wie der Anwalt Thomas Schwenke (*https://drschwenke.de/blog/*) oder die PR-Expertin Kerstin Hoffmann (*https://www.kerstin-hoffmann.de/pr-doktor/*) positionieren sich sehr erfolgreich mit einem Blog.

Gerade kleineren Unternehmen, deren Entscheidungswege schneller und deren einzelne Mitarbeiter generell näher am Geschehen sind, kann es deutlich leichter fallen, Themen zu finden und diese ansprechend aufzubereiten. Eine enorme Chance stellt das Bloggen für all jene Unternehmen dar, die sehr erklärungsbedürftige Produkte oder Leistungen anbieten. Sie finden in der Regel eine ganze Reihe von Themen und Fragen, die sich in einem Blog ausführlich darstellen lassen – dazu müssen sie schlichtweg die Fragen sammeln, die sie ihren Kunden am häufigsten beantworten müssen.

Ein Beispiel ist das Blog des Kreditversicherungsmaklers VIA Delcredere. Bei diesem B2B-Geschäft geht es unter anderem darum, dass Unternehmen sich gegen finanzielle Schäden durch unbezahlte Rechnungen versichern können. Sowohl die einzelnen Produkte und Anbieter als auch die Terminologie dieser Branche sind Laien jedoch nicht geläufig. Deshalb nahm sich das Unternehmen vor einigen Jahren vor, in einem Corporate Blog von ihrem Geschäftsgegenstand zu berichten und gleichzeitig auch zur Konjunkturentwicklung, zu politischen und wirtschaftlichen Trends sowie aktuellen Risiken Stellung zu beziehen. Das Blog startete 2013 mit durchschnittlich drei Artikeln pro Monat. »Die Zugriffe auf die Website des Unternehmens konnten danach Jahr für Jahr vervielfacht und mehrere Presseerwähnungen und Expertenzitate in Fachmedien erzielt werden«, resümiert Heiko Walter, der als Geschäftsführer das Blog inhaltlich eng begleitete, nach knapp sechs Jahren im Frühjahr 2019. Das Blog, das die Koautorin dieses Buchs – Corina Pahrmann – redaktionell betreuen darf, finden Sie unter *https://www.viadelcredere.de/blog/*.

Ohne Zweifel: Ein Blog aufzubauen, regelmäßig zu befüllen und es schließlich als Anlauf- und Knotenpunkt des Unternehmens zu etablieren, bedeutet eine Menge Arbeit. Als Königsdisziplin Ihrer PR-Arbeit bietet es aber auch die besten Chancen, sich unabhängig und authentisch an ein breites Publikum zu wenden.

»Ein Blog ist perfekt«

Ein Interview mit Daniela Sprung

Abbildung 6-5 ▲
Gemeinsam mit der IHK Dortmund organisiert Daniela Sprung die Blog4-Business, ein Konferenz-camp für Corporate Blogger. (Foto: Anke Sundermeier)

Daniela Sprung ist Bloggerin, Kommunikationswissenschaftlerin und Dozentin. Auf bloggerabc (*https://www. bloggerabc.de/*) schreibt sie über alle Themen rund um Corporate Blogs. Sie teilt dort ihr Know-how und Erfahrungen zum Blogmarketing, zu den richtigen Plug-ins und ganz besonders zum Bloggen für kleine und mittlere Unternehmen. Mit der Blog4Business hat sie die erste Konferenz für Corporate Blogger und mit dem Corporate Blog Barcamp das erste Barcamp zum Thema veranstaltet. Wir haben uns mit ihr über Corporate Blogging unterhalten.

Liebe Frau Sprung, Sie schreiben nicht nur selbst, sondern verhelfen unter anderem Unternehmen zu ihrem Corporate Blog. Welche Eigenschaften muss für Sie ein Blog haben, dass Sie ihn abonnieren?

Daniela Sprung: Ein Blog, dass für mich interessant ist, sodass ich es sowohl abonniere als auch weiterempfehle, muss mir Inhalte vermitteln, die für mich relevant sind, mich unterhalten und schnell zu erfassen sind. Das heißt, die Texte sind so strukturiert, dass ich sie gut überfliegen kann und dass sie mich durch gute Zwischenüberschriften und Hervorhebungen abholen. Ein *tl;dr* (*to long;didn't read*), also eine kleine Zusammenfassung oder ein Fazit am Ende, hilft mir immer sehr und gibt Pluspunkte.

Gibt es Unternehmensblogs, die Sie regelmäßig lesen?

Daniela Sprung: Ja, unbedingt. Ganz vorne mit dabei sind das Westfalen Blog der Westfalen AG (*https://blog.westfalen.com/*) und das Karriereblog der LVQ (*https://www.lvq.de/karriere-blog/*). Hier schreiben jeweils die Mitarbeiter – und keine Kommunikationsabteilung schaut drüber und korrigiert. Echter geht es schon nicht mehr, und ich empfehle sie als Best-Practice-Beispiele gern in meinen Vorträgen und Workshops. Um mich selbst im Bereich SEO, Facebook und Content Marketing auf dem Laufenden zu halten, lese ich sehr gern die Blogs von Seokratie (*https://www.seokratie.de/blog/*), Thomas Hutter (*https://www.thomashutter.com/*) und Hubspot (*https://blog.hubspot.de/marketing*) bzw. Unbounce (*https://unbounce.com/de/blog/*). Die Blogs kann ich sehr empfehlen.

Wenn Unternehmen fragen, warum sie bloggen sollten – was entgegnen Sie ihnen?

Daniela Sprung: Eine Menge. Blogs bieten hervorragende und umfassende Möglichkeiten, um die eigene Kommunikation und Marke zu stärken. Beispielsweise macht man sich durch das eigene Bloggen unabhängig von der journalistischen Berichterstattung. Eigene Statements können direkt veröffentlicht werden, und wenn die Artikel gut sind, können Unternehmen ihre eigenen Geschichten direkt erzählen und müssen nicht warten, bis die Presse es aufnimmt.

Ein Blog ist perfekt, um mit Kunden und Interessierten in den Dialog zu gehen, einen Expertenstatus online aufzubauen, seine Produkte und Dienstleistungen zu zeigen, Employer Branding zu betreiben und sich gleichzeitig unabhängig von sozialen Netzwerken und der Presse zu machen. Gleichzeitig habe ich keine Zeichenlimitierung wie bei Twitter, keinen geschlossenen Kanal wie bei sozialen Netzwerken. Und ich bin in der Lage, verschiedenste Medienformate auf einer Plattform einzubinden. Ein Blog bietet so viel Potenzial. Warum also Budget in fremde Kanäle investieren, wenn ich sie doch für mich nutzen kann?

Und die Unternehmen antworten dann: Aber warum reicht es denn nicht, einfach weiter Anzeigen zu schalten oder Rabattcoupons auszuteilen? Das »Haben wir doch immer so gemacht«-Argument ...

Daniela Sprung: Klar, kann man so machen. Aber was machen Unternehmen mit Kunden, die Anzeigen nicht mehr erreichen und Rabattcoupons gar nicht nutzen? Fakt ist, mit den nachfolgenden Generationen ändern sich die Nutzererwartungen. Ein Beispiel: Zwei Drittel der Menschen weltweit nutzen ein Mobiltelefon.[19] Rund 56 Prozent der weltweiten Bevölkerung sind im Internet, Tendenz steigend. Printanzeigen und Rabattcoupons helfen dann nicht mehr, um Kunden zu erreichen. Warum also Budget investieren, wenn ich auf meiner eigenen Plattform die Kunden zu meinen Produkten, zu Shops oder zum Vertrieb lenken kann?

Nun ist Content Marketing – Texte, Videos, Podcasts – aber sowohl konzeptionell aufwendiger als auch in der Produktion teurer als beispielsweise ein Satz Flyer. Wer kann sich ein Unternehmensblog leisten?

Daniela Sprung: Jeder, der bereit ist zu investieren. Ein Blog schreibt sich nicht von allein, es braucht eine Strategie und muss kontinuierlich bespielt werden. Das kostet Geld. Wer sich nicht im Vorfeld genaue Gedanken darüber macht, welche Ziele das Blog unterstützen soll, der sollte gar nicht erst damit starten. Unter Umständen kann es sich auch lohnen, die operative Arbeit an einem Blog auszulagern und

---

19 *https://wearesocial.com/blog/2019/01/digital-2019-global-internet-use-accelerates*

seine Kernkompetenzen anderweitig einzusetzen. Wichtig ist aber, dass das Unternehmen bei der strategischen Planung dabei ist, beispielsweise in Form von Workshops, um zu erarbeiten, was das Blog leisten soll und wie. Nur so kann ein Blog das Unternehmen widerspiegeln und der Verantwortliche entsprechend arbeiten.

Wie lässt sich Corporate Blogging messen – kann es zu Conversions, zu Umsätzen, zu führen, oder soll das gar nicht im Mittelpunkt stehen?

Daniela Sprung: Meiner Meinung nach ist das Blog in erster Linie ein dialogorientierter Kanal, der zur Unternehmensstrategie passen muss. Natürlich lässt sich messen, ob über einen Artikel vermehrt auf Whitepapers oder den Shop zugegriffen wurde. Aber wenn ein Unternehmen nur das Ziel hat, Umsätze über das Blog zu steigern, hat es meines Erachtens das Bloggen nicht verstanden. Ein Blog bietet so viel mehr und hat ein enormes Potenzial, die eigene Onlinereputation zu optimieren, Vertrauen aufzubauen und Transparenz zu zeigen, was in Krisenzeiten nicht zu unterschätzen ist. Ein Blog allein macht noch keinen Umsatz. Ein Shop, der einfach allein ins Netz gestellt wird, aber auch nicht. Es ist die Kombination aus mehreren Wegen, die zum Erzielen von Umsätzen gegangen werden. Das Blog kann den Vertrieb, das Marketing und die PR-Abteilung hervorragend unterstützen. Das muss aber strategisch geplant und umgesetzt werden.

Sie nennen das Stichwort »dialogorientiert«. Da möchten wir auf eine sehr zentrale Aufgabe eines Corporate Blog zu sprechen kommen: das Gespräch anzubieten und zu suchen. Wie schaffen es Firmenblogger denn, ihre Insel zu verlassen und sich mit anderen Bloggern und Meinungsmachern zu vernetzen?

Daniela Sprung: Indem sie prüfen, wo sich die Blogger und die für sie relevanten Meinungsmacher aufhalten, und dorthin gehen. Hört sich simpel an und ist es im Grunde auch. Der erste Schritt ist, zunächst online den Menschen zu folgen, die für einen relevant sind, ihnen zuzuhören bzw. ihre Texte zu lesen. Dann geht es darum, sich ganz klassisch in den Dialog einzubringen, wenn es etwas gibt, zu dem man eine Meinung, einen Tipp oder anderen Input beisteuern kann. Wie im echten Leben – da spricht man in der Regel auch mit den Menschen, die man trifft.

Der nächste Schritt ist dann, sich persönlich kennenzulernen. Das bedeutet, Veranstaltungen zu besuchen und sich eventuell dort zu verabreden. Viele Mitarbeiter in Unternehmen kennen den Spruch »Never lunch alone«. Man trifft sich mit Kollegen zum Mittagessen, lernt sich kennen, wenn man noch nicht viel Kontakt miteinander hatte, und tauscht sich aus. Genauso funktioniert das auch mit anderen Bloggern und Meinungsmachern. Lars Hahn von der LVQ nennt es »systematisch Kaffee trinken«. Man verabredet sich auf einen Kaffee und tauscht sich aus. Es gibt viele Barcamps, Social-Media-Veranstaltungen und Blogger-Events, auf denen man sich treffen kann. Das setzt natürlich voraus, dass man auf diese Veranstaltungen fährt – und an dieser Stelle scheitert es bei vielen Bloggern. Entweder sie bekommen Veranstaltungsbesuche und damit Netzwerktätigkeiten nicht oder nur begrenzt vom Unternehmen bezahlt, oder aber diese Events finden nach der Arbeitszeit statt, und sie möchten ihre Freizeit nicht opfern. Dann wird es schwierig.

Meine Erfahrung ist: Wer wirklich Lust hat und das nicht nur unter dem Aspekt Job sieht, der findet Menschen und Kontakte, die weit über aktuelle Jobinteressen hinausgehen. Solche Vernetzungen sind sehr wertvoll und vor allem langfristig spannend. Manch einer hat schon mehrfach den Job gewechselt, aber immer noch hervorragende Kontakte zu Bloggern und Meinungsmachern. Und das sage ich aus Erfahrung, denn bei mir war es nicht anders.

In den vergangenen 20 Jahren ist eine so große Anzahl neuer Medien und Kommunikationskanäle entstanden, dass es häufig schwierig erscheint, in dieser Gemengelage überhaupt gehört zu werden. Erschwerend kommt hinzu, dass die Aufmerksamkeitsspanne der Menschen sinken soll. Wie sehen Sie in Anbetracht dieser Faktoren die Zukunft von Corporate Blogs?

Daniela Sprung: Google+ ist weg, von Ello spricht niemand mehr, und Facebook wird regelmäßig totgesagt. Fakt ist: Blogs sind beständig. Und sie entwickeln sich weiter. Das Daimler-Blog ist dafür das beste Beispiel. So, wie wir es jetzt kennen, wird es im November 2019 komplett eingestellt, stattdessen tritt ein Magazin an seine Stelle. Das DATEV-Blog wird in Zukunft den gleichen Weg gehen.

Klassische Blogs mit ihren chronologischen Beiträgen werden nach und nach verschwinden und neuen Formaten, wie eben Magazinen, Platz machen. Blogs sind damit nicht tot, sie erscheinen nur in einem anderen Format und erhalten sich im besten Fall das, was sie so besonders macht: das Persönliche. Dabei ist und bleibt wichtig, dass die Inhalte für die Leser relevant sind. Dann schafft man eine gute Basis für ein erfolgreiches Corporate Blog bzw. Corporate Magazin, das gern konsumiert wird.

Liebe Daniela Sprung, wir danken sehr für den praxisnahen Einblick.

Ihr Corporate Blog

Vorüberlegungen

Wenn Sie vom Bloggen überzeugt sind, sollten Sie sich einige Details schon vor Beginn überlegen:

Wer könnte bloggen?

Ein Corporate Blog darf keine reine Marketingveranstaltung sein. Am besten ist es, wenn es Ihnen gelingt, alle Bereiche des Unternehmens einzubeziehen – von der Führungsetage bis zur Entwicklungsabteilung, vom Außendienstmitarbeiter bis zur Produktion. Ermutigen Sie alle, ihren Teil beizutragen – und begleiten Sie das Bloggen mit einem gründlichen Briefing aller Beteiligten. Dazu gehört auch die Erstellung von allgemeinen Richtlinien sowie Tipps zu einer guten Schreibe.

Benennen Sie ein oder zwei Mitarbeiter, die sich um die Organisation des Blogs kümmern: Dazu gehören die Akquise von Autoren, die Pflege eines Redaktionsplans sowie ganz praktische Aufgaben wie das Prüfen von Texten auf inhaltliche und sprachliche Korrektheit und auf den Einsatz der richtigen Schlagwörter für die Suchmaschinenoptimierung oder die Aktualisierung der Software. Besprechen Sie vorab, wer eingehende Kommentare prüft – auch an den Wochenenden oder während der Urlaubszeit.

Hinweis ▶ Einige Unternehmen ziehen in Betracht, externe Autoren oder Agenturen mit der Führung eines Blogs zu beauftragen. Dazu ist – wie bei allen Social-Media-Marketing-Aktivitäten – jedoch nur zu raten, wenn diese externen »Unternehmenssprecher« über alle Abläufe, die Firmenkultur, aktuelle Themen, wichtige Aufträge, Kunden und Produkte informiert sind. Wenn Externe authentisch für Ihr Unternehmen bloggen sollen, müssen sie Zugang zu allen wesentlichen Informationen haben – und im besten Fall sogar gelegentlich Zeit im Unternehmen verbringen, um die Geschichten überhaupt erst einmal zu erfahren, über die sie im Blog berichten können. Planen Sie also unbedingt genügend Zeit für das Briefing Externer ein.

Worüber soll gebloggt werden?

Viele Blogging-Anfänger haben Angst vor einem Mangel an Themen. Sowohl für die Themenfindung als auch zur Vermeidung von Beliebigkeit ist es sinnvoll, Themencluster zu entwickeln. Nehmen Sie sich für den Anfang also zwei bis drei Hauptschwerpunkte vor und deklinieren Sie dafür etwa zehn mögliche Blogbeiträge durch. Dies lässt sich ganz unkompliziert mithilfe einer Mindmap planen. Davon ausgehend können Sie die Ausrichtung Ihres Blogs anpassen, ohne Ihre Aussagen zu verwässern.

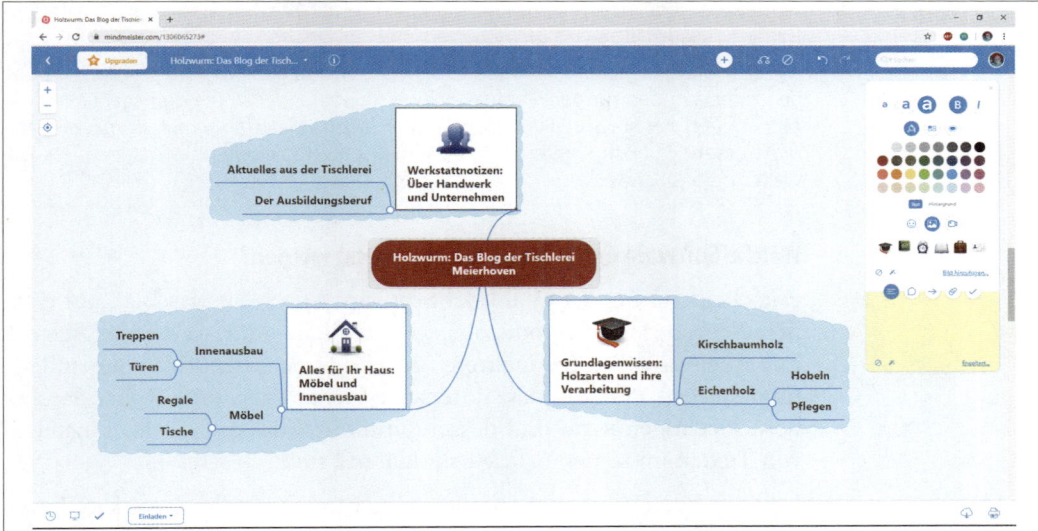

Wie soll das Blog aussehen?

Moderne Blogging-Software bietet Hunderte von Möglichkeiten: vom schlichten, tagebuchähnlichen Design über dreispaltige Layouts hin zu komplexen Websites, die auf den ersten Blick kaum ihren Blogging-Charakter verraten. Schauen Sie sich in der Blogosphäre um und überlegen Sie dann, was Sie benötigen: zwei Spalten für Ihre Beiträge und ein paar Links oder mehrere Unterseiten für viele Kategorien? Beachten Sie, dass das Bloglayout mit dem Corporate Design Ihres Unternehmens und Ihrer Website korrespondieren muss. Skizzieren Sie für den Anfang Ihre Bedürfnisse, das erleichtert Ihnen später, sich im riesigen Angebot verfügbarer Blogdesigns zu entscheiden. Denken Sie auch an feste Bestandteile wie ein *Impressum*, eine *Datenschutzerklärung* und eine *About*-Seite. Achten Sie darauf, Ihr Blog nicht zu überfrachten, sondern Ihren Besuchern eine möglichst klare und einleuchtende Struktur zu bieten.

▲ **Abbildung 6-6**:
Vertrauen Sie auf Ihr Know-how und Ihre Erfahrung: Als Experte sind Sie Meister Ihres Fachs und finden sicherlich zügig Artikel-ideen. Eine Mindmap – hier mit dem Onlinedienst Mindmeister.com erstellt – hilft Ihnen, eine erste Struktur zu entwickeln. (Dazu reicht auch ein Schmierzettel.)

Laut Telemediengesetz besteht für fast alle Webangebote eine *Impressumspflicht* – ausgenommen sind faktisch nur noch rein private Websites. Unternehmensblogs, die noch dazu auf lange Zeit angelegt sind, müssen ein Impressum vorweisen, in dem die vollständige Unternehmensbezeichnung inklusive Rechtsform, Anschrift (kein Postfach), Name eines Vertretungsberechtigten, Kontaktdaten wie Telefonnummer und – zwingend – eine E-Mail-Adresse sowie gegebenenfalls entsprechende Handels-, Vereins-, Partnerschafts- oder Genossenschaftsregisternummern genannt sind. Unter Umständen muss auch eine Umsatzsteuer-ID aufgeführt wer-

◄ **Hinweis**

den. Diese Regelungen gelten ähnlich auch in der Schweiz und in Österreich. Außerdem müssen Sie eine *Datenschutzerklärung* abgeben.

Hilfreich sind Mustergeneratoren wie der Datenschutzgenerator (*https://datenschutz-generator.de/*) des Juristen Thomas Schwenke sowie der Impressumsgenerator der Münchner IT-Recht Kanzlei (*https://www.it-recht-kanzlei.de/Tools/Impressum/generator.php*). Lesen Sie auch Kapitel 15 in diesem Buch mit aktuellen Rechtstipps des Anwalts Thomas Schwenke.

Welche Software und Tools sollen eingesetzt werden?

Entscheidend bei der Wahl der Software ist, ob Sie das Blog auf eigenem Webspace hosten oder auslagern wollen – und: wer schließlich damit arbeitet. Wenn Sie mehrere Autoren haben, benötigen Sie ein leistungsstarkes System, das unterschiedliche User und Rollen/Rechte berücksichtigen kann und dessen Grundfunktionen wie das Einstellen von Texten im besten Fall selbsterklärend sind.

Im Folgenden gehen wir auf die technischen Anforderungen ein, bevor wir uns dem zuwenden, was das Blog ausmacht: spannende Themen, verständliche Texte und der rege Austausch mit Ihren Lesern und anderen Blogs.

Die technische Seite

Es gibt eine Reihe unterschiedlicher Dienste, mit denen Sie bloggen können. Entsprechend Ihren Anforderungen sollten Sie Ihre Blogging-Plattform sorgfältig aussuchen, um einen späteren Umzug von einem Anbieter zu einem anderen zu vermeiden. Grundsätzlich unterscheidet man zwischen gehosteten und nicht gehosteten Lösungen, also ob Ihr Blog auf fremdem oder Ihrem eigenen Webspace liegt. Einige Angebote können Sie kostenfrei nutzen, andere Anbieter verlangen einmalig oder regelmäßig Gebühren.

Blogsoftware macht es sehr einfach, Inhalte schnell und professionell auf Webseiten zu bringen. Auf allen gängigen Plattformen lassen sich Links und Bilder einfach einfügen, ohne dass man dafür nennenswerte Vorkenntnisse in HTML benötigt. In der Regel schmücken sich Blogging-Plattformen mit vollständigen WYSIWYG-Editoren (WYSIWYG steht für *What You See Is What You Get*).

Definition ▶   *WYSIWYG* bedeutet, dass bei einer laufenden Verarbeitung bereits das Endergebnis des Prozesses angezeigt wird. In der Sprache der Blogger ist ein WYSIWYG-Editor ein System, in dem man statt des HTML- und/oder CSS-Codes die betreffende Formatierung (fett, kursiv, Links, Bilder etc.) auf dem Bildschirm sieht. Für Nutzer, die sich mit Webprogrammierung und -design nicht auskennen, sind WYSIWYG-Editoren ungemein hilfreich. Wenn Sie oder Ihre Koautoren keine HTML-Kenntnisse haben, sollten Sie eine Plattform mit einem ausgereiften, intuitiv nutzbaren WYSYWIG-Editor in Betracht ziehen.

Übliche Bestandteile und Funktionalitäten von Blogs wie die Vergabe von Schlagwörtern und Kategorien oder die Einrichtung von Permalinks sind in sämtlicher Blogging-Software bereits integriert – Sie können also sofort loslegen. Außerdem sorgt die Software durch Pinging auch für ein Update der Feedreader (oder »Aggregatoren«) und zeigt Ihren Lesern immer die aktuellsten Inhalte an. Somit sind Blogs ein mächtiges und schnelles Publishing-Medium. Das wird auch von den Suchmaschinen registriert, die mit ihren Spidern deutlich häufiger vorbeikommen als bei statischen Websites.

Blogging-Software

Wir stellen Ihnen nun einige Dienste vor, die sich zum Bloggen eignen – je nachdem, ob Sie die Inhalte auf dem eigenen Webserver, auf externen Plattformen oder innerhalb sozialer Netzwerke veröffentlichen möchten.

Wenn Sie Ihr Corporate Blog selbst hosten wollen, können Sie auf ein Content-Management-System (CMS) wie WordPress, TYPO3 oder Joomla! zurückgreifen. Dabei handelt es sich um kostenfreie Open-Source-Software, die Sie auf Ihrem Webserver installieren und auf Ihre Bedürfnisse anpassen können. Content-Management-Systeme basieren in der Regel auf der Programmiersprache PHP und benötigen außerdem einen MySQL-fähigen Server – das halten die meisten Webspace-Anbieter vor, ohne dass Sie sich um die Details kümmern müssen. Externe Blogging-Plattformen und soziale Netzwerke kommen dann ins Spiel, wenn Sie sich mit keinerlei technischen Aspekten auseinandersetzen wollen oder können – und auch keine Hilfe beim Administrieren Ihres Blogs in Anspruch nehmen wollen.

Hier sehen Sie einige der beliebtesten Plattformen für jeden Anspruch im Überblick.

Auf dem eigenen Webspace

WordPress (https://de.wordpress.org/)
> WordPress (siehe Abbildung 6-7) ist die beliebteste Plattform. Die Software ist anpassungsfähig, und Tausende von Entwicklern kümmern sich um seine Weiterentwicklung und Ergänzung. Sie können WordPress einfach herunterladen und auf Ihrem Webserver installieren und pflegen. Direkt nach der Installation ist Ihr WordPress vollständig modifizierbar. Sie können (und sollten) die Website an

das Corporate Design Ihres Unternehmens anpassen und nach Lust und Laune mit Features und Funktionalitäten ausstatten.

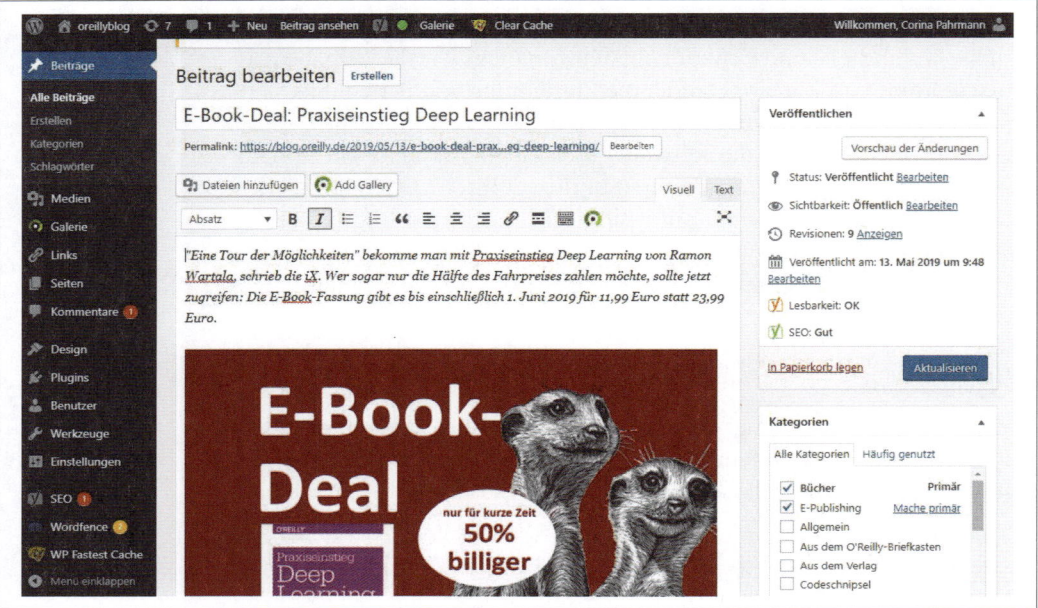

Abbildung 6-7 ▲
Ähnlich einfach und intuitiv wie bei einem Textverarbeitungsprogramm: Blogartikel einstellen und formatieren mit WordPress

Das Schöne: Sie müssen das Rad nicht neu erfinden, sondern dürfen auf ein bereits entworfenes, programmiertes und erprobtes Layout zurückgreifen. Viele dieser sogenannten Themes – also Vorlagen – sind kostenfrei oder zu sehr erschwinglichen Lizenzgebühren erhältlich. Eine Anlaufstelle ist WordPress.org[20], ein bekannter Shop für Premium-Themes ist beispielsweise Themeforest.net[21]. Hilfeforen und Vorschauwebsites geben einen guten Überblick darüber, wozu das jeweilige Theme imstande ist. Zusätzlich können Sie Ihr Blog mit Plug-ins ergänzen, auch diese liefert die WordPress-Community mit aktuell rund 55.000 verschiedenen Mini-Erweiterungen zuhauf. Einige sehr nützliche Plug-ins sind Tools wie *Yoast*, das Ihre Texte auf Suchmaschinenoptimierung prüft, oder *Imagify*, das automatisiert die Dateigröße Ihrer Grafiken verkleinert, und auch *W3 Total Cache*, das die Ladegeschwindigkeit Ihrer Website erhöht.

WordPress ist mächtig, aber dennoch intuitiv und schnell erlernbar. Zudem gibt es vielfache Anleitungen sowie Hilfestellung im Web etwa in Foren, auf Blogs oder in Facebook-Gruppen sowie offline

---

20 *https://de.wordpress.org/themes/*
21 *https://themeforest.net/category/wordpress*

bei WordPress-Meet-ups in vielen deutschen Städten.[22] WordPress dürfte die geeignetste Plattform für Blogs mit Gewinnerzielungsabsicht sein.

Einen Nachteil hat WordPress allerdings: Als äußerst populäres Tool ist es immer wieder Angriffen durch Hacker ausgesetzt. Wenn Sie nicht selbst tief in die Administration und Netzwerksicherheit einsteigen wollen oder können, holen Sie sich technische Hilfe ins Boot. Sofern Ihr Unternehmen über einen IT-Verantwortlichen oder sogar eine ganze IT-Abteilung verfügt, sollten Sie die Installation, Konfiguration und Datensicherung an Ihre Kollegen abgeben. Alternativ können Sie einen externen Admin beauftragen, der sich zumindest um die System-Updates und -Backups, also die Sicherheitskopien Ihrer Inhalte kümmert. Dies sollte sehr zuverlässig und regelmäßig (mindestens einmal monatlich) geschehen, kalkulieren Sie das in Ihre Budgetplanung ein. Außerdem sollte ein Admin kurzfristig helfen können, wenn Ihr Blog doch einmal angegriffen wird oder aus anderen Gründen nicht erreichbar ist.

TYPO3 (https://typo3.org/)

Rund eine halbe Million Websites weltweit sollen auf dem Content-Management-System TYPO3 basieren, die Open-Source-Software eignet sich quasi für alle Unternehmens- und Projektgrößen. So stehen Social Media Manager nicht selten vor der Herausforderung, innerhalb einer TYPO3-basierten Website ein Corporate Blog zu starten. Leider bringt TYPO3 diese Funktionalität nicht von Haus aus mit, glücklicherweise gibt es aber sehr viele frei verwendbare Extensions, von denen sich einige auch zum Bloggen eignen. Das News-Plug-in ist eine der bekanntesten davon, jedoch eher eine Allzweckwaffe für Nachrichten aller Art. Ohne technische Unterstützung (oder eigene Vorkenntnisse) geht es bei TYPO3 kaum, dafür läuft das System sehr stabil und ist auch nicht erstes Ziel bei Hackerangriffen.

Drupal (https://www.drupal.org/)

Auch Drupal ist ein auf PHP basierendes Content-Management-System, das Sie auf Ihrem eigenen Webspace installieren und mit dem Sie ein oder mehrere Blogs einrichten können. Es wird vor allem von sehr komplex aufgebauten und/oder stark frequentierten Websites genutzt und verfügt über einen sehr schlanken Kern, der sich mit sogenannten Modulen erweitern lässt. Eine weltweite Entwicklercommunity kümmert sich um das Open-Source-Tool, insbesondere die Installation und Konfiguration von Drupal ist allerdings nicht trivial – hier ist also technischer Support vonnöten.

---

22 *https://www.meetup.com/de-DE/topics/wordpress/de/*

Joomla! (https://www.joomla.de/)

Joomla! ist ein beliebtes CMS, dessen Nutzung ebenfalls kostenfrei ist. Wenn Ihre Website auf Joomla! läuft, können Sie eine Blog-Extension[23] installieren oder alternativ ein sogenanntes Kategorieblog einrichten. Auch mit Joomla! lassen sich so Beiträge anlegen, mit Schlagwörtern versehen und veröffentlichen. Außerdem verfügt Joomla! ebenfalls über einen intuitiv nutzbaren Editor und ist durch verschiedene Module erweiterbar.

Contao (https://contao.org/de/)

Das CMS Contao eignet sich für kleine bis mittelgroße Websites und hat auch eine Newsfunktion an Bord, mit der recht schnell ein Blog aufgesetzt, Beiträge geschrieben, mit Tags versehen und veröffentlicht werden können. Dazu bringt Contao auch einen Feed, die Kommentarfunktion, ein Archiv und andere typische Bestandteile mit. Contao ist für Einsteiger leicht verständlich, wer sein Blog jedoch mit mehr Funktionen und optischen Finessen ausstatten will, muss dann etwas tiefer einsteigen.

Serendipity (https://docs.s9y.org/)

Serendipity bietet eine große Auswahl an Plug-ins und eine hilfsbereite Community. Mit Serendipity lassen sich komplette Websites (auch ohne Blogfunktion) aufbauen, eine (begrenzte) Zahl von Layoutvorlagen steht ebenfalls zur Verfügung. Es werden keine Lizenzgebühren verlangt, zudem gilt das System als sehr sicher. Serendipity wird seit Jahren als Geheimtipp gehandelt.

MovableType (https://www.movabletype.com/)

MovableType sieht sich als professionelle Plattform und wird von einigen der einflussreichsten Blogger verwendet. Nach der Installation auf dem eigenen Webhost können MovableType-Nutzer auf einer einzigen Administrationsoberfläche mehrere Weblogs pflegen. Außerdem bietet das Programm anpassungsfähige Vorlagen, eine ausgefeilte Benutzerverwaltung und anderes mehr. MovableType ist nur gegen Gebühr nutzbar, diese liegt aktuell bei rund 500 US-Dollar pro Jahr, technischer Support kann hinzugebucht werden.

Auf externem Webspace

WordPress (https://de.wordpress.com/)

Eine andere WordPress-Version (nicht zu verwechseln mit der zuvor beschriebenen) ist die zentralisierte, gehostete Lösung auf der offiziellen Website von WordPress. Sie richtet sich an Nutzer, die nicht über eine eigene Domain bzw. eigenen Webspace verfügen.

---

23 *https://extensions.joomla.org/category/authoring-a-content/blog/*

Interessenten können sich – gegen eine Gebühr zwischen 0 und 45 Euro monatlich – binnen Sekunden registrieren und ein Blog einrichten. Da diese Lösung auf den Servern von WordPress gehostet wird, bietet sie weit weniger Flexibilität in Bezug auf Anpassung, Plug-ins und Themes. Außerdem führt sie nicht (oder nur über Umwege) zu höheren Zugriffen auf Ihre eigene Firmenwebsite, da der Inhalt auf einem fremden Server liegt. Dafür müssen Sie sich aber auch nicht selbst um Administration und Datensicherheit kümmern.

Medium (https://medium.com/)

Medium ist ein externer Anbieter, mit dessen Hilfe jedermann ohne umfangreiche Vorkenntnisse schnell und unkompliziert zum Publizisten werden kann. Die Plattform wurde 2012 von den einstigen Twitter-Gründern Evan Williams und Biz Stone ins Leben gerufen, um der Begrenzung Twitters auf (damals nur) 140 Zeichen ein Format für längere Texte entgegenzusetzen. Medium überzeugt wegen seines minimalistischen, sauberen Layouts, seiner klaren Ordnung in einzelne Themenressorts wie »Politics« oder »Technology« sowie aufgrund der simplen Anwendung. Und so veröffentlichen auf Medium.com regional bekannte Blogger neben großen, internationalen Zeitungen und Persönlichkeiten wie der New York Times oder Tim Berners-Lee. Auch Barack Obama gehörte während seiner Zeit als US-Präsident zu den Medium.com-Usern. Die Nutzung ist kostenfrei – und Sie können die Inhalte Ihres Blogs zumindest auf Ihren Medium.com-Account spiegeln, einige WordPress-Themes etwa bringen diese Funktion direkt mit. Vorteil: Sie können es schaffen, über die Reichweite von Medium.com ganz neue, internationale Leserschaften zu erreichen.

▼ **Abbildung 6-8**
Medium.com erinnert optisch an die Website einer Zeitung: clean, aufgeräumt und in einzelne Ressorts unterteilt, soll der Fokus auf den Inhalten liegen.

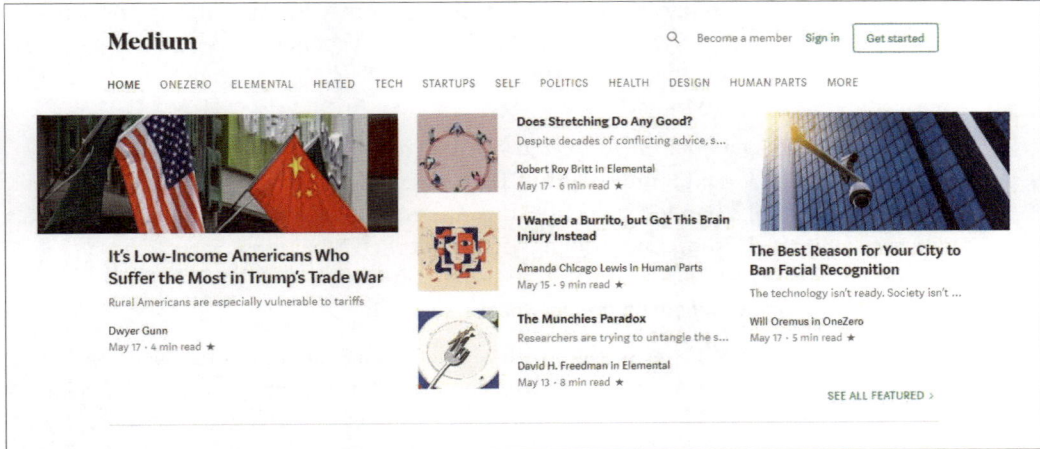

Tumblr (https://tumblr.com/)

Für alle, denen ein Blog zu aufwendig oder »groß« und Twitter wiederum zu »klein« ist, gibt es Tumblr. Seine Funktionalität liegt genau zwischen Blogging und Microblogging. Ganz simpel lassen sich Texte, Fotos, Videos und andere Inhalte teilen. Tumblr-Blogs werden daher häufig als Materialsammlung verwendet. In der Netzgemeinde beliebt sind besonders spottende Tumblr-Blogs wie *https://worstofchefkoch.tumblr.com*.

Und nicht nur die via Tumblr veröffentlichten Inhalte, sondern auch seine Funktionen sind ein riesiger Mischmasch an Webdiensten. Es gibt eine Re-Blog-Funktion, es können Profile angelegt werden, und Benutzer können sich miteinander vernetzen. Außerdem können Sie Ihre Facebook- und Twitter-Streams integrieren sowie die Kontakte abgleichen.

Tumblr überzeugt durch hohe Benutzerfreundlichkeit. Der Registrierungsprozess dauert nur wenige Sekunden, direkt danach können Sie Ihr persönliches Tumblr-Blog einrichten und es füttern. Neben vielen Templates bietet es die Möglichkeit, ein komplett eigenes Design zu nutzen. Dies macht es auch für Unternehmen mit vorgegebenen Corporate-Design-Richtlinien nutzbar. Das Bloggen funktioniert ebenfalls denkbar einfach: Feste Formulare für Text, Bild, Ton, Video und mehr lassen sich ohne jegliche Programmierkenntnisse bedienen. Eine in den Browser integrierte Tumblr-Schaltfläche ermöglicht, per Mausklick Inhalte anderer Websites in Ihren Blogeintrag zu übernehmen. Tumblr soll mehr als 500 Millionen Blogs weltweit zählen.

TypePad (https://www.typepad.com/)

TypePad ist eine gehostete Blogging-Software. Es ist bei Unternehmen und professionellen Bloggern beliebt, die eine funktionsreiche Plattform und persönlichen Support suchen. TypePad ist keine Gratislösung: Die Kosten rangieren zwischen 8,95 und 49,95 US-Dollar pro Monat.[24]

Blogger.com (https://www.blogger.com/)

Google unterhält mit Blogger.com seine eigene Blogging-Software. Es handelt sich dabei um eine gehostete, sehr einfach zu bedienende Lösung, die jedoch nicht sonderlich flexibel ist.

Bloggen innerhalb sozialer Netzwerke

Auch soziale Netzwerke – allen voran LinkedIn und Facebook – bieten das Veröffentlichen längerer Beiträge an. Besonders Freelancer

---

24 *http://www.typepad.com/pricing/*

nutzen beispielsweise die Blogging-Funktion »Pulse« des Business-netzwerks LinkedIn, um so ihr Expertentum unter beruflichen Kontakten zu präsentieren und regelmäßig im Gespräch zu bleiben. Eine durchaus sinnvolle Entscheidung, denn sie profitieren nicht nur von einer größeren Reichweite, sondern müssen sich auch hier nicht um technische Fragen kümmern.

Beachten Sie aber: Sie sind vom Goodwill der Netzwerke abhängig. Ob und wie häufig Ihr Beitrag etwa innerhalb Ihres Netzwerks angezeigt wird, ist von Algorithmen gesteuert, die weder transparent noch von Ihnen beeinflussbar sind. Noch dazu können sie sich jederzeit ändern. Und: Die Blogging-Funktion oder das ganze Netzwerk kann offline gehen, wenn der Betreiber dies entscheidet – ohne dass Sie vorher gefragt werden. Dann sind gegebenenfalls nicht nur die Kontakte, sondern auch sämtliche Inhalte im virtuellen Papierkorb pulverisiert.

Blogdesign und Widgets

Ein wesentlicher Vorteil selbst gehosteter Blogs ist, dass Sie das Layout individualisieren können. Dazu müssen Sie sich noch nicht einmal selbst in die Tiefen des Webdesigns stürzen oder einen Webdesigner beauftragen. Zu allen großen CMS gibt es Layoutvorlagen, entweder komplett kostenfrei oder häufig zu einem geringen Preis. Die größte Auswahl finden Sie, wenn Sie sich für WordPress entscheiden, aber auch bei den anderen Systemen lassen sich stilsichere Layouts aufspüren.

Das *Theme*, wie die Designvorlage bei WordPress heißt, legt sich über die Installation Ihres Content-Management-Systems. Achten Sie deshalb unbedingt darauf, dass es aus einer verlässlichen, sicheren Quelle kommt und alle erwünschten Funktionalitäten mitbringt. Dazu gehört ein responsives Webdesign, das gewährleistet, dass Ihr Blog auf allen Endgeräten unabhängig von deren Bildschirmgröße sauber dargestellt wird. Zwar versprechen dies heutzutage die allermeisten Themes, nicht immer glückt die entsprechende Umsetzung jedoch. Manchmal hüpfen beispielsweise Menüpunkte allzu wild auf dem Smartphone-Screen umher und erfordern einiges Geschick – bzw. Kenntnisse in CSS, der Sprache für Web-Stylesheets –, um sie unter Kontrolle zu bringen. Ein Blick auf die Beschreibung, die Bewertungen und FAQ des Bloglayouts kann Sie vor einem Stundengrab durch ein schwer anpassbares Bloglayout bewahren.

Manche Themes bringen einen riesigen Funktionsumfang mit, bei ihnen können Sie über Menüs noch die Farbe des kleinsten Pixels wechseln. Andere sind sehr schlicht, mit ihnen kommen gerade Anfänger sehr gut zurecht. Auch Layoutvorlagen können noch weiter angepasst werden, wenn Sie direkt in die sogenannten *Stylesheets* eingreifen – dazu ist dann aber wirklich etwas grundlegendes Webdesignwissen gefragt. Und eine Sicherheitskopie! Am Anfang dieses Kapitels nannten wir zudem ein Archiv, eine Suchfunktion oder eine Blogroll als typische Blogcharakteristika. Diese Bestandteile werden ebenfalls im Backend – also der Benutzeroberfläche Ihrer Blogsoftware – über sogenannte Widgets integriert.

Und die gehosteten Blogs? Auch diese lassen sich meist im Layout anpassen, jedoch längst nicht so umfangreich. Bei ihnen können Sie nicht unter die Motorhaube blicken und auch keine eigenen Layouts installieren, sondern sind auf die Stellschrauben angewiesen, die in den Menüs verankert sind.

Administration und Sicherheit

Bekannte kostenfreie Plattformen wie WordPress geben regelmäßig Updates heraus, da sie aufgrund ihrer großen Verbreitung häufigen Angriffen ausgesetzt sind. Achten Sie unbedingt darauf, Ihr System – inklusive der verwendeten Plug-ins – aktuell und geschützt zu halten. Viele Systeme bieten Erweiterungen, mit denen Sie Ihr Blog abschotten können. Bei WordPress empfiehlt sich unter anderem *Wordfence*, ein Plug-in, das unerlaubte Zugriffe blockiert und Ihre WordPress-Version regelmäßig nach Schadsoftware durchkämmt. Zusätzlich können Sie die Standardbezeichnungen von Log-in-Seiten und Benutzernamen verändern und verschleiern – indem Sie beispielsweise darauf verzichten, einen User namens »Admin« einzurichten, der dann auch noch alle Rechte hat. IT-Sicherheit ist weder trivial noch zu vernachlässigen, investieren Sie ein wenig Zeit und Mühe.

Wenn Sie einen rasanten Anstieg der Zugriffszahlen erwarten, vielleicht weil Sie das Blog als Plattform für virale Marketingkampagnen nutzen möchten, die in kürzester Zeit Hunderttausende von Besuchern bringen, benötigen Sie einen sehr gut ausgestatteten Webhost, um diesen Traffic zu bewältigen. WordPress erzeugt dynamische Webseiten mit PHP- und MySQL-Code, aber wenn unerwartet in kurzer Zeit viele Besucher kommen, könnte auf Ihrem eigenen Server das System abstürzen. Besprechen Sie zu erwartende Zugriffsschwankungen mit Ihrem IT-Verantwortlichen oder dem Webhost.

Tipp ▶ Von Suchmaschinen am leichtesten gefunden und am höchsten bewertet werden Blogs, die Sie selbst auf einer Subdomain oder in einem Verzeichnis Ihrer Firmenwebsite hosten, z.B. *https://blog.firma.de* oder *https://www.firma.de/blog*. Auf diese Art und Weise bringen Sie auch gleich noch Traffic auf Ihre Homepage. Eine eigens dafür neu gekaufte URL wie *www.firma-blog.de* dagegen muss sich erst durchsetzen und hat schlechtere Ausgangschancen.

Welche Software sollten Sie verwenden?

Wissen Sie schon, wo Sie Ihr Blog hosten wollen? Bevor Sie diese Entscheidung treffen, sollten Sie Ihren Bleistift spitzen und die Antworten auf einige Fragen notieren.

Legen Sie Ihre Ziele fest:

- Will ich das Blog langfristig betreiben? Oder benötige ich es zeitlich befristet, beispielsweise nur zur Begleitung einer Veranstaltung?
- Werde ich es für mich selbst oder für mein Unternehmen nutzen?
- Möchte ich bestimmte Funktionalitäten vorhalten, und welches System bringt diese gleich mit – wenigstens als Erweiterung?

Legen Sie Ihr Budget fest:

- Verfüge ich über ein Budget für das Hosting und die Registrierung eines Domainnamens?
- Habe ich das Budget für ein persönliches Design?
- Was kosten Einrichtung und Installation des Servers und der Software? Welche Kosten fallen für die Software selbst sowie für den Support regelmäßig an?

Checken Sie die Technik – und Ihr Know-how:

- Überzeugt mich die Benutzeroberfläche? Wie intuitiv lassen sich Autorenprofile, Kategorien und Kommentare pflegen, wie geschmeidig Artikel schreiben und veröffentlichen?
- Stehen passende und attraktive Layoutvorlagen (Themes) zur Verfügung? Wie gut lässt sich die Software erweitern, wenn sich später einmal meine Bedürfnisse ändern sollten?
- Welche Kompetenzen muss ich bei mir selbst oder bei meinen Kollegen noch aufbauen, um das System einzusetzen? (Experimentieren Sie an dieser Stelle ausgiebig mit den Testversionen.)
- Schätzen Sie Ihre technischen Fähigkeiten ein: Wenn das Blog plötzlich nicht mehr richtig funktioniert, kann ich es reparieren? Wo finde ich niedrigschwellig Hilfe, etwa in Sicherheitsfragen? Wenn ein wichtiges Sicherheitsupdate herauskommt, kann ich es sofort installieren, oder muss ich erst zur IT-Abteilung?

Anhand Ihrer Antworten können Sie sich eine Meinung darüber bilden, welche Software die richtige für Sie ist. Gerade für Unternehmensblogs empfiehlt sich eine Blogging-Software, die Sie selbst verwalten, pflegen und anpassen können. Zwar sind gehostete Blogs zunächst leichter zur realisieren, der eigene Server wirkt aber professioneller. Außerdem haben Sie so die volle Kontrolle über Software, Design und Inhalte. Kalku-lieren Sie in diesem Fall aber genügend Zeit und/oder Budget für even-tuelle technische Unterstützung ein.

Schreiben für ein Blogpublikum

Wichtigste Leitlinie für ein Corporate Blog: Seien Sie glaubwürdig, of-fen und ehrlich. Die erfolgreichsten Blogs bieten große Transparenz für ihre Leser. Anstatt nur eine Unternehmensbroschüre ins Netz zu stel-len, zeigen sie die menschliche Seite eines Unternehmens. Blogs vermit-teln ein anderes Gefühl als traditionelle Medien: Sie kommunizieren Ihre Ansichten über Ihre Firma informeller und persönlicher. Ein gut gemachtes Unternehmensblog hebt sich von der Masse ab und gibt die Möglichkeit, direkt mit den Lesern Kontakt aufzunehmen und echte Be-ziehungen zu ihnen aufzubauen.

Die meisten Blogger möchten, dass man ihnen die Tür zu Gesprächen öff-net; und in Blogs, die Kommentare zulassen, fühlen sich die Teilnehmer willkommen und akzeptiert, besonders wenn Ihr Unternehmen den Ruf hat, gut zuhören zu können (und sich auch Führungskräfte in die lau-fenden Gespräche einschalten). Die Diskussionsbeteiligten haben das Gefühl, beim Unternehmen etwas erreichen bzw. sich dort zumindest Gehör verschaffen zu können.

Die richtige Tonalität finden

Wer bloggt, braucht Leidenschaft – für seine Themen, seine Branche und seine Kunden. Mit einer gewissen emotionalen Verbundenheit zu Ihrem Unternehmen schaffen Sie es spielend, die richtige Stimme für Ihr Blog zu finden. Aber auch nur dann. Denken Sie über Ihre Umsatzziele und Marketingpläne hinaus und überlegen Sie, wie Sie mit Ihrer Com-munity in Kontakt treten können. Ihr Publikum muss Ihre Produkte nicht unbedingt kaufen (noch nicht), aber wenn Sie den richtigen Ton treffen, können Sie diese Menschen zu Lesern, Abonnenten oder Käu-fern machen. Sofern Sie im Blog mit Ihren Lesern sprechen, stellen Sie diese in den Mittelpunkt, und verzichten Sie auf Ihren Firmenjargon. Sprechen Sie wie ein Mensch. Das Blog soll ein Mittel sein, um Ihren Le-sern Ihre Gedanken mitzuteilen, aber zugleich ist es wichtig, die Leser auch emotional anzusprechen.

Entwickeln und verfassen Sie zu Beginn eine Kommunikationsstrate-gie, die Sie in der Geschäftsführung und PR-Abteilung Ihres Unter-nehmens verankern. Geben Sie Ihrem Blog einen einprägsamen, un-verwechselbaren Namen. Checken Sie diesen vorher gründlich via

Google, aber auch in den Markendatenbanken des Deutschen Patent- und Markenamts.[25]

Daimler Blog: Ein Vorbild

Ein besonders wegen der Einbeziehung der Mitarbeiter hochgelobtes Blog war das des Automobilherstellers Daimler (*https://blog.daimler.com/*). Darin schrieben einige Hundert Daimler-Mitarbeiter über ihren Alltag im Unternehmen: Sie verbloggten ihre Vorstellungsgespräche und Doktorandenzeiten, berichteten von Dienstreisen und testeten schon mal Daimler-Autos, vom Truck bis zum Sportwagen. Auch Kunden kamen zu Wort.

Uwe Knaus, der das Daimler Blog im Jahr 2007 ins Leben rief und für Daimlers komplette Social-Media-Strategie verantwortlich ist, nannte »Transparenz« als das Hauptziel des Blogs: Mit der Hilfe vieler Autoren aus der Belegschaft könne die Black Box eines großen Konzerns menschlich und überschaubar gemacht werden, erläutert er in einem Interview für berufebilder.de.

Das Daimler Blog wurde mehrfach national und international ausgezeichnet und in Rankings der besten Corporate Blogs verzeichnet.[26]

Im Oktober 2019, unmittelbar vor Drucklegung dieses Buchs, gab Knaus bekannt, das Daimler Blog nun zu schließen und in ein »Daimler Magazin« umzuarbeiten. Auch die allermeisten Artikel würden aus dem Archiv entfernt. Die Szene der Corporate Blogger und -blogleser verliert damit ein großes Vorbild.

Techniken und Taktiken

Mit Ihren Blogbeiträgen können Sie dafür sorgen, dass die Einflussnehmer in sozialen Medien und andere Leser Ihre Botschaften, Ihre Haltung und letztlich Ihren Namen wohlwollend aufnehmen. In Hintergrundstorys können Sie den Geschäftsgegenstand veranschaulichen und die Menschen hinter Ihrem Unternehmen vorstellen. Folgende Techniken und Taktiken helfen Ihnen bei der Umsetzung:

Sauber und sachlich schreiben

Der Schreibstil ist wichtig. Gliedern Sie die Beiträge in knappe, gut lesbare Absätze (Regel: ein Gedanke pro Absatz). Achten Sie auf aktive, lebendige Formulierungen. Nutzen Sie starke Verben statt werbender Adjektive, variieren Sie die Länge der einzelnen Sätze.

Strukturieren Sie Ihren Text mithilfe aussagekräftiger Zwischenüberschriften (dies dient auch der Suchmaschinenoptimierung). Fokussieren Sie sich auf die Kernidee Ihres Beitrags, schreiben Sie präzise und belästigen Sie Ihre Leser nicht mit irrelevanten Informationen oder zu vielen Buzzwords. Bedenken Sie, dass die Menschen immer mehr auf

---

25 *https://register.dpma.de/DPMAregister/marke/einsteiger*
26 *http://berufebilder.de/2010/interview-knaus-manager-daimler-blogs-dialog-suppe/*

mobilen Geräten – meist Smartphones – lesen. Vergegenwärtigen Sie sich Ihren Text auf einem schmalen Bildschirm: Selbst mit wenigen Sätzen haben Sie schnell einen screenfüllenden Absatz geschrieben, und genau das strengt das Auge des Lesenden an. Wenn Sie möchten, dass Ihr Artikel bis zum letzten Satz und mit Genuss gelesen wird, portionieren Sie Ihre Inhalte logisch und ergänzen Sie bei längeren Texten die geschätzte Lesedauer in Minuten.[27] Bei sehr langen, vertiefenden Stücken hat sich der Hinweis »Longread« bewährt. Heben Sie zentrale Aussagen durch Fett- oder Kursivschrift hervor – das gefällt auch Suchmaschinen, die fett ausgezeichneten Text als relevanter einstufen.

Recherchieren Sie gründlich und achten Sie auf die richtige Schreibweise sämtlicher Namen, Orte und sonstiger Bezeichnungen. Beachten Sie, dass auch für Blogger die journalistische Sorgfaltspflicht gilt. Sichern Sie Ihre Erkenntnisse daher immer ab, checken Sie Rechercheergebnisse immer gegen. Abgeschlossene Blogbeiträge sollten Sie nicht sofort veröffentlichen. Atmen Sie erst mal tief durch und lesen Sie später noch einmal Korrektur.

Starke Überschrift, griffiger Vorspann, Zusammenfassung

Starke Überschriften entscheiden über die Aufmerksamkeitsspanne des Publikums und können Aufhänger sein, um Leser anzuziehen oder abzustoßen. Ihre Überschriften sollten provozieren, konfrontieren und den Leser unmittelbar ansprechen. Nehmen Sie Abstand von sogenannten Clickbaiting-Überschriften wie »Was dieses Produkt leistet, hätten Sie nie gedacht« oder »10 Beweise, dass Sie Ihr Leben vergeuden«. Damit generieren Sie – vielleicht – kurzfristig Klicks, binden aber keine Leser an Ihr Blog. Im Gegenteil: Diese werden sich eher enttäuscht von Ihnen abwenden – und Ihrem Firmenimage tun Sie mit Clickbaiting auch keinen Gefallen.

Beginnen Sie Ihren Blogbeitrag außerdem mit einem Vorspann. Dieser sollte in etwa 200 Zeichen zusammenfassen, was den Leser erwartet. Sie geben außerdem ein Versprechen ab, das Sie dem Leser im Text auch erfüllen sollten.

Manche Blogger fügen am Ende eines sehr langen Artikels ein Abstract hinzu, das sie mit <tldr> kennzeichnen: Too long, didn't read. In diesem Abstract fassen sie die wesentlichen Aussagen des Artikels zusammen, sodass sich auch die Leser, die keine Zeit zur Lektüre des Volltexts haben, über den Inhalt informieren können. Ein netter Service, aber kein Must-have.

---

27 Es gibt dafür Tools, beispielsweise das WordPress-Plug-in Reading Time WP. Der Anbieter Medium.com errechnet die Lesedauer für jeden Artikel.

Ohne Bilder geht nichts

Locken Sie Leser an, indem Sie ihnen etwas fürs Auge bieten: Putzen Sie Ihre Blogbeiträge durch Bilder, Symbole, Grafiken, Diagramme und andere visuelle Elemente heraus. Mit den richtigen Illustrationen erwecken Sie bei neuen Lesern einen starken ersten Eindruck, der zugleich Unterhaltungswert hat. Einer Studie[28] zufolge erhalten illustrierte Blogbeiträge 94 Prozent mehr Klicks. Außerdem gaben die Befragten an, sich nach drei Tagen an rund 65 Prozent der Inhalte eines Artikels erinnern zu können, wenn dieser bebildert war. Bei »Nur-Text-Beiträgen« blieben dürftige 10 Prozent hängen.

Hinzu kommt: Wollen Sie Ihre Blogbeiträge in sozialen Netzwerken streuen, sind Sie auf Artikelbilder angewiesen. Facebook etwa senkt die Visibilität Ihres Postings massiv, wenn der Vorschaulink kein Bild enthält, und im Twitter-Stream werden Sie ohne Artikelfoto ebenfalls kaum wahrgenommen. Geben Sie also mindestens ein attraktives, packendes Bild mit, an dem sich das Auge Ihres Lesers festhalten kann. Die Größe der verwendeten Bilder sollten Sie in einem Bildbearbeitungsprogramm skalieren, um sie dem Bloglayout anzupassen.

Kommen wir zu der spannenden Frage: Woher nehmen, wenn nicht stehlen? Es ist absolut unbestritten, dass Sie zu jedem Blogpost mindestens ein Beitragsfoto benötigen. (Viele Bloglayouts beispielsweise erfordern eine Grafikdatei in einem bestimmten Format, damit der Artikel überhaupt eingebunden werden kann.) Sie können nun zu jedem Artikel selbst ein Bild erstellen, beispielsweise indem Sie das beschriebene Produkt in Szene setzen und fotografieren. Oder Sie erstellen eine Infografik anhand der im Text vermittelten Fakten – Statistiken etwa bieten sich regelrecht an, als Diagramm dargestellt zu werden. Vorteil dieser Lösung: Niemand kann Sie wegen unerlaubter Nutzung verklagen, die Urheberrechte selbst erstellter Fotos oder Grafiken liegen sicher bei Ihnen. Nicht nur deshalb entscheiden sich mehr als die Hälfte aller Blogger für eigene Fotos, auch die unverwechselbare, persönliche Note spricht natürlich für diese Lösung. Nachteil: etwas größerer Aufwand.

Alternativ können Sie eine Bilddatenbank bemühen. Neben den kommerziellen Fotostocks (beispielsweise Shutterstock oder Adobe Stock/ehemals Fotolia) gibt es Plattformen, die lizenzfreie Fotos oder nach Creative Commons lizenzierte Fotos vertreiben. Anlaufstellen sind unter anderem Unsplash[29], Pixabay[30] oder Wikimedia[31]. Wichtig: Schauen

---

28 https://www.mdgadvertising.com/marketing-insights/infographics/its-all-about-the-images-infographic/
29 https://unsplash.com/
30 https://pixabay.com/
31 https://commons.wikimedia.org/wiki/Hauptseite

Sie dennoch genau hin, ob das gewählte Bild für alle Zwecke – oder vielleicht nur nicht kommerzielle? – freigegeben ist. Prüfen Sie durch eine Rückwärtssuche bei Google, ob die Angaben zum Urheber stimmen können. Auch in freien Bilddatenbanken haben sich schon unrechtmäßig hochgeladene Fotografien wiedergefunden. In ihren AGB entbinden sich die Anbieter von dieser Verantwortung, wenn Sie aber ein Foto – auch unwissentlich – ohne Erlaubnis nutzen, können Sie immer haftbar gemacht werden.

Sobald Sie Ihren Artikel in sozialen Netzwerken teilen – oder andere das tun –, verbreitet sich das Artikelfoto ebenfalls weiter. Vergewissern Sie sich, dass die Lizenz auch diese Rechte erteilt. Und vergessen Sie nicht: Leider gab es in den vergangenen Jahren Fälle, in denen Blogger abgemahnt wurden, obwohl sie mit großer Vorsicht gehandelt hatten – die Bilddatenbanken hatten plötzlich Lizenzmodelle verändert, oder Fotografen hatten die Rechte an den Bildern wieder eingeschränkt.

Hinweis ▶ Unter der *Creative-Commons-Lizenz* stehende Bilder dürfen Publisher ohne restriktive Durchsetzung von Copyright-Ansprüchen weitergeben. Wenn Sie ein unter den Creative Commons lizenziertes Bild nutzen möchten, müssen Sie aber darauf achten, die Lizenzanforderungen zu erfüllen. Derzeit unterscheidet man folgende Lizenzmöglichkeiten mit ihren jeweiligen Pflichten:

Abbildung 6-9 ▶
Weitere Informationen über die Creative-Commons-Lizenzierung finden Sie unter *https:// creativecommons.org/*.

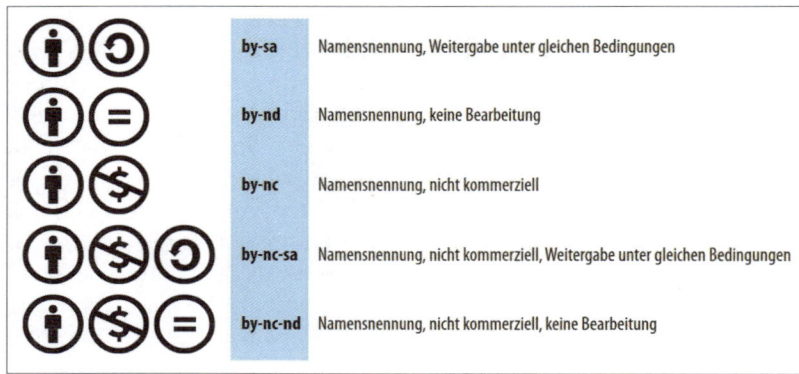

by-sa	Namensnennung, Weitergabe unter gleichen Bedingungen	
by-nd	Namensnennung, keine Bearbeitung	
by-nc	Namensnennung, nicht kommerziell	
by-nc-sa	Namensnennung, nicht kommerziell, Weitergabe unter gleichen Bedingungen	
by-nc-nd	Namensnennung, nicht kommerziell, keine Bearbeitung	

Und das Motiv? In den vergangenen Jahren haben wir alle so viele typische Stockfotos (Beispiele: Mann springt von Berggipfel zu Berggipfel, Frau posiert am Strand, Businesspärchen an Kaffeetasse und Notebook) gesehen, dass Sie versuchen sollten, nicht das erstbeste Bild aus der Bilddatenbank zu fischen. Setzen Sie lieber auf originelle, aus dem Einerlei polierter Hochglanzfotografien hervorstechende Illustrationen. Die dürfen ruhig auch unperfekt sein, wenn sie dafür die richtige Stimmung vermitteln.

Videoinhalte nutzen

Bewegtbild transportiert immer auch Emotionen, daher sind Videos heute ein wichtiges Instrument des Onlinemarketings. Es gibt viele Videowebsites im Internet, unangefochten an der Spitze befindet sich YouTube. Binden Sie ruhig auch Videos – eigene und fremde – zu Ihren Blogbeiträgen ein, den nötigen Einbettungscode liefert Ihnen beispielsweise YouTube über einen Klick auf *Teilen/Link teilen/Einbetten*. Achten Sie darauf, die Anforderungen der DSGVO zu erfüllen – mehr dazu lesen Sie in Kapitel 15 zu rechtlichen Fragen von Thomas Schenke am Ende dieses Buchs.

Leserfreundliche Listen einfügen

Listen sind einfacher zu verdauen als normale Absätze. Sie werden häufig als wertvoll eingeschätzt und eher weiterverlinkt und geteilt, was bekanntermaßen ein wichtiges Ziel des Social Media Marketing ist. Und: Sie halten auch die Blogleser bei der Stange, die Inhalte nur schnell überfliegen (können). Artikel, deren zentraler Inhalte eine Liste ist, werden *Listicle* genannt. Darin geht es etwa um »Die fünf wichtigsten Plugins für WordPress« oder »Die zehn Orte, die du bis zum 30. Geburtstag besucht haben solltest«. Sie versprechen Information auf den Punkt, Zeitvertreib und Unterhaltung und wurden wegen ihrer hohen Klickrate von sämtlichen Onlinemedien derart kleinteilig durchdekliniert, dass sie heute eher abgegriffen sind. Dennoch kann man gelegentlich auf diesen Kniff zurückgreifen.

Informative Artikel mit Tipps und Tricks schreiben

Scheuen Sie sich nie davor, so viele Informationen wie irgend möglich zu geben oder handfeste Service- und Ratgeberartikel zu verfassen. Dadurch veranlassen Sie Ihre Besucher, weiterzulesen und mehr über Ihr Metier zu erfahren. Keine Angst: Der Experte bleiben wegen Ihrer Erfahrung dennoch Sie, und die Menschen werden weiter Ihre Produkte oder Dienstleistungen kaufen. In Blogs können Sie sich als Fachmann etablieren und werden durch Ihr fundiertes Wissen zweifellos Kunden hinzugewinnen.

Erzähltechniken nutzen

Locken Sie Leser an, indem Sie eine Geschichte über sich selbst erzählen. Einige Blogs, etwa das der Fluggesellschaft Southwest Airlines[32], sind durch gekonntes Storytelling groß geworden. Appellieren Sie an die Gefühle Ihrer Leser und nutzen Sie Ihr Blog, um sich als Mensch aus

---

32 *https://www.southwestaircommunity.com/*

Fleisch und Blut zu zeigen. Präsentieren Sie nicht einfach nur eine neue Dienstleistung oder ein neues Produkt, sondern betten Sie es in eine Story ein: Wie sind Sie auf die Idee zu diesem Produkt gekommen? Wer in Ihrem Haus war an dessen Entwicklung beteiligt? Wie lange haben Sie an Ihrer neuen Dienstleistung herumgefeilt, und welche Hürden mussten Sie überwinden? Je offener Sie über sich reden, desto wahrscheinlicher ist es, dass Ihre Leser gern zur Kenntnis nehmen, was Sie ihnen sagen wollen, und sich Ihnen gegenüber ebenfalls öffnen.

Für Abwechslung sorgen

Blättern Sie doch mal durch die Tageszeitung oder Ihre Lieblingszeitschrift – Sie werden feststellen, dass es verschiedene Textgattungen gibt, mit denen sich Inhalte transportieren lassen. Zu den sogenannten journalistischen Darstellungsformen gehören neben Nachrichten und Berichten unter anderem die erzählerisch starken, ausführlicheren Reportagen sowie meinungsstarke Kommentare und Glossen. Lassen Sie sich inspirieren und fragen Sie sich immer wieder, welche Textformen sich auch für Ihr Blog eignen. Das Gleiche gilt übrigens für Ihre Autorinnen und Autoren: Ihr Blog wird ganz automatisch reizvoller und vielseitiger, wenn Sie mehr als nur einen Autor verpflichten können. Ist dies aus personellen Gründen nicht möglich, können Sie sich mit Gastautoren behelfen.

Glaubwürdigkeit durch Interviews untermauern

Interviews können in vielerlei Hinsicht sehr erfolgreiche Blogbeiträge sein. Sie können mit mehreren Experten über ein bestimmtes Thema eine Reihe von Interviews führen oder Ihre Leser beteiligen, indem Sie ihnen Fragen stellen. Die meisten Interview-Posts generieren eine Menge Traffic und Links – auch weil sie immer zusätzlich die Reichweite der vorgestellten Personen nutzen.

Interessante Produkte und Dienstleistungen bewerten

Reden Sie über Produkte, die Ihre Leserschaft interessieren, besonders solche, die den Menschen das Leben erleichtern können. Wenn Sie besonders gute Erfahrungen mit einem Produkt gemacht haben, das auch für Ihre Leser von Nutzen sein könnte, sagen Sie es ihnen. Und wenn der Service, den Sie promoten, Geld kostet, können Sie vielleicht über Partnerprogramme für Ihre Links eine Provision bekommen. Natürlich ist das für Corporate Blogs nur bedingt geeignet – für das Blog eines Freelancers aber schon viel besser: Welche Software nutzen Sie zum Schreiben von Rechnungen und zur Buchhaltung? Welche Apps helfen Ihnen, Ihren Arbeitstag und Ihre Aufgaben zu strukturieren? Oder als Handwerker: Welche Werkzeuge empfehlen Sie? Lassen Sie Ihre Leser an Ihrer Erfahrung teilhaben.

Ritter SPORT BLOG

ARTIKEL   SORTENKREATION   DAS TEAM   RITTER-SPORT.DE ›

Blog durchsuchen …

Wie Nachhaltigkeit Alltag wird

02.05.2019   👤 PETRA   💬 0 KOMMENTARE

Liebe Blogleser,

wenn wir ganz ehrlich sind, ist es gar nicht so leicht, den eigenen Alltag nachhaltiger zu
gestalten. Oder wie geht euch das? Bei einem Unternehmen, in dem über 1.500
Menschen in vielen verschiedenen Abteilungen und mit den unterschiedlichsten Aufgaben
arbeiten, ist das nicht unbedingt einfacher. Unser Anspruch hier bei RITTER SPORT ist es, in
Einklang mit Mensch und Umwelt zu wirtschaften. Wie aber kann es gelingen, dass jeder
Nachhaltigkeitsaspekte bei seiner täglichen Arbeit berücksichtigt? Das habe ich jemanden
gefragt, der es wissen muss: unser Nachhaltigkeitsmanager Georg Hoffmann.

EMPFOHLENE BEITRÄGE

Bunte Vielfalt auf El Cacao — ZUM ARTIKEL 💬 1
Wie Nachhaltigkeit Alltag wird — ZUM ARTIKEL 💬 0
Unsere Kakao-Klasse: Was „die Feine" … — ZUM ARTIKEL 💬 0
Wo Kindheitsträume wahr werden — ZUM ARTIKEL 💬 0

NEUESTE SORTENKREATIONEN

TRAUMTRIO von Annette M.
SCREWDRIVER von Kawai C.
GIN UND WEG von Kawai C.

Mit regelmäßigen Features eine Fangemeinde aufbauen

Regelmäßige Aufmacher zu einem bestimmten Thema können den Traffic steigern. Vielleicht haben Sie eine Sektion namens »Fragen Sie Herrn X«, in der eine Führungskraft die Fragen der Leser aufgreift und offen und aufrichtig beantwortet. Vielleicht überlegen Sie, auf Ihrer Website zweimal monatlich ein Video zu veröffentlichen, das die wichtigsten Entwicklungen in Ihrer Branche zusammenfasst. Vielleicht veröffentlichen Sie jeden Mittwoch eine Buchbesprechung. Mit regelmäßigen Features stacheln Sie die Erwartungen der Leser an, bestimmte Inhalte vorzufinden. Das lässt Ihre Fangemeinde im Laufe der Zeit wachsen.

Mit anderen Bloggern vernetzen

Um es mit Problogger.net zu sagen: »Seien Sie kein Inselblogger.«[33] Verlinken Sie Ihre Beiträge großzügig und angemessen mit externen Quellen – und auch älteren Artikeln Ihres eigenen Blogs. Das generiert Trackbacks, und Sie werden als Blogger zur Kenntnis genommen. Iden-

▲ **Abbildung 6-10**
Der Schokoladenhersteller
Ritter Sport stellt in seinem
Corporate Blog seinen
Nachhaltigkeitsmanager
Georg Hoffmann vor. Das
Wissen und die Haltung,
die Ritter Sport hier vermitteln will, wird damit
zusätzlich durch eine
Persönlichkeit unterstrichen. Dies erhöht die
Glaubwürdigkeit.

---

33 *https://problogger.com/dont-be-an-insular-blogger/*

tifizieren Sie wichtige Branchenblogger und binden Sie sie in Ihre Blogroll ein. Kommentieren Sie bei anderen.

Definition ▶ Was ist ein Trackback? Ein *Trackback* oder *Pingback* ist eine Benachrichtigung an einen Webpublisher, dass jemand einen Link auf seinen Artikel eingerichtet hat. Normalerweise wird dadurch lediglich ein Link zurück zum Originalbeitrag eingerichtet, damit sich der Leser weitere Informationen holen kann. Allerdings ist das auch eine gute Methode, um genau zu erfahren, wer sich mit Ihnen verlinkt, und um die Blogleser wissen zu lassen, dass der betreffende Artikel auch anderswo im Web besprochen wird.

Alte Artikel nicht vergessen machen

Achten Sie darauf, dass Ihre Leser auch vor einiger Zeit veröffentlichte Artikel finden, die nicht mehr ganz oben auf Ihrer Seite oder im Feed auftauchen: Vergeben Sie viele passende Schlagwörter, denn die erleichtern nicht nur Ihren Lesern die Orientierung, sondern werden auch von Googles Suchmaschine mit einem höheren Ranking belohnt. Sortieren Sie Ihre Beiträge in passende Kategorien und bieten Sie sowohl ein nach Monaten geordnetes Archiv als auch eine Suchfunktion an. Und: Ändern Sie nach dem Publizieren eines Artikels niemals seine URL.

Lassen Sie Ihre Leser nicht im Stich

Wenn Sie Ihre Beiträge wegen Urlaub oder Abwesenheit für längere Zeit nicht aktualisieren können, informieren Sie Ihre Leser darüber. Die Leser wandern ab, wenn sie den Eindruck bekommen, dass Sie aus unerfindlichen Gründen nicht mehr zur Verfügung stehen. Laden Sie die Leser stattdessen ein, als Gäste ein oder zwei Beiträge für Sie einzureichen, oder bitten Sie Experten, sich zu äußern. Geben Sie den Lesern eine Stimme und Ihrer Community Rechte. Die meisten Blogger, die ins Rampenlicht treten, verlangen keine Vergütung, sondern möchten einfach als Mitglieder der Community zur Kenntnis genommen werden. Honorieren Sie das Engagement Ihrer Gastautoren dennoch – und sei es durch Warengutscheine oder eine kleine Aufmerksamkeit. Das bloße Abgreifen von Texten gegen »Reichweite« ist in den letzten Jahren zunehmend – und zu Recht – verpönt geworden.[34]

Tipp ▶ »Wie häufig sollten Blogs aktualisiert werden?«, lautet eine nicht unberechtigte Frage. Corporate Blogs veröffentlichen durchschnittlich zwei- bis dreimal pro Woche einen neuen Beitrag. Wenn Sie das nicht schaffen: Mindestens einmal pro Woche sollten Sie etwas posten, um die Google-Bots bei Laune zu halten und Ihre Sichtbarkeit in Google-Suchtreffern zu erhalten.

34 *https://ninialagrande.blogspot.com/2014/02/reichweite-bezahlt-keine-miete.html*

Trainieren Sie suchmaschinenoptimiertes Schreiben

Kümmern Sie sich nicht nur um aussagekräftige Texte, sondern auch um deren Auffindbarkeit im Web. Achten Sie darauf, die wichtigsten Schlagwörter zu Ihrem Blogbeitrag zu nennen, und recherchieren Sie Synonyme. Dazu können Sie auf den *Google Keyword Planner*[35] zurückgreifen, der zu Google Ads gehört. Weitere Anlaufstellen zur Schlagwortrecherche sind *Keyword Tool*[36] und *HyperSuggest*[37]. Eine Reihe weiterer praktischer Hinweise liefern wir Ihnen später in diesem Kapitel im Abschnitt »Sichtbar werden«.

Content-Strategien für Blogger: Inhalte, die inspirieren

Sind Sie bereit, ins kalte Wasser zu springen und für Ihr Blog zu schreiben, haben aber das Gefühl, dass dieser Strom von Ideen bald zu einem Rinnsal verkümmern wird? Ohne konstantes Veröffentlichen von Blogbeiträgen werden Sie Ihr Publikum verlieren. Doch woher holen Sie sich Inspiration und Ideen für neue Inhalte? Ihre erste Quelle ist Ihr Unternehmen, also die Kollegen aus allen Abteilungen. Hören Sie genau zu, haken Sie gründlich nach. Halten Sie Augen und Ohren offen, stoßen Sie auf spannende Themen aus dem Unternehmen selbst.

Erstellen Sie einen Redaktionsplan, in dem Sie für mindestens jeweils zwei Wochen im Voraus die Artikel und Autoren festlegen. (Blättern Sie dazu zurück zu Kapitel 5 zum Thema Content Marketing: Dort liefern wir Ihnen einige Tipps zur Redaktionsplanung.) Bedenken Sie, dass spontan Artikel hinzukommen oder wegfallen könnten, z.B. bei Krankheit des Autors. Legen Sie daher auch immer einige zeitlose Artikel »auf Halde« an. Wenn außer Ihnen weitere Autoren bloggen, sollten Sie diesen Redaktionsplan jederzeit für alle einsehbar pflegen – dazu eignen sich Collab-Tools wie *Google Docs* oder *Slack* – und verbindlich besprechen, wie viele Korrekturrunden es jeweils geben soll, wer für das Redigieren verantwortlich ist und wer schließlich einen Text freigibt sowie welche inhaltlichen oder stilistischen Besonderheiten es speziell bei Ihrem Unternehmen zu beachten gibt.

Zudem gibt es im Internet Hunderte von Inspirationsquellen:

Google Alerts

Google Alerts können Ihnen wunderbare Anregungen liefern. Wenn Sie Alerts zu einem Thema abonnieren, werden Sie reichlich mit relevanten E-Mails eingedeckt und keinen Mangel an Ideen erleiden.

---

35 *https://ads.google.com/intl/de_de/home/tools/keyword-planner/*
36 *https://keywordtool.io/*
37 *https://www.hypersuggest.com/de/*

Andere Blogs

Unter den Millionen von Blogs, die bereits existieren, sind bestimmt einige, die dasselbe Thema beackern wie Sie. (Stöbern Sie dazu auch unter Reddit.com[38] oder Rivva.de[39], beides Aggregatoren, die laufende Debatten mitschneiden.) Nutzen Sie das als Inspiration. Aber Vorsicht: Manche Blogs sind einzig und allein dazu da, um das, was schon in anderen Blogs steht, für Suchmaschinen-Traffic zu verwursten. Um sich von der Masse abzuheben, müssen Ihre Blogbeiträge Meinungen und Einsichten vermitteln. Schreiben Sie detaillierte Kommentare und zitieren Sie Ihre Quellen. Wann immer es möglich ist, sollten Sie Verlinkungen auf verwandte Blogbeiträge einrichten.

Nachrichten

Natürlich können Sie auch News veröffentlichen, um auf Ihrem Blog häufig frische Inhalte zu servieren. Suchen Sie auf allen Nachrichtenwebsites nach relevanten News zu Ihrem Spezialgebiet. Achten Sie dabei aber auf Unverwechselbarkeit, beliebige Newssites gibt es genügend. Veredeln Sie die Nachricht immer mit einer persönlichen Note – etwa durch Ihre Einschätzung zu den Folgen einer Nachricht oder indem Sie ein Ereignis satirisch aufarbeiten, wie es dem Autovermieter Sixt regelmäßig gelingt. Einen Einstieg bieten Aggregatoren wie Google News[40] oder themenspezifische Sites wie Heise.de[41], T3N News[42] oder Netzpolitik[43]. IDW Online[44] bringt Wissenschaftsnews, Kunstforum.de[45] bedient Maler oder Galeristen, und unter VDI Nachrichten[46] erhalten Sie Meldungen aus Industrie und Technik. Identifizieren Sie die für Ihr Unternehmen relevanten Nachrichtenseiten und Blogs, abonnieren Sie Feeds und Newsletter und halten Sie Augen und Ohren offen.

Google Trends

Google Trends[47] sagt Ihnen, wonach die Menschen suchen, und zeigt dabei, was in der Welt gerade »in« ist. Sie können zwei oder drei Such-

---

38 *https://www.reddit.com/*
39 *https://rivva.de/*
40 *https://news.google.com*
41 *https://www.heise.de/*
42 *https://t3n.de/news*
43 *https://netzpolitik.org/*
44 *https://idw-online.de/de*
45 *https://www.kunstforum.de/nachrichten/*
46 *https://www.vdi-nachrichten.com/*
47 *https://trends.google.de/trends/*

begriffe in einer Suche kombinieren. Detaillierte Daten lassen erkennen, wann bestimmte Suchen am häufigsten durchgeführt werden, welche Länder einen bestimmten Begriff am häufigsten suchen und welche verwandten Suchbegriffe es gibt (siehe Abbildung 6-11).

▼ **Abbildung 6-11**
Recherche nach dem Elektroauto »eGo Life« in Google Trends

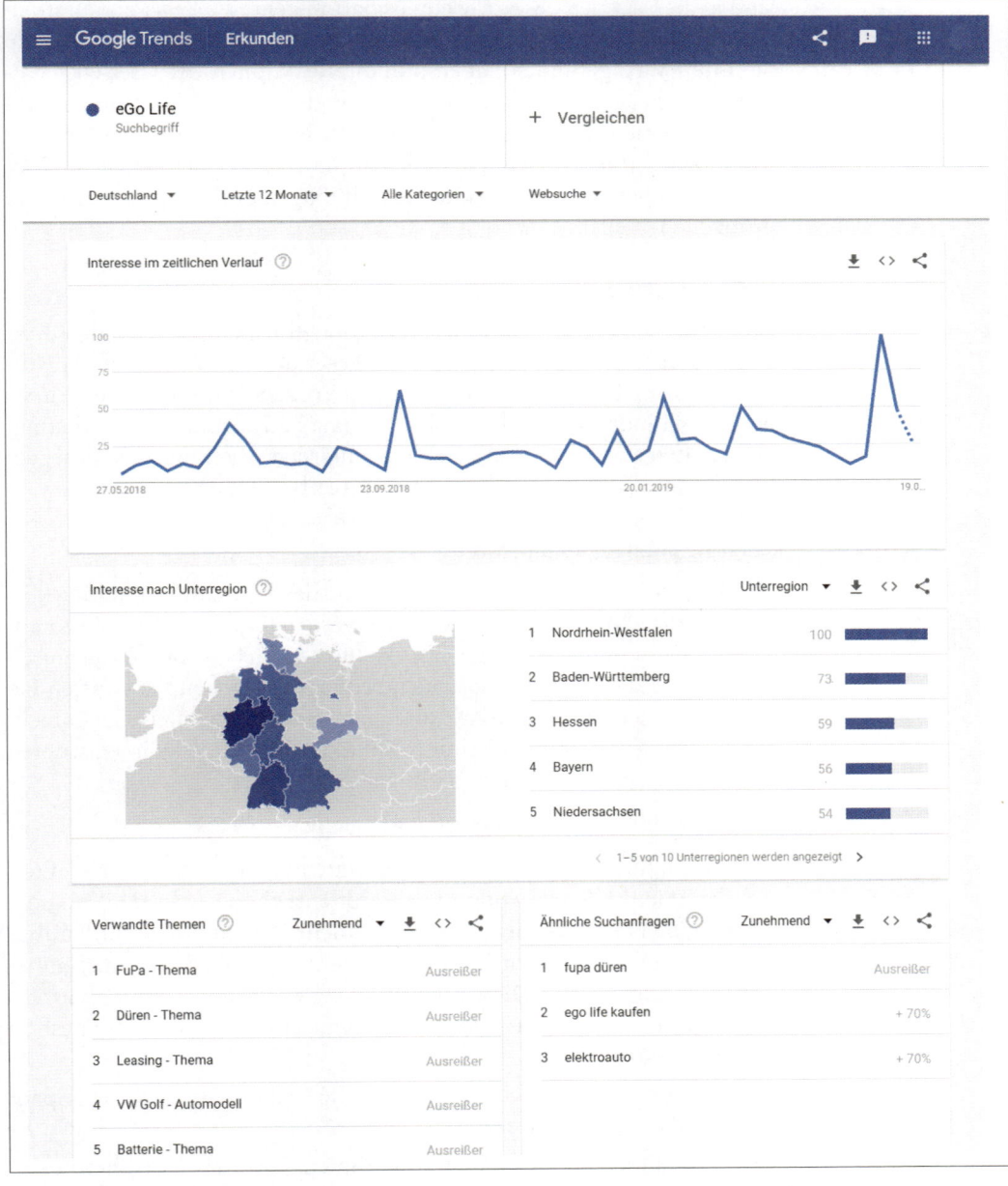

Interagieren – mit Ihrem Blogpublikum

Denken Sie daran: Sie bloggen, um den Dialog zu eröffnen. Ihr Publikum ist Ihr größtes Kapital. Daher ist es wichtig, es zur Mitarbeit aufzufordern und die Hilfe der Leser in Anspruch zu nehmen. Der Kreativität sind keine Grenzen gesetzt, wenn es darum geht, die Leser zu unterhalten. Es gibt hierfür allerdings verschiedene Ausgangspunkte, aber wenn Sie Ihren Weg gefunden haben und die Reaktionen der User einschätzen können, wissen Sie, welche Strategien bei Ihrem Publikum am besten ankommen. Haben Sie keine Angst vor Kritik – erinnern Sie sich: Mit einem authentischen, persönlichen Blog lassen sich Shitstorms sogar frühzeitig verhindern, wenn Sie sich Fragen und Urteilen zügig und durchdacht stellen.

Hören Sie auf Ihre Leser

Wenn Sie schon mit dem Bloggen begonnen haben, geben Ihnen erste Kommentare Einblick darin, was Ihre Leser über Ihr Blog denken. Nutzen Sie dieses Feedback für Ihre weitere Vorgehensweise. Erwecken Sie nicht den Eindruck, durch Ihr Blog sorgfältig ausformulierte Marketingbotschaften zu verbreiten, die von zig internen Abteilungen abgesegnet worden sind. Das Blog sollte immer authentisch wirken.

Seien Sie offen für Kommentare

Ein Blog wird vor allem dadurch attraktiv, dass es den Community-Mitgliedern die Möglichkeit gibt, aktiv zu werden und ihre Ideen auszutauschen. Wann immer es möglich ist, sollten Sie den Meinungsaustausch verfolgen und sich an Diskussionen beteiligen. Machen Sie es Ihren Lesern nicht zu schwer, Kommentare einzusenden. Die meisten schreckt es ab, wenn sie zuerst ein Benutzerkonto eröffnen und sich registrieren müssen, ehe sie ihren Kommentar abgeben können.

Sorgen Sie für eine gute Kommentarhygiene:

- Lassen Sie Kommentare zu, moderieren Sie sie aber. Das bedeutet, dass Sie die Kommentare vor Veröffentlichung freigeben müssen. Begreifen Sie dies niemals als inhaltliche Zensur – das werden Ihre Leser nicht verzeihen –, sondern filtern Sie schlichtweg unerlaubte Werbung heraus. (Diese kommt oft versteckt als scheinbar harmloser Kommentar, der jedoch mit einem Link auf einen Onlineshop »angereichert« ist.)
- Installieren Sie sich ein Plug-in, das Sie und Ihre Blogleser vor Spam bewahrt (beispielsweise *Antispam Bee*).
- Formulieren Sie Kommentarrichtlinien, die Ihre Vorgehensweise für die Leser transparent machen.

Social-Media-Buttons

Richten Sie Share- bzw. Tweet-Buttons für Facebook, Twitter, Whats-App und andere relevante Netzwerke neben Ihren Artikeln ein, damit Ihre Leser interessante Inhalte bequem weiterverteilen können. Vorsicht: Beachten Sie dabei zwingend die Datenschutzvorschriften. Seit Inkrafttreten der Datenschutzgrundverordnung sind die allermeisten Buttons, die Sie von den sozialen Netzwerken oder Content-Management-Systemen als Codeschnipsel nutzen dürfen, endgültig nicht mehr zugelassen. Eine Alternative sind die Share-Buttons des Plug-ins *Shariff Wrapper*[48], das unter anderem für WordPress kostenfrei zur Verfügung steht.

Fragen Sie Ihre Leser

Gehen Ihnen die Ideen aus? Dann führen Sie doch eine Kolumne ein, in der Sie den Lesern eine Frage stellen und sie dazu einladen, Ihnen (und damit auch dem Rest des Publikums) durch Kommentare zu antworten. Je nachdem, was für Antworten eintreffen, gibt Ihnen das die perfekte Gelegenheit, Ideen Ihrer Leser aufzugreifen und in eigene Blogbeiträge zu verwandeln. Diese Strategie können Sie auch umkehren und die Leser auffordern, Ihnen eine Frage zu stellen. Das ist Ihre Chance, die Vorteile eines neuen Produkts zu beleuchten, eine Firmenstrategie zu erklären oder auf eine menschliche Ebene zu gehen und über sich selbst zu sprechen.

Bieten Sie Kontaktmöglichkeiten

Achten Sie darauf, Ihr Blog mit einem funktionierenden Kontaktformular auszustatten bzw. die E-Mail-Adressen Ihrer Autor/-innen zu hinterlegen, damit Ihre Leser die Möglichkeit haben, Sie zu erreichen. Es gibt viele Plug-ins, um schnell und mühelos ein Kontaktformular einzurichten. Kontaktformulare sollten einen Spamschutz enthalten, zum Beispiel über ein Plug-in, ein Captcha oder eine Mathematikaufgabe, um ein Bombardement durch Spambots zu verhindern.

Ein *Bot* ist ein Programm, das menschliche Aktivität simuliert, indem es eine alltägliche Handlung automatisch oder auf Befehl ausführt. Wenn Hunderte von Spamkommentaren in schneller Folge an Ihr Blog gesandt werden, wissen Sie, dass sie von Bots stammen müssen. Ein Captcha ist eine verzerrte Darstellung von Buchstaben und/oder Zahlen, die der Nutzer entziffern und eingeben muss. So wird verhindert, dass Formulare und Websites von Bot-Spam überflutet werden.

◀ **Definition**

---

48 *https://de.wordpress.org/plugins/shariff/*

Laden Sie Gastautoren ein

Wenn Ihr Blog etabliert ist und durch seine Themenstruktur ein klares Profil bekommen hat, ist es an der Zeit, Gastautoren einzuladen. So könnte zum Beispiel einer Ihrer Vertriebspartner einmal aus seinem Alltag berichten, oder ein Prüfinstitut könnte die Methoden vorstellen, mit denen es Ihre Produkte unter die Lupe nimmt. Sie bieten Reichweite und Publikum, erhalten gleichzeitig neue Inhalte aus anderer Perspektive – und bei Mut zur Kontroverse auch mehr Leben im Blog!

Veranstalten Sie Gewinnspiele

Gewinnspiele und Verlosungen sind ein gutes – wenn auch in den letzten Jahren etwas überstrapaziertes – Mittel, um Publikum zu gewinnen. Am besten gelingt ein Gewinnspiel, wenn Ihr Blog bereits etwas an Schwung und eine treue Fangemeinde gewonnen hat. Schreiben Sie keines aus, wenn noch nicht genug Nutzer mit dem Blog interagieren, da Sie sonst wegen des mangelnden Interesses vielleicht eine Enttäuschung erleben. Bieten Sie Preise an: vielleicht ein Jahr kostenlosen Service oder ein Produkt. Vielleicht können Sie Sponsoren dazu bewegen, Preise zu spenden.

Führen Sie Umfragen und Erhebungen durch

Sie können Ihre Leser auch zur Mitarbeit motivieren, indem Sie Umfragen zu einem Thema veranstalten. Zu diesem Zweck steht eine Reihe von Tools zur Verfügung, mit denen Sie Umfragen und Erhebungen posten können, darunter *CrowdSignal*[49] und *Survey Monkey*[50] oder auch Plug-ins wie *WP-Polls*. In einem ersten Beitrag können Sie Leser zur Eingabe ihrer Antworten auffordern und in einem Folgebeitrag dann die Umfrageergebnisse veröffentlichen. (Aber – wir müssen wiederholen: Auch hier sammeln Sie persönliche Daten Ihrer Leser, beachten Sie deshalb die DSGVO sowie die aktuelle Rechtsprechung.)

Sichtbar werden

Bei Millionen von Blogs ist es wichtig, dass Ihr neues Blog auch gefunden werden kann. Dazu sollten Sie es zunächst einmal in all Ihren üblichen Publikationen erwähnen bzw. verlinken: Nehmen Sie es auf Ihre Website, in E-Mail-Signaturen, in Newsletter, in Anzeigen und in Kataloge auf. Berichten Sie firmenintern sowie im Gespräch mit Kunden und Geschäftspartnern von Ihren Blogging-Aktivitäten. Das ist Ihre wichtigste Hausaufgabe!

---

49 *https://crowdsignal.com/*
50 *https://de.surveymonkey.com/*

Wir zeigen Ihnen nun, welche Hebel Sie außerdem ansetzen könnten und sollten.

Reichweite messen

Um den Ist- und Sollzustand Ihrer Blogging-Reichweite überhaupt einschätzen zu können, müssen Sie den Erfolg oder Misserfolg Ihres Blogs sowie einzelner Beiträge mitschneiden. Kennzahlen sind etwa die Anzahl der Besuche, die Verweildauer, die Anzahl der Kommentare und Backlinks, die Resonanz in sozialen Netzwerken sowie der Status Ihres Google-Rankings. Es gibt eine Reihe von Plug-ins, die dies erledigen. Außerdem bietet sich die übliche Webstatistiksoftware, etwa Google Analytics, an. Prüfen Sie vorab, ob die ausgewählten Dienste den Datenschutzbestimmungen Deutschlands, Österreichs bzw. der Schweiz entsprechen, und ergänzen Sie Ihre Datenschutzerklärung entsprechend.

Reichweite erhöhen

Achten Sie darauf, Ihren Content für Suchmaschinen auswertbar zu machen. Dazu können Sie simple Regeln der Suchmaschinenoptimierung anwenden – einige hatten wir Ihnen bereits im Abschnitt »Techniken und Taktiken« dieses Kapitels genannt.

- Das wichtigste Schlagwort, um das es in Ihrem Blogartikel geht, sollte in der Überschrift, im Direktlink zum Beitrag und in sämtlichen beschreibenden Metainformationen enthalten sein.

- Vergeben Sie aussagekräftige Tags auch abseits eigener Denkroutinen. Versuchen Sie, sich in andere Menschen hineinzuversetzen: Mit welchen Begriffen könnte noch nach Ihren Inhalten gesucht werden? Probieren Sie selbst verschiedene Suchbegriffe aus und schauen Sie nach, wie relevanter Content anderer Websites verschlagwortet ist und welche Begriffe Google zusätzlich vorschlägt.

- Nutzen Sie dazu den *Google AdWords Keyword Planner*[51], um die am häufigsten gesuchten Begriffe Ihres Fachgebiets zu ermitteln (funktioniert leider nur nach Anmeldung). Tags sollten immer vereinheitlicht und nach festgelegten Regeln gebraucht werden, z. B. stets im Singular, also beispielsweise »Konferenz« statt »Konferenzen«, auch wenn es im Beitrag um die Teilnahme an mehreren Konferenzen geht. Leider hat sich diese Grundregel aus der Dokumentationswissenschaft in der Praxis vieler Blogger nicht durchgesetzt. Wenn Sie sich jedoch daran halten, können themenverwandte Beiträge viel stärker voneinander profitieren.

---

51 *https://adwords.google.com/o/KeywordTool*

- Verlinken Sie Ihre Beiträge in angemessenem Umfang mit themenverwandten Blogbeiträgen aus dem Web und nehmen Sie auch Bezug auf eigene Artikel – soweit es thematisch sinnvoll ist.

Abbildung 6-12 ▼

Das Ampelsystem von Yoast veranschaulicht die Suchmaschinenoptimierung, konkrete Empfehlungen vereinfachen sie.

SEO-Tools einsetzen

Inzwischen gibt es eine ganze Reihe sehr nützlicher Tools, die Ihnen beim Verfassen suchmaschinenoptimierter Texte helfen. Das bekannteste ist das WordPress-Plug-in *Yoast SEO*[52] (inzwischen auch als TYPO3-Extension[53] erhältlich).

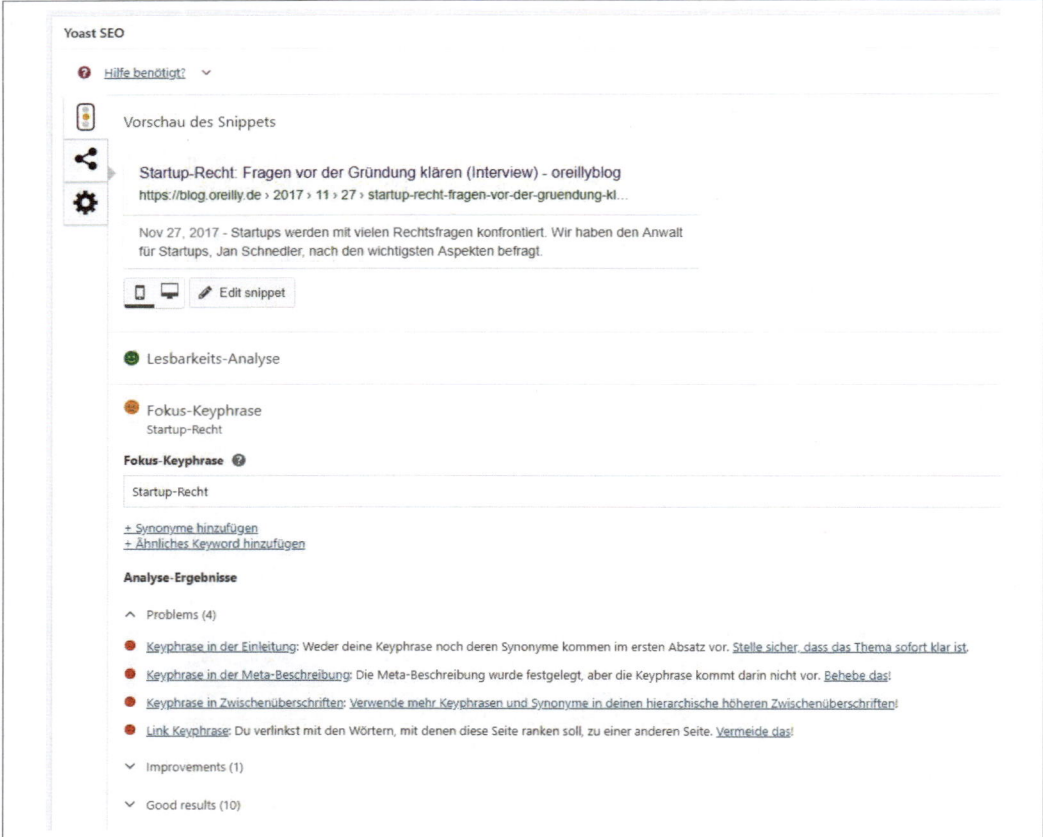

In einer durchaus brauchbaren Basisversion ist es kostenfrei erhältlich, die Premiumversion schlägt mit jährlich 79 Euro zu Buche. Nach der Installation hängt sich Yoast automatisch in die Backend-Artikelansicht

---

52 *https://yoast.com/wordpress/plugins/seo/*
53 *https://docs.typo3.org/typo3cms/extensions/yoast_seo/*

unter das Texteingabefeld. Dort wertet es die Suchmaschinentauglich-
keit des Beitrags aus und liefert einzelne Empfehlungen dazu, wie Sie Ihren Text noch optimieren können. Zunächst ist es wichtig, dass Sie eine
sogenannte Keyphrase vergeben. Das ist das Suchwort, das Ihr Leser
beispielsweise bei Google eintippt und mit dem er dann genau auf Ihrem Text landen soll. Versetzen Sie sich also in Ihren Leser und überlegen Sie, was dieser suchen würde, wenn er Ihren Inhalt benötigt. Nutzen Sie auch dazu die oben genannten Keyword Planner. Yoast
ermittelt, wie der Text angepasst werden müsste, damit der Leser mit
seinem Suchbegriff Ihren Artikel in den Suchergebnislisten angezeigt
bekommt. Empfehlungen könnten sein, die entsprechende Keyphrase
noch häufiger zu erwähnen oder mehr Wörter zu schreiben, weil der
Text noch nicht lang genug ist. Außerdem erinnert Yoast Sie daran, Ihrem Artikel ein Google-Snippet zu verpassen – das sind die wenigen
Wörter, die unter einem Suchtreffer auf Google angezeigt werden –,
und bewertet die Lesbarkeit Ihres Texts anhand sprachlicher Kriterien.
Falls Sie beispielsweise sehr viele Passivkonstruktionen verwenden, er-
mahnt Sie Yoast, aktiver zu schreiben, und markiert auch gleich die betreffenden Textstellen.

Yoast ist ein sehr hilfreiches Tool, dem Sie wiederum aber auch nicht zu
viel Bedeutung beimessen sollten. Es assistiert, aber es tut dies aus ma-
schineller Sicht. Ihre Texte werden immer noch von Menschen gelesen.
Wenn Yoast also beispielsweise von Ihnen möchte, dass Sie die Keyphrase ein weiteres Mal im Text unterbringen, dies aber Ihrem Eindruck nach den Lesefluss stören und den Ausdruck des Texts verwässern würde, widersetzen Sie sich dem Plug-in und hören besser auf Ihr
Sprachgefühl. Keine Sorge: Wenn Sie eine Weile mit Yoast gearbeitet
haben, entwickeln Sie ein gutes Gespür dafür, welchen Tipps Sie folgen
sollten – und welchen nicht.

Wenn Sie noch etwas tiefer in die Suchmaschinenoptimierung einstei-
gen wollen, gibt es auch dazu nützliche Tools. Die meisten liefern be-
reits in einer kostenfreien Kurzabfrage erste Erkenntnisse, beispielswei-
se das *WDF*IDF-Tool*[54] oder *Sistrix Smart*[55]. Und natürlich gibt es auch
Alternativen zu Yoast, unter anderem das WordPress-Plug-in *All in One
SEO Pack*[56]. Joomla! wiederum hat einige der Funktionen bereits an
Bord, ebenso wie Drupal – für beide Systeme gibt es jedoch auch noch
Erweiterungen bzw. Module zum Download.

---

54 *https://www.wdfidf-tool.com/*
55 *https://www.sistrix.de/*
56 *https://wordpress.org/plugins/all-in-one-seo-pack/*

Für Barrierefreiheit sorgen

Ein gutes Blog steht allen Menschen offen, zum Beispiel auch denen, die wegen einer Sehschwäche weder Buchstaben lesen oder Bilder erkennen können – oder zumindest nicht gut. Fügen Sie daher auf jeden Fall Ihren Grafiken Bildbeschreibungen hinzu, sodass gängige Vorlesesoftware diese Bildinhalte miterfassen kann. Mehr Informationen finden Sie unter den Stichwörtern »Accessibility« und »barrierefreie Websites«.

Soziale Netzwerke

Sie sollten Ihr Blog natürlich da bekannt machen, wo Sie eventuell schon Zuhörer haben: bei Ihren Twitter-Followern, auf Ihrem Facebook-Profil oder unter Ihren XING-Kontakten. Wenn Sie sichergehen wollen, dass Ihr Beitrag auf allen Netzwerken sauber dargestellt wird, sollten Sie das für jedes einzelne Netzwerk händisch erledigen. Eine Software wie *Hootsuite*, die plattformübergreifend postet, spart zwar zunächst Zeit, sie kann die individuellen Stellschrauben der Netzwerke aber nicht optimal ausnutzen – und produziert nicht selten Darstellungsfehler. Zudem ist etwa bei Facebook die Sichtbarkeit Ihres Beitrags geringer, wenn Sie über Drittanbieter posten. (Mehr dazu erfahren Sie in Kapitel 7.)

Und wieder: Interaktion

Lesen Sie Blogs und beteiligen Sie sich an Gesprächen. Geben Sie einen Link auf Ihr Blog an, wo es Ihnen notwendig oder angebracht erscheint und sie etwas zur Diskussion beitragen können, und natürlich nicht nur, um sich selbst zu vermarkten. Wenn Sie ein echtes und dauerhaftes Interesse an den Blogs zeigen, an denen Sie sich beteiligen, werden Sie mit der Zeit eine Beziehung zum Blogger aufbauen und vielleicht in die Blogroll aufgenommen oder sogar gebeten, einen Gastbeitrag zu verfassen.

Blogverzeichnisse und Rankings

Sie können Ihr Blog aktiv promoten, indem Sie es in Blogverzeichnisse aufnehmen lassen. International beliebt ist Bloglovin'[57], Übersichten über deutschsprachige Blogs bieten beispielsweise *https://www.bloggerei.de/*, *https://www.blogtotal.de/*, *https://www.trusted-blogs.com/* oder *https:// ruhrblogs.de/*.

Darüber hinaus gibt es spezifischere Verzeichnisse wie beispielsweise eines für »Ü-50-Blogger/-innen«[58] oder Blogs der Hansestadt Hamburg[59]. Interessant sind branchen- oder themenbezogene Rankings, die gelegentlich von Fachmagazinen (Print und Web) veröffentlicht werden.

---

57 *https://www.bloglovin.com*
58 *https://blogs50plus.de/*
59 *https://www.hamburgerblogs.de*

Und: In einzelnen Special-Interest-Magazinen werden immer wieder Blogger vorgestellt – vorrangig für die Bereiche Lifestyle, Fitness, Living (Möbel und Inneneinrichtung), Reisen oder Mode. Hier lohnen eine gezielte Recherche und die persönliche Kontaktaufnahme.

Blogparaden

Die Teilnahme an einer *Blogparade* (siehe Abbildung 6-13) ist ebenfalls ein gutes Mittel, um ein Blog bekannt zu machen.

◄ **Abbildung 6-13**
Die Bloggerin Ines Meyrose beteiligt sich nicht nur an Blogparaden, sie ruft auch selbst welche ins Leben und bekommt dank ihrer starken Vernetzung regelmäßig sehr ausführliche Kommentare, die das Blog – ein seit mehreren Jahren durchgängig erfolgreiches Fashion-/Lifestyle-Blog – noch weiter bereichern.

Dabei handelt es sich um Community-orientierte Blogbeiträge, die sich um bestimmte Themen drehen. Bei einer Blogparade sammelt ein Blogger mehrere Links zu Blogbeiträgen über ein bestimmtes Thema. Für Firmenblogs mag das nicht immer ideal sein, aber es ist ein hervorragendes Mittel, um mehr Öffentlichkeit zu bekommen und ein Netzwerk aufzubauen. Sich an einer Blogparade zu beteiligen, ist einfach: Suchen Sie beispielsweise über die Google-Blogsuche eine aktuell laufende Parade mit einem zu Ihrem Unternehmen passenden Thema und bloggen Sie dann Ihren Beitrag dazu – Link auf den Ursprungsbeitrag nicht vergessen. Verzeichnisse aktueller Blogparaden finden Sie unter *https://www.blogparaden.de/* und *https://blogparade.net*. Und natürlich können Sie selbst eine Blogparade starten.

Blog Memes

Auch mit *Blog Memes* lässt sich die Bekanntheit steigern. Diese bestehen normalerweise aus einer Kette von Beiträgen, die von einer gemeinsamen Quelle ausgehen (siehe Abbildung 6-14). Dahinter steht die Idee, zunächst einmal Informationen über sich selbst preiszugeben, um dann eine Reihe von Bloggern mit Tags zu markieren und zu fragen, welche Antwort sie auf dieselbe Frage geben würden. In Hunderten von darauffolgenden Beiträgen verbreiten die Teilnehmer dann ihre Ansichten und originelle Links. Wenn Sie sich an einem Blog Meme beteiligen, kontaktieren Sie einen Blogger, auf den Sie ein Tag gesetzt haben, und teilen ihm ebendies mit. Er wird Sie dann belohnen, indem er seine Freunde taggt und einen Link auf Sie setzt.

Bekannte Memes sind *12 von 12* – ein Meme, bei dem die Beteiligten immer am 12. eines Monats 12 Fotos auf ihrem Blog veröffentlichen, initiiert von Anne Häusler (Draußen nur Kännchen[60]) – und *WMDEDGT* (Was machst du eigentlich den ganzen Tag?), bei dem »Frau Brüllen«[51] aufruft, ein Tagesprotokoll zu schreiben. Halten Sie die Augen offen, immer wieder gibt es auch zeitlich begrenzte Aktionen.

In der deutschen Blogosphäre ist auch der Begriff »Stöckchen« für dieses Phänomen bekannt: Man wirft sich sozusagen gegenseitig Stöckchen zu. Blog Memes können aber auch Quiz, Persönlichkeitstests oder Umfragen sein. Und natürlich Humor: Gibt man die Zahl 241543903 bei der Google-Bildsuche ein, erhält man witzigerweise sehr viele Bilder von Köpfen in Kühlschränken. Was hat es damit auf sich? Bei diesem Meme sollen User ein Foto von sich machen, auf dem sie ihren Kopf in den Kühlschrank stecken. Dieses Foto soll dann mit dem Dateinamen

---

60 *https://draussennurkaennchen.blogspot.com/*
61 *https://bruellen.blogspot.com/*

241543903 bei Flickr oder einer anderen für Google zugänglichen Website hochgeladen werden. Und schon kann man sich an einer weltweiten Spaßaktion beteiligen. Ob das für Firmenmarketing interessant ist? Natürlich, wenn Sie zum Beispiel für einen Marmeladenhersteller arbeiten. Was spricht denn dagegen, den Kühlschrank vorher entsprechend zu füllen? Mit dieser oder ähnlichen Aktionen haben Sie unterhaltsamen und werbewirksamen Content, der sich von ganz allein verbreitet – und in größeren Abständen dürfen sich natürlich auch Corporate Blogger beteiligen.

◀ **Abbildung 6-14**
12 von 12 ist ein Meme, bei dem die Beteiligten des Blogs am 12. eines Monats 12 Fotos veröffentlichen – so entstehen über das Jahr hinweg 144 besondere Einblicke in ihr Leben. Die Ruhr Nachrichten (*https://www.ruhrnachrichten.de*) greifen diese Idee hier auf.

Ob Sie nun auch Stöckchen fangen und werfen oder lieber nur zuschauen: In jedem Fall lernen Sie viel über die Blogosphäre und die für Sie thematisch relevanten Blogger, wenn Sie die Memes regelmäßig verfolgen.

Kennenlernen und Vernetzen

Ein Blog ist ein sehr persönliches Medium – was spricht also dagegen, auch selbst in Erscheinung zu treten? Laden Sie doch mal einige relevante Blogger in Ihr Unternehmen ein und bieten Sie ihnen einen Blick hinter die Kulissen. Wenn Sie daraus keine Werbeveranstaltung machen oder erst in Erscheinung treten, wenn Sie bereits mitten in einem Shitstorm stecken, werden Sie auf wohlwollende Reaktionen stoßen und zu einem Austausch auf Augenhöhe beitragen.

Zudem gibt es eine Reihe von Tagungen und Barcamps (informellere Konferenzen), auf denen Sie mit anderen Bloggern zusammentreffen und sich vernetzen können. Im deutschsprachigen Raum finden neben vielen regionalen Barcamps beispielsweise statt:

BLOGST

Ricarda Nieswandt und Clara Moring veranstalten jährlich die BLOGST (*https://www.blogst.de/*). Die beiden Lifestyle-Bloggerinnen wollen die Vernetzung unter Blogger/-innen vorantreiben und vermitteln dabei viel Praxis: Wie funktioniert der WordPress-Editor, wie schießt man gute Fotos, und welche Rechtsfallen lauern? Diese und weitere Fragen werden von professionellen Referenten beantwortet.

Blogfamilia

Die Blogfamilia (*https://blogfamilia.de/*) ist eine von mehreren Elternblogs ins Leben gerufene Konferenz, die ebenfalls jährlich stattfindet und der Vernetzung dient. Die Blogfamilia richtet sich an Mütter und Väter, die bloggen – ganz gleich, ob sie damit Geld verdienen oder nicht. Firmen können Sponsor werden.

re:publica

Deutschlands bekannteste Digitalkonferenz (*https://re-publica.com/de*) startete einst als Bloggerkonferenz und ist daher natürlich noch immer die Anlaufstelle, um sich mit anderen Bloggern – auch und besonders Freelancern und Unternehmensbloggern – auszutauschen.

Facebook-Gruppen und andere Onlineforen

Natürlich können Sie sich auch online austauschen, beispielsweise in den sozialen Netzwerken: Einige große Gruppen sind das *Blogger Netzwerk* oder die *Blogger_innen* bei Facebook oder die *Bloggerlounge* bei XING.

Ohne eigenes Blog in die Blogosphäre

In manchen Unternehmen wird aufgrund juristischer Bedenken kein eigenes Firmenblog betrieben. Dennoch können Sie sich in die Blogosphäre und – falls auch das Kommentieren in anderen Blogs untersagt ist – auf anderen Wegen in das Social Web einbringen. Wenn es Ihnen gelingt, ehrliche und vertrauensvolle Verbindungen zu Bloggern aufzubauen (Stichwort »Blogger Relations«), wird Ihr Unternehmen in jeden Fall profitieren.

Lesen und Mitreden in »fremden« Blogs

Viele Blogger schreiben regelmäßig über Produkte und Marken: Sie berichten, welche Hersteller sie bevorzugen – und welche sie aus welchen Gründen boykottieren –, bewerten Produkte und geben allgemeine Informationen über Firmen weiter. Und sie tun das ganz unabhängig davon, ob das Unternehmen bereits im Social Web vertreten ist. Es ist Ihre Aufgabe und Ihre Chance, sich dem Dialog (und gegebenenfalls auch der Kritik) dort zu stellen, wo er (bzw. sie) stattfindet: in den häufig und weniger häufig gelesenen Blogs.

Lesen Sie aufmerksam, welche Themen in welcher Art und Weise besprochen werden, welche Positionen und Gegenpositionen es gibt und im Speziellen wie Ihr Unternehmen, Ihre Marke, Ihre Produkte und Ihre Mitarbeiter wahrgenommen werden (falls sie wahrgenommen werden).

Dazu müssen Sie die Meinungsäußerungen natürlich auch finden – einige Tipps dazu haben wir in Kapitel 3 unter »Monitoring« aufgeführt. Um außerdem wichtige Trends und kontroverse Diskussionen nicht zu verpassen, die Ihr Fachgebiet, aber nicht unbedingt Ihr Unternehmen betreffen, sollten Sie die Meinungsführer identifizieren und deren Beiträge regelmäßig lesen.

Was tun bei Kritik?

Was sollten Sie tun, wenn der Worst Case eintritt und jemand negativ über Sie berichtet? Zunächst sollten Sie Ruhe bewahren und auf der Grundlage der Erfahrungen, die Sie durch regelmäßiges Bloglesen gemacht haben, die Brisanz der Meinungsäußerung einschätzen. Berichtet etwa eine bloggende Mutter, sie habe Glassplitter in einem Babygläschen Ihrer Marke gefunden, sollten Sie natürlich sofort handeln, um weitere Gefahren abzuwenden. Geht es »nur« um ein falsch geliefertes Produkt, können Sie schlichtweg Ihren Kundendienst informieren, der sich um alles Weitere kümmert. In jedem Fall sollten Sie direkt im jeweiligen Blog Stellung dazu nehmen, wie Sie über die Kritik denken und was Sie zur Lösung beitragen können.

Mit dem Bloggen Geld verdienen

Einige Blogger – vor allem natürlich private Blogger oder Freelancer – wollen mit dem Bloggen auch Geld verdienen. Finanzierungsinstrumente wie Flattr, mit denen die Leser ihren Bloggern kleinere Beiträge zukommen lassen können, haben sich kaum durchgesetzt. Manche Blogger bitten um Zuwendungen per PayPal.

Viele Blogger versuchen, über Bannerschaltungen, Google Ads und den Einbau kleinerer, immer präsenter Werbe-»Buttons« Geld zu verdienen. Sehr beliebt ist außerdem die Teilnahme an Affiliate-Programmen, wie z.B. Amazon sie anbietet. Dabei werden im Blog Links auf Produktseiten von Amazon gesetzt. Folgt ein Leser einem

solchen Link und kauft bei Amazon ein, erhält der Blogger eine kleine Provision. Eine Form der bezahlten Werbung sind auch »Sponsored Posts«, die jedoch häufig wenig glaubwürdig wirken.

Für Corporate Blogs sind Finanzierungsmodelle dieser Art nicht relevant, denn natürlich sollen Blogs ein kostenfreies Angebot an Kunden sein. Wenn Sie sich aber mit anderen Blogs vernetzen, sind diese und ähnliche Werbekooperationen überlegenswert – insbesondere wenn die Blogger eine passende und gegebenenfalls große Leserschaft um sich scharen.

Dabei sollten Sie guten Stil bewahren, auch wenn Sie sich eventuell zu Unrecht angegriffen fühlen. Bleiben Sie sachlich und lösungsorientiert, zeigen Sie Interesse am Sachverhalt und gleichzeitig Bemühen, alles aufzuklären. Nur so können Sie Ihre Glaubwürdigkeit wahren und Ihren schon fast verloren gegangenen Kunden vielleicht behalten – sowie viele weitere hinzugewinnen.

Wenn Sie keine Rolle spielen

Und was ist, wenn Ihr Unternehmen in relevanten Blogs bisher gar nicht wahrgenommen wird? Wenn Sie die Bekanntheit eines neuen oder verbesserten Produkts erhöhen wollen? Natürlich können Sie übliche Werbeformate wie Banner schalten. Es gibt einige Agenturen, die sich auf die Vermarktung von Blogs spezialisiert haben, z.B. Seeding Up (*https://www.seedingup.de/*), Trusted Blogs (*https://www.trusted-blogs.com/*) oder Blogfoster (*http://www.blogfoster.com/*). Neben bloßen Bannern wird auch die Einbindung von Videos, Twitter-Streams, Facebook-Buttons und vielen anderen Social-Media-Formaten angeboten. Entscheidend und unverzichtbar für die Glaubwürdigkeit des Blogs ist hier die klar erkennbare Trennung zwischen redaktionellem und werblichem Inhalt.

Wenn Sie möchten, dass eines Ihrer Produkte besprochen wird, können Sie auch sogenannte »Sponsored Posts« kaufen. Diese Beiträge stellen das Produkt ausführlich vor und werden von den Blogbetreibern persönlich geschrieben. Vorteil: Die Kritik wird in jedem Fall positiv ausfallen, dafür zahlen Sie schließlich. Nachteil: Die Beiträge sind als Werbung gekennzeichnet und werden daher als das wahrgenommen, was sie sind: eben Werbung, der – das ist in jedem Medium so – üblicherweise nicht allzu viel Glauben geschenkt wird.

Blogger Relations

Eine weitaus erfolgversprechendere und nachhaltigere Taktik ist, selbst auf Blogger zuzugehen und sie um Meinungen und um Dialog zu bitten. Das ist seit Jahren gängige Praxis, wenn auch häufig mit erheblichem Aufwand verbunden.

Revelante Blogger sind nicht schwer zu finden: Abonnieren Sie einfach Google Alerts für Blogs, in denen Ihr Thema diskutiert wird, oder schauen Sie in Blogrankings und Blogrolls interessanter Sites. Nachdem Sie passende Blogs identifiziert haben, können Sie gezielt eine Pressemitteilung, eine Produktankündigung oder auch ein Produkt versenden, damit der Blogger es bewerten kann.

Der Kontakt zu Bloggern hat jedoch wie alles im Leben einen Haken. Die meisten bekannten Blogger bekommen ständig Angebote, auch

»Pitches« genannt, neue Produkte und Dienstleistungen vorzustellen – und ignorieren sie zu 99 Prozent. Der beste Blogger-Pitch ist heutzutage personalisiert, kurz und sachlich. Die traditionelle Pressemitteilung ist für die meisten Blogger zu lang, um sie zu lesen, und ist oft auch nicht auf die konkrete Website zugeschnitten. Ein idealer Ansatz ist, das Produkt oder die Dienstleistung in einem persönlichen Anschreiben ganz kurz einzuführen (mit nur zwei oder drei Sätzen), um die Aufmerksamkeit des Bloggers zu gewinnen. Machen Sie sich unbedingt die Mühe, vorab mehr über den Blogger, seine Lebensumstände und seine Interessen zu erfahren. Sprich: Lesen Sie sein Blog und nehmen Sie ernst, was darin gegebenenfalls über die Zusammenarbeit mit Unternehmen und Werbung steht!

Die meisten Blogger sind für Ihre Kontaktversuche sicherlich nicht offen, wenn Sie ungezielte Nachrichten oder exzessive Spammethoden einsetzen. Jede Presseagentur und jedes Unternehmen muss sich im Klaren darüber sein, dass ein einziger falscher Schritt wertvolle Geschäftsbeziehungen kosten kann. Blogger befolgen nicht die gleichen Regeln der Kommunikation wie traditionelle Medien, und eine Verletzung ihrer Freiheit kann einen PR-Flächenbrand auslösen, bei dem die Aktionen fehlgeleiteter PR-Leute in aller Öffentlichkeit angeprangert werden. Im Verkehr mit Bloggern müssen Sie mit viel Sachkenntnis und gebührender Sorgfalt vorgehen und sich unbedingt an die Gebote der Höflichkeit halten. Eine seriöse Möglichkeit, an Produkttester zu kommen, bieten Word-of-Mouth-Plattformen wie *trnd.com*, die oben genannten Blogvermarkter oder auch einzeln agierende Spezialisten für Influencer Marketing. Wir gehen auf diese Anbieter in Kapitel 12 ausführlicher ein.

Podcasting

Totgesagte leben länger: Bereits Anfang bis Mitte der 2000er-Jahre – parallel zum Aufkommen der ersten iPods – erlebten Podcasts einen frühen Boom. Ausgehend von den USA, schwappte der Medientrend auch nach Europa, und es entstanden erste Sendeformate, darunter die ersten Unternehmenspodcasts. Dann jedoch versanken sie einige Jahre wieder in einem Nischendasein, nur um inzwischen wieder deutlich an Relevanz aufzuholen. Denn heute, im Jahr 2019, sind weite Schichten der Gesellschaften längst daran gewöhnt, Medieninhalte nicht linear, sondern auf Abruf zu konsumieren.

Wer veröffentlicht Podcasts, und wer hört sie?

Und um nichts anderes geht es beim Podcasting: den Abruf und das Hören von Audiosendungen – darunter auch klassische Radiosendungen, die von den großen Rundfunkanstalten zusätzlich zur Ausstrahlung über die Sendeantenne ins Netz gestellt werden. Aber auch viele Einzelpersonen und einige Unternehmen podcasten. Ihre Audiofiles werden in loser oder regelmäßiger Folge veröffentlicht und über das Internet zum Download angeboten.

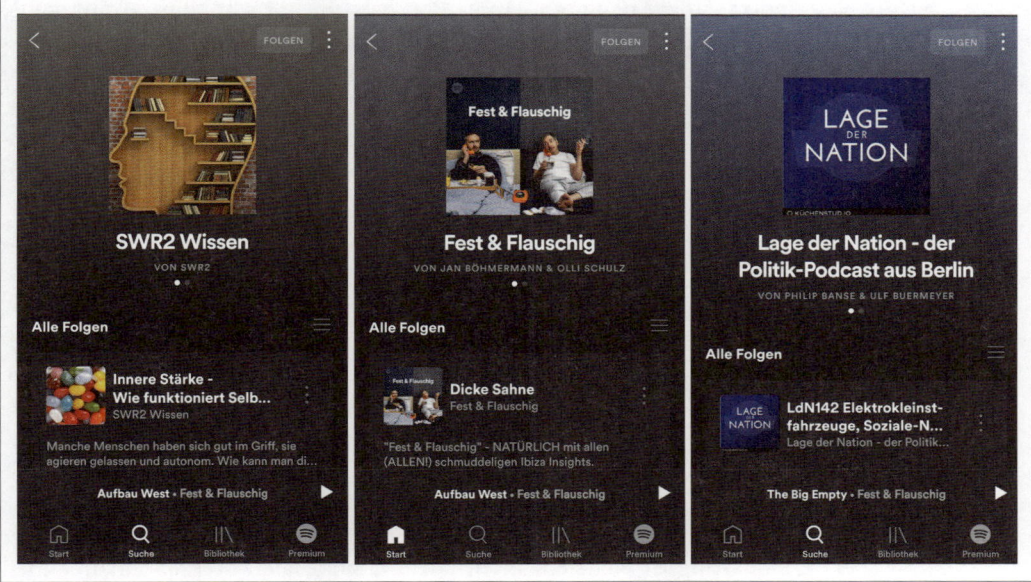

Einer Studie[62] der ARD-nahen Agentur AS&S Radio und Facit Research zufolge kennen etwas mehr als die Hälfte der deutschen Bevölkerung den Begriff Podcast. Rund 20 Millionen Deutsche zählen bereits zu den Hörern. Die stärksten Altersgruppen sind die 14- bis 29-Jährigen und die über 50-Jährigen, hier hat jeweils jeder Dritte in den vor der Befragung vergangenen zwölf Monaten (mindestens) einen Podcast gehört. Dazu nutzen die meisten Hörer die iTunes-App oder Streaming-Dienste wie Spotify oder Audible.

▲ **Abbildung 6-15**
Sie gehören zu den erfolgreichsten Podcasts in Deutschland: »Fest und flauschig«, »SWR2 Wissen« und »Die Lage der Nation«.

Dass Podcasts im zweiten Anlauf noch einmal beliebter geworden sind, liegt an der Verbreitung des Smartphones, insbesondere des iPhones – denn Apple selbst pflegt das weltweit umfassendste Podcast-Verzeichnis. Sämtliche Befragungen kommen zudem zu dem Schluss, dass die

---

62 *https://www.ard-werbung.de/spotonpodcast/*

Mehrheit der Hörer unterwegs und/oder von mobilen Geräten auf die Audiofiles zugreifen. Die Menschen haben ihr Radio also in der Hosentasche und scheinen sich zu freuen, nun auch lästige Wartezeiten in der Bahn überbrücken oder sich während einer längeren Laufrunde ablenken zu können. Nicht nur für Radiosender ist dies ein Gewinn: Letztlich erreichen alle Medienmacher mit Podcasts nun auch die Menschen, die nicht an einem festen Ort situiert sind oder beispielsweise während der Autofahrt ins Büro keine Texte lesen oder Videos schauen können.

Das Angebot verfügbarer Podcasts überzeugt durch seine hohe Diversifikation. Von Anfang an gab es Podcasts mit sehr hohem Bekanntheitsgrad, darunter waren Dave Winer und innerhalb Deutschlands beispielsweise der sehr persönlich gehaltene Podcast »Schlaflos in München«, den die Journalistin Annik Rubens viele Jahre veröffentlichte. Und: viele, viele Podcasts mit nur geringer Reichweite, dafür aber häufig umso höherer Relevanz für den einzelnen Hörer. Ganz klar, Podcasts haben Raum für Nischiges.

Einigen Podcastern ist es gelungen, zu Meinungsführern zu werden. Der Podcast »Zur Lage der Nation«[63] thematisiert wöchentlich aktuelle politische Fragen und erreicht damit nicht nur eine große Hörerschaft, sondern erhält auch enorm viele Kommentare und ein Echo in den klassischen Medien. In den USA sind es die Podcasts »Serial«[64] und »The Daily«[65], die Woche für Woche bzw. Tag für Tag von Hunderttausenden eingeschaltet werden.

Podcasts von Unternehmen

Podcasting ist vielleicht nicht allein den sozialen Medien zuzurechnen (abgesehen von den Hörerkommentaren nach der Veröffentlichung), hat aber in den letzten Jahren seinen festen Platz im Web gefunden und kann sich auch wunderbar zur Kommunikation eines Unternehmens oder einer Organisation mit Kunden, Freunden und Partnern eignen.

Wer an den Dudelfunk üblicher Radiosender gewöhnt ist, wird zunächst überrascht sein: Podcasts haben einen enorm hohen Wortanteil, gehen nicht selten über 60 bis 80 Minuten (und mehr) und nehmen sich dabei auch die Zeit für vertiefende – und gelegentlich sogar versandende – Diskussionen. Ihre Hörer sind bereit, längere Episoden zu hören, selbst wenn es sich dabei nur um einen Monolog ohne Einspieler handelt. Eine Entwicklung, die Radiomacher wohl vor Jahren noch vehe-

---

63 *https://www.kuechenstud.io/lagedernation/*
64 *https://serialpodcast.org/*
65 *https://www.nytimes.com/column/the-daily*

ment abgestritten hätten, dezimierte sich die Anzahl der Wortbeiträge in den Rundfunkanstalten doch Jahr für Jahr.

Auch für Unternehmen öffnet sich hier ein Fenster, denn analog zum Bloggen haben sie auch beim Podcast die Zeit, komplexe Sachverhalte zu veranschaulichen. Sie stoßen bei Podcast-Hörern auf eine erhöhte Bereitschaft zur Aufmerksamkeit – sowohl was die Themen als auch was die Hördauer angeht. Und: Sie erreichen die Menschen, die sich aktiv für Ihre Inhalte interessieren, schließlich müssen die Folgen gefunden, angeklickt und heruntergeladen werden, bevor überhaupt das erste Wort durch die Kopfhörer wabern kann.

Wie jede Art von Onlinekommunikation funktioniert auch Podcasting am besten, wenn Sie auf Ihr Publikum achten und es in Ihr Programm einbeziehen. Allerdings hat das gesprochene Wort nicht denselben Grad an Interaktivität wie das geschriebene, zumal Podcasts häufig nebenbei gehört werden: im Fitnessstudio, auf dem Weg zur Arbeit und beim Einschlafen. Außerdem schrecken viele Menschen noch vor Podcasts zurück, weil man bei gesprochenen Informationen schneller den Faden verliert, wenn man kurz abgelenkt ist.

Daher ist Podcasting nur ein kleiner Ausschnitt aus dem Marketing, aber wenn Sie sympathisch rüberkommen und viel zu sagen haben (und kamerascheu sind), sind Podcasts vielleicht geeignet, Ihre Marketingaktivitäten auszuweiten.

Wer sollte nun podcasten? Ganz einfach: jedes Unternehmen, das etwas erzählen kann. Das es versteht, seine Botschaften in Geschichten mit einer gewissen Dramaturgie zu verpacken. Und das Lust auf ein Audioformat hat, bei dem sich eine interessierte, aufgeweckte Hörerschaft akquirieren lässt. Ein weiterer Vorteil: Allzu viele Unternehmen mit Podcast gibt es noch nicht, wahrscheinlich ist Ihr Wettbewerber noch nicht auf Sendung.

Ihr Unternehmens-Podcast

Podcasts lassen sich ganz einfach bei Gesprächen oder Telefonaten über Onlinedienste wie Skype oder Facetime aufnehmen. Außerdem sind sie interaktiv: Die meisten Podcasts fordern Gastredner, Fachleute und sogar das Publikum auf, sich zu äußern. Um es mit den Worten des Podcasters Joe Fowler III zu sagen: »Podcasting ist sehr sozial, denn wenn man Hörer gewinnt, möchten diese gern einbezogen, genannt und manchmal auch zur Teilnahme eingeladen werden.«

Manche Podcasts sind sehr erfolgreich und haben Hunderttausende von Hörern, doch auch kleinere Podcasts können wertvoll sein und Sie dabei unterstützen, Ihre Meinungsführerschaft und Ihre Marke zu stärken. Wenn Sie die Zeit und Hingabe aufbringen, einen regelmäßigen Podcast aufzunehmen und zu pflegen, und das Gefühl haben, dass Sie Ihrem Publikum mit Ihren Hörbeiträgen einen Mehrwert bieten können, sollten Sie es mit diesem Medium versuchen. Und vielleicht finden Sie ja auch einen Mitstreiter in Ihrem Unternehmen, der Sie technisch oder inhaltlich unterstützen möchte.

Trauen Sie sich? Wir zeigen Ihnen nun, wie simpel der Einstieg ins Podcasting ist.

Die technische Seite

Einen Podcast können Sie mit sehr geringen Investitionen starten – theoretisch brauchen Sie noch nicht mal ein Mikro, denn Ihr Smartphone bringt von Haus aus eine Aufnahmefunktion mit. Ihre Hörer werden es Ihnen aber danken, wenn Sie ein paar Euro in ein Mikrofon (inklusive Halterung) investieren: Einen deutlichen Qualitätssprung erreichen Sie schon ab etwa 150 Euro aufwärts. Denken Sie dabei auch an ein zweites Mikrofon für eventuelle Gäste. Zusätzlich könnten Sie Ansteckmikros anschaffen, wenn Sie beispielsweise von Konferenzen oder anderen Veranstaltungen podcasten möchten. Und klar, natürlich können Sie auch gleich ein ganzes Studio mieten, dann erhalten Sie eine statikfreie, radioähnliche Übertragung.

Zur Aufnahme können Sie jede simple Recording-Software nutzen, die es als Smartphone-App oder als kostenfreies Programm für den PC zuhauf gibt. Um andere User an einem Podcast zu beteiligen, setzen Sie am besten *Skype*[66] oder *Facetime* ein. Sobald Sie Skype auf Ihrem Computer installiert haben, können Sie Telefonanrufe mit beliebig vielen Teilnehmern initiieren. Während der Aufnahme sollten Sie sich in einer geräuscharmen Umgebung befinden. Das Café nebenan mag Ihnen eine gute Atmosphäre liefern, die Ohren Ihrer Hörer aber werden sehr wahrscheinlich schmerzen, wenn sie permanent Geschirrgeklapper filtern müssen. Ein häufiges Problem ist auch zu viel Hall – eine Testaufnahme schadet nie.

Nach der Aufnahme folgt die Postproduktion Ihrer MP3-Datei: Eines der besten Tools dafür ist *Audacity*[67]. Das ist ein kostenloses Programm, mit dem Sie den Stream direkt auf Ihren Computer einspielen und schneiden können. Audacity gibt es für Windows, Mac und Linux. Mac-User können alternativ die App *Garageband* nutzen, empfehlenswert ist auch

---

66 *https://www.skype.com/de/*
67 *https://sourceforge.net/projects/audacity*

Adobes *Audition*[68]. Wenn Ihre Aufzeichnung fertig ist, sollten Sie die »Ähs« und »Öhs« sowie peinliche Pausen daraus löschen.

So, wie Ihr Blog ein Layout bekommen muss, muss auch Ihr Podcast ein – in diesem Fall akustisches – Gerüst erhalten, das ihm einen Wiedererkennungswert verleiht und dem Hörer Orientierung gibt. Durch Jingles (Melodien) fassen Sie die Folge für Ihre Hörer in einen »Anfang« und ein »Ende« ein, im Verlauf der Aufzeichnung können Sie auch feste Rubriken mit Musik ankündigen. Diese Jingles können Sie selbst komponieren oder für wenig Geld einkaufen. Das Gleiche gilt für Musik: Es gibt Datenbanken für Songs, die Sie ohne Lizenzgebühren nutzen dürfen.

Außerdem benötigen Sie eine Podcast-Grafik, die ähnlich einem Plattencover in den Podcast-Verzeichnissen (und beim Hören im Player des Smartphones) eingeblendet wird. Sie muss unverwechselbar und in mehreren Größen (auch fingernagelwinzigklein als Symbolbild in der Smartphone-App) gut erkennbar sein.

Wenn Sie sich noch nie mit Podcasting beschäftigt haben, sollten Sie vor dem Start eine »Pilotfolge« aufnehmen. Diese erste Aufzeichnung fungiert im Grunde als Probelauf, der Ihnen dazu dient, Ihren Podcast zu hören und technische Fehler sowie potenzielle Probleme auszubügeln, bevor er an die Öffentlichkeit gelangt. Achten Sie dabei darauf, unter wirklich sehr realistischen Bedingungen zu proben, um den Ablauf der Sendung aktiv durchzuspielen.

Der Inhalt: Worüber können Sie podcasten?

An dieser Stelle gilt, was wir bereits zum Bloggen gesagt haben: Reden Sie über das, was Sie in Ihrem Unternehmen bewegt. (Und was an die Öffentlichkeit gelangen darf.) Erzählen Sie von Besuchen auf Tagungen und welche Erkenntnisse Sie dort gewinnen konnten. Erwähnen Sie, welche Nachrichten Ihre Branche bewegen (als Recherchetools eignen sich auch hier Google Alerts und die sozialen Netzwerke). Plaudern Sie auch von dem Kollegen, der gerade nach mehreren Jahrzehnten Betriebszugehörigkeit in den Ruhestand gegangen ist, oder erzählen Sie Näheres über die Kollegin, die jüngst für einige Jahre zum Austausch in eine andere Niederlassung ins Ausland wechseln konnte. Und ja: Berichten Sie auch von neuen Produkten und Dienstleistungen. Verpacken Sie dies aber mithilfe fundierter, nützlicher Fakten: Was ist der technologisch interessante oder neuwertige Aspekt Ihrer Entwicklung? Welche Probleme Ihrer Kunden können Sie nun lösen? Und welche Experimente mussten Sie machen, um zu dieser Lösung zu gelangen?

---

68 *https://www.adobe.com/de/products/audition.html*

Legen Sie für jede Folge auch sogenannte Shownotes – Sendungsnoti-
zen – an. Dies sind weiterführende Quellen und Hintergründe, mit deren Hilfe jeder Leser einzelne Aspekte noch einmal gründlich nachlesen
kann. Gerade bei langen Folgen kommen Sie Ihren Hörern auch sehr
entgegen, wenn Sie Zeitstempel setzen, über die sie direkt an eine bestimmte Stelle springen können. Diese hinterlegen Sie ebenfalls bei den
Shownotes.

Vergessen Sie die reinen Marketingbotschaften, liefern Sie stattdessen
Zusammenhänge und Hintergründe. Und laden Sie dazu auch Interviewpartner ein, die Ihren Podcast mit ihren eigenen Geschichten und ihrer eigenen Stimme bereichern und aufwerten. Nutzen Sie die Rückmeldungen
Ihrer Hörer, indem Sie deren Fragen aufgreifen und beantworten – das
sorgt für neue Inhalte und Einflüsse und für die enorm wichtige Interaktion.

Oder um es auf den Punkt zu bringen: Ihre Hörer sind bereit, sich für
Sie und Ihr Unternehmen Zeit zu nehmen. Tun Sie das unbedingt auch
– bei der inhaltlichen Konzeptionierung, der Vorbereitung und der Produktion der Folgen.

In der eingangs erwähnten Studie von AS&S fand man auch heraus, dass 87 Prozent der Befragten Werbung akzeptieren. Gleichzeitig wissen wir, dass Podcast-Fans sehr aufmerksam zuhören. Falls Sie sich also nicht zutrauen, regelmäßig einen eigenen Podcast zu produzieren, können Sie auch überlegen, in anderen thematisch passenden Podcasts Werbung zu schalten. Aktuell firmieren gerade die ersten Vermarkter, die Werbeformate anbieten wollen. Und natürlich können Sie versuchen, Kontakt zu den Podcastern Ihrer Branche aufzunehmen. Vielleicht ergibt sich ein reger inhaltlicher Austausch, vielleicht können Sie auch einmal Gast in einem Podcast sein.

Sichtbar werden: Ihren Podcast verbreiten

Sorgen Sie dafür, dass Sie in den gängigen Podcast-Verzeichnissen auftauchen: Viele Podcasts können Sie in den normalen sozialen Medien promoten, aber auch mithilfe von Tools wie *Blubrry*[69] oder *Podlove*[70] auf Ihr Blog stellen. Tragen Sie Ihren Podcast auch in die großen Verzeichnisse podcast.de und podster.de ein. Die größte Öffentlichkeit lässt sich jedoch mit iTunes erzielen. Der Veröffentlichungsprozess ist relativ einfach, Apple erklärt genau[71], wie Sie Ihren Podcast einrichten können.

Die im Zusammenhang mit anderen Medien bereits erwähnten Promotion-Taktiken gelten auch für das Podcasting. Spannen Sie Ihre Freunde, Ihre Familie und Ihr soziales Netzwerk ein, um Ihrem Podcast etwas Schwung zu verleihen. Laden Sie Kenner der Materie ein, daran teilzunehmen. Auch in sozialen Medien sollten Sie den Podcast promoten.

Außerdem ist es hilfreich, den gesamten Podcast zusammenzufassen oder sogar zu transkribieren. Besonders nützlich ist das für Konsumenten, die hörgeschädigt sind oder lieber lesen. Wenn die Aufzeichnung Ihre Persönlichkeit durchscheinen lässt, werden Ihre Hörer Ihnen weiterhin treu bleiben.

Ob Ihr Podcasting-Engagement erfolgreich ist, können Sie in Downloadzahlen messen – Apple liefert aussagekräftige Details zu Abrufen über das Statistiktool *Podcast Connect* – oder über qualitative Abfragen bei Ihren Hörern bewerten.

---

69 *https://www.blubrry.com/*
70 *https://publisher.podlove.org/*
71 *https://itunespartner.apple.com/en/podcasts/overview*

Zusammenfassung

Mit Blogging und Podcasting kann es Unternehmen gelingen, ausführliche Hintergrundinformationen kombiniert mit einer persönlichen Note einem zugewandten, aufmerksamen Publikum nahezubringen. Beide Medienformen erlauben es, auch komplexe Themen zu veranschaulichen und sich so eine Reputation als Experte aufzubauen.

Blogs können sehr einflussreich sein, denn sie geben den Menschen die Möglichkeit, über ihre persönlichen Erfahrungen zu berichten. Für Unternehmen sind Blogs ein sehr gutes Mittel, um mit einem Publikum in Kontakt zu treten und Kunden und Menschen anzuziehen, die der betreffenden Marke bereits treu sind.

In diesem Kapitel haben wir beliebte Blogging-Plattformen untersucht und über die richtige Tonalität und authentische Inhalte sowie über geeignete Techniken zum Verfassen von Beiträgen gesprochen. Sie haben erfahren, wie Sie spannende Inhalte aufspüren und weiterentwickeln und wie Sie andere Blogger mithilfe von Blogparaden oder Memes einbeziehen oder mit Ihnen interagieren können. Außerdem haben wir Sie über die Möglichkeiten zum persönlichen Austausch sowie zu Werbekooperation und kommerzieller Zusammenarbeit (Blogger Relations) informiert.

Im Anschluss sind wir auf Podcasts eingegangen. Dieses Audioformat wird bereits von gut 20 Millionen Deutschen gehört. Wir haben Ihnen erklärt, wann sich Podcasts auch für Unternehmen lohnen, welches Equipment Sie brauchen und wie Sie Ihren Podcast verbreiten.

Microblogging mit Twitter

Twitter ist ein kostenloser Microblogging-Dienst, dessen Nutzer über kurze Textnachrichten von anfangs 140, inzwischen maximal 280 Zeichen Länge kommunizieren. Der 2006 gestartete Dienst hat rund 330 Millionen registrierte, monatlich aktive User[1], darunter etwa 600.000 deutschsprachige Accounts, die täglich aktiv sind. Etwa 1,8 Millionen deutschsprachige Accounts werden zumindest wöchentlich bespielt.[2] Im Vergleich mit anderen Social-Media-Plattformen tut sich Twitter trotz hoher Bekanntheit schwer: Nur vier Prozent der deutschen Bevölkerung twittern wenigstens wöchentlich, unter den 14- bis 19-Jährigen sind es immerhin 9 Prozent.[3]

Dennoch hat sich Twitter als Informations- und Kommunikationskanal etabliert. Tweets finden sich regelmäßig in traditionellen Medien wieder – und mit Twitter wird längst auch Politik gemacht, wie die wohl meisten Menschen nicht ganz unkritisch und häufig leidvoll wahrnehmen. Twitters hohe Bekanntheit liegt einerseits daran, dass viele Unternehmen und Personen den Dienst nutzen und dafür Werbung machen. Andererseits sorgten Ereignisse wie die Notwasserung eines Flugzeugs im Hudson River vor mehr als zehn Jahren oder der Arabische Frühling schnell dafür, dass immer mehr Menschen auf den Dienst aufmerksam wurden und/oder begannen, sich mithilfe von Twitter zu informieren und auszutauschen. Dabei befriedigt Twitter sowohl professionelle als auch persönliche Kommunikationsbedürfnisse, schließlich kann man nicht nur Hollywoodstars und amerikanischen Präsidenten auf Twitter folgen, sondern auch ständig die Updates von Freunden, Kollegen und Familie abrufen.

---

1 Aktuelle Zahlen unter:
   https://investor.twitterinc.com/financial-information/quarterly-results/default.aspx
2 *https://www.kontor4.de/beitrag/aktuelle-social-media-nutzerzahlen.html*
3 *http://www.ard-zdf-onlinestudie.de/files/2018/0918_Frees_Koch.pdf*

Die zahlenmäßig meisten Twitterer leben in den USA und in Indien – die jeweilige Durchdringung der Länder hängt aber von vielen Faktoren ab, unter anderem von der Netzabdeckung auch im ländlichen Raum, bei der Deutschland vergleichsweise schlecht abschneidet. In einigen Ländern – beispielsweise China, Nordkorea und auch in der Türkei – wurde der Dienst vorübergehend oder auch dauerhaft gesperrt. Und in weiteren Ländern, neben Brasilien und Russland beispielsweise auch in Frankreich und Deutschland, werden dauerhaft einzelne Accounts beobachtet, ausgeblendet oder gesperrt – weil diese Accounts Inhalte verbreiten, die gegen die Gesetze des jeweiligen Landes verstoßen. Auch daran lässt sich die hohe politische und gesellschaftliche Relevanz des Diensts ablesen.

Abbildung 7-1 ▶
Twitter in Zahlen

Die Geschichte von Twitter

Ursprünglich sollte Twitter eine Plattform sein, auf der Nutzer in maximal 140 Zeichen die Frage »Was tust du gerade?« beantworten. Und als der Dienst 2006 an den Start ging, waren das auch die Mitteilungen, die gesendet wurden. Die Nutzer des Diensts verkündeten, was sie zu Abend aßen, wohin sie gingen und wen sie trafen. Anfangs wurde das häufig als sinnlose Zeitverschwendung wahrgenommen, aber einige Menschen erkannten, dass Twitter mehr zu bieten hatte. Die Fähigkeit, Menschen miteinander zu verbinden, ließ ein Gefühl von Nähe und Intimität aufkommen – ein Phänomen, für das die Webentwicklerin Leisa Reichelt (@leisa) den Begriff »Ambient Intimacy« prägte.

Das Unternehmen hinter Twitter

Twitter startete als Nebenprojekt der kalifornischen Podcast-Firma Odeo. Deren Mitarbeiter Jack Dorsey, Biz Stone, Evan Williams und Noah Glass sollten ein Tool zur einfacheren Kommunikation innerhalb des Unternehmens entwickeln.

Etwa 3.800 Mitarbeiter stehen heute, 13 Jahre nach Dorseys erstem Tweet (»Just setting up my twttr«), hinter dem Dienst. Twitter ist inzwischen ein börsennotiertes Unternehmen, das über seine 35 Niederlassungen – darunter auch eine in Berlin – fortlaufend daran arbeitet, seine Verbreitung zu erhöhen. Und während das Geld für Weiterentwicklung und Infrastruktur anfangs von Einzelinvestoren kam, generiert Twitter durch verschiedene Werbeformate wie *Sponsored Tweets* längst auch eigene Einkünfte. Ende 2017 schrieb man erstmals Gewinne, 2018 lag der Umsatz des Konzerns bei rund 700 Millionen US-Dollar, der Gewinn bei etwa 100 Millionen US-Dollar – jeweils pro Quartal –, und das, obwohl es wegen einiger Maßnahmen gegen Profile, die Falschinformationen, politische Propaganda oder Hassbotschaften verbreiten, zu einem Nutzerrückgang kam.

Mitte 2007 erlebte Twitter seinen ersten Boom, als es den Teilnehmern an der SXSW-Konferenz (*South by Southwest*) ermöglichte, die vielen Sessions zu verfolgen und zugleich persönliche Treffen zu verabreden. Twitter wurde – auch aufgrund seiner klaren Struktur und Funktionalität – zu einem viel genutzten Werkzeug.

In der Folge entdeckten immer mehr Menschen die Möglichkeiten von Twitter. Meinungsführer begannen, sich an Diskussionen zu beteiligen. Marketingexperten merkten, wie wertvoll es war, mit Leuten aus ihren Branchen in Verbindung treten und diskutieren zu können. Firmen freuten sich, direktes Feedback zu ihren Produkten und Marken zu bekommen. Zudem stellten Twitter sowie viele freie Webentwickler immer mehr Dienste und Apps zur Verfügung, mit denen sich Tweets leichter absetzen und weiterverbreiten ließen. Nützliche Drittdienste wie Tweetdeck oder Vine kaufte Twitter dann schlichtweg auf – und wertete sich damit weiter auf.

Die Terminologie

Bevor wir uns die Besonderheiten des Twitterns im unternehmerischen Umfeld ansehen, klären wir im Folgenden zunächst die Begrifflichkeiten. Lassen Sie sich nicht abschrecken: Twitter erschließt sich sehr schnell, und je mehr Übung Sie darin haben, in 280 Zeichen zu schreiben, desto mehr Spaß bringt das Twittern.

Tweet

Abbildung 7-2 ▶
Tweet von Spiegel Online mit Hinweis auf einen Artikel

Ein Tweet ist die Meldung, die Sie in das Feld »Was passiert gerade?« (oder über den Webzugang »Was gibt's Neues?«) eintragen. Ein Tweet ist auf 280 Zeichen begrenzt. (Falls Ihnen bisweilen die Angabe »140 Zeichen« unterkommt: Die ist inzwischen überholt, war aber über Jahre das Markenzeichen Twitters.)

Retweet

Ein Retweet ist ein Twitter-Post, der von seinen Empfängern an die jeweils eigenen Follower weitergegeben wird – vergleichbar mit dem Weiterleiten einer E-Mail. Ursprünglich wurde ein Retweet immer mit *RT @Quellenangabe* eingeleitet, seit Längerem bietet Twitter aber ebenfalls eine Retweet-Schaltfläche. Über diese Funktion verbrauchen Sie auch keine kostbaren Zeichen mehr für den Namen des Adressaten. Sie hat sich mehrheitlich durchgesetzt, nur sehr selten sieht man noch Tweets, die mit *RT* eingeleitet werden. Außerdem bietet Twitter die Funktion *Zitieren* an, mit der der jeweilige Tweet noch ergänzt werden kann.

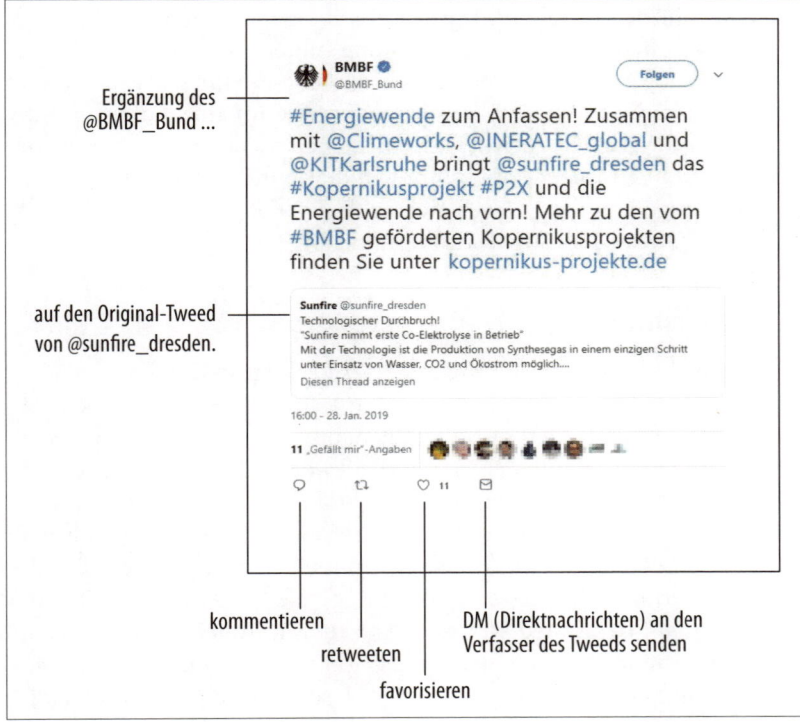

Ergänzung des
@BMBF_Bund ...

auf den Original-Tweed
von @sunfire_dresden.

kommentieren

retweeten

favorisieren

DM (Direktnachrichten) an den
Verfasser des Tweeds senden

◀ **Abbildung 7-3**
Regt den Austausch weiter an: Der Original-Tweet von @sunfire_dresden bekommt einen Kommentar vorangestellt. Außerdem lassen sich Tweets über die Schaltflächen unten kommentieren, ohne weitere Ergänzung retweeten oder mit *Gefällt mir* markieren). Möchten Sie sich hinter den Kulissen austauschen, können Sie auch eine *Direct Message* an den Verfasser des Tweets senden. Diese Funktion hängt jedoch von dessen Privatsphäre-Einstellungen ab.

Folge ich & Follower

Following und Follower definieren Ihr Netzwerk: Unter *Following* bzw. *Folge ich* finden Sie die Zahl derer, denen Sie folgen, unter *Follower* die Zahl derer, die Ihnen folgen. Bei einem Klick auf *Folge ich* bzw. *Follower* zeigt Twitter Ihnen die entsprechenden User an. Lange Zeit bot es sich an, all jenen zurückzufolgen, die einem selbst folgten, denn nur so war es möglich, Direktnachrichten zu tauschen. Inzwischen können Sie Ihr Profil so einstellen, dass Ihnen jedermann private Nachrichten schicken kann. Gleichzeitig etablierte sich für Unternehmen ein eher vorsichtiges Zurückfolgeverhalten. Die meisten Unternehmen haben daher deutlich mehr Follower als Followings. So kann man einerseits den Twitter-Stream besser verfolgen, andererseits entsteht nicht der Eindruck eines Spam-Accounts, der nur folgt, um zurückverfolgt zu werden.

Andere Unternehmen folgen prinzipiell allen »echten Twitterern« zurück, reine Spam-Accounts natürlich ausgenommen. Das unterstreicht den Respekt vor dem Kunden und dessen Interesse am Unternehmen – Dialog braucht schließlich immer auch beide Seiten. Der Nachteil: Je nach Anzahl der verfolgten Kontakte ist es nahezu unmöglich, deren Updates zu überblicken. Als Hilfestellung sollten Sie sich themenbasierte Listen anlegen. Diese Listen können sowohl öffentlich als auch privat sein. Öffentliche Listen können Sie als Service für Ihre Follower aktiv pflegen und verteilen, private Listen eignen sich beispielsweise, um Konkurrenten zu folgen, ohne Ihre Kunden mit der Nase auf diese zu stoßen. Einige Poweruser legen sich auch Zweitaccounts an, mit denen sie ausschließlich den Top-Twitterern folgen.

Stream/Timeline

Nachdem Sie verschiedenen Twitter-Usern gefolgt sind, erhalten Sie deren Tweets automatisch, sobald Sie Twitter öffnen. Sie finden sie in Ihrer Timeline – auch Twitter-Stream genannt – untereinander angeordnet. Über viele Jahre hinweg waren die Tweets chronologisch sortiert, das bedeutete, dass man automatisch immer die aktuellsten Tweets oben fand. Je weiter man nach unten scrollte, desto weiter ging man auch im Tagesverlauf zurück. Diese chronologische Timeline war eines der Kernmerkmale Twitters. Umso größer die Empörung, als Twitter plötzlich den Stream neu sortierte: Tweets mit hoher Interaktionsrate landeten weiter oben, auch wenn sie schon mehrere Stunden alt waren. Dazu empfahl Twitter die Tweets von Usern, denen man nie gefolgt war. Besonders Poweruser, die schon sehr lange bei Twitter waren, erkannten ihre Timeline nicht mehr wieder. Nach immensem Protest über mehr als zwei Jahre hinweg stellt Twitter seinen Usern seit Herbst 2018 nun wieder frei, zwischen einer per Algorithmus kuratierten und einer chronologischen Timeline zu entscheiden. Tippen Sie dazu auf das Sternchensymbol rechts über Ihrem Stream.

Hashtags

Hashtags sind Schlagwörter, die Ihre Aussage prägnant unterstützen und für Auffindbarkeit sorgen. Sie können mit ihnen auf ein Thema verweisen, ohne es lange erklären zu müssen. Wenn Sie zum Beispiel während der Konferenz re:publica bei Twitter aktiv waren, konnten Sie Tausende von Tweets mit *#rp19* sehen. An Sonntagabenden wimmelt es von *#tatort*-Tweets, und auch bei Wahlen, Fußballfinalspielen oder anderen Großereignissen können Sie über die zugehörigen Hashtags stolpern. Die Begriffe nach dem # sind verlinkt. Klickt man darauf, bekommt man umgehend alle Tweets mit dem entsprechenden Hashtag angezeigt.

Beliebte Hashtags landen in den Twitter-Trends, und damit bekommen sie auch Macht: Sie verstärken ein Thema und können sogar zu einer ganzen Bewegung werden – wie das Hashtag *#aufschrei*, mit dem die Netzgemeinde über alltägliche Gewalt und Sexismus gegenüber Frauen berichtete, oder *#wirsindviele*, mit der sich im Sommer 2018 eine breite gesellschaftliche Front gegen Rassismus mobilisierte. International am bekanntesten dürfte das Hashtag *#MeToo* sein: Nachdem die Schauspielerin Alyssa Milano darunter von sexueller Belästigung und Vergewaltigung berichtete, entstand eine weltumspannende Bewegung, der sich viele weitere berühmte und nicht berühmte Personen anschlossen. Das wirkte sich schließlich nicht nur im virtuellen, sondern auch entscheidend im realen Raum aus: Es folgten Festnahmen und Gerichtsprozesse gegen Täter sowie ein Austausch darüber, wie sich Belästigungen vermeiden lassen.

Hashtags sind auch für das Marketing bedeutend: Gelingt es einem Unternehmen, ein Hashtag erfolgreich zu lancieren, kann sich ein unvergleichlicher Verbreitungsprozess in Gang setzen. Wie wichtig dabei die geschickte Wahl des Hashtags ist, konnte man in der Vergangenheit an einigen Success- aber auch Fail-Storys beobachten: So erzielte der Sportartikelkonzern Nike mit dem Hashtag *#makeitcount* Zehntausende von Tweets und steigerte seine Follower-Zahl um eine halbe Million innerhalb von drei Monaten. Nike befeuerte die Hashtag-Kampagne dabei mit einer groß angelegten Werbekampagne in sämtlichen sozialen Netzwerken sowie in traditionellen Massenmedien, beispielsweise durch TV-Spots.

Die Berliner Verkehrsbetriebe (Abbildung 7-4) entwickelten aus ihrem Hashtag *#weilwirdichlieben* gleich eine medienübergreifende Kampagne und legten dazu einen gesonderten Twitter-Channel namens »Weil wir dich lieben« / *@BVG_Kampagne* an. Inhalt: vornehmlich selbstironische Tweets, die sehr häufig Bezug auf aktuelle Ereignisse in der Stadt nehmen, beispielsweise auf das anstehende Mariah-Carey-Konzert, die Grüne Woche oder auch nur den Beginn der Vorweihnachtszeit. Auch wenn manchen der Humor gelegentlich etwas zu derb ist, die Kampagne wurde mehrfach ausgezeichnet. In Kapitel 9 gehen wir noch einmal auf #weilwirdichlieben ein.

Tipp ▶ Obwohl *Hashtags* und deren Funktionalität ursprünglich von Twitter entworfen und angeboten wurden, sind sie längst Bestandteil aller sozialen Netzwerke. Hilfestellung bei der Wahl des passenden Hashtags finden Sie unter anderem bei *Ritetag*[4] und *Hashtagify*[5] – beide Dienste liefern unkompliziert die passenden Schlagwörter samt geografischer Verbreitung, anderen Schreibweisen und Influencern, die sie benutzen. Ein wertvolles Tool, das Sie vielleicht nicht bei jedem Tweet, aber bei längerfristig angelegten Kampagnen unbedingt füttern sollten.

Abbildung 7-4 ▶
Die Berliner Verkehrs-
betriebe bei Twitter.

---

4   *https://ritetag.com/*
5   *https://hashtagify.me*

Was passiert, wenn man mit der Wahl des Hashtags allzu unbesorgt umgeht, zeigt das Beispiel Susan Boyle: Die PR-Firma der britischen Sängerin tat sich nämlich keinen Gefallen, als sie das Hashtag #susanal-bumparty für eine Albumveröffentlichung entwarf und wegen seiner glücklosen (schlüpfrigen) Silbenzusammenstellung nur Spott und Häme erntete. Einige weitere Beispiele können Sie sich in einer Slideshare-Präsentation ansehen.[6] Auch problematisch sind Hashtag-Aktionen, wenn Sie mit viel Kritik rechnen müssen: So stand die New Yorker Polizei im Jahr 2014 sehr negativen Tweets gegenüber, als sie zur Kampagne #myNYPD aufrief. Statt wohlgesonnener »Mein Freund und Helfer«-PR gab es unter anderem Fotos von gewalttätigen Übergriffen durch Polizisten. Prüfen Sie Ihr Hashtag daher unbedingt auf Doppel- und Fehldeutungen sowie bei internationaler Reichweite Ihrer Kampagne, ob es für den Begriff vielleicht eine unpassende Bedeutung in der jeweiligen Landessprache gibt.

Auch in Deutschland gelang es einigen Unternehmen, erfolgreiche Hashtag-Kampagnen zu starten – beispielsweise Edeka mit #heimkommen. Im Mittelpunkt stand ein aufwendig produziertes Werbevideo, das auf YouTube veröffentlicht und dann auf allen großen Social-Media-Plattformen, darunter natürlich auch Twitter, gestreut wurde.

Übrigens: Hashtags lassen sich auch »muten«, also stumm schalten. Immer dann, wenn ein User eine Hashtag-Kampagne für unpassend oder uninteressant hält oder gar als störend empfindet, kann er so sämtliche Tweets mit diesem Hashtag in seinem Twitter-Stream unterbinden.

Antworten, Mitteilungen (Replies) und Erwähnungen (Mentions)

Unter dem Punkt Mitteilungen bzw. dem Glöckchensymbol finden Sie die Tweets, die direkt an Sie gerichtet wurden, etwa als Antwort auf einen Ihrer Tweets, sowie weitere Benachrichtigungen wie neue Posts ausgewählter Kontakte. Hier teilt Twitter auch mit, wenn einer Ihrer Tweets favorisiert (»geherzt«) oder retweetet wurde. Unter Erwähnungen (Mentions) sind zusätzlich sämtliche Antworten oder direkt an Sie gerichtete Tweets versammelt. Möchten Sie jemandem auf seinen Tweet antworten, beginnen Sie Ihre Nachricht mit @Benutzername oder klicken auf antworten bzw. in der App auf das Sprechblasensymbol. Möchten Sie einen Tweet an jemanden direkt richten, beginnen Sie Ihren Tweet ebenfalls mit @Benutzername. Der Tweet landet dann automatisch bei der genannten Person sowie bei allen anderen Twitterern,

---

6 https://de.slideshare.net/OReillyVerlag/hashtagology-1

die Ihnen beiden gleichzeitig folgen. Möchten Sie jemanden in Ihrem Tweet nur erwähnen, die Nachricht aber dennoch an all Ihre Follower senden, beginnen Sie Ihren Tweet mit einem Punkt, zum Beispiel: ».@oreillyverlag Wann erscheint das neue Social-Media-Marketing-Buch?«, oder Sie nehmen das Twitter-Handle nicht an den Anfang des Tweets: »Wann erscheint das neue Social-Media-Marketing-Buch? @oreillyverlag«

Abbildung 7-5 ▶
Oben die Frage, unten die
Antwort. An wen die
Tweets adressiert sind,
zeigt Twitter inzwischen
oberhalb des Tweets, es
gehen so keine Zeichen
mehr verloren.

Favorisieren, »Gefällt mir«

Twitters Herzchen bedeuten – analog zu Facebook – *Gefällt mir*. Hier können Sie unkompliziert eine positive Rückmeldung zu einem Tweet geben. Praktische Begleiterscheinung außerdem: Tweets mit Links zu Artikeln, die Sie später lesen wollen, finden Sie unter Ihren Favoriten in der Spalte *Gefällt mir* natürlich leichter wieder.

Direktnachrichten (DM, Direct Message)

Mit Direktnachrichten (DM, Direct Message) können Sie auch hinter den Kulissen reden – sozusagen privat. Voraussetzung: Sie müssen den Empfang von Direktnachrichten in ihren Einstellungen erlauben.

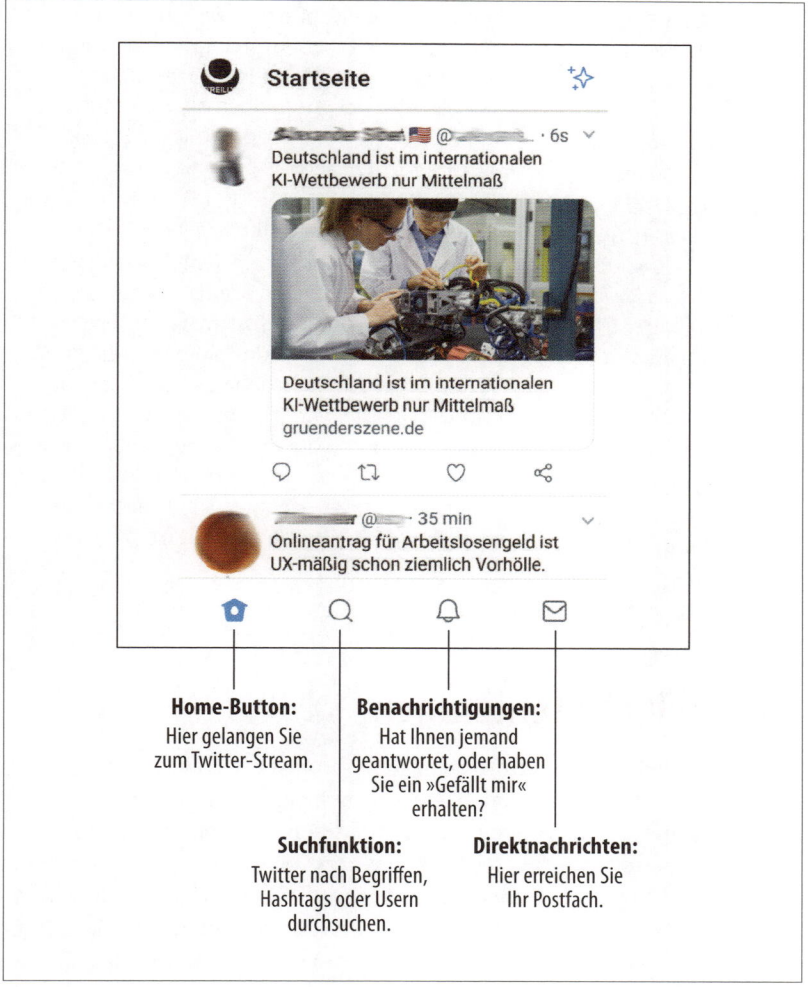

Home-Button:
Hier gelangen Sie zum Twitter-Stream.

Benachrichtigungen:
Hat Ihnen jemand geantwortet, oder haben Sie ein »Gefällt mir« erhalten?

Suchfunktion:
Twitter nach Begriffen, Hashtags oder Usern durchsuchen.

Direktnachrichten:
Hier erreichen Sie Ihr Postfach.

◀ **Abbildung 7-6**
Twitter-App: Wenn Sie wie die allermeisten Twitterer von Ihrem Smartphone auf Twitter zugreifen möchten, bietet sich die Twitter-App an. Innerhalb der App navigieren Sie vor allem über die vier Icons am unteren Rand.

Bei Unternehmensaccounts sollte man immer dann in den privaten Bereich gehen, wenn Kundendaten oder ähnliche sensible Angaben ins Spiel kommen. Direktnachrichten sind nicht auf 280 Zeichen begrenzt, hier bleibt also genügend Platz für Anrede- und Abschiedsformeln sowie natürlich ausführliche Erklärungen, falls nötig.

Das Handwerkszeug kennen Sie jetzt – widmen wir uns nun der Ziel- und Umsetzung Ihres Auftritts bei Twitter.

Alternativen zu Twitter

Im Zuge von Twitters Triumphzug sind zunächst etliche Klone entstanden – durchsetzen konnte sich aber keiner davon. *Yammer* (*https://www.yammer.com/*) beispielsweise ist als ein auf Unternehmen ausgerichteter Dienst gestartet, inzwischen gehört er als Collaboration Tool zum Microsoft-Universum.

Pump.io (*http://pump.io/*) ist insbesondere in der IT-Branche bekannt. Weil der Quellcode des Diensts unter einer Open-Source-Lizenz veröffentlicht ist, können seine Nutzer es auch auf einem eigenen Server installieren und so selbst ein soziales Netzwerk anlegen. Auch *Gnu Social* (*https://gnu.io/social/*) ist ein solches Twitter-Derivat. Beide Dienste nutzen den offenen *OStatus*-Standard, der seinen Ursprung bei Status.net hat – einem inzwischen nicht mehr weiterentwickelten Open-Source-Microblogging-Dienst.

Etwas größere Bekanntheit erlangte das von Eugen Rochko, einem Programmierer aus Jena, entwickelte *Mastodon* (*https://joinmastodon.org/*). Auch Mastodons Quellcode ist unter einer Open-Source-Lizenz veröffentlicht, es ist zudem unter anderem mit Gnu Social kompatibel. Unternehmen, die einen Microblogging-Dienst für den Austausch innerhalb ihrer Belegschaft einsetzen wollen, finden hier also eine kostenfreie Lösung, die sie technisch zudem an ihre Anforderungen anpassen können. Mastodon verzeichnet aktuell rund 400.000 Accounts innerhalb Deutschlands, am stärksten ist es in Japan mit rund 800.000 Usern verbreitet. Bei Mastodon sind 500 Zeichen pro Kurznachricht erlaubt, und das, was man bei Twitter als Tweet bezeichnet, heißt hier Toot.

Und dann gibt es noch ein Twitter-Derivat, das Millionen User hat, hierzulande aber kaum jemand kennt: *Weibo* (*https://www.weibo.com*). Dabei handelt es sich um einen chinesischen Microblogging-Dienst, denn sämtliche uns bekannten Dienste wie Facebook, WhatsApp, YouTube oder eben Twitter sind in der Volksrepublik staatlich blockiert. Einen riesigen Vorteil hat Weibo: Mit den 140 erlaubten Schriftzeichen lässt sich deutlich mehr erzählen als mit 140 lateinischen Buchstaben.

Twitter im Unternehmen

Viele Unternehmen erkannten schon früh, dass sich Twitter gut für die Ansprache ihrer verschiedenen Zielgruppen eignet – etwa um potenzielle Kunden besser zu erreichen oder effektiven Kundendienst zu leisten. Und sie erkannten, dass sie per Twitter ihrem Zielpublikum neue Dienste und Produkte nahebringen konnten. So tummeln sich mittlerweile sehr viele Firmenrepräsentanten auf Twitter. Sie bauen Beziehungen auf und vernetzen sich. Sie profitieren von der Viralität des Diensts

– denn via »Retweet« können die User relevante Nachrichten an ihre eigenen Follower weitersenden.

Unternehmen setzen sich unterschiedliche Ziele für ihre Twitter-Kanäle – entscheidend für den Erfolg sind aber vor allem der Vernetzungsgrad und die Art und Weise, wie mit den Followern kommuniziert wird. Die erfolgreichsten Unternehmen sind diejenigen, die aktiv die Interessen und Bedürfnisse ihrer Kunden verfolgen und sich auch auf direkte Gespräche einlassen. Die immer ein Ohr an der Community haben und auch flink genug sind, in passende Trends und Hashtags einzusteigen, ohne ihre Identität und Glaubwürdigkeit zu gefährden. Und natürlich verbessert es auch die Reputation von Unternehmen, wenn Kundenanfragen via Twitter zügig und unkompliziert beantwortet werden.

Viele Unternehmen twittern inzwischen seit Jahren sehr erfolgreich – in diesem Kapitel gehen wir zunächst auf Best Practices ein, bevor wir uns Ihrer eigenen Twitter-Präsenz widmen.

Geschäftliche Ziele mit Twitter verfolgen

Für Unternehmen ist Twitter ein wichtiges Mittel, um ein breites Publikum anzusprechen, Kunden zu binden und die eigenen Marken und Produkte bekannt zu machen. In den folgenden Beispielen werden Sie sehen, wie Firmen Twitter erfolgreich einsetzen.

Twitter als Umsatzmotor

Kann man mit Twitter Geld verdienen? Viele wünschen es sich, der Computerhersteller Dell hat es bereits 2007/08 geschafft: Über einen Zeitraum von etwa 24 Monaten machte Dell seine Kunden über Twitter auf spezielle Angebote aufmerksam und generierte damit rund drei Millionen Dollar Umsatz. Das war der Beginn von Dells ausgiebigem Engagement im Social Web: News, Community-Sites, Angebote und Promotions sowie internationale Blogs, die mit dem Markennamen Dell in Zusammenhang stehen, werden allesamt auch auf Twitter gestreut. Und viele Vertreter aus verschiedenen Abteilungen von Dell, etwa von der Unternehmenskommunikation und vom Vertrieb, twittern (alle Twitter-Kanäle, die mit Dell im Zusammenhang stehen, finden Sie unter *http://www.dell.com/twitter*).

Wenn Sie Twitter als Einkommensquelle nutzen möchten, sollten Sie sich eine Strategie überlegen, mit der Sie Verkaufsaktionen exklusiv für Ihre Twitter-Follower anbieten. Sie könnten beispielsweise einen Gutscheincode übermitteln, der nur in Verbindung mit einem Twitter-Account gültig ist. Oder Sie erstellen eine spezielle URL für einen Twitter-Deal und bewerben diese ausschließlich über Twitter.

Umsatz generieren mit Twitter: die kleineren Unternehmen

Vielleicht denken Sie nun, Twitter eigne sich nur für große Unternehmen, weil deren Produkte bekannt sind. Doch auch kleine Firmen haben schon die Twitter-Landschaft mit ihren Angeboten erobert.

Namecheap ist ein Hosting-Unternehmen, das Twitter bereits Ende 2008 und Anfang 2009 für zwei Gewinnspielaktionen nutzte. Als aktive Twitter-Nutzerin erkannte die Marketingspezialistin des Unternehmens, Michelle Greer, dass Twitter die Zugriffe und Umsätze massiv steigern kann, ohne besondere finanzielle Investitionen zu erfordern. Also lancierte das Unternehmen eine Werbeaktion, in deren Rahmen die Nutzer mehrere Wochen lang jede Stunde eine Frage beantworten konnten. Den ersten drei Personen, die jeweils eine richtige Antwort gaben, wurden 9,69 Dollar – der Preis einer Domain – auf ihren Namecheap-Accounts gutgeschrieben. Wer am Ende des Gewinnspiels die meisten richtigen Antworten gegeben hatte, bekam einen iPod. Einige Tausend Teilnehmer machten das Gewinnspiel extrem erfolgreich. Davon profitierte nicht nur die Community, sondern auch die Firma Namecheap: Bis Ende 2008 stieg die Zahl ihrer Follower bei Twitter um 2.000 Prozent, die Neuregistrierungen von Domains nahmen um 20 Prozent zu, und neben zahllosen neuen Links auf die Homepage verwiesen auch 139 Backlinks auf die Gewinnspielseite der Domain *namecheap.com*.

Hinter der Twitter-Kampagne steckte einige Arbeit: Allein 600 Fragen formulierte das Namecheap-Team, Domainnamen im Wert von 17.000 Dollar wurden als Preise vergeben. Für die Dauer der Gewinnspiele waren vier Mitarbeiter notwendig, um den Account zu pflegen.

Dennoch hält Michelle Greer Twitter für eine äußerst preiswerte Alternative zu anderen Lösungen: »Twitter hilft Namecheap, ein besseres Unternehmen zu werden, weil wir Feedback direkt von unseren Kunden bekommen können – zu viel niedrigeren Kosten, als wenn wir Marktforschung betreiben oder Berater einschalten würden. Wir bieten unseren Kunden mit den kostenlosen Domains einen Mehrwert, und im Gegenzug helfen sie uns dabei, besser zu werden. Das ist für alle Beteiligten eine Win-win-Situation.«

Twittern für den Kundendienst

Ganz gleich, ob Sie sich in sozialen Medien engagieren oder nicht, es wird über Sie diskutiert. Gerade bei Twitter ist das ein klarer Fall: Besonders wenn Sie zu einem etablierten Unternehmen gehören, fördert eine Twitter-Suche wahrscheinlich Hunderte, wenn nicht Tausende von Resultaten zutage. So bekommen Sie unmittelbar Feedback von Ihren Kunden und können genau herausfinden, was diese über Ihre Service- oder Produktangebote denken. Ein reiner Kundendienstkanal lohnt sich sicherlich nur für große Unternehmen mit zahlreichen Einzelkunden. Bei Unternehmen, die schlichtweg eine kleine bis mittlere Zahl an Endkunden bzw. Endkundenanfragen verzeichnen, sollten Sie die Kundendienstfunktion in den Hauptkanal integrieren.

@Telekom_hilft

Die Deutsche Telekom twittert seit Frühjahr 2010 mit einem reinen Kundendienstkanal – und hat seitdem mehr als eine halbe Million Tweets abgesetzt und sich mehr als 60.000 Follower aufgebaut. Ein Team von weit mehr als 100 Mitarbeiterinnen und Mitarbeitern in drei deutschen Städten stellt einen beispielhaften Kundendienst auf die Beine: An sieben Tagen der Woche kümmern sie sich um die Anfragen der (manchmal auch nur potenziellen) Telekom-Kunden, die inzwischen auch aus anderen sozialen Netzwerken wie Facebook kommen. Auf einer eigens angelegten Community-Seite[7] helfen sie bei Netzstörungen und informieren darüber, wie die defekte FRITZ!Box ersetzt werden kann oder wo sich der nächste Wi-Fi-Hotspot befindet – und das sehr zügig und auf eine lockere, freundliche Art. Die Devise der Telekom: »Folge der Masse!«, so teilt uns der Konzern mit. »Da, wo unsere Kunden sind, wollen wir als Telekom auch mit unserem Kundenservice im Social Web verfügbar sein. Dort wollen wir unsere Kunden abholen, um sie an die Kundenserviceangebote der Telekom heranzuführen.«

So sorgte das Engagement der *Telekom_hilft*-Kundenberater nicht nur für viele zufriedene Kunden sowie Erwähnungen in Blogartikeln und traditionellen Medien, sondern veranlasste auch andere Unternehmen dazu, diesem Beispiel zu folgen. Wir haben Oliver Nissen, Leiter Social Media & Service bei der Telekom Deutschland Kundenservice GmbH, zur praktischen Umsetzung von @*Telekom_hilft* befragt.

Interview

»Dialog ist unser Ziel«

Ein Interview mit Oliver Nissen im Gespräch über @*Telekom_hilft.*

Herr Nissen, wie haben Sie Ihre Social-Media-Kundenberater ausgewählt, welche Eigenschaften müssen sie mitbringen?

Oliver Nissen: In erster Linie müssen die Berater topfit im Kundenservice sein und eine hohe Lösungskompetenz und Freude am Dialog mitbringen, sodass Kundenanliegen schnell und ohne große Umwege abschließend bearbeitet werden können. Darüber hinaus gibt es allgemeine Einführungen in Social Media und Trainings für den Umgang mit Tools (im Einsatz: Unymira Knowledge Connect[8]).

▲ **Abbildung 7-7**
»Wie können wir von der Community lernen?« – eine der Fragen, die die Arbeit und Vision von Oliver Nissen, Leiter Social Media & Service bei der Telekom Deutschland, steuert.

---

7   *https://telekomhilft.telekom.de/*
8   *https://www.unymira.com/de/*

Wir haben ein Stellenprofil »Social-Media-Kundenberater« entwickelt, damit schalten wir konkrete Stellenausschreibungen. Einmal sind wir auch auf eine Stellensuche einer Kollegin im Social-Media-Intranet aufmerksam geworden und haben die Kollegin in unser Team geholt. Denn wenn jemand diesen Weg über das interne soziale Netzwerk geht, bringt er alles mit, was wir brauchen: Bereitschaft zum Dialog und Freude an digitalen Tools.

Grundsätzlich gilt: Wenn ich das Ziel habe, unzufriedene Kunden zum Schweigen zu bringen, habe ich langfristig am Markt nichts zu suchen. Der Dialog ist unser Ziel und sollte daher auch das Ziel unserer Kolleginnen und Kollegen auf den Kanälen sein. Das ist meine Vision.

Sie kennzeichnen die Tweets mit den Kürzeln der Mitarbeiter, außerdem kann man auf der Website ihre Fotos und Namen ansehen – eine Transparenz, die bei Callcentern geradezu undenkbar ist. Wie sind Ihre Erfahrungen?

Oliver Nissen: Die Erfahrungen sind nach wie vor sehr gut, die Kunden wissen die Transparenz und Authentizität sehr zu schätzen. Sie haben zudem feste Ansprechpartner, um Nachfragen stellen zu können. Wir handeln hier nach einem klassischen Callcenter-Prinzip, dem Last-Agent-Routing, und haben dies systemisch so abgebildet.

Weder Teammitglieder noch Betriebsrat noch die Personalabteilung hat Bauchschmerzen wegen der Transparenz gegenüber unseren Kunden. Damit unsere Mitarbeiter aber klare Sicherheiten haben, gibt es eine verbindliche Regelung dazu, welche Informationen wir nach außen geben und wie wir die persönlichen Daten unserer Mitarbeiterinnen und Mitarbeiter schützen. Zugleich erklären wir das »Why?« – also warum genau wir wie transparent arbeiten. Die vergangenen Jahre haben uns gezeigt: Weder gab es wüste Prügeleien, noch hat uns je ein Kunde auf dem Firmenparkplatz aufgelauert. Stattdessen sind eher freundschaftliche Verhältnisse zu unseren (Stamm-)Kunden entstanden. Für einen DAX-Konzern wie die Deutsche Telekom ist dies außerordentlich und herausragend – und so soll es sein!

Bearbeitet Ihr Team nur direkte Anfragen, oder werden Kunden, die im Social Web ihre Unzufriedenheit äußern, auch aktiv angesprochen?

Oliver Nissen: Auf Twitter werden Kunden auch aktiv angesprochen, dies ist als »aktiver Dialog« in der Ablaufbeschreibung fest verankert. Weitere Präsenzen gibt es in diversen Foren oder beispielsweise auf *www.gutefrage.net*. Als Anlass sollte aber ein Servicefall erkennbar sein, bei dem Unterstützung etwas bringt; ein simples »Bashing« wird eher ignoriert. Die Grenzen sind dabei natürlich fließend, denn ein beispielsweise mehrstündiger Internetausfall ist nicht immer die ideale

Grundlage für wohlformulierte Sachlichkeit. Daher entscheidet in letzter Instanz das persönliche Ermessen unserer Kundenberater, auch auf ein einfaches »Scheiß Telekom« mit einer Einladung zum Dialog zu reagieren.

Auf Facebook wird in der Regel aktive Hilfe eher zurückhaltend angeboten, denn wir möchten nicht, dass diese unerwartete Ansprache von Kunden als ein Eindringen in die Privatsphäre wahrgenommen wird. Wir gehen seit einiger Zeit aber verstärkt in relevante Gruppen, nachdem wir den jeweiligen Moderator im Vorwege angesprochen und uns als möglichen Dialogpartner angeboten haben. Dabei stellen wir heraus, dass es nicht darum geht, den neuesten DSL-Tarif feilzubieten, sondern beispielsweise bei Bedarf technische Sachverhalte und Hintergründe zu erklären sowie konkrete Anliegen zu lösen.

Recherchieren Sie Kunden durch automatisierte Suchanfragen, und, wenn ja, welche Tools setzen Sie ein?

Oliver Nissen: Die Kollegen des Customer-Relationship-Management (CRM) nutzen ein Webcrawling-Tool – VICO[9] –, das automatisiert beispielsweise nach Erwähnungen durch Kunden sucht. Über eine Schnittstelle (API) sind wir an das Tool angeschlossen, das heißt, wir sind in Echtzeit dabei. Danach gibt es noch eine Sichtkontrolle durch unsere Kollegen, am Ende verlassen wir uns also nicht auf ein Tool, sondern es entscheidet immer ein Mensch, ob wir auf einen Kunden zugehen.

Sind die Teammitglieder autark in ihren Antworten, oder müssen die Tweets erst im Team »abgesegnet« werden?

Oliver Nissen: Die Teammitglieder sind autark, es sei denn, es ist ein potenzieller Krisenfall zum Beispiel durch ein Shitstorm-Risiko erkennbar. Insgesamt haben wir unsere Abläufe in den vergangenen Jahren so professionalisiert, dass wir beispielsweise keine Vieraugenkontrolle mehr benötigen. Die inhaltliche Qualität unserer Arbeit ist messbar gestiegen – statt uns gegenseitig die Kommafehler anzustreichen, investieren wir unsere Zeit deshalb lieber in den Dialog mit den Kunden.

Wie ist geregelt, wer welche Tweets beantwortet? Gibt es eine Art Ticketing-Software, die Ihnen die Zuteilung der Anfragen auf die Mitarbeiter erleichtert – insbesondere auch in Zeiten großen Ansturms?

Oliver Nissen: Auch hier haben wir einen großen technologischen Sprung gemacht, seit wir uns zum letzten Mal – zur vierten Auflage dieses Buchs im Jahr 2014 – gesprochen haben. Inzwischen befinden

---

9   *https://vico-research.com/*

wir uns in der Einführungsphase eines NLP-Moduls: Nature Language Processing[10]. Dieses Tool liest Beiträge mit, wertet sie anhand von Schlagwörtern aus und weist die Aufgaben innerhalb unseres Tools den passend qualifizierten Mitarbeitern zu. Dieses sogenannte Skill-based Routing kommt ebenfalls aus Callcentern. Es entlastet perspektivisch denjenigen, der bei uns im Team die Rolle des »Sichters« einnimmt – einen Menschen, der diese Auswahl bislang traf –, und gibt ihm wiederum mehr Zeit für den eigentlichen Kundendialog.

In den letzten Jahren konnten wir auch immer häufiger und sehr erfolgreich Mitarbeiter aus anderen Bereichen des Konzerns in die Community bringen. Das ist für alle Seiten gewinnbringend, und die Kollegen können sehr viel vom Austausch mit den Kunden lernen. Wir kündigen die Kollegen jeweils vorher mit einem festen Termin an und stellen sie der Community kurz vor – beispielsweise einen Produktverantwortlichen. Dem Kollegen geben wir ebenfalls eine kurze Einführung und während der Diskussion natürlich Hilfestellung. Unser Ziel ist immer: Wie können wir von der Community lernen?

Ein großer Vorteil von Social-Media-Kundendienst bei einem temporären Anstieg der Eingangsmengen gegenüber der Individualkommunikation per Telefon ist, dass die Antworten auf sich wiederholende Fragen proaktiv kommunizierbar sind: per Tweet, Facebook-Post oder durch einen Blogartikel. So erhalten viele Kunden zeitnah Informationen, die sonst viele Tausende am Telefon jedes Mal wieder einzeln erfragen müssten.

Sie sprachen eben künstliche Intelligenz und NLP an. Setzen Sie auch Bots ein?

Oliver Nissen: Seit einiger Zeit haben wir einen Bot im Einsatz: Horst, der digitale Hausmeister. Horst ist kein Bot im klassischen Sinne – er hat weniger von einem Roboter, sondern ist humoriger und auch rustikaler. Ich glaube, dass in allen Kundenservicestrukturen noch viel zu sehr an dem Gedanken festgehalten wird, der Kunde wolle nur eine sachliche Lösung seines Problems. Das stimmt aber nicht: Es ist wichtig, ihm auf der Sach- und auf der Beziehungsebene zu antworten. Wenn ich beispielsweise noch gar keine Lösung für sein Problem habe, muss ich dennoch mit dem Kunden in den Dialog treten, denn genau das hilft ihm auch.

---

10 NLP umfasst Methoden und Tools, mit denen Maschinen direkt mit Menschen kommunizieren können, und zwar nicht über eine Maschinen- oder Programmiersprache, sondern über natürliche Sprache. Dabei fließen Wissensbereiche der Informatik (künstliche Intelligenz) und der Sprachwissenschaften zusammen.

◀ **Abbildung 7-8**
Vorbildliche Transparenz:
Alle Kundenberater/-innen
von @Telekom_hilft
sind mit Vornamen und
Foto unter *https://
telekomhilft.telekom.de/t5/
Blog/Wir-sind-Telekom-hilft/
ba-p/3112149* abrufbar.

Horst unterstützt uns dabei – wir übertragen ihm aber nur Teilprozesse. Aktuell erledigt er für uns eine Kundenzufriedenheitsbefragung. Immer dann, wenn innerhalb eines bestimmten festgelegten Zeitraums keine Nachricht mehr vom Kunden kommt, wendet Horst sich per Direktnachricht an ihn, stellt sich vor und fragt, wie zufrieden der Kunde mit unserer Lösung war. Unsere Prämisse ist stets: Ein Anliegen ist erst dann gelöst, wenn es zur Zufriedenheit des Kunden gelöst ist.

Abbildung 7-9 ▶
Horst, der digitale Hausmeister. Um die Kommunikation noch menschlicher und persönlicher zu gestalten, setzt @Telekom_hilft eigens entwickelte animierte Grafiken ein.

Wir sind sehr zufrieden mit unserem digitalen Hausmeister, denn er erreicht eine Response-Rate von 30 Prozent. Klassische Kundenzufriedenheitsbefragungen schaffen durchschnittlich fünf Prozent. Horst steigert die Kundenloyalität und liefert den messbaren Beleg dafür, dass die Mehrzahl unserer Kunden sehr zufrieden ist. Auf einer Bewertungsskala von 1 bis 5 Sternen erreichen wir beispielsweise auf Twitter 4,5 Sterne. Ist dennoch ein Kunde unzufrieden, sorgt Horst sofort dafür, dass er erneut von einem Kundenberater kontaktiert wird.

Horst ist erst kürzlich als Pilotversuch gestartet, aber für uns ist er schon jetzt ein Anwendungsbeispiel für erfolgreich eingesetzte künstliche Intelligenz. Kundendienst muss sich immer weiterentwickeln, und wir haben definitiv noch Pläne in der Schublade.

Herr Nissen, wir danken für den spannenden Einblick!

Wie gut das *@Telekom_hilft*-Team die Twitter-Sphäre kennt, zeigte sich unter anderem im Sommer 2013. Die Telekom erreichte eine recht rüde Beschwerde, nachdem ein Kunde per SMS über die Überschreitung seines Datenvolumens informiert wurde.

◀ **Abbildung 7-10**
Mit Anfragen dieses Stils müssen Kundendienstmitarbeiter zurechtkommen, und wie sie antworten, macht die Qualität von Kundendienst im Social Web aus.

Anna von *@Telekom_hilft* jedoch kannte offensichtlich den Absender *@Griesgraemer* und wusste von seinem provokanten, pöbeligen Sprachstil. Sie twitterte ungerührt zurück: »Guten Tag. Sie haben geläutet. Was wollen Sie?« Daraufhin entspann sich ein unterhaltsamer Dialog, bei dem die Telekom alles andere als alt aussah.[11] Binnen kurzer Zeit gingen die getauschten Tweets durch das gesamte deutschsprachige Social Web.

---

11 Den vollständigen Dialog inklusive Erläuterungen können Sie hier nachlesen: *https://twitter.com/Telekom_hilft/status/349442811558506496*

Abbildung 7-11 ▶
Anna vom Telekom_hilft-
Team jedenfalls war sehr
gut über @Griesgraemer
informiert.

Hier zeigt sich also deutlich, wie wichtig es für Unternehmen ist, die Twitter-Sphäre mit ihren Besonderheiten und auch einigen Twitterern zu kennen. Andere Unternehmen nutzten ebenfalls die Aufmerksamkeit, so bot etwa die Drogerie Rossmann via Twitter Baldrianpillen an.

@DHLPaket

Nicht immer sind die Grenzen zwischen Humor, Frotzelei und Unhöflichkeit oder gar Beleidigung aber klar. Dahinter steckt das alte Problem schriftlicher Kommunikation im Netz: Zwischentöne und Stimmlagen zur Einschätzung des Gesagten gibt es nicht, und Anonymität verführt schneller zu unüberlegten Aussagen, die aber wiederum kaum rückgängig gemacht werden können, sobald sie einmal in der Welt sind. So ging es in der Vorweihnachtszeit des Jahres 2018 dem Paketdienstleister DHL. Auf die Beschwerde eines Kunden, der vergeblich auf die Zustellung eines Pakets gewartet hatte, schrieb einer der etwa 50 Mitarbeiter des Social-Media-Kundendienstteams zurück:

Abbildung 7-12 ▶
Humor oder Frechheit?
Darüber ist sich die
Twitter-Sphäre uneinig.
Der Ursprungstweet
von »ShortByte«
(@shortbyteyt)[12] wurde
schnell gelöscht.

---

12 *https://twitter.com/shortbyteyt*

Sofort entbrannte ein großer Streit, der Sachverhalt wurde auch in klassischen Medien besprochen. Manche äußerten Verständnis für die überlasteten Paketboten, andere forderten die Entlassung des twitternden Mitarbeiters. Und: Einige Unternehmen versuchten, auf den Tweet aufzuspringen und so Aufmerksamkeit zu generieren: Die Stiftung Warentest äußerte Verständnis, Lieferando schlug ein Versöhnungsessen vor, und ein Twitterer verlangte, den Mitarbeiter sofort in das Team von *@BVG_Kampagne/#weilwirdichlieben* aufzunehmen (mehr über *#weilwirdichlieben* lesen Sie unter anderem in Kapitel 9). Als DHL sich für den Ton des Mitarbeiters entschuldigte, kam auch das nicht gut an: Viele User verlangten, dass sich ein Arbeitgeber selbstverständlich vor seinen Angestellten zu stellen hat.

@DB_Bahn

Auch die Deutsche Bahn nutzt Twitter (und Facebook) seit Längerem sehr erfolgreich. 17 Mitarbeiter antworten zwischen 6 bzw. 10 und 22 Uhr auf Anfragen aller Art, machen aber auch Produktwerbung und geben Reisetipps. Das Team wird ebenfalls im Web vorgestellt.[13]

Die öffentliche Wahrnehmung des Twitter-Engagements ist positiv: Rund 90.000 Menschen folgen *@DB_Bahn*. Und nicht wenige ratsuchende Onliner auf Reisen werden wohl erst einen Tweet absetzen, bevor sie einen Zugbegleiter suchen. Natürlich muss auch das Twitter-Team der Deutschen Bahn mit Kritik umgehen, die häufigsten Beschwerden drehen sich um verspätete Züge und technische Defekte in den Bordrestaurants.

In der Regel gelingt es den Mitarbeitern sehr gut, höflich und zuvorkommend auf Anfragen zu reagieren. Seltsam hilflos wirkte die Deutsche Bahn aber im Mai 2019, als die Twitter-Userin *@gockeldileldu* (»Wheelymum«) vergeblich um Ausstiegshilfe für sich und ihren Elektrorollstuhl am Hauptbahnhof Berlin bat. Als sie schließlich ihre geplante Zugfahrt stornieren musste, weil der Mobilitätsservice der Deutschen Bahn keine Kapazitäten hatte, den nötigen Lift zu bedienen, sprang wiederum die Lufthansa ein. Für das um einige Hundert Euro teurere Flugticket legten mehrere Twitter-User zusammen, und die Lufthansa kümmerte sich kurzfristig um die nötigen Mobilitätshilfen. Ein gutes Ende für Wheelymum, die mit ihrer Familie an einer Bloggerkonferenz in Berlin teilnehmen konnte – nicht aber für die Deutsche Bahn, die über Twitter viel Kritik einstecken musste. Auch der RBB berichtete über den Fall.[14]

---

13 *https://inside.bahn.de/db-bahn-social-media-team/*
14 *https://www.rbb24.de/panorama/beitrag/2019/05/berlin-hauptbahnhof-barrierefrei-bloggerin-wheelymum.html*

wheelymum @gockeldileldu · 16. Mai
Problem 1 bewältigt. Wir könnten morgen fahren. Unglaublich

Problem 2: Zug finden, der nicht total überlastet ist ✔ blöde Zeiten, aber geht.

Problem 3: es ist in Berlin niemand da, der den Knopf des hubwagens betätigen kann/darf

♡ 10   ↻ 28   ♡ 143   ⬆

wheelymum @gockeldileldu · 16. Mai
Ist das euer Ernst @DB_Bahn ? Personal ausgelastet, kein Ausstieg aus dem Zug möglich.

Die Bahnhofsmission hätte Kapazität, der Mitarbeiter darf aber aus Versicherungsrechtlichen Gründen den Lift nicht bedienen.

♡ 14   ↻ 56   ♡ 182   ⬆

Deutsche Bahn Personenverkehr ✔
@DB_Bahn

Antwort an @gockeldileldu
Hallo, leider haben wir die Anfrage erst jetzt gesehen. Die ist offensichtlich bei uns untergegangen. Sorry dafür. Können Sie uns eine E-Mail mit allen Details und einem genauen Sachverhalt an dbbahn.twitter@bahn.de senden? Ich gebe das dann zur internen Klärung weiter. /aj

4:02 nachm. · 16. Mai 2019 · Twitter Web Client

10
„Gefällt mir"-Angaben

💬   ↻   ♡   ⬆

wheelymum
@gockeldileldu

@Lufthansa_DE kann das unmögliche möglich machen .... für 800 Euro könnten wir heute Abend nach Berlin fliegen und Sonntag wieder zurück.

Einen Fahrdienst zum Flughafen hätten wir auch .... Puhh

1:06 nachm. · 17. Mai 2019 · Twitter for iPhone

20
Retweets

237
„Gefällt mir"-Angaben

💬   ↻   ♡   ⬆

wheelymum @gockeldileldu · 17. Mai
Antwort an @gockeldileldu
Was meint ihr? Schaffen wir das? Wenn dann nur mit eurer Hilfe. Ich verstehe aber jeden das sagt das ist zu viel oder was ist das für ein Wochenende nicht wert. Ohne den großen Auflauf hier würde ich das auch sagen.

♡ 19   ↻ 5   ♡ 163   ⬆

Abbildung 7-13 ▲
Wheelymum hatte sich über Twitter an @DB_Bahn gewandt, die in diesem Fall nicht helfen konnte. Eine breite Öffentlichkeit, die gemeinsam für die Kosten eines Flugtickets aufkam, und die Lufthansa ermöglichten schließlich die Reise.

Kundenakquise mit Twitter

Mit Twitter kann man also den Umsatz steigern und Kunden bei Problemen helfen. Aber kann Ihnen Twitter auch dabei helfen, neue Kunden zu gewinnen?

Die Verizon-Story

Julio Ojeda-Zapata schreibt im Touchbase-Blog[15] über ein interessantes Akquisitionsszenario, in dem ein Kunde von zwei konkurrierenden Unternehmen umworben wurde. In diesem konkreten Fall war ein Arzt verärgert über einen arroganten Mitarbeiter des technischen Kundendiensts von Verizon und machte bei Twitter seiner Enttäuschung Luft. Sofort kam ihm ein Vertreter von Verizon zu Hilfe.

Doch Verizon war nicht das einzige Unternehmen, das die Enttäuschung von Dr. Gary Kerkvliet bemerkt hatte. Frank Eliason von Comcast hatte ebenfalls nicht geschlafen. Zuerst wollte Eliason dem Arzt nur bei der Lösung seiner Verkabelungsprobleme helfen, indem er techni-

---

15 *http://www.pistachioconsulting.com/twitter-competition-verizon-comcast*

schen Rat anbot, doch als sich herausstellte, dass Kerkvliet gar nicht daran interessiert war, bei Verizon zu bleiben, sprang ihm Eliason zur Seite und half der Familie, innerhalb nur eines Wochenendes zu Comcast zu wechseln.

Doch auch Verizons Engagement bei Twitter war nicht umsonst gewesen, denn Dr. Kerkvliet wurde zum Fürsprecher beider Firmen. Er hatte auch über Verizon nichts Nachteiliges mehr zu sagen, sondern betonte sogar, dass jeder, der Probleme mit dem Kundendienst hätte, nur einen Tweet zu senden bräuchte, damit die Firmen ihm zuhörten.[16]

Wie lassen sich Kunden über Twitter akquirieren? Ganz einfach: indem Sie Ihre Wettbewerber und Ihre Branche als Suchbegriffe einrichten und zu dem Zeitpunkt, an dem es Ihnen richtig erscheint, in die Diskussion einsteigen. Versuchen Sie nicht gleich als Erstes, offen etwas zu verkaufen, da das den potenziellen Kunden abschrecken könnte. Seien Sie authentisch und bieten Sie zuerst Ihre Hilfe an.

◀ **Abbildung 7-14**
Bei der *#10YearChallenge* verglichen die User Selbstporträts von heute mit denen von vor zehn Jahren. Hier können auch Unternehmen aufspringen und ihre Entwicklung so charmant verdeutlichen.

16 *http://www.twitter.com/gkerkvli/statuses/1055609599*

Tipp ▶
Hashtag-Aktionen können eine spielerische Option sein, um auf sich aufmerksam zu machen. Regelmäßig geistern Memes wie beispielsweise *#10YearChallenge* oder zum heißen Sommer des Jahres 2019 *#Erfrischungsfilme* durch das Social Web. Wenn Sie davon etwas mitbekommen und einen witzigen Beitrag liefern können: Nur zu! Und warum sollten Sie nicht auch mal selbst ein Hashtag-Spiel starten? Der O'Reilly Verlag forderte seine Follower beispielsweise mit *#musikfuergeeks* heraus, Musikalben in IT-Sprache zu übertragen. Während der Laufzeit des Spiels erzielte man Dutzende von Retweets und gewann eine Vielzahl neuer Follower.

Sofortiges Feedback bekommen

Sobald Sie eine aktive, treue Fangemeinde bei Twitter gewonnen haben, zeigt sich einer der größten Vorteile dieses Diensts: dass man schnell Antworten bekommt. Wenn Sie Ihre Follower zu ihren Bedürfnissen und Wünschen befragen, werden Sie in der Regel zügig Rückmeldungen bekommen. Die Menschen teilen ihre Gedanken mit oder können Ihnen zumindest in dringenden Angelegenheiten wichtige Hinweise geben. Ist dieses Farbschema gut? Was denkt ihr über unser neues Produkt? Diese Informationen können Ihnen wertvolle Einblicke bieten und Anregungen für künftige interne oder externe Projekte geben.

Dass es erfolgversprechend sein kann, seine Kunden von Anfang an oder auch nur punktuell in die Produktentwicklung einzubeziehen, beschäftigt seit einigen Jahren unter dem Schlagwort Customer Value bzw. Customer Value Co-Creation die Unternehmenswelt. Dabei stehen nicht die Ideen und Vorstellungen des Unternehmens oder die Eigenschaften des Produkts, sondern zuallererst die Bedürfnisse des Kunden im Mittelpunkt – mit dem Ziel, für diesen die perfekt passende Lösung zu finden. Und was liegt näher, als den Kunden dazu direkt zu befragen?

Über Twitter lernen Sie Ihre Zielgruppen, deren Lifestyle, Vorlieben und Abneigungen besser kennen, Sie können Produktwünsche aufdecken und Feedback zu Ihrer Geschäftsstrategie erhalten. Orientieren Sie sich dazu auch immer wieder an den Twitter-Trends[17], denn nicht selten liefern sie einen guten Anlass, ihre Community zu einzelnen Themen gezielt zu befragen – und gleichzeitig neue Follower anzuziehen.

Viele große wie kleine Unternehmen experimentieren bereits seit Langem mit Crowdsourcing, etwa der Schokoladenhersteller Ritter Sport oder die Spülmittelmarke Pril – in Kapitel 4 haben wir Ihnen einige Beispiele vorgestellt.

---

17 Schauen Sie auch mal bei Trendsmap (*http://trendsmap.com/*) vorbei. Der Dienst bereitet die aktuellen Trends auf einer Weltkarte auf. Eine kleine Spielerei, die Ihnen aber die für Sie geografisch relevanten Trends auf einen Blick darstellt.

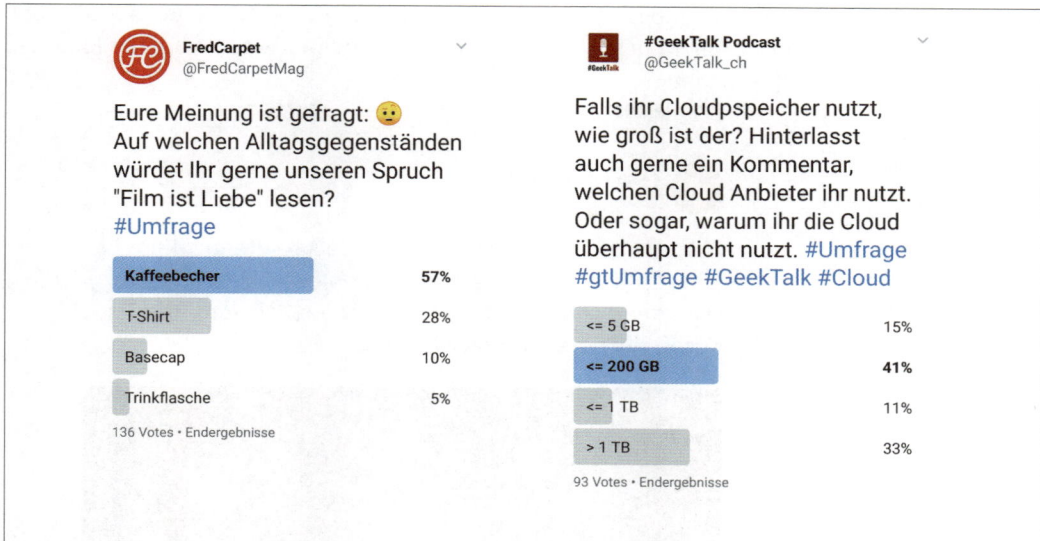

Sicher, Twitter kann keine breit angelegte, repräsentative und durchdachte Marktstudie ersetzen. Es kann Ihnen aber sowohl einige wertvolle Einschätzungen liefern als auch Ihr Image stärken, wenn Sie Ihre Follower in den Innovationsprozess einbeziehen. Beachten Sie an dieser Stelle, dass Sie durch das Hinzufügen relevanter Hashtags die Beteiligung an der Umfrage erhöhen können.

▲ **Abbildung 7-15**
Zwei Beispiele für unkomplizierte Abfragen unter Followern, mit der Twitter-eigenen Poll-Funktion zügig umgesetzt

Twitter als offizieller Kommunikationskanal

Natürlich können Sie Neuigkeiten auch auf Ihrer Website bekannt geben, aber wenn niemand die Website kennt, wird Ihre Botschaft auch niemanden erreichen. Twitter kann Ihnen als Sprachrohr für sämtliche Nachrichten aus dem Unternehmen dienen. Denken Sie über reine Produkt-PR hinaus an all die Anlässe, bei denen ein Unternehmen die Öffentlichkeit direkt und schnell ansprechen muss – von Firmenjubiläen über die Suche nach neuen Mitarbeitern bis zu Fachartikeln zu aktuellen Branchenfragen.

Besonders in Gefahrenfällen kann Twitter sein Potenzial ausspielen. Als im Frühjahr 2014 in der Nähe von Köln Chlorgas aus einem Chemiewerk austrat, wusste die Bevölkerung anfangs nur durch Sirenenalarm von einer Gefahr. Die genauen Informationen wurden durch einen lokalen Radiosender verteilt, der jedoch nur von wenigen Menschen gehört wurde. So begannen die Bürger, über die sozialen Netzwerke, vor allem Facebook und Twitter, Hinweise und Warnungen auszutauschen. Eine offizielle Meldung via Twitter oder gar ein offizieller (und als solcher auch erkennbarer) Twitter-Kanal hätte den Unsicherheiten der Bevölkerung früher entgegenwirken können. Auch Falschmeldungen kann ein Unternehmen so vorbeugen.

Abbildung 7-16 ▶
Rettungsdienste auf Twitter: Wie hier im Bild haben bereits viele Feuerwehren und Polizeidienststellen erkannt, dass sie mithilfe sozialer Netzwerke den Menschen nicht nur ihren Arbeitsalltag vorstellen, sondern sie auch unmittelbar vor Gefahren warnen können.

Dass sich Twitter sogar zu tiefergehenden Diskussionen nutzen lässt, zeigte das israelische Konsulat in New York. Nach Terrorangriffen im Gazastreifen beschloss man, mithilfe von Twitter eine »Bürger«-Pressekonferenz abzuhalten. Zwei Stunden lang nahm das Konsulat Fragen entgegen, die mit *#AskIsrael* gekennzeichnet waren, und antwortete, wie das Land die Terrorgefahr einschätzte. Die Pressekonferenz war ein unglaublicher Erfolg: In kürzester Zeit gingen mehr als 750 Fragen ein, sodass das Konsulat schließlich von zusätzlichen Mitarbeitern unterstützt werden musste, um alles zügig zu beantworten.

Eine Marke etablieren

Als aktive soziale Plattform ist Twitter ein großartiges Mittel, um Ihre persönliche Marke aufzubauen. Je regelmäßiger und interessanter Ihre Tweets sind, desto wahrscheinlicher ist es, dass Sie als führender Kopf in Ihrer Branche oder Ihrem Fachgebiet wahrgenommen werden.

Sehr gut gelungen ist das der Augsburgerin Sina Trinkwalder[18], die unmittelbar mit der Gründung ihres Unternehmens Manomama im Jahr 2010 auf die Kommunikation in sozialen Medien setzte. Per Twitter und Facebook begleitet sie ihren Firmenalltag, berichtet von den Schwierigkeiten genauso authentisch wie von Erfolgserlebnissen und bittet um Feedback und Rat. Stück für Stück verbreitete sich dabei der Name Manomama mitsamt den Prinzipien und Produkten dahinter. Sina Trinkwalder hat dabei auch immer den Mut, ihre Positionen zu vertreten, und ist nicht zuletzt deshalb eine nachgefragte Interviewpartnerin in klassischen Medien.

Ihr Beispiel zeigt auch, wie eng die Sichtbarkeit und Ansprechbarkeit einer Person an den Erfolg einer Twitter-Strategie gekoppelt ist. In allen sozialen Medien stehen die Menschen im Vordergrund, bei Twitter gilt dies in besonderem Maße: Es kann gelingen, eine Marke bekannt zu machen, es gelingt aber noch besser, wenn Sie gleichzeitig die Menschen hinter dem Account zeigen. Und noch besser gelingt es, gleich einen Menschen als Marke zu etablieren. Dies machen sich Politiker und Prominente zunutze, die mithilfe von Twitter ihre Botschaften, Programme und Produkte verbreiten. Eine Persönlichkeit mit hoher Reichweite innerhalb Deutschlands ist beispielsweise die YouTuberin Bianca Claßen[19], die von Anfang an auch über Twitter mit ihren Fans kommuniziert hat und mit persönlichen Tweets den Aufbau ihrer Marke und die Verbreitung ihrer Videos unterstützte. Mit mehr als zwei Millionen Followern hat sich »Bibi« auf diese Weise eine enorm große und treue Fangemeinde aufgebaut, die sie anfangs sogar mit persönlichen Treffen, Telefonaten und Direktnachrichten verwöhnte.

Markenbekanntheit und Reichweite steigern

Nicht alle fangen bei null an, viele Unternehmen erfreuen sich natürlich längst einer gewissen Bekanntheit. Kaum eine Firma kann es sich jedoch leisten, allein auf die Stammkundschaft zu setzen – in Zeiten von Disruption und Digitalisierung ist jeder gut beraten, weitere Zielgruppen anzusprechen und hinzuzugewinnen. Weil auf Twitter das Tagesge-

---

18 *https://twitter.com/manomama*
19 *https://twitter.com/BibisBeauty*

schehen eine große Rolle spielt (wie sich unschwer an den Trends ablesen lässt), haben Politiker ihre Chancen erkannt. Einige wie beispielsweise Gregor Gysi oder Sigmar Gabriel nutzen Twitter intensiv, um in den direkten Austausch mit Wählern zu gehen und Stellung zu beziehen – auch außerhalb von Wahlkampfperioden. Ihr Engagement stärkt ihre Marke, Reichweite und ihre Relevanz im öffentlichen Diskurs. Der Grünen-Chef Robert Habeck dagegen löschte Anfang 2019 seinen Twitter-Account mit der Begründung, die Plattform sei inzwischen ein Instrument der Spaltung. Aber bleiben wir bei den Unternehmen: Twitter liefert Ihnen viele Möglichkeiten, Ihre Firma mit den Menschen und Zielen dahinter einer breiten Öffentlichkeit darzustellen. Bringen Sie sich in die Community ein, schaffen Sie Mehrwerte und zeigen Sie sich authentisch und zugewandt.

Eine spannende Methode für große Konzerne, die von Konsumenten bisweilen als gesichtslos wahrgenommen wurden, ist »Rotation Curation«. Dabei darf in wechselnden Zyklen ein anderer Mitarbeiter aus dem Unternehmen berichten – in einer Woche die Leiterin der Forschungsabteilung, in der nächsten der Vertriebsassistent im Außendienst, in der darauffolgenden der Azubi im Einkauf. So entsteht ein umfassendes und abwechslungsreiches Bild. Erfolgreiche *#RoCur*-Accounts betrieben beispielsweise der RWE-Konzern und Vodafone, genau wie das Land Schweden, das mit *@sweden* als Wegbereiter der Bewegung gilt.

Geradezu prädestiniert für dieses Modell sind aus unserer Sicht Verbände, Organisationen oder lose Vereinigungen: Die Handwerksbranche etwa sucht seit vielen Jahren Nachwuchs in so gut wie allen Gewerken. Wie wäre es denn, wenn beispielsweise Bäcker abwechselnd ihr Handwerk beschrieben und aus ihrem Berufsalltag berichteten? Sie könnten eine Menge spannender Geschichten erzählen, den Wert ihrer Arbeit vermitteln und Nachwuchs für ihren Beruf begeistern. Das Tourismusmarketing nutzt das Phänomen rotierender Account-Betreuung bereits, um etwa das Leben in ihren Regionen aus verschiedenen Blickwinkeln zu präsentieren. Auch unabhängige Bewegungen können ihre Themen mithilfe Rotation Curation öffentlich sichtbar machen, wie das Projekt *@54Kontraste* oder die »Real Scientists« (siehe Abbildung 7-17) zeigen: Unter *@54Kontraste* twittert in jeder Woche ein Mensch mit Behinderung über sein Leben – eine sehr persönliche und direkte Methode, gesellschaftliche und politische Anliegen voranzubringen. Unter *@realsci_ DE* berichten wöchentlich Wissenschaftler etwa aus Biologie, Astrophysik oder Kunst. Und wer weiß: Vielleicht finden Sie ja eine neue Methode, Ihr Unternehmen oder Ihre Organisation bei Twitter authentisch und unverwechselbar zu präsentieren?

Wenn Sie sich sachlich und interessiert in die Gespräche einbringen, selbst Diskussionsanstöße liefern und andere von Ihrem Expertenwissen profitieren lassen, sind Sie auf dem richtigen Weg. Sie werden dann nicht nur Follower gewinnen, sondern erhöhen auch die Chancen, dass klassische Medien auf Sie aufmerksam werden und Sie in Fachartikeln zitieren oder zu Fernsehsendungen einladen. Oder dass Entscheider in Ihrem Markt oder Ihrer Region Ihnen bereitwillig zuhören. Oder dass Absolventen sich bei Ihnen bewerben, weil Sie Mut zu Transparenz und Authentizität bewiesen haben.

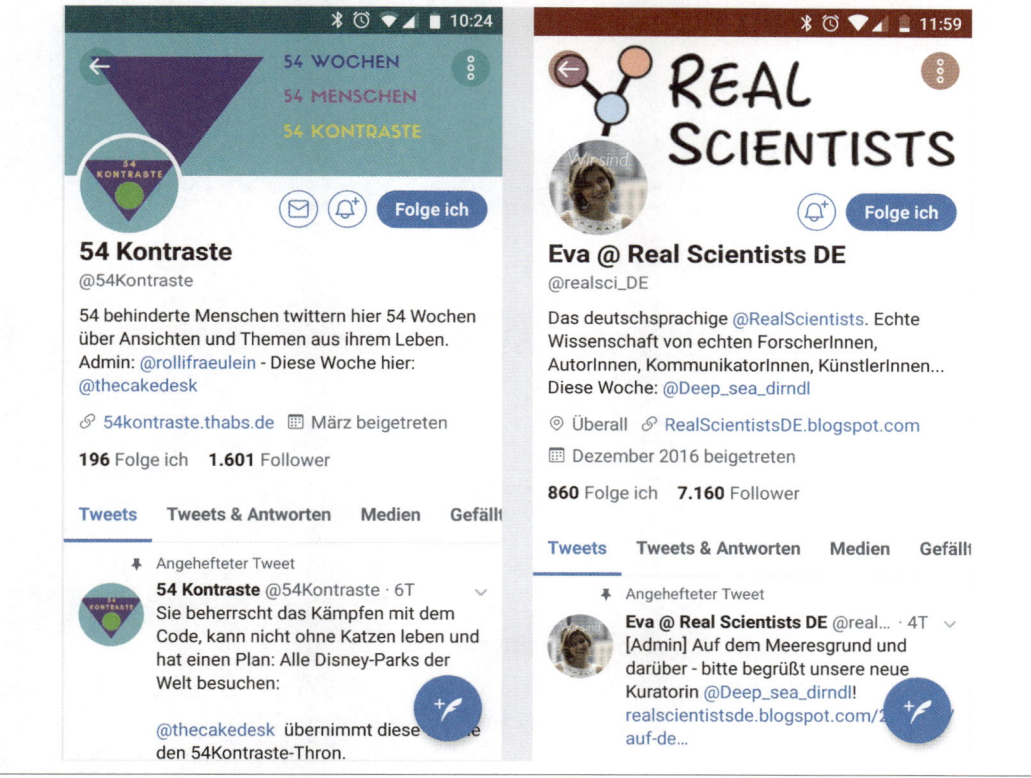

Ein Netzwerk von Gleichgesinnten

Weiter oben in diesem Kapitel haben wir untersucht, wie man mit Twitters Suchwerkzeug Follower findet. Auf die gleiche Weise können Sie ein Netzwerk mit Menschen aufbauen, die ähnliche geschäftliche Interessen haben wie Sie. Ermitteln Sie Suchbegriffe zu Ihren Interessengebieten (zum Beispiel Suchmaschinenoptimierung, Kleinunternehmen, IT, Grafikdesign oder Kombinationen aus verschiedenen Begriffen) und folgen Sie selbst Teilnehmern, die Tweets mit für Sie interessanten Inhalten veröffentlichen. Sie müssen nicht unbedingt intensiv nach anderen Nutzern forschen, diese suchen vielleicht auch nach Ihnen. Sorgen Sie nur dafür, dass Ihr Twitter-Stream aussagekräftig und interessant

▲ Abbildung 7-17
Die Rotation-Curation-Accounts @54Kontraste und @realsci_DE

bleibt, damit die anderen Nutzer genau wissen, mit wem sie da Kontakt aufnehmen.

Abbildung 7-18 ▶
Nutzen Sie die erweiterte Suche von Twitter, um die Menschen zu finden, mit denen Sie Ihre Themen teilen. Die Twitter-App kann Suchläufe auch abspeichern, sodass Sie jederzeit darauf zurückgreifen können.

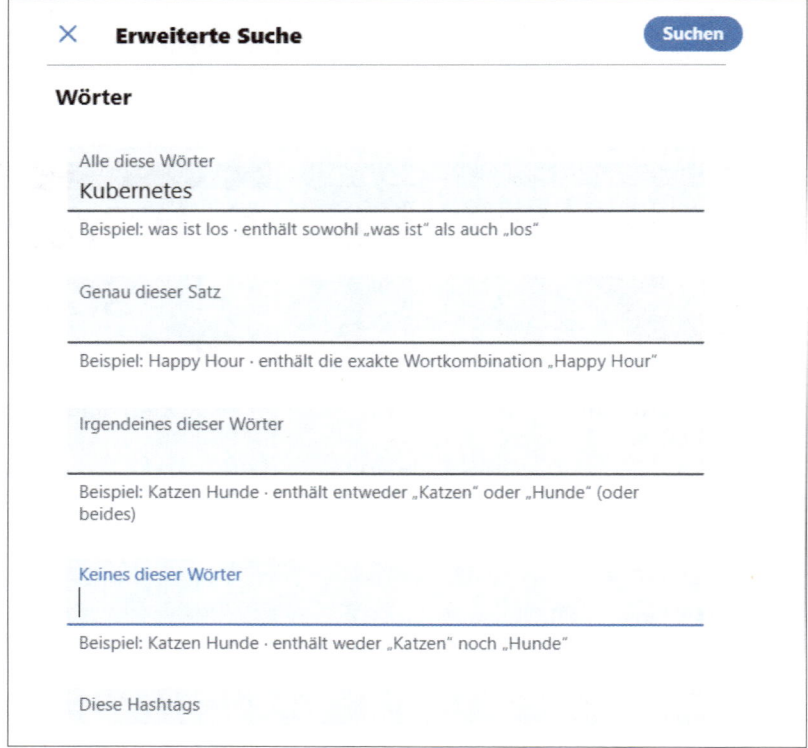

Eventorganisation mit Twitter

Eine besondere Stärke spielt Twitter bei Events aus. Veranstalter teilen den Start des Ticketverkaufs mit, Künstler geben ihre Teilnahme bekannt, Konferenzbesucher twittern aus Vorträgen, und im Nachgang melden Blogger ihre Beiträge – alle unter dem Hashtag der Veranstaltung. Dessen kluge Auswahl und rechtzeitige Bekanntgabe ist deshalb zentral. Nur wenige Veranstaltungen benötigen einen eigenen Twitter-Account, ein Hashtag sollten Veranstalter aber immer formulieren und nennen. Diesen sollten Sie von Anfang an bei all Ihren Tweets einsetzen, empfehlenswert ist es zudem, das Hashtag auf Anzeigen, Flyer oder Konferenzprogramme zu drucken und vor Ort auszuhängen. Nennen Sie das Hashtag zur Begrüßung Ihrer Besucher und laden Sie sie ein, diesen bei all ihren Social-Media-Postings zu nutzen. Warum? Nun, einerseits lassen sich durch Antippen des Hashtags alle relevanten Tweets suchen und gefiltert darstellen – eine sehr praktische Funktion für alle, die wissen wollen, was über oder von dieser Veranstaltung getwittert wird –, und zum anderen werden auch andere Twitterer auf Ihre Konferenz oder Ihr Konzert aufmerksam, wenn sich Tweets unter einem bestimmten Hashtag häufen.

Etabliert hat sich eine Kombination aus (gekürzter) Veranstaltungsbezeichnung und Jahreszahl, beispielsweise *#rp19* für re:publica im Jahr 2019. Bei kleineren Konferenzen kann auch auf die Jahreszahl verzichtet werden.

Twitter richtig verwenden

Im Grunde gelten für Twitter die gleichen Regeln wie für alle Social-Media-Kanäle – und die oberste Regel lautet: Seien Sie authentisch. Twitter dient in erster Linie dazu, mit seinen Kunden und Partnern auf Augenhöhe zu kommunizieren.

Vorüberlegungen

Über einige Fragen sollten Sie sich vorab Gedanken machen:

Wer twittert mit?
In vielen Unternehmen sind mehrere Mitarbeiter mit der Pflege des Twitter-Kanals betraut. Damit Ihre Follower immer wissen, mit wem sie reden, haben sich Kürzel etabliert, mit denen jeder Tweet markiert wird, z.B. ^*lm* oder /*lm* für Lieschen Müller – auf der Profilseite kann der Kunde dann nachsehen, wer sich genau hinter dem Kürzel verbirgt. Wenn Sie allein twittern, genügt die Namensnennung in der Kurzbeschreibung.

Inhalte, Anrede und sprachlichen Stil festlegen
In jedem Fall sollten Sie sich genau überlegen, wie Sie als Unternehmen in Twitter auftreten möchten: Wollen Sie Ihre Follower duzen? Möchten Sie aktuelle Nachrichten aus der Branche anbieten oder vielleicht einen reinen Kundendienst? In welchem sprachlichen Stil soll getwittert werden? (Tipp: Beachten Sie dazu ganz besonders die typischen Kürzel und Emoticons, die auf Twitter gebraucht werden.) Ab wann werden Vorgänge privat, schon aus datenschutzrechtlichen Gründen? Welche Inhalte und Themen werden per Twitter (nicht) besprochen? In den meisten Unternehmen gilt übrigens die schlichte Regel »Be smart«, andere verfügen über ein ganzes Regelwerk.

Brauchen Sie offizielle Geschäftszeiten?
Wenn Sie einen reinen Kundendienstkanal eingerichtet haben oder generell viele Anfragen per Twitter bekommen, ist es notwendig, mehrere Schichten einzurichten, um für die Kunden rund um die

Uhr ansprechbar zu sein. Sie müssen natürlich selbst entscheiden, ob das für Ihre Branche sinnvoll ist und Ihre Kunden es überhaupt erwarten. Viele Unternehmen haben sich für feste Geschäftszeiten wie 8 bis 20 Uhr entschieden und geben das auch auf ihren Profilseiten bekannt.

Angestellte zu Fürsprechern machen

Wenn einzelne Mitarbeiter Ihres Unternehmens privat twittern, wird die Sache komplizierter, denn natürlich darf man das weder verbieten noch inhaltlich beeinflussen. Vielmehr gilt es, die eigenen Mitarbeiter zu Fürsprechern und Multiplikatoren zu machen und sie zudem vor juristischen Fallstricken zu warnen. Hier ist es sinnvoll, die Initiative zu ergreifen, um die Sachlage zu klären: Wie wäre es beispielsweise mit einer Twitter-Schulung für Angestellte?

So richten Sie einen Firmenaccount ein

Der Einstieg in Twitter ist leicht: In wenigen Sekunden können Sie ein Benutzerkonto einrichten und danach ausgiebig gestalten. Twitter unterscheidet übrigens nicht zwischen Unternehmens- und Privataccounts. Zunächst rufen Sie entweder *twitter.com* auf, oder Sie laden sich die offizielle Twitter-App aus dem Store Ihres Smartphones oder Tablets herunter. Die Twitter-App gibt es kostenlos für iOS-, Android-, Windows- und BlackBerry-Geräte. Installieren Sie die App und wählen Sie den Punkt *Neuen Account erstellen* (analog im Web).

Gehen wir die folgenden Schritte einzeln durch:

E-Mail-Adresse

Wählen Sie zur Registrierung eine E-Mail-Adresse, auf die alle beteiligten Kollegen zugreifen können. Am besten lassen Sie sich einen Alias wie *twitter@unternehmenxy.de* einrichten, über den eintreffende Nachrichten dann automatisch an alle eingebundenen Personen verteilt werden. Vorteil: Diese Adresse wird auch abgerufen, wenn Sie gerade im Urlaub sind. Und Sie können sie an Ihre Follower weitergeben, um darüber längere Anliegen zu klären oder Gewinnspiele durchzuführen.

Profilnamen

Überlegen Sie sich einen leicht erkennbaren und einprägsamen Profilnamen.[20] Wenn Sie bereits auf anderen Kanälen im Social Web

---

20 Es gibt die Option *Verifiziertes Konto*: Wenn Sie sich bei Twitter dieses Siegel besorgen, wissen Ihre Follower, dass hinter dem Avatar auch wirklich die genannte Firma steckt. Vor allem prominente Personen griffen darauf zurück, seitdem in einigen Fällen mit gefälschten Accounts Schindluder getrieben wurde. Zur Drucklegung dieses Buchs ist diese Funktion jedoch (bereits seit November 2017) ausgesetzt. Twitter gab an, die Funktion prüfen und überarbeiten zu wollen. Aktuelle Informationen zum Status quo dieser Ankündigung finden Sie hier: *https://help.twitter.com/de/managing-your-account/about-twitter-verified-accounts*

aktiv sind, übernehmen Sie diesen. Achten Sie darauf, dass der Profilname nicht zu lang wird. Twitter lässt insgesamt 50 Zeichen zu.

Bio

Wenn Sie sich erfolgreich registriert haben, widmen Sie sich den Feineinstellungen. Schreiben Sie zunächst eine Bio, also eine Kurzbeschreibung zu Ihrem Unternehmen und demjenigen, der twittert – keine leichte Aufgabe bei 160 verfügbaren Zeichen!

◀ **Abbildung 7-19**
Die Registrierung ist denkbar einfach – danach beginnt die Feinarbeit.

Ihr Profilbild

Laden Sie ein Foto oder ein Logo hoch, das als Ihr Profilbild fungiert. Achten Sie darauf, dass dieses Bild auch auf Smartphones in winziger Auflösung noch gut erkennbar ist – zu viele Details sind kontraproduktiv. Twitter verlangt ein Format von 400 × 400 Pixeln, akzeptierte Dateiformate sind JPG, PNG und GIF. Die Datei darf nicht mehr als 100 kBit groß sein.

Ihr Header

Laden Sie eine Header-Grafik hoch. Nutzen Sie die Fläche oberhalb Ihrer Tweets für eine ausdrucksstarke Fotografie oder Grafik, die Ihr Unternehmen repräsentiert. Verwenden Sie keine oder wenige Schriftzüge, da diese in den unterschiedlichen Darstellungen auf Desktop-PCs, Tablets und Smartphones verdeckt oder überschrieben werden könnten. Achten Sie außerdem darauf, dass die untere linke Ecke keine wichtigen Details enthält, denn hier setzt Twitter automatisch Ihr Profilbild auf die Header-Grafik. Twitter empfiehlt für den Header eine Größe von 1.500 × 500 Pixeln, akzeptierte Dateiformate sind JPG, PNG und GIF. Die Dateigröße darf 10 MByte nicht überschreiten.

Richten Sie sich ein

Stellen Sie ein, bei welchen Ereignissen Twitter Sie per Mail informieren soll, hinterlegen Sie bestimmte Suchanfragen, die Sie regelmäßig durchführen möchten, und füttern Sie Ihr Profil weiter aus. So ist es beispielsweise auch möglich, einen wichtigen Tweet dauerhaft ganz oben im Twitter-Stream anzuheften. Füllen Sie persönliche Informationen wie Ort und Zeitzone auf und ergänzen Sie einen Link zu Ihrem Impressum.

Folgen und gefolgt werden

Dann können Sie anfangen, anderen zu folgen. Über das Lupensymbol – im Web in der oberen Navigationsleiste sowie unter *https://twitter.com/explore*, beim Zugriff über die App in der unteren Navigationsleiste zu finden – können Sie durch Trendthemen stöbern oder sich von Twitter Accounts vorschlagen lassen, die zu Ihren Interessen passen. Ihre Vorlieben können Sie direkt angeben, Twitter entnimmt sie aber auch den Profilen, denen Sie bereits folgen. Außerdem erhalten Sie eine Top-Ten-Liste der Nachrichten, die gerade häufig durch das Netzwerk gereicht werden (*Beliebte Artikel*), unter *Alle erkunden* können Sie sich quer durch Kategorien wie Unterhaltung, Städte, Fernsehen, Sport und andere in der Twitter-Landschaft treiben lassen.

Wollen Sie zunächst schauen, wer Ihrer Freunde und Kollegen auf Twitter ist? Die Funktion *Freunde finden* vergleicht Ihr Mailadressbuch mit seiner Nutzerdatei – bezüglich des Datenschutzes allerdings bedenklich. Suchen Sie händisch nach Bekannten, Kollegen und Köpfen Ihrer Branche. Durchstöbern Sie ruhig mal die Followings dieser Personen, bestimmt sind für Sie spannende Twitter-Empfehlungen darunter. Viele Twitterer kuratieren auch eigene, thematisch sortierte Following-Listen – die des Content-Marketing-Profis Mirko Lange (*@talkabout*) sind beispielsweise mit Accounts von Journalisten, Bloggern und Social-Media-Experten gefüllt.

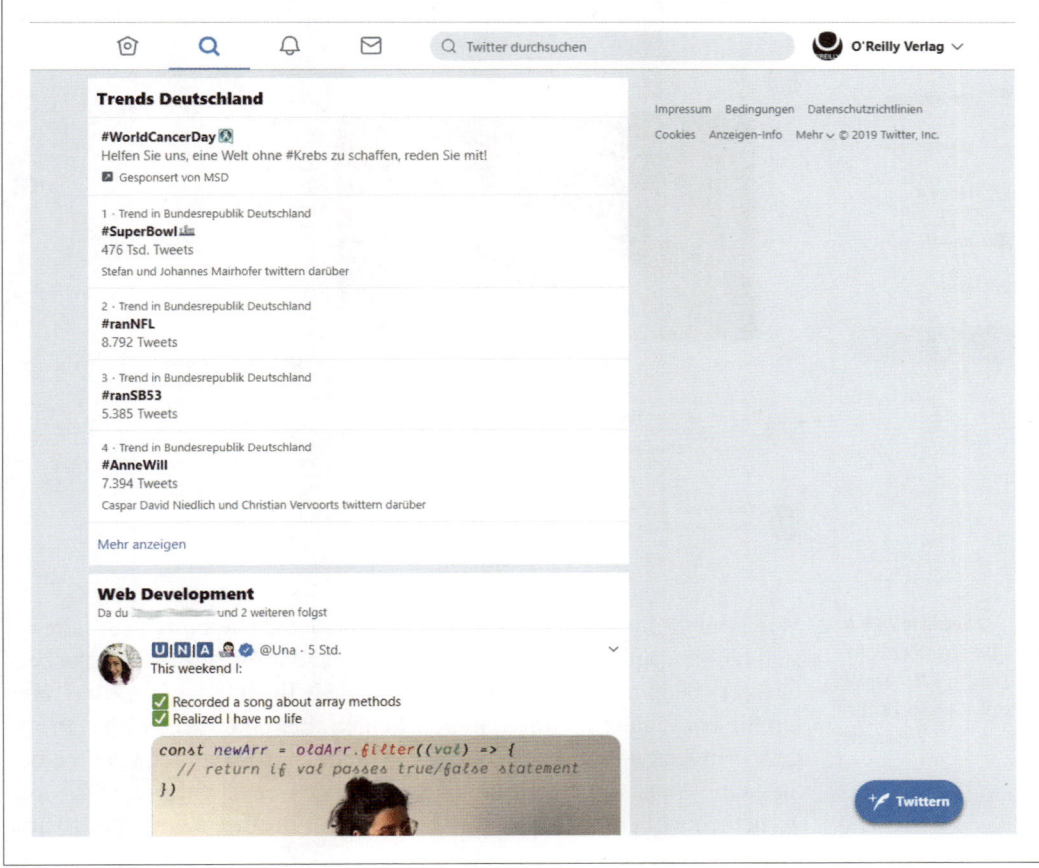

Natürlich können Sie auch Twitters Suchfeld in der Dachzeile verwenden. Geben Sie Suchbegriffe ein, die Sie interessieren, und folgen Sie den Nutzern, deren Aktivitäten Sie ansprechen. Wahrscheinlich werden Sie massenhaft Nutzer mit ähnlichen Hobbys und geschäftlichen Verbindungen finden. Sie sollten jede Verbindung nutzen, die Sie bekommen können, besonders wenn Sie gerade erst anfangen. Abonnieren Sie ruhig großzügig, wofür Sie sich interessieren. Aus Unternehmenssicht sind auch Geschäftspartner, Kunden und natürlich Wettbewerber folgenswert.

Bis Sie beginnen, Menschen zu folgen, ist Ihre Timeline – das Feld für eingehende Tweets – leer. Abbildung 7-21 zeigt, wie es aussieht, wenn Sie Personen folgen und dadurch Nachrichten empfangen.

▲ **Abbildung 7-20**
Follow-Empfehlungen, die Twitter automatisch anhand Ihrer Interessen und aktueller Trends generiert

Startseite

Entdecken

Mitteilungen

Nachrichten

Lesezeichen

Listen

Profil

Mehr

Twittern

Was gibt's Neues?

TECH|GEEK|REBEL @TechGeekRebel · 42 s
Amazon's drone deliveries are one step closer to becoming a reality
mashable.com/article/faa-ap... #tech #news #smallbiz

Schreibblogg hat retweetet
Sabine Berg - Buch:7 Erfolgsfrauen&Karriereformeln @Thal... · 1 Std.
Antwort an @minxM @MultiRouteDE und 17 weitere
Na da wink ich doch gleich mal 👋😊😊

1   2

Roger Haueter @techtask · 1 Min.
How to connect to Office 365 using PowerShell

Trends für dich

Trend in Bundesrepublik Deutschland
#Rheinbad

Trend in Bundesrepublik Deutschland
Neil
47.800 Tweets

Trend in Bundesrepublik Deutschland
#Meuthen

Trend in Bundesrepublik Deutschland
#SURO2

Trend in Bundesrepublik Deutschland
#Tatort
Z ZEIT ONLINE twittert darüber

Mehr anzeigen

Wem folgen?

Amazon Web Services ✓   Folgen
@awscloud

Java ✓   Folgen
@java

AWS Amplify   Folgen
@AWSAmplify

Mehr anzeigen

Abbildung 7-21 ▲
Die Benutzersicht des
O'Reilly-Twitter-Kanals,
Screenshot aus der Twitter-
Webansicht

Wie können Sie nun eigene Follower anlocken? Die beste Methode ist, sich zu engagieren. Schauen Sie, was andere Leute so zwitschern (»tweet« bedeutet »zwitschern«), und tun Sie Ihre Gedanken kund. Helfen Sie bei Fragen zu Ihren Spezialthemen, berichten Sie von Erfahrungen, bringen Sie sich konstruktiv und sachlich in Gespräche ein. Haben Sie keine Angst: Auch andere engagieren sich bei Twitter, weil sie sich vernetzen wollen. In der Regel sind sie daher für Ihre Kontaktaufnahme offen.

Um herauszufinden, über welche Themen gerade besonders intensiv diskutiert wird, können Sie durch die Trends stöbern. Wenn Sie sich auf der Twitter-Homepage bzw. -App einloggen, zeigt Twitter Ihnen unter *Trends für dich* die zehn am häufigsten gebrauchten Schlagwörter, gemessen in Echtzeit. Sie können sich dabei auch auf Regionen und Themen festlegen.

Follower finden und weiterempfehlen

Etwas in die Jahre gekommen, aber noch immer erwähnenswert ist die Twitter-Tradition des *FollowFriday*. Dabei empfehlen sich immer wieder freitags Twitter-User gegenseitig: Versehen mit dem Hashtag *#ff*, weisen sie auf interessante Twitterer hin. Sie können dies einerseits nutzen, um Follower zu finden, und andererseits, um selbst auf folgenswerte User hinzuweisen. Dies ist der einfachste Weg, um Teil der Community zu werden.

Manchmal werden Sie auch auf sogenannte Twitter-Zeitungen wie *paper.li*[21] stoßen: Darin sammeln Twitter-User die Storys, die ihnen an einem Tag als besonders interessant erschienen sind, auf einer Website. Wirklich durchsetzen konnten sie sich jedoch nicht, und echte Vernetzung sieht anders aus, als ohne jegliche inhaltliche Einbettung Tweets zu sampeln.

Ebenfalls etwas weniger geworden sind Offlinetreffen von Twitter-Usern in einzelnen Städten –

spannend sind sie aber unbedingt. Erste Anlaufstelle ist *Meetup.org*, eine Website, die eine sehr breite Auswahl an Treffen zu allen möglichen Themen listet. Falls es in Ihrer Region einen *Twitterstammtisch* oder ein *Twitter-Meet-up* gibt: Nehmen Sie die Chance wahr. Sie werden sich auf einem lockeren Treffen wiederfinden, auf dem Sie unkompliziert in den Austausch mit anderen Twitterern Ihrer Stadt gehen können. Nicht wenige Freelancer haben so schon Aufträge, Firmenchefs ihre Kooperationspartner und alle zusammen gute Freunde gefunden. (Die Zeit der Twittagessen und Twittwochs ist leider vorbei – aber vielleicht laden Sie ja die örtliche Twitter-Gemeinde mal zu einem Essen in Ihr Unternehmen ein?) Zur Eventplanung eignen sich unter anderem twtvite (*http://www.twtvite.com*), Meetup.com (*https://www.meetup.com/*) und XING Events (*https://www.xing-events.com/*).

Was twittern?

»Was soll ich denn bloß schreiben?«, fragen sich viele Twitter-Anfänger. Eine Sorge, die zunächst durchaus nachvollziehbar ist – von der Sie sich aber nicht einschüchtern lassen sollten. Grundsätzlich hängen die Inhalte natürlich davon ab, welches Unternehmen dahintersteht – eine Bank wird andere Themen und eine andere Sprache wählen als ein Café, und das wiederum agiert anders als eine Bildungseinrichtung. Entscheidend ist auch, welches Ziel Ihr Twitter-Account hat. Bei einem reinen Kundendienstkanal twittern Sie nur wenige Servicemeldungen, der große Teil der Kommunikation besteht aus dem Beantworten von Kundenanfragen. Bei klassischen Unternehmensaccounts werden Sie eine Mischkultur entwickeln, deren Inhalte sich im Wesentlichen so zusammensetzen:

Unternehmens- und Branchennachrichten
    Achtung, Relevanz berücksichtigen: Beschränken Sie sich besser auf die Meldungen, die entweder direkt etwas mit Ihrem Unternehmen zu tun haben (»Wir expandieren – ab März finden Sie uns auch in Potsdam«) oder die sich auf Ihre Arbeit auswirken werden (»Neue

---

21 *http://paper.li/*

EU-Richtlinie für XY ab Januar für alle Pflicht«). Für vollständige Branchennews gibt es Fachmedien und Pressedienste.

Besondere Anlässe

Das kann »Wir nehmen am verkaufsoffenen Sonntag teil« sein, aber auch »Wir wünschen schöne Feiertage« – nicht immer muss alles direkt mit dem Unternehmen zu tun haben.

Personalmeldungen

Viele Unternehmen nutzen Twitter inzwischen auch erfolgreich zur Personalsuche. Twittern Sie also ruhig, wenn Sie einen neuen Marketingassistenten oder einen Azubi suchen. Und wenn er/sie den ersten Tag im Unternehmen ist, begrüßen Sie den neuen Kollegen mit einem Tweet wie: »Wir freuen uns auf unseren Marketingassistenten, der heute zum ersten Mal ins Büro kommt!«

Der Alltag im Unternehmen

Twittern Sie darüber, was Sie tun: dass Sie gerade an einem neuen Produkt tüfteln, dass Sie heute noch @*GeschäftspartnerXY* treffen, dass Sie gerade den Stand auf der nächsten Messe planen – oder auch wie der Kaffee schmeckt, dass Sie gerade einen neuen Schreibtischstuhl bekommen haben, dass Sie gerade auf dem Weg zur Weihnachtsfeier sind und andere »interne, weiche« News. Das alles gibt Ihrem Unternehmen ein menschliches, persönliches Gesicht.

Twitter als Verstärkermedium

Nutzen Sie Ihren Twitter-Kanal, um auf die Inhalte Ihres Blogs oder Ihrer Website sowie von Facebook, Instagram, Slideshare, YouTube und anderen Diensten hinzuweisen. Aber Achtung: Nutzen Sie Twitter nicht ausschließlich dazu.

Produkthinweise, Sonderangebote, Gewinnspiele

All das darf natürlich auch getwittert werden, allerdings sparsam! Inflationäres Twittern von »Ab jetzt erhältlich: Produkt XY« oder »Jetzt nur noch 1,99 Euro: Unser Bestseller XY« wird vor allem für eines sorgen – nämlich dafür, dass Sie Ihre Follower sehr schnell wieder verlieren.

Fremde Inhalte

Content Curation ist das Schlagwort: Verstehen Sie sich als Kompass durch die Nachrichten, Berichte und Studien Ihrer Branche. Empfehlen Sie Ihren Followern nicht nur Ihre eigenen, sondern auch die Inhalte anderer Quellen wie zum Beispiel von Fachmagazinen oder Bloggern. Achten Sie auch darauf, den entsprechenden Urheber im Tweet zu erwähnen, dies baut wiederum einen Kontakt zu den Experten Ihrer Branche auf (und gehört zum guten Ton).

Interaktion

Retweeten Sie interessante Inhalte und beteiligen Sie sich an Diskussionen. Beachten Sie aber, dass Sie sich dabei nicht selbst in den

Vordergrund stellen oder gar versuchen, nebenbei Produkte oder Dienstleistungen anzupreisen.

Fragen stellen

Bitten Sie Ihre Follower um Meinungen – führen Sie eventuell auch Umfragen durch. Ergänzen Sie das Hashtag *#followerpower*, wenn Sie die Hilfs- oder Auskunftsbereitschaft Ihrer Follower mobilisieren wollen, oder *#plsrt* für »please retweet« als Signal, dass Sie eine höhere Verbreitung Ihres Tweets benötigen.

Humor und Kuriosa

Sie dürfen Ihre Follower auch unterhalten! Wenn Sie einen lustigen Cartoon oder einen spannenden Artikel gefunden haben, können Sie diesen ebenfalls an Ihre Follower weiterempfehlen – vorausgesetzt natürlich, es sind »harmlose« Inhalte (beachten Sie die Grenzen des guten Geschmacks und des Gesetzes).

So machen Sie sich unbeliebt

Leider gibt es inzwischen viele schreckliche Unarten unter Twitter-Usern. Wenn Sie nicht gleich unangenehm auffallen wollen, vermeiden Sie Folgendes:

Kein klares Profil, aber viele Postings

Spammer gibt es, seit es Twitter gibt. Als größte Unsitte galt etwa die automatisierte (und unpersönliche) Begrüßungsnachricht an jeden neuen Follower. Glücklicherweise hat Twitter diese Funktion inzwischen abgeschaltet. Noch immer gibt es aber Accounts, die wahllos Nachrichten senden und Links schleudern. Liefern Sie Ihren Followern besser eine gut überlegte Auswahl an wirklich relevanten Inhalten. Und: Sollten Sie wegen eines besonderen Anlasses wie des Besuchs einer Konferenz ungewöhnlich viele Tweets absetzen wollen, bieten Sie Ihren Stamm-Followern ein Hashtag an, den sie stummstellen können.

Zu viele Hashtags

#Sie #wollen #unbedingt #Aufmerksamkeit: Twitterer, die alle verfügbaren Zeichen mit Hashtags ausfüllen. Dies dient weder der Lesbarkeit, noch erhöht es die Relevanz der Inhalte. Beschränken Sie sich auf maximal drei wirklich passende Hashtags.

Follower kaufen

Es gab sie sehr schnell, diese Anbieter: »Kaufen Sie 1.000 Follower für xxx Dollar!« Sie haben kein erfolgreiches Twitter-Konto, nur weil Sie viele Follower haben. Es geht wie bei allen Kontakten – auch in der Werbung – doch viel mehr darum, passende Follower zu haben, mit denen Sie sich auch austauschen. Der wirkliche Maßstab für erfolgreiches Twittern ist die Interaktion, nicht die Zahl der Follower. Sparen Sie sich lieber die Ausgabe.

Folgen/Entfolgen

Ebenfalls ein beliebtes Spiel: folgen, warten, bis man zurückgefolgt wird, und dann wieder entfolgen. Die Erfahrung mag zeigen, dass die meisten dennoch Follower bleiben – doch ist das ein manipulatives und ziemlich unsympathisches Verhalten. Zu einem guten Ruf als angesehener Teil der Twitter-Community werden Sie so nie kommen.

Reichern Sie Ihre Tweets mit Links und/oder Bildern an. Sie nehmen dann mehr Platz im Screen Ihres Followers ein, werden aufmerksamer wahrgenommen, häufig auch noch einmal angeklickt, eine Interaktion, die sich auf Ihre Twitter-Statistik positiv auswirkt. Ja, und Sie können Ihre Inhalte mit Fotos, Infografiken oder auch Comiczeichnungen natürlich sehr veranschaulichen! Für ein klassisches »In-Stream-Foto« verlangt Twitter mindestens 440 × 220 Pixel, da diese Bilder aber durch Anklicken bzw. Drauftippen vergrößert werden sollen, orientieren Sie sich besser an der maximalen Größenempfehlung von 1024 × 512 Pixeln. Achten Sie aber darauf, keine wichtigen Botschaften im oberen oder unteren Bereich der Grafik abzubilden. Das im Twitter-Stream sichtbare Bild wird auf 506 × 253 Pixel gekürzt – oben und unten. (Da sich die Maße auch ändern können, legen Sie sich am besten den Link *https://makeawebsitehub.com/social-media-image-sizes-cheat-sheet/* in Ihre Bookmarks. Dort werden alle Grafikformate und -spezifikationen der großen sozialen Netzwerke aktuell und übersichtlich dargestellt.)

Hinweis ▶ **Was sind Twittercards?**

Poweruser können Ihre Tweets mit Twittercards anreichern. Diese erlauben beispielsweise eine Thumbnail-Vorschau Ihrer Website. Um Twittercards einzusetzen, müssen Sie aber unter anderem den Quellcode Ihrer Website ergänzen.

Anzeigen und bezahlte Postings

Bei einigen Tausend Tweets, die in jeder Sekunde rund um den Globus gepostet werden, kann es durchaus sinnvoll sein, die eigenen Botschaften hervorzuheben, Veranstaltungen anzukündigen oder Gewinnspiele oder Sonderaktionen bei neuen Zielgruppen zu bewerben. Unter dem Schlagwort »Twitter Ads« finden Sie eine Reihe von Werbemöglichkeiten. So können Sie beispielsweise klassische Anzeigen schalten, die dann im Twitter-Stream einer vorab ausgewählten Zielgruppe landen. Oder Sie unterstützen mit ein paar Euros die Sichtbarkeit einzelner Tweets (*Sponsored Tweets*) oder Hashtags (*Sponsored Hashtags*).

Twitters Anzeigenbereich (*https://ads.twitter.com*) ist recht intuitiv und selbsterklärend aufgebaut, und wenn Sie schon einmal Anzeigen bei Facebook oder auch Google geschaltet haben, werden Sie sich schnell zurechtfinden. Das Tool bittet zunächst darum, ein Kampagnenziel festzulegen: die Steigerung von Website-Besuchen oder mehr Interaktionen auf einen Tweet beispielsweise. Danach können Sie eine Laufzeit und ein maximales Tagesbudget angeben, anhand demografischer Merkmale und Interessen die gewünschten Zielgruppen auswählen und die Anzeige erstellen (achten Sie auf einen klaren Call-to-Action) oder die zu bewerbenden Tweets anklicken.

Zur Erfolgsmessung Ihrer Twitter Ads eignen sich die Werte *Cost-per-Follow* (Gesamtausgaben der Kampagne geteilt durch die Anzahl neuer Follower) und *Cost-per-Click* (Gesamtausgaben der Kampagne geteilt durch die Gesamtzahl der Klicks).

Übrigens: Auch wenn Instagram das automatische Weiterspülen von Postings aus seinem Netzwerk heraus nach Twitter anbietet – es funktioniert nicht zufriedenstellend. Die Bilder werden (in aller Regel, eine Ausnahme können Drittanbietertools bieten, aber auch das nur unzuverlässig) nur als Link angezeigt, Text wird einfach abgeschnitten. Machen Sie sich besser die Mühe, Ihr Bild händisch hinzuzufügen.

Wann twittern?

Und wann sollten Sie nun zwitschern? Am besten twittern Sie während der Zeit, in der Ihr Unternehmen arbeitet, sprich: in der das Büro besetzt bzw. der Laden geöffnet ist. Dass zu üblichen Geschäftszeiten montags bis freitags zwischen 9 und 18 Uhr auch die meisten Menschen auf Twitter aktiv sind, bestätigen einige Studien – Sie können daher ohne Weiteres nur zu diesen Zeiten aktiv twittern. Wenn Sie jedoch für eine Diskothek oder eine Bäckerei twittern, verschieben sich die Zeiten entsprechend nach hinten oder nach vorn. Schauen Sie außerdem auf die Nutzungsgewohnheiten: Da unserer Erfahrung und Beobachtung nach viele Twitterer während des Pendelns zur Arbeit auf ihrem Smartphone mitlesen, sind die typischen Berufsverkehrszeiten morgens und abends besonders wichtig. Der Toolanbieter Social2Blog bestätigte diese Vermutung in seiner Untersuchung, zu welchen Uhrzeiten welches soziale Netzwerk besonders frequentiert wird. Für Twitter sind das die Zeiträume 8 bis 10 Uhr, 11 bis 13 Uhr und 16 bis 19 Uhr. Klassische Pendel- und Pausenzeiten also.[22]

Abgesehen von den Kernzeiten sollten Sie unternehmensintern regeln, wer Twitter auf Rückmeldungen und Erwähnungen hin »überwacht«. Falls sich abends um 22 Uhr ein Kunde beschwert, müssen Sie gegebenenfalls eingreifen, bevor daraus ein Shitstorm entsteht. Sie sollten daher immer einen »diensthabenden Verantwortlichen« benennen, der in dringenden Fällen einen Notfallplan anstoßen kann. Dazu muss derjenige nicht die ganze Nacht vor dem PC verbringen. Ein Smartphone, das im Fall einer Erwähnung Alarm schlägt, genügt völlig – geeignete Twitter-Tools finden Sie am Ende dieses Kapitels.

Und zu guter Letzt: Setzen Sie auf Regelmäßigkeit. Niemand erwartet, dass Sie in einem festen zeitlichen Schema Tweets veröffentlichen, die im Zweifel inhaltsleer und wenig nutzbringend sind. Aber Ihre Follower möchten dennoch immer wieder von Ihnen hören. Blog2Social stellte in seiner Untersuchung fest, dass die Halbwertszeit eines Tweets bei rund

---

22 *https://www.blog2social.com/en/blog/a-complete-guide-to-social-media-sharing-what-when-how-to-share/*

18 Minuten liegt – und wichtige Nachrichten daher bis zu vier Mal wiederholt werden sollten. Behalten Sie diese Empfehlung im Hinterkopf, halten Sie sich aber nicht sklavisch daran. Wie häufig Tweets abgesetzt und Inhalte wiederholt werden sollten, hängt vielmehr sehr stark von Ihren Followern, Ihrer Twitter-Blase ab. Kommentieren sie Tweets in den Abendstunden aktiver als Tweets am späten Vormittag? Reagieren sie sehr schnell mit Unwillen, wenn sie mehrfach auf einen Artikel oder ein Produkt hingewiesen werden? Lernen Sie Ihre Zielgruppe gut kennen und machen Sie deren Gewohnheiten zu Ihrem Maßstab.

Hilfe: Was tun bei Gegenwind?

Ob nun Shitstorm oder -störmchen: Mit Gegenwind müssen Sie insbesondere als Unternehmens-Twitterer immer rechnen. Dies gilt für Twitter wie für alle sozialen Netzwerke. In Kapitel 4 haben wir Ihnen mit dem Fall Jack Wolfskin veranschaulicht, wie sich Protestwellen aufbauen und wie Unternehmen klug darauf reagieren sollten. Ein erster Impuls auf öffentliche Kritik ist sicherlich, den betreffenden Tweet einfach löschen zu wollen, ein zweiter, sofort in Gegenwehr zu gehen und die eigene Haltung vehement zu verteidigen.

Beides sind keine empfehlenswerten Wege: Atmen Sie stattdessen erst einmal durch, reflektieren Sie die Situation und Ihre Meinung, hören Sie den Kritikern wirklich zu und hinterfragen Sie sich bewusst. Wenn Sie dann immer noch hinter Ihrem Tweet stehen (oder als PR-Verantwortliche möglicherweise eine unpopuläre Entscheidung oder Haltung eines Unternehmens nun einmal vertreten müssen), antworten Sie Ihren Kritikern sachlich und persönlich. In manchen Fällen kann es nötig werden, dafür die immer gleichen Textbausteine zu verwenden, weil diese beispielsweise juristisch sicher sind. Versuchen Sie dennoch, Ihren Kritikern zu zeigen, dass Sie sie ernst nehmen. Denn wenn diese den Eindruck haben, Sie hätten ihre Argumente nicht einmal gründlich gelesen, wird Ihre weitere Kommunikation den Shitstorm noch anfachen.

Welche Dynamiken dann wirken, können Sie sich am Beispiel in Abbildung 7-22 ansehen: Ein Arzt berichtete per Twitter, dass eine seiner erwachsenen Patientinnen in Begleitung ihrer Mutter zur Sprechstunde erschien. Anfangs erhielt seine Verwunderung noch Zustimmung, schließlich erntete er aber massive Kritik in Form von knapp 1.000 Kommentaren innerhalb von drei Tagen. Zentraler Vorwurf: Ein Arzt, der seine Patienten in sozialen Netzwerken abwertet, verspiele das nötige Vertrauensverhältnis. Nun mag jeder seine eigene Meinung zur Beobachtung des Arztes haben, eines ist dennoch klar: Die Stärken des Arztes liegen sicherlich nicht im souveränen Umgang mit Shitstorms. Denn statt sachlich und deeskalierend auf die Argumente einzugehen, antwortete er fast ausschließlich nur denjenigen, die ihm zustimmten, und drohte Kritikern zwei Tage später gar mit rechtlichen Schritten. Das geht besser.

Sollten Sie zu dem Schluss kommen, dass Ihr Ursprungstweet zu Recht kritisiert wird und auch besser gelöscht werden sollte: Tun Sie dies nicht unkommentiert. Geben Sie Ihren Fehler zu, erklären Sie, dass Sie den Tweet löschen werden. Es wird weiterhin Screenshots dieses Tweets geben, und es wird Menschen geben, die diese verbreiten. Sie haben aber Haltung gezeigt, indem Sie den Fehler zugegeben und Ihre Konsequenzen transparent umgesetzt haben.

◀ **Abbildung 7-22**
Wenn ein Tweet zum Shitstorm führt: @flyingDok auf Twitter

Ihren Twitter-Kanal bekannt machen

Nutzen Sie alles, was Sie haben: von der Website bis zur Visitenkarte, vom Newsletter bis zur E-Mail-Signatur, von der Pressemitteilung bis zu Plakaten und Flyern: Informieren Sie Ihre Kunden, Geschäftspartner und Mitarbeiter auf allen erdenklichen Wegen über Ihre Twitter-Präsenz.

Twitter stellt zudem einige Widgets zur Verfügung, über die Ihre Tweets automatisiert auf Ihrer Website dargestellt werden können.[23] Seit Inkrafttreten der DSGVO können wir von der Einbindung eines solchen Widgets aber nur abraten – ganz abgesehen davon, dass es sich auf den allerwenigsten Websites wirklich harmonisch in das Layout einfügt.

---

23 *https://developer.twitter.com/en/docs/twitter-for-websites/timelines/overview.html*

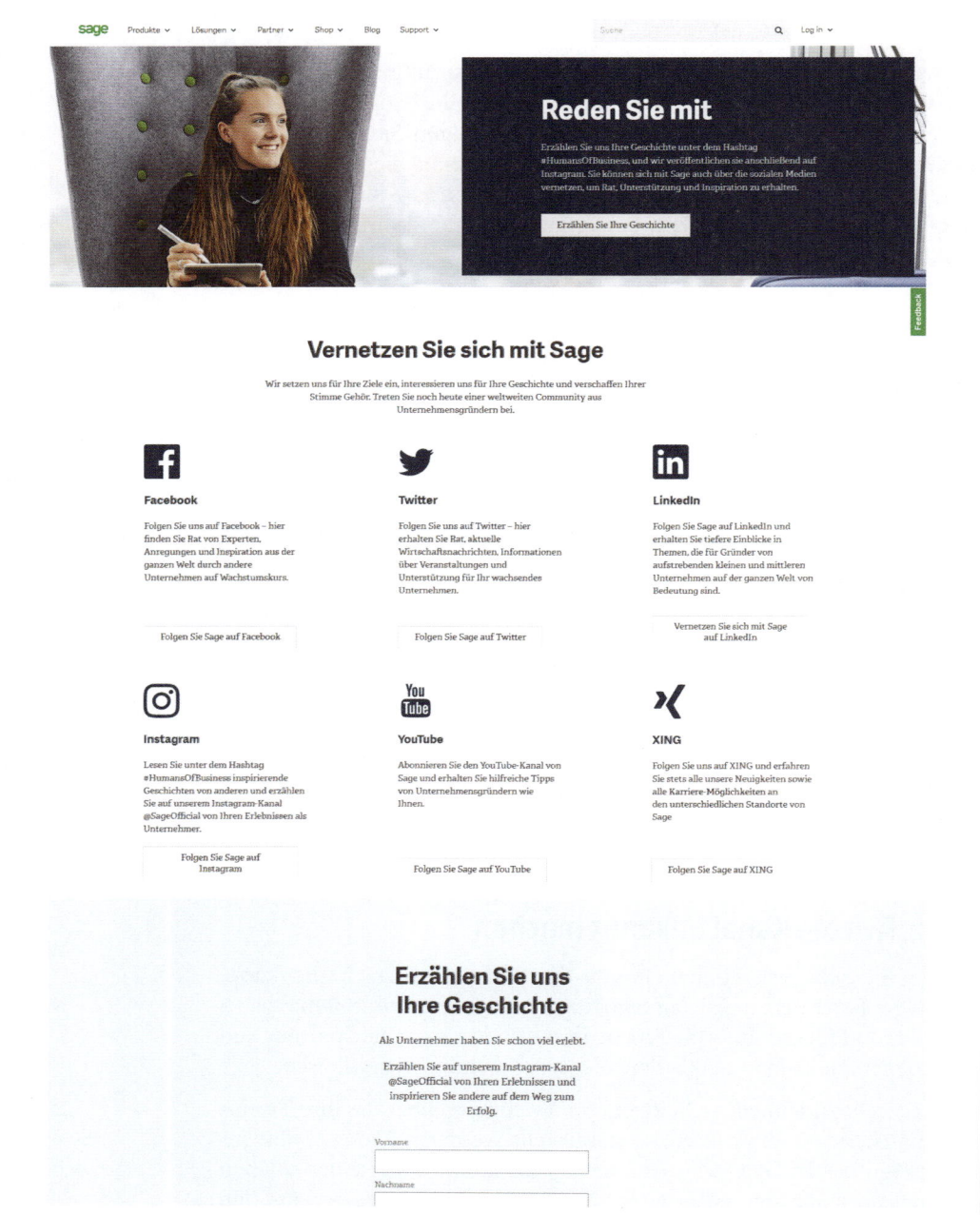

▲ Abbildung 7-23
Gut in Szene gesetzt und mit einem klaren Call-to-Action versehen: die Social-Media-Angebote des Softwarehauses Sage

Üblich ist es inzwischen, eine statische Twitter-Verlinkung im Footer einer Website sowie auf der Kontaktseite unterzubringen. Auf diese Weise weisen Sie Ihre Kunden auf die Adresse Ihres Twitter-Kanals hin, ohne deren persönliche Daten preiszugeben.

In einigen Branchen und Orten gibt es noch reine Twitter-Verzeichnisse und -Charts, in die Sie sich natürlich eintragen lassen sollten. Generell gilt aber: Fügen Sie Ihr Twitter-Handle so selbstverständlich wie auch Ihre Telefonnummer oder Ihre E-Mail-Adresse Ihren Kontaktdaten in allen Unterlagen hinzu. Folgen Sie anderen Twitterern Ihrer Branche oder Ihres Orts. Und nicht zuletzt: Twittern Sie. Und twittern Sie so, dass Sie gern retweetet werden!

Erfolgsmessung

Follower-Zahlen sind wahnsinnig wichtig, nicht zuletzt, weil man bei entsprechend gutem Ergebnis auch hoch in Twitter-Charts einsteigt und damit einen noch stärkeren Werbeeffekt erzielt. Lassen Sie sich dennoch nicht unter Druck setzen – Sie twittern dann erfolgreich, wenn Sie nicht nur senden, sondern sich mit Ihren Followern auch intensiv austauschen.

Wenn Sie eine Weile twittern, entwickeln Sie von allein ein gutes Gespür dafür, ob Sie in der Community angekommen und angesehen sind. Dennoch werden Sie, nicht zuletzt in der Argumentation mit der Geschäftsführung, Kennziffern benötigen, die den Erfolg Ihres Twitter-Engagements hieb- und stichfest beweisen. Wie für alle anderen sozialen Netzwerke ermitteln Sie diese anhand der Anzahl und des Zuwachses der Follower sowie der Replys, Retweets und Gefällt-mir-Klicks:

Fragestellung	Metrik
Wie viele Antworten erhalten Sie auf Ihre Tweets durchschnittlich in einem festgelegten Zeitraum?	Interaktionsrate
Wie viele Follower haben Sie? (Und auch: Wie viele derjenigen, denen Sie folgen, folgen auch Ihnen?)	direkte Reichweite (potenziert sich, wenn ein Follower retweetet)
Wie häufig werden Ihre Tweets mit *Gefällt mir* versehen, und wie häufig werden sie geteilt?	Likes und Shares

◀ **Tabelle 7-1**
Kennziffern für Ihr Twitter-Engagement

Die Twitter-Statistik gibt über einige Kenngrößen Aufschluss. Sie liefert nicht nur die erfolgreichsten Tweets pro Monat, sondern auch, wie sich die Anzahl der Follower verändert hat, für welche Themen sich Ihre Zielgruppen interessieren und wie hoch die Interaktionsrate der einzelnen Tweets war. Diese Kennzahlen erhält jeder Twitter-User kostenfrei.

Wer ein leistungsstarkes Analysetool zur Verfügung hat, wird auch Angaben dazu erhalten, wie Ihre Tweets aufgenommen werden (Sentiment) – mehrheitlich positiv oder sehr kritisch? Außerdem sollten Sie ermitteln, zu welchen Tageszeiten Ihre Tweets besonders gut oder schlecht abschneiden.

Diese Kenngrößen entsprechen in der Regel den KPIs, die wir Ihnen in Kapitel 3 erläutert haben.

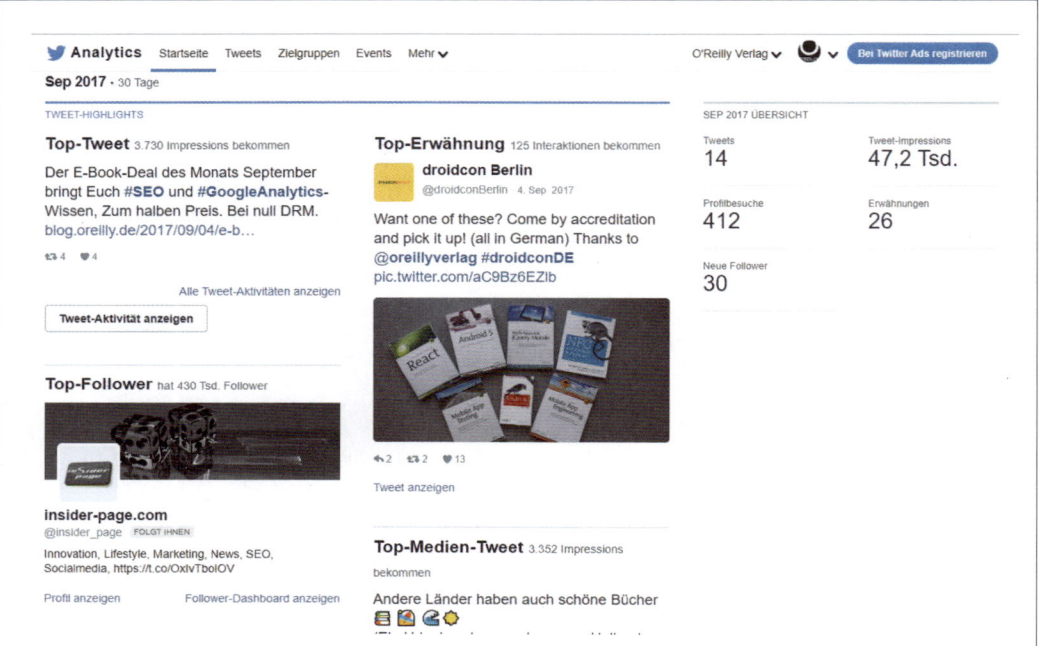

Abbildung 7-24 ▲
Twitter-Statistik

Es gibt noch weitere Tools, mit denen Sie mehr über sich und die anderen Twitterer erfahren können, beispielsweise TweetStats (*http://www. tweetstats.com*) und Manageflitter (*https://www.manageflitter.com/*). Diese Dienste liefern umfassende Daten: Wie viele Tweets senden Sie jeden Tag? Wie viele Antworten verfassen Sie? Was ist Ihr Lieblingsinterface für Twitter? Zu welcher Zeit sind Sie am aktivsten?

Tools für Twitter

Schon bald werden Sie, wie die meisten Nutzer von Twitter, süchtig sein. Und dann werden Sie sich das Leben mit Twitter-Tools erleichtern wollen. Es gibt eine Reihe mehr oder weniger populärer Tools, die in der Twitter-Community zum Einsatz kommen. Seit Twitter vor einigen

Jahren begann, seine Schnittstellen (APIs) für Drittanbieter zu schließen, ist die Auswahl jedoch deutlich geringer geworden. Eine Tatsache, die im Twitterversum bedauert wird, schließlich machte die Offenheit Twitters für externe Entwickler und ihre Tools einen besonderen Reiz aus und half definitiv auch seiner Verbreitung.

Warum also machte Twitter dicht? Nun, der wichtigste Grund liegt sicherlich daran, dass das Unternehmen Twitter Geld verdienen muss. Werbeeinblendungen in der Twitter-App sollen dazu beitragen, die Einnahmen werden aber wesentlich geschmälert, wenn Drittanbietertools dies nicht unterstützen oder ihre Werbefreiheit sogar als USP verkaufen. Twitter setzt also alles daran, die eigenen User auch in die eigenen Tools zu holen. Es zwang Drittanbieter immer wieder zu empfindlichen Downgrades, die die Funktionalität ihrer Apps einschränkten, außerdem kostet die API-Nutzung inzwischen eine recht hohe Gebühr für externe, freie Entwickler. Hinzu kommt die Verunsicherung vieler User, ob ihre Lieblings-App irgendwann eingestellt werden muss.

Dass Twitter handeln musste, ist jedoch nicht nur mit Gewinnstreben zu erklären. Wie alle sozialen Netzwerke musste es seine gesellschaftliche und politische Macht anerkennen und negativen Auswüchsen wie Spam, gehackten Accounts oder moralisch und juristisch fragwürdigen Inhalten, die häufig durch Bots vertrieben wurden, einen Riegel vorschieben. Als beispielsweise der Account von Donald Trump und diverse weitere prominente Accounts gehackt wurden, stellte sich sehr schnell heraus, dass die entsprechende Sicherheitslücke bei einem Drittanbieterdienst zur Follower-Verwaltung lag.

Einige vor Jahren beliebte Tools wie etwa Linkverkürzer sind wiederum nahezu überflüssig geworden, da Twitter diese Funktionalitäten inzwischen selbst bietet. Andere gern genutzte Apps wie Tweetdeck wurden schlichtweg von Twitter aufgekauft.

Der *Linkverkürzer bit.ly* ist zwar in seiner Grundfunktion – das Einsparen von Zeichen einer URL – unnötig geworden, dennoch kann es sinnvoll sein, ihn einzusetzen, denn er liefert zusätzlich Statistikfunktionen. Jeder mit bit.ly versendete Link hat seine eigene Informationsseite, die an Ihren Account gebunden ist (sofern Sie sich anmelden). Auf dieser Seite können Sie detaillierte Statistiken einsehen, zum Beispiel die Anzahl und den Ursprung von Klicks und die dazugehörige Diskussion. Außerdem zeigt Ihnen bit.ly, welche anderen Nutzer des Diensts dieselbe URL abgekürzt haben.

◀ **Tipp**

Dennoch gibt es weiterhin Tools, die Ihnen das Twittern erleichtern können. Einige stellen wir hier vor. Achten Sie darauf, Zugangsdaten und Zugriffsberechtigungen nur an sehr ausgewählte Dienste zu vergeben, und räumen Sie in Ihrem Twitter-Profil unter dem Menüpunkt

Apps und Sitzungen regelmäßig auf.[24] Immer wieder werden Twitter-Profile gekapert und dann jede Menge Spam-Botschaften über bislang seriöse Accounts verschickt. Das bedeutet für Sie und Ihre Follower jede Menge Ärger und liegt nicht selten daran, dass User allzu unvorsichtig mit ihren Zugangsdaten umgegangen sind.

Schöner twittern: Clients

Um über Ihren Computer auf Twitter zuzugreifen, können Sie mehrere Wege beschreiten – vom Webinterface (unter *http://twitter.com*) über die klassische Twitter-App bis hin zu Desktopanwendungen. Einige Tools überzeugen außerdem mit Spezialfeatures wie Suchfunktionen und der Unterstützung weiterer Social-Media-Anwendungen.

Empfehlenswert sind die folgenden:

Fenix (http://mvilla.it/fenix)
Fenix ist das neue Lieblingskind der Twitter-Gemeinde. Wer eine Alternative zur hauseigenen App sucht, erhält sehr schnell eine Empfehlung für das Tool von Matteo Villa. Fenix überzeugt durch eine aufgeräumte Optik und viele Konfigurationsmöglichkeiten, außerdem kann sie Werbung herausfiltern. Da sehen viele User darüber hinweg, dass das Unternehmen Twitter auch dieser App das Leben zunehmend schwer macht (beispielsweise dürfen User nur noch verzögert über Direktnachrichten informiert werden) und die App kostenpflichtig ist. Fenix begann als Android-App, inzwischen gibt es sie auch für iOS.

Tweetbot (https://tapbots.com/)
Das beliebteste Drittanbietertool in der iOS-Welt: Tweetbot versucht ebenfalls, sich trotz aller Einschränkungen durch Twitter weiter zu behaupten. Auch Tweetbot darf inzwischen nur noch verzögert oder gar nicht auf Kommentare, Replys oder neue Follower aufmerksam machen. Und dennoch mag sich die treue Fangemeinde nicht verabschieden, denn Tweetbot ist werbefrei, sortiert die Timeline chronologisch (und nicht nach per Algorithmus empfohlenen Highlights) und lässt dem User generell viel Gestaltungsfreiraum. Auch Tweetbot ist kostenpflichtig.

TweetDeck (https://tweetdeck.twitter.com/)
TweetDeck ist eine von Twitter übernommene Software. Sie stellt Ihre Timeline, Ihre Erwähnungen sowie die Direktnachrichten in einzelnen Spalten übersichtlich nebeneinander dar. Außerdem kön-

---

24 *https://twitter.com/settings/applications*

nen Sie Spalten für frei gewählte Suchbegriffe anlegen und damit in Echtzeit überwachen, ob jemand Ihren Firmennamen oder Ihre Wettbewerber erwähnt, ob es Tweets zu Ihren Fachgebieten oder Ihrer Branche gibt. Sie können außerdem Ihre Tweets planen und automatisch veröffentlichen lassen. Theoretisch sind mehrere Accounts erlaubt, praktisch ist das aber nicht immer empfehlenswert: Wer Zugang zu TweetDeck hat, hat dann auch Zugang zu allen eingerichteten Twitter-Accounts. TweetDeck unterstützt mehrere Netzwerke und ist kostenfrei sowohl für den Desktop als auch für mobile Geräte und den Browser erhältlich.

Hootsuite (https://hootsuite.com/)

Hootsuite ist ein vollumfängliches Social-Media-Dashboard, mit dem Sie auch Ihren Twitter-Kanal pflegen können: Die Anwendung läuft im Browser, sortiert Ihre Accounts spaltenweise inklusive Erwähnungen und Direktnachrichten und ermöglicht auch den Zugriff auf Facebook, Instagram und andere Netzwerke. Ein echtes Rundumtalent für Unternehmen – die kostenfreie Version (etwas schwieriger zu finden: *https://hootsuite.com/de/tarife/free*) ist jedoch sehr abgespeckt und für den Gebrauch im Unternehmen meist zu limitiert. Für die kostenpflichtigen Versionen erhöhte Hootsuite in den vergangenen Jahren mehrfach die Preise. Hootsuite gibt es auch als App für Smartphones und Tablets.

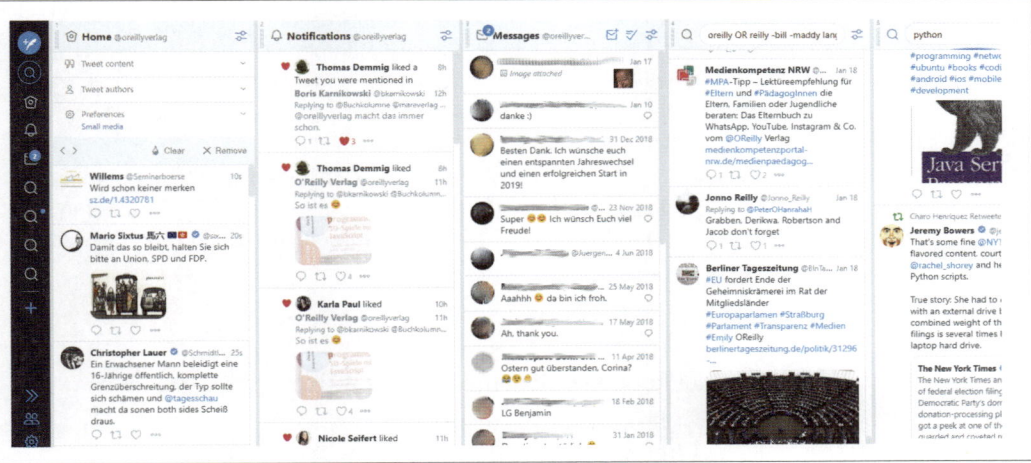

Übrigens: Empfehlungen für andere Clients erhalten Sie von Twitter selbst. Nach einer längeren Pause ergänzt Twitter seit Anfang 2019 wieder unter jedem Tweet, über welches Interface oder welche App er verfasst wurde. Achten Sie mal drauf und testen Sie doch auch mal einen Client.

▲ **Abbildung 7-25**
TweetDeck liefert Ihnen den kompletten Überblick über eingehende Tweets, Kommentare und Nachrichten – und erlaubt Ihnen, ständig bestimmte Suchbegriffe zu scannen.

Nur beste Gesellschaft: Follower und Followings verwalten

Wer folgt Ihnen neu, und wer folgt Ihnen nicht mehr? Welchen Usern folgen Sie, ohne dass diese zurückfolgen? Eine regelmäßige Follower-Hygiene ist mehr als nur Ego-Streichelei. Es ist schlichtweg sehr aufschlussreich, die eigenen Follower regelmäßig zu analysieren. Problem: Auch hier schlug die Twitter-Sperrpolitik zu, und viele der beliebten Tools sind nicht mehr verfügbar, andere nur noch kostenpflichtig.

Checkliste: Der Weg zum Twitter-Kanal

- Ziel, Inhalte und sprachlichen Stil des Twitter-Kanals festlegen.
- Twitter-Team zusammenstellen und mindestens eine gemeinsame Schulung veranstalten, um alle in die benötigten Tools sowie die Besonderheiten der Kommunikation in 280 Zeichen einzuführen. Wenn Sie allein twittern: Überlegen Sie sich trotzdem schon eine Vertretung für Krankheits- und Urlaubszeiten bzw. andere Abwesenheiten.
- Geschäftszeiten einrichten: Beschränken Sie sich auf Ihre üblichen Bürozeiten? Oder twittern Sie auch »nach Feierabend«? Wie können Sie zügige Reaktionszeiten gewährleisten? Weisen Sie auf Ihrer Twitter-Seite auf Einschränkungen hin (»Wir sind montags bis freitags von 8 bis 20 Uhr für Sie erreichbar.«).
- Unterstützende Tools und Dienste auswählen und gegebenenfalls technische Unterstützung suchen.

- Quellen für außergewöhnliche und interessante Inhalte recherchieren und Kollegen aus allen Unternehmensteilen um Infos, Fotos und Eindrücke aus ihren aktuellen Projekten bitten.
- Kanal einrichten und interessanten Menschen folgen.
- Kanal bekannt machen: Erwähnung in Newslettern, in E-Mail-Signaturen, auf der Website und in allgemeinen Werbematerialien des Unternehmens, eventuell Pressemitteilung versenden, in öffentlich zugänglichen Geschäftsräumen Plakate aufhängen, Flyer verteilen, Social-Media-Angebote und Blogverzeichnisse nutzen, auch firmenintern bekannt machen.
- Erfolgsmessung: Welche Inhalte laufen gut, wie viele Follower erreichen Sie? Justieren Sie Ihre Strategie entsprechend, bleiben Sie aber authentisch.

Poweruser können sich dennoch diese Anbieter ansehen:

Crowdfire (https://www.crowdfireapp.com)

Crowdfire hat sich von einer einfachen Freundeverwaltung zur umfassenden Analyseplattform gemausert. Es gibt verschiedene Preismodelle, mit einem kostenfreien Account können Sie unter anderem prüfen, wer Ihnen (nicht mehr oder neu) folgt. Dies geht allerdings nur für einen Tag rückwirkend. Es dürfte im Alltag sehr aufwendig sein, die App täglich zu checken.

Tweepi (https://tweepi.com/)

Ebenfalls bereits eine lange Tradition hat Tweepi. Es hat sich auf die Fahnen geschrieben, mit künstlicher Intelligenz Ihnen für Sie relevante Twitter-User zu empfehlen und gleichzeitig unnütze Accounts wie Spammer, Bots oder Inaktive herauszufiltern, sodass Sie diese entfernen können. Tweepi ist kostenpflichtig.

Zusammenfassung

Twitters große Community und seine kurze, bündige Art machen es zu einem praktischen Dienst für die Interaktion mit Kunden. Überdies erleichtert Twitter die Pflege erfolgreicher Geschäftsbeziehungen. Da Twitter so schnell ist und Ihre Gedanken rasch übermittelt, ist es zu einem der wichtigsten Mittel zur Krisenkommunikation geworden. Für Unternehmen kann Twitter sogar den Umsatz steigern, auch für den Kundendienst ist Twitter hervorragend geeignet: Die Deutsche Telekom und andere Unternehmen nutzen es, um ihre Kunden zufriedenzustellen, und das weit schneller, als es mit dem üblichen Telefonsupport möglich wäre. Zu alledem kann Twitter auch zur Stärkung von Marken beitragen und ein mächtiges Verbreitungsmedium sein, unter anderem in Krisenfällen. Twitter bietet auch andere Nutzungsmöglichkeiten für Firmen: Es erleichtert den Aufbau einer persönlichen Marke, sorgt für sofortiges Feedback und schafft Netzwerke zwischen Menschen.

Facebook und soziales Netzwerken

Soziale Netzwerke wie Facebook, LinkedIn oder XING verbinden Menschen mit ähnlichen Interessen, aber auch gleichen Wohnorten, Familiensituationen oder Berufen miteinander. Und längst nutzt man sie auch im unternehmerischen Umfeld – zur Vernetzung, zur Bekanntmachung einer Marke oder eines Produkts oder etwa zur Kundenbindung. In diesem Kapitel liefern wir Ihnen einige Zahlen und Fakten, die für alle sozialen Netzwerke gelten, stellen das nach wie populärste Netzwerk Facebook vor, erklären, wie Sie mit Facebook Ihre Reichweite erhöhen, und nennen Alternativen und Trends. Im weiteren Verlauf des Buchs gehen wir dann auf weitere Netzwerke wie LinkedIn, YouTube, Instagram und viele andere ein.

Einführung in soziale Netzwerke

Unter den Begriffen »soziale Netzwerke« und »Social-Networking-Sites« werden Websites zusammengefasst, auf denen die Nutzer persönliche Profile anlegen und mit ihren Interessen, Fotos und biografischen Daten anreichern können. Soziale Netzwerke unterstützen ihre Nutzer dabei, sich zu vernetzen, Neuigkeiten miteinander zu teilen und Beziehungen untereinander aufzubauen. Welche Funktionen das jeweilige Netzwerk im Einzelnen mitbringt, ist eher zweitrangig: Social Networking ist vielmehr eine Frage der Haltung. Menschen wollen sich verbinden – und meist auch längerfristig verbunden bleiben.

Übrigens: Der Wunsch, sich mithilfe der Communitys mit Freunden auszutauschen und in Kontakt zu bleiben, wurde in mehreren Erhebungen über die Jahre hinweg als Hauptgrund dafür genannt, dass sich Menschen in sozialen Netzwerken anmelden. Bis auf Businessnetzwerke wie XING oder LinkedIn nutzen Menschen soziale Netzwerke in aller Regel privat. Sie befinden sich damit quasi im Wohnzimmer Ihrer Kunden.

Soziale Netzwerke gehören zu den beliebtesten Sites im Internet – und die Pole Position aller sozialen Netzwerke hat noch immer Facebook inne. Rund zweieinhalb Milliarden aktive Nutzer zählt Facebook inzwischen,[1] sogar ein Kinofilm, »The Social Network«, zeichnete die erfolgreiche Geschichte um Facebook-Gründer Mark Zuckerberg bereits nach. Immer wieder haben Wettbewerber wie etwa Google mit eigenen Netzwerken versucht, Facebook den Rang abzulaufen – oder wenigstens ein Stückchen vom Kuchen abzukommen. Zumeist blieben sie aber weit zurück oder mussten ganz aufgeben.

Die Zahlen sind in der Tat sehr beeindruckend: Rund 32 Millionen Deutsche greifen monatlich auf Facebook zu, 23 Millionen sogar täglich. In der Schweiz sind es 3,8 Millionen monatlich aktive Nutzer, davon sind drei Viertel wiederum täglich aktiv. Ganz ähnlich die Zahlen für Österreich: 3,9 Millionen monatlich aktive Nutzer, davon loggen sich 77 Prozent täglich ein. Nicht zuletzt durch die mobile Nutzung haben sich Dauer und Anzahl der Zugriffe enorm erhöht. Von den 32 Millionen Deutschen, die Facebook aktiv nutzen, greifen 29 Millionen (unter anderem) mobil per App zu. Diesen Fakt sollten Sie stets vor Augen haben, wenn Sie Fotos auswählen und Texte formulieren – doch dazu später mehr.

Tab. 12 Nutzung von Onlinecommunitys 2018 – mindestens einmal wöchentlich genutzt
Gesamtbevölkerung, in %

	2017 Gesamt	2018 Gesamt	Frauen	Männer	14-19 J.	14-29 J.	30-49 J.	50-69 J.	ab 70 J.
Facebook	33	31	31	31	50	63	38	17	6
Instagram	9	15	17	14	62	50	13	3	0
Snapchat	6	9	9	8	55	36	2	1	0
Twitter	3	4	3	4	9	7	5	2	0
Xing	2	4	3	4	3	5	8	1	1

Basis: Deutschspr. Bevölkerung ab 14 Jahren (2018: n=2009; 2017: n=2017).
Quelle: ARD/ZDF-Onlinestudien 2017 und 2018.

Soziale Netzwerke sind nicht der Jugend vorbehalten, sondern in der Mitte der Gesellschaft angekommen. Zahlen liefert der *Bundesverband Digitale Wirtschaft e. V.* (BVDW): Die Nutzergruppe der sogenannten Digital Natives zwischen 18 und 34 ist zwar nach wie vor die größte, aber auch ältere Semester sind rund eine Stunde täglich (am Wochenende sogar etwas mehr) auf sozialen Netzwerken sowie Portalen (wozu der BVDW unter anderem auch YouTube zählt) und Messenger-

---

1   Aktuelle Nutzerzahlen, basierend auf offiziellen Zahlen und mit Erklärungen versehen, finden Sie jeweils hier: *https://allfacebook.de/toll/state-of-facebook*

Diensten (hier am beliebtesten: die Facebook-Tochter WhatsApp) unterwegs.[2]

Der *Bundesverband für Informationswirtschaft, Telekommunikation und neue Medien e. V.* (BITKOM) veröffentlicht seit vielen Jahren Zahlen zur Nutzung sozialer Netzwerke.[3] Die Ergebnisse sind so aufschlussreich wie bisweilen amüsant:

- Insgesamt 87 Prozent der Internetnutzer sind in mindestens einem sozialen Netzwerk angemeldet, bei den 14- bis 29-Jährigen sind es sogar satte 98 Prozent. Durchschnittlich ist jeder Internetnutzer bei drei Diensten registriert. (BITKOM zählt hierzu auch YouTube, das insbesondere bei den Jüngeren nahezu ein Must-have ist.)

- Ebenfalls äußerst beliebt bei den unter 29-Jährigen: Instagram. 63 Prozent der befragten Internetnutzer dieser Altersgruppe hat ein »Insta«-Profil. Bei den 30- bis 49-Jährigen sind das nur noch 22 Prozent, bei den 50- bis 64-Jährigen lediglich 13 Prozent.

- Das mit Abstand von allen Altersgruppen am meisten genutzte Netzwerk in Deutschland ist Facebook: 66 Prozent der Internetnutzer verwenden Facebook (21 Prozent mehr als 2011).

- Die Mehrheit der User besucht die aktiv genutzten sozialen Netzwerke täglich, 49 Prozent der Jüngeren geben sogar an, sich ein Leben ohne soziale Netzwerke nicht mehr vorstellen zu können. Diese Gruppe greift nahezu geschlossen (95 Prozent) über ein Smartphone zu.

- Am beliebtesten ist es, Social Media beim Fernsehen/Streaming, nach dem Aufwachen oder vor dem Einschlafen im Bett, im öffentlichen Personennahverkehr sowie während Arbeit, Schule oder Uni zu betreiben – oder auf der Toilette.Bei den 14- bis 29-Jährigen nutzen sogar zwei Drittel das stille Örtchen zum Checken der Social-Media-Kanäle.

- Acht von zehn Nutzern beklagen, in den letzten Jahren habe sich die Menge an werblichen Inhalten erhöht. Dabei gibt zudem rund die Hälfte der Social-Media-Nutzer an, Werbung von Inhalt nur schwer unterscheiden zu können.

Die verfügbaren Studien und Umfragen schließen in der Regel auch Messenger-Dienste wie WhatsApp oder Videodienste wie YouTube ein. Wir behandeln diese ebenfalls, allerdings später in diesem Buch. In die-

---

2 *https://www.bvdw.org/fileadmin/user_upload/BVDW_Marktforschung_Digitale_Nutzung_in_Deutschland_2018.pdf*

3 *https://www.bitkom-research.de/epages/63742557.sf/de_DE/?ObjectPath=/Shops/63742557/Products/SM2018*

sem Kapitel konzentrieren wir uns auf *Facebook*. In den Kapiteln 9 und 10 gehen wir auf soziale Netzwerke ein, die sich auf die Kommunikation mittels Bild und Bewegtbild konzentrieren (YouTube, Pinterest, Instagram etc.), und in Kapitel 11 beschäftigen wir uns dann mit den Businessnetzwerken XING und LinkedIn.

Für alle Netzwerke gilt, dass der Nutzer ein Profil erstellt und mit Informationen zu seiner Person anreichert. Der Nutzer kann sich über das Profil mit anderen vernetzen, eigene Inhalte hochladen und die Inhalte anderer kommentieren, bewerten und wiederum in sein Netzwerk weitergeben. Als Eigentümer des Profils haben Sie weitestgehend die Kontrolle darüber, was auf Ihrer Profilseite angezeigt wird. In vielen sozialen Netzwerken können Sie auch Gruppen erstellen und Seiten für Ihr Unternehmen anlegen.

Viele Menschen zögern, sich mit ihrem Namen und einem erkennbaren Profilfoto in sozialen Netzwerken anzumelden. Die Diskussionen um Datenschutz und Privatsphäre gehören inzwischen zu unserem digitalisierten Leben dazu, ob Sie nun Facebook, die Routenplanung bei Google, Amazons Alexa oder ein Fitnessarmband nutzen. Dies erfordert sowohl aus privater als auch unternehmerischer Perspektive die Kenntnis der Rechtslage, ein verantwortungsvolles und regelmäßiges Justieren der Privacy-Einstellungen sowie eine gesunde Portion Achtsamkeit. (Aus Angst resultierende Ablehnung bringt Sie dagegen kaum weiter.)

Wenn Sie sich entscheiden, aus unternehmerischen Gründen in sozialen Netzwerken aktiv zu sein, werden Sie wie im Geschäftsalltag und im Umgang mit Kunden und Geschäftspartnern genau überlegen müssen, welche Informationen über Ihre Person und Ihr Unternehmen angemessen sind. Bedenken Sie bei aller nachvollziehbaren Vorsicht, dass Sie kein Vertrauen aufbauen werden, wenn Sie sozusagen mit einer Papiertüte über dem Kopf im Social Web Kontakte knüpfen wollen. Ein korrekt benanntes Profil, ein Profilbild, auf dem Sie zu erkennen sind, und einige Informationen, die Sie als Mensch begreifbar machen, fördern den Aufbau von zwischenmenschlichen Beziehungen. Und genau darum geht es in sozialen Netzwerken, ob nun im digitalen Raum oder auf Messen, Tagungen oder im Ladengeschäft. Sehen Sie Ihre Profile in sozialen Netzwerken wie eine Art Telefonanschluss an. Nur bieten Sie im Gegensatz zu einer Telefonnummer mit Ihren Inhalten und Informationen Anknüpfungspunkte, die die Kontaktaufnahme erleichtern.

Bedenken Sie, ob Sie selbst einen Gast in Ihr Wohnzimmer lassen würden, der sich nicht vorstellen möchte, sein Gesicht verbirgt und als Erstes mit Werbebotschaften herausplatzt. Wie beschrieben, werden soziale Netzwerke in erster Linie von Menschen privat genutzt. Daraus ergeben sich durchaus Möglichkeiten für Sie als Unternehmer, denn wie im Kaffeehaus, am Tresen oder bei einem gemütlichen Beisammensein im Vereinslokal sind Menschen auch in sozialen Netzwerken durchaus empfänglich für Empfehlungen und nützliche, informative oder unterhaltsame Inhalte von Unternehmen.

Mithilfe der zahlreichen Ausdrucksmöglichkeiten durch unterschiedliche Medienformate wie Text, Bild, Ton und Bewegtbild können Sie im digitalen Raum sogar sehr präsent sein, was für den Aufbau von wertschätzenden Beziehungen zwischen Menschen und Unternehmensvertretern außerordentlich wichtig ist. Menschen möchten schließlich nicht mit Marken sprechen, sondern mit Menschen.

An dieser Stelle möchten wir noch einmal an das bereits in Kapitel 4 erwähnte Cluetrain-Manifest[4] erinnern. Sich dessen 95 Thesen zu verinnerlichen, hilft Ihnen, die sozialen Netzwerke und den Umgang miteinander in diesen Communitys besser zu verstehen. Allein die ersten fünf Thesen haben es bereits in sich:

1. Märkte sind Gespräche.
2. Die Märkte bestehen aus Menschen, nicht aus demografischen Segmenten.
3. Gespräche zwischen Menschen klingen menschlich. Sie werden mit einer menschlichen Stimme geführt.
4. Ob es darum geht, Informationen oder Meinungen auszutauschen, Standpunkte zu vertreten, zu argumentieren oder Anekdoten zu verbreiten – die menschliche Stimme ist offen, natürlich und unprätentiös.
5. Menschen erkennen sich am Klang dieser Stimme.

Diese Thesen rütteln am Selbstverständnis mancher Unternehmen. In den sozialen Medien begeben Sie sich als Unternehmen jedoch zu den Menschen, nicht umgekehrt. Sie kommunizieren also zu anderen Bedingungen, als Sie es möglicherweise gewohnt sind, was sich auch auf Ihre interne Kommunikation auswirken kann. Aber das muss nichts Nachteiliges sein, oder was meinen Sie?

Facebook: Das digitale Du

Zunächst als Netzwerk für Studierende gegründet, öffnete sich Facebook im Jahr 2006 für jedermann – und eroberte erst die USA und dann seit den Jahren 2008/2009 kontinuierlich auch Europa. Und dass, obwohl zu dieser Zeit etwa mit MySpace bereits andere Netzwerke existier-

---

4 *https://www.cluetrain.com/auf-deutsch.html*

ten. Seither ist Facebook omnipräsent, auch wenn in der klassischen Medienberichterstattung häufiger von Problemen mit dem Datenschutz, von der unzulässigen Beeinflussung politischer Wahlen und von Konflikten die Rede ist als vom Reiz des Austauschs und der Vernetzung der Menschen miteinander.

Doch von vorn: Ursprünglich diente Facebook allein dem privaten Austausch der Nutzer, seit einigen Jahren gehört es zum festen Marketingportfolio vieler Unternehmen. Manche wie die Deutsche Telekom oder die Deutsche Bahn bieten über Facebook Kundenservice an, andere, zum Beispiel das Versandunternehmen Otto oder die Krones AG, nutzen Facebook auch für die Rekrutierung von Mitarbeitern und Auszubildenden. Veranstalter von Messen, Konferenzen oder Konzerten vermarkten über die Plattform ihre Events.

Abbildung 8-2 ▼
Das Industrieunternehmen Krones nutzt Facebook unter anderem aktiv zum Social Recruiting.

Was Facebook ausmacht

Im Prinzip ist Facebook ein Allrounder: Weil es so viele Menschen erreicht, bleibt es für nahezu alle Unternehmen, die Social Media Marketing betreiben wollen, relevant – übrigens auch im B2B-Geschäft. Ausnahmen gibt es sehr wenige: beispielsweise wenn Ihre Hauptzielgruppe jünger als 18 Jahre ist oder wenn Ihre wichtigsten Kunden in China sitzen – ein Land, in dem Facebook vom Staat gesperrt ist.[5] Sobald Ihre Zielgruppe(n) aber unter den rund 32 Millionen Deutschen zu finden sind, die sich monatlich bei Facebook einloggen, müssen Sie die Plattform zumindest im Blick behalten.

Facebook baute sein Angebot mehr und mehr aus – erst zu einem »Internet im Internet«, indem es seinen Nutzern kontinuierlich Funktionen bereitstellte, mit denen sie ihre persönlichen Profile inklusive Adressbuch unterfüttern, über den Messenger Nachrichten schreiben, Fotos und Videos hochladen, chatten, spielen, bewerten und kommentieren sowie Informationen zu Unternehmen, Produkten und Marken abrufen konnten. Und schließlich begann man, durch den Zukauf anderer Unternehmen wie etwa WhatsApp und Instagram populäre, jüngere Dienste mitsamt ihren Nutzern an den Facebook-Konzern zu binden. Diese Strategie wird Facebook weiterverfolgen, die ehemals eigenständigen Dienste beispielsweise sollen noch stärker an das Facebook-Branding angeglichen werden, so gab das Unternehmen im Sommer 2019 bekannt.

Facebook hat daher als Werbemedium ein gewaltiges Potenzial. Gehen Sie dabei aber mit Taktgefühl und gesundem Menschenverstand vor. Seien Sie ein angenehmer, aber nicht aufdringlicher Gesprächspartner – wie abseits des Bildschirms auch. Und: Erwarten Sie keine Wunder. Der Aufbau und die Pflege von zwischenmenschlichen Beziehungen brauchen Geduld und Fingerspitzengefühl. Die vergangenen Jahre haben zudem gezeigt, dass es für Unternehmen klug ist, nicht allein auf Facebook zu setzen und sich damit von nur einer Plattform abhängig zu machen. Bauen Sie sich über verschiedene Kommunikationsformen ein stabiles Netzwerk von Kontakten auf und behalten Sie im Blick, wo sich Ihre Community aufhält.

---

5 In manchen Ländern ist die Nutzung von Facebook wie auch von weiteren sozialen Medien wie Instagram, Twitter oder YouTube verboten oder eingeschränkt. Manchmal gibt es dafür andere soziale Medien, die in diesen Ländern sehr populär sind, in China heißt das Pendant zu Facebook (inklusive der Funktionalitäten, die wir von WhatsApp, Instagram und anderen kennen) beispielsweise WeChat. In Russland nutzt man vk.com.

Ihr persönliches Profil

Um bei Facebook aktiv werden zu können, benötigen Sie ein persönliches Profil – ohne dieses können Sie die meisten Inhalte kaum oder nur mit störenden Pop-up-Fenstern überhaupt sehen. Und erst danach dürfen Sie eine Seite für ein Unternehmen erstellen und/oder Administrator einer Seite werden.

Ein Profil ist außerdem in der Anzahl der Kontakte limitiert: Mehr als 5.000 Freunde können Sie nicht »sammeln«, während eine Seite von beliebig vielen Facebook-Nutzern »gelikt« werden kann. Facebook untersagt die kommerzielle Nutzung von Personenprofilen, wobei sich gerade Selbstständige hierbei oftmals in einer Grauzone bewegen.

So statten Sie Ihr Personenprofil aus

Wenn Sie Ihr Profil anlegen, müssen Sie Ihren Namen, Ihr Geburtsdatum, Ihr Geschlecht, eine gültige E-Mail-Adresse und ein Passwort Ihrer Wahl angeben. Facebook fordert, dass Sie sich mit Ihrem Klarnamen anmelden. Sie dürfen später offenlegen, für welches Unternehmen Sie arbeiten oder für welche Marke Sie gegebenenfalls eine Facebook-Seite betreuen – müssen dies aber nicht. Haben Sie also keine Angst, hier Ihren Namen anzugeben. Wenn Sie es nicht möchten, wird er im Zusammenhang mit Ihrem Unternehmen nicht auftauchen. Fantasienamen oder Abwandlungen wie »Tho Mas« oder »Su Sanne«, unter denen viele Facebook-User registriert sind, bergen dagegen ein hohes Risiko: Weil dies gegen die Nutzungsbedingungen verstößt, kann Facebook das Profil sperren. In der Folge verlieren Sie den Zugang zu der oder den Unternehmensseiten, die von Ihrem Profil aus administriert werden.

In den sozialen Medien sind überdies Werte wie Vertrauen, Respekt und Wertschätzung eine wesentliche Währung. Als Vertreter eines Unternehmens unterliegen Sie einer anderen Wahrnehmung als jemand,

---

6 *https://www.facebook.com/legal/terms?locale=de_DE*

der eine Plattform privat nutzt. Gestalten Sie Ihr Profil so, dass Sie gut auffindbar und einschätzbar sind, und so, dass Sie sich selbst gut und professionell dargestellt fühlen.

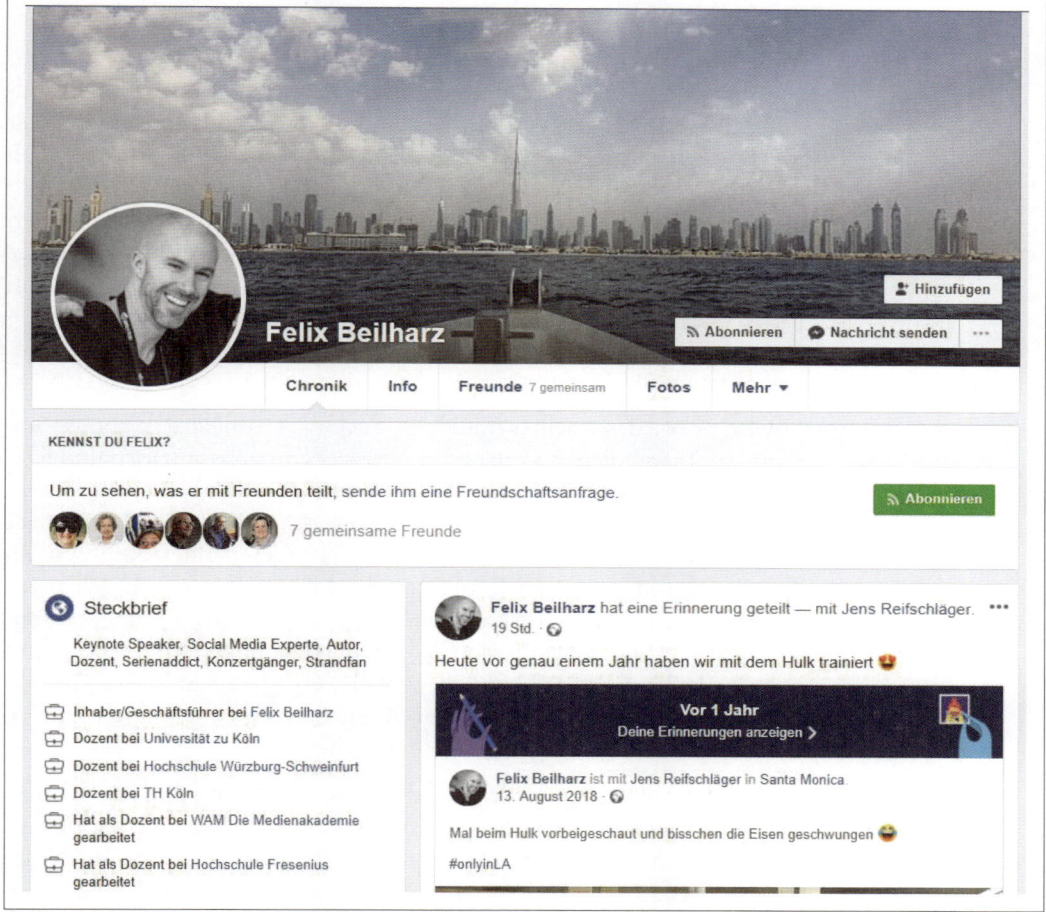

▲ **Abbildung 8-3**
Der Social-Media-Profi Felix Beilharz macht es hier ganz richtig: ein gut erkennbares, freundliches Profilfoto, einige persönliche Informationen, mit deren Hilfe man ihn gut finden kann, und der Verweis auf seine Unternehmensseite.

Ihr Profil können Sie anreichern, sodass Sie als Person wiedererkennbar sind. Verwenden Sie ein sympathisches Profilbild, mit dem Sie sich wohlfühlen und auf dem Sie weder unnötig formell noch allzu leger wirken. Vermeiden Sie Bilder, auf denen mehr als eine Person abgebildet ist – insbesondere solche mit Kindern. Zusätzlich können Sie Ihr Personenprofil mit einem Titelbild personalisieren.

Tipp ▶
Wie groß Ihr *Profil-* und *Titelbild* sowie die *Bilder* für Postings jeweils sein müssen, erfahren Sie ständig aktuell und übersichtlich unter *https://allfacebook.de/pages/bild-groessen-facebook-twitter-google-pinterest*. Legen Sie sich diesen Link einfach in Ihren Bookmarks ab, so können Sie die Angaben regelmäßig nachschlagen und prüfen.

Außerdem gibt es zahlreiche Informationen, die Sie angeben können: von Ihrer aktuellen Beschäftigung, Ihrem Karriereweg und Ihrer Ausbildung über Ihre Interessen, Hobbys und Lieblingsfilme bis hin zu Ihrer Religionszugehörigkeit und Ihrem Familienstand. Überlegen Sie sich gut, welche Angaben sinnvoll sind und wie viel Sie über sich öffentlich preisgeben wollen. Alle Informationen können Sie später noch ergänzen oder ändern, und Sie können in den Privatsphäreeinstellungen festlegen, ob sie öffentlich oder nur einem eingeschränkten Personenkreis in Ihrem Netzwerk zugänglich sind. Sie selbst haben in der Hand, welchen ersten Eindruck Ihre Kunden, Geschäftspartner und Kollegen von Ihnen erhalten.

Oft ist es so, dass sich Neulinge in Facebook zunächst komplett abschotten, bis sie sich ein vertrautes Netzwerk aufgebaut haben und feststellen, dass es eher irritierend ist, wenn der Vertreter eines Unternehmens nichts über sich preisgibt. Insbesondere wenn Sie vorhaben, Gruppen beizutreten oder gar welche zu gründen, sollten Sie Ihren bestehenden und künftigen Kontakten die Möglichkeit geben, Sie zuzuordnen – zumal Sie für geschlossene Gruppen von den Administratoren freigeschaltet werden müssen. Wegen der Häufigkeit von Spam- und Fake-Accounts werden Sie möglicherweise erst gar nicht in eine Gruppe gelassen, um dort Kontakt mit den Mitgliedern aufzunehmen, wenn Sie gar nichts von sich erzählen.

Ein Profil ist also für eine Person vorgesehen und kann auch nur von einer Person verwaltet werden. Zusätzlich können Sie für Ihr persönliches Profil die Möglichkeit eines Abonnements freischalten, sodass auch diejenigen Menschen Ihre öffentlichen Postings erhalten können, die sich scheuen, Ihnen eine Freundschaftsanfrage zu stellen. Das setzt natürlich voraus, dass Sie auch etwas öffentlich posten, ansonsten ergibt die Freigabe eines Abonnements wenig Sinn.

So vernetzen Sie sich mit anderen

Facebook wird Sie nun auffordern, sich mit anderen zu vernetzen – oder wie Facebook es nennt: Freunde hinzuzufügen. Verbinden Sie sich mit bereits bekannten Menschen oder interessant wirkenden Profilen, erhalten Sie deren Informationen und Inhalte. Ihre Freunde erhalten wiederum Ihre Neuigkeiten, und manchmal sehen Sie auch, wenn jemand aus Ihrem Netzwerk eine weitere Seite oder einen Beitrag mag oder kommentiert – dann können Sie sich in die Diskussion einklinken. Außerdem können Sie einer der unzähligen Gruppen beitreten, die es zu jedem erdenklichen Thema gibt.

◄ Hinweis

Eine Anmerkung zum Begriff *Freunde*: Sie werden feststellen, dass längst nicht alle Personen, die Ihnen eine Freundschaftsanfrage stellen, in Ihrem Leben auch wirklich eine Rolle als Freund im klassischen Sinn spielen (wollen). Es mischen sich ehemalige Schulkameraden, Arbeitskollegen und Geschäftspartner, aber auch lose Bekanntschaften unter Ihre Kontakte. Und so sollten Sie den Begriff *Freundschaft* bei Facebook auch verstehen: als mehr oder weniger lose Verbindung zu verschiedenen Menschen aus verschiedenen Bereichen Ihres Lebens.

Im Vergleich zu eher interessengetriebenen Diensten wie Twitter oder Instagram vernetzen sich Menschen bei Facebook oft erst dann, wenn sie sich aus einem anderen Zusammenhang kennen. Wenn es möglich ist, empfiehlt sich daher zusätzlich eine Nachricht, wenn Sie jemandem eine Freundschaftsanfrage stellen.

Wie eng Sie den Begriff der Freundschaft für sich definieren wollen, können und müssen Sie selbst entscheiden – einige Facebook-User haben mehr als 1.000 Freunde, andere nur 25. Manchmal werden Sie aber auch – je nach der Branche, in der Sie tätig sind – keine Alternative haben, als den einen oder anderen als Facebook-Freund zu akzeptieren, obwohl Sie mit ihm oder ihr niemals eine Flasche Wein teilen würden.

Es gibt jedoch eine Möglichkeit, zwischen »Freund« und »Freund« zu unterscheiden: In den Privatsphäreeinstellungen[7] können Sie Ihre Meldungen beispielsweise nur einer ausgewählten Gruppe von Freunden zugänglich machen. Auf diese Weise schaffen Sie es, Ihre engen Freunde mit privaten Updates zu versorgen, berufliche oder losere Kontakte damit jedoch nicht zu »belästigen«.

Dort legen Sie auch fest, wer mit Ihnen Verbindung aufnehmen kann, ob Ihr Facebook-Profil über Suchmaschinen auffindbar ist und inwieweit Sie das Markieren Ihrer Person auf Fotos erlauben. Wenn Sie Facebook vor allem aus beruflichen Gründen nutzen, denken Sie bitte daran, dass Sie durchaus gefunden und als sympathischer, kompetenter Geschäftspartner wahrgenommen werden wollen. Ziehen Sie die »Mauer« also nicht zu hoch.

Mit Ihrem Profil können Sie Gruppen beitreten oder selbst eine oder mehrere Gruppen zu Ihren Interessen, Hobbys oder anderen Themen, die Sie betreffen, gründen. Gruppen lassen sich öffentlich (für jeden lesbar) oder geschlossen (nur Mitglieder sehen die Inhalte) anlegen, außerdem können Sie wählen, ob die Gruppe über die Suche auffindbar oder verborgen sein soll.

Die Möglichkeiten, sich auf Facebook auszudrücken, sind sehr vielseitig, und insbesondere die Kommunikations- und Sprachgewohnheiten entwickeln sich ständig. Vernetzen Sie sich daher gerade zu Beginn mit Menschen, die schon länger oder stärker aktiv sind. Fragen Sie Kolle-

---

7 *https://www.facebook.com/settings/?tab=privacy*

gen, Geschäftspartner und andere Menschen aus Ihrer Branche, ob sie bei Facebook sind. Suchen Sie nach Experten aus Ihrer Branche und Influencern, die sich in Social Media gut auskennen. Sehen Sie sich an, wie diese Facebook nutzen, mit wem sie sprechen, mit welchen Seiten und Profilen sie interagieren und welche Inhalte sie teilen. Sie werden feststellen, dass Menschen Facebook ganz verschiedenartig handhaben. Es macht einen Unterschied aus, ob Sie Facebook nur privat oder ausschließlich unternehmerisch nutzen.

Sehen Sie sich die Seiten Ihrer Konkurrenz an und suchen Sie nach bekannten Marken oder Unternehmen aus Ihrem direkten Umfeld. So bekommen Sie allmählich ein Gespür dafür, wie Sie selbst auftreten wollen, wie Sie Ihre Marke am besten präsentieren und welche Rolle Facebook im Rahmen Ihrer Social-Media-Strategie spielen kann. Facebook selbst ist, nicht zuletzt durch seinen Börsengang, sehr an einer Zusammenarbeit mit Unternehmen interessiert. Daher liefert Ihnen die Plattform selbst viele Informationen darüber, wie Sie Ihre Kunden und Fans erreichen.[8] Auch hier können Sie in Vorbereitung auf Ihr eigenes Engagement stöbern – und natürlich gehen wir in diesem Kapitel noch ausführlich auf die Türen ein, die Facebook für Unternehmen öffnet.

So veröffentlichen und kommentieren Sie

Ein Profil ist schnell angelegt. Der wirklich interessante Teil beginnt, wenn Sie sich selbst einbringen. Dies geschieht zum einen, indem Sie interessante, nützliche und unterhaltsame Inhalte posten – ein Foto, ein Text, eine kurze Nachricht, ein Video oder ein Link –, und zum anderen, indem Sie die Inhalte der anderen Mitglieder lesen und teilen. Unabhängig davon, ob Sie ein Personenprofil oder eine Seite nutzen, sollten Sie sich immer fragen, für wen Sie etwas posten und welchen Nutzwert dieses Posting für andere hat. Selbstverständlich werden Sie auch manchmal etwas veröffentlichen, weil Sie es einfach großartig finden oder unbedingt etwas mitteilen wollen. Aber auch das erfüllt einen Nutzwert, denn Ihre Freunde erfahren so, was Sie begeistert, erfreut oder vielleicht auch aufregt.

Tipp ▶ Facebook gibt Ihnen mit der Funktion *Lebensereignis* die Möglichkeit, etwa Ihr erstes Wort, Ihre Hochzeit, den Wechsel Ihrer Arbeitsstelle, einen Umzug oder eine Reise, aber auch aberwitzige Begebenheiten wie die Entfernung Ihrer Zahnspange oder ein neues Piercing in Ihrer Chronik, also der Zeitlinie Ihres Profils, zu markieren. Sie haben auch die Möglichkeit, eigene Ereignisse zu definieren, wodurch fantasievolles Storytelling fast ohne Grenzen möglich ist.

---

8 *https://www.facebook.com/business/marketing/facebook*

In Abbildung 8-4 zeigen wir Ihnen eine typische Startseite aus der Sicht einer Person – mit Suchleiste und Benachrichtigungen in der oberen Leiste sowie den (teilweise individuell) wichtigsten und/oder am häufigsten verwendeten Gruppen, Seiten und Funktionen. Für einige Funktionen wie beispielsweise die Suche oder das Schreiben privater Nachrichten gibt es gleich mehrere Anlaufstellen auf Ihrer Startseite – manchmal erscheint es, als müsse Facebook hier mal ordentlich ausmisten. (Die Ansicht über die Facebook-App auf dem Smartphone ist übrigens deutlich aufgeräumter.)

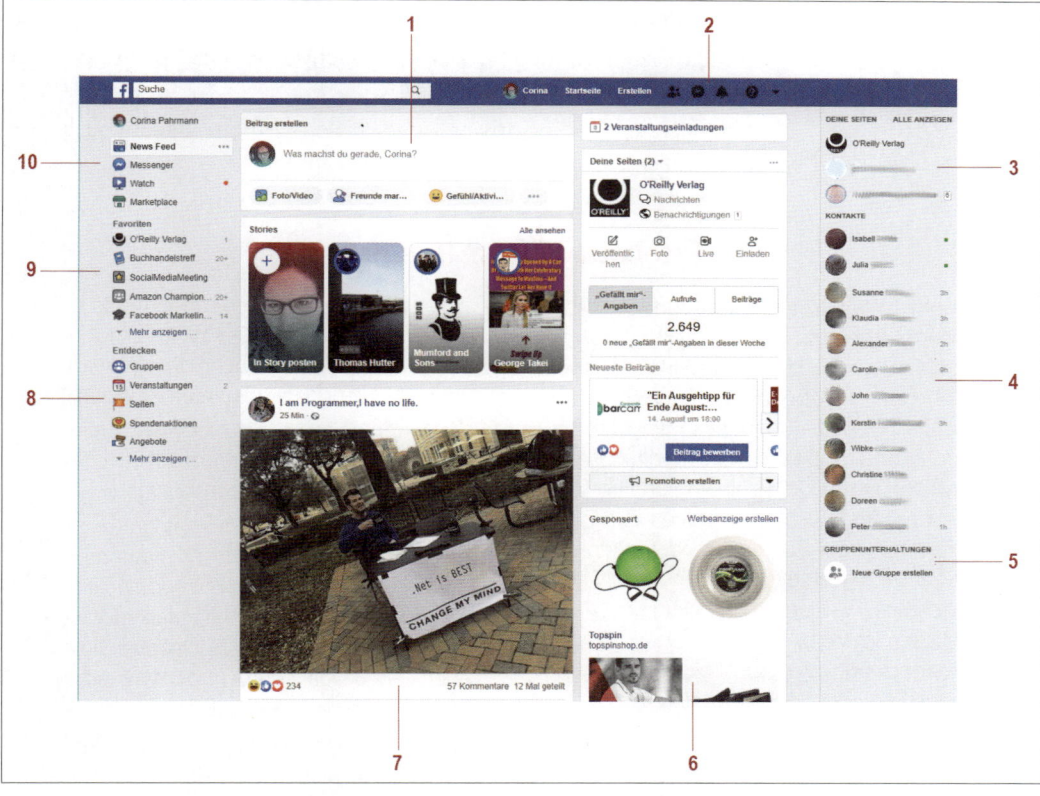

1. Hier geben Sie Ihr Posting ein.

2. In diesem Bereich sammeln sich Freundschaftsanfragen, Messenger-Nachrichten und weitere Benachrichtigungen. Das kleine, unscheinbare Dreieck neben dem Fragezeichen (Hilfebereich) führt Sie zu weiteren Einstellungen, unter anderem zum Datenschutz.

3. Schneller Zugriff auf die von diesem Profil verwalteten Seiten. Die Zahl gibt ggf. an, wie viele ungelesene Benachrichtigungen vorliegen.

4. Liste einiger Freunde, die aktuell oder kürzlich online sind/waren.

▲ Abbildung 8-4
Die Startseite: ein Blick auf Facebook im laufenden Betrieb mit Statusmeldungen, Gruppenzugehörigkeiten und weiteren Meldungen

5. Hier können Sie mit einem Klick eine eigene Gruppe erstellen.

6. Eine kleine Servicespalte: Im oberen Bereich befinden sich Einladungen zu passenden Events. Dann folgen einige Grundfunktionen zu der Seite, die Sie (gegebenenfalls) administrieren. Im unteren Bereich befindet sich eine Werbeanzeige.

7. In der Mitte Ihrer Facebook-Startseite passiert das Wesentliche: Unter dem Eingabefeld für Ihre Postings befinden sich aktuelle Stories und Ihr News-Feed.

8. Hier stöbern Sie nach Seiten, Gruppen, Events etc., die zu Ihren Interessen passen.

9. Als Favoriten können Sie sich Ihre wichtigsten Gruppen und Seiten ablegen.

10. Unter *News Feed* priorisieren Sie, welche Inhalte Facebook bevorzugt anzeigen soll.

Facebook-Hilfe im Internet

Facebook ist eine Onlineplattform, und als solche wird sie im Gegensatz zu fest installierten Desktopprogrammen ständig aktualisiert und erweitert. Mehr noch: Facebook ist geradezu berühmt und berüchtigt dafür, unangekündigt den Aufbau von Profilen, die Standardeinstellungen für die Privatsphäre oder den Ablauf von Registrierungen zu verändern. Meist werden neue Funktionen erst auf wenigen Profilen oder nur in einzelnen Ländern getestet, um dann auf alle User ausgedehnt zu werden. Es gibt einige nützliche Anlaufstellen im Web, die sich aktuellen Fragen zur Verwendung von Facebook widmen und über neue Entwicklungen informieren:

- Erste deutschsprachige Anlaufstelle ist sicherlich *https://allfacebook.de/*. Hier finden Sie nicht nur Tipps und Anleitungen, die Website liefert auch aktuelle Zahlen und Neuigkeiten – sowohl für den privaten als auch für den geschäftlichen Gebrauch.

- Das Magazin FutureBiz (*http://www.futurebiz.de/artikel/category/facebook/*) lässt Sie mithilfe vieler Blogbeiträge und frei herunterladbarer Whitepapers tief in Facebook einsteigen: vom Aufbau von Seiten bis zur Programmierung von Apps etc. Auch Statistiken zur Nutzung in einzelnen Ländern sind hier regelmäßig zu finden. Des Weiteren lohnt sich immer der Blick in Fachmagazine wie t3n, OnlineMarketing.de oder Internet World.

- Statistiken und Auswertungen der Nutzerzahlen finden sich außerdem auf *https://www.socialbakers.com/statistics/facebook/*.

- Der Schweizer PR-Profi Thomas Hutter beschäftigt sich unter *https://www.thomas-hutter.com/themen/facebook-socialmedia/* regelmäßig mit Facebook als Marketingwerkzeug, Best Practices und Neuigkeiten liefert auch Felix Beilharz unter *https://www.facebook.com/felixbeilharz.de*.

- Es gibt einige Facebook-Gruppen, in denen Social Media Manager untereinander Tipps und Erfahrungen austauschen, eine dieser Gruppen sowie eine eigene Facebook-Seite betreibt unter anderem die Facebook-Expertin Katrin Hill unter *https://www.facebook.com/KatrinHillcom*.

- Nicht zuletzt bietet Facebook unter *https://de.newsroom.fb.com/* und *https://developers.facebook.com/* selbst Nachrichten und Hilfestellungen (teilweise auf Englisch).

Zentraler Bereich Ihrer Facebook-Startseite ist der Newsfeed. Er sorgt immer wieder für Ärger, denn hier regiert der berüchtigte Facebook-Algorithmus. Allzu oft filtert dieser spannende Nachrichten von Freunden oder witzige Postings von Seiten heraus, während er wiederum subjektiv als langweilig empfundene News doppelt anzeigt. Sie können versuchen, Ihren Newsfeed ein wenig zu dressieren: Zuallererst können Sie in der linken Menüspalte auswählen, ob Sie nur sogenannte Top-Meldungen oder die jeweils aktuellen Meldungen lesen wollen. Bis zu 30 Personen und Seiten dürfen Sie außerdem festlegen, deren Postings bevorzugt in Ihrem Newsfeed angezeigt werden. Außerdem gibt es weitere Optionen wie das ständige Ausblenden bestimmter Seiten – auch dies justieren Sie per Klick auf die drei kleinen Pünktchen neben *News Feed* in der linken Spalte. Facebook selbst lernt ebenfalls ein wenig dazu. Seiten, deren Postings Sie häufig liken, schiebt der Algorithmus mit der Zeit nach vorne. Ganz nach Ihrem Gusto werden Sie den Newsfeed dennoch nicht zusammenstellen können – Sie werden (leider) feststellen, dass Facebook immer wieder Postings unterschlägt und Sie Nachrichten verpassen.

Stöbern Sie nun ein wenig durch Ihren Newsfeed, abonnieren Sie weitere Seiten und lassen Sie sich Kontakte, Gruppen und Events vorschlagen. Nehmen Sie sich Zeit, Ihre Startseite zu individualisieren, spannende Inhalte, Formate und Methoden aufzuspüren – kurz gesagt: Schnuppern Sie Facebook-Atmo!

Jedes Posting Ihrer Kontakte oder der Seiten, denen Sie folgen, können Sie mit einer sogenannten Reaktion markieren – *Gefällt mir* (Like), *Love*, *Haha*, *Wow*, *Wütend*, *Traurig* –, kommentieren oder teilen. Für jede Regel gibt es eine Ausnahme: Wenn die Privatsphäreeinstellungen einen Inhalt nur einem eingeschränkten Netzwerk zugänglich machen, werden Sie diesen auch nur eingeschränkt teilen oder kommentieren können. Das sollten Sie bedenken, wenn Sie möchten, dass sich Inhalte verbreiten.

Wie viele *Likes* ein Beitrag bekommen hat, war bislang immer transparent – für jedermann. Während wir dieses Buch schreiben, wird bekannt, dass Facebook das zumindest für seinen Fotosharing-Dienst Instagram aufheben möchte und entsprechende Pläne bereits testweise in einigen Ländern umgesetzt habe. Zwar soll es die Funktionalität des Likens noch geben, mit Ausnahme des Profilinhabers soll die tatsächliche Anzahl der Reaktionen aber niemand mehr sehen. Man wolle so den Druck reduzieren, nur populäre Bilder zu posten – und die Qualität und Vielseitigkeit der Postings erhöhen. Längst wird vermutet, dass dies auch für Facebook bald der Fall sein könnte. Dennoch: Natürlich geht es für Sie darum, Likes zu generieren – und dies gelingt am besten, indem Sie die richtigen Inhalte für Ihre Zielgruppe posten, und nicht, indem Sie dem kanonisierten und Moden unterworfenen Geschmack der Allgemeinheit nachjagen. Bleiben Sie also am besten ganz bei sich: bei Ihrem Unternehmen und Ihren Zielgruppen.

◀ **Hinweis**

Abbildung 8-5 ▶
Reaktionen wie »Haha«
oder »Wow«: Das sind die
Währungen für Interaktion
auf Facebook.

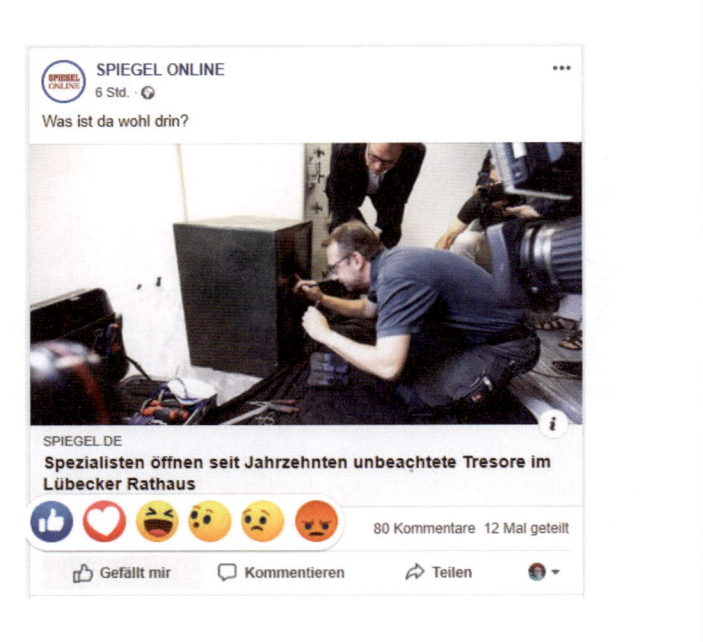

Als kleine Vorbereitung auf die Funktionen Ihrer Seite für Unternehmen bitten wir Sie nun, sich die Werbeanzeige im unteren rechten Bereich der Startseite aus Abbildung 8-4 anzusehen: Facebook gibt an, diese auf Interessen und Profileigenschaften hin zu personalisieren. Wie gut das wirklich passt, hängt von den Einstellungen der werbenden Unternehmen ab. In dieser Anzeige beispielsweise sollen alle Facebook-User angesprochen werden, die online einkaufen, wie der Klick auf den kleinen Pfeil im rechten oberen Bereich der Anzeige verrät. Denken Sie bei einigen Anzeigen ruhig einmal darüber nach, warum Sie diese sehen, und überlegen Sie jeweils, ob das Targeting scharf genug ist. Hier lässt sich einiges für eigene Werbekampagnen lernen.

Die Seite für Ihr Unternehmen

Sie haben ein Profil angelegt und begonnen, sich in Facebook umzusehen und zu vernetzen. Für Ihr Unternehmen müssen Sie nun eine Seite einrichten. Dort geben Sie Interessenten, Kunden, Geschäftspartnern, Mitarbeitern und Branchenteilnehmern die Möglichkeit, mit einem *Gefällt mir* die Neuigkeiten und Inhalte Ihrer Unternehmensseite zu abonnieren. Sie können Statusmeldungen posten, Fotos und Videos hochladen und die Inhalte von anderen teilen.

So richten Sie die Seite für Ihr Unternehmen ein

Mit seinen Seiten gibt Facebook Unternehmen, Produkten, Marken, Dienstleistungen, Initiativen und Personen des öffentlichen Lebens eine kostenfreie Möglichkeit, im weltweit beliebtesten Social Network vertreten zu sein. Mit einer Facebook-Seite können Sie eine bessere Wahrnehmung Ihres Unternehmens erreichen. Dazu sollten Sie die Erwartungen und Bedürfnisse Ihrer Kunden sehr gut kennen – etwa ob diese vor allem Informationen zu Produkten suchen oder ob sie viele Fragen haben, die sie von einem professionellen, zügig und verbindlich agierenden Kundendienst beantwortet haben möchten.

Eine sorgfältige Strategieplanung ist daher wesentlich für Ihre Facebook-Präsenz. Machen Sie sich (erneut) bewusst, dass Facebook von den meisten Usern privat genutzt wird. Als Unternehmen sollten Sie daher mit Fingerspitzengefühl, Professionalität und souveränem Geschick vorgehen. Platte Werbesprüche helfen Ihnen in den meisten Fällen nicht weiter.

Wir empfehlen Ihnen einige Vorüberlegungen:

- Wie wollen Sie sich darstellen? Welche Aussage wollen Sie treffen? Wie wollen Sie wirken? An wen wollen Sie sich wenden? Welchen Nutzen soll die Seite Ihren Kunden bzw. Fans bringen? Warum sollten Ihre Kunden Fans werden wollen? Was könnten diese überhaupt von Ihnen erwarten?

- Wer könnte Sie unterstützen? Haben Sie Facebook-erfahrene Kollegen oder Mitarbeiter? Benötigen Sie eventuell den fachlichen Rat einer Marketingagentur oder eines Beraters?

- Welche Inhalte möchten und können Sie bereitstellen? Was ist für Ihre Zielgruppe nützlich, unterhaltsam oder sinnstiftend? Wie können Sie diese Inhalte planen, beschaffen und kreieren?

- Welche Themen wollen Sie besprechen, welche bewusst ausklammern?

- Wie wollen Sie Ihre (Neu-)Kunden ansprechen: siezen oder duzen? (Die meisten Seitenbetreiber duzen übrigens, nicht zu jedem Unternehmen passt es aber.) In welchem sprachlichen Stil sollen die Posts gehalten sein?

- Wie wollen Sie mit Kommentaren umgehen, vor allem, wenn sie Kritik enthalten?

- In welchem zeitlichen Rahmen soll die Seite aufgesetzt sein? Gibt es spezielle Termine wie Messen, die Sie nutzen können, um für Ihre Seite zu werben? Oder steht gar der Launch eines neuen Produkts bevor, der Ihnen einen Termin vorgibt?

Am hilfreichsten ist es, wenn Sie sich zunächst selbst ausgiebig auf Facebook umschauen. Das Netzwerk und damit auch das Marketing sind kein Teufelswerk. Schauen Sie sich andere Profile und Seiten an, lassen Sie sich von deren Inhalten inspirieren, lesen Sie nach, wie andere mit der Kommentarfunktion umgehen, und profitieren Sie von den Erfahrungen, die andere bereits auf Facebook gemacht haben. Und versuchen Sie dann, die oben genannten Fragen durch ein Brainstorming zu beantworten.

Hinweis ▶
Die Nutzung von Facebook an sich ist zwar kostenlos, aber Sie sollten ein monatliches *Budget* (ab dreistellig aufwärts) für Anzeigenwerbung und Marketingkampagnen in Facebook bereithalten. Nach Änderungen im Algorithmus von Facebook ist vor einigen Jahren die Visibilität von Seiten und deren Posts stark eingebrochen. Mit den vielfältigen Werbemöglichkeiten von Facebook können Sie dem entgegenwirken. Mehr noch: Sie werden sie brauchen, um in halbwegs passabler Zeit Reichweite aufzubauen und mit Ihren Inhalten sichtbar zu sein.

Sobald Sie Ihren Fahrplan zum Aufbau einer Facebook-Seite angelegt haben, können Sie loslegen. Für die Verwaltung einer Seite können Sie mehrere Administratoren einsetzen. Das ist etwa sinnvoll, sollte einmal ein persönliches Profil eine Weile nicht erreichbar sein. Es empfiehlt sich ohnehin, die Pflege von Unternehmensseiten auf ein Mitarbeiterteam zu verteilen. Wenn Sie keine Mitarbeiter einsetzen können oder wollen, wählen Sie eine vertrauenswürdige Person aus Ihrem Umfeld als »Sicherung«. Administratoren können Sie jederzeit hinzufügen und entfernen und ihnen verschiedene Rechte einräumen. Besonders übersichtlich und komfortabel funktioniert dies – insbesondere wenn Sie in großen Teams oder mit wechselnden Kollegen arbeiten – über den sogenannten *Business Manager*. Wir gehen noch einmal genauer auf diese Option ein, wenn wir uns später in diesem Kapitel mit Werbeanzeigen beschäftigen.

Über den Link *https://www.facebook.com/pages/creation/* können Sie nun eine Seite anlegen. Der Einstieg ist denkbar einfach: Sie legen fest, ob es um ein Unternehmen/eine Marke oder um eine Person/Gruppierung geht, und legen danach die grundlegenden Informationen wie den Namen Ihres Unternehmens fest. Eine Schritt-für-Schritt-Anleitung[9] zur Erstellung von Seiten liefert Facebook auch auf seinen eigenen Hilfeseiten.

Gleich zu Beginn müssen Sie eine Kategorie auswählen, beispielsweise *Französisches Restaurant*. Facebook hilft Ihnen dabei, eine passende Kategorie zu finden – tippen Sie beispielsweise »Restaurant« ein, liefert es sogleich einige Vorschläge zur Differenzierung, wie *Türkisches Restaurant* oder wie im folgenden Beispiel *Französisches Restaurant*. Wählen Sie die Kategorie mit Bedacht, denn sie beeinflusst den weiteren Registrierungs-

---

9 *https://www.facebook.com/help/135275340210354/*

prozess – haben Sie aber keine Angst vor einer falschen Angabe, Sie können sie später noch ändern.

Die Facebook-Seite personalisieren

Nun ist wieder Fleiß gefragt: Füttern Sie Ihre Seite zunächst unter dem Menüpunkt *Info* mit sämtlichen grundlegenden Daten, die für Ihre Kunden von Belang sind – beispielsweise Ihren Öffnungszeiten. In Abbildung 8-6 sehen Sie das Grundprofil, das für ein Café oder Restaurant ausgefüllt werden kann: Von der Speisekarte bis zur Erreichbarkeit mit öffentlichen Verkehrsmitteln sind viele nützliche Aspekte bereits vorgegeben. Die Optionen richten sich danach, welche Kategorie Sie für Ihre Seite ausgewählt haben. Diese Kategorie lässt sich zusammen mit einer Reihe weiterer Informationen ebenfalls anpassen und ändern, wählen Sie dazu den Punkt *Seiteninfos bearbeiten*.

Legen Sie sich eine Seite zum Testen an, die Sie nicht veröffentlichen (*Einstellungen/ Allgemein/Sichtbarkeit/Seite nicht veröffentlicht*). Probieren Sie mit dieser Seite aus, welche Menüpunkte für Ihr Unternehmen wichtig sind, wie Grafiken eingebunden werden und welche gut wirken, wie Sie Statusmeldungen inklusive Fotos, Videos oder Links posten und wie Sie von Ihrem Handy aus auf die Seite zugreifen können. Behalten Sie diese unveröffentlichte Seite auch später als Spielwiese: So können Sie peinliche Fehler am sichersten vermeiden. (Wie ein einzelner Beitrag sowohl in der Desktop- als auch in der mobilen Ansicht wirkt, können Sie übrigens ganz einfach im Eingabefenster über die Schaltfläche *Preview* prüfen, dazu benötigen Sie keine Testseite.)

◀ **Tipp**

Versehen Sie die Seite auf jeden Fall mit einem Titelbild, einem Profilbild und Informationen, die für Ihre Besucher relevant sind (zum Beispiel mit dem Gründungsdatum Ihrer Firma und einem Überblick über Ihre Firma). Mithilfe der Chronik können Sie Ereignisse der Firmengeschichte hervorheben und die Geschichte einer Marke oder eines Produkts erzählen. Für Unternehmen gilt auch bei Facebook eine Impressumspflicht. Ihr Impressum sollte mit ein oder zwei Klicks erreichbar sein, entweder über einen Link zum Impressum auf Ihrer Website oder in einem eigenen Menüpunkt.

Achten Sie darauf, ein unverwechselbares Profilbild auszuwählen. Es sollte 180 × 180 Pixel messen, wobei es dann jedoch kreisrund dargestellt wird – Facebook schneidet die Ecken ab. Das Profilbild sollte natürlich einen hohen Wiedererkennungswert haben, insbesondere dann, wenn es auf dem Smartphone nur sehr klein abgebildet ist. Wie im persönlichen Profil sollten Sie zudem ein markantes Titelbild für den Kopf Ihrer Seite auswählen. Nehmen Sie die Möglichkeit wahr, mithilfe dieses Bilds eine angenehme, einladende Atmosphäre zu schaffen, die den Geist Ihres Unternehmens widerspiegelt.

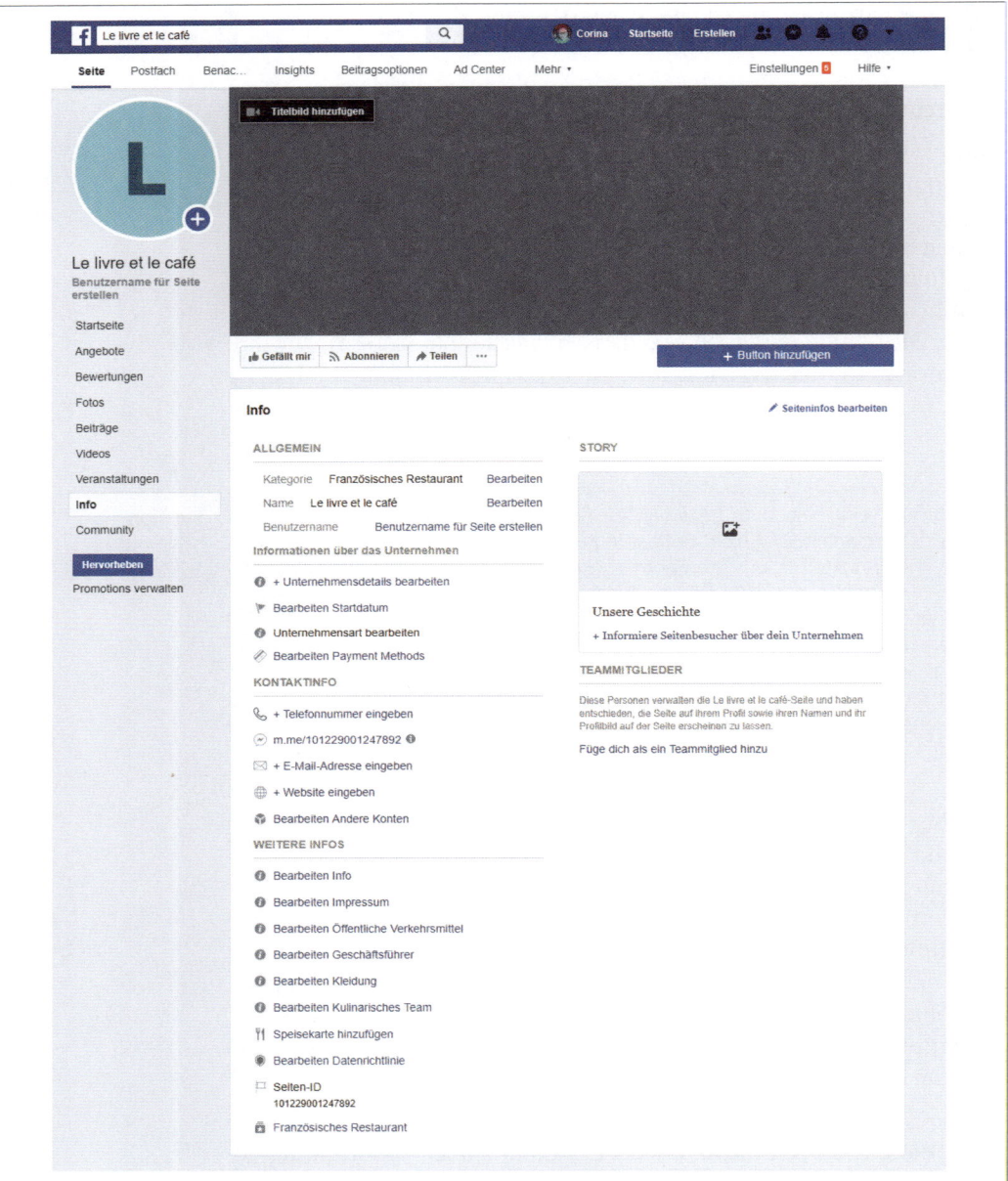

Abbildung 8-6 ▲
Facebook schlägt je nach
gewählter Kategorie
diverse Eintragungen vor,
die Unternehmen vorneh-
men können.

Beim Titelbild wird es leider etwas kompliziert, denn Facebook empfiehlt gleich mehrere Größen – oder auch gar keine. Das ist unverständ-
lich? Ja, da müssen wir Ihnen leider Recht geben. Der Grund für Facebooks unklare Ansage liegt in den enorm vielen Varianten von
Endgeräten, mit denen User inzwischen Facebook aufrufen. Während
Sie eine Facebook-Seite sehr wahrscheinlich am Notebook oder PC ein-

richten und damit über den Browser auf Facebook zugreifen, tippen und wischen andere über ihr Smartphone oder ihr Tablet. Und allein diese gibt es auch mit den unterschiedlichsten Bildschirmgrößen. Wie also soll ein Titelbild einheitlich gestaltet sein? Tatsächlich läuft es darauf hinaus, dass Sie sich zwischen einer für die Darstellung am PC optimierten Größe von 851 × 315 Pixeln und einer für die Darstellung am Smartphone bzw. Tablet optimierten Größe entscheiden müssen: 640 × 340 Pixel. (Behalten Sie dabei Ihre Hauptzielgruppe im Blick.) In beiden Fällen schneidet Facebook die Grafik dann einfach automatisch auf das passende Endgerät zu. Informieren Sie Ihren Grafiker über Facebooks Vorgehen, dann kann der Entwurf von vornherein so angelegt werden, dass die Grafik in verschiedenen Formaten [10] gut wirkt. Lassen Sie, wenn möglich, Textinhalte ganz weg oder platzieren Sie sie mittig, damit diese nicht abgeschnitten werden. Achten Sie auf eine ausreichende Schriftgröße, die auch auf dem Smartphone lesbar ist.

Außerdem raten wir Ihnen auch hier zum Experimentieren: Wenn Sie eine Grafik bei Facebook hochladen – und dazu kann sie in nahezu beliebiger Größe vorliegen –, lässt sie sich einfach hin und her schieben, sodass Sie den perfekten Bildausschnitt festlegen können. Viele Unternehmen setzen beispielsweise auf Landschafts- oder Architekturaufnahmen ohne Schrift, die in jedem Bildausschnitt und in jeder Größe eine starke Wirkung erzielen. Als Dateiformate akzeptiert Facebook JPG und PNG – auch hier gibt es aber einige Erfahrungswerte. PNGs, die mehr als 1 MByte groß sind, rechnet Facebook automatisch herunter. Dies gilt es zu vermeiden, ein sichtbarer Qualitätsverlust ist nahezu immer die Folge. Legen Sie die Datei lieber gleich so an, dass sie diese Größe nicht überschreitet, oder rechnen Sie sie mit Ihrer Grafiksoftware selbst herunter. Bei JPGs rechnet Facebook stets herunter, prüfen Sie die Datei daher immer.

Sie können Ihr Titelbild übrigens nach Belieben ändern. Manche Unternehmen behalten dasselbe Titelbild über Jahre, andere wie beispielsweise das Nachrichtenmagazin Der Spiegel wechselt mit jeder neuen Printausgabe auf ein neues Layout. Sogar Videocontent ist möglich, hier gelten allerdings wieder andere Anforderungen: 820 × 312 Pixel und mindestens 20 und maximal 90 Sekunden Länge.[11]

Neben den Basisinformationen sollten Sie Ihre Seite auch mit einem sogenannten Button ausstatten. Dieser enthält einen Call-to-Action – also eine Handlungsaufforderung für Ihre Kunden

---

10 Hilfreich an dieser Stelle ein Artikel von Allfacebook.com mit nützlichen Handlungsweisen: *https://allfacebook.de/features/facebook-verrat-die-perfekte-einstellung-furs-coverfoto*

11 *https://www.facebook.com/help/132465104004008*

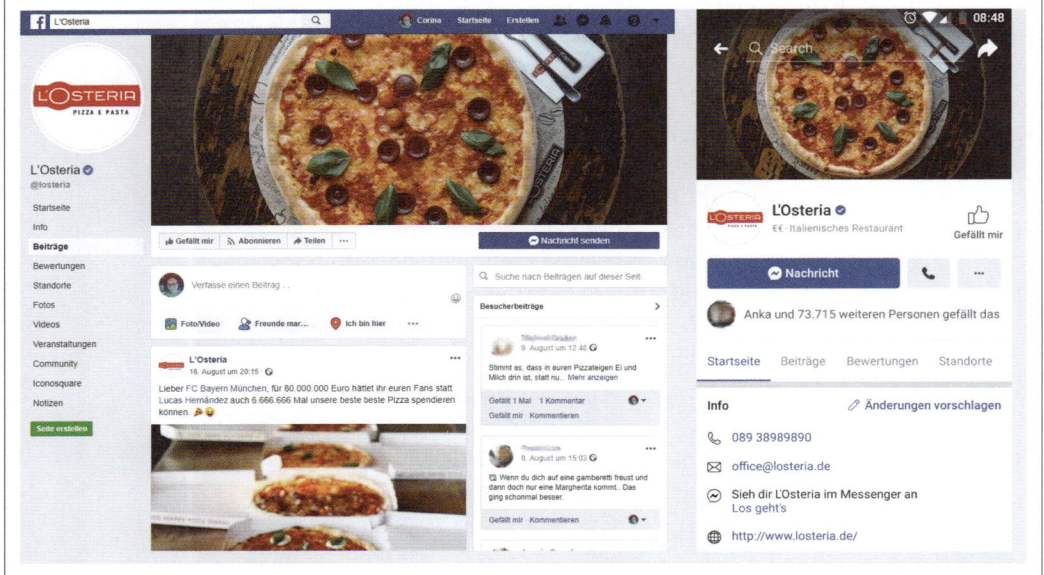

Abbildung 8-7 ▲
Die Restaurantkette L'Oste-
ria hat die Hürde abwei-
chender Maße für das
Titelbild gut gemeistert,
indem es die Grafik so
gestaltet hat, dass sowohl
oben und unten als auch an
den Seiten etwas abge-
schnitten werden kann,
ohne dass der Bildinhalt
zerstört wird.

Zur Wahl stehen Buttons zur Terminvereinbarung (*Jetzt buchen*) und zur Kontaktaufnahme, außerdem können Sie auch hier weitere Informationen zum Unternehmen wie etwa Videos hinterlegen. Die Kontaktaufnahme erleichtern Sie, indem Sie den Messenger einrichten: Ruft ein Facebook-User Ihre Seite auf, öffnet sich automatisch am unteren Bildschirmwand ein Chat-Fenster. Die Antworten auf häufig gestellte Fragen können Sie darin beispielsweise als Sofortantwort festlegen. Ein weiterer zentraler Baustein der allermeisten Facebook-Seiten ist eine Bewertungsmöglichkeit für die Kunden Ihres Unternehmens. Das einstige Fünf-Sterne-System hat Facebook inzwischen abgeschafft, nun können Kunden eine Seite empfehlen – oder nicht empfehlen – und eine selbst formulierte Begründung dazu abgeben.

Hinweis ▶ Denken Sie bei der *Gestaltung* Ihrer Facebook-Präsenz und Ihrer Inhalte immer daran, dass die meisten Menschen Facebook inzwischen mobil abrufen. Prüfen Sie, ob das auch für Ihre Zielgruppen passt (Abweichungen kann es beispielsweise im B2B-Geschäft geben). Wenn ja, gilt: Mobile First. Ihre Fotos müssen auf Smartphones und Tablets gut wirken, ihre Texte auf kleinen Screens gut zu erfassen sein. Und auch nicht vergessen: Sie wollen Menschen erreichen.

Die Facebook-Seite feinjustieren

Wenn Sie Ihre Facebook-Seite erstellt haben, sollten Sie noch einen ausgiebigen Blick auf die Einstellungen Ihrer Seite werfen (siehe Abbildung 8-8).

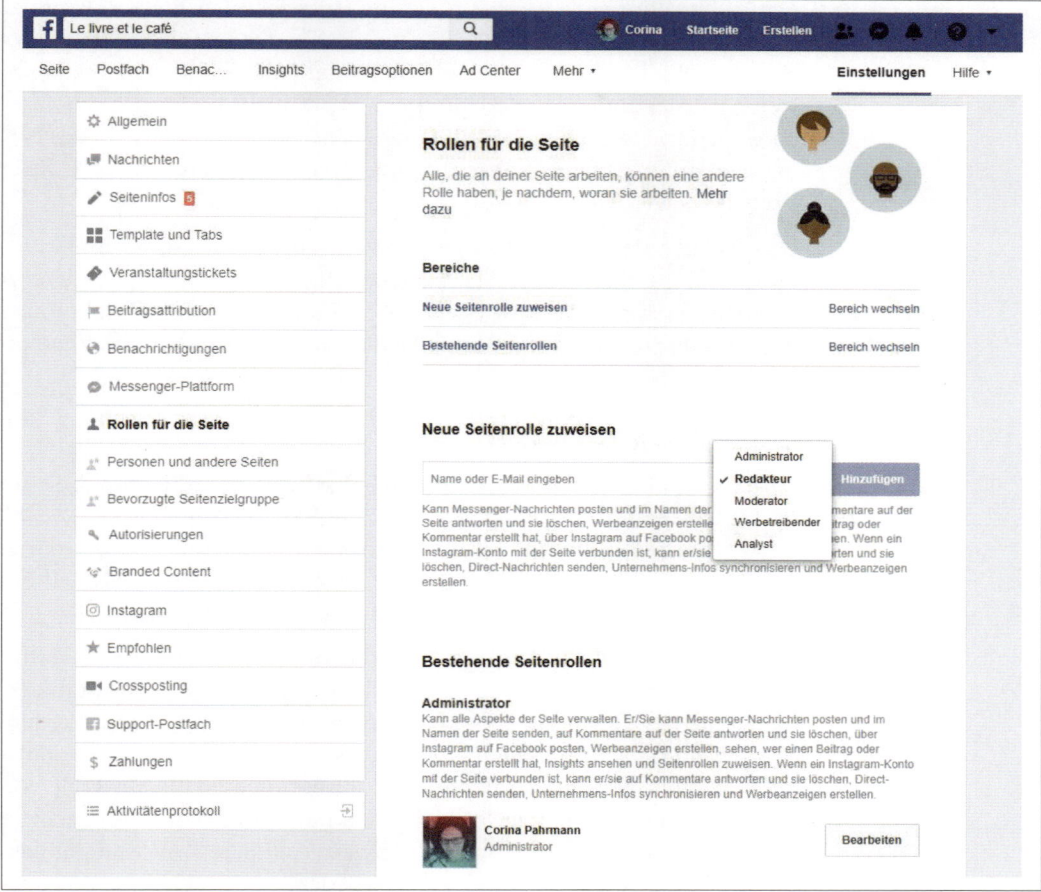

Dort können Sie checken, ob Ihre Seite schon öffentlich sichtbar ist, unter *Templates und Tabs* die benötigten Menüpunkte für Ihre Kunden hinterlegen und eine Vielzahl an Einstellungen zum Datenschutz und zur Sicherheit Ihrer Seite treffen. Gegebenenfalls verbinden Sie hier Ihre Seite mit Ihrem Instagram-Profil.

Nachdem Sie sich schon ein wenig in Facebook bewegt haben, wartet noch eine zentrale und sehr verantwortungsvolle Aufgabe auf Sie: Sie müssen einen aussagekräftigen Namen für Ihre Seite auswählen (direkt auf Ihrer Startseite unter dem Profilfoto: *Benutzername für Seite erstellen*). Dieser Name gibt Ihre Facebook-URL (*Vanity-URL*) vor, Sie sollten ihn also sorgsam auswählen. In der Vergangenheit ließ sich der Name zudem nur einmal ändern – das hat Facebook jetzt gelockert. Eine Namensänderung wird aber immer geprüft und nicht immer genehmigt, versuchen Sie deshalb, sofort den perfekten Namen vergeben.

▲ **Abbildung 8-8**
Sie können für die Betreuung Ihrer Seiten mehrere Rollen vergeben. Wenn Sie eine Seite im Team mit mehreren Personen pflegen, sollten Sie sich überlegen, wie Sie die Identitäten transparent darstellen. Etabliert hat sich die Kennzeichnung der Beiträge mit Kürzeln wie ^VN (= Vorname Nachname), die im Infofeld für die Seite aufgeschlüsselt werden.

Natürlich sollte er für Kunden als Ihr Unternehmensname erkennbar sein, und wenn Sie bereits andere soziale Netzwerke nutzen, empfiehlt es sich, auf allen Portalen den gleichen Namen in der gleichen Schreibweise zu verwenden. Viele Unternehmen wählen die Form *www.facebook.de/firmenbezeichnung.de* – Punkte sind nämlich innerhalb des Namens erlaubt. Auf diese Weise können Sie en passant die URL Ihrer Website bewerben.

Da die Auswahl eines Nutzernamens zentrale Bedeutung für Ihre künftige Auffindbarkeit hat, in der Vergangenheit jedoch häufig von Unternehmen missbraucht wurde, stellt Facebook ausführliche Informationen in der Hilfe zur Verfügung: *https://www.facebook.com/help/usernames/general*.

Die Facebook-Seite bewerben

Wie verkünden Sie nun der Welt die Existenz Ihrer Facebook-Seite? Nutzen Sie dafür vorhandene Kanäle, zum Beispiel Ihren Firmen-Newsletter, Ihre persönlichen Facebook-Kontakte (aber nur die, die daran wirklich interessiert sein könnten), die Signatur in Ihrer E-Mail, Ihren Account bei Twitter oder XING, Ihr Blog oder Ihre Website.

Integrieren Sie Buttons auf Ihrer Website, die zur Facebook-Seite verlinken. Etabliert hat sich mindestens ein kleines blaues »f« – die Grafik erhalten Sie von Facebook – im Footer der Website. Setzen Sie außerdem *Sharing-Buttons* auf möglichst viele Unterseiten wie einzelne Blogartikel, Produktseiten und andere Inhalte. Bitte beachten Sie, dass alle von Facebook bereitgestellten Social Plugins mit dem Datenschutzrecht in Deutschland, Österreich und der Schweiz kollidieren. Wir empfehlen, sogenannte 2-Klick-Lösungen zu verwenden, bei denen Ihre Website-Besucher der Verwendung selbst zustimmen müssen. Bitte prüfen Sie vor dem Einsatz die aktuelle Rechtsprechung und lesen Sie die Hinweise des Anwalts Thomas Schwenke am Ende dieses Buchs sowie in seinem Blog[12].

Beachten Sie bei allen Aktionen die Nutzungsbedingungen von Facebook, insbesondere die Richtlinien für die Durchführung von Werbeaktionen (*Promotions*). Bei einem Verstoß gegen die Richtlinien laufen Sie Gefahr, dass Ihre Facebook-Seite gesperrt wird. Deshalb sollten Sie sich einige Minuten Zeit nehmen, um sich auf den aktuellen Stand zu bringen: *https://www.facebook.com/policies/pages_groups_events/*.

---

12 *https://drschwenke.de/blog/*

Die richtigen Inhalte bieten

Bei Ihrer Content-Planung gibt es gleich mehrere Herausforderungen:

- *Sie müssen den so intransparenten wie kritischen Facebook-Algorithmus davon überzeugen, dass Ihre Postings überhaupt angezeigt werden.* Der Algorithmus bewertet die (vermutete) Relevanz von Inhalten für den Nutzer, er berücksichtigt dabei unter anderem die Interaktionsrate der Seite, die Aktualität und die Art des Postings (Video, Link, Text). Mehr als 100.000 Faktoren sollen eine Rolle spielen. Von Facebook als für den Nutzer relevant eingestufte Beiträge werden bevorzugt im Newsfeed angezeigt, wobei die Auswahl auch bei den langmütigsten Facebook-Nutzern immer wieder für Irritationen sorgt. Inzwischen kommt man als Unternehmen um Werbeanzeigen zur Verbesserung der Auffindbarkeit kaum mehr herum.

- *Sie müssen Ihren Kunden nützliche, spannende und/oder unterhaltende Informationen bieten, und das in der richtigen Tonalität und Frequenz sowie zum richtigen Zeitpunkt.* Um herauszufinden, was genau für Ihre Kunden fesselnd ist, sollten Sie sich eingehend mit Ihrer Zielgruppe und ihren Bedürfnissen befassen. Wen genau sprechen Sie in Facebook an? Und welche Inhalte sind für Ihre Zielgruppe nützlich oder wertvoll? Je mehr Sie selbst sich für Ihre Zielgruppe interessieren, desto genauer werden Sie Inhalte planen können, die auch gut ankommen.

- *Sie müssen die Botschaften unterbringen, die Ihre Marketingstrategie vorsieht* – ohne zu werblich zu sein und damit Ihre Abonnenten zu vergrätzen. Bei einer Befragung nannten Facebook-User unter anderem folgende Gründe dafür, dass sie das Abonnement einer Seite durch einen Klick auf *Gefällt mir nicht mehr* wieder gekündigt haben: Seite postet zu häufig, zu viele Wiederholungen/langweiliger Content, zu viel Werbung.[13]

»Text mit Bild«, »Videos, aber nicht zu lang!«, »Nur keine Links!« – welche Inhalte der ◀ **Tipp**
Facebook-Algorithmus – früher auch als Edge Rank bekannt – hoch oder niedrig gewichtet, darüber diskutieren Social Media Manager fortlaufend. Sicher wissen wir, dass Seiten, deren Beiträge viele Interaktionen (insbesondere mehr als das klassische *Gefällt mir*) erzeugen oder auf denen die Facebook-User länger verweilen – wie eben spannende Videos oder beeindruckende Fotos –, von Facebook bevorzugt werden.

Manch einer glaubt darüber hinaus, Facebook will seine User nicht vom *News Feed* ablenken, und schenkt Postings, die einen Link streuen, deshalb weniger Beachtung. Manch einer meint, beobachtet zu haben, dass sich der Facebook-Algorithmus überlisten ließe, wenn dem Link manuell ein Bild hinzugefügt wird. Wieder an-

---

13 *https://de.slideshare.net/mfredactie/social-break-up-report-8-exact-target-cotweet*

dere glauben, den Algorithmus durch Ergänzung von Hashtags zu beeinflussen, und andere empfehlen Seitenbetreibern, sich unbedingt in Gruppen zu engagieren. Wir empfehlen, Beobachtungen dieser Art regelmäßig zu verfolgen und mit ihnen zu experimentieren. Es ist aber auch unumstößlich, dass es sich dabei nur um Vermutungen mit begrenzter Haltbarkeit handeln kann. Der Algorithmus entwickelt sich immer weiter, und er lässt sich nicht von uns in die Karten schauen. Für Ihren Erfolg ist es wesentlich, dass Sie Ihre eigenen Statistiken auswerten – wir kommen in diesem Kapitel noch darauf. Prüfen Sie, zu welchen Zeiten Ihre Fans auf Facebook sind, welche Postings sie bevorzugen und wie häufig sie interagieren. Und: Vergessen Sie nicht, dass Sie in erster Linie für Ihre Kunden schreiben und posten – Ihre Aufgabe lautet, diese von der Nützlichkeit und Relevanz Ihrer Inhalte zu überzeugen. Ermutigen Sie Ihre Fans zu Kommentaren und bitten Sie sie darum, Ihre Unternehmensseite im *News Feed* zu priorisieren (siehe Abschnitt »So veröffentlichen und kommentieren Sie« weiter oben).

Zuallererst sollten Sie sich nun an Ihre Social-Media-Strategie aus Kapitel 2 erinnern und die Ergebnisse Ihres Social Media Monitoring aus Kapitel 3 berücksichtigen. Vergegenwärtigen Sie sich, wen Sie mit welchen Inhalten zu welchem Zweck erreichen wollen und über welche Themen in Ihrer Zielgruppe derzeit gesprochen wird. Beobachten Sie eine Weile, wie Ihre Kontakte miteinander (und mit Facebook) umgehen, und sehen Sie sich Seiten anderer Unternehmen, Medien und Organisationen an.

Überlegen Sie dann, welche Inhalte Sie posten können, und gruppieren Sie diese gedanklich in bestimmte Kategorien, beispielsweise:

- (allgemeinere) News aus dem Unternehmen, durchaus mit persönlicher Note, beispielsweise die Eröffnung einer neuen Filiale
- Ankündigungen von Produkten oder Leistungen
- detaillierte Vorstellung eines Produkts mit Nennung der Benefits
- Erklärstücke, etwa über ein Herstellungsverfahren in Ihrem Haus
- Antworten auf häufige Kundenfragen
- Artikel/Links, die Ihre Technologie oder Branche betreffen
- Humoriges wie Cartoons oder Memes und Rätsel oder Verlosungen
- Anlass-Postings aus dem Jahresverlauf wie Weihnachtswünsche, aber auch besondere, originelle Feiertage, die zu Ihrem Geschäft passen

Seien Sie unbesorgt: In einem offenen Brainstorming bekommen Sie eine Menge Ideen – die Kunst ist es, die Inhalte in eine gute Balance zu bringen und sich von Wettbewerbern abzuheben. Überlegen Sie, wie Sie Ihre Inhalte verpacken: Welche Texte, welche Bilder benötigen Sie? Woher bekommen Sie diese, und könnte auch jemand Videos erstellen? Welche Inhalte könnten Sie in einem wiederkehrenden Format veröffentlichen? (Sie könnten beispielsweise einen regelmäßigen Chat mit Ihrem Geschäftsführer etablieren oder immer freitags ein Wissensvideo teilen.)

85 Prozent der Facebook-User spielen *Videos ohne Ton* ab.[14] Fügen Sie Ihren Videoinhalten also unbedingt einen Untertitel hinzu. Außerdem müssen Sie direkt in den ersten Sekunden überzeugen – und beachten Sie auch hier wieder, dass sich die allermeisten Facebook-User über ihr Smartphone einloggen. Ihre Videos sollten dementsprechend im Hochformat oder wenigstens quadratisch sein.

◀ Hinweis

Weitere Bewegtbild-Inhalte wie das Facebook-Livestreaming erklären wir in Kapitel 10.

Einen Redaktionsplan zu führen, hat sich bewährt – auch für Facebook. Er hilft Ihnen dabei, den Überblick zu behalten und Inhalte für Ihre unterschiedlichen Kanäle im Voraus zu planen und so vorzubereiten, dass sich Ihre Kanäle gegenseitig sinnvoll ergänzen und nicht kannibalisieren. Sie können einen einzigen Plan für all Ihre Social-Media-Aktivitäten anlegen (wie in Kapitel 5 erklärt), oder aber Sie erstellen nur eine kleine Tabelle für Facebook.[15] Notieren Sie in den entsprechenden Spalten: Thema des Postings – Text des Postings – Dateiname oder Voransicht/Thumbnail des Bilds oder Videos, das dazu abgebildet werden soll – URL, auf die verlinkt werden soll – geplanter Veröffentlichungszeitpunkt – Status (geplant, in Arbeit, Entwurf, freigegeben, veröffentlicht); bei Bedarf dient eine weitere Spalte für inhaltliche und gestalterische Anmerkungen durch Teamkollegen.

Tragen Sie feststehende Termine direkt ein, beispielsweise einen geplanten Messeauftritt oder den Launch-Termin eines neuen Produkts. Auch Feiertage kommen bekanntlich selten überraschend – sie können daher schon vorab eingeplant und entsprechende Postings können gestaltet werden. Anlässe für Social-Media-Postings liefern übrigens Content-Kalender, wie es sie beispielsweise bei onlinemarketing.de gibt.[16] Ergänzen Sie dann weitere Inhalte, bis Sie für einige Wochen im Voraus ungefähr wissen, welche Postings Sie planen. Das verschafft Ihnen genügend Zeit, spannende Texte zu verfassen und nach attraktiven Bildern und Videos zu recherchieren bzw. diese selbst zu erstellen.

Auch auf die Inhalte anderer Kanäle können Sie über Facebook aufmerksam machen, zum Beispiel durch einen Link auf Ihr Unternehmensblog oder auf ein neues Angebot Ihrer Website. Aber fügen Sie niemals den Originaltext von Pressemeldungen, Newslettern und anderen PR-Kanälen ein. Auf Ihrer Facebook-Seite tummeln sich Menschen, die

---

14 *https://digiday.com/media/silent-world-facebook-video/*, via
    https://sproutsocial.com/insights/facebook-video-ads/

15 Es gibt eine Reihe von Dateivorlagen zum Download, die Sie durch Google leicht aufstöbern können. Am besten passen Sie die Tabelle aber exakt auf Ihre persönlichen Bedürfnisse an, sie muss dazu auch nicht besonders aufgebläht werden.

16 Für 2019 hier: *https://onlinemarketing.de/news/content-kalender-2019-wichtigsten-aktionstage-ereignisse-fuer-deine-kampagnen* – eine Google-Suche bringt Sie zügig zur aktuellen Variante.

Sie schätzen, Sie sollten sie daher individuell und persönlich ansprechen. Das darf und sollte ruhig auch etwas weniger förmlich sein.

◀ Abbildung 8-9
Schauen Sie sich dazu auch die Facebook-eigene Videofunktion an, mit der Sie aus ein paar Bildern zumindest rudimentäres Bewegtbild erstellen können (Beitrag erstellen/Foto/Video hochladen/Slideshow erstellen).

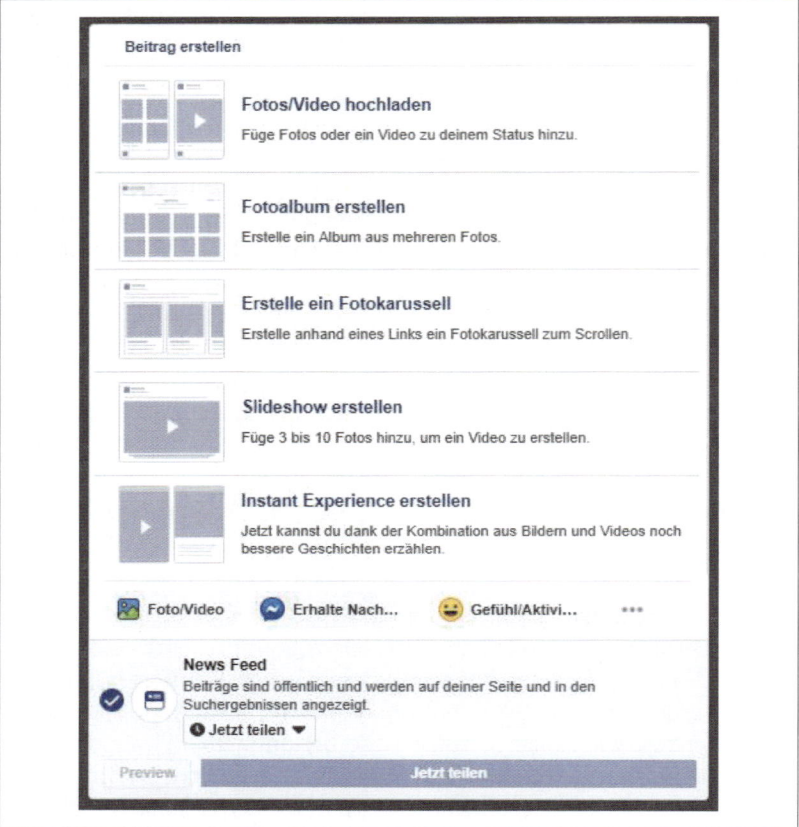

Wie oft Sie bei Facebook Inhalte veröffentlichen, kommt auf Ihr Unternehmen, Ihre Branche, Ihre Ziele, Ihre Gewichtung und darauf an, wie häufig Sie an interessanten, neuen Content kommen. Über die Facebook-Seiten einer Tageszeitung werden selten weniger als drei neue Statusmeldungen pro Tag gepostet, manche mittelständische Unternehmen kommen nur auf ein Posting pro Woche. Wer zu selten postet, läuft Gefahr, in Vergessenheit zu geraten. Umgekehrt kann zu häufiges Posten die Fans aber auch nerven, insbesondere wenn es immer um dieselben Inhalte geht. Die wichtigste Regel ist Kontinuität. Posten Sie also einigermaßen regelmäßig, und falls Sie doch einmal eine längere Pause machen müssen, kündigen Sie diese an.

Seien Sie nicht übertrieben selbstreferenziell, sondern teilen Sie auch bemerkenswerte Inhalte von Kunden, Geschäftspartnern oder anderen

Facebook-Seiten und Blogs, also all das, was für Ihre Zielgruppe spannend sein könnte. Es gibt kaum etwas Ermüdenderes als einen Gesprächspartner, der sich immer nur um sich selbst dreht.

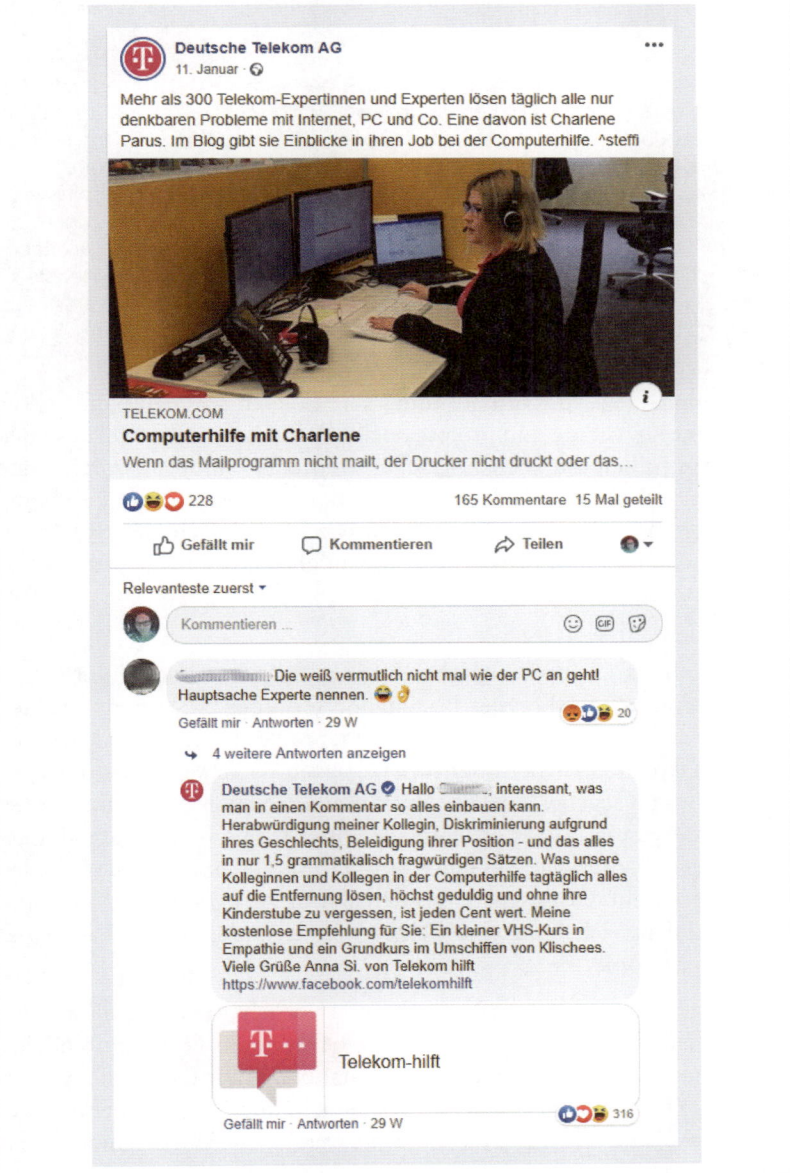

Tipp ▶ Folgendes können wir gar nicht laut genug sagen: *Interagieren Sie*! Eine Seite kann zwar keine Freunde hinzufügen, aber sie kann andere Seiten liken. Auf diese Weise erhalten Sie einen eigenen Seitenfeed, also einen Newsfeed, der sich aus den Seiten speist, die Sie als Ihre Seite mit *Gefällt mir* markiert haben. Wählen Sie entweder *Seiten-Feed anzeigen* in der rechten Spalte Ihrer Seitenansicht oder legen Sie sich direkt diese URL ab: *https://www.facebook.com/BENUTZERNAME/pages_feed/* – in der Vergangenheit kam es nämlich häufiger vor, dass der Seitenfeed für mehrere Wochen aus dem Menü verschwand. Auch die Qualität des Seitenfeeds leidet zunehmend, deshalb ist es aus unserer Sicht etwas ungewiss, was Facebook mit ihm vorhat. Solange es die Möglichkeit gibt, sollten Sie den Seitenfeed aber nutzen, denn er liefert eine denkbar einfache Möglichkeit, um zur Sichtbarkeit Ihrer Seite beizutragen. Liken und kommentieren Sie die Beiträge Ihrer Geschäftspartner oder beispielsweise Postings von Fachmedien. Das geht übrigens auch, wenn Sie mit Ihrem persönlichen Profil auf Facebook unterwegs sind: Klicken Sie auf das kleine Dreieck neben Ihrem Profilfoto, das im Kommentarbereich unter jedem Posting Ihres Newsfeeds angezeigt wird. Wenn Sie auch Administrator einer Seite sind, können Sie hier auswählen, ob Sie als Seite oder als Person kommentieren oder liken möchten.

Und wenn es mal zu Kritik kommt? Wie in allen sozialen Netzwerken gilt es, eine souveräne und professionelle Haltung zu wahren. Auf sachliche Kritik sollten Sie ebenso sachlich und zugewandt antworten, und auch wenn feste Textbausteine Ihnen das erleichtern: Bei Facebook-Usern kommen diese zunehmend schlechter an. Zeigen Sie etwas mehr Engagement und formulieren Sie, wenn möglich, persönliche Antworten.

Gruppen

Auch Facebook-Gruppen eignen sich zur Bildung einer Community rund um eine Marke. Sie können bestehende Gruppen besuchen, um sich dort zu Fachthemen auszutauschen. Oder Sie gründen selbst Gruppen für Ihre Geschäftspartner oder Ihre treuesten Fans. Vielleicht möchten Sie als Franchisegeber all Ihre Partner über Neuigkeiten informieren und zum Austausch über erfolgreiche Unternehmensstrategien animieren? Oder möchten Sie von einer Firmenzentrale aus mit allen Filialen kommunizieren? Oder einen Kundenstamm zu exklusiven Veranstaltungen einladen? Es gibt eine Reihe guter Gründe, sich in Facebook-Gruppen zu vernetzen.

Sehr lange waren Gruppen nur Personen vorbehalten, und die einzige Möglichkeit für Unternehmen und Freiberufler, an Gruppen teilzuhaben, bestand darin, als Person um Aufnahme zu bitten. Seitdem Facebook das Einrichten von Gruppen vereinfacht und für Unternehmen geöffnet hat, sind sie als Netzwerktool auch für Unternehmen sehr attraktiv geworden.

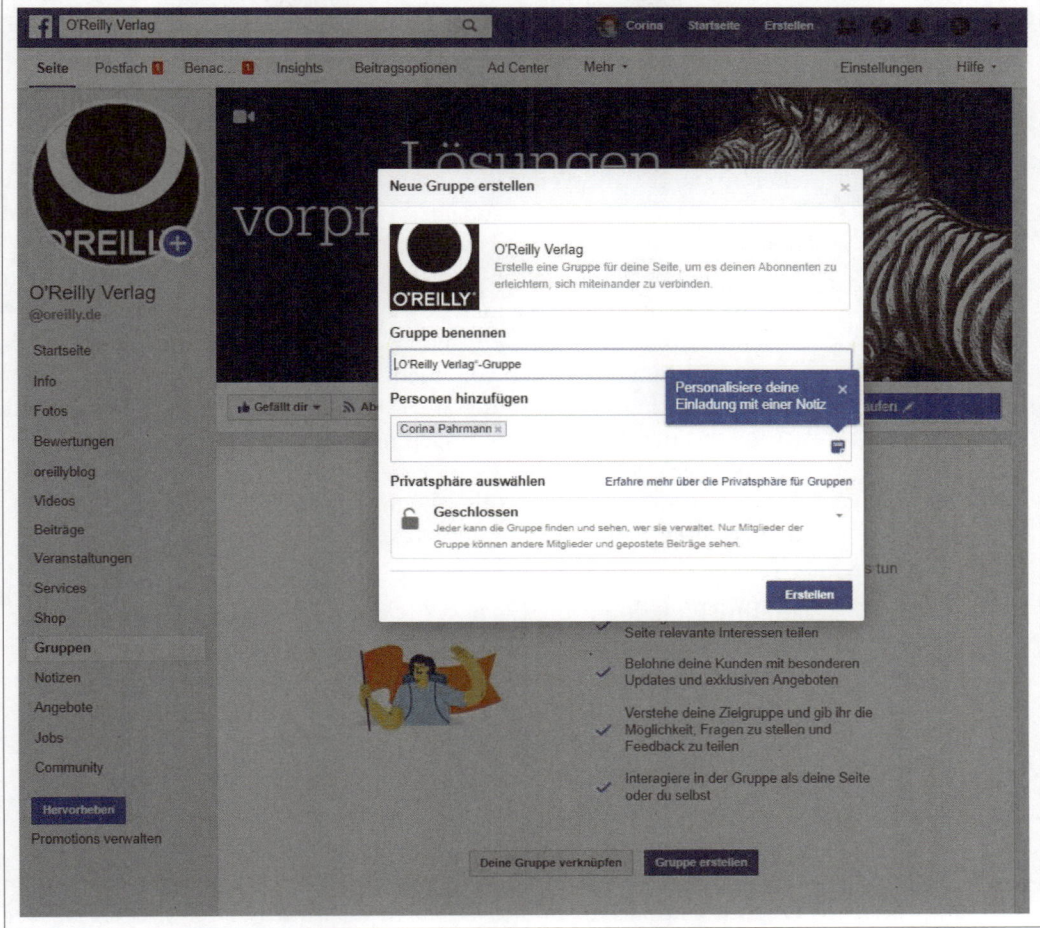

Eine Gruppe ist einfach einzurichten. Klicken Sie in der Administratorenansicht Ihrer Seite in der linken Navigationsleiste auf *Gruppen*, wählen Sie *Gruppe erstellen*, vergeben Sie einen Namen, nennen Sie erste Mitglieder der Gruppe – und fertig. Ob Sie die Gruppe öffentlich anlegen, sodass jeder die Mitglieder sehen und Beiträge lesen kann, als private Gruppe, deren Beiträge nur Mitglieder lesen können, ob Ihre Gruppe in der Suche öffentlich oder verborgen bleiben soll – all das bleibt Ihnen und Ihrer Zielsetzung überlassen.

Zur Interaktion untereinander steht außerdem die bekannte Pinnwand inklusive Kommentarfunktion und Einbinden von Dateien, Fotos, Videos, Fragen und Links zur Verfügung. Eine Besonderheit der Gruppen ist, dass gemeinsam einfache Textdokumente erstellt und bearbeitet werden können. Gruppen konzentrieren sich in ihrer Funktion auf et-

▲ **Abbildung 8-11**
In Gruppen erreichen Sie teilweise deutlich mehr Interaktion als auf Seiten – auch weil hier der Algorithmus (noch?) nicht die Sichtbarkeit Ihrer Beiträge beeinflusst.

was sehr Wichtiges: den Austausch und die Diskussion unter Menschen, die sich für dasselbe interessieren.

Veranstaltungen bewerben

Nützlich ist die Anwendung *Veranstaltungen*, durch die Sie Events jeglicher Art und Größe eintragen können: von exklusiven Fantreffen für wenige Personen über Lesungen bis hin zu Rockkonzerten. Sowohl über Profile als auch über Seiten können Sie mit wenigen Klicks und Eingaben eine Veranstaltung anlegen, Informationen über diese teilen und Ihre Kontakte zur Teilnahme einladen. Auf der entstandenen Veranstaltungsseite können Sie regelmäßig Nachrichten hinterlassen – beispielsweise einige Wochen vor einem »Tag der offenen Tür« den detaillierten zeitlichen Ablauf. Oder am Tag vor einem Konzert Hinweise zur Parkplatzsituation. Oder Sie fragen nach einer Konferenz, wie es Ihren Teilnehmern gefallen hat. Es gibt viele praktische Informationen oder andere Gesprächsanlässe, über die Sie schon im Vorfeld engeren Kontakt zu Ihren Teilnehmern knüpfen können.

Nicht zu unterschätzen ist der virale Charakter: Klickt Klaus Müller auf Ihre Einladung zum Event XY *Ich nehme teil* an, erhalten gleichzeitig seine Freunde die Meldung »Klaus Müller nimmt an Event XY teil« – selbstverständlich mit entsprechenden Links versehen. (Auch hier schlug zuletzt immer mehr der Algorithmus zu. Die Meldungen gehen längst nicht mehr an alle Freunde heraus – dennoch sollten Sie diese Chance auf virale Verbreitung nicht an sich vorbeiziehen lassen.) Auf jeder Veranstaltungsseite zeigt eine Liste, wie viele und welche Facebook-User an dieser Veranstaltung interessiert sind, eine Teilnahme beabsichtigen oder verneinen. Sieht Klaus Müller also beispielsweise, dass seine Freunde Thomas Meier und Sabine Schulze am Tag der offenen Tür der Flora Köln teilnehmen, fühlt er sich eventuell angesprochen und plant ebenfalls einen Besuch. Diesen Entscheidungsweg können Sie also ebnen, indem Sie eine Veranstaltungsseite bei Facebook als obligatorisches To-do Ihrer Eventplanung verstehen. Zudem übernimmt Facebook öffentlich geteilte Veranstaltungen in sein Verzeichnis, das jeder User nach Ort und Interessen durchstöbern kann bzw. aus dem Facebook jedem User passende Events vorschlägt.

Hinweis ▶ Nicht ganz unpraktisch sind die *Veranstaltungsseiten* auch, um Ihre Besucherfrequenzen abzuschätzen. Dabei dürfen Sie die Teilnehmerzahlen gemäß einer Veranstaltungsseite bei Facebook jedoch nicht für bare Münze nehmen. Denn erstens sind zwar viele, aber eben längst nicht alle Menschen auf Facebook – und noch weniger tragen in ihr Facebook-Profil ein, zu welchen Veranstaltungen sie gehen –, und zweitens sind die Angaben natürlich unverbindlich. Dennoch hilft es, die tendenzielle Beliebtheit einer Veranstaltung einzuschätzen.

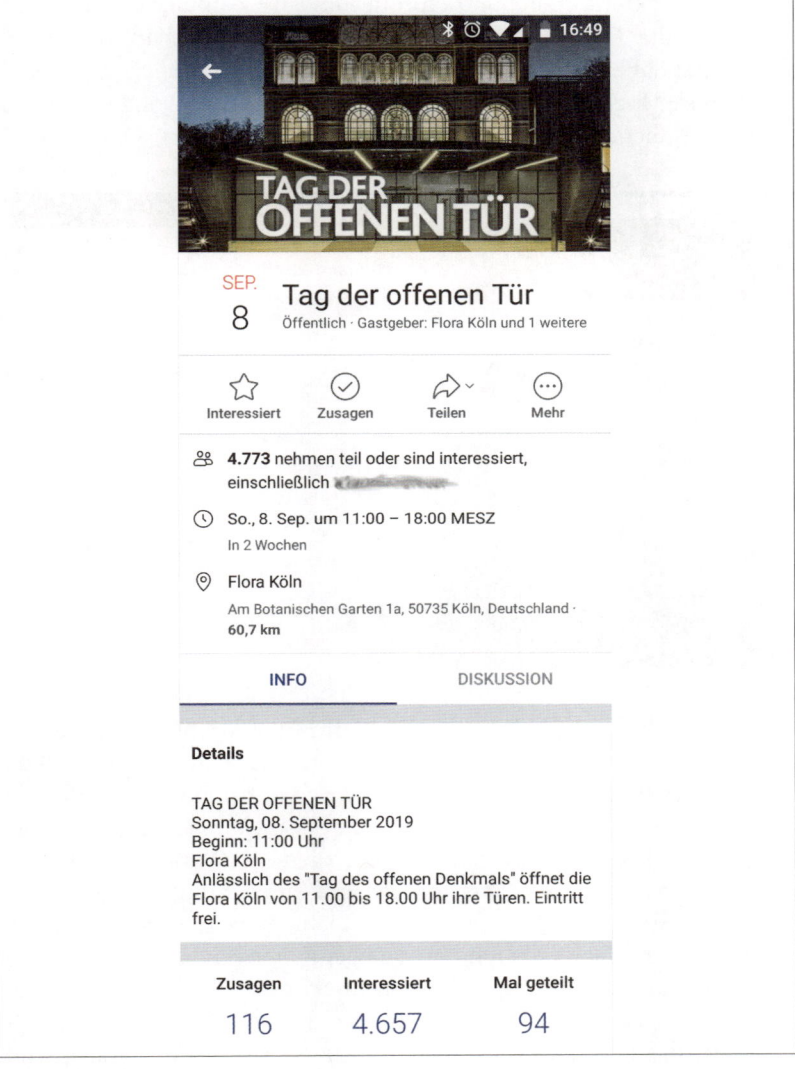

◀ **Abbildung 8-12**
Vom Tag der offenen Tür
bis zur Konferenz: Unter-
nehmen und Organisatio-
nen, die eine Veranstaltung
organisieren, sollten die
kostenfreien Werbemög-
lichkeiten Facebooks
nutzen.

Diese Funktionalität ist kostenfrei, Sie müssen nur ein wenig Arbeit investieren!

Auch andere soziale Netzwerke bieten Veranstaltungsseiten, unter anderem das Businessnetzwerk XING[17]. Der Dienst unterscheidet kostenfreie
Basisevents und sogenannte Event-Plus-Pakete (29,95 Euro pro Monat
und Event). Dafür bietet XING auch Unterstützung beim Ticketver-

---

17 *https://www.xing.com/events*

kauf – recht komfortabel und erprobt inklusive Zahlungsabwicklung – sowie bei der Organisation und der Vermarktung des Events. XING Events hat dabei ausschließlich die Businessevents im Blick: Tagungen, Kongresse, Messen, aber auch kleinere Veranstaltungen von Firmen oder Organisationen.

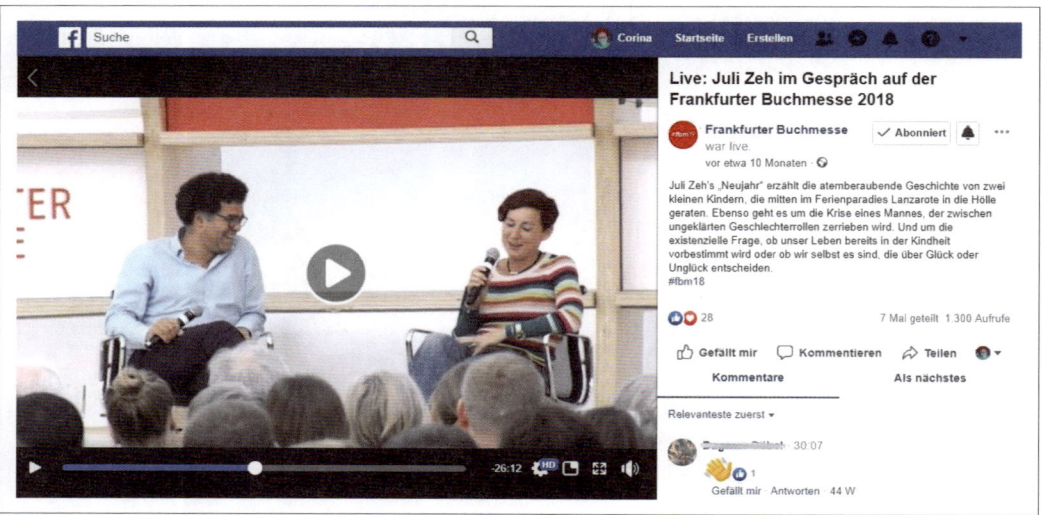

Abbildung 8-13 ▲

Facebook-Live: von der Vereinssitzung bis zum Stadionkonzert. Hier übertrug die Frankfurter Buchmesse ein Gespräch mit der Autorin Juli Zeh. Auch von Interviews mit Messebesuchern oder Unternehmen können sowohl Ihre Facebook-Seite als auch Ihre Zielgruppe profitieren.

Und wenn die Veranstaltung gerade läuft? Überlegen Sie, wie Sie mit Social Media Interessierte, die nicht vor Ort sind, teilhaben lassen können: Vielleicht berichten Sie in einer Story von Ihrem Sommerfest für Kunden? Konferenzveranstalter könnten beispielsweise Ihren Keynote-Speaker via Facebook-Livestream übertragen. Als Minimalausstattung genügen inzwischen ein Smartphone und eine stabile Internetverbindung. Ein Stativ sowie professionelles Licht- und Tonequipment sind natürlich vorteilhaft, aber nicht zwingend notwendig. Während der Aufnahme können Ihre Zuschauer kommentieren und Reaktionen abgeben, was zusätzliche Gesprächsanlässe mit Ihrer Community schafft. Bitten Sie dazu auch Kollegen um Hilfe, die Sie bei vielen Anfragen und/oder technischen Problemen unterstützen. Die Aufzeichnung selbst wandert schließlich in Ihre Facebook-Chronik und kann auch nach der Veranstaltung noch gesehen, kommentiert und geteilt werden.

Erfolgskontrolle

Nachdem Sie Ihre Seite angelegt, erste Fans gefunden, regelmäßig Neuigkeiten für Ihre Kunden veröffentlicht und mit Ihren Fans Gespräche aufgebaut haben, geht es an die Erfolgskontrolle. Natürlich können Sie einfach die Anzahl Ihrer Fans beobachten, doch Facebook-Seiten bieten mehr: Über den Punkt *Insights* erhalten Sie detaillierte kostenlose Statistiken zur Anzahl der Seitenaufrufe pro Tag, zu demografischen Daten und zu beliebten Inhalten. Sie erfahren, zu welchen Uhrzeiten Ihre Fans bevorzugt auf Facebook sind, welche Posting-Typen sie bevorzugen (Bild, Link oder Text?), und auch, wie die Performance Ihrer Konkurrenten aussieht.

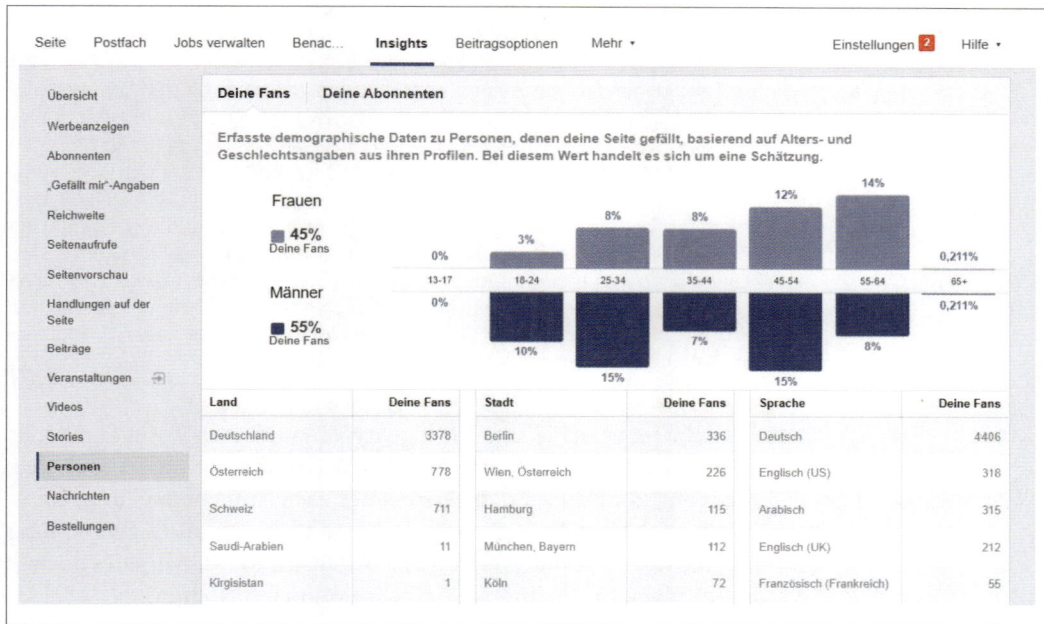

Die Statistiken sind für jeden Seitenadministrator einsehbar. Die Werte können außerdem als XLS- oder CSV-Dateien exportiert werden. Da Facebook die Daten nicht unendlich lange zur Verfügung stellt, ist es sinnvoll, die Werte regelmäßig herunterzuladen und lokal zu speichern. So können Sie auch nach längerer Zeit Entwicklungen ablesen und Ihre Schlüsse aus Ihren Auswertungen ziehen.

Mit diesen Informationen bewaffnet, können Sie, sofern Sie Kosten auf sich nehmen wollen, Ihre Leser mit gezielter Werbung ansprechen. Diese Werbeanzeigen sind nützlich, weil die Nutzer von Facebook meist detaillierte und aktuelle demografische Daten preisgeben, was Facebook zu einer starken Werbeplattform macht. Werbeanzeigen lassen eine genaue Zielgruppenauswahl und -ansprache zu. Wie bei Google Ads legen Sie Ihr Budget selbst fest und können Ihre Kosten damit gut kontrollieren. Über die *Insights* sowie den Punkt *Ad Center* sehen Sie dann, wie viele neue Fans Sie über Ihre Anzeigen dazugewinnen konnten. War es lange Zeit möglich, allein über gute Inhalte bei Facebook hohe Reichweiten zu erzielen, kommen Sie mittlerweile kaum mehr ohne flankierende Werbeanzeigen aus, wenn Sie mehr Fans erreichen wollen.

▲ **Abbildung 8-14**
Die Zahlen, die Facebook Ihnen unter Insights liefert, helfen Ihnen, Ihre Zielgruppe genauer zu umreißen und Inhalte zu planen. Wichtig sind diese Funktionen auch als Vorbereitung für die Mediaplanung – sprich, welche Facebook Ads Sie für welche Zielgruppen schalten.

Bezahlte Werbung bei Facebook

Wenn Sie Ihre Reichweite bei Facebook signifikant erhöhen bzw. erhalten wollen, kommen Sie um bezahlte Werbung quasi nicht mehr herum. Kalkulieren Sie etwas Zeit ein, die Sie zur Planung, Gestaltung und Erfolgsmessung von Anzeigen benötigen – sowie natürlich Geldmittel, um diese zu bezahlen.

Facebook bietet verschiedene Anzeigentypen, und auch wenn es anfangs schwierig zu überblicken sein mag: Im Werbeanzeigenmanager[18] werden Sie recht sanft durch den Prozess der Zielgruppenerstellung, Kampagnenplanung und Anzeigengestaltung geführt. Die Anzeigenplanung müssen Sie am Computer erledigen, bedenken Sie dabei jedoch, dass Sie die Anzeigen für die mobile Ansicht optimieren sollten.

So rufen Sie Facebooks Werbeanzeigenmanager – oder auch Ad Center – auf:

- In Ihrer persönlichen Profilansicht klicken Sie auf das kleine Dreieck in der rechten oberen Ecke und wählen dann *Werbeanzeigen verwalten*.
- Von Ihrer Seitenansicht aus wählen Sie im oberen Menü den Punkt *Ad Center* (gelegentlich auch: *Ads Center*).
- Unter Ihren Postings bietet Facebook ebenfalls jeweils eine Schaltfläche *Posting bewerben*. Von diesem Einstieg raten wir allerdings ab, denn hier gab es in der Praxis immer wieder Probleme bei der Zielgruppeneinstellung.

Der Werbeanzeigenmanager ist an eine Person gebunden, auf die das sogenannte Werbekonto, bei dem Rechnungsdaten und Zahlungsinformationen hinterlegt sind, läuft. Mit diesem Werbekonto können Sie für mehrere Seiten gleichzeitig Werbung schalten. Sind Sie Freelancer oder

---

18 *https://www.facebook.com/ads/manager/accounts/*

ein kleineres Unternehmen, bei dem nur ein Kollege an der Facebook-Seite arbeitet? Dann genügt dieses Setting aus persönlichem Profil mit Werbekonto und Administratorenzugang auf eine Seite völlig. (Ein sicheres Passwort und Ihre Achtsamkeit setzen wir voraus.)

Der Business Manager

Arbeiten Sie für ein größeres Unternehmen und/oder im Team mit anderen Seitenadministratoren? Managen Sie als Freelancer oder Agentur für mehrere Unternehmen mehrere Facebook-Seiten, die unterschiedlich abgerechnet werden sollen? Dann raten wir Ihnen, Facebooks *Business Manager* zu nutzen. Der Business Manager[19] verwaltet alle Seiten, Werbekonten und beteiligten Personen zentral und übersichtlich. Sie können Kollegen verschiedene Rollen und Berechtigungen erteilen und sehen zudem jederzeit, woran diese jeweils arbeiten. Viele Menschen überzeugt auch, dass sie kein privates Facebook-Profil angeben müssen, um eine Seite zu administrieren – wer also Berufliches von Privatem scharf trennen will, hat mit dem Business Manager das richtige Tool. Außerdem bietet Facebook über den Business Manager häufig schneller neue, attraktive Werbeformate. Spätestens wenn Sie also Werbung schalten wollen, ist es an der Zeit, zu prüfen, ob Sie auf den Business Manager umsteigen wollen.

Wenn Sie wissen möchten, was gegen seine Verwendung spricht: Auf den ersten Blick überfordern die vielen Funktionen und Menüpunkte, außerdem hatte der Business Manager einen schweren Einstieg bei den Facebook-Administratoren, da er zunächst einige Fehler hervorbrachte. Und natürlich ist er eine weitere Oberfläche, die Sie erst einmal kennenlernen müssen. Kleineren Unternehmen oder »Einzelkämpfern« raten wir auch einige Jahre nach Einführung des Business Manager tatsächlich eher ab: Zwar ist er schnell eingerichtet, die Arbeit mit ihm ist jedoch recht komplex und zeitaufwendig. »Mit Kanonen auf Spatzen schießen«, könnte man zusammenfassen. Gleichzeitig können Sie eine Entscheidung für den Business Manager nur schlecht wieder rückgängig machen: Sie müssen bei der Registrierung eine sogenannte primäre Seite benennen – und diese Seite lässt sich fortan dann nur noch über den Business Manager befüllen. Weder können Sie über Ihr persönliches Profil zugreifen, noch können Sie die Seite einfach wieder aus dem Business Manager herauslösen. Dies erschwert unter anderem das Posten von unterwegs. Legen Sie sich diese Frage aber auf Wiedervorlage – Facebook kündigte 2019 an, den Business Manager vereinfachen zu wollen.

---

19 *https://business.facebook.com/overview/*

Der Werbeanzeigenmanager

Der *Werbeanzeigenmanager*[20], den Sie für die Schaltung von Anzeigen benötigen, ist mit und ohne Business Manager verfügbar. Mit ihm erstellen Sie Facebook-Anzeigen, die dann im Newsfeed Ihrer geplanten Zielgruppe ausgespielt werden. In Abbildung 8-15 sehen Sie eine typische Facebook-Anzeige bestehend aus Text, Link mit Vorschaubild, Call-to-Action-Button *Jetzt buchen* und Kommentarfunktion bzw. der Möglichkeit, eine Reaktion zu hinterlassen. Ganz oben zeigt Facebook außerdem, welche Facebook-Freundin die Air-France-Seite abonniert hat – dahinter steht natürlich das Argument, dass Menschen besonders den Empfehlungen von Freunden folgen.

Abbildung 8-15 ▶
Werbeanzeigen erscheinen im Newsfeed des Facebook-Users und sind auf den ersten Blick wie native Postings aufgebaut. Eindeutig als Werbung identifizierbar sind sie durch die Zeile »Gesponsert«. Warum Sie eine bestimmte Anzeige sehen, verraten Ihnen die drei kleinen Pünktchen rechts oben in der Anzeige. In diesem Fall erfahren wir, dass die Anzeige an in Deutschland lebende Facebook-User ausgespielt werden soll.

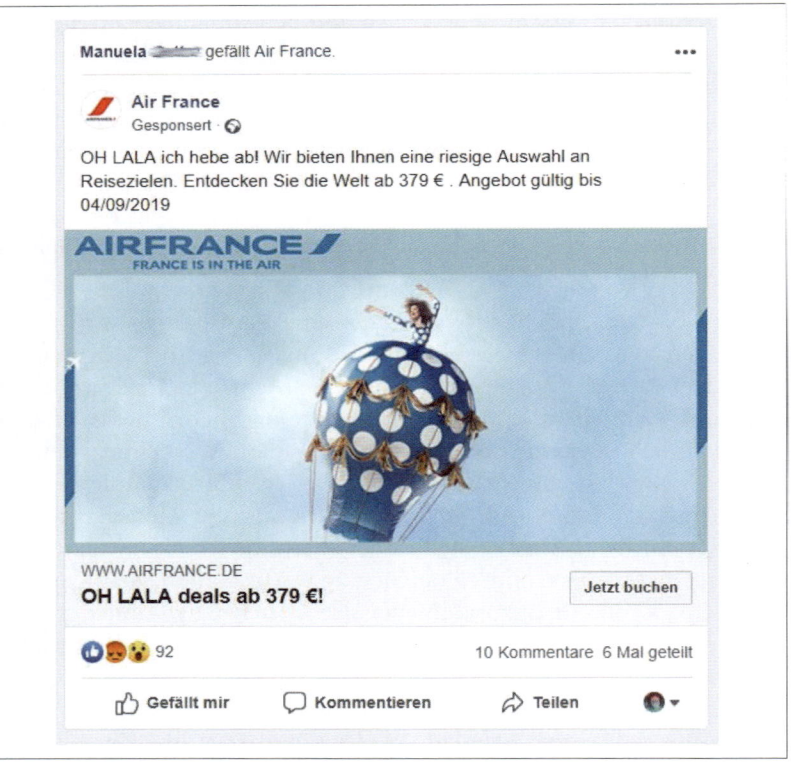

Zielgruppe festlegen

Werbeanzeigen sind personalisiert, aber nicht persönlich. Das bedeutet, dass Sie als Unternehmen Werbeanzeigen auf bestimmte Profileigen-

---

20 Auch als Ad Center oder Ads Center geläufig.

schaften hin schalten können. Das reicht von Geschlecht, Alter, Wohnort und Interessen bis hin zu sehr kleinteiligen Eigenschaften: zum Beispiel ob jemand Fan einer bestimmten Seite ist. Außerdem können (und sollten) Sie einzelne User ausschließen, um Streuverluste zu vermeiden.

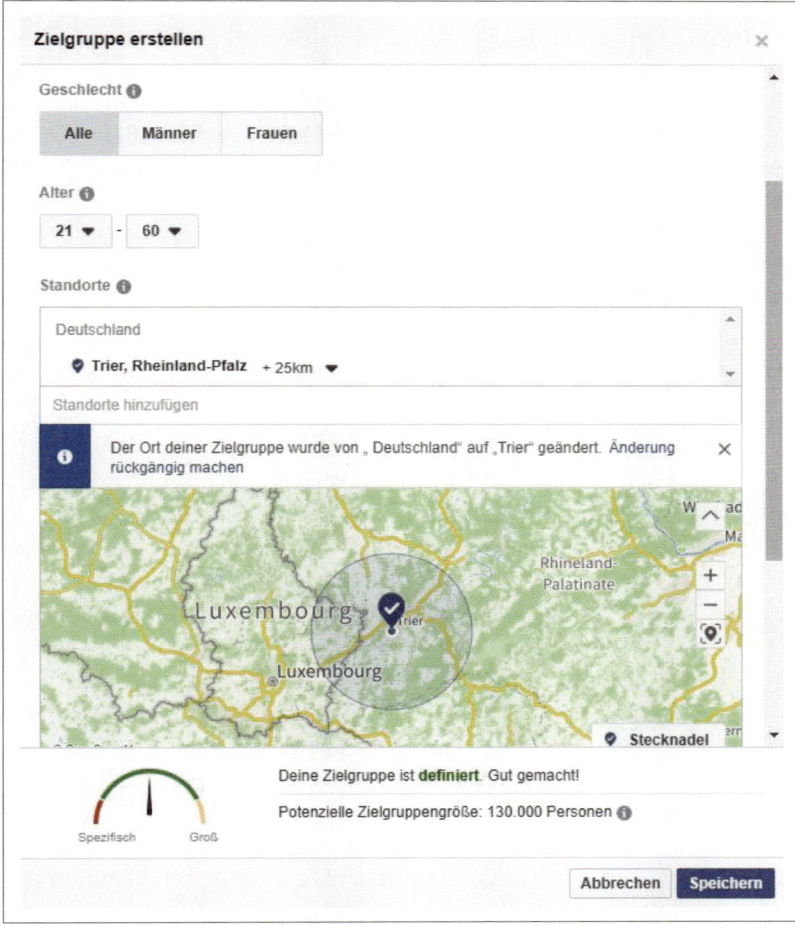

◀ Abbildung 8-16
Eine oder mehrere verschiedene Zielgruppen für Ihre Anzeigen legen Sie unter »Zielgruppe erstellen« im Werbeanzeigenmanager fest. Diese »von Hand verlesenen« Zielgruppen bezeichnet Facebook als Core Audiences.

Erinnern Sie sich noch einmal gut an die in Kapitel 2 erstellten Personas: Welche Kunden mit welchen Interessen, Wohnorten und Sprachen möchten Sie erreichen? Welche Magazine lesen diese Menschen, an welche Ort reisen sie, welche Veranstaltungen besuchen sie? Versuchen Sie, Ihre Zielgruppe so scharf wie möglich zu umreißen. Wenn Sie mehrere Zielgruppen haben, legen Sie diese getrennt an. Als Fahrschule haben Sie beispielsweise mindestens zwei Zielgruppen:

- 15- bis 18-Jährige, die in Ihrer Stadt oder Region leben.
- Eltern dieser potenziellen Fahrschüler, die naturgemäß zur Altersgruppe der 35- bis 50-Jährigen gehören und häufig die Auswahl der Fahrschule und die Anmeldung übernehmen sowie für die Kosten des Führerscheins aufkommen.

Beide Zielgruppen würden Sie sowohl inhaltlich als auch sprachlich anders adressieren. Außerdem können Sie überlegen, ob auch Erwachsene, die in Jugendfreizeiteinrichtungen oder Schulen arbeiten, erreicht werden sollen. Wenn Sie Fahrstunden für Menschen mit Behinderungen anbieten, sind Mitarbeiter von Einrichtungen oder Vereinen für behinderte Menschen eine mögliche Zielgruppe. Und wenn Sie mehrsprachige Fahrlehrer haben, die Unterricht beispielsweise in Türkisch oder Spanisch durchführen können, sollten Sie dies ebenfalls in Ihren Zielgruppen und Anzeigen berücksichtigen.

Neben geografischen, demografischen oder interessenbezogenen Merkmalen können Sie Ihre Zielgruppe auch durch sogenannte Custom Audiences und Lookalike Audiences auswählen – oder, wie Facebook-Marketingprofis sagen: targeten. Bringen wir etwas Licht ins Dunkel:

- Eine *Custom Audience* lässt sich aus vorhandenen Kundendaten anlegen, beispielsweise aus Ihrer lokalen Kundendatei, die Sie als Excel-Sheet hochladen. Sie ahnen es sicher schon: aus datenschutzrechtlicher Sicht höchst bedenklich und deshalb zumindest innerhalb der EU nicht empfehlenswert. Als Quellen gelten aber auch Aktivitäten der User – etwa ob sie Ihre App nutzen oder sogar ob sie ganz real Ihr Ladengeschäft aufgesucht haben.

  Sehr häufig genutzt wird die Option einer *Website Custom Audience*. Dazu bauen Sie das sogenannte Facebook-Pixel auf Ihren Webseiten ein. Besucht ein Kunde nun etwa Ihren Shop und schaut sich einzelne Produktseiten an, ohne aber etwas zu kaufen, können Sie diesem Kunden gezielt Werbung in seinen *News Feed* spielen, die ihn zum Kaufabschluss animiert. Diese Methode kennen Sie sicherlich unter dem Begriff Retargeting (siehe Abbildung 8-17).

- Der heilige Gral: *Lookalike Audiences*. Sie sind quasi die Blaupause echter Kunden und Fans. Facebook erstellt basierend auf vorhandenen Fans und/oder Usern, die bereits mit Ihnen agiert haben, eine Gruppe von Personen, die diesen ähneln – und sich deshalb vermutlich auch für Ihr Angebot interessieren. Dazu ist es natürlich nötig, bereits über eine aussagekräftige Fanbasis zu verfügen, die als Source Custom Audience dient. Und in diesem Fall sind wir wieder bei datenschutzrechtlichen Hürden.

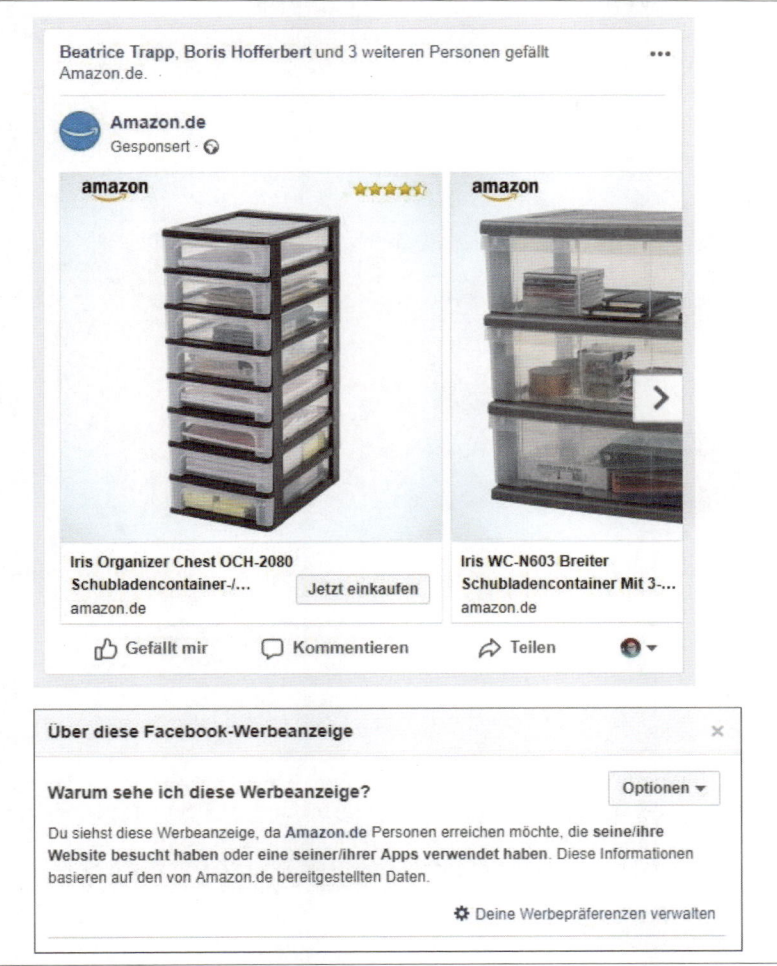

Das *Facebook-Pixel* ist ein Codeschnipsel in der Skriptsprache JavaScript. Diese Sprache ist Teil sämtlicher zeitgemäßer Websites und sorgt unter anderem dafür, dass Inhalte im Hintergrund nachgeladen oder aktualisiert werden. Bei Facebook unterstützt das Pixel exaktes Zielgruppen-Targeting und hilft durch Conversion Tracking bei der Erfolgsbewertung. Sie erstellen den nötigen Code im *Events Manager* Ihrer Facebook-Seite[21] unter *Datenquellen* und fügen ihn im Quellcode Ihrer Website ein – dazu benötigen Sie unter Umständen Hilfe Ihres Website-Administrators. In Ihrem Werbeanzeigenmanager legen Sie dann die Website *Custom Audience* an und lassen Ihr Pixel die entsprechenden Daten sammeln. Wenn die Zielgruppe angewachsen ist, verfügen Sie über eine sehr praktische Datenbasis von Personen, die bereits auf

◄ Definition

---

21 *https://www.facebook.com/events_manager/?act=56983638*

Ihrer Website waren und nun über Facebook wieder an Ihr Unternehmen erinnert werden können. Mehr zum Einsatz des Facebook-Pixels erfahren Sie unter anderem bei allfacebook.de[22].

Abbildung 8-18 ▶
Und so erstellen Sie Ihre Website Custom Audience: Wählen Sie im Werbeanzeigenmanager den Punkt »Zielgruppen«. Dort können Sie sowohl Custom als auch Lookalike Audiences anlegen, genauso wie feste Zielgruppen anhand der Eigenschaften Ihrer potenziellen Kunden.

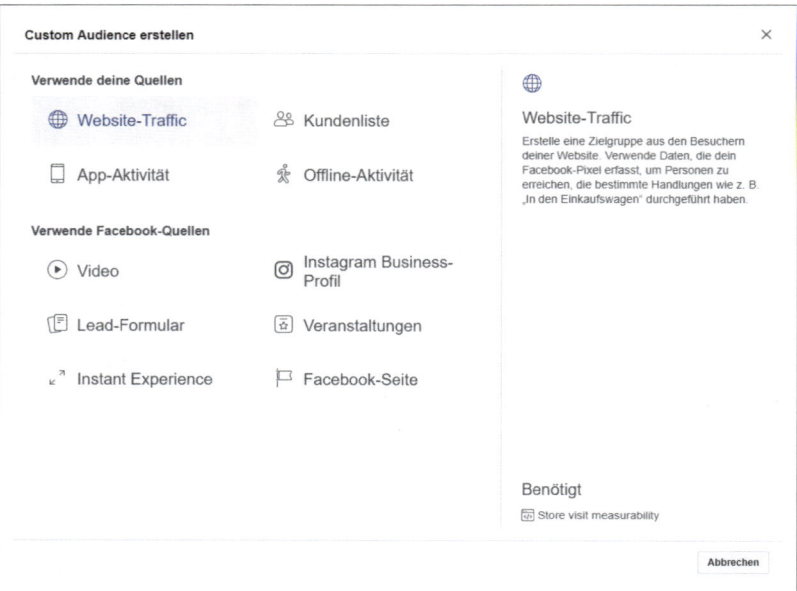

Hinweis ▶ Auch nachdem Sie die Werbeanzeigen geschaltet haben, sollten Sie Ihre Zielgruppen entsprechend der Performance der Anzeigen immer wieder prüfen und feinjustieren. Ist das sogenannte *Targeting* nicht perfektioniert, verlieren Sie beim Anzeigenschalten nicht nur Reichweite, sondern auch bares Geld.

Kampagne erstellen

Bevor es an die Gestaltung einer Anzeige geht, legen Sie eine Kampagne an. Innerhalb dieser lassen sich dann verschiedene Anzeigen an verschiedene Zielgruppen zu verschiedenen Zeitpunkten gemäß unterschiedlichen Budgets ausspielen. Zunächst müssen Sie entscheiden, welches Ziel Sie verfolgen (siehe Abbildung 8-19). Beliebte Kampagnenziele sind Interaktionen – dazu gehören Kommentare, das Teilen von Beiträgen, *Gefällt mir*-Angaben oder Antworten auf Eventeinladungen.

---

22 *https://allfacebook.de/fbmarketing/facebook-pixel*

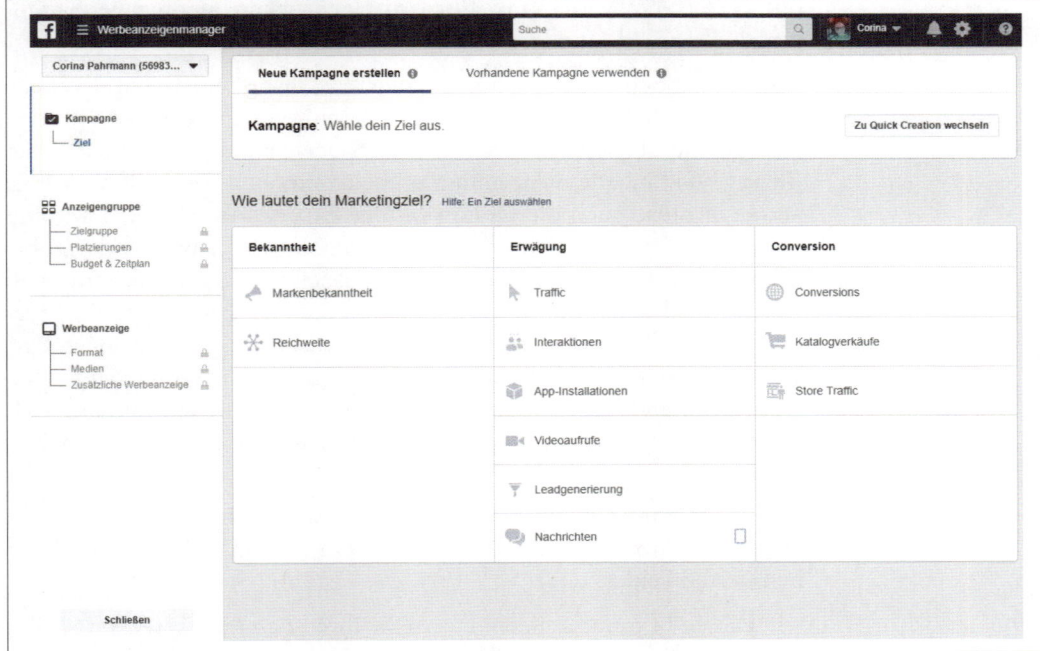

▲ Abbildung 8-19
Eine Kampagne bei
Facebook anlegen

Viele Seitenbetreiber wünschen auch Traffic auf ihrer Website oder Conversions wie Newsletter-Bestellungen oder gar Kaufabschlüsse im Shop. Nachdem Sie Ihr Ziel festgelegt haben, führt Sie Facebook automatisch weiter zur Auswahl der Zielgruppen – hier können Sie die vorab eingerichteten Zielgruppen auswählen und neue Zielgruppen targeten. Facebook fragt ab, ob Sie Ihre Anzeigen automatisch oder manuell platzieren möchten, beispielsweise nur auf mobilen Endgeräten oder auch bei Instagram. Im Regelfall fahren Sie am besten, wenn Sie sich an Facebooks Empfehlung – die automatische Platzierung – halten. Schließlich geben Sie noch ein, in welcher Zeitspanne Ihre Kampagne laufen soll, und legen Ihr Budget fest. Sie können zwischen einem Tagesbudget und einem Laufzeitbudget wählen. Das Mindesttagesbudget liegt bei 5 Euro pro Tag. Facebook-Anzeigen werden dann entweder pro Klick oder pro Impression abgerechnet – wie Sie es für Ihr Kampagnenziel bevorzugen. (Über die Kennwerte im Social Media Marketing haben wir in Kapitel 3 detaillierter gesprochen.)

Werbeanzeigen gestalten

Nun geht es ins Detail: Sie legen Ihre Werbeanzeige an. Facebook bietet Ihnen dazu einige Vorlagen, beispielsweise können Sie ein »Carousel« mit mehreren scrollbaren Bildern oder Videos anlegen (die jeweils direkt auf Ihre Produktseite im Shop verlinken können), ein einzelnes Bild oder Video zum Mittelpunkt Ihrer Anzeige machen oder in einer Sammlung mehrere Bild- und Videoelemente hochladen.

Facebook möchte Unternehmen ermutigen, insbesondere multimediale und für mobile Geräte optimierte Postings zu veröffentlichen – weiß aber, dass gerade kleinere Unternehmen in Sachen innovativer und frischer (Bewegt-)Bildinhalte nicht immer mithalten können. Deshalb finden Sie an dieser Stelle auch die Option *Instant Experiences*. Dahinter verbirgt sich der Instant Experience Builder[23], ein Tool, das Layoutvorlagen bereitstellt und so ganz pragmatisch hilft, visuell reizvolle Inhalte zu erstellen, die noch dazu mit kurzen Ladezeiten überzeugen. Tippt ein Facebook-User auf eine in diesem Builder erstellte Anzeige, öffnet sich eine attraktive Vollbilddarstellung. Scheuen Sie nicht den vermuteten technischen Aufwand, sondern experimentieren Sie mit diesem Format. Vielleicht ist es perfekt geeignet, um Ihre Produkte im richtigen Licht darzustellen.

Geben Sie dann, wie in Abbildung 8-20 dargestellt, alle notwendigen Daten ein. Achten Sie dabei besonders auf die mit den Ziffern 1 bis 5 markierten Felder:

1. Dieser Text muss sitzen: Holen Sie Ihren Leser ab, sprechen Sie ihn direkt an, nennen Sie die wichtigsten Benefits Ihres Produkts und lockern Sie den Post je nach Zielgruppe mit Emojis auf.[24] Prüfen Sie im Vorschaufenster rechts, wie Ihr Text wirkt. Verzichten Sie auf Clickbaiting (»Dieses Buch ist gerade erschienen, und Sie glauben nicht, was Sie darin lernen«), damit vergraulen Sie Kunden, statt sie zu gewinnen.

2. Titel und Beschreibung erscheinen unter dem Vorschaubild. Achten Sie auf kurze, griffige Formulierungen, die nicht aus dem sichtbaren Bereich herauslaufen. (Je nach Produkt darf es auch werblicher formuliert sein als in diesem Beispiel.)

3. Checken Sie anhand der Schaltflächen, wie Ihre Anzeige auf verschiedenen Screens bzw. Geräten dargestellt wird. Priorität Nummer eins muss hier die mobile Ansicht haben, auch wenn Sie die Anzeige am Computer gestalten.

4. Facebook zieht automatisch das Vorschaubild Ihrer URL heraus. Sollte dies nicht sauber dargestellt werden, können Sie selbst eine

---

23 *https://www.facebook.com/business/ads/instant-experiences-ad-destination*

24 Emojis hat Facebook an dieser Stelle nicht eingebunden, Sie können sie daher nicht einfach anklicken. Sie können sie sich aber beispielsweise per Copy-and-paste von Websites wie *http://getemoji.com/* fischen. Windows-User können durch die Kombination Windows-Logo-Taste + Punkt (.) oder Semikolon (;) aus jeder Anwendung ein Emoji-Menü aufrufen. Mac-User nutzen Ctrl + Cmd + Leertaste.

Grafik hochladen und zuschneiden. Bei mehreren Bildern bietet Facebook eine Slideshow-Funktion, die die Bilder zu Bewegtbild inklusive Übergängen zusammenklebt.

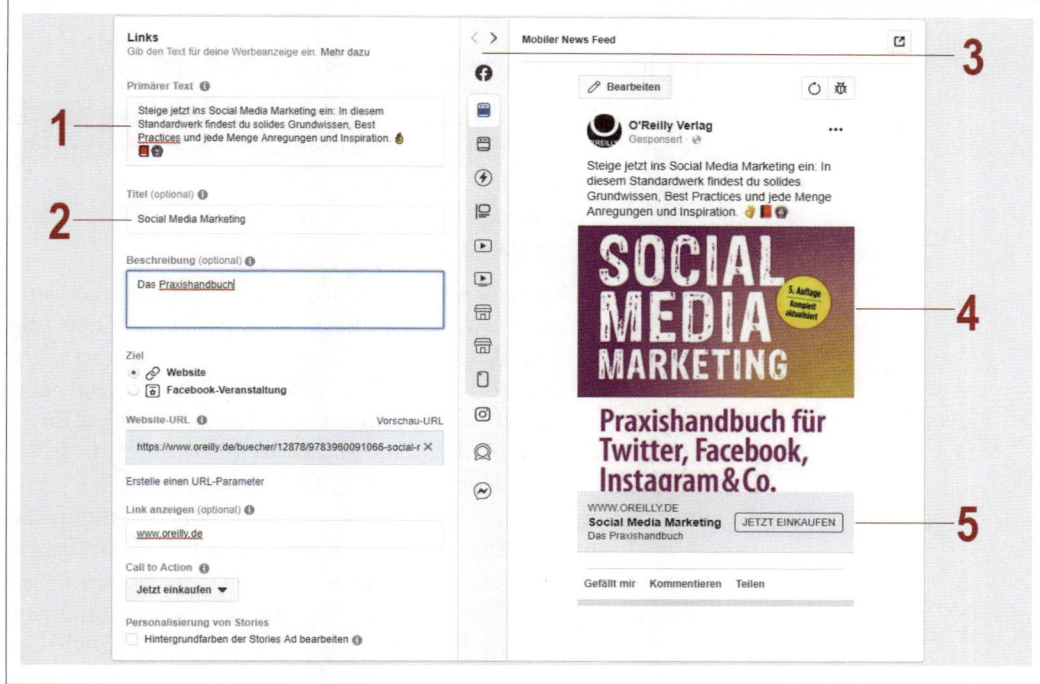

5. Zentrales Element: der Call-to-Action-Button. Facebook gibt Ihnen verschiedene Varianten vor, unter anderem *Mehr dazu*, *Registrieren* oder *Abonnieren*. Er sollte natürlich Ihr Kampagnenziel berücksichtigen.

Wenn Sie die Gestaltung der Anzeige abgeschlossen haben, können Sie noch einmal alle Einstellungen von der Zielgruppe über das Budget bis zum Anzeigenlayout prüfen und den Anzeigenentwurf speichern. Sie finden den Entwurf in Ihrem Werbeanzeigenmanager und können die Anzeigenschaltung dann jederzeit starten, pausieren lassen, verändern und beenden.

Performance bewerten

Um die Wirksamkeit Ihrer Werbung zu beurteilen, finden Sie in Ihrem Werbeanzeigenmanager detaillierte Messwerte, zum Beispiel die Gesamtzahl der Klicks, die durchschnittlichen Kosten pro Klick (CPC) sowie drei durch Facebook vorgegebene Kriterien: die *Qualitäts-Einstufung*, die *Einstufung der Interaktionsrate* und die *Einstufung der Conversion*

▲ **Abbildung 8-20**
Sehr nutzerfreundlich und selbsterklärend: Wie Ihre Anzeige auf den verschiedenen Endgeräten wirkt, können Sie direkt beobachten.

Rate. Werfen Sie direkt nach Veröffentlichung Ihrer Anzeigen regelmäßig einen Blick auf die Statistik und justieren Sie Ihre Anzeigen nach, wenn Sie mit der Performance nicht zufrieden sind – beispielsweise wenn Facebook die Interaktionsrate als unterdurchschnittlich einschätzt.

Tipps für einen gelungenen Facebook-Auftritt

Richtig angefasst, können Unternehmen enorm vom Facebook-Marketing profitieren – zum Beispiel mit ihren Postings nützliche Inhalte bieten oder sich für ihre Kunden zügig ansprechbar und hilfsbereit zeigen. Deshalb fassen wir an dieser Stelle noch einmal einige Best Practices und Methoden für Ihren Facebook-Auftritt zusammen.

- Reagieren Sie zügig auf Anfragen. Kommentare und Anfragen sollten Sie rasch, höflich und mit Mehrwert für den Fragenden und möglichst ohne leere Worthülsen beantworten. Das steigert nicht nur die Zufriedenheit Ihrer Kunden, sondern auch die von Facebook automatisch bewertete Reaktionsrate. Bei vorbildlicher Reaktionsgeschwindigkeit erhalten Sie Facebooks Gütesiegel: *Hohe Reaktionsfreudigkeit auf Nachrichten*. (Achten Sie darauf, erhaltene Kommentare und Nachrichten als gelesen zu markieren – dies funktioniert nicht immer automatisch und senkt dann Ihre Reaktionsrate.) Aktivieren Sie die Einstellung *Personen können meine Seite privat kontaktieren*. Ein Chatbot – ein Chatfenster, das sich automatisch öffnet, wenn ein Kunde Ihre Seite aufruft – kann zusätzlich Gesprächsbereitschaft signalisieren.

- Geben Sie auf Ihrer Facebook-Seite an, an welchen Tagen und zu welchen Zeiten Ihr Facebook-Team erreichbar ist – dies zeigt Ihren Kunden transparent, wann sie mit einer Antwort rechnen dürfen.

- Achten Sie auf strukturierte Content-Planung, sprechen Sie Ihre Fans direkt an und binden Sie sie auch gelegentlich ein, indem Sie sie aktiv um Ihre Meinung bitten. (Gewinnspiele sind dagegen ein alter Hut – wenn überhaupt, sollten Sie nur noch sparsam auf sie zurückgreifen und vorher Facebooks Richtlinien checken.) Halten Sie sich selbst viel auf Facebook auf, um die richtige Tonalität zu treffen und Trends in Inhalt und Gestaltung von Postings zügig mitzubekommen.

- Experimentieren Sie mit Bewegtbild-Inhalten. Sowohl bei Facebook-Usern als auch bei Facebook selbst kommen visuelle Reize deutlich besser an als reine Textinhalte. Facebook liefert Ihnen Vorlagen und belohnt Ihren Mut mit höherer Visibilität.

- Schließen Sie sich Facebook-Gruppen an, in denen Sie sich mit anderen Facebook-Admins austauschen können. So erfahren Sie zügig von neuen Funktionen und wie Sie sie am besten einsetzen. Sie können um Rat bei kleinen technischen Hakeleien oder bei einem drohenden Shitstorm fragen und natürlich selbst Hilfsbereitschaft zeigen.

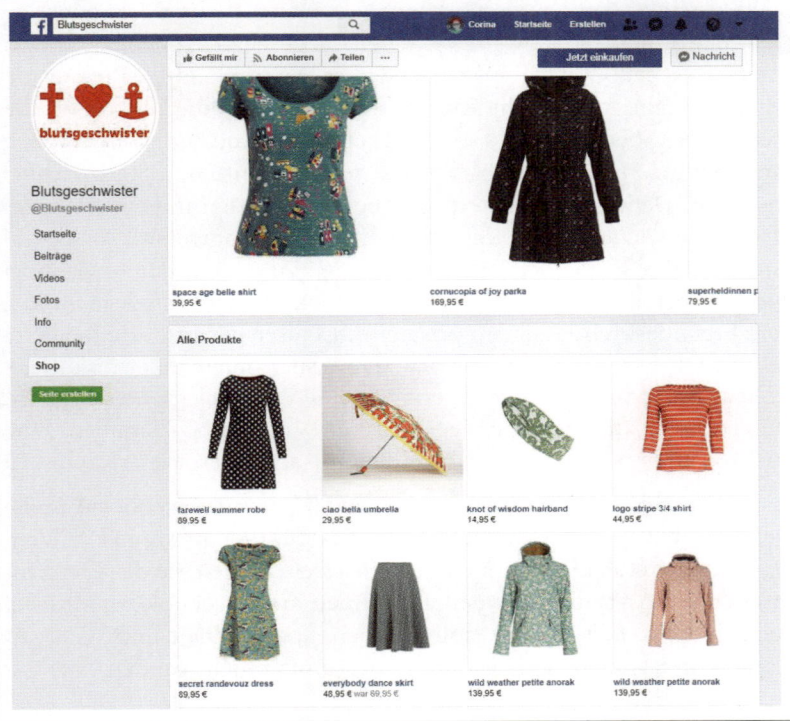

◀ **Abbildung 8-21**
Produktanzeigen im Shop des Facebook-Auftritts: Beim Kaufentschluss wird die Blutsgeschwister-Kundin direkt auf die jeweilige Produktseite der Website weitergeleitet. Facebook bietet über die Shopfunktion aber auch den Direktverkauf. Manche Händler schließen ihre bestehende E-Commerce-Plattform (beispielsweise Shopify) an Facebook an.

- Welche Features können Sie Ihren Kunden bieten? Möchten Sie Ihre Produkte in einem eigenen Shop bei Facebook einstellen? Oder die Standorte Ihrer Filialen auf einer Karte einbinden? Eine Umfrage oder ein Newsletter-Abonnement einbinden oder gar komplette Papers und Unterlagen hinterlegen? Überlegen Sie genau, mit welchen Inhalten und Funktionen Sie Ihre Kunden näher an sich binden können. Deaktivieren Sie dagegen unter *Template und Tabs* die Funktionen, die Sie gar nicht benötigen.

- Arbeiten Sie aktiv mit den Insights: Veröffentlichen Sie immer zum perfekten Zeitpunkt, nämlich dann, wenn Ihre Zielgruppe am ehesten online ist. Prüfen Sie genau, welche Postings Ihre Zielgruppe bevorzugt.

Auch in der Facebook-Familie: WhatsApp und Instagram

In den vergangenen Jahren hat Mark Zuckerberg einige Web- und Mobile-Dienste erworben, die über eine besondere Technologie oder eine vielversprechende Reichweite verfügten. So geschah es auch bei dem Instant-Messenger *WhatsApp*, der allein in Deutschland 97 Prozent der 18- bis 29-Jährigen erreicht. Zwar fehlen WhatsApp die klassischen Elemente eines Social Network – es gibt keine Timeline, und die Optionen, um ein Nutzerprofil zu pflegen, sind mit Foto, Info und Status schnell erschöpft. Dennoch erleichtert es seinen Usern aufgrund einer simplen Bedienoberfläche, Texte, Bilder, Tonaufzeichnungen und Videos an ihre Kontakte zu senden oder in Gruppen zu posten. Diese Gruppen können ebenfalls sehr schnell erstellt werden. Geeignet sind sie für kleinere Freundeskreise und den privaten Austausch genauso wie für Vereine und Orte, deren Mitglieder bzw. Bewohner miteinander diskutieren wollen. Auch Schulklassen, Elternverbände oder Belegschaften großer Unternehmen finden seit einiger Zeit per WhatsApp zusammen. Über die Marketingmöglichkeiten von WhatsApp schreiben wir in Kapitel 13.

Instagram gehört ebenfalls seit einigen Jahren zur Facebook-Familie. Den Einsatz von Instagram erklären wir ausführlich in Kapitel 9. Wenn Sie Instagram für Ihr Unternehmen einsetzen, sollten Sie das Profil mit Ihrer Facebook-Seite verbinden. So können Ihre Facebook-Abonnenten auch zu Ihrem Instagram-Account finden, und: Beiträge und Werbeanzeigen können leichter abgestimmt und veröffentlicht werden.

Zusammenfassung

In Deutschland sind Facebook sowie LinkedIn und XING im Businessbereich die sozialen Netzwerke mit der höchsten Aufmerksamkeit und Aktivität. Zwar funktionieren viele Dienste in Social Media auch als soziale Netzwerke, bei Facebook und den Businessnetzwerken stehen die Bildung von Gemeinschaften und die Verbindung mit anderen Menschen jedoch klar im Vordergrund. Alle drei Netzwerke haben jeweils viele Millionen Nutzer und geben Ihnen die Möglichkeit, ein Profil zu erstellen und sich mit anderen Menschen zu vernetzen, mit denen Sie Kontakt halten möchten, die ähnliche Interessen oder einen ähnlichen beruflichen Hintergrund haben.

Facebook ist – allen Hürden zum Trotz – das nach wie vor reichweitenstärkste soziale Netzwerk. Für viele Nutzer ist Facebook das Synonym für Social Media, und es eignet sich für nahezu jedes Unternehmen. Selbst im B2B-Bereich kann eine Facebook-Seite erfolgreich sein.

Neben einem persönlichen Profil stehen Ihnen Seiten, Gruppen und Werbeanzeigen für die Vermarktung zur Verfügung.

Ein Profil ist genau wie eine Seite rasch eingerichtet. Sie brauchen jedoch eine Strategie dafür, welche Inhalte Sie für wen kommunizieren wollen, wie Sie sich sinnvoll vernetzen und welche Ziele Sie verfolgen. Wenn Sie dies für Ihr Unternehmen skizziert haben, können Sie eine Seite anlegen und diese mit nützlichen Informationen sowie einem attraktiven Titel- und Profilfoto anreichern. Mithilfe eines Redaktionsplans können Sie Ihre Beiträge planen, um sie dann sogar mit etwas Vorlauf als Entwurf anzulegen und automatisiert zu veröffentlichen. Setzen Sie hierbei auf visuell starke Bild- und Videoformate.

Eine Facebook-Seite bietet hervorragende Chancen, sich mit Kunden, Geschäftspartnern und anderen Zielgruppen zu vernetzen. Dazu stehen Ihnen auch Gruppen zur Verfügung, die Sie selbst gründen oder in die Sie eintreten.

Sie können mit einer Facebook-Seite heute kaum noch Reichweite aufbauen, ohne sie mit Anzeigen zu unterstützen. Es ist wichtig, dass Sie Zeit und Budget dafür einplanen, diese Anzeigen inklusive einer exakten Zielgruppenplanung zu gestalten, zu überwachen und bei Bedarf zu verändern. Gelingt es Ihnen, die richtigen Anzeigen an die passenden Zielgruppen auszuspielen, können Sie beispielsweise Leads generieren (wie Klicks auf Ihre Website) oder die Anzahl Ihrer Facebook-Fans erhöhen.

Wenn Sie die verfügbaren Facebook-Statistiken (Insights) sowie die Auswertungen Ihrer Facebook-Anzeigen regelmäßig überprüfen, können Sie Ihre Performance anhand umfassender und aussagekräftiger Messwerte überwachen. Der beste Garant für Erfolg ist nach wie vor eine zielgruppengerechte Ansprache mit nützlichen, witzigen oder informativen Inhalten sowie eine hohe Kundenorientierung, die sich insbesondere in Ihrer Interaktionsrate niederschlägt.

KAPITEL 9

Bilder im Social Media Marketing

Ein Bild sagt mehr als tausend Worte: Damit meinen wir lebendige, aussagekräftige und abwechslungsreiche Aufnahmen – keine Stockfotos.

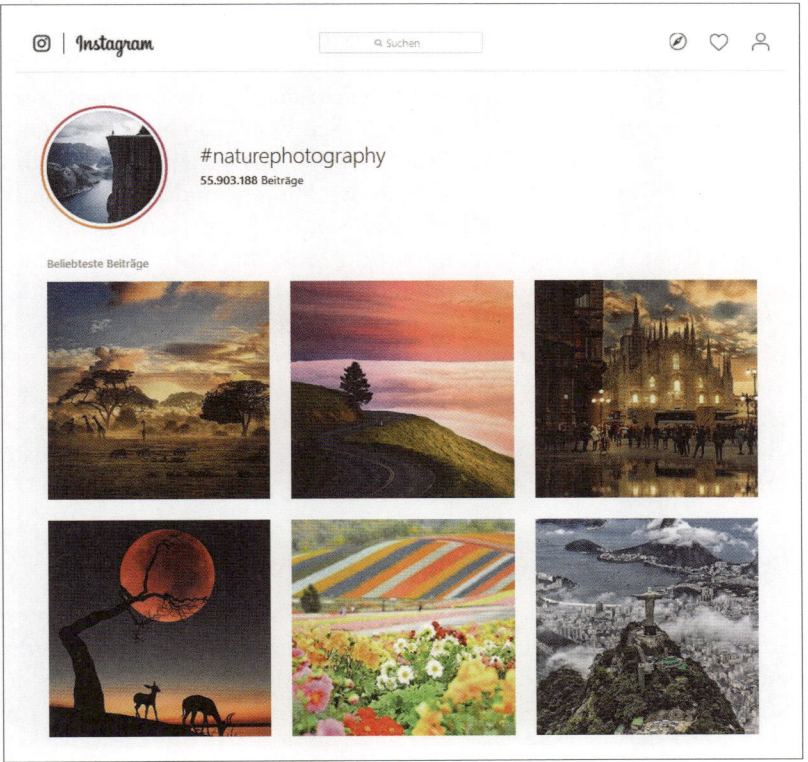

◀ **Abbildung 9-1**
Begeisterte Naturfotografen zeigen auf Instagram ihr Können.

Das leicht überstrapazierte Sprichwort passt gut zur Entwicklung im Internet. Fotos sind hervorragend für das visuelle Storytelling geeignet, sie erregen Aufmerksamkeit und wecken Emotionen. Wer diese Aussage bezweifelt, kann in Facebook oder Twitter den Erfolg reiner Textbeiträge mit den Interaktionen vergleichen, die Beiträge mit Text und Foto(s) hervorrufen. Buffer und BuzzSumo analysierten über 43 Millionen Posts der Top-20.000-Marken auf Facebook. Eine erstaunliche Erkenntnis aus der Untersuchung war, dass Fotos sogar mehr Interaktionen hervorriefen als Videos.[1] Bei der Untersuchung von 105 Millionen Facebook-Posts durch Quintly liefen hingegen Videos den Bildern den Rang ab, was die Interaktionen anbelangt. Obgleich Links überdurchschnittlich häufig auf Facebook gepostet werden, stoßen diese auf die geringste Interaktion seitens der Nutzer.[2]

Marketing durch Bilder

Über Fotosharing-Portale wie Flickr (SmugMug) lassen sich nach wie vor hervorragend Bilder des Unternehmens, seiner Produkte und Veranstaltungen mit einem Netzwerk (potenzieller) Kunden und Geschäftspartner teilen. Fotoplattformen sind ausgesprochen suchmaschinenrelevant: Dank Kategorien, Alben und Suchbegriffen können die Nutzer dort Fotos leicht finden. Gleichfalls dienen die Portale der Inspiration und werden zur Bildrecherche genutzt. Seit dem Durchbruch sozialer Netzwerke mit Fokus auf Fotos wie Facebook, Instagram, Pinterest und Snapchat ist ihre Bedeutung jedoch in den Hintergrund gerückt. Bilder lassen sich auf Blogs sowie allen Social-Media-Plattformen teilen, auch auf den Businessnetzwerken XING und LinkedIn sowie auf Twitter. Pinterest fällt ein wenig aus dem Rahmen, da die Plattform insbesondere für die Suche nach Inspiration und Produkten genutzt wird sowie als Social-Bookmarking-Dienst. Auf ihr wird überwiegend bereits anderswo im Netz existierender Content – vorwiegend Bilder und Videos – geteilt und kommentiert. Darüber hinaus tauschen die Menschen über WhatsApp, den Facebook Messenger und weitere Messenger-Dienste Fotos bilateral oder in kleinen Gruppen aus.

Die richtigen Motive für das Marketing mit Bildern

Wie kommen Sie an attraktives Bildmaterial, das über Hochglanzfotos Ihrer Werbeprospekte hinausgeht? Binden Sie am besten Ihre Kolleginnen und Kollegen aus allen Abteilungen ein. Möglicherweise finden Sie passionierte Hobbyfotografen oder andere Kreative, die gute Ideen für

---

1 *https://blog.bufferapp.com/facebook-marketing-strategy*
2 *https://www.wuv.de/digital/facebook_videos_ein_muss_fuer_hohe_interaktion*

außergewöhnliche Motive einbringen. Schaffen Sie ein Bewusstsein dafür, dass es an jeder Stelle im Unternehmen attraktive oder spannende Motive gibt, zum Beispiel:

- der erste Einsatz eines neuen Hightechmischers in der Industrie,
- die Getreideernte auf dem Versuchsfeld, wenn Sie Müslihersteller sind,
- die Mitarbeiterin, die gerade das Schaufenster neu dekoriert,
- die aufgestapelten Kisten einer neuen Warenlieferung in Ihrem Hochregallager,
- die Verkostung einer neuen Kaffeesorte in Ihrer Lebensmittelabteilung oder
- der Empfang erster Kunden nach der Renovierung.

Verteilen Sie Kameras in allen Abteilungen und laden Sie Ihre Kollegen dazu ein, ihren Alltag oder Höhepunkte des Tages zu dokumentieren – auch mit dem Smartphone.

High-End-Kameras können für Profis einige Tausend Euro kosten: Oft eignen sich schon die Bilder einer Smartphone-Kamera – wenn sie eine gute Qualität bieten – für den Einsatz auf den Fotoportalen der Social Community. ◄ **Tipp**

Da Grafiken jeglicher Art in den sozialen Netzwerken deutlich häufiger angezeigt und geteilt werden als reiner Text, können Sie Ihre Textbotschaften visualisieren, wenn es zum Medium und zur Zielgruppe passt. Beispiele dafür sehen Sie in Abbildung 9-2.

Es ist wichtig, darauf zu achten, welche Motive und welche Art von Fotos, Videos und Grafiken am besten zu welcher Plattform passen. Eine Grafik mit Tipps kann auf LinkedIn oder Twitter gut funktionieren – auf Instagram kann es damit schwieriger werden. Daher ist es wichtig, ein gutes Gefühl für die jeweilige Plattform und ihre Nutzer zu entwickeln.

Um digitale Fotos ästhetisch aufzuwerten, bietet sich Software zur Bildbearbeitung an. Passen Sie beispielsweise die Belichtung an oder entfernen Sie störende Bildelemente. Die Bandbreite reicht von den hochpreisigen Photoshop-Produkten aus dem Hause Adobe bis zur kostenfreien Konkurrenz von GIMP. Wer regelmäßig professionelle Fotos erstellen und grafische Elemente gestalten möchte, kommt um eine kostenpflichtige Software kaum herum.

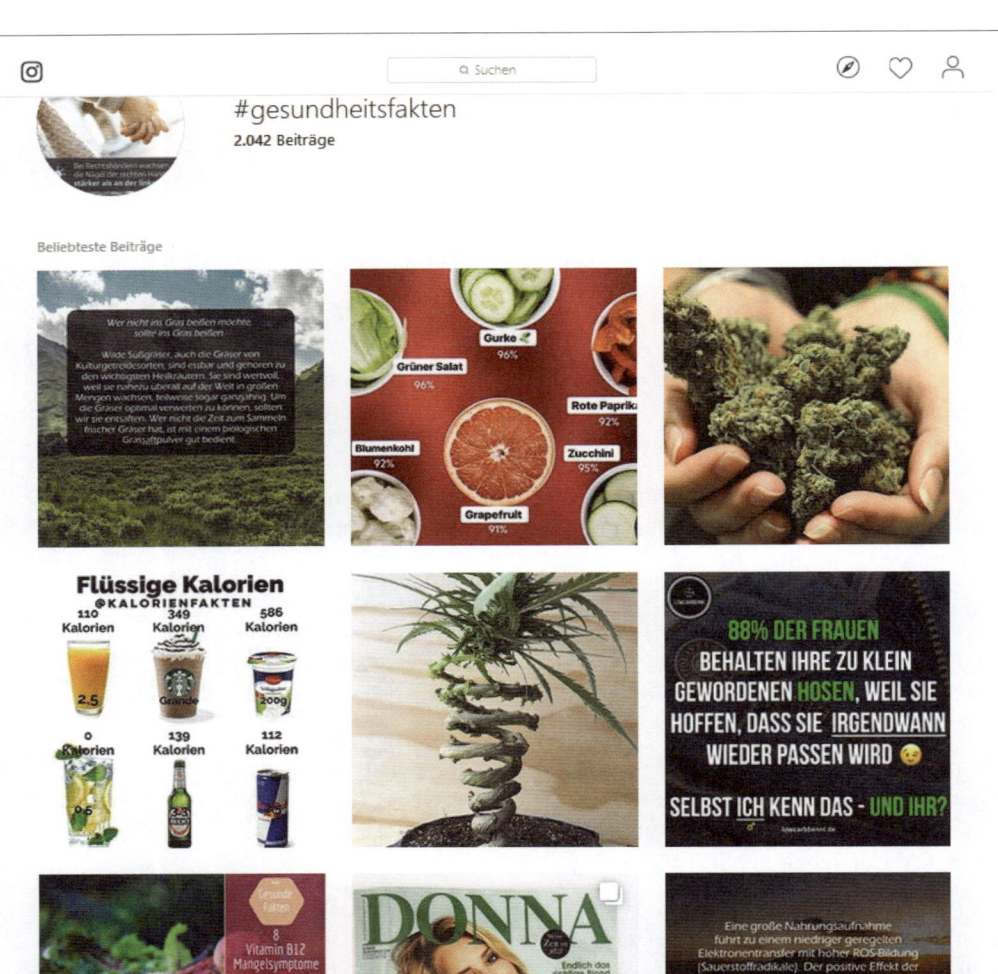

Entwickeln Sie idealerweise eine eigene Bildsprache für Fotos und Grafiken, damit Sie als Urheber leicht zu identifizieren sind – und sich von der Bilderflut im Web abheben. Damit Ihre Fotos nicht unrechtmäßig von anderen Nutzern verwendet werden, können Sie mit Wasserzeichen oder einer Komprimierung arbeiten. Letztere verhindert, dass das Foto unerlaubt als Vorlage für einen Druck herangezogen werden kann. Einen hundertprozentigen Schutz bietet keine dieser Methoden. Es verhält sich ähnlich wie mit der Sicherung des Eigenheims. In letzter Konsequenz schaffen es Einbrecher immer, eine Tür zu öffnen. Erschweren Sie ihnen jedoch den Vorgang, ist die Wahrscheinlichkeit groß, dass sie unverrichteter Dinge wieder abziehen – und es vielleicht bei Ihrem Nachbarn probieren. Prüfen Sie regelmäßig durch eine Recherche im Internet, ob Ihre Bilder unrechtmäßig verwendet werden.

In diesem Kapitel stellen wir wichtige Plattformen für Fotos vor, von Social-Media-Kanälen wie Instagram, Facebook und Snapchat über Pinterest bis zu klassischen Fotosharing-Sites wie Flickr (SmugMug).

Instagram: die freundliche Plattform

Instagram startete 2010 als Fotosharing-Dienst, wurde 2012 von Facebook übernommen und hat sich längst zu einer der beliebtesten Social-Media-Plattformen gemausert. Die Nutzer von Instagram sind überdurchschnittlich aktiv. Marketingfachleute aufgepasst! Vier von fünf Instagram-Mitgliedern folgen einer Marke und nutzen den Kanal, um sich vor einem Kauf über deren Produkte zu informieren. Die Facebook-Tochter zählt zu den am stärksten und schnellsten wachsenden Social-Media-Plattformen. Weltweit hat Instagram eine Milliarde aktive Nutzer, davon 17 Millionen in Deutschland.[3] Zudem gehört Instagram zu den wichtigsten Plattformen für Influencer. Das gemeinsame Erleben von Bildern steht noch immer im Zentrum von Instagram, aber Videos und Stories haben stark an Bedeutung gewonnen. Auf Stories und Bewegtbilder gehen wir in Kapitel 10 ein.

Nicht alle Inhalte, die Sie im Web finden, dürfen Sie auf Ihrer eigenen Website einbinden – dies gilt auch für Bilder. Insbesondere bezüglich des Urheber- und Persönlichkeitsrechts, aber auch in Hinblick auf Jugendschutzfragen sollten Sie sich absichern. Hinweise zu Rechtsfragen im Social Web finden Sie in Kapitel 15.

◀ Achtung

Bei Instagram handelt sich um eine App für mobile Endgeräte, mit der Sie Fotos machen, vorhandene Bilder bearbeiten und diese veröffentlichen können. Instagram ist einfach anzuwenden, und die intuitiv zu bedienenden Bearbeitungsmöglichkeiten und Filter lassen auch Laien schnell attraktive Fotos zaubern.

Instagram kombiniert klassische Fotosoftware mit Social-Network-Attributen – und ist damit in den letzten Jahren immer beliebter geworden. Weltweit nutzen bereits 25 Millionen Unternehmen Instagram,

---

3   *https://www.goldmedia.com/produkt/study/web-tv-monitor/*

und vier von fünf Nutzern folgen einem Unternehmen. Instagram gibt zudem an, dass 200 Millionen Menschen auf Instagram täglich ein Businessprofil aufrufen.[4]

Das Wichtigste zu Instagram auf einen Blick:

- Kostenfrei – sowohl für private Accounts als auch für Unternehmenskonten.
- Die App gibt es für Android- und iOS-Geräte sowie das Windows Phone.
- Mit Videofunktion – seit Instagram TV (IGTV) gelauncht wurde, eine Laufzeit von bis zu einer Stunde.
- Die Fotos lassen sich bearbeiten – unter anderem mit unterschiedlichen Filtern.
- In Instagram Stories lassen sich Fotos und Videos für 24 Stunden zeigen.
- Mit den passenden Hashtags wird Ihr Bild leichter gefunden.

Definition ▶ Bei einem *Hashtag* handelt es sich um das Rautezeichen oder Doppelkreuz. Das englische Wort dafür ist »hash«, das mit »tag«, also Markierung, verbunden wird. Das Hashtag wird in Social-Media-Plattformen Begriffen ohne eine Leerstelle dazwischen vorangestellt. Damit wird ihre Bedeutung unterstrichen und der Beitrag verschlagwortet. Dabei kann es sich um den Namen eines Orts, eines Produkts oder einer Person handeln, aber auch um zusammengesetzte Wörter wie *#AbenteuerAlter* oder *#daslebenistschön*. Wer folglich in Instagram nach einem Hashtag sucht, findet ganz unterschiedliche Beiträge verschiedener Accounts.

Instagram: der Algorithmus

Der Algorithmus von Instagram unterscheidet sich von Facebook dahin gehend, dass keine Beiträge ausgefiltert werden. Anders ausgedrückt: Wenn Sie mit genug Geduld Ihre Timeline immer weiterscrollen, sehen Sie langfristig alle Fotos und Videos von Instagramern, denen Sie folgen. Priorisiert zeigt Instagram jedoch Beiträge, die für Sie relevant sind. Als relevant stuft die Plattform dabei Themen ein, für die Sie sich in der Vergangenheit interessierten. Außerdem wirkt sich der Grad der Interaktion aus: Kommentieren Sie die Fotos eines Nutzers, bekommen Sie dessen Beiträge bevorzugt angezeigt. Damit sehen Sie das neue Bild eines Freundes eher als den Beitrag eines Unternehmens, wenn Sie jedes Foto Ihres Kumpels liken, gegenüber dem Unternehmen aber zurückhaltender auftreten. Je mehr Accounts Sie folgen, desto stärker wählt

---

4   *https://www.goldmedia.com/produkt/study/web-tv-monitor/*

der Algorithmus aus. Außerdem spielt es eine Rolle, wie häufig Sie auf Instagram aktiv sind. Letztlich wurde es Instagram durch diesen Algorithmus besser möglich, Werbung in die Timeline einzubauen. Somit wird ein Werbepost gezielt jenen Menschen angezeigt, die durch ihre bisherigen Interaktionen potenziell Interesse für das Thema gezeigt haben.

Instagram: die ersten Schritte in der Praxis

Die Registrierung ist denkbar einfach: Sie laden die App herunter, wählen einen Benutzernamen und legen ein Passwort fest – fertig! Laden Sie dann Ihr übliches Profilbild hoch, also Ihr Foto, Ihr Logo oder Ihre Social-Media-Grafik. Anschließend füllen Sie Ihre Kurzbiografie aus, die bei Instagram *Steckbrief* heißt. Der dort hinterlegte Link sollte auf Ihre Website, Ihr Blog oder den Webshop verweisen. Um der Erreichbarkeit des Impressums mit zwei Klicks Genüge zu tun, muss von dort das Impressum unmittelbar erreichbar sein, alternativ können Sie direkt auf Ihr Impressum verlinken. Näheres zur Impressumspflicht sowie zu Namens- und Markenrechten in Social Media finden Sie in Kapitel 15 am Ende des Buchs.

Lesen Sie auch gründlich die Nutzungsbedingungen (*https://de-de.facebook.com/help/instagram/478745558852511*) und die Community-Richtlinien von Instagram (*https://de-de.facebook.com/help/instagram/477434105621119/*), bevor Sie loslegen.

Sind Sie bereits Administrator einer Facebook-Seite, können Sie diese mit Instagram verknüpfen, und Instagram übernimmt automatisch alle relevanten Informationen, um das Unternehmenskonto zu befüllen. Über *Einstellungen/In Business-Profil umwandeln* können Sie zudem Ihren privaten Account zu einem Unternehmenskonto machen, auch ohne Verknüpfung mit einer Facebook-Seite. Dadurch erhalten Sie Zugriff auf zahlreiche Statistiken, die Sie beim Targeting unterstützen. Sie sehen die Gesamtzahl an Impressionen für Beiträge und Stories, Profilaufrufe, Webseitenklicks, aber auch die beliebtesten Beiträge mit Reichweite und Interaktion.

Vergessen Sie nicht, die passende Kategorie oder Branche auszuwählen, damit die Nutzer von Instagram Ihr Unternehmen richtig einordnen können.

Im Unternehmenskonto können Sie einen *Call-to-Action-Button* einrichten. Zur Auswahl für die Kontaktaufnahme stehen der Link zur Website oder zum Webshop, die Telefonnummer, eine E-Mail-Adresse oder eine Wegbeschreibung. ◀ **Tipp**

Nachdem Sie Ihr Profil eingerichtet haben, können Sie nach anderen Profilen suchen, um ihnen zu folgen, was bei Instagram abonnieren heißt. Dazu bietet Instagram Vorschläge an. Wir raten davon ab, eine Verknüpfung mit dem Telefonbuch oder den Facebook-Freunden vorzunehmen. Wählen Sie die geeigneten Kontakte selektiv aus und kündigen Sie auf Ihren anderen Social-Media-Profilen an, dass Sie nun auf Instagram aktiv sind. Allein diese Ankündigung dürfte Ihnen einige Follower bescheren. Warten Sie damit jedoch, bis Sie ein paar Bilder hochgeladen haben, damit Ihr Profil nicht so »leer« aussieht. Für die ersten Schritte können Sie den Account auch auf privat stellen, sodass Ihnen andere Accounts nur nach Bestätigung folgen können und vorher Ihre Fotos nicht sehen. Sie können eigene und fremde Fotos speichern und dabei in unterschiedlichen Sammlungen verwalten.

Tipp ▶ Über das Webprofil von Instagram sehen Internetnutzer öffentlich geteilte Fotos und Videos, auch wenn sie selbst kein Profil haben – die Stories lassen sich jedoch nur eingeloggt abrufen. Mein Webprofil würden Sie zum Beispiel über *https:// www.instagram.com/katjakupka/* entdecken und das von Coca-Cola über *https:// www.instagram.com/cocacola/*. Wer ein Instagram-Konto hat, kann über den Webzugriff Fotos ansehen, liken und kommentieren, das Profil bearbeiten sowie anderen Nutzern folgen oder sie entfolgen. Lediglich das Veröffentlichen von Fotos mit allen Funktionen ist ausschließlich über die App möglich. Mit einem Trick können Sie Fotos auch vom PC aus hochladen, allerdings mit ein paar Einschränkungen, was die Bearbeitung der Fotos anbelangt.[5]

Mit Hashtags können Sie nach Ihrem Markennamen, dem Ort Ihres Firmensitzes, Ihren Produkten, Geschäftspartnern oder Wettbewerbern suchen. Accounts, die in Hashtags Ihren Markennamen verwenden, sind potenziell als Kunden oder Kooperationspartner interessant. Doch nicht nur das – schauen Sie sich auch deren Follower an und untersuchen Sie, wer bei ihnen kommentiert und Herzchen verteilt. Diese Nutzer sind für Sie ebenfalls relevant.

Instagram: Interaktion mit der Community

Sie erinnern sich noch an die wichtigste Regel für erfolgreiches Social Media Marketing? Genau, sie lautet wie immer: Zuhören lernen! Damit meinen wir, dass Sie zunächst aufmerksam zuschauen, zuhören und von der Community lernen sollten. Befolgen Sie diese Empfehlung, fällt es nicht schwer, sich auf Instagram zu orientieren und zu etablieren. Auf der Plattform gibt es zahlreiche Trends und Themen, die Sie aufgreifen können. Sie haben in Ihrem Unternehmen ein Treppenhaus mit au-

---

5   *https://www.mobilegeeks.de/artikel/instagram-bilder-am-pc-hochladen-so-gehts/*

ßergewöhnlicher Architektur? Zeigen Sie es am *#treppenhausfreitag* oder *#staircasefriday*. Ihre Lampen sind außergewöhnlich schön? Das wäre etwas für den *#Lampenmittwoch* oder *#lampwednesday*. Die Liste lässt sich mit *#traveltuesday*, *#throwbackthursday*, *#diewocheaufinstagram* oder *#selfiesunday* beliebig fortsetzen. Sie können auch zum Trendsetter werden und selbst ein neues Thema mit zugehörigem Hashtag etablieren. Achten Sie dann darauf, dass Ihr Thema genügend Stoff für eine große Zahl von Fotos hergibt und der Effekt nicht nach drei Bildern verpufft.

▼ **Abbildung 9-3**
Kreative Umsetzung des
#treppenhausfreitag auf
Instagram

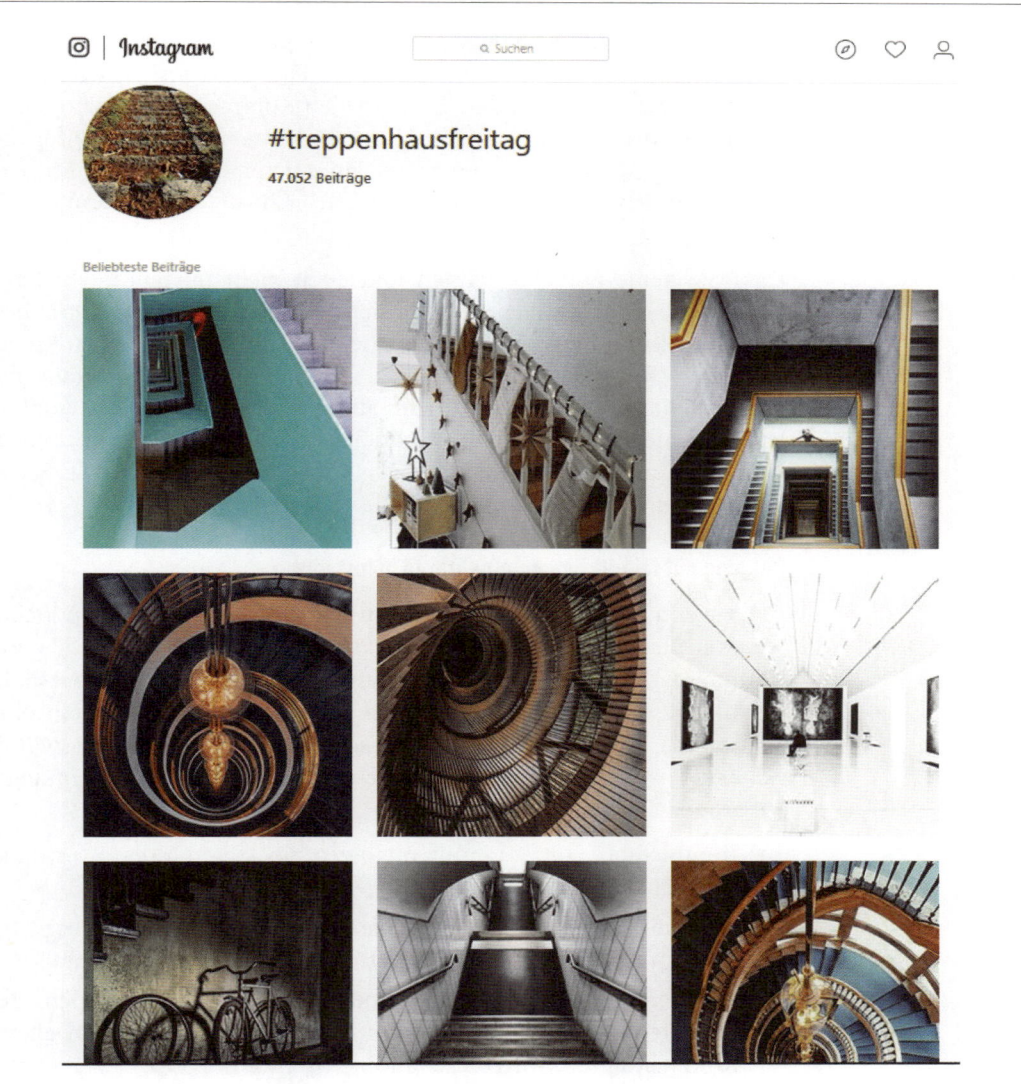

Interaktion ist in jedem sozialen Netzwerk wichtig, so auch in Instagram. Liken und kommentieren Sie fleißig die Beiträge anderer Accounts, wenn sie Ihnen gefallen und Sie eine Vernetzung anstreben. Reposten Sie Beiträge anderer Accounts mit der App *Repost for Instagram* und fragen Sie die Urheber vorab um Erlaubnis. Zu diesem Zweck können Sie auch ein Hashtag etablieren, mit dessen Verwendung die Nutzer mit einem Repost einverstanden sind. Etablierte Accounts wie *@igmasters*, *@master_shots* oder *@ig_shots* veranstalten regelmäßig Wettbewerbe oder wählen permanent unter denjenigen Bildern aus, die mit einem bestimmten Hashtag gekennzeichnet (getaggt) werden.

Ermuntern Sie Ihre Abonnenten dazu, Ihre Beiträge nicht nur zu liken, sondern auch Kommentare zu schreiben. Die ungeschriebenen Regeln von Instagram erwarten, dass Sie auf jeden Kommentar antworten und sich mindestens dafür bedanken. Daran erkennen Sie, dass Sie für das Community-Management einige Zeit investieren müssen. Das Engagement zahlt sich jedoch aus und hilft Ihnen, sich auf der Plattform zu etablieren.

Dass Sie keine Follower kaufen und auch nicht mit automatisierten Like-Apps arbeiten sollten, versteht sich von selbst. Doch auch das übermäßige Folgen, Liken und Kommentieren vieler Accounts in zu kurzer Zeit, um schnell zu wachsen, kann danebengehen. Von Instagram und von den Nutzern selbst wird dies oft als Spam interpretiert. Wir empfehlen die Strategie »Qualität vor Quantität« – wachsen Sie also lieber etwas langsamer und dafür mit den richtigen Followern. Qualität und Engagement zahlen sich langfristig aus.

Umgang mit feindlichen Kommentaren in Instagram

Auch wenn es sich bei Instagram um ein vergleichsweise freundliches Netzwerk handelt, gibt es vereinzelt Probleme mit Trollen und Hatern. Kommentare zu löschen, kommt selten gut an und sollte auf Ausnahmefälle beschränkt bleiben, aber es gibt die Möglichkeit, einzelne Kommentare auszublenden. Über *Einstellungen/Kommentareinstellungen* bietet Instagram folgende Varianten, um mit unliebsamen Meinungsäußerungen umzugehen:

- Kommentare von bestimmten Nutzen blockieren (oder nur stumm schalten).
- Wählen Sie pauschal *beleidigende Kommentare verbergen*, zeigt Instagram entsprechend klassifizierte Kommentare nicht mehr an.
- Über einen manuellen Filter können Sie Wörter, Wortgruppen oder Sätze festlegen, die einen Alarm auslösen. Tauchen sie in einem Kommentar auf, wird dieser automatisch verborgen.

Sie können auch für einzelne Beiträge keine Kommentare zulassen, zu empfehlen ist diese Vorgehensweise nicht.

Erfolgreicher Content für Instagram

Das Veröffentlichen von Fotos ist einfach: Sie starten die App, wählen Ihr Motiv und fotografieren. Anschließend bearbeiten Sie zum Beispiel mit den Funktionen *Kontrast*, *Struktur* und *Schärfe* nach, texten eine knackige Bildunterschrift, markieren abgebildete Personen, sofern sinnvoll, vergeben aussagekräftige Hashtags und publizieren. Fügen Sie Ihren Beiträgen den Ort der Aufnahme hinzu: Dieses Geotagging erhöht in der Regel die Interaktion, und Sie sorgen für ein zusätzliches Erkennungsmerkmal. Mehr Engagement erreichen Sie auch, indem Sie in der Bildunterschrift Fragen stellen oder eine ansprechende Geschichte erzählen.

In Ausnahmefällen können Sie Bilder direkt an ausgewählte User senden. Sie dürfen auf Instagram zudem Fotos verwenden, die Sie nicht über die App und noch nicht einmal über Ihr Handy fotografiert haben. Achten Sie aber auf Authentizität: Instagram ist eine Smartphone-App, Ihre Follower wollen nicht ausschließlich hochauflösende Profifotos sehen. Überfrachten Sie Ihre Bilder zudem nicht mit Filtern: Speziell Rahmen sehen schnell nach Spielerei und Kitsch aus. Die üblichen Regeln für gute Fotografie gelten auch für Instagram. Konzentrieren Sie sich daher idealerweise auf ein zentrales Motiv aus einem interessanten Blickwinkel und beachten Sie die Drittelregel. Entwickeln Sie zudem eine einheitliche Bildsprache und sorgen Sie für einen Wiedererkennungseffekt.

Die Profifotografen von *National Geographic* teilen in einem Fotoguide ihr Wissen zur Digitalfotografie: *https://www.nationalgeographic.de/fotografie/tipps-fuer-digital-fotografie.* ◀ **Tipp**

Anfangs diente Instagram eher dazu, spontane Momente aus dem Leben festzuhalten, mittlerweile hat sich dies auf die Stories verlagert. Die Fotos selbst sind bei erfolgreichen Accounts privater Instagramer, wichtiger Influencer und Unternehmen in der Regel von hoher Qualität. Ein beachtlicher Anteil der Bilder wird deshalb mit einer digitalen Spiegelreflexkamera aufgenommen und nicht mehr mit dem Smartphone. Die Fotos werden häufig mit professionellen Programmen der Bildbearbeitung nachbearbeitet. Hier bieten sich zum Beispiel Programme der Adobe Creative Suite an, die jedoch recht kostspielig sind. Die kostenfreie Software GIMP bietet eine gute Qualität, ansonsten lohnt sich die Investition in eine kostenpflichtige Bildbearbeitungssoftware wie beispielsweise Corel Paint Shop Pro, PhotoDirector oder die Photoshop-Produkte. Allerdings nutzt die teuerste Kamera nichts, wenn auf dem Foto kein interessantes Motiv zu sehen ist und der Bildausschnitt schlecht gewählt wurde! Lernen Sie von den Besten und schauen Sie sich die Galerien erfolgreicher Instagramer an. Kopieren Sie dabei deren Stil nicht, sie können sich aber inspirieren lassen.

Wann und wie auf Instagram posten

Entwickeln Sie eine unverwechselbare Bildsprache mit einem eigenen Stil und fokussieren Sie sich mit interessanten, unterhaltsamen und inspirierenden Beiträgen auf Ihr Spezialthema. Mit künstlerisch drapierten und außergewöhnlich inszenierten Produkten schärfen Sie Ihr Profil und erhöhen den Wiedererkennungswert. Achten Sie dabei auf eine gute Balance zwischen authentischen und professionellen Aufnahmen, sozusagen Hochglanz mit Gefühl!

Tipp ▶ Vergessen Sie nicht, Ihre Bilder mit Ihrem *Logo* und/oder einem *Wasserzeichen* vor Raubkopierern zu schützen. Um ein solches Erkennungsmerkmal für Ihre Fotos zu erstellen, können Sie beispielsweise mit den kostenfreien Anwendungen *eZy Watermark Lite* und *iWatermark* (jeweils iOS) oder mit den Apps *Foto-Wasserzeichen* und *Add Watermark Free* für Android arbeiten. Verwenden Sie Photoshop, können Sie mit der Adobe-Software Wasserzeichen produzieren, das Gleiche gilt für eine Bildbearbeitungssoftware wie GIMP.

Gleichzeitig mit dem Posten auf Instagram können Sie die Fotos über Ihre Profile auf Facebook, Tumblr und/oder Twitter veröffentlichen. Diese Vorgehensweise spart Zeit, ist aber nicht zu empfehlen. Durch die Zeichenbegrenzung in Twitter werden Teile der Bildbeschreibung abgeschnitten, und auf Facebook wirkt der Post aufgrund der größeren Zahl an Hashtags wie ein Fremdkörper. Verwenden Sie daher Ihre Fotos lieber individuell zugeschnitten auf den anderen Plattformen. Möchten Sie mangels Ressourcen dennoch Ihre Instagram-Posts automatisch auf Twitter oder Facebook zeigen, sollten Sie Ihre Bildunterschrift möglichst knapp halten und mit nur wenigen Hashtags versehen. Weitere oder gar alle Hashtags können Sie in einem separaten Kommentar ergänzen. Auf diese Weise werden Ihre Fotos in Instagram gefunden und wirken trotzdem in den anderen Netzwerken attraktiv und gut lesbar.

Besonders hilfreich für die Planung von Content sind die Statistiken über Ihre Abonnenten. Diese zeigen, an welchen Tagen und zu welcher Uhrzeit die Follower aktiv sind. Zudem gibt es Hinweise auf demografische Merkmale wie Alter und Geschlecht sowie den Standort. Auf Basis dieser Informationen können Sie die Häufigkeit und den idealen Zeit-punkt Ihrer Posts festlegen. Sinnvolle allgemeine Regeln gibt es dafür nicht – entscheiden Sie stets mit Blick auf Ihre Zielgruppe. Wählen Sie idealerweise die goldene Mitte zwischen »in Vergessenheit geraten« und »den Fans auf die Nerven gehen und spammig wirken«. Als Daumenre-gel sind ein Foto oder Video und eine Story pro Tag ein guter Rhyth-mus.

Socialinsider untersuchte über ein Jahr hinweg den Content von Auto-marken mit mindestens 50.000 Fans auf Instagram. Diese posteten im Durchschnitt 1,5-mal pro Tag.[6]

Haben Sie zu einem bestimmten Ereignis mehrere Fotos, wollen aber bei einem Post pro Tag bleiben? Sie können in Instagram über die Funktion der Bildergalerie bis zu zehn Fotos in einem Post zeigen. Generell locken Sie mit guten Fotos und ei-nem interessanten Storytelling mehr Nutzer auf Ihren Account als mit zu vielen Bei-trägen, die jeweils inflationär viele Hashtags enthalten.

◀ **Tipp**

Auf Instagram passende Hashtags wählen

Auch wenn es Zeit kostet: Wählen Sie Ihre Hashtags sorgfältig und rei-zen Sie nicht die zur Verfügung stehende Obergrenze von bis zu 30 Hashtags aus. Mit 5 bis 15 klug gewählten Hashtags sind Sie gut im Rennen – und natürlich sind im Einzelfall Abweichungen nach oben oder unten sinnvoll. Arbeiten Sie idealerweise mit einer Mischung aus allgemein verwendeten Hashtags und Eigenkreationen; in jedem Fall sollten die Hashtags relevant sein. Prüfen Sie, wie stark Ihre Hashtags genutzt werden, und nehmen Sie Abstand von jenen, die schon millio-nenfach im Einsatz sind. In diesem Fall ist die Konkurrenz zu groß, und Ihr Foto geht in der Bilderflut unter. Der besseren Übersicht wegen kön-nen Sie einige oder sogar alle Hashtags in einen separaten Kommentar auslagern.

Bei der Eingabe eines Hashtags in die Suchfunktion zeigt Instagram an, wie häufig dieser verwendet wird. Massen-Hashtags wie *#instagood* werden derart intensiv ge-braucht, dass ihr Einsatz wenig sinnvoll ist. Zwar suchen viele Menschen nach die-sem bekannten Hashtag, gleichzeitig verwenden ihn aber so viele Accounts, dass Ihr Beitrag in der Timeline nur für Sekunden sichtbar wäre.

◀ **Tipp**

Wenn Sie einen Begriff eingeben, zeigt Ihnen Instagram automatisch verwandte Begriffe.

---

6   *https://www.socialinsider.io/blog/study-instagram-automotive-brands/*

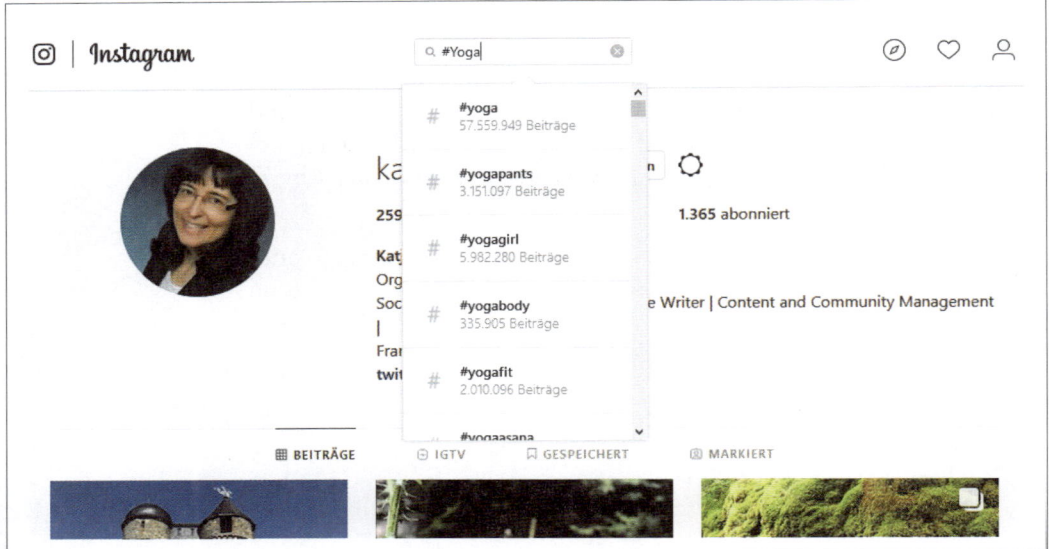

Abbildung 9-4 ▲

Wer auf Instagram nach dem Begriff Yoga sucht, erhält Hinweise auf verwandte Begriffe.

Prüfen Sie, ob und wie Ihr Wunsch-Hashtag bislang verwendet wird und ob ein Hashtag in problematischen Zusammenhängen auftaucht. Sollte es eine weitere Bedeutung oder Interpretation des Begriffs geben, wäre das ungünstig. Nutzer suchen dann nach Ihnen und landen schlimmstenfalls auf zwielichtigen Seiten. Immer wieder kommt es vor, dass beispielsweise pornografische Accounts ein Hashtag kapern. Meist werden diese Konten irgendwann entdeckt und von Instagram gesperrt. Bis es dazu kommt, erscheinen jedoch Ihre Fotos in einem bedenklichen Zusammenhang, wenn Sie die gleichen Hashtags verwenden. Achten Sie darauf, nicht versehentlich von Instagram gesperrte Hashtags zu verwenden. Die Hashtags müssen immer wieder aufs Neue geprüft werden, da Instagram regelmäßig neue Begriffe zensiert.

Tipp ▶ Fokussieren Sie sich auf *Nischen-Hashtags* und möglichst konkrete Begriffe. Statt *#food* verwenden Sie besser *#nosugar* und statt *#smoothies* konkreter *#greensmoothies*.

Die Königsdisziplin bei Instagram besteht darin, eigene und gut verständliche Hashtags zu kreieren und zu verbreiten. Hierzu bietet sich auch ein Wettbewerb an, eine sogenannte Challenge. Sie stellen Ihrer Community eine Frage oder Aufgabe, und bei deren Beantwortung sollen die Teilnehmer das entsprechende Hashtag verwenden. Widmen Sie den Gewinnern reichlich Aufmerksamkeit, machen Sie auf deren Account und ihre Fotos aufmerksam und gewähren Sie als besonderen Preis den exklusiven Blick hinter die Kulissen Ihres Unternehmens.

Veranstalten Sie einen *Wettbewerb (Challenge)* auf Instagram, sollte das zugehörige Hashtag nicht zu allgemein sein (statt *#hessen* lieber *#hessenkulinarisch*), und es darf nicht zu Verwechslungen mit anderen Produkten, Kampagnen und Unternehmen kommen. Wie Sie Wettbewerbe rechtssicher gestalten, erklärt Ihnen Thomas Schwenke in Kapitel 15. ◀ **Tipp**

Auf Instagram lassen sich nicht nur Menschen und Unternehmen abonnieren, sondern auch Hashtags. Deshalb stoßen Nutzer leichter auf Ihr Profil, wenn Sie für Ihre Beiträge die richtigen Hashtags verwenden.

Nehmen Sie auch die Hashtags unter die Lupe, die erfolgreiche Accounts verwenden. Das könnte Ihre Liste an Hashtags erweitern. Um gezielt nach Hashtags zu suchen, bietet sich *Display Purposes* an. Darüber hinaus kann eine Keyword-Analyse mit verschiedenen Tools helfen, zum Beispiel ganz klassisch mit dem *Keyword-Planer* von Google. Die Performance von Hashtags lässt sich auch über kostenpflichtige Tools wie *Iconosquare* und *Talkwalker* messen sowie mithilfe der kostenfreien Tools oder Basisvarianten von *Sistrix*, *Buffer*, *Hootsuite* oder *Simply-Measured*.

Das Praxisbeispiel #kehr_wieder der Umweltbehörde Hamburg

Umweltbehörde Hamburg klingt zunächst nicht nach einem Instagram-Star. Als sie im November 2018 zu einer Fotoaktion auf Instagram aufrief, beteiligten sich zahlreiche Instagramer mit kreativen Beiträgen. Mit dem Kampagnen-Hashtag *#kehr_wieder* sollten die Teilnehmer auf die Benutzung umweltfreundlicher Mehrwegbecher hinweisen.[7] Die Aufgabe der Challenge bestand darin, einen solchen Becher in einem beliebigen Zusammenhang zu fotografieren – auch als Selfie. Die schönsten Motive wählte im Anschluss eine Jury der Umweltbehörde und druckte diese auf Plakate der Kampagne »Mehrweg statt Einweg«. Hobbyfotografen erfüllt es mit Stolz, wenn sie ihre Aufnahmen Familie und Freunden mitten in der Stadt zeigen können. Die Behörde hat hier mehrere Ziele erreicht. Sie hat den eigenen Instagram-Kanal bekannter gemacht, der Kampagne und dem Anliegen mehr Reichweite verschafft und gleichzeitig gute Motive für ihre Plakate bekommen.

Bereits zwei Monate zuvor hatte die Umweltbehörde zu einem Instawalk mit exklusivem Blick hinter die Kulissen eingeladen, was dazu führte, dass sich einige der Gäste ebenfalls an der Fotoaktion beteiligten.

---

7 *https://www.hamburg.de/bue/11836546/2018-11-08-bue-mehrwegbecher-fotoaktion/*

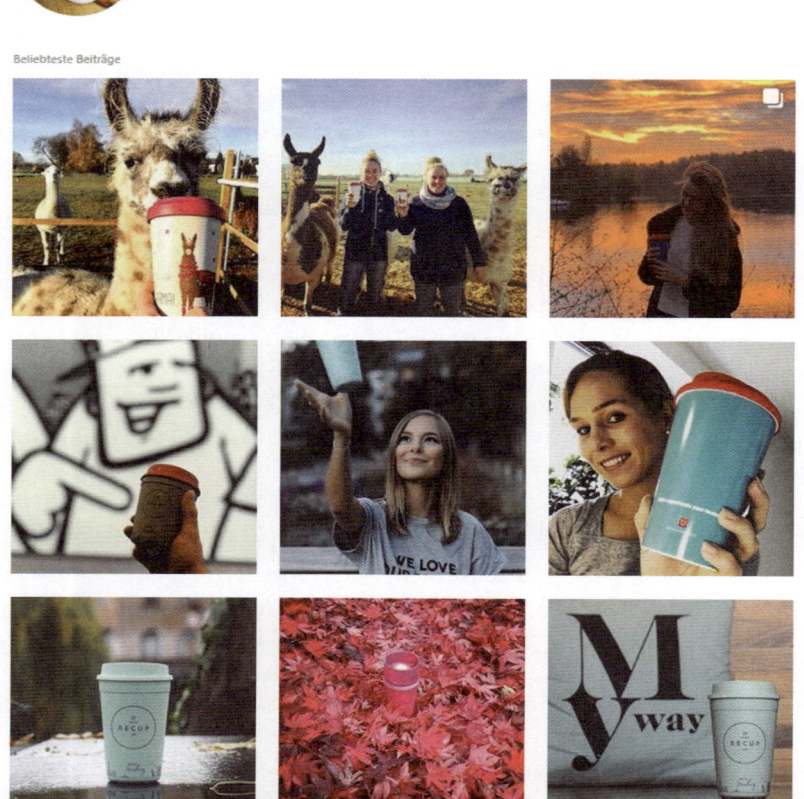

Instagram im Marketingeinsatz

Selbst wenn Sie derzeit noch keine Strategie für Instagram haben oder keine Ressourcen zur Verfügung stehen, empfehlen wir, dass Sie sich dort registrieren, um Ihren Unternehmens-, Marken- und/oder Produktnamen zu besetzen.

Gegen die aktive Nutzung von Instagram spricht höchstens der Mehraufwand, einen weiteren Kanal zu bespielen. Für Instagram spricht, dass es sich um ein freundliches Netzwerk handelt, in dem sich weniger Hate Speech findet als auf anderen Social-Media-Plattformen. Zudem lassen sich leicht länderübergreifend Kunden ansprechen, da die Sprache der Bilder international ist und viele Hashtags in englischer Sprache verwendet werden.

Diverse Unternehmen nutzen bereits die Plattform, um ihre Zielgruppen noch direkter zu erreichen und die Markenbindung zu erhöhen. Apropos Markenbindung: Nicht nur die Firmen selbst laden Produktfotos hoch, auch ihre Kunden helfen mit (siehe Abbildung 9-6). Bei der Schokoladencreme Nutella handelt es sich um eine typische *Lovebrand*, die viele Menschen seit ihrer Kindheit kennen und schätzen. Daher verwundert es wenig, dass das Hashtag *#Nutella* auf Instagram schon viele Millionen mal verwendet wurde. Neben den Posts des Herstellers greifen Fans auf der ganzen Welt den Namen der Marke auf.

Folgen Sie Profilen in Instagram, erscheinen deren Posts in Ihrem Homefeed, also Ihrer Timeline. Manche Instagram-User sperren ihr Profil für den öffentlichen Zugriff. In dem Fall können Sie eine Anfrage stellen, sofern Sie als Privatperson unterwegs sind. Ein Firmenprofil sollte den Wunsch nach Privatsphäre respektieren und vom Folgen absehen.

Über die Einbetten-Funktion können Sie Ihre eigenen Fotos sowie die Fotos anderer Instagramer in Ihre Website einbinden, wahlweise auch mit der Bildunterschrift des Beitrags. Durch die Einbetten-Funktion werden rechtliche Risiken bei der Nutzung fremder Bilder minimiert, lesen Sie hierzu auch das Kapitel 15. Betten Sie eigene Instagram-Fotos in die Website ein, locken Sie dadurch Kunden auf Ihr Instagram-Profil, da sie mit Klick auf das Bild direkt dorthin geleitet werden.

▲ **Abbildung 9-6**
Nicht nur Nutella (rechts) postet zu seinem Produkt, sondern auch Fans der Marke (links).

Werbung auf Instagram

Werbung kann auf Instagram verschiedenen Zwecken dienen, zum Beispiel eine Branding-Kampagne unterstützen oder im Rahmen einer Performancekampagne Leads und Conversions erzielen. Auf Instagram gibt es zahlreiche Werbeformate zur Auswahl, zum Beispiel Foto- oder Video-Ads, aber auch Instagram Storys Ads. Die Werbung spielt Instagram mit intelligenten Algorithmen aus, sodass sie die Nutzer idealerweise zum richtigen Zeitpunkt und im passenden Zusammenhang erreichen sollte. Von einem Businessaccount in Instagram aus lassen sich auch einzelne Posts mit der Funktion *Hervorheben* bewerben – ähnlich wie Sie es von Facebook kennen.

Um auf Instagram Werbung zu schalten, brauchen Sie ein Instagram-Konto, das Sie Ihrem Business Manager hinzufügen können. Daneben ist es möglich, Ihren Instagram-Account mit Ihrer Facebook-Seite zu verbinden. Prinzipiell lässt sich Werbung auf Instagram schalten, ohne dass Sie einen Instagram-Account haben – empfehlenswert ist das jedoch nur bedingt. In diesem Fall können Sie Ihre Facebook-Seite als »Schattenkonto« für Ihre Instagram-Anzeigen verwenden. Ihre Instagram-Anzeigen werden von Ihrer Facebook-Seite abgerufen, ohne dass Sie ein Instagram-Profil erstellen müssen.

User-generated Content aus der Instagram-Community

Eine beliebte Möglichkeit, sich enger mit der Community zu verbinden und zugleich weniger Arbeit in die Erstellung von Content zu investieren, sind *Take-overs*. Der Unternehmensaccount trifft dabei für einen Abend, einen Tag oder eine Woche eine Vereinbarung mit einem vertrauenswürdigen Instagramer. Dieser übernimmt für den vereinbarten Zeitraum den Account und zeigt der Community seine Fotos. Natürlich sollten Sie die Influencer sorgfältig auswählen: Der Content des Influencers muss gut zum Unternehmen und zur Marke passen oder einen Imagewandel unterstützen.

Das Praxisbeispiel BVG

Der öffentliche Personennahverkehr ist für Großstädte essenziell, um den drohenden Verkehrskollaps abzuwenden und die Luftqualität zu verbessern. Verspätete und überfüllte Züge, unfreundliche Busfahrer oder verdreckte Stationen rufen den Unmut der Nutzer hervor, auch wenn diesen Negativbeispielen viel Positives entgegensteht. Leider neigt der Mensch selten dazu, auf Twitter zu verkünden, dass sein Zug pünktlich ist, über Verspätungen wird sich hingegen gern beschwert. Daher nutzen immer mehr Verkehrsbetriebe die sozialen Medien, um ihre Kunden zeitnah zu informieren, aber auch, um an Image und Reputation zu arbeiten. Die Berliner Verkehrsbetriebe (BVG) nutzen Social Media intensiv und sind seit Anfang 2015 unter anderem auf Instagram aktiv. Zeitgleich startete das Unternehmen seine Imagekampagne *#weilwirdichlieben* und rief sein Format »Liebling der Woche« ins Leben. Regelmäßig übergibt die BVG einem Instagramer für einige Tage den Account, was sich zu einem beliebten Format entwickelt hat. Dabei unterscheiden sich die Instagramer in Alter, Herkunft und Reichweite, sodass sich ein buntes Bild der unterschiedlichen Sichtweisen auf die Stadt ergibt.

▼ **Abbildung 9-7**
Die Berliner Verkehrsbetriebe (BVG) haben sich mit ihrer #weilwirdichlieben-Kampagne zu einem Social-Media-Star entwickelt und arbeiten in Instagram mit Take-overs.

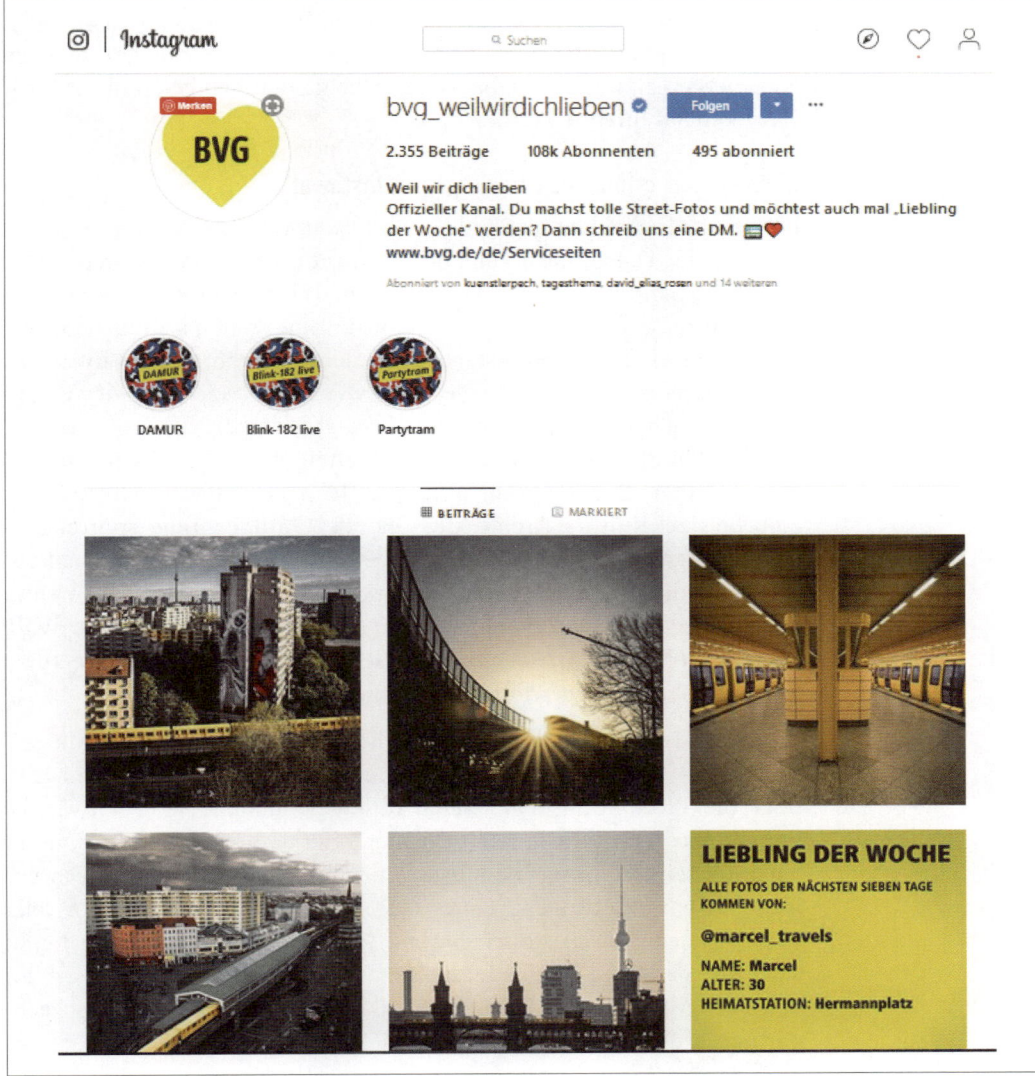

Wir wollten von der BVG wissen, nach welchen Kriterien sie die Instagramer auswählt, die ihren Account für eine Woche übernehmen dürfen, welche Vereinbarungen sie treffen und welche Regeln sie aufstellen. Dazu erklärt uns Manja Helm vom Social-Media-Team der BVG: »Inhaltliche und visuelle Klammer sind Street-Fotos, die etwas mit der BVG zu tun haben. Dabei spielen Ästhetik und ein immer neuer Blickwinkel auf die BVG und Berlin eine große Rolle. Ein Bildkonzept und Reichweite sind wichtig, aber nicht zwingend. Wir geben vor, wie viele Bilder gepostet werden dürfen (fünf bis zehn). Die Instagramer sind in ihrer Motivauswahl frei. Wir schreiten nur ein, wenn Kennzeichen von Pkws gezeigt werden, Alkohol oder Graffiti-besprühte Züge. Die Instagramer erlauben uns, ihre Bilder für Marketingzwecke auf sozialen Netzwerken zu nutzen. Dabei werden sie namentlich genannt, und wir verlinken auf ihren Account.«

Online meets offline: das Praxisbeispiel Instawalk

Eine gute Möglichkeit, persönlich mit Instagramern in Kontakt zu kommen, ist die Teilnahme an einem Instameet oder Instawalk. Lernen Sie die Menschen hinter den Accounts kennen und profitieren Sie von deren Erfahrung. Bei einer solchen Veranstaltung treffen sich Instagramer und Social-Media-Enthusiasten, um gemeinsam während des Events zu fotografieren und zu filmen. Die Bilder werden bei oder nach der Veranstaltung hochgeladen und durch Stories ergänzt, die das Event begleiten. Die Bandbreite geht von lokalen Treffen über weltweite Instameets bis zu Unternehmensveranstaltungen. Je nach Thema nehmen dort zum Beispiel Kultur-, Architektur-, Food-, Outdoor- oder sportbegeisterte Hobbyfotografen teil. Soll die Veranstaltung auch Menschen ansprechen, die bloggen, twittern, snappen oder auf YouTube aktiv sind, werden Begriffe wie *Community Event*, *Social Walk*, *Social Media Walk* oder *Social Media Tag/Abend* verwendet. Damit wachsen die Tweetups, Instawalks und Bloggertreffen zusammen.

Warum laden Sie die Community nicht einmal zu einem Instawalk ein? Vielleicht weist Ihr Firmengebäude eine besondere Architektur auf, oder die Produktionshalle bietet außergewöhnliche Fotomotive. Sie können die Veranstaltung selbst planen oder dafür die Kooperation mit einer lokalen Gruppe suchen. In vielen Städten gibt es Ableger der weltweiten Community Igers. Unter *@igersfrankfurt*, *@igersmunich* oder *@igerswilhelmshaven* stoßen Sie auf lokale Gruppen, die gern bereit sind, ihre Fans und Mitglieder für die Teilnahme zu gewinnen. Auch lokale Fotogruppen oder die Social Media Clubs sind geeignete Ansprechpartner.

◀ **Abbildung 9-8**
Die Stadt Aschaffenburg veranstaltete 2018 in Kooperation mit dem Social Media Club Frankfurt den SocialMediaWalk #aschaffenburg_smcffm. Das Foto zeigt die Teilnehmer zum Abschluss des Tages im Rathaus von Aschaffenburg. (Foto: Stadt Aschaffenburg/Björn Friedrich)

Wollen Sie das Event mit einer niedrigen Teilnehmerzahl und sorgfältig ausgewählten Gästen sehr exklusiv ansetzen, oder wünschen Sie sich eine bunte Gruppe von Mikro- und Makro-Influencern sowie enthusiastischen Einsteigern? Auf die Vor- und Nachteile gehen wir in Kapitel 4 zum Thema Influencer-Marketing ein.

◀ **Tipp**

Die reine Zahl an Followern sagt nicht immer viel darüber aus, wie engagiert Teilnehmer im Nachgang über das Event berichten. Bedenken Sie, dass erfolgreiche Instagramer regelmäßig zu hochkarätigen Veranstaltungen eingeladen werden und mitunter weder das Interesse noch die Zeit haben, sich über die Maßen ins Zeug zu legen. Mikro-Influencer, Nano-Influencer und Markenfans bringen oft mehr Enthusiasmus und Engagement mit, sie wollen wachsen und sich weiterentwickeln.

Nehmen reichweitenstarke Instagramer aus anderen Städten teil, erwarten sie möglicherweise die Übernahme ihrer Kosten für die Anreise und die Übernachtung.

Der Instawalk ermöglicht einen vielseitigen Blick auf Ihre Produkte und Ihre Marke. Sie können über den authentischen Content Ihrer Teilnehmer neue Zielgruppen erreichen. Klären Sie rechtliche Aspekte bereits im Rahmen des Anmeldeprozesses. Lassen Sie die Teilnehmer einwilligen, dass von ihnen Fotos und Filmaufnahmen im Internet und in Printmedien veröffentlicht werden. Treffen Sie vorab eine wasserdichte Vereinbarung mit den Teilnehmern, wenn Sie deren User-generated Content im Nachgang digital und analog nutzen möchten.

Planen Sie den Ablauf des Tages oder Abends luftig, damit genug Zeit für den regen Austausch mit Netzwerken bleibt. Laden Sie Ihre Gäste im Anschluss an den offiziellen Teil zu Getränken und ein paar Häppchen ein. Nutzen Sie die Gelegenheit, um mit einzelnen Instagramern in Kontakt zu treten und über künftige Kooperationen zu sprechen.

Legen Sie frühzeitig ein Hashtag für die Veranstaltung fest: Über die Werbung für das Event und die Reaktionen der Teilnehmer kann sich dieser bereits im Vorfeld etablieren. Zudem erleichtert es, im Nachgang die Bilder zusammenzuführen, die anlässlich der Veranstaltung entstehen. Das Hashtag sollte leicht verständlich und aussagekräftig sein, dabei nicht zu lang. Achten Sie darauf, dass es nicht zu Verwechslungen mit bereits etablierten Hashtags kommt. Verwenden Sie das Hashtag auch für Ihre Kommunikation auf Twitter, LinkedIn und Facebook, sofern Sie dort aktiv sind. Große Veranstaltungen wie die Frankfurter Buchmesse oder die re:publica in Berlin haben etablierte Hashtags, denen jedes Jahr die aktuelle Jahreszahl beigefügt wird – etwa *#fbm20* für die Buchmesse im Jahr 2020 oder *#rp20* für die re:publica 2020.

Tipp ▶ Bei der Veranstaltung bietet sich eine *Instagram-Wall*, eine *Twitter-Wall* oder eine *Social-Media-Wall* an, um die Inhalte der Fotocommunity sichtbar zu machen. Hierbei ist allerdings Vorsicht geboten, da Nutzer ein beliebtes Hashtag gelegentlich kapern, um von der Aufmerksamkeit zu profitieren. Es wird dann für Bilder verwendet, die keinen Bezug zu der Veranstaltung oder der Ausstellung haben. Deshalb sollten Sie erwägen, die einzelnen Beiträge manuell freizuschalten.

Ein ganzes Museum für Instagram

Viele Instagramer inszenieren sich oder andere gern vor entsprechender Kulisse. Bieten Sie auch dafür Raum und eventuell passende Utensilien – vielleicht engagieren Sie sogar eigens Modelle. Oder Sie organisieren eine Ausstellungsfläche, die speziell auf die Bedürfnisse von Instagramern ausgerichtet ist, wie das Pop-up-Museum *Supercandy*, das bis April 2019 in Köln geöffnet war und die Ausstellung »Made-For-Instagram« anbot. In normalen Museen stören schlechte Lichtverhältnisse oder gar das Verbot zu fotografieren den Spaß der Instagramer – in dieser Ausstellung konnten sie sich in interaktiven Installationen ungehindert austoben, wie Abbildung 9-9 zeigt.

Je nach Thema und Produkt bietet sich Instagram gut für eine Zusammenarbeit mit Influencern als Markenbotschafter an. Auf Influencer-Marketing und Influencer Relations gehen wir in Kapitel 4 näher ein.

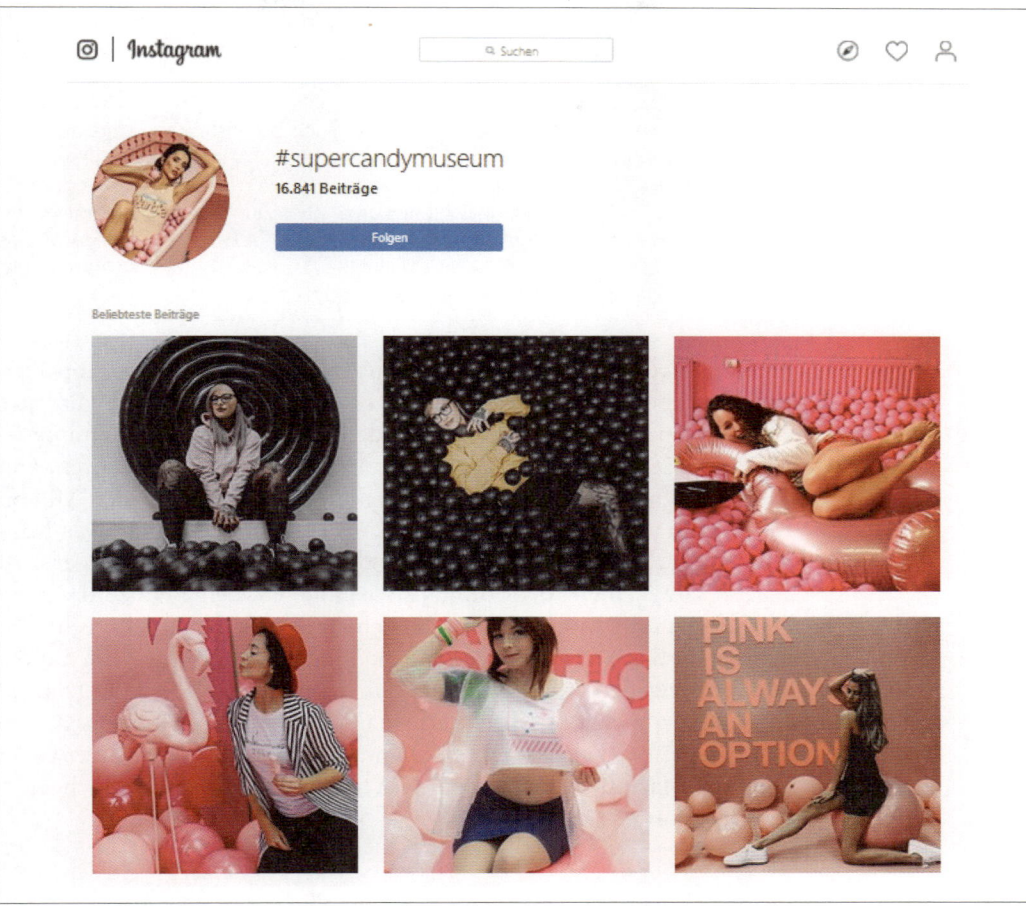

▲ Abbildung 9-9
Instagram-Posts aus
dem Pop-up-Museum
Supercandy

Instagram – quo vadis?

Zu guter Letzt nutzen auch immer mehr Unternehmen Instagram als Shoppingplattform, steuern also den direkten Abverkauf über den Kanal. Dieser Trend wird sich weiter verbreiten, da die Customer Journey für Verbraucher bequemer verläuft, wenn sie nicht zwischen Plattformen wechseln müssen. Auf Instagram pflegen sie Kontakte, lassen sich zu neuen Marken und Produkten inspirieren, kommunizieren mit Unternehmen und kaufen am Ende auch ein.

Instagram hat durch eine Umfrage unter deutschen KMUs herausgefunden, dass 40 Prozent der Befragten Umsatzsteigerungen auf Instagram zurückführen. Mehr als jedes zweite befragte Unternehmen meint, dass seine Marke durch die Nutzung von Instagram mehr Aufmerksamkeit erhalten hat. Viele Start-ups verzichten sogar auf eine Website und konzentrieren sich auf ihre Präsenz bei Instagram.[8]

Tipp ▶ Wie bei allen Social-Media-Plattformen gilt es auch bei Instagram, stets auf dem Laufenden zu bleiben. Hierbei helfen die Veranstalter der Allfacebook-Konferenz mit ihrem Blog *https://allfacebook.de/*. Ihre eigenen Beiträge und Gastbeiträge sind angenehm lesbar und greifen aktuelle Trends und Entwicklungen auf. Instagram informiert selbst über sein Blog *https://business.instagram.com/blog*. In Facebook gibt es beispielsweise die Gruppen »Instagram Marketing Deutschland« und »Alles rund um Instagram«, in der sich Nutzer von Instagram austauschen.

Als Konkurrenz für Instagram und Facebook wurde 2015 die App *Vero* ins Leben gerufen. Anfangs ein wenig beachteter Geheimtipp, wurde sie 2018 auf einmal als ernst zu nehmende Konkurrenz von Instagram diskutiert. In 2019 war von Vero jedoch kaum noch etwas zu hören. Um schnell Reichweite zu gewinnen, boten die Betreiber der ersten Million an Nutzern an, Vero langfristig kostenfrei nutzen zu dürfen. Das Konzept, für die App danach eine Mitgliedergebühr zu verlangen, passt zu dem Ansatz, keinen Algorithmus zu installieren, keine Nutzerdaten zu verkaufen und keine Werbung zu schalten. Mit dem Ziel, »echt« zu sein, lautet das Motto von Vero auch: True Social. Mittlerweile hat die Plattform eigenen Angaben zufolge mehr als eine Million Nutzer, ist aber immer noch kostenfrei verfügbar. Es bleibt zu beobachten, wie sich Vero entwickelt und ob sie – ähnlich wie die sozialen Netzwerke Ello oder Mastodon – weiter ein Nischendasein fristet oder doch noch den Durchbruch schafft.

Snapchat: flüchtiger Snackable Content

Snapchat ist eine Social-Media-Plattform rund um Fotos und Videos, auf der kurzweilige Unterhaltung, Momentaufnahmen aus dem Alltag und außergewöhnliche Inhalte von besonderen Momenten im Vordergrund stehen. Sie spricht eine sehr junge Zielgruppe an, was auch die spielerischen Komponenten wie Linsen, Effekte und Filter erklärt. Der Nutzer kann sein Foto, also seinen Snap, durch ein Overlay in Form eines Filters ergänzen und verändern. Dabei wählt er aus unzähligen Vorgaben aus oder designt individuell seinen eigenen Filter. Mit Effekten können Sie in Snapchat Ihr Gesicht verändern, und Sie können weitere Effekte der Augmented Reality (AR) nutzen. Mit AR beschäftigen wir uns näher in Kapitel 13.

---

8 *https://www.internetworld.de/online-marketing/instagram/instagram-only-kleine-unternehmen-plattform-nutzen-1731251.html*

Bei *Ephemeral Content* handelt es sich um flüchtige Inhalte, die nach wenigen Sekunden oder mehreren Stunden wieder von der Plattform verschwinden. Snapchat war der Vorreiter dieser neuen Art zu kommunizieren und wurde mit den Stories von Instagram und Facebook erfolgreich kopiert.

◀ **Definition**

Viele der jungen Nutzer von Snapchat finden Sie weder auf Facebook noch auf Twitter und möglicherweise auch nicht auf Instagram. Die 2011 gegründete App wurde mit flüchtigen Inhalten groß, also *Ephemeral Content*, und hat ihr Repertoire um Hardware erweitert. Snap verkauft mittlerweile auch wasserdichte Kamerabrillen, die sogenannten *Spectacles*. Mit einem solchen stylishen Wearable als Sonnenbrille mit besonderen Features können die Nutzer authentische und persönliche Einblicke in ihr Leben geben. Statt für einen Schnappschuss umständlich das Smartphone aus der Tasche zu ziehen, reicht ein Knopfdruck an der Brille, um unkompliziert Fotos oder Videos aufzunehmen. Diese Art von Filmen und Bildern aus ungewöhnlichen Perspektiven ist auf Snapchat ausgesprochen beliebt.

▼ **Abbildung 9-10**
Auf Snapchat können die Nutzer kreativ werden und ihre eigenen Filter und Linsen gestalten.

Nach einem leichten Rückgang der Nutzerzahlen in 2018 meldete die Plattform im zweiten Quartal 2019 einen Anstieg auf weltweit 203 Millionen aktive Nutzer. Davon befinden sich gut sechs Millionen täglich aktive Nutzer in Deutschland.[9]

---

9 *http://www.futurebiz.de/artikel/snapchat-statistiken-nutzerzahlen/*

Snapchat ist eine wichtige Plattform für sehr junge Menschen, denn sie genießen es, dort weitgehend unter sich zu sein. Laut BITKOM Research nutzen 43 Prozent der Menschen zwischen 14 und 29 Jahren Snapchat und nur wenige ältere, wie Abbildung 9-11 zeigt.

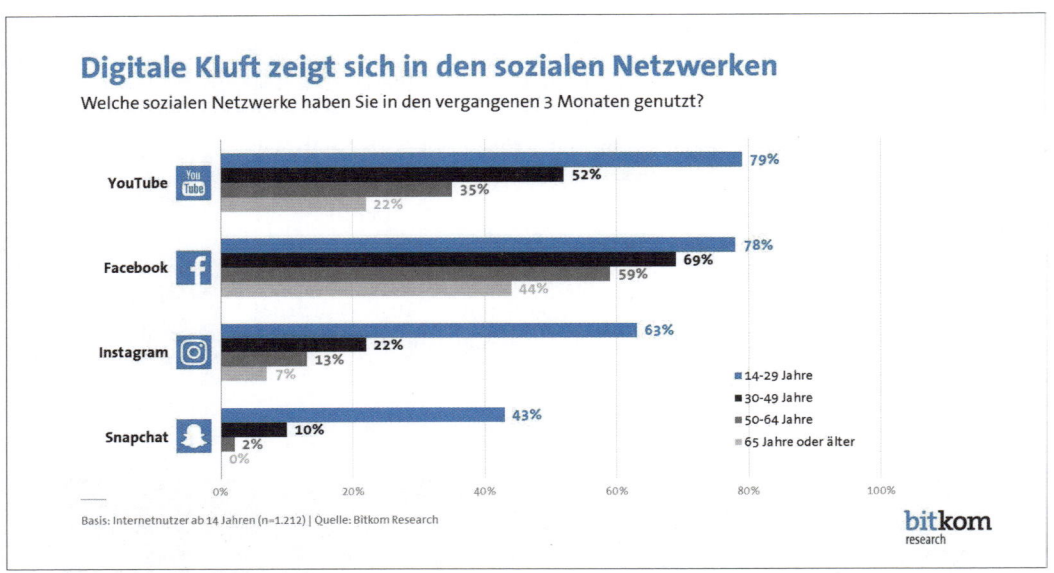

Digitale Kluft zeigt sich in den sozialen Netzwerken

Welche sozialen Netzwerke haben Sie in den vergangenen 3 Monaten genutzt?

YouTube
79%
52%
35%
22%

Facebook
78%
69%
59%
44%

Instagram
63%
22%
13%
7%

Snapchat
43%
10%
2%
0%

- 14-29 Jahre
- 30-49 Jahre
- 50-64 Jahre
- 65 Jahre oder älter

0%   20%   40%   60%   80%   100%

Basis: Internetnutzer ab 14 Jahren (n=1.212) | Quelle: Bitkom Research

bitkom research

Abbildung 9-11 ▲
Ergebnisse der Onlinebefragung »Social Media & Social Messaging 2018« von BITKOM Research

Ihre Ansprache auf Snapchat sollte auf die Plattform zugeschnitten und so kreativ und innovativ wie möglich sein. Ob Snapchat für Sie interessant ist, hängt stark von Ihrer Zielgruppe ab. Verkaufen Sie Golfschläger oder Treppenlifte, können Sie auf ein Engagement bei Snapchat eher verzichten. Sind Sie verzweifelt auf der Suche nach Auszubildenden und jungen Fachkräften, könnte diese Plattform Ihnen helfen. Auf das Social Recruiting mit Snapchat gehen wir in Kapitel 11 mit einem Praxisbeispiel ein. Bedenken Sie zudem, dass derzeit noch immer vergleichsweise wenige Unternehmen dort vertreten sind und Sie damit weiterhin als Early Adopter gelten. Bei Produkten, die speziell junge Leute nutzen, bietet sich Snapchat an, um die Markenbekanntheit zu erhöhen und Aufmerksamkeit zu generieren.

Die Fakten über Snapchat auf einen Blick:

- Kostenfreie Nutzung.
- Sie können einen privaten Account oder ein Businessprofil anlegen.
- Die Nutzung von Snapchat am PC funktioniert weitgehend nur über Umwege und Tricks.[10]

---

10 *https://www.heise.de/tipps-tricks/Snapchat-am-PC-so-geht-s-4220152.html*

- Mit *Snap Camera* ist es möglich, die Linsen von Snap über die Webcam des Computers zu nutzen, um beispielsweise auch bei Twitch zu streamen. Das Livestreaming-Videoportal Twitch stellen wir Ihnen in Kapitel 10 vor.
- Zahlreiche Werbemöglichkeiten der Hauptkategorien *Snapchat Anzeige (Snap Ad)*, *Snapchat Story Anzeige*, *Collection Ads* und *Snapchat Filter Anzeige* sowie das Sponsern von Linsen und Augmented-Reality-Filtern.
- Da sich die Werbeformate stetig weiterentwickeln, informieren Sie sich am besten auf der Plattform *https://forbusiness.snapchat.com/advertising* über die aktuell gültigen Formate sowie auf *https://www.snap.com/de-DE/ad-policies/* über die Werberichtlinien.

Bevor Sie als Unternehmen auf Snapchat aktiv werden, sollten Sie die Nutzungsbedingungen (*https://www.snap.com/de-DE/terms/#terms-row*)[11] und die Datenschutzbestimmung (*https://www.snap.com/de-DE/privacy/privacy-policy/*) gründlich lesen. Informieren Sie sich zu Fragen des Namens- und Markenrechts sowie der Impressumspflicht in Kapitel 15 am Ende des Buchs.

Planen Sie ein wenig Zeit ein, um mit der Plattform vertraut zu werden: Sie ist weniger intuitiv nutzbar als zum Beispiel Instagram. Wählen Sie einen nicht zu komplizierten Nutzernamen, damit Sie dort auch gefunden werden. Wenn Sie Ihr Nutzerkonto eingerichtet haben, kann es mit den flüchtigen Inhalten schon losgehen. Bestimmen Sie zunächst, wie lange Ihre Adressaten den Snap, also den Schnappschuss, sehen dürfen. Vergessen Sie dabei nicht, dass es immer Möglichkeiten gibt, die Bilder zu archivieren. Veröffentlichen Sie nur Dinge, zu denen Sie auch nach Ablauf von zehn Sekunden noch stehen.

Mit Snap können Sie sich per Sprache oder Video auch über den Messenger austauschen und Fotos, Videos und Textnachrichten schicken. Öffentliche Stories von Snapchat lassen sich nicht nur dort teilen, sie können auch über den Messenger WhatsApp sowie über Facebook weitergeleitet werden und generieren somit noch mehr Reichweite.

Was es Neues auf Snapchat gibt, können Sie im Blog von Snap nachlesen: *https://forbusiness.snapchat.com/blog*.

---

11 Die angegebene Quelle gilt für Privatpersonen und Unternehmen außerhalb der USA, in den USA gilt folgender Link: *https://www.snap.com/de-DE/terms/*

Praxisbeispiele: Social Media Marketing mit Snapchat

Die Bundeswehr ist eine Organisation, die Interesse hat, ihr Image zu verbessern. Damit einher geht die Suche nach Nachwuchskräften, die sich nicht immer einfach gestaltet. Daher setzte die Bundeswehr 2017 Snapchat ein und kreierte eine eigene Snapchat-Linse. Mit dieser konnten Nutzer über die Bewegung ihrer Augenbraue die Linse in eine Variante mit Nachtsicht umwandeln, um mit Wüstenuniform und Helm die Wüste von Mali kennenzulernen. Über zwei Millionen Snapchatter nutzten zugleich den Filter *Einsatz sagt mehr als tausend Worte*.[12] Mit der Aktion wollte die Bundeswehr auf ihre Social-TV-Serie »Mali« aufmerksam machen, die acht Soldatinnen und Soldaten vor, während und bis zum Ende ihres Einsatzes in Mali begleiteten. Zusätzlich gab es während dieser Zeit mit dem »Mali-Bot« einen Chatbot im Facebook Messenger, der zwei bis drei Nachrichten in Echtzeit pro Tag verschickte.[13]

Ein etwas freundlicheres Thema hat der Bundesligaverein Borussia Mönchengladbach zu bieten. Er gehört zu der wachsenden Zahl an Fußballklubs, die über Snapchat mit ihren Fans kommunizieren und exklusive Einblicke gewähren. Über Snapchat *#vflborussia1900* können die Fans seit 2014 verfolgen, was sich bei dem Traditionsverein tut. Gelegentlich übernimmt ein Spieler den Snapchat-Kanal und veröffentlicht Fotos und Videos mit beispielsweise exklusiven Einblicken dazu, was im Trainingslager abläuft. Im Rahmen eines Take-over übernahm auch schon der Spieler László Bénes zwischenzeitlich den Snapchat-Kanal.[14] Beim FC Ingolstadt (genannt: »Die Schanzer«) haben ebenfalls schon regelmäßig Spieler den Snapchat-Kanal *#fcingolstadt04* übernommen.

Im Jahr 2018 lud die Deodorantmarke 8x4 erstmals zu einem rein digitalen Festival ein, bei dem Snapchat eine wichtige Rolle spielte. Im Rahmen der Mitmachkampagne *Snap dich rein* wollte die Beiersdorf-Marke primär Jugendliche ansprechen. Fünf Star-Influencer waren die Headliner des außergewöhnlichen Festivals. Sie animierten bereits im Vorfeld die Fans, sich die eigens designten *Beauty Linsen* zu holen. Diese Limited Edition konnten sich die Fans über die Snapchat-Codes auf den Deodorantdosen besorgen.

Wer diese Linsen auf Snapchat einsetzte, bekam Zugang zum Festival und damit zu den exklusiven Inhalten der bekannten Influencer. Ein cleveres Konzept, in dem offline und online kombiniert wurde und die

---

12 *https://www.wuv.de/digital/so_setzt_die_bundeswehr_snapchat_ein*
13 *https://www.wuv.de/marketing/neue_bundeswehr_serie_mali_folgt_auf_die_rekruten*
14 *http://bit.ly/2FwW9bS*

Jugendlichen auf ihrer Customer Journey über ihre bevorzugten Kanäle angesprochen wurden.[15]

◄ **Abbildung 9-12**
Das Onlinefestival von 8x4
im Jahr 2018

In Deutschland zählen große Medienhäuser wie Spiegel Online, Burda und Bild zu Content-Partnern für *Snapchat Discover* und haben dort einen eigenen Kanal. International zählten bereits CNN, Buzzfeed und National Geographic zu den Medienpartnern von Snapchat.

Spiegel Online hat sich bereits zufrieden geäußert und freut sich, über das »Labor für mobiles Storytelling« monatlich über vier Millionen Nutzer zu erreichen, die auch fleißig interagieren.[16]

Pinterest: die vielseitige Suchmaschine

Pinterest ist ein soziales Netzwerk, vor allem aber eine Suchmaschine für Bilder und ein Social-Bookmarking-Dienst, also drei in einem. Für das Content Marketing ist Pinterest eine enorm wichtige Plattform, die Traffic für Websites und Webshops generiert und Ihren Bildern eine bessere Positionierung bei den Suchmaschinen einbringt. Nutzer suchen auf Pinterest nach Ideen sowie Lösungen für Probleme und lassen sich gern inspirieren, auch wenn es um Urlaubsziele oder Kaufentscheidungen geht. Die Plattform lädt zum digitalen Schaufensterbummel ein – ganz bequem vom heimischen Sofa aus.

---

15 *https://www.beiersdorf.de/presse/pressemitteilungen/local/de/pressemitteilungen/2018/03/26-8x4-laedt-seine-fans-zum-ersten-digital-festival-ein*
16 *https://www.wuv.de/medien/erwartungen_erfuellt_spiegel_online_verlaengert_mit_snapchat_discover*

Abbildung 9-13 ▲
Ein erster Blick auf
Pinterest

Schauen Sie sich die Plattform gründlich an und prüfen Sie, ob eine Einbindung in Ihr Marketing sinnvoll ist. Je nach Branche und Marke kann sich Pinterest zu einem wertvollen Lieferanten von Traffic entwickeln, da unter dem gepinnten Foto die Original-URL hinterlegt ist. Auch nicht auf Pinterest angemeldete Nutzer klicken auf gepinnte Bilder und landen in dem Webshop oder auf der Website. Besonders stark vertreten sind die Bereiche Food, Fashion, Home, DIY, Kunst und Beauty, aber letztlich finden sich dort mittlerweile nahezu alle Themen.

Zu Ihrem Benutzerprofil bei Pinterest dürfen bis zu 500 Pinnwände gehören. Neben dem privaten Profil gibt es auch Unternehmenskonten. Der Speicherplatz ist unbegrenzt, und Sie können so viele Bilder »pinnen«, wie Sie möchten. Jede Pinnwand steht idealerweise für ein gut abgegrenztes Thema, und Sie können jede Pinnwand einzeln teilen. Andere Nutzer können Ihrem gesamten Profil mit allen Pinnwänden folgen oder sich eine Pinnwand aussuchen, deren Thema sie interessiert. Umgekehrt können Sie auf den Pinnwänden anderer User stöbern und diese bei Interesse abonnieren. Der Algorithmus von Pinterest versucht, auf die Qualität des Netzwerks zu achten. Folgen Sie daher zu schnell zu vielen Accounts oder posten Sie den gleichen Kommentar zu häufig, kann dies zu einer vorübergehenden Sperre Ihres Accounts führen.

Tipp ▶ Als Inhaber eines Businessprofils können Sie mit *Pincodes*, die eine Weiterentwicklung der QR-Codes sind, die Nutzer Ihrer Produkte auf Ihre Präsenz bei Pinterest locken. Die Pincodes platzieren Sie beispielsweise auf der Verpackung Ihres Produkts oder in einer Zeitschrift. Auch für Displays im Einzelhandel lässt sich der Pincode gut nutzen. Im Gegensatz zu einem QR-Code deutet der Pincode bereits an, um welches Thema oder Produkt es sich handelt. Hält der Nutzer seine Smartphone-Kamera auf den Pincode und hat gleichzeitig die Pinterest-App offen, bekommt er die verknüpften Bilder einer bestimmten Pinnwand oder das Unternehmensprofil zu sehen.

Die Studie »Online Marketing bei deutschen Online-Shops 2018« untersuchte, über welche Wege Internetnutzer in einen Onlineshop finden. Die Entwicklung des Social Traffic von 2016 bis 2018 zeigte, dass der von Facebook kommende Traffic der Onlineshops rückläufig war, wohingegen der von Pinterest kommende zunimmt.[17] Dieser Trend wird sich vermutlich fortsetzen.

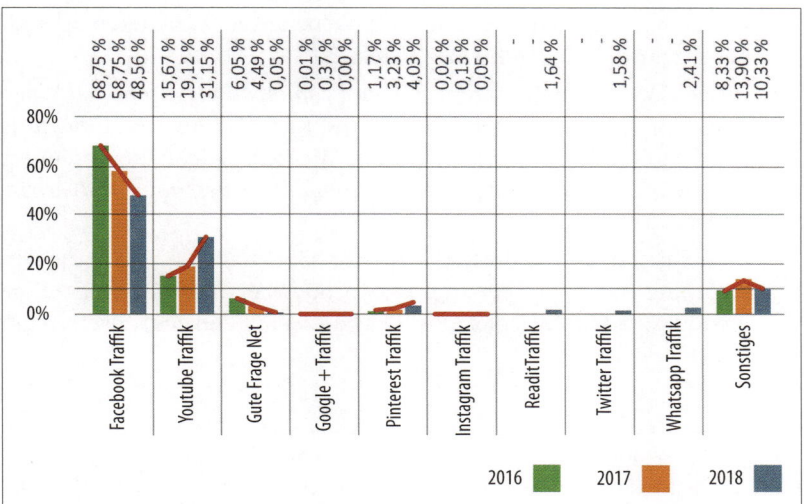

◀ Abbildung 9-14
Woher kommt der Social Traffic von Onlineshops? (Studie: Online Marketing bei deutschen Online-Shops 2018 von der Agenturgruppe Aufgesang)

Das US-amerikanische Unternehmen Pinterest hat bislang keine offiziellen Nutzerzahlen für Deutschland veröffentlicht. Bei dem starken Wachstum der Plattform und mittlerweile 300 Millionen Mitgliedern weltweit gibt es einige Millionen deutsche Nutzer. Aus den Reichweitenpotenzialen des Pinterest-Anzeigenmanagers lassen sich für 2019 über sieben Millionen monatliche Nutzer für Deutschland ableiten. Nach eigenen Angaben wird Pinterest zu 80 Prozent mobil genutzt.[18]

Die Fakten über Pinterest auf einen Blick:

- Kostenfrei als Android- und iOS-App für Smartphones und Tablets.
- Sie können kostenfrei einen privaten und einen Unternehmensaccount anlegen oder sogar mehrere, falls Sie mehr als ein Unternehmen präsentieren möchten.
- Ermöglicht das Teilen von Bildern, Grafiken, GIFs und Videos.

---

17 https://www.aufgesang.de/e-commerce-studie-2018
18 http://www.futurebiz.de/artikel/pinterest-statistiken/

- Speicherplatz und Bilderupload sind unbegrenzt, wobei es Obergrenzen für die Pinnwände (500, einschließlich geheimer Pinnwände und nicht selbst erstellter Gruppenpinnwände) und die Pins gibt (200.000, inklusive geheimer Pins und Pins auf Gruppenpinnwänden) sowie für die Möglichkeit, Themen, Pinnwänden und Nutzern zu folgen (maximal 50.000).

- Mit dem Unternehmensaccount (Business Account) haben Sie Zugriff auf die statistischen Daten von *Pinterest Analytics* und können Anzeigen schalten. Des Weiteren können Sie mit Rich Pins arbeiten, Pincodes und die rotierenden Schaufenster nutzen sowie in Ihrem Profilcover Ihre neuesten Pins und die neuesten Aktivitäten oder eines Ihrer öffentlichen Boards anzeigen.

- Zu den Werbemöglichkeiten zählen *Promoted Pins, Promoted Video Pins, One-tap-Pins, Promoted App Pins, Karussell Ads* und *Cinematic Pins*. Nähere Informationen zu den Werbemöglichkeiten erläutert Pinterest hier: *https://help.pinterest.com/de/business/topics/advertise-on-pinterest*

- Die genauen Kosten für die Werbung hängen davon ab, ob die Abrechnung per Klick, per Impression oder per Aktion erfolgt. Eine Aktion wäre zum Beispiel, dass der Nutzer auf den gesponserten Pin klickt.

Definition ▶ Bei einem *Rich Pin* handelt es sich um einen Pin, der mit Echtzeitdaten der verknüpften Website gefüttert wird. Das bedeutet, dass ein Produkt-Pin beispielsweise den jeweils aktuellen Preis für ein Produkt anzeigt, ob es verfügbar ist und weitere Kaufinformationen.

Mit einer Präsenz in Pinterest können Unternehmen den Konsumenten insbesondere im B2C begegnen. Während die Verbraucher aktiv nach einem Produkt suchen, bieten die Unternehmen den Verbrauchern auf deren Customer Journey passende Inhalte an. Geht es um Konsumentscheidungen, nutzen viele Menschen Pinterest, sodass es wahrscheinlich ist, dass sie Ihren Content finden, während sie recherchieren.

Der visuelle Content steht bei Pinterest klar im Vordergrund, aber vernachlässigen Sie nicht den begleitenden und erklärenden Text. Mit Bildüberschriften, gut formulierten und aussagekräftigen Beschreibungen der Pins, mit Boardtiteln und Kurzbiografien sowie dem Einsatz der richtigen Keywords (Tags) werden die Beiträge besser gefunden. Geben Sie zudem Ihren Fotos einen individuellen Dateinamen mit relevanten Keywords.

Selbst wenn Sie noch keinen eigenen Account auf Pinterest haben, können Sie von dort Traffic bekommen, nämlich dann, wenn andere Nutzer ihre Inhalte pinnen und damit teilen.

Die ersten Schritte in Pinterest

Pinterest ist ein Kunstwort aus »Pin« und »Interest« – und pinnen ist die Kernfunktion. Nach der Registrierung tragen Sie Ihre Unternehmensinformationen ein, legen Pinnwände an und abonnieren relevante Nutzer oder ausgewählte Pinnwände.

Sie können auch *private Pinnwände*, also *Secret Boards*, anlegen, die nur auf Einladung sichtbar sind. Das bietet sich an, wenn Sie zu Anfang zunächst einige Pins sammeln wollen, bevor Sie Ihre Boards der Öffentlichkeit präsentieren.

◄ **Tipp**

Dann beginnen Sie, interessante, attraktive und sehenswerte Fotografien oder Grafiken auf Ihrer Pinnwand zu teilen. Das gepinnte Foto können Sie mit einer Beschreibung, Hashtags und einem Link versehen. Achten Sie darauf, dass der Link zur richtigen Seite führt, also zur gewünschten Landingpage, zum passenden Blogbeitrag oder direkt zum Verkauf des Produkts in Ihrem Onlineshop. Andere Pinterest-Nutzer können diese Bilder wiederum auf ihren Pinnwänden teilen, dieser Vorgang nennt sich »re-pinnen«.

Sobald Sie einen Account in Pinterest angelegt haben, können Sie die ersten Pinnwände (Boards) kreieren, idealerweise jeweils eine Pinnwand pro Thema, Produkt oder wichtigstes Keyword. Auf diesen organisieren Sie Ihre Pins, also Ihre visuellen Lesezeichen. Likes und Kommentare sind in Pinterest ebenfalls möglich sowie das Schreiben von Direktnachrichten, was den sozialen Charakter der Plattform unterstreicht.

Mit vornehmer Zurückhaltung kommen Sie auf Pinterest nicht weiter: Pinnen Sie, was das Zeug hält, und Sie werden mit Reichweite belohnt. Es gibt verschiedene Meinungen dazu, in welchem Verhältnis eigene zu fremden Pins stehen sollten. Probieren Sie aus, was bei den Interessenten Ihrer Themen am besten ankommt, verwenden Sie aber auf jeden Fall mehr eigene als fremde Pins.

◄ **Tipp**

Auf den meisten sozialen Netzwerken ist Reichweite eine wichtige Währung, und es wird darauf geachtet, wie viele Fans und Follower ein Account hat. Bei Pinterest ist die reine Zahl der Fans von geringerer Bedeutung als die Zugriffe und die *Click-through-Rate* (CTR), da es sich nicht um eine typische Social-Media-Plattform handelt. Es geht im Schwerpunkt darum, gute und interessante Inhalte zu empfehlen, weniger um die klassische Vernetzung. Machen Sie sich daher keine Sorgen, wenn Ihnen nicht sofort Scharen anderer Nutzer (zurück-)folgen. Suchen Sie sich beliebte Gruppenpinnwände, die zu Ihrem Thema passen und von mehreren Nutzern bearbeitet werden. Fragen Sie höflich an, ob Sie ebenfalls Zugang zu dem Board erhalten dürfen.

Pinterest können Sie auch als *Freiberufler* nutzen, um in einem Board Ihr Portfolio in Form von Blogbeiträgen, Fotos, Grafiken oder Videos zu präsentieren. Denken Sie bei Ihren Blogbeiträgen bereits an Pinterest und bauen Sie visuelle Elemente ein, die sie im Anschluss pinnen können.

Der Algorithmus von Pinterest berücksichtigt Ihre Interessen und Ihr Verhalten auf der Plattform. Abhängig davon bekommen Sie in Ihrem Homefeed entsprechende Pins angezeigt. Neben organischen Inhalten zeigt Ihnen Pinterest, analog Facebook oder Instagram, auch Promoted Pins, für die Unternehmen bezahlt haben, also Paid Ads.

Der rege Austausch von Bildern kann zu Problemen führen, denn was das Urheberrecht in den USA erlaubt, kollidiert mitunter mit dem deutschen oder europäischen Recht. Zum Urheberrecht erfahren Sie Wissenswertes in Kapitel 15. Jedes Foto, das auf Pinterest hochgeladen wird, wird laut AGB zum »User Content« und darf innerhalb der Plattform beliebig weiterverbreitet und sogar verändert werden. Als Urheber behalten Sie aber dennoch alle Rechte, die Fotos werden nicht prinzipiell gemeinfrei. Einige Unternehmen verzichten aus Angst vor Abmahnungen auf ein Engagement bei Pinterest. So weit müssen Sie nicht gehen, beachten Sie aber unbedingt die Vorgaben der Plattform und die rechtlichen Rahmenbedingungen.

Studieren Sie gründlich die *Datenschutzrichtlinien* von Pinterest (*https://policy.pinterest.com/de/privacy-policy*) sowie die *Richtlinien für die Community* (*https://policy.pinterest.com/de/community-guidelines*). Beachten Sie außerdem die *AGB* für Unternehmen, bevor Sie auf der Plattform aktiv werden (*https://business.pinterest.com/de/business-terms-of-service*).

Pinterest im Marketingeinsatz

Als Unternehmen haben Sie großes Interesse daran, dass sich Ihre Botschaften rege verbreiten. Daher werden Sie der Pinterest-Community gern die Erlaubnis geben, Ihre Fotos auf Pinnwände zu heften. Die Nutzung von Pinterest für Unternehmen ist durchaus attraktiv, vor allem wenn Sie eine web- und designaffine Zielgruppe ansprechen wollen. Grundsätzlich spricht für eine frühe Registrierung, dass Sie sich bereits Ihren Benutzernamen sichern können, auch wenn Sie aktuell für Pinterest noch kein Konzept bereithalten oder keine Ressourcen haben.

Nach der Registrierung als Unternehmen müssen Sie Ihre Website verifizieren. Dazu erhalten Sie eine Datei, die Sie auf Ihren Webserver laden müssen. Danach bekommen Sie sowohl eine sprechende URL – *http://www.pinterest.com/benutzername/* – als auch Buttons, die Sie in Ihre

Unternehmenswebsite einbauen können und die Ihren Kunden das Pinnen Ihrer Bilder auf Pinterest erleichtern.

◀ **Hinweis**

Achtung, Datenschutz: Die Pinterest-Buttons sammeln automatisch Daten Ihrer Website-Besucher ein. Nehmen Sie ihre Verwendung daher in Ihre Datenschutzerklärung auf (wie alle anderen Plug-ins sozialer Netzwerke). Lesen Sie Hinweise dazu in Kapitel 15 und klären Sie die Verwendung mit Ihrem Anwalt.

Was können Sie auf Pinterest veröffentlichen? Nicht nur, aber natürlich auch Produktfotos. Diese sind bei Pinterest hochwertiger als in anderen sozialen Netzwerken, Handyfotos sind weniger angebracht. Strapazieren Sie Ihre Community nicht übermäßig mit Werbung und liefern Sie auch nützliche Inhalte wie beispielsweise Tipps, Infografiken und Diagramme. Oder verpacken Sie Ihre Werbung in subtilere Fotografien, bei denen Ihr Produkt nicht unbedingt die Hauptrolle spielt.

In Abbildung 9-15 sehen wir den Auftritt der bekannten Marke Nivea auf Pinterest. Nivea setzt auf eine Mischung aus werblichen Produktfotos, Beautytipps und weiterem Content rund um das Thema Beauty. Dabei haben sie auch thematisch passende, aber nicht produktbezogene Boards.

Beim Upload Ihrer Bilder sollten Sie auf eine aussagekräftige Beschreibung sowie passende Tags achten. Besonders nützlich ist es, dass Sie jedes Foto mit einer eigenen URL versehen können. Auf diese Weise gelangen Ihre Kunden direkt von Pinterest in Ihren Onlineshop und auf die Produktseite.

Spannend und erfolgversprechend kann ein Engagement auf Pinterest in jeden Fall sein, insbesondere wenn Sie über herausragendes Bildmaterial verfügen. Als Modeunternehmen können Sie mehrere Pinnwände für Kleidung nach Typ, Saison oder Stil anlegen, als Inneneinrichter Pinnwände der von Ihnen gestalteten Möbel oder Räume. Als Medienunternehmen könnten Sie herausragende Infografiken, Comics und Fotografien veröffentlichen. Schauen Sie ebenso auf die Pinnwände anderer User, liken Sie deren Beiträge und posten Sie Ihre Fotos auf öffentlichen Pinnwänden. Kurz: Bringen Sie sich auch hier aktiv in die Community ein.

◀ **Tipp**

Pinterest ist eine sehr hilfreiche *Inspirationsquelle*, selbst wenn Sie sich gegen einen aktiven Einsatz entscheiden. Hier lernen Sie viel über Ihre Kunden und das, was sie gerade beschäftigt. Es gibt Abertausende toller Fotografien, Tipps und Diagramme – stöbern Sie ausgiebig, es lohnt sich!

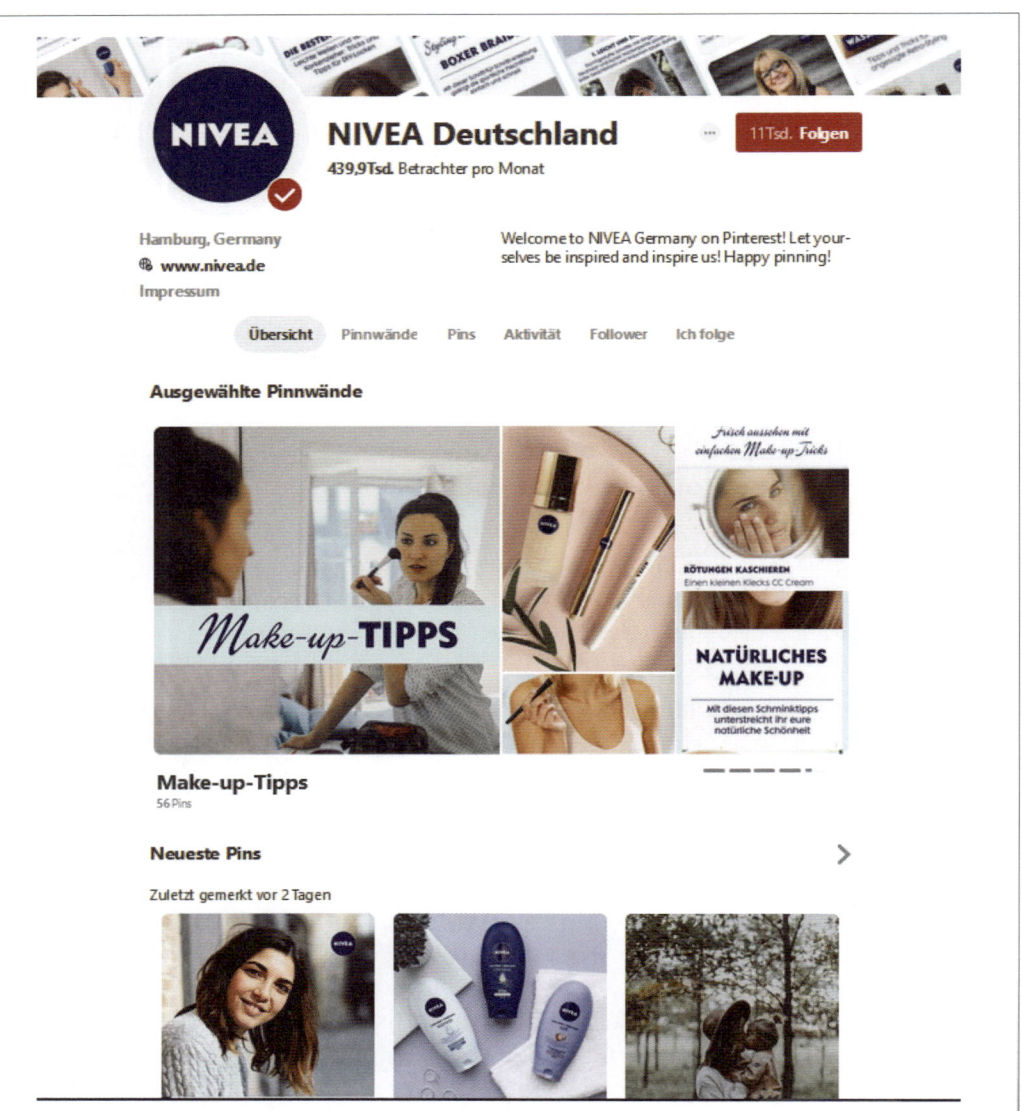

Sie sollten vorsichtig damit umgehen, welche Inhalte Sie re-pinnen. Stellen Sie sicher, dass Inhalte, die Ihnen nicht gehören, weitergepinnt werden dürfen, also rechtefrei sind. Wenn Sie Kundenfotos weiterpinnen wollen, empfiehlt es sich, dies beim entsprechenden Pinterest-User anzufragen und die Originalquelle anzugeben. Anders sieht es aus, wenn derjenige einen Pin-it-Button auf seine Website eingebunden hat oder mit Creative-Commons-Lizenzen arbeitet. Behalten Sie stets die Rahmenbedingungen des geltenden Urheberrechts im Blick.

Praxisbeispiele Pinterest

Die Follower-Zahlen spielen auf Pinterest eine weniger starke Rolle als auf anderen Plattformen. Ein Vergleich soll die Aussage untermauern. Im Januar 2019 hatte der 1968 gegründete internationale Modekonzern Esprit gut 12.000 Follower auf Pinterest und das kleine Ökolabel Armedangels lediglich gut 1.000 Follower. Analysieren wir allerdings die Betrachter pro Monat, hat Esprit nur gut doppelt so viele aufzuweisen und nicht etwa die zwölffache Menge (Esprit: 78.200 Betrachter pro Monat, Armedangels 35.700, Abfrage: 14. Januar 2019).

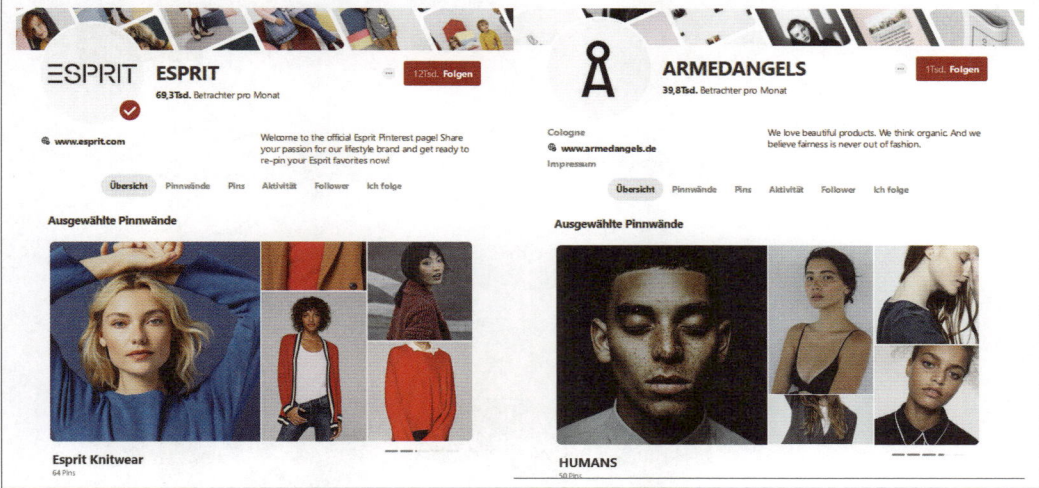

▲ Abbildung 9-16
Modelabels auf Pinterest
im Vergleich

Springlane auf Pinterest

Die Firma Springlane vertreibt Küchengeräte und Kochzubehör über einen Onlineshop. Auf Facebook, Instagram, Pinterest und YouTube ist das Unternehmen regelmäßig aktiv und generiert über die Social-Media-Kanäle jede Menge Traffic für seinen Onlineshop. Der Content besteht nicht nur aus Produktpräsentationen, darüber hinaus liefert das Unternehmen auch regelmäßig vielseitige Rezepte. Außerdem veranstaltet Springlane Wettbewerbe und Gewinnspiele.

Pinterest spielt im Marketing-Mix von Springlane eine wichtige Rolle. Fast jeder zweite Website-Besucher kommt über Pinterest. Im direkten Vergleich hat für Springlane daher Pinterest klar die Nase vorn, wenn es um die Frage geht, über welchen Kanal die meisten Käufe generiert werden. Springlane integrierte schon früh den Merken-Button in seine Internetpräsenzen, der auch die aufmerksamkeitsstärkeren vertikalen Bildformate anbietet. Durch ergänzende Texte (Text-Overlays) und Branding erhalten die Pins mehr Aufmerksamkeit und in der Konsequenz Interaktion. Über Rich Pins stellt Springlane direkt im Pin zusätz-liche Informationen bereit, zum Beispiel wie lange es dauert, das Rezept nachzukochen.[19]

Abbildung 9-17 ▶
Springlane auf Pinterest

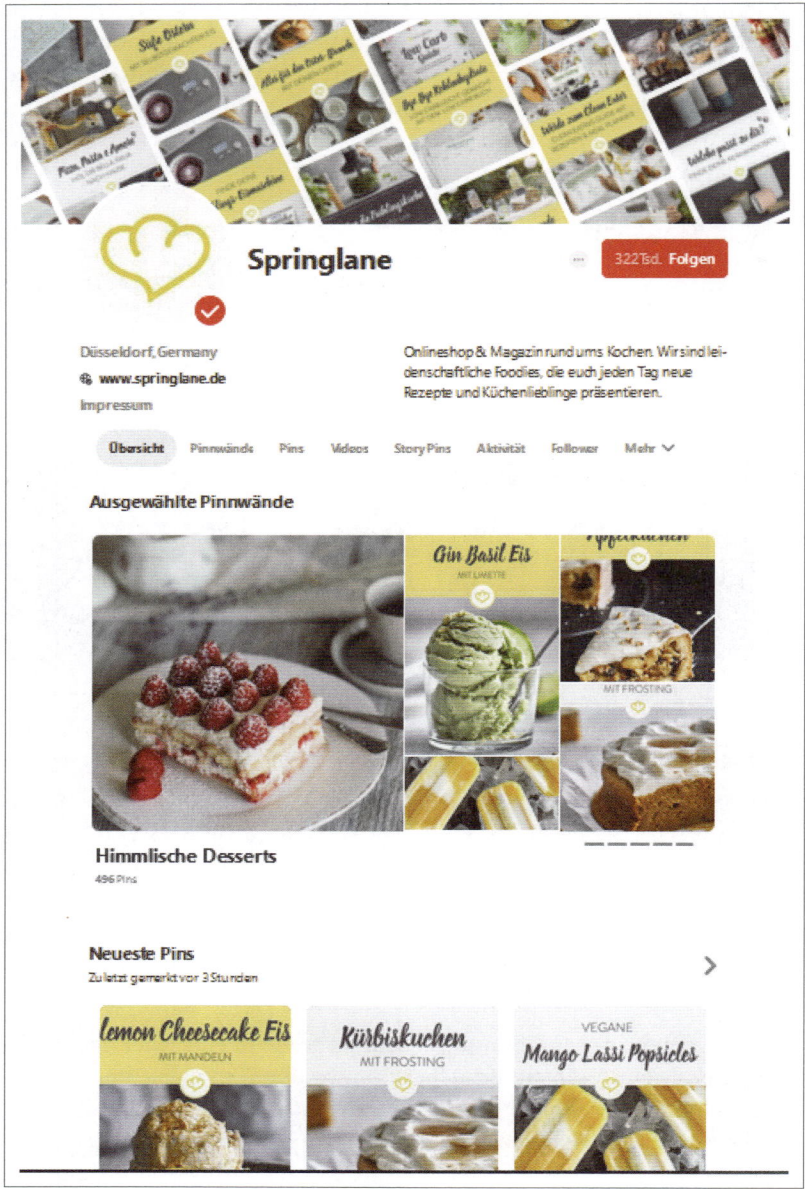

19 *https://business.pinterest.com/de/success-stories/springlane*

◀ **Tipp**

Praxisbeispiel: Tourismus Nordrhein-Westfalen

Zur erfolgreichen Nutzung von Social Media und insbesondere Pinterest in der Tourismusbranche haben wir mit Julie Sengelhoff gesprochen. Sie ist Pressesprecherin und Leiterin des Redaktionsteams Social Media bei Tourismus NRW. Der touristische Dachverband für Nordrhein-Westfalen ist mit mehr als 120.000 Fans auf Facebook und gut 25.000 auf Instagram in Social Media bestens sichtbar. Weitere wichtige Plattformen sind Pinterest und Twitter.

Interview

»Wir setzen auf crossmediale Kampagnen«

Ein Interview mit Julie Sengelhoff, Pressesprecherin und Leiterin des Redaktionsteams Social Media bei Tourismus NRW

Im Gegensatz zu anderen Produkten oder Serviceleistungen spricht Tourismus nahezu alle Zielgruppen an. Differenzieren Sie die Ansprache unterschiedlicher Zielgruppen über die Kanäle, oder sprechen Sie auf einer Plattform verschiedene Personas an?

Julie Sengelhoff: Wir differenzieren die Ansprache in den unterschiedlichen Kanälen. Die Inhalte ähneln sich natürlich, werden aber pro Kanal zielgruppenspezifisch aufbereitet und verbreitet. So versuchen wir, die Nutzer bestmöglich mit Information und Inspiration zu versorgen.

▲ **Abbildung 9-18**
Julie Sengelhoff, Pressesprecherin und Leiterin des Redaktionsteams Social Media bei Tourismus NRW

Seit wann sind Sie auf Pinterest aktiv, welche Ziele verfolgen Sie für Pinterest, und wie nehmen Sie dort eine Erfolgskontrolle vor?

Julie Sengelhoff: Wir sind bereits seit dem Start von Pinterest dort vertreten, allerdings pflegen und hegen wir den Kanal richtig aktiv erst seit Ende 2016. Oberstes Ziel dort, wie auch in allen anderen unseren Social-Media-Kanälen, ist die Inspiration und Information sowie die Traffic-Steigerung auf unserer Webseite *dein-nrw.de*. Die Erfolgskontrolle erfolgt über die eigenen Insights von Pinterest sowie über die Auswertung unserer Webseite über Google Analytics. So können wir ganz genau nachvollziehen, welche Inhalte bei den Nutzern funktionieren, welche sie inspiriert haben, auf den Link zu klicken, bei uns auf der Webseite eine Handlung auszulösen usw. Dementsprechend

können wir immer wieder experimentieren und je nach Ergebnis optimieren.

Abbildung 9-19 ▶
Tourismus NRW auf
Pinterest

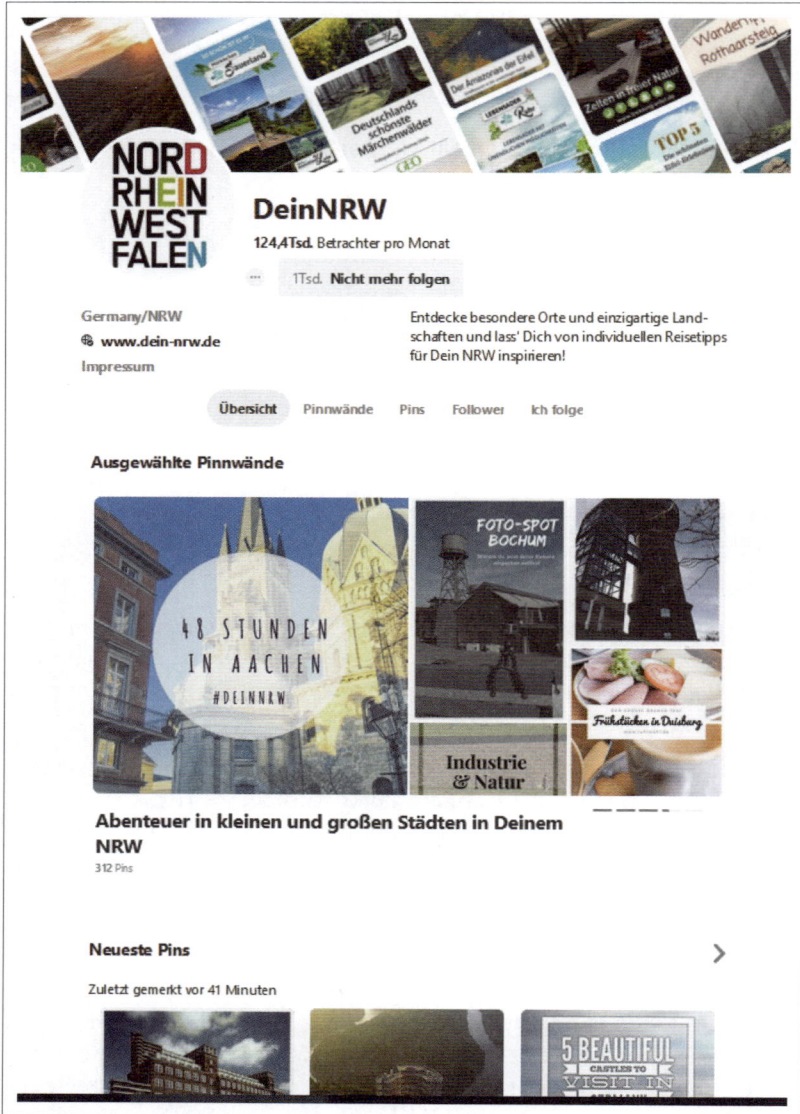

*Arbeiten Sie auf Pinterest mit Influencern zusammen, und, falls ja, wie ge-
hen Sie vor?*

Julie Sengelhoff: Ganz gezielt arbeiten wir dort noch nicht mit Influencern zusammen. Allerdings sammeln wir natürlich NRW-Inhalte von
Bloggern auf unseren Pinnwänden, verbreiten so auch Fremd-Content

und machen auf uns aufmerksam. Eine eigene Pinterest-Kampagne haben wir noch nicht gestartet, es geht derzeit in erster Linie um die Verbreitung von NRW-relevanten Inhalten (auch von Influencern) bzw. von Inhalten, die beispielsweise im Rahmen von Bloggerreisen entstanden sind.

Wonach entscheiden Sie, in welchen Social-Media-Kanälen Sie aktiv sind? Geht es dabei immer nur um die Frage, welche neuen Plattformen Sie berücksichtigen wollen, oder stellen Sie auch regelmäßig Ihre existierenden Präsenzen auf den Prüfstand? Haben Sie in der Vergangenheit schon mal einen Kanal an den Nagel gehängt? Wenn ja, welcher war das und warum?

Julie Sengelhoff: Zu Beginn unserer Social-Media-Arbeit haben wir uns alle Kanäle sehr genau angeschaut und analysiert, was zu uns passt und was nicht. Natürlich mussten und müssen wir immer auch die personellen Kapazitäten im Blick haben, wir können mit einem kleinen Team nicht auf allen Kanälen vertreten sein.

Zu Beginn haben wir etwa mit *Snapchat* geliebäugelt, mussten uns dann aber eingestehen, dass der Aufbau sowie die regelmäßige und sinnvolle Pflege des Kanals unsere Ressourcen übersteigen würde. Generell experimentieren wir gern, wenn die Zeit es zulässt, und schauen uns nach neuen Wegen und Möglichkeiten um.

Foursquare war mal solch ein Thema, das wir angefangen haben, dann blieben aber Erfolg und Reichweite aus, und wir haben uns davon wieder verabschiedet. Dasselbe ist mit *Google+* passiert, dort haben wir unseren Account bereits vor rund zwei Jahren aufgegeben, weil Aufwand und Nutzen nicht mehr im Verhältnis standen.

Hinzugekommen ist seit Neuestem *LinkedIn*. Dort geht es um die Kommunikation von Branchenthemen, die für Entscheider und Leistungträger im Tourismus interessant ist. So bleibt es immer wieder spannend, und wir können uns in regelmäßigen Abständen – wenigstens in Teilbereichen – neu erfinden.

Welche Ihrer Social-Media-Kampagnen war bislang am erfolgreichsten, und was waren rückblickend betrachtet die entscheidenden Erfolgsfaktoren?

Julie Sengelhoff: Erstmals haben wir im März 2019 eine Kampagne gelauncht, die Instagram als Leitmedium hat. *One Night Stand – Deine Nacht mit NRW* richtet sich an fotoaffine Menschen. Wir geben Tipps für besondere Fotospots, binden User-generated Content ein und setzen in den Werbemaßnahmen auf alle gängigen Formate und Möglichkeiten, die Instagram bietet. Flankierend spielen wir die Kampagne auch auf Facebook aus. Dieser Fokus auf Social Media hat uns in den ersten acht Wochen Laufzeit eine Reichweite von vier Millionen beschert – ein riesiger Erfolg, mit dem wir so nicht gerechnet hatten. Auch für künftige Kampagnen möchten wir Learnings dieser Kampagne anwenden, das heißt Content sehr spitz für die Zielgruppe aufbereiten, sich auf Kanäle fokussieren und den Mut haben, Neues zu wagen.

Liebe Frau Sengelhoff, wir danken Ihnen herzlich für das Gespräch und die interessanten Einblicke in Ihre Social-Media-Arbeit.

Auch wenn es Pinterest schon seit 2010 gibt, ist die Plattform in letzter Zeit stärker in den Fokus des Social Media Marketing gerückt. Seit die Sichtbarkeit auf Facebook und Instagram durch Veränderungen im Algorithmus leidet, suchen viele Unternehmen nach Alternativen. Pinterest präsentiert sich als verlässlicher Lieferant für Traffic und zeigt Produktfotos in einem angenehmen Umfeld. Erleichtern Sie Ihren Nutzern das Pinnen, indem Sie den Merken-Button in Ihre Website oder Ihren Webshop einbinden.

Flickr (SmugMug): klassisches Fotosharing mit langer Tradition

Im Jahr 2004 als einfaches Portal zum Teilen von Fotos gegründet, ist Flickr mit Milliarden gespeicherter Bilder mittlerweile die größte Website für Foto- und Videofans mit professionellem Anspruch sowie für Unternehmen. Für Ihr Marketing profitieren Sie von der Größe und Internationalität der Community, die Sie erreichen: Weltweit zählte Flickr 2019 nach eigenen Angaben 90 Millionen monatliche Nutzer.

Im Jahr 2018 verkaufte Yahoo! die Fotoplattform an *SmugMug*. Bei dem Familienunternehmen SmugMug handelt es sich um einen 2002 gegründeten professionellen Fotosharing-Dienst für visuelle Storyteller, die ihre Arbeit präsentieren und direkt über die Plattform Fotos verkaufen. Eine kostenfreie Mitgliedschaft gibt es bei SmugMug nicht, soll es aber vorerst bei Flickr weiter geben.

Flickr ist nicht nur eine populäre und weitverbreitete Fotoplattform, sondern auch eine Suchmaschine für Fotos und mit zwei Millionen Gruppen auch eine Social Community, in der geteilt, bewertet und kommentiert wird. Sie können als Privatperson und als Unternehmen auf Flickr unkompliziert Ihre Bilder publizieren und den Kanal für die Berichterstattung über Veranstaltungen nutzen.

Die kostenfreie *Basismitgliedschaft* bei Flickr auf einen Blick:

- Bis zu 1.000 Fotos oder Videos können auf der Plattform abgelegt werden, bei diesem Account wird Werbung angezeigt.
- Bilderupload bis zu 200 MByte pro Bilddatei, Formate JPEG, GIF und PNG (weitere Formate werden in JPEG umgewandelt).
- Videoupload bis 1 GByte pro Videodatei, maximale Dauer: drei Minuten, Auflösung bis 1.080 Pixel.

Die kostenpflichtige Premiummitgliedschaft *flickrpro* bietet zusätzlich folgende Benefits:

▲ Abbildung 9-20
Flickr ist Fotoplattform, Suchmaschine und soziales Netzwerk.

- Unbegrenzter und werbefreier Speicherplatz.
- Erweiterte Statistiken über die Zugriffe auf die Fotos und automatisches Backup der hochgeladenen Bilder.
- Werbung für die eigenen Produkte im Rahmen der Community-Regeln erlaubt.
- Vergünstigungen beim Abonnement von Adobe-Software sowie Rabatte weiterer Partner.
- Abhängig von der Vertragslaufzeit betragen in 2019 die monatlichen Kosten sechs Euro mit einem Rabatt bei jährlicher Zahlung.

Flickr im Marketingeinsatz

Flickr eignet sich für die Verbreitung eigener Fotos und Videos sowie als Inspirationsquelle und Recherchewerkzeug, wenn Sie geeignetes Bildmaterial für Ihr Social Media Marketing suchen.

Wählen Sie für Ihr Profil bei Flickr Ihren üblichen Benutzernamen sowie das Profilbild, das Sie auch in anderen Netzwerken verwenden, damit die Nutzer Sie wiedererkennen. Flickr erzeugt daraus eine personifizierte URL (*http://www.flickr.com/photos/ihrname*), die Sie nicht mehr ändern dürfen. Direkt nach der Anmeldung können Sie beginnen, Bilder hochzuladen sowie Ihr Profil auszufüllen. Um sich vorzustellen und für die eigenen Produkte zu werben, ist Ihre Profilseite der richtige Ort, sofern Sie eine Premiummitgliedschaft abschließen.

Tipp ▶ Wer zu Flickr auf dem Laufenden bleiben möchte, sollte des Öfteren deren Blog besuchen: *http://blog.flickr.net/en*. Außerdem bietet es sich an, den Diskussionen im deutschsprachigen Forum zu folgen: *https://www.flickr.com/help/forum/de-de/*.

Nach dem Upload sollten Sie Ihre Fotos mit einer aussagekräftigen Beschreibung sowie allen relevanten Schlagwörtern versehen. Recherchieren Sie bei Bedarf vorab, welche Schlagwörter (Tags) in den Communitys Ihrer Zielgruppen verwendet werden. Tags, die bei Flickr beliebt sind, finden Sie unter *http://www.flickr.com/photos/tags*.

Sie können Ihre Bilder auch zu einem Bildersatz, einem sogenannten *Album* (im englischen Original *set*), zusammenfassen. Gestalten Sie zum Beispiel ein Album mit Produktbildern oder für eine Community-Veranstaltung in Ihrem Firmengebäude. Beachten Sie dabei stets die Community-Regeln, die sich für Basis- und Premiummitglieder unterscheiden: *https://www.flickr.com/help/guidelines/*.

Nachdem Sie Ihre ersten Fotos auf Flickr hochgeladen haben, können Sie sich den Community-Features zuwenden und schauen, welche anderen Accounts Sie auf der Plattform bereits kennen.

Tipp ▶ Spannend sind die *Flickr-Gruppen* (*http://www.flickr.com/groups*). Dabei handelt es sich um Alben, zu denen alle Mitglieder der Community etwas beisteuern können (während zu Ihren persönlichen Alben nur Sie allein beitragen können). In den Gruppen werden auch Meinungen über das jeweilige Thema ausgetauscht. Natürlich können Sie selbst Gruppen gründen und andere User zum Mitsammeln aufrufen.

Durch seine breit gefächerte Zielgruppe hat Flickr Potenzial, wird aber hierzulande noch immer wenig für die emotionale Markenbildung eingesetzt. Die meisten Unternehmen und Privatpersonen beschränken sich darauf, ihr Bildmaterial auf Facebook und Instagram sowie der eigenen Website zu verbreiten. Wer jedoch hochwertige Fotos zu bieten hat, ohne gleich die »Werbekeule« zu schwingen, kann auf Flickr durchaus Reichweite generieren. Auch Medienvertreter nutzen Flickr, um über Unternehmen und Marken zu recherchieren.

Die Creative Commons bei Flickr

Flickr bietet die Möglichkeit, direkt beim Upload die Bilder mit einer Creative-Commons-Lizenz zu versehen (*http://creativecommons.org*). Auf die *Creative Commons*, kurz CC, gehen wir in Kapitel 6 näher ein. So wird aus einem »Alle Rechte vorbehalten« ein »Manche Rechte vorbehalten«, wie Abbildung 9-21 zeigt – und gleichzeitig entsteht ein großer Pool an frei verwendbaren Fotografien.

◄ **Abbildung 9-21**
Wählen Sie die passende CC-Lizenz für Ihre Fotos – beachten Sie dabei gegebenenfalls auch die Rechte der abgebildeten Personen.

Das hat für Sie als Unternehmen zwei Vorteile:

- Zum einen können Sie aus den Millionen gemeinfreien Fotos die heraussuchen, die Sie für Ihr Marketing gut brauchen können. Beispiel: Sie suchen ein Foto zu agilem Arbeiten für einen Facebook-Post. Bei Flickr könnten Sie fündig werden, sollten aber vor der Verwendung unbedingt auf die entsprechenden Bedingungen der Weitergabe achten.

- Zum anderen können Sie selbst Fotos mit entsprechender CC-Lizenz einspeisen und so für eine größere Verbreitung sorgen. Wenn es Ihnen nichts ausmacht oder Sie sogar wünschen, dass Ihre Bilder weitergegeben werden, sollten Sie unbedingt auf die richtige CC-Wahl achten. In der Regel wollen Sie, dass die Fotos Ihrer Produkte, Veranstaltung oder Ihrer neuen, witzigen Werbekampagne weitergetragen werden.

Hätten Sie gern ein konkretes Beispiel? Als Tourismusverband oder Amt für Stadtmarketing können Sie attraktive Bilder verschiedener Sehenswürdigkeiten oder Landschaften Ihrer Region hochladen und zur Nutzung freigeben. Als Biobauer zeigen Sie Pflanzen und Erde im Wechsel der Jahreszeiten und als Autohersteller Maschinen, Roboter und Fabrikhallen – all das lässt sich gut in Szene setzen. Diese Beispiele lassen sich beliebig fortsetzen, gehen Sie dazu mit offenen Augen durch Ihren Unternehmensalltag.

Weitere Fotoportale

Neben Flickr (SmugMug), Pinterest und Instagram gibt es noch weitere Fotoportale, auf denen Sie Bilder einstellen, sich mit anderen Fotografen austauschen oder nach Fotos für Ihr Social Media Marketing suchen können. Denken Sie immer daran, dass Fotoplattformen auch kleine Suchmaschinen sind, und achten Sie auf die Lizenzierung, damit Sie bei der Verwendung von Fotos, beispielsweise Stockbildern, in Social Media keine rechtlichen Probleme bekommen. Was Sie dabei beachten müssen, erfahren Sie in Kapitel 15 zu allen relevanten Rechtsfragen.

Photobucket (http://www.photobucket.com)
> Photobucket ist in erster Linie ein Ort zum Speichern von Bildern und Videos, zumindest bei der kostenfreien Nutzung (Free Account) mit zwei 2 GByte Speicherplatz. Im Rahmen kostenpflichtiger Abomodelle können die Nutzer Fotos verlinken und die Bilder auf Seiten von Drittanbietern verwenden, etwa auf Websites wie eBay oder in Blogs und Foren.

Ipernity (http://www.ipernity.com/)
> Ipernity versucht, sich als direkte Konkurrenz von Flickr durch einen größeren Funktionsumfang abzuheben, wie zum Beispiel die Bild-in-Bild-Funktion. Ipernity ist in einzelnen Communitys sehr beliebt, kommt aber nicht an die Verbreitung von Flickr heran. Seit 2017 wird die Plattform von ihren Mitgliedern als NPO geführt. Neben der kostenpflichtigen Mitgliedschaft gibt es eine kostenfreie mit einigen Einschränkungen.

500px (https://500px.com/)

Das Motto der Fotocommunity lautet: »In der *500px*-Community kann man sein Netzwerk erweitern, sich fotografisch weiterentwickeln und nebenbei noch Geld verdienen.« Für Einsteiger gibt es eine kostenfreie Mitgliedschaft und für professionelle Nutzer verschiedene Pakete einer Premiummitgliedschaft. Durch eine Begrenzung der Fotouploads für nicht zahlende Mitglieder ist die Plattform exklusiver aufgestellt als zum Beispiel Flickr.

Unsplash (https://unsplash.com/)

Unsplash ist eine etwas kleinere Fotoplattform mit einem breiten Angebot kostenfrei zu verwendender und hochwertiger Fotos, wobei besonders Stillleben und Naturaufnahmen in großer Vielfalt angeboten werden.

fotocommunity (https://www.fotocommunity.de/)

Die *fotocommunity* hat nach eigenen Angaben über 100 Millionen Seitenaufrufe pro Monat von mehr als sechs Millionen Besuchern, die sich für Fotografie interessieren und Fotos kaufen oder verkaufen wollen.

Pixabay (https://pixabay.com/de/)

Bei *Pixabay* handelt es sich um eine Fotoplattform, die mehr als 1,5 Millionen Bilder und Videos unter Creative Commons CC0 zur Verfügung stellt. Damit können die Werke kostenfrei für kommerzielle Zwecke genutzt werden. Ein kleines Rechtsrisiko bleibt bestehen, da nicht zu 100 Prozent ausgeschlossen werden kann, dass einzelne Fotos dort eingestellt werden, ohne dass der Fotograf, also der Urheber, der gemeinfreien Verwendung zustimmte.

Adobe Stock (https://stock.adobe.com/de/)

Adobe erwarb 2015 Fotolia und konsolidierte das Angebot, sodass die meisten Fotolia-Bilder zu Adobe transferiert wurden. Im Rahmen einer Übergangsphase bis November 2019 konnten die Fotolia-Kunden bestehende Credits auf Adobe übertragen. Im November 2019 wurde Fotolia endgültig eingestellt. Abhängig von Ihrem Bedarf an Stockfotos bietet Adobe verschiedene kostenpflichtige Abonnements an.[20]

Shutterstock (https://www.shutterstock.com/de/)

Shutterstock ist ein kostenpflichtiger Anbieter von Stockfotos. Abhängig vom individuellen Bedarf an Bildern bietet Shutterstock verschiedene Pakete für Einzelpersonen, Teams oder Konzerne an.

---

20 *https://stock.adobe.com/de/plans*

ImgBB (https://de.imgbb.com/)

Auf diesen Imagehoster können Sie Ihre Bilder kostenfrei hochladen und von dort auf Internetseiten einbinden, das Teilen und Kommentieren der Fotos auf der Plattform selbst ist nicht vorgesehen. Auch für Foren ist die Plattform nützlich, weil Sie dort häufig Bilder nur verlinken können. Ein vergleichbarer Anbieter ist Postimage (*https://postimages.org/*).

Zusammenfassung

Aussagekräftige Bilder mit attraktiven Motiven wecken Emotionen und ermöglichen visuelles Storytelling. In jedem Unternehmen finden sich außergewöhnliche Motive – nutzen Sie dazu auch den Ideenreichtum Ihrer Kollegen. Ihr Fotomaterial können Sie durch Bilder von Fotosharing-Sites ergänzen, achten Sie dabei auf die nötigen Lizenzen und verzichten Sie auf langweilige und austauschbare Stockfotos.

Beim visuellen Social Media Marketing geht es darum, dass Sie Ihren eigenen Stil finden, Ihre Bilder einen hohen Wiedererkennungswert bieten und Sie nicht mit Wettbewerbern verwechselt werden. Posten Sie nicht nur stylishe Produktbilder, sondern gewähren Sie einen Blick hinter die Kulissen, zeigen Sie Menschen und Gesichter und Ihre Produkte im Einsatz.

Haben Sie ein Auge darauf, welche Plattformen Ihre Community nutzt. Qualitativ hochwertige Fotos sind besonders interessant für das soziale Netzwerk Instagram und die »soziale Suchmaschine« Pinterest. Für »Quick-and-dirty«-Fotos aus dem Unternehmensalltag haben sich die flüchtigen Stories in Instagram sowie Facebook etabliert. Auf Snapchat können die Aufnahmen ebenfalls spielerischer und spontaner gestaltet werden, da es sich um Ephemeral Content handelt. Flickr und einige kleinere Fotosharing-Sites lassen sich für die Verwaltung von Fotos und den Austausch mit anderen Fotografen nutzen.

Fotoplattformen bieten die Möglichkeit, Bilder weiterzugeben, sie besitzen jedoch unterschiedliche Potenziale für das Onlinemarketing und was ihre Community-Funktionen betrifft. Achten Sie stets genau auf die Nutzungs-, Werbe- und Community-Regeln der einzelnen Plattformen und gleichzeitig auf die »ungeschriebenen« Regeln der Social-Media-Kanäle, um gut von der Community akzeptiert zu werden. Wie Sie in den Praxisbeispielen gesehen haben, ist die Interaktion mit Fans und Influencern sowie die Verknüpfung von online und offline wichtig für ein erfolgreiches Social Media Marketing. Natürlich sollten Sie Ihre Fotos auch auf Ihrer eigenen Website oder in Ihr Blog hochladen.

KAPITEL 10

Social Video Marketing: Videos, Stories und Livestream

Internetnutzer lieben es, Inhalte zu hören oder zu sehen: Attraktive Fotografien und Grafiken kommen gut an, ebenso Videos und Podcasts. Mit einem fesselnden Einstieg, der richtigen Botschaft und einem viralen Aufhänger sind Videos besonders gefragt, und die Nutzer stellen damit ihr eigenes Fernsehprogramm zusammen. Dabei lösen *Social Videos* bei den Zuschauern Emotionen aus und veranlassen sie, diese mit ihrem Netzwerk zu teilen. Kreative Videokünstler sind Superstars auf Portalen wie YouTube, TikTok oder Twitch. Audiovisuelle Medien lösen authentisch und mit kreativem Storytelling beim Zuschauer Emotionen aus und machen Marken erlebbar. Dabei verankern Videos ihre Inhalte und Werbebotschaften schnell und nachhaltig im Bewusstsein des Betrachters und unterstützen das Marken-Branding.

In diesem Kapitel geht es zunächst um die Frage, wie wichtig Videos für das Social Media Marketing und das Content Marketing sind. Daraus resultiert, ob ein Video in die eigene Website eingebunden oder für Facebook genutzt werden sollte oder ob sich der Aufbau eines Kanals bei YouTube lohnt. Danach schauen wir uns an, was es für die Produktion guter Videos zu beachten gilt. Wir zeigen, wie Sie Video-Content auf Sharing-Sites einbinden und für Ihr Marketing nutzen können, und legen den Schwerpunkt auf YouTube. Außerdem betrachten wir Wettbewerber von YouTube wie TikTok und Twitch sowie das Livestreaming und die Stories in Facebook, Twitter, Instagram und Snapchat.

Auch kleine Unternehmen und Amateurfilmer können Video-Content produzieren – begünstigt durch das inzwischen erschwingliche Equipment. Die Basisausrüstung besteht aus einer Digitalkamera, einem Mikrofon sowie einigen Tools zur Bearbeitung, die teilweise günstig oder gar kostenfrei zu haben sind. Lassen Sie sich von der einfachen Verfügbarkeit der nötigen Technik trotzdem nicht dazu verleiten, ohne eine durchdachte und langfristig angelegte Strategie zu starten.

Marketing mit Videos

Zu Beginn Ihrer Überlegungen sollten Sie gründlich prüfen, ob und wie Video-Content zu Ihren Marketingzielen passt. Ziel der Analyse ist eine klare Strategie, mit der Sie Ihre Zielgruppe erreichen. Wir empfehlen, mit Personas zu arbeiten, um die abstrakte Zielgruppe klarer vor Augen zu haben und gezielt anzusprechen. In Kapitel 5 nennen wir Merkmale, anhand deren sich eine Persona bestimmen lässt. Mit Blick auf Zielgruppe und Persona wird schnell klar, welche Videoformate, Themen und Plattformen sich am besten eignen.

Videos sind für die schnelle Unterhaltung und Information enorm beliebt, sofern ihre Qualität stimmt und die Zuschauer sie als relevant wahrnehmen. Insbesondere der Platzhirsch YouTube ist weltweit bekannt und hat sich fast zum Gattungsbegriff von Bewegtbild-Content gemausert. Ihn und seine Wettbewerber schauen wir uns im Laufe des Kapitels genauer an. Zumindest gelegentlich sehen drei Viertel der Bevölkerung in Deutschland Videos im Netz. Insbesondere die Jugendlichen lieben Videos: Satte 99 Prozent der 14- bis 29-Jährigen schauen sie regelmäßig. Mit einem geringfügig niedrigeren Anteil interessiert sich auch die nächste Altersgruppe bis 49 Jahre für Bewegtbilder. Bei den älteren Generationen nimmt die Begeisterung sukzessive ab, und bei den Menschen 70+ zeigt nur jeder Dritte an Videos im Netz Interesse. Gleichzeitig ist diese Altersgruppe stark auf Facebook vertreten, sodass sie dort vermutlich trotzdem das eine oder andere Video betrachtet.[1]

Im Vergleich zur teuren Werbung im TV verursacht die Veröffentlichung von kurzen, informativen, interaktiven und unterhaltenden Onlinevideos bei geringerer Reichweite weniger Streuverluste. Vergleichen wir die Reichweite der klassischen Fernsehwerbung mit YouTube & Co., sollten wir berücksichtigen, dass sich Fernsehzuschauer in Werbepausen unterhalten, Chips auffüllen oder ins Badezimmer gehen. Zudem geht die Bedeutung des linearen Fernsehprogramms zurück, da jüngere Generationen bevorzugt Streaming-Plattformen und Mediatheken nutzen oder Videos auf YouTube, Instagram, Snapchat oder Twitch anschauen. Im Vergleich zu Streaming-Anbietern wie Netflix oder den Mediatheken finden die Nutzer auf YouTube auch eine Fülle von Videos zu interessanten Nischenthemen.

---

1 *http://www.ard-zdf-onlinestudie.de/ardzdf-onlinestudie-2018/onlinevideo/*

Wer die Antwort auf eine Frage sucht oder eine Anleitung benötigt, bevorzugt oft ein knackiges Ratgebervideo, statt sich durch langwierige Texte zu kämpfen. Geht es um den Kauf eines Produkts, ist ein Video für viele Menschen anschaulicher als die reine Beschreibung der Ware. Binden Sie daher Videos klug in Ihr Content Marketing ein und prüfen Sie deren Verwendbarkeit für die diversen Touchpoints auf der Customer Journey Ihrer Kunden. Auf die Customer Journey gehen wir in Kapitel 5 ein.

Sie sind nicht sicher, ob Ihr Unternehmen über ausreichend viele Themen, Motive und geeignete Inhalte verfügt, um erfolgreiche Videos zu produzieren? Führen Sie mit Ihren Kollegen ein Brainstorming durch und sammeln Sie Themen. Wie wäre es mit folgenden ersten Ideen:

- Ein Blick hinter die Kulissen der Produktion oder des Lagers.
- Timelapse- oder Hyperlapse-Aufnahmen, die zeigen, wie morgens alle auf Ihr Werksgebäude strömen, zu Fuß, auf dem Fahrrad oder Roller, joggend – und abends wieder raus.
- Vorabveröffentlichung von exklusivem Content zu neuen Produkten als »Sneak Peek«.
- Ratgeberfilme, Tutorials, Service-Content.
- Interviews mit dem Geschäftsführer, Mitarbeitenden, Kunden, Influencern.
- Lustige Inhalte ohne tieferen Sinn, nur zur Unterhaltung.

Letztlich beeinflusst der Ort der Veröffentlichung auch die Machart und den Inhalt eines Videos. So starten Videos auf Facebook unvermittelt und ungefragt durch die Funktion *Autoplay*. Wird die Botschaft nicht sofort klar und macht neugierig, klickt der Nutzer mit hoher Wahrscheinlichkeit weg. Wer bereits auf Ihrer Website unterwegs ist und dort ein Video anklickt, bringt Ihren Themen Interesse entgegen und hat mehr Geduld.

Wie erstelle ich ein Video?

Wie sehen die ersten Schritte und Überlegungen aus, wenn Sie ein Video drehen wollen? Sie brauchen eine außergewöhnliche (kreative, neue ...) Idee und die passende Ausrüstung, um diese umzusetzen. Spaß am Videodreh kann ebenfalls nicht schaden. Das Filmen von Videos ist mit überschaubaren Investitionen möglich: Selbst mit Einsteigermodellen lassen sich gute Filme drehen. Haben Sie allerdings weder eine durchdachte Strategie noch kreative Ideen und verstehen Ihre Zielgruppe nicht, erreichen Sie Ihre Kunden selbst mit dem teuersten Equipment nicht.

Ihre Ausrüstung muss nicht teuer sein

Wollen Sie professionelle Videos inhouse drehen, benötigen Sie die folgende Ausrüstung, die wir dem Fachbuch »YouTube Marketing« entnommen haben.[2] Wir nennen keine Preise, da es bei jedem dieser Objekte eine große preisliche Bandbreite gibt:

- eine HD-Kamera
- Tageslicht-Softbox-Lampen oder professionellere Halogen-Videoleuchten
- Richtmikrofon, Tisch- oder Ansteckmikrofon
- Stative und Befestigungen, eventuell ein Selfiestick
- Schnittcomputer und Software für die Bildbearbeitung
- optional: Kosten für externe Berater

Professionelle Unterstützung

Prüfen Sie, ob Sie externe Unterstützung benötigen: Die richtige Beleuchtung, Kameraperspektiven, Schnitt – für die technische Umsetzung gibt es Spezialisten, die Ihnen einwandfreie Aufzeichnungen erstellen. Redaktionell können Sie sich beim Schreiben des Drehbuchs Unterstützung holen. Gegen externe Kräfte sprechen zusätzliche Kosten: Das Video wird zudem nur dann erfolgreich, wenn Ihre Zuschauer merken, dass Sie dahinterstehen. Das fertige Produkt muss technisch überzeugen, aber auch authentisch und außergewöhnlich sein. Von einer komplett externen Produktion ist deshalb in den meisten Fällen abzuraten, die Handschrift Ihres Unternehmens sollte erkennbar sein.

Am Anfang steht die gute Idee

Lassen Sie sich vom Zwang zur Kreativität nicht einschüchtern! Sie kennen Ihr Unternehmen am besten und wissen, was Ihre Kunden interessiert. Ob Fabrik, Theater oder Filiale einer Bekleidungskette: Immer gibt es Bereiche, in die ein Kunde nicht gelangt. Bieten Sie den exklusiven Blick hinter die Kulissen. Begleiten Sie das Firmensommerfest, den ersten Einsatz eines Roboters, den Bezug neuer Firmenräume – oder inszenieren Sie die wahre Geschichte der Unternehmensgründung in mitreißenden Bildern. Erzählen Sie von interessanten Cases Ihrer Kunden und stellen Sie die außergewöhnlichen Hobbys Ihrer Mitarbeiter oder Ihrer Geschäftsführer vor. Der Fantasie sind keine Grenzen gesetzt, und es hilft, sich in Ihre Zuschauer hineinzuversetzen. Mitarbeiter sind gute Markenbotschafter und haben oft hervorragende Ideen. Vielleicht gibt es unter Ihren

---

2   Christian Tembrink & Marius Szoltysek: YouTube Marketing. Erfolgreich mit Online-Videos, O'Reilly 2017

Kollegen ein bislang unentdecktes Talent, das sich aus privatem Interesse gut mit Videos auskennt.

Legen Sie eine Kernbotschaft fest

Zu viel auf einmal verwässert Ihre Grundaussage und verhindert, dass sie im Gedächtnis der Zuschauer haften bleibt. Lassen Sie die Kernbotschaft im Idealfall dreimal im Film auftauchen: zu Beginn, im Verlauf und am Ende. Die Endcard am Schluss des Videos sollte Ihre Botschaft enthalten und eine Handlungsaufforderung vermitteln (*Call-to-Action*, CtA). Lenken Sie beispielsweise die Zuschauer zu Ihrem Webshop.

Die *Endcard* erscheint nach dem eigentlichen Inhalt des Videos, und dieser Endbildschirm soll zur Zuschauerbindung beitragen. Animieren Sie die Zuschauer zu einem Call-to-Action, beispielsweise Ihre Website zu besuchen, Ihren YouTube-Kanal zu abonnieren oder das Video zu bewerten, zu teilen oder zu kommentieren. Die Endcard kann aus einem Standbild bestehen oder ein Video als Hintergrund haben. Sie können darin auf weitere Videos oder Ihre Playlist verweisen. ◀ **Definition**

Bereiten Sie ein Drehbuch vor

Gehen Sie alle Szenen durch und überlegen Sie gründlich, welche Akteure und welches Equipment Sie benötigen. Legen Sie Drehorte fest, organisieren Sie Genehmigungen und prüfen Sie, ob die Lichtverhältnisse und die Akustik ausreichen. Achten Sie bei der Szenenplanung darauf, dass Videos überwiegend über Smartphones abgerufen werden, und verwenden Sie idealerweise das Hochformat oder erstellen Sie ein quadratisches Video.

Die hohe Kunst des Storytellings

Geschichten zu erzählen, ist keine Erfindung der Neuzeit. Vermutlich erzählten sich bereits die Urmenschen an ihrem Lagerfeuer spannende Geschichten. Ansprechende und leicht zu verstehende Erzählungen brennen sich direkt ins Herz und ins Gehirn, sie transportieren Emotionen und werden gern weitererzählt. Menschen merken sich beim visuellen Storytelling mit Videos den Inhalt und die Botschaft besser und haben das Bedürfnis, ihre Freunde auf die Geschichte aufmerksam zu machen. Die Dramaturgie sollte idealerweise nicht zu vorhersehbar verlaufen, sondern etwas Dramatisches beinhalten, einen Konflikt mit einem Gegenspieler, den der Held der Geschichte löst.

Videos sollten kurz und knackig sein

Die Zuschauer haben eine kurze Aufmerksamkeitsspanne, und die Konkurrenz durch andere Videos ist groß. Darüber hinaus gilt es, auf die Vorlieben der jeweiligen Plattform zu achten. Spielt die Watchtime eine wichtige Rolle, empfiehlt sich ein etwas längeres

Video. Allerdings muss der Film bis zum Ende fesseln, denn die Plattform prüft, welchen Anteil des Videos die Nutzer geschaut haben. Können Sie die Kernbotschaft Ihres Videos kurz und knapp vermitteln, dann tun Sie es. Machen Sie gleich in den ersten Sekunden deutlich, worum es geht – sonst springen die Zuschauer wieder ab. *How-to-Videos* dürfen länger sein, wenn Sie Ihren Zuschauern leicht verständlich und Schritt für Schritt etwas erklären. Soll ein Servicevideo nur eine Frage beantworten, bringen die Nutzer oft wenig Geduld mit und suchen die schnelle Antwort. Gut gemachte Vlogs, Shows, Comedy und Diskussionsrunden dürfen länger sein, denn für viele Zuschauer ersetzen YouTube-Videos das klassische Fernsehen. Eine Untersuchung des Pew Research Center bestätigte dies 2019, sie stellten eine durchschnittliche Videolänge von zwölf Minuten auf YouTube fest.[3] Nutzen Sie die *Analytics* in YouTube oder die *Insights* in Facebook, um zu prüfen, welche Videos besonders gut angenommen werden. Analysieren Sie, ob die Zuschauer das Video bis zum Ende betrachten, und, falls nicht, an welcher Stelle sie abspringen. Experimentieren Sie mit der Laufzeit und testen Sie, welche Länge am besten ankommt. Schauen Sie sich erfolgreiche Videos Ihrer Wettbewerber an und achten Sie auf die Laufzeit. Bei der idealen Länge kommt es auf die Zielgruppe sowie Art und Inhalt des Videos an.

Der Call-to-Action

Die Handlungsaufforderung hängt von Ihren Zielen ab und führt die Nutzer zu einer Landingpage, Ihrer Homepage oder Ihrem Webshop – oder fordert sie auf, Ihren YouTube-Kanal zu abonnieren. Wählen Sie den wichtigsten *CtA*, der gut zu dem Video passt, und überfordern Sie die Zuschauer nicht mit mehreren Appellen. Doch bedenken Sie: Werden die Zuschauer von Ihrem Video nicht gefesselt und schauen es nicht bis zum Ende, verpufft der CtA. Kommunizieren Sie eindeutig und transparent, was Sie dem Besucher bieten oder von ihm erwarten. Ist Ihnen Interaktion besonders wichtig, können Sie den Zuschauern Fragen stellen oder um Kommentare bitten.

Denken Sie an Untertitel!

Viele Menschen schauen Videos, wenn sie unterwegs sind. Von gleichgültigen Zeitgenossen abgesehen, schalten sie folglich den Ton des Smartphones oder Tablets aus. Für Facebook wurde ermittelt, dass 90 Prozent der Nutzer Videos ohne Sound ansehen. Das mag damit zusammenhängen, dass Facebook und Instagram in der

---

3   *https://www.pewinternet.org/2019/07/25/popular-youtube-channels-produced-a-vast-amount-of-content-much-of-it-in-languages-other-than-english/*

Standard-Einstellung die Videos ohne Ton abspielen. Vor diesem Hintergrund und um das Video barrierefrei zu präsentieren, sind Untertitel wichtig. YouTube bietet eine Spracherkennung und erstellt automatisch Untertitel aus der gesprochenen Sprache. Auch Facebook bietet automatische Untertitel, bislang aber nur für die englische Sprache. Prüfen und korrigieren Sie die automatisch generierten Untertitel. Sollten Sie ein Video veröffentlichen, das ohne Ton seine Wirkung verliert, informieren Sie die Zuschauer gleich zu Beginn darüber.

Wie häufig sollten Sie Videos veröffentlichen?

Ein Video pro Woche ist eine gute Frequenz, um sich nachhaltig Reichweite aufzubauen und nicht in Vergessenheit zu geraten. Bei einem Wochenrhythmus empfiehlt es sich, jeweils den gleichen Wochentag zu wählen. Welcher Tag der Woche sich für die Veröffentlichung am besten eignet, hängt von Ihrer Zielgruppe ab. Nutzen Sie die Statistikfunktionen von Facebook, YouTube oder Instagram, um zu schauen, wann Ihre Zielgruppe online ist und wann die meiste Interaktion erfolgt.

Werbevideos ja – aber bitte nicht zu werblich!

Lösen Sie sich von der traditionellen Denke der Werbetreibenden. Heute schalten die Menschen auf schnellen Vorlauf, wenn Werbung kommt, weil die Produkte darin allzu offensichtlich vermarktet werden. Mit viel Humor hat deshalb Conrad Electronics beachtliche 2,5 Millionen Zuschauer für seinen »Anti-Weihnachts-Spot« begeistern können. Doch machen wir uns nichts vor, hinter solchen Videos stecken teuer bezahlte kreative Köpfe und einiges an Budget. Ihr Unternehmen wird in der Regel kein Massenpublikum ansprechen wollen, sondern möchte Interessenten einer spezifischen Nische erreichen.

Betten Sie Ihre Firmen-URL ins Video ein

Wo es möglich ist, betten Sie Ihre Firmen-URL in das Video ein, idealerweise zu Beginn und am Ende des Films. Damit bringen Sie neue Besucher auf Ihre Website oder Ihren Webshop.

Wenn Sie Ihre *Videos mit Musik* untermalen wollen, müssen Sie sich in der DACH-Region die Rechte bei den Verwertungsgesellschaften GEMA (*https://www.gema.de/musiknutzer.html*), AKM (*http://www.akm.at/Musiknutzer/*) oder SUISA (*http://www.suisa.ch/de/kunden/*) sichern, oder besorgen Sie lizenzfreie Musik. Achten Sie dabei auf die Creative-Commons-Lizenzen, mehr zu den rechtlichen Aspekten finden Sie in Kapitel 15.   ◄ **Achtung**

Die Kunst des Videobloggens

Das geschriebene Wort ist weniger wirkungsvoll als ein Gespräch von Angesicht zu Angesicht. Das ist der Grund für die wachsende Popularität des Videobloggens, das sich zu einer wichtigen Marketingstrategie gemausert hat. Es gibt videobloggende Journalisten wie Tilo Jung (*https://www.youtube.com/user/Nfes2005*), Beautybloggerinnen wie Ebrus Beautylounge (*https://www.youtube.com/user/EbruZa*) oder DIY-Videoblogs wie die Frickelbude von Elisa (*https://www.youtube.com/user/alive4fashion/featured*). Selbst der Naturwissenschaftler Marcel hat sich mit seinen Experimenten auf dem Chemievlog Techtastisch (*https://www.youtube.com/user/Techtastisch*) eine große Fangemeinde aufbauen können.

Auch Unternehmen nutzen die Chance, sich ihren Kunden, Geschäftspartnern und allen Interessierten per Video zu präsentieren. Videoblogs bieten sich besonders an, wenn es um erklärungsbedürftige Produkte oder Dienstleistungen geht. Wir wissen seit unzähligen Folgen »Sendung mit der Maus«, dass Menschen neugierig sind, gern etwas lernen und dabei hinter die Kulissen blicken. Die Maus sieht sich oft Herstellungsprozesse an, und viele Erwachsene schauen begeistert zu.

Auch für kleine und mittlere Unternehmen ist YouTube die geeignete Plattform. So hat der selbstständige Handwerker und Maler Andreas

Neufeld aus dem Raum Mannheim 2015 seinen YouTube-Kanal »Der Wandprofi« (*http://bit.ly/2Uhdg57*) gestartet. In seinen Videos stellt er anschaulich Fachthemen vor und gibt seinen Zuschauern Tipps. Noch etwas flotter präsentiert sich der gelernte Maler und Lackierer Florian Heisen alias *@DerMaler* aus Ostwestfalen auf YouTube. Mit seinem unkonventionellen Auftreten hat er schon über 112.000 Abonnenten gewonnen, und seine Videos zum Heimwerken sehen Hunderttausende auf YouTube.

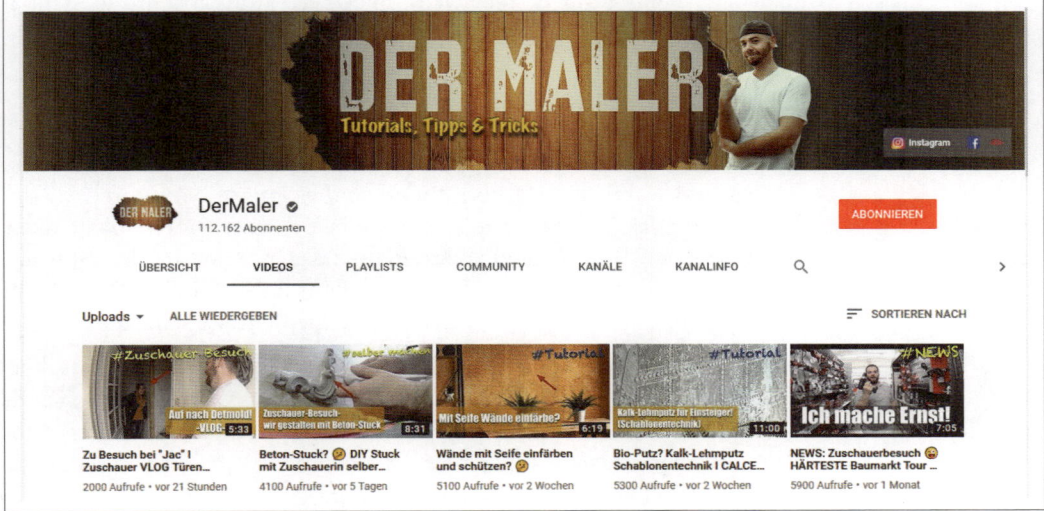

▲ **Abbildung 10-2**
Der Malermeister @DerMaler mit seinem YouTube-Kanal[4]

Wie gelangen Videoblogger zum Erfolg, und was macht ein fesselndes Video aus? Neben einer kreativen neuen Idee und einem innovativen Ansatz liegt das Geheimnis darin, sein Publikum kennenzulernen. Außerdem ist Durchhaltevermögen wichtig, denn aller Anfang ist schwer, und Sie bekommen zunächst wenige Aufrufe. Bald wissen Sie aber, wer Ihren Content anschaut, was der Nutzer sucht und warum er wiederkommt.

Erfolgreiche Videoblogger verhalten sich oft nur wenig anders als in ihrem Alltag. Interessieren Sie sich für das, was Ihre Fans tun, und reden Sie mit ihnen, als seien sie im wirklichen Leben Freunde. Machen Sie sich mit der Situation vor der Kamera vertraut: Üben Sie vor dem Spiegel oder nehmen Sie mit der Selfiefunktion der Smartphone-Kamera Ihren Text auf. Sie bekommen schnell ein Gefühl dafür, wo Sie hinschauen müssen und wie Sie wirken.

---

4   *http://bit.ly/2DLlPir*

Geben Sie nicht zu viel auf Kritik und lassen Sie Beleidigungen nicht an sich heran. Sie wollen und müssen nicht jedem gefallen. Mit wachsender Reichweite bekommen Sie widersprüchliche Meinungen zu hören. Sobald Sie eine hingebungsvolle Fangemeinde haben, wird Ihnen Kritik nicht mehr viel schaden.

Sehen Sie das Videobloggen als regelmäßige Herausforderung, die Spaß macht, und nicht als lästige Pflicht. Betrachten Sie es als Mittel, um mit Ihrer Zielgruppe (fast) von Angesicht zu Angesicht in Kontakt zu kommen. Das gelingt am besten, wenn Sie offen, authentisch und sympathisch wirken.

Die Community

Sie wissen bereits: Auch wenn Sie mit Ihrer Marke noch nicht selbst in Social Media aktiv sind, Ihre Kunden sind es längst. Monitoren Sie daher regelmäßig Videoportale, auch wenn Sie dort (noch) nicht aktiv sind. Nehmen Ihre Kunden Filme davon auf, wie sie Ihr Produkt anwenden, zeigen Sie Wertschätzung. Die Fans haben Zeit in die Aufnahme investiert, also zeigen Sie, wie sehr Sie die Beiträge schätzen.

Im Jahr 2017 schlug die zehnjährige Bria Loveday dem Elektroautohersteller Tesla vor, die inoffiziellen Werbevideos zu würdigen, die Teslafans gedreht haben. Elon Musk war von der Idee begeistert. Das »Projekt Loveday« startete mit einem Videowettbewerb, und Tesla zeigte große Wertschätzung den Fans gegenüber.[5]

Bedenken Sie, dass die Community auch Videos produzieren kann, mit denen sie ein Unternehmen in Schwierigkeiten bringen kann. Heute haben die meisten Menschen ihr Smartphone griffbereit und scheuen sich nicht, zu filmen, sobald etwas Lustiges, Interessantes oder auch Schlimmes passiert. In Kapitel 4 lernen Sie zwei Reputationskrisen von United Airlines kennen. Im ersten Fall war das professionell produzierte Video einer halbwegs bekannten Band der Auslöser, im zweiten Fall viele kleine Filme. Diese zeigten auf Social Media, wie rau United mit unliebsamen Passagieren umgeht.

Achtung ▶ Nicht alle Videos, die Sie im Web finden, dürfen Sie auf Ihrer Website einbinden. Insbesondere bezüglich des Urheber- und Persönlichkeitsrechts, aber auch in Hinblick auf Jugendschutzfragen sollten Sie sich absichern. Hinweise zu Rechtsfragen im Social Web finden Sie im Anhang zu Rechtsfragen am Ende dieses Buchs.

---

5 https://www.tesla.com/de_DE/project-loveday

YouTube: der Marktführer für Videos

Schauen wir uns nun den Marktführer YouTube und die Möglichkeiten des Video-Content-Marketings auf der Plattform genauer an. Zunächst sollten Sie für sich die Frage beantworten, ob für Ihre Produkte und Dienstleistungen YouTube der richtige Kanal ist. Lassen sich Ihre Produkte und Leistungen gut in Bewegtbilder umsetzen? Gibt es eine Fülle von Ideen für mögliche Themen, oder geht Ihrer Kreativität nach den ersten zwei Videos die Luft aus? Ist YouTube die richtige Plattform, sollten Sie sich über die Ziele klar werden, die Sie mit der Veröffentlichung von Videos anstreben. Nur mit genau definierten Zielen lässt sich sinnvoll entscheiden, welche Inhalte in welcher Form präsentiert werden sollten.

Das zum Alphabet-Konzern[6] gehörende YouTube ist nicht nur ein soziales Netzwerk, sondern nach Google die zweitgrößte Suchmaschine der Welt. Die Nutzer suchen gezielt nach Themen, die sie interessieren, oder folgen einer Empfehlung aus ihrem Netzwerk. YouTube versucht alles, um die Nutzer möglichst lange auf der Seite zu halten. Endet ein Video, wird per Autoplay der nächste Film gestartet. Von den Nutzerzahlen her liegt die Social-Media-Plattform in Deutschland knapp vor Facebook.[7]

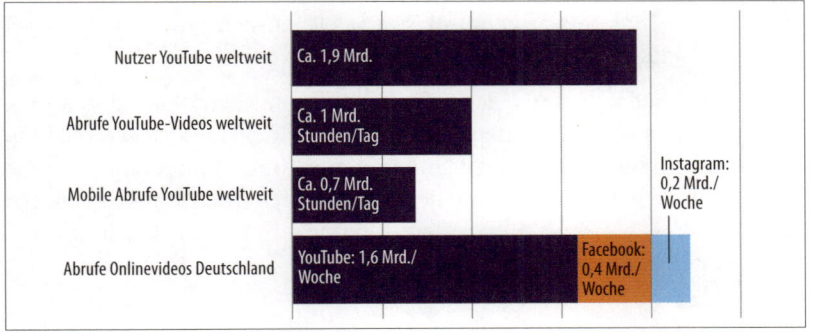

◀ **Abbildung 10-3**
Einige Daten zu YouTube weltweit und in Deutschland

Mit der durchschnittlichen Verweildauer steht YouTube deutlich vor Facebook und Instagram. Inhalte werden nicht nur im Vorübergehen gestreift, sondern nachhaltig konsumiert. Auf YouTube lässt sich viel Zeit verbringen, weil sich von klassischen How-to-Videos und Tutorials (»Wie wechsle ich einen Fahrradschlauch?«) über Videoblogs (Vlogs) bis zu reinen Werbespots fast alles findet.

---

6   Aus Google wurde Alphabet: Die börsennotierte Holding wurde 2015 gegründet, und ihre bekannteste Tochtergesellschaft ist Google.
7   *https://blog.hootsuite.com/de/youtube-statistiken-fuer-marketer/*

Die schiere Größe und Reichweite der Plattform hat auch ihre Nachteile. Um bei der gigantischen Zahl an neuen Beiträgen aufzufallen, die täglich auf YouTube hochgeladen werden, benötigt es hervorragende Inhalte und einen hohen Bekanntheitsgrad. Sarah Kübler, Geschäftsführerin der Agentur für YouTube- und Influencer-Marketing HitchOn, bestätigt aus ihrer Erfahrung, dass es nach wie vor möglich ist, in YouTube einen Kanal vollständig organisch aufzubauen – und damit Erfolg zu haben. Dies setzt ein hohes zeitliches Engagement voraus und erfordert die regelmäßige Veröffentlichung von hochwertigem und relevantem Content sowie die kontinuierliche Optimierung auf den Algorithmus. Letzterer ändert sich gefühlt täglich, und Sie kommen nicht umhin, die Entwicklung permanent im Auge zu behalten.

Tipp ▶ Neben dem dringend empfohlenen regelmäßigen Beobachten und Ausprobieren helfen folgende Quellen, die Entwicklung bei YouTube im Auge zu behalten: das offizielle YouTube-Blog *https://youtube.googleblog.com/* sowie der von YouTube-Mitarbeitern betriebene Kanal *Creator Insider* (*https://bit.ly/2peDG95*). Aktuelle Statistiken zu YouTube finden Sie unter *www.youtube.com/press*.

YouTube ist seit über einem Jahrzehnt weltweit bekannt und etabliert. Laut der Studie »Social Media & Social Messaging 2018« war mehr als jeder zweite Internetnutzer mindestens gelegentlich auf YouTube. Bei den 14- bis 29-Jährigen waren es sogar 79 Prozent.[8]

Inzwischen hat sich eine eigene YouTube-Szene entwickelt, deren Protagonisten riesige Reichweiten ohne die traditionellen Medien erreichen. Von diesen Influencern können Unternehmen durch Kooperationen profitieren. Was es für eine erfolgreiche Zusammenarbeit mit Influencern zu beachten gilt, besprechen wir im Interview mit Sarah Kübler in diesem Kapitel.

Kooperation mit YouTubern

Durchsuchen Sie die wichtigsten Videoportale und nehmen Sie Kontakt zu relevanten YouTubern und Videobloggern auf. Vorsicht: Auch hier gilt es, die Community erst einmal kennenzulernen. YouTuber reagieren verständlicherweise pikiert, wenn sie feststellen, dass Sie sich noch nicht einmal die Mühe gemacht haben, einige ihrer Videos anzusehen. Ohne gleich mit der Tür ins Haus zu fallen, können Sie Ihr Interesse an Kooperationen und Austausch signalisieren, idealerweise für beide Seiten eine Win-win-Situation. Die Videoblogger bekommen von Ihnen

---

8 *https://www.bitkom-research.de/Social-Media-Social-Messaging-2018*

exklusiven Content, den sie mit ihren Fans teilen können. Sie wiederum profitieren von der Reichweite der Influencer und erreichen neue Zielgruppen. In welcher Höhe zusätzlich ein Honorar gezahlt wird, hängt von dem Grad an Professionalität und der Reichweite des Influencers ab.

Wer als Unternehmen die Zusammenarbeit mit YouTubern sucht, steht vor der Frage, auf welche *Kennzahlen* zu achten ist. Dazu zählen primär die Zahl der Videoaufrufe, die Anzahl der Abonnenten des Kanals und die View-through-Rate. Für das Ranking ist außerdem die Engagement-Rate wichtig, die Aktivitäten wie Likes, Dislikes und Kommentare ins Verhältnis zu den Aufrufen des Videos setzt. Sie drückt aus, wie aktiv die Fans den Kanal verfolgen und sich mit den Inhalten inklusive Empfehlungen auseinandersetzen. Das Wachstum des Kanals spielt ebenso eine Rolle wie die Like/Dislike-Ratio. So gut die Zahlen aussehen mögen, entscheidend ist, dass der Influencer zum Profil der Marke passt und die »richtigen« Fans mitbringt. Bei Love Brands ist ein solcher Fit einfacher als bei schwierigen Themen, wie zum Beispiel medizinischen Produkten.

Mit Bibis Beauty Palace und Julienco, Luca, Gronkh, Julien Bam, dem Gamer Paluten oder LeFloid gibt es hierzulande große YouTube-Stars, die insbesondere bei jungen Menschen beliebt sind. Zu den jüngsten erfolgreichen YouTubern zählt die 2009 geborene Miley vom Kanal »Mileys Welt« (*https://www.youtube.com/user/CuteBabyMiley*).[9]

Der YouTuber und Lifestyle-Blogger Sami Slimani (früher Herr Tutorial) hat sich auf YouTube über 1,6 Millionen Abonnenten erarbeitet. Mehr als 1,5 Millionen Menschen folgen ihm zudem auf Instagram, 900.000 auf Twitter, und 700.000 gefällt seine Facebook-Seite. Sami Slimani ist bei der Zielgruppe der Jugendlichen und jungen Erwachsenen bekannt und beliebt. YouTuber sind als Werbepartner für Unternehmen attraktiv, sofern sie professionell agieren. Dazu gehört, dass sie sich mit SEO und den Richtlinien der Plattformen auskennen, rechtssicher handeln und Produktwerbung entsprechend kennzeichnen. Selbst Sami Slimani wurde in der Vergangenheit vorgeworfen, Schleichwerbung zu betreiben.[10] Solche Anschuldigungen können Glaubwürdigkeit und Authentizität der Influencer gefährden.

Idealerweise entdecken Unternehmen oder Agenturen Influencer, die stark wachsen, über eine gute Reichweite verfügen und professionell auftreten, bevor sie sich in die hochpreisigen Regionen von Bibi & Co. verabschieden. Die sogenannten Mikro-Influencer wirken dabei authentischer und bringen in ihrer Nische eine spitze Zielgruppe und eine

---

9 *http://bit.ly/2DIOWCZ*
10 *http://bit.ly/2BmD6g0*

hohe Engagement-Rate der Fans mit. Auf Influencer-Marketing und Mikro-Influencer gehen wir in Kapitel 4 näher ein.

Best-Practice-Beispiele für den erfolgreichen Einsatz von Videos

Die Berliner Verkehrsbetriebe (BVG) haben Sie in Kapitel 9 mit ihren Instagram-Take-overs kennengelernt. Das Unternehmen ist auch auf YouTube erfolgreich vertreten. Die BVG präsentiert dort eine Vielfalt von Themen und nutzt die Videos für eine Imagekampagne, aber auch um Ausbildungsplätze als Gleisbauer zu besetzen (*http://bit.ly/2r2aaEd*). Dabei zeigen die Mitarbeiter ihr Gesicht und lesen sogar einmal böse Tweets vor, die genervte Bahnfahrer an die BVG adressiert haben (*http://bit.ly/2TEUdkz*). Im September 2019 hatte die BVG 36.000 Abonnenten auf YouTube, und die beliebtesten Kurzfilme werden millionenfach aufgerufen.

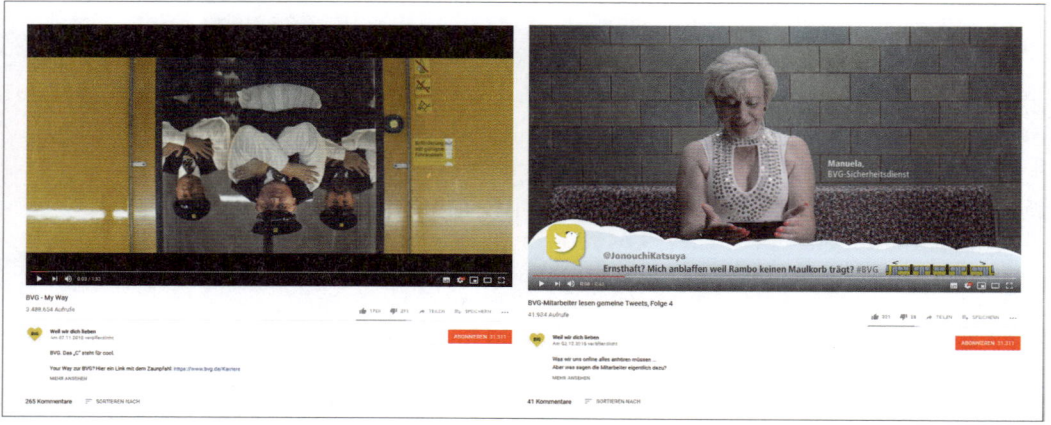

Abbildung 10-4 ▲
Die BVG zeigt die Vielfalt der Berufe (links) und lässt ihre Mitarbeitenden gemeine Tweets ihrer Kunden vorlesen (rechts).[11]

Erstaunlicherweise verbreiten sich selbst klassische Werbespots leicht, wenn ihnen ein gutes *Storytelling* zugrunde liegt und sie Emotionen wecken. Auf YouTube gibt es Millionen Menschen, die kommerzielle Werbevideos ansehen und weiterverbreiten. Die genossenschaftliche Lebensmittelhandelskette Edeka hat bereits einige werbliche Volltreffer gelandet. In der von YouTube veröffentlichten deutschen Hitliste für 2018 fand sich Edeka mit »Die (gar nicht mal so traurige) Geschichte von Neurundland« auf Platz 3.[12] Der emotionale Weihnachtsclip *#Heimkommen* von Edeka wurde mittlerweile über 61 Millionen Mal angeschaut.

---

11 *https://www.youtube.com/watch?v=jq8yU1ZyULk (links), http://bit.ly/2TEUdkz (rechts)*

Im Zusammenhang mit YouTube wird häufig von *viralem Marketing* gesprochen. ◀ **Definition** Damit ist die schnelle Verbreitung von Inhalten gemeint, die sich Mundpropaganda und Sharing-Begeisterung in sozialen Netzwerken zunutze macht: Gefällt einem User Ihr Videoclip, wird er ihn seinen Freunden weiterempfehlen, diese empfehlen ihn wiederum ihren Freunden und so weiter. Sie profitieren von klassischem Empfehlungsmarketing, das im Web in Windeseile – eben viral – um sich greifen kann. Entscheidend für den Erfolg einer viralen Marketingstrategie ist jedoch Ihre Idee: je außergewöhnlicher, desto besser.

Zwischen den verschiedenen Einzelhandelsketten hat sich geradezu ein Wettbewerb dahin gehend entwickelt, wer die meisten viral gehenden Werbespots ins Netz stellt. Die Discounter Lidl und Netto haben ebenfalls einige Hits gelandet. Dabei setzen die Marketingverantwortlichen teilweise auf bewährte Inhalte wie kleine Kinder (die Gemüse verabscheuenden #*Nettobabys*[13]) und Katzen, wie Abbildung 10-5 beispielhaft zeigt.

Wer sich Anregungen von erfolgreichen Werbevideos holen möchte, kann jährlich auf die zehn weltweit populärsten Werbevideos achten, die YouTube im Rahmen des *YouTube Ads Leaderboard*[15] veröffentlicht. Der Fokus liegt nicht auf künstlerischem Anspruch oder besonde-

▲ **Abbildung 10-5**
Im Herbst 2019 hatten bereits über 23 Millionen Menschen die shoppenden Netto-Katzen gesehen.[14]

12 *https://www.horizont.net/marketing/nachrichten/immowelt-netto--co-das-waren-dieerfolgreichsten-werbevideos-auf-youtube-2018-172249*
13 *http://bit.ly/2KwtIcS*
14 *http://bit.ly/2zo2QqW*

rer Technik, sondern es werden die Spots mit den meisten Zuschauern identifiziert. Die ausgewählten Werbevideos bestimmt ein Algorithmus von Google, der organische und bezahlte Views, Sehzeit und Zuschauerbindung berücksichtigt.

Das Social-Media-Monitoring-Unternehmen Brandwatch veröffentlichte Ende 2018 insgesamt 101 virale Markenmomente, die sie mithilfe ihrer KI Iris aus einer Milliarde Posts identifiziert hatten. Das Tool Iris analysiert mit künstlicher Intelligenz sämtliche Daten eines Unternehmens in Social Media und identifiziert die Auslöser eines ansteigenden Gesprächsvolumens. In der Liste viraler Markenmomente von Brandwatch finden sich einige Anregungen und inspirierende Beispiele, auch – aber nicht nur – mit Videos.[16]

Vergleichsweise schwer haben es Konzerne der Industrie, ihre Themen ansprechend darzustellen. Ist ein Unternehmen in der öffentlichen Wahrnehmung umstritten, wie die Firma Bayer durch den Kauf von Monsanto, wird es nicht einfacher. Bayer Deutschland hat mit seinem Bayer TV bis zum Herbst 2019 gut 4.000 Abonnenten auf YouTube gewinnen können. Diese Zahl ist zwar wenig beeindruckend, aber einzelne Videos erhalten immerhin um die 100.000 Aufrufe. Zu den beliebtesten Beiträgen zählt die Imageserie mit den Ratgebergesprächen von Alex (*#FragAlex*). Darin fragt er zum Beispiel eine Tierpsychologin, ob es besser sei, einen Welpen anzuschaffen oder einen älteren Hund aus dem Tierheim zu holen. Ratgeber zum Thema Haustiere interessieren viele Menschen.[17] Auch Gesundheitsfragen wie »Multiple Sklerose verstehen« kommen bei den Zuschauern gut an.[18]

YouTube im Marketingeinsatz

YouTube kann eine wunderbare Plattform für das Produktmarketing sein. Mit dem richtigen Video können Sie Tausende Zuschauer gewinnen und dabei einen fruchtbaren Meinungsaustausch anstoßen.

Gibt es Tipps und Tricks, wie sich Videos am besten vermarkten lassen? Kreativität ist Trumpf: Wenn etwas außergewöhnlich, witzig, informativ oder einfach völlig unerwartet ist, kann Ihre Marketingbotschaft einschlagen. Doch selbst wenn Sie an den richtigen Stellschrauben drehen und Ihr Video weit streuen, lässt sich Viralität im Web zwar planen, aber

15 *https://www.thinkwithgoogle.com/intl/de-de/marketingkanaele/youtube/youtube-ads-leaderboard-dcannes-2019/*
16 *http://bit.ly/2BuQcIk*
17 *http://bit.ly/2FGbPcO*
18 *http://bit.ly/2FGbzdQ*

es gibt leider keine Erfolgsgarantie. Ausdauer und die richtigen Kontakte gehören dazu, wenn Sie auf YouTube erfolgreich werden möchten.

Platzieren Sie mit der in Kapitel 5 beschriebenen Marketingstrategie des *Social Seeding*, *Viral Seeding* oder einfach nur *Seeding* gezielt Inhalte in Social Media. Binden Sie Ihr Netzwerk und Influencer ein, um über reichweitenstarke Multiplikatoren deren große Zahl an Fans und Followern zu erreichen. Setzen Sie auf die richtigen Meinungsmacher, gelingt es Ihnen in vielen Fällen, die Lawine ins Rollen zu bringen. Tipps für ein erfolgreiches Influencer-Marketing finden Sie in Kapitel 4.

Reicht anfangs der Bekanntheitsgrad nicht für ein virales Seeding, können Sie auch auf bezahlte Werbeanzeigen mit einem sinnvollen Targeting der Zielgruppe zurückgreifen. Arbeiten Sie mit TrueView-Videoanzeigen, fallen erst Kosten an, wenn Nutzer sich die Videoanzeige wenigstens eine halbe Minute lang anschauen oder auf die Anzeige klicken. Eine weitere Möglichkeit sind Google Ads für Videos. Dazu gehören (überspringbare) In-Stream-Anzeigen, Video-Discovery-Anzeigen, Out-Stream-Anzeigen und Bumper-Anzeigen. Sofern die Anzeigenvideos auf YouTube gehostet werden, werden sie dort oder auf Websites von Videopartnern und in Apps im Google-Displaynetzwerk ausgeliefert.

Im Folgenden schauen wir uns an, was Sie für den Aufbau Ihrer YouTube-Präsenz wissen sollten.

Warum überhaupt auf externe Plattformen gehen – lassen sich Videos nicht genauso gut auf der eigenen Website unterbringen? Auf populären Seiten wie YouTube erreichen Sie mit Ihren multimedialen Inhalten ein Vielfaches der Interessenten. Und weil YouTube als Netzwerk organisiert ist, multipliziert sich die potenzielle Zuschauerschaft durch Teilen und Empfehlen noch weiter. ◀ **Hinweis**

Und nicht nur das: Bei hoher Bekanntheit Ihres YouTube-Kanals steigen Sie auch im Google-Ranking. Nebenbei profitieren Sie auf technischer Seite: Wird Ihr Video extern gehostet, brauchen Sie sich nicht um ausreichend Bandbreite zu kümmern. YouTube stellt kostenfrei eine hervorragende technische Infrastruktur zur Verfügung. Von YouTube aus lassen sich die Videos bequem auf anderen Websites einbetten, wobei Sie allerdings die Beschränkungen durch die DSGVO berücksichtigen müssen.

Einen YouTube-Kanal für Ihr Unternehmen oder Ihre Marke eröffnen

Sobald Sie versuchen, ein Video hochzuladen, fordert YouTube Sie auf, einen Kanal zu erstellen. Sie benötigen Zugang zu Ihrem Google-Konto, um den YouTube-Kanal einzurichten und ihn über das Google-Konto zu verwalten. Zunächst übernimmt YouTube den Namen und das Foto Ihres Google-Kontos. Wollen Sie den Kanal für Ihr Unternehmen einrichten, klicken Sie auf *Unternehmensname/Sonstiger Name*. Sie werden dann aufgefordert, ein Brand-Konto zu erstellen. Dieses sollte zur Corporate Identity Ihres Unternehmens und Ihrer Marke passen, damit Ihre Fans Sie wiedererkennen.

Laden Sie ein Hintergrundbild (Headbanner) und ein Logo (Avatar) hoch, idealerweise im visuellen Einklang mit Ihren anderen Social-Media-Präsenzen und dem Design Ihrer Marke. Reichern Sie die Seite individuell mit weiterführenden Informationen und Links zu Ihrer Website, Ihrem Webshop oder Ihren Social-Media-Kanälen an. Ergänzen Sie Tags, also Schlagwörter, die Ihren Kanal beschreiben und über die er gefunden wird. Entscheiden Sie dann, ob Sie die Kachel *Community* freischalten wollen. Haben Sie keine ausreichenden Ressourcen, um die Community-Seite zu betreuen, ist es ratsam, sie zunächst nicht zu aktivieren.

Abonnieren Sie nun andere Kanäle und beginnen Sie, sich an der Kommunikation zu beteiligen. Schauen Sie auch regelmäßig in die YouTube-Trends (*www.youtube.com/feed/trending*), um Anregungen zu bekommen. Sie sehen dort, welche Themen aktuell diskutiert werden und welche Videos viral gehen. Es ist kein Fehler, von den Besten zu lernen. Auch YouTube Suggest ist eine gute Quelle der Inspiration. Ähnlich wie Google Suggest geben Sie einen Begriff oder Teile davon ein und schauen, wie YouTube diesen vervollständigt.

Tipps für die Video-Promotion bei YouTube

Einer der meistbesuchten Bereiche bei YouTube ist die Seite der beliebtesten Beiträge. Erscheint Ihr Video auf dieser Titelseite, sind Ihnen Tausende von Aufrufen sicher. Wie verschaffen Sie Ihren Videos einen Platz an vorderster Stelle?

Engagement auf YouTube

> Häufiges Engagement trägt zum nachhaltigen Erfolg auf YouTube bei. Haben Sie Freunde in diesem Netzwerk? Verfügt Ihr Kanal schon über Abonnenten, und werden Ihre Videos tatsächlich angeschaut? Dann ist die Wahrscheinlichkeit höher, dass Ihr neues Video ein viraler Erfolg wird, als wenn es von jemandem stammt, der bisher keine Aktivitäten und kein starkes Standing vorzuweisen hat.

Zeitpunkt der Veröffentlichung

> Wie bei den meisten Social Sites gibt es auch bei YouTube einen Zeitraum, in dem Videos nach dem Upload den größten Einfluss ausüben können. Erleben Videos nicht binnen kurzer Zeit eine Initialzündung, werden sie wahrscheinlich nie populär. Ausnahmen bestätigen die Regel: Haben Sie ein tolles Video, das die Aufmerksamkeit der Community verdient oder für das nun die Zeit reif ist? Starten Sie einen zweiten Versuch und laden Sie es noch einmal hoch. Überprüfen Sie anhand der *YouTube Analytics*, an welchem Wochentag und zu welcher Uhrzeit Ihre Fans aktiv sind – und be-

stimmen Sie den Zeitpunkt der Veröffentlichung entsprechend. Wollen Sie eine ganz neue Zielgruppe ansprechen, beobachten Sie zunächst, wann diese üblicherweise aktiv ist.

Video-SEO

Ihren Erfolg bei YouTube unterstützen ausgewählte Schlagwörter (Tags), auf die Sie im Rahmen der Video-SEO optimieren und die zum Inhalt des Videos passen. Formulieren Sie einen attraktiven und leicht verständlichen Videotitel, der das Haupt-Keyword enthält. Definieren Sie ergänzend weitere relevante Suchbegriffe. Filmen Sie beispielsweise die Produktion Ihres Craft-Biers, können Sie die Namen bekannter Zutaten und der Brautechnik sowie die Herkunft der Zutaten nennen. Identifizieren Sie jene Begriffe, mit denen der Interessierte suchen würde – wie bei klassischer Suchmaschinenoptimierung. Nehmen Sie eine Keyword-Recherche vor und schauen Sie, welche Schlagwörter erfolgreiche Wettbewerber verwenden. Vermeiden Sie dabei Keyword-Stuffing und gehen Sie selektiv vor. Texten Sie eine verständliche, knackige und aussagekräftige Beschreibung, die neugierig macht. In dieser sollte der wichtigste Aspekt mit dem Haupt-Keyword am Anfang stehen, und sie kann Links zu Ihrem Webshop oder Ihrer Website enthalten.

Das Vorschaubild als Eyecatcher

Mit einer Kurzbeschreibung wird das YouTube-Video durch das Vorschaubild (Thumbnail) gut sichtbar in den Suchergebnissen von Google & Co. angezeigt. Vorschaubilder von Videos erregen in den Suchergebnissen Aufmerksamkeit und werden häufig eher angeklickt als reine Textbeiträge. Sobald Sie Ihren Kanal durch Angabe einer Telefonnummer bestätigt haben, können Sie das Vorschaubild individuell auswählen und sind nicht auf die drei Vorschläge von YouTube beschränkt. Erfolgreiches YouTube-Engagement mit zahlreichen Interaktionen verbessert ebenfalls das Google-Ranking Ihrer Unternehmenswebsite, wenn Sie das Video dort eingebunden haben. Sie können auch Links zu Website, Landingpage oder Webshop einbauen – idealerweise zu Anfang des Beschreibungstexts.

Playlist

Nutzen Sie die Playlists, um auf fremde Kanäle aufmerksam zu machen, betreiben Sie also Content Curation für Videos. Dadurch etablieren Sie sich als Experte für Ihr Thema, erweitern Ihr Netzwerk und werden im Gegenzug ebenfalls empfohlen. Zudem sollten Sie Ihre wichtigsten eigenen Videos dort prominent platzieren.

Planen Sie, mehrere Videos ähnlicher Art einzustellen, markieren Sie jeden Upload mit spezifischen *Tags*, damit der Abschnitt *Ähnliche Videos* bei YouTube auch Ihre anderen Filme anzeigt. Sind Ihre Tags zu allgemein und insgesamt zu weit verbreitet, finden die Besucher Ihren Content schwerer wieder und gelangen stattdessen zu ähnlichen Videos anderer Quellen.

Netzwerkpflege auf YouTube

YouTube ist ein Videoportal, die zweitgrößte Suchmaschine der Welt und ein soziales Netzwerk. Die Nutzer auf YouTube kommentieren, liken und disliken. Wer als Unternehmen auf YouTube aktiv ist, lässt sich daher auch auf eine Diskussion mit der Community ein und sollte Zeit für das Community-Management einplanen.

Community-Management auf YouTube

Reagieren Sie zeitnah auf Kommentare und führen Sie mit Ihren Fans einen ehrlichen, aktiven und nachhaltigen Dialog auf Augenhöhe. Nehmen Sie Kritik ernst und antworten Sie darauf. Damit erhöhen Sie die Bindung der Fans zu Ihrer Marke, denn sie fühlen sich ernst genommen und freuen sich über das öffentliche Feedback. Behalten Sie sich aber vor, Trolle und Hater zu ignorieren. Haben Sie Ressourcen für den regelmäßigen Austausch mit Ihren Fans, sollten Sie den Tab *Community* freischalten. Der Charme der Funktion besteht darin, dass Sie zwischen den Veröffentlichungen neuer Videos das Gespräch in Gang halten. Dabei können Sie veröffentlichte Videos erneut teilen oder Einblicke in das Making-of eines Videodrehs geben. Das Verlinken und Anteasern weiterer Beiträge ist dort ebenfalls möglich.

Vernetzung führt zu Sichtbarkeit

Pflegen Sie Ihr Netzwerk und kontaktieren Sie Blogger und Social-Media-Influencer, die über die Themen Ihres Videos schreiben. Suchen Sie ebenfalls Kontakte in Foren sowie auf Facebook, Instagram, Twitter, Pinterest und LinkedIn.

Informieren Sie Ihr Netzwerk über neue Inhalte

Zu Beginn des Uploadvorgangs in YouTube können Sie angeben, auf welcher Ihrer Social-Media-Plattformen Sie das Video verbreiten wollen. Nutzen Sie diese Funktion nur, wenn Sie sicher sind, keinen zweiten Anlauf zum Hochladen zu benötigen. Auf Nummer sicher gehen Sie, wenn Sie das Video hochladen, Beschreibungen und Tags angeben und testen und erst danach die Verbreitung angehen. Achten Sie auch darauf, die passende Kategorie auszuwählen.

Animieren Sie Ihr Netzwerk zu Kommentaren und Likes

Für eine erfolgreiche Initialzündung sollte Ihr Video in den ersten Stunden nach dem Upload aufgerufen werden und Likes sowie

Kommentare bekommen. Zeigen Sie das Video möglichst vielen Freunden und Kollegen und teilen Sie es mit Ihrem Netzwerk auf Facebook, Twitter, LinkedIn, in Messenger-Diensten und/oder auf Pinterest. Nutzen Sie auch die Stories auf Facebook, Instagram oder Snapchat, um auf das Video aufmerksam zu machen. Hier können Sie Anekdoten zu den Dreharbeiten und Hintergrundinformationen einbauen. Ermutigen Sie Ihre Abonnenten und Zuschauer auf You-Tube, Ihr Video auch auf eigenen Websites einzubetten. Fragen Sie Ihre Fans im Video, ob sie eine Fortsetzung wünschen und inhaltliche Vorschläge haben. Werten Sie die Antworten aus und gehen Sie darauf in Ihrem nächsten Video ein.

Finden Sie heraus, wie Ihr Video wirkt

Wer sieht sich Ihr Video wie lange an? Von wo kommen die Zuschauer? *YouTube Analytics* liefert Ihnen detaillierte Statistiken. Die Performance des Videos wird nach Abrufen, Erwähnungen, Zeitpunkt des Ausstiegs, demografischen Kriterien und Hotspots aufgeschlüsselt. Bei *Hotspots* handelt es sich um Stellen im Video, die wiederholt angesehen werden.

Sie können neben den Phasen zu- und abnehmender Popularität genau erkennen, wer sich Ihre Videos ansieht. Vielleicht haben Sie eine unerwartete Fangemeinde in einem fernen Land erobert, oder Ihr Produktvideo gefällt den Eltern der Jugendlichen, die Sie zu erreichen versuchen. Wenn Sie regelmäßig Videos bei YouTube einstellen, können Ihnen diese Informationen das Zahlenmaterial liefern, um noch besseren Content für Ihre Zielgruppe zu produzieren. Diese Daten sind ebenfalls hilfreich, um den bestmöglichen Zeitpunkt für die Veröffentlichung zu wählen. Hilfreich ist auch, zu sehen, woher der Traffic kommt. Wie Abbildung 10-6 zeigt, ist ein Platz unter den *Suggested Videos* ausgesprochen attraktiv, um Views zu generieren. In diesem Beispiel kamen 66 Prozent der Nutzer, die das Video angeschaut haben, über die Empfehlungen aus den Suggested Videos.

Sie brauchen Ideen und wollen sich von YouTube-Videos inspirieren lassen? Nutzen Sie die Funktion *YouTube Suggest* und geben Sie einen für Sie wichtigen Suchbegriff ein. Sobald Sie anfangen, in der Suchmaske einen Begriff einzugeben, schlägt YouTube häufig verwendete Suchbegriffe vor, die mit den gleichen Buchstaben oder Wortbestandteilen beginnen. Auch die YouTube-Trends sind hilfreich: *www.youtube.com/feed/trending*.

Die Abbildung 10-7 gibt weitere Hinweise zu den Zuschauern, im Beispiel mehrheitlich junge Frauen, die den Kanal noch nicht abonniert haben.

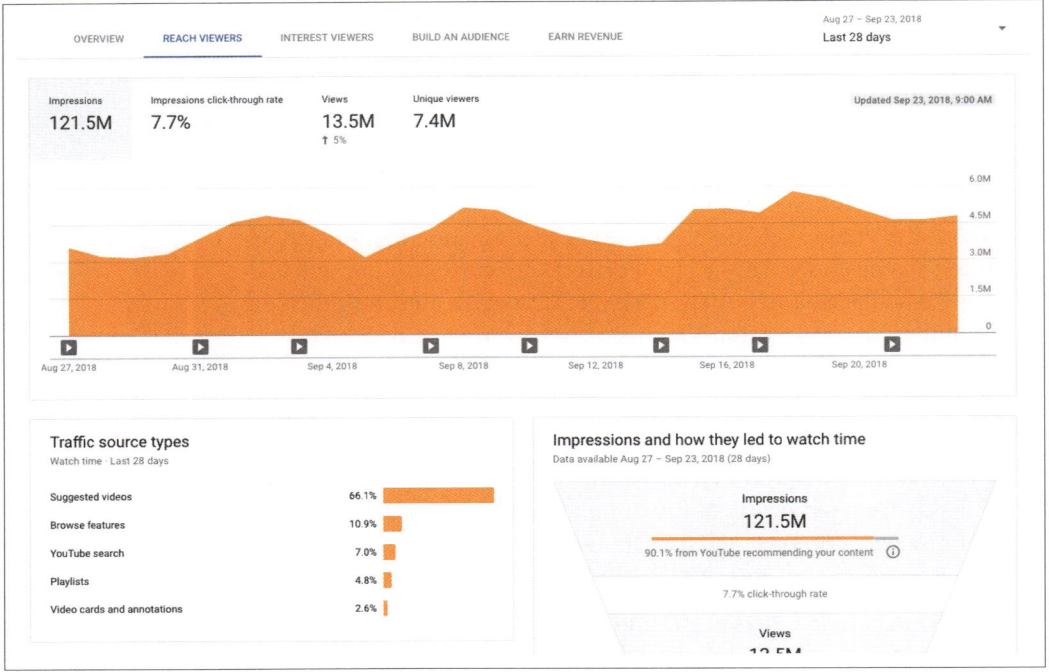

▲ **Abbildung 10-6** Anonymisierter Screenshot aus dem Creator Studio Beta von YouTube (Quelle: HitchOn)

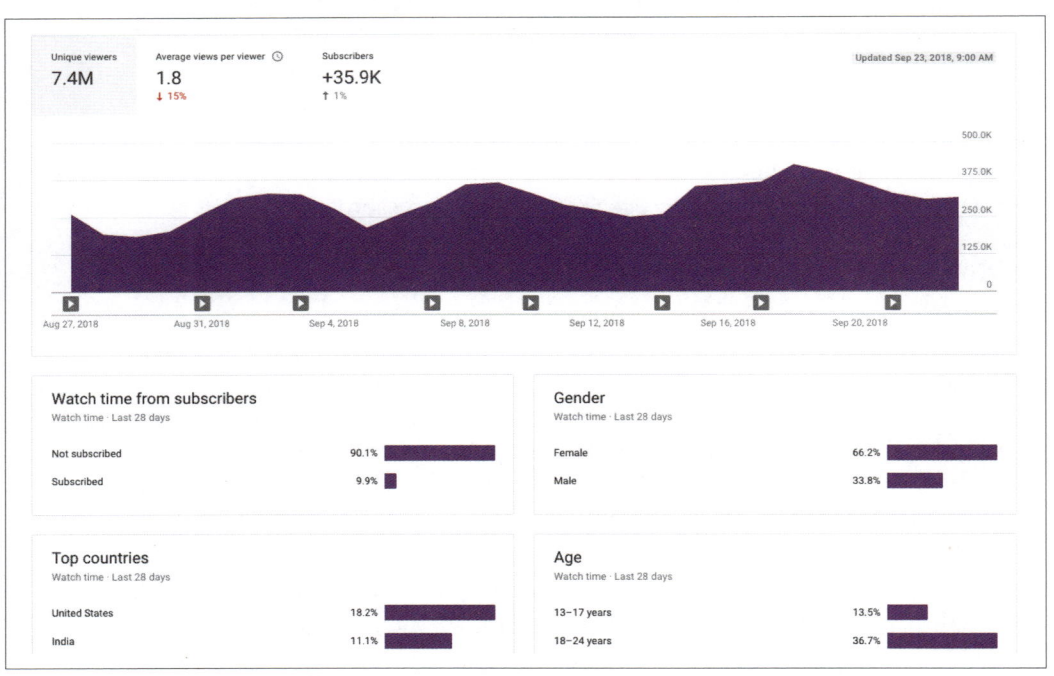

▲ **Abbildung 10-7** Anonymisierter Screenshot aus dem Creator Studio Beta von YouTube (Quelle: HitchOn)

Interview

»Nur wenn beide Seiten bei der Kooperation gewinnen, ist es ein perfekter Match«

Ein Interview mit Sarah Kübler, Geschäftsführerin der Agentur HitchOn

Wir haben mit Sarah Kübler, Gründerin und Geschäftsführerin der YouTube-Agentur HitchOn, über Videos, YouTube und Influencer gesprochen. Bei ZDF Enterprises leitete sie als Managerin Internet Kanäle die YouTube-Aktivitäten der ZDF-Tochter.

▲ **Abbildung 10-8**
Sarah Kübler, Geschäftsführerin der Agentur HitchOn (Foto: Erik Sommer)

Videos werden immer beliebter und sind längst ein gesetzter Bestandteil des Marketing-Mix vieler Unternehmen. Kleine und mittlere Unternehmen schrecken bei dem Thema mitunter noch zurück, da sie die Kosten und den zeitlichen Aufwand als zu hoch erachten. Welchen Einsteigertipp können Sie unseren Lesern mitgeben, die für ihr Unternehmen erstmals mit Videos arbeiten wollen?

Sarah Kübler: Ob in Zusammenarbeit mit YouTubern oder auf einem eigenen Brand Channel – auch für kleinere Unternehmen ist Marketing in Form von Videos eine Option. Je nach Budget sind hier die Möglichkeiten natürlich unterschiedlich. Meist ist es zwar richtig, dass mehr Reichweite kurzfristig generiert werden kann, je größer das Budget ist, doch auch mit geringerem Budget lässt sich mit etwas Geduld ein erfolgreicher Branded Channel aufsetzen. Dieser wird ohne unterstützendes Werbebudget zu Beginn vermutlich nicht direkt einen Schnellstart hinlegen, ist aber, wenn gut gemacht, langfristig oft ein sehr zuverlässiger Traffic-Lieferant. Zudem lassen sich erste Kampagnen mit »kleineren« YouTubern umsetzen. Dies gilt insbesondere, wenn die Zielgruppen der Influencer spitz und damit wenig Streuverluste zu erwarten sind. Um die Produktionskosten gering zu halten, kann es teilweise günstiger sein, einen versierten Influencer für Fotos oder Videos zu buchen und diese zu erwerben, als bei klassischen Produktionsfirmen einen Film oder Fotos zu beauftragen.

Instagram bietet mit IGTV mittlerweile die Möglichkeit, Videos bis zu einer Länge von einer Stunde zu veröffentlichen. Wie sehen Sie den Markt perspektivisch? Werden sich beide Player etablieren, oder wird sich YouTube in der Konsequenz neu aufstellen? Was bedeutet diese Entwicklung für Unternehmen, die Social Media Marketing mit Videos betreiben wollen?

Sarah Kübler: YouTube ist als größte Videoplattform weltweit ein großer Konkurrent für IGTV, und auch in seiner Vielfalt übertrifft YouTube das neue Tool von Instagram aktuell noch bei Weitem. Dennoch bietet sich IGTV für Unternehmen, die hauptsächlich auf Instagram präsent sind, gut an, denn die Marke kann auf ihre Bekanntheit bei Instagram in Form von Videos aufbauen, ohne eine neue Community auf der Plattform YouTube aufbauen zu müssen. Bei den meisten Unternehmen nehmen aber ehrlicherweise Instagram Stories und Postings, ob in Video- oder Bildform, (noch) den deutlich größeren Stellenwert ein.

HitchOn bringt YouTuber mit werbenden Unternehmen zusammen. Bei der Auswahl der Influencer als Markenbotschafter berücksichtigen Sie quantitative und qualitative Faktoren. Können Sie uns anhand eines Beispiels erläutern, wie Sie vorgehen?

Sarah Kübler: Die Auswahl der Influencer hängt sehr stark von den Wünschen des Kunden ab. In Bezug auf YouTube sind vor allem die durchschnittlichen Views eines Kanals relevant, da diese unabhängig von der Abonnentenzahl zeigen, wie ein Kanal wirklich performt. Hierzu gehören aber auch die Like/Dislike-Ratio, die Interaktionsrate und natürlich der Content der YouTuber. Auch die Wachstumsraten schauen wir uns sehr genau an! Bei speziellen Themen kann es ebenfalls relevant sein, woher der Influencer seine Zuschauer gewinnt: Ist dieser zum Beispiel besonders stark und gut in der Suche vertreten? Dafür schauen wir uns auf YouTube die Traffic Sources an.

Bei unseren Kampagnen und in der Zusammenarbeit mit Influencern ist es uns sehr wichtig, dass die Platzierung oder das Werbevideo authentisch ist und zu dem Influencer und seinem Kanal passt. Deshalb stimmen wir uns hier bereits im Vorfeld mit dem Unternehmen und dem Influencer ab. Nur wenn beide Seiten bei der Kooperation gewinnen, ist es ein perfekter Match.

Ihnen ist die inhaltliche Qualität der Beiträge sehr wichtig, gleichzeitig lassen sich die meisten Influencer ungern Vorschriften machen und wünschen sich viel kreative Freiheit. Wie gehen Sie in der Praxis damit um?

Sarah Kübler: Bei unseren Kampagnen ist es wichtig, dass sich die Influencer an das vorab vereinbarte Briefing halten, wichtige Rahmenbedingungen berücksichtigen und die vereinbarten Inhalte umsetzen. Dennoch sind der individuelle Content und die kreative Gestaltung der Videos, zum Beispiel bei einer Produktplatzierung, dem Influencer selbst überlassen. Die Videos und auch andere Beiträge der Kampagnen werden vor dem Upload von uns und dem Kunden abgenommen. Dabei achten wir insbesondere auf die korrekte rechtliche Werbekennzeichnung, die bereits im Vorfeld vertraglich festgelegt und in Spezialfällen anwaltlich individuell nochmals abgesichert wurde.

Nachdem etablierte Influencer immer bekannter und in der Folge teurer werden, wird mittlerweile viel auf Mikro-Influencer gesetzt. Bei diesen wird unterstellt, dass sie authentischer sind und ihre Follower homogener, sodass die Unternehmen gezielt eine Nische erreichen. Wie ist Ihre Erfah-

rung mit Mikro-Influencern, und welcher Art von Unternehmen empfehlen Sie eine Zusammenarbeit mit ihnen?

Sarah Kübler: Besonders kleineren und lokalen Unternehmen empfehlen wir die Zusammenarbeit mit Mikro-Influencern, da diese nicht nur zum Budget eines kleinen Unternehmens passen, sondern auch eine lokale oder in anderer Hinsicht fest umrissene Zielgruppe erreichen können. Die Authentizität eines Influencers ist nicht unbedingt an seine Reichweite gekoppelt. Dennoch lässt sich sagen, dass Mikro-Influencer aufgrund ihrer Größe intensiver mit ihrer Community interagieren und somit eine starke Zuschauerschaft bilden können. Wichtig ist aber: Allein klein ist kein Qualitätsmerkmal. Mikro-Influencer sind insbesondere dann spannend, wenn sie eine spezielle und ideal zum eigenen Produkt passende Zielgruppe abdecken und so für geringe Streuverluste sorgen.

Liebe Frau Kübler, wir danken Ihnen sehr herzlich für das Gespräch und die interessanten Hintergrundinformationen zu YouTube und Influencer-Marketing.

TikTok, Twitch und weitere Wettbewerber von YouTube

Video-Content sollte in Ihrem Marketing-Mix nach Möglichkeit nicht mehr fehlen. Suchen Sie abhängig von Ihren Themen und Ihrer Zielgruppe das passende Videoportal aus. Die breite Masse finden Sie auf YouTube – das Videoportal ist daher für Marketingzwecke die erste Wahl. Gleichzeitig ist allerdings die Konkurrenz groß, und es gibt einige interessante Nischenplayer.

Schauen wir uns mit TikTok und Twitch zwei Plattformen an, deren Zielgruppe eher die jüngere Generation darstellt.

TikTok (vormals musical.ly)

Als erfolgreiche Videoplattform spricht TikTok eine junge Zielgruppe an und tritt in Konkurrenz zu YouTube, Instagram und Snapchat. Die App *musical.ly* erfreute sich ab 2014 bei Jugendlichen mit eigenproduzierten Musikvideos hoher Beliebtheit. Für die sogenannte *Lipsync*-App filmten sich die jugendlichen Nutzer dabei, ein Lied als Vollplayback nachzusingen. Ähnlich wie bei Snapchat erschloss sich dies nur wenigen Menschen der Altersgruppe 30+. Mit weltweit 500 Millionen aktiven Nutzern pro Monat, davon vier Millionen in Deutschland, zeigt die App *TikTok*, die bis August 2018 musical.ly hieß, ein starkes Wachstum. Nach dem Kauf durch die chinesische Medienfirma Beijing Byte-dance Technology ist mit einem weiteren Wachstum zu rechnen, besonders im asiatischen Raum.

Wichtiger als die Anzahl ist das Alter der Nutzer. Junge Nutzer wollen unter sich bleiben und sind für Marketingstrategen und Recruiter schwer zu erreichen. Statt auf Twitter oder Facebook auf ihre Familie und viel Werbung zu treffen, tummeln sie sich lieber auf TikTok, Snapchat oder Twitch. Dabei schauen die Anwender 39 Minuten pro Tag Kurzvideos und öffnen TikTok dafür achtmal.[19]

Die App bietet eine hohe Reichweite, da jeder die Videos anschauen kann, auch ohne auf der Plattform angemeldet zu sein. Sind Videos auf TikTok erfolgreich, verteilen sie sich auf YouTube und anderen Plattformen weiter und sorgen für eine noch größere Sichtbarkeit.

Auf TikTok leben die Jugendlichen ihre Kreativität aus und nutzen für ihre Videos verschiedene Filter, Effekte und Musik. Die Themen der bis zu 15 Sekunden kurzen Videos sind weit gefasst: Die Nutzer posten Gaming-Videos oder Filme aus den Bereichen Sport, Reisen oder Comedy. Ein Livestream ist ebenfalls möglich. Unternehmen sollten die Entwicklung der App im Auge behalten, auch für das Influencer-Marketing. Bislang sind wenige Unternehmen auf der Plattform vertreten, und bekanntlich ist es ein Vorteil, zu den Early Adoptern zu zählen. Starten Sie trotzdem nicht überhastet, sondern prüfen Sie genau, ob die Plattform, ihre Nutzer und die dort vertretenen Influencer zu Ihrer Marke passen.

TikTok: erfolgreiche Praxisbeispiele

Zu den Early Adoptern zählte 2019 der internationale Fonds für landwirtschaftliche Entwicklung der Vereinten Nationen. Mit der weltweiten Tanz-Challenge *#DanceForChange* rief er dazu auf, Perspektiven für Jugendliche in armen Ländern auf dem Land zu schaffen. Der Hashtag wurde schon 98 Millionen Mal aufgerufen.[20] Die Kampagne *#MachDichzumOtto* des gleichnamigen Handelskonzerns sorgte bis September 2019 für respektable 139 Millionen Aufrufe.

Das Krankenhaus in Dortmund (*@klinikumdo*) hat auf TikTok schon 50.000 Follower.[21] Die Social-Media-affine Klinik ist zudem auf Instagram, Snapchat, Twitter und Facebook aktiv – in Zeiten der Nachwuchssorgen bei Pflegepersonal eine gute Idee.

---

19 *http://netzfeuilleton.de/tiktok-nutzer-in-deutschland/*
20 *https://www.tiktok.com/tag/danceforchange*
21 *https://www.tiktok.com/@klinikumdo*

Mittelfristig ist es wahrscheinlich, dass sich die Nutzergruppe erweitert, ähnlich wie es bei Instagram zu beobachten war. Anfangs waren überwiegend unter 25-Jährige vertreten, heute treffen Sie dort von Jung bis Alt einen Querschnitt der Internetnutzer.

Borussia Dortmund war der erste strategische Partner von TikTok in Deutschland, seit April 2019 ist auch Konkurrent Bayern München dort online. Außerdem kooperiert die Plattform mit der Technopop-Band Scooter, was andeutet, dass die App nicht mehr nur die unter 20-Jährigen erreichen möchte.

Scooter und H. P. Baxxter haben TikTok in einer Kampagne ihre Single »God Save The Rave« exklusiv zur Verfügung gestellt und die Challenge #godsavetherave ins Leben gerufen. Der Kampagnen-Hashtag wurde daraufhin sieben Millionen Mal aufgerufen.[22]

▲ Abbildung 10-9
Scooter, falcopunch und TikTok starten die Kampagne #godsavetherave.

Die Community auf TikTok

Fans und Follower zu sammeln, spielt in TikTok weniger stark eine Rolle als auf Facebook, Twitter oder Instagram. Die App stellt automa-

22 *https://www.tiktok.com/tag/godsavetherave?langCountry=de*

tisch Inhalte zusammen und lernt, die Interessen ihrer Nutzer zu verstehen. Wer sich anmeldet, bekommt sofort einen Newsfeed präsentiert und muss sich diesen nicht mühsam zusammenstellen.

Bieten Sie kreative und unterhaltsame Videos mit relevantem Content, belohnt Sie die Plattform mit Aufmerksamkeit, ohne dass Sie zunächst eine Community aufbauen müssen. Dabei liegt in der Kürze die Würze, ein Krachervideo braucht auch nur zehn Sekunden lang zu sein. Die Community sollte trotzdem gepflegt werden, auch wenn Sie eine Challenge durch bezahlte Hashtag-Anzeigen pushen können.

Der Algorithmus von TikTok stellt eine Chance für Unternehmen mit kleinem Marketingbudget dar. Starten diese eine kreative und exklusive Hashtag-Challenge, sorgen sie für eine höhere Brand Awareness. Dabei empfiehlt sich die Kooperation mit einem glaubwürdigen Influencer, der zur Marke und den Produkten passt. Ergänzend kann das Unternehmen mit nativen Videoanzeigen werben, gesponserten Lenses oder Brand-Take-over-Anzeigen.

Mit jedem neuen Video muss erneut der Funke überspringen, sonst erlischt das Interesse der Nutzer wieder. Die Plattform profitiert davon, dass sich die TikToker mit jedem neuen Video wieder besonders anstrengen. Die Nutzer bekommen attraktive Inhalte geboten, und die Unternehmen werden mit Reichweite belohnt. Sorgen Sie dafür, dass Sie die Nutzer auf Ihre Seiten holen. Blenden Sie am Ende Ihrer Videos als Call-to-Action einen Link ein, der zur Landingpage, dem Webshop oder dem Blog führt.

Sobald ein neuer Anbieter erfolgreich wird, klopfen im besten Fall größere Unternehmen an, um ein Übernahmeangebot zu machen. Im schlechteren Fall kopieren sie dreist die Geschäftsidee. Letzteres musste TikTok erleben. Facebook hat sich mit seiner App *Lasso* an musical.ly »orientiert« und ermöglicht seinen Nutzern, sich beim Karaokesingen oder Tanzen zu filmen. Die Videos lassen sich als Facebook und Instagram Story teilen. Der Grund liegt auf der Hand: Facebook laufen die jungen Nutzer in Scharen weg.

Twitch

Das 2011 gegründete und drei Jahre später von Amazon gekaufte Livestreaming-Portal fokussierte sich mit Videospielen und E-Sport zunächst erfolgreich auf Gamer – in Konkurrenz zu YouTube Gaming.[23] Die Gamer können auf Twitch auf einem technisch hohen Niveau im Part-

---

23 *https://www.twitch.tv/*

nerprogramm mit Sponsoring und Abonnements sowie Werbeeinblendungen ihren Kanal monetarisieren. Diese Nische ist größer, als auf den ersten Blick gedacht. Die Gaming-Branche setzt in Deutschland Milliarden um, und Veranstaltungen des E-Sports finden in großen Hallen statt.

Thematisch hat sich Twitch mittlerweile ausgeweitet, und es gibt Beiträge zu Cosplay, Kunst, Programmierung und vielem mehr. Als Tochter von Amazon ist die Anbindung an die E-Commerce-Plattform eng. Dazu gehört zum Beispiel die Verknüpfung eines Amazon-Kontos mit Twitch Prime, um Streaming ohne Werbung zu ermöglichen und Preisnachlässe beim Kauf von Spielen auf Amazon zu gewähren. Die Reichweite bei jungen, insbesondere Gaming-affinen und durchaus zahlungskräftigen Nutzern ist hoch, sodass Marketingverantwortliche Twitch auf dem Schirm haben sollten. Sie wissen bereits, dass es sich lohnen kann, zu den Early Adoptern zu zählen. Für Deutschland nannte die verschwiegene Plattform zuletzt mehr als zwei Milliarden Zuschauerminuten pro Monat.[24]

▲ **Abbildung 10-10**
Ninja zählt mit
15 Millionen Followern
zu den bekannten
E-Sportlern auf Twitch.

Weitere Videoportale

Im Folgenden schauen wir uns weitere Video-Sharing-Sites an, die Sie nicht vernachlässigen sollten. Je nach Zielgruppe erreichen Sie Ihre Nische (auch) auf diesen Videoportalen gut.

---

24 *https://www.osk.de/blog/twitch*

DailyMotion (http://www.dailymotion.com)

Die deutschsprachige Oberfläche des 2005 gegründeten französischen Plattformanbieters zieht mit ihrem übersichtlichen Layout nach eigenen Angaben weltweit 300 Millionen Nutzer an. In Deutschland hat die Videoplattform ungefähr vier Millionen Nutzer pro Monat und kann auch für Unternehmen interessant sein. Die Nutzer lassen sich schwer einer Nische zuordnen. Dass sich die Oberfläche optisch wenig von YouTube unterscheidet, ist als Vorteil zu sehen – die Zuschauer müssen sich nicht groß umgewöhnen. Bezüglich Länge und Volumen der Videos sind die Vorgaben weniger streng als bei YouTube.

Vimeo (http://vimeo.com)

Auf dem weitgehend kostenpflichtigen Videoportal dürfen nur jene Menschen Videos hochladen, die an ihrer Produktion wesentlich beteiligt waren oder darin auftreten und über alle nötigen Rechte verfügen. Lediglich Vimeo-Pro- und Business-Mitglieder dürfen auch Videos hochladen, die sie nicht selbst erstellt haben, sofern sie über die erforderlichen Rechte verfügen. Auf Vimeo treffen Sie auf eine vergleichsweise kleine, aber sehr interessierte, professionelle und kreative Community, die im Durchschnitt künstlerisch anspruchsvollere Videos veröffentlicht und ansieht als auf YouTube. Insbesondere die Kunst-, Kreativ- und Filmszene findet sich auf dieser ansprechend und übersichtlich gestalteten Videoplattform. Unternehmen nutzen Vimeo häufig für Videos, die sie auf ihrer Website einbinden, aber auch für künstlerische Videos und Markeninhalte.

Wistia (https://wistia.com/)

Bei Wistia handelt es sich um eine interessante Nische. Nach einem kostenfrei verfügbaren Test fallen für die dauerhafte Verwendung für das Unternehmen Kosten an. Dafür entschädigen leistungsstarke Analysetools und Gating-Funktionen. Die Gating-Funktion kann zur Leadgenerierung eingesetzt werden, wenn Nutzer beispielsweise ihre E-Mail-Adresse angeben müssen, um sich für ein Video anzumelden. Außerdem bietet Wistia die Möglichkeit, den Videoplayer im Corporate Design anzupassen. Besonders gern wird Wistia für Webinare und Landingpage-Videos verwendet, aber auch für Sales- und Marketing-Content.[25]

MySpace Video (https://myspace.com/discover/videos)

Entgegen anderslautenden Gerüchten gibt es MySpace noch, und die Plattform wird sogar weiterentwickelt. So wurde die Seite 2018 DSGVO-konform überarbeitet. Aktuelle Nutzerzahlen und Erfolgsgeschichten sind jedoch rar geworden.

---

25 *https://www.trialta.de/inbound-marketing-blog/youtube-vimeo-wistia*

Ephemeral Content und Livestream in Social Media

Wir haben darüber gesprochen, wie ein gutes Video strategisch geplant wird, welche Technik Sie benötigen und wie es vermarktet wird. Dabei gehen wir von bleibenden Beiträgen aus, die auch nach langer Zeit noch abgerufen werden können. Viele Videoklassiker sind mittlerweile Jahre alt, werden aber auf YouTube trotzdem noch gern angeschaut. Seit einiger Zeit gibt es in den sozialen Medien jedoch einen Hang zu flüchtigen Momenten, auch Ephemeral Content genannt. Diesen stellen wir in Kapitel 9 vor. Dabei kann es sich um Fotos oder Videos handeln, die auf Snapchat, in einer Instagram Story oder der Story von Facebook nur für einen bestimmten Zeitraum sichtbar sind und anschließend gelöscht werden. Ganz so vergänglich sind sie mittlerweile nicht mehr, in Instagram können besonders erfolgreiche Stories in den Highlights archiviert werden. Auch in Facebook können Stories archiviert und wiederverwendet werden.

Auf Instagram, Facebook und Twitter ist auf unkomplizierte Weise eine Liveübertragung möglich, also ein Livestream. Ob und wie dieser im Anschluss archiviert werden kann, schauen wir uns an.

Instagram Live, IGTV und Stories

In Kapitel 9 haben wir die Fotofunktion von Instagram vorgestellt, nun wollen wir ergänzen, was Instagram in Sachen Bewegtbild zu bieten hat. Social Videos dürfen auf der Plattform maximal 15 Sekunden lang sein, auf Instagram TV (IGTV) auch länger. Neben der Fotofunktion bietet Instagram Ephemeral Content in Form von Stories an sowie Livestreaming und Videos. Haben Sie sich für eine Präsenz auf Instagram entschieden, sollten Sie zumindest punktuell alle Funktionen nutzen.

Instagram Live

Berichten Sie mit *Instagram Live* von der Präsentation eines neuen Produkts oder der Eröffnung eines neuen Standorts. In einem Live-Video können Sie auch Fragen der Community beantworten oder einen exklusiven Blick hinter die Kulissen ermöglichen. Planen Sie die Inhalte mit einem Drehbuch oder einem Storyboard und machen Sie sich Gedanken über die ersten Sätze.

Ein stabiles WLAN am Veranstaltungsort vorausgesetzt, können Sie bereits mit einem hochwertigen Smartphone übertragen, idealerweise im Hochformat oder als quadratisches Video. Achten Sie dabei auf eine gute Beleuchtung und vermeiden Sie zu viel Hintergrundgeräusche. Können Ihre Fans Sie weder gut sehen noch problemlos verstehen, schalten sie den Livestream schnell wieder ab. Denken Sie auch daran, die Akkus aller involvierten Geräte vorab zu laden und zur Sicherheit eine Power-bank griffbereit zu halten. Im Anschluss müssen Sie entscheiden, ob Sie das Live-Video auf Ihrem Smartphone speichern wollen oder es gar für weitere 24 Stunden in der Story sichtbar machen möchten. Es in der Story zu teilen, kann sinnvoll sein. Ebenso ist es möglich, eine kurze Zusam-menfassung des Live-Videos in der Story zu ergänzen.

Berücksichtigen Sie die geringe Aufmerksamkeitsspanne der meisten In-ternetnutzer. Daher beobachten Sie während Ihres Livestreams das Kommen und Gehen Ihrer Zuschauer. Scheuen Sie deshalb keine Wie-derholungen und erläutern Sie immer wieder, was gerade passiert und was Sie den Zuschauern zeigen.

Instagram TV (IGTV)

Wollen Sie eine Geschichte erzählen, bietet sich die Videofunktion von Instagram TV (*IGTV*) an. Bis zu einer Stunde lang können Ihre Videos bei IGTV sein, und sie lassen sich ebenso über das normale Instagram abrufen. Auch wenn der Name der App an das klassische Fernsehen er-innert, erscheinen die Videos im Smartphone-Hochformat 9:16.

Wir empfehlen hier erneut, die Aufmerksamkeitsspanne Ihrer Follower zu berücksichtigen und sich auf kurze und knackige Beiträge zu fokussie-ren. Es gibt natürlich auch Formate, die als längere Filme gut funktionie-ren. Bevor Sie Ihren Film veröffentlichen, wählen Sie Ihr Titelbild sorgfäl-tig aus den zur Verfügung stehenden Standbildern aus. Dieses Bild wird dem Video vorangestellt, die Startszene selbst ändert sich dadurch nicht.

 Tipp ▶ Einige Tools, um die *Instgram Stories* weiter zu verbessern, hat t3n zusammengetra-gen unter *http://bit.ly/2r2eymF*.

Weitere Tipps für Instagram Stories finden Sie bei onlinemarketing.de: *https://onlinemarketing.de/news/7-tools-fuer-die-perfekte-instagram-story*.

Instagram Stories

Täglich verwenden 500 Millionen Nutzer *Stories* mit Fotos, Text, Mu-sik und Videos. Als Ephemeral Content sind sie lediglich für 24 Stunden sichtbar. Kommen Stories besonders gut an, können Sie diese in Ihre in-dividuellen Highlights von Instagram aufnehmen. Stories haben einen spielerischen Charakter und nicht den Anspruch, perfekt zu sein. Den-noch sollten Unternehmen die verwendeten Fotos sorgfältig auswählen, eine Geschichte mit rotem Faden anbieten und idealerweise einen Call-to-Action platzieren. Die Story sollte unterhalten und nicht mehr als vier bis sechs Bilder beinhalten. Der Wechsel zwischen Fotos und Videos ist möglich – und sorgt für Abwechslung. Wenn Sie ein Produkt bewerben, vergessen Sie nicht, den Link zu Ihrem Webshop einzubauen.

Facebook Live, Stories und Watch

In Kapitel 8 haben Sie Facebook kennengelernt. Facebook ist das größte soziale Netzwerk der Welt und für Fans von Videos eine wichtige Plattform. Facebook sollte ein fester Bestandteil Ihres Video-Content-Marketings werden. Sie wenden nun vielleicht ein, dass Sie in Facebook einfach den Link zu Ihrem YouTube-Video posten können. Das Teilen eines YouTube-Links auf Facebook verschafft Ihnen weitere Zuschauer, das ist korrekt. Vergessen Sie aber nicht, dass der Facebook-Algorithmus eigene Videos bevorzugt anzeigt und generell stark auf Bewegtbilder setzt. Erstellen Sie deshalb gelegentlich Videos speziell für Facebook. Diese dürfen unglaubliche vier Stunden lang sein, von dieser Länge raten wir jedoch ab! Haben Sie schon mit 360-Grad-Videos experimentiert, diese vielleicht gar von einer Drohne anfertigen lassen? Wie der Name andeutet, kann der Nutzer das Motiv des Kurzfilms aus unterschiedlichen Perspektiven sehen.

Facebook Live

Nutzen Sie *Facebook Live*, kündigen Sie die Liveübertragung vorher an und erstellen dafür ein Facebook-Event. Wählen Sie das Vorschaubild sorgfältig aus, insbesondere wenn Sie den Livestream nach der Übertragung speichern wollen. Ein attraktives Vorschaubild sollte neugierig machen, zu Ihrem Corporate Design passen und leicht verständlich sein. Auch die Beschreibung ist wichtig, um im Newsfeed der Fans ihr Interesse zu wecken. Sie sollte neugierig machen und erklären, worum es im Video geht.

▼ **Abbildung 10-11**
Bei einem spontanen Livestream von heise online zum Ende der Cebit wurde fleißig diskutiert.

Arbeiten Sie vor Ort mindestens zu zweit. Einer filmt und moderiert, und eine zweite Person überwacht die Fragen und reagiert zeitnah auf Kommentare der Fans. Denken Sie daran, dass die Kommentare mit einer zeitlichen Verzögerung bei Ihnen sichtbar werden. Kommentare sind wichtig und pushen die von Facebook gewünschten »Meaningful Interactions«. Bauen Sie eine Abstimmung ein und verkünden Sie die Ergebnisse in der Liveübertragung.

Haben Sie immer einen Plan B in der Tasche, falls während der Aufzeichnung etwas schiefgeht oder das Netz ausfällt. Im Anschluss an den Livestream können Sie entscheiden, ob Sie das Video archivieren wollen oder es gelöscht wird.

Facebook Stories

Nachdem sich Instagram mit seinen Stories erfolgreich an Snapchat »orientiert« hat, wollte auch Facebook nicht zurückstehen.

Abbildung 10-12 ▶
In den Facebook Stories
wirken die Beiträge eher
spontan.

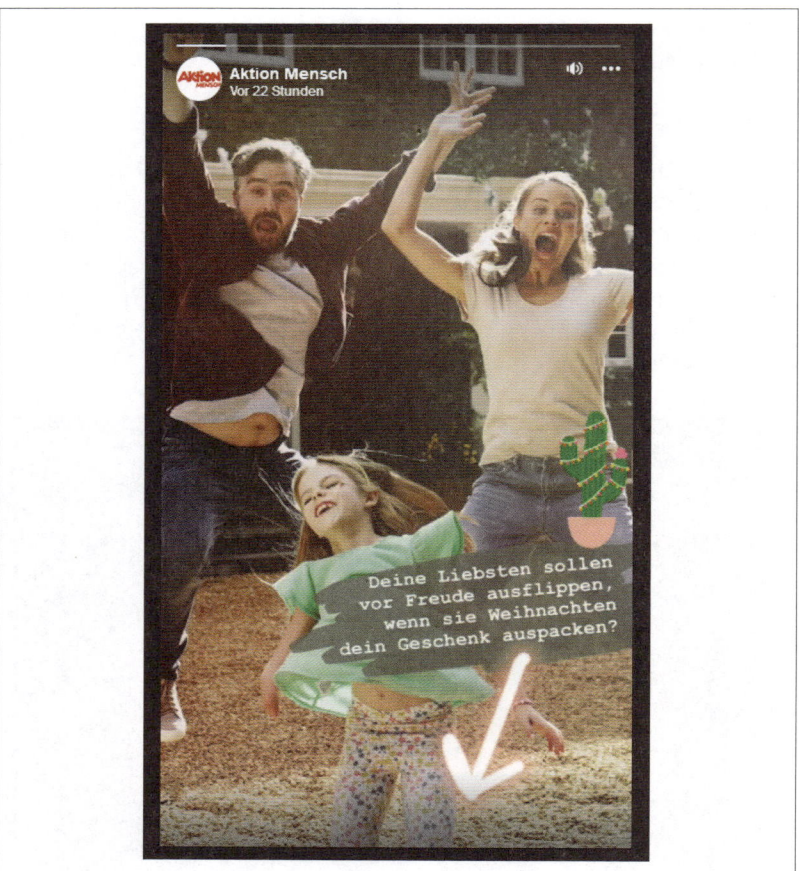

Die *Facebook Stories* haben mittlerweile deutlich aufgeholt und sind mit 500 Millionen Zuschauern weltweit pro Tag ähnlich beliebt wie die Stories auf Instagram.[26] Ein Grund für Platz zwei könnte sein, dass häufig zunächst eine Instagram Story erstellt und diese als Cross-Posting auch auf Facebook veröffentlicht wird. Nutzer, die das merken, schauen sich die Story kein zweites Mal an, und – schlimmer noch – wer es nicht rechtzeitig bemerkt, ist genervt.

Seit Ende 2018 können Werbetreibende in den Facebook Stories auch Werbevideos von maximal 15 Sekunden Länge buchen.

Facebook Watch

Das Videoportal *Facebook Watch* ist seit August 2018 auch in Deutschland ein Teil der Facebook-App. Facebook bündelt damit die Videos an einem Ort und greift den Konkurrenten YouTube an. Doch nicht nur das, das neue Produkt will auch den Konsum des klassischen Fernsehprogramms verändern und personalisieren. In Werbepausen werden Spots geschaltet und die Erlöse zwischen den Videoproduzenten und Facebook aufgeteilt. In 2019 gab Facebook an, dass bereits 720 Millionen Menschen mindestens einmal pro Monat Watch nutzen, teilweise über Watch Partys. Außerdem wurde ProSiebenSat.1 als erster Partner in Deutschland genannt.[27]

Twitter Live

Die Plattform Twitter stellen wir in Kapitel 7 näher vor. Neben Instagram Live und Facebook Live bietet auch Twitter mit *Periscope* die Möglichkeit, einen Livestream zu nutzen. Sofern Sie Twitter bereits den Zugriff auf Kamera und Mikrofon erlaubt haben, trennen Sie nur zwei Klicks von der Übertragung mit *Twitter Live*. Zunächst starten Sie mit dem üblichen *Verfassen*-Symbol, doch statt einen Tweet zu schreiben, klicken Sie auf das Kamerasymbol und anschließend auf *Live*. Dann beschreiben Sie mit einem kurzen Text, worum es in Ihrem Livestream geht, und starten den Stream. Falls Sie zwischenzeitlich auf eine reine Tonübertragung umschalten wollen, tippen Sie auf das Mikrofonsymbol über dem Live-Video-Symbol.

Ergänzen Sie Ihren Live-Video-Tweet um einen Standort, erscheint Ihr Video am entsprechenden Ort auf der Periscope-Weltkarte. Da die Live-Videos auf Twitter automatisch als Tweet gepostet werden, werden sie damit auch gespeichert und sollten bei Bedarf aktiv gelöscht

---

26 *http://bit.ly/2ZpqXoz*
27 *http://bit.ly/30Vvko5*

werden. Sie können den Titel oder das Miniaturbild des gespeicherten Videos im Nachhinein noch verändern, Gleiches gilt für den Startpunkt.[28] Bislang wird die Livestreaming-Funktion von Twitter eher selten genutzt und erhält mangels Konkurrenz mehr Aufmerksamkeit.

Snapchat

Wie in Kapitel 9 beschrieben, lassen sich mit Snapchat sogenannte Snaps in Form von Bildern, Texten und Videos versenden und für die erneute Verwendung in den Memorys speichern. Social Videos dürfen auf Snapchat maximal zehn Sekunden lang sein.

Checkliste: Der Weg zu multimedialen Inhalten

- Ziele und Inhalte definieren: Welche Bilder und Botschaften wollen Sie transportieren, welche Kundengruppen erreichen?

- Welche Kanäle wollen Sie bedienen? Kaum ein Unternehmen schafft es, Präsenzen auf allen Foto- und Videoportalen zu eröffnen. Prüfen Sie genau, für welche Plattformen bereits Ideen und Inhalte vorliegen und wo der Start unternehmerisch am sinnvollsten ist.

- Richten Sie Ihren Unternehmenskanal auf einer oder mehreren Plattformen ein. Denken Sie an eine unternehmenskonforme Gestaltung der Seite, sodass Ihre Kunden Sie wiedererkennen und Ihre Markenbekanntheit gesteigert wird.

- Beginnen Sie, anderen Nutzern zu folgen, und beteiligen Sie sich an der Diskussion.

- Kümmern Sie sich um die nötige Ausrüstung für Ihre Kollegen, falls Sie einen Videoclip drehen wollen, oder um die Kulisse für eine regelmäßig produzierte Show.

- Organisieren Sie sich Mitstreiter: Bei der Produktion von Videos ist Teamwork gefragt.

- Klären Sie rechtliche Fragen und erschließen Sie sich Quellen lizenzfreier Musik, falls Sie ein Video produzieren wollen.

- Sorgen Sie für die Verbreitung Ihres Angebots! Das beginnt bei der richtigen Verschlagwortung, den passenden Partnern für Seeding und Influencer-Marketing und endet bei der Integration des Videokanals auf Ihren Websites und in den sozialen Netzwerken.

- Bewerben Sie Ihr Multimedia-Angebot – durch Erwähnung in Newslettern, Messenger-Diensten und E-Mail-Signaturen, auf der Website sowie auf gedruckten Werbematerialien wie Plakaten oder Flyern.

- Nutzen Sie die Statistiktools der jeweiligen Anbieter, um Ihren Erfolg oder Misserfolg zu analysieren.

- Bleiben Sie im Gespräch: Reagieren Sie auf die Kommentare Ihrer Zuschauer und stellen Sie selbst Fragen. So festigen Sie nicht nur die Treue und das Vertrauen Ihrer Zuschauer, sondern sichern auch deren Verweildauer auf Ihrer Seite.

---

28 *https://help.twitter.com/de/using-twitter/twitter-live*

Als flüchtige Inhalte (Ephemeral Content) löscht Snapchat die Beiträge nach wenigen Sekunden, abhängig von der gewählten Einstellung des Absenders. Werden Snaps in eine Story integriert, sind sie dort bis zu 24 Stunden sichtbar. Durch die kurze Verfügbarkeit der Inhalte sind die Snapchat-Nutzer häufiger auf der Plattform aktiv – um nichts zu verpassen. Der Content hat einen authentischen, spielerischen und humorvollen Charakter, und die Nutzer gestalten ihre Fotos kreativ mithilfe verschiedener Linsen und Filter. Die Nutzer von Snapchat sind jung: 72 Prozent der deutschen Nutzer von Snapchat sind maximal 24 Jahre alt und nur 13 Prozent älter als 35 Jahre.[29]

◀ **Abbildung 10-13**
Spiegel Online erschließt sich über seinen Discover-Kanal bei Snapchat eine junge Zielgruppe.

Snapchat war einige Jahre erfolgreich und ist stetig gewachsen. Das Kopieren der Geschäftsidee durch Instagram und seine Stories versetzte Snapchat jedoch einen harten Schlag. 2019 stieg die Zahl der aktiven Nutzer von Snapchat im zweiten Quartal wieder auf weltweit 203 Milli-

---

29 *http://www.futurebiz.de/artikel/snapchat-statistiken-nutzerzahlen/#.XWpCP3tCSM8*

onen, für Europa nennt das Unternehmen davon 64 Millionen Nutzer.[30] Die Nutzerzahlen für Deutschland werden auf knapp zehn Millionen geschätzt.[31] Als Marken- und Branding-Kanal bleibt Snap für all jene interessant, die die Zielgruppe der jungen Menschen erreichen möchten. Auch für das Employer Branding und die Suche nach Auszubildenden hat sich für einige Unternehmen das Engagement in Snapchat bewährt. Darauf gehen wir in Kapitel 11 ein. Mit unterschiedlichen Anzeigenformaten können Unternehmen ihre Botschaften im Bereich *Discovery* oder zwischen den Live-Stories platzieren sowie Linsen oder Filter sponsern. Snapchat verspricht dabei ein zielgenaues Publikum, das nach demografischen Merkmalen, Interessen und Konsumgewohnheiten gefiltert wird.

Zusammenfassung

Videos sind im Netz beliebt und eignen sich gut für das Content Marketing. Kurze und knackige Videos mit einem fesselnden Einstieg und einem klugen Storytelling verankern Inhalte und Werbebotschaften schnell und nachhaltig. Die durchdachte Strategie und eine kreative Idee sind dabei wichtiger als eine teure Ausrüstung. Nutzen Sie Ihr Netzwerk für die Verbreitung des Videos und binden Sie Influencer ein. Der Einsatz von Video-Sharing kann bewirken, dass sich das Video viral verbreitet. Die dadurch generierte Aufmerksamkeit hilft Ihnen beim Vermarkten Ihrer Produkte und Dienstleistungen. Was Videos betrifft, ist YouTube das beliebteste Portal, aber auch andere Websites bieten einen vergleichbaren Service an – allerdings bei geringerer Reichweite. Abhängig von Ihrer Zielgruppe könnten TikTok, Twitch oder DailyMotion für Sie interessant sein.

Auf YouTube und anderen Videoportalen haben Sie viele Möglichkeiten, Ihrem Video zu mehr Bekanntheit zu verhelfen, zum Beispiel durch die sorgfältige Vergabe von Tags und ihr gezieltes Weiterverbreiten über Social Media. Ihr Video sollte nicht zu lang sein, weil Sie mit dem Überangebot an Content um die Aufmerksamkeit der Zuschauer konkurrieren. Da Ihr Video am Anfang viel Unterstützung benötigt, um eine größtmögliche Öffentlichkeit zu erreichen, sollten Sie nach dem Upload unbedingt die Werbetrommel rühren. Nutzen Sie dafür Ihr Netzwerk und Ihre Präsenz in anderen Social-Media-Plattformen – arbeiten Sie auch mit Ephemeral Content wie Stories.

---

30 *https://www.faz.net/aktuell/finanzen/finanzmarkt/comeback-snapchat-ueberrascht-mit-deutlich-gestiegenen-nutzerzahlen-16299810.html*
31 *http://www.futurebiz.de/artikel/snapchat-statistiken-nutzerzahlen-2/*

Um mit Ihrem Publikum »persönlich« in Kontakt zu treten, ist Video-blogging gut geeignet. Am wirkungsvollsten ist es, wenn der Vlogger einfach er selbst bleibt: Ein regelmäßiges, authentisch und unterhalt-sam vorgetragenes Videoblog erobert Ihnen sicherlich einen Platz in den Herzen Ihrer Kunden.

Employer Branding und Social Recruiting

Wer neue Mitarbeiterinnen und Mitarbeiter gewinnen möchte, kommt an einer Präsenz in Social Media kaum vorbei. Dabei spielt es keine Rolle, ob das Unternehmen Stellenanzeigen veröffentlicht und über Social Media teilt, auf einer Onlinejobbörse inseriert oder die Dienste eines Headhunters in Anspruch nimmt.

Die Bewerber informieren sich in den sozialen Netzwerken über das Unternehmen und ihre potenziellen Kolleginnen und Kollegen. Ist das Unternehmen dort nicht oder nur lieblos vertreten, wirkt es als künftiger Arbeitgeber wenig attraktiv. Bedenken Sie, dass der Arbeitsmarkt durch den Fachkräftemangel in manchen Teilbereichen längst zu einem Arbeitnehmermarkt geworden ist.

Mit *Employer Branding* soll eine Arbeitgebermarke geschaffen werden, die zeigt, wofür das Unternehmen steht, welche Unternehmenskultur gelebt wird und warum es ein attraktiver Arbeitgeber ist. Statt mit austauschbaren Imagekampagnen zu arbeiten, erklärt das Unternehmen, warum es einzigartig ist. Es handelt sich um eine übergreifende Aufgabe, bei der idealerweise Kommunikationsverantwortliche, Personaler und Unternehmensstrategen Hand in Hand arbeiten.

◀ **Definition**

Employer Branding

Mit einem strategischen Employer Branding lassen sich trotz Fachkräftemangel leichter qualifizierte Bewerber finden: Das Unternehmen wird für sie zum Wunscharbeitgeber und bleibt es idealerweise. Die eigenen Mitarbeiter können als vertrauenswürdige Corporate Influencer agieren und ein authentisches Bild ihres Arbeitgebers vermitteln. Dabei können sie über ihre Social-Media-Profile Stellenanzeigen ihres Arbeitgebers verbreiten. Der Teil des Employer Branding, der die eigenen Mitarbeiter in Social-Media-Aktivitäten einbindet, wird auch *Employee Advocacy* genannt.

Definition ▶ Als *Corporate Influencer* werden Mitarbeiter bezeichnet, die als Markenbotschafter für ihr Unternehmen fungieren und dabei nach innen und außen wirken. Corporate Influencer finden sich in allen Hierarchieebenen, vom CEO bis zum einfachen Mitarbeiter. In Kapitel 4 lernen Sie twitternde Vorstände bei SAP und Siemens oder den bei Jugendlichen beliebten Straßenbahnfahrer *Bahnbabo* kennen.

Das Internet ist längst mobil geworden, und die Jobsuche wird zu einer Angelegenheit, die viele Menschen gern auf ihrem Smartphone erledigen möchten. Statt wenig nutzerfreundliche Bewerberformulare auszufüllen und ein Anschreiben zu formulieren, wünschen sich junge Bewerber die *One-Click-Bewerbung*, mit der sie ihre Daten bequem aus XING oder LinkedIn übernehmen. Einige Unternehmen arbeiten bereits mit ähnlich verkürzten Verfahren. In China ist diese Form der Bewerbung schon gängiger Alltag.

Kleine und mittlere Unternehmen, die mit ihren Ressourcen haushalten müssen, können die Kommunikation auf ihren Social-Media-Kanälen und Messenger-Plattformen durch Chatbots unterstützen lassen. Ohne größere Investitionen in künstliche Intelligenz nimmt die Software überwiegend Datenbankabfragen vor. Anders ausgedrückt: Übermäßig kompliziert sollten die gestellten Fragen besser nicht sein. Wer »always on« ist und sich dann um eine Bewerbung kümmern möchte, wenn er Zeit und Lust hat, freut sich trotzdem über den 24/7 möglichen Dialog. Das Unternehmen bekommt zudem Pluspunkte als innovativer Arbeitgeber, und die eine oder andere Standardfrage belastet nicht mehr die Personalabteilung.

Bevor wir uns den einzelnen Social-Media-Plattformen und ihren Einsatzmöglichkeiten für Employer Branding und Social Recruiting widmen, wollen wir einen strategischen Blick aus der Vogelperspektive auf das Thema werfen. Dazu haben wir mit Anne Engelshowe gesprochen. Sie hat mehrjährige Erfahrung als Teamleiterin Employer Branding und Personalmarketing im sozialwirtschaftlichen Umfeld und arbeitet als freie HR-Beraterin und Trainerin. Auf ihrem Blog SALON DER GUTEN (*www.salonderguten.de*) gibt die gelernte Kommunikationswissenschaftlerin und Betriebswirtin regelmäßig Einblicke in ihre Arbeit.

»Kein Employer Branding ohne Strategie«

Ein Interview mit der Expertin für Employer Branding, Anne Engelshowe.

Fachkräftemangel und War for Talents sind Begriffe, die im Zusammenhang mit Recruiting immer wieder auftauchen. Müssen die Hidden Champions und KMUs verzweifeln, da sie es schwer haben, mit bekannten und internationalen Unternehmen um die wenigen Spezialisten zu konkurrieren? Welche Rolle spielt das Employer Branding mithilfe von Businessnetzwerken wie XING und LinkedIn in diesem Zusammenhang? Welche Möglichkeiten haben kleinere Unternehmen mit einem begrenzten Budget, sichtbar zu werden?

▲ **Abbildung 11-1**
Anne Engelshowe von
CareFlex, Expertin für
Employer Branding

Anne Engelshowe: Ich erlebe regelmäßig Geschäftsführer und Personaler von kleinen und mittleren Unternehmen, die frustriert und orientierungslos sind, weil sie händeringend Personal suchen. Doch das ist die falsche Einstellung und Herangehensweise. Der Schlüssel liegt im Employer Branding, der strategischen Positionierung des Unternehmens als attraktiver Arbeitergeber. Wenn ich Employer Branding gewissenhaft und nachhaltig betreibe, geht es nämlich nicht darum, irgendeinem Wettbewerber oder den großen, bekannten Marken hinterherzueifern, sondern sich auf die eigenen Stärken zu besinnen. Im Zuge der Positionierung sollte herausgearbeitet werden, was das Unternehmen als Arbeitgeber auszeichnet, es einzigartig und für die Zielgruppen attraktiv macht. Schnell wird dann deutlich, dass zum Beispiel ein familiengeführtes mittelständisches Unternehmen Vorteile und Chancen für Mitarbeiter bietet, wo große Unternehmen nicht mithalten können.

Diese Herangehensweise zahlt auch auf meine Authentizität und Glaubwürdigkeit als Arbeitgeber ein, was für ein erfolgreiches Employer Branding unabdingbar ist: Denn schließlich will ich Mitarbeiter nicht mit überzogenen, realitätsfernen Versprechungen kurzfristig gewinnen, sondern sie langfristig an mein Unternehmen binden. Social Media bieten Unternehmen die Chance, genau im Sinne der erforderlichen Authentizität sichtbar zu werden und die Employer Brand mit Leben zu füllen. Eine Social-Media-Strategie gehört daher zu jedem professionellen Employer Branding. XING und LinkedIn sind als klassische Businessnetzwerke für viele Unternehmen der Einstieg in die Personalgewinnung über Social-Media-Kanäle. Hier sollte ich mit einem aussagekräftigen Unternehmensprofil und Mitarbeitern punkten, die als Botschafter des Unternehmens mit Position und Kontaktdaten sichtbar und ansprechbar sind. Wer über diese Netzwerke auch aktiv nach Kandidaten sucht und diese anspricht, sollte zudem darauf achten, dass die Ansprache ein positives Kandidatenerlebnis im Sinne der Employer Brand erzeugt.

In Social Media lässt sich beobachten, dass Unternehmen nicht immer dort vertreten sind, wo ihre Zielgruppe aktiv ist, das gilt zum Beispiel für Instagram oder Snapchat. Für die Unternehmen ist es ein Balanceakt zwischen der Anpassung an die Wünsche ihrer potenziellen Arbeitnehmer und ihrer Authentizität. Was raten Sie Unternehmen, die einen großen Bedarf an Nachwuchskräften und Lehrlingen haben, aber noch davor zurückschrecken, sich bei diesen Plattformen zu engagieren?

Anne Engelshowe: Ein professioneller Employer-Branding-Prozess beinhaltet auch die Auseinandersetzung mit den wichtigsten Zielgruppen. Das Engagement in Social Media sollte also weniger auf irgendwelchen allgemeinen Trends, sondern stets auf strategischen Überlegungen basieren: Ich muss dort als Arbeitgeber sichtbar und aktiv sein, wo meine Zielgruppe ist. Für viele Unternehmen bedeutet dies jedoch, sich tatsächlich intensiv mit Portalen wie Instagram oder Snapchat auseinandersetzen zu müssen, da sie hier ihre Zielgruppen antreffen, zum Beispiel für die Gewinnung von Azubis und Nachwuchskräften. Auch an dieser Stelle kann ich nur an eine strategische Herangehensweise appellieren. Bevor ich mir als Arbeitgeber vorschnell ein Profil in diesen Netzwerken anlege und Glaubwürdigkeit verspiele, sollte ich einige Dinge abprüfen, allen voran die personellen Ressourcen, die die professionelle Pflege der Kanäle kostet. Hier ergibt es wenig Sinn, einen Mitarbeiter dazu zu verdonnern, ab sofort in Social Media aktiv zu sein, sondern vielmehr jene Mitarbeiter zu gewinnen, die schon mit Freude und Engagement dort aktiv sind und somit im besten Fall intrinsisch motiviert, das Unternehmen zu repräsentieren. So entsteht dann auch ein authentischer Einblick ins Unternehmen, der von den Nutzern geschätzt wird und auf meine Employer Brand einzahlt.

In Unternehmen ist häufig das Thema Employer Branding und Personalmarketing klassisch in der Personalabteilung angesiedelt, wohingegen Content-Planung und Strategie für Social Media im Bereich Kommunikation verortet werden. Welche Probleme erwachsen daraus, und wie lassen sich diese aus Ihrer Sicht lösen?

Anne Engelshowe: Auch wenn das Engagement zum Employer Branding häufig aus der Personalabteilung kommt, appelliere ich daran, Employer Branding wirklich als gesamtstrategische Aufgabe zu betrachten. Das bedeutet, dass verschiedene Bereiche und Funktionen, allen voran die Geschäftsführung, die Rückendeckung gibt und als Vorbild agiert, Hand in Hand arbeiten müssen. Denn spätestens wenn es um die operative Umsetzung geht, wie hier bei den Social-Media-Aktivitäten, wird deutlich, dass die Kompetenzen im Unternehmen häufig in unterschiedlichen Bereichen organisiert sind. Nur wenn ich Personal, Marketing und Unternehmenskommunikation regelmäßig an einen Tisch bekomme, zum Beispiel für die gemeinsame Redaktionssitzung, kann ich auf Synergien zurückgreifen und konsistent im Sinne meiner Arbeitgebermarke kommunizieren.

Mit welchen Content-Formaten lässt sich die Arbeitgebermarke am besten erlebbar machen, und wie professionell muss dazu beispielsweise ein Video gestaltet sein?

Anne Engelshowe: Im Employer Branding soll vermittelt werden, wie es sich anfühlt, im Unternehmen zu arbeiten. Über Storytelling in Social Media gelingt das besonders gut, und da Bild und Video mehr sagen als geschriebene Worte, sind diese Formate unabdingbar in der Kommunikation der Arbeitgebermarke. Die oberste Maxime ist auch hier die Authentizität. Das Material muss zum Unternehmen passen. Wenn ich ein Unternehmen bin, das in der Außendarstellung stark auf Style und Perfektion getrimmt ist, muss mein Bild- und Video-Content für Social Media diesen Eindruck ebenfalls vermitteln. Bei einem bodenständigen Handwerksbetrieb würde hingegen diese Art von Hochglanzformat sehr unglaubwürdig wirken. Grundsätzlich empfehle ich, die Mitarbeiter, die mit den Social-Media-Kanälen betraut sind, regelmäßig zu schulen und ihnen Guidelines, die auch visuelle Vorgaben enthalten, an die Hand zu geben. Gerade wenn ein Account von mehreren Mitarbeitern gepflegt wird, kann ich somit Konsistenz in der Kommunikation herstellen, die es braucht, um meine Arbeitgebermarke erfolgreich in den Köpfen der Zielgruppe zu verankern.

Influencer-Marketing ist in aller Munde, und in vielen Unternehmen gibt es eigens Beauftragte für die Influencer Relations. Wie glaubwürdig können Influencer für das Employer Branding eingesetzt werden? Empfiehlt der Influencer eine Digitalkamera oder ein Duschgel, ist es für seine Fans und Follower gut denkbar, dass er diese Produkte wirklich mag und verwendet. Wer einen Arbeitgeber empfiehlt, obwohl er selbst gar nicht dort angestellt ist, wirkt zunächst wenig glaubwürdig. Lässt sich trotzdem sinnvoll mit Influencern arbeiten, oder sind Mitarbeiter als Marken- und Unternehmensbotschafter die besseren Influencer?

Anne Engelshowe: Auch hier möchte ich wieder mit der strategischen Ausrichtung eines Employer Branding argumentieren: Es ist nur zielführend, einen Influencer, womöglich für viel Geld, zu verpflichten, wenn ich damit meine Zielgruppe erreiche. Und dann bedarf es einer guten Content-Strategie: Dass ein Influencer über YouTube oder Instagram einfach nur sein Gesicht in die Kamera hält und für einen Arbeitgeber wirbt, ist tatsächlich sehr unglaubwürdig – für Arbeitgeber und Influencer. Hier muss also gemeinsam überlegt werden, wie eine Story geschrieben werden kann, die einen Mehrwert für die Community des Influencers bietet und positiv auf die Employer Brand des Unternehmens einzahlt. Die Fraport AG und der EnBW-Konzern haben hier zum Beispiel gute Arbeit geleistet und zeigen, wie die Arbeit mit Influencern im Personalmarketing aussehen kann.

Bevor ich jedoch über den Einsatz eines externen Influencers nachdenke, würde ich intern alle Potenziale heben und die Mitarbeiter zu Markenbotschaftern des Unternehmens machen. Ihre Glaubwürdigkeit ist durch niemand Externes zu übertreffen. Wichtig ist jedoch, dass die Mitarbeiter aus ihrer Zufriedenheit heraus – intrinsisch motiviert – das Unternehmen empfehlen und nicht, weil es Geld dafür gibt. Ist diese Voraussetzung erfüllt, spricht auch nichts gegen ein professionelles Mitarbeiterempfehlungsprogramm, das heutzutage via Smartphone-App (zum Beispiel *Talentry*, *Firstbird* oder *XING*) genutzt wird und sämtliche Social-Media-Kanäle berücksichtigt. Sehr gute Beispiele im Bereich Job-Influencer sind Otto und Microsoft, die zwar nicht mit einer Incentivierung arbeiten, die ihre Mitarbeiter aber umfassend schulen, zum Beispiel in Social-Media-Kommunikation, Personal Branding oder mit Recruiting-Know-how.

Frau Engelshowe, wir danken Ihnen ganz herzlich für das Gespräch und die interessanten Einblicke in das Thema Employer Branding.

Eine gute *Candidate Experience* ist der zweite wichtige Baustein neben dem Employer Branding. Ein schlechtes Kandidatenerlebnis schadet dem Ruf des Unternehmens und somit auch der Arbeitgebermarke. Damit verliert das Unternehmen schlimmstenfalls nicht nur gute Bewerber, sondern – insbesondere im B2C – auch Kunden. Bewertungsplattformen für Arbeitgeber ermöglichen Bewerbern, den Unternehmen ein öffentliches Feedback zu ihrer Candidate Experience zu geben.

Bewertungsplattformen für Arbeitgeber

Mit dem Internet und den sozialen Medien hat die Bedeutung von Bewertungen stark zugenommen. Auch Unternehmen müssen es sich zusehends gefallen lassen, dass (ehemalige) Mitarbeiter sowie Bewerber auf Bewertungsportalen für Arbeitgeber ein Urteil über sie fällen. Die Portale sehen auch die Bewertung des Bewerbungsprozesses vor, reflektieren also die Candidate Experience. Im deutschsprachigen Raum haben die XING-Tochter *kununu* sowie die US-amerikanische Konkurrenz

Glassdoor die Nase vorn. Daneben halten sich kleine Wettbewerber wie *meinChef.de* oder *jobvote.com*. Die Onlinejobbörse *StepStone* hat ihr Angebot um Bewertungen von Arbeitgebern erweitert.

Überwachen Sie die Arbeitgeberbewertungsplattformen kontinuierlich und reagieren Sie auf konstruktive Kritik ebenfalls öffentlich. Lässt ein Unternehmen eine kritische oder gar falsche Bewertung unkommentiert stehen, scheint diese wahr zu sein. Alternative Erklärungen können sein, dass das Unternehmen verschnupft reagiert oder zu altmodisch ist, um die Kommunikation auf Augenhöhe zu verstehen. Keine der Schlussfolgerungen wirft ein gutes Licht auf den potenziellen Arbeitge-ber. Zeigen Sie daher, dass Sie berechtigte Kritik ernst nehmen, klären Sie (vermeintlich) falsche Sachverhalte und widerlegen Sie diese – wenn nötig – mit sachlichen Argumenten. Bleiben Sie dabei authentisch, kommunizieren Sie freundlich und auf einer persönlichen Ebene und vermeiden Sie dabei Standardfloskeln. Bieten Sie auch einen persönli-chen Dialog auf einem alternativen Kanal (Telefon/E-Mail) an und nennen Sie die Kontaktdaten eines Ansprechpartners in Ihrem Unter-nehmen. Nachfolgend schauen wir uns beispielhaft die Arbeitgeberbe-wertungsplattformen kununu und StepStone an.

kununu

Wir wollten von der österreichischen Bewertungsplattform *kununu* wis-sen, wie Unternehmen mit kritischem Feedback umgehen und wie sich deren öffentliche Reaktion auswirkt.

Johannes Prüller, Director Global Communications der Bewertungs-plattform kununu: »Unternehmen gehen ganz unterschiedlich mit dem Feedback um. Die einen verneinen es und kritisieren die Glaubwürdig-keit von anonymen Arbeitgeberbewertungsportalen. Die anderen neh-men die Inhalte und Hinweise ernst und eruieren Verbesserungspoten-ziale. Wir haben die Erfahrung gemacht, dass Arbeitgeber auch von einer kritischen Bewertung profitieren, wenn sie richtig reagieren. Wir raten allen Firmen dazu, die Funktion der Stellungnahme zu nutzen. Denn das ist in Zeiten sozialer Netzwerke der glaubwürdigste und ef-fektivste Weg, mit Kritik umzugehen. Unsere Erfahrung bestätigt übri-gens: Es ist nicht das Wichtigste, ob eine Bewertung positiv, neutral oder kritisch ausfällt. Entscheidend ist vielmehr der richtige Umgang damit – und das Signal, dass das Unternehmen jedes Feedback ernst nimmt. Wir löschen grundsätzlich keine Bewertungen, auch nicht, wenn Firmen das einfordern. Wenn die moralischen und gesetzlichen Richtlinien eingehalten wurden, bleibt die Bewertung folglich online. Der Anteil der Bewertungen, die wir aufgrund von Verstößen offline nehmen müssen, beträgt weniger als ein Prozent.«

Auf der Bewertungsplattform für Arbeitgeber *www.kununu.com* wurden bis September 2019 knapp vier Millionen anonyme und authentische Erfahrungsberichte über Gehalt, Betriebsklima und Bewerbungsprozesse zu mehr als 900.000 Unternehmen abgegeben.

Die Studie »Arbeitgeber im Kandidatendialog« trägt Erkenntnisse aus der Analyse von Arbeitgeberstatements auf kununu zusammen.[1] In der Studie finden sich schlechte Beispiele unterschiedlicher Art, von nichtssagenden Standardfloskeln bis zu ausfallenden Reaktionen beleidigter Geschäftsführer.

StepStone

Eine Arbeitgeberplattform lebt von der Glaubwürdigkeit und Qualität ihrer Bewertungen. Wir haben StepStone gefragt, wie das Unternehmen die eingehenden Bewertungen prüft und welche Kriterien es für deren Freigabe anwendet.

StepStone: »Jede eingegangene Review wird von einem dedizierten Expertenteam seitens StepStone geprüft, bevor sie online erscheint. Grundsätzlich glauben wir, dass man ein Unternehmen nicht einfach mit einem oder fünf Sternen bewerten kann, sondern eine differenzierte Sicht auf das Unternehmen geben muss. Menschen finden ein Unternehmen aus unterschiedlichen Gründen gut oder schlecht: Das kann nicht pauschalisiert werden. Deshalb ist es wichtig, die spezifische Sicht des Nutzers abzufragen. Ist die Bewertung nicht konstruktiv, fundiert oder bietet keinen Mehrwert für Kandidaten, wird sie nicht veröffentlicht – unabhängig davon, ob sie positiv oder negativ ist.«

Nicht veröffentlicht werden von StepStone Bewertungen, die zum Beispiel:

- lediglich Phrasen beinhalten,
- kein konstruktives Feedback enthalten,
- die Nennung von natürlichen Personen enthalten oder Informationen, anhand derer natürliche Personen identifizierbar sind.

Der Gedanke, zu filtern und damit Qualitätsmanagement zu betreiben, ist gut, allerdings bieten Begriffe wie »konstruktives Feedback« Interpretationsspielraum. Nicht jeder versteht darunter das Gleiche.

---

1 *http://bit.ly/2SgreSn*

Active Sourcing mit Strategie

Das Active Sourcing gewinnt im Zeitalter des Fachkräftemangels eine immer größer werdende Bedeutung. Die Unternehmen können es sich nicht leisten, mit ihrer Ausschreibung lediglich diejenigen anzusprechen, die aktiv eine Stelle suchen – ganz im Gegenteil: Die Personaler und Headhunter wollen bereits Bewerber identifizieren, die noch keine sind, also latente Jobsucher. Dafür bedarf es der systematischen Analyse aller Spuren, die potenzielle Mitarbeiter im Web hinterlassen. Systematisch und aktuell finden sich diese im Regelfall in Businessnetzwerken wie XING oder LinkedIn.

Als *Active Sourcing* oder *Direct Sourcing* ist im Recruiting die Suche nach geeigneten Kandidaten und deren Ansprache in Businessnetzwerken im Internet und den sozialen Medien gemeint. Wollen Unternehmen oder Headhunter Stellen in Mangelberufen besetzen, ist dies eine wichtige Ergänzung zum passiven Schalten von Stellenanzeigen. ◀ **Definition**

Um aus dem drohenden »War for Talents« siegreich hervorzugehen, sprechen die Unternehmen bereits Schüler und Studierende an, um rechtzeitig die Weichen zu stellen. Jugendliche sind meist nicht auf den klassischen Businessnetzwerken wie XING oder LinkedIn vertreten. Doch vor dem überhasteten Start auf Snapchat, Instagram, Twitch, YouTube, einem Messenger oder TikTok sollte gründlich analysiert und zunächst eine nachhaltige Strategie erarbeitet werden. Das klingt in manchen Unternehmen einfacher, als es ist. Beim Employer Branding wollen häufig das Marketing, die Personalabteilung sowie die Bereiche PR und Social Media mitsprechen, ohne dass es eingeübte Schnittstellen zwischen den Abteilungen gibt. Laut der Studie »Social Recruiting und Active Sourcing 2019«[2] stimmt die Hälfte der befragten Unternehmen den Einsatz von Social Media mittlerweile mit anderen Aktivitäten der Personalbeschaffung ab. Gleichzeitig geben sie offen zu, in Sachen Know-how für Social Media Nachholbedarf zu haben.

Strategisch die passende Social-Media-Plattform auswählen

Aus den Zielen des Unternehmens im Recruiting lassen sich die richtige Plattform und der passende Content ableiten, der für die Zielgruppe relevant ist. Um authentisch zu sein, sollte das Unternehmen keine Außenwirkung entwickeln, die nicht mit dem Unternehmensalltag in Ein-

---

2 Studie der Otto-Friedrich-Universität Bamberg, der Friedrich-Alexander-Universität Erlangen-Nürnberg und des Centre of Human Resources Information Systems im Auftrag von Monster Worldwide Deutschland GmbH

klang steht. Gelten in einer konservativen Unternehmenskultur strenge Social Media Guidelines und existiert kein Social Intranet, wäre es falsch, den Eindruck eines Unternehmens zu vermitteln, das den offenen Dialog pflegt. Führt dies dazu, dass Stellen schwer zu besetzen sind, sollte im ersten Schritt die Unternehmens- und Kommunikationskultur auf den Prüfstand gestellt werden.

Abbildung 11-2 ▼
Studenten nutzten andere Kanäle als Unternehmen. (Quelle: »Social Media Personalmarketing Studie 2018« der Hochschule RheinMain, talential, Personalmarketing 2null und Personalwirtschaft)

Dennoch ist es nützlich, zu schauen, wo die Unternehmen und ihre potenziellen Bewerber im Netz aktiv sind. Die Hochschule RheinMain hat in ihrer »Social Media Personalmarketing Studie 2018« Studenten, Absolventen und Unternehmen befragt. Dabei wurde deutlich, dass Studenten und Unternehmen auf unterschiedlichen Plattformen unterwegs sind, wie Abbildung 11-2 unterstreicht.

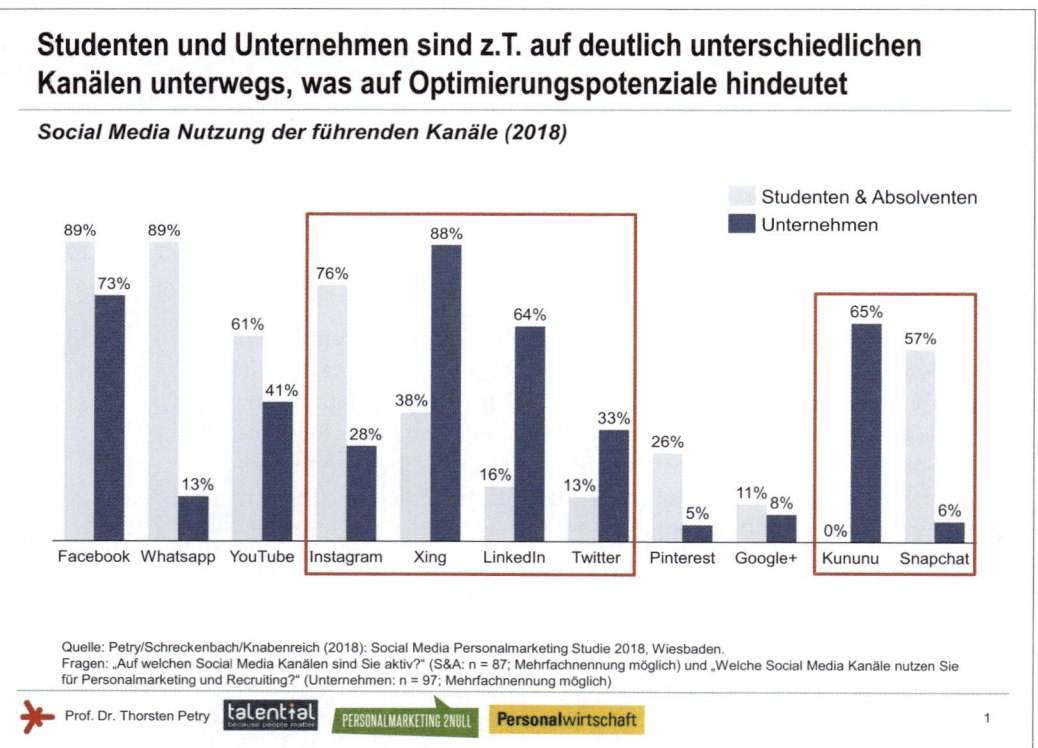

Hilfreich ist ein Mitglied der Geschäftsführung, das in Social Media mutig vorangeht, innerhalb und außerhalb des Unternehmens authentisch kommuniziert und dem Unternehmen ein menschliches Gesicht verleiht. In klassischen Großunternehmen fehlen diese Führungskräfte: Kaum ein CEO eines DAX-30-Unternehmens verfügt über einen Twitter-Account. Und wenn doch, twittert meist ein Team für den CEO. Ausnahmen von dieser Regel lernen wir in Kapitel 4 kennen.

Ist Ihr Unternehmen bislang noch nicht in Social Media präsent? Wir empfehlen, zunächst mit hochwertigen Inhalten auf ausgewählten Social-Media-Plattformen zu starten. Riskieren Sie keinen Imageschaden, indem Sie wahllos überall vertreten sind. Die Auswahl der Kanäle sollte mit einer kontinuierlichen Erfolgskontrolle basierend auf Nutzerzahlen und Interaktion immer wieder kritisch hinterfragt werden. Prüfen Sie für das Recruiting, über welche Kanäle die aussichtsreichsten Kandidaten kamen, wie gut sie später wirklich waren und wie hoch ihre Fluktuationsrate ist. Nachfolgend stellen wir Ihnen verschiedene Plattformen vor, die für das Social Recruiting infrage kommen. Dabei starten wir mit den relevantesten Kanälen, den Businessnetzwerken XING und LinkedIn.

Vernetzung in der DACH-Region mit XING

Das deutsche Unternehmen XING ist mit gut 16 Millionen Mitgliedern in der DACH-Region eines der größten und bekanntesten Netzwerke für Unternehmen, Freiberufler und Angestellte. In Deutschland hat die Businessplattform mehr als 14 Millionen Mitglieder. Sie wird von Unternehmen, Verbänden und Vereinen auch für die Verwaltung und das Ticketing von Veranstaltungen genutzt.

XING ist eine gern genutzte Plattform, um sich mit Kollegen und Geschäftspartnern zu vernetzen. Kritische Stimmen beklagen die schwindende Interaktion, und manche sehen sie nur noch als aktuelle Adressdatenbank an. So pauschal möchten wir dieser Kritik nicht zustimmen – und was ist auch gegen ein gut gepflegtes Adressbuch einzuwenden? Um gegen die Kritik anzukämpfen, modernisiert sich XING Schritt für Schritt. In Formaten wie Klartext (*https://www.xing.com/news/klartext*) tauschen sich die Menschen zudem intensiv aus, und es kommt zu kontroversen Diskussionen.

Sie können sich selbst und Ihr Unternehmen in XING professionell präsentieren und in einer der zahlreichen Gruppen Ihr Fachwissen teilen. Eine Präsenz auf XING richtet sich weniger an Endkunden, denen Sie Ihre Produkte verkaufen wollen. Vielmehr bietet sie gute Möglichkeiten, um sich fachlich auszutauschen, neue Mitarbeiter und Kooperationspartner zu suchen, das Know-how Ihrer Firma darzustellen und das Employer Branding durch relevanten Content zu stärken.

XING unterscheidet zwischen persönlichen Profilen und Unternehmensprofilen: Einzelnutzer können Kontakte pflegen und hinzugewinnen, auf Jobsuche gehen, an Events teilnehmen oder in Gruppen diskutieren. Unternehmen können ihr Profil für das Employer Branding nutzen. Wir gehen zunächst auf Personenaccounts und danach auf die Möglichkeiten für Unternehmen ein.

Persönliches Profil bei XING einrichten

Eine Registrierung bei XING geht schnell und ist unkompliziert: Mit Ihrer E-Mail-Adresse und der Eingabe einiger persönlicher Daten legen Sie zunächst ein kostenfreies Basisprofil an. Um die Plattform professionell nutzen zu können, sollten Sie sich etwas Zeit für Ihr Profil nehmen. Laden Sie unbedingt ein ansprechendes Bewerbungsfoto hoch – kein Bild aus dem Campingurlaub.

Sie können Ihren Lebenslauf, Ihre Erfahrungen, Ihre Mitgliedschaft in Verbänden, mögliche Auszeichnungen sowie Ihre Fertigkeiten und Fähigkeiten darstellen. Auch für Hobbys und Interessen ist Platz, um Ihr Profil abzurunden. In den Feldern *Ich biete* und *Ich suche* sollten Sie klar definieren, was Sie anbieten und wonach Sie suchen. Bringen Sie konkrete Schlagwörter unter, haben Sie aber auch Mut zu eigenen Formulierungen, die Sie unverwechselbar und wiedererkennbar machen. Schauen Sie bei Kollegen und Bekannten und lassen Sie sich von deren Schlagwörtern inspirieren. Weitere Tipps bekommen Sie von der XING-Expertin Ute Blindert, mit der wir in diesem Kapitel sprechen.

Basis- oder Premiummitgliedschaft?

Mit einer Basismitgliedschaft können Sie wichtige Funktionen von XING nutzen. Die kostenpflichtige Premiummitgliedschaft bietet Ihnen folgende zusätzliche Features:

- Zahlende Mitglieder dürfen das Hintergrundbild zum Profilbild individuell einrichten.
- Sie bekommen eine detaillierte Besucherstatistik dazu, wer Ihr Profil angesehen hat.
- Sie können Nachrichten an Nicht-Kontakte schreiben.
- Sie können bei der Suche nach Mitgliedern verschiedene Filter nutzen, zum Beispiel können Sie nach einem Unternehmen, nach Interessen, Orten oder einer Hochschule suchen.
- Sie können in Ihrem Profil drei Top-Fähigkeiten definieren und hervorheben.
- Wenn Sie ein Portfolio anlegen, können Sie auch ein Video hinterlegen sowie eine größere Anzahl an Bildern und Textbeiträgen, was mit der Basismitgliedschaft nicht möglich oder limitiert ist.
- Zu vielen Stellenanzeigen bekommen Premiummitglieder eine Gehaltsbandbreite angezeigt, Basismitglieder nicht.
- Es gibt ein Vorteilsprogramm mit Rabatten für Produkte und Dienstleistungen in Kooperation mit Unternehmen.

Darüber hinaus gibt es weitere Formen der Mitgliedschaft oder ergänzende Pakete wie zum Beispiel die *XING ProJobs* sowie für die Zielgruppe der Führungskräfte und Coaches *XING Executives* sowie *XING Coaches & Trainer*. Die genauen Preise dafür sind der Seite nicht leicht zu entlocken. XING erklärt, dass es keine allgemeingültige Preisübersicht geben kann, da die Preise von Laufzeit, Rechnungsland und weiteren Parametern abhängen. Fairerweise wollen wir ergänzen, dass die Transparenz bei LinkedIn in diesem Punkt auch nicht wesentlich höher ist.

Sichtbarkeit versus Privatsphäre bei XING

Legen Sie in Ihrem Profil Schlagwörter zu Ihren Fachkenntnissen und Ihrer Erfahrung an, stärken Sie Ihre persönliche Sichtbarkeit in den Suchmaschinen. XING-Profile werden bei der Suche nach einem Namen in der Regel weiter oben in den Trefferlisten angezeigt, sofern Sie die Privatsphäreeinstellung *Mein Profil darf über Suchmaschinen auffindbar sein* ausgewählt haben. Diese finden Sie über den Menüpunkt *Einstellungen/Privatsphäre /Ihr Profil/Auffindbarkeit*. Den Zugriff von Nicht-Mitgliedern auf Ihr Profil können Sie sperren. Außerdem können Sie Google & Co. den Zugriff auf Ihr XING-Profil verwehren. Sind Sie aktiv auf Stellensuche, sollten Sie sich diese Sperre jedoch genau überlegen, denn Sie wollen es Ihrem potenziellen neuen Arbeitgeber schließlich leicht machen, Sie zu finden.

▼ **Abbildung 11-3**
Als Premiummitglied lässt sich das Hintergrundbild individuell einstellen.

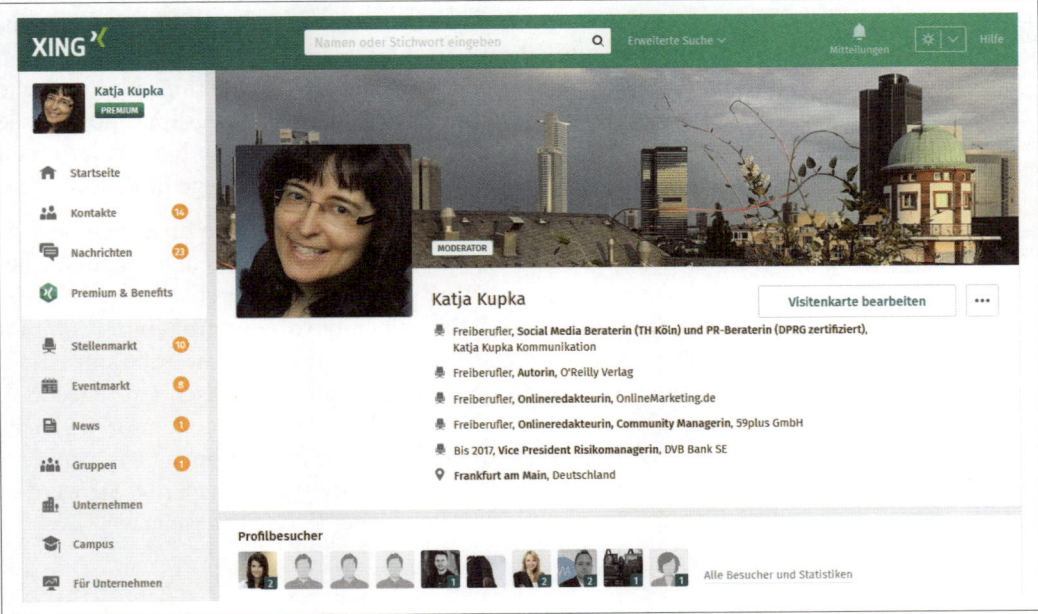

Zudem können Sie in XING einstellen, ob niemand, nur Ihre direkten Kontakte oder alle XING-Mitglieder Ihre Aktivitäten und Ihre Kontaktliste sehen dürfen.

Kontakte finden und pflegen

Kontakte finden Sie über die Suche. Haben Sie eine Kollegin, einen ehemaligen Kollegen oder einen möglichen Geschäftspartner gefunden, schicken Sie ihm eine Kontaktanfrage. Wenn Sie eine zahlungspflichtige Premiummitgliedschaft abgeschlossen haben, können Sie unter dem Punkt *Erweiterte Suche* nach Hochschulen, Orten, Tätigkeitsfeldern und Branchen Ausschau halten.

In diesem Punkt ist XING auch LinkedIn überlegen, da dort bislang noch nicht regional gesucht werden kann. Überlegen Sie sich gut, welche Menschen Ihnen am besten weiterhelfen und welchen Menschen Sie Rat geben können. Das reine Sammeln von Kontakten kommt Ihrer Reputation nicht zugute. Verwenden Sie bei einer Kontaktanfrage keine Textbausteine und stellen Sie einen schlüssigen Bezug her. Dieser sollte über die Zugehörigkeit zur selben Gruppe oder schwammig formulierte Synergieeffekte hinausgehen.

Fachlicher Austausch in Gruppen

Zu einer Vielzahl von Themen und Branchen gibt es mehr als 70.000 Fachgruppen. XING ist somit auch ein Austauschmedium, wobei nicht in allen Gruppen aktiv diskutiert wird. Sie können Kollegen in anderen Unternehmen finden und in der Gruppe »B2B-Marketing« über aktuelle Marketingtrends diskutieren oder in einer Regionalgruppe potenzielle Geschäftspartner in Ihrer Stadt kennenlernen. Diese Regionalgruppen sind bislang noch ein interessantes Plus von XING gegenüber LinkedIn.

Fehlt Ihr Thema und möchten Sie eine neue Gruppe für Ihr Unternehmen, Ihren Verband oder eine Kundengruppe eröffnen, können Sie diese unkompliziert gründen. Wird eine Gruppe durch zwei oder mehr Moderatoren betreut, zeigt XING einen davon mit größerem Profilbild als Hauptmoderator an. Die weiteren Moderatoren werden mit einem deutlich kleineren Bild als »Nebenmoderatoren« präsentiert. Facebook löst das optisch besser, dort werden die einzelnen Moderatoren gleichberechtigt angezeigt. LinkedIn differenziert bei Gruppen zwischen dem »Gruppenverantwortlichen« und den »Gruppenmanagern«. Sie werden untereinander, aber zumindest in gleicher Größe angezeigt.

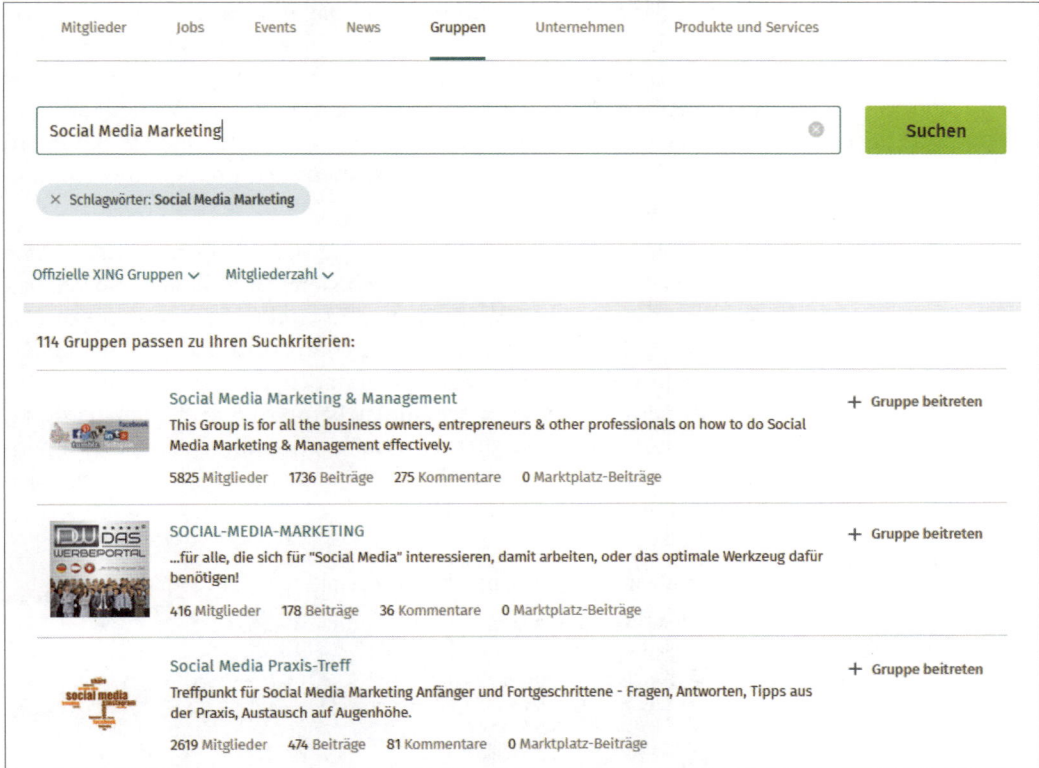

Mitglieder	Jobs	Events	News	**Gruppen**	Unternehmen	Produkte und Services	

Social Media Marketing | ⊘ | **Suchen**

✕ Schlagwörter: **Social Media Marketing**

Offizielle XING Gruppen ⌄   Mitgliederzahl ⌄

114 Gruppen passen zu Ihren Suchkriterien:

Social Media Marketing & Management   + Gruppe beitreten
This Group is for all the business owners, entrepreneurs & other professionals on how to do Social Media Marketing & Management effectively.

5825 Mitglieder   **1736** Beiträge   **275** Kommentare   **0** Marktplatz-Beiträge

SOCIAL-MEDIA-MARKETING   + Gruppe beitreten
...für alle, die sich für "Social Media" interessieren, damit arbeiten, oder das optimale Werkzeug dafür benötigen!

416 Mitglieder   **178** Beiträge   **36** Kommentare   **0** Marktplatz-Beiträge

Social Media Praxis-Treff   + Gruppe beitreten
Treffpunkt für Social Media Marketing Anfänger und Fortgeschrittene - Fragen, Antworten, Tipps aus der Praxis, Austausch auf Augenhöhe.

2619 Mitglieder   **474** Beiträge   **81** Kommentare   **0** Marktplatz-Beiträge

Wie hilft XING bei der Stellensuche?

Viele Personalmanager und Headhunter nutzen XING zum *Active Sourcing*, sodass Sie durchaus die Chance haben, mit einem gut gepflegten Profil angesprochen zu werden. Halten Sie daher Ihre beruflichen Stationen auf dem neuesten Stand und ergänzen Sie regelmäßig neu abgelegte Prüfungen und neu erworbene Kenntnisse. Neben dem chronologischen Lebenslauf können Sie sich im Portfolio freier präsentieren: Laden Sie dort nach Bedarf Fotos, Videos oder Präsentationen hoch. Wie bereits bemerkt, haben Premiummitglieder dabei mehr Möglichkeiten.

Ein Profil für das Unternehmen einrichten

Das Basisprofil für Unternehmen ist bei XING kostenfrei. Ein solches Profil wird automatisch generiert, wenn mehr als fünf Mitarbeiter denselben Firmennamen im Profil als derzeitigen Arbeitgeber und den Status *bis heute* eingetragen haben. Wird das Profil nicht automatisch erstellt, können Sie es anfordern. Dazu rufen Sie von Ihrem persönlichen

▲ **Abbildung 11-4**
Die Gruppensuche in XING am Beispiel von »Social Media Marketing«

Konto aus die Seite *Unternehmen/Unternehmensprofil anlegen/Anfordern* auf. Anhand des Firmennamens, den Sie in Ihrem Profil angegeben haben, legt XING eine entsprechende Seite an. Zum kostenfreien Unternehmensprofil gehört die *Über uns*-Seite mit Logo und Visitenkarte des Unternehmens. Außerdem können Sie in einem individuell gestaltbaren Textfeld die Philosophie Ihres Unternehmens beschreiben und grundlegende Informationen hinterlegen.

Sofern die Mitarbeiter ihren Arbeitgeber in der korrekten Schreibweise angeben, ordnet XING sie automatisch dem Unternehmensprofil zu. Wichtig ist, dass sie den Firmennamen in exakt gleicher Schreibweise verwenden, inklusive der korrekten Geschäftsform. Falls Sie im XING-eigenen Jobportal freie Stellen gemeldet haben, werden diese mit Ihrem Basisprofil verlinkt. Das Unternehmen kann zudem Stellenausschreibungen posten sowie Neuigkeiten verfassen und diese mit seinen Followern teilen. Die alternativ zur Wahl stehenden kostenpflichtigen Varianten sehen Sie in Abbildung 11-5.

Abbildung 11-5 ▶
Funktionsvergleich der Profiltypen für Unternehmen (Quelle: XING)

Kostenpflichtige Angebote für Unternehmen

XING E-Recruiting 360°
- XING TalentManager
- XING TalentpoolManager
- XING Stellenanzeigen
- XING EmpfehlungsManager
- Employer Branding Profil

Zusätzlich: 360° Workshop

Employer Branding Profil (auf XING und kununu)
- Geht über das kostenlose Unternehmensprofil hinaus
- Doppelte Präsenz auf XING und Kununu
- Vorteile aufzeigen und sich als Wunsch-Arbeitgeber präsentieren
- Sichtbarkeit im Internet steigern
- Mit Zielgruppe kommunizieren

Employer Branding Profil Professional
- Zusätzliche Funktionen zum allgemeinen Employer Branding Profil
- Berufsbilder im Unternehmen, News, FAQs, Erweitertes Reporting, Sichtbarkeit bei Wettbewerbern

XING ProBusiness
- Tool für Kundenakquise auf XING
- Ideale Zielkunden mithilfe umfangreicher Suchkriterien, Filter und Zusatzinformationen finden

XING Coaches + Trainer
- Unternehmen haben eine Übersicht über relevante Coaches und Trainer und können vergleichen, wer die individuellen Anforderungen am besten erfüllt

Um dem Unternehmensprofil Bilder, Videos, Logos, Auszeichnungen oder Präsentationen hinzuzufügen, freie Suchbegriffe zu definieren und Gütesiegel einzubinden, ist das kostenpflichtige *Employer Branding Profil* nötig. Mit diesem individuell gestaltbaren Profil für XING und kununu kann das Unternehmen Werbung schalten. Diese erscheint auf dem Profil von Wettbewerbern, die nur ein kostenloses Unternehmensprofil haben. Zudem erhält das Unternehmen umfangreiche Statistiken mit Traffic-Analyse und Analyse der Besucherstruktur. Weitere Funktionen bietet XING mit dem ebenfalls kostenpflichtigen *Employer Branding Profil Professional* an.

Das Unternehmensprofil in XING aus Sicht der Jobsuchenden

Suchen Sie eine neue Stelle, wollen Sie möglichst viel über Ihren potenziellen Arbeitgeber erfahren, neben harten Fakten auch sein menschliches Gesicht kennenlernen und einen persönlichen Eindruck gewinnen. In XING sehen Sie auf einen Blick, wie sich das Wunschunternehmen darstellt und wer dort arbeitet. Unter den Beschäftigten finden Sie möglicherweise eine Bekannte oder einen Kontakt zweiten Grads. Sie oder ihn anzusprechen, fällt leicht und erlaubt einen persönlichen und direkten Einblick. Oberhalb der Liste der Mitarbeitenden zeigt XING nur einen direkten Kontakt an, auch wenn Sie mehrere in dem jeweiligen Unternehmen haben.

Die Liste der Mitarbeitenden lässt sich jedoch filtern, sodass Sie die direkten Kontakte im betreffenden Unternehmen auswählen können. Dadurch kann ein Kontakt ans Tageslicht kommen, von dem Sie nicht wussten, dass er für dieses Unternehmen arbeitet. Hilfreich ist auch die Statistik, die XING zu den Mitarbeitern zeigt. Der Übersicht können Sie entnehmen, wie lang welcher Anteil der Belegschaft bereits im Unternehmen tätig ist. Neben diesem Hinweis auf die Fluktuation zeigt XING auch, wie sich die Mitarbeiter auf Altersgruppen und Karrierestufen verteilen.

Das besondere Extra ist die prominente Anzeige der durchschnittlichen Bewertung des Unternehmens bei der Bewertungsplattform kununu. Durch einen Klick auf die Sterne lassen sich die Bewertungen im Detail anschauen.

XING als Jobbörse

Viele Menschen erstellen ein XING-Profil, um beruflich voranzukommen, und interessieren sich daher für den *Stellenmarkt* in XING. Hier können Sie als Unternehmen Ihre Angebote einstellen, und XING-User auf Jobsuche finden diese nach Aufruf des Menüpunkts *Stellenmarkt*.

XING erreicht damit auch Menschen, die nicht aktiv nach einer Stelle suchen, da es die Stellenanzeigen auf der persönlichen Startseite der Nutzer postet, passend zum jeweiligen Profil. Ein Anwalt aus Düsseldorf sollte also vorrangig freie Jobs von Anwaltskanzleien im Rheinland sehen, eine Unternehmensberaterin aus München eher Jobangebote von Consulting-Firmen in Süddeutschland.

Nutzer können dabei ihr Suchprofil selbst definieren und über die Funktion *Meine Jobbox* Stellenangebote verwalten, auch wenn diese nicht auf XING veröffentlicht wurden. Wer aktiv auf Stellensuche ist, kann dort übersichtlich seine Bewerbungen tracken und vermerken, ob er sich bereits beworben oder gar schon ein Bewerbungsgespräch geführt hat.

Wenn Sie auf der Suche nach qualifiziertem Personal sind, kann das XING-Jobportal ein nützliches Werkzeug sein. Natürlich müssen Sie nicht warten, bis Bewerbungen eingehen: Sie können selbst die Profile von interessanten potenziellen Mitarbeitern aufrufen.

Events organisieren mit XING

Mit *XING Events* bietet die Plattform eine Möglichkeit, Veranstaltungen recht unkompliziert zu organisieren. Die Sichtbarkeit des Events lässt sich ebenso festlegen wie die der Gästeliste. Interessierte Teilnehmer die Gästeliste einsehen zu lassen, kann einen zusätzlichen Anreiz für die Teilnahme bieten. Auch wird nach der Zusage zu einem Event automatisch eine entsprechende Meldung für die Timeline erstellt, was die Kontakte der Teilnehmer animieren kann, ebenfalls teilzunehmen. Es gibt die kostenfreie Variante des Basisevents und das kostenpflichtige Event Plus. Für die Ticketverwaltung kostenfreier Events über die Basisvariante fallen keine Gebühren an.

Das Event Plus hat den Vorteil, dass sich externe Links in der Eventbeschreibung anklicken lassen. Außerdem erhalten Sie tagesaktuelle Statistiken zur Sichtbarkeit Ihres Events, und Sie können die Besucher direkt zu Ihrem Event einladen.

Werbeformate in XING

Neben den Community-Funktionen bietet XING Native Advertising, Sponsored Posts und Video-Posts, Sponsored Mailings und Articles sowie Displaywerbung. Zudem bietet XING Bannerwerbung und Werbung im Newsletter. Auch können Unternehmen am Partnerprogramm der XING-Vorteilsangebote für Premiummitglieder teilnehmen und individuelle Marketingkampagnen anfragen.

International netzwerken mit LinkedIn

Der zu Microsoft gehörende amerikanische XING-Konkurrent Linked-In bietet ein soziales Netzwerk für Angestellte und Freiberufler und ist auch mit einem deutschsprachigen Angebot vertreten. Weltweit hatte LinkedIn im Herbst 2019 über 600 Millionen Mitglieder, davon 13 Millionen im deutschsprachigen Raum.[3]

In LinkedIn können Sie mit ehemaligen und aktuellen Arbeitskollegen und Personen in derselben oder einer verwandten Branche Beziehungen knüpfen sowie Dienstleistungen finden. LinkedIn ist auch gut geeignet, um potenzielle Kunden, Dienstleister und Fachleute rund um den Globus zu identifizieren. Viele Headhunter und Personaler nutzen die Plattform, um Active Sourcing zu betreiben. Arbeitnehmer sind dort aktiv, um sich nach neuen beruflichen Möglichkeiten umzusehen. Bei Linked-In gibt es persönliche Profile, Unternehmensprofile und Gruppen.

▼ **Abbildung 11-6**
Das persönliche Profil bei LinkedIn

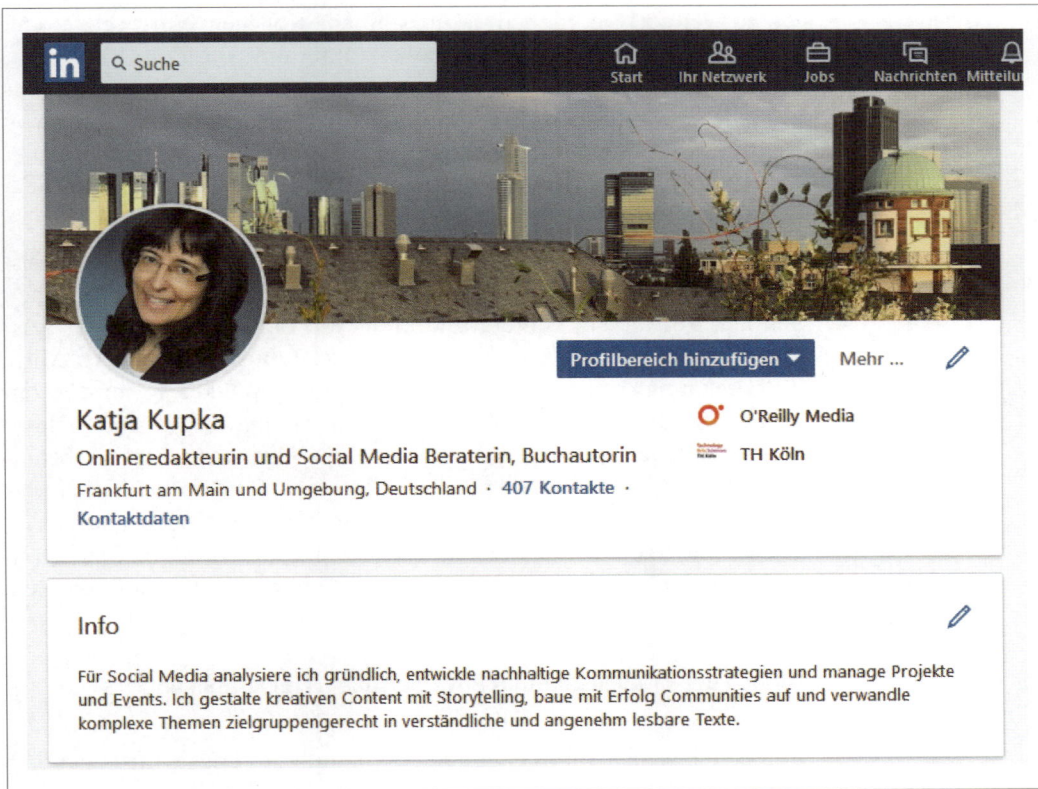

---

3 *https://www.presseportal.de/pm/64022/4186508*

Das persönliche Profil bei LinkedIn einrichten

LinkedIn bietet privaten Nutzern ein kostenfreies Basisprofil sowie kostenpflichtige Premiummitgliedschaften. Mit dem Basisprofil lassen sich die beruflichen Stationen sowie ehrenamtliches Engagement abbilden. Vergessen Sie nicht, ein ansprechendes Profilfoto hochzuladen und den Hintergrund mit einem weiteren Bild passend zu gestalten. Ein schönes Extra stellt die Funktion dar, mit einem Klick das eigene Profil als PDF herunterzuladen. Wer auf die Schnelle einen aktuellen Lebenslauf benötigt, kann diese Funktion nutzen, eine Bearbeitung des PDFs ist allerdings nicht möglich.

Für Angestellte und Selbstständige sind die Funktionen interessant, mit denen sich Mitglieder gegenseitig empfehlen oder Kenntnisse bestätigen. Spricht jemand für Sie eine Empfehlung aus, erscheint die *Referenz* unterhalb Ihres Profils. Sprechen Sie für Ihnen bekannte LinkedIn-Mitglieder eine Empfehlung aus und hoffen Sie damit, auch selbst empfohlen zu werden. Sie können darüber hinaus Kollegen, Vorgesetzte oder Geschäftspartner aus Ihrem Netzwerk aktiv um eine Empfehlung bitten. Neben dieser persönlichen Empfehlung in eigenen Worten gibt es als Alleinstellungsmerkmal von LinkedIn noch die Bestätigung von Kenntnissen mit einem unkomplizierten Knopfdruck. Bis zu 50 solcher Skills können Sie Ihrem Profil hinzufügen und die Kenntnisse und Fähigkeiten von Ihrem Netzwerk bestätigen lassen.

LinkedIn ähnelt optisch in den Möglichkeiten der Verlinkung und Diskussion in Posts und Threads Facebook, das die meisten Menschen kennen. Vor diesem Hintergrund findet auf LinkedIn auch mehr Austausch statt. So gab das US-amerikanische Businessnetzwerk Mitte 2018 bekannt, dass die Interaktionen in Form von Likes, Kommentaren und Shares im Jahresvergleich um 50 Prozent angestiegen sind.[4] Dieser Anstieg wurde 2019 durch Änderungen im Algorithmus weiter befeuert, denn der Newsfeed soll persönlicher werden und dadurch die Interaktion fördern. Auf Twitter empfehlen freitags die Nutzer andere Accounts mit *#FollowFriday*. In Anlehnung an diese Tradition hat sich in 2019 auf LinkedIn der *#LinkedFriday* etabliert, um für Kontakte aus dem Netzwerk eine Empfehlung auszusprechen.

Formen der Mitgliedschaft für Privatpersonen, Freiberufler und Recruiter

Im Profil lassen sich Projekte und ehrenamtliches Engagement sichtbar hinterlegen sowie Arbeitsproben einfügen. Manche Nutzer sagen, dass

---

4   *https://www.presseportal.de/pm/64022/4022469*

sie auf LinkedIn von Headhuntern zielgerichteter kontaktiert werden als auf XING.

Bei den kostenpflichtigen Premiummitgliedschaften bietet LinkedIn vier Varianten zur Auswahl:

- *Karriere* (Produkt: *Premium Career*), um als Bewerber Personalentscheider auf sich aufmerksam zu machen und eine neue Stelle zu finden.

- *Business* (Produkt: *Premium-Business-Funktionen*), um das berufliche Netzwerk ohne Beschränkung auszubauen, also um auch Nicht-Kontakte anschreiben zu können und Zugriff auf Business Insights und Onlinevideokurse zu bekommen.

- *Vertrieb* (Produkt: *Sales Navigator*), um effizienter Leads für das Social Selling zu generieren und Accounts im Zielmarkt besser zu finden.

- *Mitarbeitersuche* (Produkt: *LinkedIn Recruiter* und *Recruiter Lite*) für Recruiter, um Top-Kandidaten schneller zu finden und direkt zu kontaktieren.

Das Thema *Social Selling* statt anstrengender Kaltakquise gewinnt insbesondere im B2B immer stärker an Bedeutung. Mithilfe von Businessnetzwerken wie LinkedIn und XING lassen sich durch den Aufbau einer langfristigen Beziehung und einen Austausch auf Augenhöhe Leads generieren. Dem geht voraus, sich behutsam zu vernetzen, einen Status als Experte aufzubauen und mit »Sharing is caring« sein für die Branche relevantes Wissen zu teilen. Die Käufer im B2B nutzen Plattformen wie XING und LinkedIn, um Informationen für ihre Kaufentscheidung zu sammeln.

Die Blogfunktion *Pulse* wirkt positiv auf das Ranking bei Google und ermöglicht eine gute Sichtbarkeit der Beiträge. LinkedIn schätzen viele Nutzer als Quelle aktueller und relevanter Geschäftsnachrichten mit einer sehr aktiven Community.

Sichtbarkeit versus Privatsphäre bei LinkedIn

Über *Einstellungen/Datenschutz* können Sie entscheiden, wie Ihr Profil außerhalb von LinkedIn sichtbar ist, zum Beispiel wenn jemand über eine Suchmaschine darauf zugreift. Die nicht bei LinkedIn eingeloggten Profilbesucher können das komplette Profil oder nur Teile davon sehen – je nach Ihren Einstellungen. Innerhalb des Businessnetzwerks können Sie festlegen, ob andere Mitglieder Ihre Kontaktliste und Ihren vollständigen Namen sehen dürfen, solange sie kein direkter Kontakt sind. Sie können auch festlegen, wer sehen darf, ob Sie gerade auf LinkedIn aktiv sind.

Kontakte finden und pflegen

Mit einer kostenfreien Basismitgliedschaft können Sie keine *In-Mails* schreiben. Diese Form der Kontaktaufnahme mit Nicht-Kontakten ist den zahlenden Mitgliedern vorbehalten. Um mit einem (Noch-)Nicht-Kontakt zu kommunizieren, können Sie diesem im Rahmen der Basismitgliedschaft nur eine Kontaktanfrage mit Nachricht schicken. Sofern Sie ein Premiummitglied anschreiben wollen, das die Open-Profile-Funktion aktiviert hat, ist dies ebenfalls möglich.

Austausch in Gruppen

In LinkedIn gibt es zahlreiche Gruppen zu unterschiedlichen Themen, denen Sie für einen Erfahrungsaustausch unter Experten beitreten können. Über die Suchfunktion auf der Startseite können Sie nach den Namen von Gruppen oder nach Stichwörtern suchen, die sich mit Ihren Interessen beschäftigen. Anschließend können Sie den Filter *Gruppen* setzen, der sich unter dem Menüpunkt *Mehr* verbirgt.

Unternehmensprofil einrichten

Die Seite für ein Unternehmen lässt sich in LinkedIn schnell und unkompliziert anlegen. Denken Sie daran, gleich zusätzliche Administratoren aus Ihrem Unternehmen hinzuzufügen. Sollten Sie das Unternehmen verlassen oder sind Ihnen die Zugangsdaten abhandenkommen, können die Kollegen weiter auf die Seite zugreifen.

Das Unternehmensprofil in LinkedIn dient dazu, potenziellen Bewerbern das Unternehmen schmackhaft zu machen und Karrierechancen aufzuzeigen. Gleichzeitig dient die Plattform den Unternehmen dazu, mit relevanten und vielfältigen Inhalten potenzielle Kunden für Serviceleistungen und Produkte anzusprechen und die Markenbekanntheit zu steigern.

Unternehmensprofile in LinkedIn aus Sicht der Arbeitnehmer

Stellensuchende sehen in LinkedIn, was das Unternehmen über sich preisgibt und wer dort arbeitet. In der Liste der Mitarbeitenden findet sich möglicherweise ein direkter Bekannter oder ein Kontakt zweiten Grads. Sie oder ihn anzusprechen, ermöglicht einen persönlichen Einblick in das Unternehmen. Die Liste der Mitarbeiter lässt sich nach Kontakten 1., 2. oder 3. Grads filtern, was besonders bei großen Unternehmen hilfreich ist. Auf diese Weise finden Sie Menschen aus Ihrem direkten Netzwerk oder zumindest jene, die sich über einen Netzwerkpartner ansprechen lassen.

Mindestens genauso wichtig ist eine attraktive Customer Journey für die Bewerber. One-Click-Bewerbungen sind via LinkedIn teilweise schon möglich, was für Bewerber eine beliebte Alternative zu langwierigen Onlineformularen darstellt.

Werbeformate in LinkedIn

In LinkedIn können Unternehmen Werbeanzeigen schalten, dabei sind *Sponsored Content*, *Text Ads* und *Sponsored InMail* zu unterscheiden. Bei den gesponserten InMails zahlt das werbende Unternehmen für jede erfolgreich zugestellte InMail. Bei Sponsored Content und Text Ads können Sie wählen zwischen Cost-per-Click oder der Bezahlung pro 1.000 Impressionen Ihrer definierten Zielgruppe.

LinkedIn wächst schneller als XING, und es bleibt zu beobachten, ob LinkedIn im deutschsprachigen Raum XING als führendes Businessnetzwerk ablösen wird. Derzeit sieht es noch nicht danach aus, und viele Menschen sind auf beiden Plattformen vertreten. Wer an internationalen Unternehmen, einer international ausgerichteten Stelle oder international geführten Diskussionen interessiert ist, kommt an LinkedIn nicht vorbei. Gefühlt, finden mehr Diskussionen und ein stärkerer Austausch auf LinkedIn statt, und die Reaktionszeit der Mitglieder ist schneller. Das mag damit zusammenhängen, dass die Plattform im Design moderner wirkt und sich in ihren Funktionen etwas an Facebook orientiert.

Interview

»Wenn es um die Mitarbeitersuche geht, ist XING im deutschsprachigen Raum der Platzhirsch«

Ein Interview mit der Beraterin und Autorin Ute Blindert

Nachdem wir uns XING und LinkedIn näher angeschaut haben, lassen wir für einen abschließenden Vergleich die Netzwerkexpertin Ute Blindert zu Wort kommen. Sie berät ihre Kunden dahin gehend, wie diese Netzwerke strategisch zur Kundengewinnung und Mitarbeiteransprache nutzen können.

▲ Abbildung 11-7
Beraterin und Autorin
Ute Blindert aus Köln
(Foto: Tanja Deuß)

Derzeit beschäftigt viele Menschen die Frage, auf welches der beiden großen Businessnetzwerke sie setzen sollen. LinkedIn wächst stärker, aber XING hat im deutschsprachigen Raum immer noch eine hohe Relevanz. Was empfehlen Sie Ihren Kunden in Bezug auf diese Entscheidung?

Ute Blindert: Als Kölnerin sage ich immer: »Et kütt drop an!« (Es kommt drauf an!), wen genau meine Kunden erreichen wollen. Wenn es um die Mitarbeitersuche geht, ist XING im deutschsprachigen Raum der Platzhirsch und wird es meiner Meinung nach noch länger bleiben. Auch die Möglichkeiten, Veranstaltungen darüber zu planen und zu bewerben, sind gut. Was mir ebenfalls gefällt, ist die zielgerichtete Möglichkeit, Werbung zu schalten. Außerdem: Wenn man weiß, wie, kann man bei XING die eigenen Themen in einem sehr guten Umfeld platzieren.

Diese Möglichkeiten bestehen bei LinkedIn auch, zudem ist es wesentlich internationaler aufgestellt. Sehr gut gelöst ist die Möglichkeit, LinkedIn wie das »Facebook für Business« zu nutzen, Beiträge bei *Pulse* zu schreiben, zu teilen, Videos einzubinden und so weiter. Das macht das Netzwerk sehr lebendig, und viele Diskussionen finden zunehmend bei LinkedIn statt. Wenn ich meine Kunden dazu berate, schauen wir sehr genau, ob sich eines der beiden Onlinebusinessnetzwerke komplett ausschließt. Ist das nicht der Fall, rate ich dazu, bei beiden zumindest ein sehr ordentliches Profil anzulegen – sodass der Name und damit die Domain gesichert ist. Wie aktiv diese ausgestaltet werden, schauen wir uns dann immer wieder neu an.

Im Businessnetzwerk XING lassen sich die Felder »Ich suche« und »Ich biete« mit passenden Kennwörtern befüllen. Sollten diese idealerweise gängige Begriffe sein, die Menschen mit ähnlichem Profil ebenfalls verwenden, oder ist es sinnvoll, individuelle Formulierungen zu verwenden, um den Wiedererkennungseffekt zu erhöhen?

Ute Blindert: Die wichtige Frage ist: Nach was würde mein Kunde suchen? Welche Begriffe würden von vielen am ehesten verwendet werden? Diese Begriffe müssen sich in den unterschiedlichsten Formen bei *Ich biete* finden lassen, am besten auch in englischer Sprache. Wenn ich mich zum Beispiel mit »Scrum« auskenne, muss dieser Begriff in ein Feld, aber auch »Projektmanagement« (sowie in der englischen Schreibweise als »project management«), »agil« etc. Natürlich können Sie auch Begriffe wie »Kommunikationsfähigkeit« oder »Teamfähigkeit« zusätzlich einfügen, danach suchen würde man allerdings eher selten, oder? Denn diese Suche ergäbe bestimmt ungefähr acht Millionen Treffer. Außerdem muss man mit im Blick haben, dass auch XING – genauso wie LinkedIn – Informationen zu Ihnen braucht, um Ihr Profil oder auch Ihre Beiträge zielgerichtet(er) ausspielen zu können.

Im Feld *Ich suche* können Sie etwas freier agieren, hier würde ich aber auch ein paar Schlagwörter verwenden. Wer zum Beispiel gern im Mittelstand oder mit Start-ups arbeiten möchte, kann das vermerken. Wenn ich dann nach Dienstleistern suche, würde ich immer nach jemandem suchen, der gern mit kleinen Unternehmen arbeitet.

Gibt es aus Ihrer Erfahrung eine sinnvolle Unter- oder Obergrenze für die Anzahl der Schlagwörter?

Ute Blindert: Ich finde schon. Wenn ich sehr wenige Schlagwörter verwende, gebe ich XING wenig an die Hand, wofür ich gefunden werden kann. Daher sollte das gesamte Profil so ausgerichtet sein, dass ich zu den Begriffen gefunden werde, zu denen ich gefunden werden möchte. Am besten ist es, einfach selbst den Test zu machen: Suchen Sie nach sich selbst! Wenn Sie dann zum Beispiel als »Organisationsentwickler« und »Köln« erst an 20. Stelle auftauchen, sollten Sie Ihr Profil dringend optimieren! Wie ich schon gesagt hatte: Vergessen Sie auch die englischen Begriffe nicht!

Auf LinkedIn sind Empfehlungen gängige Praxis. Was empfehlen Sie Mitgliedern, die gern eine solche Empfehlung hätten, aber nicht recht wissen, wen sie aus ihrem Netzwerk darum bitten können?

Ute Blindert: Zunächst einmal muss ich mit der Person vernetzt sein, die ich um eine Empfehlung bitte. In der Regel würde ich Kunden, Vorgesetzte und Kollegen darum bitten. Eine Empfehlung ist ein großer Vertrauensbeweis – und macht auch ein bisschen Arbeit. Was sehr gut funktioniert, ist die Bestätigung der Kenntnisse. Hier spielt es aber auch eine Rolle, wer diese bestätigt. Am besten ist es, wenn es Menschen aus der entsprechenden Branche oder mit ähnlichen Kenntnissen sind. LinkedIn »belohnt« es also, wenn Fachleute Kenntnisse bestätigen.

Frau Blindert, wir danken Ihnen ganz herzlich für das Gespräch und die wertvollen Tipps zu XING und LinkedIn.

Weitere Netzwerke für das Social Recruiting

Soziale Netzwerke wie Facebook, Instagram, YouTube oder Twitter sind auch für das Social Media Recruiting und Employer Branding interessant. Snapchat und die Stories bei Instagram bieten mit flüchtigem und Snackable Content weitere interessante Möglichkeiten, um neue Zielgruppen zu erreichen. Typischerweise suchen Menschen im Rahmen des Bewerbungsprozesses in ihren bevorzugten sozialen Netzwerken nach Informationen über den neuen Arbeitgeber und die künftigen Kollegen. Daher ist eine Präsenz auf jenen Plattformen sinnvoll, auf denen sich potenzielle Mitarbeitende tummeln. Das gilt besonders für Hidden Champions, die mit einem geringeren Bekanntheitsgrad ihrer Produkte und ihrer Arbeitgebermarke kämpfen und oft an einem wenig attraktiven Standort Mitarbeitende suchen.

Unternehmen, die jährlich eine große Zahl von Nachwuchskräften einstellen oder speziell Auszubildende suchen, sollten nicht vor Instagram, Snapchat, Pinterest, TikTok oder Twitch zurückschrecken. Das setzt die

Bereitschaft voraus, sich näher mit dem jeweiligen Netzwerk auseinanderzusetzen und seine Gepflogenheiten kennenzulernen. Auf TikTok und Twitch tummeln sich viele Jugendliche und junge Erwachsene, die potenziell einen Ausbildungsplatz suchen. Viele Auszubildende posten aus ihrem Arbeitsalltag und verwenden Hashtags wie *#inderAusbildung*, *#LiebezumBeruf*, *#stolzaufmeinenBeruf* oder einfach *#Ausbildung*. Sind Ihre Auszubildenden bereits auf TikTok aktiv, könnten Sie mit deren Unterstützung einen Kanal aufbauen.

Praxisbeispiele Social Recruiting mit Instagram und Snapchat

Wie Abbildung 11-8 zeigt, verwenden viele Unternehmen den Hashtag *#ausbildung2020* auf Instagram, um dort nach Auszubildenden zu suchen. Das ist ein kluger Schachzug, da die Plattform bei jüngeren Menschen hoch im Kurs steht. Teilweise bieten die Unternehmen sogar an, dass sich die Bewerber unkompliziert per Direktnachricht auf Instagram melden können.

Abbildung 11-8 ▼
Auch auf Instagram werden Ausbildungsplätze angeboten.

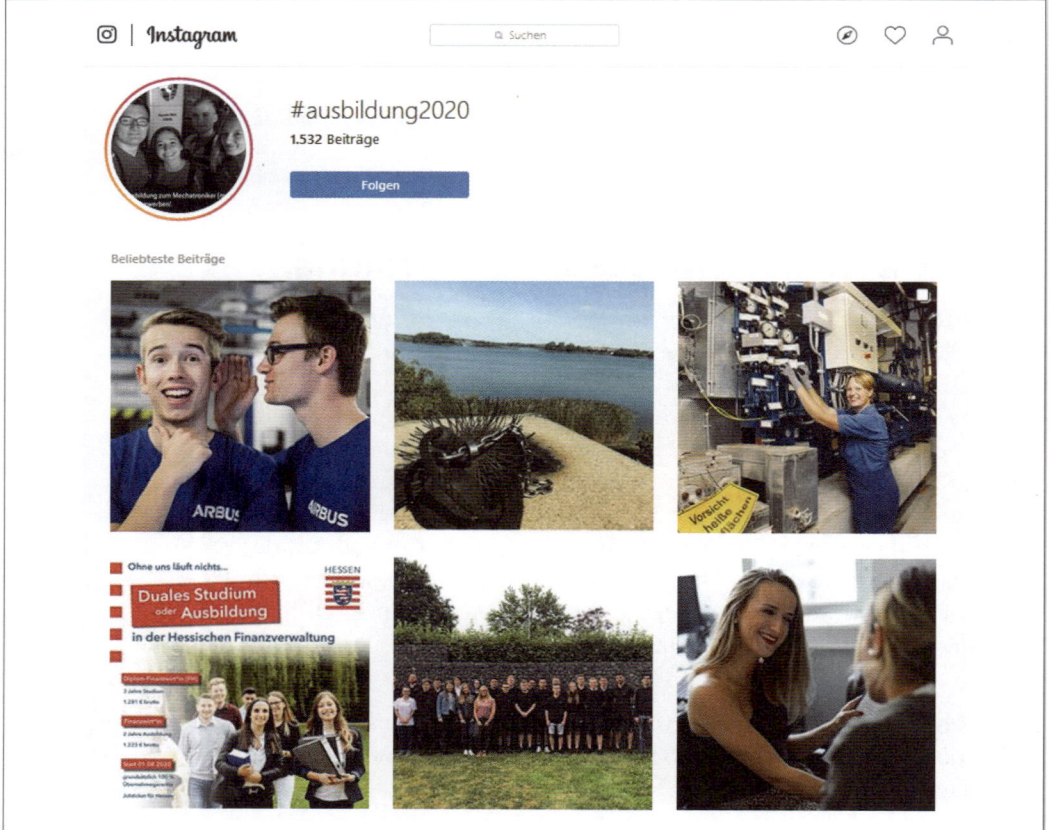

Die Bundespolizei hat sich auf Instagram mit ihrem Karrierekanal (*https:// www.instagram.com/bundespolizeikarriere/*) erfolgreich platzieren können und hatte im September 2019 schon knapp 80.000 Abonnenten. Dabei setzt sie zusätzlich stark auf die bei jüngeren Menschen beliebten Videos und bietet auf IGTV und YouTube die Serie »Im Einsatz mit« an.

Doch auch kleine Unternehmen können mit wenig Aufwand auf sich aufmerksam machen. Das mittelständische Gartencenter Steul in Rheinfelden hatte im September 2019 auf Instagram über 1.000 Abonnenten und unterhält seine Fans durch authentische Bilder und unterhaltsame Texte. Gelegentlich sucht das Unternehmen über Instagram neue Mitarbeiter oder verkündet, dass es freie Ausbildungsplätze zu bieten hat. Auf Fotos mit Hashtags wie *#traumjob* und *#wirbildenaus* gibt es schnell 200 Likes und begeisterte Kommentare.[5]

Da Handwerksbetriebe Nachwuchssorgen haben und Schwierigkeiten, ihre Ausbildungsplätze zu besetzen, rief der Bayerische Handwerkstag 2018 die Kampagne *Macher gesucht!* zum Social Recruiting ins Leben. Auf YouTube gab es Videos der ausbildenden Unternehmen zu sehen, und künftige Auszubildende konnten sich einen Monat lang schnell, unkompliziert und kreativ über Snapchat bewerben. Statt eines aufwendig formulierten Anschreibens reichten ein oder mehrere Snaps aus, in denen die Jugendlichen erklärten, warum sie glaubten, für den handwerklichen Ausbildungsberuf geeignet zu sein. Die Zahl der Bewerbungen war nicht der alleinige KPI. Es war ebenfalls wichtig, auf die Ausbildung im Handwerk aufmerksam zu machen und die Arbeitsplätze in Handwerksunternehmen als modern zu präsentieren.[6]

Social Recruiting mit Influencern: das Praxisbeispiel Fraport

Influencer-Marketing ist in vielen Unternehmen bereits gesetzter Bestandteil im Marketing-Mix. Die ersten Unternehmen setzen Influencer im Personalmarketing ein, um gezielt Nachwuchskräfte anzusprechen. Die Strategie bietet sich besonders dann an, wenn Ausbildungsberufe weniger bekannt sind oder an geringer Attraktivität leiden. Die Auswahl passender Influencer ist nicht trivial, denn ihr Einsatz für das Unternehmen muss authentisch wirken. Da der Meinungsführer das »Produkt« Arbeitsplatz nicht selbst nutzt, spielt die Glaubwürdigkeit seiner Aussagen eine größere Rolle als bei einer Urlaubsreise oder einem Smartphone.

---

5   *https://www.instagram.com/blumensteul/*
6   *https://lehrlinge-fuer-bayern.de/bewerben-per-snapchat-das-geht-im-handwerk/*

Die Betreibergesellschaft des Flughafens in Frankfurt am Main, die Fraport AG, beschäftigt im Konzern mehr als 22.500 Mitarbeiterinnen und Mitarbeiter am Standort Frankfurt. Sie bietet mehr als 30 verschiedene Ausbildungs- und Studienberufe mit technischen oder kaufmännischen Schwerpunkten an, aber auch Berufe wie Koch und Werkfeuerwehrmann.

Bereits 2017 kam die Fraport AG mit dem YouTuber Mafuyu (bürgerlicher Name: Dennis Werth) in Kontakt, der sich auf seinem Kanal überwiegend mit Onlinegames beschäftigt. Da überdurchschnittlich viele seiner Fans männliche Jugendliche im Alter zwischen 15 und 25 Jahren sind, bot sich eine Kooperation an. Die Fraport AG wollte damit Interesse für ihre technischen Berufe wecken. Die Kampagne mit Mafuyu[7] war ein großer Erfolg, da er ehrliches Interesse an der Arbeit am Flughafen zeigte und dies seinen Fans authentisch vermitteln konnte.

Abbildung 11-9 ▶
Der YouTuber Mafuyu zeigt seinen Fans den Frankfurter Flughafen.[8]

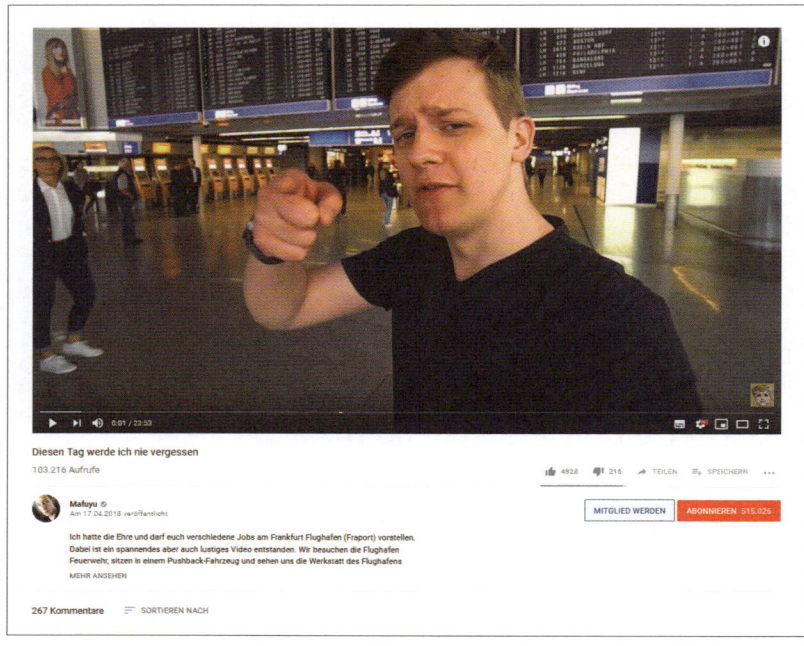

Jonas Wiedemann, im Personalmarketing bei Fraport tätig, gewährte uns einen Einblick in die Planung der Kampagne und berichtet: »Mafuyu erkannte schnell, dass seine Community den Content am Flughafen mag. Daraus entstand die Idee, über Influencer-Marketing mit ihm

---

7 https://www.youtube.com/watch?v=4NPurG7GKfc
8 http://bit.ly/2ArwOdn

gezielt die Zielgruppe Schüler dort anzusprechen, wo sie sich aufhält, nämlich auf YouTube. Aufgrund des erhöhten Recruiting-Bedarfs planten wir ein Quizformat, in dem wir verschiedene Jobs und Ausbildungsberufe vorstellen wollten. Dabei zeigten wir Mafuyu drei Schlagwörter, die typisch für den Job oder die Ausbildung sind, und er musste erraten, welcher Beruf gesucht wird. Zum Abschluss wurde im Video noch mal auf den Bewerbungszeitraum, die Karriereseite und sonstige wichtige Facts hingewiesen. Influencer-Marketing spielt für uns gerade bei der Ansprache der Generation Z eine zunehmend wichtigere Rolle. Dabei war es uns besonders wichtig, dass sich der Influencer mit dem »Produkt« und auch mit dem Unternehmen identifizieren kann. Das war in unserem Fall absolut gegeben: Dennis Werth ist begeistert von dem besonderen Arbeitsplatz Flughafen. Diese Faszination haben wir beim Dreh live miterlebt.«

Die Fraport AG plant weiterhin, auf Influencer im Personalmarketing zu setzen, sofern deren Zielgruppe zu den potenziellen Mitarbeitenden passt. Dabei setzt das Unternehmen auf glaubwürdige Mikro-Influencer, die idealerweise aus der Region stammen.

Am Ende einer solchen Kampagne müssen die Zahlen stimmen. Daher interessierte uns, wie die Fraport AG ihre Erfolgskontrolle vornimmt. Jonas Wiedemann: »Wir haben verschiedene Tracking-Links in das Video und die Videobeschreibung einbauen lassen. Mit der hohen Reichweite von Mafuyu konnten wir gezielt Traffic auf unserer Karrierewebseite (*https://www.jobs-fraport.de/*) und den gesuchten Stellen erzeugen. Ein Link wurde direkt mit den zu diesem Zeitpunkt vakanten Ausbildungsstellen bei der Werkfeuerwehr verknüpft, der andere Link mit unserer Karriereseite. Insgesamt wurden die Fraport-Links über 1.000 Mal geklickt. Das YouTube-Video hatte im August 2019 schon über 109.000 Aufrufe mit knapp 5.000 Likes und zahlreichen positiven Kommentaren.«

In Kapitel 4 haben wir uns im Rahmen von Influencer-Marketing mit Corporate Influencern beschäftigt. Die Fraport AG setzt für das Employer Branding auch auf ihre eigenen Mitarbeiterinnen und Mitarbeiter als Markenbotschafter. Diese haben über ihren täglichen Kontakt mit den Kunden des Unternehmens einen großen Einfluss auf die Reputation. Zum anderen sind sie Multiplikatoren innerhalb des Konzerns sowie nach außen, um Fraport als attraktiven Arbeitgeber zu repräsentieren oder über Empfehlungen neue Mitarbeiter zu gewinnen.

So erreicht die Fraport AG nach eigenen Angaben spitze Zielgruppen, die sie mit den üblichen Marketingmaßnahmen nicht so gut erreichen würde. Die Fraport AG plant zudem, das digitale Bewusstsein ihrer Mitarbeiterinnen und Mitarbeiter weiter zu stärken und auszubauen. Dabei will sie den Social Media Guide überarbeiten und die Mitarbeitenden über die digitale Kommunikationsstrategie informieren. Das Unternehmen berücksichtigt die Anforderungen der Beschäftigten und möchte sie schulen, sensibilisieren und stärken, damit sie mit ihren Präsenzen in Social Media erfolgreich umgehen. Wir danken Jonas Wiedemann für den Einblick in die Employer-Branding-Strategie der Fraport AG.

Die Arbeit ist ein wichtiger Teil des Lebens, und viele Menschen verbringen mehr Zeit mit ihren Kollegen als mit der Familie. Daher ist es nicht verwunderlich, dass sie auf ihren Social-Media-Kanälen über ihren Arbeitgeber sprechen. Sie freuen sich auf die anstehende Firmenparty, ärgern sich über ihren Kollegen oder sind stolz darauf, an der Entwicklung des erfolgreichen neuen Produkts mitgewirkt zu haben. Mitarbeiter treten somit als Markenbotschafter auf, ob es der Arbeitgeber möchte oder nicht. Die Glaubwürdigkeit solcher Aussagen ist in der Onlinewelt hoch, denn wer kann besser hinter die Kulissen blicken als die eigenen Mitarbeiter.

Verbieten Sie Ihrer Belegschaft daher nicht, über Ihre Marke und Ihr Unternehmen zu sprechen, aber geben Sie ihnen ein paar Richtlinien mit an die Hand. Besprechen Sie ein respektvolles und glaubwürdiges Onlineverhalten und die Frage, wie Ihre Produkte oder Dienstleistungen im Netz korrekt genannt werden. Ganz wichtig ist dabei, dass die Transparenz gewahrt bleibt. Die Mitarbeiter müssen ihrem Netzwerk deutlich machen, ob sie sich als Privatperson äußern oder in einer offiziellen Funktion für das Unternehmen.

Mit welchem Content erreichen Sie die Bewerber?

Um Bewerber zu erreichen und für das Unternehmen zu begeistern, benötigen Sie passenden Content auf den richtigen Plattformen. Der originellste Content verpufft wirkungslos, wenn ihn niemand findet. Daher sollten Sie die Keywords kennen, mit denen die Zielgruppe auf ihren liebsten Kanälen nach Inhalten rund um das Thema *Karriere* sucht. Denken Sie aus Sicht der Bewerber und überlegen Sie, welche Fragen und Nöte Ihren potenziellen Bewerbern auf dem Herzen liegen. Auch hier ist qualitativ hochwertiger, aktueller und relevanter Content in Wort und Bild gefragt. Kommunizieren Sie diesen authentisch und ehrlich, denn Sie wollen den Bewerbern keinen falschen Eindruck vermitteln. Entscheidend ist, dass Sie mit ansprechenden Texten, Aufmerksamkeit erregenden Fotos und unterhaltsamen Videos die Zielgruppe für Ihr Unternehmen begeistern. Denken Sie dabei auch hier an Mitarbeiter, die als Markenbotschafter und Influencer auftreten können, weil sie gern über das Unternehmen sprechen. Kaum jemand zeigt authentischer, dass es viel Spaß macht, bei Ihnen zu arbeiten, als ein jetziger oder früherer Mitarbeiter.

Für den passenden Content muss sich auch ein KMU nicht verschulden. Drücken Sie Ihren Auszubildenden eine Kamera in die Hand und rufen Sie das Projekt aus, einen Film für neue Auszubildende zu drehen. Wenn es Ihnen gelingt, in dem Film Emotionen zu vermitteln und gleichzeitig Informationen zu transportieren, ermöglichen Sie mit kleinem Budget einen guten Einblick in Ihre Branche oder den Ausbildungsberuf.

Doch all diese Bemühungen fruchten nicht, wenn am Ende die Bewerber mit unhandlichen Formularen gequält werden, die sie aufwendig ausfüllen müssen. Die Bewerberseite sollte bestens mobil optimiert sein und die Candidate Experience an allen Touchpoints zu einem guten Erlebnis führen.

Ist Ihr persönliches Profil auf XING oder LinkedIn aktuell und vorzeigbar?

Wir haben darüber gesprochen, was Unternehmen tun müssen, um Bewerber anzulocken und mit einer starken Arbeitgebermarke das Interesse der latenten Jobsucher zu wecken. Doch die Unternehmen und Headhunter nutzen auch Social-Media-Kanäle, um nach Kandidaten zu suchen oder Informationen über bereits identifizierte Kandidaten zu erhalten. Laut der 2019er-Studie von Monster nutzten 16,7 Prozent der befragten Unternehmen XING und 12,9 Prozent LinkedIn, um sich die Profile der identifizierten Kandidaten anzuschauen. Facebook wurde mit 6,1 Prozent als eine weniger relevante Informationsquelle angesehen. Selbst Spezialistenforen und Blogs durchsuchten 3,5 Prozent der Unternehmen, um sich einen Eindruck von dem Bewerber zu verschaffen.[9]

Jeder vierte Personalentscheider gab 2018 in einer Befragung von BITKOM sogar an, sich durch den Eindruck in Social Media entschieden zu haben, einem Bewerber abzusagen.[10] Teamfähigkeit, Agilität und Kreativität sind stark nachgefragte Eigenschaften. Doch wie lässt sich überprüfen, ob Eigen- und Fremdbild beim Bewerber zusammenpassen? Qualität und Quantität seiner Kontakte in einem sozialen Netzwerk, sein Auftreten und seine Interaktionen dort sagen mitunter mehr aus als standardisierte Arbeitszeugnisse oder gekünstelte Bewerbungsschreiben.

---

9 Social Recruiting und Active Sourcing 2019, ausgewählte Ergebnisse der Recruiting-Trends 2019, einer empirischen Unternehmensstudie mit den Top-1000-Unternehmen aus Deutschland, S. 21
10 *https://www.bitkom.org/Presse/Presseinformation/Zwei-von-drei-Personalern-informieren-sich-online-ueber-Bewerber.html*

Zusammenfassung

In Deutschland sind Facebook sowie XING und LinkedIn im Business-bereich die sozialen Netzwerke mit der höchsten Aufmerksamkeit und Aktivität sowie dem höchsten Grad an Vernetzung der Mitglieder untereinander.

Die genannten Netzwerke haben viele Millionen Nutzer und geben Ihnen die Möglichkeit, ein Profil zu erstellen und sich mit Interessierten zu vernetzen, mit denen Sie Kontakt halten möchten, da sie ähnliche Interessen oder einen vergleichbaren beruflichen Hintergrund haben.

Für viele Nutzer ist Facebook das Synonym für Social Media. Sie sollten allerdings aus Unternehmenssicht genau prüfen, ob sich Facebook für Ihr Social-Media-Recruiting eignet und welchen Stellenwert Sie der Plattform in Ihrer Strategie einräumen wollen. Neben einem persönlichen Profil stehen Ihnen Seiten, Gruppen und Werbeanzeigen für das Employer Branding zur Verfügung.

XING und LinkedIn werden vornehmlich zum beruflichen Netzwerken und für das Recruiting genutzt, außerdem findet ein Austausch in Fachgruppen statt. Voraussetzung hierfür sind persönliche und Unternehmensprofile. Mithilfe von XING Events können Sie unkompliziert Veranstaltungen planen und das Ticketing durchführen.

Ein persönliches Profil genau wie eine Seite für Unternehmen ist in allen sozialen Netzwerken rasch eingerichtet. Sie brauchen jedoch eine Strategie, die vorgibt, welche Inhalte Sie wem kommunizieren wollen, wie Sie sich sinnvoll vernetzen und welche Ziele Sie verfolgen. Als Erstes gilt es folglich auch hier zu hinterfragen, auf welchen Kanälen Sie Ihre Zielgruppe antreffen.

Die Auswahl der Social-Media-Kanäle für das Employer Branding sollte im Rahmen eines regelmäßigen Monitorings immer wieder kritisch geprüft werden. Entscheiden Sie basierend auf Nutzerzahlen und Interaktion, ob Sie existierende Plattformen noch pflegen möchten oder neue Präsenzen anstreben. Prüfen Sie zudem, über welche Kanäle die aussichtsreichsten Kandidaten zu Ihnen finden. Dabei gilt es, die Fluktuationsrate zu betrachten und die Frage zu beantworten, wie zufrieden Sie mit den jeweiligen Mitarbeitern sind.

KAPITEL 12

Soziale Netzwerke für Wissen und Empfehlungen

Abseits der klassischen Netzwerke wie Facebook oder Twitter bedienen sich auch andere Dienste der Mechanismen und Vorzüge des Social Web. Sie setzen darauf, dass ihre User Profile anlegen, sich vernetzen und sich miteinander austauschen. Sie adaptieren die Funktionalitäten der sozialen Netzwerke – posten, kommentieren, folgen einander – und integrieren diese Funktionen in ihre Plattformen zum Austausch von Wissen, Meinungen oder Empfehlungen. Einige dieser Communitys sind – in der zeitlichen Dimension des World Wide Web betrachtet – schon steinalt. Die Wikipedia etwa, die weltweit bekannteste Enzyklopädie, gilt als Wegbereiter der gemeinschaftlichen Zusammenarbeit. Unter dem Schlagwort *Wisdom of the Crowds* begeisterte sich nicht nur die Webcommunity Mitte der 2000er-Jahre von dieser revolutionären Idee. Wir alle können seitdem gemeinsam an Lexika schreiben, Paper veröffentlichen oder Hilfesuchenden Ratschläge erteilen. Und das ganz einfach, in dem jeder sein Spezialwissen einbringt.

◀ **Definition**

Der Begriff *Wisdom of the Crowds* geht auf James Surowiecki und sein Meisterwerk »Die Weisheit der Vielen« (Original The Wisdom of Crowds, 2004) zurück. Surowieckis Buch vertritt die These, dass Gruppen, wenn die Umstände stimmen, bemerkenswert intelligent sein können – oft sogar klüger als der Klügste von ihnen. Das Prinzip der Crowd Intelligence – auf Deutsch als Schwarmintelligenz bekannt – wurde auch auf andere Bereiche übertragen. Ein Beispiel ist Crowdsourcing, das sich der Arbeitsleistungen einer großen Gruppe bedient. Das heißt, im Gegensatz zum Outsourcing wird nicht ein Unternehmen oder eine externe Einzelperson dafür bezahlt, Leistungen zu erbringen, sondern man bittet eine unbegrenzte Gruppe an Menschen um (meist unentgeltliche) Mitarbeit an einem Projekt – beispielsweise als kreative oder tatkräftige Unterstützung bei der Produktentwicklung. Diese Methode wendeten einige Unternehmen mehr oder weniger glorreich auch im Social Web an, beispielsweise Ritter Sport (sehr häufig und erfolgreich bei der Kreation neuer

Schokoladensorten)[1] oder Pril (wenig erfolgreich beim Design von Spülmittelflaschen)[2]. Auch das sogenannte Crowdfunding basiert auf der Idee, Menschen unkompliziert zusammenzuschließen, um gemeinsam einen großen Plan zu verfolgen: Dabei bringt man statt Leistung aber Geld zusammen, mit dem beispielsweise Startups, aber auch künstlerische Werke wie Musikalben oder Anschaffungen für die Gemeinschaft wie ein neues Spielgerät für die Grundschule finanziert werden. Beliebte Crowdfunding-Plattformen sind *Startnext*[3] und *Kickstarter*[4].

Heute sind wir etwas ernüchtert: Wir mussten erkennen, dass gerade der Austausch von Wissen oft zu Machtkämpfen führt. Wir haben die Erfahrung gemacht, dass längst nicht alle Websurfer ihre Erfahrungen und ihr Know-how ganz altruistisch teilen wollen, sondern manche auch bewusst in die Irre führen. Wir haben im Netz Menschen kennengelernt, die sich profilieren wollen und entschlossen die Meinungsführerschaft übernehmen, während andere sich nicht einbringen – sei es aus Zurückhaltung oder weil sie gar keinen Zugang zum Web haben. Und überhaupt: Herauszufinden, ob Informationen aus dem Web richtig (oder eben Fake News) sind, und die Relevanz und Seriosität ihrer Quelle zu beurteilen, gehört sicherlich zu den schwierigsten Herausforderungen unserer Zeit.

Dennoch halten wir die vielfältigen Chancen dazu, wie sich Experten ihres Fachs in Wissensnetzwerke oder Ratgebercommunitys einbringen können, nach wie vor für wertvoll. Denn wenn wir alle zu ihnen beitragen, anstatt Wikipedia & Co. einigen wenigen Menschen zu überlassen, wird die Qualität der Inhalte automatisch steigen. Für Unternehmen und insbesondere Freelancer kommt natürlich die Selbstvermarktung als Argument hinzu. Wer immer wieder wertvolle Beiträge leistet, wird belohnt: mit einem gestärkten Image, mit nützlichem Feedback und mit bereichernden Kontakten. Zudem sind nutzergenerierte Informationsportale trotz aller Kritik nach wie vor populär, weil sie oft sehr präzise und detaillierte Informationen geben, die auf anderen Websites nicht zur Verfügung stehen.

Begeben wir uns gemeinsam an einige Plätze, die sich dem Austausch von Informationen und Meinungen widmen.

---

1 *https://www.ritter-sport.de/sortenkreation/#/start*
2 *https://www.wiwo.de/erfolg/trends/crowdsourcing-pr-gau-mit-haehnchen-spuelmittel/5820982-3.html*
3 *https://www.startnext.com/*
4 *https://www.kickstarter.com/discover/countries/DE?lang=de*

Wissen ist Macht

Wenn Sie etwas wissen, sollten Sie um Himmels Willen keine Scheu haben, es mitzuteilen. Viele Menschen machen sich Sorgen, dass es ihrem Geschäft schaden könnte, wenn sie auf ihren Websites zu viele Informationen umsonst anbieten. Doch aller Wahrscheinlichkeit nach wird man Ihnen gerade wegen des Contents auf Ihrer Website oder wegen Ihrer Präsenz im Social Web gern Aufträge geben, weil Sie als tatkräftiger Mensch wahrgenommen werden, der bestimmt noch mehr Wissen zu bieten hat, als er verrät. Sie haben bereits in Kapitel 5, »Content Marketing«, vieles über die Vorteile inhaltlich starken Marketings gelernt.

Wenn Sie viel Wissen weitergeben, bekommen die Menschen, die Ihre Informationen zu schätzen wissen, eine hohe Meinung von Ihnen, und Ihre Glaubwürdigkeit wächst. Das ist ein großer Vorteil. Möchte man lieber als jemand gelten, der kompetent und offen ist, oder als Geheimniskrämer, der alles Wissenswerte für sich behält? In der Mentalität des modernen Social Media Marketing ist Wissen Macht, und alle Beteiligten können davon profitieren.

Inhaltlich starke Beiträge sorgen zudem dafür, dass andere Menschen auf Ihre Profile in den sozialen Medien oder auf Ihre Website aufmerksam werden und Ihre Beiträge wiederum teilen und kommentieren. Im besten Fall entspinnt sich eine Diskussion auf Ihrem Blog oder bei Facebook, LinkedIn oder Twitter, in der auch Sie weitere Erkenntnisse gewinnen. Das ist der Boden, auf dem soziale Medien gedeihen: Der Einzelne und die Community teilen etwas miteinander.

Je mehr Links Sie bekommen, desto besser werden Sie auch in den Suchmaschinen sichtbar. Stellen Google & Co. fest, dass verschiedene Links von unterschiedlichen Quellen auf Ihre Website verweisen, beginnen auch sie, Ihnen als Content-Autor zu vertrauen. Das macht sich im Suchmaschinenranking positiv bemerkbar. So hat sich beispielsweise die *Wikipedia* Ansehen erworben: Das in ihr enthaltene Wissen hat sich durchweg als wertvoll für Tausende von Nutzern und Content-Erstellern im gesamten Internet erwiesen.

Wenn Sie Ihr Know-how also großzügig teilen, können Sie sich selbst als Marke etablieren und Ihre Reputation als echter Meinungsführer ausbauen.

Wikipedia: die lebende Enzyklopädie

Seit Wikipedia 2001 an den Start gegangen ist, hat sich die Enzyklopädie zum größten Onlinenachschlagewerk im Internet gemausert, das in rund 300 Sprachen abrufbar ist und weltweit Platz fünf der meistbesuchten Websites belegt. Die deutsche Wikipedia (*http://de.wikipedia.org*) umfasst allein mehr als 2,3 Millionen Artikel, die von rund 8.000 aktiven Redakteuren bearbeitet werden.[5] Sie richtet sich an 132 Millionen Menschen, die Deutsch als Muttersprache oder Fremdsprache verwenden.[6]

Der Name »Wikipedia« setzt sich aus zwei Begriffen zusammen: aus »Wiki«, der mit dem hawaiischen Wort für »schnell« bezeichneten Technologie zur kollektiven Erstellung von Internetseiten, und »Encyclopedia«, dem englischen Wort für Enzyklopädie. Wikipedia macht diesem Namen Ehre – mit Millionen von Beitragsverfassern in aller Welt und Hunderten von Administratoren, die aktiv auf der Seite patrouillieren, um Missbrauch zu verhindern und sicherzustellen, dass alle Einträge regelkonform sind.

Wikipedia ist als sehr offene Plattform konzipiert, zu der jeder etwas beitragen darf, ganz gleich, ob er einen Account hat oder nicht. Allerdings berechtigt das Anlegen eines Accounts den Nutzer, eine eigene Profilseite anzulegen (die sogenannte Benutzerseite), was dazu beitragen kann, sich als glaubwürdiger Fachmann in der Community zu etablieren. Wenn Sie noch kein Benutzerkonto haben und Änderungen an einer Seite vornehmen, zeigt die Versionsgeschichte Ihre IP-Adresse an. In der Versionsgeschichte (siehe Abbildung 12-1) sind Personen mit Benutzernamen die Mitglieder der Website, während die IP-Adressen mit Nutzern verbunden sind, die einen Artikel einfach nur bearbeitet haben, ohne sich anzumelden.

Nun ist die Wikipedia zwar offen, ihre Nutzung aber ist nicht unbeschränkt. Eine der wichtigsten Wikipedia-Regeln besagt, dass die Seite nur Artikel über Menschen, Orte und Objekte einer gewissen Relevanz enthält. Das bedeutet, dass der Gegenstand des Artikels in zuverlässigen, von diesem Gegenstand unabhängigen Quellen ausführlich behandelt worden sein muss.[7] Die Wikipedia ist – wie es wortwörtlich in den Richtlinien[8] steht – »kein allgemeines Personen-, Vereins-, Organisationen- oder Firmenverzeichnis«.

Exakt diese Relevanzkriterien sind es, die der deutschen Wikipedia-Community anhaltend Kritik[9] einbringen: Zwar lassen sich die Überarbeitungen und Löschungen einzelner Artikel nachverfolgen, die Ent-

---

5 *https://stats.wikimedia.org/v2/#/de.wikipedia.org*
6 *https://de.wikipedia.org/wiki/Wikipedia:Sprachen*
7 *https://de.wikipedia.org/wiki/Wikipedia:Relevanzkriterien*
8 *https://de.wikipedia.org/wiki/Wikipedia:Was_Wikipedia_nicht_ist*
9 Sämtliche Kritikpunkte können Sie gebündelt nachlesen, in der – wie sollte es anders sein – Wikipedia selbst: *https://de.wikipedia.org/wiki/Kritik_an_Wikipedia*

scheidungen der Redakteure sind jedoch nicht immer nachvollziehbar. Achtet man einfach nur ganz besonders streng auf Relevanz und versteckte Werbung, oder verfolgen die Redakteure eigene Ziele – nämlich die Deutungshoheit darüber zu behalten, welche Informationen verbreitet werden und welche nicht? Fest steht, dass die Autorenschaft der Wikipedia mit rund 90 Prozent überwiegend männlich ist, zudem wird immer wieder vermutet und kritisiert, dass sie auch bezogen auf andere demografische Faktoren wenig divers sei.

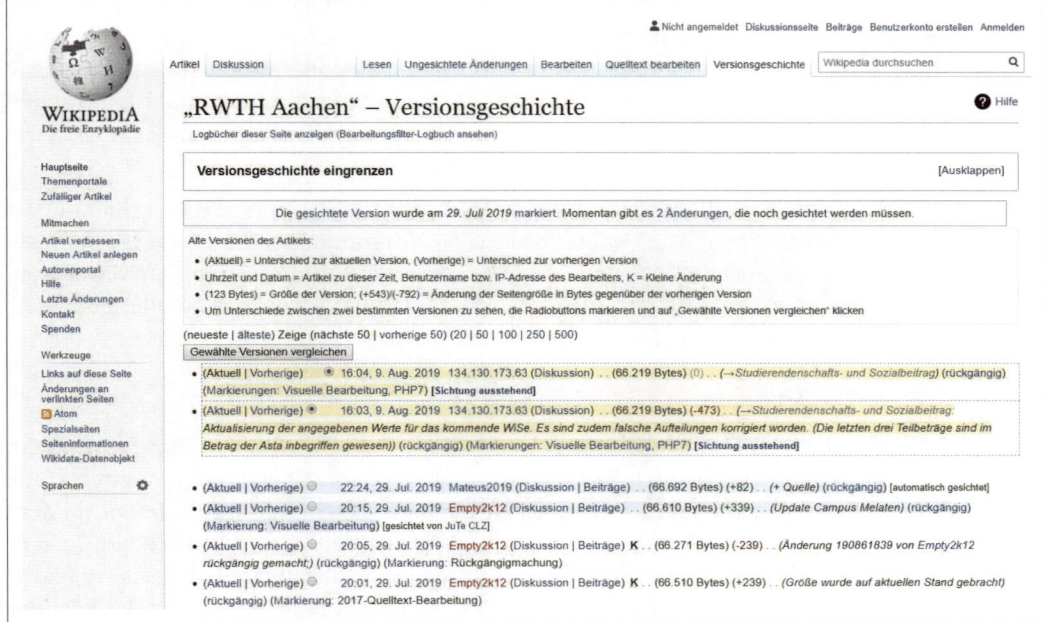

Eine weitere Anforderung ist die, dass Wikipedia Fakten und nichts als Fakten präsentieren will. Die Einträge sollen absolut neutral und unvoreingenommen sein. Jeder Kommentar, der eine bestimmte Meinung widerspiegelt oder allzu werbliche Formulierungen enthält, wird von den Wikipedia-Administratoren und -Nutzern herausgefiltert und umgeschrieben. Auch an diesen hohen Idealen ist die Wikipedia in der Vergangenheit immer wieder gescheitert. Politische Gruppierungen versuchten, ihre Vertreter in den Himmel zu loben, während sie die Beiträge ihrer Gegner negativ beeinflussten. Immer wieder streuten User gezielt Falschinformationen und fälschten gar Belege. Und natürlich ist auch das gezielte Weglassen von Informationen oder der Verzicht auf einen Beitrag eine Wertung.

► **Abbildung 12-1**
Wikipedia-
Versionsgeschichte

Unser Aufruf an dieser Stelle – auch als überzeugte Nutzerinnen der Wikipedia – kann nur lauten: Überlassen wir die Wikipedia weder den bisher aktiven Editoren noch den häufig anonym agierenden Usern, die ihre Botschaften, Meinungen und politischen Ansichten durchbringen oder die plump Werbung für ihre Produkte und ihr Unternehmen machen wollen. Arbeiten wir lieber gemeinsam an so neutral wie möglich gehaltenen Inhalten und einer konstruktiven, respektvollen Diskussionskultur. Erobern wir uns die Wikipedia (zurück) – im Rahmen der Regeln.

Die Struktur eines Wikipedia-Eintrags

Jeder Seiteneintrag in der Wikipedia hat eine Seite für das Publikum, aber auch Unterseiten für die laufenden Diskussionen über den Gegenstand des Eintrags und die Versionsgeschichte. Außerdem kann die Seite bearbeitet sowie beobachtet werden, um Änderungen und Ergänzungen nachzuvollziehen – diese Funktion steht allerdings nur für registrierte und angemeldete Benutzer zur Verfügung.

In Einzelfällen ist die Bearbeitung der Seite gesperrt, das geschieht meist vorübergehend während aktueller Vorkommnisse rund um den Beitragsgegenstand. So wird zum Beispiel vor Bundestagswahlen vermieden, dass in Einträgen zu Parteien Wahlkampf betrieben wird oder politische Diskussionen entstehen.

Artikeltext

Wenn Sie etwas in der Wikipedia suchen, wird Ihnen die Seite mit dem entsprechenden Artikel angezeigt. Dieser Artikel kann in mehrere Teile untergliedert sein; dann gibt es einen Abschnitt namens *Inhalt*, in dem die Gliederung des Artikels zu sehen ist, und vielleicht auch eine Seitenleiste am rechten Bildschirmrand, die Einzelheiten über den Gegenstand Ihrer Suche angibt. Betrachten Sie zum Beispiel einen Artikel über ein Unternehmen, zeigt die Seitenleiste dessen Gründungsjahr und die Namen der Geschäftsführung an, und wenn Sie einen Artikel über eine Fernsehserie anschauen, sind in der Seitenleiste die Hauptdarsteller aufgelistet, über die es auch jeweils eigene Artikel in der Wikipedia gibt.

Am Ende von Wikipedia-Artikeln befinden sich in der Regel Fußnoten (sogenannte Einzelnachweise) und Weblinks. In den Einzelnachweisen sind Fundstellen für Zitate im Artikel angegeben und in den Weblinks Verknüpfungen zu Websites, die nicht zur Domain *Wikipedia.org* gehören und Informationen zum Thema enthalten (zum Beispiel eine offizielle Biografie auf der Website eines Schauspielers).

Diskussion

Der Diskussionslink ist eine Verknüpfung zur Diskussionsseite (siehe Abbildung 12-2). Diese ist für Unternehmen besonders wichtig, weil sie sich dort um die Bereinigung sachlicher Fehler bemühen können, ohne den Ausschluss aus der Wikipedia befürchten zu müssen. (Wir gehen später noch genauer darauf ein.) Auf dieser Seite diskutieren Nutzer auch darüber, wie man den Artikel verbessern könnte. Die Diskussionsseiten können ganz einfach und überschaubar sein, mit kleinen Notizen von diversen Nutzern, oder auch extrem ausführlich mit Artikel-Meilensteinen, provokanten Äußerungen (besonders bei Gegenständen, die umstritten sind) und anderen Hinweisen.

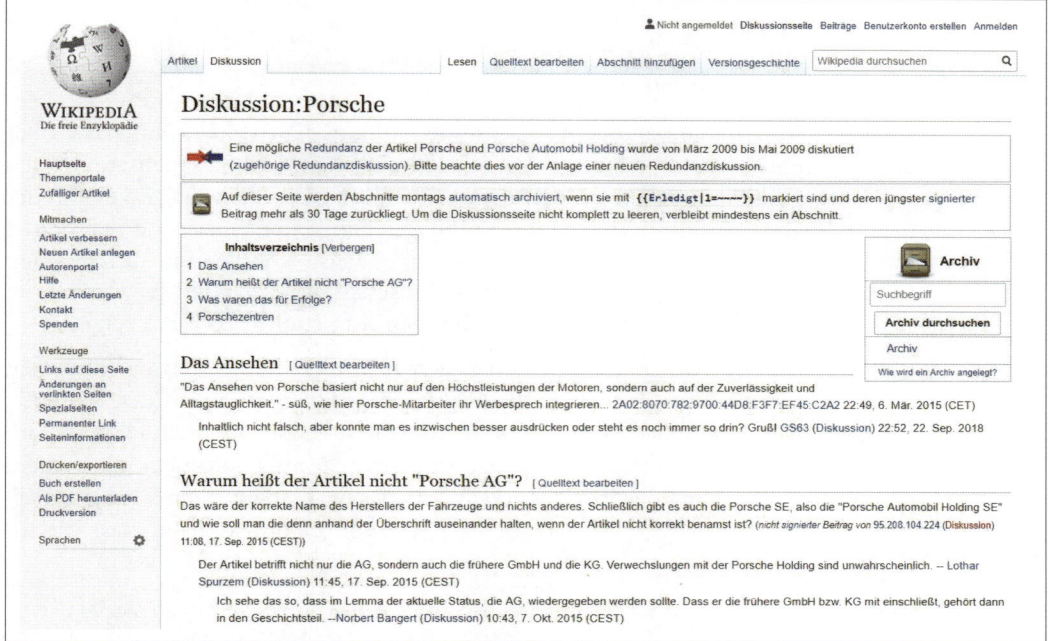

Die Artikel- und Diskussionsseiten haben einen Link namens *Seite bearbeiten*, über den Nutzer Inhalte hinzufügen und entfernen können. Die Formatierung in Wikipedia kann etwas umständlich sein, etliche Hilfsdokumente mit den stilistischen Richtlinien und Formatierungskonventionen, die für die Seitenbearbeitung hilfreich sind, stehen aber ebenfalls bereit. Anhand eines WYSIWYG-Editors mit Grundfunktionen können Sie die Inhalte eingeben, und wenn Sie die Wikipedia-Formatierungsrichtlinien[10] beherrschen, haben Sie noch weitere Formatierungsoptionen. Sind Sie sich über die Formatierung eines Elements nicht im Klaren (besonders wenn Sie eine ganz neue Seite verfassen), können Sie immer zu einer bestehenden Wikipedia-Seite gehen und dort auf *Seite bearbeiten* klicken, um die notwendigen Codestücke zu kopieren und in

▲ **Abbildung 12-2**
Eine Diskussionsseite bei Wikipedia zeigt Beiträge von Mitgliedern und umfangreiche Diskussionen an.

10 *https://de.wikipedia.org/wiki/Hilfe:Bearbeiten*

Ihr Dokument einzufügen. So erhalten Sie eine einfache Vorlage für Ihren neuen Wikipedia-Eintrag. Eine Vorschaufunktion gibt Ihnen zusätzlich Sicherheit, ob alle Änderungen korrekt dargestellt werden. Wenn Sie Änderungen vornehmen, ist es ratsam, sie in einem Bearbeitungskommentar zusammenzufassen und in dem verfügbaren Kontrollkästchen anzugeben, ob es sich um eine geringfügige Bearbeitung (etwa die Korrektur eines Grammatik- oder Rechtschreibfehlers) oder um eine größere Bearbeitung handelt. Im letzteren Fall sollten Sie die Änderung(en) detaillierter angeben.

Versionsgeschichte

Änderungen an einem bestimmten Wikipedia-Artikel können Sie über die Registerkarte *Versionsgeschichte* einsehen. Sie ist in mehrere Spalten gegliedert, wobei sich der Link *Aktuell* auf die gegenwärtige Version der Seite bezieht und der Link *Vorherige* zeigt, wie die Seite vor der letzten Änderung ausgesehen hat. Normalerweise können Sie durch einen Klick auf den Link *Vorherige* genau sehen, was geändert worden ist, da Wikipedia Ihnen nur die zugehörigen Ausschnitte der Seite zeigt.

Die nächste Spalte zeigt Ihnen den Zeitpunkt der Änderung sowie den Benutzernamen oder die IP-Adresse ihres Urhebers. Wird der Benutzername in Blau dargestellt, besitzt der Betreffende eine Benutzerseite, andernfalls ist der Benutzername rot. Wenn Sie auf den roten Link klicken, wird die Standardvorlage von Wikipedia zur Erstellung einer Benutzerseite angezeigt (Sie können auch die Seite von jemand anderem bearbeiten).

Hinweis ▶ Benutzerseiten ähneln Diskussionsseiten, die weiter oben in diesem Kapitel behandelt wurden. Diese Seiten entsprechen einem Benutzerprofil und ermöglichen den Mitgliedern der Wikipedia-Community, miteinander zu reden und ihre eigene Präsenz auf der Website anzupassen.

Ein *K* in der nächsten Spalte kennzeichnet eine »kleinere Änderung«, gefolgt von der Angabe, wie viele Bytes der Wikipedia-Eintrag nach der Änderung hat.

Weitere Features von Wikipedia

Weitere Register auf der Top-Navigationsleiste sind *Ungesichtete Änderungen*, wo man gegebenenfalls Hinweise darauf findet, welche zuletzt hinzugefügten Bearbeitungen noch nicht von einem Wikipedia-Editor geprüft worden sind, und der Tab mit dem Stern zum »Beobachten«, das heißt zur Verfolgung von Änderungen.

Social Media Marketing mit Wikipedia

Seit Jahren ist die Wikipedia erste Anlaufstelle für Websurfer, die einen Begriff klären oder Hintergründe zu Personen, Ereignissen, Technologien und vielem mehr nachlesen wollen. Zudem genießt die Website ein hohes Ansehen bei Suchmaschinen. Unternehmen und Freelancern bietet die Wikipedia eine große Chance, ihren Ruf und ihre Marke zu stärken. Außerdem lässt sich durch Wikipedia Traffic hinzugewinnen. Wir zeigen Ihnen nun, wie Sie dort Beiträge einpflegen oder bearbeiten können, die mit den Regeln von Wikipedia und den Unternehmensrichtlinien im Einklang stehen.

Nach den Richtlinien der Wikipedia können Personen, die eine Seite über sich selbst oder ihr Unternehmen erstellen oder mitgestalten, und Mitarbeiter, die bei Wikipedia die Seiten ihres Arbeitgebers bearbeiten, bestraft werden. Beiträge werden umstandslos gelöscht, oder es entbrennen hitzige Diskussionen. Interessenkonflikte haben bei Wikipedia keinen Platz. Wenn bei Wikipedia eine Seite über eine Person oder Firma fehlt, deren Wichtigkeit Sie beweisen zu können glauben, dann suchen Sie sich am besten jemanden, der die Wikipedia-Seite anlegen kann, ohne in Interessenkonflikte zu geraten. Um die Relevanz des Eintrags zu beweisen, müssen Sie Links zu mehreren Quellen angeben. Haben Sie eine Artikelseite angelegt, sollten Sie sie weiterhin beobachten, um Änderungen oder Ergänzungen zu verfolgen, die daran vorgenommen werden. Dazu klicken Sie auf *Beobachten* oben auf der Seite oder abonnieren einen RSS-Feed mit der Versionsgeschichte der Seite.

Aktuelle und ausführliche Hinweise für Personen und Angehörige von Organisationen und Unternehmen, die ihren *eigenen Eintrag bearbeiten* wollen, finden Sie unter *https://de.wikipedia.org/wiki/Wikipedia:Interessenkonflikt#Eigendarstellung*. Lesen Sie diese Ratschläge der Wikipedia-Community immer wieder und halten Sie sich daran. Sie wahren auf diese Weise Ihren guten Ruf und stellen die Akzeptanz Ihrer Firma sicher.

◀ **Tipp**

Wenn Ihre Mitarbeit an einem bestimmten Wikipedia-Artikel Sie in einen Interessenkonflikt bringen könnte, dürfen Sie keine Änderungen an dem Artikel vornehmen. Stattdessen sollten Sie die Diskussionsseiten aufsuchen, um eventuelle sachliche Unstimmigkeiten mit den Nutzern von Wikipedia zu besprechen, damit diese dann den Artikel selbst bearbeiten können. Zur Lösung von Konflikten haben Sie die Möglichkeit, eine dritte Meinung einzuholen, einen Vermittlungsausschuss anzurufen oder als letzte Instanz sogar ein Schiedsgericht zu bemühen. Wie Sie all das tun können, ist unter *https://de.wikipedia.org/wiki/Wikipedia:Anfragen* nachzulesen.

Viele Unternehmensrichtlinien untersagen den Mitarbeitern jegliche Bearbeitung der Wikipedia-Seite der eigenen Firma, ermuntern sie jedoch, die Wikipedia-Community mit Beiträgen zu Themen zu bereichern, für die sie sich als Experten positionieren können. Ein wesentlicher Schritt für jeden, der in Marketing und PR eines Unternehmens eingebunden ist, sollte das Abonnieren von Wikipedia-Beiträgen sein, die mit dem Geschäftsgegenstand verbunden sind – unbedingt aber die Unternehmensseite selbst, falls vorhanden.

Vorsicht bei Wikipedia-Beiträgen!

Beachten Sie bitte auch noch andere wichtige Faktoren, um nicht aus der Wikipedia ausgeschlossen zu werden. Die folgenden Aspekte müssen gründlich bedacht werden, wenn Sie Social Media Marketing mit Wikipedia betreiben möchten.

North Face und die Bildermanipulation

Das Outdoorunternehmen North Face geriet im Frühsommer 2019 in die Schlagzeilen, weil es das hohe Google-Ranking der Wikipedia für die eigene Suchmaschinenoptimierung nutzen wollte – und über den errungenen Erfolg dabei öffentlich prahlte. Die beauftragte Werbeagentur Leo Burnett Tailor Made hatte bei populären Wikipedia-Artikeln zu touristischen Zielen Markenbilder von North Face platziert, einige enthielten gar das Logo. Der Wikipedia-Beitrag zum Guarita State Park in Brasilien zeigte beispielsweise Fotos aus dem Hause North Face. Auf diese Weise sollte die Sichtbarkeit der Marke bei Google erhöht werden – schließlich liefert die Suchmaschine bevorzugt Bilder aus, die in der Wikipedia hinterlegt sind. Der Plan ging auf, und diese Manipulation wäre vielleicht lange unentdeckt geblieben, hätte North Face selbst nicht anschließend ein Video produziert, in dem sie ihren Erfolg öffentlich feierte. Es folgten ein längerer Artikel der Wikimedia Foundations[11] – der Organisation hinter der Onlineenzyklopädie – sowie eine Menge schlechter

Presse weltweit. Die Artikelbilder wurden umgehend ersetzt und die verantwortlichen User bei Wikipedia gesperrt. Der erhoffte SEO-Effekt ist längst passé, der Imageschaden für North Face allerdings bleibt – auch weil sich das Unternehmen zwar entschuldigte und zu den Regeln der Wikipedia bekannte, die Planung und Umsetzung der »Wikipedia-Kampagne« aber auf ihre Werbeagentur abwälzte.

Wie hätte man stattdessen vorgehen können? Ein akzeptierter Weg ist, Fotos in Wikipedias Schwesterprojekt Wikimedia Commons hochzuladen. Dies sollten jedoch keine Hochglanzwerbefotos, sondern beispielsweise Grafiken sein, die einen Herstellungsprozess illustrieren. Oder Fotos eines Produkts, das von allgemeinem Belang oder Interesse ist – für einen Automobilzulieferer könnte das etwa ein bestimmter Scheinwerfertyp sein, für das Pharmazieunternehmen die Verpackung eines wichtigen Medikaments. Die Wikipedia-Redakteure können dann selbst entscheiden, ob sie Ihr Foto einem Artikel hinzufügen.

Wikipedia ist nicht der richtige Ort für Link-Building. Verwenden Sie Wikipedia bitte nicht für das Link-Building. Wie in Kapitel 4 schon empfoh-

---

11 https://wikimediafoundation.org/news/2019/05/29/lets-talk-about-the-north-face-defacing-wikipedia/

len wurde, sollten Sie auf Social Media-Sites möglichst uneigennützig agieren. Wenn Sie ein Portal allein zu dem Zweck nutzen, am Ende der Artikel Links zu setzen, werden Sie als Spammer entlarvt und wahrscheinlich gebannt. Bauen Sie stattdessen Ihre Glaubwürdigkeit auf: Tragen Sie durch das Ausräumen sachlicher Unstimmigkeiten und die Korrektur von Formatierungs- und Grammatikfehlern etwas zu den Artikeln bei. Wenn Sie einem Artikel einen sachdienlichen Link hinzufügen möchten, liegt es in Ihrem Interesse, zuerst einige uneigennützige Beiträge zu der Seite zu leisten, bevor Sie mit dieser Information herausrücken. Denn wer zu oft und zu früh Links einbindet, gerät allzu leicht in den Verdacht der Eigenwerbung.

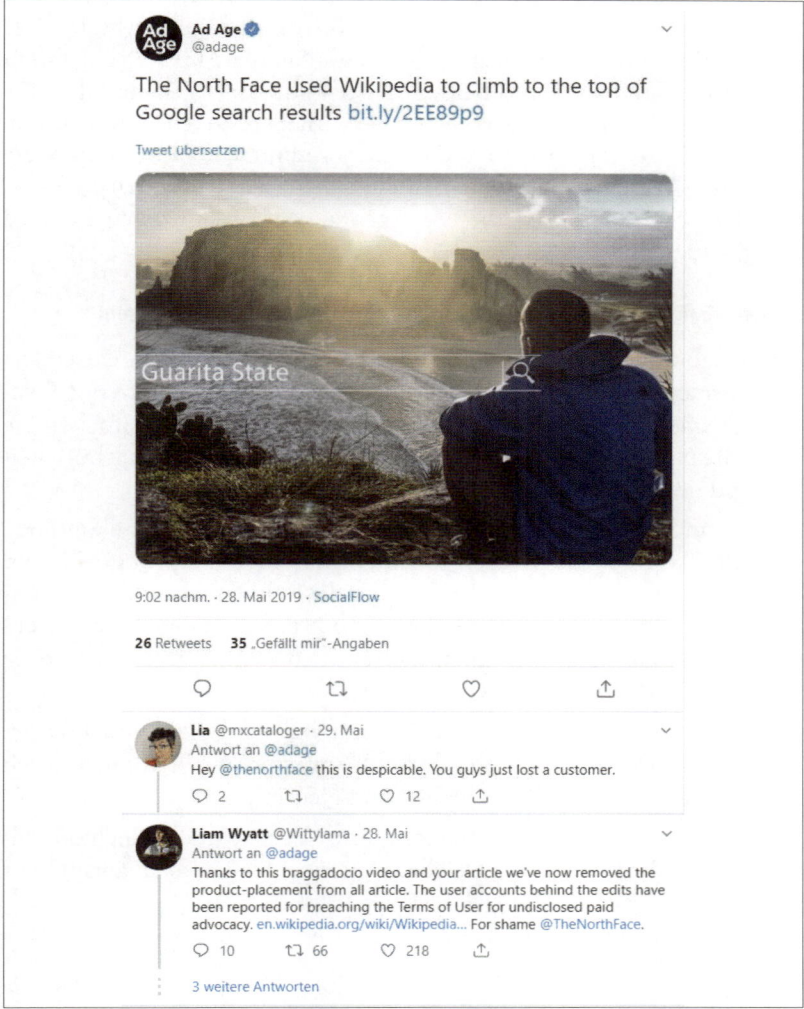

◀ **Abbildung 12-3**
Vorsicht: Die Wikipedia – und Ihre Kunden – belohnen Inhalte und Kollaboration, nicht aber Manipulation. Auch eine Google-Suche nach »North Face Wikipedia« fördert nun vielfältig kritische Artikel zutage.

Spammer werden in der Wikipedia ganz schnell entlarvt. Über Spam rümpft in der Wikipedia jeder die Nase. Wer Spam an Wikipedia sendet, riskiert einen Eintrag in die Spam-Blacklist[12]. Diese Liste dient dazu, auf User und IP-Adressen hinzuweisen, die Wikipedia missbräuchlich verwenden und die Regeln und Richtlinien der Site missachten. User, die auf dieser schwarzen Liste stehen, dürfen die Site nicht mehr benutzen. Da Suchmaschinen und andere angesehene Portale die schwarze Liste von Wikipedia beachten, ist es sehr von Nachteil, seinen eigenen Namen oder seine IP-Adresse dort wiederzufinden.

Beziehungen aufbauen. Wenn Sie ein regelmäßig mitwirkendes, angesehenes Mitglied der Wikipedia-Community und irgendwann auch einmal Administrator werden möchten, sollten Sie sich unbedingt mit den jetzigen Administratoren vernetzen und sich als wertvolles Mitglied der Community profilieren. Dazu gehört, dass Sie die Aktivität auf Ihrem Profil aufrechterhalten und Beiträge leisten, die zum Wert und dem Erhalt von Wikipedia beitragen. Wenn Sie vorhaben, Seiten zu bearbeiten, die unmittelbar mit Ihrem Unternehmen verbunden sind (oder andere Einträge, bei denen man einen Interessenkonflikt vermuten könnte), vergessen Sie nicht, dass diese gelegentlichen eigennützigen Beiträge durch andere mehr als aufgewogen werden müssen.

Fassen wir noch einmal die Optionen zusammen, die Ihnen offenstehen:

- Sie abonnieren – so vorhanden – die Artikelseite zu Ihrem Unternehmen. Falls es darauf Fehler gibt oder Sie etwas ergänzen wollen, sprechen Sie dies über die Diskussionsseite an. Dabei arbeiten Sie transparent und geben Auskunft über Ihre Firmenzugehörigkeit und den damit verbundenen Interessenkonflikt.

- Wenn Sie eine Seite über Ihr Unternehmen und/oder eine Methode oder Technologie anlegen möchten, die ihren Ursprung in Ihrem Unternehmen hat, prüfen Sie vorher die Relevanzkriterien und achten darauf, dass Sie genügend Belege aus externen Quellen besitzen. Im Idealfall bitten Sie einen Dritten, den Artikel unter Beachtung der Wikipedia-Richtlinien anzulegen.

- Sie arbeiten an den Beiträgen aktiv mit, bei denen Ihr Know-how gefragt sein könnte und sie inhaltlich etwas beitragen können. Auch hier achten Sie auf Transparenz und Neutralität.

- Links zahlen auf die Sichtbarkeit Ihrer Website in den Suchmaschinen ein. Prüfen Sie, bei welchen Beiträgen Sie Links ergänzen kön-

---

12 *https://de.wikipedia.org/wiki/MediaWiki:Spam-blacklist*

nen – achten Sie aber streng darauf, dass Sie den Wikipedia-Beitrag wirklich bereichern.

- Sie nutzen die Schwesterprojekte der Wikipedia, etwa die Wikimedia Commons. Dort laden Sie Fotos hoch, deren Nutzung Sie für alle Zwecke freigeben. Auf diese Weise können andere User die Fotos beispielsweise auch zur Illustration von Wikipedia-Artikeln nutzen, was wiederum die Visibilität Ihrer Marke steigert.

- Sie lernen durch Abgucken: Welche Keywords sind in den für Ihren Geschäftsgegenstand relevanten Artikeln enthalten? Nutzen Sie diese Keywords auf Ihrer Website? Wie sind die Artikel aufgebaut, welche Links sind hinterlegt? Eine Wikipedia-Recherche kann Ihre eigenen Texte verbessern.

Unser wichtigster Rat: Folgen Sie streng den Richtlinien Wikipedias und agieren Sie immer transparent.

Ein eigenes Wiki

Ihr Fachwissen können Sie nicht nur auf bestehenden Websites veröffentlichen, sondern auch in einem eigenen – beispielsweise firmeninternen – Wiki, das Sie selbst mithilfe von Onlinediensten oder kostenlosen Open-Source-Anwendungen erstellen können. Dies kann sich besonders für Verbände anbieten, die mithilfe eines Wikis die Schlagwörter ihrer Branche für die Öffentlichkeit definieren können. Um dies technisch umzusetzen, können Sie beispielsweise auf die Open-Source-Plattform *MediaWiki*[13] zurückgreifen, die auch von Wikipedia genutzt wird. Vorteil: Sie und Ihre Redakteure finden eine vertraute Oberfläche wieder.

Ein *Wiki* ist nichts anderes als eine Sammlung von Webseiten, die jeder, der Zugriff auf die Webanwendung hat, modifizieren kann. Es ist ein lebendes Dokument, das Zusammenarbeit und regelmäßige Updates ermöglicht.   ◀ **Definition**

MediaWiki muss auf dem eigenen Server installiert werden, bietet dafür aber das vertraute Look-and-feel von Wikipedia. Anfänger fühlen sich allerdings gelegentlich damit überfordert, ein Wiki von Grund auf neu aufzubauen, zumal man immer noch die Syntax für die Aktualisierung und Bearbeitung von Wiki-Seiten verstehen muss. Wenn Sie keinen eigenen Provider für das Webhosting haben oder Ihre Wiki-Seite an anderer Stelle hosten möchten, können Sie weitere Kollaborationswerkzeuge

---

13 *https://www.mediawiki.org/wiki/MediaWiki*

in Betracht ziehen. Abbildung 12-4 zeigt eine Beispielseite von *PB-works*[14]. Weitere Alternativen sind *DokuWiki*[15] und *XWiki*[16] (sehr umfangreich, besonders für Unternehmen).

Abbildung 12-4 ▲
Im PBWorks-Wiki der Hochschulbibliothek der Technischen Hochschule Mittelhessen finden sich Anleitungen und Tipps für Studierende.

Ein Wiki ist ein großartiges Mittel, um die Öffentlichkeit über die neuesten Änderungen und Ergänzungen zu einem bestimmten Thema zu informieren. Am besten eignen sie sich, wenn Sie eine ganz bestimmte Zielgruppe anpeilen, die schon jetzt aktiv und engagiert ist. Im Idealfall hat ein Wiki überdies einen Moderator, der die Änderungen regelmäßig durchsieht.

14 *https://www.pbworks.com/wikis.html*
15 *https://www.dokuwiki.org/dokuwiki*
16 *https://www.xwiki.org/xwiki/bin/view/Main/WebHome*

◄ Tipp

Wikis sind nicht nur starke Anwendungen, um die Zusammenarbeit zu fördern, sondern auch ein sehr gutes und preisgünstiges Mittel, um in kleinen Unternehmen interne Informationen zu vermitteln.

Präsentations- und Vortragsunterlagen hochladen

Als »YouTube für PowerPoint-Folien« wird *Slideshare* (*https://www. slideshare.net/*) gern bezeichnet. Gerade für Unternehmen, die viele Präsentationsunterlagen entwerfen oder inhaltsstarke Vorträge halten, ist der zu LinkedIn Learning gehörende Sharing-Dienst eine hervorragende Möglichkeit, um hochwertigen und/oder werblichen Content einem großen Publikum zur Verfügung zu stellen. Leider ist die Beliebtheit von Slideshare zuletzt gesunken. Statt aktueller Uploads finden sich sehr viele veraltete Präsentationen. Es wäre nicht nur für Unternehmen mehr als wünschenswert, der Dienst würde wieder an Fahrt aufnehmen. Weil aber LinkedIn Wachstumspläne hegt, sollte man Slideshare zumindest im Blick behalten.

▼ **Abbildung 12-5**
Die Leseproben verschiedener Bücher finden sich auf dem O'Reilly-Slideshare-Profil. Vorteil: Über einen Einbettungslink können Dritte diese Inhalte sehr leicht auf ihren Websites und Blogs einbinden. Das sorgt für höhere Verbreitung.

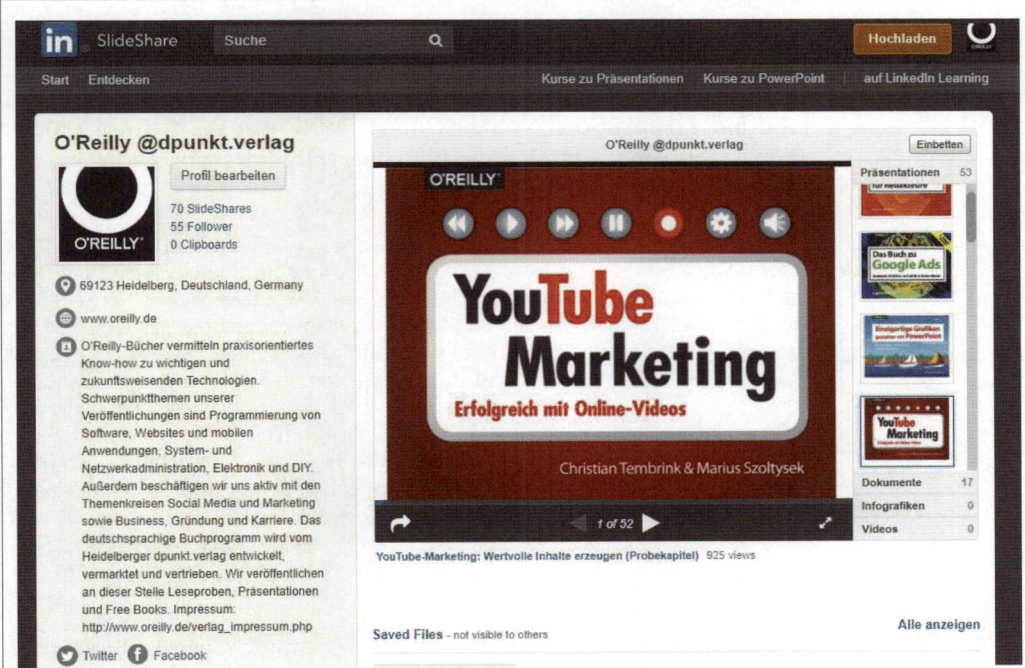

Wie bei YouTube (und anderen Sharing-Diensten) können Sie nach der Registrierung ein Profil erstellen und eigene Inhalte hochladen. Slideshare verarbeitet PowerPoint- und OpenOffice-Präsentationen, PDF-Dateien sowie Dokumente aus Word oder OpenOffice. Die hochgeladenen Präsentationen können mit einer Kurzbeschreibung und Tags versehen werden. Mithilfe eines Embed-Codes (eines HTML-Code-schnipsels) binden Sie Ihre Folien auch in die eigene Website ein. Die Besucher der Website können über das Verzeichnis sowie über eine Suche und verschiedene Rankings weitere interessante oder verwandte Inhalte finden. Präsentationen anderer Nutzer können Sie bei Slideshare herunterladen, als Favoriten markieren, kommentieren oder mit eigenen Tags versehen. Als registrierter User steht es Ihnen außerdem offen, sich mit anderen Nutzern zu vernetzen und deren Inhalte automatisch zu abonnieren.

Viele Unternehmen nutzen den Dienst, um z. B. Produktpräsentationen einzubinden oder den Fachvortrag, den ein Mitarbeiter auf einer Konferenz gehalten hat, einer breiteren Öffentlichkeit zugänglich zu machen. Insbesondere für Technologieunternehmen lohnt sich das Engagement, denn hier erreichen Sie verschiedene grundsätzlich wissbegierige Menschen. Auch Freiberufler nutzen Slideshare, um ihr Know-how zu zeigen und ihre Fachkompetenz unter Beweis zu stellen. Mit einer Zweitverwertung bei Slideshare beweisen Sie Souveränität als Experte für Ihr Thema und bekunden Ihren Willen, Wissen zu teilen und mit anderen über Ihr Thema ins Gespräch zu kommen. Dies kann sehr positive Auswirkungen auf Ihre Reputation im Social Web haben – und auf Ihre Auffindbarkeit in den Suchmaschinen. Will man selbst (noch) nichts hochladen, empfiehlt sich die Nutzung von Slideshare als Recherchetool.

Tipp ▶ Wenn Sie selbst *Präsentationen hochladen*, sollten Sie auf eine aussagekräftige Titelseite sowie auf Hinweise zu Ihrem Unternehmen und auf Kontaktmöglichkeiten am Ende der Datei achten. Bleiben Sie jedoch sachlich; marktschreierische Präsentationen sind nicht beliebt. Stellen Sie den zu vermittelnden Inhalt in den Vordergrund, glänzen Sie durch Wissen und gut strukturierte Vortragsfolien. Um sich von anderen Präsentationsfolien abzuheben, sollten Sie starke Bilder und Überschriften, die neugierig machen, wählen. Wenn Sie Ihre Folien gern minimalistisch gestalten, empfiehlt es sich, Ihre Präsentation in Ihrem Blog oder auf Ihrer Website in einen erläuternden Text einzubinden und diesen Link über Ihre Kommunikationskanäle an mögliche Interessenten zu verbreiten. Auch bei der Verbreitung helfen klare Überschriften und eindeutige Tags. Und: Ermutigen Sie Ihre Mitarbeiter, Vorträge auf Slideshare zu teilen!

Der Basisaccount ist kostenlos, in der kostenpflichtigen Premiumversion erhalten Sie unter anderem eine Statistikfunktion und die Möglichkeit, Videos hochzuladen.

Ein weiterer Dokument-Sharing-Dienst, der auch Word-Dokumente, Tabellen und ganze Bücher und Magazine sowie weitere textbasierte Inhalte beherbergt, ist beispielsweise *Issuu* (*http://issuu.com/*). Dort finden

Sie auch viele E-Books, Magazine und Whitepaper von Unternehmen. Wie bei Slideshare können Sie sich nach der Registrierung mit anderen vernetzen und deren Inhalte abonnieren. Issuu bietet Ihnen außerdem eine günstige Möglichkeit, in Ihre Website oder Ihr Blog Inhalte wie Broschüren, Kundenmagazine oder Leseproben auf ansprechende Weise, etwa zum Durchblättern, einzubinden.

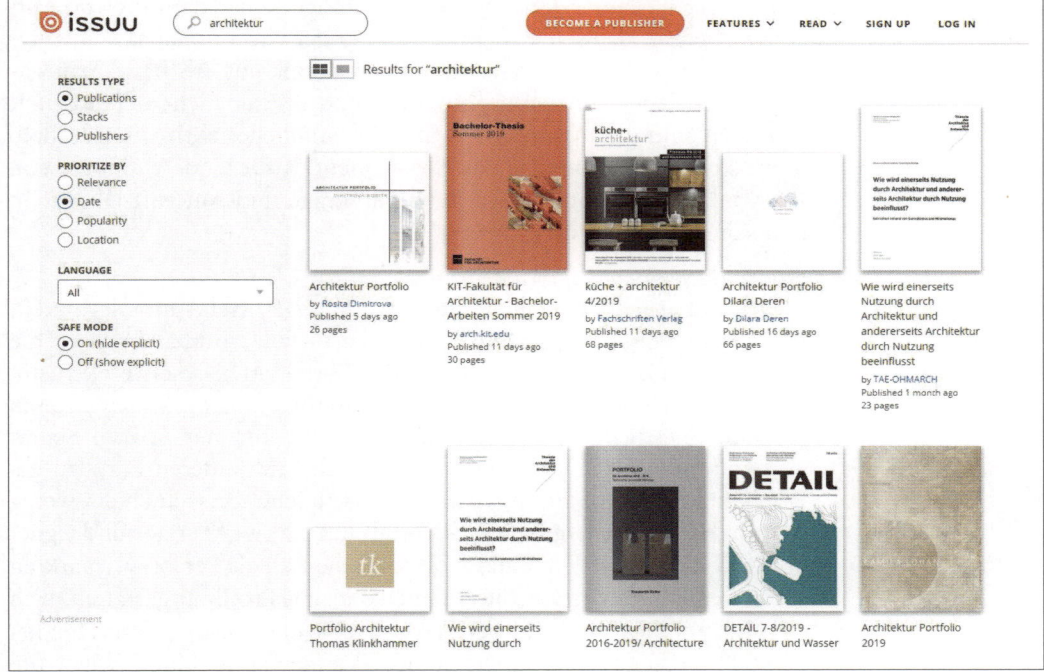

▲ Abbildung 12-6
Werblicher und redaktioneller Content direkt nebeneinander: Issuu bietet vielfältige Möglichkeiten, um das Know-how und das Leistungsportfolio eines Unternehmens zu zeigen.

Austausch in Communitys

Wissensaustausch im Internet findet auch auf weiteren sozialen Plattformen statt: Frage-und-Antwort-Dienste, Empfehlungs- und Bewertungsportale sowie Websites für Anleitungen führen Menschen zusammen, die auf das Wissen, die Erfahrungen und den Rat anderer vertrauen. Die Informationen dieser Dienste sind besonders hilfreich, da sie im Gegensatz zu Suchergebnissen klar Stellung beziehen: Menschen können Produkte zur Lösung bestimmter Probleme empfehlen, oder sie können über Erfahrungen berichten, die andere Mitglieder der Community in ähnlichen Situationen gemacht haben. Einige der Dienste sind bereits einige Jahre alt und haben etwas an Glanz verloren, andere wiederum sind gerade bei Nischenthemen spannend. Für das Social Media Marketing sind Ratgebercommunitys besonders effektiv, wenn man die Dynamik dieser Websites versteht und entsprechend zu nutzen weiß.

Frage-und-Antwort-Dienste

Die Frage-und-Antwort-Portale funktionieren alle ähnlich: Die Teilnehmer stellen Fragen, und die anderen Community-Mitglieder antworten. Statt finanzieller Anreize wird häufig ein Punktesystem geboten. Die Community-Mitglieder sammeln Punkte für die Antworten, die sie geben. Wird eine Antwort vielfach positiv bewertet, erhöht sich die Punktzahl. Im Laufe der Zeit können fleißige User, die hilfreiche Antworten liefern, sich so einen guten Ruf auf der Site aufbauen. Reine Frage-und-Antwort-Portale sehen häufig ein wenig aus, als hätte man das Layout in den Neunzigern entworfen und seither nicht überarbeitet. Dennoch sind die Inhalte frisch und die Mitglieder aktiv, und deshalb lohnt sich je nach Branche das Engagement. Insbesondere dann, wenn Ihr Konkurrent nicht dort ist. Bekannte Frage-und-Antwort-Dienste in deutscher Sprache sind:

Quora (https://www.quora.com)
> *Quora* erhielt bei seinem Start im Jahr 2010 viel Aufmerksamkeit, weil es nicht nur auf die »Weisheit der Vielen«, sondern auch auf die Weisheit zentraler Köpfe setzte. Das Portal lud beispielsweise Justin Trudeau und Barack Obama sowie einige Silicon-Valley-Größen ein, Fragen der User zu beantworten. Quora hat sowohl Spam-Kommentare als auch Trash-Fragen, die auf anderen Portalen gehäuft auftreten, gut im Griff – was möglicherweise auch ein wenig an der Klarnamenpflicht des Portals liegt. Es wirkt seriös und eignet sich daher in jedem Fall für all jene, die sich als Person vermarkten möchten. Es besteht die Möglichkeit, ein Profil zu gestalten, sich mit anderen Mitgliedern zu vernetzen und bestimmten Themen oder Fragen zu folgen. Die Beiträge können per Up- und Downvote bewertet, mögliche Fehler und Ergänzungen gemeldet werden. Quora zählt weltweit rund 300 Millionen monatliche Besucher und wird von mehreren hochkarätigen Investoren getragen.

gutefrage.net (https://www.gutefrage.net/)
> Diesen F&A-Dienst, der eine Eigengründung der Holtzbrinck Digital GmbH ist, gibt es seit dem Jahr 2006. *gutefrage.net* gehört zu den beliebtesten Angeboten des deutschsprachigen Webs, man zählt 15 Millionen Unique User pro Monat (AGOF 02/2019). Einige Unternehmen wie der Paketdienstleister GLS oder der Reiseveranstalter FTI Touristik haben sich als Businessexperten registriert; dies ist mit einer hervorgehobenen Profilseite verbunden und ermöglicht, direkt auf Kundenfragen zu antworten. Mit *computerfrage.net*, *finanzfrage.net* und anderen themenbasierten Portalen ergänzt *gutefrage.net* seine Produktpalette.

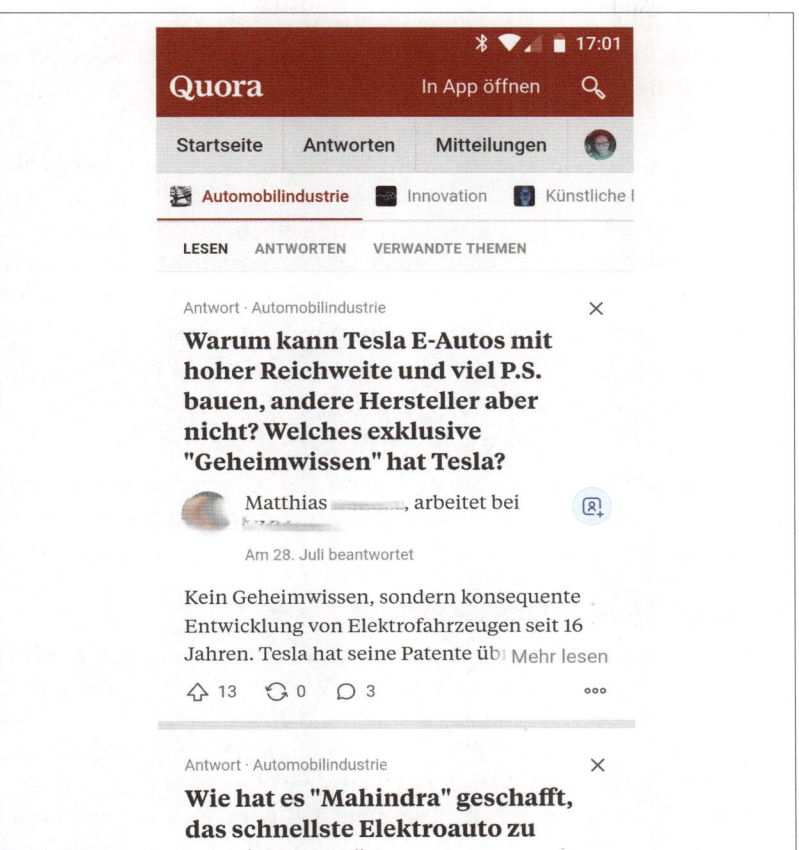

◀ **Abbildung 12-7**
Mobile Ansicht von Quora

Yahoo! Clever (https://de.answers.yahoo.com/)

Yahoo! Clever, das in den USA und anderen Ländern *Yahoo! Answers* heißt, ist – auf die gesamte Welt bezogen – der führende Frage-und-Antwort-Dienst. Er steht allen Yahoo!-Usern standardmäßig zur Verfügung und erreicht allein deshalb eine riesige Anzahl von Nutzern – auch wenn er gestalterisch sicherlich mehr an eine Website der Jahrtausendwende erinnert. Yahoo! Clever setzt stark auf Netzwerkbildung und lädt auch Unternehmen ein, an den Inhalten mitzuwirken.

Wer-weiss-was (https://www.wer-weiss-was.de/)

Wer-weiss-was ist ein deutschsprachiges Frage-und-Antwort-Portal, das schon seit 1996 auf nutzergenerierten Content setzt. In diesem Expertennetzwerk sind knapp 650.000 User registriert, unter anderem Rechtsanwälte, Ärzte, Chemielaboranten und Tierpfleger. Gemeinsam beantworten sie jede erdenkliche Frage.

Darüber hinaus gibt es erwähnenswerte internationale F&A-Dienste, deren Fokus auf einem bestimmten Thema und/oder einer bestimmten Zielgruppe liegt. Das sind beispielsweise:

Stack Exchange (https://stackexchange.com)
> *Stack Exchange* präsentiert sich als Expertencommunity. Verschiedene Räume – Spaces – zu Fachbereichen wie Data Science, Fotografie oder Mathematik versprechen fachlich versierte Antworten. Zu Stack Exchange gehört auch der im Folgenden beschriebene Dienst Stack Overflow.

- Stack Overflow *(https://stackoverflow.com/questions)*
> *Stack Overflow* ist vermutlich die Lieblingsseite aller Programmierer weltweit. Hier finden Sie Anleitungen, Codeschnipsel, Lösungen zu allzu hartnäckigen Bugs und Antworten auf knifflige Fragen.

In anderen Ländern wie China, Indien oder Südkorea wiederum gibt es weitere enorm reichweitenstarke Dienste, die hierzulande aber nahezu bedeutungslos sind.

Teilen Sie Ihr Wissen bei F&A-Diensten

Wahrscheinlich bietet Ihr Unternehmen Dienstleistungen oder Produkte an, und vielleicht haben Sie auch eine Website, die Fragen unmittelbar beantwortet. Auf den sozialen Frage-und-Antwort-Plattformen können Sie die Chance nutzen, Ratsuchenden mit Ihren Informationen und Ihrem Wissen zu helfen. Meist erreichen Sie vor allem Endkunden, also Verbraucher und Konsumenten, in manchen Portalen wie Quora oder Stack Overflow aber auch potenzielle Geschäftspartner, Kollegen oder Nachwuchskräfte.

Dabei sollten Sie die Verhaltensregeln der Dienste befolgen. Liefern Sie nützliche und hilfreiche Antworten. Genau wie die Wikipedia verlassen sich auch Fragedienste auf die Moderation der Community. Wenn Sie durch offensichtliche Produktwerbung als Spammer wahrgenommen werden, können Nutzer Ihren Account melden. Als Folge kann Ihr Benutzerkonto, die Frage oder die Antwort gelöscht werden.

Der Community etwas geben

Wie in anderen sozialen Netzwerken sollten Sie auch hier nicht übertrieben werblich auftreten. Viele offene Fragen auf den Plattformen, zu denen Sie etwas beitragen können, und die schwankende Antwortqualität anderer User geben Ihnen die Chance, zu glänzen und der Community echten Mehrwert zu bieten. Durch gut recherchierte und hilfreiche Antworten etablieren Sie sich als hochrangiges Mitglied des Diensts. Je mehr »beste Antworten« Sie geben, desto besser stehen Ihre Chancen, diese Glaubwürdigkeit zu erlangen.

Haben Sie eine Frage gefunden, auf die Sie eine Antwort kennen, klicken Sie auf den *Antwort*-Button des Diensts, um eine Antwort zu formulieren. Geben Sie hier Nachweise für Ihr Wissen an; das kann Wikipedia sein, ein Nachrichtenartikel oder eine Website. Nutzen Sie die Gelegenheit, Ihre Antwort grundlegend zu erklären und die Leser zugleich auf die detaillierteren Informationen auf der Website zu verweisen. Erklären Sie Ihren Bezug zum Thema und gehen Sie dabei ehrlich mit Ihrem Hintergrund um, die Community wird es zu schätzen wissen.

Die richtigen Fragen finden

Wenn Sie Frage-und-Antwort-Dienste mehr oder weniger regelmäßig zu Marketingzwecken nutzen möchten, können Sie mit der Suchfunktion Fragen anhand eines bestimmten Begriffs finden. Schauen Sie sich die Themenbereiche an, aus denen die meisten Fragen kommen, und überlegen Sie, an welcher Stelle und in welchem Umfang Sie etwas beitragen können.

Sagen Sie, wo Sie arbeiten

Fügen Sie Links zu Ihrer Website oder dem Blog Ihres Unternehmens auf Ihrer Profilseite hinzu. Sie können Ihre Antworten auch mit einer URL signieren, besonders dann, wenn Sie das Gefühl haben, dass diese Ihre Glaubwürdigkeit noch zusätzlich untermauert. Es ist nie schlecht, sich als Barmann zu outen, wenn eine Frage zu Likören gestellt wird, und es schadet auch bestimmt nicht, sich als Buchhändler zu erkennen zu geben, wenn man eine Frage zur geeigneten Lektüre für Kinder beantwortet. Antworten mit Namen, Zugehörigkeit und Firmenhomepage zu unterschreiben, ist natürlich ein gutes Mittel, mehr Menschen für Ihr Unternehmen und seine Angebote zu interessieren.

Betreiben Sie Eigenwerbung – sofern erlaubt

Niemand wird über Eigenwerbung die Nase rümpfen, solange diese im Rahmen der jeweiligen Netzwerke stattfindet. Im Gegenteil: Bei einigen Portalen wie Quora wird sie sogar gefördert. Auch Yahoo! Clever hat nichts gegen URLs und Firmennennungen in Antworten. Dennoch gibt es eine Einschränkung: Beiträge, die einzig und allein der Werbung dienen, sind verboten, wie in den Community-Guidelines ausdrücklich gesagt wird:

Missbräuchliche Nutzung der Plattform für eigene Zwecke
Yahoo Clever dient der Wissensvermittlung, nicht der Jagd nach Kunden, Seitenaufrufen oder Rendezvous. Wenn Sie jahrelange Er-

fahrung auf einem Gebiet haben, einem besonderen Hobby nachgehen, ein eigenes Geschäft besitzen oder ein Wissenspartner sind, können Sie eine gute Antwort zur Sache mit einem Link zu Ihrer Website, Ihrem Blog oder Ihrer E-Mail-Adresse versehen, um weitere Informationen anzubieten. Stellen Sie jedoch keine Links ein, die nicht zum Thema gehören oder nur dem eigenen Vorteil dienen. Auch Bitten wie »Fügen Sie mich zu Ihren Kontakten hinzu?« und das Vorschlagen anderer sind verboten.[17]

Unser Rat: Wählen Sie ein bis zwei Communitys aus, bei denen Sie nicht nur regelmäßig vorbeischauen, sondern in denen Sie auch in Form von Antworten regelmäßig etwas beitragen. Werden Sie Teil dieser Communitys und denken Sie daran, dass es im Social Web primär um Gespräche geht und nicht um reines Werben und Verkaufen.

Aggregatoren für Social News und Links

Kennen Sie noch die vielfältigen Foren, in denen die Websurfer einst den Glühbirnenwechsel beim Ford Fiesta, die beste Ein- und Durchschlafstrategie für Babys oder die Ergebnisse der vergangenen Bundestagswahl diskutierten? Meist angedockt an eine entsprechende Website – etwa die Seite eines Automobilklubs, einer Familienzeitschrift oder einer Partei –, fanden sich hier Hilfesuchende und Diskutierwillige zusammen. Auch heute gibt es noch eine Vielzahl von Webforen. Mehrheitlich haben sich Diskussionen aber inzwischen hin zu anderen Plattformen verlagert. Sie wissen bereits, dass die großen sozialen Netzwerke wie Facebook und Twitter aus diesem Anlass frequentiert werden. Zusätzlich gibt es Portale, auf denen User einander Texte, Bilder, Videos oder Links zukommen lassen, deren Inhalte sie (mitunter intensiv) diskutieren können. Oft handelt es sich um Nachrichten und Artikel aus Onlinemagazinen, noch häufiger startet ein User einfach einen Diskussionsbeitrag. Sehen wir uns beispielhaft zwei Portale an.

Reddit (https://www.reddit.com/)
> *Die Social-News-Site Reddit* verfügt über internationale Bekanntheit und eine sehr rührige Community. Registrierte User (»Redditors«) können News einstellen, die dann andere kommentieren sowie Upvotes bzw. Downvotes vergeben. Die sogenannten Subreddits fungieren als Themenräume, so gibt es beispielsweise *r/ProgrammerHumor*, *r/happycryingdads* oder *r/psychology*. Reddit steht in mehreren Sprachen zur Verfügung – allerdings nicht in deutscher Sprache. Die populärsten Subreddits versammeln mehrere Millio-

---

17 *http://de.answers.yahoo.com/info/community_guidelines*

nen User. Dazu gehört auch *r/IAmA*. Zu diesem Subreddit lädt man unter dem Slogan »Ask me anything« auch immer wieder Prominente ein – zu Gast waren zum Beispiel bereits Barack Obama, aber auch Firmenchefs wie der Verlagsgründer Tim O'Reilly oder die kanadische Snowboarderin Spencer O'Brien. Reddit bezeichnet sich selbst als Startseite des Internets und ist mit Sicherheit ein äußerst spannendes Portal, auf dem Ihnen die Zeit nur so durch die Finger rinnt. Nichtsdestotrotz spielt es im deutschsprachigen Raum keine allzu große Rolle, manchmal gelangen Debatten aus Reddit allerdings wiederum zurück in die klassischen Medien.

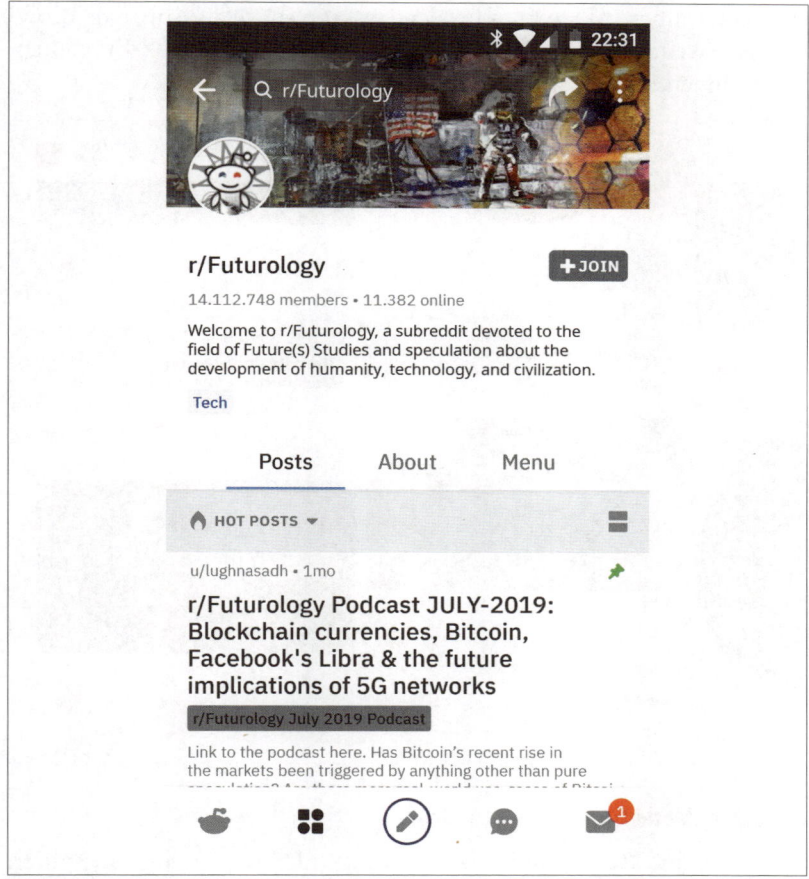

◄ **Abbildung 12-8**
Reddit wird von Onlinemedien zur Themenrecherche genutzt. Darin – sowie in der gezielten Recherche nach Meinungen, Einschätzungen und Stimmungen – liegt auch das Potenzial für Unternehmen.

Mix (https://mix.com)

Mix ist der 2018 gestartete Nachfolger des Social-Bookmarking-Tools StumbleUpon – und bekommt von uns schon deshalb eine Menge Vorschusslorbeeren. Denn: Mix ist ein echtes Trüffelschwein unter den Content-Suchmaschinen. Es bugsiert Sie zu den originellen und inhaltsstarken Websites und Nachrichten – international und von Usern kuratiert und als wertvoll eingestuft. Die Registrierung ist denkbar einfach: Nutzen Sie Ihren Google-, Facebook- oder sogar, falls vorhanden, Ihren ehemaligen StumbleUpon-Account. Sobald die Anwendung personalisierte Informationen über Sie gesammelt hat (Themen und Interessen), können Sie mit Mix neue Websites finden, die laut den Vorschlägen anderer Nutzer des Diensts Ihren Interessen entsprechen. Mix wird Sie kinderleicht zu vielen tollen, außergewöhnlichen Inhalten führen, sodass wir Ihnen ans Herz legen, sich einmal durch die Empfehlungen treiben zu lassen – auch wenn die Inhalte und User mehrheitlich aus Nordamerika stammen. Mix gibt es für den Desktop sowie als App, eine Browsererweiterung für Firefox und Safari erleichtert das Empfehlen spannender Websites.

Abbildung 12-9 ▼
Mix.com ermöglicht Ihnen den Blick über den Tellerrand. Einige große Unternehmen oder Medien pflegen Mix-Accounts, wir empfehlen es als Content-Suchmaschine.

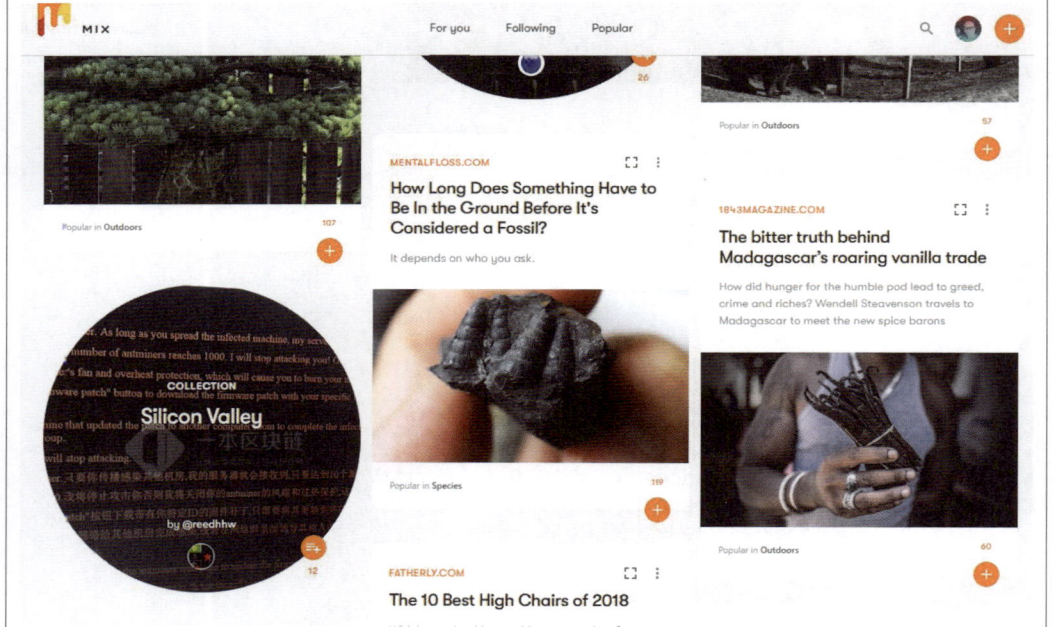

Einsatz im Marketing

Zunächst sind Reddit und Mix hervorragende Dienste zum Aufspüren von interessantem Content. Sie haben in diesem Buch schon häufiger gelesen, dass Sie als Marketingtreibende in den sozialen Medien immer auf der Suche sind: nach interessanten Artikeln, witzigen Geschichten, außergewöhnlichen Ansichten und vielem mehr. Sie haben gehört, dass gerade virale Effekte nur entstehen, wenn Ihr Inhalt über ein gewisses Überraschungsmoment verfügt und witzig, außergewöhnlich oder auch höchst dramatisch ist. In jedem Fall muss er die Menschen bewegen und sie motivieren, ihn weiterzutragen.

Sie haben jedoch auch gelesen, dass es nicht einfach ist, diese Inhalte zu erstellen und zu finden. Natürlich können Sie auf bestehende Themen aufspringen (und sollten es bei passender Gelegenheit auch), doch genauso wichtig ist es, selbst etwas beizutragen und Themen aufzubringen. Mithilfe von Aggregatoren können Sie die Community anzapfen: Durchstöbern Sie die aktuell am häufigsten abgelegten Links, beobachten Sie Themen und Trends, identifizieren Sie wichtige Personen und studieren Sie Hintergrundartikel. Wenn Sie genügend Material zusammen haben, hilft Ihnen das dabei, eigenen Content zu generieren, indem Sie beispielsweise eine persönliche Ansicht zu einem von Ihnen entdeckten Trend formulieren oder Ihren Lesern im Blog oder auf Ihrer Facebook-Seite einen Übersichtsartikel zur Verfügung stellen.

Außerdem können Sie selbst aktiv werden: Erstellen Sie ein Konto bei einem oder mehreren Diensten – und zwar unter Ihrem Namen und/oder dem Ihres Unternehmens. Sammeln Sie nützliche Links, gruppieren und verschlagworten Sie diese und stellen Sie sie Ihren Lesern und Kunden sowie der gesamten Community zur Verfügung. Auf diese Weise können Sie frühzeitig Themen besetzen, Ihre Reputation als Profi in Ihrem Fach ausbauen und sich stark mit anderen Usern vernetzen. Stellen Sie sich beispielsweise vor, Sie wären ein professioneller Fotograf. Sie haben ein Blog und ein Instagram-Profil, auf dem Sie Ihre Arbeiten veröffentlichen. Ab dem Moment, in dem jemand Ihre Seite als Lesezeichen ablegt und kategorisiert, kann ein anderer – vielleicht ja ein Galerist auf Nachwuchssuche – Sie finden. Und Sie werden auf fotointeressierte User stoßen, die Ihnen ebenfalls interessante Webseiten und Menschen empfehlen.

Generell kann man sagen, dass die aktive Präsenz Ihres Unternehmens in Portalen wie Reddit und Mix derzeit nicht die oberste Priorität im Social Media Marketing haben dürfte – ob Sie sich dafür entscheiden, hängt im Wesentlichen von Ihrem Budget und der zur Verfügung stehenden Zeit sowie von Ihrer Branche ab. Speziell IT- und Medienunternehmen sowie sämtliche webaffinen und international agierenden Unternehmen sollten jedoch darüber nachdenken. Für Freiberufler und Mitarbeiter, die sehr aktiv und im Team im Social Web Links posten und sammeln, kann die Nutzung von Social Bookmarks eine sinnvolle Arbeitserleichterung sein.

Meinungsplattformen

Dass bei wichtigen Kaufentscheidungen heute in der Regel vor einem Kauf das Internet konsultiert wird, überrascht niemanden mehr. 56 Millionen Bundesbürger kaufen online ein, und 63 Prozent geben in einer

BITKOM-Studie an, dass die Onlinekundenbewertungen ihre Kaufentscheidung wesentlich beeinflussen. Erst danach folgen persönliche Gespräche (56 Prozent), Preisvergleichsseiten (55 Prozent), die Websites der Anbieter (47 Prozent) oder Testberichte (45 Prozent).[18]

Dem Informationsbedürfnis der Kunden kommen schon seit Jahren einzelne Anbieter selbst (allen voran Amazon) sowie zentrale Produktbewertungs- und Empfehlungsseiten nach. Außerdem wurden immer mehr branchen- und produktbezogene Plattformen gegründet, die beispielsweise Hotels oder Ärzte einer Bewertung unterziehen.

Tipp ▶ Auch wenn es Ihnen noch so sehr in den Fingern juckt: Unterlassen Sie es, Ihre eigenen Produkte mit positiven Bewertungen zu versehen. Letztlich laufen Sie immer Gefahr, entdeckt zu werden: Auch wenn Sie unter einem Pseudonym schreiben, hinterlassen Sie beispielsweise eine IP-Adresse. Es gibt mittlerweile einfache Tools, mit denen IPs automatisch ausgewertet werden können – so kann eine Amazon-Rezension auch schnell auf Ihr Firmennetzwerk zurückgeführt werden. Und natürlich gibt es aufmerksame Websurfer, die Ungereimtheiten aufdecken.

Einsatz im Marketing

Einige klassische Verbraucherportale haben wir bereits in Kapitel 2 aufgeführt, darunter *Yelp* oder das Arztbewertungsportal *jameda.de*. Je nach Branche sollten Sie sich die passenden Portale heraussuchen und sie überwachen. Dabei ist vor allem ausschlaggebend, wie bekannt diese Seiten bei Ihrer Zielgruppe sind. Die meisten Portale bieten Unternehmen die Möglichkeit, auf Kritik zu reagieren, und falls nicht, können Sie versuchen, den Autor des negativen Kommentars per Mail zu erreichen. Vielleicht lässt sich seine Beschwerde so ganz leicht aufklären?

Außerdem kann – insbesondere bei Arztbewertungsseiten – häufig das Profil mit Kontakt- und Adressdaten sowie Informationen zu Ansprechpartnern und Öffnungszeiten angereichert werden. Es kann auch ohne Ihr Zutun auf solchen Portalen über Sie berichtet werden, aber es ist natürlich viel besser, wenn Sie selbst aktiv werden. Abgesehen davon erreichen Sie mit einem ausgefüllten Profil auch nicht wenige Neukunden, die sich aufgrund aktueller und detaillierter Informationen eher für Sie als für Ihre Wettbewerber entscheiden könnten.

Die Wichtigkeit von Empfehlungsplattformen und die Bedeutung von Kundenrezensionen haben Unternehmen längst anerkannt. Statt auf Kundenstimmen zu warten, kann man auch aktiv um Meinungen bitten. Das kann insbesondere vor oder während der Einführung neuer

---

18 *https://www.bitkom.org/sites/default/files/2019-01/Bitkom-Charts%20PK%20Handel%2024012019_0.pdf*

Produkte nützlich sein. Wie in Kapitel 6 beschrieben wurde, ist die aktive Ansprache von Bloggern eine Möglichkeit, um Produkttester zu akquirieren. Einen größeren Personenkreis erreichen Sie über Plattformen wie *trnd* oder *Konsumgoettinnen.de*, die wie einige andere Dienste insbesondere die Mikro-Influencer ansprechen und vermitteln.

Dort können Unternehmen ihre Anfragen einstellen, und die Mitglieder der Sites können sich um die Teilnahme an Produkttests bewerben. Bedenken Sie, dass die Meinungen nicht auf den jeweiligen Word-of-Mouth-Plattformen, sondern auf Websites und Blogs der Teilnehmer sowie auf deren Facebook-, YouTube- oder Instagram-Präsenzen geäußert werden. Nachteilig ist dabei aber nur, dass Sie nicht alle Stimmen im direkten Überblick haben. Dafür erreichen Sie aber direkt das jeweilige persönliche Netzwerk eines Teilnehmers.

Folgende Word-of-Mouth- bzw. Influencer-Plattformen spielen eine Rolle:

trnd (https://www.trnd.com/de/)

> *trnd* bietet Unternehmen verschiedene Formen des Collaborative Marketing an, um etwa mit Word-of-Mouth-Kampagnen neue Produkte bekannt zu machen, mit Konsumenten Inhalte im Social Web zu produzieren, gemeinsam mit Verbrauchern neue Produkte von Anfang an zu entwickeln oder Marktforschung zu betreiben und unverfälschtes Feedback zu Produkten zu erhalten. trnd gibt es seit einigen Jahren, inzwischen versteht es sich als Partner für Influencer-Marketing[19]. (Einige Tipps für die Arbeit mit Influencern haben Sie bereits in Kapitel 4 bekommen.) Die sogenannte »Mundpropaganda-Plattform« agiert in 14 Ländern Europas und hat etwa vier Millionen

▲ **Abbildung 12-10**
Wie wichtig Kundenrezensionen für die Kaufentscheidung sind, wird seit Jahren durch Umfragen festgestellt – auch in dieser BITKOM-Studie aus dem Jahr 2018 ist das Ergebnis eindeutig: Sie brauchen die Fürsprecher aus Ihrem Kundenkreis. (Bild: Bitkom.org, Studie »Trends im E-Commerce – So shoppen die Deutschen 2019«)

---

19 Alle Infos für Unternehmen unter: *https://www.territory-influence.com/de/*

eingetragene Tester. Viele große Marken wie Henkel, Bosch, Ninten-
do und Neckermann haben bereits Influencer-Kampagnen über trnd
durchgeführt. Für seine Word-of-Mouth-Kampagne gemeinsam mit
dem Sanitärhersteller Hansgrohe gewann trnd im Jahr 2014 den
Deutschen Preis für Onlinekommunikation.

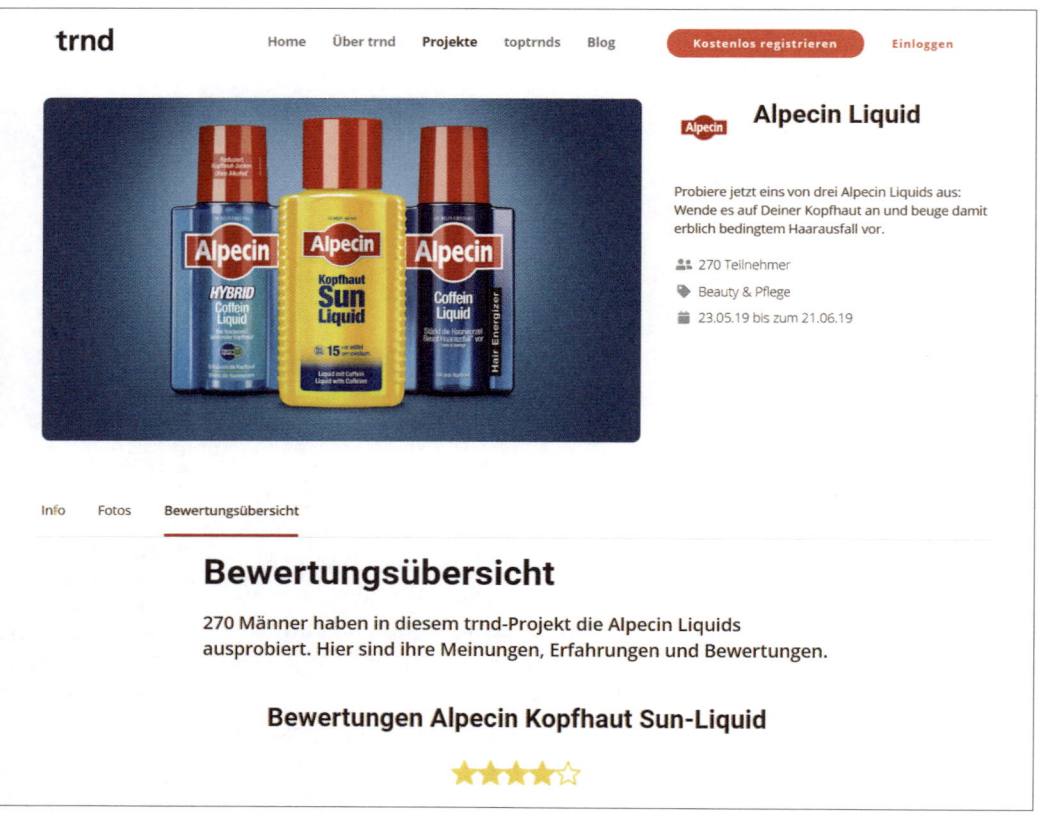

Abbildung 12-11 ▲
trnd hilft, Kundenbewer-
tungen einzusammeln.

Brandnooz (https://www.brandnooz.de/produkt-test/)
   Bei *Brandnooz* können interessierte Kunden regelmäßig eine Box
   mit neu auf dem Markt befindlichen Produkten gegen einen Probier-
   preis testen. Neben dieser kommerziellen Variante – die Box im Abo
   kostet ab 13,95 Euro monatlich – können Brandnooz-User sich als
   Produkttester bewerben und beispielsweise über die schmackhafteste
   Marzipanpraline oder die köstlichste Kaffeesorte abstimmen.

Konsumgöttinnen (https://www.konsumgoettinnen.de/)
   Gleiche Testergruppe, ähnliche Produkte: Auch *Konsumgöttinnen* ist
   eine Plattform für Empfehlungsmarketing. Sie hat etwa 250.000 registrierte Mitglieder, die vorrangig die Themen Gesundheit, Fitness,
   Lifestyle, Food und Beauty abdecken. Die Konsumgöttinnen haben

sich dabei stets weiterentwickelt – anfangs landeten ihre Kundenstimmen vorrangig auf Plattformen wie (dem inzwischen eingestellten) *ciao.com*, heute posten sie auf Instagram und YouTube.

Shoppingcommunitys

Auch reine Verkaufsplattformen haben längst die Vorzüge von Netzwerken entdeckt: Für registrierte Kunden des Schuhversenders Zalando gibt es in der *Zalando Lounge* beispielsweise Angebote, die anderen, »normalen« Kunden nicht zur Verfügung stehen. Angesprochen und mit Informationen über neue Sonderangebote versorgt werden die Kunden in der Regel über E-Mail und über einen mit Passwort geschützten Bereich der Website. Die Angebote sind häufig preislich sehr attraktiv, jedoch zeitlich nur begrenzt verfügbar. Vor dem Start wird ein Newsletter verschickt, durch den direkt der Umsatz angekurbelt wird. Andere typische Merkmale sozialer Netzwerke wie persönliche Profile der User, das Verbinden untereinander oder das Diskutieren in Gruppen gibt es indes nicht.

Dem zum Versandhandel OTTO gehörenden Schnäppchenportal *Limango* ist es sogar gelungen, zunächst ausschließlich mit zeitlich begrenzten Sonderposten und Werbung über Facebook einige Tausend Stammkunden zu gewinnen, die mehrmals wöchentlich aufmerksam die Newsletter nach nützlichen Angeboten durchstöbern. Weitere geschlossene Shoppingcommunitys sind *Brands4Friends*, das Onlinemöbelhaus *Westwing* oder das Designerportal *Monoqi*. Zudem haben sich einige Social-Commerce-Plattformen ihren Platz im Internet erobert: *Etsy* beispielsweise ermuntert weltweit Kreative und Designer, ihre Produkte auf der Plattform zu verkaufen. Dazu können Verkäufer wie Käufer ein Profil anlegen, sich miteinander vernetzen, Bewertungen hinterlassen und Nachrichten schreiben.

Zusammenfassung

Unsere Interaktionen im Internet sind sozialer, als wir es uns je hätten träumen lassen. Wenn wir heute eine Internetrecherche durchführen, tauchen die Informationsportale aus dem Spektrum der sozialen Medien ganz oben in den Suchergebnissen auf. Websites wie Wikipedia und Quora werden von den Nutzern durch Links und Mundpropaganda unterstützt und folglich von den Suchmaschinen auf den Ergebnisseiten besonders hervorgehoben. Als Mitglied einer Community können Sie selbst Beiträge zu diesen Websites leisten und auf sich, Ihre Marke oder Ihre Firma aufmerksam machen. Damit können Sie sich auf diesen Websites als Experte etablieren, während Sie zugleich in anderen sozialen Medien starke Beziehungen knüpfen.

Die Wikipedia ist mit ihren Millionen von Artikeln das bei Weitem größte soziale Informationsportal. Wer einen Beitrag zur Wikipedia leisten möchte, muss sich an die wichtigsten Regeln halten: Spamming ist verboten, und man darf nur Content hinzufügen, der für die Community relevant ist. Firmen und Privatleuten ist es nicht erlaubt, Seiten über sich selbst zu erstellen oder zu bearbeiten. Stattdessen können aber Mitarbeiter der Firma auf den Diskussionsseiten der Artikel beim Redakteur der Seite missverständliche Angaben benennen oder über den Anfragen-Link den Administratoren von Wikipedia zur Kenntnis bringen. Auch wenn Sie sich nicht aktiv in die Wikipedia einbringen wollen, können Sie viel von der Onlineenzyklopädie lernen: Recherchieren Sie die verwendeten Schlagwörter und übertragen Sie diese in Ihre eigene SEO-Strategie. Außerdem ist es wichtig, die Erwähnungen Ihrer Marken, Produkte und Produktkategorien sowie Methoden und Verfahren etc. zumindest zu beobachten. Darüber hinaus können Sie überlegen, selbst ein Wiki einzurichten. Auf Plattformen wie Slideshare und Issuu wiederum können Sie Ihre Präsentationen, Paper oder Kundenbroschüren hochladen. Auf diese Weise erreichen Sie ganz unkompliziert weitere Zielgruppen – außerdem können Ihre Inhalte dann auch leichter auf Blogs und anderen Websites eingebettet werden.

Auch reine Frage-und-Antwort-Websites wie Quora und GuteFrage.net können eine Anlaufstelle für Unternehmen sein. Wenn Sie hier aktiv werden, können Sie erreichen, dass Interessierte Links auf Ihre Website einfügen, die Ihnen mehr Traffic, Glaubwürdigkeit und Bekanntheit einbringen. Zu guter Letzt können Sie sogar zu einem anerkannten Meinungsführer aufrücken, dem andere vertrauen und den sie weiterempfehlen, weil er zutreffende und hilfreiche Beiträge bzw. Antworten liefert.

Die Menschen verlassen sich auf die Bewertungen und Meinungen anderer, vor allem der Menschen, die ihnen ähnlich sind, selbst wenn sie sie nur virtuell kennen. Bewertungs- und Empfehlungsplattformen haben das zu ihrem Geschäftsgegenstand gemacht und sind seit Jahren etabliert. Auch Unternehmen haben die Bedeutung von Kundenmeinungen erkannt und greifen auf Spezialisten für Word-of-Mouth- und Influencer-Marketing zurück.

Zum Abschluss des Kapitels haben wir Ihnen noch Shoppingcommunitys vorgestellt, die sich die Funktionalitäten sozialer Netzwerke zum Vorbild genommen haben, um aktiv ihren Umsatz anzukurbeln. Diese Portale passen zwar in keine strenge Definition des Social Media Marketing, zeigen aber sehr deutlich, wie die Eigenschaften des sozialen Netzwerkens in viele kommerzielle Bereiche des Webs übergehen.

KAPITEL 13

Ausblick: Messenger, Chatbots, digitale Sprachassistenten & Co.

Social Media sind ständig in Bewegung: Netzwerke verlieren an Bedeutung oder verschwinden, und andere entstehen neu. Nachdem die Nutzerzahlen lange Zeit ungebremst gewachsen sind, tritt nun Konsolidierung ein, und einige Communitys verändern sich. Junge Leute verabschieden sich aus Facebook, doch die Silver Surfer fühlen sich dort pudelwohl. Instagram nimmt Snapchat die Nutzer weg, TikTok greift YouTube an, und LinkedIn kannibalisiert den Markt von XING. Die Liste ließe sich beliebig fortsetzen. Viel entscheidender sind jedoch die grundsätzlichen und netzwerkübergreifenden Trends.

Mobil ist kein Trend mehr, sondern eine etablierte Tatsache. In Deutschland und Europa ist der Anteil mobiler Zugriffe auf das Internet zwar noch niedriger als in anderen Regionen, doch die Entwicklung ist eindeutig und unumkehrbar. Mit dem hosentaschentauglichen mobilen Device lassen sich große Teile des privaten und geschäftlichen Lebens organisieren – und sogar das klassische lineare Fernsehen kann digital begleitet werden. Oder twittern Sie am Sonntagabend nicht mit dem Hashtag *#Tatort*, während die beliebte Krimireihe in der ARD läuft? Telefoniert wird nur noch in seltenen Fällen, meist lieber eine Text- oder Sprachnachricht übermittelt.

Das verändert auch die Kontaktmöglichkeiten seitens Unternehmen: Anrufe möchten die wenigsten Kunden bekommen, eine kurze Nachricht über den Messenger wird in der Regel freundlicher aufgenommen. Obendrein haben die Kunden weder Zeit noch Lust, in einer Telefon-Hotline zu versauern. Über den Messenger eine schnelle Frage zu schicken und entspannt auf die Antwort zu warten, ist deutlich komfortabler. Doch es geht nicht nur um die Wahl des geeigneten Kanals, sondern ebenso um die richtige Art und Weise, im passenden Moment zu kommunizieren. Wer das Internet und die sozialen Medien über sein Smartphone nutzt, ist häufig gerade unterwegs oder parallel mit anderen Dingen beschäftigt.

Die Aufmerksamkeitsspanne nimmt immer mehr ab und die Fülle an Plattformen und Content zu. Daher müssen sich Unternehmen auf das geänderte Nutzungsverhalten einstellen und noch stärker auf die Relevanz ihrer Inhalte achten. Um mehrere Plattformen mit zielgruppengerechtem Content zu bespielen, bietet sich die Unterstützung durch *künstliche Intelligenz* (KI) an. Durch den Einsatz von Textrobotern können einfache Texte schneller und günstiger produziert werden, beispielsweise Produktbeschreibungen für einen Onlineshop. Doch selbst der relevanteste, unterhaltsamste und aktuellste Inhalt kommt bei den Nutzern nicht an, wenn nicht idealerweise in den ersten zwei Sekunden nachhaltig ihr Interesse geweckt wird.

Messenger im Social Media Marketing

Bei der Internetnutzung zeigt sich ein Rückzug ins Private. Statt auf Facebook und Twitter öffentlich oder zumindest Freunden, Bekannten, Familie und Kollegen zu zeigen, was im eigenen Leben passiert, kommunizieren viele Menschen lieber über Messenger. Dort gibt es den klassischen Eins-zu-eins-Dialog oder die Unterhaltung in einer Gruppe wie der Familie, der Laufgruppe oder dem engen Freundeskreis. Die Zuwachszahlen von WhatsApp und Facebook Messenger im Westen und WeChat sowie QQ in Asien sind ungebrochen. *Conversational Marketing*, also der Fokus auf dem Gespräch mit (potenziellen) Kunden als Mittelpunkt der Customer Journey, ist ein wichtiger neuer Trend im Onlinemarketing.

Tipp ▶ Arbeiten Sie mit Messenger-Diensten, drohen Ihnen rechtliche Stolperfallen. Verlinken Sie in der ersten Nachricht, die Sie Kunden über den Messenger zukommen lassen, auf Ihre Datenschutzerklärung. Welche Hinweise die Datenschutzerklärung bezüglich der Messenger-Dienste enthalten sollte, können Sie dem Rechtskapitel am Ende des Buchs entnehmen.

In Deutschland ist bislang die Facebook-Tochter WhatsApp der beliebteste Messenger-Dienst, wie das Umfrageergebnis in Abbildung 13-1 unterstreicht. Auch Skype und Snapchat werden gern als Messenger-Apps genutzt. Mit einem kleineren Marktanteil halten sich die ebenfalls kostenfreie Konkurrenz von Telegram, Signal, Wire, Viber und Line so-

wie das kostenpflichtige Threema. Diese alternativen Messenger-Dienste sind für jene Nutzer interessant, die ein besonderes Augenmerk auf
die Datensicherheit legen.

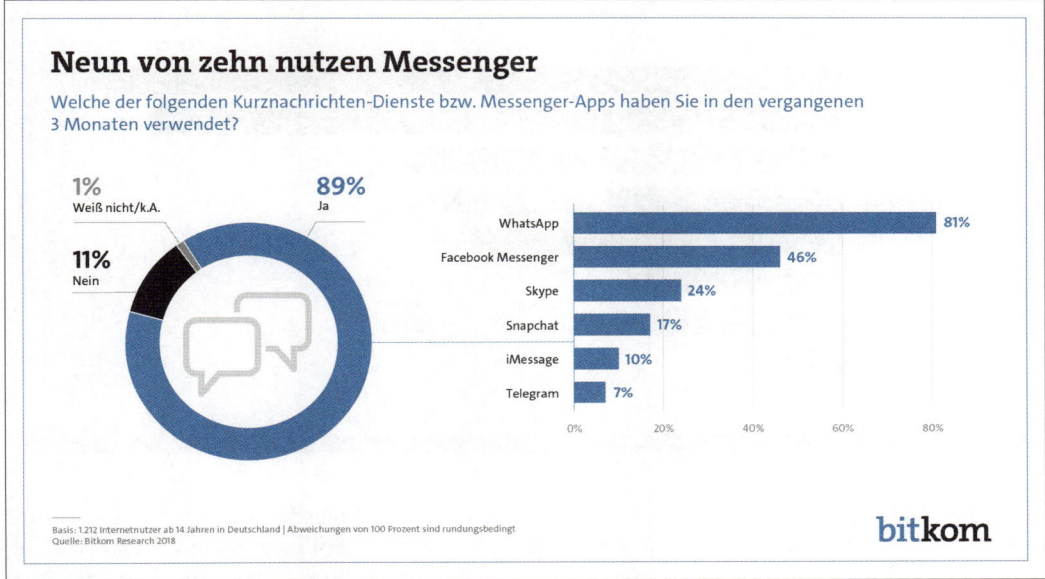

Neun von zehn nutzen Messenger

Welche der folgenden Kurznachrichten-Dienste bzw. Messenger-Apps haben Sie in den vergangenen
3 Monaten verwendet?

1% Weiß nicht/k.A.

89% Ja

11% Nein

WhatsApp	81%
Facebook Messenger	46%
Skype	24%
Snapchat	17%
iMessage	10%
Telegram	7%

Basis: 1.212 Internetnutzer ab 14 Jahren in Deutschland | Abweichungen von 100 Prozent sind rundungsbedingt
Quelle: Bitkom Research 2018

bitkom

Ein großer Teil der Bevölkerung nutzt Messenger-Dienste selbstverständlich im Alltag – über alle Altersgruppen hinweg. Erstaunliche 70
Prozent der Menschen im Alter über 65 Jahre nutzen Messenger-Apps
und mit 98 Prozent praktisch alle 14- bis 29-Jährigen. Folglich bieten
Messenger-Dienste für den unkomplizierten Kundenservice und im
nächsten Schritt für das besondere Nutzererlebnis im Marketing der
Unternehmen ein nicht zu unterschätzendes Potenzial. Dabei sollten Sie
sich als Unternehmen in Ihrer Tonalität dem vergleichsweise privaten
Rahmen der Direktnachrichten anpassen, also eher duzen als siezen, gelegentlich Emojis einsetzen und möglichst zeitnah antworten.

▲ **Abbildung 13-1**
BITKOM Research 2018:
Nutzung von Messenger-
Diensten in Deutschland

Die MessengerPeople GmbH (vormals WhatsBroadcast GmbH) führte
zusammen mit YouGov im Juli 2019 mit der Studie »Kundenservice
heute« eine repräsentative Umfrage durch, in der 520 Unternehmen-
sentscheider befragt wurden. Dabei bezeichneten 58 Prozent der Unternehmen Messenger-Dienste als die Zukunft des Kundenservice. Aktuell
bietet allerdings erst jedes fünfte befragte Unternehmen Kundenservice
per Messenger an, was ungefähr gleichauf mit Social Media liegt. Dafür
sind starke 41 Prozent der Unternehmen noch per Fax erreichbar!

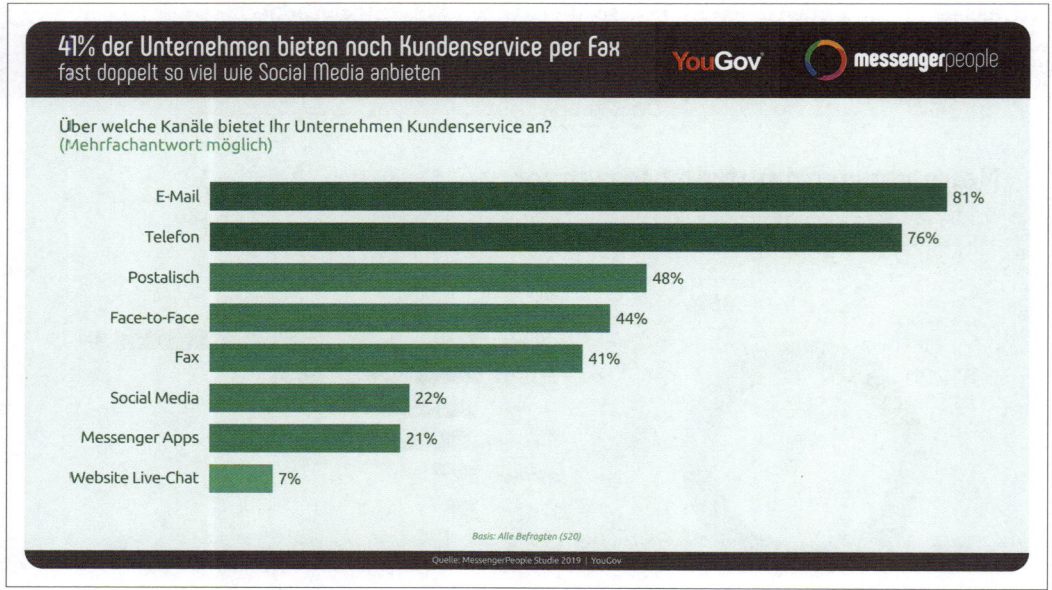

41% der Unternehmen bieten noch Kundenservice per Fax
fast doppelt so viel wie Social Media anbieten

YouGov · messengerpeople

Über welche Kanäle bietet Ihr Unternehmen Kundenservice an?
(Mehrfachantwort möglich)

E-Mail	81%
Telefon	76%
Postalisch	48%
Face-to-Face	44%
Fax	41%
Social Media	22%
Messenger Apps	21%
Website Live-Chat	7%

Basis: Alle Befragten (520)

Quelle: MessengerPeople Studie 2019 | YouGov

Abbildung 13-2 ▲
MessengerPeople-Studie 2019 | YouGov »Kundenservice heute«: Kanäle des Kundenservice[1]

In ihrer 2018er-Studie ermittelte MessengerPeople, dass vier von fünf Deutschen mindestens mehrfach pro Woche, wenn nicht sogar pro Tag oder Stunde Messenger-Dienste nutzen. Für Unternehmen ist die Aussage besonders wichtig, dass die befragten Menschen dreimal so gern den Kundenservice über den Messenger in Anspruch nehmen als über Social Media.[2] Dieses Ergebnis unterstreicht, dass sich Messenger-Dienste besonders gut für Serviceleistungen eignen, gerade wenn es um kurze Fragen und den Wunsch nach einer schnellen Auskunft geht. Am beliebtesten ist ganz banal die Vereinbarung eines Termins über den Messenger, gefolgt von der Möglichkeit, Informationen zu erhalten und sich zu beschweren. Abbildung 13-3 zeigt, welchen Mehrwert Messenger-Dienste den Kunden bieten.

Was ist an diesem Rückzug ins Private für Unternehmen interessant? Das Erstaunliche ist, dass viele Menschen zwar Werbung in Facebook ignorieren, aber Nachrichten von Unternehmen im Facebook Messenger zulassen. Laut der MessengerPeople-Studie hatten zehn Millionen Menschen mindestens einen Newsletter per Messenger abonniert. Die Öffnungsraten von Messenger-Newslettern sind hoch im Vergleich zu dem kleinen Anteil von Nutzern, die einen per E-Mail erhaltenen Newsletter öffnen. Das hängt auch – aber längst nicht nur – damit zusam-

---

1 *https://www.messengerpeople.com/de/studie2019-kunderservice-chatbot-whatsapp-heute/*
2 *https://www.messengerpeople.com/de/studie2018/*

men, dass es eine vergleichsweise neue Art ist, mit Firmen zu kommunizieren. Neben den hohen Öffnungsraten fallen auch die geringeren Abmelderaten im Vergleich zum E-Mail-Newsletter auf. Zudem hat die Verbundenheit via Messenger indirekt einen positiven Effekt auf die Sichtbarkeit von Unternehmen. Wer mit einem Unternehmen via Facebook Messenger kommuniziert, um eine Frage zu klären oder eine Reklamation zu äußern, wird als enger mit dem Unternehmen verbunden klassifiziert.

Unternehmen, die bislang WhatsApp für das Newsletter-Marketing genutzt haben, müssen ab Dezember 2019 umdenken. Ab dem 7. Dezember verbietet WhatsApp den Massenversand von Newslettern über seinen Dienst. Bislang war es eine gern genutzte rechtliche Grauzone. Als Alternative verweist WhatsApp auf seine App *WhatsApp Business* und die zugehörige Schnittstelle (API) gleichen Namens.[4] Die personalisierte Kommunikation mit den Kunden ist weiterhin möglich, sodass die Unternehmen hier mehr Kreativität entwickeln müssen.

▲ **Abbildung 13-3**
MessengerPeople-Studie 2019 | YouGov »Kundenservice heute«: Mehrwert im Kundenservice über Messenger-Dienste[3]

Öffentliche Unterhaltungen können schnell auf den Messenger verlegt werden, wenn die Bearbeitung eines Falls den Austausch persönlicher Daten erfordert. Facebook zeigt im Messenger mittlerweile auch Anzeigen an. Die Unternehmen können zwischen *Messenger Ads*, *Click-to-Messenger-Ads* und *Sponsored Messages* wählen.

---

3 *https://www.messengerpeople.com/de/studie2019-kunderservice-chatbot-whatsapp-heute/*
4 *https://onlinemarketing.de/news/whatsapp-newsletter-ab-dezember-2019-verboten*

Bei *WeChat* handelt es sich um einen 2011 veröffentlichten chinesischen Messenger-Dienst, der weltweit von über einer Milliarde Menschen genutzt wird, die meisten davon in China. Neben dem Versand von Nachrichten bezahlen die Chinesen über die App, vereinbaren Arzttermine oder lassen sich damit Essen liefern. Diese Leistungen bieten externe Anbieter, die sich über eine offene Schnittstelle an WeChat anhängen und es zu einer All-in-one-App machen. Auf die daraus entstehende Datenfülle hat auch der chinesische Staat Zugriff. Chinesische Touristen können in manchen Läden in deutschen Großstädten bereits mit WeChat bezahlen. Für deutsche Nutzer ist das Bezahlsystem nur mit vielen Hürden nutzbar, sie nutzen meist lediglich die Chatfunktion von WeChat.

Der Trend geht zum Messenger als All-in-one-App

Wer sich WeChat näher anschaut, bekommt ein Gefühl dafür, was die Zukunft der Messenger-Dienste bereithalten könnte. Viele Smartphone-Nutzer sind es leid, ständig neue Apps herunterzuladen. Der Trend geht dahin, alles zentral über eine Messenger-App anzubieten, wie es bei WeChat bereits gängige Praxis ist. Der Facebook Messenger ist dabei, sich zu einer solchen All-in-one-App zu entwickeln und als digitaler Assistent seinen Nutzern das Leben zu erleichtern.

In China lässt sich beinahe das ganze Leben mit WeChat organisieren, die Menschen bezahlen damit auch im Ladengeschäft– für viele bargeldverliebte Deutsche immer noch schwer vorstellbar. Deutsche Unternehmen sollten im Hinterkopf behalten, dass in China einige der im Westen beliebten und reichweitenstarken Social-Media-Plattformen temporär oder dauerhaft gesperrt sind. Auf legalem Weg sind sie folglich für die chinesische Bevölkerung unerreichbar. Daher bietet es sich für deutsche Unternehmen an, einen sogenannten »offiziellen« Account auf WeChat anzulegen, wenn sie chinesische Kunden erreichen möchten. Die Hürde ist dabei ein Antrag, den das Unternehmen für die chinesische Businesslizenz stellen muss.

Die Kommunikation zwischen Unternehmen und Verbrauchern ist auf WeChat weit etablierter als auf WhatsApp oder dem Facebook Messenger. Große Marken wie Nike und global tätige Konzerne mit Präsenz in Asien wie Siemens oder Bayer sind längst auf WeChat vertreten.[5]

Messenger-Dienste werden in verschiedenen Branchen erfolgreich genutzt, dazu zählen Medien und Tourismus. Beide Bereiche zeichnen sich durch die Notwendigkeit aus, Informationen schnell zu verbreiten. Als Praxisbeispiel aus der Tourismusbranche schauen wir uns nachfolgend die Onlineplattform *Urlaubsguru* an und fragen ihren Marketingleiter, ob sie bereits Chatbots in ihrem Messenger-Marketing einsetzen und wie Voice-kompatibel ihr Content ist.

---

5   *https://www.osk.de/blog/marken-auf-wechat*

Voice-kompatible Informationen für Touristen: das Praxisbeispiel Urlaubsguru

Als Reiseportal mit Angeboten für Schnäppchenjäger lebt Urlaubsguru davon, seine Informationen und Empfehlungen mit hoher Geschwindigkeit zu verbreiten. Besonders günstige Angebote sind innerhalb von Minuten ausgebucht, weshalb ein E-Mail-Newsletter oder selbst Twitter ein zu langsames oder zu wenig direktes Medium darstellt. Seit Ende 2016 arbeitet Urlaubsguru mit WhatsApp: Gut 150.000 Abonnenten erhalten mittlerweile täglich ein Reiseangebot und können dabei im Vorfeld eine Kategorie wählen. Das Onlineportal erfreut sich hoher Click-through-Rates, die Angaben zufolge zwischen 25 und 75 Prozent liegen.[6]

Die *Click-through-Rate (CTR)* beschreibt das Verhältnis von Klicks zu Impressionen (Einblendungen) und trifft eine Aussage über die Qualität des gewählten Werbemittels und des Targeting-Sets. Sehen hundert Nutzer ein Werbebanner und zwei davon klicken es an, würde die CTR für das Werbebanner zwei Prozent betragen.

◀ **Definition**

Interview

»Chatbots sind für uns ein wichtiges Thema geworden«

Ein Interview mit Marco Lauerwald, Leiter des Onlinemarketings bei der UNIQ GmbH

Marco Lauerwald betreut mit seinem Team die Social-Media-Aktivitäten von Urlaubsguru. Wir haben mit ihm gesprochen, um zu erfahren, wie das Onlineportal Messenger-Dienste, Chatbots, digitale Sprachassistenten und VR-Anwendungen einsetzt.

▲ **Abbildung 13-4**
Marco Lauerwald, Leiter des Onlinemarketings der UNIQ GmbH

Herr Lauerwald, Chatbots werden immer beliebter und finden bereits auf vielen Websites und in Webshops Anwendung – auch in der Tourismusbranche. Arbeiten Sie mit Chatbots, um eingehende Fragen Ihrer Kunden 24/7 beantworten zu können?

Marco Lauerwald: Chatbots sind für uns ein wirklich wichtiges Thema geworden. Aktuell arbeiten wir mit zwei Chatbots. Den einen haben wir auf unserem WhatsApp-Kanal installiert und den anderen auf dem Facebook Messenger. Die Bots erfüllen dabei mehrere Aufgaben. Zum einen sind sie dafür da, dass die User auch per »Pull« an Informationen kommen. Sie können sich beispielsweise Reisetipps oder Angebote direkt über den Bot abholen. Zum anderen helfen die Bots dabei, das

---

6 *https://www.wuv.de/digital/7_praxistipps_so_geht_messenger_marketing*

Community-Management effizienter zu gestalten. Wir können bestimmte Informationen direkt vom Bot abfragen lassen, ehe wir die Anfrage an den richtigen Ansprechpartner in unserem Community-Management weiterleiten und sie beantworten. Der Chatbot ersetzt hier also nicht die besonders wichtige Kommunikation zwischen zwei Menschen, sondern dient uns als Hilfsmittel, um sowohl effizienter zu arbeiten als auch dann Antworten zu liefern, wann immer der User es möchte.

Definition ▶ Der Begriff *Chatbot* setzt sich aus chat (plaudern) und bot (Roboter) zusammen. Bei einem Chatbot handelt es sich um ein Dialogsystem, das in natürlicher geschriebener oder gesprochener Sprache kommuniziert. Zum Einsatz kommt die Software auf Websites, in Onlineshops oder in Messenger-Diensten. Dort beantwortet sie Fragen, erklärt Produkte oder begrüßt im Chat neue Besucher und startet mit ihnen eine Unterhaltung. Kommt künstliche Intelligenz ins Spiel, lernen die Chatbots aus den Gesprächen und entwickeln sich weiter. Ihre Antworten lassen sich dann kaum noch von denen eines Menschen unterscheiden. In sozialen Netzwerken sprechen wir von *Social Bots*, die beispielsweise automatisierte Direktnachrichten an neue Follower in Twitter versenden.

Nutzt Urlaubsguru neben dem WhatsApp-Newsletter auch andere Messenger-Dienste wie den Facebook Messenger oder WeChat?

Marco Lauerwald: Wir haben erst kürzlich eine Analyse der digitalen Touchpoints gemacht. Dabei kam heraus, dass User mittlerweile über 50 Möglichkeiten haben, mit uns in Kontakt zu treten. Neben dem WhatsApp-Service nutzen wir den Facebook Messenger und sind in den letzten Zügen bei der Implementierung eines Live-Chats direkt auf der Homepage. WeChat oder Anbieter wie Telegram werden für uns ab 2020 wieder relevanter, wenn Unternehmen WhatsApp nicht mehr als Newsletter-Push-Kanal nutzen dürfen. Mit diesem Verbot rücken andere Anbieter natürlich als Alternative in den Fokus.

Haben Sie bei Urlaubsguru bereits mit Snapchat gearbeitet, um eine sehr junge Zielgruppe zu erreichen? Falls ja, wie waren Ihre Erfahrungen?

Marco Lauerwald: Aktuell sind Snapchat und TikTok keine Kanäle, auf die wir uns fokussieren. Fokussierung ist hier auch das richtige Stichwort. Wir haben nur begrenze Ressourcen, und die stecken wir in Kanäle wie Instagram, Pinterest oder YouTube. Auf Snapchat, Twitch und TikTok haben wir zum Teil erfolgreiche Tests gemacht. Wir haben aber die Entscheidung getroffen, dass wir uns auf eine bestimmte Auswahl an Kanälen reduzieren wollen, die aber dafür 100 Prozent unserer Aufmerksamkeit bekommen. Wir behalten die Landschaft der sozialen Medien genau im Auge, führen Tests durch und schauen, ob es sich lohnt, in den Kanal zu investieren.

Nutzen Sie virtuelle Realität (VR), um Ihren (potenziellen) Kunden at-traktive Urlaubsziele nahezubringen? Falls ja, wie gehen Sie vor, und wie gut kommt das Angebot bei Ihrer Zielgruppe an?

Marco Lauerwald: In unserem Urlaubsguru-Store in Unna haben wir mehrere VR-Brillen, mit denen Urlaubsregionen virtuell besucht wer-den können. Das Angebot kommt super bei unseren Kunden an. Vor allem, weil sie das von klassischen Reisebüros nicht gewohnt sind.

Stellen Sie sich in Ihrer Kommunikation von Urlaubsangeboten darauf ein, dass viele Nutzer sich die Anzeigen über digitale Sprachassistenten vorlesen lassen (werden)? Ändern sich dadurch Struktur und Tonalität der Angebote?

Marco Lauerwald: Bereits seit zwei Jahren legen wir in der Produktion von Content sehr viel Wert auf die Voice-Kompatibilität. Dafür haben wir in vielen Schulungen gelernt, wie digitale Assistenten funktionie-ren, und darauf basierend unseren Content optimiert. Wenn man zum Beispiel Google Home fragt, welche die beste Reisezeit für Thailand ist, wird unser Ergebnis vorgelesen. Des Weiteren arbeiten wir zusam-men mit unserem Innovationsmanagement an Lösungen für Skills und Apps rund um das Thema Voice.

Herr Lauerwald, wir danken Ihnen herzlich für das Gespräch und den Einblick in die aktuellen Entwicklungen in der Tourismusbranche.

Social Recruiting mit WhatsApp

Manpower nutzt für das Recruiting die Kommunikation über Whats-App und informiert damit Kandidaten über passende Stellenangebote. Ein derzeit noch großer Vorteil der Messenger-Dienste gegenüber ande-ren Social-Media-Kanälen ist die Tatsache, dass kein Algorithmus In-halte ausfiltert oder priorisiert. Die ManpowerGroup hat den ersten Pi-loten zur Kommunikation über WhatsApp schon Anfang 2016 gestartet. Seither arbeitet der Personaldienstleister intensiv mit Whats-App, um den Kandidaten über den Messenger Newsletter mit Jobange-boten zukommen zu lassen. Ergeben sich daraus Fragen, können diese via Messenger schnell, persönlich und unkompliziert geklärt werden.

Wir wollten von James Groh, Digital Coordinator bei der Manpower GmbH & Co. KG, wissen, wie intensiv das Angebot von der Zielgruppe genutzt wird und ob Manpower bereits mit Chatbots arbeitet, um ein-gehende Fragen zu beantworten.

James Groh: »Mindestens 30 Prozent der Bewerber suchen aktiv den zusätzlichen Kontakt über WhatsApp, nachdem sie sich beworben ha-ben. Neben WhatsApp bietet auch der Facebook Messenger eine starke

Durchdringung der Zielgruppe. Wir bieten diesen Kanal an, ohne ihn aktiv zu bewerben. Der Fokus liegt primär auf der persönlichen Kommunikation über den Messenger-Dienst WhatsApp. Da wir sehr individuell auf Fragen rund um eine Bewerbung eingehen, kommt bisher noch kein Bot zur Beantwortung von Fragen zum Einsatz. Die Planung hierzu läuft aber bereits.«

Für das Social Recruiting hat auch die Daimler AG schon erfolgreich mit WhatsApp gearbeitet. Die Interessenten für eine Stelle bei Daimler konnten den Arbeitsalltag einer Mitarbeiterin über WhatsApp verfolgen und ihr gezielt Fragen stellen.

Die Bedeutung von Messenger-Diensten liegt auf der Hand, wenn es darum geht, die attraktive Zielgruppe der Digital Natives auf dem Arbeitsmarkt zu erreichen. Im Zuge des Fachkräftemangels bei MINT-Berufen oder in der Beratung wird es immer wichtiger, für die wenigen Spezialisten als attraktiver Arbeitgeber zu erscheinen. Wer die passenden Kanäle bietet oder gar mit einer One-Click-Bewerbung punktet, ist auf dem richtigen Weg. Geht es um schwer zu besetzende Ausbildungsplätze, kommt auch eine Plattform wie Snapchat ins Spiel, wie wir in Kapitel 11 sehen.

Definition ▶ *Digitale Sprachassistenten* kommen in Smartphones sowie in smarten Lautsprechern wie Alexa von Amazon oder Google Home zum Einsatz, aber auch in Anwendungen rund um das Smart Home inklusive Smart TV oder in den in ein Fahrzeug integrierten digitalen Sprachassistenten. Die Spracherkennungssoftware Siri von Apple war Vorreiter, wird jedoch derzeit von der Konkurrenz überholt, weil sie sich zu wenigen Drittanbietern öffnet. Zu Alexa hingegen gibt es bereits Tausende *Skills*, also Plugins, mit zusätzlichen Funktionen, ähnlich sieht es bei Google Home mit den Diensten aus.

Digitale Sprachassistenten

Die Postbank hat für ihre Digitalstudie 2019 im ersten Quartal des Jahres 3.126 Deutsche dazu befragt, ob und wofür sie digitale Sprachassistenten in ihrem Alltag nutzen.[7] Bei den unter 40-Jährigen spricht jeder zweite mit seinem digitalen Sprachassistenten, über alle Altersgruppen ist es jeder dritte. Siri und der Google Assistant sind aktuell noch am beliebtesten. Die Digital Natives präferieren Siri und die Gesamtbevölkerung den Google Assistant – beide deutlich vor Amazons Alexa. Dabei verteilt sich die Nutzung auf Smartphones und intelligente (also smarte) stationäre Lautsprecher mit digitalen Sprachassistenten wie Amazon Echo, Google Home oder HomePod.

---

7 *https://www.presseportal.de/pm/6586/4295010*

Postbank Digitalstudie 2019:
Untersuchung zur Internet- und Mobilnutzung der Bevölkerung

Postbank
Eine Bank fürs Leben.

Digitale Sprachassistenten

Nahezu jeder dritte Deutsche nutzt bereits digitale Sprachassistenten wie Apples Siri oder Google Assistant

12 Prozentpunkte
Anstieg zum
Vorjahresvergleich

32 %
Gesamt-
bevölkerung

48 %
Digital Natives
(18-39 Jahre)

Die beliebtesten Sprachassistenten der Deutschen

Internetnutzung der Bundesbürger nach Altersgruppe in Wochenstunden

Gesamtbevölkerung		Digital Natives	
19 %	Google Assistant	28 %	Siri
15 %	Siri	27 %	Google Assistant
8 %	Amazon Echo mit Alexa	12 %	Amazon Echo mit Alexa
4 %	Alexa via Amazon Tablet	6 %	Alexa via Amazon Tablet

Besonders Familien schätzen die vielfältigen Anwendungen von Sprachassistenten

Typische Anwendungen: Wetterbericht ansagen, Fragen beantworten, Musik, Podcasts, Hörbücher abspielen, Terminplanung übernehmen

52 %
der Haushalte mit vier
Personen und mehr leben mit
aktiven Sprachassistenten.

39 %
In Drei-Personen-
Haushalten

23 %
der Single Haushalte

Basis: Befragung unter 3.126 Bundesbürgern, bevölkerungsrepräsentativ

Quelle: Postbank

Der Trend ist klar erkennbar: Die Mensch-Maschine-Interaktion geht auf die nächste Stufe und erleichtert dem Menschen, in seinem Smart Home seine smarten Lautsprecher und Fernseher bequem und natürlich zu steuern. Auch sonstige Smart-Home-Geräte, Wearables und in das Auto integrierte Sprachassistenten werden immer beliebter. Sprechen ist nun einmal schneller und bequemer, als zu schreiben oder über ein Menü zu navigieren. Mit der unkomplizierten Sprachsteuerung werden jedoch nicht nur junge Technikfreaks gelockt, sondern auch die im Durchschnitt etwas weniger technikaffinen Senioren. Für sie kann die Sprachsteuerung von Heizung, Rollläden, Kaffeemaschine und Kühlschrank bedeuten, dass sie selbst mit körperlichen Einschränkungen noch länger selbstbestimmt zu Hause leben können.

Hier und da tut sich die Technik weiterhin etwas schwer. Wer zu komplizierte Fragen stellt oder in starkem Dialekt spricht, erntet von Siri & Co. eventuell ein verständnisloses »Ich weiß nicht, was du meinst.«

Als Unternehmen müssen Sie künftig versuchen, Ihren Content an die neuen sprachgesteuerten Touchpoints anzupassen, damit die digitalen Sprachassistenten Ihre Produkte und Serviceleistungen finden. Dabei gilt es, personalisierte Inhalte und Keywords zu berücksichtigen, die auch für einen mit Sprache gesteuerten Suchauftrag funktionieren. Letztlich kommen wir wieder auf unsere erste und wichtigste Regel des erfolgreichen Social Media Marketing zu sprechen: Zuhören lernen! Kennen Sie die Fragen Ihrer Kunden und verstehen Sie deren natürliche Sprache, lässt sich diese Erkenntnis für Voice Search hervorragend einsetzen.

Die Berliner Verkehrsbetriebe (BVG) haben Sie bereits in Kapitel 9 mit ihrer Instagram-Kampagne und den Take-overs kennengelernt. Die BVG ruht sich nicht auf ihren Lorbeeren aus, sondern geht mit der Zeit und bietet seit 2018 einen Alexa-Skill an. Damit können sich die Nutzer per Amazon Echo und mittlerweile auch über Google Home sprachgesteuert über Verkehrsanbindungen in und um Berlin informieren. Auch wenn das Angebot nicht sofort einen durchschlagenden Erfolg zeigte, glaubt die BVG fest an die Bedeutung digitaler Sprachassistenten, um den Kunden einen leichten Zugang zu ermöglichen. Perspektivisch sollen darüber nicht nur Auskünfte angeboten, sondern auch Fahrkarten verkauft werden. Für den Facebook Messenger hat die BVG einen Chatbot entwickelt, damit Kunden und Touristen aus dem In- und Ausland auf ihrem gewohnten Kommunikationskanal Verbindungen in Erfahrung bringen können.[8] Mittlerweile verkauft die BVG über diesen Kanal

---

8 *https://www.horizont.net/marketing/nachrichten/BVG-Marketingchef-Martell-Beck-Nur-einen-schoenen-Skill-zu-haben-reicht-nicht-166655*

auch schon Tageskarten für Berlin, ohne dass sich die Kunden zuvor registrieren müssen.

In Kapitel 4 finden Sie mit dem *MuseumsCafé & Hofladen Zeisset* ein weiteres Beispiel für die Anwendung von Alexa-Skills.

Smarte Lautsprecher funktionieren zu Hause oder im Büro, sind jedoch für die mobile Nutzung unterwegs nicht geeignet. Doch auch das Smartphone kann als mobiler Dauerbegleiter langfristig an Bedeutung verlieren, nämlich dann, wenn sich die *Wearable Technology* weiter ausbreitet.

Zur *Wearable Technology*, kurz auch *Wearables* genannt, gehört Computertechnik, die der Mensch am Körper trägt. Das kann eine Armbanduhr (Smart Watch, zum Beispiel die Apple Watch) sein, ein Fitnessarmband oder eine digitale (Sonnen-)Brille wie die Spectacles. Auch Kleidung mit integrierter Zusatzfunktion zählt zur Wearable Technology. ◀ **Definition**

Besonders Brillen und Sonnenbrillen sind beliebte Wearables. Dazu gehören die Datenbrille Google Glas oder die VR-Brillen der Facebook-Tochter Oculus. Die Spectacles aus dem Hause Snapchat lernen Sie in Kapitel 9 kennen. Auch Intel, Apple sowie die Deutsche Telekom und die Carl Zeiss AG arbeiten an raffinierten Datenbrillen. Letztere bieten eine Kombination mit normalen Brillen, sodass Menschen mit einer Fehlsichtigkeit nun auch Datenbrillen problemlos tragen können. Da bekommt der Begriff »always on« eine ganz neue Bedeutung.

Der Vorteil der internetfähigen Brillen liegt klar auf der Hand. Bis die Nutzer das Smartphone mühsam aus der Tasche geholt haben, ist der lustige oder überraschende Moment längst vorbei, den sie für ihre Insta-Story oder ihren Snap einfangen wollten.

Pro und Kontra Chatbots

Für Messenger-Dienste und digitale Sprachassistenten werden immer häufiger Chatbots eingesetzt, um in der gewünschten Tonalität Servicemitarbeiter zu entlasten und eine 24/7-Erreichbarkeit anzubieten. Werkstätten können auf diese Weise Termine vergeben, und Kaufprozesse lassen sich durch gezielte Beratung unterstützen. Doch Chatbot ist nicht gleich Chatbot, und die Bandbreite erstreckt sich von einfachen Datenbankabfragen bis zu künstlicher Intelligenz, die diesen Namen verdient. Chatbots mit KI entwickeln sich weiter und lernen durch die Gespräche mit Kunden. Dennoch müssen die Unternehmen eine genaue Strategie dahin gehend erarbeiten, für welchen Zweck der Einsatz eines Chatbots sinnvoll ist. Ist der Mehrwert des Menschen in einem Prozess gering, kann ein Bot ihn ersetzen und zu niedrigeren Kosten den Kunden weiterhelfen.

Klassisch kommunizieren oder spezielle Anliegen im Servicebereich klären, das wollen die meisten Menschen immer noch mit einem menschlichen Gegenüber – und nicht mit einer Maschine. Zudem stoßen die Chatbots schnell an ihre Grenzen, wenn die Kunden erwarten, dass ihnen eine persönliche Betreuung unkompliziert weiterhilft.

Es spricht nichts dagegen, zunächst in den Dialog mit einem Chatbot einzusteigen. Werden die Fragen komplizierter, kann eine Verwaltungsplattform an den Kollegen Mensch übergeben. Dabei sollte ein intelligentes Community-Management-System die reibungslose Kommunikationskette gewährleisten und erkennen, wann der Dialog die Fähigkeiten des Chatbots übersteigt. Stellt sich nach einem mühevollen Gespräch heraus, dass der Bot die Frage nicht zufriedenstellend beantworten kann, führt es zu Unmut, wenn der Kunde wieder ganz neu in einen Dialog mit dem Unternehmen einsteigen muss. Die Unterhaltung sollte ohne Unterbrechung weitergehen, wenn der Chatbot das Gespräch an den Kundenberater übergibt. Der Kundenberater sollte dann auch alle bereits ausgetauschten Informationen kennen, um den Kunden nicht durch wiederholte Fragen zu verärgern.

Tipp ▶ Arbeiten Sie mit Chatbots, sollten Sie den Anbieter sorgfältig auswählen und rechtliche Aspekte nicht vergessen. Dazu gehören ein Verweis zur Datenschutzerklärung oder dem Link zum Impressum sowie die korrekte Einwilligung des Nutzers, wenn er Chatbot-Nachrichten abonniert. Weitere Hinweise können Sie Kapitel 13 entnehmen.

Gut funktionierende Chatbots liefern ihren Nutzern passgenauen Content, den diese durch automatisierte und personalisierte Dialoge abrufen. Die Unternehmen erhalten im Gegenzug zahlreiche Informationen über die Vorlieben ihrer Kunden und können so mit ihnen leichter ein Gespräch beginnen. Außerdem erhöhen die Unternehmen mit kreativen Marketingkampagnen die Bekanntheit ihrer Marke und binden Kunden an sich. Dazu schauen wir uns mit Kwitt ein Beispiel der Sparkasse an.

Praxisbeispiele für Chatbots: der Bote der Sparkasse

Bislang dienen Chatbots in der Regel dazu, Auskünfte zu erteilen oder zu unterhalten. Eher zu letzterer Kategorie gehört der »Bote« der Sparkasse, der seinen Kunden anbietet, für sie Geld einzutreiben. Nennt der

Nutzer dem Chatbot einen Betrag und den Namen des säumigen Schuldners, wird der Geldeintreiber aktiv und produziert ein persönliches Video. Mit diesem unterhaltsamen virtuellen Freund wirbt die Sparkasse für die App *Kwitt*. Mit ihr lässt sich Geld schnell von Handy zu Handy versenden, was sich gut für kleinere Beträge im Freundeskreis eignet.[9]

◀ **Abbildung 13-6**
Die Sparkasse arbeitet bei ihrer App Kwitt mit dem Chatbot »der Bote«.

---

9 https://kwitt-app.sparkasse.de/

Im Facebook Messenger können Sie unkompliziert den Wetterberater von WetterOnline nutzen. Mit »Start« legt er los, und das Keyword, um die Wettervorhersage wieder abzubestellen, lautet »Ruhe«, eigentlich ganz originell! Allerdings mag auch dieser Chatbot keine zu komplizierten Fragen und versucht schnell, auf eine tägliche Routine zu kommen mit dem Wetter des gewünschten Orts. Daher eignet sich der Bot gut für häusliche Menschen, die sich täglich für das Wetter an ihrem Wohnort interessieren. Wer viel reist, muss jeweils lange mit dem elektronischen Helfer diskutieren, was bei dessen bislang etwas eingeschränkten Wortschatz schnell anstrengend wird.

Tipp ▶ Wenn Sie noch tiefer in das Thema Chatbots einsteigen und sich regelmäßig über Neuerungen informieren möchten, empfehlen wir die Lektüre von *https://chatbots-magazine.com/* oder *https://chatbotslife.com/*.

Personalisierte Angebote über Beacons

Wir haben schon über den Mobiltrend gesprochen, der weniger ein Trend ist als vielmehr eine feststehende Tatsache. Da die meisten Menschen ihr Smartphone immer dabeihaben und unzählige Male am Tag draufschauen, sind Technologien für das Marketing interessant, um Smartphones zu orten und Kunden unterwegs gezielt anzusprechen. Dieser Trend der Nähe zum Kunden, bei dem Werbung und Coupons auf das Smartphone geschickt werden, wird auch *Proximity Marketing* genannt. Für den Kunden besteht der Vorteil darin, personalisierte Angebote zu erhalten, der Preis dafür sind mal wieder seine Daten.

Bei einem *Beacon* handelt es sich um einen sehr kleinen Sender, der auf Bluetooth basiert und in regelmäßigen Intervallen per Funk ein Signal in Form einer Push-Nachricht übermittelt. Beacons benötigen folglich weder GPS noch WLAN zur Kontaktaufnahme mit den Kunden. Haben Mobilnutzer die Bluetooth-Funktion aktiviert und erlauben den Empfang von Nachrichten, können sie zum Beispiel über eine App personalisierte Angebote erhalten. Eine weitere Voraussetzung ist eine räumliche Nähe zwischen dem Beacon und dem Smartphone-Nutzer von weniger als 50 Metern, abhängig von den Raumbedingungen und dem Hersteller des Beacon.

Beacons werden beispielsweise in *Smart Hotels* eingesetzt, um den Vorgang des Check-ins zu beschleunigen. Dabei handelt es sich um eine klassische Win-win-Situation, bei der das Hotel Kosten spart und der Kunde zufrieden ist. Der persönliche Kontakt bleibt dabei keineswegs auf der Strecke, vielmehr kann der Rezeptionsmitarbeiter den Gast gleich freundlich und persönlich begrüßen und ihm den vorausgefüllten Meldezettel zur Unterschrift vorlegen. Am Abreisetag spart sich der Kunde das Warten auf die Rechnung und bezahlt automatisch und digital beim Auschecken.[10] Die bislang wenigen Nutzer kritisieren die Fülle an Daten, die sie über die App bereitstellen müssen. Zudem kostet sie reichlich Datenvolumen, und Bluetooth muss dauerhaft aktiviert sein.

Bei der *Near Field Communication* (NFC) wird die NFC-Verbindung vom Nutzer bewusst aufgebaut und hat mit wenigen Zentimetern eine weit geringere Reichweite als Beacons. NFC gilt als sicherere Technik, um Daten zu übertragen, und wird daher für Bezahlvorgänge genutzt. Gegenüber Beacons ist die NFC-Technik für den Anbieter preiswerter umzusetzen. NFC könnte auch die nie durchschlagend populär gewordenen QR-Codes ersetzen, was das digitale Marketing in der analogen Welt anbelangt.

Gamification

Gamification setzt Situationen, Elemente und Konzepte, die für ein Spiel typisch sind, in einen spielfremden Zusammenhang. Dabei wird der Spieltrieb des Menschen erfolgreich als Motivation für den Arbeitsalltag oder das Marketing genutzt. Sogar ungeliebte Routinearbeiten können damit Freude machen, denn die Spieler erhalten unmittelbar Feedback und Anerkennung. Idealerweise gewinnen alle dabei, und statt einfacher Bestenlisten und Punktesysteme lassen sich mit der nötigen Kreativität raffiniertere Lösungen zaubern.

Für das Employer Branding wird Gamification erfolgreich eingesetzt, um hoch qualifizierte und motivierte junge Mitarbeiter zu gewinnen. So bietet zum Beispiel die RWE Selbsttests in Form von Games, um den Inhalt technischer Berufe potenziellen Bewerbern anschaulich und mit spielerischem Charakter nahezubringen. Auch in der Aus- und Weiterbildung lässt sich Gamification hervorragend einsetzen. Der spielerische und kompetitive Ansatz erhöht die Motivation der Mitarbeiter und verringert zugleich den Lerndruck.

Im Social Media Marketing lässt sich Gamification ebenfalls hervorragend einsetzen. Bei der wachsenden Flut an Content auf immer mehr Plattformen geht es darum, den Kunden zu erreichen, seine Aufmerksamkeit für mehr als ein paar Sekunden zu gewinnen und sein Engagement zu fördern. Dass das mit Spielen gut möglich ist, zeigen Computerspieler, die viele Stunden oder Tage in ihr Spiel vertieft sind. Gelingt es Ihnen nun, die Kunden möglichst lange auf Ihrer Website, in Ihrem Webshop oder in Ihrem Ökosystem zu halten, steigt die Wahrscheinlichkeit, dass sie etwas kaufen, sich informieren oder in ihrem Netzwerk eine Empfehlung aussprechen.

---

10 *https://conichi.com/de/*

Augmented und Virtual Reality

Die virtuelle und die erweiterte Realität sind keine brandneuen Themen, sie haben sich bislang aber immer noch nicht in der Breite durchgesetzt. Für Unternehmen ist Augmented Reality (AR), also die erweiterte Realität, interessant, aber auch kostspielig. Daher gilt es, genau zu überlegen, ob ein solcher Ansatz für die Produkte oder Serviceleistungen des Unternehmens hilfreich ist. Mithilfe von AR lässt sich ein Ort virtuell ergänzen, wie manche es noch von dem Hype um Pokemon Go kennen. Auch die Filter von Snapchat arbeiten mit AR-Technologie. Das Erlebnis ist für die Nutzer interaktiv und mitunter mit starken Emotionen verbunden.

Definition ▶ *Virtual Reality* (VR), oder auf Deutsch virtuelle Realität, ist eine computergenerierte Wirklichkeit. Da die Nutzer eine VR-Brille und einen Kopfhörer tragen, klammern sie die »echte« Realität aus und tauchen komplett in die künstliche Welt ein. Bei *Augmented Reality* (AR), auf Deutsch erweiterte Realität, oder auch *Mixed Reality* werden die echte Welt und die computergenerierte Wirklichkeit miteinander verbunden.

So klingt es noch futuristisch, dass in Zukunft mithilfe von AR bestimmte Produkte im Laden für uns visuell hervorgehoben werden sollen. Weiß der Supermarkt, dass wir gern ausgefallene Müslisorten kaufen, könnte er uns den direkten Weg zu einer neuen Sorte weisen. Ob das eine tolle Serviceleistung oder eine furchteinflößende Zukunftsvision ist, mag jeder für sich entscheiden. Doch es gibt zahlreiche weitere Einsatzmöglichkeiten in Wissenschaft und Kultur, aber auch für Messestände, bei Events oder am Point of Sale im Ladengeschäft. Der Verkauf hochpreisiger Konsumgüter oder von Immobilien lässt sich durch ein VR-Angebot ergänzen. Der Kunde kann dann virtuell durch sein Traumhaus schlendern oder sich das Wunschauto vorab mit allen Details aus der Nähe anschauen.

IKEA arbeitet bereits mit AR, sodass Kunden mit der App *IKEA Place* virtuell ein Möbelstück in ihrem Wohnzimmer platzieren und prüfen können, wie es mit der bisherigen Einrichtung harmoniert.[11] Die gleiche Funktion bietet die App *RoomAR*, doch deren Idee geht noch weiter. Die App schlägt ergänzende Einrichtungsgegenstände vor, die gut zu den Möbeln passen und die der Kunde unmittelbar im zugehörigen Onlineshop bestellen kann. Mit entsprechenden Algorithmen lernt die App den Geschmack des Kunden mit der Zeit besser kennen.[12]

---

11 *https://www.heise.de/newsticker/meldung/Moebelkauf-per-App-Augmented-Reality-holt-virtuelle-Sofas-ins-Zimmer-4059467.html*
12 *https://www.teltarif.de/ar-ki-app-wohnung-einrichten/news/73164.html*

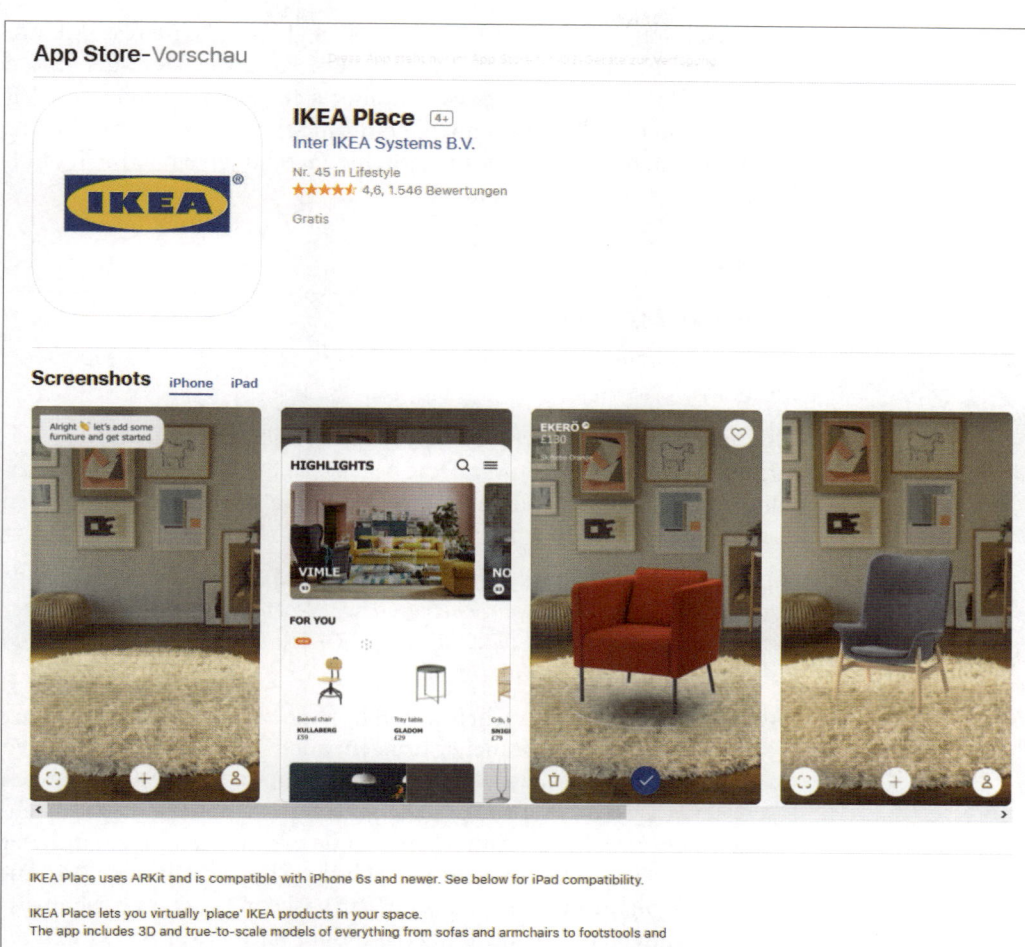

Virtual Reality (VR) ergänzt die Realität nicht, sondern ersetzt sie durch eine künstliche Realität. Wer eine VR-Brille und meist auch Kopfhörer aufsetzt, ersetzt seine Umgebung durch eine am Computer geschaffene Wirklichkeit. Für Computerspiele eignet sich diese künstliche Umgebung besonders gut. Die Facebook-Tochter Oculus hat 2018 mit Oculus Quest sogar eine Stand-alone-VR-Brille auf den Markt gebracht, die allein mit Headset und Controller funktioniert. Zudem werden über ein Raumtracking die Bewegungen des Körpers in die virtuelle Realität übertragen: Die Brille warnt den Spieler vor dem Zusammenstoß mit anderen Spielern oder Möbeln.

Außerhalb der Spielewelt lässt sich VR auch für Onlineshops nutzen, da Käufer die Produkte näher betrachten können. Mit dieser Technologie ist ein bequemer Einkaufsbummel vom heimischen Sofa aus möglich – virtuell und ohne Parkplatzsuche, Kassenschlangen und Gedränge.

▲ **Abbildung 13-7**
Wer sich Billy zunächst probehalber in sein Wohnzimmer stellen möchte, kann die App Place von IKEA ausprobieren

Für Forschung, Kultur und Museen gibt es gleichfalls interessante Ansatzpunkte. Ein naturhistorisches Museum kann die Tiere der Urzeit nicht wieder zum Leben erwecken, aber sich ihnen mithilfe von VR hautnah nähern. Das Senckenberg Naturmuseum bietet dieses Erlebnis seinen großen und kleinen Besuchern, indem es ihnen ein virtuelles Eintauchen in das Jurameer ermöglicht.[13]

Interview

VR-Technik für das Museum

Ein Interview mit Philipe Havlik, Mitarbeiter im Stab Zentrale Museumsentwicklung

Abbildung 13-8 ▲
Projektleiter Philipe Havlik und der ehemalige Museumsleiter Dr. Bernd Herkner testen die VR-Brillen im Senckenberg Naturmuseum Frankfurt. (Foto: Senckenberg/Tränkner)

Als regelmäßige Museumsbesucherin ist für mich das Senckenberg Naturmuseum Pflichtprogramm. Dort begeistern mich nicht nur die wechselnden interessanten Ausstellungen, sondern auch, wie aufgeschlossen das Museum neuer Technik gegenüber ist.

Ich habe in Frankfurt mit Philipe Havlik, Mitarbeiter im Stab Zentrale Museumsentwicklung, gesprochen und wollte zunächst wissen, was der ausschlaggebende Grund war, mit der VR-/AR-Technik zu arbeiten und welche Zielgruppe er vor Augen hatte.

Philipe Havlik: Wir versuchen generell, neue Technologien, die einen Mehrwert für unsere Besucher bringen, auch in unsere Ausstellungen zu integrieren. Da allerdings die Produktion von VR-Anwendungen sehr teuer ist, konnten wir uns die Investition zunächst nicht leisten. Erst als ein Student der Uni Mainz auf den damaligen Museumsleiter Dr. Bernd Herkner zukam, ergab sich die Möglichkeit, eine Anwendung kostengünstig zu produzieren. Inzwischen lassen sich die Investitionen durch eine kleine Nutzungsgebühr nach etwa zwei Jahren refinanzieren. Wir hatten im ersten Jahr 40.000 Nutzer, davon 60 Prozent Kinder und 40 Prozent Erwachsene.

Herr Havlik, was waren die größten Hindernisse bei der Umsetzung, und was würden Sie bei dem nächsten VR-/AR-Projekt anders angehen?

Philipe Havlik: Bei der ersten Anwendung, die 2016 mit der Uni Mainz erstellt wurde, handelte es sich um einen Prototyp, der noch kein fertiges Produkt war. Die Nachbearbeitung durch eine professionelle Firma war zwar recht kostengünstig, weil sie auf den Prototyp aufbauen konnte, aber dadurch kam es zu Kompatibilitätsproblemen. Die Animation wäre besser geworden, wenn die professionelle Firma die Modelle selbst gebaut hätte. Darum würde ich heute den Auftrag direkt an die Profis

---

13 *http://bit.ly/2TwmN7L*

geben. Ansonsten würde ich auch nicht mehr mit Handys und der Samsung Gear als Hardware arbeiten. Das ist zu ruckelig, außerdem überhitzen die Handys im Dauerbetrieb sehr schnell und fallen dann aus. Wir verwenden inzwischen die VR-Brille HTC-Vive und einen leistungsfähigen PC. Zudem ist die Software nicht mehr nur ein 3-D-Film, sondern eine getrackte VR-Anwendung in der Spiel-Engine Unity.

Zu guter Letzt interessiert mich noch, was das Senckenberg Naturmuseum um bezüglich VR/AR als Nächstes vorsieht.

Philipe Havlik: Mit der im April 2019 veröffentlichten Senckenberg-App stellt das Naturmuseum einen vollständig überarbeiteten Mediaguide bereit, ausgestattet mit vielen Hintergrundinformationen und Extras. Ein besonderes Exemplar der Sammlung erwacht sogar per Augmented Reality zum Leben: Edmontosaurus, die Dinomumie, ist nur eines von zwei derart gut erhaltenen Originalen weltweit. In der App erhebt sich der Urzeitriese in seiner gläsernen Vitrine und begrüßt eine Herde Artgenossen, die zwischen den Museumsbesucher/-innen umherläuft. Der Mediaguide soll ständig erweitert und überarbeitet werden. Geplant ist zudem eine virtuelle Tauchfahrt in die Tiefsee, allerdings nicht mit Brille, sondern mit Bildschirmen. Außerdem ist das Senckenbergmuseum beim Google Cultural Institute (*https://artsand culture.google.com/partner/senckenberg-nature-museum-frankfurt*) vertreten sowie bei Google Expeditions: *http://bit.ly/2DDgx8K*. Exponate des Senckenberg Museums sind ebenfalls in der Museumsufer-App zu sehen.

Lieber Herr Havlik, ich danke Ihnen ganz herzlich für den spannenden Blick hinter die Kulissen des Senckenberg Museums.

Mit der App *Google Arts & Culture* lässt sich das Senckenberg Museum auf virtuellen Rundgängen erkunden. Die Nutzer haben über die App bereits Zugriff auf mehr als 1.000 Museen weltweit.

Auch für das Recruiting ist die VR-Technik interessant. So bietet Bayer potenziellen Bewerbern mit *#BAYER360* eine VR-Erfahrung, um das Unternehmen vorab besser kennenzulernen. Die VR-Videos können auf einer Karrieremesse mit VR-Brille angeschaut werden, aber auch einige 360-Grad-Videos über die YouTube-App auf dem Smartphone oder dem PC.[14]

Wird VR/AR noch seinen Durchbruch erzielen und im Unternehmensalltag nachhaltig Einzug halten? Darüber und über die Bedeutung von Messenger-Diensten spreche ich mit Torsten Jensen. Als Digital Innovator beschäftigt er sich schon seit Jahren strategisch und operativ mit diesem Thema.

Interview

Abbildung 13-10 ▲
Torsten Jensen, Experte für Entrepreneurship, Start-ups & Innovation (Foto: Matthias Rüby)

»Die Vielfalt der Kanäle wächst in Zukunft«

Ein Interview mit Torsten Jensen, Experte für Entrepreneurship, Start-ups und Innovation

Torsten Jensen ist Senior Manager Digital Innovation bei Ernst & Young (EY). Bei EY unterstützt er Unternehmen auf dem Weg zur digitalen Transformation und teilt als Dozent an verschiedenen Hochschulen sein praktisches Wissen in den Gebieten digitale Geschäftsmodelle und Onlinetrends. Im Ehrenamt ist Jensen Vorstandsmitglied des Bundesverbands Deutsche Start-ups e. V. und Sprecher für NRW.

Herr Jensen, mit Messenger-Diensten zu arbeiten, war bislang für Unternehmen interessant, da es keinen Algorithmus gibt und die Öffnungsraten der Nachrichten hoch sind. Nun gibt es erste Überlegungen, einen Algorithmus zu entwickeln und Werbung zu platzieren. Was bedeutet dies für die Unternehmen, und welche Strategie sollten sie in der Konsequenz fahren?

Torsten Jensen: Unternehmen sollten nicht verwundert sein, dass die Anbieter von Messenger-Diensten solche Schritte in Erwägung ziehen. Sobald eine kritische Masse an Usern erreicht und der Service aus dem Nutzeralltag nicht mehr wegzudenken ist, muss der Anbieter sich die Frage nach der Monetarisierung stellen. Aus Nutzersicht kann das auch sinnvoll sein. Algorithmen wie der Newsfeed wurden eingeführt,

---

14 *https://karriere.bayer.de/de/how_to_join_us/bayer360/index.html*

um die Nutzer vor einer Informationsflut zu schützen und ihnen immer die relevantesten Beiträge zu zeigen. Unternehmen stellen diese Algorithmen vor die Herausforderung, relevanten Content zu kreieren. Die Unkreativen müssen sich Reichweite durch Paid Media erkaufen. Die besten Ergebnisse erzielt man weiterhin durch die Bewerbung von kreativen Beiträgen mit Ads. Dies gilt früher oder später auch für Messenger-Dienste.

Wer sich die asiatische All-in-one-App WeChat anschaut, bekommt ein Gefühl dafür, wohin die Reise mit Messenger-Diensten gehen könnte. Die Deutschen von einer elektronischen Geldbörse zu überzeugen, wird eine hart zu knackende Nuss. Welche anderen Angebote werden sich aus Ihrer Sicht in Deutschland in absehbarer Zeit durchsetzen? Erwarten Sie einen größeren Marktanteil für WeChat in der DACH-Region, oder wird sich eher der Facebook Messenger zu einer All-in-one-App entwickeln?

Torsten Jensen: Das Thema Mobile Payment ist auch für deutsche Bürger spannend. Es muss aber einfach sein und flächendeckend funktionieren. Seit Ende 2018 ist Apple Pay auch in Deutschland verfügbar.[15] Andere Länder haben vier Jahre Vorsprung: Dort wurde der Dienst bereits 2014 eingeführt. Im Bereich Social Media und Messenger hat Facebook in Deutschland weiterhin die Nase vorne.

Fakt ist auch, dass alle großen Internetunternehmen (Facebook, Google, Amazon etc.) dabei sind, komplexe Ökosysteme mit ihren Produkten und Services zu kreieren. Amazon kämpft mit Alexa und Amazon Prime um das Wohnzimmer der Nutzer. Facebook investiert viel Geld in VR-Lösungen und Infrastruktur. Mit Oculus Connect werden zukünftig viele bestehende Geschäftsmodelle infrage gestellt, beispielsweise wird sich der Weiterbildungs- und Schulungsmarkt drastisch ändern. Gerade im industriellen Bereich, wenn man nicht mehr am Anschauungsobjekt (zum Beispiel an einer Baumaschine) schulen muss, sondern den virtuellen Klon von überall aus betrachten und gegebenenfalls sogar virtuell zerlegen kann. Auch in der Medizin können Studierende die Anatomie viel anschaulicher erlernen.

VR und AR sind wichtige Trends, die auch mit der Mensch-Maschine-Interaktion zusammenhängen, wenn wir zum Beispiel an Datenbrillen wie Google Glas, Oculus Rift oder die Spectacles von Snap denken. Bislang halten sich die Anwendungsgebiete im überschaubaren Rahmen, einzelne Unternehmen arbeiten damit zur Weiterbildung ihrer Mitarbeiter, und es gibt schöne Beispiele im kulturellen Bereich. Wo sehen Sie den Ansatz-

---

15 *http://bit.ly/2Rd01PD*

punkt, um die Technik in die Fläche zu bringen? Wird es aus Ihrer Sicht Social Media verändern, und, wenn ja, welchen Einfluss könnte es haben?

Torsten Jensen: Das AR/VR wird die Welt, wie wir sie kennen, massiv verändern. Aktuell befindet sich die Infrastruktur noch im Aufbau. Aber wenn ich die Investments am Markt beobachte, lässt sich Großes erahnen. Facebook hat Oculus Rift gekauft und baut das Unternehmen mit Oculus Connect weiter zur Plattform aus. Fortschritte werden regelmäßig auf der F8-Konferenz (Facebook-Developer-Konferenz) gezeigt. Die Google-Mutter Alphabet und die chinesische Alibaba Group setzen auf das Start-up Magic Leap zur Herstellung einer Mixed-Reality-Brille. Magic Leap hat schon über zwei Milliarden Wagniskapital gesammelt und hatte bereits vor dem ersten Produktlaunch eine Bewertung von mehreren Milliarden. Der Wettkampf um die Infrastruktur ist also längst in vollem Gange.

Mit AR/VR wird man in Zukunft den Content interaktiv und live erleben. Die Auseinandersetzung mit den Inhalten wird viel intensiver werden. Die Herausforderung der Unternehmen liegt künftig noch stärker in der Erstellung von relevantem Content. Die Schaffung von Content für AR/VR ist bislang sehr kostspielig und wird daher (noch) gescheut. Es ist aber abzusehen, dass die Produktion in absehbarer Zeit günstiger wird.

AR/VR bieten unzählige Potenziale. Allein der Markt für Schulungen und Trainings wird sich dramatisch ändern. Reisekosten können in hohem Maße eingespart werden, wenn Mitarbeiter mit ihrem digitalen Avatar an einer Sitzung teilnehmen können.

In Social Media dominieren in den letzten Jahren Bilder und Bewegtbilder. Das Content Marketing hat den Fokus, mit den richtigen Inhalten und unterschiedlichen Formaten die Menschen an geeigneten Touchpoints ihrer Customer Journey zu erreichen. Mit smarten Anwendungen kommt es wieder mehr zum Einsatz von (gesprochener) Sprache. Wie gelingt es Unternehmen, sich dort zu etablieren, und führt dies dazu, dass die Bedeutung von Social Media zurückgehen wird?

Torsten Jensen: Voicebots (zum Beispiel Alexa oder Google Home) finden sich in immer mehr Wohnungen, auch die Nutzung von Siri & Co. nimmt weiter zu. Für Marken wird dieser Trend zu einer großen Herausforderung. Bei dem sogenannten Voice-Commerce können Unternehmen nicht mit visuellen Reizen arbeiten. Für Social Media werden visuelle Content-Formate weiterhin relevant bleiben. Genau, wie es weiter Print gibt, wächst die Vielfalt der Kanäle in Zukunft. Marken und Unternehmen müssen den für ihr Unternehmen relevanten Marketing-Mix neu bewerten.

Sie haben sich viel mit Gamification beschäftigt. Sehen Sie Gamification als den nächsten großen Trend, der die Kommunikation von Marken ähnlich stark verändern wird wie Social Media?

Torsten Jensen: Gamification würde ich eher bei den Methoden und Features der Netzwerke oder als Elemente der Content-Produktion einordnen. Wir leben in einer Ökonomie der Aufmerksamkeit. Es geht darum, die Nutzer bei der Stange zu halten und möglichst lange auf der Plattform zu halten. Hier können wir von den Spielemachern lernen. Es geht darum, sich zu keinem Moment unterfordert oder überfordert zu fühlen. Weiter bedarf es Feedback-Mechanismen wie beispielsweise Highscores, damit der Nutzer immer weiß, wo er gerade steht. Durch den Einsatz von Gamification und die beschriebenen Mechanismen lässt sich die Verweildauer der Nutzer verlängern. Ich bin der Meinung, dass die vorher besprochenen Technologien, wie AR/VR oder Voicebots, die Kommunikation von Marken viel stärker beeinflussen werden, als es Gamification tun wird.

Herr Jensen, ich danke Ihnen sehr herzlich für das Gespräch und Ihren spannenden Ausblick auf die weitere Entwicklung von AR/VR sowie Voicebots und deren Auswirkung auf die Kommunikation.

Künstliche Intelligenz: Wohin geht die Reise?

Die künstliche Intelligenz entwickelt sich stetig weiter und wird für den Einsatz von Chatbots wichtig. Heutige Chatbots tätigen häufig nur Datenbankabfragen und geraten bei komplexeren Abfragen schnell ins Trudeln. Durch künstliche Intelligenz entwickelt sich das System stetig weiter und lernt mit jeder Abfrage dazu.

Bereits seit 2016 gibt es auf Instagram die erste Influencerin, bei der es sich nicht um einen Menschen aus Fleisch und Blut handelt. Miquela Sosa[16] wird nie ihre Honorarforderungen in die Höhe treiben und auch sonst kein ungewolltes Eigenleben entwickeln. Eine Influencerin, die sich formen lässt – eine Traumvorstellung für Unternehmen? So verrückt der Ansatz klingt, er funktioniert offenbar, denn @lilmiquela scharrt bereits über 1,6 Millionen Follower um sich. Auch nach ein paar Jahren scheinen noch nicht alle Fans ihre wahre Identität zu kennen. Letztlich stellt sich die Frage, wer mehr Nähe zu seinen Fans aufweist, die millionenschwere Bibi oder ein Roboter? Bei näherer Betrachtung ist der Unterschied vielleicht geringer als gedacht – und in Wahrheit sind die glaubwürdigen Mikro-Influencer die großen Gewinner.

---

16 *https://www.instagram.com/lilmiquela/*

Abbildung 13-11 ▲
LilMiquela ist ein Roboter und hat zahlreiche Fans auf Instagram.

Im Oktober 2018 versteigerte das Auktionshaus Christie's zum ersten Mal in seiner Geschichte ein Kunstwerk, das kein Maler, sondern ein Algorithmus geschaffen hat. Die Gutachter schätzten den Wert des Porträts mit dem klangvollen Namen »Edmond de Belamy« auf maximal

10.000 Dollar – versteigert wurde es für fast eine halbe Million Dollar.[17] Auch in der Musik wird KI längst eingesetzt. Im Herbst 2019 lief beispielsweise der Wettbewerb *Beats & Bits*, in dem »Wissenschaft im Dialog« dazu aufrief, kreative gemeinsame Musik von Mensch und Maschine zu schaffen.[18]

Interview

Trends in Social Media

Ein Interview mit Daniel Köthe, Marketing Manager DACH bei Talkwalker

Zum Ausklang unseres Ausblicks habe ich mit Daniel Köthe von der Social-Media-Monitoring-Plattform Talkwalker gesprochen. Der Anbieter von Social-Listening-Tools befragt einmal jährlich Experten der Digitalszene. Aus der Kombination von Interviews mit eigenen Analysen leitet Talkwalker die aktuellen Trends ab. Daniel Köthe beschäftigt sich seit 2014 vor allem mit den Themen Social Media und Content Marketing und verantwortet seit März 2017 bei Talkwalker das Marketing für den deutschsprachigen Raum. Zuvor war er drei Jahre lang App Store Editor bei Apple iTunes und davor als Content-Marketing-Manager für die Amazon EU Sarl tätig.

▲ **Abbildung 13-12**
Daniel Köthe, Marketing Manager DACH bei Talkwalker

Herr Köthe, wir haben in diesem Buch bereits darüber gesprochen, dass Social Media in einem stetigen Wandel begriffen sind. Was sind aus Ihrer Sicht die großen Trends, die uns erwarten?

Daniel Köthe: Aus den Gesprächen, die wir regelmäßig mit Experten, Kunden und Partnern führen, kristallisieren sich klare Tendenzen für die kurz- und mittelfristige Zukunft. Am spannendsten finde ich die Möglichkeiten der Automatisierung – sowohl im Bereich der Aussteuerung von Content als auch und vor allem in der Analyse seiner Zielgruppe unter dem Stichwort Social Listening. Als Konsequenz hieraus würde ich als zweiten Punkt das PR-Thema »Brand Purpose« nennen. Dahinter versteckt sich die Haltung von Unternehmen, die über die sozialen Medien zum Marketingthema und im Nachgang sogar zum HR-Thema wird. »Wofür stehe ich?« sorgt nicht nur für Markenimage, sondern für Umsatz und eben auch für Bewerbungen. Persönlich finde ich außerdem das Thema »Social Selling« extrem interessant. Social-Media-Pages bilden nunmehr alle Schritte des Customer Life Cycle bis hin zum finalen Kauf ab und lösen damit Review-Web-

---

17 *https://www.n-tv.de/panorama/Dieses-Gemaelde-hat-ein-Algorithmus-erzeugt-article20689255.html*
18 *https://www.elektroniknet.de/markt-technik/halbleiter/ki-macht-musik-168383.html*

sites immer mehr ab. Darauf sollten sich vor allem B2C-Marken mit ihren Owned und Earned Channels einstellen.

Künstliche Intelligenz (KI) ist in vielen Bereichen ein wichtiges Thema und wirkt immer stärker auf das Social Media Marketing ein. Dazu gehört die Unterstützung des Content Marketing durch KI, beispielsweise mit Textrobotern, im Bereich der Bilderkennung und der Suche nach passenden Motiven für eine Kampagne. Wovon profitieren Kommunikationsprofis aus Ihrer Sicht am meisten, wenn es um das Thema KI geht, und wo sehen Sie Risiken?

Daniel Köthe: KI im Marketing ist schon lange ein Hype und wird von vielen kritisch gesehen. Viele KI-Anwendungen sind da wenig mehr als Algorithmen und Automatismen. Sie werden schon lange eingesetzt und haben mit KI nicht viel zu tun. Chatbots spucken beispielsweise oft nur automatisch Datenbankeinträge aus, die sie für die richtige Antwort in einer Kommunikation mit Konsumenten halten. Andererseits sehe ich beim Social Media Monitoring für die praktische Lebenswelt eines Marketers wertvolle technische Fortschritte. Monitoring bedeutete bisher oft viel manuelle Arbeit bei der Erstellung der Search Queries mit booleschen Operatoren. Dies kann eine AI-Engine heute schon zum Großteil übernehmen und somit die Social-Media-Analyse wesentlich beschleunigen.

In dem Zusammenhang prognostizieren Sie, dass es immer mehr Influencer wie LilMiquela gibt, also letztlich Roboter. Wir sprechen davon, dass Mikro-Influencer dank ihres authentischen und glaubwürdigen Auftretens die Makro-Influencer in den Hintergrund drängen. Eine von Software geschaffene Gestalt werden die wenigsten Menschen als authentisch empfinden – was macht den Reiz für die Fans und Follower aus, einer solchen Kunstfigur zu folgen?

Daniel Köthe: Persönlich glaube ich, dass es hierbei ausschließlich um die Faszination geht, dass so etwas grundsätzlich möglich ist: das Schaffen einer KI-Figur, die durch die Interaktion mit den Fans zum Leben erweckt wird. Auch diese Art von »Fake-Influencern« wird es weiterhin geben, denn sie wirken trotz ihres künstlichen Ursprungs authentisch auf ihre Follower. Und Authentizität und Glaubwürdigkeit sind hier die verbindenden Elemente zu anderen Trends wie Brand Purpose oder Mikro- und Nano-Influencern.

Mikro-Influencer spielen mittlerweile eine ebenso so große Rolle wie Makro-Influencer. Wie können die Unternehmen mit beiden Gruppen effizient arbeiten und sie für sich nutzen?

Daniel Köthe: Aufgrund ihrer hohen Glaubwürdigkeit haben Mikro-Influencer die Makro-Influencer in der Relevanz, aber auch in der Ausgabenallokation eingeholt oder sogar überholt. Automatisierte Social-Media-Tools koordinieren und managen Hunderte oder gar Tausende Mikro-Influencer für eine effektive und erfolgreiche Kampagne. Die Aussteuerung des Contents sowie die Kontrolle des Engagements können dann nur noch automatisiert erfolgen und überwacht werden. Dies geschieht idealerweise in Verbindung mit Get-togethers und Konferenzen, die das Netzwerken unter und mit diesen Mikro-Influencern stärken. Das gezielte Versenden von Gimmicks kann die Beziehung weiter vertiefen. Mikro- oder Nano-Influencer sind auch deshalb interessant, weil sie über ihre Themen Einfluss ausüben und nicht über ihre Reichweite.

Wie wird die Generation Z das Social Media Marketing verändern, und welche Rolle spielen dabei Corporate Influencer?

Daniel Köthe: Die Generation Z, die erste durchdigitalisierte Konsumentengruppe, tritt in die Arbeitswelt ein, und das verändert die Art und Weise, wie Unternehmen und ihr Marketing funktionieren. Contents müssen teilbar, Markenerfahrungen unmittelbar und »seam- and frictionless« erfolgen: Die Customer Experience muss völlig integriert in die Medienerfahrung sein. Rein digitale mobile Angebote müssen Spaß machen und Glücksgefühle auslösen. Spiegelt das Medium, das Produkt oder der Social-Media-Auftritt nicht meine Werte oder meinen Charakter wider, interessiert es mich nicht. Ist man sich dieser Konsumanforderung nicht bewusst, wird man es schwer haben, seine Zielgruppe zu verjüngen.

Lieber Herr Köthe, ich danke Ihnen herzlich für dieses interessante »Quo vadis Social Media?«, das Sie für uns in Abbildung 13-13 noch einmal übersichtlich zusammengefasst haben.

Wir haben uns in diesem Kapitel verschiedene Entwicklungen angeschaut. Wie bei vielen anderen Themen lässt es auch hier sich nicht mit Sicherheit vorhersagen, welcher Trend sich durchsetzen wird. Daher kommen Sie nicht umhin, den Markt des digitalen Marketings weiterhin aufmerksam zu beobachten und bei jeder Neuerung zu analysieren, ob diese für Ihre Kunden und Produkte nützlich sein kann.

Besuchen Sie regelmäßig Veranstaltungen wie die re:publica oder lokale Webmontage, um sich auf dem Laufenden zu halten. Lesen Sie zudem ausgewählte Beiträge auf *https://onlinemarketing.de/*, *https://t3n.de/*, *https://www.heise.de/*, *https://www.horizont.net/* oder *https://www.wuv.de/*. ◀ **Tipp**

Abbildung 13-13 ▶
Die Top-12-Social-Media-
Trends für 2019 von
Talkwalker

Zusammenfassung

Wir haben uns in diesem Kapitel die bereits recht stark etablierten Messenger-Dienste angeschaut, aber auch Bereiche wie digitale Sprachassistenten und VR, die sich noch nicht flächendeckend durchgesetzt haben. In der Welt von Kommunikation und Social Media zeigt sich, dass es nicht mehr nur darum geht, ob ein Trend den anderen ablöst, stattdessen wächst die Vielfalt beständig. Daher besteht die klare Marschrichtung für Unternehmen darin, ihre Kunden und potenziellen Kunden auf der Customer Journey so anzusprechen, dass sie über die gesprochene Sprache, Texte, Fotos, Videos und vergängliche Inhalte gleichermaßen gut erreicht werden. Auch die Chancen von Gamification sowie VR/AR sollten Sie im Auge behalten und auf den Einsatz in Ihrem Unternehmen hin prüfen.

Wie bei vielen anderen Themen auch, lohnt es sich, zu den Early Adopters zu gehören – allerdings nur, wenn Sie Ihre Kunden über den neuen Weg oder die neue Plattform wirklich erreichen. Daher gilt auch hier wieder der bewährte Dreiklang aus Marktbeobachtung, Analyse und Strategie, bevor über erste Maßnahmen und Kampagnen nachgedacht wird.

Der Weg zu langfristigem Erfolg

Nun haben Sie solides Grundwissen zum Thema Social Media Marketing erworben: Wir haben uns die Gesetzmäßigkeiten und Möglichkeiten sozialer Netzwerke, Blogs und anderer sozialer Medien angesehen, über Storytelling und Content Marketing sowie über verschiedene Medienformate gesprochen – und im letzten Kapitel auch darüber, wohin sich Social Media Marketing aktuell und vermutlich in der Zukunft entwickelt.

So schnell Plattformen und Tools sich auch verändern oder gar ablösen, eines ist erfolgsentscheidend: In sozialen Medien geben Sie offen Ihre Identität und Ihre Absichten zu erkennen, Sie verfolgen Gespräche und gestalten sie mit. Damit verschaffen Sie sich Anerkennung und Vertrauen und können auf ein loyales Netzwerk setzen, das Ihnen beim Erreichen Ihrer Ziele helfen kann. Die Kommunikation muss nicht ausschließlich online stattfinden: Auch reale Kontakte, die sich aus Ihrem Engagement in den sozialen Medien ergeben, können Ihre Unternehmensziele fördern.

Sie haben sich anhand dieses Buchs nun bereits mit Ihrer Strategie beschäftigt, Ihre Ziele formuliert, wissen, wie Sie mithilfe von Monitoring Ihr Zielpublikum und geeignete Plattformen identifizieren sowie auf Gespräche über Ihr Unternehmen aufmerksam werden, und Sie haben erfahren, unter welchen Bedingungen Sie sich auf unterschiedlichen Plattformen beteiligen und äußern können. Und sicherlich haben Sie Ihren Werkzeugkasten bereits mit einigen Tools bestückt und sollten sich gut gerüstet fühlen.

Bei allen Überlegungen und Entscheidungen über Ihre Social-Media-Aktivitäten ist es notwendig, sich mit Fragen zu beschäftigen, die über die Funktionsweise von Plattformen hinausgehen – Fragen zu Ihrem Unternehmen und Ihrer Haltung zu Social Media. Damit beginnen wir dieses Kapitel, bevor wir Ihnen abschließend noch einige praktische Tipps für die Organisation Ihrer Social-Media-Aktivitäten mit auf den Weg geben.

Wie Sie Ihr Unternehmen aufstellen

In den Einstiegskapiteln dieses Buchs – insbesondere in den Kapiteln 2 und 4 – sind wir auf die Voraussetzungen eingegangen, die Ihr Unternehmen für nachhaltig erfolgreiches Social Media Marketing schaffen muss:

- das Verständnis für die Eigenschaften von und Mechanismen in sozialen Netzwerken,
- das Wissen über die Community (bzw. die verschiedenen Communitys), die Sie ansprechen wollen, inklusive der Wünsche, Bedürfnisse und Gepflogenheiten Ihrer Zielgruppen,
- die Bereitschaft, sich permanent fortzubilden und/oder die Weiterbildung der Mitarbeiter zu fördern,
- die Bereitschaft, die Identität des Unternehmens Außenstehenden nahezubringen und sich persönlich einzubringen,
- der unbedingte Wille, den Menschen im Web zuzuhören, sie ernst zu nehmen und von ihnen bzw. in der Kommunikation mit ihnen zu lernen,
- die Bereitschaft, Communitys durch eigenes Know-how und Ihre Erfahrungen zu unterstützen, und nicht durch Eigenwerbung negativ aufzufallen,
- ein Zeit- und Kostenbudget, mit dem Sie all diese Aufgaben verwirklichen können.

Daraus ergeben sich ganz praktische Aufgaben wie das Entwickeln einer Strategie, das Formulieren von Social Media Guidelines oder das Beschreiben von Zielgruppen.

Alles zusammengenommen, bildet das Fundament für Ihre Social-Media-Aktivitäten: die richtige Unternehmenskultur. Entscheiden Sie sich für ein professionelles und konsequentes Engagement, anstatt Social Media Marketing – wie es in vielen Unternehmen noch immer gang und gäbe ist – mit skeptischen Blicken zu beäugen, inhaltlich austrocknen zu lassen oder es ohne jegliche Unterstützung oder Einbettung in das Unternehmen »einfach mal dem Praktikanten oder der Auszubildenden« unterzuschieben.

Ermöglichen Sie eine fundierte Aus- und Weiterbildung

Social-Media-Verantwortliche sind auf eine fundierte Ausbildung angewiesen – bei der Fülle an Plattformen, Mediengattungen und Inhalten, Metriken und Methoden ist es nicht realistisch, neben dem Alltagsgeschäft immer die neuesten Entwicklungen im Blick zu haben. Und es ist genauso wenig realistisch, mit experimentellem Learning by Doing dauerhaft Erfolge zu erzielen.

Wer Social Media Marketing in die Marketingstrategie seines Unternehmens einbringen will, muss dafür sorgen, dass seine Angestellten vertiefendes Know-how und Best Practices vermittelt bekommen. Gleichzeitig benötigen Unternehmen, die Social-Media-Fachkräfte suchen, häufig »etwas auf dem Papier« – wollen also wissen, welche Kompetenzen ihre Bewerber jeweils mitbringen. Auf diese Nachfrage hin, sowohl von Unternehmen als auch von angehenden Social Media Managern, hat sich eine Vielfalt von Bildungsangeboten und -wegen entwickelt, die nicht immer leicht zu überblicken ist. Einen Rat können wir Ihnen geben: Achten Sie bei der Auswahl mehr auf Praxisnähe als auf tönende Buzzwords. Social Media ist in erster Linie ein Handwerk – und auch wenn Sie die Trends im Blick behalten müssen, werden Sie im Berufsalltag vor allem die Best Practices und praktischen Fertigkeiten wie das Texten von Postings, das Monitoring, die Gespräche mit Ihren Kunden oder das Publizieren von Paid Content und Anzeigen beherrschen müssen.

Wir haben Ihnen daher die Ausbildungswege und Weiterbildungsmöglichkeiten zusammengestellt, die sich in den vergangenen Jahren entwickelt haben:

- *Studium*: Die Hochschule Anhalt in Bernburg/Sachsen-Anhalt führt den Vollzeit- Masterstudiengang Online-Kommunikation (*https://www.hs-anhalt.de*, Fachbereich Wirtschaft). In vier Semestern lernen Sie unter anderem die Theorien der Kommunikation im Netz und praktische Projekte kennen. Ein Mobilitätssemester gewährleistet praktische Erfahrung bei der Arbeit mit Communitys. Kosten: keine (bzw. Semestergebühren). Die Hochschule bietet auch Sommerkurse und Workshops für Verbände.

- *Lehrgang an einer Hochschule*: Die Technische Hochschule Köln – kurz TH Köln (*https://www.th-koeln.de/*) – bot als eine der ersten Einrichtungen einen Lehrgang zum Social Media Manager an. Dieser Kurs erstreckt sich über 150 Unterrichtsstunden, die teilweise im Selbststudium, teilweise bei Präsenzveranstaltungen in Köln abgeleistet werden. Kosten: rund 1.500 Euro.

- *IHK-Lehrgang*: Industrie- und Handelskammern bieten Zertifikats-lehrgänge zum Social Media Manager (IHK) an, diese Weiterbildungen richten sich meist an Praktiker, bestehen aus mehreren Schulungstagen und kosten etwa 1.000 bis 1.500 Euro. Die Inhalte orientieren sich an einem vom DIHK ausgearbeiteten Rahmenlehrplan. Eine Anlaufstelle ist auch die Business Akademie Ruhr (*https://business-academy-ruhr.de*), die mit mehreren IHKs kooperiert und inzwischen sogar einen Lehrgang für Fortgeschrittene anbietet.

Abbildung 14-1 ▲
Der Bundesverband Community Management e. V. hat neben der Zertifizierung auch Stellenbeschreibungen ausgearbeitet und kündigt relevante Konferenzen an.

- *Zertifikatskurse mit einem durch den »Berufsverband der Social Media Professionals«, dem Bundesverband Community Management e. V. vergebenen Abschluss:* Eine Weiterbildung zum Social Media Manager (BVCM) hat die Leipzig School of Media im Programm. Der Kurs besteht aus zwei Blöcken à drei Tagen und kostet 2.400 Euro. Die Prüfung kann auch unabhängig von der Kursteilnahme abgelegt werden. Prüfungstermine und Zulassungsvoraussetzungen finden Sie unter *https://www.bvcm.org/social-media-manager-zertifizierung/*.

- *Lehrgänge und Seminare freier Bildungsträger*: Kurse finden sich bei einer ganzen Reihe von Schulungsfirmen und freien Bildungsinstituten wie dem IFM Institut für Managementberatung (*https://ifm-business.de*), der eMBIS Akademie für Online-Marketing (*https://www.embis.de*) oder der Haufe Akademie (*https://www.haufe-akademie.de*). Die Seminare führen komprimiert in das Social Media Marketing ein oder vertiefen einzelne Teilbereiche. Bezüglich Dauer (von einem halben Tag bis zu mehreren Tagen), Kosten (von zwei- bis vierstelligen Beträgen) und der inhaltlichen Tiefe gibt es eine sehr hohe Bandbreite, manche Seminare richten sich auch an spezifische Branchen und Berufe. So bietet der Deutsche Journalistenverband (DJV) Social-Media-Kurse für Zeitungsredakteure an, andere Anbieter haben Social Media Marketing für Hotels oder Einzelhändler im Programm. Werfen Sie dazu einen Blick in die jeweiligen Branchenmagazine, in der Regel sind Seminare dort gelistet.

- *Onlinelehrgänge*: Einrichtungen wie das Deutsche Institut für Marketing (DIM) bilden ebenfalls zum Social Media Manager aus – aufgeteilt in verschiedene Module, die berufsbegleitend und nach freier Zeiteinteilung durchgearbeitet werden können. Auch hier schließt man mit einem Zertifikat ab. Die Kosten liegen zwischen 1.400 und 1.800 Euro. Das DIM bietet darüber hinaus Weiterbildungen zu Content Marketing, Facebook Marketing und verwandten Themen.

- *Inhouse-Schulungen*: Wollen Sie in einem größeren Team das Social Media Marketing in Ihrem Unternehmen auf den Weg bringen, oder wollen Sie Ihre Belegschaft in die Grundlagen einweihen? Sind Sie in einer besonderen Sparte oder beispielsweise ausschließlich im B2B-Bereich unterwegs? Dann könnte es sich lohnen, einen Trainer in Ihr Haus einzuladen, der seine Fortbildung exakt auf Ihre Bedürfnisse ausrichtet.

◀ **Tipp**

Manche der genannten Weiterbildungen sind über *Bildungsgutscheine* abrechenbar. Dieser von der Agentur für Arbeit auf Antrag gewährte Zuschuss kann Sie und/oder Ihre Mitarbeiter bei der Finanzierung der Weiterbildung unterstützen. Die Modalitäten erfahren Sie unter *https://www.arbeitsagentur.de/karriere-und-weiterbildung/foerderung-berufliche-weiterbildung*.

Ermöglichen Sie Ihren Marketingmitarbeitern auch, an Barcamps, Webmontagen oder Treffen des Social Media Clubs (unter anderem in Frankfurt und Stuttgart) teilzunehmen. Hier gelingt es, sich mit Berufskollegen zu vernetzen – und so manches neue Buzzword gemeinsam und ganz informell einzuordnen.

Leben Sie Social Media

Wie wichtig es ist, die Mentalität der sozialen Medien zu verstehen, in das Unternehmen zu integrieren und nach außen wie nach innen zu leben, haben wir Ihnen bereits in Kapitel 4 beschrieben: Ein *Social CEO* trägt einen wesentlichen Beitrag zum Social Media Marketing bei, weil er sich persönlich in die Kommunikation einbringt. Und Networking-Tools wie Yammer können gerade in großen und/oder weitverzweigten Unternehmen die Vernetzung und den Austausch aller Mitarbeiter untereinander erleichtern. Gleichzeitig können diese Tools dabei helfen, Talente in Ihrem Team aufzuspüren und neuen Aufgaben zuzuführen, wie uns Oliver Nissen, Leiter Social Media & Service bei der Deutschen Telekom, in Kapitel 7 erzählt hat. Verstehen Sie Social Media also nicht nur als ein weiteres To-do, als eine lästige Pflicht, der Sie nachkommen müssen, sondern überlegen Sie für alle Abteilungen und Bereiche Ihres Hauses, welche Chancen die sozialen Medien Ihnen eröffnen können.

Abbildung 14-2 ▶
Die Unternehmerin Andera Gadeib versteht sich als Onlineenthusiastin: Als mehrfache Gründerin und Chefin einer vielfach ausgezeichneten Marktforschungsagentur ist sie persönlich auf Facebook, Instagram, Pinterest, LinkedIn und XING aktiv, außerdem bloggt sie regelmäßig und plant einen Podcast. Im abgebildeten Instagram-Post nimmt sie ihre Fans per Video mit in ihre neuen Büroräume. So geht Social CEO.

Überprüfen Sie Ihre Unternehmenskultur

Sie erinnern sich: Mit sozialen Medien erhalten Sie die Möglichkeit, direkt mit Ihrem Zielpublikum in Kontakt zu treten. Sie sprechen mit Ihren Kunden, tauschen sich mit Kollegen und Geschäftspartnern aus und beobachten, was Ihre Konkurrenz so treibt. Sie erfahren dadurch viel Wissenswertes über die Stimmung in Ihrem Markt sowie über Trends und neue Entwicklungen. Unweigerlich bekommen Sie auch mit, wie beispielsweise Ihre Wettbewerber nach außen – und manchmal auch nach innen – kommunizieren, welcher Ton vorherrscht und welche Gepflogenheiten gelten. Gibt es interne Spannungen und Unstimmigkeiten, lassen diese sich häufig nur mit Mühe verbergen.

Das betrifft auch Ihr Unternehmen: beispielsweise wenn Ihre Kollegen eigene Profile auf Businessnetzwerken pflegen und damit in gewisser Weise auch das Unternehmen öffentlich vertreten. Oder wenn sie von Geschäftsreisen twittern – über persönliche Profile – oder die Postings Ihres Unternehmens etwa bei Facebook oder Twitter kommentieren oder teilen. Dann können auch Ihre Kunden, Geschäftspartner oder potenzielle Mitarbeiter – sowohl unmittelbar als auch zwischen den Zeilen – wahrnehmen, welche Stimmung Sie und Ihr Unternehmen ausstrahlen. Das Klima in Ihrem Unternehmen – die Art und Weise, wie Ihre Mitarbeiter miteinander reden, wie zufrieden sie sind und wie ernst genommen sie sich fühlen –, lässt sich in den sozialen Medien ablesen.

Diese Unternehmenskultur jedoch prägt das Image eines Unternehmens. Sie können langfristig niemanden täuschen. Am besten vergleichbar ist das mit der Begegnung am Messestand oder im Ladengeschäft. Unzufriedenheit bei Angestellten, handfeste Konflikte oder gar Machtkämpfe bleiben Ihren Kunden über kurz oder lang nicht verborgen. Dann leidet Ihr Image, und Ihre Kunden gehen beim nächsten Mal lieber zur Konkurrenz. Damit Ihnen das nicht passiert, sollten Sie sich spätestens jetzt mit Ihrer Unternehmenskultur beschäftigen.[1] Das hilft Ihnen auch bei der Formulierung Ihrer Social Media Guidelines sowie bei der Auswahl Ihrer Inhalte und Kundenansprache.

◀ **Tipp**

Fragen Sie Freunde, Bekannte, Geschäftspartner und Kollegen, wie sie Ihr Unternehmen wahrnehmen. Gibt es ein klares Bild Ihrer Markenpersönlichkeit? Wie klingt Ihr Unternehmen, welche Themen schreibt man Ihnen zu, und wo würde man Sie erwarten? Social Media ist eine Chance, sich viele Fragen zur Markenidentität noch mal oder erstmals zu stellen. Denn je stimmiger Ihr Auftritt ist, desto besser können sich Ihre Kunden, aber auch Ihre Mitarbeiter damit identifizieren.

---

1   Blättern Sie dazu auch noch einmal zu Kapitel 2.

Verstehen Sie Mitarbeiter als Markenbotschafter

Haben Sie auch Kollegen vor Augen, die nur widerwillig einem Porträt-foto für die Teamseite der Website zustimmen? Dann wissen Sie, warum es zwar naheliegend, aber extrem herausfordernd sein kann, die eigenen Mitarbeiter bei der Social-Media-Marketing-Strategie Ihres Hauses mitzunehmen. In den meisten Fällen interessieren sie sich nicht besonders für das, was »die Marketingleute da auf Facebook oder Instagram machen«, manche hinterlassen immerhin hin und wieder ein *Gefällt mir*. Bestimmt gibt es aber auch in Ihrem Unternehmen die Kollegen, die Social-Media-affin oder offen für Marketing sind und sich auch offline bereits als gute Netzwerker gezeigt haben. Diese gilt es zu fördern und zu unterstützen – denn die authentischsten Fürsprecher finden Sie in den eigenen Reihen.

Mitarbeiter, die beispielsweise ein stimmungsvolles Foto des vergangenen Betriebsausflugs versehen mit dem Hashtag *#lovemyjob* bei Instagram hochladen, wirken mit ihrem Lob für den Arbeitgeber um ein Vielfaches glaubwürdiger als jede Stellenausschreibung Ihrer Personalabteilung. Vielleicht laden Sie Ihre Azubis ein, regelmäßig von ihrem Ausbildungs-verlauf zu bloggen, oder Sie ermutigen Kollegen, an Memes wie *#12von12* oder *#wmdedgt*[2] teilzunehmen – und so von ihrem Berufsalltag zu berichten.

Im Herbst 2019 entstand zunächst auf Instagram, später auf allen großen Social-Media-Plattformen, eine virale Kampagne namens »Tetris-Challenge« (siehe Abbildung 14-3). Dabei legten insbesondere Rettungs-kräfte die Ausrüstung ihrer Fahrzeuge fein säuberlich auf dem Boden aus, sich selbst dazu und ließen sich dann aus der Vogelperspektive fo-tografieren. In den sozialen Netzwerken ließen sich schließlich Hunderte Fotos bewundern: von Feuerwehren, Notarztwagen und sogar von Bestattungsinstituten. Auch andere Freelancer und Unternehmen nutzten den Hype und fotografierten ihre typischen Arbeitsmittel und sich selbst auf dem Boden liegend. Damit profitierten sie nicht nur von der Reichweite der Kampagne, sie zeigten auch, dass sie das Social Web be-obachten und spontan und experimentierfreudig genug sind, auf Aktionen wie die Tetris-Challenge aufzuspringen. Hier ist ebenfalls eine offene Unternehmenskultur, die ihre Mitarbeiter auch zu originellen Aktionen ermuntert, ihnen die Freiheit und die Mittel zur Umsetzung – Zeit und Geld – einräumt, unabdingbar. Und sie lohnt sich sehr.

Vielleicht beteiligt sich Ihr Unternehmen auch an regionalen Sport- und Kulturveranstaltungen oder an karitativen Initiativen? Lassen Sie die be-

---

2   Lesen Sie dazu auch in Kapitel 6 den Abschnitt »Blog Memes«.

teiligten Kollegen doch von ihren Eindrücken und Erlebnissen bloggen. Dies kann eine tolle Chance sein, den Zusammenhalt und die Kollegialität in Ihrem Unternehmen nach außen zu tragen. Gleiches gilt, wenn Kollegen – wie oben beschrieben – privat von der erfolgreichen Dienstreise zu einer Messe oder Konferenz twittern. Und selbst wenn es nur darum geht, eine Stellenanzeige zu streuen: Denken Sie an die Reichweite, die jeder Kollege in seinem eigenen Netzwerk mitbringt: die Nachbarn und Freunde, die Familie sowie – für das Recruiting sehr wertvoll – auch die Berufskollegen und ehemaligen Mitstreiter an Berufsschule und Uni.

Ermuntern Sie Ihre Mitarbeiter dazu, sich in Ihre Social-Media-Aktivitäten einzubringen. Erinnern Sie gelegentlich an die Kanäle, die Sie pflegen, bitten Sie auch um Likes und Shares, und wenn jemand eine Idee hat, welche Inhalte und Themen Sie im Social Web angehen sollten: Hören Sie Ihrer Belegschaft aufmerksam zu. Sie sind auf die Geschichten aller Unternehmensbereiche angewiesen. Um den Mitarbeitern die nötige Sicherheit hinsichtlich der Nutzung sozialer Netzwerke, aber auch zu arbeitsrechtlichen Fragen zu geben, achten Sie auf verständliche und nützliche Social Media Guidelines, und bieten Sie bei Bedarf Schulungen an. Und natürlich sollten Sie gemeinsam mit Ihrer Ge-

▲ **Abbildung 14-3**
Beitrag des Schweizer Bestattungsunternehmens Aurora zur Tetris-Challenge.

schäftsführung die Bedingungen schaffen, die ein gutes Unternehmensklima hervorbringen – sodass Ihre Belegschaft ebenfalls überzeugt *#lovemyjob* an ihre Postings heften kann.

Pflegen Sie persönliche Kontakte

Wenn Sie sich in Social Media ein gutes Netzwerk aufgebaut haben, sollten Sie noch einen Schritt weitergehen: Wie wäre es, wenn Sie Ihre Onlinebeziehungen auch offline pflegen würden? Fremdenverkehrsämter können ihre Fans und Follower zu Instawalks durch ihre Stadt einladen oder der Autobauer seine kritischsten Facebook-Fans zu Rundgängen durch die Produktionshallen.

Unter dem Hashtag *#Verlagebesuchen* luden im Jahr 2018 erstmals verschiedene Buchverlage, aber auch andere Branchenangehörige buchaffine Fans und Follower zum Kennenlernen und Austausch ein.

Abbildung 14-4 ▶
Knapp 120 Verlage aus Deutschland sowie der Schweiz nahmen im Mai 2019 an der Aktion #Verlagebesuchen teil, die begleitende Website verlagebesuchen.de listete alle Orte und Unternehmen.

Auch hier gelang es, Verbundenheit zum Unternehmen herzustellen und die eigene Community kennenzulernen. Gerade für kleine und unabhängige Verlage ist so eine Aktion eine niedrigschwellige und kostengünstige Möglichkeit, Gesicht und Kompetenzen zu zeigen sowie Fürsprecher in der eigenen Umgebung zu finden. Ein persönliches Zusammentreffen hilft zudem, die Beiträge von Social-Media-Kontakten besser einzuschätzen.

Kritiker einladen

Als der Aachener Zeitungsverlag vor einigen Jahren eine Paywall – also eine Bezahlschranke für Leser, die einen Artikel auf der Website der Lokalzeitung lesen möchten – einführte, hagelte es teilweise vehemente Kritik aus der sicherlich nicht sehr großen, dafür gut vernetzten und meinungsstarken Twitter-Gemeinde der nordrheinwestfälischen Kur- und Hochschulstadt. Daraufhin lud der damalige stellvertretende Chefredakteur Bernd Büttgens nebst weiteren vier Kollegen aus Redaktion und IT zu einem Gesprächstermin. Etwa 25 Aachener Twitterer fanden sich bei Häppchen und Getränken zusammen, und Bernd Büttgens warb in einer längeren Rede um Verständnis für die Paywall, indem er ausführlich über deren Hintergründe aus wirtschaftlicher, technischer und auch redaktionsinterner Sicht berichtete. Gleichzeitig hörte man den Kritikern aufmerksam zu und berichtete bereitwillig über die Hürden auf dem Weg zur Paywall.

Auch wenn diese nach dem Gespräch nicht abgeschaltet wurde – damit hatte wohl auch niemand gerechnet –, ging man positiv auseinander, denn der Zeitungsverlag hatte mehreren Personen aus ganz unterschiedlichen Bereichen über insgesamt vier Stunden hinweg persönlich zugehört, das Vorgehen erläutert und Stellung bezogen. Und natürlich nutzte man die Gelegenheit und führte die Twitterer durch Redaktion und Verlagsdruckerei – was wiederum für starke Bilder in den sozialen Netzwerken sorgte. Diese recht simple Maßnahme – Kritiker zum Gespräch einladen – lässt sich bei jeder Unternehmensgröße verwirklichen. Und wie dieses Beispiel zeigt, muss das Ziel nicht lauten, diese umzustimmen oder mundtot zu machen. Einige Aachener Twitterer waren nach diesem Abend weiterhin schlecht auf die Paywall zu sprechen, würdigten und schätzten jedoch, dass man ihnen zugehört hatte.

Eine echte Bereicherung können Treffen mit anderen »Social-Media-Intensivtätern« sein – wie den Twitterern oder der Bloggercommunity Ihrer Stadt beispielsweise. Erschließen Sie sich die Onlineszene: Gibt es regelmäßige Social-Media-Treffen oder Stammtische? Gute Quellen für Ihre Recherche sind die Website *Meetup.com*[3] sowie Facebook (unter den Veranstaltungen) und XING. Auch eine Hashtag-Suche (*#stadtXY*) auf Twitter kann Aufschluss geben. Schaffen Sie selbst Gelegenheiten, bei denen Sie Ihre Fans und Follower treffen können. Laden Sie in Ihr Unternehmen ein oder zu einem Treffen an Ihrem Messestand.

In einigen großen (und manchen kleinen) Städten finden jährlich Barcamps statt. Die sogenannten »Unkonferenzen« sind offene Tagungen, bei denen die Teilnehmer selbst das Programm bestimmen und aktiv

---

3   *https://www.meetup.com/de-DE/*

mitgestalten. Unternehmen können diese Veranstaltungen als Sponsoren oder Teilnehmer nutzen, um Kontakte zu neuen Interessenten zu bekommen, vor allem dann, wenn sie selbst nicht das Geld haben, große Veranstaltungen anzubieten. Aber Vorsicht: Barcamps sind Community-Veranstaltungen – es gelten ähnliche Regeln wie in den sozialen Netzwerken: Allzu offensives werbliches Verhalten ist verpönt. Statt einer Produktpräsentation sollten Sie lieber eine Session (so nennt man die Themenrunden und Vorträge auf Barcamps) anbieten, bei der die Teilnehmer etwas lernen können – etwa wie das neue Monitoring-Tool einzusetzen ist oder welche Tipps Sie für die Wahl der richtigen Blogsoftware haben.

Das persönliche Treffen ist die beste Möglichkeit, um Vertrauen aufzubauen und im Internet geknüpfte Beziehungen zu festigen. Sie werden feststellen, dass Sie eine Menge zu besprechen haben, von Kooperationsmöglichkeiten über Feedback bis hin zu Wissenstransfer und Informationen. So können Sie sich selbst und Ihre Marke bekannt und besser wahrnehmbar machen.

Wie Sie Ihre Social-Media-Arbeit organisieren

Aus eigener Erfahrung wissen wir, wie herausfordernd es bisweilen sein kann, im Tagesgeschäft den Überblick über die verschiedenen Aufgaben des Social Media Marketing zu behalten. Schließlich brechen wir die strategischen Marketingziele des Unternehmens auf viele winzige Puzzleteile herunter – in Facebook-Postings, in Instagram-Fotos, in Tweets mit 280 Zeichen und Blogartikel mit mindestens 300 Wörtern sowie in Headergrafiken für XING und in YouTube-Videos mit 90 Sekunden Länge. Wir müssen die besten Tageszeiten für alle Netzwerke kennen und bisweilen auch spätabends noch einem unzufriedenen Kunden weiterhelfen. Wir sollen uns auf Events austauschen und weiterbilden, kreative Inhalte erstellen, neue Medienformate testen – aber bei all dem nicht zu viel Arbeitszeit einsetzen.

Da liegt es nahe, unsere Aktivitäten regelmäßig zu überprüfen, einige zu streichen, um für andere Platz zu schaffen – und uns einige Aufgaben zu vereinfachen.

Share of Voice: die richtigen Kanäle wählen

Wie viele verschiedene soziale Netzwerke es gibt und wie aufwendig es sein kann, die Netzwerke herauszufiltern, die von Ihren Zielgruppen frequentiert werden, haben wir Ihnen bereits zu Beginn des Buchs erläutert. Sie wissen auch, dass es unmöglich ist, eine Plattform zu finden, auf der Sie alle potenziellen Gesprächspartner gleichzeitig erreichen können. Sie sind also gezwungen, sich mehrere Kanäle im Social Web zu erschließen, wenn Sie Ihre Reichweite erhöhen und weitere interessierte Nutzer ansprechen wollen.

Daher ist es wichtig, über den Tellerrand des einzelnen sozialen Mediums hinauszublicken. Auch wenn Sie längst nicht in jeder Community aktiv werden können, sollten Sie doch versuchen, auf allen relevanten Plattformen die Erwähnungen Ihres Unternehmens sowie wichtige Themen und Stimmungen mitzuschneiden. Hilfreich kann an dieser Stelle eine Matrix sein, in die Sie die verschiedenen Plattformen wie Blog, Instagram, YouTube, Pinterest oder kununu von »lesen, schreiben, kommentieren« bis »nur lesen« eingruppieren. Nach dieser Prioritätseinteilung sollten Sie in Ihrem Alltag vorgehen.

Die meiste Aufmerksamkeit erzielen Sie vermutlich mit Ihren Social-Media-Aktivitäten in den bekanntesten Netzwerken wie Facebook, Twitter, YouTube, Instagram und XING. Beobachten Sie aufmerksam, wie sich Social Media verändert. Nur auf eine Plattform zu setzen, macht Sie abhängig. Selbst wenn Instagram, Facebook und YouTube als die beliebtesten sozialen Netzwerke momentan für viele ein Synonym für Social Media sind, kann das in zwei oder drei Jahren schon wieder ganz anders aussehen. Und für Ihre Branche, Technologie oder Region können außerhalb der großen Player ganz andere soziale Netzwerke relevant sein.

Wenn Sie sich ein Blog als Basis für Ihre Social-Media-Aktivitäten einrichten, haben Sie die wichtigsten Fäden in der Hand. Durch Monitoring und eine Kundenbefragung können Sie herausfinden, wo sich Ihr Zielpublikum außerdem aufhält. Konzentrieren Sie sich dann zunächst auf drei oder vier passende Plattformen, die aber wiederum einen großen Teil Ihrer Zielgruppe erreichen sollten.

- Wählen Sie sorgsam aus, wo Sie die für Sie passende Community finden.
- Verschaffen Sie sich ein Bild von den Gepflogenheiten in der jeweiligen Community.
- Machen Sie sich mit den wichtigsten Funktionsweisen der Plattform vertraut.
- Legen Sie präzise Ihre Ziele fest.
- Starten und pflegen Sie Ihre Präsenz mit Überzeugung und Begeisterung.
- Suchen Sie sich geeignete Tools und gegebenenfalls Expertenhilfe, um nicht durch die Auseinandersetzung mit der Technik aufgehalten zu werden.

Facebook

- weltweit größte Verbreitung, 66 Prozent der Internetnutzer in Deutschland sind Facebook-User
- beste Werbemöglichkeiten, herausragendes Targeting
- Veranstaltungen und Gruppen mit veritabler Sichtbarkeit

Twitter

- sehr bekannt, in Deutschland aber nur von rund 600.000 Usern täglich genutzt
- gut zum Streuen von Blogartikeln, einige nutzen Twitter zum Kundendienst
- Themen und Anliegen lassen sich durch Hashtag-Kampagnen oder Rotation Curation verstärken

Instagram

- 15 Millionen User in Deutschland, am stärksten wachsende Plattform
- wird mobil genutzt und setzt auf starke Bilder, hohe Interaktionsrate, Fokus auf Lifestyle
- Hashtags und Verlinkungen sorgen für Verbreitung, Anzeigen sind auch möglich
- bringt wegen fehlender Link-Funktion keinen messbaren Webtraffic

YouTube

- die Videoplattform weltweit, insbesondere bei 14- bis 29-Jährigen sehr verbreitet
- höhere Verweildauer als bei anderen Plattformen
- Kooperationen mit YouTubern prüfen, um Reichweite aufzubauen
- wer selbst Videos produziert: Kosten und Zeitaufwand einplanen

XING

- Businessnetzwerk aus Deutschland, 14 Millionen Mitglieder in der dt.sprachigen DACH-Region
- mit Arbeitgeber-Bewertungsplattform kununu.com
- eignet sich auch zur Veranstaltungsorganisation

LinkedIn

- internationales Businessnetzwerk mit starkem Wachstum in Europa und Deutschland: 12 Mio. User im deutschsprachigen Raum
- Inhalte und Ansprache müssen (wie bei XING) seriös und professionell sein
- könnte XING die Marktführerschaft in Deutschland streitig machen

Abbildung 14-5 ▲
Die wichtigsten Plattformen im Überblick.

Für Ihren langfristigen Erfolg ist sehr wichtig, dass Sie regelmäßig auf den sozialen Plattformen kommunizieren. Wenn Sie beispielsweise bloggen und mit Ihren Artikeln auf Interesse stoßen, sollten Sie nicht auf einmal wieder sang- und klanglos verschwinden. Und wenn Sie ein Instagram-Profil eröffnet haben, denken Sie daran, immer wieder Fotos hochzuladen, die Spannung erzeugen und Ihre Botschaften transportieren. Haben Sie das Interesse der Community einmal geweckt, erwartet diese, dass Sie regelmäßig nützliche bzw. unterhaltsame Beiträge zu Ihren Themen liefern.

Die besten Zeitpunkte kennen

Blogbeiträge immer mittwochs und freitags um 10, Facebook-Postings nie vor 12 Uhr mittags und Instagram am Wochenende? Ermitteln Sie, wann Ihre Zielgruppen auf welchen Plattformen aktiv sind und zu welchen Tageszeiten Sie üblicherweise die meiste Resonanz erhalten. Einige Anbieter wie Facebook und Twitter verzeichnen diese Informationen im Analytics- oder Insights-Bereich. Wenn Sie bloggen, können Sie Ihre Blogstatistik bzw. Serverstatistik unter die Lupe nehmen. Orientierung finden Sie auch in allgemeingültigen Erhebungen: Businessnetzwerke sind naturgemäß am stärksten während der Kernbürozeiten zwischen 10 und 16 Uhr frequentiert. Twitter wiederum wird häufig auf dem Weg zur oder von der Arbeit zurück abgerufen. Facebook und Instagram sollten auch am Wochenende bespielt werden – bereiten Sie entsprechend Beiträge vor und automatisieren Sie deren Veröffentlichung. (Vorsicht, bei einzelnen Zielgruppen kann dies abweichen!)

Wenn Sie alle Zeiten recherchiert haben, tragen Sie diese in eine Tabelle ein.

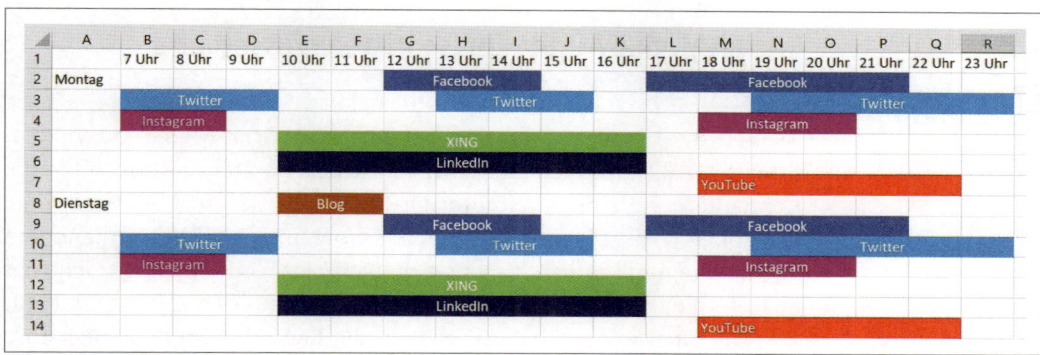

Überlegen Sie sich auch, welche Posting-Frequenz Sie für jeden Kanal beabsichtigen. Ihr Ziel sollte immer sein, dass Sie Ihre Botschaften in der für jeden Kanal genau richtigen Dosis streuen. (Und dies auch umsetzen können.)

◀ **Abbildung 14-6**
Timing ist alles: die Kernzeiten Ihrer Zielgruppe plattformspezifisch im Überblick

Die richtige Mischung finden

Wenn Sie eine Weile in den sozialen Netzwerken aktiv waren, sollten Sie für alle Plattformen auswerten, wie Ihre Inhalte ankommen – dies haben wir auch in den jeweiligen Kapiteln etwa zu Facebook, YouTube oder Instagram näher beschrieben. Kategorisieren Sie Ihre Beiträge beispielsweise in Meldungen aus dem Unternehmen, Stellenausschreibungen, Produktwerbung, allgemeine Branchen- und Technologiebeiträge,

Rätsel und Verlosungen. Berücksichtigen Sie auch Beiträge von anderen, die Sie geteilt haben. Oder nach Gattung: Wie viele Interviews, wie viele Produktvideos haben Sie veröffentlicht, und war vielleicht auch ein Comic oder ein Podcast dabei? Wie häufig setzen Sie Emojis und GIFs ein? Wie würden Sie die Resonanz beurteilen?

Lassen Sie sich nicht nur von den Zahlen leiten, sondern achten Sie auf eine gute Mischung – und dass Ihre Key Message stets Oberwasser behält, ohne die Fans und Follower mit Werbung und PR zu überlasten. Variieren Sie deshalb Inhalte und Formate immer wieder neu, experimentieren Sie und finden Sie heraus, welche Trends sich abzeichnen. Niemand möchte beispielsweise immer und immer wieder Erklärstücke lesen, nur weil diese einmal gut ankamen. Kein Kunde lässt sich dauerhaft von emotionalen Geschichten überzeugen, auch wenn wir wissen, dass Emotionen die Kaufentscheidung beeinflussen und deshalb in jede Marketingstrategie gehören. Und kein Unternehmen kann zum Ziel haben, ausschließlich über witzige Memes wahrgenommen zu werden, nur weil diese häufig geteilt werden.

Social-Media-Audit: Fortschritte erfassen und einordnen

Messen Sie kontinuierlich den Erfolg Ihrer Social-Media-Aktivitäten. Ihren SMARTen Zielen entsprechend (siehe Kapitel 2) können Sie die Kennziffern verfeinern. Monitoring-Tools und -Kennziffern finden Sie in Kapitel 3. Am besten lässt sich der Erfolg im Social Web anhand von Reichweite und Einfluss einschätzen. Den Einfluss können Sie vielleicht nicht immer unmittelbar messen, aber wie sieht es ist mit der Qualität des Meinungsaustauschs aus? Ziehen die Leute Ihr Produkt oder Ihre Dienstleistungen tatsächlich in Betracht, nachdem sie darauf aufmerksam geworden sind? Schaffen Sie es, einen Wunsch nach Verbundenheit mit Ihrer Marke zu wecken? Der beste Weg, um Klarheit über Erfolg und Misserfolg zu erlangen, ist eine Kombination aus der quantitativen Analyse Ihrer Statistiken, die Sie über Ihr Webanalysetool und Ihre Social-Media-Accounts erhalten, und der qualitativen Auswertung von Kommentaren, Reaktionen und Netzwerkkontakten.

Manche Unternehmen unterziehen ihr Social Media Marketing einem Audit: Diese Prüfung soll schrittweise erfassen, wie gut die eigene Strategie aufgeht und welche Maßnahmen besonders gut oder besonders schlecht greifen. Das Audit beginnt mit einer systematischen Bestandsaufnahme:

- In welchen Netzwerken wird Ihre Marke oder werden Ihre Produkte erwähnt?

- Welche Accounts auf welchen Kanälen gibt es – aktiv von Ihnen erstellt und gepflegt oder auch von den Anbietern automatisch eingerichtet, wie es beispielsweise die Businessnetzwerke XING und LinkedIn tun? Gibt es Profile, die von Fremden angelegt wurden?[4]

- Liegen zu allen Accounts die Zugangsdaten bereit? Wer hat Zugriff auf welche Konten?

- Wenn Sie nun die einzelnen Plattformen durchgehen: Stimmen die Logos, Unternehmensinfos und -daten wie Adresse, Öffnungszeiten oder URLs noch?

- Wenn Sie die Kennziffern des Social Media Marketing ermitteln: Wie viele Fans konnten Sie versammeln, wie ist die Wachstumsrate Ihrer Fangemeinde? Wie viele Impressionen haben Sie erreicht, wie viele Reaktionen erhalten? Wie viel Traffic gelangte auf Ihre Website, wie viele Leads – Click-through-Rate und Conversion-Rate – konnten Sie erzeugen?

- Wenn Sie die Entwicklung der Plattformen und Ihrer Präsenzen unter die Lupe nehmen: Erreichen Sie über diese noch immer Ihre Zielgruppen? Passen die veröffentlichten Inhalte zu Ihren ursprünglichen Zielen – oder müssen Sie Ihre Maßnahmen überprüfen? Wie ist die Resonanz auf Ihre Inhalte zu bewerten? Welche Postings kamen gut, welche weniger gut an? Was können Sie schlussfolgern?

- Wenn Sie auf Ihre internen Prozesse blicken: Wie gut gelingt es Ihnen, Inhalte zu recherchieren, Mitstreiter im Unternehmen zu finden, zentrale Benefits und Botschaften des Unternehmens zu formulieren und immer wieder zu betonen? Ist Ihr Social Media Marketing in die allgemeine Marketingstrategie eingebettet, und hat es alle Ressourcen, die es benötigt?

Mit den gesammelten Informationen können Sie Ihre Strategie – siehe Kapitel 2 – turnusmäßig feinjustieren. Manche Unternehmen führen ihr Social-Media-Audit quartalsweise, manche jährlich und wieder andere nur sporadisch durch. Finden Sie den Rhythmus, der sich für Sie gut bewerkstelligen lässt und bei dem die Lerneffekte hinsichtlich der Erfolgsevaluierung aussagekräftig genug sind. Übrigens kann es sehr aufschlussreich sein, auch die Social-Media-Aktivitäten Ihres Wettbewerbs nach diesem Schema zu untersuchen, selbst wenn Sie dabei natürlich nicht alle Daten recherchieren können.

---

4 Sie sollten diese dann für sich beanspruchen.

Tipp ▶ Wer es nicht regelmäßig schafft, ein größeres *Audit* durchzuführen, kann zumindest eine *Inventur* ansetzen, wie sie die Social-Media- und PR-Expertin Kerstin Hoffmann empfiehlt. Dabei lassen sich ebenfalls verwaiste Accounts aufspüren und Prozesse vereinfachen. Eine ausführliche Anleitung sowie eine Dateivorlage finden Sie unter *https://www.kerstin-hoffmann.de/pr-doktor/neuer-grosser-social-media-check-erfolg/*.

Abbildung 14-7 ▶
Vorlagen für Social-Media-Audits liegen unter anderem bei Hootsuite[5] bereit.

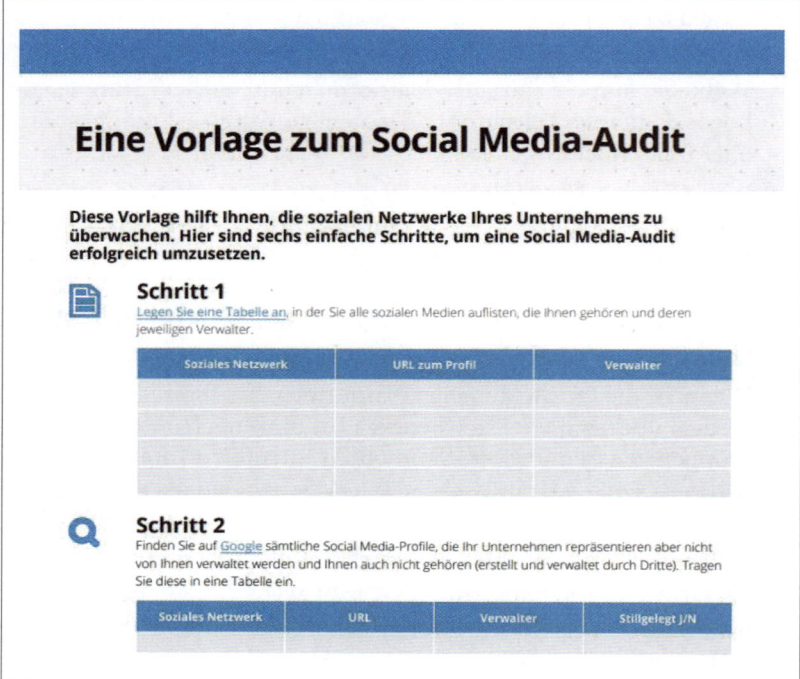

Die Arbeit organisieren und erleichtern

An einigen Stellen dieses Buchs hatten wir Ihnen bereits das *Führen eines Redaktionsplans* ans Herz gelegt – beispielsweise für Ihr Blog, aber auch gebündelt für alle Beiträge auf den unterschiedlichen Social-Media-Plattformen. Ein Redaktionsplan hilft Ihnen – und Ihrem Team, wenn Sie auf Collaboration Tools[6] setzen –, jederzeit die Message sowie alle benötigten Texte, Bilder, Links etc. an einem Ort zu bündeln. Recherchieren und ergänzen Sie bei dieser Gelegenheit gleich die von Ihnen genutzten Hashtags – diese tragen erheblich zur Verbreitung bei. In Ihrem Redaktionsplan sehen Sie zudem, wer für einen Beitrag verantwortlich

---

5   *https://blog.hootsuite.com/de/social-media-audit-vorlage-fuer-social-media-manager/*
6   Zum Beispiel Trello, mehr dazu steht unter anderem in den Kapiteln 2 und 5.

ist, wann er veröffentlicht werden soll oder ob er beispielsweise noch durch andere Abteilungen inhaltlich geprüft werden sollte. Er hilft nicht nur, Postings zu planen, vorzubereiten und zu veröffentlichen, er sorgt auch für Regelmäßigkeit und liefert die Vorlage für die Auswertung Ihre Maßnahmen. Je strukturierter Sie Ihr Social Media Marketing angehen, desto mehr Zeit und Spielraum bleibt dafür, außergewöhnliche Ideen zu entwickeln.

Notieren Sie Ihre *Key Message* – die Kernbotschaft, die Sie zu Ihrem Unternehmen und/oder Ihrem Produkt verbreiten wollen und auf der Ihre Marketingstrategie basiert – am besten direkt in der Kopfzeile Ihres Redaktionsplans. Dies ist eine simple Methode, das große Ganze niemals aus dem Blick zu verlieren: Sie haben es buchstäblich vor Augen.

◀ **Tipp**

Die einheitliche Gestaltung etwa von Bildern gewährleistet nicht nur die Wiedererkennbarkeit Ihrer Postings – und damit Ihrer Marke –, sie erspart Ihnen auch eine ganze Menge Arbeit. Wenn Sie beispielsweise vorhaben, immer freitags um 16 Uhr Ihren Instagram-Fans ein besonderes Bonmot mit auf den Weg ins Wochenende zu geben, legen Sie sich eine Layoutvorlage in Ihrer Grafiksoftware an, in der Sie letztlich nur die Inhalte anpassen müssen. Hintergrundfarbe, Schriftart und -größe, Zeichenfarbe, Ihr Logo – all diese Module bleiben unverändert, auch in ihrer Aufteilung. Mit dieser Methode können Sie gleich in einem Arbeitsgang mehrere Bilder für die nächsten Wochen und Monate anlegen – und Ihre Postings dabei sogar einer Dramaturgie folgen lassen. Sie müssen zudem nicht für jede Plattform das Rad neu erfinden, sondern können (und sollten) ruhig auch Inhalte wiederverwenden. Dies betrifft insbesondere audiovisuelle Inhalte, deren Entwicklung sehr aufwendig ist.

Vorbereitete und im Redaktionsplan verabschiedete Postings lassen sich in vielen Netzwerken als Entwurf vorbereiten und für einen späteren Zeitpunkt speichern. Facebook sieht diese Funktion selbst vor, Sie können direkt einen Veröffentlichungszeitpunkt hinterlegen. Auch bei Twitter oder Instagram ist es grundsätzlich möglich. Ganz simpel und über mehrere Plattformen hinweg funktioniert das automatisierte Veröffentlichen mit Tools wie Hootsuite oder Tweetdeck sowie allen großen Dashboards. Und wenn Sie bloggen: Auch Content-Management-Systeme verfügen über eine Entwurfsfunktion.

◀ Abbildung 14-8 ▶
Einfacher geht es kaum:
Anlegen und Planen von
Facebook-Postings.

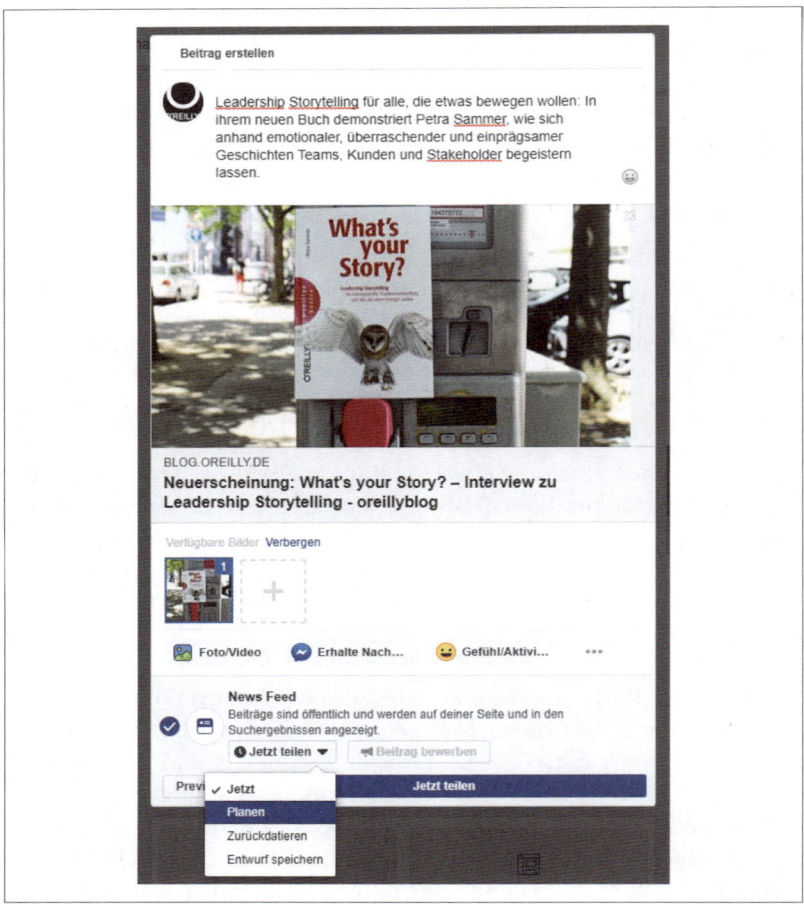

Apropos: Lassen Sie sich helfen. Greifen Sie auf Tools zurück, mit denen Sie zügiger gestalten, planen oder auswerten können. Inzwischen gibt es eine Reihe von Apps, mit denen Sie mit wenigen Fingertipps Fotos nachbearbeiten und Grafiken für Instagram, Facebook, sogar Infografiken, Pinterest-Bilder oder WhatsApp-Stories in allen erdenklichen Stilrichtungen anlegen können: Zu den beliebtesten Tools gehören *Canva* (*https://www.canva.com*), *Adobe Spark* (*https://spark.adobe.com/de-DE/*) und Crello (*https://crello.com/de/*). Auf *Easelly* (*https://www.easel.ly/*) finden Sie Vorlagen für Infografiken.

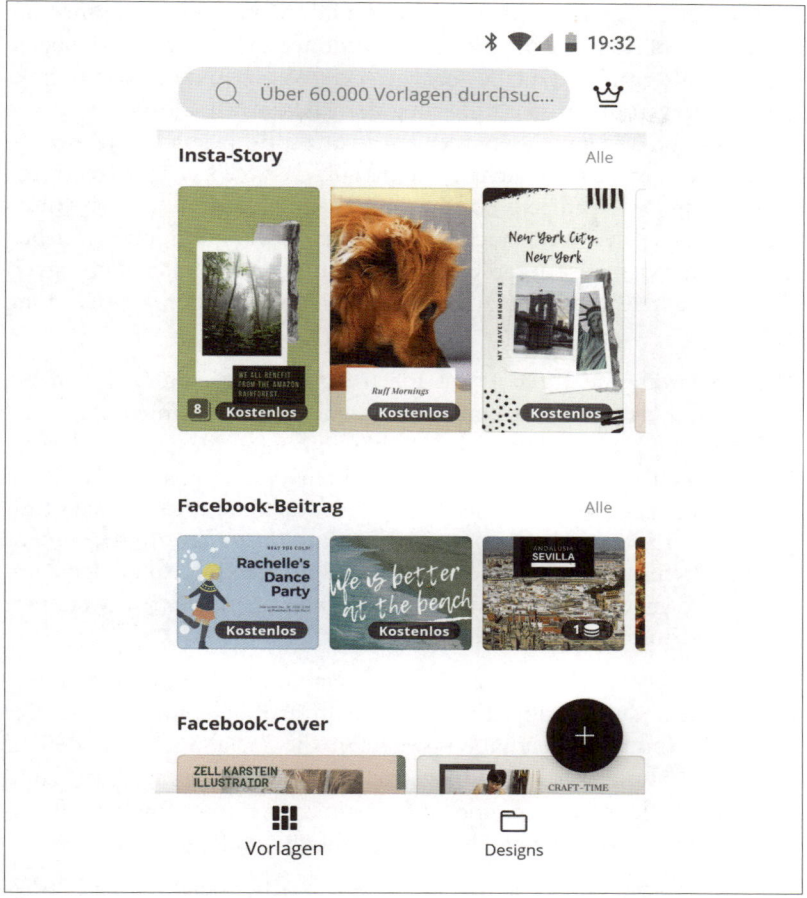

◄ **Abbildung 14-9**
Was hätten Sie gern: einen neuen Facebook-Header? Oder ein attraktives Layout für Ihre Insta-Story? Das Tool Canva überzeugt durch die einfache Anwendung und eine unglaubliche Fülle an Designs. Kosten: ca. 12 Euro pro Monat, es gibt auch eine eingeschränkte kostenfreie Variante.

So verlockend es nun sein mag, Inhalte automatisiert und für viele Plattformen in gleichem Wortlaut zu veröffentlichen: Gehen Sie mit der Mehrfachverwertung von Inhalten dennoch mit Bedacht um. Statt Blogbeiträge, Fotos, Links, Pressemitteilungen und Newsletter-Texte – alles, was bereits an anderen Stellen veröffentlicht wurde – beispielsweise auch auf die Facebook-Seite zu pumpen, sollten Sie Ihre Fans auf jeder Plattform möglichst persönlich ansprechen. Überlegen Sie sich, welchen zusätzlichen Nutzen Ihre Facebook-Postings gegenüber Ihren Pressemitteilungen, den Texten auf Ihrer Website und Ihrem Newsletter sowie den Veröffentlichungen auf anderen Social-Media-Kanälen haben könnten. Geben Sie Interessenten gute Gründe, Ihre Fans auf Facebook oder Ihre Instagram-Follower oder Ihr Blogabonnent (und so weiter) zu werden und dort mit Ihnen zu interagieren.

◄ **Hinweis**

Das ist das A und O: Routine. Entwickeln Sie einen *Workflow*, der zu Ihrem Tagesgeschäft passt, alle Arbeitsschritte berücksichtigt und dabei genug Luft für kreative Spielereien und Experimente lässt. Sie können zum Beispiel immer am ersten Mittwoch des Monats ein Teammeeting einberufen, bei dem Sie die Messages, Aktionen und Themen des nächsten Quartals grob und die der nächsten vier Wochen detailliert besprechen. Es folgen die Ausformulierung der Texte sowie die Vorbereitung von Bild- und Videoinhalten oder etwa von Apps, besonderen Gewinnspielen oder Ähnlichem. Achten Sie darauf, dass Sie sich genügend Zeit nehmen, um aufwendigere Postings, Blogbeiträge oder Videos zu entwickeln – beispielsweise um auch Kollegen aus der Produktion einbeziehen zu können. Nichts ist ärgerlicher als eine außergewöhnliche, erfolgversprechende Idee verwerfen zu müssen, weil die Zeit für die Umsetzung fehlt.

Wenn Sie während Ihrer Arbeit Ideen für Social-Media-Aktionen haben, die sich aktuell nicht umsetzen lassen, oder wenn Ihnen im Social Web bemerkenswerte Designs, anregende Inhalte oder auch polarisierende Fragen begegnen, die Sie beobachten und vielleicht adaptieren wollen: Legen Sie sich eine *Ideenmappe* an. Auch dafür eignen sich Collaboration-Tools wie beispielsweise Evernote (*https://evernote.com/intl/de*). Behalten Sie dabei im Blick, dass Ihre Beiträge im Idealfall den Kunden direkt ansprechen, kreativ und informativ sind, einen Mehrwert bieten und zum Teilen einladen.

Achten Sie darauf, dass alle an Ihrem Social Media Marketing Beteiligten jederzeit Klarheit über die Tonalität Ihres Kanals und die richtige Ansprache Ihrer Kunden haben. Legen Sie die Social Media Guidelines an einem zentralen Ort ab und ergänzen Sie Regeln dazu, wer wann und innerhalb welcher Zeitspanne auf Kommentare und Rückfragen reagiert. (Schauen Sie sich regelmäßig an, wie Ihnen das gelingt.)

Sie sehen schon: Gut geplant ist halb gewonnen. Social Media Marketing ist häufig »klein-klein«. Stürzen Sie sich nicht blindlings in die einzelnen To-dos, sondern gruppieren Sie Ihre Aufgaben und legen fixe Zeitpunkte fest, an denen Sie sie erledigen. Und schon bleibt mehr Raum für Experimente, Fantasie und: für den Austausch mit der Community.

Wie Sie Ihre Social-Media-Aktivitäten bekannt machen

Lassen Sie Ihre Zielgruppen – alle, denken Sie auch an Ihre Kollegen – wissen, in welchen sozialen Netzwerken man Sie findet.

- Ihre Website ist und bleibt die zentrale Anlaufstelle für Ihre Kunden und Geschäftspartner. Deshalb gehören natürlich auch Links zu Ihren Social-Media-Kanälen auf Ihre Website. Meist findet man sie im

Footer der Website, oben rechts in der Dachzeile oder – falls vorhanden – in der rechten Spalte.

- Wenn Sie einen Newsletter an Ihre Kunden, Geschäftspartner, Journalisten und andere Interessenten versenden, können Sie auch darin auf Blogbeiträge, Videos, Bilder oder andere Social-Media-Aktivitäten aufmerksam machen.

- Ihre Visitenkarte ist ebenfalls ein gutes Mittel, um auf Ihr Blog, Ihre Website, Ihren XING- oder Twitter-Account oder andere Social-Media-Profile hinzuweisen.

Wenn Sie Ihre Profile auf Ihrer Visitenkarte erwähnen, sollten Sie das nach dem Motto »Weniger ist mehr« tun. Heben Sie nur diejenigen Medien heraus, in denen Sie aktiv sind und auf die Sie die Aufmerksamkeit lenken möchten. Überfordern Sie den Empfänger der Karte nicht mit zu vielen Informationen. Richten Sie auf Ihrer Website eine Seite mit Informationen zu Ihren Social-Media-Aktivitäten ein. Oder nutzen Sie eine digitale Visitenkarte auf about.me (*http://about.me*), von der aus Sie auf alle Accounts verlinken können.   ◀ **Tipp**

- Ihre E-Mail-Signatur ist ebenfalls gut geeignet, um Ihre Aktivitäten in sozialen Medien bekannt zu machen.

- Schalten Sie Anzeigen, produzieren Sie Plakate, Sticker oder andere Werbemittel? Auch da können Sie auf Ihre Social-Media-Kanäle hinweisen. Häufig genügt ein kleines Logo, wie das »f« für Facebook.

- Im Gespräch mit Kunden oder Geschäftspartnern können Sie natürlich auch erwähnen, welche Erfahrungen Sie mit Social Media Marketing gemacht haben – und alle einladen, Ihnen zu folgen.

Stimmen Sie Ihre klassische Kommunikation mit den Aktivitäten im Social Web ab. Marketing und PR, Kundenservice und Recruiting sind längst »interaktiv« und nutzen Funktionsweisen und Mittel von Social Media. Verknüpfen Sie Ihre Kommunikationskanäle und kombinieren Sie sie miteinander.

Wir hoffen, Sie fühlen sich nun gut vorbereitet für Ihren Weg ins Social Media Marketing, und wünschen ganz besonders, dass Sie sich nicht von den vielen Details, Möglichkeiten und gelegentlich drohenden Fallstricken abschrecken lassen. Zwar hat sich diese Marketingdisziplin in den vergangenen zehn Jahren deutlich professionalisiert, und ja, es ist schwieriger, sich im Getöse der Netzwerke und Inhalte zu behaupten. Aber: Es geht selten darum, kurzfristig riesige Reichweiten zu erzeugen. Stattdessen lautet das Ziel in aller Regel, langfristig und nachhaltig mit Ihren Zielgruppen im Gespräch zu bleiben. Und dies erreichen Sie immer noch mit vorausschauender Planung, Fleiß und ernsthaftem, glaubhaftem Interesse an Ihren Zielgruppen. Wagen Sie es – und lassen Sie sich nicht die Freude daran nehmen.

Checkliste: Der Weg zu langfristigem Erfolg

- Haben Sie alle personellen und finanziellen Voraussetzungen für Social Media Marketing geklärt und geschaffen?
- Kennen Sie Ihre Zielgruppen? Konnten Sie oder Ihre Social-Media-Beauftragten eine Social-Media-Strategie erarbeiten, die wiederum in Ihre Marketingstrategie eingebettet wird?
- Konnten Sie Social Media Marketing in Ihrer Unternehmenskultur verankern, und geht Ihre Führungsebene mit gutem Beispiel voran?
- Ermöglichen Sie Ihrem Team Aus- und Weiterbildung sowie den Besuch von relevanten Tagungen?
- Gibt es unter Ihren Mitarbeitern bereits Markenbotschafter, oder können Sie Kolleginnen und Kollegen dazu ermutigen?
- Suchen Sie auch offline das Gespräch mit Ihren Zielgruppen?
- Nutzen Sie mehrere Kanäle, kennen Sie die besten Zeiten und die beliebtesten Inhalte Ihrer Zielgruppe?

- Überprüfen Sie regelmäßig Ihre Präsenzen und evaluieren Sie deren Erfolg anhand wichtiger Kennzahlen wie Reichweite und Konversionsrate sowie Ihrer vorab bestimmten Ziele?
- Haben Sie sich einen Workflow eingerichtet, mit dem Sie den Social-Media-Alltag gut planen und strukturieren können?
- Kennen und nutzen Sie Tools, die Ihnen bei der Planung, Erstellung, Veröffentlichung und Auswertung von Content helfen?
- Weisen Sie auch in Ihren Werbemitteln (Kundenbroschüren, Flyern, Werbepostkarten etc.) und an Ihren Messeständen auf Ihre Aktivitäten in Social Media hin? (Werfen Sie aber unbedingt vorab einen Blick in die Geschäftsbedingungen der sozialen Netzwerke, wenn Sie Logos abdrucken. Bei manchen Social-Media-Plattformen und -angeboten benötigen Sie dafür eine gesonderte Abdruckgenehmigung.)

Zusammenfassung

Social Media Marketing ist eine anspruchsvolle und umfangreiche Aufgabe. Sie müssen auf mehreren Plattformen im Web, aber auch offline aktiv sein. Achten Sie darauf, Ihr Visier zu öffnen: Sagen Sie offen, wer Sie sind und was Sie tun. Ermöglichen Sie einen Dialog auf Augenhöhe. Erfolge werden Sie nur erzielen, wenn Sie in die Kultur des Social Web eintauchen und die Mentalität von Social Media für sich annehmen. Bauen Sie sich ein hochwertiges Netzwerk auf, das Sie unterstützt, wenn es kritisch wird. Bieten Sie Ihrem Netzwerk mit immer neuen, nützlichen und unterhaltsamen Inhalten einen Mehrwert, der gern mit anderen geteilt wird. Die Community entscheidet, ob Sie mit Ihren Botschaften ankommen und weiterempfohlen werden oder nicht. Dieser

Mechanismus muss in Ihrem gesamten Unternehmen verstanden und die Konsequenzen müssen beherzigt werden.

Beschränken Sie sich nicht auf eine Social-Media-Plattform, sondern schöpfen Sie die Möglichkeiten von Social Media aus (soziale Netzwerke, Plattformen zum Teilen von Dokumenten, Fotos und Videos, Social Bookmarking u.v.m.). Überlegen Sie regelmäßig, ob Sie Ihre Communitys erreichen und welche Ihrer Aktivitäten dazu beitragen, den Zielen Ihrer Social-Media-Strategie näher zu kommen. Sorgen Sie dafür, dass Ihre Kunden, Geschäftspartner und Kollegen vom Social Media Marketing Ihres Unternehmens erfahren. Beziehen Sie auch Ihre klassische Kommunikation ein und verknüpfen Sie all Ihre Kommunikationsmittel mit Social Media.

Erleichtern Sie sich Ihre Arbeit, indem Sie feste Abläufe planen und Tools wie Canva oder Evernote nutzen. So gelingt es Ihnen, trotz vieler kleiner Aufgaben genügend Zeit für die Themenplanung und -entwicklung, für die Gestaltung außergewöhnlicher Formate sowie zum Vernetzen und zum Austausch zu haben.

Denn vergessen Sie nie: Im Social Web dreht sich alles um Beziehungen. Wenn Sie etwas geben, werden andere Ihnen etwas zurückgeben. Zeigen Sie Ihren Kommunikationspartnern, dass Sie ihre Aufmerksamkeit zu schätzen wissen. Bringen Sie Ihren Fans und Followern Interesse entgegen. Setzen Sie das Wohl der Community immer an die erste Stelle. Vergessen Sie beim Formulieren Ihrer Ziele nicht, dass Social Media kein Mittel zum reinen Werben und Verkaufen sind. Und nicht zuletzt: Sie benötigen Zeit und Mühe, um Erfolge zu erzielen.

Der Dialog findet jetzt und hier statt. Werden Sie ein Teil davon!

KAPITEL 15

Rechtliche Aspekte beim Social Media Marketing

In diesem Kapitel:
- Namens- und Markenrechte
- Anbieterkennzeichnung: Impressumspflicht
- Datenschutz und Datenschutzerklärung
- Urheberrechte an Bildern und Videos
- Abbildungen von Personen
- Aufnahmen fremder Sachen und Gebäude
- Fremde Texte und Textzitate
- Wann darf fremde Musik verwendet werden?
- Influencer-Marketing
- Äußerungen und Bewertungen
- Superlative
- Gewinnspiele und Wettbewerbe
- Haftung für fremde Inhalte
- Shitstorms und das Hausrecht
- Rechtsfolgen von Verstößen

Der Autor dieses Kapitels, Dr. jur. Thomas Schwenke, LL.M. (Auckland) ist Rechtsanwalt in Berlin, zertifizierter Datenschutzauditor sowie Datenschutzbeauftragter und wurde 2017 mit dem Wissenschaftspreis der Gesellschaft für Datenschutz und Datensicherheit ausgezeichnet. Er gehört zu den bekanntesten Marketinganwälten Deutschlands, ist Redner, Autor, Podcaster und Anbieter vom Datenschutz-generator.de (drschwenke.de).

Ziel dieses Kapitels ist es, Ihnen praktische Handlungsempfehlungen und Antworten auf die häufigsten rechtlichen Fragen bei der Arbeit mit sozialen Medien zu geben. Ebenso wichtig ist es, dass Sie ein Gespür dafür bekommen, an welchen Stellen rechtliche Stolperfallen lauern können.

Dieses Rechtsgefühl ist sehr wichtig. Denn um Schritt mit der Entwicklung neuer Technologien, Tools und Marketingideen halten zu können, sind die Gesetze sehr abstrakt gefasst. Stattdessen bestimmen Gerichte, was Begriffe wie »erforderliche Datenverarbeitung« oder »öffentliche Zugänglichmachung« bedeuten. Vor allem in dem neu reformierten Datenschutzrecht müssen Sie daher stets auf Überraschungen vorbereitet bleiben.

Diese unklare Rechtslage bedeutet jedoch nicht, dass Sie Angst vor Social Media haben müssen. Wenn Sie dieses Kapitel gelesen haben, werden Sie schon 99 Prozent aller Problemfälle vermeiden können. Dabei müssen Sie nicht für alle rechtlichen Probleme Antworten parat haben. Selbst die Experten wissen sie häufig nicht sofort. Es ist ausreichend, den eigenen Blick für mögliche Probleme zu schärfen und die Lösungen suchen zu können – sei es im Internet oder in schwierigeren Fällen bei fachkundigen Rechtsberatern.

Ich wünsche Ihnen viel Vergnügen mit den folgenden Erläuterungen, Hinweisen und Tipps, unter anderem zur Impressumspflicht, zur Datenschutzerklärung, zu den Bilderrechten, den Wettbewerbsrechten und der Haftung.

Namens- und Markenrechte

Namen und Marken dienen nicht nur dem Adressieren oder Auffinden von Personen oder Produkten. Namen und Marken haben vor allem einen wirtschaftlichen Wert. Konsumenten assoziieren mit bestimmten Namen von Künstlern, Unternehmen, Produkten, Büchern, Domains oder sogar Filmcharakteren bestimmte Vorstellungen von Qualität, Attraktivität oder Vertrauen. Diese Assoziationen veranlassen sie dann, eher bestimmten Dienstleistern zu vertrauen oder zu bestimmten Produkten zu greifen.

Aufgrund dieser wirtschaftlichen Bedeutung sind Namen, Marken oder sonstige »Kennzeichen«, wie sie rechtlich auch bezeichnet werden, rechtlich umfassend geschützt.[1] Eine weitere Folge der wirtschaftlichen Bedeutung sind auch die Kosten bei Verstößen. Schon die erste Abmahnung kann Kosten von rund 5.000 Euro verursachen. Neben hinzukommenden Schadensersatzpflichten könnte es passieren, dass Unternehmen, Accounts oder Domains umbenannt werden müssen.

Ferner gilt alles Gesagte auch umgekehrt, das heißt, wenn jemand, ohne Sie zu fragen, Ihren Namen oder Ihre Marke verwenden sollte.

Welche Namen und Marken werden geschützt?

In der Praxis werden für Sie vor allem die folgenden Arten von Namen, Marken und Kennzeichen relevant sein:

- Namen und Künstlernamen von Prominenten oder Musikgruppen.
- Titel von »geistigen Werken«, wie Büchern, TV-Sendungen, Podcasts, Theaterstücken (sogenannte »Werktitel«).
- Namen fiktiver Charaktere, wie z.B. »Pipi Langstrumpf« oder »Chewbacca«.
- Namen, Marken und Logos von Unternehmen und Produkten wie auch Dienstleistungen und Veranstaltungen.

---

1   § 12 BGB, § 17 HGB und §§ 3–5, 14, 15 MarkenG.

- Originelle äußere Erscheinungen von Produkten (z.B. »ODOL«-Flasche oder Autofahrzeuge) oder sogar Farben (z.B. die Magentafarbe der Telekom).

Nicht geschützt sind lediglich beschreibende Bezeichnungen (z.B. »Marketingservice Meier«) oder in dem speziellen Bereich verwendete Alltagsbegriffe (z.B. »Social Media«). Wurde eine solche Bezeichnung dennoch als Marke registriert, sollten Sie sich vor deren Nutzung unbedingt beraten lassen.   ◀ **Tipp**

In welchen Situationen muss aufgepasst werden?

Insbesondere in den folgenden Fällen müssen Sie darauf achten, dass Sie keine fremden Namens-, Marken- oder Kennzeichenrechte verletzen:

- Wahl des Domainnamens.
- Wahl von Account-, Profilnamen oder Ähnliches.
- Wahl des Namens für ein Unternehmen, einer App, eines Produkts oder einer Dienstleistung.
- Wahl eines Logos, Profilbilds und sonstigen Bildmaterials.
- Vergleiche mit fremden Produkten.
- Wahl von Werbetexten, Titeln für Gewinnspielaktionen, Veranstaltungen etc.
- Setzen von Hashtags mit fremden Namen.

Bei der Wahl von Domains, Namen und Marken sollten Sie recherchieren, ob es nicht bereits gleich oder ähnlich klingende Verwendungen gibt. Dazu sollten Sie mit der Internetsuche beginnen und auch Markenregister (*https://www.tmdn.org/tmview/*) und das Titelregister (*http://www.titelschutzanzeiger.de/*) nutzen.   ◀ **Tipp**

Welche Verstöße sind zu vermeiden?

In den zuvor genannten Situationen sollten Sie prüfen, ob die gewählten Namen, Symbole oder Bilder zu keinem der folgenden Verstöße führen:

- **Verwechslungsgefahr** – Generell müssen Sie darauf achten, dass die von Ihnen verwendeten Namen, Marken, Titel, Logos und sonstige Kennzeichen etc. nicht ähnlich aussehen oder ähnlich klingen wie die bereits von anderen Unternehmen oder Personen verwendeten. Dabei müssen sich die Branchen oder Leistungen ähneln. Zum Beispiel dürften Sie kein soziales Netzwerk »Fetzbook« gründen.
- **Imagetransfer** – Bei Namen oder Unternehmen, die als bekannt gelten (d.h. etwa mehr als der Hälfte der Zielgruppe bekannt sind),

muss keine Verwechslungsgefahr im Hinblick auf die dahinterstehenden Leistungen vorliegen. Für einen Verstoß reicht es aus, sich mit dem fremden Image zu schmücken. So dürften Sie z.B. kein Café namens »Instagram« gründen oder T-Shirts mit dem Pinterest-Logo verkaufen (wobei Logos zudem auch urheberrechtlich geschützt sein können).

- **Anschein der Fürsprache** – Sie sollten Namen, Abbildungen oder auch Videos von Prominenten sowie von Markenprodukten nicht für eigene (z.B. geschäftliche oder politische) Zwecke nutzen. Sie sollten also vorsichtig sein, wenn Sie sich mit einem Apple-Laptop in der Hand, sitzend auf einem Luxuswagen, auf einem Bild präsentieren und sich zusätzlich noch selbst als »Louis Hamilton« des Marketings bezeichnen.

- **Verunglimpfung** – Namen und Marken können durch deren oder eine ähnliche Verwendung im rufschädigenden Kontext verunglimpft werden (z.B. wenn Hundefutter »McDognalds« genannt oder der Name einer prominenten Person zur Bewerbung einer erotischen Dienstleistung genutzt werden würde).

Erlaubte Nutzung fremder Namen und Marken

Es gibt Ausnahmesituationen, in denen Sie fremde Namen und Marken nutzen dürfen. Lassen Sie jedoch Vorsicht walten, da Ausnahmen immer sehr eng verstanden werden. Ist es z.B. ausreichend, den Markennamen zu nennen, darf nicht auch noch ein Markenlogo verwendet werden. In anderen als den genannten Fällen sollten Sie die jeweiligen Rechteinhaber um eine Erlaubnis bitten.

- **Berichtende bzw. redaktionelle Nutzung** – Zulässig ist die Nutzung fremder Marken, Namen und Logos für Zwecke einer neutralen Berichterstattung. Zulässig ist es auch, dass Unternehmer auf deren Nennung in bestimmten Medien hinweisen (z.B. »bekannt aus dem ZDF und Sat1«). Dabei ist jedoch nur die Nennung des Mediums beim Namen zulässig, aber nicht automatisch die Nutzung des Logos.

- **Verkauf und Verlosung** – Wenn Sie Produkte oder andere Leistungen weiterverkaufen oder in Gewinnspielen verlosen, dürfen Sie die entsprechenden Marken nennen und die Gewinne auch ablichten. Nicht zulässig ist es dagegen, die Markenlogos separat zu nutzen oder fremde Bilder, z.B. von der Herstellerseite, zu verwenden.

- **Zubehör, Leistungen rund um die Marke** – Wenn Sie Leistungen rund um eine Marke anbieten, also z.B. Zubehör für oder Reparaturen von Apple-Produkten anbieten, dürfen Sie darauf textlich hinweisen. Eine Logonutzung sollten Sie sich jedoch vorher genehmigen lassen.

- **Satire und Parodie** – Eine Parodie ist zulässig, wenn sie als solche erkennbar ist und eine Stellungnahme enthält, die nicht lediglich der eigenen Werbung dient. Ein Paradebeispiel sind satirische Stellungnahmen zum Mediengeschehen durch den Autovermieter Sixt. Nicht erlaubt ist es dagegen, fremde Namen oder Marken lediglich deswegen zu persiflieren, um von deren Image zu profitieren (z.B. wenn der Doppelgänger eines Prominenten in einer Social-Media-Kampagne ohne weitere und relevante Meinungskundgebung eingesetzt wird). Bei Domains und Account-Namen sollte sich der satirische Charakter direkt aus diesen ergeben, z.B. »Lachfront-gegen-die-XY-Partei«.

- **Private Nutzung** – Das Markenrecht ist auf eine private Markennutzung grundsätzlich nicht anwendbar. Allerdings gilt auch hier das Namensrecht, sodass die oben genannten Grundsätze auch dann beachtet werden sollten, wenn Domains für private Initiativen, wie z.B. »Verein-der-Applenutzer.xyz«, gewählt werden.

Großveranstaltungen eignen sich besonders gut für Marketingaktionen. Jedoch sind deren Namen häufig geschützt (z.B. »Formel 1« oder »Champions League«), außer wenn Gerichte sie der Allgemeinsprache zuordnen (z.B. »Fußballweltmeisterschaft«). Das Olympiaschutzgesetz verbietet zudem die Nutzung des olympischen Logos. Es schränkt auch die Nutzung von Begriffen wie »Olympia« ein, es sei denn, sie werden ohne Bezug zu dem konkreten Event verwendet (z.B. »olympische Preise«). ◀ **Tipp**

Checkliste: Namens- und Markenrechte

- Liegt eine Situation vor, in der Namens- und Markenrechte beachtet werden müssen (Account-Anlegung, Domainwahl, Hashtag-Wahl, Marke als Bildmotiv etc.)?
- Ist die verwendete Bezeichnung oder das Logo bzw. Markenprodukt geschützt?
- Liegt eine Verwechslungsgefahr mit fremden Produkten oder Dienstleistungen vor?
- Liegt ein Imagetransfer oder eine Verunglimpfung von bekannten Namen, Marken, Personen oder Unternehmen vor?

Anbieterkennzeichnung: Impressumspflicht

Wenn Sie Webseiten, Blogs oder Accounts anlegen oder Apps veröffentlichen, müssen Sie nicht nur auf deren rechtssichere Benennung, sondern auch auf die Impressumspflicht achten.

Die Impressumspflicht ist eine europarechtliche Vorgabe, die besonders in Deutschland sehr ernst genommen wird. Fehlt ein Impressum oder ist es fehlerhaft, können Mitbewerber eine kostenpflichtige Abmahnung wegen eines Wettbewerbsverstoßes aussprechen.

Wann ist ein Impressum erforderlich?

Alle »Telemedien« müssen über ein Impressum verfügen.[2] Telemedien sind für sich abgrenzbare, zusammenhängende Onlineangebote, deren Betreiber auf die Inhalte und das »Look-and feel« Einfluss nehmen können:

- Blogs, Webseiten, Mobile und Web-Apps.
- Social-Media-Profile und Unternehmensseiten, z.B. bei Facebook (Facebook-Seiten, -Gruppen, -Veranstaltungen), Instagram, Pinterest, Twitter, LinkedIn, XING oder YouTube.

Kein Impressum ist erforderlich, wenn es an dem vorgenannten Einfluss und den Gestaltungsmöglichkeiten fehlt, z.B.:

- Einzelne Beiträge, die innerhalb einer Plattform veröffentlicht werden, z.B. in einem Onlineforum, bedürfen keines Impressums (wobei die eigene Profilseite im Forum je nach Gestaltung wiederum impressumspflichtig sein kann).
- Einträge in einem Branchenbuch oder in Registern, die inhaltlich oder optisch nicht besonders ausgestaltet werden können.

Gilt die Impressumspflicht für »private« Accounts?

Auch privat genutzte Accounts oder Webseiten bedürfen keines Impressums. Privat sind sie jedoch nur, wenn sie sich nicht an die Öffentlichkeit richten (womit z.B. Blogs, die sich auch an unbekannte Leser richten, ausscheiden) und keinen geschäftlichen Bezug haben (d.h. auch keine Werbebanner, Influencer-Verträge oder ähnliche Monetarisierungsarten vorliegen).

Auch Profile von Mitarbeitern oder Influencern können geschäftlich sein, z.B. von Geschäftsführern, Unternehmensinhabern und Corporate Influencern. Das ist der Fall, wenn die Profile regelmäßig dazu eingesetzt werden, mit Geschäftskunden zu kommunizieren, oder Fanpage-Beiträge mit Hinweisen auf Aktionen oder Produkte des Arbeitgebers im eigenen Profil geteilt werden. Hierzu wird auf die nachfolgenden Hinweise für Corporate Influencer verwiesen.

---

2   § 1 TMG.

Was muss in einem Impressum stehen?

Das Impressum richtet sich nach der Art des Onlineangebots und ihres Betreibers, sodass jedes Impressum individuell erstellt werden muss (wobei jedoch zahlreiche Generatoren im Internet hierbei helfen können).[3] Zu den wichtigsten Angaben gehören:[4]

- Bei Personen der vollständige Name, bei Unternehmen und Organisationen die vollständigen Namen oder Firmen mit Zusätzen, wie z.B. »e.K.« oder »GbR« sowie deren Vertreter mit vollem Namen (z.B. Geschäftsführer, Präsidium etc.).

- Die Postanschrift (nicht die Postfachanschrift), die Kontakt-E-Mail-Adresse und alternativ eine Telefonnummer oder ein Kontaktformular, wobei der E-Mail-Eingang bei Unternehmen innerhalb der Geschäftszeiten regelmäßig kontrolliert werden sollte.[5]

- Bei im Handelsregister oder sonst wie registrierten Unternehmen, Personen und Organisationen (z.B. »GmbH«, »e.V.« oder »e.K.«) müssen die Registerstelle und die Registernummer angegeben werden. Falls Sie eine USt-Identifikationsnummer erhalten haben, müssen Sie auch diese angeben.

- Falls eine Berufshaftpflichtversicherung besteht, müssen Angaben zu dieser, insbesondere Name und Anschrift des Versicherers und räumlicher Geltungsbereich, gemacht werden.

- Bei reglementierten Berufen wie Ärzten oder Anwälten müssen die gesetzliche Berufsbezeichnung, der Staat, in dem sie verliehen wurde, und, falls die Person einer Kammer, einem Berufsverband oder einer ähnlichen Einrichtung angehört, deren oder dessen Name angegeben werden sowie die der Berufsausübung zugrunde liegenden Gesetze.

- E-Commerce und andere entgeltliche B2C-Onlineanbieter müssen zudem einen (klickbaren) Link zur Online-Streitbeilegungsplattform der EU und ab zehn Mitarbeitern Angaben zur Verbraucherschlichtung machen.[6]

- Journalistisch-redaktionell gestaltete Angebote (z.B. Verlagsangebote, Blogs, aber auch z.B. Facebook-Seiten mit aktuellen an die Öffentlichkeit gerichteten Neuigkeiten) müssen eine redaktionell zu-

---

3   Zum Beispiel *https://datenschutz-generator.de/impressum* (kostenlos bereitgestellt vom Verfasser).
4   Maßgebliche Vorschriften: §§ 5 Abs. 1 TMG, § 2 DL-InfoV, § 54 Abs. 2 RfStV.
5   EuGH , 10.07.2019 - C-649/17.
6   Art. 14 ODR-VO, §§ 36, 37 VSBG.

ständige Person samt deren Adresse als »inhaltlich verantwortliche Person« benennen (die auch der Inhaber des Angebots sein kann).

- Angebote mit entwicklungsbeeinträchtigenden oder jugendgefährdenden Inhalten müssen Jugendschutzbeauftragte benennen. Eine Entwicklungsbeeinträchtigung kann vor allem im Fall sexueller oder gewaltverherrlichender Bilder und Texte vorliegen.[7]

Tipp ▶ Sogenannte *Disclaimer*, also Hinweise darauf, dass für Links und die Richtigkeit der Inhalte keine Verantwortung übernommen wird, sind nicht wirksam und können sogar abgemahnt werden (z.B. weil damit gesagt wird, dass auch ein Impressum nicht richtig sein muss). Etwaige Warnhinweise für Links sollten Sie an den jeweiligen Links oder Inhalten platzieren.

Wo muss das Impressum platziert sein?

Das Impressum muss von jeder Seite einer Website oder eines Profils aus einfach erkennbar und unmittelbar erreichbar sein. Impressen sind fast immer über einen Link erreichbar, der nur mit Linktexten wie z.B. *Impressum*, *Anbieterkennzeichnung*, *Über uns* oder *Kontakt* als einfach erkennbares Impressum gilt. Begriffe wie *Rechtliches*, *AGB* oder *Info* sind nicht ausreichend (d.h. ein Impressum, das nur über die Rubrik *Info* einer Facebook-Seite erreichbar wäre, gälte nicht als leicht erkennbar).[8]

Manche Angebote (z.B. XING-Profile oder Facebook-Fanpages) beinhalten extra Felder, in denen das Impressum eingegeben werden kann und die auf den Profilseiten entsprechend bezeichnet verlinkt werden. Bei anderen Angeboten, wie z.B. Instagram oder Twitter, muss die Impressumspflicht auf Umwegen umgesetzt werden:

- **Sprechender Link** – Es ist zulässig, ein Impressum im Profil oder statt der Website zu verlinken, wenn es am Link selbst (sogenannter sprechender Link, z.B. *drschwenke.de/impressum*) oder einem ihm vorstehenden Hinweis erkennbar ist, dass er zum Impressum führt (z.B. *Impressum: https://...*).
- **Link auf die Website** – Alternativ kann auch jede beliebige Unterseite der eigenen Website verlinkt werden, wenn zuvor darauf hingewiesen wird, dass sich dort das Impressum befindet (und entsprechend den nachfolgenden Hinweisen auch die Datenschutzerklärung).

---

7 §§ 4–7 JMStV.
8 OLG Düsseldorf, 13.08.2013 – I-20 U 75/13; 17 LG Aschaffenburg, 19.08.2011 – 2 HK O 54/11).

- **2-Klick-Regel** – Wichtig ist, dass das Impressum über maximal zwei Klicks erreicht werden sollte (z.B. (1.) Klick auf Link zur Website im Profil, (2.) Klick auf Link zum Impressum auf der Website).

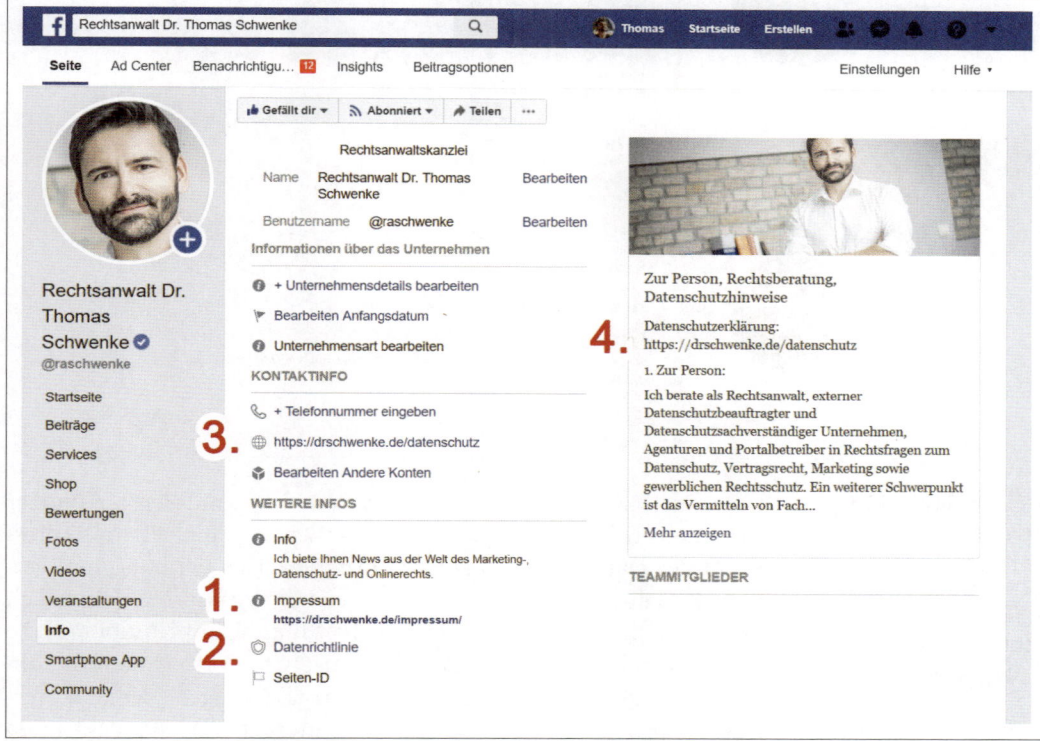

▲ **Abbildung 15-1**
Bei der Facebook-Fanpage kann ein Impressum im Info-Bereich angegeben werden (1.) und erscheint dann auf der Hauptseite der Fanpage. Der Link zur Datenschutzerklärung (2.) erscheint dagegen zum Druckzeitpunkt nur im Info-Bereich, deswegen kann er entweder statt des Links zur Website (3.) oder in einer Story angegeben werden (4.) – beide erscheinen auf der Hauptseite der Fanpage. Nicht im Bild: Der Link zum Impressum kann auch als erster Beitrag auf der Fanpage fixiert werden.

Checkliste: Impressumspflicht

- Ist ein Impressum erforderlich? (nicht nur private Websites, Blogs, Profile in Social Media)
- Ist das Impressum einfach erkennbar? (Linktext: *Impressum*, *Über uns*, *Kontakt*, nicht: Info)
- Ist das Impressum unmittelbar erreichbar? (mit maximal zwei Klicks)
- Ist das Impressum vollständig?

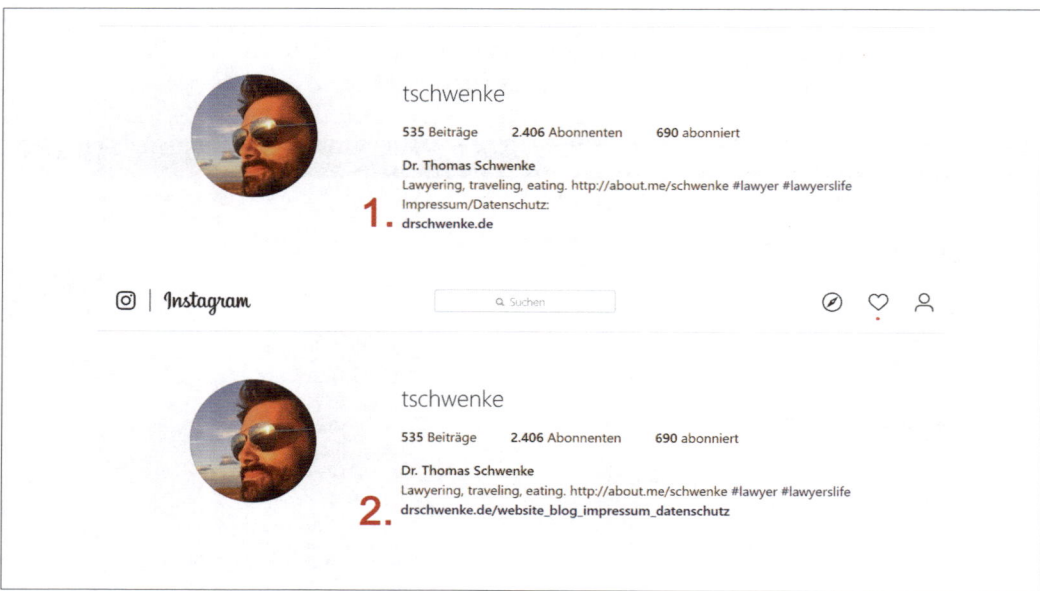

Abbildung 15-2 ▲
Beispiele für mögliche Hinweise auf die Datenschutzerklärung bei Instagram (1.) mit textlichem Hinweis (statt der eigenen Website kann auch auf eine Linkseite, z. B. von *https:// linktr.ee* verwiesen werden, wo dann der Link zum Impressum platziert wird) und (2.) alternativ mit einem »sprechenden« Link, der zusätzlich auch auf andere Inhalte der verlinkten Website verweisen kann.

In den beiden in Abbildung 15-2 gezeigten Fällen müssen die Nutzer auf der Website, auf die sie weitergeleitet werden, Links zum Impressum und der Datenschutzerklärung vorfinden. Das bei Instagram verwendete Prinzip der Impressumshinweise »per Work-around« ist auch auf andere Netzwerke ohne explizite Felder für das Impressum und die Datenschutzerklärung anwendbar, z. B. bei Twitter oder Pinterest. Sollte es nicht möglich sein, die Links klickbar einzutragen (d. h., sie werden nur als Text dargestellt), ist die erste Alternative zu empfehlen, da der Link einfacher zu merken ist.

Datenschutz und Datenschutzerklärung

Bei der Nutzung von Social Media müssen die Vorgaben der Datenschutzgrundverordnung (DSGVO) beachtet werden. Verstöße können Abmahnungen der Nutzer oder z. B. klagebefugter Organisationen wie einer Verbraucherzentrale nach sich ziehen. Ebenfalls drohen Bußgelder, die von Datenschutzbehörden ausgesprochen werden können. Dabei ist die Reichweite der DSGVO viel größer, als häufig angenommen.

Tipp ▶ Das *Datenschutzrecht* zeichnet sich gerade dadurch aus, dass dessen konkrete Vorgaben aufgrund sich ändernder Technologien stets unklar sind. Daher wird die Nutzung von sozialen Medien stets von einem gewissen Risiko begleitet, das einzugehen sich jedoch bei wirtschaftlicher Betrachtung häufig lohnt. Auch Datenschutzbehörden nehmen bei strittig diskutierten Fragen häufig Rücksicht, bevor sie Bußgelder erlassen.

Für wen gilt die DSGVO?

Das EU-weit geltende Datenschutzrecht kommt für Sie zur Anwendung, wenn Sie personenbezogene Daten selbst verarbeiten oder verarbeiten lassen. Das ist fast immer der Fall, wenn Webseiten oder Accounts in sozialen Medien betrieben werden.

So werden hierbei z.B. Cookies gesetzt oder IP-Adressen erhoben oder Kommentare und Kontaktformulare mit Namen oder E-Mail-Adressen verarbeitet, die fast immer personenbezogen sind. Für den Personenbezug reicht es, dass die Person irgendwie identifiziert werden kann (auch wenn dazu andere einbezogen werden müssen, wie z.B. im Fall der IP-Adressen, bei denen man ohne einen Gerichtsbeschluss die Anschlussinhaber nicht ausfindig machen kann).

Nur wenn Social-Media-Profile ausschließlich »persönlich-familiär« (insbesondere nicht beruflich) genutzt werden, nimmt zumindest die Mehrzahl der Juristen keine Anwendbarkeit der DSGVO an.

Welche DSGVO-Pflichten müssen beachtet werden?

Ist die DSGVO einmal einschlägig, müssen Sie im Hinblick auf Websites und Social-Media-Profile eine Reihe von Pflichten beachten:[9]

- **Informationspflichten** – Der Umfang der in einer Datenschutzerklärung zu beachtenden Informationspflichten ist groß und wird nachfolgend gesondert erläutert.[10]

- **Auskunftspflichten und Löschpflichten** – Den Besuchern Ihrer Webseiten, Blogs oder Social-Media-Profile steht eine Reihe von Rechten zu, von denen das Recht auf Auskunft und Löschung der eigenen Daten die wichtigsten sind.[11] Die Auskunft muss kostenlos sein und in Verbindung mit einer Kopie der verarbeiteten Daten erfolgen. Die Daten müssen anschließend auf Wunsch gelöscht werden, außer Sie haben ein überwiegendes Interesse daran, die Daten zu behalten (z.B. wenn es sich um Angaben zu den ausstehenden Verbindlichkeiten gegenüber der löschungswilligen Person handelt oder Sie Steuerunterlagen aufgrund gesetzlicher Vorgaben speichern müssen).

- **Abschluss datenschutzrechtlicher Verträge** – Bei der Nutzung mancher Tools oder Plattformen gelten spezielle Vereinbarungen (»Vereinbarung über gemeinsame Verantwortlichkeit« und über

---

9   Art. 5 DSGVO.
10   Art. 12–14 DSGVO.
11   Art. 15–23 DSGVO.

»Auftragsverarbeitung«).[12] Hierauf wird im Folgenden genauer eingegangen.

- **Pflicht, für die technische Sicherheit zu sorgen** – Diese Pflicht betrifft vor allem Betreiber selbst gehosteter Websites oder Blogs, die immer den Stand der Technik beachten müssen. So müssen sie z. B. ihre Blogsoftware immer auf dem neuesten Stand halten und Nutzerdaten, z. B. in Kontaktformularen, nur per HTTPS verschlüsselt übertragen.[13]

- **Vorliegen einer Rechtsgrundlage** – Die Verarbeitung personenbezogener Daten ist grundsätzlich verboten, es sei denn, Sie können sich auf eine gesetzliche Verarbeitungserlaubnis berufen, etwa für die Verarbeitung zur Erfüllung von Verträgen oder behördlichen oder sonstigen gesetzlichen Pflichten, oder auf berechtigte Interessen, z. B. an der Durchführung von Marketingmaßnahmen.[14]

- **Pflicht zur Datenminimierung** – Sie dürfen nur so viele Daten verarbeiten, wie es für die von Ihnen verfolgten Zwecke erforderlich ist. Zum Beispiel sollten Sie in einem Kontaktformular keine Telefonnummer abfragen, wenn Sie keinen berechtigten Grund zu deren Nutzung haben.[15]

- **Rechenschaftspflicht** – Gehen Sie davon aus, dass Sie die Befolgung aller Datenschutzpflichten nachweisen müssen. Bewahren Sie daher alle Verträge auf und führen Sie als Unternehmen ein Verzeichnis von Verarbeitungstätigkeiten.[16]

Tipp ▶ Es gibt nicht die eine »Datenverarbeitung«. Vielmehr müssen Sie jede Phase der Verarbeitung von Daten auf deren Zulässigkeit prüfen, das heißt die Erhebung der Daten, deren Speicherung, deren Nutzung und deren Löschung. Das macht den Datenschutz zu einer umfangreichen und oft schwer zu überschauenden Aufgabe.

Webanalyse, Embedding, Tracking und Cookiebanner

Wenn Sie Webanalysetools einsetzen (z. B. Google Analytics), Tracking zu Marketingzwecken betreiben (z. B. mittels Facebook-Pixels) oder fremde Funktionen und Inhalte in einer Webseite einbinden (z. B. Social Plugins, wie die *Gefällt mir*-Schaltfläche von Facebook, oder Tweets), sollten Sie Ihre Besucher um eine Einwilligung bitten.

---

12 Art. 26, 27 DSGVO.
13 Art. 32 DSGVO.
14 Art. 6 DSGVO.
15 Art. 5 Abs. 1 lit c) DSGVO.
16 Art. 5 Abs. 2, 30 DSGVO.

Die Einwilligung kann mittels der bekannten Cookiebanner eingeholt werden. Wichtig ist jedoch, dass vor der Abgabe der Einwilligung noch keiner der oben genannten Dienste ausgeführt wird.

Eine Einwilligungspflicht soll im Rahmen der erwarteten *E-Privacy-Verordnung* explizit geregelt werden. Zum Zeitpunkt der Veröffentlichung dieses Buchs wird diese E-Privacy-Verordnung jedoch nicht vor dem Jahr 2021 erwartet. Allerdings ist deren Erscheinen insoweit weniger relevant geworden, als der Europäische Gerichtshof (EuGH) beschlossen hat, dass schon nach der heutigen Rechtslage eine Einwilligung in nicht notwendige Cookies erforderlich ist.[17] Als notwendig gelten z.B. das Warenkorb-Cookie eines Shops, Cookies für Zwecke des Load-Balancing oder die Speicherung des Log-in-Status sowie für die Sprachwahl auf einer Webseite. Dies gilt auch für das Cookie, in dem eine erteilte/versagte Cookie-Einwilligung vermerkt wird. Als nicht notwendig gelten dagegen Cookies, die zu Marketingzwecken gesetzt werden.

◀ **Tipp**

Bevor Sie Dienstleister und fremde Tools einsetzen, stellen Sie den Anbietern die folgenden Fragen (in Englisch, da die meisten Anbieter aus dem Ausland kommen und die deutschen Anbieter die Fragen verstehen). Im Optimalfall sollten die Antworten sowie die übersandten Verträge von einer fachkundigen Person geprüft und freigegeben werden.

Due to the legal requirements of data protection as well as compliance requirements, we kindly ask you to answer the following questions. The answers will serve our data protection officer as a basis for assessing whether we can implement your services or whether adjustments/information from users may be necessary:

1. Do you offer a contract for the processing of data according to Article 28 GDPR / or an agreement in case of joint responsibility Article 26 GDPR / or another data protection agreements/assertions?

2) Have you concluded contracts with the involved subcontractors which equally oblige the subcontractors to data protection?

3) In the case of online marketing tools: Are user data processed under a pseudonym? (e.g. are IP addresses only stored anonymously, i.e. without last octet?) and do you offer opt-out options to users (if so, how are they implemented)?

4) When will the user data (especially cookies) stored by you be deleted?

5) For companies processing data outside the EU/EEA: Do you offer legally recognized guarantees for the level of data protection in accordance with Art. 44-50 GDPR (e.g. EU standard contract clauses or Privacy Shield)?

---

17 EuGH, 1.10.2019 – C-673/17.

Nutzung sozialer Netzwerke

Im Fall der geschäftlichen Nutzung von Facebook-Fanpages und Social Plugins sah der Europäische Gerichtshof (EuGH) eine gewisse Mitverantwortung der Betreiber an der von der Facebook durchgeführten Verarbeitung der Daten der Fanpage- oder Websitebesucher.[18] Für die Mitverantwortung reichte dem EuGH aus, dass die Betreiber zum einen darüber bestimmen, dass die Fanpage eröffnet oder z.B. eine *Gefällt mir*-Schaltfläche in eine Website eingebunden wird. Zum anderen befand der EuGH, dass die Inanspruchnahme der Dienste zu eigenen wirtschaftlichen Zwecken für eine gemeinsame Festlegung der Zwecke der Datenverarbeitung ausreichend sei.

Als Folge des oben genannten EuGH-Urteils zu Fanpages musste Facebook seine AGB um eine spezielle Vereinbarung ergänzen und sich z.B. zur Beantwortung von Auskünften, die an den Fanpage-Betreiber gerichtet werden, verpflichten.[19] Im Fall der Social Plugins lag zum Druckzeitpunkt noch keine solche Vereinbarung von Facebook vor. Auch ist durch die Mitverantwortung das Risiko der Mithaftung für etwaige Datenschutzverstöße erhöht, allerdings nur, soweit die Verarbeitung von Daten für die Darstellung der Fanpage gemeint ist, d.h. keine Verantwortung für alle Verstöße von Facebook.[20]

In der Zukunft ist es möglich, dass die Mitverantwortung auch für andere soziale Netzwerke festgestellt wird und diese wie Facebook Anpassungen werden vornehmen müssen.

Tipp ▶ Seien Sie wachsam, aber lassen Sie sich nicht verrückt machen. Bisher passten die Anbieter sozialer Netzwerke ihre Dienste zwingenden gesetzlichen Anforderungen an, da sie ansonsten ihre europäischen Nutzer verlieren würden. Datenschutzbehörden warten die Anpassungen in der Regel ab, bevor sie sich gegen die Nutzer der sozialen Netzwerke richten.

Newsletter, Direktnachrichten und Mentions

Für Newsletter sind immer gesonderte und ausdrückliche Einwilligungen der Nutzer erforderlich, die nicht in der Datenschutzerklärung »versteckt« sein dürfen. Wird die Einwilligung zugleich mit einer anderen Erklärung verbunden (z.B. bei einem Hinweis auf die AGB im Onlineshop oder die Teilnahmebedingungen eines Gewinnspiels), wird zu-

---

18 EuGH, 29.07.2019 – C-40/17, EuGH, 05.06.2018 – C-210/16.
19 *https://www.facebook.com/legal/terms/page_controller_addendum.*
20 EuGH – C-40/17 (Stand 05.01.2018, anhängig im Zeitpunkt der Publikation).

sätzlich ein gesondertes, nicht bereits vorher durch ein Häkchen aktiviertes Kontrollkästchen erforderlich sein.

Die Abonnenten müssen bereits vor Abschluss des Abonnements über wesentliche Aspekte der Verarbeitung ihrer Daten belehrt werden. Ferner müssen Newsletter-Abonnements zu Nachweiszwecken in einem Double-Opt-in-Verfahren (DOI) erfolgen und protokolliert werden. Ohne eine DOI-Bestätigungsmail werden Sie nicht nachweisen können, dass sich die Inhaber der angegebenen E-Mail-Adressen tatsächlich angemeldet haben.

Setzen Sie zudem Versanddienstleister (z. B. MailChimp oder Clever-Reach) ein, sollten Sie die Nutzer nicht nur darüber informieren, sondern mit den Versanddienstleistern spezielle Auftragsverarbeitungsverträge abschließen (wobei diese, wie bei MailChimp, ein Teil der AGB sein können).

Die *ungefragte Zusendung von Werbenachrichten* durch Unternehmen via Privat- oder Direktnachricht kann ebenfalls als Werbung eingestuft werden. Das gilt auch, wenn sie als reguläre Kommunikation getarnt und unter dem Vorwand des gegenseitigen Kennenlernens versendet werden. Auch eine Erwähnung bzw. Mention (häufig via @-Symbol vor dem Account-Namen) ist eine unzulässige Belästigung, wenn sie allein dazu dient, auf eigene Dienste aufmerksam zu machen.

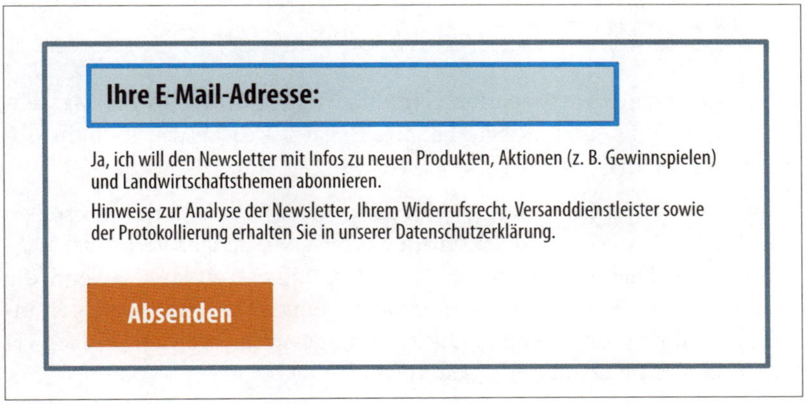

◀ **Tipp**

◀ **Abbildung 15-3**
Newsletter-Formular mit Hinweisen für die Abonnenten

In einem Newsletter-Formular sollten Sie neben einer groben Umschreibung möglicher Inhalte auch darauf hinweisen, dass ein Widerruf der Einwilligung möglich ist und eine Analyse sowie der Einsatz von Versanddienstleistern stattfindet und die Anmeldungen protokolliert werden (die Punkte müssen wiederum in der Datenschutzerklärung ausführlicher beschrieben werden).

Einsatz von Messengern

Messenger sind mittlerweile zu einem festen Bestandteil der Kunden-kommunikation in Social Media geworden, werden von den Daten-schutzbehörden jedoch vor allem aufgrund der folgenden Punkte häufig für unzulässig gehalten:

- **Upload von Kontakten** – Viele Messenger verlangen oder fordern auf, die im Mobiltelefon gespeicherten Kontakte hochzuladen. Dies ist jedoch nur mit der nachweisbaren Zustimmung der Kontakte zu-lässig und sollte unterbleiben (es sei denn, die Kontakte gehören schon zu den Nutzern der Messenger).

- **Nutzung von Daten zu Werbezwecken** – Insbesondere die zu Face-book gehörenden WhatsApp und Facebook-Messenger sind den Datenschützern ein Dorn im Auge, weil die Dienste es sich vorbe-halten, Verbindungsdaten für Werbezwecke zu nutzen. Kommuni-ziert z.B. ein Nutzer mit einem Unternehmen der Versicherungs-branche, könnte Facebook mit diesem Wissen diesem Nutzer anschließend Facebook-Ads von Versicherungsanbietern anzeigen.

Tipp ▶ Wenn Sie *Messenger einsetzen*, nehmen Sie entsprechende Erläuterungen zur Funk-tionsweise, zu den verarbeiteten Daten sowie zu Risiken und Widerspruchsmöglich-keiten der Messenger in Ihre Datenschutzerklärung auf. Verlinken Sie auf die Daten-schutzerklärung (und das Impressum) in der ersten Nachricht, die z.B. Kunden von Ihnen via Messenger erhalten.

Solange es keine bestätigenden Gerichtsurteile gibt, bleibt die Messen-ger-Nutzung mit einem Risiko behaftet (also praktisch wie auch die üb-rige Social-Media-Nutzung).

Unproblematisch ist dagegen die Frage, ob Werbenachrichten neben dem E-Mail-Newsletter oder stattdessen via Messenger versendet wer-den dürfen. Dieses sogenannte »Broadcasting« ist zulässig, wenn die Messenger-Anbieter es erlauben sowie die Nutzer auf die möglichen In-halte und die Widerrufsmöglichkeiten hingewiesen werden und sie via »OK« oder »Einverstanden« bestätigen.

Einsatz von Chatbots

Bei Chatbots handelt es sich um Assistenzprogramme, die direkt mit Kunden kommunizieren sollen. Bei deren Einsatz sollten die folgenden Punkte beachtet werden:

- **Impressum und Datenschutzhinweis** – Beim erstmaligen Aufruf ei-nes Chatbots sollte auf die Datenschutzerklärung mit weiteren Erläuterungen zu der Funktionsweise, den verarbeiteten Daten sowie den Risiken und Widerspruchsmöglichkeiten hingewiesen werden. Ist der Chatbot nicht in eine Website eingebunden, sondern direkt aufrufbar (z.B. wie Chatbots in dem separat aufrufbaren Facebook-Messenger), sollte auch ein Link zum Impressum mitgeteilt werden.

- **News-Abo** – Ein Abonnement von Chatbot-Nachrichten, also ähnlich einem Newsletter, ist zulässig, wenn der Chatbot auf die Inhalte der Nachrichten sowie die Möglichkeit des Widerspruchs hinweist und um eine ausdrückliche Einwilligung (z.B. per Eingabe von »OK« oder »Start«) bittet.

- **Abschluss Datenschutzvertrag** – Werden fremde Chatbot-Dienste eingesetzt, sollten sie entsprechende Verträge über Auftragsverarbeitung oder gemeinsame Verarbeitung der Daten der Nutzer zum Abschluss anbieten. Ferner muss sichergestellt sein, dass personenbezogene Daten der Nutzer (z.B. Namen, Facebook-Nutzerkennungen, Kundennummern etc.) ohne deren Einwilligung nicht durch die Anbieter für andere Zwecke verarbeitet werden (z.B. für die Schulung der »künstlichen Intelligenz« der Chatbots).

Der Grundsatz des »Datenschutzes durch Technikgestaltung« (Art. 25 DSGVO) bedeutet auch, dass Sie bei der Auswahl von Chatbot-Anbietern die datenschutzfreundlichsten wählen sollten. Fragen Sie die Anbieter daher immer, ob und warum sie DSGVO-konform sind und wie sie es nachweisen können (zumindest, soweit vorhanden, durch Prüfberichte der betrieblichen Datenschutzbeauftragten).   ◀ **Tipp**

Datenschutzerklärung

Die eigene Datenschutzerklärung sollte nicht nur auf der Website oder im Blog, sondern auch in Social-Media-Profilen verlinkt werden. Dabei muss die Datenschutzerklärung ähnlich wie schon das Impressum als solche einfach erkennbar und unmittelbar erreichbar sein. Das heißt, die im Rahmen des Impressums gemachten Ausführungen zu der Platzierung des Impressumslinks gelten auch für die Datenschutzerklärung.

Statt *Datenschutzerklärung* können auch andere deutliche Hinweise wie z.B. *Datenschutzhinweise* oder schlicht *Datenschutz* als Linktext verwendet werden.   ◀ **Tipp**

Zwar muss jede Datenschutzerklärung individuell angepasst werden, sie enthält jedoch die typischerweise die folgenden Bestandteile:

- Angaben zum Verantwortlichen sowie seine Kontaktdaten, im Regelfall dem Impressum entsprechend. Kontaktdaten des Datenschutzbeauftragten, soweit vorhanden (in Deutschland in der Regel ab 20 Beschäftigten).[21]

- Verarbeitung im Rahmen vertragliche Leistungen (zum Beispiel die Verarbeitung von Daten im Rahmen von Bestellvorgängen im Onlineshop).

- Verarbeitungen im Rahmen der Kommunikation mit den Nutzern (zum Beispiel Kontaktformular, Customer-Relationship-Management).

- Hinweise zu Direktmarketingmaßnahmen (zum Beispiel Newsletter).

- Hinweise zu Webanalyse-; Tracking- und Onlinemarketingmaßnahmen (zum Beispiel Einsatz von Google Analytics, Affiliate-Systemen, Messengern, Chatbots).

- Hinweise zu Bewerbungsverfahren (z. B. Einsatz von Onlinebewerbungsplattformen).

- Einsatz von eingebetteten Fremdinhalten (z. B. YouTube-Videos).

- Nutzung von Social-Media-Netzwerken (z. B. bei Facebook-Fanpages).

- Verarbeitung zu Zwecken von Gewinnspielen (insbesondere Hinweise auf die Veröffentlichung von Namen oder eingereichten Beiträgen).

 Tipp ▶ Fehler in der Datenschutzerklärung sind für jedermann sichtbar und gegebenenfalls abmahnbar, weshalb die Datenschutzerklärung als »Visitenkarte« Ihrer Datenverarbeitung keine Fehler enthalten sollte.

Des Weiteren müssen die Nutzer auch über die folgenden Punkte informiert werden:

- Etwaige Übermittlung von Daten an andere Unternehmen.

- Übermittlungen in Drittländer (d. h. außerhalb der EU).

- Die Rechte der Nutzer als Betroffene (z. B. Recht auf Auskunft oder Widerspruch).

- Rechtsgrundlagen der Verarbeitung (z. B. Verarbeitung zu vertraglichen Zwecken auf Grundlage einer Einwilligung oder auf Grundlage berechtigter Interessen).

---

21 § 38 BDSG.

Aufgrund der Vielzahl einzelner Angaben sollten Datenschutzerklärungen durch Fachpersonen oder mithilfe von Datenschutzgeneratoren erstellt werden. (Disclosure: Der Autor ist selbst Anbieter eines Datenschutzgenerators, weist jedoch darauf hin, dass auch auf aktuellem Stand gehaltene Generatoren anderer Anbieter, verwendet werden können.)[22]

◀ **Tipp**

Checkliste: Datenschutz

- Ist die DSGVO anwendbar? (nur bei ausschließlich privater Nutzung nicht)
- Ist eine vollständige Datenschutzerklärung vorhanden? (Angaben zum Verantwortlichen, zu Rechten der Betroffenen, Newsletter, Tracking, Embedding etc.)
- Sind Datenschutzverträge mit Toolanbietern, Plattformbetreibern etc. abgeschlossen?

- Werden notwendige Einwilligungen eingeholt, und sind sie gesetzlich zulässig? (Information der Einwilligenden, Hinweis Widerruf etc.)
- Ist der Messenger-Einsatz zulässig und in den Datenschutzhinweisen enthalten?
- Ist der Chatbot-Einsatz zulässig und in den Datenschutzhinweisen enthalten?

Urheberrechte an Bildern und Videos

Grundsätzlich sollten Sie immer davon ausgehen, dass alle Grafiken und Fotografien rechtlich geschützt sind.[23] Dabei sind Grafiken und Lichtbildwerke, also individuelle Fotografien, bis zu 70 Jahre nach dem Tod der Urheber geschützt. Aber auch jeder alltägliche Schnappschuss ist bis zu 50 Jahre nach Entstehung geschützt (außer in der Schweiz, wo sogenannte »Knipsbilder« keinen Schutz genießen).

Die Abmahnung von Bildern ist für viele Rechteinhaber und Anwaltskanzleien leider zu einer nicht unwesentlichen Geschäftsgrundlage geworden. Wie bei Marken können in jedem Fall der unerlaubten Bildernutzung vierstellige Beträge zusammenkommen. Daher sollten Sie Bilder nicht ohne Erlaubnis nutzen und die folgenden Hinweise zu Bildrechten unbedingt beachten.

Erlaubnis der Bildnutzung

Mit einem individuellen Einverständnis ist die Bildnutzung am sichersten, allerdings nur, wenn Sie die folgenden Punkte beachten:

---

22 *http://datenschutz-generator.de.*
23 §§ 2 Abs. 1 Nr. 5, 72 UrhG.

- **Nachweis der Erlaubnis** – Als Nachweis eignet sich am besten eine schriftlich abgefasste Einwilligung. Wurde die Einwilligung vor Zeugen erteilt, sollten die Zeugen dies kurz niederschreiben (d.h. protokollieren). Infrage kommt auch eine nachträglich eingeholte Genehmigung, z.B. per E-Mail, die wie folgt angefragt werden könnte: »Können Sie mir bestätigen, dass wir das Bild für [Zweck nennen] nutzen dürfen?«

- **Nennung der Zwecke der Einwilligung** – Die Einwilligung sollte die Zwecke der Nutzung der Bilder beinhalten, z.B. »Publikation auf Website und in Social Media, Bearbeitung, Nutzung im Video, Nutzung auf Bannern, in einer Werbekampagne«. Da alle Zweifel zu Ihren Lasten als Bildnutzer gehen, sollten Sie vor allem die Nutzungsarten aufnehmen, mit denen die Einwilligungsgeber nicht rechnen können.

- **Urhebernennung** – Wurde nichts Abweichendes vereinbart, muss der Urheber genannt werden, was möglichst in der Nähe des Bilds erfolgen muss (drunter/drüber). Falls der Urheber gar nicht oder nicht neben dem Bild genannt werden soll, muss dies in der Einwilligung ausdrücklich vereinbart werden.

Tipp ▶ Urheberhinweise müssen sofort sichtbar sein und nicht erst, wenn z.B. ein ©-Icon mit der Maus überfahren wird.

- **Geltung der Einwilligung für das Motiv** – Sind auf dem Bild Personen/Marken/Privatgrundstücke oder Gebäude abgebildet, lassen Sie sich bestätigen, dass die Einwilligung auch deren Nutzung als Motiv erlaubt (z.B. weil die Rechteinhaber eingewilligt haben oder gesetzliche Erlaubnisse vorliegen). Neben den Rechten an dem Bild, also z.B. der Aufnahme selbst, müssen Sie zusätzlich auch das Recht am Motiv beachten. Dieses wird im nächsten Abschnitt im Fall von Personen- und Sachaufnahmen besprochen. Nur wenn Sie das Bild und das Motiv nutzen dürfen, sind Sie rechtlich auf der sicheren Seite.

- **Von Mitarbeitern erstellte Aufnahmen** – Aufnahmen, die von Mitarbeitern im Rahmen und zu Zwecken ihrer ihnen aufgegebenen Tätigkeiten erstellt wurden, können vom Arbeitgeber genutzt werden. Wurden die Aufnahmen jedoch möglicherweise privat erstellt (z.B. im privaten Rahmen einer Mittagspause), sollten die Mitarbeiter der Nutzung ihrer Bilder zustimmen. Das gilt auch, wenn sie auf den Aufnahmen abgebildet sind. Um etwaige Zweifel zu klären und für die Nachweisbarkeit zu sorgen, empfiehlt es sich daher, spezielle Anlagen zum Arbeitsvertrag aufzunehmen. Dies wären zum einen die Einwilligung in die Nutzung der urheberrechtlich geschützten Werke des Mitarbeiters (sogenannte IP-Klausel) und zum anderen eine Rahmeneinwilligung für Aufnahmen, auf denen die Mitarbeiter zu erkennen sind.

- **Von anderen Personen zur Verfügung gestellte Aufnahmen** – Auch bei Aufnahmen, die Sie von anderen Personen erhalten, z. B. von Interview- oder Geschäftspartnern, sollten Sie sicherstellen, dass deren Einwilligung nachweisbar ist und sie zu deren Erteilung berechtigt sind.

Kein guter Glaube

Bitte denken Sie daran, dass es im Bereich der »geistigen« Rechte, also im Urheberrecht (und ebenso im Markenrecht oder Datenschutzrecht) keinen »guten Glauben« an eine Nutzungsberechtigung gibt. Das heißt, wenn jemand Ihnen wahrheitswidrig zusichert, der Urheber zu sein, können Sie trotz der Zusicherung von dem richtigen Fotografen abgemahnt werden. Daher lohnt es sich vor allem im kommerziellen Bereich, Bildrechte mit einer Gewährleistung – also Ersatz der Abmahnkosten – bei Fotografen oder Stockbildanbietern zu erwerben.

Häufig wird bei der Frage nach der Nutzung von z.B. bei Instagram veröffentlichten Bildern eines Nutzers die folgende Kurzeinwilligung ausreichen: **◄ Tipp**

»Hallo ...,

wären Sie damit einverstanden, wenn ich Ihr Bild »Pinguinpärchen«, »http://bild-URL...« auf unserer Website »https://......com/« und auf unserer Facebook-Seite »https://www.facebook.com/xy.....« mit Nennung Ihres Namens und eines Links zur Quelle verwenden würden?

Wir möchten mit dem Bild einen Beitrag über die Geschichte der Sprache illustrieren.

Falls Sie das Bild nicht selbst erstellt haben, könnten Sie uns die Kontaktadresse der Fotografin oder des Fotografen mitteilen?«

Was muss bei Stockbildern beachtet werden?

Bei Stockbildanbietern erwerben Sie Bildlizenzen, deren Nutzungsumfang sich nach den jeweiligen Lizenzbestimmungen richtet. (Hinweis: Eine Lizenz ist bloß eine fachliche Bezeichnung einer Zustimmung zur Bildnutzung.)

Stockbildlizenzbestimmungen gleichen sich zwar in vielen Punkten, können sich aber auch in wesentlichen Punkten (z. B. der Urhebernennung) unterscheiden. Daher sollten Sie die Lizenzbestimmungen vor jedem Einsatz lesen und dabei vor allem auf die folgenden Punkte achten:

- **Umfang der Nutzung** – Häufig werden bei Stockbildern die Nutzungen beschränkt. Zu den Beschränkungen zählen insbesondere: a) Beschränkung auf redaktionelle, d.h. berichtende Nutzung und damit Verbot kommerzieller Nutzung (z.B. Bebilderung von Produktwerbung, Leistungsbeschreibungen etc.); b) Beschränkung der Nutzung als zentraler Aspekt eines Produkts (z.B. als Aufdruck auf Werbemitteln etc.); c) Beschränkungen auf Print oder den Onlinebereich, Abruf- oder Auflagenzahlen.

- **Bearbeitung** – Eine Bearbeitung ist grundsätzlich ausgeschlossen, sofern sie über bloße Nutzung einzelner Bildteile, Zuschnitt, Einfügen von Texten, Logos oder leichte Farbanpassung hinausgeht (also z.B. Retuschen der abgebildeten Models).

- **Model-Releases** – Zumindest bei kostenpflichtigen Stockbildern wird in der Regel Gewähr für das Einverständnis der abgebildeten Personen gegeben.

- **Unerwünschte Nutzungen** – Im Regelfall ist die Nutzung mit Bezug zu Alkohol, Tabak oder anderen Produkten, politischer Werbung, religiösem, erotischem oder sittenwidrigem Kontext ohne spezielle Erlaubnis untersagt. Dies gilt insbesondere, wenn dadurch dem Ansehen der Models geschadet werden könnte.

- **Urhebernennung** – So gut wie alle Stockbildanbieter verpflichten die Bildnutzer zur Nennung der Urheber im redaktionellen Kontext (z.B. in Blogbeiträgen oder Social-Media-Postings). Sofern die kommerzielle Bildnutzung erlaubt ist, müssen Urheber im Regelfall nicht genannt werden (z.B. Nutzung auf Produktverpackungen, in Werbebroschüren, Newslettern oder Werbebannern, wozu z.B. Facebook-Ads zählen). Sofern Urheber genannt werden müssen, kann dies möglichst am Bild (darunter oder daneben) erfolgen. Ist die Urhebernennung nicht möglich, z.B. aus gestalterischen Gründen, sollte der Urheber zumindest am Ende eines Beitrag/Texts genannt werden. Werden Bilder als Gestaltungs-, bzw. Designelemente verwendet, sollten die Urheber im Impressum unter »Bildquellen« mit einem Bezug zum Bild gelistet werden (z.B. »Kopfgrafik auf Hauptseite« oder »Diskussionsrunde auf der Unterseite ,Leistungen'«.

- **Weitergabe der Lizenz** – Die Lizenz dürfen Sie nicht weiterverkaufen. Bei der Zusammenarbeit mit Agenturen sollte geklärt werden, dass die Bildrechte im Namen der Kunden erworben werden. Erlaubt ist die Weitergabe bzw. Veröffentlichung fertiger Werke, also z.B. Whitepaper oder Blogbeiträge, in denen das lizenzierte Bild verwendet wird. Auch darf die Bilddatei an Beauftragte, z.B. Agenturen oder Webdesigner, zur bestimmungsgemäßen Verarbeitung gegeben werden.

- **Social-Media-Lizenzen** – Ob die Nutzung eines Stockbilds in Social Media erlaubt ist, hängt ganz von der Lizenz ab. Manche Stockbildanbieter erlauben die Nutzung generell für alle Aufnahmen. Andere Anbieter verlangen wiederum den Erwerb spezieller Social-Media-Lizenzen. Bei einigen dieser Anbieter gibt es auch spezielle Vorgaben für die Social-Media-Nutzung. So müssen z.B. die Urhebernennungen im Bild erfolgen (also grafisch eingefügt werden), oder ein Layouting ist erforderlich (z.B. ein Logo oder ein Werbetext muss eingefügt werden).

Falls Sie sich im Unklaren über die Reichweite der Stockbildlizenz sind, sollten Sie die Rückfrage bei dem Stockbildanbieter nicht scheuen, am besten per E-Mail.   ◀ **Tipp**

Sind freie Lizenzen und Public Domain sicher?

Als »freie Lizenzen« werden Bildlizenzen bezeichnet, die kostenlos angeboten werden (am bekanntesten sind die Creative-Commons-Lizenzen).[24] Kostenlos bedeutet aber nicht automatisch, dass keine Vorgaben zu beachten sind – ganz im Gegenteil:

- **Beachtung von Lizenzbestimmungen** – Auch bei freien Lizenzen müssen die Lizenzhinweise gelesen und eingehalten werden. Ansonsten liegt ein Urheberrechtsverstoß vor (auch wenn dessen Kosten in der Regel geringer sind als bei kostenpflichtigen Lizenzbildern). So müssen bei freien Lizenzen häufig der Urheber und der Link zur Lizenz angegeben werden. Daneben können weitere Vorgaben bestehen, wie z.B. das Verbot kommerzieller Nutzung oder der Bearbeitung des Bilds.

- **Keine Lizenzbestimmungen bei Public Domain** – Im Extremfall werden Bilder unter eine *Public Domain* gestellt (d.h. zum Gemeingut erklärt), was bedeutet, dass die Urheber auf die Rechte an diesen Bildern (bzw. auf deren Geltendmachung) verzichtet haben. In diesem Fall müssen keine Bedingungen beachtet werden. Im Internet existieren sogar spezielle Bildportale, bei denen Fotografen Bilder hochladen und sie unter Public Domain anderen Nutzern zur freien Verfügung stellen können.

Bei all den Vorteilen sollten Sie jedoch auch die Risiken kostenloser Werke berücksichtigen:

- **Risiko fehlender Motivlizenz** – Die freien Lizenzen enthalten grundsätzlich nur eine Berechtigung zur Nutzung einer Aufnahme selbst,

---

24 *https://de.creativecommons.org.*

aber nicht des Motivs. Insbesondere wenn auf einer Aufnahme Menschen abgebildet sind, sollten Sie nachfragen, ob die Person damit einverstanden war, bzw. prüfen, ob eine gesetzlich erlaubte Nutzung vorliegt (was nachfolgend dediziert erläutert wird).

- **Keine Gewährleistung** – Freie Lizenzen werden ohne Gewähr erteilt. Auch die kostenlosen Bildportale geben keine Gewähr. Da es im Urheberrecht jedoch keinen guten Glauben an die Berechtigung gibt, kann man wegen der unberechtigten Nutzung der Bilder abgemahnt werden. Das kann z.B. passieren, wenn Nutzer ohne Erlaubnis der Fotografen Bilder hochladen. Daher sollten Sie insbesondere bei professionell aussehenden Fotos große Vorsicht walten lassen (oder beim Uploader nachfragen, ob er die Urheberrechte bestätigen kann).

Tipp ▶ Im Ergebnis sollten Sie vor allem im kommerziellen Bereich eher auf Bildlizenzen mit Gewährleistung zurückgreifen. Freie Bilder sollten zwecks Risikominimierung allenfalls zu redaktionellen, d.h. berichtenden Zwecken verwendet werden und wenn ihnen anzusehen ist, dass sie eher von Privatpersonen/Hobbyfotografen erstellt wurden und nicht unerlaubt hochgeladene Bilder von Profifotografen sind.

Wann sind Bildzitate erlaubt?

Das Bildzitat berechtigt zur Nutzung von Bildern auch ohne Einverständnis der Urheber.[25] Häufig wird irrtümlich die Nennung einer Quelle als einzige Voraussetzung eines Bildzitats angenommen. Tatsächlich ist die Nennung der Quelle jedoch nur eine der urheberrechtlichen Vorgaben:

- **Belegfunktion** – Ein Bild darf nur dann zitiert werden, wenn das Zitat als Beleg für eine geistige Auseinandersetzung notwendig ist. Das heißt, nur wenn Sie etwas »geistig Gehaltvolles« herstellen, dürfen Sie im Austausch fremde Bilder nutzen. Die typischen Fälle der erlaubten Nutzung sind z.B. Rezensionen einer Grafik, einer Fotografie, eines Films, einer Software, eines Musikalbumcovers etc.

- **Beispielsbelege sind zulässig** – Nicht notwendig ist, dass sich die geistige Auseinandersetzung exakt auf das als Zitat verwendete Werk bezieht. Ausreichend ist, dass das Werk exemplarisch verwendet wird. Wenn z.B. ein Trend bei Webseitendesigns besprochen wird, dürfen Websites, die diesem Trend folgen, exemplarisch herausgegriffen werden.

---

25 § 51 UrhG.

- **Länge der geistigen Auseinandersetzung** – Die Länge Ihrer Ausführungen ist gesetzlich nicht vorgeschrieben. Sie kann durchaus in einem pointierten Satz vorliegen. Im Regelfall sollten es schon ein paar Sätze oder besser noch Absätze sein.
- **Parodien** – Die Parodie ist mit einem Zitat vergleichbar. Hier wird ein fremdes Werk erkennbar verfremdet, um z. B. auf einen gesellschaftlichen oder politischen Missstand hinzuweisen.
- **Keine bloße Illustration** – In keinem Fall ist ein Zitat zur bloßen Illustration zulässig (also weil es zum Thema des Beitrags passt, eine schöne Stimmung verbreitet etc.).
- **Bildzitat in Social Media** – In Social Media wird die Belegfunktion des Bildzitats angesichts der Kürze der Beiträge eher selten erfüllt sein. Häufig dienen dort Bilder eher der Illustration der Beiträge – wobei die Belegfunktion nicht ausgeschlossen ist, wenn z. B. eine längere Auseinandersetzung mit einem Bild in einem Facebook-Posting erfolgt.
- **Geringer Umfang des Zitats** – Die Bildnutzung ist nur so weit zulässig, wie sie notwendig ist, um die eigenen geistigen Ausführungen zu belegen. Das heißt, wenn z. B. das Werk eines Künstlers besprochen wird, dürfen je nach Text nur einige wenige seiner Werke als Beispiel verwendet werden.
- **Keine Bearbeitung und Urhebernennung** – Sie sollten zudem daran denken, dass die zitierten Werke nicht bearbeitet, z. B. retuschiert, werden dürfen (Verkleinern/Vergrößern, Ausschnitte oder Wechsel zwischen Farbe und Schwarz-Weiß sind zulässig). Ferner muss der Urheber genannt werden, nach Möglichkeit direkt an (neben, unter) dem Bild oder, falls nicht möglich, unter oder in dem Beitrag, der das Bild bespricht.

Embedding und Sharing von Bildern?

Als Embedding (bzw. Einbetten) bezeichnet man die Einbindung von fremden abgerufenen Inhalten in die eigene Webseite. Dazu gehören z. B. Instagram-Bilder, YouTube-Videos oder Tweets. Urheberrechtlich betrachtet, ist das Einbetten fremder Inhalte die sicherste Art, sie ohne Zustimmung der Rechteinhaber zu nutzen.

- **Einbettung bedarf keiner Einwilligung** – Laut EuGH stellt das Einbetten fremder Inhalte eine Art Verlinkung dar und bedarf keiner Zustimmung der Urheber.[26] Denn der Urheber kann das Bild an der

---

26 EuGH, 21.10.2014 – C-348/13.

verlinkten Quelle löschen (lassen), wodurch auch die eingebetteten Inhalte verschwinden würden.

- **Auch Sharing bedarf keiner Einwilligung** – Das zum Embedding Gesagte gilt gleichermaßen für Inhalte, die Sie auf sozialen Plattformen mittels der *Teilen*-Funktion verbreiten. Beispielsweise kopiert Facebook einen einmal erstellten Beitrag nicht mehrfach, sondern bettet ihn beim Teilen lediglich in Ihr Profil ein.

- **Verbleibende Risiken** – Ein Haftungsfall kann jedoch entstehen, wenn die Bilder oder Videos ohne den Willen der Urheber online gestellt worden sind. In diesem Fall wird bei gewerblicher Nutzung vermutet, dass Sie Ihrer Pflicht zur Rechteklärung nicht nachgekommen sind.[27] Doch zum einen ist die Reichweite dieses Risikos umstritten und zum anderen kommen derartige Fälle derart selten vor, dass das Embedding als sicher betrachtet werden kann.

- **Vorsicht bei geschützten Motiven** – Beachten Sie jedoch die Rechte der in den eingebetteten oder geteilten Inhalten abgebildeten Personen oder Marken. Embedding sollte grundsätzlich nur im redaktionellen Bereich, etwa im Rahmen berichtender Beiträge im Blog verwendet werden. Dagegen sollten Sie fremde Inhalte nicht zur Bewerbung Ihrer Produkte einsetzen (z. B. Hinweise auf Ihre Produkte mit einem Musikvideo von YouTube untermalen).

Tipp ▶ Einbetten und Sharing mittels der Plattformfunktionen gilt als vergleichsweise sicher und in jedem Fall sicherer als das Kopieren von Inhalten. Allerdings sollten Sie auch die Datenschutzhinweise zu Opt-in-Pflichten oben in diesem Kapitel beachten.

Gelten für Videos Besonderheiten?

Im Hinblick auf die Praxis können Videos rechtlich genauso wie Bilder behandelt werden.[28] Videos sind nach dem Urheberrecht geschützt und sollten mit Einwilligung oder beim Vorliegen einer gesetzlichen Ausnahme verwendet werden (z. B. wenn ein Videoclip besprochen wird, dürfen markante oder besprochene Szenen als Screenshots abgebildet werden). Wurde das Video publiziert, z. B. auf YouTube oder Facebook, darf es eingebettet werden.

Auch die folgenden Hinweise zur Nutzung der Abbildungen von Personen und Sachen gelten gleichermaßen für Videos.

---

27 EuGH, 08.09.2016 – C-160/15.
28 §§ 2 Nr. 6, 95 UrhG.

Abbildungen von Personen

Sind auf dem Bild Personen abgebildet, müssen neben den Rechten an der Aufnahme selbst auch die Persönlichkeits- und Datenschutzrechte der abgebildeten Personen berücksichtigt werden.

Das heißt, die Person muss in die Abbildung entweder eingewilligt haben, oder es liegt eine gesetzliche Erlaubnis der Bildnutzung vor.

Einwilligung der abgebildeten Person

Die Einwilligung ist die sicherste Methode, um Abbildungen von Personen nutzen zu dürfen. Gleichzeitig ist es wegen der Vielzahl zu beweisender Voraussetzungen auch die aufwendigste Methode.

- **Erlaubte Nutzung** – Im Hinblick auf die Einwilligung müssen Sie beachten, dass die Einwilligung auch die von Ihnen geplante Nutzung der Aufnahme erlaubt. So dürfen Stockbilder von den meisten Künstlern nur für redaktionelle, also berichtende Zwecke verwendet werden (z.B. die Abbildung einer Künstlerin in einem Blog oder einem Facebook-Beitrag, der sich mit Musik befasst). Dagegen ist die Nutzung für kommerzielle Zwecke in der Regel verboten (was nachvollziehbar ist, da die Künstler als Werbeträger gesondert entlohnt werden möchten).

- **Altersbeschränkung** – Ferner sollten Sie bedenken, dass Einwilligungen Minderjähriger, zumindest für die Onlinenutzung, in Deutschland erst ab 16 Jahren und in Österreich ab 14 Jahren möglich sind (in Ländern ohne Altersgrenzen, z. B. der Schweiz, empfiehlt sich das Alter von 15 Jahren als grobe Daumenregel). Ansonsten sollten Sie die Einwilligung der Erziehungsberechtigten einholen.

- **Form und Nachweis** – Die Einwilligung kann auch mündlich abgegeben werden. Allerdings müssen Sie die Einwilligung im Zweifel nachweisen. Aus diesem Grund sollten Sie die Einwilligung, wenn es geht, schriftlich bzw. auf einem Video einholen oder sie sich nachträglich, z. B. per E-Mail, bestätigen lassen.

- **Widerruf** – Die abgebildeten Personen dürfen ihre Einwilligung jederzeit widerrufen. Ausnahmen sind gesetzlich nicht vorgesehen und müssen erst von Gerichten entwickelt werden. Falls Sie Ausnahmen vereinbaren möchten, sollten Sie diese vertraglich vorab regeln (z. B. im Fall von Imagefilmen oder Aufnahmen für eine Werbekampagne).

Tipp ▶ Wenn Sie Personen um eine Einwilligung fragen, sollten Sie auch auf die Veröffentlichung der Aufnahmen in Social Media hinweisen (»Wir möchten die Fotos ggf. auf unserer Website oder unseren Social-Media-Kanälen, wie z. B. Facebook, nutzen.«).

Ausnahmen von der Einwilligungspflicht

In vielen Fällen, z. B. bei Außenaufnahmen oder bei Veranstaltungen, wird es umständlich sein, Einwilligungen einzuholen. In solchen Fällen können Sie sich jedoch häufig auf Ihre berechtigten Interessen an der Bildaufnahme, z. B. für Zwecke der Berichterstattung, stützen.

Auch bei Personenabbildungen müssen die Grenzen bei Abbildungen austariert werden. Sie können jedoch davon ausgehen, dass auch die bisher geltenden Ausnahmen weiterhin fortgelten werden:[29]

- **Zeitgeschichtlicher Ereignisse** – Erlaubt sind ungefragte Aufnahmen von Menschen bei zeitgeschichtlichen Ereignissen, gleich welcher Art. Hierbei kommt es darauf an, dass die Menschen sich bewusst exponieren, z. B. Künstler auf Bühnen, Politiker bei Reden, Sportler beim Marathonlauf etc. Dabei müssen es keine Massenereignisse sein. Auch ein Redner in einer Fußgängerzone fällt unter diese Ausnahme.

- **Öffentliche Versammlungen, Aufzüge oder ähnliche Vorgänge** – Menschengruppen (mindestens drei Personen), die als Gemeinschaft den öffentlichen Raum nutzen, müssen nicht um deren Einwilligung gefragt werden, etwa im Fall von Teilnehmern einer De-

---

29 Art. 6 Abs. 1 lit. f) unter Berücksichtigung bisheriger Rechtsprechung zum § 23 KUG.

monstration oder beim Publikum einer öffentlichen Veranstaltungen (Zuschauer eines Marathons). Die Berechtigung gilt jedoch nur für Gruppenaufnahmen; einzelne Personen müssen um Einwilligung gefragt werden. Außerdem gilt die Ausnahme nicht für bloße Ansammlungen, also Menschen, die sich ohne eine innere Verbindung an einem Ort befinden (z. B. wartende Personen an einer Bushaltestelle).

- **Beiwerke einer Örtlichkeit oder Landschaft** – Wenn Menschen zwar im Bild erkennbar sind, aber dort nur zufällig stehen und für die Aufnahme nicht prägend sind, dürfen sie als bloße Beiwerke abgebildet werden. Das können z. B. Personen bei der Aufnahme einer Fußgängerzone oder einer Landschaftsaufnahme sein. Die Personen sind jedoch dann keine Beiwerke, da für das Bild prägend, wenn gerade sie die Aufmerksamkeit der Betrachter auf sich ziehen (z. B. weil sie leicht bekleidet sind).

Privatsphäre und Schutz vor wirtschaftlicher Ausnutzung

Die vorgenannten Ausnahmen von der Einwilligungspflicht sind zudem nicht grenzenlos und gelten nicht in den folgenden Fällen:

- **Privatsphäre und guter Ruf** – Die Abgebildeten dürfen nicht in ihrer Privatsphäre oder ihrem guten Ruf betroffen sein. Das wäre der Fall, wenn man eine Bestattungsprozession oder Menschen in einem stark alkoholisierten Zustand abbilden würde.

- **Keine wirtschaftliche Ausnutzung** – Eine ungerechtfertigte wirtschaftliche Ausbeutung bedeutet, dass einzelne Personen nicht zu Fürsprechern von Unternehmen oder Organisationen erhoben werden dürfen. So dürften Sie z. B. zu Zwecken der Berichterstattung einen eingeladenen Politiker auf einer Bühne fotografieren, aber die Aufnahme nicht in einem Werbebanner nutzen.

Informationspflichten

- Auch im Fall der Informations- und Widerrufspflichten zeigen sich zum Zeitpunkt der Veröffentlichung dieses Buchs noch viele Unklarheiten. Der Gesetzgeber hat z. B. keine eindeutigen Ausnahmen der Informationspflichten für Fotografien vorgesehen. Ohne die Ausnahmen würde es praktisch bedeuten, dass Sie alle abgebildeten Personen vorab über die Bilder informieren müssten. Daher meinen auch manche Datenschutzbehörden, dass in Fällen der Unmöglichkeit oder Unzumutbarkeit eine Information nicht notwendig sei.

Tipp ►
Bei Veranstaltungen sollten Sie auf die Möglichkeit von Foto- und Videoaufnahmen schon auf der Ankündigung/Einladung hinweisen wie auch auf einem deutlichen Aushang vor Ort. Der Aushang sollte auch über die Widerrufsmöglichkeiten unterrichten, z.B. durch Erklärung gegenüber dem Fotografen, Tragen eines besonderen Namensschilds etc. (Die Hinweise können Sie gratis unter *Datenschutz-generator.de/fotohinweise* erstellen).

Checkliste: Abbildung von Personen

- Liegt eine Erlaubnis für die geplante Nutzung vor? (individuell oder in Stockbildlizenz)
- Oder handelt es sich um die Aufnahme eines zeitgeschichtlichen Ereignisses?
- Oder wurde die Person als Teil einer öffentlichen Versammlung aufgenommen?
- Oder taucht die Person nur zufällig als Teil einer Örtlichkeit oder Landschaft im Bild auf?
- Ist die Privatsphäre der Person nicht verletzt, und wird sie wirtschaftlich nicht ausgebeutet?
- Wurden die Informationspflichten (soweit notwendig) beachtet?

Aufnahmen fremder Sachen und Gebäude

Grundsätzlich dürfen Sie fremde Objekte, Sachen oder Grundstücke von öffentlichen Straßen und Plätzen aus auch ohne Zustimmung der Inhaber abbilden (Hilfsmittel, wie z.B. Leitern oder herausgezogene Selfiestangen, dürfen nicht verwendet werden).

- **Hausrecht auf Privatgrundstücken und in Gebäuden** – Sobald Sie für die Aufnahmen ein privates Grundstück betreten müssen, brauchen Sie eine Fotografiererlaubnis der Eigentümer oder Besitzer. Das gilt z.B. in Bahnhöfen, Kaufhäusern, Zoos, Veranstaltungssälen, privaten Parkanlagen (auch wenn diese, z.B. wie im Fall von Schlossanlagen, für den Publikumsverkehr geöffnet sind), Innenhöfen von Wohnhäusern. Dabei müssen Sie auch darauf achten, ob etwaige Fotografiererlaubnisse nicht nur für private Fotoaufnahmen gelten (z.B. in Zoos).

- **Panoramafreiheit** – Fremde Sachen können auch urheberrechtlich geschützt sein, z.B. Kunstskulpturen oder Werke der Architektur. Diese Werke dürfen jedoch auch fotografiert werden, wenn dies von öffentlichen Straßen oder Plätzen ohne Hilfsmittel erfolgt und sie dort zum dauerhaften Verbleib bestimmt sind (z.B. Werke der Architektur, dagegen nicht im Rahmen einer kurzen Aktion vorübergehend aufgestellte Kunstwerke).[30] Also gilt im Hinblick auf die Urheberrech-

---

30 § 59 UrhG.

te praktisch dasselbe wie im Hinblick auf das vorbesprochene Hausrecht.

◀ **Tipp**

Die *Panoramafreiheit* ist je nach Land unterschiedlich geregelt. Beispielsweise gilt sie nicht in Frankreich, sodass die Lichtinstallationen des Eiffelturms bei Nacht ohne Erlaubnis nicht veröffentlicht werden dürfen. In den USA ist die geschäftliche Nutzung vieler Sehenswürdigkeiten geschützt, z.B. des ikonischen Hollywood-Logos oder der Sterne auf dem »Hollywood Walk of Fame«. Sie sollten sich daher über die Rechtslage im Ausland informieren, vor allem wenn Sie Aufnahmen von Sehenswürdigkeiten geschäftlich nutzen möchten.

Checkliste: Abbildung von fremden Sachen und Gebäuden

- Wurde die Aufnahme von einem Privatgrundstück erstellt, d.h. nicht von öffentlicher Straße oder Platz?
- Haben die Inhaber des Hausrechts eine Fotografiererlaubnis erteilt? (z.B. individuell, als Teil einer Akkreditierung oder per Aushang)

- Ist im Fall urheberrechtlich geschützter Werke, z.B. Werke der Architektur, die Panoramafreiheit anwendbar?

Fremde Texte und Textzitate

Neben Bildern und Videos können auch Texte urheberrechtlich geschützt sein. In diesem Fall dürfen sie ohne die Einwilligung der Urheber nur eingebettet oder im Rahmen eines Zitats verwendet werden.

Wann sind Texte geschützt?

Die Qualität und der Inhalt von Texten ist für den urheberrechtlichen Schutz eher nicht relevant, sondern vielmehr eine ungewöhnliche, kreative oder blumige Ausdrucksweise:

- **Kein Schutz von Ideen und Fakten** – Es mag zwar überraschen, aber das Urheberrecht schützt grundsätzlich nicht den Inhalt von Texten. Das heißt, die im Text enthaltenen Ideen und Fakten sind nicht geschützt. Geschützt wird nur die Form, also der Wortlaut, in dem sie niedergeschrieben sind – und das auch nur dann, wenn dieser individuell und originell ist (man nennt das die Schöpfungshöhe).

- **Schutz kreativer Werke** – Dies bedeutet, je kreativer und außergewöhnlicher ein Text geschrieben oder gegliedert ist, desto eher wird er geschützt sein. Und je sachlicher und pragmatischer er ist, desto geringer ist die Wahrscheinlichkeit eines Schutzes. In der Regel wird der Text eine gewisse Länge benötigen, um geschützt zu sein. Das heißt, ein einzelnes Wort kann praktisch nicht geschützt werden, auch Tweets oder Kommentare werden selten geschützt sein (wobei ein Schutz bei kurzen und pointierten Texten, z. B. Limericks, möglich ist). Längere Postings oder Blogbeiträge werden dagegen in der Regel einen urheberrechtlichen Schutz erlangen.

Tipp ▶ Es ist erlaubt, das Gehörte und Gelesene mit eigenen Worten wiederzugeben. Allerdings reicht es nicht aus, dazu lediglich einzelne Worte oder Satzteile umzustellen. Schreiben Sie die Informationen daher am besten aus dem Gedächtnis nieder.

Wann dürfen fremde Texte verwendet werden?

Sie dürfen fremde Texte neben einer Zustimmung der Urheber in den folgenden Fällen verwenden.

- **Embedding und Sharing von Texten** – Sie dürfen fremde Texte einbetten, z. B. einen Tweet in einen Blogbeitrag, ebenso wie Sie fremde Facebook-Beiträge teilen dürfen. Hierzu gilt das oben zu der Einwilligung und Einbettung bei Bildern Gesagte.

- **Textzitate** – Für Textzitate gilt wie für Bildzitate, dass sie notwendig sein müssen, um eigene Gedanken und Ausführungen zu belegen. Auch müssen Zitate so kurz wie möglich sein. Das heißt, Sie dürfen z. B. aus einem Zeitungsartikel zitieren, wenn es auf die konkrete Wortwahl des Autors ankommt, aber nicht, um sich die Wiedergabe des zitierten Texts mit eigenen Worten zu ersparen. Denken Sie zudem daran, die Urheber zu nennen und am besten auch zu verlinken.

Checkliste: Schutz von Texten

- Ist der Text urheberrechtlich geschützt? (Originalität notwendig, kein Schutz von Fakten und bloßen Ideen)
- Ist die Nutzung des Texts oder Textteils individuell erlaubt?

- Oder ist die Nutzung eines (möglichst kurzen) Textteils als Textzitat, d.h. als Beleg eigener Ausführungen, notwendig?

Wann darf fremde Musik verwendet werden?

Auch musikalische Werke sind rechtlich geschützt. Dabei existiert eine Vielzahl von Rechten, zum einen an der Musik und dem Text (verwaltet von der GEMA), an der Darbietung als Künstler und an der Produktion der Aufnahme als Tonträgerhersteller (verwaltet von der GVL). Sie dürfen daher fremde Musik oder Musikstücke nur in den folgenden Fällen nutzen:

- **Zustimmung der Rechteinhaber** – Sie sollten sich auf den Webseiten der oben genannten Verwertungsgesellschaften GEMA und GVL nach passenden Lizenzen erkundigen (wobei im Regelfall die für die Onlinenutzung notwendigen Lizenzen einheitlich von der GEMA erworben werden können).

- **Lizenzabsprachen der Plattformanbieter** – Plattformen wie Facebook, Instagram, TikTok oder YouTube haben zum Teil Absprachen mit den Verwaltungsgesellschafen abgeschlossen. Dadurch dürfen die Nutzer geschützte Werke auch ohne eigene Lizenz nutzen. Allerdings sollten Sie sich über die Reichweiten dieser Lizenzen informieren.

- **Freie Lizenzen** – Auch bei Musik gibt es viele Werke, die insbesondere unter der Creative-Commons-Lizenz veröffentlicht wurden. Beachten Sie jedoch die Lizenzbedingungen, insbesondere was kommerzielle Einschränkungen oder die Nennung der Urheber und der Lizenz angeht.

- **Einbettung oder Sharing** – Auch hier gilt das zu den Bildern Gesagte, dass die Einbettung, z. B. von Musikvideos, hinreichend sicher ist (vor allem weil die Plattformanbieter mithilfe von sogenannten Uploadfiltern als geschützt gemeldete Musik häufig selbst entfernen).

Checkliste: Schutz von Musikwerken

- Liegt eine individuelle Erlaubnis vor?
- Erfolgt die Nutzung im Rahmen einer Plattform, die über eine Nutzungslizenz für die Musik verfügt?
- Liegt ein Fall von Embedding oder Sharing vor?

- Wenn es sich um Musik unter freien Lizenzen, z.B. »Creative Commons«, handelt, wurden die Lizenzbedingungen beachtet, und wurde das Risiko eines unbefugten Uploads ausgeräumt/in Kauf genommen?

Influencer-Marketing

Die Gerichte tendieren dazu, Influencer-Marketing als eine Art verschleierte Werbung zu betrachten. Daher bestehen hohe Anforderungen an die Hinweispflichten, deren Fehlen kostenpflichtig abgemahnt werden kann. Wer die Werbekennzeichnung dann erneut vergisst, muss pro Beitrag bis zu 5.000 Euro an Vertragsstrafe oder Ordnungsgeld zahlen. Daher müssen die rechtlichen Spielregeln des Influencer-Marketings unbedingt beachtet werden.

Hinweis ▶   Zum Druckzeitpunkt wird eine Gesetzesänderung vorbereitet, die Kennzeichnungs-
pflichten von Influencern, zumindest im Fall von Videos, regeln soll. Deren Inhalt
entspricht den nachfolgenden Ausführungen. Neu ist, dass nach derzeitigem Stand
des Gesetzes jede kommerzielle Kommunikation als Werbung gekennzeichnet werden müsste, also z. B. auch in Videos von Unternehmen.

Neu soll hinzukommen, dass Social-Media-Plattformen für unterlassene Werbehinweise sorgen müssen, wenn sie darauf hingewiesen werden. Das wird sehr wahrscheinlich dazu führen, dass Werbehinweise standardisiert werden und bei Postings
z. B. ein Kontrollkästchen *Werbung* hinzukommen könnte.

Wann sind Werbehinweise notwendig?

Werbehinweise sind nur dann notwendig, wenn die hinter einem Posting steckenden geschäftlichen Absichten von »durchschnittlich aufmerksamen Nutzern« nicht erkennbar sind. Allerdings wird die Schwelle
der Aufmerksamkeit sehr gering angesetzt.

- **Bezahlte Postings, gestellte Produkte, Einladungen** – In jedem Fall
  sollten Beiträge gekennzeichnet werden, für die ein Entgelt geleistet
  wurde oder die mit einer kostenlosen Gestellung von Produkten
  oder Leistungen wie z. B. Reisen einhergingen.

- **Unentgeltliche Markennennung** – Laut bisheriger Rechtsprechung
  können Influencer bereits durch eine Nennung von Produkten,
  Marken oder Unternehmen der Kennzeichnungspflicht unterfallen.
  Voraussetzung ist zuerst, dass der eigene Account geschäftlich genutzt wird. Das ist z. B. anzunehmen, wenn Influencer schon mal bezahlte Postings platziert hatten oder regelmäßig Produkte oder Reisen
  kostenlos erhalten. Ferner muss die Nennung einen kommerziellen
  Charakter haben. Dieser ist gegeben, wenn ein Influencer in Verbindung mit den genannten Produkten, Marken oder Unternehmen finanzielle Vorteile erhielt (z. B. in einer Geschäftsbeziehung zu dem
  Unternehmen stand oder von dem Unternehmen, auch im anderen
  Zusammenhang, gesponsert wurde).[31] Das OLG Frankfurt urteilte
  sogar, dass ein Influencer, der bei einem Aquaristikhändler arbeitete, Videos und Postings, in denen er Aquaristikprodukte verkaufte,
  ebenfalls als Werbung kennzeichnen muss.[32]

---

31 KG Berlin, 08.01.2019 – Az. 5 U 83/18.
32 OLG Frankfurt, 28.06.2019 – Az. 6 W 35/19.

- **Corporate Influencer** – Mitarbeiter, Geschäftsführer oder Geschäfts- inhaber müssen zumindest darüber aufklären, in welcher Verbindung sie zu den von ihnen vorgestellten Produkten oder Unternehmen stehen. Alternativ können sie auch einen Werbehinweis platzieren.

- **Redaktionelle Trennung** – Verlage und Onlinemagazine müssen auf bezahlte Inhalte und gestellte Produkte hinweisen. Das gilt aber auch für Corporate Blogs oder Unternehmensprofile, die sich den Anschein der Neutralität geben (z. B. wenn ein Corporate Blog oder ein Account journalistisch betrieben wird oder objektiv und neutral wirkende Produkttests durchführt).

- **Bezahlte Testimonials** – Testimonials, auch von Kunden, die z. B. nur kleine Rabatte als Dankeschön erhalten haben, müssen als Wer- bung gekennzeichnet werden. Das ist nicht notwendig, wenn der geschäftliche Hintergrund erkennbar ist. So ist bekannt, dass die berufliche Sportausstattung der Fußballer gesponsert ist. Wirbt der Fußballer dagegen auf seinem privaten Account für Produkte, dann muss er die Postings als Werbung kennzeichnen.

◀ **Tipp**

Ebenfalls in die Kategorie der verschleierten und als unlauter abmahnbaren Werbung fallen gekaufte Kommentare, Likes oder Bewertungen. Umgekehrt sollten Sie nicht ohne stichhaltige Nachweise behaupten, jemand hätte sich dieser Mittel bedient. Können Sie keine Beweise vorbringen, können Sie wegen übler Nachrede oder gar Verleumdung sowie auf Unterlassung und Schadensersatz verurteilt werden.

Wann bestehen keine Kennzeichnungspflichten?

Beiträge von Influencern müssen nicht gekennzeichnet werden, wenn der geschäftliche Hintergrund entweder erkennbar ist oder die Nutzung ausschließlich privat erfolgt.

- **Erkennbare Corporate Accounts** – Ist ein Profil, ein Blog oder ein Video erkennbar von einem Unternehmen oder einem geschäftlich agierenden Freiberufler veröffentlicht und gibt sich nicht den An- schein der Neutralität (z. B. eine Content-Plattform eines Unterneh- mens, die sonst objektiv-neutrale Produkttests durchführt), bedarf es keiner Werbehinweise. Denn in diesem Fall wird die geschäftli- che Motivation nicht verschleiert.

- **Rein private Account-Nutzung** – Wer z. B. ab und an eine kostenlo- se Veranstaltung besucht oder z. B. an Aktionen wie Gewinnspielen teilnimmt, darf ohne einen Werbehinweis von diesen berichten. Das gilt zumindest, wenn die Produkte oder Leistungen nicht wie in einem Werbevideo angepriesen werden. Die Grenze ist schwer zu

---

ziehen und wird z.B. anhand der Anzahl der Follower festgemacht (eine feste Grenze gibt es nicht, aber schon ab der Grenze von 1.000 Followern könnte das Gericht, z.B. im Fall von Mikro-Influencern, ein Indiz für eine geschäftliche Tätigkeit annehmen).[33]

Tipp ▶ Gelten Accounts als geschäftlich, müssen sie zusätzlich zu der Werbekennzeichnung auch über ein Impressum verfügen. Darauf wurde im vorhergehenden Abschnitt zu diesem Thema verwiesen.

Wie muss eine Werbekennzeichnung aussehen?

Bei der Wahl der Art der Werbehinweise sind die Gerichte sehr streng:

- **»Werbung« oder »Anzeige«** – Nur die vorgenannten eindeutigen Begriffe sollten verwendet werden. »Sponsored«, »Paid« oder »Ad« sollten dagegen nicht eingesetzt werden, es sei denn, die Beiträge richten sich allein an eine englischsprachige Zielgruppe. Werden mehrsprachige Zielgruppen angesprochen, müssen auch Werbehinweise in mehreren Sprachen erfolgen.

- **Einfach zu erkennen** – Es ist nicht ausreichend, den Werbehinweis in einer Hashtag-Wolke, in einem Kommentar oder am Ende einer längeren Bildbeschreibung zu platzieren. Er sollte schon am Anfang eines Beitrags stehen.

- **»Werbevideo« und »Produktplatzierung«** – Der Hinweis »Produktplatzierung« ist bei Videos nur dann ausreichend, wenn die Produkte redaktionell eingebunden sind und nicht werblich hervorgehoben oder angepriesen werden. Wenn z.B. ein gestelltes Smartphone nicht nur lediglich verwendet oder sachlich-neutral getestet wird, sondern eher angepriesen wird, muss im Video der Hinweis »Werbevideo«, »Dauerwerbevideo« oder Ähnliches eingeblendet sein. Das gilt auch, wenn das gestellte Produkt einen Wert hat, der erheblich ist. Das wird in jedem Fall bei über 1.000 Euro angenommen.

- **Platzierung im Profil** – In Social Media tauchen gepostete Beiträge, Bilder oder Videos für sich stehend in den Timelines der Follower auf. Daher müssen sie jeweils einen Werbehinweis für sich haben. Beispielsweise würde der Hinweis »Werbeaccount« in der Instagram-Bio nicht ausreichend sein.

---

33 Ein Berliner Gericht nahm zumindest bei 50.000 Followern, einer geschäftlichen Adresse und einer Assistentin eine geschäftliche Nutzung eines Instagram-Accounts an, LG Berlin, 24.05.2018 – 52 O 101/18.

Bei manchen Produkten müssen, auch von Influencern, zusätzliche Regeln bei der Werbung beachtet werden, z.B. müssen bei Kraftfahrzeugen der Verbrauch und die Emissionswerte angegeben werden oder, es ist verboten, Gesundheitsbegriffe zu verwenden, indem z.B. ein Getränk als Detox oder ein Bier als bekömmlich bezeichnet wird.[34]

Checkliste: Influencer-Marketing

- Ist ein Werbehinweis notwendig? (bezahlte Postings, gestellte Produkte, unentgeltliche Markennennung von nicht erkennbar geschäftlichen Accounts)
- Ist die Werbekennzeichnung als solche erkennbar? (»Werbung«, »Anzeige«, »[Dauer-]Werbevideo«)

- Wenn bei Videos nur auf »Produktplatzierung« hingewiesen wird, wird das Produkt nicht werblich hervorgehoben und ist nicht mehr als 1.000 Euro wert?
- Ist die Werbekennzeichnung deutlich platziert? (am Anfang eines Postings, Beitrags, Videos)

Äußerungen und Bewertungen

Um zu wissen, ob Sie gegen negative Kritik und Bewertungen vorgehen können oder umgekehrt selbst welche verfassen dürfen, müssen Sie den Unterschied zwischen Tatsachen und Meinungen kennen.

- **Tatsachen** – Tatsachen sind objektiv wahrnehmbare Umstände, die nachgewiesen werden können. Tatsachenbehauptungen können wahr oder unwahr sein, z.B. beanstandete Kratzer auf einem Telefondisplay oder fehlender Meerblick im Hotel. Den Wahrheitswert einer behaupteten Tatsache muss der abgemahnte Verfasser nachweisen. Ansonsten drohen ihm eine Strafe wegen übler Nachrede und eine Abmahnung mit Unterlassungs- und Schadensersatzpflichten.

- **Meinungen** – Meinungen sind durch eine innere, nicht nachweisbare Vorstellung, ein Dafürhalten oder eine Ansicht geprägt. Anders als Tatsachen können Meinungen nicht als richtig oder falsch bewiesen werden (z.B. »mir hat es nicht gefallen«). Meinungen sind nur dann unzulässig und abmahnbar, wenn sie die Grenze zu einer Schmähkritik überschreiten. Das ist der Fall, wenn die Wortwahl vulgär ist oder beleidigend wird. Bloße Sternchen oder Zahlen gelten als Meinungen. Das heißt, wenn ein Hotelgast einen Stern von fünf vergibt oder meint, es hätte ihm nicht gefallen, kann das Hotel

---

34 LG Hagen, 29.11.2017 – 23 O 45/17.

ihm das nicht verbieten, auch dann nicht, wenn das Hotel sich keinen Fehler geleistet hat.

Tipp ▶ Der BGH hat entschieden, dass *Bewertungen* auch dann gelöscht werden müssen, wenn es nicht hinreichend belegt ist, dass sie von tatsächlichen Kunden abgegeben wurden. Wenn Sie die Löschung einer Bewertung verlangen, fordern Sie zugleich einen Nachweis der Kundenbeziehung des Bewertenden an (auch wenn die Plattform Ihnen keine Daten des Kunden herausgeben muss, sondern sich selbst, z.B. durch Vorlage einer Rechnung, davon überzeugen kann).[35]

Checkliste: Zulässige Äußerungen und Bewertungen

- Handelt es sich um eine Tatsache, und kann die sich äußernde Person deren Wahrheitsgehalt nachweisen?

- Handelt es sich um eine subjektive Meinung, und überschreitet sie nicht die Grenze zu unsachlicher Schmähkritik und Beleidigung?

Superlative

In Social Media wird gern vergessen, dass dort die Regeln des Wettbewerbsrechts ohne Einschränkung gelten.[36] So sollten Sie sich insbesondere vor unerlaubten Superlativen in Acht nehmen und sich z.B. nicht als »das beste«, »das größte«, »das fortschrittlichste«, »das günstigste« oder »zur Spitzengruppe gehörende« Unternehmen bezeichnen, ohne einen deutlichen Vorsprung vor anderen Mitbewerbern nachweisen zu können. Nur eindeutig als reklamehaft erkennbare Aussagen sind zulässig, wie z.B. »Das Beste, das Ihnen heute passieren kann«.

Vergleiche mit anderen Unternehmen oder Produkten sind generell zulässig.[37] Der Vergleich muss sich jedoch auf objektive, nachprüfbare Kriterien beschränken, die für die Erwerber relevant sind (z.B. ist der Vergleich der Leistung eines Mobiltelefons zulässig, nicht aber der Optik des Verkaufspersonals).

Tipp ▶ Bevor Sie etwas in den sozialen Medien posten: Fragen Sie sich, ob es auch auf einer Plakatwand stehen dürfte.

---

35 BGH, 01.03.2016 – VI ZR 34/15.
36 §§ 3–7 UWG.
37 §§ 6 UWG.

Gewinnspiele und Wettbewerbe

Gewinnspiele bzw. Wettbewerbe gehören zu den beliebtesten Marketingaktionen, unterliegen jedoch ebenfalls vielen gesetzlichen und vertraglichen Einschränkungen:

- **Regeln der Plattformanbieter** – Prüfen Sie, ob die Anbieter von Plattformen, auf denen Sie Gewinnspiele veranstalten, spezielle Regeln für Gewinnspiele haben. So untersagt Facebook beispielsweise Gewinnspiele, in denen persönliche Profile einbezogen werden (z.B.: »Poste bei dir den Hashtag *#gewinnxyz*« oder »Erwähne einen Freund in den Kommentaren«). Instagram hat dieses Verbot zwar nicht, verlangt jedoch ebenso wie Facebook, dass die Veranstalter in einem Disclaimer erklären, allein für das Gewinnspiel verantwortlich zu sein.[38]

- **Teilnahmebedingungen** – Der Beginn, das Ende und die Art der Auslosung der Gewinne sollten am besten schon in der Gewinnspielbeschreibung stehen und müssen sich zumindest aus den Teilnahmebedingungen ergeben. In die Teilnahmebedingungen können Sie weitere Details und ferner weitere Einschränkungen, z.B. für bestimmte Personenkreise oder regionale Gebiete (z.B. »nur für in Deutschland, Österreich und der Schweiz wohnhafte Teilnehmer«) aufnehmen.

- **Datenschutzhinweise** – Die Datenschutzhinweise können in den Teilnahmebedingungen stehen (dann als »Teilnahmebedingungen & Datenschutz« bezeichnet). Sie können auch auf Ihre generelle Datenschutzerklärung verlinken, wenn dort Hinweise zur Nutzung der Daten im Rahmen des Gewinnspiels sowie zu deren Löschung und Widerspruchsmöglichkeiten stehen.

- **Namensnennung und Veröffentlichung von Gewinnspielbeiträgen** – Sie sollten schon in der Gewinnspielbeschreibung und auch in den Datenschutzhinweisen auf die Veröffentlichung der Gewinnspielbeiträge und die Nennung der Gewinnernamen sowie deren Widerspruchsrechte hinweisen. Passen Sie bei der Übernahme fremder Gewinnspielbedingungen auf, da diese häufig umfangreiche Rechteeinräumungen beinhalten, die jedoch zugleich zur Haftung für die Beiträge der Nutzer führen können.

- **Newsletter** – Wenn Sie mit einem Gewinnspiel E-Mail-Adressen generieren möchten, bedarf das eines separaten Kontrollkästchens, das die Nutzer anhaken müssen. Auf die Hinweise zu Newslettern

---

38 *https://www.facebook.com/policies/pages_groups_events/,*
 https://support.twitter.com/articles/490446, https://help.instagram.com/179379842258600.

weiter oben in diesem Kapitel wird verwiesen. Dies wird nach dem Rechtsstand zum Zeitpunkt der Veröffentlichung dieses Buchs für zulässig gehalten, wenn die Teilnehmer schon vor Beginn des Gewinnspiels auf diese »Kopplung« hingewiesen werden.

- **Ort der Platzierung** – Sie können die Teilnahmebedingungen und Datenschutzhinweise entweder in einem Beitrag ausschreiben oder z. B. auf einer Website bzw. in einem Onlinedokument veröffentlichen und per Link darauf verweisen. Der Hinweis sollte sofort sichtbar und nicht »eingeklappt«, d. h. erst nach einem Klick auf den Link ... *Mehr anzeigen* sichtbar sein.
- **Der Rechtsweg ist ausgeschlossen** – Sie können den Teilnehmern nicht generell das Recht auf den Weg zum Gericht nehmen (z. B. wenn es um unerlaubte Datennutzung geht). Sie können nur die Verantwortung für die Gewinnerziehung ausschließen: »Der Rechtsweg ist im Hinblick auf die Ziehung der Gewinner und die Beurteilung der Inhalte der eingereichten Gewinnspielbeiträge ausgeschlossen.«[39]

Checkliste: Gewinnspiele und Wettbewerbe

- Wurden die Plattformregeln beachtet? (Facebook, Instagram etc.)
- Werden Nutzer auf die Teilnahmebedingungen hingewiesen?
- Ist das Ende des Gewinnspiels angegeben?
- Werden Nutzer auf Datenschutzhinweise zum Gewinnspiel hingewiesen?

- Werden Nutzer auf Veröffentlichung Ihres Namens oder der Gewinnspielbeiträge deutlich hingewiesen, bzw. wird eine Einwilligung eingeholt?
- Wird eine Einwilligung für etwaige Newsletter gesondert eingeholt?

Haftung für fremde Inhalte

Grundsätzlich haften Sie nur für die von Ihnen verfassten Inhalte. Jedoch können Sie sich fremde Inhalte in den folgenden Fällen durch Embedding, Sharing oder sogar durch Verlinkung zu eigen machen.

Haftung für Links, Sharing und Embedding

- **Haftung für Links** – Für Links haften Sie nur, wenn Sie sich diese zu eigen machen, z. B. durch Befürwortung der verlinkten Inhalte und

---

39 Teilnahmebedingungen können auch mithilfe von aktuellen Mustern oder Generatoren, z. B. des Verfassers, erstellt werden: *https://datenschutz-generator.de/teilnahmebedingungen*.

Aussagen oder wenn Sie die verlinkten Aussagen zum Teil Ihrer Leistungsbeschreibungen machen (z.B. wenn Sie ein Produkt bewerben und auf die Produktseite des Herstellers und dortige Angaben verweisen.)

- **Sharing und Einbetten** – Beim Sharing und Embedding gilt Ähnliches wie bei der Verlinkung. Wenn Sie einen Beitrag lediglich teilen oder einbetten, ohne ihn zu kommentieren, machen Sie sich seine Aussagen nicht zu eigen. Allerdings sollten Sie auch keine eindeutig rechtswidrigen Beiträge, z.B. mit Beleidigungen, teilen.

- **Disclaimer** – Sogenannte »Disclaimer«, in denen im Impressum z.B. die Haftung für alle Inhalte oder Links pauschal ausgeschlossen wird, sind wirkungslos. Wenn Sie denken, dass z.B. von Ihrem Rat im Blog eine Gefahr ausgeht (z.B. bei Finanz- oder Sporttipps), weisen Sie darauf direkt in dem Beitrag hin (sinngemäß: »Anwendung auf eigenes Risiko, zuvor empfehle professionelle Beratung«). Wenn Sie denken, hinter dem Link stünden Beleidigungen oder Urheberrechtsverletzungen, verzichten Sie besser auf dessen Nennung.

Haftungsprivileg für User-generated Content

Mit User-generated Content sind nutzergenerierte Inhalte gemeint, wie z.B. Nutzerkommentare auf einer Facebook-Seite oder Uploads von Bildern bei einem Gewinnspiel.[40] Für diese Beiträge haften Sie erst, wenn Sie von deren Rechtswidrigkeit erfahren. Dann müssen Sie diese Inhalte jedoch unverzüglich löschen (am besten innerhalb von zwei bis vier Tagen). Auf das Haftungsprivileg können Sie sich jedoch nicht berufen, wenn Sie sich die Nutzerinhalte zu Eigen machen:

- **Redaktionelle Prüfung oder Freigabe** – Wenn Sie Nutzerbeiträge vorselektieren, vorprüfen oder sonst manuell freigeben, haften Sie für diese. So ist es haftungstechnisch insoweit sicherer, Nutzer zum Upload von Bildern bei einem Gewinnspiel aufzufordern, als um deren Einreichung zu bitten und die Bilder selbst hochzuladen.

- **Einräumung wirtschaftlicher Nutzungsrechte** – Lassen Sie sich in den Teilnahmebedingungen nicht mehr Rechte einräumen, als Sie benötigen (z.B. Rechte zur Nutzung von Gewinnspielbeiträgen für eigene Werbezwecke). Denn mit dem Recht zur wirtschaftlichen Nutzung der Beiträge geht auch die Haftung für diese auf Sie über.

---

40 §§ 8, 10 TMG.

Wenn Sie bei *Gewinnspielen* die Gewinnerbilder veröffentlichen (z. B. nach einem Instagram-Gewinnspiel), prüfen Sie in der Bildersuche von Google, ob diese nicht von einem fremden Urheber stammen.

Beschäftigte und Beauftragte und Corporate Influencer

Grundsätzlich sollten Sie davon ausgehen, dass Sie für die Rechtsverstöße, die Ihre Beschäftigten oder beauftragten Dienstleister (zusammenfassend »Mitarbeitende«) in Ihrem Namen vornehmen, automatisch haften.[41] Das gilt auch für beauftragte Influencer. Von dieser Haftung können Sie sich gegenüber den Betroffenen in der Regel nicht freizeichnen. Umso wichtiger ist es, dass Sie die Mitarbeiter anleiten:

- **Nicht für das Unternehmen werben und für das Unternehmen sprechen** – Weisen Sie Mitarbeiter, z. B. in einer Social-Media-Richtlinie, darauf hin, ohne eine ausdrückliche Freigabe in sozialen Medien das Unternehmen oder seine Produkte nicht zu loben, Fragen von Kunden nicht zu beantworten oder Facebook-Postings in eigenen Profilen nicht zu teilen. Eine Freigabe sollten Sie nur dann erteilen, wenn die Mitarbeiter im Hinblick auf Grenzen und Gefahren als »Corporate Influencer« geschult wurden.

- **Auf Betriebszugehörigkeit hinweisen** – Mitarbeiter, die im Namen des Unternehmens sprechen oder den Eindruck hinterlassen, für das Unternehmen zu sprechen, sollten auf deren Zugehörigkeit zu dem Unternehmen hinweisen (z. B. »Ich bin Mitarbeiter von XY...«).

- **Werbehinweis** – Corporate Influencer, die auf eigenen Profilen Produkte oder das Unternehmen vorstellen oder bewerben, sollten auch den Hinweis »Werbung« oder »Anzeige« aufnehmen.

- **Impressumshinweis** – Wenn Corporate Influencer ihre persönlichen Profile einsetzen, um für den Auftrag- oder Arbeitgeber zu werben, müssen ein Impressum führen. Dann muss geregelt werden, ob der Mitarbeiter oder der Arbeitgeber im Impressum auftaucht, damit aber auch die Haftung für das gesamte Profil übernimmt. In diesem Fall sollte mit Mitarbeitern geregelt werden, dass der Arbeitgeber nicht für private Rechtsverstöße des Arbeitnehmers auf dem Account haftet.

- **Auf eigene Meinung hinweisen** – Wenn sich Mitarbeiter in Bezug auf das Unternehmen äußern, sollten sie betonen, dass es ihre eigene Meinung ist (es sei denn, es ist gerade deren Aufgabe, für das Unternehmen zu sprechen, z. B. als Social Media Manager).

---

41 U. a. §§ 278, 831 BGB, § 8 Abs. 2 UWG, 14 Abs. 7 MarkenG.

◀ **Tipp**

Mit *Corporate Influencern* sollte immer geregelt werden, wem die von ihnen verwendeten Accounts oder erstellten Inhalte gehören. Wenn ein Mitarbeiter z.B. mit einer eigenen E-Mail-Adresse einen Account anlegt und diesen privat ebenfalls nutzt, wird er den Account in der Regel auch nach dem Ausscheiden aus dem Unternehmen behalten dürfen.

Checkliste: Haftung für fremde Inhalte

- Werden Links und eingebettete sowie geteilte Inhalte geprüft, wenn sie kommentiert oder zur Ergänzung bzw. Bewerbung eigener Leistungen eingesetzt werden?
- Wird das Haftungsprivileg für User-generated Content durch manuelle Prüfung, Freischaltung oder Einräumung wirtschaftlicher Nutzungsrechte aufgehoben?

- Wurden Mitarbeiter belehrt, ohne Erlaubnis und Schulung nicht im Namen des Unternehmens zu sprechen?
- Sind Corporate Influencer als solche erkennbar, und beachten Sie im Fall geschäftlicher Profilnutzung die Impressumspflicht?

Shitstorms und das Hausrecht

Als Inhaberin oder Inhaber eines Accounts haben Sie das Recht, dort Beiträge der Nutzer zu löschen oder Nutzer zu blocken. Grenzen werden dann gesetzt, wenn sich Ihr Onlineangebot an eine Vielzahl von Personen richtet und damit als ein öffentlicher Diskussionsort zu qualifizieren ist. Das wird bei einzelnen Personen eher selten der Fall sein (außer sie kommunizieren in amtlicher Funktion, wie z.B. Bürgermeister), bei Unternehmen jedoch regelmäßig.

Das bedeutet jedoch nicht, dass Sie dann keinen Nutzerbeitrag löschen dürfen. Sie dürfen vor allem weiterhin Beiträge löschen, die rechtswidrig sind (oder die Rechtswidrigkeit nahelegen), und deren Verfasser bannen. Auch wenn Ihr Account im Fall eines Shitstorms von Beiträgen (also einer konzertierten Kritikaktion) quasi überschwemmt wird, dürfen Sie Beiträge löschen. Sie können in solchen Fällen ankündigen, dass alle kritischen Beiträge in einem Beitrag auf einer Facebook-Seite diskutiert werden, da ansonsten Ihre Kunden oder Interessenten nicht störungsfrei mit Ihnen kommunizieren können.

Rechtsfolgen von Verstößen

Wenn Sie Rechtsverstöße begehen, können Sie sich generell nicht auf einen guten Glauben berufen. Kurz gesagt: Unwissenheit schützt Sie nicht vor »Strafe«, die wie folgt ausfallen kann:

- **Abmahngebühren** – Sie können von Betroffenen (z. B. Nutzern im Fall von Datenschutzverletzungen oder Urheberrechtsinhabern), Mitbewerbern und klagebefugten Organisationen wie Wettbewerbszentralen (z. B. im Fall von Wettbewerbsverstößen) abgemahnt werden können. Ist die Abmahnung berechtigt, müssen Sie je nach Wert der Verletzung die Abmahnkosten des abmahnenden Anwalts tragen. Das können bei kleineren Verstößen (z. B. Impressumsfehlern) ein paar Hundert bis zu ein paar Tausend Euro im Fall von Schutzrechtsverletzungen sein (z. B. bei Markenrechtsverstößen). Dazu kommen noch die Kosten Ihres eigenen Anwalts.

- **Beseitigungs- und Unterlassungspflichten** – Es reicht nicht, den Verstoß zu beseitigen. Sie müssen unterschreiben, dass Sie den Rechtsverstoß nicht erneut begehen oder andernfalls eine empfindliche Vertragsstrafe zahlen werden (die bei rund 5.000 Euro liegen kann).

- **Schadensersatz und Auskunft** – Im Fall von Urheberrechts-, Markenrechts- und Datenschutzverstößen können Sie zur Zahlung eines Schadensersatzes verpflichtet werden. Bei Bildern und Marken sind es in der Regel die üblichen Lizenzgebühren, die schnell vierstellig sein können.

- **Gerichtsgebühren** – Falls Sie den Forderungen der Abmahnung nicht Folge leisten, können Sie verklagt werden. Zusätzlich zu den Abmahngebühren kommen dann je nach Verfahrensfortgang zumindest vier Mal so hohe Gerichtsgebühren, falls Sie unterliegen.

- **Bußgelder** – Bei Datenschutzverstößen können Bußgelder verhängt werden, wobei dies im Hinblick auf soziale Medien eher die Ausnahme bleiben dürfte, und wenn Behörden tätig werden, dann primär durch die Aufforderung, bestimmte Maßnahmen zu unterlassen.

Tipp ▶ Wenn Sie eine *Abmahnung erhalten*, suchen Sie unverzüglich einen professionellen Rechtsrat. Häufig sind die geltend gemachten Kosten und Vertragsstrafen viel zu hoch angesetzt. Versuchen Sie nicht, so zu tun, als hätten Sie die Abmahnung nicht erhalten, denn der Absender muss deren Zugang grundsätzlich nicht nachweisen.

Index

Über die Autor*innen

Corina Pahrmann ist freie Journalistin, PR-Referentin und Autorin. Sie konzipiert Corporate Blogs, übernimmt deren Redaktionsplanung und schreibt regelmäßig Artikel, vorzugsweise zu IT- und Wirtschaftsthemen. Außerdem betreut sie Social-Media-Präsenzen und unterstützt Unternehmen bei Texten aller Art – vom Insta-Posting über die klassische Pressemitteilung bis zur Website, Broschüre oder zum Whitepaper und Fachbuch.

Katja Kupka berät und schult kleine und mittlere Unternehmen zu Social Media Marketing und betreibt für sie Content und Community Management. Die PR-Referentin (DPRG-zertifiziert) und Onlineredakteurin mit langjähriger Erfahrung in der Finanzbranche schreibt zudem für Corporate Blogs und Onlinemagazine. Als Social Media Managerin (TH Köln) organisiert sie das Frankfurter Chapter des internationalen Social Media Club.

Dr. jur. Thomas Schwenke, LL.M. (UoA), Dipl.-Finanzwirt (FH), ist Rechtsanwalt in Berlin, berät international Unternehmen sowie Agenturen im Marketingrecht und Datenschutzrecht, Vertragsrecht und E-Commerce, ist Datenschutzsachverständiger, zertifizierter Datenschutzbeauftragter und Datenschutz-Auditor sowie Referent, Blogger, Podcaster und Buchautor. (*https://drschwenke.de*)

Wibke Ladwig ist Coachin für kreative Inhalte und digitale Identität, Beraterin für den digitalen Alltag, Bloggerin, Social-Media-Redakteurin und Autorin. Ihre Themen mäandern zwischen urbanem und ländlichem Raum, zwischen Kultur und Alltag, zwischen Gehen und Schreiben, zwischen Digitalem und Handgemachten. Sie lebt in Köln. (*https://www.sinnundverstand.net/*)

Tamar Weinberg setzt sich leidenschaftlich für Kunden ein, arbeitet als Inbound-Vertriebsleiterin, konzipiert digitale Marketingstrategien und ist freiberufliche Autorin. Sie ist Autorin des 2009 erschienenen O'Reilly-Bestsellers *The New Community Rules: Marketing im Social Web* und beschäftigte sich als eine der Ersten mit den seinerzeit neuen Entwicklungen im Bereich Social Web und Tech. Tamar hat auf Dutzenden von Konferenzen gesprochen und wurde in einer Reihe von globalen Publikationen – sowohl in gedruckter als auch in digitaler Form – als Expertin für diese Themen bestätigt. (*http://www.tamarweinberg.com/*)

Über die Interviewpartner*innen in diesem Buch

Ute Blindert arbeitet als Beraterin und Autorin zu: Netzwerken in digitalen Zeiten für Unternehmen und Organisationen. Sie hält Vorträge und berät Unternehmen, wie sie Netzwerken und Community Building für Veränderungsprozesse nutzen können. Sie bloggt und schreibt für XING Insider. 2015 erschien ihr Buch »Per Netzwerk zum Job«. Ehrenamtlich engagiert sie sich bei den Digital Media Women e. V. (*www.uteblindert.de*)

Anne Engelshowe ist Kommunikationswissenschaftlerin und Betriebswirtin. 2008 titelte ihre Abschlussarbeit »Das Werben um Talente – Employer Branding als Handlungsfeld der PR«, seitdem begleiten sie alle Themen zur Positionierung als attraktiver Arbeitgeber. Sie hat langjährige Erfahrungen im Personalmarketing und arbeitet als freie HR-Beraterin und Trainerin. (*www.salonderguten.de*)

Stefan Evertz ist Berater für digitale Kommunikation und Tool-Lotse und berät Unternehmen zu den Themen Digitale Strategie, Community Management und Social Media Monitoring. Seit 2007 hat er über 50 Barcamps organisiert oder als Berater begleitet. 2018 erschien sein Fachbuch »Analysiere das Web!«. (*https://cortexdigital.de*)

Torsten Jensen ist Senior Manager Digital Innovation bei Ernst & Young (EY). Bei EY unterstützt er Unternehmen auf dem Weg zur digitalen Transformation und teilt als Dozent an verschiedenen Hochschulen sein praktisches Wissen in den Gebieten digitale Geschäftsmodelle und Onlinetrends. Im Ehrenamt ist Jensen Vorstandsmitglied des Bundesverbands Deutsche Start-ups e. V. und Sprecher für NRW. (*http://www.torstenjensen.com/de/*)

André Karsten ist seit 1994 ununterbrochen online. Er war Musiker, Filmvorführer und Werber, dann Streifenpolizist in Mainz und Frankfurt am Main. Ab 2014 ist er im Bereich Social Media für die Polizei Frankfurt auf Facebook, Twitter und Instagram tätig. Das Arbeitsfeld des Polizeihauptkommissars: digitale Kommunikation im polizeilichen Alltag und bei (Groß-)Einsätzen der Frankfurter Polizei.

Daniel Köthe beschäftigt sich seit 2014 mit Social Media und Content Marketing. Seit März 2017 verantwortet er bei der Social-Media-Monitoring-Plattform Talkwalker das Marketing für die DACH-Region. Zuvor war er drei Jahre lang App Store Editor bei Apple iTunes und als Content-Marketing-Manager für die Amazon EU Sarl tätig. Begonnen hatte er seine Laufbahn in Publishing-Positionen bei Gruner+Jahr. (*www.talkwalker.com*)

Sarah Kübler ist Geschäftsführerin & Gründerin der HitchOn GmbH, einer YouTube- und Influencer-Marketing-Agentur, die Unternehmen von der Wahl des richtigen Influencers bis zur Kampagnenkonzeption und -produktion begleitet sowie Brand Channels konzipiert, betreut und auf den YouTube-Algorithmus hin optimiert.

Als Mitglied des Digitalrats von Rheinland-Pfalz berät Sarah Kübler die Landesregierung und setzt sich als Gründungsmitglied des BVIM (Bundesverband Influencer Marketing) und als Vorsitzende der Fokusgruppe Kennzeichnungspflicht und Jugendschutz für mehr Transparenz im Influencer Marketing ein. (*https://hitchon.de/*)

Marco Lauerwald ist Leiter des Onlinemarketings bei UNIQ und betreut mit seinem Team die Social-Media-Aktivitäten von Urlaubsguru. Als Experte für Onlinemarketing gibt er sein Wissen als Speaker, Trainer und Dozent regelmäßig weiter. (*https://www.marco-lauerwald.de/*)

Oliver Nissen ist einer der Gründungsväter des digitalen Kundenservice »Telekom hilft« im Social Web. Nissen leitet seit 2010 den Bereich Social Media & Services der Deutschen Telekom Service GmbH und verantwortet insbesondere die Strategie des Bereichs. Zudem begleitet er diverse Inhouse-Transformations-Projekte und ist als Dozent und Trainer tätig. (*https://telekomhilft.telekom.de/*)

Julie Sengelhoff ist studierte Medien- und Kulturwissenschaftlerin. Sie verantwortet bei Tourismus NRW e. V. die Bereiche Contentproduktion und Channelmanagement. Ihre Schwerpunkte liegen in der PR und im Bereich Social Media.

Daniela Sprung ist Bloggerin, Content-Marketing- & Social-Media-Managerin. Ihr Blog bloggerabc gehört zu den Top 14 der deutschen Marketingblogs. Dort publiziert sie zu allen Themen rund ums Bloggen und Social Media. Mit der Blog4Business und dem Corporate Blog Barcamp hat sie zwei Events geschaffen, die sich deutschlandweit erstmalig ausschließlich an Corporate Blogger wenden. Sie ist Speakerin, Dozentin und Impulsgeberin in den Bereichen Blogs, Corporate Blogs und Social Media. (*https://www.bloggerabc.de*)

Robert Weller lebt als Director der Growth Academy bei konversionsKRAFT seine Leidenschaft aus, Menschen durch die Wissensvermittlung und den Erfahrungsaustausch bei ihrer persönlichen und beruflichen Entwicklung zu unterstützen. Dafür nutzt er auch sein Blog *toushenne.de*, publiziert regelmäßig Bücher und engagiert sich als Keynote Speaker zu Themen rund um Content, Marketing & Design. (*https://www.toushenne.de*)

Jutta Zeisset begann 2009 mit Aktivitäten in Social Media für ihr MuseumsCafé & Hofladen Zeisset. Sie ruht sich nicht auf ihren Erfolgen aus, sondern entwickelt sich ständig weiter und probiert neue Plattformen und Tools aus. Sie berät kleine und mittelständische Unternehmen zu Social Media, besonders im landwirtschaftlichen Bereich. 2018 erschien ihr Buch »Social Media für Landwirte«. (*https://juttazeisset.de/*)

Leadership Storytelling für alle, die etwas bewegen wollen

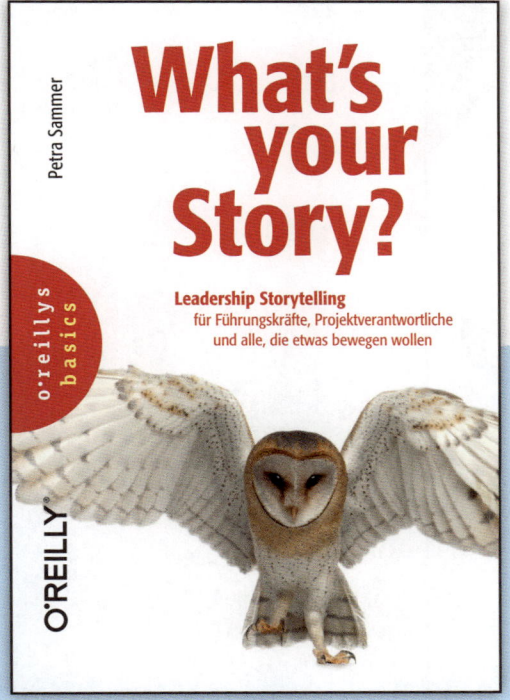

Petra Sammer

What's your Story?

ISBN 978-3-96009-083-0
2019, 216 Seiten
Print: 24,90 € (D), E-Book: 19,99 € (D)

Storytelling hat sich zu einer Schlüsselqualikation für Mitarbeiter in leitenden Positionen entwickelt. Mit überraschenden, emotionalen und einprägsamen Storys gelingt es, Teams, B2B-Kunden und Stakeholder zu motivieren und zu überzeugen. In ihrem dritten Buch demonstriert Petra Sammer wirksames Business Storytelling und Leadership Storytelling. Sie erläutert, wie und warum Storytelling erfolgreich ist und vermittelt die Grundlagen der Kommunikationstechnik sowie deren Anwendung in Krisensituationen und Change-Prozessen und im Wissens- und Projektmanagement.

Der Praxisleitfaden
für starke Geschichten
in PR & Marketing

Petra Sammer

Storytelling, 2. Auflage

ISBN 978-3-96009-055-7
2017, 286 Seiten, in Farbe
Print: 24,90 € (D), E-Book: 19,99 € (D)

Ob sinnstiftende Unternehmens-, Marken- oder Produktgeschichte, dieses Buch vermittelt die Bausteine und Gestaltungsprinzipien einer guten Story. Petra Sammer zeichnet die einzelnen Schritte des Kreativprozesses nach und illustriert alle Aspekte des Storytellings mit einer Fülle inspirierender Beispiele. Abschließende Kapitel behandeln die vielfältigen Möglichkeiten von Transmedialem Storytelling und geben einen Ausblick auf das Storytelling der Zukunft. Für PR-Referenten, Online Marketing Manager, Kommunikationsexperten, Content Marketer und Social Media-Experten.

Ihr Leitfaden für erfolgreiches Videomarketing

Christian Tembrink
& Marius Szoltysek

YouTube-Marketing

ISBN 978-3-96009-032-8
2017, 412 Seiten, in Farbe
Print: 19,90 € (D)
E-Book: 15,99 € (D)

So planen, konzipieren und realisieren Sie Ihre Marketingstrategie für Videocontent: Die Autoren, die eine erfolgreiche Marketing-Agentur betreiben, zeigen Ihnen, wie Sie YouTube im Marketing-Mix Ihres Unternehmens platzieren und eine solide Bewegtbildstrategie umsetzen können, wie Sie Ihr Unternehmen auf YouTube zielgruppengerecht präsentieren und wie Sie mit Ihren Videos maximale Aufmerksamkeit erzielen. Praktische Checklisten und Tipps liefern Ihnen einen Werkzeugkasten, mit dem Sie direkt in die Arbeit einsteigen können.

Rezensieren
Sie dieses Buch

Senden
Sie uns Ihre Rezension
unter **www.oreilly.de/rez**

Erhalten
Sie Ihr Wunschbuch aus
unserem Verlagsangebot